中国制造
2025

现代机械设计手册

第二版

单行本

U0389873

机械传动设计

姜洪源　秦大同　闫 辉　主编

化学工业出版社

·北京·

《现代机械设计手册》第二版单行本共 20 个分册，涵盖了机械常规设计的所有内容。各分册分别为：《机械零部件结构设计与禁忌》《机械制图及精度设计》《机械工程材料》《连接件与紧固件》《轴及其连接件设计》《轴承》《机架、导轨及机械振动设计》《弹簧设计》《机构设计》《机械传动设计》《减速器和变速器》《润滑和密封设计》《液力传动设计》《液压传动与控制设计》《气压传动与控制设计》《智能装备系统设计》《工业机器人系统设计》《疲劳强度可靠性设计》《逆向设计与数字化设计》《创新设计与绿色设计》。

本书为《机械传动设计》，主要介绍了带传动和链传动类型特点和设计计算；渐开线圆柱齿轮传动、圆弧圆柱齿轮传动、锥齿轮传动、蜗杆传动、渐开线圆柱齿轮行星传动、渐开线少齿差行星齿轮传动、摆线针轮行星传动、谐波齿轮传动、活齿传动、塑料齿轮的设计和计算等。本书可作为机械设计人员和有关工程技术人员的工具书，也可供高等院校相关专业师生参考。

图书在版编目（CIP）数据

现代机械设计手册：单行本. 机械传动设计/姜洪源，秦大同，闫辉主编. —2 版. —北京：化学工业出版社，2020.2
ISBN 978-7-122-35653-6

Ⅰ.①现⋯　Ⅱ.①姜⋯ ②秦⋯ ③闫⋯　Ⅲ.①机械设计-手册 ② 机械传动-手册　Ⅳ.① TH122-62 ②TH132-62

中国版本图书馆 CIP 数据核字（2019）第 252676 号

责任编辑：张兴辉　王烨　贾娜　邢涛　项潋　曾越　金林茹　装帧设计：尹琳琳
责任校对：王静

出版发行：化学工业出版社（北京市东城区青年湖南街 13 号　邮政编码 100011）
印　　装：大厂聚鑫印刷有限责任公司
787mm×1092mm　1/16　印张 48¼　字数 1669 千字　2020 年 2 月北京第 2 版第 1 次印刷

购书咨询：010-64518888　售后服务：010-64518899
网　　址：http://www.cip.com.cn
凡购买本书，如有缺损质量问题，本社销售中心负责调换。

定　　价：139.00 元

《现代机械设计手册》第二版单行本出版说明

《现代机械设计手册》是一部面向"中国制造2025",适应智能装备设计开发新要求、技术先进、数据可靠、符合现代机械设计潮流的现代化机械设计大型工具书,涵盖现代机械零部件设计、智能装备及控制设计、现代机械设计方法三部分内容。旨在将传统设计和现代设计有机结合,力求体现"内容权威、凸显现代、实用可靠、简明便查"的特色。

《现代机械设计手册》自2011年出版以来,赢得了广大机械设计工作者的青睐和好评,先后荣获全国优秀畅销书、中国机械工业科学技术奖等,第二版于2019年初出版发行。为了给读者提供篇幅较小、便携便查、定价低廉、针对性更强的实用性工具书,根据读者的反映和建议,我们在深入调研的基础上,决定推出《现代机械设计手册》第二版单行本。

《现代机械设计手册》第二版单行本,保留了《现代机械设计手册》(第二版6卷本)的优势和特色,结合机械设计人员工作细分的实际状况,从设计工作的实际出发,将原来的6卷35篇重新整合为20个分册,分别为:《机械零部件结构设计与禁忌》《机械制图及精度设计》《机械工程材料》《连接件与紧固件》《轴及其连接件设计》《轴承》《机架、导轨及机械振动设计》《弹簧设计》《机构设计》《机械传动设计》《减速器和变速器》《润滑和密封设计》《液力传动设计》《液压传动与控制设计》《气压传动与控制设计》《智能装备系统设计》《工业机器人系统设计》《疲劳强度可靠性设计》《逆向设计与数字化设计》《创新设计与绿色设计》。

《现代机械设计手册》第二版单行本,是为了适应机械设计行业发展和广大读者的需要而编辑出版的,将与《现代机械设计手册》第二版(6卷本)一起,成为机械设计工作者、工程技术人员和广大读者的良师益友。

化学工业出版社

《现代机械设计手册》第一版自 2011 年 3 月出版以来，赢得了机械设计人员、工程技术人员和高等院校专业师生广泛的青睐和好评，荣获了 2011 年全国优秀畅销书（科技类）。同时，因其在机械设计领域重要的科学价值、实用价值和现实意义，《现代机械设计手册》还荣获 2009 年国家出版基金资助和 2012 年中国机械工业科学技术奖。

《现代机械设计手册》第一版出版距今已经 8 年，在这期间，我国的装备制造业发生了许多重大的变化，尤其是 2015 年国家部署并颁布了实现中国制造业发展的十年行动纲领——中国制造 2025，发布了针对"中国制造 2025"的五大"工程实施指南"，为机械制造业的未来发展指明了方向。在国家政策号召和驱使下，我国的机械工业获得了快速的发展，自主创新的能力不断加强，一批高技术、高性能、高精尖的现代化装备不断涌现，各种新材料、新工艺、新结构、新产品、新方法、新技术不断产生、发展并投入实际应用，大大提升了我国机械设计与制造的技术水平和国际竞争力。《现代机械设计手册》第二版最重要的原则就是紧密结合"中国制造 2025"国家规划和创新驱动发展战略，在内容上与时俱进，全面体现创新、智能、节能、环保的主题，进一步呈现机械设计的现代感。鉴于此，《现代机械设计手册》第二版被列入了"十三五国家重点出版物规划项目"。

在本版手册的修订过程中，我们广泛深入机械制造企业、设计院、科研院所和高等院校进行调研，听取各方面读者的意见和建议，最终确定了《现代机械设计手册》第二版的根本宗旨：一方面，新版手册进一步加强机、电、液、控制技术的有机融合，以全面适应机器人等智能化装备系统设计开发的新要求；另一方面，随着现代机械设计方法和工程设计软件的广泛应用和普及，新版手册继续促进传动设计与现代设计的有机结合，将各种新的设计技术、计算技术、设计工具全面融入传统的机械设计实际工作中。

《现代机械设计手册》第二版共 6 卷 35 篇，它是一部面向"中国制造 2025"，适应智能装备设计开发新要求、技术先进、数据可靠、符合现代机械设计潮流的现代化的机械设计大型工具书，涵盖现代机械零部件及传动设计、智能装备及控制设计、现代机械设计方法及应用三部分内容，具有以下六大特色。

1. 权威性。《现代机械设计手册》阵容强大，编、审人员大都来自设计、生产、教学和科研第一线，具有深厚的理论功底、丰富的设计实践经验。他们中很多人都是所属领域的知名专家，在业内有广泛的影响力和知名度，获得过多项国家和省部级科技进步奖、发明奖和技术专利，承担了许多机械领域国家重要的科研和攻关项目。这支专业、权威的编审队伍确保了手册准确、实用的内容质量。

2. 现代感。追求现代感，体现现代机械设计气氛，满足时代要求，是《现代机械设计手册》的基本宗旨。"现代"二字主要体现在：新标准、新技术、新材料、新结构、新工艺、新产品、智能化、现代的设计理念、现代的设计方法和现代的设计手段等几个方面。第二版重点加强机械智能化产品设计（3D 打印、智能零部件、节能元器件）、智能装备（机器人及智能化装备）控制及系统设计、数字化设计等内容。

（1）"零件结构设计"等篇进一步完善零部件结构设计的内容，结合目前的 3D 打印（增材制造）技术，增加 3D 打印工艺下零件结构设计的相关技术内容。

"机械工程材料"篇增加 3D 打印材料以及新型材料的内容。

（2）机械零部件及传动设计各篇增加了新型智能零部件、节能元器件及其应用技术，例如"滑动轴承"篇增加了新型的智能轴承，"润滑"篇增加了微量润滑技术等内容。

（3）全面增加了工业机器人设计及应用的内容：新增了"工业机器人系统设计"篇；"智能装备系统设计"篇增加了工业机器人应用开发的内容；"机构"篇增加了自动化机构及机构创新的内容；"减速器、变速器"篇增加了工业机器人减速器选用设计的内容；"带传动、链传动"篇增加并完善了工业机器人适用的同步带传动设计的内容；"齿轮传动"篇增加了 RV 减速器传动设计、谐波齿轮传动设计的内容等。

（4）"气压传动与控制""液压传动与控制"篇重点加强并完善了控制技术的内容，新增了气动系统自动控制、气动人工肌肉、液压和气动新型智能元器件及新产品等内容。

（5）继续加强第 5 卷机电控制系统设计的相关内容：除增加"工业机器人系统设计"篇外，原"机电一体化系统设计"篇充实扩充形成"智能装备系统设计"篇，增加并完善了智能装备系统设计的相关内容，增加智能装备系统开发实例等。

"传感器"篇增加了机器人传感器、航空航天装备用传感器、微机械传感器、智能传感器、无线传感器的技术原理和产品，加强传感器应用和选用的内容。

"控制元器件和控制单元"篇和"电动机"篇全面更新产品，重点推荐了一些新型的智能和节能产品，并加强产品选用的内容。

（6）第 6 卷进一步加强现代机械设计方法应用的内容：在 3D 打印、数字化设计等智能制造理念的倡导下，"逆向设计""数字化设计"等篇全面更新，体现了"智能工厂"的全数字化设计的时代特征，增加了相关设计应用实例。

增加"绿色设计"篇；"创新设计"篇进一步完善了机械创新设计原理，全面更新创新实例。

（7）在贯彻新标准方面，收录并合理编排了目前最新颁布的国家和行业标准。

3. 实用性。新版手册继续加强实用性，内容的选定、深度的把握、资料的取舍和章节的编排，都坚持从设计和生产的实际需要出发；例如机械零部件数据资料主要依据最新国家和行业标准，并给出了相应的设计实例供设计人员参考；第 5 卷机电控制设计部分，完全站在机械设计人员的角度来编写——注重产品如何选用，摒弃或简化了控制的基本原理，突出机电系统设计，控制元器件、传感器、电动机部分注重介绍主流产品的技术参数、性能、应用场合、选用原则，并给出了相应的设计选用实例；第 6 卷现代机械设计方法中简化了烦琐的数学推导，突出了最终的计算结果，结合具体的算例将设计方法通俗地呈现出来，便于读者理解和掌握。

为方便广大读者的使用，手册在具体内容的表述上，采用以图表为主的编写风格。这样既增加了手册的信息容量，更重要的是方便了读者的查阅使用，有利于提高设计人员的工作效率和设计速度。

为了进一步增加手册的承载容量和时效性，本版修订将部分篇章的内容放入二维码中，读者可以用手机扫描查看、下载打印或存储在 PC 端进行查看和使用。二维码内容主要涵盖以下几方面的内容：即将被废止的旧标准（新标准一旦正式颁布，会及时将二维码内容更新为新标准的内容）；部分推荐产品及参数；其他相关内容。

4. 通用性。本手册以通用的机械零部件和控制元器件设计、选用内容为主，主要包括机械设计基础资料、机械制图和几何精度设计、机械工程材料、机械通用零部件设计、机械传动系统设计、液压和气压传动系统设计、机构设计、机架设计、机械振动设计、智能装备系统设计、控制元器件和控制单元等，既适用于传统的通用机械零部件设计选用，又适用于智能化装备的整机系统设计开发，能够满足各类机械设计人员的工作需求。

5. 准确性。本手册尽量采用原始资料，公式、图表、数据力求准确可靠，方法、工艺、技术力求成熟。所有材料、零部件和元器件、产品和工艺方面的标准均采用最新公布的标准资料，对于标准规范的编写，手册没有简单地照抄照搬，而是采取选用、摘录、合理编排的方式，强调其科学性和准确性，尽量避免差错和谬误。所有设计方法、计算公式、参数选用均经过长期检验，设计实例、各种算例均来自工程实际。手册中收录通用性强、标准化程度高的产品，供设计人员在了解企业实际生产品种、规格尺寸、技术参数，以及产品质量和用户的实际反映后选用。

6. 全面性。本手册一方面根据机械设计人员的需要，按照"基本、常用、重要、发展"的原则选取内容，另一方面兼顾了制造企业和大型设计院两大群体的设计特点，即制造企业侧重基础性的设计内容，而大型的设计院、工程公司侧重于产品的选用。因此，本手册力求实现零部件设计与整机系统开发的和谐统一，促进机械设计与控制设计的有机融合，强调产品设计与工艺技术的紧密结合，重视工艺技术与选用材料的合理搭配，倡导结构设计与造型设计的完美统一，以全面适应新时代机械新产品设计开发的需要。

经过广大编审人员和出版社的不懈努力，新版《现代机械设计手册》将以崭新的风貌和鲜明的时代气息展现在广大机械设计工作者面前。值此出版之际，谨向所有给过我们大力支持的单位和各界朋友表示衷心的感谢！

主　编

目录

CONTENTS

第 13 篇　带传动、链传动

第 14 篇　齿轮传动

齿轮传动总览 …………………………… 14-3

第 1 章　渐开线圆柱齿轮传动

第 3 章　锥齿轮传动

第4章　蜗杆传动

第5章　渐开线圆柱齿轮行星传动

第8章 谐波齿轮传动

第9章 活齿传动

第10章 塑料齿轮

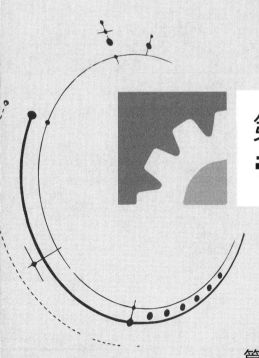

第13篇
带传动、链传动

篇主编：姜洪源　闫　辉

撰　　稿：姜洪源　闫　辉

审　　稿：曲建俊　郭建华

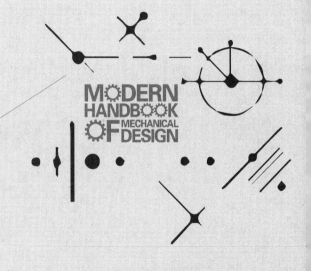

第1章　带　传　动

1.1　带传动的种类及其选择

带传动是由带和带轮组成传递运动和（或）动力的传动，分摩擦传动和啮合传动两类。前者过载可以打滑，但传动比不准确；后者可保证同步传动。摩擦传动按传动带的横截面形状，可分为平带、V带、圆带和多楔带；啮合传动一般也称为同步带传动，可分为梯形齿同步带、曲线齿同步带。根据传动带的用途，可分为一般工业用、汽车用和农机用。

1.1.1　传动带的类型、适应性和传动形式

表 13-1-1　　　　　　　　　　　传动带的类型、特点和应用

类型	简　图	结　构	特　点	应　用
普通V带	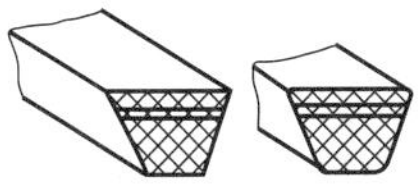	承载层为绳芯或胶帘布，楔角为40°，相对高度近似为0.7，梯形截面环形带	当量摩擦因数大，工作面与槽轮黏附性好，允许包角小、传动比大、预紧力小。绳芯结构带体较柔软，曲挠疲劳性好	$v<25\sim30$m/s、$P<700$kW、$i\leqslant10$、中心距小的传动
窄V带	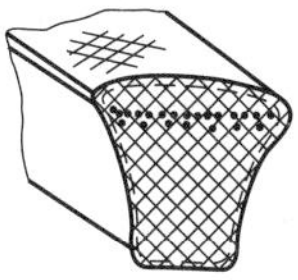	承载层为绳芯，楔角为40°，相对高度近似为0.9，梯形截面环形带	除具有普通V带的特点外，能承受较大的预紧力，允许速度和曲挠次数高，传递功率大，节能	大功率、结构紧凑的传动
联组V带		将几根普通V带或窄V带的顶面用胶帘布等距粘接而成，由2、3、4或5根联成一组	传动中各根V带载荷均匀，可减少运转中的振动和横转	结构紧凑、要求高的传动
汽车V带	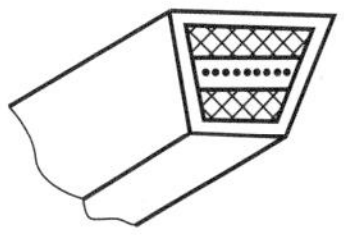	承载层为绳芯的V带，相对高度有0.9的，也有0.7的	曲挠性和耐热性好	汽车、拖拉机等内燃机专用V带，也可用于带轮和中心距较小、工作温度较高的传动
接头V带	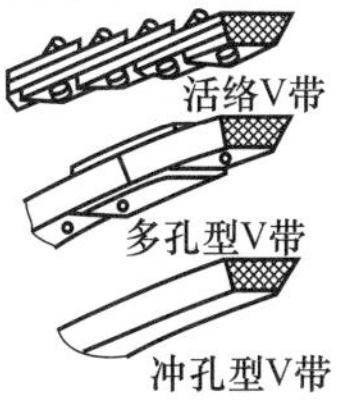 活络V带　多孔型V带　冲孔型V带	截面尺寸和同型普通V带相近。有活络V带、多孔型V带和冲孔型V带	长短规格不受限，局部损坏可更换。强度受接头影响削弱，平稳性差，传递功率约为同型普通V带的70%	不重要的传动，或在中小功率、低速传动时临时应用
齿形V带	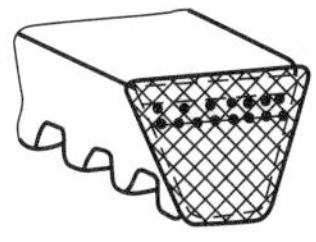	承载层为绳芯结构，内周制成齿形的V带	散热性好，与轮槽黏附性好，是曲挠性最好的V带	同普通V带和窄V带
大楔角V带	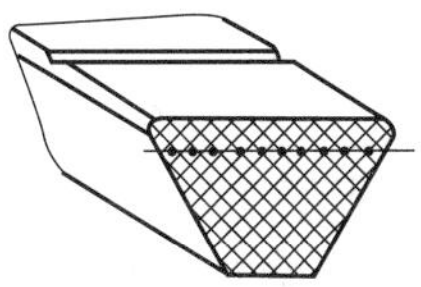	承载层为绳芯，楔角为60°的聚氨酯环形带	质量均匀，摩擦因数大，传递效率大，外廓尺寸小，耐磨性、耐油性好	速度较高、结构特别紧凑的传动

续表

类型		简　图	结　构	特　点	应　用
V 带	宽 V 带	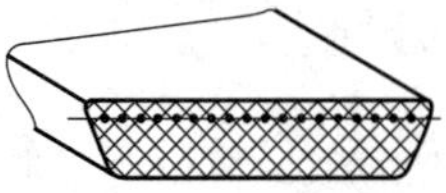	承载层为绳芯,相对高度近似为 0.3 的梯形截面环形带	曲挠性好,耐热性和耐侧压性能好	无级变速传动
平带	普通平带		由数层挂胶帆布黏合而成,有开边式和包边式两种	抗拉强度大,耐湿性好,价廉;耐热、耐油性能差;开边式较柔软	$v<30\text{m/s}$、$P<500\text{kW}$、$i<6$、中心距较大的传动
	编织带	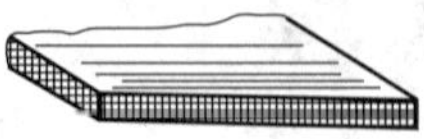	有棉织、毛织和缝合棉布带,以及用于高速传动的丝、麻、锦纶编织带。带面有覆胶和不覆胶两种	曲挠性好,传递功率小,易松弛	中、小功率传动
	尼龙片复合平带	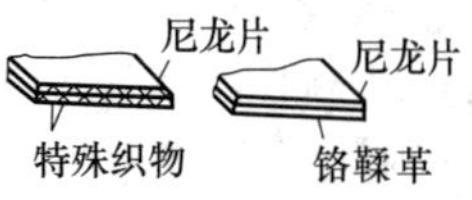 尼龙片　　尼龙片 特殊织物　铬鞣革	承载层为尼龙片(有单层和多层黏合),工作面贴在铬鞣革、挂胶帆布或特殊织物等层压面上而成	强度高,摩擦因数大,曲挠性好,不易松弛	大功率传动,薄型可用于高速传动
	高速带	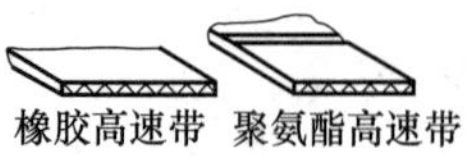 橡胶高速带　聚氨酯高速带	承载层为涤纶绳,橡胶高速带表面覆耐磨、耐油胶布	带体薄而软,曲挠性好,强度较高,传动平稳,耐油、耐磨性能好。不易松弛	高速传动
特殊带	多楔带	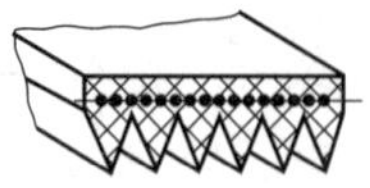	在绳芯结构平带的基体下有若干纵向三角形楔的环形带,工作面是楔面,有橡胶和聚氨酯两种	具有平带的柔软,V 带摩擦因数大的特点,比 V 带传动平稳,外廓尺寸小	结构紧凑的传动,特别是要求 V 带根数多或轮轴垂直地面的传动
	双面 V 带	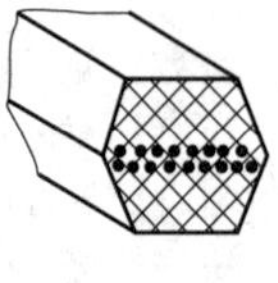	截面为六角形。四个侧面均为工作面,承载层为绳芯,位于截面中心	可以两面工作,带体较厚,曲挠性差,寿命和效率较低	需要 V 带两面都工作的场合,如农业机械中多从动轮传动
	圆形带	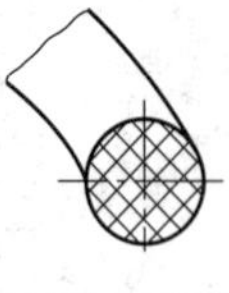	截面为圆形,有圆皮带、圆绳带、圆锦纶带等	结构简单	$v<15\text{m/s}$,$i=1/2\sim$3 的小功率传动
同步齿形带	梯形齿同步带	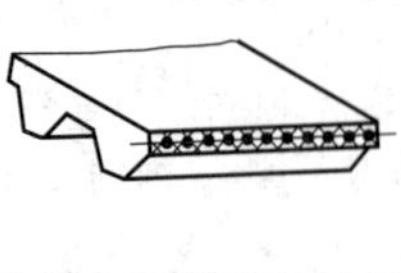	工作面为梯形齿,承载层为玻璃纤维绳芯、钢丝绳等的环形带,有氯丁胶和聚氨酯两种	靠啮合传动,承载层保证带齿齿距不变,传动比准确,轴压力小,结构紧凑,耐油、耐磨性较好,但安装制造要求高	$v<50\text{m/s}$,$P<300\text{kW}$,$i<10$,要求同步的传动,也可用于低速传动
	曲线齿同步带	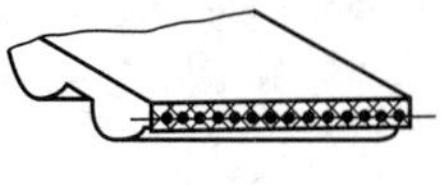	工作面为弧齿,承载层为玻璃纤维、合成纤维绳芯的环形带,带的基体为氯丁胶	与梯形齿同步带相同,但工作时齿根应力集中小	大功率传动

表 13-1-2　　　　　　　　　　　　　　按用途初选传动带

用途		特性要求	选定带种类	用途		特性要求	选定带种类
类别	工作机			类别	工作机		
办公机械	打印机	高精度	同步带	工业机械	造纸机械	轴间距大	普通平带、尼龙片复合平带
	计算机、复印机	同步传动、带体弯曲应力小			通风机		窄 V 带、普通 V 带
家用电器	电动工具	高转速	多楔带 橡胶高速平带	农业机械	耕作机、脱谷机、联合收割机	耐热性好、反向弯曲、耐曲挠、变速	普通 V 带、齿形 V 带、双面 V 带、半宽 V 带
	缝纫机	同步传动	同步带	汽车	风扇泵、发电机	耐曲挠、伸长小、耐热性好、传递功率大	汽车 V 带、多楔带
		不需同步	轻型 V 带、圆形带				
	洗衣机 干燥机	曲挠性好	轻型 V 带、齿形 V 带		凸轮轴、燃料喷射泵、平衡器	同步传动	汽车同步带
		传力大	多楔带	变速器	带式无级变速器	耐曲挠、耐侧压、耐热性好	宽 V 带、半宽 V 带
工业机械	粉碎机、压延机、压缩机	振动吸收性能好	窄 V 带 普通 V 带	船用机械	发电机、压缩机	传动功率大、空间小	窄 V 带、普通 V 带
	搅拌机、离心式分离机	高速	橡胶高速平带、尼龙片复合平带、窄 V 带				
	金属切削机床	高精度	窄 V 带 普通 V 带				

表 13-1-3　　　　　　　　　　　　　各种传动带的适应性

类别	材质	类　型	紧凑性	容许速度/m·s⁻¹	运行噪声小	双面传动	背面张紧	对称面重合性差	启停频繁	振动横转	粉尘条件	允许最高温度/℃	允许最低温度/℃	耐水性	耐油性	耐酸性	耐碱性	耐候性	防静电性	通用性
摩擦传动	橡胶系	胶帆布平带	0	25	2	3	3	1~0	1	2	1	70	−40	1	0	1~0	1~0	2	0	3
		高速环形胶带	2	60	3	3	3	0	1	3	2	90	−30	1	1~0	1	1	2	3	2
	其他	棉麻织带	2	25 (50)	3	3	3	0	1	2	0	50	−40	0	1	0	1	2	1	3
		毛织带	2	30	3	3	3	0	1	2	2	60	−40	1	1	0	1	2	1	3
		尼龙片复合平带	2	80	3	3	3	0	1	3	2	80	−30	1	2	1	1	2	3	3
V 带	橡胶系	普通 V 带	2	30	2	1	1	1~0	2	2	1	70	−40	1	1	1	1	2	0	3
		轻型 V 带	2	30	2	1	2	1~0	3	2	1	70~90	−30~−40	1	1	1	1	2	3~0	2
		窄 V 带	3	30	2	1	1~0	1	2	2	1	90	−30	1	1	1	1	2	0	3

续表

类别	材质	类型	传动、环境条件																	
			紧凑性	容许速度/m·s⁻¹	运行噪声小	双面传动	背面张紧	对称面重合性差	启停频繁	振动横转	粉尘条件	允许最高温度/℃	允许最低温度/℃	耐水性	耐油性	耐酸性	耐碱性	耐候性	防静电性	通用性
摩擦传动	V带 橡胶系	联组 V 带	2~3	30~40	2	1	1~0	0	2	3	1	70~90	−30~−40	1	1	1	1	2~3	3	2
		汽车 V 带	3	30	2	1	1~0	0	2	2	1	90	−30	1	1	1	1	3	3	3
		齿形 V 带	3	40	2	1	1	0	2	2	1	90	−30	1	1	1	1	3	0	1
		宽 V 带	2	30	2	0	0	0	2	3	1	90	−30	1	1	1	1	3	0	3
	聚氨酯系	大楔角 V 带	3	45	2	0	0	0	1	2	3	60	−40	1	3	1~0	1~0	2	0	2
	特殊带 橡胶系	多楔带	3	40	2	0	2	0	2	2	1	90	−30	1	1	1	1	3	2	1
		双面 V 带	2	30	2	3	3	1~0	2	2	1	70	−40	1	1	1	1	3	3	1
	聚氨酯系	多楔带	2	40	2	0	2	0	2	2	3	60	−40	1	3	1~0	1~0	2	0	2
		圆形带	0	20	2	3	2	1~0	2	2	3	60	−20	0	3	1~0	1~0	2	0	2
啮合传动	同步带 橡胶系	梯形齿同步带	2	40	1	0	3	0	2~1	3	2	90	−35	1	1~2	1	1	2	3~0	3
		曲线齿同步带	2	40	1	0	3	0	2~1	3	2	90	−35	1	2	1	1	2	3~0	2
	聚氨酯系	梯形齿同步带	2	30	1	0	3	0	2~1	3	2	60	−20	1	3	1	1	2	0	2

注：3—良好的使用性，2—可以使用，1—必要时可以用，0—不适用。

表 13-1-4　　　　　传动形式及主要性能

传动形式	简　图	最大带速 v_{max} /m·s⁻¹	最大传动比 i_{max}	最小中心距 a_{min}	相对传递功率/%	安装条件	工作特点
开口传动		20~30	5	$1.5(d_1+d_2)$	100	两带轮轮宽的对称面应重合，且尽可能使紧边在下面	两轴平行，转向相同，可双向传动。带只受单向弯曲，寿命长
交叉传动		15	6	$50b$（b 为带宽）	70~80	两带轮轮宽的对称面应重合	两轴平行，转向相反，可双向传动。带受附加扭转，且在交叉处磨损严重
半交叉传动		15	3	$5.5(d_2+b)$	70~80	一带轮轮宽的对称面通过另一带轮带的绕出点	两轴交错，只能单向传动，带轮要有足够的宽度 $B=1.4b+10$（B 为轮宽，mm）

传动形式	简 图	最大带速 v_{max} /m·s⁻¹	最大传动比 i_{max}	最小中心距 a_{min}	相对传递功率 /%	安装条件	工作特点
有导轮的角度传动	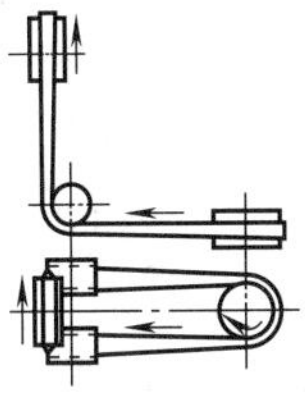	15	4		70~80	两带轮轮宽的对称面应与导轮圆柱面相切	两轴垂直交错,可双向传动,带受附加扭转
拉紧惰轮传动	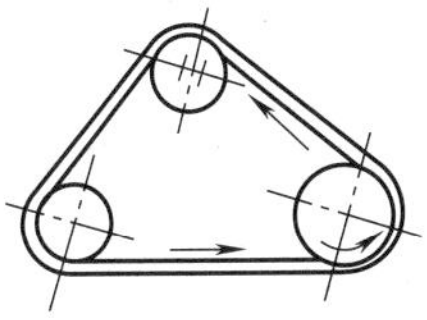	25	6			两带轮轮宽的对称面相重合,拉紧惰轮安装在松边,并定期调整其位置	可双向传动,当主、从动轮之间有障碍物时,可采用此传动
张紧惰轮传动	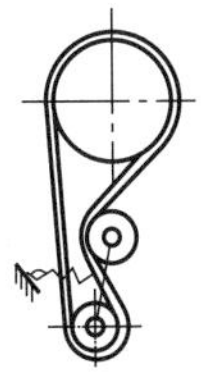	25	10	d_1+d_2		两带轮轮宽的对称面相重合,张紧惰轮安装在松边	只能单向传动。可增大小轮包角,自动调节带轮的初拉力。可用于中心距小、传动比大的情况
多从动轮传动	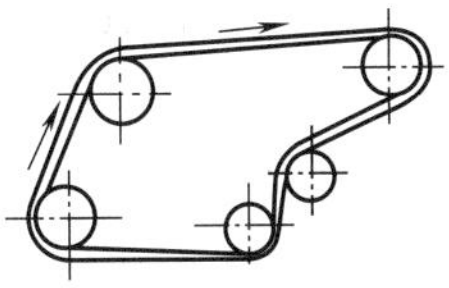					各带轮轮宽的对称面相重合,应使主动轮和传递功率较大的从动轮有较大的包角,其余包角应大于70°	在复杂的传动系统中简化传动机构,但胶带的挠曲次数增加,降低带的寿命

1.1.2 带传动设计的一般内容

带传动设计的主要内容包括以下几方面。

已知条件:原动机种类、工作机名称及其特性、原动机额定功率和转速、工作制度、带传动的传动比、高速轴(小带轮)转速、中心距及对外廓尺寸要求等。

设计要满足的条件:

① 运动学条件　传动比 $i=n_1/n_2 \approx d_2/d_1$;

② 几何条件　带轮直径、带长、中心距离应满足一定的几何关系等;

③ 传动能力条件　带传动有足够的传动能力和寿命;

④ 限制条件　中心距、小带轮包角、带速应在合理范围内;

⑤ 此外还应考虑带传动的工作条件、经济性和工艺性要求。

设计结果:带的种类、带型、带的根数、带宽、带长、带轮直径、传动中心距、作用在轴上的力、带轮的结构和尺寸、预紧力、张紧方法等。

1.1.3 带传动的效率

传动的效率可用式(13-1-1)表示

$$\eta = \frac{T_{(O)} n_{(O)}}{T_{(I)} n_{(I)}} \times 100\% \qquad (13-1-1)$$

式中　T——转矩,N·m;

　　　　n——转速,r/min;

　　　(O)——输出;

　　　(I)——输入。

表 13-1-5　　　　　　　　　　　　　带传动功率损失和效率

功率损失	滑动损失	带在工作时,由于带与轮之间的弹性滑动和可能存在的几何滑动,而产生滑动损失。弹性滑动率通常在 1%~2%,滑动损失随紧、松边拉力差的增大而增大,随带体弹性模量的增大而减小
	滞后损失	带在运行中会产生反复伸缩,特别是在带轮上的挠曲会使带体内部产生摩擦,引起功率损失。滞后损失随预紧力、带厚与带轮直径比的增大而增大,减小带的拉力变化,可减小其损失
	空气阻力	高速传动时,运行中的风阻将引起转矩的损耗,其损耗与速度的平方成正比。因此设计高速带传动时,带的表面积宜小,尽量用厚而窄的带,带轮的轮辐表面要光滑,或用辐板以减少风阻
	轴承的摩擦损失	轴承受带拉力的作用引起功率损失,滑动轴承的损失为 2%~5%,滚动轴承的损失为 1%~2%,考虑以上的损失,带传动的效率在 80%~98%,根据带的种类而定

效率	传动带的种类	效率/%	传动带的种类	效率/%
	普通 V 带(帘布结构)	87~92	普通平带	94~98
	普通 V 带(线绳结构)	92~96	有张紧轮的平带	90~95
	窄 V 带	90~95	尼龙片复合平带	98~99
	联组 V 带	89~94	圆形带	95
	多楔带	92~97	同步带	93~98

1.2　V 带传动

V 带传动是由一条或数条 V 带和带轮组成的摩擦传动。

V 带和带轮有两种宽度制:基准宽度制,有效宽度制。

基准宽度是表示槽形轮廓宽度的一个无公差规定的值,该宽度通常和所配用的 V 带的节面处于同一位置,其值应在规定公差范围内与 V 带的节宽一致[图 13-1-1(a)]。基准线位置和基准宽度确定了带轮槽形、带轮基准直径以及带在轮槽中的相应位置,是轮槽和与其作为一个整体配合使用的普通和窄 V 带标准化的基本尺寸。

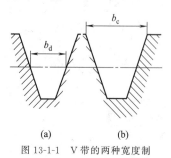

(a)　　　　　(b)

图 13-1-1　V 带的两种宽度制

有效宽度是表示槽形轮廓宽度的一个无公差规定的值,该宽度通常位于轮槽两直侧边的最外端[图 13-1-1(b)]。对于测量带轮和大多数机加工的带轮,有效宽度应在规定公差范围内与轮槽的实际顶宽一致,在轮槽有效宽度处的直径是有效直径。

由于尺寸制的不同,V 带的长度分别以基准长度和有效长度表示。基准长度是在规定的张紧力下,V 带位于测量带轮基准直径上的周线长度;有效长度则是在规定的张紧力下,位于测量带轮有效直径上的周线长度。

普通 V 带用基准宽度制,窄 V 带有基准宽度制和有效宽度制两种尺寸系列,联组普通 V 带和联组窄 V 带都用有效宽度制。

1.2.1　普通 V 带传动

1.2.1.1　普通 V 带尺寸规格

普通 V 带应具有对称的梯形截面,相对高度约为 0.7,楔角为 40°。

普通 V 带标记内容和顺序为:型号、基准长度公称值、标准号。标记示例如下:

A　1430　GB/T 1171

表 13-1-6　　普通 V 带型号、带的截面尺寸及单位长度质量 （GB/T 13575.1—2008）

项　　目		普通 V 带型号						
		Y	Z	A	B	C	D	E
截面尺寸	b_p/mm	5.3	8.5	11	14	19	27	32
	b/mm	6.0	10.0	13.0	17.0	22.0	32.0	38.0
	h/mm	4.0	6.0	8.0	11.0	14.0	19.0	23.0
质量 m/kg·m^{-1}		0.023	0.060	0.105	0.170	0.300	0.630	0.970

表 13-1-7　　　　　　　普通 V 带的基准长度 L_d （GB/T 13575.1—2008）　　　　　　　　mm

型　号							型　号					
Y	Z	A	B	C	D	E	Z	A	B	C	D	E
基准长度 L_d							基准长度 L_d					
200	405	630	930	1565	2740	4660	1540	1750	2500	4600	9140	16800
224	475	700	1000	1760	3100	5040		1940	2700	5380	10700	
250	530	790	1100	1950	3330	5420		2050	2870	6100	12200	
280	625	890	1210	2195	3730	6100		2200	3200	6815	13700	
315	700	990	1370	2420	4080	6850		2300	3600	7600	15200	
355	780	1100	1560	2715	4620	7650		2480	4060	9100		
400	820	1250	1760	2880	5400	9150		2700	4430	10700		
450	1080	1430	1950	3080	6100	12230			4820			
500	1330	1550	2180	3520	6840	13750			5370			
	1420	1640	2300	4060	7620	15280			6070			

表 13-1-8　　　　　普通 V 带基准长度的极限偏差及配组差 （GB/T 11544—2012）　　　　　mm

基准长度 L_d	型号：Y、Z、A、B、C、D、E		基准长度 L_d	型号：Y、Z、A、B、C、D、E	
	极限偏差	配组差		极限偏差	配组差
≤250	+8　−4	2	2000<L_d≤2500	+31　−16	8
250<L_d≤315	+9　−4	2	2500<L_d≤3150	+37　−18	8
315<L_d≤400	+10　−5	2	3150<L_d≤4000	+44　−22	12
400<L_d≤500	+11　−6	2	4000<L_d≤5000	+52　−26	12
500<L_d≤630	+13　−6	2	5000<L_d≤6300	+63　−32	20
630<L_d≤800	+15　−7	2	6300<L_d≤8000	+77　−38	20
800<L_d≤1000	+17　−8	2	8000<L_d≤10000	+93　−46	32
1000<L_d≤1250	+19　−10	2	10000<L_d≤12500	+112　−66	32
1250<L_d≤1600	+23　−11	4	12500<L_d≤16000	+140　−70	48
1600<L_d≤2000	+27　−13	4	16000<L_d≤20000	+170　−85	48

表 13-1-9　　　　　　　　　　普通 V 带的物理性能（GB/T 1171—2017）

型　号	拉伸强度/kN $\geqslant$	参考力伸长率/% $\leqslant$		布与顶胶间黏合强度 /kN·m^{-1} $\geqslant$
		包边 V 带	切边 V 带	
Y	1.2	7.0	5.0	2.0
Z	2.0			
A	3.0			
B	5.0			
C	9.0			
D	15.0		—	
E	20.0			

1.2.1.2　普通 V 带传动的设计计算

已知条件：传动功率；小带轮和大带轮转速；传动用途、载荷性质、原动机种类及工作制度。

表 13-1-10　　　　　　　　　　计算内容与步骤（GB/T 13575.1—2008）

计算项目	符号	单位	公式及数据	说　　明
设计功率	P_d	kW	$P_d = K_A P$	P——传递的功率,kW K_A——工况系数,见表 13-1-11
带型			根据 P_d 和 n_1 由图 13-1-2 选取	n_1——小带轮转速,r/min
传动比	i		$i = \dfrac{n_1}{n_2} = \dfrac{d_{p2}}{d_{p1}}$ 如计入滑动率 $i = \dfrac{n_1}{n_2} = \dfrac{d_{p2}}{(1-\varepsilon)d_{p1}}$ 通常 $\varepsilon = 0.01 \sim 0.02$	n_2——大带轮转速,r/min d_{p1}——小带轮的节圆直径,mm d_{p2}——大带轮的节圆直径,mm ε——弹性滑动率 通常基准宽度制带轮节圆直径 d_p 可视为基准直径 d_d
小带轮的基准直径	d_{d1}	mm	由表 13-1-40 选定	为提高 V 带的寿命,宜选取较大的直径
大带轮的基准直径	d_{d2}	mm	$d_{d2} = i d_{d1}(1-\varepsilon)$	由表 13-1-40 选取
带速	v	m/s	$v = \dfrac{\pi d_{p1} n_1}{60 \times 1000} \leqslant v_{max}$ 普通 V 带 $v_{max} = 25 \sim 30$	一般 v 不得低于 5m/s 为充分发挥 V 带的传动能力,应使 $v \approx 20$m/s
初定中心距	a_0	mm	$0.7(d_{d1}+d_{d2}) \leqslant a_0 < 2(d_{d1}+d_{d2})$	或根据结构要求确定
基准长度	L_{d0}	mm	$L_{d0} = 2a_0 + \dfrac{\pi}{2}(d_{d1}+d_{d2}) + \dfrac{(d_{d2}-d_{d1})^2}{4a_0}$	由表 13-1-7、表 13-1-8 选取 L_d
实际中心距	a	mm	$a = a_0 + \dfrac{L_d - L_{d0}}{2}$ 或 $a = a_0 + \dfrac{L_e - L_{e0}}{2}$ 安装时所需最小中心距: $a_{min} = a - (2b_d + 0.009L_d)$ 补偿带伸长所需最大中心距: $a_{max} = a + 0.02L_d$	b_d——基准宽度 L_e——公称有效长度 L_{e0}——有效长度

续表

计算项目	符号	单位	公式及数据	说 明
小带轮包角	α_1	(°)	$\alpha_1 = 180° - \dfrac{d_{d2} - d_{d1}}{a} \times 57.3°$	一般 $\alpha_1 \geqslant 120°$，最小不低于 $90°$，如较小，应增大 a 或用张紧轮
单根 V 带额定功率	P_1	kW	根据带型、d_{d1} 和 n_1 由表 13-1-14～表 13-1-20 选取	P_1 是 $\alpha = 180°$，载荷平稳时，特定基准长度的单根 V 带基本额定功率
传动比 $i \neq 1$ 额定功率增量	ΔP_0	kW	根据带型、n_1 和 i 由表 13-1-14～表 13-1-20 选取	
V 带的根数	z		$z = \dfrac{P_d}{(P_1 + \Delta P_1) K_\alpha K_L}$	K_α——小带轮包角修正系数，见表 13-1-13 K_L——带长修正系数，见表13-1-12
单根 V 带的初张紧力	F_0	N	$F_0 = 500 \left(\dfrac{2.5}{K_\alpha} - 1 \right) \dfrac{P_d}{zv} + mv^2$	m——普通 V 带每米长的质量，kg/m，见表 13-1-6
作用在轴上的力	F_r	N	$F_r = 2F_0 z \sin \dfrac{\alpha_1}{2}$	

表 13-1-11　　　　　　　**普通 V 带设计工况系数 K_A**（GB/T 13575.1—2008）

工　况		K_A					
		空、轻载启动			重载启动		
		每天工作小时数/h					
		<10	10～16	>16	<10	10～16	>16
载荷变动最小	液体搅拌机、通风机和鼓风机（≤7.5kW）、离心式水泵和压缩机、轻载荷输送机	1.0	1.1	1.2	1.1	1.2	1.3
载荷变动小	带式输送机（不均匀载荷）、通风机（>7.5kW）、旋转式水泵和压缩机（非离心式）、发电机、金属切削机床、印刷机、旋转筛、锯木机和木工机械	1.1	1.2	1.3	1.2	1.3	1.4
载荷变动较大	制砖机、斗式提升机、往复式水泵和压缩机、起重机、磨粉机、冲剪机床、橡胶机械、振动筛、纺织机械、重载输送机	1.2	1.3	1.4	1.4	1.5	1.6
载荷变动很大	破碎机（旋转式、颚式等）、磨碎机（球磨、棒磨、管磨）	1.3	1.4	1.5	1.5	1.6	1.8

注：1. 空、轻载启动——电动机（交流启动、三角启动、直流并励），四缸以上的内燃机，装有离心式离合器、液力联轴器的动力机。

2. 重载启动——电动机（联机交流启动、直流复励或串励），四缸以下的内燃机。

3. 启动频繁，经常正反转，工作条件恶劣时，K_A 应乘 1.2。

4. 增速传动时，K_A 应乘下列系数：

i	<1.25	1.25～1.74	1.75～2.49	2.5～3.49	≥3.5
系数	1.00	1.05	1.11	1.18	1.25

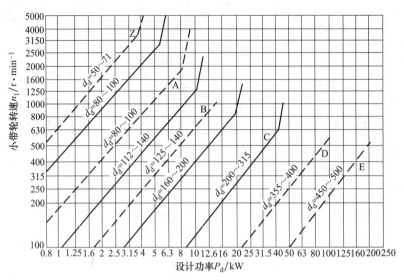

图 13-1-2　普通 V 带选型图

表 13-1-12　　　　　　　　　　普通 V 带带长修正系数 K_L（GB/T 13575.1—2008）

Y L_d	K_L	Z L_d	K_L	A L_d	K_L	B L_d	K_L	C L_d	K_L	D L_d	K_L	E L_d	K_L
200	0.81	405	0.87	630	0.81	930	0.83	1565	0.82	2740	0.82	4660	0.91
224	0.82	475	0.90	700	0.83	1000	0.84	1760	0.85	3100	0.86	5040	0.92
250	0.84	530	0.93	790	0.85	1100	0.86	1950	0.87	3330	0.87	5420	0.94
280	0.87	625	0.96	890	0.87	1210	0.87	2195	0.90	3730	0.90	6100	0.96
315	0.89	700	0.99	990	0.89	1370	0.90	2420	0.92	4080	0.91	6850	0.99
355	0.92	780	1.00	1100	0.91	1560	0.92	2715	0.94	4620	0.94	7650	1.01
400	0.96	920	1.04	1250	0.93	1760	0.94	2880	0.95	5400	0.97	9150	1.05
450	1.00	1080	1.07	1430	0.96	1950	0.97	3080	0.97	6100	0.99	12230	1.11
500	1.02	1330	1.13	1550	0.98	2180	0.99	3520	0.99	6840	1.02	13750	1.15
		1420	1.14	1640	0.99	2300	1.01	4060	1.02	7620	1.05	15280	1.17
		1540	1.54	1750	1.00	2500	1.03	4600	1.05	9140	1.08	16800	1.19
				1940	1.02	2700	1.04	5380	1.08	10700	1.13		
				2050	1.04	2870	1.05	6100	1.11	12200	1.16		
				2200	1.06	3200	1.07	6815	1.14	13700	1.19		
				2300	1.07	3600	1.09	7600	1.17	15200	1.21		
				2480	1.09	4060	1.13	9100	1.21				
				2700	1.10	4430	1.15	10700	1.24				
						4820	1.17						
						5370	1.20						
						6070	1.24						

表 13-1-13　　　　　　　　　　包角修正系数 K_α（GB/T 13575.1—2008）

包角 α_1/(°)	180	175	170	165	160	155	150	145	140
K_α	1.00	0.99	0.98	0.96	0.95	0.93	0.92	0.91	0.89
包角 α_1/(°)	135	130	125	120	115	110	105	100	95	90
K_α	0.88	0.86	0.84	0.82	0.80	0.78	0.76	0.74	0.72	0.69

表 13-1-14　Y 型普通 V 带单根基准额定功率 P_1 和功率增量 ΔP_1（GB/T 1171—2017）

n_1 /r·min⁻¹	\(d_{d1} \)/mm 20	25	28	31.5	35.5	40	45	50
	P_1/kW							
200	—	—	—	—	—	—	—	0.04
400	—	—	—	—	—	—	0.04	0.05
700	—	—	—	0.03	0.04	0.04	0.05	0.06
800	—	0.03	0.03	0.04	0.05	0.05	0.06	0.07
950	0.01	0.03	0.04	0.04	0.05	0.06	0.07	0.08
1200	0.02	0.03	0.04	0.05	0.06	0.07	0.08	0.09
1450	0.02	0.04	0.05	0.06	0.06	0.08	0.09	0.11
1600	0.03	0.05	0.05	0.06	0.07	0.09	0.11	0.12
2000	0.03	0.05	0.06	0.07	0.08	0.11	0.12	0.14
2400	0.04	0.06	0.07	0.09	0.09	0.12	0.14	0.16
2800	0.04	0.07	0.08	0.10	0.11	0.14	0.16	0.18
3200	0.05	0.08	0.09	0.11	0.12	0.15	0.17	0.20
3600	0.06	0.08	0.10	0.12	0.13	0.16	0.19	0.22
4000	0.06	0.09	0.11	0.13	0.14	0.18	0.20	0.23
4500	0.07	0.10	0.12	0.14	0.16	0.19	0.21	0.24
5000	0.08	0.11	0.13	0.15	0.18	0.20	0.23	0.25
5500	0.09	0.12	0.14	0.16	0.19	0.22	0.24	0.26
6000	0.10	0.13	0.15	0.17	0.20	0.24	0.26	0.27

右侧 i 或 $1/i$ 分档：1~1.01，1.02~1.04，1.05~1.08，1.09~1.12，1.13~1.18，1.19~1.24，1.25~1.34，1.35~1.5，1.51~1.99，≥2.00；ΔP_1/kW 按阶梯图分别取 0.00、0.01、0.02、0.03。v/m·s⁻¹ ≈ 对应 5、10。

① 小带轮转速，单位为转每分（r/min）。
② 小带轮的基准直径，单位为毫米（mm）。
③ V 带的传动比。
④ 带速，单位为米每秒（m/s）。
注：表中 d_{d1} 栏中的黑粗线表示与右边速度的对应关系。

表 13-1-15　Z 型普通 V 带单根基准额定功率 P_1 和功率增量 ΔP_1（GB/T 1171—2017）

n_1 /r·min⁻¹	\(d_{d1} \)/mm 50	56	63	71	80	90
	P_1/kW					
200	0.04	0.04	0.05	0.06	0.10	0.10
400	0.06	0.06	0.08	0.09	0.14	0.14
700	0.09	0.11	0.13	0.17	0.20	0.22
800	0.10	0.12	0.15	0.20	0.22	0.24
960	0.12	0.14	0.18	0.23	0.26	0.28
1200	0.14	0.17	0.22	0.27	0.30	0.33
1450	0.16	0.19	0.25	0.30	0.35	0.36
1600	0.17	0.20	0.27	0.33	0.39	0.40
2000	0.20	0.25	0.32	0.39	0.44	0.48
2400	0.22	0.30	0.37	0.46	0.50	0.54
2800	0.26	0.33	0.41	0.50	0.56	0.60
3200	0.28	0.35	0.45	0.54	0.61	0.64
3600	0.30	0.37	0.47	0.58	0.64	0.68
4000	0.32	0.39	0.49	0.61	0.67	0.72
4500	0.33	0.40	0.50	0.62	0.67	0.73
5000	0.34	0.41	0.50	0.62	0.66	0.73
5500	0.33	0.41	0.49	0.61	0.64	0.65
6000	0.31	0.40	0.48	0.56	0.61	0.56

右侧 i 或 $1/i$ 分档：1.00~1.01，1.02~1.04，1.05~1.08，1.09~1.12，1.13~1.18，1.19~1.24，1.25~1.34，1.35~1.50，1.51~1.99，≥2.00；ΔP_1/kW 按阶梯图分别取 0.00、0.01、0.02、0.03、0.05、0.06。v/m·s⁻¹ ≈ 对应 5、10、15、20。

表 13-1-16 A 型普通 V 带单根基准额定功率 P_1 和功率增量 ΔP_1 （GB/T 1171—2017）

n_1 /r·min^{-1}	d_{d1}/mm								i 或 $1/i$										v /m·s^{-1} $\approx$
	75	90	100	112	125	140	160	180	1~1.01	1.02~1.04	1.05~1.08	1.09~1.12	1.13~1.18	1.19~1.24	1.25~1.34	1.35~1.51	1.52~1.99	≥2.00	
	P_1/kW								ΔP_1/kW										
200	0.15	0.22	0.26	0.31	0.37	0.43	0.51	0.59	0.00	0.00	0.01	0.01	0.01	0.01	0.02	0.02	0.02	0.03	
400	0.26	0.39	0.47	0.56	0.67	0.78	0.94	1.09	0.00	0.01	0.01	0.02	0.02	0.03	0.03	0.04	0.04	0.05	5
700	0.40	0.61	0.74	0.90	1.07	1.26	1.51	1.76	0.00	0.01	0.02	0.03	0.04	0.05	0.06	0.07	0.08	0.09	
800	0.45	0.68	0.83	1.00	1.19	1.41	1.69	1.97	0.00	0.01	0.02	0.03	0.04	0.06	0.06	0.08	0.09	0.10	
950	0.51	0.77	0.95	1.15	1.37	1.62	1.95	2.27	0.00	0.01	0.03	0.04	0.05	0.06	0.07	0.08	0.10	0.11	10
1200	0.60	0.93	1.14	1.39	1.66	1.96	2.36	2.74	0.00	0.02	0.03	0.05	0.07	0.08	0.10	0.11	0.13	0.15	
1450	0.68	1.07	1.32	1.61	1.92	2.28	2.73	3.16	0.00	0.02	0.04	0.06	0.08	0.09	0.11	0.13	0.15	0.17	15
1600	0.73	1.15	1.42	1.74	2.07	2.45	2.94	3.40	0.00	0.02	0.04	0.06	0.09	0.11	0.13	0.15	0.17	0.19	
2000	0.84	1.34	1.66	2.04	2.44	2.87	3.42	3.93	0.00	0.03	0.06	0.08	0.11	0.13	0.16	0.19	0.22	0.24	20
2400	0.92	1.50	1.87	2.30	2.74	3.22	3.80	4.32	0.00	0.03	0.07	0.10	0.13	0.16	0.19	0.23	0.26	0.29	25
2800	1.00	1.64	2.05	2.51	2.98	3.48	4.06	4.54	0.00	0.04	0.08	0.11	0.15	0.19	0.23	0.26	0.30	0.34	30
3200	1.04	1.75	2.19	2.68	3.16	3.65	4.19	4.58	0.00	0.04	0.09	0.13	0.17	0.22	0.26	0.30	0.34	0.39	
3600	1.08	1.83	2.28	2.78	3.26	3.72	4.17	4.40	0.00	0.05	0.10	0.15	0.19	0.24	0.29	0.34	0.39	0.44	35
4000	1.09	1.87	2.34	2.83	3.28	3.67	3.98	4.00	0.00	0.05	0.11	0.16	0.22	0.27	0.32	0.38	0.43	0.48	40
4500	1.07	1.83	2.33	2.79	3.17	3.44	3.48	3.13	0.00	0.06	0.12	0.18	0.24	0.30	0.36	0.42	0.48	0.54	
5000	1.02	1.82	2.25	2.64	2.91	2.99	2.67	1.81	0.00	0.07	0.14	0.20	0.27	0.34	0.40	0.47	0.54	0.60	
5500	0.96	1.70	2.07	2.37	2.48	2.31	1.51	—	0.00	0.08	0.15	0.23	0.30	0.38	0.46	0.53	0.60	0.68	
6000	0.80	1.50	1.80	1.96	1.87	1.37	—	—	0.00	0.08	0.16	0.24	0.32	0.40	0.49	0.57	0.65	0.73	

表 13-1-17 B 型普通 V 带单根基准额定功率 P_1 和功率增量 ΔP_1 （GB/T 1171—2017）

n_1 /r·min^{-1}	d_{d1}/mm								i 或 $1/i$										v /m·s^{-1} $\approx$
	125	140	160	180	200	224	250	280	1~1.01	1.02~1.04	1.05~1.08	1.09~1.12	1.13~1.18	1.19~1.24	1.25~1.34	1.35~1.51	1.52~1.99	≥2.00	
	P_1/kW								ΔP_1/kW										
200	0.48	0.59	0.74	0.88	1.02	1.19	1.37	1.58	0.00	0.01	0.01	0.02	0.03	0.04	0.04	0.05	0.06	0.06	5
400	0.84	1.05	1.32	1.59	1.85	2.17	2.50	2.89	0.00	0.01	0.03	0.04	0.06	0.07	0.08	0.10	0.11	0.13	
700	1.30	1.64	2.09	2.53	2.96	3.47	4.00	4.61	0.00	0.02	0.05	0.07	0.10	0.12	0.15	0.17	0.20	0.22	10
800	1.44	1.82	2.32	2.81	3.30	3.86	4.46	5.13	0.00	0.03	0.06	0.08	0.11	0.14	0.17	0.20	0.23	0.25	
950	1.64	2.08	2.66	3.22	3.77	4.42	5.10	5.85	0.00	0.03	0.07	0.10	0.13	0.17	0.20	0.23	0.26	0.30	15
1200	1.93	2.47	3.17	3.85	4.50	5.26	6.04	6.90	0.00	0.04	0.08	0.13	0.17	0.21	0.25	0.30	0.34	0.38	
1450	2.19	2.82	3.62	4.39	5.13	5.97	6.82	7.76	0.00	0.05	0.10	0.15	0.20	0.25	0.31	0.36	0.40	0.46	20
1600	2.33	3.00	3.86	4.68	5.46	6.33	7.20	8.13	0.00	0.06	0.11	0.17	0.23	0.28	0.34	0.39	0.45	0.51	
1800	2.50	3.23	4.15	5.02	5.83	6.73	7.63	8.46	0.00	0.06	0.13	0.19	0.25	0.32	0.38	0.44	0.51	0.57	25
2000	2.64	3.42	4.40	5.30	6.13	7.02	7.87	8.60	0.00	0.07	0.14	0.21	0.28	0.35	0.42	0.49	0.56	0.63	
2200	2.76	3.58	4.60	5.52	6.35	7.19	7.97	8.53	0.00	0.08	0.16	0.23	0.31	0.38	0.46	0.54	0.62	0.70	30
2400	2.85	3.70	4.75	5.67	6.47	7.25	7.89	8.22	0.00	0.09	0.17	0.25	0.34	0.42	0.50	0.59	0.68	0.76	35
2800	2.96	3.85	4.89	5.76	6.43	6.95	7.14	6.80	0.00	0.10	0.20	0.29	0.39	0.49	0.59	0.69	0.79	0.89	40
3200	2.94	3.83	4.8	5.52	5.95	6.05	5.60	4.26	0.00	0.11	0.23	0.34	0.45	0.56	0.68	0.79	0.90	1.01	
3600	2.80	3.63	4.46	4.92	4.98	4.47	5.12	—	0.00	0.13	0.25	0.38	0.51	0.63	0.76	0.89	1.01	1.14	
4000	2.51	3.24	3.82	3.92	3.47	2.14	—	—	0.00	0.14	0.28	0.42	0.56	0.70	0.84	0.99	1.13	1.27	
4500	1.93	2.45	2.59	2.04	0.73	—	—	—	0.00	0.16	0.32	0.48	0.63	0.79	0.95	1.11	1.27	1.43	
5000	1.09	1.29	0.81	—	—	—	—	—	0.00	0.18	0.36	0.53	0.71	0.89	1.07	1.24	1.42	1.60	

表 13-1-18　　C 型普通 V 带单根基准额定功率 P_1 和功率增量 ΔP_1 （GB 1171—2017）

n_1/r·min^{-1}	d_{d1}/mm								i 或 $1/i$										v/m·s^{-1} ≈
	200	224	250	280	315	355	400	450	1~1.01	1.02~1.04	1.05~1.08	1.09~1.12	1.13~1.18	1.19~1.24	1.25~1.34	1.35~1.51	1.52~1.99	≥2.00	
	P_1/kW								ΔP_1/kW										
200	1.39	1.70	2.03	2.42	2.84	3.36	3.91	4.51	0.00	0.02	0.04	0.06	0.08	0.10	0.12	0.14	0.16	0.18	5
300	1.92	2.37	2.85	3.40	4.04	4.75	5.54	6.40	0.00	0.03	0.06	0.09	0.12	0.15	0.18	0.21	0.24	0.26	
400	2.41	2.99	3.62	4.32	5.14	6.05	7.06	8.20	0.00	0.04	0.08	0.12	0.16	0.20	0.23	0.27	0.31	0.35	10
500	2.87	3.58	4.33	5.19	6.17	7.27	8.52	9.80	0.00	0.05	0.10	0.15	0.20	0.24	0.29	0.34	0.39	0.44	
600	3.30	4.12	5.00	6.00	7.14	8.45	9.82	11.29	0.00	0.06	0.12	0.18	0.24	0.29	0.35	0.41	0.47	0.53	15
700	3.69	4.64	5.64	6.76	8.09	9.50	11.02	12.63	0.00	0.07	0.14	0.21	0.27	0.34	0.41	0.48	0.55	0.62	
800	4.07	5.12	6.23	7.52	8.92	10.46	12.10	13.80	0.00	0.08	0.16	0.23	0.31	0.39	0.47	0.55	0.63	0.71	20
950	4.58	5.78	7.04	8.49	10.05	11.73	13.48	15.23	0.00	0.09	0.19	0.27	0.37	0.47	0.56	0.65	0.74	0.83	
1200	5.29	6.71	8.21	9.81	11.53	13.31	15.04	16.59	0.00	0.12	0.24	0.35	0.47	0.59	0.70	0.82	0.94	1.06	25
1450	5.84	7.45	9.04	10.72	12.46	14.12	15.53	16.47	0.00	0.14	0.28	0.42	0.58	0.71	0.85	0.99	1.14	1.27	30
1600	6.07	7.75	9.38	11.06	12.72	14.19	15.24	15.57	0.00	0.16	0.31	0.47	0.63	0.78	0.94	1.10	1.25	1.41	35
1800	6.28	8.00	9.63	11.22	12.67	13.73	14.08	13.29	0.00	0.18	0.35	0.53	0.71	0.88	1.06	1.23	1.41	1.59	40
2000	6.34	8.06	9.62	11.04	12.14	12.59	11.95	9.64	0.00	0.20	0.39	0.59	0.78	0.98	1.17	1.37	1.57	1.76	
2200	6.26	7.92	9.34	10.48	11.08	10.70	8.75	4.44	0.00	0.22	0.43	0.65	0.86	1.08	1.29	1.51	1.72	1.94	
2400	6.02	7.57	8.75	9.50	9.43	7.98	4.34	—	0.00	0.23	0.47	0.70	0.94	1.18	1.41	1.65	1.88	2.12	
2600	5.61	6.93	7.85	8.08	7.11	4.32	—	—	0.00	0.25	0.51	0.76	1.02	1.27	1.53	1.78	2.04	2.29	
2800	5.01	6.08	6.56	6.13	4.16	—	—	—	0.00	0.27	0.55	0.82	1.10	1.37	1.64	1.92	2.19	2.47	
3200	3.23	3.57	2.93	—	—	—	—	—	0.00	0.31	0.61	0.91	1.22	1.53	1.63	2.14	2.44	2.75	

表 13-1-19　　D 型普通 V 带单根基准额定功率 P_1 和功率增量 ΔP_1 （GB/T 1171—2017）

n_1/r·min^{-1}	d_{d1}/mm								i 或 $1/i$										v/m·s^{-1} ≈
	355	400	450	500	560	630	710	800	1~1.01	1.02~1.04	1.05~1.08	1.09~1.12	1.13~1.18	1.19~1.24	1.25~1.34	1.35~1.51	1.52~1.99	≥2.00	
	P_1/kW								ΔP_1/kW										
100	3.01	3.66	4.37	5.08	5.91	6.88	8.01	9.22	0.00	0.03	0.07	0.10	0.14	0.17	0.21	0.24	0.28	0.31	5
150	4.20	5.14	6.17	7.18	8.43	9.82	11.38	13.11	0.00	0.05	0.11	0.15	0.21	0.26	0.31	0.36	0.42	0.47	
200	5.31	6.52	7.90	9.21	10.76	12.54	14.55	16.76	0.00	0.07	0.14	0.21	0.28	0.35	0.42	0.49	0.56	0.63	10
250	6.36	7.88	9.50	11.09	12.97	15.13	17.54	20.18	0.00	0.09	0.18	0.26	0.35	0.44	0.53	0.61	0.70	0.78	
300	7.35	9.13	11.02	12.88	15.07	17.57	20.35	23.39	0.00	0.10	0.21	0.31	0.42	0.52	0.62	0.73	0.83	0.94	15
400	9.24	11.45	13.85	16.20	18.95	22.05	25.45	29.08	0.00	0.14	0.28	0.42	0.56	0.70	0.83	0.97	1.11	1.25	
500	10.90	13.55	16.40	19.17	22.38	25.94	29.76	33.72	0.00	0.17	0.35	0.52	0.70	0.87	1.04	1.22	1.39	1.56	20
600	12.39	15.42	18.67	21.78	25.32	29.18	33.18	37.13	0.00	0.21	0.42	0.62	0.83	1.04	1.25	1.46	1.67	1.88	25
700	13.70	17.07	20.63	23.99	27.73	31.68	35.59	39.14	0.00	0.24	0.49	0.73	0.97	1.22	1.46	1.70	1.95	2.19	
800	14.83	18.46	22.25	25.76	29.55	33.38	36.87	39.55	0.00	0.28	0.56	0.83	1.11	1.39	1.67	1.95	2.22	2.50	30
950	16.15	20.06	24.01	27.50	31.04	34.19	36.35	36.76	0.00	0.33	0.66	0.99	1.32	1.60	1.92	2.31	2.64	2.97	35
1100	16.98	20.99	24.84	28.02	30.85	32.65	32.52	29.26	0.00	0.38	0.77	1.15	1.53	1.91	2.29	2.68	3.06	3.44	40
1200	17.25	21.20	24.84	26.71	29.67	30.15	27.88	21.32	0.00	0.42	0.84	1.25	1.67	2.09	2.50	2.92	3.34	3.75	
1300	17.26	21.06	24.35	26.54	27.58	26.37	21.42	10.73	0.00	0.45	0.91	1.35	1.81	2.26	2.71	3.16	3.61	4.06	
1450	16.77	20.15	22.02	23.59	22.58	18.06	7.99	—	0.00	0.51	1.01	1.51	2.02	2.52	3.02	3.52	4.03	4.53	
1600	15.63	18.31	19.59	18.88	15.13	6.25	—	—	0.00	0.56	1.11	1.67	2.23	2.78	3.33	3.89	4.45	5.00	
1800	12.97	14.28	13.34	9.59	—	—	—	—	0.00	0.63	1.24	1.88	2.51	3.13	3.74	4.38	5.01	5.62	

表 13-1-20　　E 型普通 V 带单根基准额定功率 P_1 和功率增量 ΔP_1（GB/T 1171—2017）

n_1/r·min⁻¹	d_{d1}/mm 500	560	630	710	800	900	1000	1120	i 或 $1/i$ 1~1.01	1.02~1.04	1.05~1.08	1.09~1.12	1.13~1.18	1.19~1.24	1.25~1.34	1.35~1.51	1.52~1.99	≥2.00	v/m·s⁻¹ ≈
	P_1/kW								ΔP_1/kW										
100	6.21	7.32	8.75	10.31	12.05	13.96	15.64	18.07	0.00	0.07	0.14	0.21	0.28	0.34	0.41	0.48	0.55	0.62	5
150	8.60	10.33	12.32	14.56	17.05	19.76	22.14	25.58	0.00	0.10	0.20	0.31	0.41	0.52	0.62	0.72	0.83	0.93	
200	10.86	13.09	15.65	18.52	21.70	25.15	28.52	32.47	0.00	0.14	0.28	0.41	0.55	0.69	0.83	0.96	1.10	1.24	10
250	12.97	15.67	18.77	22.23	26.03	30.14	34.11	38.71	0.00	0.17	0.34	0.52	0.69	0.86	1.03	1.20	1.37	1.55	15
300	14.96	18.10	21.69	25.69	30.05	34.71	39.17	44.26	0.00	0.21	0.41	0.62	0.83	1.03	1.24	1.45	1.65	1.86	
350	16.81	20.38	24.42	28.89	33.73	38.64	43.66	49.04	0.00	0.24	0.48	0.72	0.96	1.20	1.45	1.69	1.92	2.17	20
400	18.55	22.49	26.95	31.83	37.05	42.49	47.52	52.98	0.00	0.28	0.55	0.83	1.10	1.38	1.65	1.93	2.20	2.48	
500	21.65	26.25	31.36	36.85	42.53	48.20	53.12	57.94	0.00	0.34	0.64	1.03	1.38	1.72	2.07	2.41	2.75	3.10	25
600	24.21	29.30	34.83	40.58	46.26	51.48	55.45	58.42	0.00	0.41	0.83	1.24	1.65	2.07	2.48	2.89	3.31	3.72	30
700	26.21	31.59	37.26	42.87	47.96	51.95	54.00	53.62	0.00	0.48	0.97	1.45	1.93	2.41	2.89	3.38	3.86	4.34	35
800	27.57	33.03	38.52	43.52	47.38	49.21	48.19	42.77	0.00	0.55	1.10	1.65	2.21	2.76	3.31	3.86	4.41	4.96	40
950	28.32	33.40	37.92	41.02	41.59	38.19	30.08		0.00	0.65	1.29	1.95	2.62	3.27	3.92	4.58	5.23	5.89	
1100	27.30	31.35	33.94	33.74	29.06	17.65	—		0.00	0.76	1.52	2.27	3.03	3.79	4.40	5.30	6.06	6.82	
1200	25.53	28.49	29.17	25.91	16.46	—	—		0.00										
1300	22.82	24.31	22.56	15.44	—	—	—		0.00										
1450	16.82	15.35	8.85	—	—	—	—		0.00										

1.2.2　窄 V 带传动

1.2.2.1　窄 V 带尺寸规格

窄 V 带楔角为 40°，相对高度约为 0.9，与普通 V 带相比较，高度相同，其宽度约小 30%，而承载能力可以提高 1.5~2.5 倍。

基准宽度制窄 V 带分 SPZ、SPA、SPB、SPC 四种型号，有效宽度制窄 V 带分 9N、15N、25N 三种型号。联组窄 V 带分 9J、15J、25J 三种型号。

窄 V 带标记内容和顺序为：型号、基准长度公称值、标准号。标记示例如下：

SPA　1250　GB/T 11544

表 13-1-21　　窄 V 带截面尺寸及单位长度质量（GB/T 13575.1、2—2008）

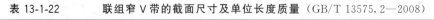

项目		基准宽度制窄 V 带型号 SPZ	SPA	SPB	SPC	有效宽度制窄 V 带型号 9N	15N	25N
截面尺寸	b_p/mm	8	11	14	19	—	—	—
	b/mm	10.0	13.0	17.0	22.0	9.5	16.0	25.5
	h/mm	8.0	10.0	14.0	18.0	8.0	13.5	23.0
质量 m/kg·m⁻¹		0.072	0.112	0.192	0.37	0.08	0.20	0.57

表 13-1-22　　联组窄 V 带的截面尺寸及单位长度质量（GB/T 13575.2—2008）

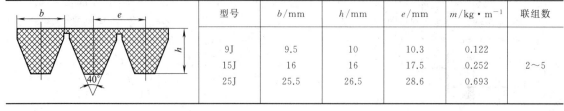

型号	b/mm	h/mm	e/mm	m/kg·m⁻¹	联组数
9J	9.5	10	10.3	0.122	
15J	16	16	17.5	0.252	2~5
25J	25.5	26.5	28.6	0.693	

表 13-1-23　　　　基准宽度制窄 V 带的基准长度 L_d（GB/T 13575.1—2008）　　　　mm

基准长度 L_d	不同型号的分布范围				基准长度 L_d	不同型号的分布范围			
	SPZ	SPA	SPB	SPC		SPZ	SPA	SPB	SPC
630	+				3150	+	+	+	+
710	+				3550	+	+	+	+
800	+	+			4000		+	+	+
900	+	+			4500		+	+	+
1000	+	+			5000			+	+
1120	+	+			5600			+	+
1250	+	+	+		6300			+	+
1400	+	+	+		7100			+	+
1600	+	+	+		8000			+	+
1800	+	+	+		9000				+
2000	+	+	+	+	10000				+
2240	+	+	+	+	11200				+
2500	+	+	+	+	12500				+
2800	+	+	+	+					

表 13-1-24　　　　窄 V 带基准长度的极限偏差及配组差（GB/T 11544—2012）　　　　mm

基准长度 L_d	型号：SPZ、SPA、SPB、SPC		基准长度 L_d	型号：SPZ、SPA、SPB、SPC	
	极限偏差	配组差		极限偏差	配组差
≤630	±6	2	2500<L_d≤3150	±32	4
630<L_d≤800	±8	2	3150<L_d≤4000	±40	6
800<L_d≤1000	±10	2	4000<L_d≤5000	±50	6
1000<L_d≤1250	±13	2	5000<L_d≤6300	±63	10
1250<L_d≤1600	±16	2	6300<L_d≤8000	±80	10
1600<L_d≤2000	±20	2	8000<L_d≤10000	±100	16
2000<L_d≤2500	±25	4	10000<L_d≤12500	±125	16

注：也可按供需双方协商的配组差。

表 13-1-25　　　　有效宽度制窄 V 带的有效长度 L_e 及配组差（GB/T 11544—2012）　　　　mm

公称有效长度 L_e			极限偏差	配组差	公称有效长度 L_e			极限偏差	配组差
型　号					型　号				
9N	15N	25N			9N	15N	25N		
630			±8	4	1145			±8	4
670			±8	4	1205			±8	4
710			±8	4	1270	1270		±8	4
760			±8	4	1345	1345		±10	4
800			±8	4	1420	1420		±10	6
850			±8	4	1525	1525		±10	6
900			±8	4	1600	1600		±10	6
950			±8	4	1700	1700		±10	6
1015			±8	4	1800	1800		±10	6
1080			±8	4	1900	1900		±10	6

第13篇

公称有效长度 L_e			极限偏差	配组差	公称有效长度 L_e			极限偏差	配组差
型　号					型　号				
9N	15N	25N			9N	15N	25N		
2030	2030		±10	6		6350	6350	±20	16
2160	2160		±13	6		6730	6730	±20	16
2290	2290		±13	6		7100	7100	±20	16
2410	2410		±13	6		7620	7620	±20	16
2540	2540	2540	±13	6		8000	8000	±25	16
2690	2690	2690	±15	6		8500	8500	±25	16
2840	2840	2840	±15	10		9000	9000	±25	16
3000	3000	3000	±15	10			9500	±25	16
3180	3180	3180	±15	10			10160	±25	16
3350	3350	3350	±15	10			10800	±30	16
3550	3350	3550	±15	10					
	3810	3810	±20	10			11430	±30	16
	4060	4060	±20	10			12060	±30	24
	4320	4320	±20	10			12700	±30	24
	4570	4570	±20	10					
	4830	4830	±20	10					
	5080	5080	±20	10					
	5380	5380	±20	10					
	5690	5690	±20	10					
	6000	6000	±20	10					

表 13-1-26　　　　　　　　　　联组窄 V 带的组合

所需窄 V 带根数	组合形式（每组根数）	所需窄 V 带根数	组合形式（每组根数）
6	3,3	12	4,4,4
7	3,4	13	4,5,4
8	4,4	14	5,4,5
9	5,4	15	5,5,5
10	5,5	16	4,4,4,4
11	4,3,4		

表 13-1-27　　　　　　　　窄 V 带的物理性能（GB/T 12730—2018）

型号	拉伸强度/kN ≥	参考力伸长率/% ≤		布与顶胶间黏合强度/kN·m⁻¹ ≥
		包边窄 V 带	切边窄 V 带	
SPZ、XPZ、9N	2.3	4.0	3.0	—
SPA、XPA	3.0			
SPB、XPB、15N	5.4			2.0
SPC、XPC	9.8	5.0	4.0	
25N	12.7			

1.2.2.2　窄 V 带传动的设计计算

已知条件：传动功率；小带轮和大带轮转速；传动用途、载荷性质、原动机种类及工作制度。

表 13-1-28　　　　　　　　　　计算内容与步骤

计算项目	符号	单位	公式及数据	说　明
设计功率	P_d	kW	$P_d = K_A P$	P——传递的功率,kW K_A——工况系数,见表 13-1-29
带型			根据 P_d 和 n_1 确定带型号 基准宽度制 V 带由图 13-1-3 选取 有限宽度制窄 V 带由图 13-1-4 选取	n_1——小带轮转速,r/min

计算项目	符号	单位	公式及数据	说　明
传动比	i		$i=\dfrac{n_1}{n_2}=\dfrac{d_{p2}}{d_{p1}}$ 如计入滑动率 $i=\dfrac{n_1}{n_2}=\dfrac{d_{p2}}{(1-\varepsilon)d_{p1}}$ 通常基准宽度制节圆直径 $d_p=d_d$ 有效宽度制节圆直径 $d_p=d_e-2\Delta_e$	n_2——大带轮转速，r/min d_{p1}——小带轮的节圆直径，mm d_{p2}——大带轮的节圆直径，mm d_e——有效直径 $2\Delta_e$——有效线差 ε——弹性滑动率，通常 $\varepsilon=0.01\sim$ 0.02
小带轮的基准直径 小带轮的有效直径	d_{d1} d_{e1}	mm	基准宽度制窄 V 带由表 13-1-40 选定 有效宽度制窄 V 带和联组窄 V 带由表 13-1-41 选定	为提高 V 带的寿命，宜选取较大的 直径
大带轮的基准直径 大带轮的有效直径	d_{d2} d_{e2}	mm	$d_{d2}=id_{d1}(1-\varepsilon)$ $d_{e2}=id_{e1}(1-\varepsilon)$	基准宽度制窄 V 带由表 13-1-40 选定 有效宽度制窄 V 带和联组窄 V 带由 表 13-1-41 选定
带速	v	m/s	$v=\dfrac{\pi d_{p1}n_1}{60\times1000}\leqslant v_{max}$ 窄 V 带 $v_{max}=35\sim40$	一般 v 不得低于 5m/s 为充分发挥 V 带的传动能力，应使 $v\approx20$m/s
初定中心距	a_0	mm	$0.7(d_{d1}+d_{d2})\leqslant a_0<2(d_{d1}+d_{d2})$ 或 $0.7(d_{e1}+d_{e2})\leqslant a_0<2(d_{e1}+d_{e2})$	或根据结构要求确定
基准长度 有效长度	L_{d0} L_{e0}	mm	$L_{d0}=2a_0+\dfrac{\pi}{2}(d_{d1}+d_{d2})+\dfrac{(d_{d2}-d_{d1})^2}{4a_0}$ $L_{e0}=2a_0+\dfrac{\pi}{2}(d_{e1}+d_{e2})+\dfrac{(d_{e2}-d_{e1})^2}{4a_0}$	基准宽度制窄 V 带由表 13-1-23、表 13-1-24 选取 L_d 有效宽度制窄 V 带、联组窄 V 带由表 13-1-25 选取 L_e
实际中心距	a	mm	$a=a_0+\dfrac{L_d-L_{d0}}{2}$ 或 $a=a_0+\dfrac{L_e-L_{e0}}{2}$	基准宽度制窄 V 带安装时所需最小 中心距：$a_{min}=a-(2b_d+0.009L_d)$，补 偿带伸长所需最大中心距：$a_{max}=$ $a+0.02L_d$ b_d——基准宽度 有效宽度制窄 V 带中心距调整范围 见表 13-1-32
小带轮包角	α_1	(°)	$\alpha_1=180°-\dfrac{d_{d2}-d_{d1}}{a}\times57.3°$ 或 $\alpha_1=180°-\dfrac{d_{e2}-d_{e1}}{a}\times57.3°$	一般 $\alpha_1\geqslant120°$，最小不低于 90°，如较 小，应增大 a 或用张紧轮
单根 V 带的额定 功率	P_1	kW	基准宽度制窄 V 带根据带型、d_{d1} 和 n_1 由表 13-1-33～表 13-1-36 选取 有效宽度制窄 V 带和联组窄 V 带根据带 型、d_{d1} 和 n_1 由表 13-1-37～表 13-1-39 选取	P_1 是 $\alpha=180°$，载荷平稳时，特定基 准长度的单根 V 带基本额定功率
传动比 $i\neq1$ 额定功率增量	ΔP_0	kW	有效宽度制窄 V 带和联组窄 V 带根据带 型、n_1 和 i 由表 13-1-37～表 13-1-39 选取	基准宽度制窄 V 带 $\Delta P_0=0$
V 带的根数	z		$z=\dfrac{P_d}{(P_1+\Delta P_1)K_\alpha K_L}$ 基准宽度制窄 V 带 $\Delta P_1=0$	K_α——小带轮包角修正系数，见表 13-1-13 K_L——带长修正系数，有效宽度制窄 V 带和联组窄 V 带见表13-1-31
单根 V 带的初张 紧力	F_0	N	基准宽度制窄 V 带： $F_0=500\left(\dfrac{2.5}{K_\alpha}-1\right)\dfrac{P_d}{zv}+mv^2$ 有效宽度制窄 V 带： $F_0=0.9\left[500\left(\dfrac{2.5}{K_\alpha}-1\right)\dfrac{P_d}{zv}+mv^2\right]$	m——V 带每米长的质量 窄 V 带每米长的质量，kg/m，见表 13-1-21 联组窄 V 带每米长的质量，kg/m，见 表 13-1-22 v——带速，m/s
作用在轴上的力	F_r	N	$F_r=2F_0z\sin\dfrac{\alpha_1}{2}$	

第
13
篇

表 13-1-29　　　　　　　　窄 V 带设计工况系数 K_A（GB/T 13575.2—2008）

工　　况		K_A					
		空、轻载启动			重载启动		
		每天工作小时数/h					
		<10	10～16	>16	<10	10～16	>16
载荷变动最小	液体搅拌机、通风机和鼓风机（≤7.5kW）、离心机与压缩机、风扇轻载荷输送机	1.0	1.1	1.2	1.1	1.2	1.3
载荷变动小	带式输送机(不均匀载荷)、通风机(>7.5kW)、发电机、天轴、洗涤机械、机床、压力机、剪床、印刷机械、正位移旋转泵、旋转筛与振动筛	1.1	1.2	1.3	1.2	1.3	1.4
载荷变动较大	制砖机、励磁机、斗式提升机、活塞压缩机、输送机、锤磨机、纸厂打浆机、活塞泵、正位移鼓风机、磨粉机、锯木机等木材加工机械、纺织机械	1.2	1.3	1.4	1.4	1.5	1.6
载荷变动很大	破碎机、研磨机、卷扬机、橡胶压延机、压出机、炼胶机	1.3	1.4	1.5	1.5	1.6	1.8

注：1. 空、轻载启动——电动机（交流启动、三角启动、直流并励），四缸以上的内燃机，装有离心式离合器、液力联轴器的动力机。

2. 重载启动——电动机（联机交流启动、直流复励或串励），四缸以下的内燃机。

3. 启动频繁，经常正反转，工作条件恶劣时，K_A 应乘 1.1。

4. 增速传动时，K_A 应乘下列系数：

i	<1.25	≥1.25～1.74	≥1.75～2.49	≥2.5～3.49	≥3.5
系数	1.00	1.05	1.11	1.18	1.25

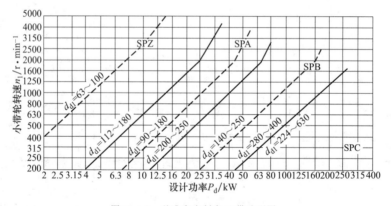

图 13-1-3　基准宽度制窄 V 带选型图

表 13-1-30　　　　　基准宽度制窄 V 带带长修正系数 K_L（GB/T 13575.1—2008）

基准长度 L_d/mm	型　号			基准长度 L_d/mm	型　号				基准长度 L_d/mm	型　号	
	SPZ	SPA	SPB		SPZ	SPA	SPB	SPC		SPB	SPC
	K_L				K_L					K_L	
630	0.82			1800	1.01	0.95	0.88		5000	1.06	0.98
710	0.84			2000	1.02	0.96	0.90	0.81	5600	1.08	1.00
800	0.86	0.81		2240	1.05	0.98	0.92	0.83	6300	1.10	1.02
900	0.88	0.83		2500	1.07	1.00	0.94	0.86	7100	1.12	1.04
1000	0.90	0.85		2800	1.09	1.02	0.96	0.38	8000	1.14	1.06
1120	0.93	0.87		3150	1.11	1.04	0.98	0.90	9000		1.08
1250	0.94	0.89	0.82	3550	1.13	1.06	1.00	0.92	10000		1.10
1400	0.96	0.91	0.84	4000		1.08	1.02	0.94	11200		1.12
1600	1.00	0.93	0.86	4500		1.09	1.04	0.96	12500		1.14

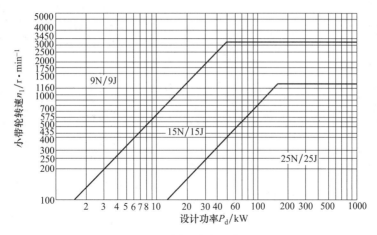

图 13-1-4　有效宽度制窄 V 带选型图

表 13-1-31　　　　有效宽度制窄 V 带带长修正系数 K_L　（GB/T 13575.2—2008）

有效长度 L_e/mm	型　号		有效长度 L_e/mm	型　号			有效长度 L_e/mm	型　号	
	9N、9J	15N、15J		9N、9J	15N、15J	25N、25J		15N、15J	25N、25J
	K_L			K_L				K_L	
630	0.83		1800	1.02	0.91		5080	1.08	0.97
670	0.84		1900	1.03	0.92		5380	1.09	0.98
710	0.85		2030	1.04	0.93		5690	1.09	0.98
760	0.86		2160	1.06	0.94		6000	1.10	0.99
800	0.87		2290	1.07	0.95		6350	1.11	1.00
850	0.88		2410	1.08	0.96		6730	1.12	1.01
900	0.89		2540	1.09	0.96	0.87	7100	1.13	1.02
950	0.90		2690	1.10	0.97	0.88	7620	1.14	1.03
1050	0.92		2840	1.11	0.98	0.88	8000	1.15	1.03
1080	0.93		3000	1.12	0.99	0.89	8500	1.16	1.04
1145	0.94		3180	1.13	1.00	0.90	9000	1.17	1.05
1205	0.95		3350	1.14	1.01	0.91	9500		1.06
1270	0.96	0.85	3550	1.15	1.02	0.92	10160		1.07
1345	0.97	0.86	3810		1.03	0.93	10800		1.08
1420	0.98	0.87	4060		1.04	0.94	11430		1.09
1525	0.99	0.88	4320		1.05	0.94	12060		1.09
1600	1.00	0.89	4570		1.06	0.95	12700		1.10
1700	1.01	0.90	4830		1.07	0.96			

表 13-1-32　　　　有效宽度制窄 V 带传动中心距调整范围　　　　　　　　mm

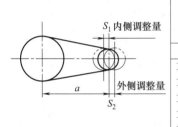

有效长度 L_e	带型						S_2	有效长度 L_e	带型				S_2
	9N	9J	15N	15J	25N	25J			15N	15J	25N	25J	
	S_1								S_1				
≤1205	15	30					25	>5080~6000					75
>1205~1800							30	>6000~6730			45	90	80
>1800~2690	20	35	25	55	40	85	40	>6730~7620	30	60			90
>2690~3180							45	>7620~9000					100
>3180~4320							55	>9000~9500			50	100	115
>4320~5080					45	90	65	>9500~12700					140

表 13-1-33　　　　　　SPZ 型窄 V 带单根基准额定功率（GB/T 13575.1—2008）

d_{d1} /mm	i 或 $1/i$	小轮转速　n_1/r·min^{-1}																	
		200	400	700	800	950	1200	1450	1600	2000	2400	2800	3200	3600	4000	4500	5000	5500	6000
		额定功率 P_N/kW																	
63	1	0.20	0.35	0.54	0.60	0.68	0.81	0.93	1.00	1.17	1.32	1.45	1.56	1.66	1.74	1.81	1.85	1.87	1.85
	1.05	0.21	0.37	0.58	0.64	0.73	0.88	1.01	1.09	1.27	1.44	1.59	1.73	1.84	1.94	2.04	2.11	2.15	2.16
	1.2	0.22	0.39	0.61	0.68	0.78	0.94	1.08	1.17	1.38	1.57	1.74	1.89	2.03	2.15	2.27	2.37	2.43	2.47
	1.5	0.23	0.41	0.65	0.72	0.83	1.00	1.16	1.25	1.48	1.69	1.88	2.06	2.21	2.35	2.50	2.63	2.72	2.77
	≥3	0.24	0.43	0.68	0.76	0.88	1.06	1.23	1.33	1.58	1.81	2.03	2.22	2.40	2.56	2.74	2.88	3.00	3.08
71	1	0.25	0.44	0.70	0.78	0.90	1.08	1.25	1.35	1.59	1.81	2.00	2.18	2.33	2.46	2.59	2.68	2.73	2.74
	1.05	0.26	0.46	0.74	0.82	0.95	1.14	1.32	1.43	1.69	1.93	2.15	2.34	2.51	2.67	2.82	2.94	3.02	3.05
	1.2	0.27	0.49	0.77	0.87	1.00	1.20	1.40	1.51	1.79	2.05	2.29	2.51	2.70	2.87	3.05	3.20	3.30	3.26
	1.5	0.28	0.51	0.81	0.91	1.04	1.26	1.47	1.59	1.90	2.18	2.43	2.67	2.88	3.08	3.28	3.45	3.58	3.67
	≥3	0.29	0.53	0.85	0.95	1.09	1.33	1.55	1.68	2.00	2.30	2.58	2.83	3.07	3.28	3.51	3.71	3.86	3.98
80	1	0.31	0.55	0.88	0.99	1.14	1.38	1.60	1.73	2.05	2.34	2.61	2.85	3.06	3.24	3.42	3.56	3.64	3.66
	1.05	0.32	0.57	0.92	1.03	1.19	1.44	1.67	1.81	2.15	2.47	2.75	3.01	3.24	3.45	3.65	3.81	3.92	3.97
	1.2	0.33	0.59	0.96	1.07	1.24	1.50	1.75	1.89	2.25	2.59	2.90	3.18	3.43	3.65	3.89	4.07	4.20	4.27
	1.5	0.34	0.61	0.99	1.11	1.28	1.56	1.82	1.97	2.36	2.71	3.04	3.34	3.61	3.86	4.12	4.33	4.48	4.58
	≥3	0.35	0.64	1.03	1.15	1.33	1.62	1.90	2.06	2.46	2.84	3.18	3.51	3.80	4.06	4.35	4.58	4.77	4.89
90	1	0.37	0.67	1.09	1.21	1.40	1.70	1.98	2.14	2.55	2.93	3.26	3.57	3.84	4.07	4.30	4.46	4.55	4.56
	1.05	0.38	0.69	1.12	1.26	1.45	1.76	2.06	2.23	2.65	3.05	3.41	3.73	4.02	4.27	4.53	4.71	4.83	4.87
	1.2	0.39	0.71	1.16	1.30	1.50	1.82	2.13	2.31	2.76	3.17	3.55	3.90	4.21	4.48	4.76	4.97	5.11	5.17
	1.5	0.40	0.74	1.19	1.34	1.55	1.88	2.20	2.39	2.86	3.30	3.70	4.06	4.39	4.68	4.99	5.23	5.39	5.48
	≥3	0.41	0.76	1.23	1.38	1.60	1.95	2.28	2.47	2.96	3.42	3.84	4.23	4.58	4.89	5.22	5.48	5.68	5.79
100	1	0.43	0.79	1.28	1.44	1.66	2.02	2.36	2.55	3.05	3.49	3.90	4.26	4.58	4.85	5.10	5.27	5.35	5.32
	1.05	0.44	0.81	1.32	1.48	1.71	2.08	2.43	2.64	3.15	3.62	4.05	4.43	4.76	5.05	5.34	5.53	5.63	5.63
	1.2	0.45	0.83	1.35	1.52	1.76	2.14	2.51	2.72	3.25	3.74	4.19	4.59	4.95	5.26	5.57	5.79	5.92	5.94
	1.5	0.46	0.85	1.39	1.56	1.81	2.20	2.58	2.80	3.35	3.86	4.33	4.76	5.13	5.46	5.80	6.05	6.20	6.25
	≥3	0.47	0.87	1.43	1.60	1.86	2.27	2.66	2.88	3.46	3.99	4.48	4.92	5.32	5.67	6.03	6.30	6.48	6.56
112	1	0.51	0.93	1.52	1.70	1.97	2.40	2.80	3.04	3.62	4.16	4.64	5.06	5.42	5.72	5.99	6.14	6.16	6.05
	1.05	0.52	0.95	1.55	1.74	2.02	2.46	2.88	3.12	3.73	4.28	4.78	5.23	5.61	5.92	6.22	6.40	6.45	6.36
	1.2	0.53	0.98	1.59	1.78	2.07	2.52	2.95	3.20	3.83	4.41	4.93	5.39	5.79	6.13	6.45	6.65	6.73	6.66
	1.5	0.54	1.00	1.63	1.83	2.12	2.58	3.03	3.28	3.93	4.53	5.07	5.55	5.98	6.33	6.68	6.91	7.01	6.97
	≥3	0.55	1.02	1.66	1.87	2.17	2.65	3.10	3.37	4.04	4.65	5.21	5.72	6.16	6.54	6.91	7.17	7.29	7.28
125	1	0.59	1.09	1.77	1.91	2.30	2.80	3.28	3.55	4.24	4.85	5.40	5.88	6.27	6.58	6.83	6.92	6.84	6.57
	1.05	0.60	1.11	1.81	2.03	2.35	2.86	3.35	3.63	4.34	4.98	5.55	6.04	6.46	6.78	7.06	7.18	7.12	6.88
	1.2	0.61	1.13	1.84	2.07	2.40	2.93	3.43	3.72	4.44	5.10	5.69	6.21	6.64	6.99	7.29	7.44	7.41	7.19
	1.5	0.62	1.15	1.88	2.11	2.45	2.99	3.50	3.80	4.54	5.22	5.83	6.37	6.83	7.19	7.52	7.69	7.69	7.50
	≥3	0.63	1.17	1.91	2.15	2.50	3.05	3.58	3.88	4.65	5.35	5.98	6.53	7.01	7.40	7.75	7.95	7.97	7.81
140	1	0.68	1.26	2.06	2.31	2.68	3.26	3.82	4.13	4.92	5.63	6.24	6.75	7.16	7.45	7.64	7.60	7.34	6.81
	1.05	0.69	1.28	2.09	2.35	2.73	3.32	3.89	4.21	5.02	5.75	6.38	6.92	7.35	7.66	7.87	7.86	7.62	7.12
	1.2	0.70	1.30	2.13	2.39	2.77	3.39	3.96	4.30	5.13	5.87	6.53	7.08	7.53	7.86	8.10	8.12	7.90	7.43
	1.5	0.71	1.32	2.17	2.43	2.82	3.45	4.04	4.38	5.23	6.00	6.67	7.25	7.72	8.07	8.33	8.37	8.18	7.74
	≥3	0.72	1.34	2.20	2.47	2.87	3.51	4.11	4.46	5.33	6.12	6.81	7.41	7.90	8.27	8.56	8.63	8.47	8.04
160	1	0.80	1.49	2.44	2.73	3.17	3.86	4.51	4.88	5.80	6.60	7.27	7.81	8.19	8.40	8.41	8.11	7.47	6.45
	1.05	0.81	1.51	2.47	2.78	3.22	3.92	4.59	4.97	5.90	6.72	7.42	7.97	8.37	8.61	8.64	8.37	7.75	6.76
	1.2	0.82	1.53	2.51	2.82	3.27	3.98	4.66	5.05	6.00	6.84	7.56	8.13	8.56	8.81	8.88	8.62	8.03	7.07
	1.5	0.83	1.55	2.54	2.86	3.32	4.05	4.74	5.13	6.11	6.97	7.70	8.30	8.74	9.02	9.11	8.88	8.31	7.37
	≥3	0.84	1.57	2.58	2.90	3.37	4.11	4.81	5.21	6.21	7.09	7.85	8.46	8.93	9.22	9.34	9.14	8.60	7.68
180	1	0.92	1.71	2.81	3.15	3.65	4.45	5.19	5.61	6.63	7.50	8.20	8.71	9.01	9.08	8.81	8.11	6.93	5.22
	1.05	0.93	1.74	2.84	3.19	3.70	4.51	5.26	5.69	6.74	7.63	8.35	8.88	9.20	9.29	9.04	8.36	7.21	5.53
	1.2	0.94	1.76	2.88	3.23	3.75	4.57	5.34	5.77	6.84	7.75	8.49	9.04	9.38	9.49	9.28	8.62	7.49	5.84
	1.5	0.95	1.78	2.92	3.28	3.80	4.63	5.41	5.86	6.94	7.87	8.63	9.21	9.57	9.70	9.51	8.88	7.77	6.15
	≥3	0.96	1.80	2.95	3.32	3.85	4.69	5.49	5.94	7.04	8.00	8.78	9.37	9.75	9.90	9.74	9.14	8.06	6.45
v/m·s^{-1}≈			5			10		15		20	25	30		35	40				

注：表格中带黑框的速度为电机的负荷转速。

表 13-1-34　　　　　　SPA 型窄 V 带单根基准额定功率（GB/T 13575.1—2008）

d_{d1} /mm	i 或 $1/i$	小轮转速 n_1/r·min⁻¹																	
		200	400	700	800	950	1200	1450	1600	2000	2400	2800	3200	3600	4000	4500	5000	5500	6000
		额定功率 P_N/kW																	
90	1	0.43	0.75	1.17	1.30	1.48	1.76	2.02	2.16	2.49	2.77	3.00	3.16	3.26	3.29	3.24	3.07	2.77	2.34
	1.05	0.45	0.80	1.25	1.39	1.59	1.90	2.18	2.34	2.72	3.05	3.32	3.53	3.67	3.76	3.76	3.64	3.40	3.03
	1.2	0.47	0.85	1.34	1.49	1.70	2.04	2.35	2.53	2.96	3.33	3.64	3.90	4.09	4.22	4.28	4.22	4.04	3.72
	1.5	0.50	0.89	1.42	1.58	1.81	2.18	2.52	2.71	3.19	3.60	3.96	4.27	4.50	4.68	4.80	4.80	4.67	4.41
	≥3	0.52	0.94	1.5	1.67	1.92	2.32	2.69	2.90	3.42	3.88	4.29	4.63	4.92	5.14	5.30	5.37	5.31	5.10
100	1	0.53	0.94	1.49	1.65	1.89	2.27	2.61	2.80	3.27	3.67	3.99	4.25	4.42	4.50	4.42	4.31	3.97	3.46
	1.05	0.55	0.99	1.57	1.75	2.00	2.41	2.78	2.99	3.50	3.94	4.32	4.61	4.83	4.96	5.00	4.89	4.61	4.15
	1.2	0.57	1.03	1.65	1.84	2.11	2.54	2.95	3.17	3.73	4.22	4.64	4.98	5.25	5.43	5.52	5.46	5.24	4.84
	1.5	0.60	1.08	1.73	1.93	2.22	2.68	3.11	3.36	3.96	4.50	4.96	5.35	5.66	5.89	6.04	6.04	5.88	5.53
	≥3	0.62	1.13	1.81	2.02	2.33	2.82	3.28	3.54	4.19	4.78	5.29	5.72	6.08	6.35	6.56	6.62	6.51	6.22
112	1	0.64	1.16	1.86	2.07	2.38	2.86	3.31	3.57	4.18	4.71	5.15	5.49	5.72	5.85	5.83	5.61	5.16	4.47
	1.05	0.67	1.21	1.94	2.16	2.49	3.00	3.48	3.75	4.41	4.99	5.47	5.86	6.14	6.31	6.35	6.18	5.80	5.17
	1.2	0.69	1.26	2.02	2.26	2.6	3.14	3.65	3.94	4.64	5.27	5.79	6.23	6.55	6.77	6.87	6.76	6.43	5.86
	1.5	0.71	1.30	2.10	2.35	2.71	3.28	3.82	4.12	4.87	5.54	6.12	6.60	6.97	7.23	7.39	7.34	7.06	6.55
	≥3	0.74	1.35	2.18	2.44	2.82	3.42	3.98	4.30	5.11	5.82	6.44	6.96	7.38	7.69	7.91	7.91	7.70	7.24
125	1	0.77	1.40	2.25	2.52	2.90	3.50	4.06	4.38	5.15	5.80	6.34	6.76	7.03	7.16	7.09	6.75	6.11	5.14
	1.05	0.79	1.45	2.33	2.61	3.01	3.64	4.23	4.56	5.38	6.08	6.67	7.13	7.45	7.62	7.61	7.33	6.74	5.00
	1.2	0.82	1.50	2.42	2.70	3.12	3.78	4.40	4.73	5.61	6.36	6.99	7.49	7.36	9.08	3.13	7.9	7.37	6.52
	1.5	0.84	1.54	2.50	2.80	3.23	3.92	4.56	4.93	5.84	6.63	7.31	7.86	8.28	8.54	8.65	8.48	8.01	7.21
	≥3	0.86	1.59	2.58	2.89	3.34	4.06	4.73	5.12	6.07	6.91	7.63	8.23	8.69	9.01	9.17	9.06	8.64	7.91
140	1	0.92	1.66	2.71	3.03	3.49	4.23	4.91	5.29	6.22	7.01	7.64	8.11	8.39	8.48	8.27	7.69	6.71	5.28
	1.05	0.94	1.72	2.79	3.12	3.60	4.37	5.07	5.48	6.45	7.29	7.97	8.48	8.81	8.94	8.79	8.27	7.34	5.97
	1.2	0.96	1.77	2.87	3.21	3.71	4.50	5.24	5.66	6.68	7.56	8.29	8.85	9.22	9.40	9.31	8.85	7.98	6.66
	1.5	0.99	1.82	2.95	3.31	3.82	4.64	5.41	5.84	6.91	7.84	8.61	9.22	9.64	9.85	9.83	9.42	8.61	7.35
	≥3	1.01	1.86	3.03	3.40	3.93	4.78	5.58	6.03	7.14	8.12	8.94	9.59	10.05	10.32	10.35	10.00	9.25	8.05
160	1	1.11	2.04	3.30	3.70	4.27	5.17	6.01	6.47	7.60	8.53	9.24	9.72	9.94	9.87	9.34	8.28	6.62	4.31
	1.05	1.13	2.08	3.38	3.79	4.38	5.31	6.17	6.66	7.83	8.80	9.57	10.09	10.35	10.33	9.85	8.85	7.25	5.00
	1.2	1.15	2.13	3.46	3.88	4.49	5.45	6.34	6.84	8.06	9.08	9.89	10.46	10.77	10.79	10.38	9.43	7.88	5.70
	1.5	1.18	2.18	3.55	3.98	4.60	5.59	6.51	7.03	8.29	9.36	10.21	10.83	11.18	11.25	10.90	10.01	8.52	6.39
	≥3	1.20	2.22	3.63	4.07	4.71	5.73	6.68	7.21	8.52	9.63	10.53	11.20	11.60	11.72	11.42	10.58	9.15	7.08
180	1	1.30	2.39	3.89	4.36	5.04	6.10	7.07	7.62	8.9	9.93	10.67	11.09	11.15	10.81	9.78	7.99	6.33	1.83
	1.05	1.32	2.44	3.97	4.45	5.15	6.23	7.24	7.80	9.13	10.21	11.00	11.46	11.56	11.27	10.29	8.57	6.02	2.57
	1.2	1.34	2.49	4.05	4.54	5.25	6.37	7.41	7.99	9.37	10.49	11.32	11.83	11.98	11.73	10.31	9.15	6.65	3.26
	1.5	1.37	2.53	4.13	4.64	5.36	6.51	7.57	8.17	9.60	10.76	11.64	12.20	12.39	12.19	11.33	9.72	7.29	3.95
	≥3	1.39	2.58	4.21	4.73	5.47	6.65	7.74	8.35	9.83	11.04	11.96	12.56	12.81	12.65	11.85	10.3	7.92	4.64
200	1	1.49	2.75	4.47	5.01	5.79	7.00	8.10	8.72	10.13	11.22	11.92	12.19	11.98	11.25	9.50	6.75	2.89	
	1.05	1.51	2.79	4.55	5.10	5.89	7.14	8.27	8.90	10.37	11.49	12.24	12.56	12.40	11.71	10.02	7.33	3.52	
	1.2	1.53	2.84	4.63	5.19	6.00	7.27	8.44	9.08	10.60	11.77	12.56	12.93	12.81	12.17	10.54	7.91	4.16	
	1.5	1.55	2.89	4.71	5.29	6.11	7.41	8.61	9.27	10.83	12.05	12.89	13.30	13.23	12.63	11.06	8.43	4.79	
	≥3	1.58	2.93	4.79	5.38	6.22	7.55	8.77	9.45	11.06	12.32	13.21	13.67	13.64	13.09	11.58	9.06	5.43	
224	1	1.71	3.17	5.16	5.77	6.67	8.05	9.30	9.97	11.51	12.59	13.15	13.13	12.45	11.04	8.15	3.87		
	1.05	1.73	3.21	5.24	5.87	6.78	8.19	9.46	10.16	11.74	12.86	13.47	13.49	12.86	11.50	8.67	4.44		
	1.2	1.75	3.26	5.32	5.96	6.89	8.33	9.63	10.34	11.97	13.14	13.79	13.86	13.28	11.96	9.19	5.02		
	1.5	1.78	3.30	5.40	6.05	6.99	8.46	9.80	10.53	12.2	13.42	14.12	14.23	13.69	12.42	9.71	5.60		
	≥3	1.80	3.35	5.48	6.14	7.10	8.60	9.96	10.71	12.43	13.69	14.44	14.60	14.11	12.89	10.23	6.17		
250	1	1.95	3.62	5.88	6.59	7.60	9.15	10.53	11.26	12.85	13.84	14.13	13.62	12.22	9.83	5.29			
	1.05	1.97	3.66	5.97	6.68	7.71	9.29	10.69	11.44	13.08	14.12	14.45	13.99	12.64	10.29	5.81			
	1.2	1.99	3.71	6.05	6.77	7.82	9.43	10.86	11.63	13.31	14.39	14.77	14.36	13.05	10.75	6.33			
	1.5	2.02	3.75	6.13	6.87	7.93	9.56	11.03	11.81	13.54	14.67	15.1	14.73	13.47	11.21	6.85			
	≥3	2.04	3.80	6.21	6.96	8.04	9.70	11.19	12.00	13.77	14.95	15.42	15.10	13.83	11.67	7.36			
v/m·s⁻¹≈			5		10		15		20	25	30	35	40						

注：表格中带黑框的速度为电机的负荷转速。

表 13-1-35   SPB 型窄 V 带单根基准额定功率（GB/T 13575.1—2008）

小轮转速 n_1/r·min⁻¹ — 额定功率 P_N/kW

d_{d1}/mm	i 或 $1/i$	200	400	**700**	800	**950**	1200	**1450**	1600	1800	2000	2200	2400	**2800**	3200	3600	4000	4500
140	1	1.08	1.92	3.02	3.35	3.83	4.55	5.19	5.54	5.95	6.31	6.62	6.86	7.15	7.17	6.89	6.23	5.00
	1.05	1.12	2.02	3.19	3.55	4.06	4.84	5.55	5.93	6.39	6.80	7.15	7.44	7.84	7.95	7.77	7.25	6.10
	1.2	1.17	2.12	3.35	3.74	4.29	5.14	5.90	6.32	6.83	7.29	7.69	8.03	8.52	8.73	8.65	8.23	7.20
	1.5	1.22	2.21	3.53	3.94	4.52	5.43	6.25	6.71	7.27	7.70	8.23	8.61	9.20	9.51	9.52	9.80	8.30
	≥3	1.27	2.31	3.70	4.13	4.76	5.72	6.61	7.40	7.71	8.26	8.76	9.20	9.89	10.29	10.40	10.18	9.39
160	1	1.37	2.47	3.92	4.37	5.01	5.98	6.86	7.33	7.89	8.38	8.80	9.13	9.52	9.53	9.10	8.21	6.36
	1.05	1.41	2.57	4.10	4.57	5.24	6.28	7.21	7.72	8.33	8.87	9.33	9.71	10.2	10.31	9.98	9.18	7.45
	1.2	1.46	2.66	4.27	4.76	5.17	6.57	7.56	8.11	8.77	9.36	9.87	10.30	10.89	11.09	10.86	10.16	8.55
	1.5	1.51	2.76	4.44	4.96	5.70	6.86	7.92	8.50	9.21	9.85	10.41	10.88	11.57	11.87	11.74	11.13	9.65
	≥3	1.56	2.86	4.61	5.15	5.93	7.15	8.27	8.89	9.65	10.33	10.94	11.47	12.25	12.65	12.61	12.11	10.75
180	1	1.65	3.01	4.82	5.37	6.16	7.38	8.46	9.05	9.74	10.34	10.83	11.21	11.62	11.49	10.77	9.40	6.68
	1.05	1.70	3.11	4.99	5.57	6.40	7.67	8.82	9.44	10.18	10.83	11.37	11.80	12.30	12.27	11.65	10.37	7.77
	1.2	1.75	3.20	5.16	5.76	6.63	7.97	9.17	9.83	10.62	11.32	11.91	12.39	12.98	13.05	12.52	11.35	8.87
	1.5	1.80	3.30	5.83	5.96	6.86	8.26	9.53	10.22	11.06	11.80	12.44	12.97	13.66	13.83	13.40	12.32	9.97
	≥3	1.85	3.40	5.50	6.15	7.09	8.55	9.88	10.61	11.50	12.29	12.98	13.56	14.35	14.61	14.28	13.30	11.07
200	1	1.94	3.54	5.69	6.35	7.30	8.74	10.02	10.70	11.50	12.18	12.72	13.11	13.41	13.01	11.83	9.77	5.85
	1.05	1.99	3.64	5.86	6.55	7.53	9.04	10.37	11.09	11.94	12.67	13.25	13.69	14.10	13.79	12.71	10.75	6.95
	1.2	2.03	3.74	6.03	6.75	7.76	9.33	10.73	11.48	12.38	13.15	13.79	14.28	14.78	14.57	13.69	11.72	8.04
	1.5	2.08	3.84	6.21	6.94	7.99	9.52	11.03	11.87	12.82	13.64	11.33	14.86	15.46	15.36	14.46	12.70	9.14
	≥3	2.13	3.93	6.38	7.14	8.23	9.91	11.43	12.26	13.26	14.13	14.86	15.45	16.14	16.14	15.34	13.68	10.24
224	1	2.28	4.18	6.73	7.52	8.63	10.33	11.81	12.59	13.49	14.21	14.76	15.10	15.14	14.22	12.23	9.04	3.18
	1.05	2.32	4.28	6.90	7.71	8.86	10.62	12.17	12.98	13.93	14.70	15.29	15.69	15.83	15.00	13.11	10.01	4.28
	1.2	2.37	4.37	7.07	7.91	9.10	10.92	12.58	13.37	14.37	15.19	15.83	16.27	16.51	15.78	13.98	10.99	5.38
	1.5	2.42	4.47	7.24	8.10	9.33	11.21	12.87	13.76	14.80	15.68	16.37	16.86	17.19	16.57	14.86	11.96	6.47
	≥3	2.47	4.57	7.41	8.30	9.56	11.50	13.23	14.15	15.24	16.16	16.90	17.44	17.87	17.35	15.74	12.94	7.57
250	1	2.64	4.86	7.84	8.75	10.04	11.99	13.66	14.51	15.47	16.19	16.68	16.89	16.44	14.69	11.48	6.63	
	1.05	2.69	4.96	8.01	8.94	10.27	12.28	14.01	14.90	15.91	16.68	17.21	17.47	17.13	15.47	12.36	7.61	
	1.2	2.74	5.05	8.18	9.14	10.50	12.57	14.37	15.29	16.35	17.17	17.75	18.06	17.81	16.25	13.23	8.58	
	1.5	2.79	5.15	8.35	9.33	10.74	12.87	14.72	15.68	16.78	17.66	18.28	18.65	18.49	17.03	14.11	9.55	
	≥3	2.83	5.25	8.52	9.53	10.97	13.16	15.07	16.07	17.22	18.15	18.82	19.23	19.17	17.81	14.99	10.53	
280	1	3.05	5.63	9.09	10.14	11.62	13.82	15.65	16.56	17.52	18.17	18.48	18.43	17.13	14.04	8.92	1.55	
	1.05	3.10	5.73	9.26	10.33	11.85	14.11	16.01	16.95	17.96	18.65	19.01	19.01	17.81	14.82	9.80	2.53	
	1.2	3.15	5.83	9.43	10.53	12.08	14.41	16.36	17.34	18.39	19.14	19.55	19.60	18.49	15.60	10.68	3.50	
	1.5	3.20	5.93	9.6	10.72	12.32	14.70	16.72	17.73	18.83	19.63	20.09	20.18	19.18	16.38	11.56	4.48	
	≥3	3.25	6.02	9.77	10.92	12.55	14.99	17.07	18.12	19.27	20.12	20.62	20.77	19.86	17.16	12.43	5.45	
315	1	3.53	6.53	10.51	11.71	13.40	15.84	17.79	18.70	19.55	20.00	19.97	19.44	16.71	11.47	3.40		
	1.05	3.58	6.62	10.68	11.91	13.68	16.13	18.15	19.09	20.00	20.49	20.51	20.03	17.39	12.25	4.28		
	1.2	3.63	6.72	10.85	12.11	13.86	16.43	18.50	19.48	20.44	20.97	21.05	20.61	18.07	13.03	5.16		
	1.5	3.68	6.82	11.02	12.30	14.09	16.72	18.85	19.87	20.88	21.46	21.58	21.20	18.76	13.81	6.04		
	≥3	3.73	6.92	11.19	12.50	14.38	17.01	19.21	20.26	21.32	21.95	22.12	21.78	19.44	14.59	6.91		
355	1	4.08	7.53	12.10	13.46	15.33	17.99	19.96	20.78	21.39	21.42	20.79	19.46	14.45	5.91			
	1.05	4.18	7.63	12.27	13.65	15.57	18.28	20.31	21.17	21.83	21.91	21.33	20.05	15.13	6.69			
	1.2	4.17	7.73	12.44	13.85	15.80	18.57	20.67	21.56	22.27	22.39	21.87	20.63	15.81	7.47			
	1.5	4.22	7.82	12.61	14.04	16.03	18.86	21.02	21.95	22.71	22.88	22.40	21.22	16.50	8.85			
	≥3	4.27	7.92	12.78	14.24	16.26	19.16	21.37	22.34	23.15	23.37	22.94	21.80	17.18	9.03			
400	1	4.68	8.64	13.82	15.34	17.39	20.17	22.02	22.62	22.76	22.22	20.46	17.87	9.37				
	1.05	4.73	8.74	13.99	15.53	17.62	20.46	22.37	23.01	23.19	22.55	21.00	18.46	10.05				
	1.2	4.78	8.84	14.16	15.73	17.85	20.75	22.72	23.4	23.63	23.04	21.54	19.04	10.74				
	1.5	4.83	8.94	14.33	15.92	18.09	21.05	23.08	23.79	24.07	23.53	22.07	19.63	11.42				
	≥3	4.87	9.03	14.50	16.12	18.32	21.34	23.43	24.18	24.51	24.02	22.61	20.21	12.10				
v/m·s⁻¹≈			5	10	15		20	25	30		35		40					

注：表格中带黑框的速度为电机的负荷转速。

表 13-1-36　　　　　　SPC 型窄 V 带单根基准额定功率（GB/T 13575.1—2008）

d_{d1} /mm	i 或 $1/i$	小轮转速　n_1/r·min⁻¹																
		200	300	400	500	600	**700**	800	**950**	1200	**1450**	1600	1800	2000	2200	2400	**2800**	3200
		额定功率 P_N/kW																
224	1	2.90	4.08	5.19	6.23	7.21	8.13	8.99	10.19	11.89	13.22	13.81	14.35	14.58	14.47	14.01	11.89	8.01
	1.05	3.02	4.26	5.43	6.53	7.57	8.55	9.47	10.76	12.61	14.09	14.77	15.43	15.78	15.79	15.44	13.57	9.93
	1.2	3.14	4.44	5.67	6.83	7.92	8.97	9.95	11.33	13.33	14.95	15.73	16.51	16.98	17.11	16.88	15.25	11.85
	1.5	3.26	4.62	5.91	7.13	8.28	8.39	10.43	11.90	14.05	15.82	16.69	17.59	18.17	18.43	19.32	16.92	13.77
	≥3	3.38	4.80	6.15	7.43	8.64	9.81	10.91	12.47	14.77	16.69	17.65	18.66	19.37	19.75	19.75	18.60	15.68
250	1	3.50	4.95	6.31	7.60	8.81	9.95	11.02	12.51	14.61	16.21	16.52	17.52	17.70	17.44	16.69	13.60	8.12
	1.05	3.62	5.13	6.55	7.89	9.17	10.37	11.50	13.07	15.33	17.08	17.88	18.59	18.90	18.76	18.13	15.28	10.04
	1.2	3.74	5.31	6.79	8.19	9.53	10.79	11.98	13.64	16.05	17.95	18.83	19.67	20.10	20.08	19.57	16.96	11.96
	1.5	3.86	5.49	7.03	8.49	9.89	11.21	12.46	14.21	16.77	18.82	19.79	20.78	21.30	21.40	21.01	18.64	13.88
	≥3	3.98	5.67	7.27	8.79	10.25	11.63	12.94	14.78	17.49	19.69	20.75	21.83	22.50	22.72	22.45	20.32	15.80
280	1	4.18	5.94	7.59	9.15	10.62	12.01	13.31	15.10	17.60	19.44	20.20	20.75	20.75	20.13	18.86	14.11	6.10
	1.05	4.30	6.12	7.83	9.45	10.98	12.43	13.79	15.67	18.32	20.31	21.16	21.83	21.95	21.45	20.30	15.79	8.02
	1.2	4.42	6.30	8.07	9.75	11.34	12.85	14.27	16.24	19.04	21.18	22.12	22.91	23.15	22.77	21.73	17.47	9.93
	1.5	4.54	6.48	8.31	10.05	11.70	13.27	14.75	16.81	19.76	22.05	23.07	23.99	24.34	24.09	23.17	19.15	11.85
	≥3	4.66	6.66	8.55	10.35	12.06	13.69	15.23	17.38	20.48	22.92	24.03	25.07	25.54	25.41	24.61	20.83	13.77
315	1	4.97	7.08	9.07	10.94	12.70	14.36	15.90	18.01	20.88	22.87	23.58	23.91	23.47	22.18	19.98	12.53	
	1.05	5.09	7.26	9.31	11.24	13.06	14.78	16.38	18.58	21.60	23.74	24.54	24.99	24.67	23.50	21.42	14.20	
	1.2	5.21	7.44	9.55	11.54	13.42	15.20	16.86	19.15	22.32	24.60	25.50	26.07	25.87	24.82	32.86	15.88	
	1.5	5.33	7.62	9.79	11.84	13.73	15.62	17.34	19.72	23.04	25.47	26.46	27.15	27.07	26.41	24.30	17.56	
	≥3	5.45	7.80	10.03	12.14	14.14	16.04	17.82	20.29	23.76	26.34	27.42	28.23	28.26	27.46	25.74	19.24	
355	1	5.87	8.37	10.72	12.94	15.02	16.96	18.76	21.17	24.34	26.29	26.80	26.62	25.37	22.94	19.22		
	1.05	5.99	8.55	10.96	13.24	15.38	17.38	19.24	21.74	25.06	27.16	27.76	27.70	26.57	24.26	20.66		
	1.2	6.11	8.73	11.20	13.54	15.74	17.80	19.72	22.31	25.78	28.03	28.72	28.78	27.77	25.58	22.10		
	1.5	6.23	8.91	11.44	13.84	16.10	18.22	20.20	22.88	26.50	28.90	29.68	29.86	28.97	26.90	23.54		
	≥3	6.35	9.09	11.68	14.14	16.46	18.64	20.68	23.45	27.22	29.77	30.64	30.94	30.17	28.22	24.98		
400	1	6.86	9.80	12.56	15.15	17.56	19.79	21.84	24.52	27.83	29.46	29.53	28.42	25.81	21.54	15.48		
	1.05	6.98	9.98	12.80	15.45	17.92	20.12	22.32	25.09	28.55	30.33	30.49	29.50	27.01	22.86	16.91		
	1.2	7.10	10.16	13.04	15.75	18.28	20.63	22.80	25.66	29.27	31.20	31.45	30.58	28.21	24.18	18.35		
	1.5	7.22	10.34	13.28	16.04	18.64	21.05	23.28	26.23	29.99	32.07	32.41	31.66	29.41	25.50	19.79		
	≥3	7.34	10.52	13.52	16.34	19.00	21.47	23.76	26.80	30.70	32.94	33.37	32.74	30.60	26.82	21.23		
450	1	7.96	11.37	14.56	17.54	20.29	22.81	25.07	27.94	31.15	32.06	31.33	28.69	23.95	16.89			
	1.05	8.08	11.53	14.80	17.83	20.65	23.23	25.55	28.51	31.87	32.93	32.29	29.77	25.15	18.21			
	1.2	8.20	11.73	15.04	18.13	21.01	23.65	26.03	29.08	32.59	33.80	33.25	30.85	26.34	16.53			
	1.5	8.32	11.91	15.28	18.43	21.37	24.07	26.51	29.65	33.31	34.67	34.21	31.92	27.54	20.85			
	≥3	8.44	12.09	15.52	18.73	21.73	24.48	26.99	30.22	34.03	35.54	35.16	33.00	28.74	22.17			
500	1	9.04	12.91	16.52	19.86	22.92	25.67	28.09	31.04	33.85	33.58	31.07	26.94	19.35				
	1.05	9.16	13.09	16.76	20.16	23.28	26.09	28.57	31.61	34.57	34.45	32.66	28.02	20.54				
	1.2	9.28	13.27	17.00	20.46	23.64	26.51	29.05	32.18	35.29	35.31	33.62	29.10	21.74				
	1.5	9.40	13.45	17.24	20.76	24.00	26.93	29.53	32.75	36.01	36.18	34.57	30.18	22.94				
	≥3	9.52	13.63	17.48	21.06	24.35	27.35	30.01	33.32	36.73	37.05	35.53	31.26	24.14				
560	1	10.32	14.74	18.82	22.56	25.93	28.90	31.43	34.29	36.18	33.83	30.05	21.90					
	1.05	10.44	14.92	19.06	22.86	26.29	29.32	31.91	34.86	36.90	34.70	31.01	22.98					
	1.2	10.56	15.09	19.30	23.16	26.65	29.74	32.39	35.43	37.62	35.57	31.97	24.05					
	1.5	10.68	15.27	19.54	23.46	27.01	30.16	32.87	36.00	38.34	36.44	32.93	25.14					
	≥3	10.80	15.45	19.78	23.76	27.37	30.58	33.35	36.57	39.06	37.31	33.89	26.22					
630	1	11.80	16.82	21.42	25.56	29.25	32.37	34.88	37.37	37.52	31.74	24.90						
	1.05	11.92	17.00	21.66	25.88	29.61	32.79	35.36	37.94	38.24	32.61	25.92						
	1.2	12.04	17.18	21.90	26.18	29.96	33.21	35.84	38.51	38.96	33.48	26.88						
	1.5	12.16	17.36	22.14	26.48	30.32	33.63	36.32	39.07	39.68	34.35	27.84						
	≥3	12.28	17.54	22.38	26.78	30.68	34.04	36.80	39.64	40.40	35.22	28.79						
v/m·s⁻¹≈			10	15		20	25		30	35	40							

注：表格中带黑框的速度为电机的负荷转速。

表 13-1-37　9N、9J 基本额定功率值 P_1 和附加功率值 ΔP_1 （13575.2—2008）　　　　　　　kW

n_1/r·min⁻¹	P_1　d_{e1}/mm														ΔP_1　i									
	67	71	75	80	90	100	112	125	140	160	180	200	250	315	1.00~1.01	1.02~1.05	1.06~1.11	1.12~1.18	1.19~1.26	1.27~1.38	1.39~1.57	1.58~1.94	1.95~3.38	3.39~以上
575	0.52	0.60	0.68	0.78	0.97	1.16	1.39	1.64	1.92	2.30	2.67	3.03	3.93	5.06	0.0	0.01	0.02	0.04	0.05	0.07	0.08	0.09	0.09	0.10
690	0.60	0.70	0.79	0.91	1.14	1.37	1.64	1.93	2.26	2.70	3.14	3.57	4.62	5.94	0.0	0.01	0.03	0.05	0.07	0.08	0.09	0.10	0.11	0.12
725	0.63	0.73	0.82	0.95	1.19	1.43	1.71	2.02	2.37	2.83	3.28	3.73	4.83	6.21	0.0	0.01	0.03	0.05	0.07	0.08	0.10	0.11	0.12	0.13
870	0.73	0.84	0.96	1.10	1.39	1.67	2.01	2.37	2.78	3.32	3.86	4.38	5.67	7.27	0.0	0.01	0.03	0.06	0.08	0.10	0.12	0.13	0.14	0.15
950	0.78	0.91	1.03	1.19	1.50	1.80	2.17	2.56	3.00	3.59	4.17	4.73	6.11	7.83	0.0	0.02	0.04	0.07	0.09	0.11	0.13	0.14	0.16	0.17
1160	0.91	1.07	1.22	1.40	1.77	2.14	2.58	3.05	3.58	4.27	4.96	5.63	7.25	9.22	0.0	0.02	0.05	0.08	0.11	0.13	0.16	0.17	0.19	0.20
1425	1.07	1.26	1.44	1.66	2.11	2.55	3.08	3.63	4.27	5.10	5.91	6.70	8.58	10.81	0.0	0.02	0.06	0.10	0.13	0.16	0.19	0.21	0.23	0.25
1750	1.26	1.47	1.69	1.96	2.50	3.03	3.66	4.32	5.07	6.05	7.00	7.91	10.04	12.45	0.0	0.03	0.07	0.12	0.16	0.20	0.23	0.26	0.29	0.30
2850	1.78	2.12	2.45	2.86	3.67	4.47	5.39	6.35	7.41	8.75	9.98	11.09	13.32		0.0	0.04	0.11	0.20	0.27	0.33	0.38	0.43	0.47	0.50
3450	2.01	2.41	2.80	3.28	4.22	5.12	6.17	7.24	8.41	9.82	11.05	12.10			0.0	0.05	0.14	0.24	0.33	0.39	0.46	0.52	0.57	0.60
100	0.12	0.13	0.15	0.17	0.21	0.24	0.29	0.34	0.39	0.47	0.54	0.61	0.79	1.02	0.0	0.00	0.00	0.01	0.01	0.01	0.01	0.02	0.02	0.02
200	0.21	0.24	0.27	0.31	0.38	0.46	0.54	0.69	0.74	0.88	1.02	1.16	1.50	1.94	0.0	0.01	0.01	0.01	0.02	0.02	0.03	0.03	0.03	0.03
300	0.30	0.35	0.39	0.44	0.55	0.66	0.78	0.92	1.07	1.28	1.48	1.68	2.18	2.81	0.0	0.01	0.01	0.02	0.03	0.03	0.04	0.05	0.05	0.05
400	0.38	0.44	0.50	0.57	0.71	0.85	1.01	1.19	1.39	1.66	1.92	2.18	2.83	3.65	0.0	0.01	0.02	0.03	0.04	0.05	0.05	0.06	0.07	0.07
500	0.46	0.53	0.60	0.69	0.86	1.03	1.23	1.45	1.70	2.03	2.35	2.67	3.46	4.46	0.0	0.01	0.02	0.03	0.05	0.06	0.07	0.08	0.08	0.09
600	0.54	0.62	0.70	0.80	1.01	1.21	1.45	1.71	2.00	2.39	2.77	3.15	4.08	5.25	0.0	0.02	0.03	0.04	0.06	0.07	0.08	0.09	0.10	0.10
700	0.61	0.70	0.80	0.92	1.15	1.38	1.66	1.96	2.29	2.74	3.18	3.61	4.68	6.02	0.0	0.02	0.03	0.05	0.07	0.08	0.09	0.11	0.11	0.12
800	0.68	0.79	0.89	1.03	1.29	1.55	1.87	2.20	2.58	3.08	3.58	4.07	5.26	6.76	0.0	0.02	0.04	0.06	0.08	0.09	0.11	0.12	0.13	0.14
900	0.75	0.87	0.99	1.13	1.43	1.72	2.07	2.44	2.86	3.42	3.97	4.51	5.83	7.48	0.0	0.02	0.04	0.07	0.08	0.10	0.12	0.14	0.15	0.16
1000	0.81	0.94	1.08	1.24	1.56	1.89	2.27	2.68	3.14	3.75	4.36	4.95	6.39	8.17	0.0	0.02	0.04	0.07	0.09	0.11	0.13	0.15	0.16	0.17
1100	0.88	1.02	1.16	1.34	1.70	2.05	2.46	2.91	3.42	4.08	4.73	5.38	6.93	8.84	0.0	0.03	0.05	0.08	0.10	0.13	0.15	0.17	0.18	0.19
1200	0.94	1.09	1.25	1.44	1.83	2.21	2.66	3.14	3.68	4.40	5.10	5.79	7.46	9.48	0.0	0.03	0.05	0.08	0.12	0.14	0.16	0.18	0.20	0.21
1300	1.00	1.17	1.33	1.54	1.95	2.36	2.84	3.36	3.95	4.71	5.47	6.20	7.97	10.09	0.0	0.03	0.05	0.10	0.13	0.15	0.17	0.20	0.21	0.23
1400	1.06	1.24	1.42	1.64	2.08	2.51	3.03	3.58	4.21	5.02	5.82	6.60	8.46	10.67	0.0	0.03	0.06	0.10	0.13	0.16	0.19	0.21	0.23	0.24
1500	1.12	1.31	1.50	1.73	2.20	2.67	3.21	3.80	4.46	5.32	6.17	6.99	8.93	11.22	0.0	0.03	0.06	0.10	0.14	0.17	0.20	0.23	0.25	0.26
1600	1.17	1.38	1.58	1.83	2.32	2.81	3.39	4.01	4.71	5.62	6.50	7.36	9.39	11.74	0.0	0.03	0.06	0.11	0.15	0.18	0.21	0.24	0.26	0.28
1700	1.23	1.44	1.66	1.92	2.44	2.96	3.57	4.22	4.95	5.91	6.83	7.73	9.83	12.22	0.0	0.03	0.07	0.12	0.16	0.19	0.23	0.26	0.28	0.30
1800	1.28	1.51	1.73	2.01	2.56	3.10	3.74	4.42	5.19	6.19	7.16	8.09	10.25	12.67	0.0	0.03	0.07	0.12	0.17	0.21	0.24	0.27	0.30	0.31
1900	1.33	1.57	1.81	2.10	2.68	3.24	3.91	4.63	5.43	6.47	7.47	8.43	10.65	13.08	0.0	0.03	0.08	0.13	0.18	0.22	0.25	0.29	0.31	0.33
2000	1.39	1.63	1.88	2.19	2.79	3.38	4.08	4.82	5.66	6.74	7.77	8.77	11.03	13.45	0.0	0.03	0.08	0.14	0.19	0.23	0.27	0.30	0.33	0.35
2100	1.44	1.70	1.95	2.27	2.90	3.52	4.25	5.02	5.88	7.00	8.07	9.09	11.39	13.78	0.0	0.03	0.08	0.15	0.20	0.24	0.28	0.32	0.34	0.36

续表

n_1 /r·min⁻¹	d_{e1}/mm P_1														i ΔP_1									
	67	71	75	80	90	100	112	125	140	160	180	200	250	315	1.00~1.01	1.02~1.05	1.06~1.11	1.12~1.18	1.19~1.26	1.27~1.38	1.39~1.57	1.58~1.94	1.95~3.38	3.39~以上
2200	1.49	1.76	2.02	2.35	3.01	3.65	4.41	5.21	6.11	7.26	8.36	9.40	11.73	14.07	0.0	0.03	0.09	0.15	0.21	0.25	0.29	0.33	0.36	0.38
2300	1.53	1.81	2.09	2.44	3.12	3.78	4.57	5.39	6.32	7.51	8.63	9.70	12.04	14.32	0.0	0.03	0.09	0.16	0.22	0.26	0.31	0.35	0.38	0.40
2400	1.58	1.87	2.16	2.52	3.22	3.91	4.72	5.58	6.53	7.75	8.90	9.98	12.33	14.52	0.0	0.03	0.10	0.17	0.23	0.27	0.32	0.36	0.39	0.42
2500	1.63	1.93	2.23	2.60	3.33	4.04	4.88	5.76	6.74	7.98	9.16	10.25	12.60		0.0	0.04	0.10	0.17	0.24	0.29	0.33	0.38	0.41	0.43
2600	1.67	1.98	2.29	2.68	3.43	4.16	5.03	5.93	6.94	8.21	9.41	10.51	12.84		0.0	0.04	0.11	0.18	0.25	0.30	0.35	0.39	0.43	0.45
2700	1.72	2.04	2.36	2.75	3.53	4.29	5.17	6.10	7.13	8.43	9.64	10.75	13.05		0.0	0.04	0.11	0.19	0.25	0.31	0.36	0.41	0.44	0.47
2800	1.76	2.09	2.42	2.83	3.63	4.41	5.32	6.27	7.32	8.64	9.87	10.98	13.24		0.0	0.04	0.12	0.19	0.26	0.32	0.37	0.42	0.46	0.49
2900	1.8	2.14	2.48	2.90	3.72	4.52	5.46	6.43	7.50	8.85	10.08	11.20	13.40		0.0	0.04	0.12	0.20	0.27	0.33	0.39	0.44	0.48	0.50
3000	1.84	2.19	2.54	2.97	3.82	4.64	5.59	6.59	7.68	9.04	10.29	11.40	13.53		0.0	0.04	0.12	0.21	0.28	0.34	0.40	0.45	0.49	0.52
3100	1.88	2.24	2.60	3.04	3.91	4.75	5.73	6.74	7.85	9.23	10.48	11.58			0.0	0.05	0.12	0.21	0.29	0.35	0.41	0.47	0.51	0.54
3200	1.92	2.29	2.66	3.11	4.00	4.86	5.86	6.89	8.02	9.41	10.66	11.75			0.0	0.05	0.13	0.22	0.30	0.37	0.43	0.48	0.52	0.56
3300	1.96	2.34	2.72	3.18	4.09	4.97	5.98	7.04	8.18	9.58	10.83	11.90			0.0	0.05	0.13	0.23	0.31	0.38	0.44	0.50	0.54	0.57
3400	2.00	2.39	2.77	3.25	4.17	5.07	6.11	7.18	8.33	9.74	10.98	12.04			0.0	0.05	0.14	0.24	0.32	0.39	0.45	0.51	0.56	0.59
3500	2.03	2.43	2.82	3.31	4.26	5.17	6.23	7.31	8.48	9.89	11.12	12.15			0.0	0.05	0.14	0.24	0.33	0.40	0.47	0.53	0.57	0.61
3600	2.07	2.47	2.88	3.37	4.34	5.27	6.34	7.44	8.62	10.04	11.25	12.25			0.0	0.05	0.14	0.25	0.34	0.41	0.48	0.54	0.59	0.63
3700	2.10	2.52	2.93	3.43	4.42	5.37	6.46	7.57	8.76	10.17	11.37	12.33			0.0	0.06	0.15	0.26	0.35	0.42	0.49	0.56	0.61	0.64
3800	2.13	2.56	2.98	3.49	4.50	5.46	6.57	7.69	8.88	10.29	11.47	12.40			0.0	0.06	0.15	0.26	0.36	0.43	0.51	0.57	0.62	0.66
3900	2.16	2.60	3.03	3.55	4.57	5.55	6.67	7.80	9.00	10.40	11.56				0.0	0.06	0.15	0.27	0.37	0.45	0.52	0.59	0.64	0.68
4000	2.19	2.64	3.07	3.61	4.65	5.64	6.77	7.91	9.12	10.51	11.63				0.0	0.06	0.16	0.28	0.38	0.46	0.54	0.60	0.66	0.69
4100	2.22	2.67	3.12	3.66	4.72	5.73	6.87	8.02	9.22	10.60	11.69				0.0	0.06	0.16	0.28	0.39	0.47	0.55	0.62	0.67	0.71
4200	2.25	2.71	3.16	3.72	4.79	5.81	6.96	8.12	9.32	10.68	11.74				0.0	0.06	0.17	0.29	0.40	0.48	0.56	0.63	0.69	0.73
4300	2.28	2.75	3.20	3.77	4.85	5.89	7.05	8.21	9.41	10.75					0.0	0.06	0.17	0.30	0.41	0.49	0.58	0.65	0.71	0.75
4400	2.31	2.78	3.25	3.82	4.92	5.96	7.14	8.30	9.50	10.81					0.0	0.07	0.18	0.30	0.41	0.50	0.59	0.66	0.72	0.76
4500	2.33	2.81	3.29	3.87	4.98	6.04	7.22	8.39	9.57	10.86					0.0	0.07	0.18	0.31	0.42	0.51	0.60	0.68	0.74	0.78
4600	2.35	2.84	3.32	3.91	5.04	6.11	7.30	8.46	9.64	10.90					0.0	0.07	0.19	0.32	0.43	0.53	0.62	0.69	0.75	0.80
4700	2.38	2.87	3.36	3.96	5.10	6.17	7.37	8.53	9.70	10.92					0.0	0.07	0.19	0.33	0.44	0.54	0.63	0.71	0.77	0.82
4800	2.40	2.90	3.40	4.00	5.15	6.24	7.44	8.60	9.75	10.93					0.0	0.07	0.19	0.33	0.45	0.55	0.64	0.72	0.79	0.83
4900	2.42	2.93	3.43	4.04	5.21	6.30	7.50	8.66	9.79						0.0	0.07	0.19	0.34	0.46	0.56	0.66	0.74	0.80	0.85
5000	2.44	2.96	3.46	4.08	5.26	6.36	7.56	8.71	9.83						0.0	0.07	0.20	0.35	0.47	0.57	0.67	0.75	0.82	0.87

表 1-38　15N、15J 基本额定功率值 P_1 和附加功率值 ΔP_1 (13575.2—2008)　kW

n_1/r·min⁻¹	P_1 — d_{e1}/mm													ΔP_1 — i									
	180	190	200	212	224	236	250	280	315	355	400	450	500	1.00~1.01	1.02~1.05	1.06~1.11	1.12~1.18	1.19~1.26	1.27~1.38	1.39~1.57	1.58~1.94	1.95~3.38	3.39~以上
485	4.63	5.09	5.55	6.10	6.65	7.19	7.82	9.16	10.70	12.44	14.36	16.45	18.51	0.0	0.04	0.11	0.19	0.26	0.31	0.37	0.41	0.45	0.48
575	5.36	5.90	6.44	7.08	7.71	8.35	9.08	10.64	12.43	14.44	16.65	19.06	21.40	0.0	0.05	0.13	0.23	0.31	0.37	0.44	0.49	0.53	0.57
690	6.26	6.90	7.53	8.28	9.03	9.78	10.64	12.46	14.55	16.89	19.45	22.21	24.88	0.0	0.06	0.16	0.27	0.37	0.45	0.52	0.59	0.64	0.68
725	6.53	7.20	7.86	8.64	9.43	10.20	11.10	13.00	15.18	17.61	20.27	23.13	25.89	0.0	0.06	0.16	0.28	0.39	0.47	0.55	0.62	0.67	0.71
870	7.61	8.39	9.17	10.09	11.00	11.91	12.96	15.17	17.69	20.49	23.51	26.73	29.78	0.0	0.07	0.20	0.34	0.46	0.56	0.66	0.74	0.81	0.88
950	8.19	9.03	9.87	10.86	11.85	12.82	13.95	16.32	19.01	21.99	25.19	28.56	31.73	0.0	0.08	0.21	0.37	0.51	0.61	0.72	0.81	0.88	0.93
1160	9.63	10.63	11.62	12.79	13.95	15.09	16.41	19.16	22.25	25.61	29.15	32.78	36.14	0.0	0.10	0.26	0.45	0.62	0.75	0.88	0.99	1.08	1.14
1425	11.31	12.49	13.65	15.02	16.37	17.69	19.21	22.35	25.81	29.46	33.17	36.73		0.0	0.12	0.32	0.56	0.76	0.92	1.08	1.21	1.32	1.40
1750	13.15	14.52	15.86	17.43	18.97	20.46	22.16	25.60	29.26	32.93	36.34			0.0	0.14	0.39	0.69	0.93	1.13	1.33	1.49	1.62	1.72
2850	17.30	19.00	20.60	22.40	24.06	25.58	27.15							0.0	0.24	0.64	1.12	1.52	1.84	2.16	2.43	2.65	2.80
3450	17.95	19.56	21.02	22.56	23.86									0.0	0.28	0.78	1.35	1.84	2.23	2.61	2.94	3.20	3.59
50	0.62	0.67	0.73	0.79	0.86	0.93	1.00	1.17	1.36	1.57	1.81	2.07	2.34	0.0	0.00	0.01	0.02	0.03	0.03	0.04	0.04	0.05	0.05
60	0.73	0.79	0.86	0.94	1.02	1.09	1.19	1.38	1.60	1.86	2.14	2.46	2.77	0.0	0.01	0.01	0.02	0.03	0.04	0.04	0.05	0.06	0.06
70	0.83	0.91	0.99	1.08	1.17	1.26	1.36	1.59	1.85	2.14	2.47	2.83	3.19	0.0	0.01	0.02	0.03	0.04	0.05	0.05	0.06	0.06	0.07
80	0.94	1.03	1.11	1.22	1.32	1.42	1.54	1.80	2.09	2.42	2.79	3.20	3.61	0.0	0.01	0.02	0.03	0.04	0.05	0.06	0.07	0.07	0.08
90	1.05	1.14	1.24	1.35	1.47	1.58	1.72	2.00	2.33	2.70	3.11	3.57	4.02	0.0	0.01	0.02	0.04	0.05	0.06	0.07	0.08	0.08	0.09
100	1.15	1.26	1.36	1.49	1.62	1.74	1.89	2.20	2.56	2.97	3.43	3.93	4.44	0.0	0.01	0.03	0.04	0.05	0.06	0.08	0.09	0.09	0.10
150	1.65	1.81	1.96	2.15	2.33	2.52	2.73	3.19	3.71	4.31	4.98	5.71	6.44	0.0	0.01	0.03	0.06	0.08	0.10	0.11	0.13	0.14	0.15
200	2.13	2.33	2.54	2.78	3.02	3.26	3.54	4.14	4.83	5.61	6.47	7.43	8.38	0.0	0.02	0.04	0.08	0.11	0.13	0.15	0.17	0.19	0.20
250	2.59	2.84	3.09	3.39	3.69	3.99	4.33	5.06	5.91	6.87	7.93	9.10	10.26	0.0	0.02	0.06	0.10	0.13	0.16	0.19	0.21	0.23	0.25
300	3.05	3.34	3.64	3.99	4.34	4.69	5.10	5.97	6.97	8.10	9.35	10.73	12.10	0.0	0.03	0.07	0.12	0.16	0.19	0.23	0.26	0.28	0.30
350	3.49	3.83	4.17	4.58	4.98	5.38	5.85	6.85	8.00	9.30	10.74	12.33	13.89	0.0	0.03	0.08	0.14	0.19	0.23	0.27	0.30	0.32	0.34
400	3.92	4.30	4.69	5.15	5.61	6.06	6.59	7.72	9.02	10.48	12.11	13.89	15.64	0.0	0.03	0.09	0.16	0.21	0.26	0.30	0.34	0.37	0.39
450	4.34	4.77	5.20	5.71	6.22	6.73	7.32	8.57	10.01	11.64	13.44	15.41	17.34	0.0	0.04	0.10	0.18	0.24	0.29	0.34	0.38	0.42	0.44
500	4.75	5.23	5.70	6.26	6.83	7.38	8.03	9.41	10.99	12.77	14.75	16.89	19.00	0.0	0.04	0.11	0.20	0.27	0.32	0.38	0.43	0.46	0.49
550	5.16	5.68	6.19	6.81	7.42	8.03	8.73	10.23	11.95	13.89	16.02	18.35	20.61	0.0	0.05	0.12	0.22	0.29	0.36	0.42	0.47	0.51	0.54
600	5.56	6.12	6.68	7.34	8.00	8.66	9.42	11.04	12.90	14.98	17.27	19.76	22.18	0.0	0.05	0.13	0.24	0.32	0.39	0.45	0.51	0.56	0.59
650	5.95	6.56	7.15	7.87	8.58	9.28	10.10	11.82	13.82	16.45	18.49	21.14	23.70	0.0	0.05	0.15	0.25	0.35	0.42	0.49	0.55	0.60	0.64
700	6.34	6.98	7.62	8.39	9.15	9.90	10.77	12.62	14.73	17.10	19.69	22.48	25.18	0.0	0.06	0.16	0.27	0.37	0.45	0.53	0.60	0.65	0.69

续表

n_1/(r·min⁻¹)	d_{e1}/mm（P_1）													i（ΔP_1）									
	180	190	200	212	224	236	250	280	315	355	400	450	500	1.00~1.01	1.02~1.05	1.06~1.11	1.12~1.18	1.19~1.26	1.27~1.38	1.39~1.57	1.58~1.94	1.95~3.38	3.39~以上
750	6.72	7.41	8.09	8.90	9.70	10.50	11.43	13.38	15.62	18.12	20.85	23.78	26.60	0.0	0.06	0.17	0.29	0.40	0.48	0.57	0.64	0.70	0.74
800	7.10	7.82	8.54	9.40	10.25	11.10	12.07	14.14	16.50	19.12	21.98	25.04	27.96	0.0	0.07	0.18	0.31	0.43	0.52	0.61	0.68	0.74	0.79
850	7.47	8.23	8.99	9.89	10.79	11.68	12.71	14.88	17.35	20.10	23.08	26.25	29.28	0.0	0.07	0.19	0.33	0.45	0.55	0.64	0.72	0.798	0.84
900	7.83	8.63	9.43	10.38	11.32	12.26	13.33	15.61	18.19	21.05	24.15	27.43	30.53	0.0	0.07	0.20	0.35	0.48	0.58	0.68	0.77	0.84	0.89
950	8.19	9.03	9.87	10.86	11.85	12.82	13.95	16.32	19.01	21.99	25.19	28.56	31.73	0.0	0.08	0.21	0.37	0.51	0.61	0.72	0.81	0.88	0.93
1000	8.54	9.42	10.29	11.33	12.36	13.38	14.55	17.02	19.81	22.89	26.19	29.65	32.86	0.0	0.08	0.22	0.39	0.53	0.65	0.76	0.85	0.93	0.98
1100	9.23	10.18	11.13	12.25	13.36	14.46	15.72	18.37	21.36	24.62	28.09	31.66	34.93	0.0	0.09	0.25	0.43	0.59	0.71	0.83	0.94	1.02	1.08
1200	9.89	10.92	11.93	13.14	14.33	15.50	16.85	19.67	22.82	26.24	29.83	33.48	36.73	0.0	0.10	0.27	0.47	0.64	0.78	0.91	1.02	1.11	1.18
1300	10.54	11.63	12.71	13.99	15.26	16.50	17.93	20.90	24.21	27.75	31.42	35.07	38.22	0.0	0.11	0.29	0.51	0.69	0.84	0.98	1.11	1.21	1.28
1400	11.16	12.32	13.46	14.82	16.15	17.46	18.96	22.07	25.50	29.14	32.84	36.43	39.41	0.0	0.12	0.31	0.55	0.75	0.91	1.06	1.19	1.30	1.38
1500	11.76	12.98	14.19	15.61	17.01	18.38	19.94	23.17	26.70	30.39	34.08	37.54		0.0	0.12	0.34	0.59	0.80	0.97	1.14	1.28	1.39	1.48
1600	12.33	13.61	14.88	16.36	17.82	19.25	20.87	24.20	27.80	31.52	35.13	38.38		0.0	0.13	0.36	0.63	0.85	1.03	1.21	1.36	1.49	1.57
1700	12.89	14.22	15.54	17.08	18.60	20.09	21.75	25.16	28.80	32.50	35.99	38.95		0.0	0.14	0.38	0.67	0.91	1.10	1.29	1.45	1.58	1.67
1800	13.41	14.80	16.17	17.77	19.33	20.85	22.56	26.03	29.70	33.33	36.63			0.0	0.15	0.40	0.71	0.96	1.16	1.36	1.53	1.67	1.77
1900	13.91	15.35	16.76	18.41	20.02	21.57	23.32	26.83	30.48	34.00	37.05			0.0	0.16	0.43	0.74	1.01	1.23	1.44	1.62	1.76	1.87
2000	14.39	15.88	17.33	19.02	20.66	22.24	24.02	27.55	31.15	34.52				0.0	0.17	0.45	0.78	1.07	1.29	1.51	1.70	1.86	1.97
2100	14.84	16.37	17.85	19.58	21.25	22.86	24.65	28.18	31.69	34.86				0.0	0.17	0.47	0.82	1.12	1.36	1.59	1.79	1.95	2.07
2200	15.27	16.83	18.35	20.11	21.80	23.42	25.22	28.71	32.11					0.0	0.18	0.49	0.86	1.17	1.42	1.67	1.88	2.04	2.16
2300	15.66	17.26	18.80	20.59	22.30	23.93	25.72	29.16	32.40					0.0	0.19	0.52	0.90	1.23	1.49	1.74	1.96	2.14	2.26
2400	16.03	17.65	19.22	21.03	22.74	24.37	26.15	29.51	32.56					0.0	0.20	0.54	0.94	1.28	1.55	1.82	2.05	2.23	2.36
2500	16.37	18.01	19.60	21.42	23.14	24.75	26.51	29.75						0.0	0.21	0.56	0.98	1.33	1.62	1.89	2.13	2.32	2.46
2600	16.67	18.34	19.94	21.76	23.47	25.07	26.79	29.89						0.0	0.21	0.58	1.02	1.39	1.68	1.97	2.22	2.41	2.56
2700	16.95	18.63	20.23	22.05	23.75	25.33	27.00	29.93						0.0	0.22	0.61	1.06	1.44	1.75	2.04	2.30	2.51	2.66
2800	17.19	18.88	20.49	22.30	23.97	25.51	27.12							0.0	0.23	0.63	1.10	1.49	1.81	2.12	2.39	2.60	2.75
2900	17.41	19.10	20.70	22.49	24.13	25.62	27.16							0.0	0.24	0.65	1.14	1.55	1.88	2.20	2.47	2.69	2.85
3000	17.59	19.28	20.87	22.63	24.23	25.67	27.11							0.0	0.25	0.67	1.18	1.60	1.94	2.27	2.56	2.79	2.95
3100	17.73	19.41	20.98	22.71	24.27	25.63	26.98							0.0	0.26	0.70	1.22	1.65	2.00	2.35	2.64	2.88	3.05
3200	17.84	19.51	21.06	22.74	24.24	25.52								0.0	0.26	0.72	1.25	1.71	2.07	2.42	2.73	2.97	3.15
3300	17.91	19.56	21.08	22.71	24.14	25.34								0.0	0.27	0.74	1.29	1.76	2.13	2.50	2.81	3.06	3.25
3400	17.95	19.57	21.05	22.63	23.97									0.0	0.28	0.76	1.33	1.81	2.20	2.57	2.90	3.16	3.34
3500	17.95	19.54	20.97	22.48										0.0	0.29	0.79	1.37	1.87	2.26	2.65	2.98	3.25	3.44
3600	17.90	19.46	20.84	22.26										0.0	0.30	0.81	1.41	1.92	2.33	2.73	3.07	3.34	3.54
3700	17.82	19.33	20.66											0.0	0.31	0.83	1.45	1.97	2.39	2.80	3.15	3.44	3.64
3800	17.70	19.16	20.42											0.0	0.31	0.85	1.49	2.03	2.46	2.88	3.24	3.53	3.74

表 13-1-39　25N、25J 基本额定功率值 P_1 和附加功率值 ΔP_1 (13575.2—2008)　　kW

n_1/(r·min⁻¹)	d_{e1}/mm（P_1）													i（ΔP_1）									
	315	335	355	375	400	425	450	475	500	560	630	710	800	1.00~1.01	1.02~1.05	1.06~1.11	1.12~1.18	1.19~1.26	1.27~1.38	1.39~1.57	1.58~1.94	1.95~3.38	3.39以上
485	19.26	21.66	24.05	26.42	29.35	32.26	35.14	38.00	40.82	47.48	55.04	63.38	72.37	0.0	0.20	0.55	0.97	1.32	1.59	1.87	2.10	2.29	2.43
575	22.15	24.94	27.71	30.44	33.83	37.18	40.49	43.76	46.98	54.55	63.06	72.33	82.13	0.0	0.24	0.66	1.15	1.56	1.89	2.21	2.49	2.71	2.88
690	25.64	28.89	32.11	35.28	39.20	43.06	46.85	50.59	54.26	62.80	72.24	82.30	92.60	0.0	0.29	0.79	1.38	1.87	2.27	2.66	2.99	3.26	3.45
725	26.66	30.04	33.38	36.68	40.75	44.75	48.68	52.55	56.33	65.12	74.78	84.98	95.30	0.0	0.30	0.83	1.44	1.97	2.38	2.79	3.14	3.42	3.63
870	30.61	34.51	38.35	42.13	46.76	51.28	55.70	60.00	64.18	73.72	83.90	94.15		0.0	0.37	0.99	1.73	2.36	2.86	3.35	3.77	4.11	4.35
950	32.62	36.79	40.87	44.87	49.76	54.52	59.15	63.63	67.96	77.72	87.89	97.75		0.0	0.40	1.09	1.89	2.58	3.12	3.66	4.12	4.49	4.75
1160	37.29	42.02	46.63	51.11	56.51	61.29	66.63	72.33	75.78	85.34	94.36			0.0	0.49	1.33	2.31	3.15	3.81	4.47	5.03	5.48	5.80
1425	41.78	47.00	51.99	56.76	62.38	67.60	72.41	76.79	80.71					0.0	0.60	1.63	2.84	3.87	4.86	5.49	6.18	6.73	7.13
1750	44.87	50.23	55.20	59.77	64.87	69.28								0.0	0.73	2.00	3.49	4.75	5.76	6.74	7.58	8.26	8.75
10	0.62	0.68	0.75	0.81	0.89	0.97	1.05	1.13	1.21	1.40	1.62	1.86	2.14	0.0	0.00	0.01	0.02	0.03	0.03	0.04	0.04	0.05	0.05
20	1.16	1.28	1.41	1.53	1.68	1.84	1.99	2.14	2.29	2.66	3.08	3.55	4.08	0.0	0.01	0.02	0.04	0.05	0.07	0.08	0.09	0.09	0.10
30	1.67	1.85	2.03	2.21	2.44	2.66	2.89	3.11	3.33	3.86	4.48	5.18	5.95	0.0	0.01	0.03	0.06	0.08	0.10	0.12	0.13	0.14	0.15
40	2.16	2.40	2.64	2.88	3.17	3.47	3.76	4.05	4.34	5.04	5.84	6.75	7.77	0.0	0.02	0.05	0.08	0.11	0.13	0.15	0.17	0.19	0.20
50	2.64	2.94	3.23	3.52	3.89	4.25	4.61	4.97	5.33	6.19	7.18	8.30	9.56	0.0	0.02	0.06	0.10	0.14	0.16	0.19	0.22	0.24	0.25
60	3.11	3.46	3.81	4.15	4.59	5.02	5.44	5.87	6.30	7.31	8.49	9.82	11.31	0.0	0.03	0.07	0.12	0.16	0.20	0.23	0.26	0.28	0.30
70	3.57	3.97	4.37	4.78	5.27	5.77	6.27	6.76	7.25	8.42	9.78	11.32	13.04	0.0	0.03	0.08	0.14	0.19	0.23	0.27	0.30	0.33	0.35
80	4.02	4.48	4.93	5.39	5.95	6.51	7.08	7.63	8.19	9.52	11.06	12.80	14.74	0.0	0.03	0.09	0.16	0.22	0.26	0.31	0.35	0.38	0.40
90	4.46	4.97	5.48	5.99	6.62	7.25	7.87	8.50	9.12	10.60	12.32	14.26	16.43	0.0	0.04	0.10	0.18	0.24	0.30	0.35	0.39	0.42	0.45
100	4.90	5.46	6.02	6.58	7.28	7.97	8.66	9.35	10.04	11.67	13.57	15.71	18.10	0.0	0.05	0.11	0.20	0.27	0.33	0.39	0.43	0.47	0.50
110	5.33	5.95	6.56	7.17	7.93	8.68	9.45	10.20	10.95	12.73	14.80	17.14	19.75	0.0	0.05	0.13	0.22	0.30	0.36	0.42	0.48	0.52	0.55
120	5.76	6.43	7.09	7.75	8.58	9.40	10.22	11.03	11.85	13.78	16.02	18.56	21.39	0.0	0.05	0.14	0.24	0.33	0.39	0.46	0.52	0.57	0.60
130	6.18	6.90	7.62	8.33	9.22	10.10	10.99	11.86	12.74	14.82	17.24	19.97	23.01	0.0	0.06	0.15	0.26	0.35	0.43	0.50	0.56	0.61	0.65
140	6.60	7.37	8.14	8.90	9.85	10.80	11.75	12.69	13.62	15.86	18.44	21.36	24.61	0.0	0.06	0.16	0.28	0.38	0.46	0.54	0.61	0.66	0.70
150	7.01	7.83	8.65	9.47	10.48	11.49	12.50	13.50	14.50	16.88	19.63	22.74	26.21	0.0	0.07	0.17	0.30	0.41	0.49	0.58	0.65	0.71	0.75
160	7.42	8.29	9.16	10.03	11.11	12.18	13.25	14.31	15.37	17.90	20.82	24.12	27.79	0.0	0.07	0.18	0.32	0.43	0.53	0.62	0.69	0.76	0.80
170	7.82	8.75	9.67	10.58	11.72	12.86	13.99	15.11	16.24	18.91	21.99	25.48	29.35	0.0	0.07	0.19	0.34	0.46	0.56	0.65	0.74	0.80	0.85
180	8.22	9.20	10.17	11.14	12.34	13.54	14.73	15.91	17.09	19.91	23.16	26.83	30.91	0.0	0.08	0.21	0.36	0.49	0.59	0.69	0.78	0.85	0.90
190	8.62	9.65	10.67	11.68	12.95	14.21	15.46	16.70	17.94	20.90	24.31	28.17	32.45	0.0	0.08	0.22	0.38	0.52	0.62	0.73	0.82	0.90	0.95
200	9.02	10.09	11.16	12.23	13.55	14.87	16.18	17.49	18.79	21.89	25.46	29.50	33.98	0.0	0.08	0.23	0.40	0.54	0.66	0.77	0.87	0.94	1.00
250	10.95	12.27	13.58	14.89	16.52	18.14	19.75	21.35	22.94	26.73	31.09	36.01	41.45	0.0	0.1	0.29	0.50	0.68	0.82	0.96	1.08	1.18	1.25

续表

r_1 /(r·min⁻¹)	P_1　315	335	355	375	400	425	450	475	500	560	630	710	800	ΔP_1　i 1.00~1.01	1.02~1.05	1.06~1.11	1.12~1.18	1.19~1.26	1.27~1.38	1.39~1.57	1.58~1.94	1.95~3.38	3.39以上
300	12.82	14.38	15.93	17.48	19.40	21.30	23.20	25.09	26.96	31.42	36.53	42.28	48.62	0.0	0.13	0.34	0.60	0.81	0.99	1.16	1.30	1.42	1.50
350	14.63	16.42	18.21	19.98	22.19	24.38	26.56	28.72	30.86	35.96	41.79	48.32	55.48	0.0	0.15	0.40	0.70	0.95	1.15	1.35	1.52	1.65	1.75
400	16.38	18.41	20.42	22.42	24.91	27.37	29.82	32.24	34.65	40.35	46.86	54.12	62.03	0.0	0.17	0.46	0.80	1.08	1.32	1.54	1.73	1.89	2.00
450	18.09	20.34	22.58	24.80	27.55	30.28	32.98	35.66	38.32	44.60	51.74	59.66	68.24	0.0	0.19	0.51	0.90	1.22	1.48	1.73	1.95	2.12	2.25
500	19.75	22.22	24.67	27.10	30.12	33.10	36.06	38.98	41.88	48.70	56.43	64.94	74.08	0.0	0.21	0.57	1.00	1.36	1.64	1.93	2.17	2.36	2.50
550	21.36	24.05	26.71	29.35	32.61	35.84	39.03	42.19	45.31	52.64	60.90	69.94	79.55	0.0	0.23	0.63	1.10	1.49	1.81	2.12	2.38	2.60	2.75
600	22.93	25.82	28.69	31.53	35.03	38.50	41.92	45.29	48.62	56.42	65.16	74.64	84.61	0.0	0.25	0.69	1.20	1.63	1.97	2.31	2.60	2.83	3.00
650	24.46	27.55	30.61	33.64	37.38	41.07	44.70	48.28	51.81	60.03	69.19	79.03	89.23	0.0	0.27	0.74	1.30	1.76	2.14	2.50	2.82	3.07	3.25
700	25.93	29.22	32.47	35.69	39.65	43.55	47.38	51.15	54.86	63.47	72.98	83.08	93.40	0.0	0.29	0.80	1.40	1.90	2.30	2.70	3.03	3.30	3.50
750	27.37	30.84	34.28	37.67	41.84	45.94	49.96	53.91	57.78	66.72	76.51	86.79	97.07	0.0	0.31	0.86	1.49	2.03	2.47	2.89	3.26	3.54	3.75
800	28.75	32.41	36.02	39.58	43.95	48.23	52.43	56.54	60.55	69.78	79.79	90.13	100.24	0.0	0.34	0.91	1.59	2.17	2.63	3.08	3.47	3.78	4.00
850	30.09	33.92	37.70	41.41	45.97	50.43	54.79	59.03	63.17	72.64	82.78	93.08		0.0	0.36	0.97	1.69	2.31	2.79	3.27	3.68	4.01	4.25
900	31.38	35.38	39.32	43.18	47.91	52.53	57.03	61.40	65.65	75.29	85.49	95.63		0.0	0.38	1.03	1.79	2.44	2.96	3.47	3.90	4.25	4.50
950	32.62	36.79	40.87	44.87	49.76	54.52	59.15	63.63	67.96	77.72	87.89	97.75		0.0	0.40	1.09	1.89	2.58	3.12	3.66	4.12	4.49	4.75
1000	33.82	38.13	42.35	46.49	51.52	56.41	61.14	65.71	70.10	79.93	89.98	99.42		0.0	0.42	1.14	1.99	2.71	3.29	3.85	4.33	4.72	5.00
1050	34.96	39.41	43.77	48.02	53.19	58.19	63.01	67.64	72.08	81.89	91.73	100.63		0.0	0.44	1.20	2.09	2.85	3.45	4.04	4.55	4.96	5.25
1100	36.05	40.64	45.11	49.48	54.76	59.85	64.74	69.41	73.87	83.61	93.14			0.0	0.46	1.26	2.19	2.98	3.62	4.24	4.77	5.19	5.50
1150	37.09	41.80	46.39	50.85	56.23	61.40	66.33	71.03	75.47	85.08	94.19			0.0	0.48	1.31	2.29	3.12	3.78	4.43	4.98	5.43	5.75
1200	38.07	42.90	47.59	52.13	57.60	62.82	67.78	72.48	76.90	86.28	94.87			0.0	0.50	1.37	2.39	3.26	3.95	4.62	5.20	5.67	6.00
1250	39.00	43.93	48.71	53.32	58.86	64.11	69.09	73.76	78.11	87.20				0.0	0.52	1.43	2.49	3.39	4.11	4.81	5.42	5.90	6.25
1300	39.87	44.89	49.75	54.42	60.01	65.28	70.24	74.86	79.12	87.84				0.0	0.55	1.49	2.59	3.53	4.27	5.01	5.63	6.14	6.50
1350	40.68	45.79	50.71	55.42	61.04	66.31	71.23	75.77	79.92	88.19				0.0	0.57	1.54	2.69	3.66	4.44	5.20	5.85	6.37	6.75
1400	41.43	46.61	51.59	56.34	61.96	67.21	72.06	76.50	80.50					0.0	0.59	1.60	2.79	3.80	4.60	5.39	6.07	6.61	7.00
1450	42.12	47.36	52.38	57.15	62.76	67.96	72.72	77.03	80.86					0.0	0.61	1.66	2.89	3.93	4.77	5.58	6.28	6.85	7.25
1500	42.74	48.04	53.08	57.86	63.44	68.57	73.22	77.36	80.98					0.0	0.63	1.72	2.99	4.07	4.93	5.78	6.50	7.08	7.50
1550	43.30	48.64	53.70	58.46	63.99	69.03	73.66	77.48						0.0	0.65	1.77	3.09	4.20	5.10	5.97	6.72	7.32	7.75
1600	43.80	49.16	54.22	58.96	64.42	69.33	73.61	77.39						0.0	0.67	1.83	3.19	4.34	5.26	6.16	6.93	7.55	8.00
1650	44.23	49.60	54.64	59.34	64.71	69.47	73.36							0.0	0.69	1.89	3.29	4.48	5.42	6.35	7.15	7.79	8.25
1700	44.58	49.96	54.97	59.61	64.86	69.45								0.0	0.71	1.94	3.39	4.61	5.59	6.55	7.37	8.03	8.50
1750	44.87	50.23	55.20	59.77	64.87	69.26								0.0	0.73	2.00	3.49	4.75	5.75	6.74	7.58	8.26	8.75
1800	45.08	50.42	55.33	59.80	64.74	68.91								0.0	0.76	2.06	3.59	4.88	5.92	6.93	7.80	8.50	9.00
1850	45.22	50.52	55.35	59.71	64.46									0.0	0.78	2.12	3.69	5.02	6.08	7.12	8.12	8.73	9.25
1900	45.29	50.52	55.27	59.50	64.03									0.0	0.80	2.17	3.79	5.15	6.25	7.32	8.23	8.97	9.50
1950	45.28	50.44	55.08	59.16										0.0	0.82	2.23	3.89	5.29	6.41	7.51	8.45	9.21	9.75
2200	45.18	50.26	54.77	58.69										0.0	0.84	2.29	3.99	5.43	6.53	7.70	8.67	9.44	10.00

注：d_{e1}/mm 各列为 P_1；i 各列为 ΔP_1。

1.2.3　V 带轮

1.2.3.1　带轮设计的内容

根据带轮的基准直径或有效直径，带轮转速等已知条件，确定带轮的材料，结构形式，轮槽、轮辐和轮毂的几何尺寸、公差和表面粗糙度以及相关技术要求。

1.2.3.2　带轮的材料及质量要求

带轮可以由能够被加工成符合标准规定尺寸和公差，并能承受各种工作条件（包括温升、机械应力、摩擦等各种环境）而不损坏的材料制造。带轮材料应适于发散由传动中产生的热量。V 带轮的常用材料是铸铁，如 HT150、HT200。转速较高时则宜采用铸钢，也可用钢板冲压后焊接而成。小功率传动可用铸铝或塑料。

1.2.3.3　带轮的技术要求

带轮结构应便于制造，质量分布均匀，重量轻，

避免由于制造产生过大的内应力。

V 带轮槽工作表面粗糙度 Ra 为 $3.2\mu m$，轴孔表面为 $3.2\mu m$，轮缘棱边为 $6.3\mu m$。轮槽的棱边应倒角或倒圆。

V 带轮外圆的径向圆跳动和基准圆的斜向圆跳动公差 t 不得大于表 13-1-46 的规定。

槽轮对称平面与带轮轴线垂直度允差 $\pm 30'$。

带轮的平衡，带轮转速小于或等于带轮极限速度时要进行静平衡，带轮转速大于带轮极限速度时要进行动平衡。

1.2.3.4　V 带轮的结构和尺寸规格

带轮由轮缘、轮辐和轮毂三部分组成。V 带轮的直径系列见表 13-1-40、表 13-1-41，轮槽截面尺寸见表 13-1-42、表 13-1-43，带轮的典型结构形式有实心轮、辐板轮、孔板轮和椭圆辐轮，见表 13-1-47 和图 13-1-5。

表 13-1-40　　　普通和窄 V 带轮（基准宽度制）直径系列（GB/T 10412—2002）　　　　　　mm

基准直径 d_d	槽型				基准直径 d_d	槽型					基准直径 d_d	槽型				
	Y	Z	A	B		Z	A	B	C	D		Z	A	B	C	D	E
	外径 d_a					外径 d_a						外径 d_a					
普通 V 带轮（摘自 GB/T 10412—2002、GB/T 13575.1—2008）																
20	23.2				132	136	137.5	139			500	504	505.5	507	509.6	516.2	519.2
22.4	25.6				140	144	145.5	147			530	—	—	—		549.2
25	28.2				150	154	155.5	157			560	—	565.5	567	569.6	576.2	579.2
28	31.2				160	164	165.5	167			600	—	—	607	609.6	616.2	619.2
31.5	34.7				170	—	—	177			630	634	635.5	637	639.6	646.2	649.2
35.5	38.7				180	184	185.5	187			670	—	—	—		689.2
40	43.2				200	204	205.5	207	209.6		710		715.5	717	719.6	726.2	729.2
45	48.2				212	—	—	—	221.6		750		757	759.6	766.2		—
50	53.2	54			224	228	229.5	231	233.6		800		805.5	807	809.6	816.2	819.2
56	59.2	60			236	—	—	—	245.6		900			907	909.6	916.2	919.2
63	66.2	67			250	254	255.5	257	259.6		1000			1007	1009.6	1016.2	1019.2
71	74.2	75			265	—	—	—	274.6		1060			—		1076.2
75	—	79	80.5		280	284	285.5	287	289.6		1120			1127	1129.6	1136.2	1139.2
80	83.2	84	85.5		300	—	—	—	309.6		1250			1259.6	1266.2	1269.2
85	—		90.5		315	319	320.5	322	324.6		1400			1409.6	1416.2	1419.2
90	93.2	94	95.5		335	—	—	—	344.6		1500			—	1516.2	1519.2
95	—	—	100.5		355	359	360.5	362	364.6	371.2	1600			1609.6	1616.2	1619.2
100	103.2	104	105.5		375	—	—	—		391.2	1800			1816.2	1819.2
106	—		111.5		400	404	405.5	407	409.6	416.2	1900			1919.2
112	115.2	116	117.5		425	—	—	—		441.2	2000			2009.6	2016.2	2019.2
118	—		123.5		450	—	455.5	457	459.6	466.2	2240			2259.2
125	128.2	129	130.5	132	475	—	—	—		491.2	2500			2519.2

续表

窄 V 带轮（摘自 GB/T 10412—2002）

基准直径 d_d	SPZ	SPA	基准直径 d_d	SPZ	SPA	SPB	SPC	基准直径 d_d	SPZ	SPA	SPB	SPC	基准直径 d_d	SPA	SPB	SPC
63	67		132	136	137.5			280	284	285.5	287	289.6	710	715.5	717	719.6
71	75		140	144	145.5	147		300	—	—		309.6	750	—	757	759.6
75	79		150	154	155.5	157		315	319	320.5	322	324.6	800	805.5	807	809.6
80	84		160	164	165.5	167		335	—			344.6	900		907	909.6
90	94	95.5	170	—	—	177		355	359	360.5	362	364.6	1000		1007	1009.6
95	—	100.5	180	184	185.5	187		400	404	405.5	407	409.6	1120		1127	1129.6
100	104	105.5	200	204	205.5	207		450	—	455.5	457	459.6	1250			1259.6
106	—	111.5	224	228	229.5	231	233.6	500	504	505.5	507	509.6	1400			1409.6
112	116	117.5	236	—			245.6	560	—	565.5	567	569.6	1600			1609.6
118	—	123.5	250	254	255.5	257	259.6	600	—	—	607	609.6	2000			2009.6
125	129	130.5	265				274.6	630	634	635.5	637	639.6				

注：SPZ、SPA、SPB、SPC 各列数值均为外径 d_a。

注：1. 表中 $d_a=d_d+2h_a$，h_a 见表 13-1-42。

2. 表中"—"表示不选用。

表 13-1-41　　窄 V 带轮（有效宽度制）直径系列（GB/T 10413—2002）　　mm

左半部分：

有效直径 d_e 基本值	min	9N/J 选用情况	9N/J d_{emax}	15N/J 选用情况	15N/J d_{emax}
67	67	×	71		
71	71	××	75		
75	75	×	79		
80	80	××	84		
85	85	×	89		
90	90	××	94		
95	95	×	99		
100	100	××	104		
106	106	×	110		
112	112	××	116		
118	118	×	122		
125	125	××	129		
132	132	×	136		
140	140	××	144		
150	150	×	154		
160	160	××	164		
180	180	×	184	××	187
190	190	—	—	×	197
200	200	××	204	××	207
212	212	—	—	×	219
224	224	×	228	××	231
236	236	—	—	××	243
250	250	××	254	××	257
265	265	—	—	×	272
280	280	×	284.5	××	287
300	300	—	—	×	307

右半部分：

有效直径 d_e 基本值	min	9N/J 选用情况	9N/J d_{emax}	15N/J 选用情况	15N/J d_{emax}	25N/J 选用情况	25N/J d_{emax}
315	315	××	320	××	322	××	320
335	335	—	—	—	—	×	340.4
355	355	×	360.7	×	362	××	360.7
375	375	—	—	—	—	×	381
400	400	××	406.4	××	407	××	406.4
425	425	—	—	—	—	×	431.8
450	450	×	457.2	×	457.2	××	457.2
475	475	—	—	—	—	×	482.6
500	500	××	508	××	508	××	508
530	530	—	—	—	—	×	538.5
560	560	×	569	×	569	××	569
600	600	—	—	—	—	×	609.6
630	630	×	640.1	××	640.1	××	640.1
710	710	×	721.4	××	721.4	××	721.4
800	800	×	812.8	××	812.8	××	812.8
900	900	—	—	×	914.4	××	914.4
1000	1000	—	—	××	1016	××	1016
1120	1120	—	—	×	1137.9	×	1137.9
1250	1250	—	—	××	1270	××	1270
1400	1400	—	—	×	1422.4	×	1422.4
1600	1600	—	—	×	1625.6	××	1625.6
1800	1800	—	—	×	1828.8	×	1828.8
2000	2000	—	—	—	—	××	2032
2240	2240	—	—	—	—	×	2275.8
2500	2500	—	—	—	—	××	2540

注：1. 表中 ×× 表示优先选用；× 表示可以选用；— 表示不选用。

2. 带轮有效直径是带轮的基本直径。由于仅需要正偏差，故最小有效直径等于基本有效直径。

3. 由于米制和英制的差别，需要有 +1.6% 的公差，为使所有使用要求能够通过选择得到满足，最大有效直径在基本直径基础上增加以下尺寸：

mm

槽型	9N/J	15N/J	25N/J
d_{emax}	$d_{emin}+4$	$d_{emin}+7$	$d_{emin}+d_{emin}×1.6\%$

表 13-1-42   普通 V 带和窄 V 带（基准宽度制）轮槽截面尺寸（GB/T 13575.1—2008）   mm

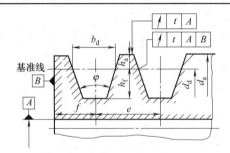

项　　目		符号	槽　　型						
			Y	Z SPZ	A SPA	B SPB	C SPC	D	E
基准宽度		b_d	5.3	8.5	11.0	14.0	19.0	27.0	32.0
基准线上槽深		h_{amin}	1.6	2.0	2.75	3.5	4.8	8.1	9.6
基准线下槽深		h_{fmin}	4.7	7.0 9.0	8.7 11.0	10.8 14.0	14.3 19.0	19.9	23.4
槽间距		e	8±0.3	12±0.3	15±0.3	19±0.4	25.5±0.5	37±0.6	44.5±0.7
第一槽对称面至端面的最小距离		f_{min}	6	7	9	11.5	16	23	28
槽间距累积极限偏差			±0.6	±0.6	±0.6	±0.8	±1.0	±1.2	±1.4
带轮宽		B	$B=(z-1)e+2f$　　　z—轮槽数						
外径		d_a	$d_a=d_d+2h_a$						
轮槽角 φ	32°	相应的 基准直 径 d_d	≤60	—	—	—	—	—	—
	34°		—	≤80	≤118	≤190	≤315	—	—
	36°		>60	—	—	—	—	≤475	≤600
	38°		—	>80	>118	>190	>315	>475	>600
	极限偏差		±0.5°						

表 13-1-43   窄 V 带和联组窄 V 带（有限宽度制）轮槽截面尺寸（GB/T 13575.2—2008）   mm

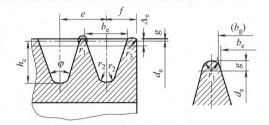

槽型	有效直径 d_e	带轮 槽角 $\varphi/(°)$	有效 宽度 b_e	有效 线差 Δ_e	槽间距 e	轮槽与 端面距离 f_{min}	槽深 h_c	(b_g)	槽顶最 大增量 g	倒圆半径		
										r_1	r_2	r_3
9N、9J	≤90 >90～150 >150～305 >305	36 38 40 42	8.9	0.6	10.3±0.25	9	$9.5^{+0.5}_{0}$	9.23 9.24 9.26 9.28	0.5	0.2～ 0.5	0.5～ 1.0	1～2
15N、15J	≤255 >255～405 >405	38 40 42	15.2	1.3	17.5±0.25	13	$15.5^{+0.5}_{0}$	15.54 15.56 15.58				2～3
25N、25J	≤405 >405～570 >570	38 40 42	25.4	2.5	28.6±0.25	19	$25.5^{+0.5}_{0}$	25.74 25.76 25.78				3～5

表 13-1-44　最小带轮直径　　mm

槽　型		最小基准直径 d_{dmin}	最小有效直径 d_{emin}	槽　型		最小基准直径 d_{dmin}	最小有效直径 d_{emin}
基准宽度制	普通V带 Y	20		有效宽度制	窄V带/联组窄V带 9N/9J		67
	Z	50			15N/15J		180
	A	75			25N/25J		315
	B	125					
	C	200					
	D	355					
	E	500					
	窄V带 SPZ	63		联组普通V带	AJ		80
	SPA	90			BJ		130
	SPB	140			CJ		210
	SPC	224			DJ		370

表 13-1-45　普通和窄 V 带轮（基准宽度制）轮槽尺寸公差（GB/T 10412—2002）　　mm

槽　型	任意两个轮槽基准直径间的最大偏差	基准直径极限偏差
Y	0.3	$\pm 0.8\% d_d$
Z、A、B、SPZ、SPA、SPB	0.4	
C、D、E、SPC	0.6	

表 13-1-46　带轮的圆跳动公差 t　　mm

普通 V 带轮（GB/T 10412—2002）

d_d 或 d_e	径向斜向圆跳动 t	d_d 或 d_e	径向斜向圆跳动 t	d_d 或 d_e	径向斜向圆跳动 t
≥20～100	0.2	≥265～400	0.5	≥1060～1600	1.0
≥106～160	0.3	≥425～630	0.6	≥1700～2500	1.2
≥170～250	0.4	≥670～1000	0.8		

基准宽度制窄 V 带轮（GB/T 10412—2002）

63～100	0.2	265～400	0.5	1120～1600	1
106～160	0.3	450～630	0.6	1800～2000	1.2
170～250	0.4	710～1000	0.8		

有效宽度制窄 V 带轮（GB/T 10413—2002）

d_e	径向圆跳动 t_1	轴向圆跳动 t_2	d_e	径向圆跳动 t_1	轴向圆跳动 t_2
$d_e \leqslant 125$	0.2	0.3	$1000 < d_e \leqslant 1250$	0.8	1
$125 < d_e \leqslant 315$	0.3	0.4	$1250 < d_e \leqslant 1600$	1	1.2
$315 < d_e \leqslant 710$	0.4	0.6	$1600 < d_e \leqslant 2500$	1.2	1.2
$710 < d_e \leqslant 1000$	0.6	0.8			

注：轴向圆跳动的测量位置见表 13-1-43 中图的 Δ_e 处。

表 13-1-47　　　　　　　　　　　　V带轮的结构形式和辐板厚度　　　　　　　　　　　　mm

槽型	孔径 d_0		带轮基准直径 d_d — 副板厚度 S	槽数 z
Z	12	14	实心轮 / 辐板轮 / 孔板轮 / 四孔板轮　6	1~2
	16	18	7	1~3
	20	22	7 / 8	1~4
	24	25	8 / 9	1~4
	28	30	10	1~4
	32	35	10 / 四	2~4
A	10	18	10 / 11 / 12 / 13	1~3
	20	22	12 / 孔	1~4
	24	25	12 / 13 / 15 / 16 / 板	1~5
	28	30	14 / 16 / 四 椭圆辐轮	1~6
	32	35	14 / 18	2~6
	38	40	六	2~6
	42	45	孔	2~6
B	32	35	14 / 16 / 18 / 20	2~6
	38	40	16 / 18 / 18 / 20 / 22 / 24	3~8
	42	45	18 / 轮	3~8
	50	55	20 / 20 / 22 / 22 / 24 / 25 / 26 / 六椭圆辐轮	3~8
	60	65		3~8
C	42	45	实 / 心 / 轮　18 / 22 / 24 / 板 / 轮	3~6
	50	55	22 / 24 / 25 / 28 / 30	3~6
	60	65	24 / 20	3~7
	70	75		3~7
	80	85		5~9
D	60	65	22 / 25	3~6
	70	75	26 / 28 / 28 / 30 / 32	3~6
	80	85	30 / 32 / 34	3~7
	90	95	辐板轮	3~7
	100	110		5~9
E	80	85	28 / 30 / 32	3~6
	90	95	34	3~6
	100	110	辐板轮	5~7
	120	130		5~7
	140	150		6~9

带轮基准直径 d_d 列值：63　71　75　80　90　95　100　106　112　118　125　132　140　150　160　170　180　200　212　224　236　250　265　280　300　315　355　375　400　425　450　475　500　530　560　600　630　710　750~2500

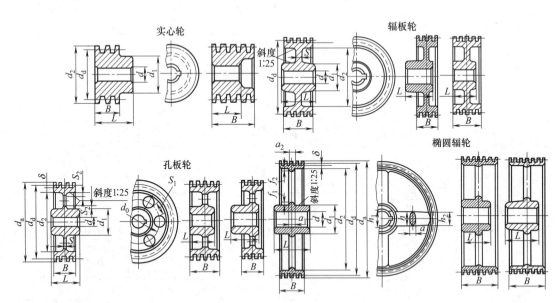

$d_1=(1.8\sim2)d$, $L=(1.5\sim2)d$, $d_2=d_a-2(h_a+h_f+\delta)$, $h_2=0.8h_1$, $a=0.4h_1$, $a_2=0.8a_1$

$$d_0=\frac{d_2+d_1}{2},\quad h_1=290\sqrt[3]{\frac{P}{nm}}\qquad f_1=0.2h_1,\ f_2=0.2h_2,\ S_1\geq1.5S,\ S_2\geq0.5S$$

式中　P——设计功率,kW;

　　　　n——带轮转速,r/min;

　　　　m——轮辐数

图 13-1-5　带轮结构图例

1.3 多楔带传动

多楔带是表面具有等距纵向楔并与相同形状轮槽紧密契合的环形传动带,其工作面是楔侧面。

多楔带利用橡胶和橡胶复合材料的特性,使 V 形楔充满在轮槽内,增大了带与轮槽接触面积,压力分布均匀,提高了传动效率。多楔带曲挠性好,承载层线绳受力均匀,抗拉强度高;载荷时弯曲应力和离心应力小,可在较小的带轮上工作,还可防止运行中的振动与翻转;传递功率大,带速高,传动比可达 7,还可用于多从动轮传动。

多楔带以楔数、型号和有效长度表示其技术特征,其标记的内容和顺序为:第一组数字表示楔数;字母表示型号;第二组数字表示有效长度,mm。示例如下:

10 PM 3350

1.3.1 多楔带的尺寸规格

表 13-1-48 **多楔带的截面尺寸**(GB/T 16588—2009) mm

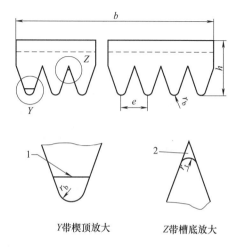

Y 带楔顶放大 　　　 Z 带槽底放大

节面位置公称宽度 $b = ne$,n 为楔数
1——可选用平顶,2——实际楔底轮廓可位于该区域任何位置

型　号		PH	PJ	PK	PL	PM
截面尺寸	楔距 e	1.6	2.34	3.56	4.7	9.4
	楔顶圆弧半径 r_{bmin}	0.3	0.4	0.5	0.4	0.75
	楔底圆弧半径 r_{tmax}	0.15	0.2	0.25	0.4	0.75
	带高 $h \approx$	3	4	6	10	17
楔数范围 n		2～8	4～20	3～20	6～20	6～20
有效长度范围 L_e		200～1000	450～2500	375～3000	1250～6300	2300～16000
带轮最小有效直径 d_e		13	20	45	75	180

注:楔距与带高的值仅为参考尺寸。全部楔距的累积偏差是一个重要参数,但它常受带的张力和抗拉弹性模量影响。

表 13-1-49　　　　　　　　多楔带的有效长度 L_e 及极限偏差（GB/T 16588—2009）　　　　　　　　mm

有效长度 L_e	极限偏差	型号 PJ	型号 PL	有效长度 L_e	极限偏差	型号 PJ	型号 PL	型号 PM	有效长度 L_e	极限偏差	型号 PL	型号 PM
450	+4 -8	+		1600	+10 -20	+	+		4500	+20 -40	+	+
475	+4 -8	+		1700	+10 -20	+	+		4750	+20 -40	+	-
500	+5 -10	+		1800	+10 -20	+	+		5000	+20 -40	+	+
560	+5 -10	+		1900	+10 -20	+	+		5300	+20 -40	+	-
630	+5 -10	+		2000	+10 -20	+	+		5600	+20 -40	+	+
710	+5 -10	+		2120	+10 -20	+	+		6000	+20 -40	+	-
750	+5 -10	+		2240	+12 -24	+	+	+	6300	+30 -60		+
800	+6 -12	+		2360	+12 -24	+	+	+	6700	+30 -60		+
850	+6 -12	+		2500	+12 -24	+	+	+	7100	+30 -60		+
900	+6 -12	+		2650	+12 -24		+	+	8000	+30 -60		+
950	+6 -12	+		2800	+12 -24		+	+	9000	+30 -60		+
1000	+6 -12	+		3000	+15 -30		+	+	10000	+30 -60		+
1060	+6 -12	+		3150	+15 -30		+	+	11200	+45 -90		+
1120	+8 -16	+		3350	+15 -30		+	+	12500	+45 -90		+
1250	+8 -16	+	+	3550	+15 -30		+	+	13200	+45 -90		+
1320	+8 -16	+	+	3750	+15 -30		+	+	14000	+60 -120		+
1400	+8 -16	+	+	4000	+20 -40		+	+	15000	+60 -120		+
1500	+8 -16	+	+	4250	+20 -40		+	+	17000	+60 -120		+

注：表中＋表示可以选用；－表示没有此长度数据。

表 13-1-50　　　　　　　　　　多楔带的楔数系列和带宽

带型	PJ	PL	PM	带型	PJ	PL	PM
楔数 n	公称带宽 b/mm			楔数 n	公称带宽 b/mm		
4	9.5	—	—	14	—	66.7	133.4
6	14.3	28.6	57.2	16	38.1	76.2	152.4
8	19.1	38.1	76.2	18	—	85.7	171.5
10	23.8	47.6	95.3	20	47.6	95.3	190.5
12	28.6	57.2	114.3				

1.3.2　多楔带传动的设计计算

已知条件：传动功率；小带轮和大带轮转速；传动用途、载荷性质、原动机种类及工作制度。

表 13-1-51　　　　　　　　　　　计算内容与步骤

计算项目	符号	单位	公式及数据	说　明
设计功率	P_d	kW	$P_d = K_A P$	K_A——工况系数，见表 13-1-52 P——传递的功率，kW
带型			根据 P_d 和 n_1 由图 13-1-6 选取	n_1——小带轮转速，r/min
传动比	i		若不考虑弹性滑动 $i = \dfrac{n_1}{n_2} = \dfrac{d_{p2}}{d_{p1}}$ $d_{p1} = d_{e1} + 2\Delta_e$ $d_{p2} = d_{e2} + 2\Delta_e$	n_2——大带轮转速，r/min d_{p1}——小带轮节圆直径，mm d_{p2}——大带轮节圆直径，mm d_{e1}——小带轮有效直径，mm d_{e2}——大带轮有效直径，mm Δ_e——有效线差公称值，见表 13-1-60
小带轮有效直径	d_{e1}	mm	由表 13-1-60 和表 13-1-61 选取	为提高带的寿命，条件允许时，d_{e1} 尽量取较大值
大带轮有效直径	d_{e2}	mm	$d_{e2} = i(d_{e1} + 2\delta_e) - 2\delta_e$	
带速	v	m/s	$v = \dfrac{\pi d_{e1} n_1}{60 \times 1000} \leqslant v_{max}$ $v_{max} \leqslant 30\,\text{m/s}$	若 v 过高，则应取较小的 d_{p1} 或选用较小的多楔带型号

续表

计算项目	符号	单位	公式及数据	说　明
初定中心距	a_0	mm	$0.7(d_{e1}+d_{e2}) \leqslant a_0 < 2(d_{e1}+d_{e2})$	可根据结构要求定
带的有效长度	L_{e0}	mm	$L_{e0}=2a_0+\dfrac{\pi}{2}(d_{e1}+d_{e2})+\dfrac{(d_{e2}-d_{e1})^2}{4a_0}$	由表 13-1-49 选取相近的 L_e 值
实际中心距	a	mm	$a=a_0+\dfrac{L_e-L_{e0}}{2}$	为了安装方便以及补偿带的张紧力,中心距内、外侧调整量见表 13-1-53
小带轮包角	α_1	(°)	$\alpha_1=180°-\dfrac{d_{e2}-d_{e1}}{a}\times57.3°$	一般 $\alpha_1 \geqslant 120°$,如 α_1 较小,应增大 a 或采用张紧轮
带每楔所传递的基本额定功率	P_1	kW	根据带型、d_{e1} 和 n_1 由表 13-1-56 ～ 表 13-1-58 选取	特定条件:$i=1$,$\alpha_1=\alpha_2=180°$ 特定有效长度,平稳载荷
$i \neq 1$ 时,带每楔所所递的基本额定功率增量	ΔP_1	kW	根据带型、n_1 和 i 由表 13-1-56 ～ 表 13-1-58 选取	
带的楔数	n		$n=\dfrac{P_d}{(P_1+\Delta P_1)K_\alpha K_L}$ n 按表 13-1-50 取整数	K_α ——包角修正系数,见表 13-1-54 K_L ——带长修正系数,见表 13-1-55
有效圆周力	F_t	N	$F_t=\dfrac{P_d}{v}\times10^3$	
作用在轴上的力	F_r	N	$F_r=(F_1+F_2)\sin\dfrac{\alpha_1}{2}$	

表 13-1-52   **工况系数 K_A(JB/T 5983—2017)**

工　况	原动机类型					
	交流电动机(普通转矩、笼型、同步、分相式),内燃机			交流电动机(大转矩、大转差率、单相、集电环式、串励)、直流电动机(复励)		
	每天连续运转小时数/h					
	≤6	>6～16	>16～24	≤6	>6～16	>16～24
	K_A					
液体搅拌器、鼓风机和排气装置、离心泵和压缩机、风扇(≤7.5kW)、轻型输送机	1.0	1.1	1.2	1.1	1.2	1.3
带式输送机(沙子、尘物等)、和面机、风扇(>7.5kW)、发电机、洗衣机、机床、冲床、压力机、剪床、印刷机、往复式振动筛、正排量旋转泵	1.1	1.2	1.3	1.2	1.3	1.4
制砖机、斗式提升机、励磁机、活塞式压缩机、输送机(链板式、盘式、螺旋式)、泵;正排量鼓风机、粉碎机、锯床和木工机械	1.2	1.3	1.4	1.4	1.5	1.6
破碎机(旋转式、颚式、滚动式);研磨机(球式、棒式、圆筒式);橡胶机械(压光机、模压机、轧制机)	1.3	1.4	1.5	1.5	1.6	1.8
节流机械	2.0					

注:如使用张紧轮时,宜将下列数值加到本表的 K_A 中:张紧轮位于松边内侧为 0;张紧轮位于松边外侧为 0.1;张紧轮位于紧边内侧为 0.1;张紧轮位于紧边外侧为 0.2。

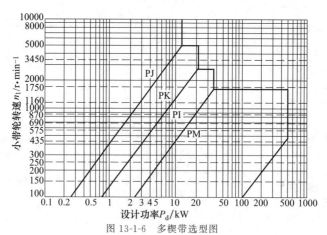

图 13-1-6　多楔带选型图

表 13-1-53　　　　　　　　　　　　**多楔带传动中心距调整量**　　　　　　　　　　　　mm

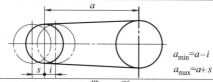

$a_{min}=a-i$

$a_{max}=a+s$

带　型								
PJ			PL			PM		
有效长度 L_e	s	i	有效长度 L_e	s	i	有效长度 L_e	s	i
450～500	5	8	1250～1500	16	22	2240～2500	29	38
>500～750	8	10	>1500～1800	19		>2500～3000	34	40
>750～1000	10	11	>1800～2000	22	24	>3000～4000	40	42
>1000～1250	11	13	>2000～2240	25		>4000～5000	51	46
>1250～1500	13	14	>2240～2500	29	25	>5000～6000	60	48
>1500～1800	16		>2500～3000	34	27	>6000～6700	76	54
>1800～2000	18		>3000～4000	40	29	>6700～8500	92	60
>2000～2500	19		>4000～5000	51	34	>8500～10000	106	67
			>5000～6000	60	35	>10000～11800	134	73
						>11800～16000	168	86

表 13-1-54　　　　　　　　　**包角修正系数 K_α**（JB/T 5983—2017）

包角 $\alpha_1/(°)$	180	177	174	171	169	166	163	160	157	154	151	148	145	142	139	136
K_α	1.00	0.99	0.98	0.97	0.97	0.96	0.95	0.94	0.93	0.92	0.91	0.90	0.89	0.88	0.87	0.86
包角 $\alpha_1/(°)$	133	130	127	125	120	117	113	110	106	103	99	95	91	87	83	
K_α	0.85	0.84	0.83	0.81	0.80	0.79	0.77	0.76	0.75	0.73	0.71	0.69	0.67	0.65	0.63	

表 13-1-55　　　　　　　　　**带长修正系数 K_L**（JB/T 5983—2017）

带的有效长度 L_e /mm	带长修正系数 K_L				带的有效长度 L_e /mm	带长修正系数 K_L			
	PJ	PK	PL	PM		PJ	PK	PL	PM
450	0.78	—	—	—	3150	—	1.16	1.00	0.90
500	0.79	—	—	—	3350	—	—	1.01	0.91
630	0.83	0.81	—	—	3750	—	—	1.03	0.93
710	0.85	0.84	—	—	4000	—	—	1.04	0.94
800	0.87	0.86	—	—	4500	—	—	1.06	0.95
900	0.89	0.89	—	—	5000	—	—	1.07	0.97
1000	0.91	0.91	—	—	5600	—	—	1.08	0.99
1120	0.93	0.93	—	—	6300	—	—	1.11	1.01
1250	0.96	0.96	0.85	—	6700	—	—	—	1.01
1400	0.98	0.98	0.87	—	7500	—	—	—	1.03
1600	1.01	1.00	0.89	—	8500	—	—	—	1.04
1800	1.02	1.03	0.91	—	9000	—	—	—	1.05
2000	1.04	1.05	0.93	0.85	10000	—	—	—	1.07
2360	1.08	1.10	0.96	0.86	10600	—	—	—	1.08
2500	1.09	1.11	0.96	0.87	12500	—	—	—	1.10
2650	—	1.12	0.98	0.88	13200	—	—	—	1.12
2800	—	1.14	0.98	0.88	15000	—	—	—	1.14
3000	—	1.15	0.99	0.89	16000	—	—	—	1.15

表 13-1-56　　PJ 型多楔带包角为 180°时每楔传递的基本额定功率 P_1 和由传动比引起的功率增量 ΔP_1　（JB/T 5983—2017）

单位：kW

小带轮转速 n_1/r·min⁻¹	小带轮有效直径 d_{e1}/mm																
	20	22.4	25	28	31.5	35.5	37.5	40	42.5	45	47.5	50	53	56	60	63	71
									P_1								
200	0.0050	0.0068	0.0087	0.0110	0.0135	0.0164	0.0178	0.0196	0.0214	0.0232	0.0250	0.0267	0.0288	0.0309	0.0337	0.0358	0.0413
300	0.0068	0.0094	0.0122	0.0155	0.0192	0.0234	0.0255	0.0281	0.0307	0.0333	0.0359	0.0384	0.0415	0.0446	0.0486	0.0516	0.0596
400	0.0084	0.0118	0.0155	0.0197	0.0246	0.0301	0.0328	0.0362	0.0396	0.0430	0.0463	0.0497	0.0537	0.0576	0.0629	0.0669	0.0773
500	0.0099	0.0141	0.0186	0.0237	0.0297	0.0365	0.0398	0.0440	0.0482	0.0523	0.0564	0.0605	0.0654	0.0703	0.0768	0.0816	0.0945
600	0.0112	0.0162	0.0215	0.0276	0.0347	0.0427	0.0466	0.0516	0.0565	0.0614	0.0663	0.0711	0.0769	0.0827	0.0904	0.0961	0.1112
700	0.0125	0.0182	0.0243	0.0314	0.0395	0.0487	0.0533	0.0590	0.0646	0.0703	0.0759	0.0815	0.0882	0.0948	0.1036	0.1102	0.1276
800	0.0136	0.0201	0.0270	0.0350	0.0442	0.0546	0.0598	0.0662	0.0726	0.0790	0.0853	0.0916	0.0992	0.1067	0.1167	0.1241	0.1438
900	0.0147	0.0219	0.0296	0.0385	0.0488	0.0604	0.0661	0.0733	0.0804	0.0875	0.0946	0.1016	0.1100	0.1184	0.1295	0.1378	0.1596
950	0.0152	0.0228	0.0309	0.0402	0.0510	0.0632	0.0693	0.0768	0.0843	0.0917	0.0992	0.1066	0.1154	0.1242	0.1358	0.1445	0.1675
1000	0.0157	0.0237	0.0322	0.0419	0.0532	0.0660	0.0724	0.0803	0.0881	0.0959	0.1037	0.1114	0.1207	0.1299	0.1421	0.1512	0.1753
1100	0.0167	0.0253	0.0346	0.0453	0.0576	0.0716	0.0785	0.0871	0.0957	0.1042	0.1127	0.1211	0.1312	0.1412	0.1545	0.1645	0.1907
1160	0.0172	0.0263	0.0361	0.0473	0.0602	0.0748	0.0821	0.0912	0.1001	0.1091	0.1180	0.1269	0.1374	0.1480	0.1619	0.1723	0.1999
1200	0.0176	0.0270	0.0370	0.0486	0.0619	0.0770	0.0845	0.0938	0.1031	0.1123	0.1215	0.1307	0.1416	0.1524	0.1668	0.1775	0.2059
1300	0.0184	0.0285	0.0394	0.0518	0.0661	0.0824	0.0905	0.1005	0.1104	0.1204	0.1302	0.1401	0.1518	0.1635	0.1789	0.1905	0.2210
1400	0.0192	0.0300	0.0417	0.0549	0.0703	0.0877	0.0963	0.1070	0.1177	0.1283	0.1389	0.1494	0.1619	0.1744	0.1909	0.2032	0.2358
1425	0.0194	0.0304	0.0422	0.0557	0.0713	0.0890	0.0978	0.1086	0.1195	0.1303	0.1410	0.1517	0.1644	0.1771	0.1939	0.2064	0.2395
1500	0.0200	0.0315	0.0439	0.0580	0.0744	0.0929	0.1021	0.1135	0.1248	0.1361	0.1474	0.1586	0.1719	0.1852	0.2028	0.2159	0.2505
1600	0.0207	0.0329	0.0461	0.0611	0.0784	0.0980	0.1078	0.1199	0.1319	0.1439	0.1558	0.1676	0.1818	0.1958	0.2145	0.2283	0.2650
1700	0.0214	0.0343	0.0482	0.0641	0.0824	0.1031	0.1134	0.1262	0.1389	0.1515	0.1641	0.1766	0.1915	0.2064	0.2260	0.2407	0.2794
1750	0.0217	0.0350	0.0492	0.0655	0.0843	0.1056	0.1162	0.1293	0.1424	0.1553	0.1682	0.1811	0.1964	0.2116	0.2318	0.2468	0.2865
1800	0.0221	0.0357	0.0503	0.0670	0.0863	0.1081	0.1190	0.1324	0.1458	0.1591	0.1723	0.1855	0.2012	0.2168	0.2375	0.2529	0.2936
1900	0.0227	0.0370	0.0523	0.0699	0.0901	0.1131	0.1244	0.1386	0.1526	0.1666	0.1805	0.1943	0.2108	0.2272	0.2489	0.2650	0.3076
2000	0.0233	0.0382	0.0543	0.0727	0.0940	0.1180	0.1299	0.1447	0.1594	0.1740	0.1886	0.2030	0.2203	0.2374	0.2601	0.2770	0.3216

续表

小带轮转速 n_1/r·min⁻¹	小带轮有效直径 d_{e1}/mm P_1																				
	20	22.4	25	28	31.5	35.5	37.5	40	42.5	45	47.5	50	53	56	60	63	71				
2200	0.0243	0.0407	0.0582	0.0783	0.1014	0.1276	0.1406	0.1567	0.1727	0.1886	0.2044	0.2202	0.2389	0.2576	0.2822	0.3006	0.3490				
2400	0.0253	0.0430	0.0620	0.0837	0.1087	0.1370	0.1510	0.1684	0.1857	0.2029	0.2200	0.2370	0.2573	0.2774	0.3039	0.3237	0.3758				
2600	0.0262	0.0452	0.0656	0.0889	0.1158	0.1462	0.1613	0.1800	0.1985	0.2170	0.2353	0.2535	0.2752	0.2968	0.3252	0.3464	0.4021				
2800	0.0270	0.0473	0.0691	0.0940	0.1228	0.1552	0.1713	0.1913	0.2111	0.2308	0.2504	0.2698	0.2929	0.3158	0.3462	0.3687	0.4279				
2850	0.0271	0.0478	0.0700	0.0953	0.1245	0.1575	0.1738	0.1941	0.2142	0.2342	0.2541	0.2738	0.2973	0.3206	0.3513	0.3742	0.4342				
3000	0.0276	0.0493	0.0725	0.0990	0.1296	0.1641	0.1812	0.2024	0.2235	0.2444	0.2651	0.2857	0.3102	0.3346	0.3667	0.3905	0.4531				
3200	0.0282	0.0512	0.0758	0.1039	0.1362	0.1728	0.1909	0.2133	0.2356	0.2577	0.2796	0.3014	0.3273	0.3529	0.3868	0.4119	0.4778				
3400	0.0287	0.0530	0.0789	0.1086	0.1428	0.1813	0.2004	0.2240	0.2475	0.2707	0.2938	0.3167	0.3440	0.3710	0.4065	0.4329	0.5019				
3450	0.0289	0.0534	0.0797	0.1098	0.1444	0.1834	0.2027	0.2267	0.2504	0.2740	0.2974	0.3205	0.3481	0.3754	0.4114	0.4381	0.5079				
3600	0.0292	0.0547	0.0820	0.1132	0.1491	0.1896	0.2097	0.2345	0.2592	0.2836	0.3078	0.3318	0.3604	0.3886	0.4259	0.4534	0.5255				
3800	0.0295	0.0563	0.0850	0.1177	0.1554	0.1978	0.2188	0.2449	0.2707	0.2962	0.3215	0.3467	0.3765	0.4060	0.4448	0.4736	0.5486				
4000	0.0298	0.0578	0.0879	0.1221	0.1615	0.2059	0.2278	0.2550	0.2819	0.3086	0.3350	0.3612	0.3923	0.4230	0.4634	0.4933	0.5711				
4500	0.0303	0.0614	0.0947	0.1326	0.1763	0.2254	0.2496	0.2796	0.3093	0.3386	0.3677	0.3964	0.4304	0.4640	0.5081	0.5406	0.6249				
5000	—	0.0644	0.1010	0.1425	0.1903	0.2439	0.2703	0.3030	0.3353	0.3672	0.3987	0.4299	0.4667	0.5029	0.5503	0.5851	0.6749				
5500	—	0.0671	0.1067	0.1518	0.2036	0.2616	0.2901	0.3254	0.3601	0.3944	0.4283	0.4616	0.5009	0.5395	0.5899	0.6267	0.7211				
6000	—	0.0693	0.1120	0.1606	0.2162	0.2783	0.3089	0.3466	0.3837	0.4202	0.4562	0.4915	0.5331	0.5739	0.6267	0.6653	0.7633				
6500	—	0.0711	0.1168	0.1687	0.2280	0.2942	0.3267	0.3667	0.4060	0.4446	0.4825	0.5196	0.5633	0.6058	0.6608	0.7007	0.8011				
7000	—	0.0725	0.1212	0.1763	0.2392	0.3092	0.3435	0.3856	0.4269	0.4674	0.5070	0.5458	0.5912	0.6352	0.6919	0.7327	0.8344				
7500	—	0.0735	0.1250	0.1833	0.2496	0.3233	0.3593	0.4034	0.4465	0.4887	0.5299	0.5701	0.6169	0.6621	0.7199	0.7613	0.8629				
8000	—	0.0742	0.1284	0.1897	0.2593	0.3364	0.3740	0.4199	0.4647	0.5084	0.5509	0.5922	0.6402	0.6862	0.7447	0.7862	0.8865				
8500	—	0.0744	0.1314	0.1955	0.2683	0.3486	0.3876	0.4352	0.4815	0.5265	0.5701	0.6123	0.6610	0.7076	0.7661	0.8072	0.9047				
9000	—	0.0743	0.1339	0.2008	0.2766	0.3599	0.4002	0.4493	0.4969	0.5429	0.5874	0.6302	0.6793	0.7260	0.7840	0.8243	0.9175				
9500	—	0.0738	0.1359	0.2055	0.2840	0.3701	0.4116	0.4620	0.5107	0.5576	0.6026	0.6458	0.6950	0.7413	0.7982	0.8372	0.9245				
10000	—	0.0730	0.1374	0.2096	0.2908	0.3793	0.4219	0.4734	0.5229	0.5704	0.6158	0.6590	0.7079	0.7534	0.8086	0.8457	0.9254				

续表

小带轮转速 n_1/r·min⁻¹	小带轮有效直径 d_{d1}/mm								传动比 i									
	75	80	95	100	112	125	140	150	1.00 ~1.01	>1.01 ~1.03	>1.03 ~1.06	>1.06 ~1.09	>1.09 ~1.13	>1.13 ~1.18	>1.18 ~1.24	>1.24 ~1.35	>1.35 ~1.56	>1.56
	P_1								ΔP_1									
200	0.0441	0.0475	0.0576	0.0610	0.0690	0.0775	0.0873	0.0938	0	0.0001	0.0003	0.0004	0.0005	0.0006	0.0008	0.0009	0.0010	0.0012
300	0.0636	0.0686	0.0833	0.0882	0.0998	0.1122	0.1264	0.1358	0	0.0002	0.0004	0.0006	0.0008	0.0010	0.0012	0.0014	0.0016	0.0017
400	0.0825	0.0889	0.1081	0.1144	0.1295	0.1457	0.1642	0.1764	0	0.0003	0.0005	0.0008	0.0010	0.0013	0.0016	0.0018	0.0021	0.0023
500	0.1008	0.1087	0.1322	0.1400	0.1585	0.1783	0.2009	0.2159	0	0.0003	0.0005	0.0010	0.0013	0.0016	0.0019	0.0023	0.0026	0.0029
600	0.1187	0.1281	0.1558	0.1650	0.1868	0.2102	0.2368	0.2545	0	0.0004	0.0008	0.0012	0.0016	0.0019	0.0023	0.0027	0.0031	0.0035
700	0.1363	0.1470	0.1790	0.1895	0.2145	0.2414	0.2720	0.2922	0	0.0005	0.0009	0.0014	0.0018	0.0023	0.0027	0.0032	0.0036	0.0041
800	0.1535	0.1657	0.2017	0.2135	0.2418	0.2721	0.3066	0.3293	0	0.0005	0.0010	0.0016	0.0021	0.0026	0.0031	0.0036	0.0042	0.0047
900	0.1705	0.1840	0.2240	0.2372	0.2686	0.3022	0.3405	0.3657	0	0.0006	0.0012	0.0017	0.0023	0.0029	0.0035	0.0041	0.0047	0.0052
950	0.1789	0.1931	0.2351	0.2489	0.2819	0.3171	0.3572	0.3836	0	0.0006	0.0012	0.0018	0.0025	0.0031	0.0037	0.0043	0.0050	0.0055
1000	0.1872	0.2021	0.2461	0.2606	0.2950	0.3319	0.3738	0.4014	0	0.0006	0.0013	0.0019	0.0026	0.0032	0.0039	0.0045	0.0052	0.0058
1100	0.2037	0.2199	0.2678	0.2836	0.3210	0.3611	0.4066	0.4366	0	0.0007	0.0014	0.0021	0.0028	0.0036	0.0043	0.0050	0.0057	0.0064
1160	0.2135	0.2305	0.2807	0.2972	0.3365	0.3784	0.4261	0.4574	0	0.0007	0.0015	0.0022	0.0030	0.0038	0.0045	0.0053	0.0060	0.0068
1200	0.2200	0.2375	0.2892	0.3062	0.3467	0.3899	0.4389	0.4711	0	0.0008	0.0016	0.0023	0.0031	0.0039	0.0047	0.0054	0.0063	0.0070
1300	0.2361	0.2548	0.3103	0.3286	0.3720	0.4182	0.4707	0.5051	0	0.0008	0.0017	0.0025	0.0034	0.0042	0.0050	0.0059	0.0068	0.0076
1400	0.2519	0.2720	0.3312	0.3507	0.3969	0.4461	0.5019	0.5385	0	0.0009	0.0018	0.0027	0.0036	0.0045	0.0054	0.0063	0.0073	0.0082
1425	0.2559	0.2762	0.3364	0.3562	0.4031	0.4531	0.5096	0.5467	0	0.0009	0.0018	0.0028	0.0037	0.0046	0.0055	0.0065	0.0074	0.0083
1500	0.2676	0.2889	0.3518	0.3725	0.4215	0.4737	0.5327	0.5713	0	0.0010	0.0019	0.0029	0.0039	0.0049	0.0058	0.0068	0.0078	0.0087
1600	0.2832	0.3057	0.3722	0.3940	0.4458	0.5008	0.5629	0.6035	0	0.0010	0.0021	0.0031	0.0041	0.0052	0.0062	0.0072	0.0083	0.0093
1700	0.2985	0.3223	0.3923	0.4153	0.4697	0.5275	0.5926	0.6351	0	0.0011	0.0022	0.0033	0.0044	0.0055	0.0066	0.0077	0.0089	0.0099
1750	0.3061	0.3305	0.4023	0.4258	0.4816	0.5407	0.6073	0.6507	0	0.0011	0.0023	0.0034	0.0045	0.0057	0.0068	0.0079	0.0091	0.0102
1800	0.3137	0.3386	0.4122	0.4363	0.4933	0.5538	0.6218	0.6662	0	0.0012	0.0023	0.0035	0.0047	0.0058	0.0070	0.0082	0.0094	0.0105
1900	0.3287	0.3548	0.4318	0.4570	0.5166	0.5797	0.6505	0.6966	0	0.0012	0.0025	0.0037	0.0049	0.0061	0.0074	0.0086	0.0099	0.0111
2000	0.3436	0.3709	0.4512	0.4775	0.5396	0.6052	0.6787	0.7265	0	0.0013	0.0026	0.0039	0.0052	0.0065	0.0078	0.0091	0.0104	0.0116

第13篇

续表

小带轮转速 n_1/r·min⁻¹	小带轮有效直径 d_{e1}/mm P_1								传动比 i ΔP_1									
	75	80	95	100	112	125	140	150	1.00~1.01	>1.01~1.03	>1.03~1.06	>1.06~1.09	>1.09~1.13	>1.13~1.18	>1.18~1.24	>1.24~1.35	>1.35~1.56	>1.56
2200	0.3728	0.4024	0.4893	0.5177	0.5845	0.6549	0.7335	0.7843	0	0.0014	0.0029	0.0043	0.0057	0.0071	0.0085	0.0100	0.0115	0.0128
2400	0.4015	0.4333	0.5265	0.5568	0.6281	0.7030	0.7861	0.8395	0	0.0015	0.0031	0.0047	0.0062	0.0078	0.0093	0.0109	0.0125	0.0140
2600	0.4295	0.4634	0.5626	0.5949	0.6704	0.7493	0.8364	0.8921	0	0.0017	0.0034	0.0050	0.0067	0.0084	0.0101	0.0118	0.0136	0.0151
2800	0.4570	0.4930	0.5979	0.6318	0.7113	0.7938	0.8844	0.9418	0	0.0018	0.0036	0.0054	0.0072	0.0091	0.0109	0.0127	0.0146	0.0163
2850	0.4638	0.5002	0.6065	0.6409	0.7213	0.8047	0.8960	0.9538	0	0.0018	0.0037	0.0055	0.0074	0.0092	0.0111	0.0129	0.0149	0.0166
3000	0.4838	0.5218	0.6321	0.6677	0.7507	0.8365	0.9299	0.9887	0	0.0019	0.0039	0.0058	0.0078	0.0097	0.0116	0.0136	0.0156	0.0175
3200	0.5101	0.5499	0.6654	0.7025	0.7887	0.8773	0.9729	1.0325	0	0.0021	0.0041	0.0062	0.0083	0.0103	0.0124	0.0145	0.0167	0.0186
3400	0.5358	0.5774	0.6976	0.7361	0.8252	0.9161	1.0133	1.0731	0	0.0022	0.0044	0.0066	0.0088	0.0110	0.0132	0.0154	0.0177	0.0198
3450	0.5421	0.5841	0.7055	0.7444	0.8341	0.9255	1.0229	1.0828	0	0.0022	0.0045	0.0067	0.0089	0.0112	0.0134	0.0156	0.0180	0.0201
3600	0.5608	0.6041	0.7288	0.7686	0.8602	0.9529	1.0508	1.1104	0	0.0023	0.0047	0.0070	0.0093	0.0116	0.0140	0.0163	0.0188	0.0210
3800	0.5852	0.6301	0.7590	0.7998	0.8935	0.9875	1.0855	1.1443	0	0.0025	0.0049	0.0074	0.0098	0.0123	0.0148	0.0172	0.0198	0.0221
4000	0.6090	0.6554	0.7880	0.8298	0.9252	1.0199	1.1172	1.1745	0	0.0026	0.0052	0.0078	0.0103	0.0129	0.0155	0.0181	0.0209	0.0233
4500	0.6657	0.7154	0.8556	0.8991	0.9967	1.0907	1.1827	1.2334	0	0.0029	0.0058	0.0087	0.0116	0.0146	0.0175	0.0204	0.0235	0.0262
5000	0.7181	0.7705	0.9156	0.9598	1.0566	1.1459	1.2268	1.2666	0	0.0032	0.0065	0.0097	0.0129	0.0162	0.0194	0.0226	0.0261	0.0291
5500	0.7662	0.8203	0.9675	1.0112	1.1040	1.1842	1.2478	1.2715	0	0.0035	0.0071	0.0107	0.0142	0.0178	0.0214	0.0249	0.0287	0.0320
6000	0.8095	0.8646	1.0108	1.0526	1.1379	1.2041	1.2435	1.2459	0	0.0039	0.0078	0.0116	0.0155	0.0194	0.0233	0.0272	0.0313	0.0349
6500	0.8479	0.9031	1.0448	1.0835	1.1572	1.2044	1.2122	—	0	0.0042	0.0084	0.0126	0.0168	0.0210	0.0252	0.0294	0.0339	0.0379
7000	0.8811	0.9354	1.0690	1.1030	1.1611	1.1835	—	—	0	0.0045	0.0091	0.0136	0.0181	0.0226	0.0272	0.0317	0.0365	0.0408
7500	0.9088	0.9612	1.0827	1.1104	1.1483	1.1400	—	—	0	0.0048	0.0097	0.0145	0.0194	0.0243	0.0291	0.0340	0.0391	0.0437
8000	0.9307	0.9800	1.0854	1.1051	1.1180	—	—	—	0	0.0052	0.0104	0.0155	0.0207	0.0259	0.0311	0.0362	0.0417	0.0466
8500	0.9465	0.9916	1.0763	1.0863	—	—	—	—	0	0.0055	0.0110	0.0165	0.0220	0.0275	0.0330	0.0385	0.0443	0.0495
9000	0.9558	0.9955	1.0550	1.0532	—	—	—	—	0	0.0058	0.0117	0.0175	0.0233	0.0291	0.0349	0.0408	0.0469	0.0524
9500	0.9585	0.9915	1.0206	1.0051	—	—	—	—	0	0.0061	0.0123	0.0184	0.0246	0.0307	0.0369	0.0430	0.0495	0.0553
10000	0.9542	0.9790	0.9727	—	—	—	—	—	0	0.0065	0.0130	0.0194	0.0259	0.0323	0.0388	0.0453	0.0521	0.0582

第13篇

表13-1-57　PK型多楔带包角为180°时每楔传递的基本额定功率 P_1 和由传动比引起的功率增量 ΔP_1 （JB/T 5983—2017）

单位: kW

P_1

小带轮转速 n_1/r·min⁻¹	小带轮有效直径 d_{e1}/mm																	
	45	47.5	50	53	56	60	63	71	75	80	90	100	112	118	125	132	140	150
100	0.0206	0.0228	0.0250	0.0277	0.0303	0.0339	0.0365	0.0435	0.0470	0.0513	0.0599	0.0684	0.0785	0.0836	0.0894	0.0953	0.1019	0.1102
200	0.0370	0.0413	0.0455	0.0506	0.0556	0.0623	0.0673	0.0806	0.0872	0.0954	0.1117	0.1279	0.1472	0.1567	0.1679	0.1789	0.1915	0.2072
300	0.0519	0.0581	0.0642	0.0716	0.0790	0.0887	0.0960	0.1153	0.1249	0.1369	0.1606	0.1841	0.2120	0.2259	0.2421	0.2581	0.2764	0.2991
400	0.0657	0.0738	0.0819	0.0915	0.1011	0.1138	0.1233	0.1485	0.1610	0.1765	0.2074	0.2380	0.2744	0.2925	0.3135	0.3344	0.3582	0.3877
500	0.0788	0.0888	0.0987	0.1105	0.1222	0.1379	0.1495	0.1804	0.1958	0.2149	0.2528	0.2903	0.3349	0.3571	0.3828	0.4084	0.4375	0.4737
600	0.0913	0.1031	0.1148	0.1287	0.1427	0.1611	0.1749	0.2114	0.2296	0.2521	0.2969	0.3412	0.3939	0.4201	0.4504	0.4806	0.5149	0.5575
700	0.1033	0.1168	0.1303	0.1464	0.1624	0.1837	0.1996	0.2416	0.2625	0.2885	0.3400	0.3910	0.4515	0.4816	0.5165	0.5511	0.5905	0.6395
800	0.1148	0.1301	0.1454	0.1636	0.1817	0.2057	0.2237	0.2712	0.2947	0.3240	0.3822	0.4397	0.5080	0.5419	0.5812	0.6203	0.6646	0.7197
870	0.1227	0.1392	0.1557	0.1753	0.1949	0.2208	0.2402	0.2914	0.3169	0.3485	0.4112	0.4733	0.5469	0.5834	0.6258	0.6678	0.7156	0.7749
900	0.1260	0.1430	0.1600	0.1803	0.2004	0.2272	0.2472	0.3000	0.3263	0.3589	0.4235	0.4875	0.5634	0.6011	0.6447	0.6881	0.7373	0.7983
1000	0.1368	0.1556	0.1742	0.1966	0.2188	0.2482	0.2702	0.3284	0.3572	0.3931	0.4642	0.5345	0.6178	0.6592	0.7070	0.7546	0.8086	0.8755
1100	0.1473	0.1678	0.1881	0.2125	0.2367	0.2688	0.2928	0.3562	0.3876	0.4267	0.5041	0.5806	0.6713	0.7163	0.7683	0.8200	0.8786	0.9511
1160	0.1535	0.1749	0.1963	0.2219	0.2473	0.2810	0.3061	0.3726	0.4056	0.4466	0.5278	0.6080	0.7030	0.7501	0.8046	0.8586	0.9199	0.9959
1200	0.1575	0.1797	0.2017	0.2281	0.2543	0.2890	0.3149	0.3835	0.4175	0.4597	0.5434	0.6261	0.7240	0.7724	0.8285	0.8842	0.9473	1.0254
1300	0.1675	0.1913	0.2150	0.2433	0.2715	0.3088	0.3367	0.4104	0.4469	0.4923	0.5821	0.6708	0.7757	0.8276	0.8877	0.9473	1.0148	1.0982
1400	0.1772	0.2026	0.2280	0.2583	0.2884	0.3283	0.3581	0.4368	0.4758	0.5243	0.6202	0.7148	0.8266	0.8819	0.9459	1.0093	1.0811	1.1697
1500	0.1866	0.2137	0.2407	0.2729	0.3050	0.3475	0.3791	0.4629	0.5043	0.5558	0.6577	0.7581	0.8768	0.9354	1.0031	1.0702	1.1461	1.2398
1600	0.1958	0.2246	0.2532	0.2873	0.3213	0.3663	0.3999	0.4885	0.5324	0.5869	0.6946	0.8008	0.9261	0.9879	1.0594	1.1301	1.2100	1.3085
1700	0.2049	0.2352	0.2654	0.3015	0.3373	0.3849	0.4203	0.5138	0.5601	0.6175	0.7311	0.8428	0.9746	1.0396	1.1147	1.1889	1.2727	1.3758
1750	0.2093	0.2405	0.2715	0.3085	0.3453	0.3940	0.4303	0.5263	0.5738	0.6327	0.7491	0.8636	0.9986	1.0651	1.1419	1.2178	1.3035	1.4090
1800	0.2137	0.2456	0.2774	0.3154	0.3531	0.4031	0.4403	0.5387	0.5873	0.6477	0.7669	0.8842	1.0224	1.0904	1.1690	1.2466	1.3341	1.4417
1900	0.2223	0.2559	0.2892	0.3291	0.3686	0.4211	0.4601	0.5632	0.6142	0.6775	0.8023	0.9250	1.0694	1.1404	1.2223	1.3032	1.3943	1.5062

续表

小带轮有效直径 d_{el}/mm　P_1

小带轮转速 n_1/r·min^{-1}	45	47.5	50	53	56	60	63	71	75	80	90	100	112	118	125	132	140	150
2000	0.2308	0.2659	0.3008	0.3425	0.3839	0.4388	0.4796	0.5874	0.6407	0.7068	0.8371	0.9651	1.1155	1.1895	1.2747	1.3587	1.4532	1.5692
2200	0.2471	0.2853	0.3233	0.3687	0.4137	0.4734	0.5177	0.6348	0.6926	0.7642	0.9053	1.0435	1.2056	1.2850	1.3764	1.4663	1.5673	1.6907
2400	0.2628	0.3041	0.3451	0.3940	0.4426	0.5069	0.5548	0.6808	0.7430	0.8200	0.9714	1.1193	1.2924	1.3770	1.4741	1.5694	1.6761	1.8060
2600	0.2778	0.3221	0.3661	0.4186	0.4706	0.5395	0.5907	0.7255	0.7919	0.8741	1.0354	1.1927	1.3760	1.4653	1.5676	1.6678	1.7795	1.9150
2800	0.2922	0.3394	0.3864	0.4423	0.4978	0.5711	0.6256	0.7689	0.8395	0.9266	1.0974	1.2634	1.4562	1.5499	1.6569	1.7612	1.8772	2.0172
3000	0.3060	0.3561	0.4059	0.4653	0.5241	0.6018	0.6595	0.8110	0.8855	0.9774	1.1572	1.3315	1.5330	1.6306	1.7417	1.8496	1.9691	2.1124
3200	0.3192	0.3722	0.4248	0.4874	0.5495	0.6315	0.6923	0.8518	0.9301	1.0266	1.2150	1.3969	1.6064	1.7073	1.8219	1.9327	2.0548	2.2003
3400	0.3318	0.3876	0.4430	0.5089	0.5742	0.6602	0.7241	0.8913	0.9733	1.0742	1.2705	1.4595	1.6760	1.7799	1.8973	2.0104	2.1342	2.2805
3450	0.3349	0.3914	0.4474	0.5141	0.5802	0.6673	0.7319	0.9010	0.9838	1.0858	1.2841	1.4747	1.6929	1.7974	1.9153	2.0289	2.1530	2.2993
3600	0.3439	0.4024	0.4605	0.5296	0.5980	0.6881	0.7548	0.9295	1.0149	1.1200	1.3239	1.5193	1.7419	1.8482	1.9677	2.0823	2.2069	2.3528
3800	0.3554	0.4166	0.4774	0.5495	0.6209	0.7149	0.7845	0.9663	1.0551	1.1640	1.3749	1.5761	1.8040	1.9121	2.0330	2.1483	2.2727	2.4167
4000	0.3663	0.4302	0.4935	0.5687	0.6431	0.7409	0.8132	1.0018	1.0937	1.2063	1.4236	1.6299	1.8620	1.9713	2.0930	2.2081	2.3312	2.4720
4200	0.3767	0.4432	0.5091	0.5872	0.6644	0.7658	0.8408	1.0359	1.1308	1.2468	1.4700	1.6806	1.9158	2.0258	2.1475	2.2616	2.3823	2.5182
4300	0.3817	0.4495	0.5166	0.5961	0.6747	0.7780	0.8542	1.0525	1.1488	1.2664	1.4922	1.7048	1.9412	2.0513	2.1726	2.2858	2.4050	2.5378
4500	0.3913	0.4616	0.5311	0.6135	0.6948	0.8015	0.8802	1.0845	1.1834	1.3041	1.5348	1.7507	1.9886	2.0984	2.2183	2.3292	2.4443	2.5699
4800	0.4047	0.4786	0.5516	0.6381	0.7233	0.8349	0.9171	1.1298	1.2324	1.3571	1.5940	1.8132	2.0512	2.1593	2.2757	2.3812	2.4878	—
5000	0.4129	0.4891	0.5644	0.6535	0.7412	0.8559	0.9403	1.1581	1.2629	1.3899	1.6300	1.8505	2.0870	2.1931	2.3060	2.4067	—	—
5500	0.4310	0.5128	0.5934	0.6886	0.7821	0.9040	0.9933	1.2223	1.3315	1.4630	1.7082	1.9279	2.1551	2.2529	2.3527	—	—	—
6000	0.4456	0.5325	0.6181	0.7188	0.8174	0.9454	1.0388	1.2765	1.3888	1.5227	1.7680	1.9811	2.1905	2.2748	—	—	—	—
6500	0.4566	0.5482	0.6381	0.7437	0.8467	0.9799	1.0765	1.3201	1.4339	1.5681	1.8084	2.0085	2.1906	—	—	—	—	—
7000	0.4639	0.5597	0.6535	0.7633	0.8699	1.0071	1.1060	1.3527	1.4662	1.5984	1.8282	2.0084	—	—	—	—	—	—
7500	0.4674	0.5669	0.6640	0.7773	0.8867	1.0267	1.1270	1.3737	1.4851	1.6127	1.8259	—	—	—	—	—	—	—
8000	0.4669	0.5696	0.6695	0.7854	0.8969	1.0383	1.1389	1.3823	1.4898	1.6101	—	—	—	—	—	—	—	—

续表

小带轮转速 n_1/r·min⁻¹	小带轮有效直径 d_{e1}/mm							传动比 i									
	160	170	180	200	212	224	236	1.00~1.01	>1.01~1.03	>1.03~1.06	>1.06~1.09	>1.09~1.13	>1.13~1.18	>1.18~1.24	>1.24~1.35	>1.35~1.56	>1.56
	P_1							ΔP_1									
100	0.1184	0.1266	0.1347	0.1509	0.1606	0.1702	0.1798	0	0.0003	0.0005	0.0008	0.0010	0.0013	0.0016	0.0018	0.0021	0.0023
200	0.2228	0.2383	0.2537	0.2843	0.3026	0.3208	0.3389	0	0.0005	0.0010	0.0016	0.0021	0.0026	0.0031	0.0036	0.0041	0.0047
300	0.3217	0.3442	0.3666	0.4110	0.4374	0.4637	0.4899	0	0.0008	0.0016	0.0023	0.0031	0.0039	0.0047	0.0054	0.0062	0.0070
400	0.4171	0.4463	0.4753	0.5329	0.5672	0.6014	0.6353	0	0.0010	0.0021	0.0031	0.0041	0.0052	0.0062	0.0073	0.0083	0.0093
500	0.5096	0.5453	0.5809	0.6513	0.6932	0.7348	0.7762	0	0.0013	0.0026	0.0039	0.0052	0.0065	0.0078	0.0091	0.0104	0.0117
600	0.5999	0.6419	0.6837	0.7665	0.8157	0.8646	0.9131	0	0.0016	0.0031	0.0047	0.0062	0.0078	0.0093	0.0109	0.0124	0.0140
700	0.6880	0.7362	0.7841	0.8789	0.9352	0.9910	1.0464	0	0.0018	0.0036	0.0054	0.0073	0.0091	0.0109	0.0127	0.0145	0.0163
800	0.7743	0.8285	0.8823	0.9887	1.0518	1.1143	1.1763	0	0.0021	0.0042	0.0062	0.0083	0.0104	0.0124	0.0145	0.0166	0.0187
870	0.8337	0.8920	0.9498	1.0640	1.1317	1.1988	1.2652	0	0.0022	0.0045	0.0068	0.0090	0.0113	0.0135	0.0158	0.0181	0.0203
900	0.8589	0.9189	0.9784	1.0960	1.1656	1.2345	1.3028	0	0.0023	0.0047	0.0070	0.0093	0.0117	0.0140	0.0163	0.0187	0.0210
1000	0.9417	1.0074	1.0724	1.2008	1.2767	1.3517	1.4258	0	0.0026	0.0052	0.0078	0.0104	0.0130	0.0156	0.0181	0.0207	0.0233
1100	1.0230	1.0941	1.1645	1.3032	1.3850	1.4658	1.5455	0	0.0028	0.0057	0.0085	0.0114	0.0142	0.0171	0.0200	0.0228	0.0257
1160	1.0710	1.1453	1.2188	1.3634	1.4487	1.5328	1.6157	0	0.0030	0.0060	0.0090	0.0120	0.0150	0.0180	0.0211	0.0241	0.0271
1200	1.1026	1.1790	1.2546	1.4031	1.4906	1.5768	1.6618	0	0.0031	0.0062	0.0093	0.0124	0.0155	0.0187	0.0218	0.0249	0.0280
1300	1.1807	1.2622	1.3427	1.5006	1.5934	1.6847	1.7745	0	0.0034	0.0067	0.0101	0.0135	0.0168	0.0202	0.0236	0.0270	0.0303
1400	1.2572	1.3436	1.4287	1.5956	1.6933	1.7893	1.8835	0	0.0036	0.0073	0.0109	0.0145	0.0181	0.0218	0.0254	0.0290	0.0327
1500	1.3322	1.4232	1.5128	1.6880	1.7904	1.8907	1.9888	0	0.0039	0.0078	0.0117	0.0155	0.0194	0.0233	0.0272	0.0311	0.0350
1600	1.4055	1.5010	1.5949	1.7778	1.8844	1.9886	2.0903	0	0.0041	0.0083	0.0124	0.0166	0.0207	0.0249	0.0290	0.0332	0.0373
1700	1.4773	1.5769	1.6748	1.8650	1.9754	2.0830	2.1877	0	0.0044	0.0088	0.0132	0.0176	0.0220	0.0264	0.0309	0.0353	0.0397
1750	1.5125	1.6142	1.7140	1.9075	2.0197	2.1289	2.2349	0	0.0045	0.0091	0.0136	0.0181	0.0227	0.0272	0.0318	0.0363	0.0408
1800	1.5474	1.6510	1.7526	1.9494	2.0632	2.1738	2.2810	0	0.0047	0.0093	0.0140	0.0187	0.0233	0.0280	0.0327	0.0373	0.0420
1900	1.6158	1.7232	1.8282	2.0310	2.1478	2.2609	2.3700	0	0.0049	0.0099	0.0148	0.0197	0.0246	0.0296	0.0345	0.0394	0.0443

续表

小带轮转速 n_1/r·min⁻¹	小带轮有效直径 d_{e1}/mm（P_1）							传动比 i（ΔF_1）									
	160	170	180	200	212	224	236	1.00~1.01	>1.01~1.03	>1.03~1.06	>1.06~1.09	>1.09~1.13	>1.13~1.18	>1.18~1.24	>1.24~1.35	>1.35~1.56	>1.56
2000	1.6826	1.7934	1.9016	2.1097	2.2290	2.3440	2.4546	0	0.0052	0.0104	0.0155	0.0207	0.0259	0.0311	0.0363	0.0415	0.0467
2200	1.8109	1.9279	2.0414	2.2580	2.3809	2.4983	2.6099	0	0.0057	0.0114	0.0171	0.0228	0.0285	0.0342	0.0399	0.0456	0.0513
2400	1.9320	2.0539	2.1716	2.3937	2.5181	2.6355	2.7456	0	0.0062	0.0125	0.0186	0.0249	0.0311	0.0373	0.0436	0.0498	0.0560
2600	2.0456	2.1712	2.2916	2.5160	2.6396	2.7545	2.8603	0	0.0067	0.0135	0.0202	0.0270	0.0337	0.0404	0.0472	0.0539	0.0607
2800	2.1513	2.2792	2.4009	2.6241	2.7446	2.8543	2.9528	0	0.0072	0.0145	0.0218	0.0290	0.0363	0.0436	0.0508	0.0581	0.0653
3000	2.2486	2.3776	2.4989	2.7173	2.8319	2.9336	3.0217	0	0.0078	0.0156	0.0233	0.0311	0.0389	0.0467	0.0544	0.0622	0.0700
3200	2.3374	2.4657	2.5850	2.7946	2.9007	—	—	0	0.0083	0.0166	0.0249	0.0332	0.0415	0.0498	0.0581	0.0664	0.0747
3400	2.4170	2.5432	2.6586	2.8552	—	—	—	0	0.0088	0.0177	0.0264	0.0352	0.0440	0.0529	0.0617	0.0705	0.0793
3450	2.4355	2.5609	2.6750	—	—	—	—	0	0.0089	0.0179	0.0268	0.0358	0.0447	0.0537	0.0626	0.0716	0.0805
3600	2.4872	2.6095	2.7192	—	—	—	—	0	0.0093	0.0187	0.0280	0.0373	0.0466	0.0560	0.0653	0.0747	0.0840
3800	2.5474	2.6641	2.7661	—	—	—	—	0	0.0098	0.0197	0.0295	0.0394	0.0492	0.0591	0.0690	0.0788	0.0887
4000	2.5973	2.7065	—	—	—	—	—	0	0.0103	0.0208	0.0311	0.0415	0.0518	0.0622	0.0726	0.0830	0.0933
4200	2.6365	—	—	—	—	—	—	0	0.0109	0.0218	0.0326	0.0435	0.0544	0.0653	0.0762	0.0871	0.0980
4300	—	—	—	—	—	—	—	0	0.0111	0.0223	0.0334	0.0446	0.0557	0.0669	0.0780	0.0892	0.1003
4500	—	—	—	—	—	—	—	0	0.0116	0.0234	0.0350	0.0466	0.0583	0.0700	0.0817	0.0934	0.1050
4800	—	—	—	—	—	—	—	0	0.0124	0.0249	0.0373	0.0498	0.0622	0.0747	0.0871	0.0996	0.1120
5000	—	—	—	—	—	—	—	0	0.0129	0.0260	0.0388	0.0518	0.0648	0.0778	0.0907	0.1037	0.1167
5500	—	—	—	—	—	—	—	0	0.0142	0.0286	0.0427	0.0570	0.0712	0.0856	0.0998	0.1141	0.1283
6000	—	—	—	—	—	—	—	0	0.0155	0.0312	0.0466	0.0622	0.0777	0.0933	0.1089	0.1245	0.1400
6500	—	—	—	—	—	—	—	0	0.0168	0.0337	0.0505	0.0674	0.0842	0.1011	0.1180	0.1349	0.1517
7000	—	—	—	—	—	—	—	0	0.0181	0.0363	0.0544	0.0726	0.0907	0.1089	0.1270	0.1452	0.1634
7500	—	—	—	—	—	—	—	0	0.0194	0.0389	0.0583	0.0777	0.0972	0.1167	0.1361	0.1556	0.1750
8000	—	—	—	—	—	—	—	0	0.0207	0.0415	0.0622	0.0829	0.1036	0.1245	0.1452	0.1660	0.1867

表13-1-58　PL 型多楔带包角为 180° 时每楔传递的基本额定功率 P_1 和由传动比引起的功率增量 ΔP_1　（JB/T 5983—2017）

小带轮转速 n_1/r·min⁻¹	小带轮有效直径 d_{e1}/mm																
	75	80	90	95	100	106	112	118	125	132	140	150	160	170	180	200	212
	P_1																
100	0.0737	0.0820	0.0984	0.1065	0.1147	0.1244	0.1341	0.1437	0.1549	0.1660	0.1787	0.1945	0.2103	0.2259	0.2415	0.2725	0.2910
200	0.1347	0.1504	0.1815	0.1970	0.2125	0.2309	0.2493	0.2676	0.2889	0.3100	0.3341	0.3641	0.3939	0.4236	0.4531	0.5118	0.5468
300	0.1908	0.2136	0.2589	0.2815	0.3039	0.3307	0.3574	0.3840	0.4149	0.4456	0.4806	0.5241	0.5673	0.6103	0.6531	0.7382	0.7888
400	0.2437	0.2734	0.3325	0.3619	0.3911	0.4260	0.4608	0.4954	0.5356	0.5756	0.6211	0.6776	0.7339	0.7898	0.8454	0.9558	1.0215
500	0.2942	0.3308	0.4033	0.4393	0.4751	0.5179	0.5606	0.6030	0.6522	0.7013	0.7570	0.8262	0.8951	0.9635	1.0315	1.1664	1.2467
540	0.3139	0.3531	0.4309	0.4695	0.5080	0.5539	0.5996	0.6451	0.6979	0.7505	0.8103	0.8845	0.9583	1.0316	1.1045	1.2490	1.3349
575	0.3309	0.3724	0.4548	0.4957	0.5364	0.5850	0.6334	0.6816	0.7375	0.7932	0.8564	0.9350	1.0130	1.0906	1.1677	1.3205	1.4113
600	0.3429	0.3860	0.4717	0.5142	0.5565	0.6071	0.6574	0.7075	0.7656	0.8234	0.8891	0.9708	1.0519	1.1324	1.2125	1.3712	1.4655
675	0.3782	0.4263	0.5217	0.5690	0.6161	0.6724	0.7284	0.7841	0.8487	0.9130	0.9860	1.0768	1.1668	1.2563	1.3452	1.5212	1.6257
700	0.3898	0.4395	0.5381	0.5870	0.6357	0.6939	0.7517	0.8093	0.8761	0.9425	1.0180	1.1117	1.2047	1.2971	1.3888	1.5705	1.6784
800	0.4354	0.4915	0.6028	0.6580	0.7130	0.7786	0.8438	0.9087	0.9840	1.0588	1.1438	1.2493	1.3540	1.4579	1.5609	1.7649	1.8858
870	0.4666	0.5271	0.6472	0.7068	0.7660	0.8367	0.9071	0.9770	1.0581	1.1387	1.2303	1.3438	1.4565	1.5682	1.6790	1.8980	2.0277
900	0.4798	0.5422	0.6660	0.7274	0.7885	0.8614	0.9339	1.0060	1.0896	1.1726	1.2669	1.3839	1.4999	1.6149	1.7290	1.9544	2.0878
1000	0.5229	0.5916	0.7277	0.7952	0.8623	0.9424	1.0221	1.1012	1.1929	1.2840	1.3874	1.5156	1.6426	1.7684	1.8931	2.1391	2.2846
1100	0.5650	0.6399	0.7881	0.8616	0.9347	1.0218	1.1084	1.1945	1.2942	1.3932	1.5055	1.6445	1.7822	1.9185	2.0534	2.3192	2.4761
1160	0.5898	0.6683	0.8238	0.9008	0.9774	1.0687	1.1595	1.2496	1.3540	1.4576	1.5751	1.7206	1.8645	2.0069	2.1478	2.4250	2.5884
1200	0.6062	0.6871	0.8473	0.9267	1.0056	1.0997	1.1931	1.2860	1.3935	1.5001	1.6210	1.7707	1.9187	2.0651	2.2099	2.4946	2.6623
1300	0.6464	0.7333	0.9053	0.9905	1.0751	1.1760	1.2762	1.3756	1.4908	1.6049	1.7343	1.8942	2.0522	2.2084	2.3626	2.6652	2.8431
1400	0.6857	0.7785	0.9621	1.0530	1.1433	1.2509	1.3576	1.4636	1.5862	1.7076	1.8451	2.0150	2.1827	2.3482	2.5114	2.8310	3.0184
1500	0.7242	0.8228	1.0179	1.1144	1.2102	1.3243	1.4375	1.5498	1.6797	1.8082	1.9537	2.1332	2.3101	2.4845	2.6563	2.9919	3.1880
1600	0.7618	0.8662	1.0725	1.1746	1.2758	1.3964	1.5159	1.6344	1.7713	1.9068	2.0599	2.2486	2.4345	2.6174	2.7972	3.1477	3.3519
1700	0.7987	0.9087	1.1262	1.2336	1.3402	1.4671	1.5927	1.7172	1.8610	2.0032	2.1637	2.3614	2.5557	2.7466	2.9341	3.2984	3.5098
1750	0.8168	0.9297	1.1526	1.2627	1.3719	1.5019	1.6306	1.7581	1.9052	2.0506	2.2147	2.4167	2.6151	2.8099	3.0010	3.3717	3.5865
1800	0.8348	0.9504	1.1787	1.2915	1.4034	1.5364	1.6681	1.7984	1.9489	2.0975	2.2652	2.4714	2.6738	2.8723	3.0668	3.4437	3.6616
1900	0.8701	0.9913	1.2303	1.3483	1.4653	1.6043	1.7419	1.8780	2.0349	2.1898	2.3643	2.5786	2.7886	2.9942	3.1953	3.5835	3.8071
2000	0.9048	1.0313	1.2809	1.4040	1.5260	1.6709	1.8142	1.9558	2.1189	2.2798	2.4609	2.6830	2.9002	3.1124	3.3195	3.7177	3.9460
2100	0.9386	1.0705	1.3305	1.4586	1.5855	1.7361	1.8849	2.0319	2.2011	2.3678	2.5551	2.7845	3.0084	3.2267	3.4392	3.8461	4.0782
2200	0.9718	1.1089	1.3791	1.5121	1.6437	1.7999	1.9541	2.1063	2.2813	2.4535	2.6468	2.8831	3.1132	3.3370	3.5543	3.9685	4.2034

续表

小带轮转速 n_1/r·min⁻¹	小带轮有效直径 d_{e1}/mm P_1																
	75	80	90	95	100	106	112	118	125	132	140	150	160	170	180	200	212
2300	1.0042	1.1465	1.4266	1.5645	1.7008	1.8624	2.0218	2.1790	2.3596	2.5370	2.7359	2.9786	3.2144	3.4432	3.6647	4.0848	4.3214
2400	1.0360	1.1833	1.4732	1.6157	1.7566	1.9235	2.0879	2.2499	2.4358	2.6183	2.8225	3.0711	3.3121	3.5453	3.7703	4.1947	4.4321
2500	1.0670	1.2194	1.5188	1.6659	1.8112	1.9831	2.1524	2.3191	2.5101	2.6972	2.9064	3.1605	3.4061	3.6431	3.8709	4.2980	4.5351
2600	1.0973	1.2546	1.5634	1.7149	1.8645	2.0414	2.2154	2.3864	2.5822	2.7738	2.9876	3.2466	3.4964	3.7364	3.9664	4.3947	4.6303
2700	1.1269	1.2890	1.6070	1.7628	1.9166	2.0982	2.2767	2.4520	2.6523	2.8480	3.0660	3.3295	3.5828	3.8253	4.0567	4.4844	4.7171
2800	1.1558	1.3226	1.6495	1.8096	1.9673	2.1536	2.3363	2.5156	2.7202	2.9198	3.1416	3.4091	3.6652	3.9096	4.1417	4.5671	4.7961
2900	1.1841	1.3555	1.6911	1.8552	2.0168	2.2074	2.3943	2.5774	2.7860	2.9891	3.2144	3.4852	3.7436	3.9891	4.2211	4.6424	4.8663
3000	1.2116	1.3875	1.7316	1.8996	2.0650	2.2598	2.4506	2.6372	2.8495	3.0559	3.2842	3.5578	3.8179	4.0638	4.2949	4.7102	4.9277
3100	1.2384	1.4187	1.7710	1.9429	2.1119	2.3107	2.5052	2.6951	2.9108	3.1201	3.3510	3.6269	3.8879	4.1335	4.3628	4.7703	4.9800
3200	1.2644	1.4491	1.8094	1.9850	2.1574	2.3601	2.5580	2.7510	2.9699	3.1817	3.4148	3.6923	3.9536	4.1981	4.4249	4.8224	—
3300	1.2898	1.4787	1.8468	2.0259	2.2016	2.4079	2.6090	2.8049	3.0265	3.2405	3.4754	3.7539	4.0149	4.2574	4.4808	4.8665	—
3400	1.3145	1.5074	1.8830	2.0655	2.2444	2.4541	2.6582	2.8567	3.0808	3.2967	3.5329	3.8117	4.0716	4.3115	4.5305	—	—
3450	1.3265	1.5215	1.9008	2.0849	2.2653	2.4766	2.6822	2.8818	3.1070	3.3237	3.5604	3.8392	4.0982	4.3365	4.5530	—	—
3500	1.3384	1.5353	1.9182	2.1040	2.2858	2.4987	2.7056	2.9064	3.1327	3.3500	3.5871	3.8657	4.1237	4.3601	4.5738	—	—
3600	1.3616	1.5624	1.9523	2.1411	2.3258	2.5416	2.7511	2.9540	3.1821	3.4005	3.6379	3.9156	4.1710	4.4031	4.6106	—	—
3700	1.3840	1.5886	1.9852	2.1770	2.3643	2.5830	2.7947	2.9994	3.2289	3.4481	3.6854	3.9615	4.2135	4.4403	4.6407	—	—
3800	1.4057	1.6140	2.0171	2.2116	2.4014	2.6226	2.8364	3.0426	3.2732	3.4927	3.7295	4.0032	4.2510	4.4717	—	—	—
3900	1.4267	1.6385	2.0477	2.2449	2.4370	2.6605	2.8761	3.0836	3.3149	3.5344	3.7700	4.0406	4.2835	4.4972	—	—	—
4000	1.4469	1.6621	2.0773	2.2769	2.4711	2.6967	2.9138	3.1222	3.3539	3.5729	3.8069	4.0738	4.3108	—	—	—	—
4100	1.4663	1.6848	2.1056	2.3076	2.5037	2.7311	2.9495	3.1585	3.3903	3.6083	3.8401	4.1025	4.3329	—	—	—	—
4200	1.4849	1.7066	2.1327	2.3368	2.5347	2.7637	2.9830	3.1925	3.4238	3.6406	3.8696	4.1267	—	—	—	—	—
4300	1.5028	1.7275	2.1587	2.3647	2.5642	2.7944	3.0145	3.2240	3.4546	3.6695	3.8953	4.1463	—	—	—	—	—
4400	1.5199	1.7475	2.1834	2.3912	2.5920	2.8234	3.0439	3.2531	3.4825	3.6952	3.9171	4.1612	—	—	—	—	—
4500	1.5362	1.7666	2.2068	2.4163	2.6182	2.8504	3.0711	3.2797	3.5074	3.7175	3.9350	—	—	—	—	—	—
4600	1.5516	1.7847	2.2290	2.4399	2.6428	2.8755	3.0960	3.3038	3.5295	3.7364	3.9488	—	—	—	—	—	—
4700	1.5663	1.8018	2.2500	2.4620	2.6657	2.8987	3.1187	3.3253	3.5485	3.7517	3.9585	—	—	—	—	—	—
4800	1.5801	1.8180	2.2696	2.4827	2.6870	2.9199	3.1392	3.3441	3.5644	3.7636	—	—	—	—	—	—	—
4900	1.5931	1.8332	2.2879	2.5019	2.7065	2.9392	3.1573	3.3603	3.5772	3.7718	—	—	—	—	—	—	—
5000	1.6053	1.8475	2.3049	2.5195	2.7242	2.9563	3.1731	3.3738	3.5869	3.7763	—	—	—	—	—	—	—

续表

小带轮转速 n_1/r·min⁻¹	小带轮有效直径 d_{e1}/mm P_1							传动比 i ΔP_1									
	224	236	250	280	300	315	355	1.00~1.01	>1.01~1.03	>1.03~1.06	>1.06~1.09	>1.09~1.13	>1.13~1.18	>1.18~1.24	>1.24~1.35	>1.35~1.56	>1.56
100	0.3094	0.3277	0.3490	0.3943	0.4243	0.4467	0.5060	0	0.0007	0.0013	0.0020	0.0027	0.0033	0.0040	0.0047	0.0054	0.0060
200	0.5816	0.6162	0.6565	0.7421	0.7987	0.8409	0.9527	0	0.0020	0.0047	0.0067	0.0080	0.0094	0.0121	0.0121	0.0121	0.0121
300	0.8392	0.8893	0.9476	1.0713	1.1530	1.2140	1.3751	0	0.0030	0.0070	0.0100	0.0121	0.0141	0.0181	0.0181	0.0181	0.0181
400	1.0868	1.1518	1.2272	1.3873	1.4930	1.5717	1.7794	0	0.0040	0.0094	0.0134	0.0161	0.0188	0.0241	0.0241	0.0241	0.0241
500	1.3265	1.4058	1.4977	1.6926	1.8210	1.9165	2.1681	0	0.0050	0.0117	0.0167	0.0201	0.0235	0.0302	0.0302	0.0302	0.0302
540	1.4203	1.5052	1.6035	1.8119	1.9491	2.0511	2.3194	0	0.0054	0.0127	0.0181	0.0217	0.0253	0.0326	0.0326	0.0326	0.0326
575	1.5016	1.5912	1.6951	1.9150	2.0597	2.1673	2.4499	0	0.0058	0.0135	0.0193	0.0231	0.0270	0.0347	0.0347	0.0347	0.0347
600	1.5591	1.6522	1.7599	1.9880	2.1380	2.2494	2.5421	0	0.0060	0.0141	0.0201	0.0241	0.0281	0.0362	0.0362	0.0362	0.0362
675	1.7294	1.8324	1.9516	2.2035	2.3688	2.4915	2.8130	0	0.0068	0.0158	0.0226	0.0271	0.0317	0.0407	0.0407	0.0407	0.0407
700	1.7854	1.8916	2.0145	2.2742	2.4445	2.5708	2.9015	0	0.0070	0.0164	0.0234	0.0282	0.0328	0.0422	0.0422	0.0422	0.0422
800	2.0056	2.1244	2.2617	2.5512	2.7406	2.8807	3.2461	0	0.0081	0.0188	0.0268	0.0322	0.0375	0.0483	0.0483	0.0483	0.0483
870	2.1563	2.2835	2.4305	2.7397	2.9415	3.0906	3.4783	0	0.0088	0.0204	0.0291	0.0350	0.0408	0.0525	0.0525	0.0525	0.0525
900	2.2199	2.3507	2.5017	2.8191	3.0261	3.1788	3.5754	0	0.0091	0.0211	0.0301	0.0362	0.0422	0.0543	0.0543	0.0543	0.0543
1000	2.4284	2.5706	2.7344	3.0777	3.3008	3.4649	3.8887	0	0.0101	0.0235	0.0335	0.0402	0.0469	0.0603	0.0603	0.0603	0.0603
1100	2.6309	2.7838	2.9596	3.3268	3.5643	3.7384	4.1853	0	0.0111	0.0258	0.0368	0.0442	0.0516	0.0664	0.0664	0.0664	0.0664
1160	2.7496	2.9086	3.0911	3.4716	3.7168	3.8962	4.3548	0	0.0117	0.0272	0.0388	0.0467	0.0544	0.0700	0.0700	0.0700	0.0700
1200	2.8275	2.9904	3.1772	3.5660	3.8161	3.9988	4.4642	0	0.0121	0.0282	0.0402	0.0483	0.0563	0.0724	0.0724	0.0724	0.0724
1300	3.0180	3.1901	3.3870	3.7950	4.0559	4.2455	4.7245	0	0.0131	0.0305	0.0435	0.0523	0.0610	0.0784	0.0784	0.0784	0.0784
1400	3.2023	3.3828	3.5888	4.0133	4.2830	4.4779	4.9653	0	0.0141	0.0328	0.0469	0.0563	0.0657	0.0845	0.0845	0.0845	0.0845
1500	3.3802	3.5682	3.7822	4.2206	4.4969	4.6953	5.1854	0	0.0151	0.0352	0.0502	0.0603	0.0704	0.0905	0.0905	0.0905	0.0905
1600	3.5514	3.7461	3.9669	4.4163	4.6969	4.8969	5.3839	0	0.0161	0.0375	0.0536	0.0643	0.0751	0.0965	0.0965	0.0965	0.0965
1700	3.7159	3.9162	4.1427	4.5999	4.8825	5.0821	5.5597	0	0.0171	0.0399	0.0569	0.0684	0.0798	0.1026	0.1026	0.1026	0.1026
1750	3.7955	3.9983	4.2271	4.6871	4.9697	5.1683	5.6387	0	0.0176	0.0411	0.0586	0.0704	0.0821	0.1056	0.1056	0.1056	0.1056
1800	3.8733	4.0784	4.3091	4.7711	5.0531	5.2501	5.7116	0	0.0181	0.0422	0.0603	0.0724	0.0844	0.1086	0.1086	0.1086	0.1086
1900	4.0234	4.2321	4.4659	4.9292	5.2079	5.4002	5.8385	0	0.0191	0.0446	0.0636	0.0764	0.0891	0.1146	0.1146	0.1146	0.1146
2000	4.1660	4.3773	4.6126	5.0737	5.3463	5.5315	—	0	0.0201	0.0469	0.0670	0.0804	0.0938	0.1207	0.1207	0.1207	0.1207
2100	4.3008	4.5136	4.7490	5.2040	5.4677	—	—	0	0.0211	0.0493	0.0703	0.0845	0.0985	0.1267	0.1267	0.1267	0.1267
2200	4.4276	4.6406	4.8746	5.3198	5.5714	—	—	0	0.0222	0.0516	0.0737	0.0885	0.1032	0.1327	0.1327	0.1327	0.1327

第13篇

续表

小带轮转速 n_1/r·min⁻¹	小带轮有效直径 d_{e1}/mm P_1 224	236	250	280	300	315	355	传动比 i ΔF_1 1.00~1.01	>1.01~1.03	>1.03~1.06	>1.06~1.09	>1.09~1.13	>1.13~1.18	>1.18~1.24	>1.24~1.35	>1.35~1.56	>1.56
2300	4.5461	4.7581	4.9890	5.4203	—	—	—	0	0.0232	0.0540	0.0770	0.0925	0.1079	0.1388	0.1388	0.1388	0.1388
2400	4.6550	4.8658	5.0919	5.5051	—	—	—	0	0.0160	0.0322	0.0482	0.0643	0.0804	0.0965	0.1126	0.1287	0.1448
2500	4.7571	4.9632	5.1829	—	—	—	—	0	0.0167	0.0336	0.0502	0.0670	0.0837	0.1005	0.1173	0.1341	0.1508
2600	4.8490	5.0501	5.2615	—	—	—	—	0	0.0174	0.0349	0.0522	0.0697	0.0871	0.1046	0.1220	0.1395	0.1569
2700	4.9316	5.1262	—	—	—	—	—	0	0.0180	0.0362	0.0542	0.0724	0.0904	0.1086	0.1267	0.1448	0.1629
2800	5.0045	5.1911	—	—	—	—	—	0	0.0187	0.0376	0.0562	0.0750	0.0938	0.1126	0.1314	0.1502	0.1689
2900	5.0674	5.2445	—	—	—	—	—	0	0.0194	0.0389	0.0582	0.0777	0.0971	0.1166	0.1361	0.1556	0.1750
3000	5.1200	—	—	—	—	—	—	0	0.0200	0.0403	0.0603	0.0804	0.1005	0.1206	0.1407	0.1609	0.1810
3100	—	—	—	—	—	—	—	0	0.0207	0.0416	0.0623	0.0831	0.1038	0.1247	0.1454	0.1663	0.1870
3200	—	—	—	—	—	—	—	0	0.0214	0.0429	0.0643	0.0858	0.1072	0.1287	0.1501	0.1716	0.1930
3300	—	—	—	—	—	—	—	0	0.0221	0.0443	0.0663	0.0884	0.1105	0.1327	0.1548	0.1770	0.1991
3400	—	—	—	—	—	—	—	0	0.0227	0.0456	0.0683	0.0911	0.1139	0.1367	0.1595	0.1824	0.2051
3450	—	—	—	—	—	—	—	0	0.0231	0.0463	0.0693	0.0925	0.1155	0.1387	0.1619	0.1851	0.2081
3500	—	—	—	—	—	—	—	0	0.0234	0.0470	0.0703	0.0938	0.1172	0.1408	0.1642	0.1877	0.2111
3600	—	—	—	—	—	—	—	0	0.0241	0.0483	0.0723	0.0965	0.1206	0.1448	0.1689	0.1931	0.2172
3700	—	—	—	—	—	—	—	0	0.0247	0.0497	0.0743	0.0991	0.1239	0.1488	0.1736	0.1985	0.2232
3800	—	—	—	—	—	—	—	0	0.0254	0.0510	0.0763	0.1018	0.1273	0.1528	0.1783	0.2038	0.2292
3900	—	—	—	—	—	—	—	0	0.0261	0.0523	0.0783	0.1045	0.1306	0.1568	0.1830	0.2092	0.2353
4000	—	—	—	—	—	—	—	0	0.0267	0.0537	0.0803	0.1072	0.1340	0.1609	0.1877	0.2146	0.2413
4100	—	—	—	—	—	—	—	0	0.0274	0.0550	0.0824	0.1099	0.1373	0.1649	0.1924	0.2199	0.2473
4200	—	—	—	—	—	—	—	0	0.0281	0.0564	0.0844	0.1125	0.1407	0.1689	0.1970	0.2253	0.2534
4300	—	—	—	—	—	—	—	0	0.0287	0.0577	0.0864	0.1152	0.1440	0.1729	0.2017	0.2307	0.2594
4400	—	—	—	—	—	—	—	0	0.0294	0.0591	0.0884	0.1179	0.1474	0.1770	0.2064	0.2360	0.2654
4500	—	—	—	—	—	—	—	0	0.0301	0.0604	0.0904	0.1206	0.1507	0.1810	0.2111	0.2414	0.2715
4600	—	—	—	—	—	—	—	0	0.0307	0.0617	0.0924	0.1233	0.1540	0.1850	0.2158	0.2467	0.2775
4700	—	—	—	—	—	—	—	0	0.0314	0.0631	0.0944	0.1259	0.1574	0.1890	0.2205	0.2521	0.2835
4800	—	—	—	—	—	—	—	0	0.0321	0.0644	0.0964	0.1286	0.1607	0.1930	0.2252	0.2575	0.2896
4900	—	—	—	—	—	—	—	0	0.0327	0.0658	0.0984	0.1313	0.1641	0.1971	0.2299	0.2628	0.2956
5000	—	—	—	—	—	—	—	0	0.0334	0.0671	0.1004	0.1340	0.1674	0.2011	0.2346	0.2682	0.3016

第 13 篇

表 13-1-59　PM 型多楔带包角为 180°时每楔传递的基本额定功率 P_1 和由传动比引起的功率增量 ΔP_1　(JB/T 5983—2017)　kW

小带轮转速 n_1/r·min⁻¹	小带轮有效直径 d_{e1}/mm P_1																
	180	200	212	236	250	265	280	300	315	355	375	400	450	500	560	600	710
100	0.5565	0.6612	0.7237	0.8479	0.9200	0.9969	1.0734	1.1750	1.2509	1.4520	1.5518	1.6761	1.9229	2.1675	2.4584	2.6509	3.1748
200	1.0168	1.2158	1.3344	1.5701	1.7067	1.8524	1.9974	2.1897	2.3333	2.7133	2.9019	3.1363	3.6010	4.0608	4.6061	4.9661	5.9418
300	1.4399	1.7286	1.9007	2.2424	2.4403	2.6512	2.8610	3.1391	3.3464	3.8946	4.1662	4.5034	5.1706	5.8283	6.6055	7.1163	8.4917
400	1.8375	2.2128	2.4363	2.8797	3.1363	3.4095	3.6811	4.0407	4.3086	5.0155	5.3649	5.7981	6.6524	7.4907	8.4756	9.1192	10.8341
500	2.2150	2.6740	2.9471	3.4884	3.8012	4.1341	4.4646	4.9016	5.2267	6.0826	6.5045	7.0264	8.0513	9.0507	10.2156	10.9706	12.9533
540	2.3611	2.8528	3.1452	3.7246	4.0593	4.4152	4.7684	5.2352	5.5823	6.4949	6.9442	7.4993	8.5874	9.6453	10.8734	11.6662	13.7329
575	2.4867	3.0067	3.3159	3.9281	4.2815	4.6572	5.0300	5.5223	5.8880	6.8489	7.3214	7.9045	9.0453	10.1512	11.4303	12.2527	14.3811
600	2.5753	3.1153	3.4362	4.0716	4.4382	4.8279	5.2143	5.7245	6.1034	7.0978	7.5864	8.1889	9.3658	10.5042	11.8170	12.6586	14.8238
675	2.8352	3.4342	3.7899	4.4932	4.8986	5.3290	5.7553	6.3173	6.7340	7.8250	8.3593	9.0164	10.2938	11.5200	12.9200	13.8077	16.0456
700	2.9200	3.5383	3.9053	4.6308	5.0488	5.4923	5.9315	6.5102	6.9391	8.0608	8.6094	9.2836	10.5916	11.8437	13.2678	14.1670	16.4157
800	3.2501	3.9439	4.3552	5.1667	5.6333	6.1276	6.6162	7.2585	7.7228	8.9697	9.5712	10.3070	11.7228	13.0600	14.3536	15.4777	17.6964
870	3.4729	4.2177	4.6588	5.5280	6.0270	6.5549	7.0759	7.7595	8.2638	9.5724	10.2063	10.9788	12.4546	13.8327	15.3474	16.2671	18.3894
900	3.5662	4.3326	4.7862	5.6794	6.1918	6.7336	7.2678	7.9683	8.4846	9.8219	10.4684	11.2549	12.7524	14.1429	15.6591	16.5711	18.6316
1000	3.8686	4.7045	5.1984	6.1687	6.7238	7.3094	7.8854	8.6383	9.1911	10.6145	11.2972	12.1222	13.6726	15.0811	16.5680	17.4267	19.1860
1100	4.1573	5.0596	5.5916	6.6340	7.2285	7.8541	8.4677	9.2665	9.8508	11.3438	12.0532	12.9035	14.4753	15.8630	17.2632	18.0234	—
1160	4.3239	5.2645	5.8183	6.9015	7.5180	8.1656	8.7995	9.6227	10.2231	11.7495	12.4701	13.3286	14.8970	16.2521	17.5707	—	—
1200	4.4323	5.3976	5.9655	7.0748	7.7052	8.3666	9.0131	9.8512	10.4612	12.0062	12.7320	13.5931	15.1520	16.4766	17.7276	—	—
1300	4.6934	5.7183	6.3195	7.4901	8.1528	8.8456	9.5201	10.3900	11.0196	12.5976	13.3286	14.1850	15.6939	16.9095	—	—	—
1400	4.9404	6.0211	6.6532	7.8792	8.5700	9.2894	9.9867	10.8807	11.5234	13.1139	13.8383	14.6731	16.0921	—	—	—	—
1500	5.1731	6.3056	6.9658	8.2409	8.9556	9.6967	10.4112	11.3210	11.9697	13.5510	14.2558	15.0512	—	—	—	—	—
1600	5.3911	6.5712	7.2567	8.5742	9.3084	10.0658	10.7916	11.7082	12.3557	13.9045	14.5760	15.3129	—	—	—	—	—
1700	5.5939	6.8174	7.5250	8.8780	9.6270	10.3949	11.1258	12.0399	12.6782	14.1698	14.7937	—	—	—	—	—	—

续表

小带轮有效直径 d_{e1}/mm

P_1

小带轮转速 n_1/r·min⁻¹	180	200	212	236	250	265	280	300	315	355	375	400	450	500	560	600	710
1750	5.6895	6.9329	7.6505	9.0185	9.7729	10.5440	11.2749	12.1840	12.8147	14.2681	14.8625	—	—	—	—	—	—
1800	5.7812	7.0434	7.7701	9.1511	9.9098	10.6825	11.4117	12.3134	12.9343	14.3427	14.9035	—	—	—	—	—	—
1900	5.9525	7.2486	7.9911	9.3924	10.1556	10.9266	11.6473	12.5261	13.1207	14.4184	—	—	—	—	—	—	—
2000	6.1073	7.4323	8.1871	9.6005	10.3627	11.1255	11.8303	12.6752	13.2345	—	—	—	—	—	—	—	—
2100	6.2452	7.5938	8.3572	9.7743	10.5296	11.2774	11.9586	12.7582	13.2724	—	—	—	—	—	—	—	—
2200	6.3656	7.7324	8.5006	9.9124	10.6549	11.3804	12.0300	12.7721	—	—	—	—	—	—	—	—	—
2300	6.4680	7.8473	8.6163	10.0136	10.7369	11.4326	12.0422	—	—	—	—	—	—	—	—	—	—
2400	6.5519	7.9377	8.7034	10.0765	10.7741	11.4321	11.9929	—	—	—	—	—	—	—	—	—	—
2500	6.6167	8.0029	8.7610	10.0998	10.7649	11.3770	—	—	—	—	—	—	—	—	—	—	—
2600	6.6618	8.0420	8.7881	10.0822	10.7076	—	—	—	—	—	—	—	—	—	—	—	—
2700	6.6867	8.0543	8.7837	10.0223	—	—	—	—	—	—	—	—	—	—	—	—	—
2800	6.6908	8.0389	8.7469	9.9187	—	—	—	—	—	—	—	—	—	—	—	—	—
2900	6.6736	7.9951	8.6766	9.7701	—	—	—	—	—	—	—	—	—	—	—	—	—
3000	6.6343	7.9220	8.5720	—	—	—	—	—	—	—	—	—	—	—	—	—	—
3100	6.5725	7.8187	8.4319	—	—	—	—	—	—	—	—	—	—	—	—	—	—
3200	6.4875	7.6845	—	—	—	—	—	—	—	—	—	—	—	—	—	—	—
3300	6.3788	7.5184	—	—	—	—	—	—	—	—	—	—	—	—	—	—	—
3400	6.2456	—	—	—	—	—	—	—	—	—	—	—	—	—	—	—	—
3450	6.1697	—	—	—	—	—	—	—	—	—	—	—	—	—	—	—	—
3500	6.0875	—	—	—	—	—	—	—	—	—	—	—	—	—	—	—	—
3600	5.9037	—	—	—	—	—	—	—	—	—	—	—	—	—	—	—	—
3700	5.6937	—	—	—	—	—	—	—	—	—	—	—	—	—	—	—	—
3800	5.4568	—	—	—	—	—	—	—	—	—	—	—	—	—	—	—	—

续表

小带轮转速 n_1/r·min⁻¹	传动比 i （ΔP_1）									
	1.00~1.01	>1.01~1.03	>1.03~1.06	>1.06~1.09	>1.09~1.13	>1.13~1.18	>1.18~1.24	>1.24~1.35	>1.35~1.56	>1.56
100	0	0.0049	0.0098	0.0147	0.0196	0.0245	0.0295	0.0344	0.0393	0.0442
200	0	0.0098	0.0197	0.0294	0.0393	0.0491	0.0590	0.0688	0.0786	0.0884
300	0	0.0147	0.0295	0.0442	0.0589	0.0736	0.0884	0.1032	0.1180	0.1327
400	0	0.0196	0.0394	0.0589	0.0786	0.0982	0.1179	0.1376	0.1573	0.1769
500	0	0.0245	0.0492	0.0736	0.0982	0.1227	0.1474	0.1719	0.1966	0.2211
540	0	0.0264	0.0531	0.0795	0.1061	0.1326	0.1592	0.1857	0.2123	0.2388
575	0	0.0282	0.0566	0.0847	0.1129	0.1411	0.1695	0.1977	0.2261	0.2543
600	0	0.0294	0.0590	0.0883	0.1179	0.1473	0.1769	0.2063	0.2359	0.2653
675	0	0.0331	0.0664	0.0994	0.1326	0.1657	0.1990	0.2321	0.2654	0.2985
700	0	0.0343	0.0689	0.1031	0.1375	0.1718	0.2064	0.2407	0.2752	0.3095
800	0	0.0392	0.0787	0.1178	0.1571	0.1964	0.2358	0.2751	0.3145	0.3538
870	0	0.0426	0.0856	0.1281	0.1709	0.2136	0.2565	0.2992	0.3421	0.3847
900	0	0.0441	0.0885	0.1325	0.1768	0.2209	0.2653	0.3095	0.3539	0.3980
1000	0	0.0490	0.0984	0.1472	0.1964	0.2455	0.2948	0.3439	0.3932	0.4422
1100	0	0.0539	0.1082	0.1620	0.2161	0.2700	0.3243	0.3783	0.4325	0.4864
1160	0	0.0568	0.1141	0.1708	0.2279	0.2848	0.3420	0.3989	0.4561	0.5130
1200	0	0.0588	0.1181	0.1767	0.2357	0.2946	0.3537	0.4127	0.4718	0.5306
1300	0	0.0637	0.1279	0.1914	0.2554	0.3191	0.3832	0.4471	0.5111	0.5749
1400	0	0.0686	0.1377	0.2061	0.2750	0.3437	0.4127	0.4814	0.5505	0.6191
1500	0	0.0735	0.1476	0.2208	0.2946	0.3682	0.4422	0.5158	0.5898	0.6633
1600	0	0.0784	0.1574	0.2356	0.3143	0.3928	0.4717	0.5502	0.6291	0.7075
1700	0	0.0833	0.1672	0.2503	0.3339	0.4173	0.5011	0.5846	0.6684	0.7517

续表

小带轮转速 n_1/r·min⁻¹	传动比 i ΔP_1									
	1.00~1.01	>1.01~1.03	>1.03~1.06	>1.06~1.09	>1.09~1.13	>1.13~1.18	>1.18~1.24	>1.24~1.35	>1.35~1.56	>1.56
1750	0	0.0857	0.1722	0.2576	0.3437	0.4296	0.5159	0.6018	0.6881	0.7739
1800	0	0.0882	0.1771	0.2650	0.3536	0.4419	0.5306	0.6190	0.7077	0.7960
1900	0	0.0931	0.1869	0.2797	0.3732	0.4664	0.5601	0.6534	0.7470	0.8402
2000	0	0.0980	0.1968	0.2945	0.3928	0.4909	0.5896	0.6878	0.7864	0.8844
2100	0	0.1029	0.2066	0.3092	0.4125	0.5155	0.6191	0.7222	0.8257	0.9286
2200	0	0.1078	0.2164	0.3239	0.4321	0.5400	0.6485	0.7566	0.8650	0.9728
2300	0	0.1127	0.2263	0.3386	0.4518	0.5646	0.6780	0.7910	0.9043	1.0171
2400	0	0.1176	0.2361	0.3533	0.4714	0.5891	0.7075	0.8253	0.9436	1.0613
2500	0	0.1225	0.2459	0.3681	0.4911	0.6137	0.7370	0.8597	0.9829	1.1055
2600	0	0.1273	0.2558	0.3828	0.5107	0.6382	0.7664	0.8941	1.0223	1.1497
2700	0	0.1322	0.2656	0.3975	0.5303	0.6628	0.7959	0.9285	1.0616	1.1939
2800	0	0.1371	0.2755	0.4122	0.5500	0.6873	0.8254	0.9629	1.1009	1.2382
2900	0	0.1420	0.2853	0.4270	0.5696	0.7119	0.8549	0.9973	1.1402	1.2824
3000	0	0.1469	0.2951	0.4417	0.5893	0.7364	0.8844	1.0317	1.1795	1.3266
3100	0	0.1518	0.3050	0.4564	0.6089	0.7610	0.9138	1.0661	1.2189	1.3708
3200	0	0.1567	0.3148	0.4711	0.6286	0.7855	0.9433	1.1005	1.2582	1.4150
3300	0	0.1616	0.3247	0.4859	0.6482	0.8101	0.9728	1.1348	1.2975	1.4593
3400	0	0.1665	0.3345	0.5006	0.6678	0.8346	1.0023	1.1692	1.3368	1.5035
3450	0	0.1690	0.3394	0.5079	0.6777	0.8469	1.0170	1.1864	1.3565	1.5256
3500	0	0.1714	0.3443	0.5153	0.6875	0.8592	1.0318	1.2036	1.3761	1.5477
3600	0	0.1763	0.3542	0.5300	0.7071	0.8837	1.0612	1.2380	1.4154	1.5919
3700	0	0.1812	0.3640	0.5447	0.7268	0.9083	1.0907	1.2724	1.4548	1.6361
3800	0	0.1861	0.3738	0.5595	0.7464	0.9328	1.1202	1.3068	1.4941	1.6804

1.3.3　多楔带带轮

多楔带带轮的设计内容、材料及质量、技术要求和结构形式与 V 带轮相同（见本章 1.2.3）。

多楔带带轮轮槽尺寸见表 13-1-60，小带轮有效直径见表 13-1-61，带轮尺寸公差、形位公差及表面粗糙度见表 13-1-62。

表 13-1-60　　　　　　多楔带带轮轮槽尺寸（GB/T 16588—2009）　　　　　　mm

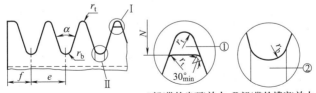

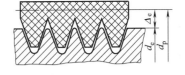

Ⅰ部(带轮齿顶)放大　Ⅱ部(带轮槽底)放大

① 轮槽楔顶轮廓线可位于该区域任何部位,该轮廓线的两端应有一个与轮槽侧面相切的圆角(最小 30°)

② 轮槽槽底轮廓线可位于 r_b 弧线以下

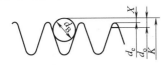

带轮直径

d_o—外径;K—检验用圆球或圆柱的外切线之间的距离;d_B—检验用圆球或圆柱直径;

Δ_e—有效线差;d_e—有效直径;d_p—节径节面位置

型　　号	PH	PJ	PK	PL	PM
槽距 e	1.6±0.03	2.34±0.03	3.56±0.05	4.7±0.05	9.4±0.08
槽角 α	40°±0.5°	40°±0.5°	40°±0.5°	40°±0.5°	40°±0.5°
楔顶圆弧半径 r_t,最小值	0.15	0.2	0.25	0.4	0.75
槽底圆弧半径 r_b,最大值	0.3	0.4	0.5	0.4	0.75
检验用圆球或圆柱直径 d_B	1±0.01	1.5±0.01	2.5±0.01	3.5±0.01	7±0.01
$2X$,公称值	0.11	0.23	0.99	2.36	4.53
$2N$,最大值	0.69	0.81	1.68	3.5	5.92
f,最小值	1.3	1.8	2.5	3.3	6.4
带轮最小有效直径 d_e	13	20	45	75	180
有效线差公称值 Δ_e	0.8	1.2	2	3	4

注：1. 表中所列 e 值极限偏差仅用于两相邻槽中心线的间距。

2. 槽距的累积误差不得超过±0.3mm。

3. 槽的中心线应对带轮轴线成 90°±0.5°。

4. 尺寸 N 不是从带轮有效直径端点量起,而是从检验用圆球或圆柱的外切线量起。

表 13-1-61　　　　　小带轮有效直径（JB/T 5983—2017）

带型	小带轮有效直径 d_{e1}/mm	每楔带施加的力 G/N
PJ	20～42.5	1.78
	45～56	2.22
	60～75	2.68
PK	45～71	4.64
	75～95	5.75
	100～125	6.88
PL	76～95	7.56
	100～125	9.34
	132～170	11.11
PM	180～236	28.45
	250～300	34.23
	315～400	39.12

表 13-1-62　　　　　　带轮尺寸公差、形位公差及表面粗糙度（GB/T 16588—2009）　　　　　　mm

有效直径 d_e	轮槽数 n	有效直径偏差 Δd_e	径向圆跳动	端面圆跳动	轮槽工作面粗糙度 Ra
$d_e \leqslant 74$	$\leqslant 6$	0.1	0.13	$0.002d_e$	$3.2\mu m$
	>6	$0.1+0.003(n-6)$			
$74 < d_e \leqslant 250$	$\leqslant 10$	0.15	0.25		
$250 < d_e \leqslant 500$	>10	$0.15+0.005(n-10)$			
$d_e > 500$	$\leqslant 10$	0.25	$0.25+0.0004(d_e-250)$		
	>10	$0.25+0.01(n-10)$			

1.4　平带传动

平带传动是由一条平带与两个或多个带轮组成的摩擦传动，带的工作面与带轮轮缘表面接触。

平带传动结构简单，传动效率高，带轮容易制造，在传动中心距较大的情况下应用较多。常用的平带有普通平带、尼龙片复合平带、高强度传动平带等。

1.4.1　普通平带

普通平带是以挂胶帆布为承载层的平带。胶帆布普通平带可以采用切边式或包边式结构，见图13-1-7，包布式结构普通平带，一般以无封口面为传动面。

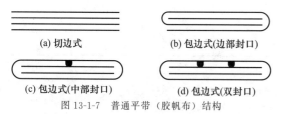

(a) 切边式　　　　(b) 包边式(边部封口)

(c) 包边式(中部封口)　　(d) 包边式(双封口)

图 13-1-7　普通平带（胶帆布）结构

1.4.1.1　普通平带尺寸规格

普通平带标记的内容和顺序。

有端平带：拉伸强度规格；织物黏合材料类型，通用橡胶材料用"R"表示，氯丁胶材料用"C"表示，塑料材料用"P"表示，当织物黏合材料为橡胶时，可省略此项标记；平带宽规格；产品标准编号。示例如下：

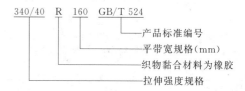

340/40　R　160　GB/T 524
　　　　　　　　　　　├── 产品标准编号
　　　　　　　　　├── 平带宽规格（mm）
　　　　　├── 织物黏合材料为橡胶
　├── 拉伸强度规格

环形平带的标记除以上内容外，还应增加内周长规格。示例如下：

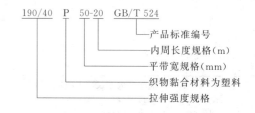

190/40　P　50-20　GB/T 524
　　　　　　　　　　　├── 产品标准编号
　　　　　　　　├── 内周长度规格（m）
　　　　　├── 平带宽规格（mm）
　　├── 织物黏合材料为塑料
　├── 拉伸强度规格

表 13-1-63　　　　　　　　　　　普通平带规格（GB/T 524—2007）　　　　　　　　　　　mm

拉伸强度规格 /kN·m⁻¹	胶帆布层数 z	带厚 δ	宽度范围 b	最小带轮直径 d_{min} 推荐	最小带轮直径 d_{min} 许用
190	3	3.6	16～20	160	112
240	4	4.8	20～315	224	160
290	5	6	63～315	280	200
340	6	7.2	63～500	315	240
385	7	8.4	200～500	355	280
425	8	9.6		400	315
450	9	10.8		450	355
500	10	12		500	400
560	12	14.4	355～500	630	500

表 13-1-64　　　　　　　　平带带宽、极限偏差和荐用轮宽（GB/T 524—2007）　　　　　　　　mm

平带宽度公称值	极限偏差	轮宽	平带宽度公称值	极限偏差	轮宽	平带宽度公称值	极限偏差	轮宽	平带宽度公称值	极限偏差	轮宽
16		20				140		160	280		315
20		25	71		80	160		180	315		355
25		32	80		90	180		200	355		400
32	±2	40	90	±3	100	200	±4	224	400	±5	450
40		50	100		112	224		250	450		500
50		63	112		125	250		280	500		560
63		71	125		140						

注：1. 平带宽度采用误差不大于 0.5mm 测长尺测量。

2. 平带宽度等于或小于 63mm，选自 R10 优先数系，大于 63mm 选自 R20 数系。

表 13-1-65　　　　　　　　　　环形带的长度（GB/T 524—2007）　　　　　　　　　　mm

优选系列	500		560		630		710		800		900
第二系列		530		600		670		750		850	
优选系数		1000		1120		1250		1400		1600	
第二系列	950		1060		1180		1320		1500		1700
优选系列	1800		2000	2240	2500	2800	3150	3550	4000	4500	5000
第二系列		1900									

注：如果给出的长度不够用，可按下列原则进行补充：系列的两端以外，选用 R20 优先数系中的其他数；两相邻长度值之间，选用 R40 数系中的数（2000 以上）。

表 13-1-66　　　　　　　　　有端平带的最小长度（GB/T 524—2007）

平带宽度 b/mm	$b \leqslant 90$	$90 < b \leqslant 250$	$b > 250$
有端平带最小长度/m	8	15	20

注：供货长度由供求双方协商确定，供货的有端平带可由若干段组成，其偏差范围为 0～±2%。

表 13-1-67　　　　　　　　　　全厚度拉伸强度（GB/T 524—2007）

拉伸强度规格/kN·m⁻¹	全厚度拉伸强度/kN·m⁻¹		棉帆布参考层数 n	拉伸强度规格/kN·m⁻¹	全厚度拉伸强度/kN·m⁻¹		棉帆布参考层数 n
	纵向最小值	横向最小值			纵向最小值	横向最小值	
190	190	75	3	425	425	250	8
240	240	95	4	450	450		9
290	290	115	5	500	500		10
340	340	130	6	560	560	不作规定	12
385	385	225	7				

注：宽度小于 400mm 的带不作横向全厚度拉伸强度试验。

表 13-1-68　　　　　　　　　　平带的接头型式、特点及应用

接头种类	接头型式	特点及应用	接头种类	接头型式	特点及应用
粘接接头		接头平滑、可靠、连接强度高，但粘接技术要求也高。可用于高速（$v < 30$m/s）、大功率及有张紧轮的双面传动中 接头效率 80%～90%	带扣接头		连接迅速方便，但接头强度及工作平稳性较差。可用于 $v < 20$m/s、经常改接的中、小功率的双面传动中 接头效率 80%～90%
			铁丝钩接头		

续表

接头种类	接头型式	特点及应用
螺栓接头	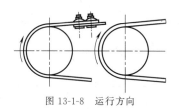	连接方便,接头强度高,但冲击力大,可用于低速($v<10\mathrm{m/s}$),大功率的单面传动中 接头效率 30%～65%

注：使用粘接或螺栓接头时,其运行方向应如图 13-1-8 所示。

图 13-1-8　运行方向

1.4.1.2　普通平带传动的设计计算

已知条件：传动功率；小带轮和大带轮转速；传动型式、载荷性质、原动机种类及工作制度。

计算内容与步骤见表 13-1-69。

表 13-1-69　　　　　　　　　　计算内容与步骤

计算项目	符号	单位	公式及数据	说　明
设计功率	P_d	kW	$P_d = K_A P$	P——传递的功率,kW K_A——工况系数,见表 13-1-70
小带轮直径	d_1	mm	$d_1 = (1100 \sim 1300)\sqrt[3]{\dfrac{P}{n_1}}$ 或 $d_1 = \dfrac{60 \times 1000 v}{\pi n_1}$	n_1——小带轮转速,r/min 　v——带速,m/s,最有利的带速 　　　　$v = 10 \sim 20\mathrm{m/s}$ d_1 应按表 13-1-63 和表 13-1-87 选取标准值
带速	v	m/s	$v = \dfrac{\pi d_1 n_1}{60 \times 1000} \leqslant v_{\max}$ 普通平带 $v_{\max} = 30\mathrm{m/s}$	应使带速在最有利的带速范围内,否则应改变 d_1 值
大带轮直径	d_2	mm	$d_2 = i d_1 (1-\varepsilon) = \dfrac{n_2}{n_1} d_1 (1-\varepsilon)$ ε 取 0.01～0.02	n_2——大带轮转速,r/min ε——弹性滑动率
中心距	a	mm	$a = (1.5 \sim 2)(d_1 + d_2)$ 且 $1.5(d_1 + d_2) \leqslant a \leqslant 5(d_1 + d_2)$	或根据结构要求定
所需带长	L	mm	开口传动 $L = 2a + \dfrac{\pi}{2}(d_1 + d_2) + \dfrac{(d_2 - d_1)^2}{4a}$ 交叉传动 $L = 2a + \dfrac{\pi}{2}(d_1 + d_2) + \dfrac{(d_2 + d_1)^2}{4a}$ 半交叉传动 $L = 2a + \dfrac{\pi}{2}(d_1 + d_2) + \dfrac{d_1^2 + d_2^2}{2a}$	未考虑接头长度

第 13 篇

续表

计算项目	符号	单位	公式及数据	说　明
小带轮包角	α_1	(°)	开口传动 $\alpha_1 = 180° - \dfrac{d_2 - d_1}{a} \times 57.3° \geqslant 150°$ 交叉传动 $\alpha_1 \approx 180° + \dfrac{d_2 - d_1}{a} \times 57.3°$ 半交叉传动 $\alpha_1 \approx 180° + \dfrac{d_1}{a} \times 57.3°$	若 $\alpha_1 < 150°$，应增大 a 或降低 i 或采用张紧轮
曲挠次数	y	s^{-1}	$y = \dfrac{1000mv}{L} \leqslant y_{\max}$ $y_{\max} = 6 \sim 10$	m——带轮数 普通平带 $y_{\max}$ 取 6
带厚	δ	mm	$\delta \leqslant \left(\dfrac{1}{40} \sim \dfrac{1}{30} \right) d_1$	由表 13-1-63 选取标准值
带宽	b	mm	$b = \dfrac{P_d}{P_0 K_\alpha K_\beta}$	P_0——$\alpha = 180°$、载荷平稳时普通平带单位宽度的基本额定功率，kW/mm，见表 13-1-71 K_α——包角修正系数，见表 13-1-72 K_β——传动布置系数，见表 13-1-73 b 由表 13-1-63、表 13-1-64 选取标准值
作用在轴上的力	F_r	N	$F_r = 2zF_0' b \sin \dfrac{\alpha_1}{2}$	z——胶帆布层数 F_0'——每层胶帆布单位宽度的预紧力，N/mm，推荐 $F_0' = 2.25$N/mm

表 13-1-70　　　　　　　　　　　　　　　工况系数 K_A

工　况		K_A					
		空、轻载启动			重载启动		
		每天工作小时数/h					
		<10	10～16	>16	<10	10～16	>16
载荷变动最小	液体搅拌机、通风机和鼓风机（≤7.5kW）、离心式水泵和压缩机、轻载荷输送机	1.0	1.1	1.2	1.1	1.2	1.3
载荷变动小	带式输送机（不均匀载荷）、通风机（>7.5kW）、旋转式水泵和压缩机（非离心式）、发电机、金属切削机床、印刷机、旋转筛、锯木机和木工机械	1.1	1.2	1.3	1.2	1.3	1.4
载荷变动较大	制砖机、斗式提升机、往复式水泵和压缩机、起重机、磨粉机、冲剪机床、橡胶机械、振动筛、纺织机械、重载输送机	1.2	1.3	1.4	1.4	1.5	1.6
载荷变动很大	破碎机（旋转式、颚式等）、磨碎机（球磨、棒磨、管磨）	1.3	1.4	1.5	1.5	1.6	1.8

注：1. 空、轻载启动——电动机（交流启动、三角启动、直流并励），四缸以上的内燃机，装有离心式离合器、液力联轴器的动力机。

2. 重载启动——电动机（联机交流启动、直流复励或串励），四缸以下的内燃机。

3. 启动频繁，经常正反转，工作条件恶劣时，普通 V 带 K_A 应乘 1.2，窄 V 带 K_A 应乘 1.1。

4. 增速传动时，K_A 应乘下列系数：

i	≥1.25～1.74	≥1.75～2.49	≥2.5～3.49	≥3.5
系数	1.05	1.11	1.18	1.25

表 13-1-71　　　普通平带（胶帆布带）单位宽度传递的基本额定功率 P_0（包角 $\alpha=180°$，载荷平稳，每层胶布单位宽度的预紧力 $F_0'=2.25\text{N/mm}$）　　　kW/mm

拉伸强度规格	小带轮直径 d_1/mm	带速 $v/\text{m}\cdot\text{s}^{-1}$												
		6	8	10	12	14	16	18	20	22	24	26	28	30
190 (3)	125	0.045	0.059	0.073	0.086	0.098	0.109	0.118	0.127	0.135	0.142	0.146	0.149	0.149
	160	0.052	0.069	0.085	0.100	0.114	0.127	0.138	0.148	0.157	0.165	0.170	0.174	0.173
	≥200	0.053	0.071	0.087	0.102	0.117	0.129	0.141	0.151	0.160	0.169	0.174	0.178	0.178
240 (4)	180	0.068	0.090	0.111	0.130	0.149	0.166	0.180	0.193	0.205	0.216	0.223	0.227	0.226
	224	0.069	0.092	0.114	0.134	0.154	0.169	0.185	0.198	0.211	0.222	0.228	0.233	0.233
	≥280	0.071	0.094	0.116	0.136	0.156	0.173	0.188	0.202	0.214	0.225	0.233	0.237	0.237
290 (5)	250	0.086	0.113	0.140	0.165	0.188	0.208	0.227	0.244	0.259	0.272	0.280	0.286	0.286
	315	0.088	0.116	0.144	0.170	0.194	0.214	0.233	0.251	0.266	0.280	0.288	0.294	0.294
	≥400	0.090	0.120	0.146	0.172	0.196	0.218	0.237	0.254	0.270	0.284	0.293	0.299	0.298
340 (6)	315	0.104	0.137	0.170	0.200	0.229	0.253	0.275	0.296	0.314	0.331	0.340	0.348	0.347
	400	0.105	0.139	0.173	0.204	0.232	0.258	0.280	0.301	0.320	0.336	0.347	0.353	0.353
	≥500	0.108	0.142	0.176	0.207	0.236	0.262	0.285	0.306	0.325	0.342	0.353	0.360	0.359
385 (7)	400	0.120	0.160	0.200	0.235	0.269	0.298	0.324	0.348	0.370	0.389	0.400	0.409	0.408
	500	0.124	0.165	0.204	0.240	0.275	0.303	0.330	0.355	0.377	0.397	0.408	0.417	0.416
	≥630	0.127	0.168	0.207	0.243	0.278	0.308	0.335	0.360	0.382	0.403	0.414	0.423	0.422
425 (8)	500	0.141	0.186	0.230	0.271	0.309	0.342	0.373	0.400	0.425	0.447	0.461	0.470	0.469
	630	0.143	0.189	0.234	0.275	0.315	0.348	0.379	0.407	0.433	0.455	0.468	0.478	0.477
	≥800	0.145	0.192	0.237	0.278	0.319	0.353	0.384	0.412	0.438	0.461	0.474	0.485	0.484
450 (9)	500	0.151	0.200	0.247	0.291	0.332	0.367	0.401	0.430	0.456	0.480	0.494	0.505	0.504
	630	0.154	0.203	0.251	0.295	0.337	0.374	0.407	0.437	0.464	0.488	0.503	0.513	0.512
	≥800	0.156	0.206	0.255	0.300	0.343	0.379	0.413	0.443	0.471	0.496	0.511	0.521	0.520
500 (10)	500	0.166	0.219	0.271	0.319	0.364	0.404	0.439	0.472	0.501	0.527	0.543	0.554	0.553
	630	0.169	0.224	0.277	0.325	0.373	0.412	0.449	0.482	0.512	0.539	0.554	0.567	0.565
	≥800	0.172	0.228	0.282	0.331	0.379	0.419	0.457	0.491	0.520	0.548	0.564	0.577	0.575
560 (12)	630	0.200	0.265	0.327	0.384	0.440	0.486	0.530	0.569	0.604	0.636	0.655	0.669	0.667
	800	0.204	0.270	0.334	0.393	0.449	0.497	0.541	0.581	0.617	0.650	0.668	0.683	0.681
	≥1000	0.207	0.274	0.339	0.399	0.459	0.504	0.549	0.590	0.627	0.659	0.678	0.693	0.692

注：1. 预紧力 $F_0'=2.0\text{N/mm}$ 时，P_0 应减小 8%；

$F_0'=2.5\text{N/mm}$ 时，P_0 应增大 7.5%；

$F_0'=3.0\text{N/mm}$ 时，P_0 应增大 20%。

2. 工作在潮湿、高温、多尘或油质空气环境等恶劣条件下时，P_0 应减小 10%～30%。

3. 拉伸强度规格栏括号内的数字为其胶布层数。

表 13-1-72　　　　　　　　　　　包角修正系数 K_α

包角 α_1/(°)	220	210	200	190	180	170	160	150	140	130	120
K_α	1.20	1.15	1.10	1.05	1.00	0.97	0.94	0.91	0.88	0.85	0.82

表 13-1-73　　　　　　　　　　　传动布置系数 K_β

传动型式	两带轮中心连线与水平线间的夹角			传动型式	两带轮中心连线与水平线间的夹角		
	0°～60°	60°～80°	80°～90°		0°～60°	60°～80°	80°～90°
自动张紧传动	1.0	1.0	1.0	交叉传动	0.9	0.8	0.7
简单开口传动（定期张紧或改缝）	1.0	0.9	0.8	半交叉传动和有导轮的角度传动	0.8	0.7	0.6

1.4.2　尼龙片复合平带

尼龙片（聚酰胺片基）复合平带是以聚酰胺片基为抗拉体，其结构一般由上覆盖层、布层、片基层、布层、下覆盖层组成，也可由聚酰胺片基与皮革或其他材质层组成，见图 13-1-9。

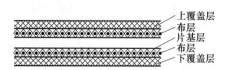

图 13-1-9　尼龙片复合平带的结构

尼龙片复合平带按承载层尼龙片的传动能力分为轻型 L、中型 M、重型 H 和特轻型 EL、加重型 EH 等几种。按其使用和结构不同，以覆盖层材料分类，分别分为上、下覆盖层均为橡胶型（RR 系列）；上、下覆盖层均为皮革型（LL 系列）；上覆盖层为橡胶、下覆盖层为皮革型（RL 系列）；覆盖层为其他材料的平带。

尼龙片复合平带的标记内容和顺序为：带的上覆盖层材质、下覆盖层材质，安装伸长率 2% 时的张紧力、厚度、长度、宽度、标准编号。标记表示在工作面上。示例如下：

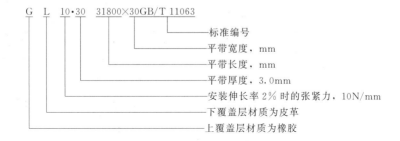

```
G  L  10·30  31800×30GB/T 11063
```
　　　　　　　　　　　　　　标准编号
　　　　　　　　　　　　　　平带宽度，mm
　　　　　　　　　　　　　　平带长度，mm
　　　　　　　　　　　　　　平带厚度，3.0mm
　　　　　　　　　　　　　　安装伸长率 2% 时的张紧力，10N/mm
　　　　　　　　　　　　　　下覆盖层材质为皮革
　　　　　　　　　　　　　　上覆盖层材质为橡胶

1.4.2.1　尼龙片复合平带尺寸规格

表 13-1-74　　　　　　　　　　　尼龙片复合平带规格　　　　　　　　　　　　　　mm

带型	尼龙片厚 δ_N	带厚（约）	宽度范围 b	带轮最小直径 d_{min}
LL-EL	0.25	2.4		40
LL-L	0.50	3.2		45
LL-M	0.70	4.0	$16\sim300$	71
LL-H	1.00	4.2		112
LL-EH	1.40	4.8		180
LL-EEH	2.00	6.0		250
LT(L,R)-EL	0.25	1.9,1.7		35
LT(L,R)-L	0.5	2.5,2.1		45
LT(L,R)-M	0.7	2.9,2.5	$16\sim300$	71
LT(L,R)-H	1.0	3.7,3.3		112
LT(L,R)-EH	1.4	4.5,4.1		180
LT(L,R)-EEH	2.00	5.2,4.8		250
RR-EL	0.25	1.6		30
RR-L	0.50	1.8		40
RR-M	0.70	2.0	$10\sim280$	63
RRG-H	1.00	2.2		100
RR-EH	1.40	2.8		160
RR-EEH	2.00	3.4		224
宽度系列	10　16　20　25　32　40　50　63　71　80　90　100　112　125　140　160　180　200　224 250　280　315			

注：LL—两面贴铬鞣革；LT—工作面贴铬鞣层，非工作面贴特殊织物层；L，R—工作面贴铬鞣革 L 或橡胶 R（也有厂家用 G 表示）层，非工作面贴保护层；RR—两面均贴橡胶层；表面层覆盖材料不同，同一带型的厚度也不完全相同。

表 13-1-75　　**环形平带内周长度、宽度、厚度极限偏差**（GB/T 11063—2014）　　　　mm

内周长度 L	极限偏差	宽度 b		极限偏差	厚度	极限偏差
$L\leqslant1000$	±5	环形带	$b\leqslant60$	±1	<3.0	±0.2
$1000<L\leqslant2000$	±10		$60<b\leqslant150$	±1.5	$\geqslant3.0$	±0.3
$2000<L\leqslant5000$	±0.5%		$150<b\leqslant520$	±2	同卷或同条带	
$5000<L\leqslant20000$	±0.3%	非环形平带	$0\sim+2\%$		<3.0	±0.1
$20000<L\leqslant125000$	±0.2%				$\geqslant3.0$	±5%

第 13 篇

表 13-1-76   尼龙（聚酰胺）片平带的拉伸性能（GB/T 11063—2014）

尼龙片厚度 /mm	平带 1%定伸应力[①]/MPa ≥	平带拉伸强度/MPa ≥	平带拉断伸长率/% ±5	安装伸长率 2%时的张紧力 /N·mm^{-1}
0.2	16	300	22	4.0
0.5	18	350	22	10.0
0.75	18	350	22	15.0
1.0	18	350	22	20.0
1.5	18	350	22	30.0

① 使胶料产生一定的伸长变形时所需的外力为定伸应力。根据对胶料试验时所采取的伸长变形不同，有 100%、200%、300%、500% 等。它说明胶料抵抗使之变形的能力，即在一定外力作用下，定伸应力大的胶料伸长变形必小。

1.4.2.2 尼龙片复合平带传动的设计计算

尼龙片复合平带的设计计算可参照表 13-1-69 进行。但计算时应考虑下列几点。

1）选择带型时，先根据载荷的大小和变化情况选择类型，对于中载、重载和载荷变化大的传动，宜选用 LL 或者 LR、LT 型。然后根据设计功率 P_d 和小带轮转速 n_1 参照图 13-1-10 选择带型。

2）小带轮直径 d_1 允许比表 13-1-69 的计算值小 30%~35%，但必须大于表 13-1-74 规定的 d_{min}，并应使带速 $v>10~15$m/s。

3）曲挠次数 y 应小于 $y_{max}=15~50$，小带轮直径大时取高值。

4）确定带的截面尺寸主要是确定带宽

$$b=\frac{P_d}{K_\alpha K_\beta P_0} \qquad (13\text{-}1\text{-}2)$$

式中 P_d——设计功率，$P_d=K_A P$；

　　　　P——传递的功率，kW；

　　　　K_A——工况系数，查表 13-1-70；

　　　　K_α——包角修正系数，查表 13-1-72；

　　　　K_β——传动布置系数，查表 13-1-73；

　　　　P_0——$\alpha=180°$、载荷平稳时，单位宽度的基本额定功率，查表 13-1-77。

根据式（13-1-2）算出的带宽，按表 13-1-78 选取标准值。

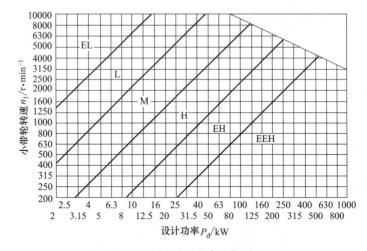

图 13-1-10   尼龙片复合平带选择

表 13-1-77   尼龙片复合平带的基本额定功率 P_0

（$\alpha=180°$、载荷平稳、预紧应力 $\sigma_0=3$MPa）   kW/mm

带型	带速 v/m·s^{-1}											
	10	15	20	25	30	35	40	45	50	55~60	65	70
EL	0.060	0.089	0.116	0.143	0.166	0.187	0.204	0.219	0.228	0.234	0.230	0.218
L	0.100	0.148	0.194	0.238	0.276	0.312	0.340	0.365	0.380	0.391	0.384	0.364
M	0.140	0.208	0.272	0.333	0.386	0.436	0.476	0.510	0.532	0.547	0.537	0.510
H	0.200	0.297	0.388	0.475	0.552	0.623	0.680	0.729	0.760	0.781	0.767	0.728
EH	0.280	0.416	0.543	0.665	0.773	0.872	0.952	1.021	1.064	1.093	1.074	1.019
EEH	0.400	0.594	0.776	0.950	1.104	1.246	1.360	1.458	1.520	1.562	1.534	1.456

注：表中各带型基本额定功率，其拉伸性能要求达到表 13-1-76 各项指标。

1.4.3 高速带传动

带速 $v > 30\text{m/s}$、高速轴转速 $n_1 = 10000 \sim 50000\text{r/min}$ 都属于高速带传动，带速 $v \geqslant 100\text{m/s}$ 称为超高速带传动。高速带传动主要用于增速以驱动高速机床、粉碎机、离心机及某些其他机器。高速带传动的增速比为 $2 \sim 4$，有时可达 8。

高速带传动通常都是开口的增速运动，定期张紧时，i 可达 4；自动张紧时，i 可达到 6；采用张紧轮传动时，i 可达到 8。小带轮直径一般取 $d_1 = 20 \sim 40\text{mm}$。

高速带传动要求传动可靠、运转平稳、并有一定的寿命，所以都采用重量轻、厚度薄而均匀、曲挠性好的环形平带，如特制的编织带（麻、丝、涤纶等）、薄型尼龙片复合平带、高速环形胶带等。高速带传动若采用硫化接头时，必须使接头与带的曲挠性能尽量接近。

1.4.3.1 高速带尺寸规格

表 13-1-78　　　高速带尺寸规格　　　mm

带厚	宽度范围	内周长度范围
0.8	6~32	220~380
1.0	8~40	200~2000
1.5	10~50	300~3000
2.0	12~60	1900~4000
2.5	16~80	1900~4000
带宽系列	6　8　10　12　16　20　25　32 40　50　60　80	

注：内周长度按 R40 优先数系选取。

1.4.3.2 高速带传动的设计计算

高速带传动的设计计算，可参照表 13-1-69，但计算时应考虑以下几点。

1）小带轮直径可取 $d_1 \geqslant d_0 + 2\delta_{\min}$（$d_0$——轴直径；$\delta_{\min}$——最小轮缘厚度，通常取 $3 \sim 5\text{mm}$）。若带速

和安装尺寸允许，d_1 应尽可能选较大值。

表 13-1-79　　高速带传动的 $\dfrac{\delta}{d_{\min}}$、$v_{\max}$ 和 $y_{\max}$

高速带种类		棉织带	麻、丝、尼龙织带	橡胶高速带	聚氨酯高速带	薄型尼龙片复合平带
$\dfrac{\delta}{d_{\min}}$ $\leqslant$	推荐	$\dfrac{1}{50}$	$\dfrac{1}{30}$	$\dfrac{1}{40}$	$\dfrac{1}{30}$	$\dfrac{1}{100}$
	许用	$\dfrac{1}{40}$	$\dfrac{1}{25}$	$\dfrac{1}{30}$	$\dfrac{1}{20}$	$\dfrac{1}{50}$
$v_{\max}/\text{m·s}^{-1}$		40	50	40	50	80
$y_{\max}/\text{s}^{-1}$		60	60	100	100	50

2）带速 v 应小于表 13-1-79 的 $v_{\max}$。

3）带的曲挠次数 y 应小于表 13-1-79 的 $y_{\max}$。

4）带厚 δ 可根据 d_1 和表 13-1-79 的 $\dfrac{\delta}{d_{\min}}$ 由表 13-1-78 选定。

5）带宽 b 由式（13-1-3）计算，并选取标准值：

$$b = \frac{K_A P}{K_f K_\alpha K_\beta K_i ([\sigma] - \sigma_c)\delta v} \qquad (13\text{-}1\text{-}3)$$

式中　P——传递的功率，kW；

K_A——工况系数，查表 13-1-70；

K_f——拉力计算系数，当 $i = 1$，带轮为金属材料时

纤维纺织带　0.47

橡胶带　0.67

聚氨酯带　0.79

皮革带　0.72

K_α——包角修正系数，查表 13-1-80；

K_β——传动布置系数，查表 13-1-73；

K_i——传动比系数，查表 13-1-81；

$[\sigma]$——带的许用拉应力，查表 13-1-83；

σ_c——带的离心拉应力，MPa；

$$\sigma_c = mv^2$$

m——带的密度，查表 13-1-82。

表 13-1-80　　　　　　　　高速带传动的包角修正系数 K_α

$\alpha/(°)$	220	210	200	190	180	170	160	150
K_α	1.20	1.15	1.10	1.05	1.0	0.95	0.90	0.85

表 13-1-81　　　　　　　　传动比系数 K_i

主动轮转速 从动轮转速	$\geqslant \dfrac{1}{1.25}$	$< \dfrac{1}{1.25} \sim \dfrac{1}{1.7}$	$< \dfrac{1}{1.7} \sim \dfrac{1}{2.5}$	$< \dfrac{1}{2.5} \sim \dfrac{1}{3.5}$	$< \dfrac{1}{3.5}$
K_i	1	0.95	0.90	0.85	0.80

表 13-1-82　　　　　　　　高速带的密度 m　　　　　　　　kg/cm³

高速带种类	无覆胶编织带	覆胶编织带	橡胶高速带	聚氨酯高速带	薄型皮革高速带	薄型尼龙片复合平带
密度 m	0.9×10^{-3}	1.1×10^{-3}	1.2×10^{-3}	1.34×10^{-3}	1×10^{-3}	1.13×10^{-3}

表 13-1-83 <center>高速带的许用拉应力 [σ]</center>   MPa

高速带种类	麻、丝、尼龙织带	尼龙编织带	橡胶高速带		聚氨酯高速带	薄型尼龙片复合平带
			涤纶绳芯	棉绳芯		
[σ]	3.0	5.0	6.5	4.5	6.5	20

1.4.4 平带带轮

平带带轮的设计内容、材料、质量、技术要求与 V 带带轮相同（见本章 1.2.3）。

平带带轮的直径、结构形式和辐板厚度 S 见表 13-1-87，为防止掉带，通常在大带轮轮缘表面制成中凸度，中凸度见表 13-1-84。

高速带传动必须使带轮重量轻、质量均匀对称，运转时空气阻力小。通常都采用钢或者铝合金制造。各个表面都应进行加工，轮缘工作表面的表面粗糙度应为 Ra 3.2μm。为防止掉带，主、从动轮轮缘表面都应制成中凸度。除薄型尼龙片复合平带的带轮外，

也可将轮缘表面的两边做成 2°左右的锥度，见图 13-1-11 (a)。为了防止运转时带与轮缘表面间形成气垫，轮缘表面应开环形槽，环形槽间距为 5～10mm，见图 13-1-11 (b)（大轮可不开）。带轮按表 13-1-86 进行动平衡。平带带轮结构见图 13-1-12 和图 13-1-13。

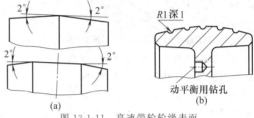

图 13-1-11　高速带轮轮缘表面

表 13-1-84 <center>带轮直径 d 及其轮冠高度 h（GB/T 11358—1999）</center>   mm

注：带轮轮冠截面形状是规则对称曲线，中部带有一段直线部分且与曲线相切。

表 13-1-85 <center>包边式平带带轮最小直径 d_min（GB/T 524—2007）</center>   mm

拉伸强度 /kN·m⁻¹	v/m·s⁻¹						棉帆布参考层数 n	拉伸强度 /kN·m⁻¹	v/m·s⁻¹						棉帆布参考层数 n
	5	10	15	20	25	30			5	10	15	20	25	30	
	d_{1min}								d_{1min}						
190	80	112	125	140	160	180	3	425	500	560	710	710	800	900	8
240	140	160	180	200	224	250	4	450	630	710	800	900	1000	1120	9
290	200	224	250	280	315	355	5	500	800	900	1000	1000	1120	1250	10
340	315	355	400	450	500	560	6	560	1000	1000	1120	1250	1400	1600	12
385	450	500	560	630	710	710	7								

注：(a) 切边式　(b) 包边式　切边式平带柔软，用切边式平带其带轮直径比包边式小 20%，但不能用于交叉传动和塔轮上。

表 13-1-86 <center>带轮动平衡要求</center>

带轮类型	允许重心偏移量 e/μm	精度等级
一般机械带轮（n≤1000r/min）	50	G6.3
机床小带轮（n=1500r/min）	15	G2.5
主轴和一般磨头带轮（n=6000～10000r/min）	3～5	G2.5
高速磨头带轮（n=15000～30000r/min）	0.4～1.2	G1.0
精密磨床主轴带轮（n=15000～50000r/min）	0.08～0.25	G0.4

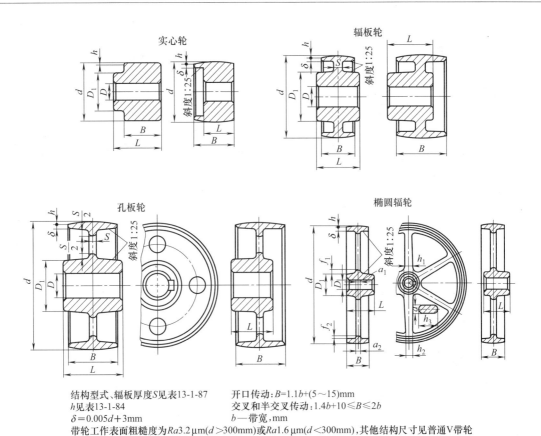

实心轮　　　　　　　　辐板轮

孔板轮　　　　　　　　椭圆辐轮

结构型式、辐板厚度S见表13-1-87　　开口传动：B=1.1b+(5～15)mm
h见表13-1-84　　　　　　　　　　交叉和半交叉传动：1.4b+10≤B≤2b
δ=0.005d+3mm　　　　　　　　　b——带宽，mm
带轮工作表面粗糙度为Ra3.2μm(d>300mm)或Ra1.6μm(d<300mm)，其他结构尺寸见普通V带轮

图 13-1-12　平带带轮结构图例

表 13-1-87　　　　　　　　平带轮的直径、结构形式和辐板厚度　　　　　　　　　　mm

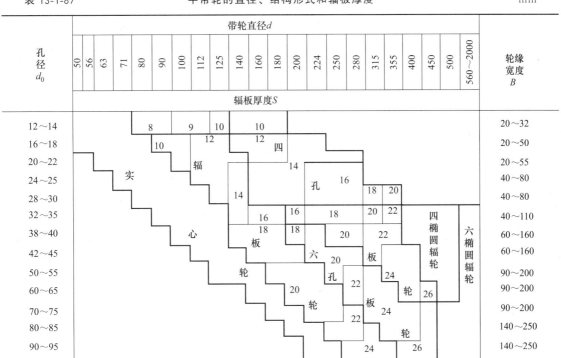

孔径 d_0	带轮直径d																						轮缘宽度 B
	50	56	63	71	80	90	100	112	125	140	160	180	200	224	250	280	315	355	400	450	500	560～2000	
	辐板厚度S																						
12～14					8		9		10		10												20～32
16～18						10		12		12	四												20～50
20～22	实				辐				14														20～55
24～25										孔	16												40～80
28～30							14					18	20										40～80
32～35	心					16		16		18		20	22		四	六							40～110
38～40				板		18		18			20		22		椭	椭							60～160
42～45				六				20							圆	圆							60～160
50～55	轮			孔		20			22			24			辐	辐							90～200
60～65				轮		20			板		22		24	轮	26	轮							90～200
70～75								22															90～200
80～85									24			轮											140～250
90～95								24		26													140～250

第13篇

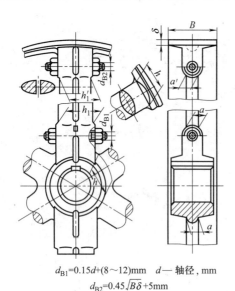

$d_{B1}=0.15d+(8\sim12)\text{mm}$　d— 轴径，mm

$d_{B2}=0.45\sqrt{B\delta}+5\text{mm}$

图 13-1-13　剖分式带轮

1.5　同步带传动

同步带传动是由同步带与两个或多个同步带轮组成的啮合传动，其同步运动和（或）动力通过带齿与轮齿相啮合传递。

同步带传动具有齿轮传动、链传动和带传动的各种优点。传动比准确，无滑差，可获得恒定的速比，传动平稳，能吸振，噪声小，传动比范围大，传动效率高，传递功率从几瓦到数百千瓦，结构紧凑，适用于多轴传动，张紧力小，不需润滑，无污染，应用广泛。

同步带按齿形分为梯形齿和曲线齿两类，梯形齿同步带应用较广，曲线齿同步带因其承载能力和疲劳寿命高于梯形齿而应用日趋广泛。同步带按结构分为单面和双面同步带两种型式。双面同步带按齿的排列不同又分为对称齿双面同步带和交错齿双面同步带两种。

同步带最基本的参数是带齿节距 p_b（见图 13-1-14），带齿节距是在规定的张紧力下带的纵截面上相邻两齿对称中心线的直线距离；当带垂直其底边弯曲时，在带中保持原长不变的任意一条周线，其长度称为节线长 L_p，为公称长度。

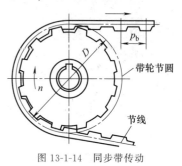

图 13-1-14　同步带传动

1.5.1　梯形齿同步带传动

梯形齿同步带是纵向截面为矩形或近似为矩形，工作表面具有等距横向梯形齿的同步带。

梯形齿同步带有两种尺寸制，节距制和模数制。节距制是以英寸制节距 p_b 为准，我国现采用节距制。

单面梯形齿同步带的规格标记依次为长度代号、型号、宽度代号、标准号。

示例如下：

$$\underset{\text{长度代号}}{420}\ \underset{\text{型号}}{L}\ \underset{\text{宽度代号}}{050}\ \underset{\text{标准号}}{\text{GB/T 13487}}$$

- 标准号
- 宽度代号，表示为带宽 12.7mm(0.50in)
- 型号，表示节距为 9.525mm(0.375in) 的梯形齿带
- 长度代号，表示节线长为 1066.80mm(42.00in)

对称式双面梯形齿同步带的型号标记应在单面梯形齿同步带型号前加 DA，交叉式双面梯形齿同步带的型号标记应在单面梯形齿同步带型号前加 DB，其

余标记表示方法不变。

1.5.1.1　梯形齿同步带尺寸规格

表 13-1-88　　　　梯形齿标准同步带的齿形尺寸（GB/T 11616—2013）　　　　　　mm

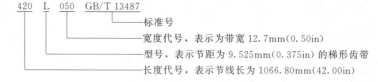

b_s 参考表 13-1-91

续表

带型	节距 p_b	齿形角 $2\beta/(°)$	齿根厚 s	齿高 h_t	带高 h_s	齿根圆角半径 r_r	齿顶圆角半径 r_a
MXL	2.032	40	1.14	0.51	1.14	0.13	0.13
XXL	3.175	50	1.73	0.76	1.52	0.20	0.30
XL	5.080	50	2.57	1.27	2.3	0.38	0.38
L	9.525	40	4.65	1.91	3.6	0.51	0.51
H	12.700	40	6.12	2.29	4.3	1.02	1.02
XH	22.225	40	12.57	6.35	11.2	1.57	1.19
XXH	31.750	40	19.05	9.53	15.7	2.29	1.52

表 13-1-89　　　XL、L、H、XH、XXH 型带长及极限偏差（GB/T 11616—2013）

长度代号	节线长 L_P		极限偏差		齿　　数				
	mm	in	mm	in	XL	L	H	XH	XXH
60	152.4	6	±0.41	±0.016	30				
70	177.8	7	±0.41	±0.016	35				
80	203.2	8	±0.41	±0.016	40				
90	228.6	9	±0.41	±0.016	45				
100	254	10	±0.41	±0.016	50				
110	279.4	11	±0.46	±0.018	55				
120	304.8	12	±0.46	±0.018	60				
124	314.33	12.375	±0.46	±0.018		33			
130	330.20	13.000	±0.46	±0.018	65				
140	355.60	14.000	±0.46	±0.018	70				
150	381.00	15.000	±0.46	±0.018	75	40			
160	406.40	16.000	±0.51	±0.02	80				
170	431.80	17.000	±0.51	±0.02	85				
180	457.20	18.000	±0.51	±0.02	90				
187	476.25	18.750	±0.51	±0.02		50			
190	482.60	19.000	±0.51	±0.02	95				
200	508.00	20.000	±0.51	±0.02	100				
210	533.40	21.000	±0.61	±0.024	105	56			
220	558.80	22.000	±0.61	±0.024	110				
225	571.50	22.500	±0.61	±0.024		60			
230	584.20	23.000	±0.61	±0.024	115				
240	609.60	24.000	±0.61	±0.024	120	64	48		
250	635.00	25.000	±0.61	±0.024	125				
255	647.70	25.500	±0.61	±0.024		68			
260	660.40	26.000	±0.61	±0.024	130				
270	685.80	27.000	±0.61	±0.024		72	54		
285	723.90	28.500	±0.61	±0.024		76			

续表

长度代号	节线长 L_P		极限偏差		齿　　数				
	mm	in	mm	in	XL	L	H	XH	XXH
300	762.00	30.000	±0.61	±0.024		80	60		
322	819.15	32.250	±0.66	±0.026		86			
330	838.20	33.000	±0.66	±0.026			66		
345	876.30	34.500	±0.66	±0.026		92			
360	914.40	36.000	±0.66	±0.026			72		
367	933.45	36.750	±0.66	±0.026		98			
390	990.60	39.000	±0.66	±0.026		104	78		
420	1066.80	42.000	±0.76	±0.03		112	84		
450	1143.00	45.000	±0.76	±0.03		120	90		
480	1219.20	48.000	±0.76	±0.03		128	96		
507	1289.05	50.750	±0.81	±0.032				58	
510	1295.40	51.000	±0.81	±0.032		136	102		
540	1371.60	54.000	±0.81	±0.032		144	108		
560	1422.40	56.000	±0.81	±0.032				64	
570	1447.80	57.000	±0.81	±0.032			114		
600	1524.00	60.000	±0.81	±0.032		160	120		
630	1600.20	63.000	±0.86	±0.034			126	72	
660	1676.40	66.000	±0.86	±0.034			132		
700	1778.00	70.000	±0.86	±0.034			140	80	56
750	1905.00	75.000	±0.91	±0.036			150		
770	1955.80	77.000	±0.91	±0.036				88	
800	2032.00	80.000	±0.91	±0.036			160		64
840	2133.60	84.000	±0.97	±0.038				96	
850	2159.00	85.000	±0.97	±0.038			170		
900	2286.00	90.000	±0.97	±0.038			180		72
980	2489.20	98.000	±1.02	±0.04				112	
1000	2540.00	100.000	±1.02	±0.04			200		80
1100	2794.00	110.000	±1.07	±0.042			220		
1120	2844.80	112.000	±1.12	±0.044				128	
1200	3048.00	120.000	±1.12	±0.044					96
1250	3175.00	125.000	±1.17	±0.046			250		
1260	3200.40	126.000	±1.17	±0.046				144	
1400	3556.00	140.000	±1.22	±0.048			280	160	112
1540	3911.60	154.000	±1.32	±0.052				176	
1600	4064.00	160.000	±1.32	±0.052					128
1700	4318.00	170.000	±1.37	±0.054			340		
1750	4445.00	175.000	±1.42	±0.056				200	
1800	4572.00	180.000	±1.42	±0.056					144

表 13-1-90　　　　　MXL、XXL 型带长及极限偏差（GB/T 11616—2013）

长度代号	节线长 L_P		极限偏差		齿　数	
	mm	in	mm	in	MXL	XXL
36.0	91.44	3.600	±0.41	±0.016	45	
40.0	101.60	4.000	±0.41	±0.016	50	
44.0	111.76	4.400	±0.41	±0.016	55	
48.0	121.92	4.800	±0.41	±0.016	60	
50.0	127.00	5.000	±0.41	±0.016		40
56.0	142.24	5.600	±0.41	±0.016	70	
60.0	152.40	6.000	±0.41	±0.016	75	48
64.0	162.56	6.400	±0.41	±0.016	80	
70.0	177.80	7.00	±0.41	±0.016		56
72.0	182.88	7.200	±0.41	±0.016	90	
80.0	203.20	8.000	±0.41	±0.016	100	64
88.0	223.52	8.800	±0.41	±0.016	110	
90.0	228.60	9.000	±0.41	±0.016		72
100.0	254.00	10.000	±0.41	±0.016	125	80
110.0	179.40	11.000	±0.46	±0.018		88
112.0	284.48	11.200	±0.46	±0.018	140	
120.0	304.80	12.000	±0.46	±0.018		96
124.0	314.96	12.400	±0.46	±0.018	155	
130.0	330.20	13.000	±0.46	±0.018		104
140.0	355.60	14.000	±0.46	±0.018	175	112
150.0	381.00	15.000	±0.46	±0.018		120
160.0	406.40	16.000	±0.51	±0.020	200	128
180.0	457.20	18.000	±0.51	±0.020		144
200.0	508.00	20.000	±0.51	±0.020	225	160
220.0	558.80	22.000	±0.61	±0.024	250	176

表 13-1-91　　　　梯形齿同步带带宽和带高（单面齿同步带）（GB/T 11616—2013）

型号	带高 h_a		带宽基本尺寸 b_s			带宽极限偏差					
						节线长					
			公称尺寸		代号	<838.2mm（33in）		838.2mm(33in)～1676.4mm(66in)		>1676.4mm（66in）	
	mm	in	mm	in		mm	in	mm	in	mm	in
MXL	1.14	0.045	3.2	0.12	012	+0.5 −0.8	+0.02 −0.03	—	—	—	—
			4.8	0.19	019			—	—	—	—
			6.4	0.25	025			—	—	—	—
XXL	1.52	0.06	3.2	0.12	012	+0.5 −0.8	+0.02 −0.03	—	—	—	—
			4.8	0.19	019			—	—	—	—
			6.4	0.25	025			—	—	—	—
XL	2.30	0.09	6.4	0.25	025	+0.5 −0.8	+0.02 −0.03	—	—	—	—
			7.9	0.31	031						
			9.5	0.37	037						
L	3.60	0.14	12.7	0.5	050	+0.8 −0.8	+0.03 −0.03	+0.8 −1.3	+0.03 −0.05	—	—
			19.1	0.75	075						
			25.4	1.00	100						

续表

型号	带高 h_a		带宽基本尺寸			带宽极限偏差					
			公称尺寸		代号	节线长					
						<838.2mm (33in)		838.2mm(33in)～ 1676.4mm(66in)		>1676.4mm (66in)	
	mm	in	mm	in		mm	in	mm	in	mm	in
H	4.30	0.17	19.1	0.75	075	+0.8 −0.8	+0.03 −0.03	+0.8 −1.3	+0.03 −0.05	+0.8 −1.3	+0.03 −0.05
			25.4	1.00	100						
			38.1	1.5	150						
			50.8	2.00	200	+1.3 −1.5	+0.05 −0.06	+1.5 −1.5	+0.06 −0.06	+1.5 −2	+0.06 −0.08
			76.2	3.00	300	+1.3 −1.5	+0.05 −0.06	+1.5 −1.5	+0.06 −0.06	+1.5 −2	+0.06 −0.08
XH	11.20	0.44	50.8	2.00	200	—		+4.8 −4.8	+0.19 −0.19	+4.8 −4.8	+0.19 −0.19
			76.2	3.00	300						
			101.6	4.00	400						
XXH	15.7	0.62	50.8	2.00	200	—		—		+4.8 −4.8	+0.19 −0.19
			76.2	3.00	300						
			101.6	4.00	400						
			127	5.00	500						

1.5.1.2　梯形齿同步带传动设计计算

已知条件：传递的功率；小带轮、大带轮转速；传动用途、载荷性质、原动机种类以及工作制度。

表 13-1-92　　　　　　　　设计内容和步骤（GB/T 11362—2008）

计算项目	符号	单位	公式及数据	说明
设计功率	P_d	kW	$P_d = K_A P$	K_A——载荷修正系数,见表 13-1-93 P——传递的功率,kW
带型节距	p_b	mm	根据 P_d 和 n_1,由图 13-1-15 选取具体带型对应的节距	n_1——小带轮转速,r/min 为使转动平稳,提高带的柔性以及增加啮合齿数,节距应尽可能选取较小值
小带轮齿数	z_1		$z_1 \geqslant z_{min}$ z_{min} 见表 13-1-94	带速 v 和安装尺寸允许时,z_1 尽可能选用较大值
小带轮节径	d_1	mm	$d_1 = \dfrac{P_b z_1}{\pi}$	见表 13-1-106
大带轮齿数	z_2		$z_2 = i z_1$	
大带轮节径	d_2	mm	$d_2 = \dfrac{P_b z_2}{\pi}$	见表 13-1-106
带速	v	m/s	$v = \dfrac{\pi d_1 n_1}{60 \times 1000} \leqslant v_{max}$	v_{max} 见表 13-1-97
初定中心距	a_0	mm	$0.7(d_1 + d_2) < a_0 < 2(d_1 + d_2)$	可根据结构要求定
带的节线长度及其齿数	L_p z_b	mm	$L_p \approx 2a_0 + \dfrac{\pi}{2}(d_2 + d_1) + \dfrac{(d_2 - d_1)^2}{4a_0}$	选取接近的 L_p 值及其齿数 z_b,见表 13-1-89
实际中心距	a	mm	中心距可调整 $a \approx a_0 + \dfrac{L_p - L_{0p}}{2}$ 中心距不可调整 $a = \dfrac{d_2 - d_1}{2\cos\dfrac{\alpha_1}{2}}$ $\text{inv}\dfrac{\alpha_1}{2} = \dfrac{L_p - \pi d_2}{d_2 - d_1} = \tan\dfrac{\alpha_1}{2} - \dfrac{\alpha_1}{2}$ 当 $z_2/z_1 \approx 1$ 时 $a = M + \sqrt{M^2 - \dfrac{1}{8}\left[\dfrac{P_b(z_2 - z_1)}{\pi}\right]^2}$ $M = \dfrac{P_b}{8}(2z_b - z_1 - z_2)$	最好采用中心距可调的结构,其调整范围见表 13-1-95 对于中心距不可调的结构,中心距极限偏差见表 13-1-96 α_1——小带轮包角 $\text{inv}\dfrac{\alpha_1}{2}$——角 $\dfrac{\alpha_1}{2}$ 的渐开线函数,根据算出的 $\text{inv}\dfrac{\alpha_1}{2}$ 值,由表 13-1-98 查得 $\dfrac{\alpha_1}{2}$,即可得精确的 a 值
基准额定功率	P_0	kW	$P_0 = \dfrac{(T_a - mv^2)v}{1000}$	或根据带型号、n_1 和 z_1 由表 13-1-99～表 13-1-103 选取 T_a——带宽为 b_{s0} 的许用工作拉力,N,见表 13-1-97 m——带宽为 b_{s0} 的单位长度的质量,kg/m,见表 13-1-97

续表

计算项目	符号	单位	公式及数据	说　明
小带轮啮合齿数	z_m		$z_m = \mathrm{ent}\left[\dfrac{z_1}{2} - \dfrac{p_b z_1}{2\pi^2 a}(z_2 - z_1)\right]$	$\mathrm{ent}[\ ]$——取括号内的整数部分，$\dfrac{1}{2\pi^2}$ 可以取 $\dfrac{1}{20}$
啮合齿数系数	K_z		$z_m \geqslant 6$ 时，$K_z = 1$ $z_m < 6$ 时，$K_z = 1 - 0.2(6 - z_m)$	
额定功率	P_r	kW	$P_r = \left(K_z K_w T_a - \dfrac{b_s m v^2}{b_{s0}}\right) v \times 10^{-3}$ $P_r \approx K_z K_w P_0$	K_z——小带轮啮合齿数系数 K_w——宽度系数，$K_w = \left(\dfrac{b_s}{b_{s0}}\right)^{1.14}$
带宽	b_s	mm	$b_s \geqslant b_{s0} \sqrt[1.14]{\dfrac{P_d}{K_z p_0}}$ 按表 13-1-91 选定 b_s	b_{s0}——选定型号的基准宽度，见表 13-1-97 一般应使 $b_s < d_1$
作用在轴上的力	F_r	N	$F_r = \dfrac{P_d}{v} \times 10^3$	

表 13-1-93　　　　　　　载荷修正系数 K_A（GB/T 11362—2008）

工　作　机	原　动　机					
	交流电动机（普通转矩笼型、同步电动机）、直流电动机（并励）、多缸内燃机			交流电动机（大转矩、大滑差率、单相、滑环），直流电动机（复励、串励），单缸内燃机		
	运转时间			运转时间		
	断续使用每日 3～5h	普通使用每日 8～10h	连续使用每日 16～24h	断续使用每日 3～5h	普通使用每日 8～10h	连续使用每日 16～24h
	K_A					
复印机、计算机、医疗器械	1.0	1.2	1.4	1.2	1.4	1.6
清扫机、缝纫机、办公机械、带锯盘	1.2	1.4	1.6	1.4	1.6	1.8
轻载荷传送带、包装机、筛子	1.3	1.5	1.7	1.5	1.7	1.9
液体搅拌机、圆形带锯、平碾盘、洗涤机、造纸机、印刷机械	1.4	1.6	1.8	1.6	1.8	2.0
搅拌机（水泥、黏性体）、带式输送机（矿石、煤、砂）、牛头刨床、挖掘机、离心压缩机、振动筛、纺织机械（整经机、绕线机）、回转压缩机、往复式发动机	1.5	1.7	1.9	1.7	1.9	2.1
输送机（盘式、吊式、升降式）抽水泵、洗涤机、鼓风机（离心式）、引风、排风）、发动机、激励机、卷扬机、起重机、橡胶加工机（压延、滚轧压出机）、纺织机械（纺纱、精纺、捻纱机、绕纱机）	1.6	1.8	2.0	1.8	2.0	2.2
离心分离机、输送机（货物、螺旋）、锤击式粉碎机、造纸机（碎浆）	1.7	1.9	2.1	1.9	2.1	2.3
陶土机械（硅、黏土搅拌）、矿山用混料机、强制送风机	1.8	2.0	2.2	2.0	2.2	2.4

注：1. 当增速传动时，将下列系数加到载荷修正系数 K_A 中去：

增速比	1.00～1.24	1.25～1.74	1.75～2.49	2.50～3.49	$\geqslant 3.50$
系数	0	0.1	0.2	0.3	0.4

2. 当使用张紧轮时，还要将下列系数加到载荷修正系数 K_A 中去：

张紧轮的位置	松边内侧	松边外侧	紧边内侧	紧边外侧
系数	0	0.1	0.1	0.2

3. 对带型为 14M 和 20M 的传动，当 $n_1 \leqslant 600$r/min 时，应追加系数（加进 K_A 中）：

$n_1/\mathrm{r \cdot min^{-1}}$	$\leqslant 200$	201～400	401～600
K_A 增加值	0.3	0.2	0.1

4. 对频繁正反转、严重冲击、紧急停机等非正常传动，视具体情况修正 K_A。

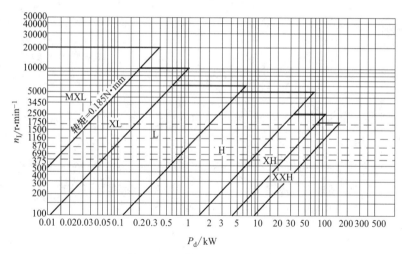

图 13-1-15　梯形齿同步带选型图

表 13-1-94　　　　　　　　小带轮最小齿数 z_{min} （GB/T 11362—2008）　　　　　　　　mm

小带轮转速 $n_1/\text{r} \cdot \text{min}^{-1}$	带　型						
	MXL	XXL	XL	L	H	XH	XXH
<900	10	10	10	12	14	22	22
≥900～1200	12	12	10	12	16	24	24
≥1200～1800	14	14	12	14	18	26	26
≥1800～3600	16	16	12	16	20	30	—
≥3600～4800	18	18	15	18	22	—	—

表 13-1-95　　　　　　　梯形齿同步带中心距调整范围 （GB/T 15531—2008）　　　　　　　mm

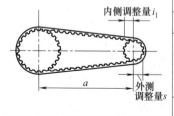

型号		MXL	XXL	XL	L	H	XH	XXH
节距 p_b		2.032	3.175	5.080	9.525	12.700	22.225	31.750
内侧调整量 i_1	两带轮或大带轮有挡圈	$2.5p_b$		$1.8p_b$		$1.5p_b$		$2.0p_b$
	小带轮有挡圈	$1.3p_b$						
	无挡圈	$0.9p_b$						
外侧调整量 s		$0.005L_p$						

表 13-1-96　　　　　　梯形齿同步带传动中心距极限偏差 Δ_a （GB/T 11362—2008）　　　　　　mm

节线长 L_p	≤250	>250 ～500	>500 ～750	>750 ～1000	>1000 ～1500	>1500 ～2000	>2000 ～2500	>2500 ～3000	>3000 ～4000	>4000
Δ_a	±0.20	±0.25	±0.30	±0.35	±0.40	±0.45	±0.50	±0.55	±0.60	±0.70

表 13-1-97　　　　梯形齿同步带的基准宽度 b_{s0}、许用工作压力 T_a、质量 m、
最大线速度 v_{max} （GB/T 11362—2008）

型号	MXL	XXL	XL	L	H	XH	XXH
基准宽度 b_{s0}/mm	6.4		9.5	25.4	76.2	101.6	127
许用工作拉力 T_a/N	27	31	50.17	244.46	2100.85	4048.90	6398.03
带的质量 m/kg·m^{-1}	0.007	0.010	0.022	0.095	0.448	1.484	2.473
允许最大线速度 v_{max}/m·s^{-1}	40～50			35～40		25～30	

表 13-1-98

渐开线函数表（inv α＝tan α－α）

度　分	0	5′	10′	15′	20′	25′	30′	35′	40′	45′	50′	55′
61°	0.73940	0.74415	0.74893	0.75375	0.75859	0.76348	0.76839	0.77334	0.77833	0.78335	0.78840	0.79350
62°	0.79862	0.80378	0.80898	0.81422	0.81949	0.82480	0.83015	0.83554	0.84096	0.84643	0.85193	0.85747
63°	0.86305	0.86868	0.87434	0.88004	0.88579	0.89158	0.89741	0.90328	0.90919	0.91515	0.92115	0.92720
64°	0.93329	0.93943	0.94561	0.95184	0.95812	0.96444	0.97081	0.97722	0.98369	0.99020	0.99677	1.00338
65°	1.01004	1.01676	1.02352	1.03034	1.03721	1.04413	1.05111	1.05814	1.06522	1.07236	1.07956	1.08681
66°	1.09412	1.10149	1.10891	1.11639	1.12393	1.13154	1.13920	1.14692	1.15471	1.16256	1.17047	1.17844
67°	1.18648	1.19459	1.20276	1.21100	1.21930	1.22767	1.23612	1.24463	1.25321	1.26187	1.27059	1.27939
68°	1.28826	1.29721	1.30623	1.31533	1.32451	1.33376	1.34310	1.35251	1.36201	1.37158	1.38124	1.39098
69°	1.40081	1.41073	1.42073	1.43081	1.44099	1.45126	1.46162	1.47207	1.48261	1.49325	1.50399	1.51488
70°	1.52575	1.53678	1.54791	1.55914	1.57047	1.58191	1.59346	1.60511	1.61687	1.62874	1.64072	1.65282
71°	1.66503	1.67735	1.68980	1.70236	1.71504	1.72785	1.74077	1.75383	1.76701	1.78032	1.79376	1.80734
72°	1.82105	1.83489	1.84888	1.86300	1.87726	1.89167	1.90623	1.92094	1.93579	1.95080	1.96596	1.98128
73°	1.99676	2.01240	2.02821	2.04418	2.06032	2.07664	2.09313	2.10979	2.12664	2.14366	2.16088	2.17828
74°	2.19587	2.21366	2.23164	2.24981	2.26821	2.28681	2.30561	2.32463	2.34387	2.36332	2.38301	2.40291
75°	2.42305	2.44343	2.46405	2.48491	2.50601	2.52737	2.54899	2.57087	2.59301	2.61542	2.63811	2.66108
76°	2.68433	2.70787	2.73171	2.75585	2.78029	2.80505	2.83012	2.85552	2.88125	2.90731	2.93371	2.96046
77°	2.98757	3.01504	3.04288	3.07110	3.09970	3.12869	3.15808	3.18788	3.21809	3.24873	3.27980	3.31131
78°	3.34327	3.37570	3.40859	3.44197	3.47583	3.51020	3.54507	3.58047	3.61641	3.65289	3.68993	3.72755
79°	3.76574	3.80454	3.84395	3.88398	3.92465	3.96598	4.00798	4.05067	4.09406	4.13817	4.18302	4.22863
80°	4.27502	4.32220	4.37020	4.41903	4.46872	4.51930	4.57077	4.62318	4.67654	4.73088	4.78622	4.84260
81°	4.90003	4.95856	5.01822	5.07902	5.14102	5.20424	5.26871	5.33448	5.40159	5.47007	5.53997	5.61133
82°	5.68420	5.75862	5.83465	5.91233	5.99172	6.07288	6.15586	6.24073	6.32754	6.41638	6.50731	6.60040
83°	6.69572	6.79337	6.89342	6.99597	7.10111	7.20893	7.31954	7.43305	7.54957	7.66922	7.79214	7.91844
84°	8.04829	8.18182	8.31919	8.46057	8.60614	8.75608	8.91059	9.06989	9.23420	9.40375	9.57881	9.75964
85°	9.94652	10.13978	10.33973	10.54673	10.76116	10.98342	11.21395	11.45321	11.70172	11.96001	12.22866	12.50833
86°	12.79968	13.10348	13.42052	13.75170	14.09798	14.46041	14.84015	15.23845	15.65672	16.09649	16.55945	17.04749
87°	17.56270	18.10740	18.68421	19.29603	19.94615	20.63827	21.37660	22.16592	23.01168	23.92017	24.89862	25.95542
88°	27.10036	28.34495	29.70278	31.19001	32.82606	34.63443	36.64384	38.88976	41.41655	44.28037	47.55344	51.33022
89°	55.73661	60.94435	67.19383	74.83229	84.38062	96.65731	113.02656	135.94389	170.32037	227.61514	342.20561	685.97868

注：α≤60°时，参见中篇齿轮传动部分的相应表，其表中的 θ 与本表中的 α 等级。

第 13 篇

表 13-1-99　**XL 型带**（节距 5.080mm，基准宽度 9.5mm）**基准额定功率 P_0**（GB/T 11362—2008）

kW

小带轮转速 $n_1/\mathrm{r \cdot min^{-1}}$	小带轮齿数和节圆直径/mm									
	10 16.17	12 19.40	14 22.64	16 25.87	18 29.11	20 32.34	22 35.57	24 38.81	28 45.28	30 48.51
950	0.040	0.048	0.057	0.065	0.073	0.081	0.089	0.097	0.113	0.121
1160	0.049	0.059	0.069	0.079	0.089	0.098	0.108	0.118	0.138	0.147
1425	—	0.073	0.085	0.097	0.109	0.121	0.133	0.145	0.169	0.181
1750	—	0.089	0.104	0.119	0.134	0.148	0.163	0.178	0.207	0.221
2850	—	0.145	0.169	0.193	0.216	0.240	0.263	0.287	0.333	0.355
3450	—	0.175	0.204	0.232	0.261	0.289	0.317	0.345	0.399	0.425
100	0.004	0.005	0.006	0.007	0.008	0.009	0.009	0.010	0.012	0.013
200	0.009	0.010	0.012	0.014	0.015	0.017	0.019	0.020	0.024	0.026
300	0.013	0.015	0.018	0.020	0.023	0.026	0.028	0.031	0.036	0.038
400	0.017	0.020	0.024	0.027	0.031	0.034	0.037	0.041	0.048	0.051
500	0.021	0.026	0.030	0.034	0.038	0.043	0.047	0.051	0.060	0.064
600	0.026	0.031	0.036	0.041	0.046	0.051	0.056	0.061	0.071	0.076
700	0.030	0.036	0.042	0.048	0.054	0.060	0.065	0.071	0.083	0.089
800	0.034	0.041	0.048	0.054	0.061	0.068	0.075	0.082	0.095	0.102
900	0.038	0.046	0.054	0.061	0.069	0.076	0.084	0.092	0.107	0.115
1000	0.043	0.051	0.060	0.068	0.076	0.085	0.093	0.102	0.119	0.127
1100	0.047	0.056	0.065	0.075	0.084	0.093	0.103	0.112	0.131	0.140
1200	—	0.061	0.071	0.082	0.092	0.102	0.112	0.122	0.142	0.152
1300	—	0.066	0.077	0.088	0.099	0.110	0.121	0.132	0.154	0.165
1400	—	0.071	0.083	0.095	0.107	0.119	0.131	0.142	0.166	0.178
1500	—	0.076	0.089	0.102	0.115	0.127	0.140	0.152	0.178	0.190
1600	—	0.082	0.095	0.109	0.122	0.136	0.149	0.163	0.189	0.203
1700	—	0.087	0.101	0.115	0.130	0.144	0.158	0.173	0.201	0.215
1800	—	0.092	0.107	0.122	0.137	0.152	0.168	0.183	0.213	0.228
2000	—	0.102	0.119	0.136	0.152	0.169	0.186	0.203	0.236	0.252
2200	—	0.112	0.131	0.149	0.168	0.186	0.204	0.223	0.259	0.277
2400	—	0.122	0.142	0.163	0.183	0.203	0.223	0.242	0.282	0.301
2600	—	0.132	0.154	0.176	0.198	0.219	0.241	0.262	0.304	0.325
2800	—	0.142	0.166	0.189	0.213	0.236	0.259	0.282	0.327	0.349
3000	—	0.152	0.178	0.203	0.228	0.252	0.277	0.301	0.349	0.373
3200	—	0.163	0.189	0.216	0.242	0.269	0.295	0.321	0.371	0.396
3400	—	0.173	0.201	0.229	0.257	0.285	0.312	0.340	0.393	0.420
3600	—	0.183	0.213	0.242	0.272	0.301	0.330	0.359	0.415	0.443
3800	—	—	—	0.256	0.287	0.317	0.348	0.378	0.436	0.465
4000	—	—	—	0.269	0.301	0.333	0.365	0.396	0.458	0.487
4200	—	—	—	0.282	0.316	0.349	0.382	0.415	0.478	0.509
4400	—	—	—	0.295	0.330	0.365	0.400	0.433	0.499	0.531
4600	—	—	—	0.308	0.345	0.381	0.417	0.452	0.519	0.552
4800	—	—	—	0.321	0.359	0.396	0.433	0.470	0.539	0.573

表 13-1-100　L 型带（节距 9.525mm，基准宽度 25.4mm）**基准额定功率** P_0（GB/T 11362—2008）

kW

小带轮转速 n_1 /r·min⁻¹	小带轮齿数和节圆直径/mm														
	12 36.38	14 42.45	16 48.51	18 54.57	20 60.64	22 66.70	24 72.77	26 78.83	28 84.89	30 90.90	32 97.02	36 109.15	40 121.28	44 133.40	48 145.53
725	0.34	0.39	0.45	0.51	0.56	0.62	0.67	0.73	0.78	0.84	0.90	1.01	1.12	1.23	1.33
870	0.40	0.47	0.54	0.61	0.67	0.74	0.81	0.87	0.94	1.01	1.07	1.20	1.33	1.46	1.59
950	0.44	0.52	0.59	0.66	0.73	0.81	0.88	0.95	1.03	1.10	1.17	1.31	1.45	1.59	1.73
1160	0.54	0.63	0.72	0.81	0.90	0.98	1.07	1.16	1.25	1.33	1.42	1.59	1.76	1.93	2.09
1425	—	0.77	0.88	0.99	1.10	1.20	1.31	1.42	1.52	1.63	1.73	1.94	2.14	2.34	2.53
1750	—	0.95	1.08	1.21	1.34	1.47	1.60	1.73	1.86	1.98	2.11	2.35	2.59	2.81	3.03
2850	—	—	1.73	1.94	2.14	2.34	2.53	2.72	2.90	3.08	3.25	3.57	3.86	4.11	4.33
3450	—	—	2.08	2.32	2.55	2.78	3.00	3.21	3.40	3.59	3.77	4.09	4.35	4.56	4.69
100	0.05	0.05	0.06	0.07	0.08	0.09	0.09	0.10	0.11	0.12	0.12	0.14	0.16	0.17	0.19
200	0.09	0.11	0.12	0.14	0.16	0.17	0.19	0.20	0.22	0.23	0.25	0.28	0.31	0.34	0.37
300	0.14	0.16	0.19	0.21	0.23	0.26	0.28	0.30	0.33	0.35	0.37	0.42	0.47	0.51	0.56
400	0.19	0.22	0.25	0.28	0.31	0.34	0.37	0.40	0.43	0.47	0.50	0.56	0.62	0.68	0.74
500	0.23	0.27	0.31	0.35	0.39	0.43	0.47	0.50	0.54	0.58	0.62	0.70	0.77	0.85	0.93
600	0.28	0.33	0.37	0.42	0.47	0.51	0.56	0.60	0.65	0.70	0.74	0.83	0.93	1.02	1.11
700	0.33	0.38	0.43	0.49	0.54	0.60	0.65	0.70	0.76	0.81	0.87	0.97	1.08	1.18	1.29
800	0.37	0.43	0.50	0.56	0.62	0.68	0.74	0.80	0.86	0.93	0.99	1.11	1.23	1.35	1.47
900	0.42	0.49	0.56	0.63	0.70	0.77	0.83	0.90	0.97	1.04	1.11	1.24	1.38	1.51	1.65
1000	0.47	0.54	0.62	0.70	0.77	0.85	0.93	1.00	1.08	1.15	1.23	1.38	1.53	1.67	1.82
1100	0.51	0.60	0.68	0.77	0.85	0.93	1.02	1.10	1.18	1.27	1.35	1.51	1.68	1.83	1.99
1200	0.56	0.65	0.74	0.83	0.93	1.02	1.11	1.20	1.29	1.38	1.47	1.65	1.82	1.99	2.16
1300	0.60	0.70	0.80	0.90	1.00	1.10	1.20	1.30	1.39	1.49	1.59	1.78	1.96	2.15	2.33
1400	0.65	0.76	0.87	0.97	1.08	1.18	1.29	1.39	1.50	1.60	1.70	1.91	2.11	2.30	2.49
1500	0.70	0.81	0.93	1.04	1.15	1.27	1.38	1.49	1.60	1.71	1.82	2.04	2.25	2.45	2.65
1600	0.74	0.87	0.99	1.11	1.23	1.35	1.47	1.59	1.70	1.82	1.94	2.16	2.38	2.60	2.81
1700	0.79	0.92	1.05	1.18	1.30	1.43	1.56	1.68	1.81	1.93	2.05	2.29	2.52	2.74	2.96
1800	0.83	0.97	1.11	1.24	1.38	1.51	1.65	1.78	1.91	2.04	2.16	2.41	2.65	2.88	3.11
1900	0.88	1.03	1.17	1.31	1.45	1.59	1.73	1.87	2.01	2.14	2.27	2.53	2.78	3.02	3.25
2000	0.93	1.08	1.23	1.38	1.53	1.67	1.82	1.96	2.11	2.25	2.38	2.65	2.91	3.15	3.39
2200	1.02	1.18	1.35	1.51	1.68	1.83	1.99	2.15	2.30	2.45	2.60	2.88	3.16	3.41	3.65
2400	1.11	1.29	1.47	1.65	1.82	1.99	2.16	2.33	2.49	2.65	2.81	3.11	3.39	3.65	3.89
2600	1.20	1.39	1.59	1.78	1.96	2.15	2.33	2.51	2.68	2.85	3.01	3.32	3.61	3.87	4.10
2800	1.29	1.50	1.70	1.91	2.11	2.30	2.49	2.68	2.86	3.03	3.20	3.52	3.81	4.07	4.29
3000	1.38	1.60	1.82	2.04	2.25	2.45	2.65	2.85	3.03	3.21	3.39	3.71	4.00	4.24	4.45
3200	—	1.70	1.94	2.16	2.38	2.60	2.81	3.01	3.20	3.39	3.56	3.89	4.17	4.40	4.58
3400	—	1.81	2.05	2.29	2.52	2.74	2.96	3.17	3.37	3.55	3.73	4.05	4.32	4.53	4.67
3600	—	1.91	2.16	2.41	2.65	2.88	3.11	3.32	3.52	3.71	3.89	4.20	4.45	4.63	4.74
3800	—	2.01	2.27	2.53	2.78	3.02	3.25	3.47	3.67	3.86	4.03	4.33	4.56	4.70	4.76
4000	—	2.11	2.38	2.65	2.91	3.15	3.39	3.61	3.81	4.00	4.17	4.45	4.65	4.75	4.75
4200	—	—	2.49	2.77	3.03	3.28	3.52	3.74	3.94	4.13	4.29	4.55	4.71	4.76	4.70
4400	—	—	2.60	2.88	3.16	3.41	3.65	3.87	4.07	4.24	4.40	4.63	4.75	4.74	4.60
4600	—	—	2.70	3.00	3.27	3.53	3.77	3.99	4.18	4.35	4.49	4.69	4.76	4.69	4.46
4800	—	—	2.81	3.11	3.39	3.65	3.89	4.10	4.29	4.45	4.58	4.74	4.75	4.60	4.27

注：▢ 为带轮圆周速度在 33m/s 以上时的功率值，设计时带轮用碳素钢或铸钢。

表 13-1-101　　　　　H 型带（节距 12.7mm，基准宽度 76.2mm）基准额定功率 P_0（GB/T 11362—2008）

kW

小带轮转速 $n_1/\text{r}\cdot\text{min}^{-1}$	小带轮齿数和节圆直径/mm													
	14 56.60	16 64.68	18 72.77	20 80.85	22 88.94	24 97.02	26 105.11	28 113.19	30 121.28	32 129.36	36 145.53	40 161.70	44 177.87	48 194.04
725	4.51	5.15	5.79	6.43	7.08	7.71	8.35	8.99	9.63	10.26	11.53	12.79	14.05	15.30
870	5.41	6.18	6.95	7.71	8.48	9.25	10.01	10.77	11.53	12.29	13.80	15.30	16.78	18.26
950	—	6.74	7.58	8.42	9.26	10.09	10.92	11.75	12.58	13.40	15.04	16.66	18.28	19.87
1160	—	8.23	9.25	10.26	11.28	12.29	13.30	14.30	15.30	16.29	18.26	20.21	22.13	24.03
1425	—	—	11.33	12.57	13.81	15.04	16.26	17.47	18.68	19.87	22.24	24.56	26.83	29.06
1750	—	—	13.88	15.38	16.88	18.36	19.83	21.29	22.73	24.16	26.95	29.67	32.30	34.84
2850	—	—	—	24.56	26.84	29.06	31.22	33.33	35.37	37.33	41.04	44.40	47.39	49.96
3450	—	—	—	29.29	31.90	34.41	36.82	39.13	41.32	43.38	47.09	50.20	52.64	54.35
100	0.62	0.71	0.80	0.89	0.98	1.07	1.16	1.24	1.33	1.42	1.60	1.78	1.96	2.13
200	1.25	1.42	1.60	1.78	1.96	2.13	2.31	2.49	2.67	2.84	3.20	3.56	3.91	4.27
300	1.87	2.13	2.40	2.67	2.93	3.20	3.47	3.73	4.00	4.27	4.80	5.33	5.86	6.39
400	2.49	2.84	3.20	3.56	3.91	4.27	4.62	4.97	5.33	5.68	6.39	7.10	7.80	8.51
500	3.11	3.56	4.00	4.44	4.89	5.33	5.77	6.21	6.66	7.10	7.98	8.86	9.74	10.61
600	3.73	4.27	4.80	5.33	5.86	6.39	6.92	7.45	7.98	8.51	9.56	10.61	11.66	12.71
700	4.35	4.97	5.59	6.21	6.83	7.45	8.07	8.68	9.30	9.91	11.14	12.36	13.57	14.78
800	4.97	5.68	6.39	7.10	7.80	8.51	9.21	9.91	10.61	11.31	12.71	14.09	15.47	16.83
900	—	6.39	7.19	7.98	8.77	9.56	10.35	11.14	11.92	12.71	14.26	15.81	17.35	18.87
1000	—	7.10	7.98	8.86	9.74	10.61	11.49	12.36	13.23	14.09	15.81	17.52	19.20	20.87
1100	—	7.80	8.77	9.74	10.70	11.66	12.62	13.57	14.52	15.47	17.35	19.20	21.04	22.85
1200	—	8.51	9.56	10.61	11.66	12.71	13.75	14.78	15.81	16.83	18.87	20.87	22.85	24.80
1300	—	9.21	10.35	11.49	12.62	13.74	14.87	15.98	17.09	18.19	20.38	22.53	24.64	26.72
1400	—	9.91	11.14	12.36	13.57	14.78	15.98	17.18	18.36	19.54	21.87	24.16	26.40	28.59
1500	—	10.61	11.92	13.23	14.52	15.81	17.09	18.36	19.62	20.87	23.34	25.76	28.13	30.43
1600	—	11.31	12.71	14.09	15.47	16.83	18.19	19.54	20.88	22.20	24.80	27.35	29.82	32.23
1700	—	12.01	13.49	14.95	16.41	17.85	19.29	20.71	22.12	23.51	26.24	28.90	31.48	33.98
1800	—	12.71	14.26	15.81	17.35	18.87	20.38	21.87	23.34	24.80	27.66	30.43	33.11	35.68
1900	—	13.40	15.04	16.66	18.28	19.87	21.46	23.02	24.56	26.08	29.06	31.93	34.69	37.33
2000	—	14.09	15.81	17.52	19.20	20.87	22.53	24.16	25.76	27.35	30.43	33.40	36.24	38.93
2100	—	—	16.58	18.36	20.14	21.87	23.59	25.28	26.95	28.59	31.78	34.84	37.74	40.47
2200	—	—	17.35	19.20	21.04	22.85	24.64	26.40	28.13	29.82	33.11	36.24	39.19	41.96
2300	—	—	18.11	20.04	21.95	23.83	25.68	27.50	29.29	31.03	34.41	37.60	40.60	43.38
2400	—	—	18.87	20.87	22.85	24.80	26.72	28.59	30.43	32.23	35.68	38.93	41.96	44.73
2500	—	—	19.62	21.70	23.75	25.76	27.74	29.67	31.56	33.40	36.92	40.27	43.26	46.06
2600	—	—	20.38	22.53	24.64	26.72	28.75	30.73	32.67	34.55	38.14	41.47	44.51	47.24
2800	—	—	21.87	24.16	26.40	28.59	30.73	32.82	34.84	36.79	40.47	43.84	46.84	49.45
3000	—	—	23.35	25.76	28.13	30.43	32.67	34.84	36.93	38.93	42.67	46.02	48.93	51.35
3200	—	—	24.80	27.35	29.82	32.23	34.55	36.79	38.93	40.97	44.73	48.01	50.75	52.91
3400	—	—	26.24	28.90	31.49	33.98	36.38	38.67	40.85	42.91	46.64	49.79	52.30	54.11
3600	—	—	—	30.43	33.11	35.68	38.14	40.47	42.68	44.73	48.38	51.35	53.55	54.92
3800	—	—	—	31.93	34.69	37.33	39.84	42.20	44.40	46.43	49.96	52.67	54.49	55.33
4000	—	—	—	33.40	36.24	38.93	41.47	43.84	46.02	48.01	51.35	53.75	55.10	55.31
4200	—	—	—	34.84	37.74	40.47	43.03	45.39	47.53	49.45	52.55	54.56	55.37	54.84
4400	—	—	—	36.24	39.19	41.96	44.51	46.84	48.93	50.75	53.55	55.10	55.27	53.90
4600	—	—	—	37.60	40.60	43.38	45.92	48.20	50.20	51.91	54.35	55.36	54.78	52.46
4800	—	—	—	38.93	41.96	44.73	47.24	49.45	51.35	52.91	54.92	55.31	53.90	50.50

注： □▯ 为带轮圆周速度在 33m/s 以上时的功率值，设计时带轮用碳素钢或铸钢。

表 13-1-102　**XH 型带**（节距 22.225mm，基准宽度 101.6mm）**基准额定功率 P_0**（GB/T 11362—2008）

kW

小带轮转速 n_1/r · min⁻¹	小带轮齿数和节圆直径/mm						
	22 155.64	24 169.79	26 183.94	28 198.08	30 212.23	32 226.38	40 282.98
575	18.82	20.50	22.17	23.83	25.48	27.13	33.58
585	19.14	20.85	22.55	24.23	25.91	27.58	34.13
690	22.50	24.49	26.47	28.43	30.38	32.30	39.81
725	23.62	25.70	27.77	29.81	31.84	33.85	41.65
870	28.18	30.63	33.05	35.44	37.80	40.13	49.01
950	30.66	33.30	35.91	38.47	41.00	43.47	52.85
1160	37.02	40.13	43.17	46.13	49.01	51.81	62.06
1425	44.70	48.28	51.73	55.05	58.22	61.24	71.52
1750	53.44	57.40	61.14	64.62	67.83	70.74	79.12
2850	—	78.45	80.45	81.36	81.10	79.57	—
3450	—	81.37	80.10	78.90	71.62	64.10	—
100	3.30	3.60	3.90	4.20	4.50	4.80	5.99
200	6.59	7.19	7.79	8.39	8.98	9.58	11.96
300	9.88	10.77	11.66	12.55	13.44	14.33	17.87
400	13.15	14.33	15.51	16.69	17.87	19.04	23.69
500	16.40	17.87	19.33	20.79	22.24	23.69	29.39
600	19.62	21.37	23.11	24.84	26.56	28.26	34.95
700	22.82	24.84	26.84	28.83	30.80	32.75	40.34
800	25.99	28.26	30.52	32.75	34.95	37.13	45.52
900	29.11	31.64	34.13	36.59	39.01	41.39	50.47
1000	32.19	34.95	37.67	40.34	42.96	45.52	55.17
1100	35.23	38.21	41.13	43.99	46.78	49.50	59.57
1200	38.21	41.39	44.50	47.53	50.47	53.32	63.65
1300	41.13	44.50	47.78	50.95	54.02	56.96	67.39
1400	43.99	47.53	50.96	54.25	57.40	60.41	70.74
1500	46.78	50.47	54.02	57.40	60.62	63.65	73.70
1600	49.50	53.32	56.96	60.41	63.65	66.67	76.22
1700	52.15	56.07	59.78	63.26	66.48	69.45	78.27
1800	54.71	58.71	62.46	65.93	69.11	71.98	79.84
1900	57.18	61.24	65.00	68.43	71.52	74.24	80.88
2000	59.57	63.65	67.39	70.74	73.70	76.22	81.37
2100	61.85	65.94	69.61	72.85	75.63	77.90	81.28
2200	64.04	68.09	71.67	74.76	77.30	79.27	80.59
2300	66.12	70.10	73.56	76.44	78.71	80.32	79.26
2400	68.09	71.98	75.26	77.90	79.84	81.02	77.26
2500	—	73.70	76.78	79.12	80.67	81.37	74.56
2600	—	75.26	78.09	80.09	81.19	81.35	71.15
2800	—	77.90	80.09	81.24	81.28	80.13	—
3000	—	79.84	81.19	81.28	80.00	77.26	—
3200	—	81.02	81.35	80.13	77.26	72.60	—
3400	—	81.41	80.48	77.11	72.95	66.05	—
3600	—	80.94	78.24	73.94	66.98	—	—

注：⌐⌐为带轮圆周速度在 33m/s 以上时的功率值，设计时带轮用碳素钢或铸钢。

表 13-1-103　**XXH 型带**（节距 31.75mm，基准宽度 127mm）**基准额定功率 P_0**（GB/T 11362—2008）

kW

小带轮转速 n_1/r · min⁻¹	小带轮齿数和节圆直径/mm					
	22 222.34	24 242.55	26 262.76	30 303.19	34 343.62	40 404.25
575	42.09	45.76	49.39	56.52	63.45	73.41
585	42.79	46.52	50.21	57.44	64.46	74.53
690	50.11	54.40	58.62	66.83	74.70	85.74
725	52.51	56.98	61.36	69.87	77.97	89.25
870	62.23	67.36	72.34	81.85	90.66	102.38

续表

小带轮转速 $n_1/\text{r·min}^{-1}$	小带轮齿数和节圆直径/mm					
	22 222.34	24 242.55	26 262.76	30 303.19	34 343.62	40 404.25
950	67.41	72.85	78.10	88.01	97.01	108.55
1160	80.31	86.35	92.06	102.38	111.05	120.49
1425	94.85	101.13	106.80	116.11	122.36	125.12
1750	109.43	115.05	119.53	124.72	124.25	111.30
100	7.44	8.122	8.80	10.15	11.50	13.52
200	14.87	16.21	17.55	20.23	22.91	26.90
300	22.24	24.24	26.23	30.20	34.14	39.99
400	29.54	32.18	34.80	39.99	45.12	52.67
500	36.75	39.99	43.21	49.55	55.76	64.78
600	43.85	47.66	51.42	58.80	65.96	76.19
700	50.80	55.14	59.41	67.70	75.64	86.75
800	57.59	62.41	67.12	76.19	84.72	96.33
900	64.19	69.44	74.53	84.20	93.10	104.78
1000	70.58	76.19	81.58	91.67	100.71	111.97
1100	76.74	82.64	88.26	98.56	107.45	117.75
1200	82.64	88.75	94.50	104.79	113.25	121.98
1300	88.26	94.50	100.28	110.30	118.00	124.53
1400	93.57	99.86	105.56	115.05	121.63	125.24
1500	98.56	104.78	110.30	118.96	124.06	123.99
1600	103.19	109.26	114.46	121.98	125.18	120.62
1700	107.45	113.24	118.00	124.06	124.93	115.00
1800	111.31	116.71	120.88	125.12	123.20	106.99

注：$\boxed{}$ 为带轮圆周速度在 33m/s 以上时的功率值，设计时带轮用碳素钢或铸钢。

1.5.1.3　梯形齿同步带轮

表 13-1-104 　　梯形齿同步带轮渐开线齿廓的齿条刀具、直边齿廓的尺寸及偏差（GB/T 11361—2008）

mm

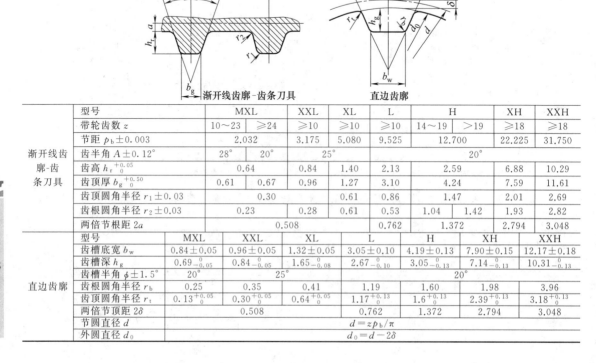

渐开线齿廓-齿条刀具　　　　　直边齿廓

	型号	MXL		XXL	XL	L	H		XH	XXH
渐开线齿廓-齿条刀具	带轮齿数 z	10~23	≥24	≥10	≥10	≥10	14~19	>19	≥18	≥18
	节距 $p_b \pm 0.003$	2.032		3.175	5.080	9.525	12.700		22.225	31.750
	齿半角 $A \pm 0.12°$	28°	20°		25°		20°			
	齿高 $h_r{}^{+0.05}_{0}$	0.64			0.84	1.40	2.13	2.59	6.88	10.29
	齿顶厚 $b_g{}^{+0.50}_{0}$	0.61	0.67		0.96	1.27	3.10	4.24	7.59	11.61
	齿顶圆角半径 $r_1 \pm 0.03$	0.30				0.61	0.86	1.47	2.01	2.69
	齿根圆角半径 $r_2 \pm 0.03$	0.23		0.28	0.61	0.53	1.04	1.42	1.93	2.82
	两倍节距 $2a$	0.508				0.762	1.372		2.794	3.048
直边齿廓	型号	MXL	XXL		XL	L	H	XH		XXH
	齿槽底宽 b_w	0.84 ± 0.05	0.96 ± 0.05		1.32 ± 0.05	3.05 ± 0.10	4.19 ± 0.13	7.90 ± 0.15		12.17 ± 0.18
	齿槽深 h_g	$0.69_{-0.05}^{0}$	$0.84_{-0.05}^{0}$		$1.65_{-0.08}^{0}$	$2.67_{-0.10}^{0}$	$3.05_{-0.13}^{0}$	$7.14_{-0.13}^{0}$		$10.31_{-0.13}^{0}$
	齿槽角 $\phi \pm 1.5°$	20°	25°				20°			
	齿根圆角半径 r_b	0.25	0.35		0.41	1.19	1.60	1.98		3.96
	齿顶圆角半径 r_t	$0.13_{0}^{+0.05}$	$0.30_{0}^{+0.05}$		$0.64_{0}^{+0.05}$	$1.17_{0}^{+0.13}$	$1.6_{0}^{+0.13}$	$2.39_{0}^{+0.13}$		$3.18_{0}^{+0.13}$
	两倍节距 2δ	0.508				0.762	1.372		2.794	3.048
	节圆直径 d	$d = z p_b / \pi$								
	外圆直径 d_0	$d_0 = d - 2\delta$								

表 13-1-105　梯形齿带轮尺寸偏差、形位公差及表面粗糙度（GB/T 11361—2008） mm

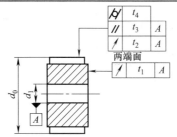

项　目	带轮外径 d_0										
	≤25.40	>25.40 ~50.08	>50.08 ~101.6	>101.6 ~177.8	>177.8 ~203.2	>203.2 ~254	>254 ~304.8	>304.8 ~508	>508 ~762	>762 ~1016	>1016
外径极限偏差	+0.05 0	+0.08 0	+0.10 0	+0.13 0	+0.15 0			+0.18 0	+0.20 0	+0.23 0	+0.25 0
节距偏差　任意两相邻齿	±0.03										
节距偏差　90°弧内累积	±0.05	±0.08	±0.10	±0.13	±0.15			±0.18	±0.20		
外圆径向圆跳动 t_2	0.13				$0.13+0.0005(d_0-203.20)$						
端面圆跳动 t_1	0.1			$0.001d_0$				$0.25+0.0005(d_0-254.00)$			
轮齿与轴线平行度 t_3	$≤0.001b$（b——带轮宽度）										
齿顶圆柱面的圆柱度 t_4											
轴孔直径偏差 d_1	H7 或 H8										
外圆及两齿侧表面粗糙度 Ra	$3.2\mu m$										

表 13-1-106　　　　　梯形齿同步带轮直径（GB/T 11361—2008） mm

带轮齿数	MXL		XXL		XL		L		H		XH		XXH	
	节径 d	外径 d_0	节径 d	外径 d_0	节径 d	外径 d_0	节径 d	外径 d_0	节径 d	外径 d_0	节径 d	外径 d_0	节径 d	外径 d_0
10	6.47	5.96	10.11	9.60	16.17	15.66								
11	7.11	6.61	11.12	10.61	17.79	17.28								
12	7.76	7.25	12.13	11.62	19.40	18.90	36.38	35.62						
13	8.41	7.90	13.14	12.63	21.02	20.51	39.41	38.65						
14	9.06	8.55	14.15	13.64	22.64	22.13	42.45	41.69	56.60	55.23				
15	9.70	9.19	15.16	14.65	24.26	23.75	45.48	44.72	60.64	59.27				
16	10.35	9.84	16.17	15.66	25.87	25.36	48.51	47.75	64.68	63.31				
17	11.00	10.49	17.18	16.67	27.49	26.98	51.54	50.78	68.72	67.35				
18	11.64	11.13	18.19	17.68	29.11	28.60	54.57	53.81	72.77	71.39	127.34	124.55	181.91	178.86
19	12.29	11.78	19.20	18.69	30.72	30.22	57.61	56.84	76.81	75.44	134.41	131.62	192.02	188.97
20	12.94	12.43	20.21	19.70	32.34	31.83	60.64	59.88	80.85	79.48	141.49	138.69	202.13	199.08
(21)	13.58	13.07	21.22	20.72	33.96	33.45	63.67	62.91	84.89	83.52	148.56	145.77	212.23	209.18
22	14.23	13.72	22.23	21.73	35.57	35.07	66.70	65.94	88.94	87.56	155.64	152.84	222.34	219.29
(23)	14.88	14.37	23.24	22.74	37.19	36.68	69.73	68.97	92.98	91.61	162.71	159.92	232.45	229.40
(24)	15.52	15.02	24.26	23.75	38.81	38.30	72.77	72.00	97.02	95.65	169.79	166.99	242.55	239.50
25	16.17	15.66	25.27	24.76	40.43	39.92	75.80	75.04	101.06	99.69	176.86	174.07	252.66	249.61
(26)	16.82	16.31	26.28	25.77	42.04	41.53	78.83	78.07	105.11	103.73	183.94	181.14	262.76	259.72
(27)	17.46	16.96	27.29	26.78	43.66	43.15	81.86	81.10	109.15	107.78	191.01	188.22	272.87	269.82
28	18.11	17.60	28.30	27.79	45.28	44.77	84.89	84.13	113.19	111.82	198.08	195.29	282.98	279.93
(30)	19.40	18.90	30.32	29.81	48.51	48.00	90.96	90.20	121.28	119.90	212.23	209.44	303.19	300.14
32	20.70	20.19	32.34	31.83	51.74	51.24	97.02	96.26	129.36	127.99	226.38	223.59	323.40	320.35
36	23.29	22.78	36.38	35.87	58.21	57.70	109.15	108.39	145.53	144.16	254.68	251.89	363.83	360.78
40	25.37	25.36	40.43	39.92	64.68	64.17	121.28	120.51	161.70	160.33	282.98	280.18	404.25	401.21
48	31.05	30.54	48.51	48.00	77.62	77.11	145.53	144.77	194.04	192.67	339.57	336.78	485.10	482.06
60	38.81	38.30	60.64	60.13	97.02	96.51	181.91	181.15	242.55	241.18	424.47	421.67	606.38	603.33
72	46.57	46.06	72.77	72.26	116.43	115.92	218.30	217.53	291.06	289.69	509.36	506.57	727.66	724.61
84							254.68	253.92	339.57	338.20	594.25	591.46	848.93	845.88
96							291.06	290.30	388.08	386.71	679.15	676.35	970.21	967.16
120							363.83	363.07	485.10	483.73	848.93	846.14	1212.76	1209.71
156									630.64	629.26				

注：括号内的尺寸尽量不采用。

第 13 篇

表 13-1-107　　　　　　　**梯形齿同步带轮宽度**（GB/T 11361—2008）　　　　　　mm

槽型	轮宽代号	轮宽基本尺寸	b_f	b_f''	b_f'	槽型	轮宽代号	轮宽基本尺寸	b_f	b_f''	b_f'
MXL	012	3.2	3.8	5.6	4.7	H	075	19.1	20.3	24.8	22.6
	019	4.8	5.3	7.1	6.2		100	25.4	26.7	31.2	29.0
	025	6.4	7.1	8.9	8.0		150	38.1	39.4	43.9	41.7
XXL	012	3.2	3.8	5.6	4.7		200	50.8	52.8	57.3	55.1
	019	4.8	5.3	7.1	6.2		300	76.2	79.0	83.5	81.3
	025	6.4	7.1	8.9	8.0	XH	200	50.8	56.6	62.6	59.6
XL	025	6.4	7.1	8.9	8.0		300	76.2	83.8	89.8	86.9
	031	7.9	8.6	10.4	9.5		400	101.6	110.7	116.7	113.7
	037	9.5	10.4	12.2	11.1	XXH	200	50.8	56.6	64.1	60.4
L	050	12.7	14.0	17.0	15.5		300	76.2	83.8	91.3	87.3
	075	19.1	20.3	23.3	21.8		400	101.6	110.7	118.2	114.5
	100	25.4	26.7	29.7	28.2		500	127.0	137.7	145.2	141.5

表 13-1-108　　　　　**梯形齿同步带轮挡圈尺寸**（GB/T 11361—2008）　　　　mm

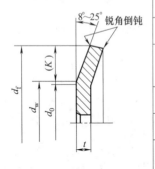

槽型	MXL	XXL	XL	L	H	XH	XXH
挡圈最小高度 K	0.5	0.8	1.0	1.5	2.0	4.8	6.1
挡圈厚度 t	0.5～1.0	0.5～1.5	1.0～1.5	1.0～2.0	1.5～2.5	4.0～5.0	5.0～6.5
带轮外径 d_0	$d_0 = d - 2\delta$，见表 13-1-106						
挡圈弯曲处直径 d_w	$d_w = (d_0 + 0.38) \pm 0.25$						
挡圈外径 d_f	$d_f = d_w + 2K$						

表 13-1-109　　　　　　　　　　　　　　**挡圈的设置**

两轴传动	①一般推荐小带轮两侧均设挡圈，大带轮两侧不设，如图(a)所示 ②也可在大小带轮的不同侧面各装单侧挡圈，如图(b)所示		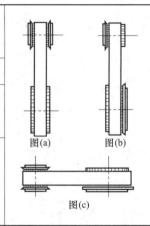
	③当 $a > 8d_1$	大小轮两侧均设挡圈	
	④带轮轴线垂直水平面时	大小轮两侧均设挡圈，或至少主动轮两侧与从动轮下侧设挡圈，如图(c)所示	
多轴传动	①每隔一个轮两侧设挡圈，被隔的不设 ②或每个轮的不同侧设挡圈		

1.5.2　曲线齿同步带传动

曲线齿同步带是纵向截面为曲线形等距横向齿的同步带，其结构与梯形同步带基本相同，带的节距相当，但齿高、齿厚和齿根圆角半径等均比梯形齿大。带齿荷载后，应力分布状态好，提高了齿的承载能力。因此曲线齿同步带比梯形齿同步带传递功率大，能防止啮合过程中齿的干涉。

曲线齿同步带和带轮分为 H、S、R 三种齿型，8mm、14mm 两种节距共六种型号：

H 齿型：H8M 型、H14M 型（见表 13-1-110）；

R 齿型：R8M 型、R14M 型（见表 13-1-112）；

S 齿型：S8M 型、S14M 型（见表 13-1-113）。

曲线齿同步带的标记由带节线长（mm）、带型号（包括齿型和节距）和带宽（mm，S 齿型为实际带宽的 10 倍）组成，双面齿带在型号前加字母 D。

示例如下：

节线长 1400mm，节距 14mm，宽 40mm 的曲线齿同步带标记为：

H 齿型（单面）：1400H14M40，H 齿型（双面）：1400H14M40；

R 齿型（单面）：1400R14M40，R 齿型（双面）：1400R14M40；

S 齿型（单面）：1400S14M40，S 齿型（双面）：1400S14M40。

曲线齿同步带 H、S、R 三种齿型有多种带型系列，H 齿型还有 H3M 型、H5M 型、H20M 型，R 齿型还有 R3M 型、R5M 型、R20M 型。只有节距 8mm 和 14mm 两种带型制定了国标和 ISO 标准，实际上各种尺寸系列都已在各类工业设备上使用。

1.5.2.1　曲线齿同步带尺寸规格

表 13-1-110　　　　　H8M 型、H14M 型带齿尺寸（GB/T 24619—2009）　　　　　mm

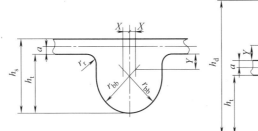
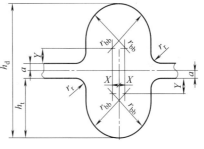

图(a)　单面带　　　　　　　图(b)　双面带

齿型	节距 p_b	带高 h_s	带高 h_d	齿高 h_t	根部半径 r_r	顶部半径 r_{bb}	节线差 a	X	Y
H8M	8	6	—	3.38	0.76	2.59	0.686	0.089	0.787
DH8M	8	—	8.0	3.38	0.76	2.59	0.686	0.089	0.787
H14M	14	10	—	6.02	1.35	4.55	1.397	0.152	1.470
DH14M	14	—	14.8	6.02	1.35	4.55	1.397	0.152	1.470

表 13-1-111　　H3M 型、DH3M 型、H5M 型、DH5M 型、H20M 型带齿尺寸（GB/T 24619—2009）　　mm

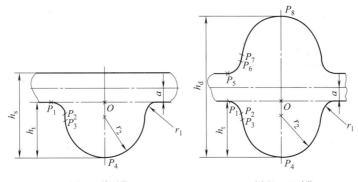

图(a)　单面带　　　　　　　图(b)　双面带

续表

齿型	H3M	DH3M	H5M	DH5M	H20M
节距 p_b	3	3	5	5	20
带高 h_s	2.4	—	3.8	—	13.2
带高 h_d	—	3.2	—	5.3	—
齿高 h_t	1.21	—	2.08	—	8.68
$P_1(X,Y)$	−1.14,0.00	—	−1.85,0.00	—	−8.34,0.00
$P_5(X,Y)$	—	−1.14,0.76	—	−1.85,1.14	—
根部半径 r_1	0.3	0.3	0.41	0.41	2.03
$P_2(X,Y)$	−0.83,0.30	—	−1.44,−0.42	—	−6.32,−1.84
$P_6(X,Y)$	—	−0.83,1.06	—	−1.44,1.56	—
$P_3(X,Y)$	−0.83,0.35	—	−1.44,−0.53	—	−6.22,−2.90
$P_7(X,Y)$	—	−0.83,1.11	—	−1.44,1.67	—
顶部半径 r_2	0.86	0.86	1.5	1.5	6.4
$P_4(X,Y)$	−0.00,−1.21	—	0.00,−2.08	—	0.00,−8.68
$P_8(X,Y)$	—	0.00,1.97	—	0.00,3.22	—
节线差 a	0.381	0.381	0.572	0.572	2.159

表 13-1-112　　　　　R 型带齿尺寸（GB/T 24619—2009）　　　　　mm

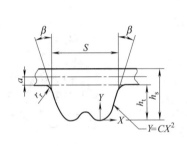 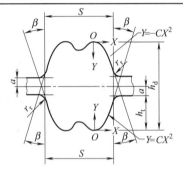

图(a)　单面带　　　　　　　　　　图(b)　双面带

齿型	节距 p_b	齿形角 β	齿根厚 S	带高 h_s	带高 h_d	齿高 h_t	根部半径 r_r	节线差 a	C
R3M	3	16°	1.95	2.40	—	1.27	0.380	0.380	3.0567
DR3M	3	16°	1.95	—	3.3	1.27	0.380	0.380	3.0567
R5M	5	16°	3.30	3.80	—	2.15	0.630	0.570	1.7952
DR5M	5	16°	3.30	—	5.44	2.15	0.630	0.570	1.7952
R8M	8	16°	5.50	5.40	—	3.2	1	0.686	1.228
DR8M	8	16°	5.50	—	7.80	3.2	1	0.686	1.228
R14M	14	16°	9.50	9.70	—	6	1.75	1.397	0.643
DR14M	14	16°	9.50	—	14.50	6	1.75	1.397	0.643
R20M	20	16°	13.60	14.50		8.75	2.50	2.160	2.2882

表 13-1-113　　　　　S 型带齿尺寸（GB/T 24619—2009）　　　　　mm

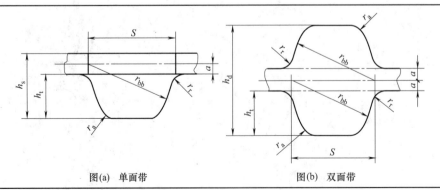

图(a)　单面带　　　　　　　　　　图(b)　双面带

续表

齿型	节距 p_b	带高 h_s	带高 h_d	齿高 h_t	根部半径 r_r	顶部半径 r_{bb}	节线差 a	S	r_a
S8M	8	5.3	—	3.05	0.8	5.2	0.686	5.2	0.8
DS8M	8	—	7.5	3.05	0.8	5.2	0.686	5.2	0.8
S14M	14	10.2	—	5.3	1.4	9.1	1.397	9.1	1.4
DS14M	14	—	13.4	5.3	1.4	9.1	1.397	9.1	1.4

表 13-1-114　　曲线齿同步带各型号宽度和极限偏差（GB/T 24619—2009）　　　　mm

带型	带宽 b_s	带宽极限偏差			带型	带宽 b_s	带宽极限偏差		
		$L_p \leqslant 840$	$840 < L_p \leqslant 1680$	$L_p > 1680$			$L_p \leqslant 840$	$840 < L_p \leqslant 1680$	$L_p > 1680$
H3M DH3M	6 9	+0.4 −0.8	+0.4 −0.8	—	H20M R20M	115 170	+2.3 −2.3	+2.3 −2.8	+2.3 −3.3
R3M DR3M	15	+0.8 −0.8	+0.8 −1.2	+0.8 −1.2		230 290 340	—	—	+4.8 −6.4
H5M DH5M	9	+0.4 −0.8	+0.4 −0.8	—	S8M DS8M	15 25	+0.8 −0.8	+0.8 −1.3	+0.8 −1.3
R5M DR5M	15 25	+0.8 −0.8	+0.8 −1.2	+0.8 −1.2		60	+1.3 −1.5	+1.5 −1.5	+1.5 −2.0
H8M DH8M R8M DR8M	20 30	+0.8 −0.8	+0.8 −1.3	+0.8 −1.3	S14M DS14M	40	+0.8 −1.3	+0.8 −1.3	+1.3 −1.5
	50	+1.3 −1.3	+1.3 −1.3	+1.3 −1.5		60	+1.3 −1.5	+1.5 −1.5	+1.5 −2.0
	85	+1.5 −1.5	+1.5 −2.0	+2 −2		80 100	+1.5 −1.5	+1.5 −2.0	+2.0 −2.0
H14M DH14M R14M DR4M	40	+0.8 −1.3	+0.8 −1.3	+1.3 −1.5		120	+2.3 −2.3	+2.3 −2.8	+2.3 −3.3
	55	+1.3 −1.3	+1.5 −1.5	+1.5 −1.5					
	85	+1.5 −1.5	+1.5 −2.0	+2.0 −2.0					
	115 170	+2.3 −2.3	+2.3 −2.8	+2.3 −3.3					

表 13-1-115　　曲线齿同步带各型号节线长和极限偏差（GB/T 24619—2009）　　　　mm

长度代号	节线长 L_p	节线长极限偏差				齿数	
		8M	14M	D8M	D14M	8M	14M
480	480	±0.51	—	+1.02/−0.76	—	60	—
560	560	±0.61	—	+1.22/−0.91	—	70	—
640	640	±0.61	—	+1.22/−0.91	—	80	—
720	720	±0.61	—	+1.22/−0.91	—	90	—
800	800	±0.66	—	+1.32/−0.99	—	100	—
880	880	±0.66	—	+1.32/−0.99	—	110	—
960	960	±0.66	—	+1.32/−0.99	—	120	—
966	966	—	±0.66	—	+1.32/−0.99	—	69
1040	1040	±0.76	—	+1.52/−1.14	—	130	—

第 13 篇

续表

长度代号	节线长 L_p	节线长极限偏差				齿数	
		8M	14M	D8M	D14M	8M	14M
1120	1120	±0.76	—	+1.52/−1.14	—	140	—
1190	1190	—	±0.76	—	+1.52/−1.14	—	85
1200	1200	±0.76	—	+1.52/−1.14	—	150	—
1280	1280	±0.81	—	+1.62/−1.14	—	160	—
1400	1400	—	±0.81	—	+1.62/−1.14	—	100
1440	1440	±0.81	—	+1.62/−1.21	—	180	—
1600	1600	±0.86	—	+1.73/−1.29	—	200	—
1610	1610	—	±0.86	—	+1.73/−1.29	—	115
1760	1760	±0.86	—	+1.73/−1.29	—	220	—
1778	1778	—	±0.91	—	+1.82/−1.36	—	127
1800	1800	±0.91	—	+1.82/−1.36	—	225	—
1890	1890	—	±0.91	—	+1.82/−1.36	—	135
2000	2000	±0.91	—	+1.82/−1.36	—	250	—
2100	2100	—	±0.97	—	+1.94/−1.45	—	150
2310	2310	—	±1.02	—	+2.04/−1.53	—	165
2400	2400	±1.02	—	+2.04/−1.53	—	300	—
2450	2450	—	±1.02	—	+2.04/−1.53	—	175
2590	2590	—	±1.07	—	+2.14/−1.60	—	185
2600	2600	±1.07	—	+2.14/−1.60	—	325	—
2800	2800	±1.12	±1.12	+2.24/−1.68	+2.24/−1.68	350	200
3150	3150	—	±1.17	—	+2.34/−1.75	—	250
3360	3360	—	±1.22	—	+2.44/−1.83	—	240
3500	3500	—	±1.22	—	+2.44/−1.83	—	250
3600	3600	±1.28	—	+2.56/−1.92	—	450	—
3850	3850	—	±1.32	—	+2.64/−1.98	—	275
4326	4326	—	±1.42	—	+2.84/−2.13	—	309
4400	4400	±1.42	—	+2.84/−2.13	—	550	—
4578	4578	—	±1.46	—	+2.92/−2.19	—	327
956	4956	—	±1.52	—	+3.04/−2.28	—	354
5320	5320	—	±1.58	—	+3.16/−2.37	—	380
5740	5740	—	±1.70	—	+3.40/−2.55	—	410
6160	6160	—	±1.82	—	+3.64/−2.73	—	440
6860	6860	—	±2.00	—	+4.00/−3.00	—	490

1.5.2.2 曲线齿同步带传动的设计计算

已知条件：传动功率；小带轮和大带轮转速；传动用途、载荷性质、原动机种类及工作制度。

表 13-1-116   计算内容与步骤

计算项目	符号	单位	公式及数据	说　明
设计功率	P_d	kW	$P_d = K_A P$	P——传递的功率,kW; K_A——载荷修正系数,查表
选定带型节距	p_d	mm	根据 p_d 和 n_1 由图 13-1-16 选取	n_1——小带轮转速,r/min
小带轮齿数	z_1		$z_1 \geqslant z_{1min}$ z_{1min} 见表 13-1-118	带速 v 和安装尺寸允许时,z_1 应取较大值

第 13 篇

续表

计算项目	符号	单位	公式及数据	说 明
小带轮节径	d_1	mm	$d_1 = \dfrac{P_b z_1}{\pi}$	
大带轮齿数	z_2		$z_2 = i z_1 = \dfrac{n_1}{n_2} z_1$	i——传动比 n_2——大带轮转速,r/min
大带轮节径	d_2	mm	$d_2 = \dfrac{P_b z_2}{\pi} = i d_1$	由表 13-1-133、表 13-1-135 和表 13-1-136 选取标准值
带速	v	m/s	$v = \dfrac{\pi d_1 n_1}{60 \times 1000}$	
初定中心距	a_0	mm	$0.7(d_1 + d_2) \leqslant a_0 \leqslant (d_1 + d_2)$	或根据结构要求确定
节线长	L_p	mm	$L_p = 2a_0 \cos\phi + \dfrac{\pi(d_2 + d_1)}{2}$ $+ \dfrac{\pi\phi(d_2 - d_1)}{180}$ $\phi = \arcsin\dfrac{d_2 - d_1}{2a}$	按表 13-1-115 选取标准节线长 L_p
带齿数	z		$z = \dfrac{L_p}{p_b}$	
实际中心距	a	mm	$a = \dfrac{K + \sqrt{K^2 - 32(d_2 - d_1)^2}}{16}$ $K = 4L_p - 6.28(d_2 - d_1)$	
内侧调整量 外侧调整量	i_1 s	mm mm	$a_{\min} = a - i_1$ $a_{\max} = a - s$	i_1,s 由表 13-1-119 查得
基准额定功率	P_0	kW		由表 13-1-120~表 13-1-124 选取
小带轮啮合齿数	z_m		$z_m = \mathrm{ent}\left[\dfrac{z_1}{2} - \dfrac{p_b z_1}{2\pi^2 a}(z_2 - z_1)\right]$	ent[ ]——取括号内的整数部分 $\dfrac{1}{2\pi^2}$ 可以取 $\dfrac{1}{20}$
啮合齿数系数	K_z		$z_m \geqslant 6$ 时 $K_z = 1$ $z_m < 6$ 时 $K_z = 1 - 0.2(6 - z_m)$	
额定功率	P_r	kW	$P_r = \left(K_z K_w T_a - \dfrac{b_s m v^2}{b_{s0}}\right)v \times 10^{-3}$ $P_r \approx K_z K_w P_0$	K_z——小带轮啮合齿数系数 K_w——宽度系数,$K_w = \left(\dfrac{b_s}{b_{s0}}\right)^{1.14}$
带宽	b_s	mm	$b_s \geqslant b_{s0}\sqrt[1.14]{\dfrac{P_d}{K_L K_z P_0}}$	K_L——带长系数由表 13-1-117 查得 b_{s0}——带的基本宽度见表 13-1-117 按表 13-1-114 选取标准带宽
紧边张力 松边张力	F_1 F_2	N N	$F_1 = 1250 P_d / v$ $F_2 = 250 P_d / v$	
压轴力	F_r	N	$F_r = K_F(F_1 + F_2)$ 当 $K_A \geqslant 1.3$ 时 $F_r = K_F \dfrac{P_d}{v} \times 1155$	K_F——矢量相加修正系数,见图 13-1-17

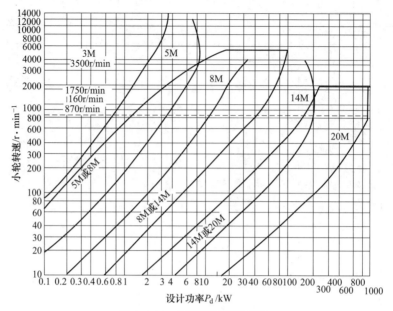

图 13-1-16 曲线齿同步带选型图

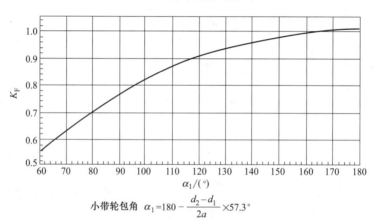

小带轮包角 $\alpha_1 = 180 - \dfrac{d_2 - d_1}{2a} \times 57.3°$

图 13-1-17 矢量相加修正系数

表 13-1-117　　　曲线齿同步带基准宽度和带长系数 K_L （JB/T 7512.3—2014）

带型	基准宽度		带 长 系 数					
3M	6	L_p/mm	≤190	191～260	261～400	401～600	>600	
		K_L	0.80	0.90	1.00	1.10	1.20	
5M	9	L_p/mm	≤440	441～550	551～800	801～1100	>1100	
		K_L	0.80	0.90	1.00	1.10	1.20	
8M	20	L_p/mm	≤600	601～900	901～1250	1251～1800	>1800	
		K_L	0.80	0.90	1.00	1.10	1.20	
14M	40	L_p/mm	≤1400	1401～1700	1701～2000	2001～2500	2501～3400	>3400
		K_L	0.80	0.90	0.95	1.00	1.05	1.10
20M	115	L_p/mm	≤2000	2001～2500	2501～3400	3401～4600	4601～5600	>5600
		K_L	0.80	0.85	0.95	1.00	1.05	1.10

表 13-1-118   **带轮最少齿数 z_{min}** （JB/T 7512.3—2014）

带轮转速 /r·min⁻¹	带 型				
	3M	5M	8M	14M	20M
	z_{min}				
≤900	10	14	22	28	34
>900~1200	14	20	28	28	34
>1200~1800	16	24	32	32	38
>1800~3600	20	28	36	—	—
>3600~4800	22	30	—	—	—

表 13-1-119   **中心距调整范围** （JB/T 7512.3—2014）   mm

节线长 L_p	≤500	>500~1000	>1000~1500	>1500~2260	>2260~3020	>3020~4020	>4020~4780	>4780~6860
外侧调整量 s	0.76		1.02		1.27			
内侧调整量 i_1	1.02	1.27	1.78	2.29	2.79	3.56	4.32	5.33

当带轮加挡圈时,内侧调整量 i_1 还应该加下列数值

型号	3M	5M	8M	14M	20M
单轮加挡圈	3.0	13.5	21.6	35.6	47.0
两轮加挡圈	6.0	19.1	32.8	58.2	77.5

注：中心距范围为 $(a-i_1) \sim (a+s)$。

表 13-1-120   **3M（6mm 宽）基本额定功率 P_0** （JB/T 7512.3—2014）   kW

小带轮转速 /r·min⁻¹	z_1														
	10	12	14	16	18	20	24	28	32	40	48	56	64	72	80
	d_1/mm														
	9.55	11.46	13.37	15.28	17.19	19.10	22.92	26.74	30.56	38.20	45.48	53.48	61.12	68.75	76.39
20	0.001	0.001	0.001	0.001	0.002	0.002	0.002	0.003	0.003	0.004	0.006	0.007	0.008	0.008	0.008
40	0.002	0.002	0.002	0.003	0.003	0.003	0.004	0.005	0.006	0.009	0.011	0.013	0.015	0.017	0.019
60	0.002	0.003	0.003	0.004	0.005	0.005	0.007	0.008	0.010	0.013	0.017	0.020	0.023	0.025	0.028
100	0.004	0.005	0.006	0.007	0.007	0.009	0.011	0.013	0.016	0.021	0.028	0.033	0.038	0.042	0.047
200	0.008	0.010	0.011	0.013	0.015	0.017	0.022	0.027	0.032	0.043	0.055	0.066	0.075	0.084	0.094
300	0.011	0.013	0.016	0.018	0.021	0.024	0.030	0.036	0.043	0.058	0.074	0.087	0.100	0.112	0.125
400	0.013	0.016	0.019	0.023	0.026	0.030	0.037	0.045	0.053	0.071	0.090	0.107	0.122	0.138	0.153
500	0.016	0.019	0.023	0.027	0.031	0.035	0.044	0.053	0.062	0.083	0.106	0.125	0.143	0.161	0.179
600	0.018	0.022	0.027	0.031	0.035	0.040	0.050	0.060	0.071	0.095	0.120	0.142	0.163	0.183	0.203
700	0.020	0.025	0.030	0.035	0.040	0.045	0.056	0.068	0.080	0.106	0.134	0.159	0.181	0.204	0.227
800	0.023	0.028	0.033	0.039	0.044	0.050	0.062	0.075	0.088	0.117	0.148	0.174	0.199	0.224	0.249
870	0.024	0.030	0.035	0.041	0.047	0.053	0.066	0.080	0.094	0.124	0.157	0.185	0.211	0.238	0.264
900	0.025	0.030	0.036	0.042	0.048	0.055	0.068	0.082	0.096	0.127	0.160	0.189	0.216	0.243	0.270
1000	0.027	0.033	0.039	0.046	0.052	0.059	0.073	0.088	0.104	0.137	0.173	0.204	0.233	0.262	0.291
1160	0.030	0.037	0.044	0.051	0.059	0.066	0.082	0.099	0.116	0.153	0.192	0.226	0.258	0.291	0.323
1200	0.031	0.038	0.045	0.052	0.060	0.068	0.084	0.101	0.119	0.156	0.197	0.232	0.265	0.298	0.330
1400	0.035	0.043	0.051	0.059	0.068	0.076	0.094	0.113	0.133	0.175	0.219	0.258	0.295	0.331	0.368
1450	0.036	0.044	0.052	0.061	0.069	0.078	0.097	0.116	0.137	0.179	0.225	0.264	0.302	0.339	0.377
1600	0.039	0.047	0.056	0.065	0.075	0.084	0.104	0.125	0.147	0.192	0.241	0.283	0.323	0.363	0.403
1750	0.042	0.051	0.060	0.070	0.080	0.090	0.112	0.134	0.157	0.205	0.256	0.301	0.344	0.386	0.429

续表

小带轮转速 /r·min⁻¹	z_1														
	10	12	14	16	18	20	24	28	32	40	48	56	64	72	80
	d_1/mm														
	9.55	11.46	13.37	15.28	17.19	19.10	22.92	26.74	30.56	38.20	45.48	53.48	61.12	68.75	76.39
1800	0.042	0.052	0.062	0.072	0.082	0.092	0.114	0.136	0.160	0.209	0.261	0.307	0.351	0.394	0.437
2000	0.046	0.056	0.067	0.077	0.089	0.100	0.123	0.148	0.173	0.226	0.281	0.331	0.377	0.423	0.469
2400	0.053	0.065	0.077	0.089	0.102	0.115	0.141	0.169	0.197	0.257	0.319	0.375	0.427	0.479	0.530
2800	0.060	0.073	0.086	0.100	0.114	0.129	0.158	0.189	0.221	0.287	0.355	0.416	0.474	0.530	0.586
3200	0.066	0.081	0.096	0.111	0.126	0.142	0.175	0.209	0.243	0.315	0.389	0.455	0.517	0.578	0.638
3600	0.073	0.088	0.105	0.121	0.138	0.155	0.191	0.227	0.265	0.342	0.421	0.492	0.558	0.622	0.685
4000	0.079	0.096	0.113	0.131	0.150	0.168	0.206	0.245	0.285	0.368	0.451	0.526	0.596	0.663	0.727
5000	0.094	0.114	0.134	0.155	0.177	0.198	0.243	0.288	0.334	0.427	0.521	0.603	0.678	0.749	0.814
6000	0.108	0.131	0.154	0.178	0.202	0.227	0.227	0.327	0.378	0.481	0.581	0.667	0.743	0.812	0.871
7000	0.121	0.147	0.173	0.200	0.227	0.254	0.309	0.364	0.419	0.528	0.631	0.718	0.790	0.850	0.896
8000	0.134	0.163	0.191	0.221	0.250	0.279	0.339	0.398	0.456	0.569	0.673	0.754	0.816	0.861	0.885
10000	0.159	0.192	0.226	0.259	0.293	0.326	0.393	0.457	0.519	0.631	0.724	0.781	0.804	0.792	0.729
12000	0.182	0.220	0.257	0.295	0.332	0.368	0.438	0.505	0.566	0.666	0.729	0.739	0.691	0.582	—
14000	0.204	0.245	0.286	0.327	0.366	0.404	0.476	0.541	0.596	0.670	0.683	0.616	—	—	—

表 13-1-121　　　　5M（9mm 宽）基本额定功率 P_0（JB/T 7512.3—2014）　　　　kW

小带轮转速 /r·min⁻¹	z_1														
	14	16	18	20	24	28	32	36	40	44	48	56	64	72	80
	d_1/mm														
	22.28	25.46	28.65	31.83	38.20	44.56	50.93	57.30	63.66	70.03	76.39	89.13	101.86	114.59	127.32
20	0.004	0.005	0.006	0.007	0.009	0.011	0.013	0.015	0.017	0.020	0.023	0.027	0.031	0.034	0.038
40	0.009	0.011	0.012	0.014	0.018	0.021	0.026	0.030	0.035	0.040	0.045	0.054	0.061	0.069	0.077
60	0.013	0.016	0.018	0.021	0.026	0.032	0.038	0.045	0.052	0.060	0.068	0.080	0.092	0.103	0.115
100	0.022	0.026	0.030	0.035	0.044	0.054	0.064	0.075	0.087	0.100	0.113	0.134	0.153	0.172	0.192
200	0.045	0.053	0.061	0.069	0.088	0.107	0.128	0.150	0.174	0.199	0.226	0.268	0.306	0.345	0.383
300	0.061	0.072	0.083	0.094	0.119	0.145	0.172	0.202	0.233	0.266	0.300	0.356	0.407	0.458	0.509
400	0.076	0.090	0.103	0.117	0.147	0.179	0.213	0.249	0.286	0.326	0.368	0.436	0.498	0.561	0.623
500	0.091	0.106	0.122	0.139	0.174	0.211	0.251	0.292	0.336	0.382	0.430	0.510	0.583	0.656	0.728
600	0.104	0.122	0.140	0.159	0.199	0.241	0.286	0.334	0.383	0.435	0.489	0.580	0.662	0.745	0.827
700	0.117	0.137	0.158	0.179	0.223	0.271	0.321	0.373	0.428	0.485	0.545	0.646	0.738	0.829	0.921
800	0.130	0.152	0.174	0.198	0.247	0.299	0.353	0.411	0.471	0.533	0.598	0.709	0.809	0.910	1.010
870	0.139	0.162	0.186	0.211	0.263	0.318	0.376	0.437	0.500	0.566	0.634	0.751	0.858	0.965	1.071
900	0.142	0.166	0.191	0.216	0.269	0.326	0.385	0.447	0.512	0.580	0.650	0.769	0.879	0.987	1.096
1000	0.154	0.180	0.206	0.234	0.291	0.352	0.416	0.483	0.552	0.625	0.699	0.828	0.945	1.062	1.179
1160	0.173	0.201	0.231	0.262	0.326	0.393	0.464	0.537	0.614	0.694	0.776	0.918	1.047	1.176	1.304
1200	0.177	0.207	0.237	0.268	0.334	0.403	0.475	0.551	0.629	0.710	0.794	0.939	1.072	1.204	1.334
1400	0.199	0.232	0.266	0.301	0.375	0.451	0.532	0.615	0.702	0.791	0.884	1.044	1.919	1.336	1.480
1450	0.205	0.239	0.274	0.309	0.384	0.463	0.545	0.631	0.720	0.811	0.905	1.071	1.220	1.368	1.515
1600	0.221	0.257	0.295	0.333	0.414	0.498	0.586	0.677	0.771	0.869	0.969	1.144	1.303	1.461	1.617

续表

小带轮转速 /r·min⁻¹	z_1														
	14	16	18	20	24	28	32	36	40	44	48	56	64	72	80
	d_1/mm														
	22.28	25.46	28.65	31.83	38.20	44.56	50.93	57.30	63.66	70.03	76.39	89.13	101.86	114.59	127.32
1750	0.236	0.275	0.315	0.356	0.442	0.532	0.625	0.722	0.822	0.925	1.030	1.215	1.384	1.550	1.713
1800	0.242	0.281	0.322	0.364	0.451	0.543	0.638	0.736	0.838	0.943	1.050	1.239	1.410	1.578	1.745
2000	0.262	0.305	0.349	0.394	0.488	0.586	0.688	0.794	0.902	1.014	1.128	1.329	1.511	1.689	1.864
2400	0.301	0.350	0.400	0.451	0.558	0.669	0.784	0.902	1.014	1.148	1.274	1.479	1.687	1.891	2.079
2800	0.338	0.393	0.449	0.506	0.625	0.748	0.874	1.004	1.137	1.272	1.408	1.649	1.863	2.067	2.262
3200	0.374	0.434	0.496	0.559	0.688	0.822	0.960	1.100	1.242	1.386	1.531	1.786	2.008	2.217	2.411
3600	0.409	0.474	0.541	0.609	0.749	0.893	1.040	1.190	1.340	1.492	1.644	1.908	2.134	2.340	2.526
4000	0.443	0.513	0.585	0.658	0.808	0.961	1.116	1.274	1.431	1.589	1.745	2.015	2.238	2.436	2.604
5000	0.523	0.605	0.688	0.772	0.943	1.115	1.288	1.459	1.628	1.792	1.951	2.212	2.402	2.541	2.623
6000	0.598	0.690	0.783	0.877	1.064	1.250	1.433	1.610	1.778	1.973	2.084	2.301	2.411	2.434	2.358
7000	0.669	0.769	0.870	0.971	1.171	1.365	1.550	1.722	1.880	2.019	2.137	2.268	2.245	2.084	1.766
8000	0.735	0.843	0.950	1.057	1.264	1.459	1.637	1.794	1.927	2.031	2.101	2.100	1.882	—	—
10000	0.854	0.972	1.088	1.199	1.403	1.577	1.714	1.804	1.842	1.819	1.729	—	—	—	—
12000	0.956	1.078	1.193	1.299	1.476	1.594	1.643	1.609	—	—	—	—	—	—	—
14000	1.039	1.158	1.354	1.473	1.495	1.403		—	—	—	—	—	—	—	—

表 13-1-122　　　　　　8M（20mm 宽）基本额定功率 P_0（JB/T 7512.3—2014）　　　　kW

小带轮转速 /r·min⁻¹	z_1														
	22	24	26	28	30	32	34	36	38	40	44	48	56	64	72	80
	d_1/mm														
	56.02	61.12	66.21	71.30	76.38	81.49	86.58	91.67	96.77	101.86	112.05	122.05	142.60	162.97	183.35	203.72
10	0.02	0.02	0.02	0.03	0.04	0.04	0.07	0.08	0.08	0.09	0.10	0.10	0.12	0.14	0.16	0.18
20	0.04	0.04	0.05	0.06	0.07	0.08	0.14	0.14	0.16	0.17	0.19	0.19	0.22	0.26	0.30	0.33
40	0.07	0.09	0.10	0.12	0.14	0.16	0.25	0.27	0.29	0.13	0.34	0.37	0.42	0.48	0.54	0.60
60	0.12	0.13	0.15	0.17	0.21	0.25	0.36	0.38	0.41	0.44	0.48	0.51	0.59	0.68	0.76	0.85
100	0.19	0.22	0.25	0.28	0.34	0.41	0.54	0.58	0.63	0.68	0.74	0.79	0.92	1.04	1.18	1.31
200	0.37	0.41	0.47	0.55	0.66	0.78	0.96	1.04	1.12	1.21	1.31	1.42	1.63	1.86	2.08	2.31
300	0.53	0.59	0.67	0.79	0.94	1.13	1.33	1.44	1.56	1.67	1.82	1.96	2.28	2.57	2.87	3.18
400	0.69	0.76	0.87	1.01	1.20	1.45	1.66	1.81	1.95	2.10	2.28	2.47	2.86	3.22	3.59	3.96
500	0.83	0.92	1.04	1.20	1.43	1.73	1.96	2.15	2.33	2.50	2.72	2.94	3.39	3.82	4.24	4.67
600	0.98	1.07	1.20	1.38	1.64	1.99	2.25	2.47	2.68	2.87	3.13	3.37	3.90	4.37	4.85	5.32
700	1.14	1.25	1.35	1.54	1.83	2.22	2.51	2.77	3.01	3.23	3.51	3.79	4.37	4.89	5.41	5.92
800	1.31	1.42	1.54	1.69	1.99	2.41	2.75	3.05	3.32	3.56	3.86	4.18	4.82	5.38	5.92	6.46
900	1.42	1.54	1.68	1.81	2.10	2.54	2.92	3.24	3.54	3.78	4.11	4.44	5.12	5.70	6.27	6.81
1000	1.63	1.78	1.92	2.07	2.26	2.73	3.21	3.57	3.90	4.18	4.54	4.89	5.63	6.25	6.85	7.42
1160	1.89	2.06	2.33	2.40	2.57	2.95	3.54	3.95	4.33	4.63	5.03	5.42	6.22	6.87	7.48	8.04
1200	1.95	2.13	2.31	2.48	2.66	3.02	3.61	4.04	4.43	4.74	5.14	5.54	6.36	7.01	7.62	8.18
1400	2.28	2.48	2.69	2.89	3.10	3.23	3.97	4.46	4.92	5.26	5.69	6.12	7.00	7.66	8.25	8.76
1600	2.60	2.83	3.07	3.30	3.54	3.77	4.28	4.83	5.36	5.72	6.18	6.65	7.56	8.20	8.72	9.06

第 13 篇

小带轮转速 /r·min⁻¹	z_1															
	22	24	26	28	30	32	34	36	38	40	44	48	56	64	72	80
	d_1/mm															
	56.02	61.12	66.21	71.30	76.38	81.49	86.58	91.67	96.77	101.86	112.05	122.05	142.60	162.97	183.35	203.72
1750	2.84	3.10	3.36	3.61	3.86	4.11	4.48	5.09	5.65	6.05	6.53	7.00	7.92	8.51	8.89	9.71
2000	3.25	3.54	3.83	4.11	4.40	4.68	4.97	5.43	6.11	6.53	7.02	7.50	8.39	8.97	9.94	10.85
2400	3.88	4.23	4.57	4.91	5.25	5.59	5.92	6.25	6.68	7.15	7.62	8.17	9.37	10.50	11.53	12.48
2800	4.51	4.91	5.30	5.70	6.09	6.47	6.85	7.23	7.59	7.96	8.68	9.37	10.68	11.86	12.91	13.82
3200	—	—	6.03	6.47	6.90	7.33	7.75	8.17	8.58	8.97	9.75	10.50	11.86	13.05	14.05	14.81
3500	—	—	—	7.50	7.96	8.41	8.86	9.28	9.71	10.52	11.29	12.67	13.82	—	—	—
4000	—	—	—	—	—	8.97	9.47	9.94	10.41	10.85	11.70	12.48	13.82	—	—	—
4500	—	—	—	—	—	—	10.46	10.96	11.44	11.91	12.76	13.51	—	—	—	—
5000	—	—	—	—	—	—	—	11.91	12.39	12.85	—	—	—	—	—	—
5500	—	—	—	—	—	—	—	—	13.23	13.67	—	—	—	—	—	—

注：与粗黑线框内的功率对应的使用寿命将会降低。

表 13-1-123　　　　　14M（40mm 宽）基本额定功率 P_0 （JB/T 7512.3—2014）　　　　　kW

小带轮转速 /r·min⁻¹	z_1													
	28	29	30	32	34	36	38	40	44	48	56	64	72	80
	d_1/mm													
	124.78	129.23	133.69	142.60	151.52	160.43	169.34	178.25	196.08	213.90	249.55	285.21	320.86	365.51
10	0.18	0.19	0.19	0.21	0.23	0.27	0.32	0.377	0.41	0.45	0.52	0.60	0.68	0.78
20	0.37	0.38	0.39	0.42	0.46	0.53	0.63	0.75	0.83	0.90	1.05	1.20	1.35	1.57
40	0.73	0.75	0.78	0.84	0.93	1.06	1.27	1.50	1.65	1.81	2.10	2.40	2.70	3.13
60	1.10	1.13	1.17	1.25	1.39	1.59	1.91	2.25	2.48	2.70	3.16	3.60	4.05	4.70
100	1.83	1.89	1.95	2.08	2.31	2.65	3.18	3.75	4.13	4.51	5.25	6.01	6.75	7.83
200	3.65	3.77	3.91	4.12	4.63	5.30	6.36	7.34	8.25	9.00	10.50	12.00	13.50	15.64
300	5.01	5.25	5.54	5.74	6.87	7.94	9.12	9.86	11.28	13.07	15.73	17.79	20.21	22.89
400	6.14	6.51	6.90	7.24	8.57	10.44	11.21	12.09	13.71	15.73	19.36	22.29	24.63	27.04
500	7.19	7.67	8.17	8.65	10.15	12.23	13.11	14.10	15.88	18.05	22.13	25.24	27.83	30.50
600	8.16	8.76	9.36	9.98	11.63	13.89	14.85	15.94	17.84	20.13	24.56	27.76	30.54	33.40
700	9.08	9.78	10.48	11.25	13.02	15.43	16.46	17.64	19.64	22.01	26.71	29.93	32.85	35.83
800	9.95	10.75	11.56	12.46	14.33	16.85	17.97	19.22	21.29	23.71	28.60	31.79	34.79	37.84
870	10.54	11.41	12.27	13.27	15.21	17.80	18.96	20.25	22.37	24.80	29.80	32.94	35.96	39.16
1000	11.59	12.57	13.55	14.72	16.76	19.64	20.69	22.05	24.21	26.65	31.76	34.73	37.73	40.72
1160	12.81	13.92	15.02	16.40	18.54	21.31	22.63	24.06	26.23	28.63	33.75	36.37	39.25	42.01
1200	13.11	14.25	15.37	16.80	—	21.75	23.08	24.53	26.69	29.08	34.17	36.73	39.52	42.19
1400	14.53	15.79	17.05	18.70	20.94	23.77	25.17	26.67	28.79	31.06	35.90	37.87	40.21	42.28
1600	15.78	17.24	18.59	20.45	22.72	25.54	26.98	28.51	30.53	32.60	37.00	38.20	39.84	—
1750	16.84	18.25	19.66	21.65	23.92	26.71	28.17	29.70	31.60	33.49	37.40	37.91	—	—
2000	18.40	19.84	21.29	23.46	25.69	28.38	29.83	31.32	32.97	34.47	37.31	36.44	—	—
2400	20.82	22.08	23.52	25.83	27.91	30.30	31.66	33.00	34.72	35.14	—	—	—	—
2800	23.48	24.11	25.30	27.52	29.34	31.31	32.47	33.53	33.72	33.33	—	—	—	—
3200	—	26.26	26.91	28.51	29.97	31.41	32.24	32.88	—	—	—	—	—	—
3500	—	—	28.25	29.07	29.94	30.92	31.40	—	—	—	—	—	—	—
4000	—	—	—	30.17	29.27	—	—	—	—	—	—	—	—	—

注：与粗黑线框内的功率对应的使用寿命将会降低。

表 13-1-124　　　20M（115mm 宽）基本额定功率 P_0（JB/T 7512.3—2014）　　　kW

小带轮转速 /r·min⁻¹	z_1													
	34	36	38	40	44	48	52	56	60	64	68	72	80	90
	d_1/mm													
	216.45	229.18	241.92	254.65	280.11	305.58	331.04	356.51	381.97	407.44	432.90	458.37	509.30	572.96
10	2.01	2.16	2.31	2.46	2.69	2.98	3.21	3.43	3.66	3.80	4.03	4.18	4.55	5.00
20	4.03	4.33	4.55	4.85	5.45	5.89	6.42	6.86	7.31	7.68	8.06	8.18	9.17	10.00
30	6.04	6.49	6.86	7.31	8.13	8.88	9.62	10.29	10.97	11.49	12.09	12.61	13.73	15.07
40	7.98	8.58	9.18	9.77	10.82	11.79	12.70	13.80	14.55	15.37	17.11	16.86	18.28	20.07
50	10.00	10.74	11.41	12.16	13.50	14.77	15.96	17.23	18.20	19.17	20.14	21.04	22.90	25.06
60	12.01	12.91	13.73	14.62	16.26	17.68	19.17	20.14	21.86	22.97	24.17	25.29	27.45	30.06
80	16.04	17.23	18.28	19.47	21.63	23.57	25.59	27.53	29.17	30.66	32.15	33.64	36.55	40.06
100	19.99	21.48	22.90	24.32	27.08	29.54	31.93	34.39	36.40	38.34	40.21	42.07	45.73	50.06
150	30.06	32.23	34.32	36.48	40.58	44.24	47.89	51.62	54.61	57.44	60.28	63.04	68.48	74.97
200	40.06	41.78	45.73	48.64	54.01	58.93	63.80	68.71	72.66	76.47	80.20	83.93	91.09	99.67
300	57.96	62.29	66.17	70.35	78.93	87.80	93.53	99.14	104.66	110.04	115.26	120.40	130.40	142.34
400	73.03	78.33	83.15	88.40	98.99	110.04	116.97	123.76	130.40	136.82	143.08	149.20	160.99	174.79
500	87.06	93.25	98.99	105.11	117.57	130.40	138.35	146.14	153.68	160.99	168.00	174.79	187.69	202.46
600	100.19	107.27	113.77	120.70	134.73	149.20		166.58	174.79	182.62	190.16	197.32	210.75	225.67
730	116.15	124.21	131.59	139.43	155.32	171.58		190.38	199.11	207.31	215.00	222.23	235.21	248.57
800	124.28	132.86	140.62	148.83	165.54	182.62	192.62	201.94	210.75	218.95	226.56	233.57	245.73	257.37
870	132.04	141.07	149.20	157.85	175.31	193.06	203.21	212.61	221.26	229.40	236.78	243.35	254.31	263.64
970	142.64	152.18	160.76	169.94	188.29	206.87	—	226.34	234.77	242.30	248.94	254.61	263.04	—
1170	161.88	172.33	181.58	191.42	210.97	230.51		248.27	255.13	260.58	264.61	267.07	267.44	
1200	164.57	175.09	184.49	194.33	214.03	233.57	—	250.88	257.37	262.37	265.87	267.74	266.47	—
1460	185.46	196.57	206.19	216.27	235.96	254.98	261.55	265.95	267.96	267.52	264.46	—	—	—
1600	194.93	206.12	215.59	225.52	244.54	262.37	266.70	268.04	266.47	—	—	—	—	—
1750	203.66	214.70	223.60	233.27	251.03	266.99	267.96	265.35	—	—	—	—	—	—
2000	214.92	225.14	233.13	241.26	225.36	266.47	—	—	—	—	—	—	—	—

注：与粗黑线框内的功率对应的使用寿命将会降低。

1.5.2.3　曲线齿同步带轮

（1）轮齿和齿槽

表 13-1-125　　　加工 H 型带轮齿条刀具尺寸和极限偏差（GB/T 24619—2009）　　　mm

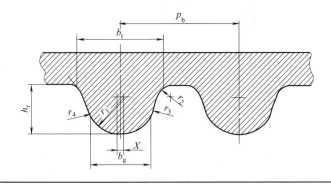

续表

齿型	H8M			H14M		
齿数	22～27	28～89	90～200	28～36	37～89	90～216
$p_b \pm 0.012$	8	8	8	14	14	14
$h_r \pm 0.015$	3.29	3.61	3.63	6.32	6.20	6.35
b_g	3.48	4.16	4.24	7.11	7.73	8.11
b_t	6.04	6.05	5.69	11.14	10.79	10.26
$r_1 \pm 0.012$	2.55	2.77	2.64	4.72	4.66	4.62
$r_2 \pm 0.012$	1.14	1.07	0.94	1.88	1.83	1.91
$r_3 \pm 0.012$	0	12.90	0	20.83	15.75	20.12
$r_4 \pm 0.012$	0	0.73	0	1.14	1.14	0.25
X	0	0.25	0	0	0	0

表 13-1-126   H 型带轮齿槽尺寸（GB/T 24619—2009）   mm

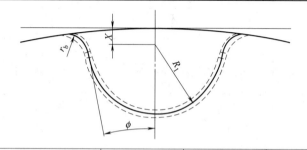

齿型	齿数 z		R_1	r_b	X	$\phi/(°)$
H8M	22～27	标准值	2.675	0.874	0.620	11.3
		最大值	2.764	1.052		
		最小值	2.598	0.798		
	28～89	标准值	2.629	1.024	0.975	7
		最大值	2.718	1.201		
		最小值	2.553	0.947		
	90～200	标准值	2.639	1.008	0.991	6.6
		最大值	2.728	1.186		
		最小值	2.563	0.932		
H14M	28～32	标准值	4.859	1.544	1.468	7.1
		最大值	4.948	1.722		
		最小值	4.783	1.468		
	33～36	标准值	4.834	1.613	1.494	5.2
		最大值	4.923	1.791		
		最小值	4.757	1.537		
	37～57	标准值	4.737	1.654	1.461	9.3
		最大值	4.826	1.831		
		最小值	4.661	1.577		
	58～89	标准值	4.669	1.902	1.529	8.9
		最大值	4.757	2.080		
		最小值	4.592	1.826		

齿型	齿数 z		R_1	r_b	X	$\phi/(°)$
H14M	90～153	标准值	4.636	1.704	1.692	6.9
		最大值	4.724	1.882		
		最小值	4.559	1.628		
	154～216	标准值	4.597	1.770	1.730	8.6
		最大值	4.686	1.948		
		最小值	4.521	1.694		

表 13-1-127　　加工 H3M、H5M 和 H20M 带轮齿廓齿条刀具尺寸和极限偏差（GB/T 24619—2009）　　mm

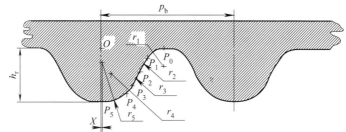

齿型	H3M				H5M				H20M		
齿数	9～13	14～25	26～80	81～200	12～16	17～31	32～79	80～200	34～45	46～100	101～220
$p_b\pm0.012$	3.000	3.000	3.000	3.000	5.000	5.000	5.000	5.000	20.000	20.000	20.000
$h_r\pm0.015$	1.196	1.173	1.227	1.232	1.986	2.024	2.032	2.065	8.644	8.591	8.690
$P_0(x,y)$	1423,0	1324,0	1223,0	1333,0	2334,0	2242,0	2073,0	2160,0	9786,0	9529,0	9787,0
$r_1\pm0.012$	0.414	0.254	0.262	0.358	0.659	0.610	0.493	0.610	2.814	2.667	2.676
$P_1(x,y)$	1.061, −0.213	1.139, −0.080	0.982, −0.159	0.981, −0.316	1.739, −0.126	1.871, −0.126	1.675, −0.203	1.564, −0.483	7.105, −1.825	7.041, −1.662	7.305, −1.760
$r_2\pm0.012$	—	0.792	2.616	—	4.475	1.431	1.359	—	—	20.329	—
$P_2(x,y)$	—	0.992, −0.300	0.820, −0.679	—	1.522, −0.720	1.540, −0.593	1.501, −0.566	—	—	6.015, −5.121	—
$r_3\pm0.012$	∞	∞	∞	∞	∞	∞	∞	∞	∞	∞	∞
$P_3(x,y)$	0.712, −0.840	0.747, −0.860	—	0.923, −0.554	1.124, −1.560	1.163, −1.566	1.37, −1.035	1.443, −1.050	5.972, −4.947	—	6.165, −4.855
$r_4\pm0.012$	0.559	0.254	0.493	—	0.691	0.612	1.402	—	—	—	—
$P_4(x,y)$	0.574, −1.004	0.687, −0.944	0.733, −0.877	—	0.773, −1.895	1.013, −1.789	1.088, −1.617	—	—	—	—
$r_5\pm0.012$	0.869	0.844	0.869	0.866	1.133	1.219	1.300	1.471	5.625	5.842	5.833
$P_5(x,y)$	0.029, −1.196	0.114, −1.168	0.036, −1.227	0.077, −1.232	0.328, −1.986	0.295, −2.024	0.135, −2.032	0.043, −2.065	0.753, −8.644	0.711, −8.591	0.739, −8.690
X	0.029	0.114	0.036	0.077	0.328	0.295	0.135	0.043	0.753	0.711	0.739

表 13-1-128　　H3M 型、H5M 型、H20M 型带轮齿槽尺寸和极限偏差（GB/T 24619—2009）　　mm

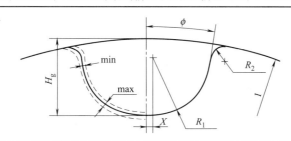

1—外轮直径

续表

齿型	齿数 z	H_g	X	R_1	R_2	$\phi/(°)$	极限偏差/mm
H3M	9～13	1.190	0.029	0.991	0.181	15	±0.051
	14～25	1.179	0.112	0.889	0.229	9	
	26～80	1.219	0.028	0.927	0.191	8	
	81～200	1.234	0.074	0.925	0.301	4	
H5M	12～16	1.989	0.307	1.265	0.432	10	±0.051
	17～31	2.009	0.320	1.270	0.508	6	
	32～79	2.052	0.081	1.438	0.488	2	
	80～200	2.056	0.028	1.552	0.569	5	
H20M	34～45	8.649	0.544	6.185	2.184	15	±0.089
	46～100	8.661	0.544	6.185	2.540	10	
	101～220	8.700	0.544	6.185	2.540	18	

表 13-1-129　　　加工 R 型带轮齿廓齿条刀具尺寸和极限偏差（GB/T 24619—2009）　　　mm

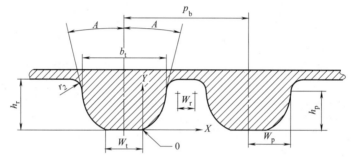

齿型	齿数 z	带齿节距 $p_b\pm0.012$	齿形角 A $\pm0.5°$	b_t	$h_p^①$	h_r	$W_p^②$	$W_r^③$	$W_t\pm0.025$	$r_2\pm0.025$	C
R3M	8～15	2.761	16.00	$2.06^{+0.05}_{-0.00}$	0.925	1.15 ±0.025	0.9660	0.2340	$0.870^{+0.05}_{-0.00}$	0.310	3.285
	16～30	2.867	16.00	$2.06^{+0.05}_{-0.00}$	0.925	1.15 ±0.025	0.9660	0.3400	$0.870^{+0.05}_{-0.00}$	0.310	3.285
	≥31	3.000	16.00	$2.00^{+0.05}_{-0.00}$	0.896	1.20 ±0.025	0.9130	0.3670	$0.798^{+0.05}_{-0.00}$	0.410	3.394
R5M	10～21	4.761	16.00	3.48 ±0.025	1.604	$2.06^{+0.05}_{-0.00}$	1.6090	0.3320	1.379 ±0.025	0.630	1.896
	≥22	5.000	16.00	3.48 ±0.025	1.604	$2.06^{+0.05}_{-0.00}$	1.6090	0.5710	1.379 ±0.025	0.630	1.896
R8M	22～27	7.780	18.00	5.900 ±0.025	2.83	$3.45^{+0.00}_{-0.05}$	2.75	0.58	1.820 ±0.025	0.900	0.8373
	≥28	7.890	18.00	5.900 ±0.025	2.79	$3.45^{+0.00}_{-0.05}$	2.74	0.61	1.840 ±0.025	0.950	0.8477
R14M	≥28	13.800	18.00	$10.45^{+0.05}_{-0.00}$	4.93	$6.04^{+0.05}_{-0.00}$	4.87	1.02	3.320 ±0.025	1.600	0.4799
R20M	≥30	19.6915	16.00	$14.85^{+0.05}_{-0.00}$	6.7034	$8.05^{+0.00}_{-0.00}$	6.8412	1.6036	4.9701 ±0.025	2.600	0.3532

①②③为参考值。

表 13-1-130　　　　R 型带轮齿槽尺寸和极限偏差（GB/T 24619—2009）　　　　mm

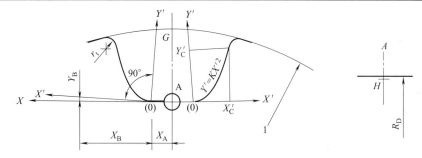

1—带轮外径

齿型	齿数	GH	X_A	X_B	Y_B	X_C'	Y_C'	K	$r_t \pm 0.15$	R_D
R3M	8～15	1.15	0.39	4.00	0.08	0.54	0.940	3.210	0.28	4.00
	16～30	1.15	0.40	4.00	0.00	0.53	0.930	3.285	0.30	13.00
	≥31	1.20	0.40	4.00	0.00	0.53	0.930	3.394	0.40	18.00
R5M	10～21	2.06	0.63	4.00	0.06	0.97	1.697	1.790	0.63	9.00
	≥22	2.06	0.70	4.00	0.00	0.95	1.660	1.829	0.50	18.00
R8M	22～27	3.47	1.00	4.00	0.11	1.75	2.61	0.84767	0.83	22.00
	≥28	3.47	0.92	4.00	0.00	1.75	2.61	0.84767	0.95	22.00
R14M	≥28	6.04	1.64	4.00	0.00	3.21	4.93	0.4799	1.60	32.00
R20M	≥30	8.50	2.50	4.00	0.00	4.40	6.8	0.349	2.42	150.00

表 13-1-131　　　　加工 S 型带轮齿廓齿条刀具尺寸和极限偏差（GB/T 24619—2009）　　　　mm

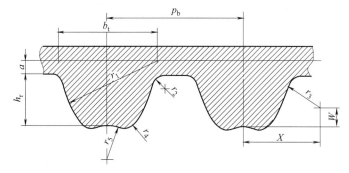

齿型	齿数	p_b ±0.012	h_r +0.060	b_t +0.050	r_1 +0.050	r_2 ±0.03	r_3 ±0.03	r_4 ±0.03	r_5 ±0.10	X	W	a
S8M	≥22	8	2.83	5.2	5.3	0.75	2.71	0.4	4.04	5.05	1.13	0.686
S14M	≥28	14	4.95	9.1	9.28	1.31	4.8	0.7	7.07	8.84	1.98	1.397
S8M (可选刀具)	22～26	7.611						0.27	5.68			0.256
	27～33	7.689						0.29	5.28			0.279
	34～46	7.767	2.83	4.22	4.74	0.8		0.32	4.92			0.299
	47～74	7.844						0.35	4.59			0.321
	75～216	7.928						0.38	4.28			0.342
S14M (可选刀具)	28～34	13.441						0.52	9.17			0.784
	34～47	13.577						0.56	8.57			0.819
	48～75	13.716	4.95	7.5	8.38	1.36		0.61	8.03			0.856
	76～216	13.876						0.66	7.46			0.896

注：标准刀具和可选刀具所加工出的带轮都在可接受的公差范围内，但是可选刀具所加工出的带轮更加接近于理想带轮形状。

第 13 篇

表 13-1-132　　　　　　**S 型带轮齿槽尺寸和极限偏差**（GB/T 24619—2009）　　　　　mm

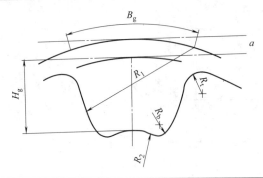

齿型	齿数	$B_g{}^{+0.10}_{-0.00}$	$H_g \pm 0.03$	$R_2 \pm 0.1$	$R_b \pm 0.1$	$R_t{}^{+0.10}_{-0.00}$	a	$R_1{}^{+0.10}_{-0.00}$
S8M	≥22	5.20	2.83	4.04	0.40	0.75	0.686	5.30
S14M	≥28	9.10	4.95	7.07	0.70	1.31	1.397	9.28

（2）带轮直径和宽度

H 型、R 型、S 型带轮节圆直径和外径标准值见图 13-1-18 和表 13-1-133、表 13-1-135 和表 13-1-136。

带轮节径 $d = z p_b / \pi$。带轮外径 $d_0 = d - 2a + N'$，节线差 a 见表 13-1-110～表 13-1-113，N' 值（H8 型和 H14 型加 N' 值）见表 13-1-134。

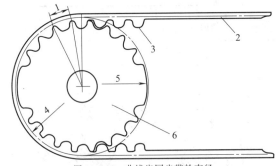

图 13-1-18　曲线齿同步带轮直径

1—节距 p_b；2—同步带节线；3—带齿；4—节圆直径 d；5—外径 d_0；6—带轮

表 13-1-133　　　　　　　　**H 型带轮直径**（GB/T 24619—2009）　　　　　　　mm

齿数	带轮槽型									
	H3M		H5M		H8M		H14M		H20M	
z	节径 d	外径 d_0	节径 d	外径 d_0	节径 d	外径 d_0	节径 d	外径 d_0	节径 d	外径 d_0
14	13.37	12.61	22.28	21.14	—	—	—	—	—	—
15	14.32	13.56	23.87	22.73	—	—	—	—	—	—
16	15.28	14.52	25.46	24.32	—	—	—	—	—	—
17	16.23	15.47	27.06	25.91	—	—	—	—	—	—
18	17.19	16.43	28.65	27.50	—	—	—	—	—	—
19	18.14	17.38	30.24	29.10	—	—	—	—	—	—
20	19.10	18.34	31.83	30.69	—	—	—	—	—	—
21	20.05	19.29	33.24	32.28	—	—	—	—	—	—
22	21.01	20.25	35.01	33.87	56.02[①]	54.65	—	—	—	—
24	22.92	22.16	38.20	37.05	61.12[①]	59.74	—	—	—	—

续表

齿数 z	带轮槽型									
	H3M		H5M		H8M		H14M		H20M	
	节径 d	外径 d_0	节径 d	外径 d_0	节径 d	外径 d_0	节径 d	外径 d_0	节径 d	外径 d_0
26	24.83	24.07	41.38	40.24	66.21[①]	64.84	—	—	—	—
28	26.74	25.98	44.56	43.42	71.30[①]	70.08	124.78[①]	122.12	—	—
29	—	—	—	—	—	—	129.23[①]	126.57	—	—
30	28.65	27.89	47.75	46.60	76.39[①]	75.13	133.69[①]	130.99	—	—
32	30.56	29.80	50.93	49.79	81.49	80.11	142.60[①]	139.88	—	—
34	32.47	31.71	54.11	52.97	86.58	85.21	151.52[①]	148.79	216.45	212.13
36	34.83	33.62	57.30	56.15	91.67	90.30	160.43	157.68	229.18	224.87
38	36.29	35.53	60.48	59.33	96.77	95.39	169.34	166.60	241.92	237.60
40	38.20	37.44	63.66	62.52	101.86	100.49	178.25	175.49	254.65	250.33
43	41.06	40.30	68.44	67.29	—	—	—	—	—	—
44	42.02	41.25	70.03	68.88	112.05	110.67	196.08	193.28	280.11	275.79
46	43.93	43.16	73.21	72.07	—	—	—	—	—	—
48	45.84	45.07	76.39	75.25	122.23	120.86	213.90	211.11	305.58	301.26
49	46.79	46.03	77.99	76.84	—	—	—	—	—	—
50	47.75	46.98	79.58	78.43	—	—	—	—	—	—
52	49.66	48.89	82.76	81.62	—	—	231.73	228.94	331.04	326.72
55	52.52	51.76	87.54	86.39	—	—	—	—	—	—
56	—	—	89.13	87.98	142.60	141.23	249.55	246.76	356.51	352.19
60	57.30	56.53	95.49	94.35	—	—	267.38	264.59	381.97	377.65
62	—	—	98.68	97.53	—	—	—	—	—	—
64	—	—	—	—	162.97	161.60	285.21	282.41	407.44	403.12
65	62.07	61.31	103.45	102.31	—	—	—	—	—	—
68	—	—	—	—	—	—	303.03	300.24	432.90	428.58
70	66.85	66.08	111.41	110.26	—	—	—	—	—	—
72	68.75	67.99	—	—	—	—	—	—	458.37	454.05
78	74.48	73.72	124.14	123.00	183.35	181.97	320.86	318.06	—	—
80	76.39	75.63	127.32	126.18	203.72	202.35	356.51	353.71	509.30	504.98
90	85.94	85.18	143.24	142.10	229.18	227.81	401.07	398.28	572.96	568.64
100	95.49	94.73	159.15	158.01	—	—	—	—	—	—
110	105.04	104.28	175.07	173.93	—	—	—	—	—	—
112	—	—	—	—	285.21[①]	283.83	499.11	496.32	713.01	708.70
120	114.59	113.83	190.99	189.84	—	—	—	—	—	—
130	124.14	123.39	206.90	205.76	—	—	—	—	—	—
140	133.69	132.93	222.82	221.67	—	—	—	—	—	—
144	—	—	—	—	366.69[①]	365.32	641.71	638.92	916.73	912.41
150	143.24	142.48	238.73	237.59	—	—	—	—	—	—
160	152.79	152.03	254.65	235.50	—	—	—	—	—	—
168	—	—	—	—	—	—	748.66[①]	745.87	1069.52	1065.20
192	—	—	—	—	488.92[①]	487.55	855.62[①]	852.82	1222.31	1217.99
212	—	—	—	—	—	—	—	—	1349.63	1345.32
216	—	—	—	—	—	—	962.57[①]	959.78	1375.10	1370.78

①通常不是适用于所有宽度。

表 13-1-134 N' 值（GB/T 24619—2009）   mm

齿数	带轮槽型		齿数	带轮槽型		齿数	带轮槽型	
z	H8M	H14M	z	H8M	H14M	z	H8M	H14M
28	0.15	0.13	33	0.02	0.08	38	—	0.05
29	0.14	0.13	34	—	0.06	39	—	0.04
30	0.11	0.09	35	—	0.05	40	—	0.03
31	0.08	0.09	36	—	0.04			
32	0.04	0.7	37	—	0.04			

表 13-1-135   R 型带轮直径（GB/T 24619—2009）   mm

齿数	带轮槽型									
	R3M		R5M		R8M		R14M		R20M	
z	节径 d	外径 d_0	节径 d	外径 d_0	节径 d	外径 d_0	节径 d	外径 d_0	节径 d	外径 d_0
14	13.37	12.61	13.37	12.61					—	—
15	14.32	13.56	14.32	13.56					—	—
16	15.28	14.52	15.28	14.52					—	—
17	16.23	15.47	16.23	15.47					—	—
18	17.19	16.43	17.19	16.43					—	—
19	18.14	17.38	18.14	17.38					—	—
20	19.10	18.34	19.10	18.34					—	—
21	20.05	19.29	20.05	19.29					—	—
22	21.01	20.25	21.01	20.25	56.02[①]	54.65	—		—	—
24	22.92	22.16	22.92	22.16	61.12[①]	59.74	—		—	—
26	24.83	24.07	24.83	24.07	66.21[①]	64.84	—		—	—
28	26.74	25.98	26.74	25.98	71.30[①]	69.93	124.78[①]	121.98	—	—
29	27.69	26.93	27.69	26.93	—	—	129.23[①]	126.44	—	—
30	28.65	27.89	28.65	27.89	76.39[①]	75.02	133.69[①]	130.90	—	—
32	30.56	29.80	30.56	29.80	81.49	80.12	142.60[①]	139.81	—	—
34	32.47	31.71	32.47	31.71	86.58	85.21	151.52[①]	148.72	216.45	212.13
36	34.83	33.62	34.83	33.62	91.67	90.30	160.43	157.63	229.18	224.87
38	36.29	35.53	36.29	35.53	96.77	95.39	169.34	166.55	241.92	237.60
40	38.20	37.44	38.20	37.44	101.86	100.49	178.25	175.49	254.65	250.33
44	42.02	41.25	42.02	41.25	112.05	110.67	196.08	193.28	280.11	275.79
48	45.84	45.07	45.84	45.07	122.23	120.86	213.90	211.11	305.58	301.26
52	49.66	48.89	49.66	48.89	—	—	231.73	228.94	331.04	326.72
56	—	—	—	—	142.60	141.23	249.55	246.76	356.51	352.19
60	57.30	56.53	57.30	56.53	—	—	267.38	264.59	381.97	377.65
64	61.12	60.35	61.12	60.35	162.97	161.60	285.21	282.41	407.44	403.12
68	64.91	64.17	64.91	64.17	—	—	303.03	300.24	432.90	428.58
72	68.75	67.99	68.75	67.99	183.35	181.97	320.86	318.06	458.37	454.05
80	76.39	75.63	76.39	75.63	203.72	202.35	356.51	353.71	509.30	504.98
90	85.94	85.18	85.94	85.18	229.18	227.81	401.07	398.28	572.96	568.64
112	106.95	106.19	106.95	106.19	285.21[①]	283.83	499.11	496.32	713.01	708.70
144	—	—	—	—	366.69[①]	365.32	641.71	638.92	916.73	912.41
168	—	—	—	—	—	—	748.66[①]	745.87	1069.52	1065.20
192	—	—	—	—	488.92[①]	487.55	855.62[①]	852.82	1222.31	1217.99
216	—	—	—	—	962.57[①]	959.78			1375.10	1370.78

① 通常不是适用于所有宽度。

表 13-1-136　　　　　S 型带轮直径（GB/T 24619—2009）　　　　　mm

齿数 z	带轮槽型			
	S8M		S14M	
	节径 d	外径 d₀	节径 d	外径 d₀
22	56.02①	54.65	—	—
24	61.12①	59.74	—	—
26	66.21①	64.84	—	—
28	71.30①	69.93	124.78①	121.98
29	—	—	129.23①	126.44
30	76.39①	75.02	133.69①	130.90
32	81.49	80.12	142.60①	139.81
34	86.58	85.21	151.52①	148.72
36	91.67	90.30	160.43	157.63
38	96.77	95.39	169.34	166.55
40	101.86	100.49	178.25	175.49
44	112.05	110.67	196.08	193.28
48	122.23	120.86	213.90	211.11
52	—	—	231.73	228.94
56	142.60	141.23	249.55	246.76
60	—	—	267.38	264.59
64	162.97	161.60	285.21	282.41
68	—	—	303.03	300.24
72	183.35	181.97	320.86	318.06
80	203.72	202.35	356.51	353.71
90	229.18	227.81	401.07	398.28
112	285.21①	283.83	499.11	496.32
144	366.69①	365.32	641.71	638.92
168	—	—	748.66①	745.87
192	488.92①	487.55	855.62①	852.82
216	—	—	962.57①	959.78

① 通常不是适用于所有宽度。

表 13-1-137　　　H 型、R 型、S 型带轮标准宽度及最小宽度（GB/T 24619—2009）　　　　mm

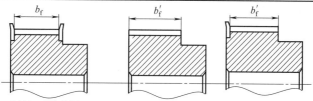

图(a) 双边挡圈　　　　图(b) 无挡圈　　　　图(c) 单边挡圈

带轮槽型	带轮标准宽度	最小宽度		带轮槽型	带轮标准宽度	最小宽度	
		双边挡圈 b_f	无或单边挡圈 b_f'			双边挡圈 b_f	无或单边挡圈 b_f'
H3M R3M	6	8	11	H20M R20M	115	120	134
	9	11	14		170	175	189
	15	17	20		230	235	251
H5M R5M	9	11	15		290	300	311
	15	17	21		340	350	361
	25	27	31				
H8M R8M	20	22	30	S8M	15	16.3	25
	30	32	40		25	26.6	35
	50	53	60		40	42.1	50
	85	89	96		60	62.7	70
H14M R14M	40	42	55	S14M	40	41.8	55
	55	58	70		60	62.9	76
	85	89	101		80	83.4	96
	115	120	131		100	103.8	116
	170	175	186		120	124.3	136

注：如果传动中带轮的找正可控制时，无挡圈带轮的宽度可适当减少，但不能小于双边挡圈带轮的最小宽度。

（3）各型号带轮尺寸极限偏差、形位公差和挡圈尺寸

表 13-1-138　　　　　　　　带轮的公差和表面粗糙度 （GB/T 11361—2008）　　　　　　　　mm

项　目		带轮外径 d_0										
		$\leqslant 25.4$	>25.4 ~ 50.8	>50.8 ~ 101.6	>101.6 ~ 177.8	>177.8 ~ 203.2	>203.2 ~ 254.0	>254.0 ~ 304.8	>304.8 ~ 508.0	>508 ~ 762	>762 ~ 1016	>1016
外径极限偏差		$+0.05$ 0	$+0.08$ 0	$+0.10$ 0	$+0.13$ 0	$+0.15$ 0			$+0.18$ 0	$+0.20$ 0	$+0.23$ 0	$+0.25$ 0
节距偏差	任意两相邻齿间	± 0.03										
	90°弧内累积[1]	± 0.10		± 0.13		± 0.15		± 0.18		± 0.20		
径向圆跳动		± 0.13				$0.13 + 0.0005(d_0 - 203.2)$						
端面圆跳动		0.10			$0.001 d_0$			$0.25 + 0.0005(d_0 - 254)$				
齿槽与轮孔轴线平行度		$\leqslant 0.001b$（b—轮宽，b_{f}，b_{f}'的总称）										
带轮外径圆柱度		$\leqslant 0.001b$（b—轮宽，b_{f}，b_{f}'的总称）										
外圆、齿面的表面粗糙度		$Ra3.2\mu m$										

[1] 包括大于 90°弧所取最小整齿数。当 90°所含齿数不是整数时，按大于 90°弧取最小整数齿。

表 13-1-139　　　　　　　　带轮挡圈尺寸 （GB/T 24619—2009）　　　　　　　　mm

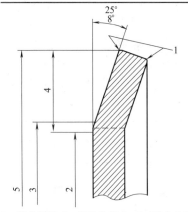

槽型	3M	5M	8M	14M	20M
挡圈最小 高度 h	2.0~ 2.5	2.5~ 3.5	4.0~ 5.5	7.0~ 7.5	8.0~ 8.5
挡圈厚度	1.5~ 2.0	1.5~ 2.0	1.5~ 2.5	2.5~ 3.0	3.0~ 3.5

1—锐角倒钝；2—带轮外径 d_0；3—弯曲处直径，$(d_0+0.38)\pm 0.25$，mm；4—挡圈高度，h；5—挡圈外径，d_0+2h

注：1. 带轮外径 d_0 见表 13-1-133、表 13-1-135 和表 13-1-136。

2. 挡圈厚度为参考值。

1.6　带传动的张紧

1.6.1　带传动的张紧方法及安装要求

表 13-1-140　　　　　　　　带传动的张紧方法

张紧方法		定期张紧		自动张紧		
简图及应用	改变轴间距	图(a)	图(b)	图(c)	图(d)	图(e)
		图(a)用于水平或接近水平的传动 图(b)用于垂直或接近垂直的传动		图(c)是靠电机的自重或定子的反力矩张紧，多用于小功率传动。应使电机和带轮的转向有利于减轻配重或减小偏心距 图(d)、图(e)常用于带传动的试验装置		

续表

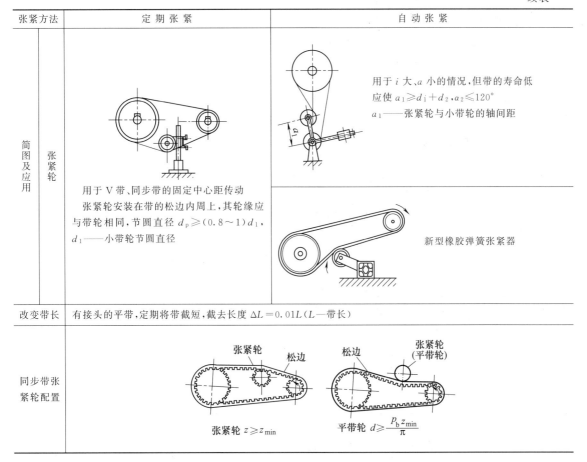

张紧方法	定 期 张 紧	自 动 张 紧
简图及应用	张紧轮 用于 V 带、同步带的固定中心距传动 张紧轮安装在带的松边内周上,其轮缘应与带轮相同,节圆直径 $d_p \geq (0.8 \sim 1)d_1$, d_1——小带轮节圆直径	用于 i 大、a 小的情况,但带的寿命低 应使 $a_1 \geq d_1 + d_2$,$a_2 \leq 120°$ a_1——张紧轮与小带轮的轴间距 新型橡胶弹簧张紧器
改变带长	有接头的平带,定期将带截短,截去长度 $\Delta L = 0.01L$(L—带长)	
同步带张紧轮配置	张紧轮 $z \geq z_{min}$	平带轮 $d \geq \dfrac{p_b z_{min}}{\pi}$

安装要求:

① 安装前应检查带是否配组,不配组的带、新带和旧带、普通 V 带和窄 V 带不能同组混装使用。

② 联组带在安装前必须检查各轮槽尺寸和槽距,对超过规定公差值的带轮应更换。

③ 套装带时不得强行撬入,各类带应在规定的中心距调整极限值范围内将中心距离缩小,带进入槽轮后,再开始张紧。

④ 中心距的调整应使带的张紧适度,所需初张紧力可按本节后面所述方法控制。

⑤ 传动装置中,各带轮轴线应相互平行,各带轮相对应的槽型对称平面应重合;V 带误差不得超过 20′,见图 13-1-19,同步带带轮的共面偏差见表13-1-141。

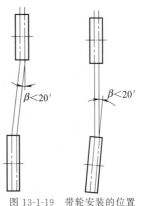

图 13-1-19　带轮安装的位置

表 13-1-141　　　　　带轮共面偏差 (GB/T 11361—2008)

宽度 b_s/mm	≤25.4	38.1~50.8	≥76.2
$\tan\theta_m$	$\leq \dfrac{6}{1000}$	$\leq \dfrac{4.5}{1000}$	$\leq \dfrac{3}{1000}$

1.6.2 初张紧力的检测与控制

带的张紧程度对其传动能力、寿命和轴压力都有很大影响，为了使带的张紧适度，应有一定的初张紧力。初张紧力通常是在带与带轮的两切点中心，加一垂直于带的载荷 G，使其产生规定的挠度 f 来控制的，见图 13-1-20。

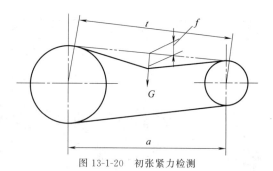

图 13-1-20 初张紧力检测

1.6.2.1 V 带的初张紧力

表 13-1-142　　　　　　V 带的初拉力 G 值计算（GB/T 13575.1、2—2008）

项　目		普通 V 带、窄 V 带 （基准宽度制）	窄 V 带 （有效宽度制）	单位	说　明
挠度 f		$f=\dfrac{1.6t}{100}$		mm	a——中心距,mm
切边长 t		$t=\sqrt{a^2-\dfrac{(d_{a2}-d_{a1})^2}{4}}$ 或实测	$t=\sqrt{a^2-\dfrac{(d_{e2}-d_{e1})^2}{4}}$ 或实测	mm	d_{a1}——小带轮外径,mm d_{a2}——大带轮外径,mm d_{e1}——小带轮有效直径,mm
载荷 G	新安装的带	$G=\dfrac{1.5F_0+\Delta F_0}{16}$	$G=\dfrac{1.5F_0+\dfrac{\Delta F_0 t}{L_e}}{16}$	N	d_{e2}——大带轮有效直径,mm F_0——单根 V 带的初张紧力,N 　普通 V 带见表 13-1-10
	运转后的带	$G=\dfrac{1.3F_0+\Delta F_0}{16}$	$G=\dfrac{1.3F_0+\dfrac{\Delta F_0 t}{L_e}}{16}$	N	窄 V 带见表 13-1-28 ΔF_0——初张紧力的增量,N
	最小极限值	$G=\dfrac{F_0+\Delta F_0}{16}$	$G=\dfrac{F_0+\dfrac{\Delta F_0 t}{L_e}}{16}$	N	见表 13-1-143 L_e——带的有效长度,mm

注：G 值可直接查表 13-1-143。

表 13-1-143　　　　V 带载荷 G 及初张紧力增量 ΔF_0（GB/T 13575.1、2—2008）

类　型	带型	小带轮直径 d_{d1} /mm	带速 $v/\text{m}\cdot\text{s}^{-1}$ 0～10	10～20	20～30	初张紧力的增量 $\Delta F_0/\text{N}$	带型	小带轮直径 d_{d1} /mm	带速 $v/\text{m}\cdot\text{s}^{-1}$ 0～10	10～20	20～30	初张紧力的增量 $\Delta F_0/\text{N}$
			$G/\text{N}\cdot\text{根}^{-1}$						$G/\text{N}\cdot\text{根}^{-1}$			
普通 V 带	Z	50～100 >100	5～7 7～10	4.2～6 6～8.5	3.5～5.5 5.5～7	10	C	200～400 >400	36～54 54～85	30～45 45～70	25～38 38～56	29.4
	A	75～140 >140	9.5～14 14～21	8～12 12～18	6.5～10 10～15	15	D	355～600 >600	74～108 108～162	62～94 94～140	50～75 75～108	58.8
	B	125～200 >200	18.5～28 28～42	15～22 22～33	12.5～18 18～27	20	E	500～800 >800	145～217 217～325	124～186 186～280	100～150 150～225	108
基准宽度制窄 V 带	SPZ	67～95 >95	9.5～14 14～21	8～13 13～19	6.5～11 11～18	20	SPB	160～265 >265	30～45 45～58	26～40 40～52	22～34 34～47	40
	SPA	100～140 >140	18～26 26～38	15～21 21～32	12～18 18～27	25	SPC	224～355 >355	58～82 82～106	48～72 72～96	40～64 64～90	78

类　型	带　型	小带轮有效直径 d_{e1}/mm	最小极限值	新安装的带	运转后的带	初张紧力的增量 $\Delta F_0/\text{N}$
				$G/\text{N}\cdot\text{根}^{-1}$		
有效宽度制窄 V 带、联组窄 V 带	9N,9J	67～90	17.65	24.52	21.57	20
		91～115	19.61	28.44	25.50	
		116～150	22.56	33.34	29.42	
		151～300	25.5	38.25	33.34	

续表

类　型	带　型	小带轮有效直径 d_{e1}/mm	最小极限值	新安装的带	运转后的带	初张紧力的增量 ΔF_0/N
			$G/N \cdot$ 根$^{-1}$			
有效宽度制窄 V带、联组窄 V带	15N,15J	180～230	57.86	85.32	74.53	40
		231～310	69.63	103.95	90.22	
		311～400	82.38	121.60	105.91	
	25N,25J	315～420	152.98	226.53	197.11	100
		421～520	171.62	253.99	221.63	
		521～630	184.37	272.62	237.32	

注：1. Y 型带初张紧力的增量 $\Delta F_0 = 6$N。

2. 普通 V 带及基准宽度制窄 V 带部分，表中大值用于新安装的带或要求张紧力较大的传动（如高带速、小包角、超载启动以及频繁的大转矩启动）。

3. 联组窄 V 带所需初张紧力通常是在最小组合数的联组带上进行测定。测定方法同上，只是所需总载荷 G 值应等于单根窄 V 带所需的 G 值乘以联组的单根数。

1.6.2.2 多楔带的初张紧力

检测初张紧力的载荷 G 见表 13-1-144，使其每 100mm 带长产生 1.5mm 的挠度，即总挠度 $f = \dfrac{1.5t}{100}$。

表 13-1-144　　　　　　　　　　　　　　多楔带载荷 G 值

带型	PJ			PL			PM		
小带轮有效直径 d_{e1}/mm	20～42.5	45～56	60～75	76～95	100～125	132～170	180～236	250～300	315～400
每楔带施加的力 $G/N \cdot$ 楔$^{-1}$	1.78	2.22	2.67	7.56	9.34	11.11	28.45	34.23	39.12

1.6.2.3 平带的初张紧力

检测初张紧力的载荷 G 见表 13-1-145，使其每 100mm 带长产生 1mm 的挠度，即总挠度 $f = \dfrac{t}{100}$。

表 13-1-145　　　　　　　　　　　　　　平带载荷 G 值　　　　　　　　　　　　　　　　N

带宽 b/mm	参考层数																		
	3		4		5		6		7		8		9		10		12	
	G																	
	Ⅰ	Ⅱ	Ⅰ	Ⅱ	Ⅰ	Ⅱ	Ⅰ	Ⅱ	Ⅰ	Ⅱ	Ⅰ	Ⅱ	Ⅰ	Ⅱ	Ⅰ	Ⅱ	Ⅰ	Ⅱ
16	4	6	6	9	7	11	8	13	10	15	11	17	13	19	14	21	17	25
20	5	8	7	11	9	13	11	16	12	19	14	21	16	24	18	26	21	32
25	7	10	9	13	11	16	13	20	16	23	18	26	20	30	22	33	26	40
32	8	13	11	17	14	21	17	25	20	30	23	34	25	38	28	42	34	51
40	11	16	14	21	18	26	21	32	25	37	28	42	32	48	35	53	42	64
50	13	20	18	26	22	33	26	40	31	46	35	53	40	60	44	66	53	79
63	17	25	22	33	28	42	33	50	39	58	44	67	50	75	56	83	67	100
71	19	28	25	38	31	47	38	56	44	66	50	75	56	85	63	94	75	113
80	21	32	28	42	35	53	42	64	49	74	56	85	64	95	71	106	85	127
90	24	36	32	48	40	60	48	71	56	83	64	95	71	107	79	119	95	143
100	26	40	35	53	44	66	53	79	62	93	71	106	79	119	88	132	106	159
112	30	44	40	59	49	74	59	89	69	104	79	119	89	133	99	148	119	178
125	33	50	44	66	55	83	66	99	77	166	88	132	99	149	110	166	132	199

续表

带宽 b/mm	参考层数																	
	3		4		5		6		7		8		9		10		12	
	G																	
	I	II	I	II	I	II	I	II	I	II	I	II	I	II	I	II	I	II
140	37	56	49	74	62	93	74	111	87	130	99	148	111	167	124	185	148	222
160	42	64	56	85	71	106	85	127	99	148	113	169	127	191	141	212	169	254
180	48	71	64	95	79	119	95	143	111	167	127	191	143	214	159	238	191	286
200	53	79	71	106	88	132	106	159	124	185	141	212	159	238	177	265	212	318
225	60	89	79	119	99	149	119	179	139	209	159	238	179	268	199	298	238	357
250	66	99	88	132	110	166	132	199	154	232	177	265	199	298	221	331	265	397
280	74	111	99	148	124	185	148	222	173	259	198	297	222	334	247	368	297	445
315	83	125	111	167	139	209	167	250	195	292	222	334	250	375	278	417	334	500
355	94	141	125	188	157	235	188	282	219	329	251	376	282	423	313	470	376	564
400	106	159	141	212	177	265	212	318	247	371	282	424	318	477	353	530	424	636
450	119	179	159	238	199	298	238	357	278	417	318	477	357	536	397	596	477	715
500	132	199	177	265	221	331	265	397	309	463	353	530	397	596	441	662	530	794
560	148	222	198	297	247	371	297	445	346	519	395	593	445	667	494	741	593	890

注：表中的 I 栏为正常张紧应力 $\sigma_0 = 1.8\,\text{MPa}$ 下所需的 G 值；II 为考虑新带的最初张紧应力下所需的 G 值。

1.6.2.4　同步带的初张紧力

表 13-1-146　　　　　　　　同步带的初拉力 G 值计算

项　目	梯形齿同步带	曲线齿同步带	单位	说　明
边长 t	$t = \sqrt{a^2 - \dfrac{(d_2 - d_1)^2}{4}}$		mm	a——中心距，mm
挠度 f	$f = \dfrac{1.6t}{100}$	$f = \dfrac{t}{64}$	mm	d_1——小带轮节径，mm d_2——大带轮节径，mm L_p——带长，mm
载荷 G	$G = \dfrac{F_0 + \dfrac{tY}{L_p}}{16}$	见表 13-1-148	N	Y——修正系数，见表 13-1-147 F_0——初张紧力，N，见表 13-1-147

表 13-1-147　　　　　　　　梯形齿同步带的 F_0 与 Y 值　　　　　　　　　　N

带宽/mm		3.2	4.8	6.4	7.9	9.5	12.7	19.1	25.4	38.1	50.8	76.2	101.6	127.0	带宽/mm	
MXL	F_0 ①	6.4	9.8	13.7			76.50	124.55	174.57					①	F_0	L
	②	2.9	5.1	7.6			51.98	87.28	122.59					②		
	Y	0.6	1.0	1.4			4.5	7.7	10.9					Y		
XXL	F_0 ①	6.9	10.8	15.7			293.23	420.72	646.28	889.50	1391.62			①	F_0	H
	②	3.2	5.6	8.8			221.64	311.87	486.43	667.86	1047.39			②		
	Y	0.7	1.1	1.6			14.5	20.9	32.2	43.1	69.0			Y		
XL	F_0 ①			29.42	37.27	44.71				1009.14	1582.85	2241.88			①	F_0	XH
	②			13.73	19.61	25.52				909.11	1426.92	2021.22			②		
	Y			0.39	0.55	0.77				86.3	138.5	199.8			Y		
										2471.36	3883.57	5506.63	7110.08		①	F_0	XXH
										1114.08	1749.57	2479.21	3202.97		②		
										140.7	227.0	322.3	417.7		Y		

① 表示最大值。

② 表示推荐值。

注：小节距，高带速，启动力矩大以及有冲击载荷时，初张紧力应大些，但一般不宜过大，其余情况宜选用推荐值。

表 13-1-148　　　　　曲线齿同步带载荷 G 值（JB/T 7512.3—2014）

带　　型	带宽 b_s/mm	安装力 G/N	带　　型	带宽 b_s/mm	安装力 G/N
3M	6	2.0	14M	40	49.0
	9	2.9		55	71.5
	15	4.9		85	117.6
				115	166.6
				170	254.8
5M	9	3.9	20M	115	242.7
	15	6.9		170	376.1
	25	12.7		230	521.7
8M	20	17.6		290	655.1
	30	26.5		340	788.6
	50	49.0			
	85	84.3			

1.7　金属带传动简介

1.7.1　磁力金属带传动

　　磁力金属带传动（metal belt drive with magnet，简称 MBDM）是以金属带为挠性元件的新型摩擦传动，是近年来发展起来的高效、精密的传动方式之一。它的主要特点是利用磁场吸引力和初张力（initial tension）的耦合作用来传递运动和动力。

1.7.1.1　磁力金属带传动的工作原理

　　根据磁力带轮励磁方式的不同，可将 MBDM 分为电磁带轮式金属带传动（metal belt drive with electric magnet，简称 MBDEM）和永磁带轮式金属带传动（metal belt drive with permanent magnet，简称 MBDPM）两类。

表 13-1-149　　　　　磁力金属带传动的种类及工作原理

种类	工作原理和带轮结构
电磁带轮式金属带传动	工作原理 　　MBDEM 的结构及工作原理如图(a)所示，它主要由主动、从动磁力带轮（magnetic pulley）、励磁线圈（exciting coils）及金属带（metal belt）等组成。其特征是：大小磁力带轮的轮辐上各缠绕一定匝数的励磁线圈，通以电流时（直流电）便可在磁力带轮的轮缘上产生磁场，并吸引金属带，从而大幅度地提高金属带与磁力带轮间的正压力和摩擦力，进而传递运动和动力。当主动磁力带轮由驱动力作用而发生运动时，依靠金属带与磁力带轮之间的摩擦力的作用，带动从动磁力带轮一起转动 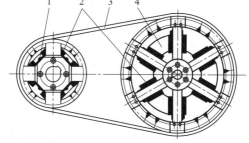 图(a)　电磁带轮式金属带传动 1—小带轮；2—励磁线圈；3—金属带；4—大带轮

种类		工作原理和带轮结构
电磁带轮式金属带传动	带轮结构	大、小磁力带轮均采用轮辐式结构,如图(b)和图(c)所示,轮毂的内圈为隔磁体,轮毂的外圈和轮辐均为导磁体,轮缘则由导磁体和隔磁体相间组成,然后与轮辐固接。磁力线由磁力带轮的轮辐、轮缘导磁部分、金属带及轮毂的外圈形成闭合回路,从而产生轮缘对金属带的磁场吸引力 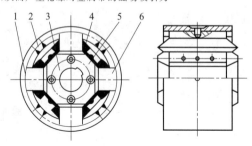 图(b)　主动磁力带轮的结构 1—轮缘;2—绝磁体;3—芯套;4—励磁线圈;5—轮毂;6—轮辐 　　磁力带轮主要由励磁线圈、轮辐、轮毂、轮缘、芯套等组成,其中轮缘由导磁体和绝磁体两部分相间组成,然后与轮辐固接;轮辐和轮毂均为导磁体;芯套为绝磁体,并与传动轴相连接,励磁线圈装在轮辐上,由于受结构的限制,小磁力带轮上只装有 4 个励磁线圈,大带轮上则装有 6 个励磁线圈。要求每两个励磁线圈间应首尾相接,且旋向一致,以使其在轮缘上产生的南、北磁极间隔排列,磁力线便可由轮毂、轮辐、导磁部分及金属带形成闭合回路,从而产生轮缘对金属带的电磁吸引力 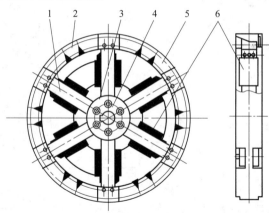 图(c)　从动磁力带轮的结构 1—轮辐;2—绝磁体;3—轮毂;4—芯套;5—轮缘;6—励磁线圈
永磁带轮式金属带传动	工作原理	MBDPM 的工作原理如图(d)所示,它主要由大小磁力带轮、稀土永磁体及金属带组成。安装在大小磁力带轮上的稀土永磁体可产生磁场并吸引金属带,进而传递运动和动力 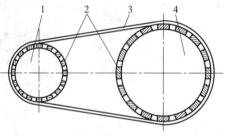 图(d)　永磁带轮式金属带传动 1—小带轮;2—稀土永磁体;3—金属带;4—大带轮

续表

种类	工作原理和带轮结构	
永磁带轮式金属带传动	带轮结构	图(e)为永磁带轮的结构示意图,它主要由轮缘 1、导磁体 2、隔磁体 3、金属带 4、稀土永磁体 5 及轮毂 6 等组成。其中轮毂由绝磁材料铸造而成,环状轮缘由多片导磁体和隔磁体相间焊接而成,并被切割成两个半圆环,以便组装在轮毂上。稀土永磁体两侧导磁体紧贴。到挠性金属带覆盖在轮缘外圆周上时,由稀土永磁体、环形槽两侧的导磁体及金属带形成多个磁力线闭合回路,以产生轮缘对金属带的磁场吸引力。从而大幅度地提高金属带与磁力带轮间的正压力和摩擦力,进而传递运动和动力 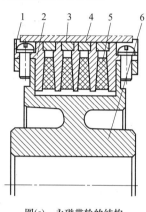 <div align="center">图(e) 永磁带轮的结构</div> <div align="center">1—轮缘;2—导磁体;3—隔磁体;4—金属带;5—稀土永磁体;6—轮毂</div>

1.7.1.2 磁力金属带的结构

为降低 MBDM 工作时金属带的弯曲应力,提高其使用寿命以及导磁能力,金属带可采用磁性复合结构(magnetic complex metal belt),如图 13-1-21 所示。

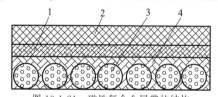

图 13-1-21 磁性复合金属带的结构

1—帆布层;2—普通橡胶;3—钢丝绳;4—磁性橡胶

其中钢丝绳由直径为 0.1～0.3mm 的钢丝编制而成,表面镀铬或镀锌。磁性橡胶的作用是固定钢丝绳,同时也可起到一定的隔磁作用。磁性橡胶的磁粉材料为钕铁硼(SH35～38),磁粉比例为 30%～50%。磁性橡胶只需填满钢丝绳的缝隙,并与钢丝绳外圆面平齐。

1.7.2 金属带式无级变速传动

无级自动变速传动(continuously variable transmission,CVT)作为理想的传动方式一直是人们追求的目标,它可以使原动机与外界负荷达到最佳匹配,实现节能和降低排放污染。

表 13-1-150   **金属带式 CVT 的工作原理、结构及应用**

项目	说 明
工作原理	如图(a)所示,金属带式 CVT 主要包括主动轮组、从动轮组、金属带和液压泵等基本部件。金属带由厚度为 1.5～2.2mm、宽度为 24mm 或 30mm 的 300～400 片钢片以及 2 匝各 6～12 层的钢环构成。主动轮组和从动轮组都由可动盘和固定盘组成,可动盘与固定盘都是锥面结构,它们的锥面形成 V 形槽来与 V 形金属传动带啮合。发动机输出轴输出的动力经过离合器首先传递到 CVT 装置的主动轮组,然后经过 V 形金属传动带传递到从动轮组,最后经减速器、差速器传递给车轮而驱动汽车。工作时通过主动轮组与从动轮组的可动盘作轴向移动来改变主动轮、从动轮锥面与 V 传动带啮合的工作半径,从而改变传动比。可动盘的轴向移动量是通过液压控制系统调节主、从动轮油缸中的液压力来实现的。由于主动轮和从动轮的工作半径可以实现连续调节,从而实现了无级变速

续表

项目	说　明
工作原理	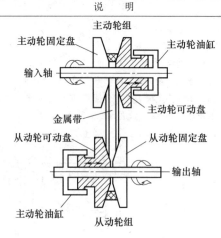 图(a)　金属带式CVT的工作原理
结构	如图(b)所示,金属带式由许多小的 V 形金属块和两根环形金属带组成。金属环夹在金属块肩部的凹槽中,一根金属带上有 300 多个金属块,具体数量与金属带传递的力矩大小有关。每个金属环则由 6～12 根环形带叠加而成,因此,对它的形位公差和尺寸公差的要求很高,否则就有可能只有一个金属环受力,带的寿命大大降低 金属块是用滚动轴承钢制成的,耐磨性较好,它的润滑是靠金属块与带轮接触挤出的润滑油来润滑的。为消除金属块之间的碰撞噪声,降低金属带的质量,可用金属板材压成凹形金属块,再在凹槽内填充弹性材料 金属环的功能包括两个方面,一是引导金属块;二是承担金属带中的全部张紧力。金属块的作用则是传递转矩 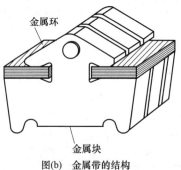 图(b)　金属带的结构
变速原理及传动比	由图(a)可知,每个带轮都由两个带有斜面的半带轮组成,其中一个半带轮是固定的,另一个半带轮通过液压伺服油缸控制其移动。两个带轮之间的中心距是固定的,传动带的总长不发生变化,而两带轮的节圆半径在液压控制系统的作用下可以连续变化,从而实现无级变速,如图(c)所示 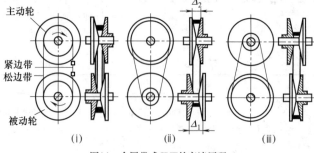 图(c)　金属带式CVT的变速原理 金属带式 CVT 的传动比可表示为 $$i=\frac{R_2}{R_1}=\frac{n_1}{n_2} \tag{13-1-4}$$ 式中,R_1、R_2 分别为主、从动轮的节圆半径;n_1、n_2 分别为主、从动轮的角速度

项目	说　明
变速原理及传动比	当 R_1 处于最小半径(两个半带轮之间的距离最宽) R_2 处于最大半径(两个半带轮之间的距离最窄)时,传动系形成的传动比最大,相当于汽车低挡状态,如图(c)中(ⅲ)所示。当通过液压伺服油缸控制改变 R_1 和 R_2 的半径值时,如 R_1 逐渐增大,由于中心距和带长都是固定的,为了保证正常传动而相应使 R_2 减小,则传动比也相应减小,直至 R_1 达到最大值而 R_2 处于最小值时,传动比最小,相当于汽车高挡行驶状态,如图(c)中(ⅱ)所示 　　由此可见,金属带式 CVT 的传动比由主、从动轮的节圆半径确定,当从动轮处于最大半径、主动轮处于最小半径时,传动比最大;反之,传动比最小。即 $$I_{max}=\dfrac{R_{2max}}{R_{1max}},\ I_{min}=\dfrac{R_{2min}}{R_{1min}} \tag{13-1-5}$$ 　　式中, I_{max} 和 I_{min} 主要与带轮所允许的最小半径和无级变速器的整体结构有关,通常在 0.5～2.5 范围内变化
传动机理	金属带传动是靠金属环张力和金属块间挤推力的共同作用来实现转矩传递的 　　如图(d)所示,金属块在整个金属带周向上处于理想的紧密接触状态,将金属带的有效切向摩擦力在带轮包角上积分。实际上,V 形金属带在不同的输入转矩比和传动比时,其载荷的分布形式和运行状态都是不同的。在带传动的转矩比较高时,金属带的传递转矩大部分由金属块之间的挤推力传递,在稳态工况下,无论传动比大小如何,金属块之间的挤推力的分布方式都是一致的,其分布形式为:在从动带轮的整个包角上,金属块之间都存在连续变化的挤推力;而在主动轮上,只有带轮出口处较小的包角范围内金属块才具有挤推力。随着输入转矩比的提高,金属块之间挤推力在从动轮包角上只增大其幅度,而在主动轮上既增大力的幅度又增大包角范围。在换高挡的瞬态工况下,金属块之间挤推力的分布方式与稳态工况是一致的。为了提高系统的传动效率,金属带式无级变速传动装置应尽量工作在较高的恒定转矩比范围内 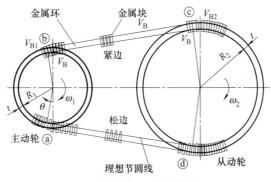 图(d)　金属带式CVT的传动机理
传动特性及应用	金属带式无级变速器不仅能够满足传递较大功率、适应高转速等条件,还具有如下几方面的特性: 　　① 经济性。该变速器通过传动比的连续变化,使车辆外界行驶条件与发动机负载实现最佳匹配,使发动机在最佳工作区稳定运转,从而充分发挥了发动机的潜力,燃烧完全,提高了整车的燃料经济性,减少了废气排放,有利于环境保护 　　② 动力性。在汽车起步、停止和变速过程中不至于产生冲击和抖动,减少了噪声,满足了汽车行驶多变的条件,使汽车在良好的性能状态下行驶 　　③ 舒适性。驾驶平稳、舒适,简化了操作,减轻了驾驶员的劳动强度,提高了行车安全,符合人们日益增长的舒适性要求 　　④ 可靠性。金属带 CVT 故障率极低,能达到与汽车相同的寿命 　　金属带式无级变速器本身就是一种自动变速器,而且它比目前在汽车上占主导地位的液力机械式自动变速器结构更加简单紧凑,更加节能,动力性能更加优良。它与目前流行的 4 挡自动变速器(AT)相比,燃油消耗节约 12%～17%,加速性能提高 7.5%～11.5%,发动机排放减少 10%,价格不比 AT 贵。随着人们对金属带式 CVT 优越性能的进一步了解,新型金属带式 CVT 的不断开发和推出,它将成为轿车变速器的主流 　　在各种机械变速传动中,尤其在需无级调节输出转速的场合,特别是在中大功率范围内,金属带式无级变速器将发挥其效率高、功率大的优势,会得到进一步的应用,如化工行业的反应罐、搅拌机、分离机等机械中的无级调速。此外,在工程机械、试验装置及航空航天设备上也有应用

第2章 链 传 动

2.1 链传动的类型、特点和应用

链传动是具有中间挠性件的啮合传动,它兼有齿轮传动和带传动的一些特点。链传动在机械传动中应用相当广泛,传动链的链速可达 40m/s,传递功率可达 3600kW,传动比可达 15。通常工作范围是:传动功率不大于 100kW,链速不大于 15m/s,传动比不大于 8。

与带传动相比,链传动的优点是:没有弹性滑动,平均传动比准确,传动效率稍高;张紧力小,轴与轴承所受载荷较小;结构紧凑,传递同样的功率,轮廓尺寸较带传动小。

与齿轮传动相比,链传动的优点是:中心距可大而结构轻便;能在恶劣的条件下工作(受气候条件变化影响小);成本较低。

链传动的缺点是:价格较带传动高,重量大;链条速度有波动,不能保持瞬时传动比恒定,工作时有噪声,在高速下易产生较大的张力和冲击载荷;不适用于受空间限制要求中心距小以及转动方向频繁改变的场合;链节伸长后运转不稳定,易跳齿;只能用于平行轴之间的传动。

常用传动链条的类型特点和应用见表 13-2-1。

表 13-2-1　　常用传动链条的类型特点和应用

种　类	简　图	结构和特点	应　用
传动用短节距精密滚子链(简称滚子链)		由外链节和内链节铰接而成,销轴和外链板、套筒和内链板为静配合,销轴和套筒为动配合;滚子空套在套筒上,可以自由转动,以减少啮合时的摩擦和磨损,并可以缓和冲击	动力传动
双节距精密滚子链		除链板节距为滚子链的两倍外,其他尺寸与滚子链相同,链条重量减轻	中小载荷、中低速、中心距较大的传动装置,亦可用于输送装置
传动用短节距精密套筒链(简称套筒链)		除无滚子外,结构和尺寸同滚子链。重量轻、成本低,并可提高节距精度 为提高承载能力,可利用原滚子的空间加大销轴和套筒尺寸,增大承压面积	不经常传动,中低速传动或起重装置(如配重、铲车起升装置)等
弯板滚子传动链(简称弯板链)		无内外链节之分,磨损后链节节距仍较均匀。弯板使链条的弹性增加,抗冲击性能好。销轴、套筒和链板间的间隙较大,对链轮共面性要求较低。销轴拆装容易,便于维修和调整松边下垂量	低速或极低速、载荷大、有尘土的开式传动和两轮不易共面处,如挖掘机等工程机械的行走机构、石油机械等

续表

种　类	简　图	结构和特点	应　用
传动用齿形链（又名无声链）		由多个齿形链片并列铰接而成。链片的齿形部分和链轮轮齿啮合，有共轭啮合和非共轭啮合两种。传动平稳准确，振动、噪声小，强度高，工作可靠；但重量较重，装拆较困难	高速或运动精度要求较高的传动，如机床主传动、发动机正时运动、石油机械以及重要的操纵机构等
成形链		链节由可锻铸铁或钢制造，装拆方便	用于农业机械和链速在3m/s以下的传动

2.2　传动用短节距精密滚子链和链轮

2.2.1　滚子链的基本参数与尺寸

（1）滚子链及其链节型式（图 13-2-1 和图 13-2-2）

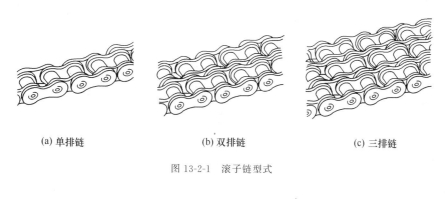

(a) 单排链　　　　　(b) 双排链　　　　　(c) 三排链

图 13-2-1　滚子链型式

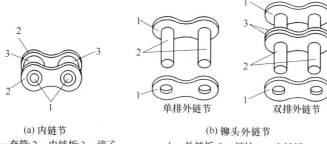

(a) 内链节
1—套筒；2—内链板；3—滚子

(b) 铆头外链节
1—外链板；2—销轴；3—中链板

单排外链节　　双排外链节

图 13-2-2

第 13 篇

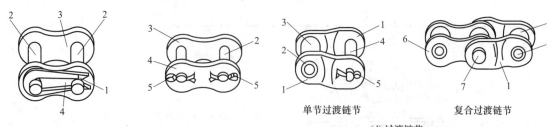

带弹性锁片的连接链节	带开口销的连接链节	单节过渡链节	复合过渡链节

(c) 可拆装连接链节

(d) 过渡链节

1—弹性锁片;2—连接销轴;3—外链板;
4—可拆装链板;5—开口销

1—过度链板;2—套筒;3—滚子;4—可拆式销轴;
5—开口销;6—内链板;7—铆头销轴

图 13-2-2　链节型式

（2）滚子链尺寸

链条尺寸参数见图 13-2-3 和表 13-2-2 及表 13-2-3。带止锁件的单排、双排或三排链条的全宽由下列公式计算。

1）对于铆头的链条，如果止锁件仅在一侧时：b_4（b_5、b_6）$+b_7$。

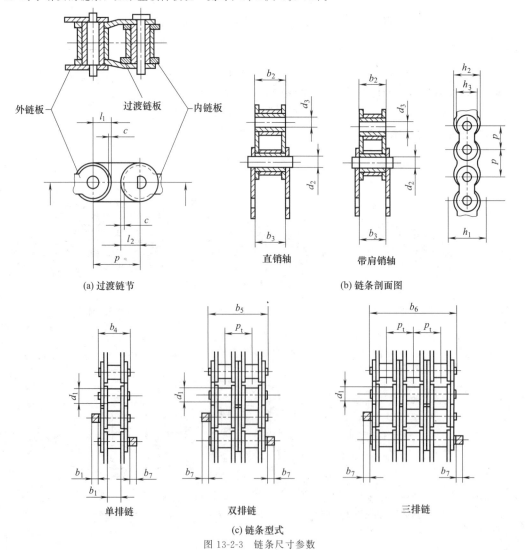

(a) 过渡链节

直销轴　　　带肩销轴

(b) 链条剖面图

单排链　　　双排链　　　三排链

(c) 链条型式

图 13-2-3　链条尺寸参数

表 13-2-2　　链条主要尺寸、测量力、抗拉强度及动载强度（GB/T 1243—2006）

链号①	节距 p mm	滚子直径 d_1 max	内节内宽 b_1 min	销轴直径 d_2 max	套筒孔径 d_3 min	链条通道高度 h_1 min	内链板高度 h_2 max	外或中链板高度 h_3 max	过渡链节中尺寸② l_1 min	l_2 min	c	排距 p_1	内节外宽 b_2 max	外节内宽 b_3 min	销轴长度 单排 b_4 max	双排 b_5 max	三排 b_6 max	止锁件附加宽度④ b_7 max	测量力 单排 N	双排	三排	抗拉强度 F_u kN 单排 min	双排 min	三排 min	动载强度①⑤⑥ 单排 F_d min N
04C	6.35	3.30⑦	3.10	2.31	2.34	6.27	6.02	5.21	2.65	3.08	0.10	6.40	4.80	4.85	9.1	15.5	21.8	2.5	50	100	150	3.5	7.0	10.5	630
06C	9.525	5.08⑦	4.68	3.60	3.62	9.30	9.05	7.81	3.97	4.60	0.10	10.13	7.46	7.52	13.2	23.4	33.5	3.3	70	140	210	7.9	15.8	23.7	1410
05B	8.00	5.00	3.00	2.31	2.36	7.37	7.11	7.11	3.71	3.71	0.08	5.64	4.77	4.90	8.6	14.3	19.9	3.1	50	100	150	4.4	7.8	11.1	820
06B	9.525	6.35	5.72	3.28	3.33	8.52	8.26	8.26	4.32	4.32	0.08	10.24	8.53	8.66	13.5	23.8	34.0	3.3	70	140	210	8.9	16.9	24.9	1290
08A	12.70	7.92	7.85	3.98	4.00	12.33	12.07	10.42	5.29	6.10	0.08	14.38	11.17	11.23	17.8	32.3	46.7	3.9	120	250	370	13.9	27.8	41.7	2480
08B	12.70	8.51	7.75	4.45	4.50	12.07	11.81	10.92	5.66	6.12	0.08	13.92	11.30	11.43	17.0	31.0	44.9	3.9	120	250	370	17.8	31.1	44.5	2480
081	12.70	7.75	3.30	3.66	3.71	10.17	9.91	9.91	5.36	5.36	0.08	—	5.80	5.93	10.2	—	—	1.5	125	—	—	8.0	—	—	
083	12.70	7.75	4.88	4.09	4.14	10.56	10.30	10.30	5.36	5.36	0.08	—	7.90	8.03	12.9	—	—	1.5	125	—	—	11.6	—	—	
084	12.70	7.75	4.88	4.09	4.14	11.41	11.15	11.15	5.77	5.77	0.08	—	8.80	8.93	14.8	—	—	1.5	125	—	—	15.6	—	—	
085	12.70	7.77	6.25	3.60	3.62	10.17	9.91	8.51	4.35	5.03	0.08	—	9.06	9.12	14.0	—	—	2.0	80	—	—	6.7	—	—	1340
10A	15.875	10.16	9.40	5.09	5.12	15.35	15.09	13.02	6.61	7.62	0.10	18.11	13.84	13.89	21.8	39.9	57.9	4.1	200	390	590	21.8	43.6	65.4	3850
10B	15.875	10.16	9.65	5.08	5.13	14.99	14.73	13.72	7.11	7.62	0.10	16.59	13.28	13.41	19.6	36.2	52.8	4.1	200	390	590	22.2	44.5	66.7	3330
12A	19.05	11.91	12.57	5.96	5.98	18.34	18.10	15.62	7.90	9.15	0.10	22.78	17.75	17.81	26.9	49.8	72.6	4.6	280	560	840	31.3	62.6	93.9	5490
12B	19.05	12.07	11.68	5.72	5.77	16.39	16.13	16.13	8.33	8.33	0.10	19.46	15.62	15.75	22.7	42.2	61.7	4.6	280	560	840	28.9	57.8	86.7	3720
16A	25.40	15.88	15.75	7.94	7.96	24.39	24.13	20.83	10.55	12.20	0.13	29.29	22.60	22.66	33.5	62.7	91.9	5.4	500	1000	1490	55.6	111.2	166.8	9550
16B	25.40	15.88	17.02	8.28	8.33	21.34	21.08	21.08	11.15	11.15	0.13	31.88	25.45	25.58	36.1	68.0	99.9	5.4	500	1000	1490	60.0	106.0	160.0	9530
20A	31.75	19.05	18.90	9.54	9.56	30.48	30.17	26.04	13.16	15.24	0.13	35.76	27.45	27.51	41.1	77.0	113.0	6.1	780	1560	2340	87.0	174.0	261.0	14600
20B	31.75	19.05	19.56	10.19	10.24	26.68	26.42	26.42	13.89	13.89	0.15	36.45	29.01	29.14	43.2	79.7	116.1	6.1	780	1560	2340	95.0	170.0	250.0	13500
24A	38.10	22.23	25.22	11.11	11.14	36.55	36.2	31.24	15.80	18.27	0.18	45.44	35.45	35.51	50.8	96.3	141.7	6.6	1110	2220	3340	125.0	250.0	375.0	20500
24B	38.10	25.40	25.40	14.63	14.68	33.73	33.4	33.40	17.55	17.55	0.18	48.36	37.92	38.05	53.4	101.8	150.2	6.6	1110	2220	3340	160.0	280.0	425.0	19700
28A	44.45	25.40	25.22	12.71	12.74	42.76	42.23	36.45	18.42	21.32	0.20	48.87	37.18	37.24	54.9	103.6	152.4	7.4	1510	3020	4540	170.0	340.0	510.0	27300
28B	44.45	27.94	30.99	15.90	15.95	37.46	37.08	37.08	19.51	19.51	0.20	59.56	46.58	46.71	65.1	124.7	184.3	7.4	1510	3020	4540	200.0	360.0	530.0	27100
32A	50.80	28.58	31.55	14.29	14.31	48.74	48.26	41.68	21.04	24.33	0.20	58.55	45.21	45.26	65.5	124.2	182.9	7.9	2000	4000	6010	223.0	446.0	669.0	34800
32B	50.80	29.21	30.99	17.81	17.86	42.72	42.29	42.29	22.20	22.20	0.20	58.55	45.57	45.70	67.4	126.0	184.5	7.9	2000	4000	6010	250.0	450.0	670.0	29900
36A	57.15	35.71	35.48	17.46	17.49	54.86	54.30	46.86	23.65	27.36	0.20	65.84	50.85	50.90	73.9	140.0	206.0	9.1	2670	5340	8010	281.0	562.0	843.0	44500
40A	63.50	39.68	37.85	19.85	19.87	60.93	60.33	52.07	26.24	30.36	0.20	71.55	54.88	54.94	80.3	151.9	223.5	10.2	3110	6230	9340	347.0	694.0	1041.0	53600
40B	63.50	39.37	38.10	22.89	22.94	53.49	52.96	52.96	27.76	27.76	0.20	72.29	55.75	55.88	82.6	154.9	227.2	10.2	3110	6230	9340	355.0	630.0	950.0	41800
48A	76.20	47.63	47.35	23.81	23.84	73.13	72.39	62.49	31.45	36.40	0.20	87.83	67.81	67.87	95.5	183.4	271.3	10.5	4450	8900	13340	500.0	1000.0	1500.0	73100
48B	76.20	48.26	45.72	29.24	29.29	64.52	63.88	63.88	33.45	33.45	0.20	91.21	70.56	70.69	99.1	190.4	281.6	10.5	4450	8900	13340	560.0	1000.0	1500.0	63600

续表

链号①	节距 p mm	滚子直径 d_1 max	内节内宽 b_1 min	销轴直径 d_2 max	套筒孔径 d_3 min	链条通道高度 h_1 min	内链板高度 h_2 max	外或中链板高度 h_3 max	过渡链节尺寸② l_1 min	过渡链节尺寸② l_2 min	c	排距 p_1	内节外宽 b_2 max	外节内宽 b_3 min	销轴长度 单排 b_4 max	销轴长度 双排 b_5 max	销轴长度 三排 b_6 max	止锁件附加宽度③ b_7 max	测量力 单排 N	测量力 双排 N	测量力 三排 N	抗拉强度 F_u 单排 min kN	抗拉强度 F_u 双排 min kN	抗拉强度 F_u 三排 min kN	动载强度④⑤ 单排 F_d min N
56B	88.90	53.98	53.34	34.32	34.37	78.64	77.85	77.85	40.61	40.61	0.20	106.60	81.33	81.46	114.6	221.2	327.8	11.7	6090	12190	20000	850.0	1600.0	2240.0	88900
64B	101.60	63.50	60.96	39.40	39.45	91.08	90.17	90.17	47.07	47.07	0.20	119.89	92.02	92.15	130.9	250.8	370.7	13.0	7960	15920	27000	1120.0	2000.0	3000.0	106900
72B	114.30	72.39	68.58	44.48	44.53	104.67	103.63	103.63	53.37	53.37	0.20	136.27	103.81	103.94	147.4	283.7	420.0	14.3	10100	20190	33500	1400.0	2500.0	3750.0	132700

① 重载系列链条详见表 13-2-3。
② 对于高应力场合，不推荐使用过渡链节。
③ 止锁件的实际尺寸取决于其类型，但都不应超过规定尺寸，使用者应从制造商处获取详细资料。
④ 动载件值不适用于过渡链节，连接链节或带有附件链的链条。
⑤ 双排链和三排链的动载试验不能用单排链条值的值按比例套用。不含 36A、40A、40B、48A、48B、56B、64B 和 72B，这些链条是基于 3 个链节的试样。
⑥ 动载强度值是基于 5 个链节的试样。
⑦ 套筒直径。

表 13-2-3　ANSI 重载系列链条主要尺寸、测量力、抗拉强度及动载强度（GB/T 1243—2006）

链号①	节距 p mm	滚子直径 d_1 max	内节内宽 b_1 min	销轴直径 d_2 max	套筒孔径 d_3 min	链条通道高度 h_1 min	内链板高度 h_2 max	外或中链板高度 h_3 max	过渡链节尺寸② l_1 min	过渡链节尺寸② l_2 min	c	排距 p_1	内节外宽 b_2 max	外节内宽 b_3 min	销轴长度 单排 b_4 max	销轴长度 双排 b_5 max	销轴长度 三排 b_6 max	止锁件附加宽度③ b_7 max	测量力 单排 N	测量力 双排 N	测量力 三排 N	抗拉强度 F_u 单排 min kN	抗拉强度 F_u 双排 min kN	抗拉强度 F_u 三排 min kN	动载强度④⑤ 单排 F_d min N
60H	19.05	11.91	12.57	5.96	5.98	18.34	18.10	15.62	7.90	9.15	0.10	26.11	19.43	19.48	30.2	56.3	82.4	4.6	280	560	840	31.3	62.6	93.9	6330
80H	25.40	15.88	15.75	7.94	7.96	24.39	24.13	20.83	10.55	12.20	0.13	32.59	24.28	24.33	37.4	70.0	102.6	5.4	500	1000	1490	55.6	112.2	166.8	10700
100H	31.75	19.05	18.90	9.54	9.56	30.48	30.17	26.04	13.16	15.24	0.15	39.09	29.10	29.16	44.5	83.6	122.7	6.1	780	1560	2340	87.0	174.0	261.0	16000
120H	38.10	22.23	25.22	11.11	11.14	36.55	36.2	31.24	15.80	18.27	0.18	48.87	37.18	37.24	55.0	103.9	152.8	6.6	1110	2220	3340	125.0	250.0	375.0	22200
140H	44.45	25.40	25.22	12.71	12.74	42.67	42.23	36.45	18.42	21.32	0.20	52.20	38.86	38.91	59.0	111.2	163.4	7.4	1510	3020	4540	170.0	340.0	510.0	29200
160H	50.80	28.58	31.55	14.29	14.31	48.74	48.26	41.66	21.04	24.33	0.20	61.90	46.88	46.94	69.4	131.3	193.2	7.9	2000	4000	6010	223.0	446.0	669.0	36900
180H	57.15	35.71	35.48	17.46	17.49	54.86	54.30	46.86	23.65	27.36	0.20	69.16	52.50	52.55	77.3	146.5	215.7	9.1	2670	5340	8010	281.0	562.0	843.0	46900
200H	63.50	39.68	37.85	19.85	19.87	60.93	60.33	52.07	26.24	30.36	0.20	78.31	58.29	58.34	87.1	165.4	243.7	10.2	3110	6230	9340	347.0	694.0	1041.0	58700
240H	76.20	47.63	47.35	23.81	23.84	73.13	72.39	62.49	31.45	36.40	0.20	101.22	74.54	74.60	111.4	212.6	313.8	10.5	4450	8900	13340	500.0	1000.0	1500.0	84400

① 标准用链条详见表 13-2-2。
② 对于高应力场合，不推荐使用过渡链节。
③ 止锁件的实际尺寸取决于其类型，但都不应超过规定尺寸，使用者应从制造商处获取详细资料。
④ 动载件值不适用于过渡链节，连接链节或带有附件链的链条。
⑤ 双排链和三排链的动载试验不能用单排链条值的值按比例套用。不含 180H、200H、240H，这些链条是基于 3 个链节的试样。
⑥ 动载强度值是基于 5 个链节的试样。

2）对于铆头的链条，如果止锁件在两侧时：b_4（b_5、b_6）$+2b_7$。

3）对于销轴露头的链条，如果止锁件仅在一侧时：b_4（b_5、b_6）$+1.6b_7$。

4）对于销轴露头的链条，如果止锁件在两侧时：b_4（b_5、b_6）$+3.2b_7$。

5）三排以上链条的全宽的计算公式：$b_4 + p_t$（链条排数－1）。

2.2.2 短节距精密滚子链传动设计计算

2.2.2.1 滚子链传动主要失效形式

表 13-2-4 滚子链传动的主要失效形式

失效形式	原　因
疲劳破坏	在链传动中，链条元件承受变应力作用，经过一定的循环次数，链板发生疲劳断裂，滚子和套筒工作表面出现点蚀和冲击疲劳裂纹
铰链磨损	在工作过程中，销轴与套筒承受较大的压力，同时有相对滑动，导致铰链磨损
铰链胶合	当链轮转速很高时，在载荷的作用下销轴和套筒间的油膜破坏，它们的工作表面产生胶合
静强度破断	在低速（$v<0.6\text{m/s}$）重载时或有突然巨大过载时，易发生静强度不足而断裂

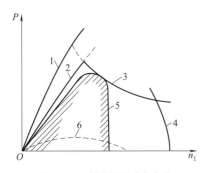

图 13-2-4　链的极限功率曲线

1—润滑良好时由磨损破坏限定；2—由链板疲劳强度限定；3—由滚子、套筒冲击疲劳限定；4—由销轴和套筒胶合限定；5—额定功率曲线；6—润滑恶劣时由磨损破坏限定

2.2.2.2 滚子链传动的额定功率

（1）极限功率曲线

不同工作条件，链传动的主要失效形式也不同，链传动的承载能力受到多种失效形式的限

制。图 13-2-4 为链传动在一定的使用寿命和润滑良好的条件下，由各种失效形式所限定的极限功率曲线。

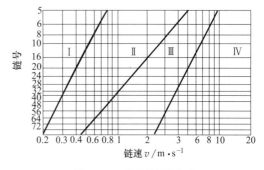

图 13-2-5　推荐的润滑方式

Ⅰ—人工定期润滑；Ⅱ—滴油润滑；Ⅲ—油浴或飞溅润滑；Ⅳ—压力喷油润滑

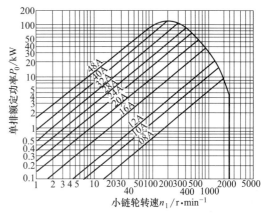

（a）A系列滚子链的额定功率曲线

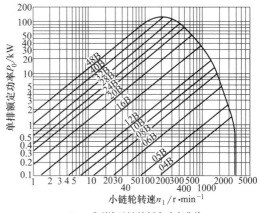

（b）B系列滚子链的额定功率曲线

图 13-2-6　滚子链的额定功率曲线（$v>0.6\text{m/s}$）

（2）额定功率曲线

为避免出现上述各种失效形式，在特定的条件

下：$z_1=19$，$i=3$，$L_p=120$，单排，水平布置，载荷平稳，润滑良好，按图 13-2-5 推荐的方式润滑，使用寿命 15000h，链因磨损引起的相对伸长量小于 3%。实验得到了链的额定功率曲线（图 13-2-6）。当实际使用条件与实验条件不同时，需作修正。

当不能保证图 13-2-5 推荐的润滑方式时，链条可能首先会发生磨损失效，图 13-2-6 规定的额定功率 P_0 应作如下修正。

① 当 $v \leqslant 1.5\text{m/s}$，润滑不良时，额定功率降至 $(0.3 \sim 0.6)P_0$，无润滑时，额定功率降至 $0.15P_0$（寿命不能保证 15000h）；

② 当 $1.5\text{m/s} < v < 7\text{m/s}$，润滑不良时，额定功率降至 $(0.15 \sim 0.3)P_0$；

③ 当 $v > 7\text{m/s}$，润滑不良时，传动不可靠，不宜采用。

2.2.2.3　滚子链传动设计计算内容与步骤

表 13-2-5　　　　　　　　滚子链传动的一般设计计算内容和步骤

计算项目	单位	公式及数据	说　明
已知条件		①传递功率 ②小链轮、大链轮转速 ③传动用途、载荷性质以及原动机种类	
传动比 i		$$i = \frac{n_1}{n_2} = \frac{z_2}{z_1}$$ 一般 $i \leqslant 7$，推荐 $i = 2 \sim 3.5$；当 $v < 2\text{m/s}$，平衡载荷，i 可达 10	n_1——小链轮转速，r/min n_2——大链轮转速，r/min
小链轮齿数 z_1		$z_1 \geqslant z_{\min} = 17$ 推荐 $z_1 \approx 29 - 2i$ <table><tr><td>i</td><td>1~2</td><td>2~3</td><td>3~4</td><td>4~5</td><td>5~6</td><td>6</td></tr><tr><td>z_1</td><td>31~27</td><td>27~25</td><td>25~23</td><td>23~21</td><td>21~17</td><td>17~15</td></tr></table>	z_1 增大，链条总拉力下降，多边形效应减弱，但结构重量增大 z_1、z_2 取奇数，链节数 L_p 为偶数时，可使链条和链轮轮齿磨损均匀 优先选用齿数：17、19、21、23、25、38、57、76、95 和 114
大链轮齿数 z_2		$z_2 = i z_1 \leqslant z_{\max} = 114$	增大 z_2，链传动的磨损使用寿命降低
设计功率 P_d	kW	$P_d = K_A P$	K_A——工况系数，见表 13-2-6 P——传递功率，kW
特定条件下单排链条传递的功率 P_0	kW	$$P_0 = \frac{P_d}{K_z K_p K_L}$$	K_z——小链轮齿数系数，见表 13-2-7 K_p——排数系数，见表 13-2-8 K_L——链长系数，见表 13-2-7
链条节距 p	mm	根据 P_0 和 n_1 由图 13-2-6 确定链号后，查表 13-2-2 选取	为使传动平稳、结构紧凑，宜选用小节距单排链；当速度高、功率大时，则选用小节距多排链
验算小链轮轴孔直径 d_K	mm	$d_K \leqslant d_{Kmax}$	d_{Kmax}——链轮轴孔最大许用直径，见表 13-2-9 当不能满足要求时，可增大 z_1 或 p 重新验算
初定中心距 a_0	mm	一般取 $a_0 = (30 \sim 50)p$ 脉动载荷、无张紧装置时 $a_0 < 25p$ <table><tr><td>i</td><td><4</td><td>$\geqslant 4$</td></tr><tr><td>$a_{0\min}$</td><td>$0.2z_1(i+1)p$</td><td>$0.33z_1(i-1)p$</td></tr></table>$a_{0\max} = 80p$	当有张紧装置或托板时，a_0 可大于 $80p$

续表

计算项目	单位	公式及数据	说　明
以节距计的初定中心距 a_{0p}	节	$a_{0p}=\dfrac{a_0}{p}$	
链条节数 L_p	节	$L_p=\dfrac{z_1+z_2}{2}+2a_{0p}+\dfrac{k}{a_{0p}}$	计算得到的 L_p 值,应圆整为偶数,以避免使用过渡链节,否则其极限拉伸载荷须降低 20% k——见表 13-2-10
链条长度 L	m	$L=\dfrac{L_p p}{1000}$	
计算中心距 a_c	mm	$z_1\neq z_2$ 时,$a_c=p(2L_p-z_1-z_2)k_a$ $z_1=z_2=z$ 时,$a_c=\dfrac{p}{2}(L_p-z)$	k_a——见表 13-2-11
实际中心距 a	mm	$a=a_c-\Delta a$ 一般 $\Delta a=(0.002\sim0.004)a_c$	为使链条松边有合适垂度,需将计算中心距减小 Δa,其垂度 $f=(0.01\sim0.02)a_c$ 对中心距不可调或无张紧装置的或有冲击振动的传动,Δa 取小值,中心距可调的取大值
链条速度 v	m/s	$v=\dfrac{z_1 n_1 p}{60\times1000}$	$v\leqslant0.6$m/s 时,为低速链传动 $v>0.6\sim0.8$m/s 时,为中速链传动 $v>0.8$m/s 时,为高速链传动
有效圆周力 F_t	N	$F_t=\dfrac{1000p}{v}$	
作用在轴上的力 F		水平或倾斜的传动 $F\approx(1.15\sim1.20)K_A F_t$ 接近垂直的传动 $F\approx1.05K_A F_t$	
润滑		参考图 13-2-5 和表 13-2-47、表 13-2-48 合理确定	
小链轮包角 α_1	(°)	$\alpha_1=180°-\dfrac{(z_2-z_1)p}{\pi a}\times57.3°$	要求 $\alpha_1\geqslant120°$

表 13-2-6 　　　　　　　　　　　　工况系数 K_A

载荷种类	工　作　机	原 动 机		
		电动机、汽轮机、燃气轮机、带液力偶合器的内燃机	内燃机(≥6 缸)、频繁启动电动机	带机械联轴器的内燃机(<6 缸)
平稳载荷	液体搅拌机、离心式泵和压缩机、风机、均匀给料的带式输送机、印刷机械、自动扶梯	1.0	1.1	1.3
中等冲击	固液比大的搅拌机、不均匀负载的输送机、多缸泵和压缩机、滚筒筛	1.4	1.5	1.7
较大冲击	电铲、轧机、橡胶机械、压力机、剪床、石油钻机、单缸或双缸泵和压缩机、破碎机、矿山机械、振动机械、锻压机械、冲床	1.8	1.9	2.1

表 13-2-7　　　　　　　　　　　小链轮齿数系数 K_z 和链长系数 K_L

链传动工作在图 13-2-6 中的位置	位于功率曲线顶点的左侧时（链板疲劳）	位于功率曲线顶点右侧时（滚子、套筒冲击疲劳）
K_z	$\left(\dfrac{z_1}{19}\right)^{1.08}$	$\left(\dfrac{z_1}{19}\right)^{1.5}$
K_L	$\left(\dfrac{L_p}{100}\right)^{0.26}$	$\left(\dfrac{L_p}{100}\right)^{0.5}$

表 13-2-8　　　　　　　　　　　排数系数 K_p

排数 n	1	2	3	4	5	6
K_p	1	1.7	2.5	3.3	4	4.6

表 13-2-9　　　　　　　　　　　链轮轴孔的最大许用直径 d_{Kmax}　　　　　　　　　　　mm

齿数 z	节距 p									
	9.525	12.70	15.875	19.05	25.40	31.75	38.10	44.45	50.80	63.50
11	11	18	22	27	38	50	60	71	80	103
13	15	22	30	36	51	64	79	91	105	132
15	20	28	37	46	61	80	95	111	129	163
17	24	34	45	53	74	93	112	132	152	193
19	29	41	51	62	84	108	129	153	177	224
21	33	47	59	72	95	122	148	175	200	254
23	37	51	65	80	109	137	165	196	224	278
25	42	57	73	88	120	152	184	217	249	310

表 13-2-10　　　　　　　　　　　$k = \left(\dfrac{z_2 - z_1}{2\pi}\right)^2$ 值

z_2-z_1	$\left(\dfrac{z_2-z_1}{2\pi}\right)^2$	z_2-z_1	$\left(\dfrac{z_2-z_1}{2\pi}\right)^2$	z_2-z_1	$\left(\dfrac{z_2-z_1}{2\pi}\right)^2$	z_2-z_1	$\left(\dfrac{z_2-z_1}{2\pi}\right)^2$	z_2-z_1	$\left(\dfrac{z_2-z_1}{2\pi}\right)^2$	z_2-z_1	$\left(\dfrac{z_2-z_1}{2\pi}\right)^2$
1	0.025	18	8.21	35	31.03	52	68.49	69	120.60	86	187.34
2	0.101	19	9.14	36	33.83	53	71.15	70	124.12	87	191.73
3	0.228	20	10.13	37	34.68	54	73.86	71	127.69	88	196.16
4	0.405	21	11.17	38	36.58	55	76.62	72	131.31	89	200.64
5	0.633	22	12.26	39	38.58	56	79.44	73	134.99	90	205.18
6	0.912	23	13.40	40	40.53	57	82.30	74	138.71	91	209.76
7	1.21	24	14.59	41	42.58	58	85.21	75	142.48	92	214.40
8	1.62	25	15.83	42	44.68	59	88.17	76	146.31	93	219.08
9	2.05	26	17.12	43	46.84	60	91.19	77	150.18	94	223.82
10	2.53	27	18.47	44	49.04	61	94.25	78	154.11	95	228.61
11	3.07	28	19.86	45	51.29	62	97.37	79	158.09	96	233.44
12	3.65	29	21.30	46	53.60	63	100.54	80	162.11	97	238.33
13	4.28	30	22.80	47	55.95	64	103.75	81	166.19	98	243.27
14	4.96	31	24.43	48	58.36	65	107.02	82	170.32	99	248.26
15	5.70	32	25.94	49	60.82	66	110.34	83	174.50	100	253.30
16	6.48	33	27.58	50	63.33	67	113.71	84	178.73		
17	7.32	34	29.28	51	65.88	68	117.13	85	183.01		

表 13-2-11　　　　　　　　　　k_a 值

$\dfrac{L_p - z_1}{z_2 - z_1}$	k_a	$\dfrac{L_p - z_1}{z_2 - z_1}$	k_a	$\dfrac{L_p - z_1}{z_2 - z_1}$	k_a	$\dfrac{L_p - z_1}{z_2 - z_1}$	k_a	$\dfrac{L_p - z_1}{z_2 - z_1}$	k_a
1.050	0.19245	1.150	0.21390	1.250	0.22442	1.45	0.23490	2.50	0.24679
1.052	0.19312	1.152	0.21417	1.252	0.22457	1.46	0.23524	2.55	0.24694
1.054	0.19378	1.154	0.21445	1.254	0.22473	1.47	0.23556	2.60	0.24709
1.056	0.19441	1.156	0.21472	1.256	0.22488	1.48	0.23588	2.65	0.24722
1.058	0.19504	1.158	0.21499	1.258	0.22504	1.49	0.23618	2.70	0.24735
1.060	0.19564	1.160	0.21525	1.260	0.22519	1.50	0.23648	2.75	0.24747
1.062	0.19624	1.162	0.21551	1.262	0.22534	1.51	0.23677	2.80	0.24758
1.064	0.19682	1.164	0.21577	1.264	0.22548	1.52	0.23704	2.85	0.24768
1.066	0.19739	1.166	0.21602	1.266	0.22563	1.53	0.23731	2.90	0.24778
1.068	0.19794	1.168	0.21627	1.268	0.22578	1.54	0.23757	2.95	0.24787
1.070	0.19848	1.170	0.21652	1.270	0.22592	1.55	0.23782	3.0	0.24795
1.072	0.19902	1.172	0.21677	1.272	0.22606	1.56	0.23806	3.1	0.24811
1.074	0.19954	1.174	0.21701	1.274	0.22621	1.57	0.23830	3.2	0.24825
1.076	0.20005	1.176	0.21725	1.276	0.00635	1.58	0.23853	3.3	0.24837
1.078	0.20055	1.178	0.21748	1.278	0.22648	1.59	0.23875	3.4	0.24848
1.080	0.20104	1.180	0.21772	1.280	0.22662	1.60	0.23896	3.5	0.24858
1.082	0.20152	1.182	0.21795	1.282	0.22676	1.61	0.23917	3.6	0.24867
1.084	0.20199	1.184	0.21817	1.284	0.22689	1.62	0.23938	3.7	0.24876
1.086	0.20246	1.186	0.21840	1.286	0.22703	1.63	0.23957	3.8	0.24883
1.088	0.20291	1.188	0.21862	1.288	0.22716	1.64	0.23976	3.9	0.24890
1.090	0.20336	1.190	0.21884	1.290	0.22729	1.65	0.23995	4.0	0.24896
1.092	0.20380	1.192	0.21906	1.292	0.22742	1.66	0.24013	4.1	0.24902
1.094	0.20423	1.194	0.21927	1.294	0.22755	1.67	0.24031	4.2	0.24907
1.096	0.20465	1.196	0.21948	1.296	0.22768	1.68	0.24048	4.3	0.24912
1.098	0.20507	1.198	0.21969	1.298	0.22780	1.69	0.24065	4.4	0.24916
1.100	0.20548	1.200	0.21990	1.300	0.22793	1.70	0.24081	4.5	0.24921
1.102	0.20588	1.202	0.22011	1.305	0.22824	1.72	0.24112	4.6	0.24924
1.104	0.20628	1.204	0.22031	1.310	0.22854	1.74	0.24142	4.7	0.24928
1.106	0.20667	1.206	0.22051	1.315	0.22883	1.76	0.24170	4.8	0.24931
1.108	0.20705	1.208	0.22071	1.320	0.22912	1.78	0.24197	4.9	0.24934
1.110	0.20743	1.210	0.22090	1.325	0.22941	1.80	0.24222	5.0	0.27937
1.112	0.20780	1.212	0.22110	1.330	0.22968	1.82	0.24247	5.5	0.24949
1.114	0.20817	1.214	0.22129	1.335	0.22995	1.84	0.24270	6.0	0.24958
1.116	0.20852	1.216	0.22148	1.340	0.23022	1.86	0.24292	7	0.24970
1.118	0.20888	1.218	0.22167	1.345	0.23048	1.88	0.24313	8	0.24977
1.120	0.20923	1.220	0.22185	1.350	0.23073	1.90	0.24333	9	0.24983
1.122	0.20957	1.222	0.22204	1.355	0.23098	1.92	0.24352	10	0.24986
1.124	0.20991	1.224	0.22222	1.360	0.23123	1.94	0.24371	11	0.24988
1.126	0.21024	1.226	0.22240	1.365	0.23146	1.96	0.24388	12	0.24900
1.128	0.21057	1.228	0.22257	1.370	0.23170	1.98	0.24405	13	0.24992
1.130	0.21090	1.230	0.22275	1.375	0.23193	2.00	0.24421	14	0.24993
1.132	0.21122	1.232	0.22293	1.380	0.23215	2.05	0.24459	15	0.24994
1.134	0.21153	1.234	0.22310	1.385	0.23238	2.10	0.24493	20	0.24997
1.136	0.21184	1.236	0.22327	1.390	0.23259	2.15	0.24524	25	0.24998
1.138	0.21215	1.238	0.22344	1.395	0.23281	2.20	0.24552	30	0.24999
1.140	0.21245	1.240	0.22360	1.40	0.23301	2.25	0.24578	>30	0.25
1.142	0.21175	1.242	0.22377	1.41	0.23342	2.30	0.24602		
1.144	0.21304	1.244	0.22393	1.42	0.23381	2.35	0.24623		
1.146	0.21333	1.246	0.22410	1.43	0.23419	2.40	0.24643		
1.148	0.21361	1.248	0.22426	1.44	0.23455	2.45	0.24662		

注：$k_a = \dfrac{1}{2\pi\cos\theta\left(2\dfrac{L_p - z_1}{z_2 - z_1} - 1\right)}$；$\mathrm{inv}\theta = \pi\left(\dfrac{L_p - z_1}{z_2 - z_1} - 1\right)$。

2.2.2.4　滚子链静强度计算

在低速（$v<0.6\text{m/s}$）重载链传动中，链条的静强度占主要地位。如果仍用额定功率曲线选择计算，结果常不经济，因为额定功率曲线上各点相应的条件性安全系数 n 为 $8\sim20$，远比静强度安全系数大。当进行耐疲劳和耐磨损工作能力计算时，若要求的使用寿命过短，传动功率过大，也需进行链条的静强度验算。

链条静强度计算式：

$$n=\frac{F_u}{K_A F_t+F_c+F_f}\geqslant n_p \qquad (13\text{-}2\text{-}1)$$

式中　n——静强度安全系数；

F_u——链条极限拉伸载荷（抗拉载荷），N，见表 13-2-2；

F_t——有效圆周力，N，见表 13-2-5；

F_c——离心力引起的力，N，$F_c=qv^2$；

q——链条质量，kg/m，见表 13-2-12；

v——链条速度，m/s；

F_f——悬垂力，N，在 F_f' 和 F_f'' 两者中取较大者；

$$F_f'=\frac{K_f qa}{100}$$

$$F_f''=\frac{(K_f+\sin\theta)qa}{100}$$

K_f——系数，见图 13-2-7；

a——链传动中心距，mm；

θ——两轮中心连线对水平面倾角；

n_p——许用安全系数，$n_p=4\sim8$。

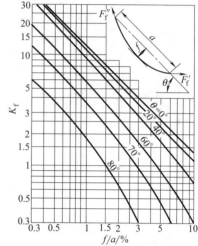

图 13-2-7　确定悬垂拉力的系数 K_f

若以最大尖峰载荷代替 $K_A F_t$ 时，则 $n_p=3\sim6$；若速度较低，从动系统惯性小，不太重要的传动或作用力的确定比较准确时，n_p 可取较小值。

表 13-2-12　　　　　　　　　　　　单排滚子链质量 q

节距 p/mm	8.00	9.525	12.7	15.875	19.05	25.4	31.75	38.10	44.45	50.80	63.50	76.20
质量 q/kg·m^{-1}	0.18	0.40	0.60	1.00	1.50	2.60	3.80	5.60	7.50	10.10	16.10	22.60

2.2.2.5　滚子链的耐疲劳工作能力计算

当链条传递功率超过额定功率、链条的使用寿命要求小于 15000h 时，其疲劳寿命的近似计算法如下。本计算法仅适用于 A 系列标准滚子链，对 B 系列和加重系列可作为参考。

设 P_0' 为链板疲劳强度限定的额定功率，P_0'' 为滚子套筒冲击疲劳强度限定的额定功率，P 为要求的传动功率，则在铰链不发生胶合的前提下对已知链传动进行疲劳寿命计算如下。

当 $\dfrac{K_A P}{K_p}\geqslant P_0'$ 时

则　　　$$T=\frac{10^7}{z_1 n_1}\left(\frac{K_p P_0'}{K_A P}\right)^{3.71}\frac{L_p}{100}\quad (\text{h}) \qquad (13\text{-}2\text{-}2)$$

当 $P_0''\leqslant\dfrac{K_A P}{K_p}<P_0'$ 时

则　　　$$T=15000\left(\frac{K_p P_0'}{K_A P}\right)\frac{L_p}{100}\quad (\text{h}) \qquad (13\text{-}2\text{-}3)$$

式中　T——使用寿命，h；

z_1——小链轮齿数；

n_1——小链轮转速，r/min；

K_p——多排链排数系数，见表 13-2-8；

K_A——工况系数，见表 13-2-6；

L_p——链长，以节数表示。

$$P_0'=0.003z_1^{1.08}n_1^{0.9}\left(\frac{p}{25.4}\right)^{3-0.0028p}\quad(\text{kW})$$

$$(13\text{-}2\text{-}4)$$

$$P_0''=\frac{950z_1^{1.5}p^{0.8}}{n_1^{1.5}}\quad(\text{kW}) \qquad (13\text{-}2\text{-}5)$$

2.2.2.6　滚子链的耐磨损工作能力计算

当工作条件要求链条的磨损伸长率（即相对伸长量）$\dfrac{\Delta p}{p}$ 明显小于 3% 或润滑条件不符合图 13-2-5 的规定要求方式而有所恶化时，可按下列公式进行滚子链的磨损寿命计算

$$T=91500\left(\frac{c_1 c_2 c_3}{p_r}\right)^3\frac{L_p}{v}\times\frac{z_1 i}{i+1}\left(\frac{\Delta p}{p}\right)_p\frac{p}{3.2d_2}\quad(\text{h})$$

$$(13\text{-}2\text{-}6)$$

式中　T——磨损使用寿命，h；

L_p——链长，以节数表示；

v——链速，m/s；

z_1——小链轮齿数；

i——传动比；

$\left(\dfrac{\Delta p}{p}\right)_p$——许用磨损伸长率，按具体条件确定，一

般取 3%；

d_2——滚子链销轴直径，mm；

c_1——磨损系数，见图 13-2-8；

c_2——节距系数，见表 13-2-13；

c_3——齿数-速度系数，见图 13-2-9；

p_r——铰链的压强，MPa。

表 13-2-13   节距系数 c_2

节距 p/mm	9.525	12.7	15.875	19.05	25.4	31.75	38.1	44.45	50.8	63.5
系数 c_2	1.48	1.44	1.39	1.34	1.27	1.23	1.19	1.15	1.11	1.03

铰链的压强 p_r 按式（13-2-7）计算：

$$p_r = \frac{K_A F_t + F_c + F_f}{A} \ (\text{MPa}) \quad (13\text{-}2\text{-}7)$$

式中 K_A——工况系数，见表 13-2-6；

F_t——有效拉力（即有效圆周力），N，见表 13-2-5；

F_c——离心力引起的拉力，N，$F_c = qv^2$；

q——链条质量，kg/m，见表 13-2-12；

v——链条速度，m/s；

F_f——悬垂拉力，N，见式（13-2-1）；

A——铰链承压面积，mm^2，$A = d_2 b_2$；

d_2——滚子链销轴直径，mm；

b_2——套筒长度（即内链节外宽），mm。

当使用寿命 T 已定时，可由式（13-2-6）确定许用压强 p_{rp}，用式（13-2-7）进行铰链的压强验算，即

$$p_r \leqslant p_{rp} \ (\text{MPa})$$

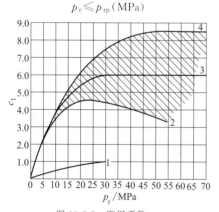

图 13-2-8   磨损系数 c_1

1—干运转，工作温度<140℃，链速 v<7m/s（干运转使磨损寿命大大下降，应尽可能使润滑条件处于图中的阴影区）；2—润滑不充分，工作温度<70℃，v<7m/s；3—采用规定的润滑方式（图 13-2-5）；4—良好的润滑条件

2.2.2.7 滚子链的抗胶合工作能力计算

由销轴与套筒间的胶合限定的滚子链工作能力（通常为计算小链轮的极限转速）可由式（13-2-8）

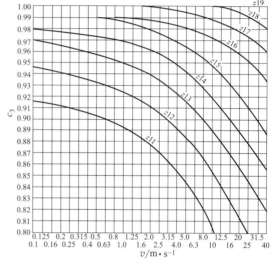

图 13-2-9   齿数-速度系数 c_3

确定。本公式仅适用于 A 系列标准滚子链。

$$\left(\frac{n_{\max}}{1000}\right)^{1.59\lg\frac{p}{25.4}+1.873} = \frac{82.5}{(7.95)^{\frac{p}{25.4}}(1.0278)^{z_1}(1.323)^{\frac{F_t}{4450}}}$$

$$(13\text{-}2\text{-}8)$$

式中 $n_{\max}$——小链轮不发生胶合的极限转速，r/min；

p——节距，mm；

z_1——小链轮齿数；

F_t——单排链的有效圆周力，N，见表 13-2-5。

本计算式是按规定润滑方式（图 13-2-5）在大量试验基础上建立的。高速运转时，特别要注意润滑条件。

2.2.3   短节距精密滚子链链轮

滚子链与链轮的啮合属非共轭啮合传动，故链轮齿形的设计有较大的灵活性。在 GB/T 1243—2006 中，规定了基本参数、主要尺寸和最大、最小齿槽形状。而实际齿槽形状取决于刀具和加工方法，并需处于最小和最大齿侧圆弧半径之间，实际中常用的三圆弧-直线齿形符合上述规定的齿槽形状范围。

2.2.3.1　基本参数与尺寸

表 13-2-14　　　　　　　链轮基本参数和主要尺寸（GB/T 1243—2006）

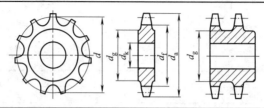

名　　称		单位	计　算　公　式
基本参数	链轮齿数 z		
	配用链条的节距 p	mm	
	配用链条的最大滚子直径 d_1	mm	
	配用链条的排距 p_t	mm	
主要尺寸	分度圆直径 d	mm	$d = \dfrac{p}{\sin\dfrac{180°}{z}}$
	齿顶圆直径 d_a	mm	$d_{amax} = d + 1.25p - d_1$ $d_{amin} = d + \left(1 - \dfrac{1.6}{z}\right)p - d_1$ 三圆弧-直线齿形 $d_a = p\left(0.54 + \cot\dfrac{180°}{z}\right)$
	齿根圆直径 d_f	mm	$d_f = d - d_1$
	节距多边形以上的齿高 h_a	mm	$h_{amax} = \left(0.625 + \dfrac{0.8}{z}\right)p - 0.5d_1$ $h_{amin} = 0.5(p - d_1)$ 三圆弧-直线齿形 $h_a = 0.27p$
	最大齿侧凸缘直径 d_g	mm	$d_g \leqslant p\cot\dfrac{180°}{z} - 1.04h_2 - 0.76$

注：1. 设计时可在 d_{amax}、d_{amin} 范围内任意选取，但选用 d_{amax} 时，应考虑采用展成法加工，有发生顶切的可能性。

2. h_a 是为简化放大齿形图绘制而引入的辅助尺寸，h_{amax} 相应于 d_{amax}；h_{amin} 相应于 d_{amin}。

2.2.3.2　链轮齿形与齿廓

表 13-2-15　　　　　　　齿槽形状（GB/T 1243—2006）

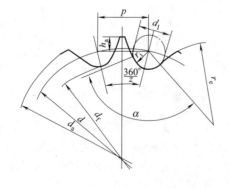

p—弦节距，等于链条节距；d—分度圆直径；d_1—最大滚子直径；d_a—齿顶圆直径；d_f—齿根圆直径；r_e—齿槽圆弧半径；r_i—齿沟圆弧半径；z—齿数；α—齿沟角；h_a—节距多边形以上的齿高

续表

名　　　称	单位	计 算 公 式	
		最大齿槽形状	最小齿槽形状
齿槽圆弧半径 r_e	mm	$r_{emin}=0.008d_1(z^2+180)$	$r_{emax}=0.12d_1(z+2)$
齿沟圆弧半径 r_i		$r_{imax}=0.505d_1+0.069\sqrt[3]{d_1}$	$r_{imin}=0.505d_1$
齿沟角 α	(°)	$\alpha_{min}=120°-\dfrac{90°}{z}$	$\alpha_{max}=140°-\dfrac{90°}{z}$

注：链轮的实际齿槽形状，应在最大齿槽形状和最小齿槽形状的范围内。

表 13-2-16　　　　　三圆弧-直线齿槽形状

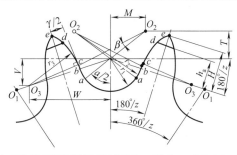

名　　　称	单位	计 算 公 式	
齿沟圆弧半径 r_1	mm	$r_1=0.5025d_1+0.05$	
齿沟半角 $\alpha/2$	(°)	$\alpha/2=55°-\dfrac{60°}{z}$	
工作段圆弧中心 O_2 的坐标	M	mm	$M=0.8d_1\sin(\alpha/2)$
	T		$T=0.8d_1\cos(\alpha/2)$
工作段圆弧半径 r_2			$r_2=1.3025d_1+0.05$
工作段圆弧中心角 β	(°)	$\beta=18°-\dfrac{56°}{z}$	
齿顶圆弧中心 O_3 坐标	M	mm	$W=1.3d_1\cos\dfrac{180°}{z}$
	V		$V=1.3d_1\sin\dfrac{180°}{z}$

表 13-2-17　　　　　剖面齿廓（GB/T 1243—2006）　　　　　　mm

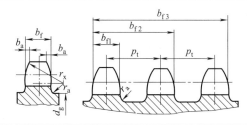

名　　　称		代号	计 算 公 式	
			$p\leqslant12.7$	$p>12.7$
齿宽	单排	b_{f1}	$0.93b_1$	$0.95b_1$
	双排、三排		$0.91b_1$	$0.93b_1$
	四排以上		$0.88b_1$	$0.93b_1$

续表

名　称	代号	计算公式	
		$p \leqslant 12.7$	$p > 12.7$
齿边倒角宽	b_a	$b_a = (0.1 \sim 0.15)p$	
齿侧半径	r_x	$r_x \geqslant p$	
齿侧凸缘圆角半径	r_a	$r_a \approx 0.04p$	
齿全宽	b_{fn}	$b_{fn} = (n-1)p_t + b_{fi}$　　n——排数	

注：当 $p > 12.7$ 时，经制造厂同意，亦可使用 $p \leqslant 12.7$mm 时的齿宽。

2.2.3.3　链轮材料与热处理

表 13-2-18　　　　　　　　　　　　　　链轮材料与热处理

材　料	热　处　理	齿面硬度	应　用　范　围
15、20	渗碳、淬火、回火	50～60HRC	$z \leqslant 25$ 有冲击载荷的链轮
35	正火	160～200HBS	$z > 25$ 的主、从动链轮
45、50 45Mn、ZG310-570	淬火、回火	40～50HRC	无剧烈冲击振动和要求耐磨损的主、从动轮
15Cr、20Cr	渗碳、淬火、回火	55～60HRC	$z < 30$ 传递较大功率的重要链轮
40Cr、35SiMn、35CrMo	淬火、回火	40～50HRC	要求强度较高和耐磨损的重要链轮
Q235、Q275	焊接后退火	≈140HBS	中低速、功率不大的较大链轮
不低于 HT200 的灰铸铁	淬火、回火	260～280HBS	$z > 50$ 的从动链轮以及外形复杂或强度要求一般的链轮
夹布胶木			$P < 6$kW，速度较高，要求传动平稳、噪声小的链轮

2.2.3.4　链轮精度要求

表 13-2-19　　　　链轮齿根圆直径极限偏差 Δd_f 和跨柱测量距极限偏差 ΔM_R　　　　　　　mm

项目(符号)	上　偏　差	下　偏　差	
齿根圆直径极限偏差(Δd_f) 量柱测量距极限偏差(ΔM_R)	0	-0.25	$d_f \geqslant 127$
	0	-0.3	$127 > d_f \geqslant 250$
	0	h_{11}	$d_f > 250$

表 13-2-20　　　　　　　　　　　　　　跨柱测量距 M_R

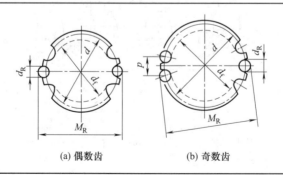

(a) 偶数齿　　　　　　　　(b) 奇数齿

续表

偶数齿	$M_R = d + d_{Rmin}$
奇数齿	$M_R = d\cos\dfrac{90°}{z} + d_{Rmin}$

注：量柱直径 d_R 等于链条滚子直径 d_1，其极限偏差为 ${}^{+0.01}_{0}$mm。

径向圆跳动：链轮孔和根圆直径之间的径向跳动量不应超过下列两数值的较大值：$(0.0008d_1 + 0.08)$mm 或 0.15mm，最大到 0.76mm。

端面圆跳动：轴孔到链轮齿侧面平直部分的端面跳动量不应超过下列计算值：$(0.009d + 0.08)$mm，最大到 1.14mm。对于焊接链轮，如上述公式的计算值较小，可采用 0.25mm。

轴孔公差：采用 H8。

2.2.3.5　链轮结构

表 13-2-21　　　　　　　　　　　　　　　　链轮结构尺寸

名称	结　构　图	尺　寸　计　算						
整体式钢制小链轮		轮毂厚度 h	$h = K + \dfrac{d_k}{6} + 0.01d$					
			常数 K：					
			d	<50	$50\sim100$	$100\sim150$	>150	
			K	3.2	4.8	6.4	9.5	
		轮毂长度 l	$l = 3.3h$　　　$l_{min} = 2.6h$					
		轮毂直径 d_h	$d_h = d_k + 2h$　　$d_{hmax} < d_g，d_g$ 见表 13-2-14					
		齿宽 b_f	见表 13-2-17					
腹板式单排铸造链轮	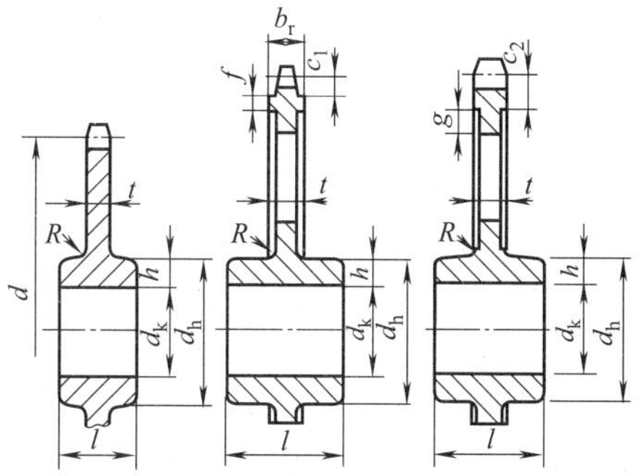 　$p = 9.525 \sim 15.875$　$z \leqslant 80$　　$p \geqslant 19.05$　$z > 80$　　z 不限	轮毂厚度 h	$h = 9.5 + \dfrac{d_k}{6} + 0.01d$					
		轮毂长度 l	$l = 4h$					
		轮毂直径 d_h	$d_h = d_k + 2h，d_{hmax} < d_g，d_g$ 见表 13-2-14					
		齿侧凸缘宽度 b_r	$b_r = 0.625p + 0.93b_1，b_1$——内链节内宽，见表 13-2-2					
		轮缘部分尺寸	$c_1 = \dfrac{d - d_g}{2}$					
			$c_2 = 0.9p$					
			$f = 4 + 0.25p$					
			$g = 2t$					
		圆角半径 R	$R = 0.04p$					
		腹板厚度 t	p/mm	9.525　15.875　25.4　38.1　50.8　76.2　12.7　19.05　31.75　44.5　63.5				
			t/mm	7.9　10.3　12.7　15.9　22.2　31.8　9.5　11.1　14.3　19.1　28.6				
腹板式多排铸造链轮	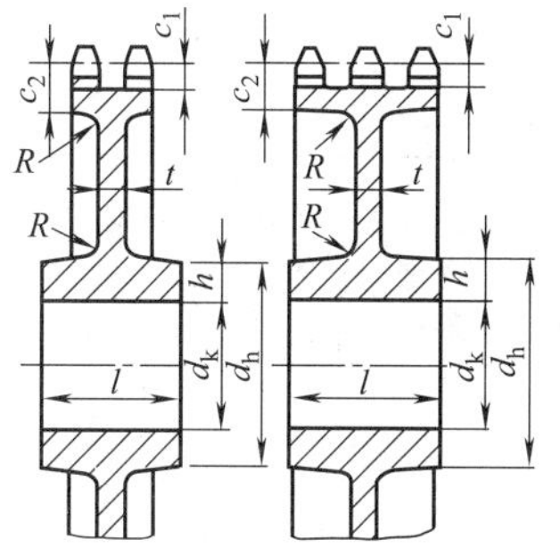	圆角半径 R	$R = 0.5t$					
		轮毂长度 l	$l = 4h$					
		腹板厚度 t	p/mm	9.525　15.875　25.4　38.1　50.8　76.2　12.7　19.05　31.75　44.5　63.5				
			t/mm	9.5　11.1　14.3　19.1　25.4　38.1　10.3　12.7　15.9　22.2　31.8				
		其余结构尺寸	见腹板式单排铸造链轮					

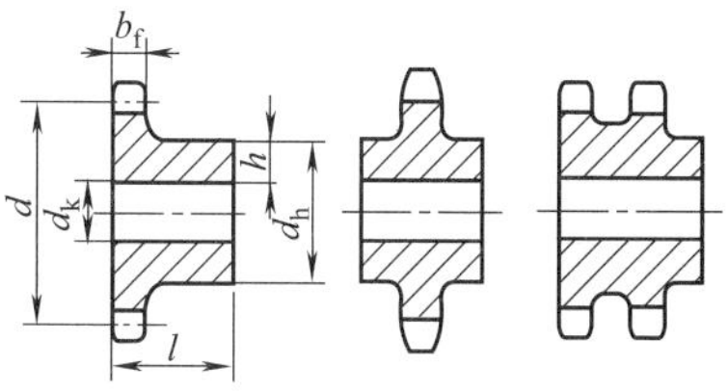

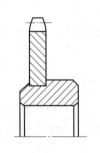

螺钉或
铆钉连接

焊接结构　　　　　螺钉或铆钉连接结构

图 13-2-10　链轮其他结构

2.3　传动用齿形链和链轮

齿形链又称无声链，由铰链将一组带有两个齿的链板连接而成。其优点是允许的速度高、平均传动比准确、噪声小。缺点是重量大、价格较贵、安装和维护的要求高。

2.3.1　齿形链的分类及铰链型式

表 13-2-22　　　　　　　　　　　齿形链的分类

导向形式	简　图	结　构	特　点
外导式		导片安装在链条的两侧	用于节距小、链宽窄的链条
内导式		导片安装在链宽的 $\frac{1}{2}$ 处，链轮开导槽	对销轴端部连接所受的横向冲击有缓冲作用，并可使各链节接近等强度 一般用于链宽 $b > 25 \sim 30\text{mm}$

表 13-2-23　　　　　　　　　　　齿形链铰链型式

铰链形式	简　图	结构和应用
圆销式（简单铰链）		链板用圆柱销铰接，销轴与链板孔为间隙配合。铰链的承压面积小，压力大，易磨损
轴瓦式（衬瓦铰链）		链板销孔两侧为长短扇形槽，销轴装入销孔，在销轴两侧的短槽中嵌入轴瓦，轴瓦的长度等于链宽，这样由两片轴瓦和一根销轴组成铰链。当相邻链节相对转动时，轴瓦在长槽中摆动，轴瓦的内表面沿销轴滑动 轴瓦较宽，承压面大，压力小。相同铰链压力时，轴瓦式传递载荷为圆销式的两倍

续表

铰链形式	简 图	结构和应用
滚柱式（滚动摩擦铰链）	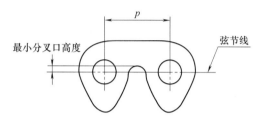	铰链由两个曲面滚柱组成，曲面滚柱固定在相应的链板孔中，当相邻链节相对转动时，两滚柱作相对滚动。因铰链以滚动摩擦代替滑动摩擦，磨损得到改善。链节相对转动时，滚动中心变化，实际节距随之变化，可补偿链传动的多边形效应

2.3.2 齿形链的基本参数与尺寸

表 13-2-24   9.525mm 及以上节距链条的主要尺寸（GB/T 10855—2016）   mm

链 号	节距 p	标 志	最小分叉口高度
SC3	9.525	SC3 或 3	0.590
SC4	12.70	SC4 或 4	0.787
SC5	15.875	SC5 或 5	0.985
SC6	19.05	SC6 或 6	1.181
SC8	25.40	SC8 或 8	1.575
SC10	31.75	SC10 或 10	1.969
SC12	38.10	SC12 或 12	2.362
SC16	50.80	SC16 或 16	3.150

注：最小分叉口高度＝$0.062 \times p$。

表 13-2-25   9.52mm 及以上节距链条的链宽和链轮齿廓尺寸（GB/T 10855—2016）   mm

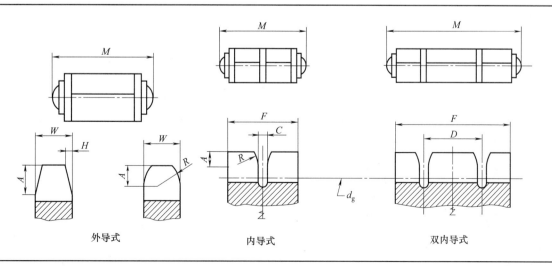

外导式   内导式   双内导式

第 13 篇

续表

链号	链条节距 p	类型	最大链宽 M max	齿侧倒角高度 A	导槽宽度 C ±0.13	导槽间距 D ±0.25	齿全宽 F +3.18 0	齿侧倒角宽度 H ±0.08	齿侧圆角半径 R ±0.08	齿宽 W +0.25 0
SC302	9.525	外导	19.81	3.38	—	—	—	1.30	5.08	10.41
SC303	9.525		22.99	3.38	2.54	—	19.05	—	5.08	—
SC304	9.525		29.46	3.38	2.54	—	25.40	—	5.08	—
SC305	9.525		35.81	3.38	2.54	—	31.75	—	5.08	—
SC306	9.525		42.29	3.38	2.54	—	38.10	—	5.08	—
SC307	9.525	内导	48.64	3.38	2.54	—	44.45	—	5.08	—
SC308	9.525		54.99	3.38	2.54	—	50.80	—	5.08	—
SC309	9.525		61.47	3.38	2.54	—	57.15	—	5.08	—
SC310	9.525		67.69	3.38	2.54	—	63.50	—	5.08	—
SC312	9.525		80.39	3.38	2.54	25.40	76.20	—	5.08	—
SC316	9.525	双内导	105.79	3.38	2.54	25.40	101.60	—	5.08	—
SC320	9.525		131.19	3.38	2.54	25.40	127.00	—	5.08	—
SC324	9.525		156.59	3.38	2.54	25.40	152.40	—	5.08	—
SC402	12.70	外导	19.81	3.38	—	—	—	1.30	5.08	10.41
SC403	12.70		24.13	3.38	2.54	—	19.05	—	5.08	—
SC404	12.70		30.23	3.38	2.54	—	25.40	—	5.08	—
SC405	12.70		36.58	3.38	2.54	—	31.75	—	5.08	—
SC406	12.70		42.93	3.38	2.54	—	38.10	—	5.08	—
SC407	12.70		49.28	3.38	2.54	—	44.45	—	5.08	—
SC408	12.70	内导	55.63	3.38	2.54	—	50.80	—	5.08	—
SC409	12.70		61.98	3.38	2.54	—	57.15	—	5.08	—
SC410	12.70		68.33	3.38	2.54	—	63.50	—	5.08	—
SC411	12.70		74.68	3.38	2.54	—	69.85	—	5.08	—
SC414	12.70		93.98	3.38	2.54	—	88.90	—	5.08	—
SC416	12.70		106.68	3.68	2.54	25.40	101.60	—	5.08	—
SC420	12.70	双内导	132.33	3.38	2.54	25.40	127.00	—	5.08	—
SC424	12.70		157.73	3.38	2.54	25.40	152.40	—	5.08	—
SC428	12.70		183.13	3.38	2.54	25.40	177.80	—	5.08	—
SC504	15.875		33.78	4.50	3.18	—	25.40	—	6.35	—
SC505	15.875		37.85	4.50	3.18	—	31.75	—	6.35	—
SC506	15.875		46.48	4.50	3.18	—	38.10	—	6.35	—
SC507	15.875	内导	50.55	4.50	3.18	—	44.45	—	6.35	—
SC508	15.875		58.67	4.50	3.18	—	50.80	—	6.35	—
SC510	15.875		70.36	4.50	3.18	—	63.50	—	6.35	—
SC512	15.875		82.80	4.50	3.18	—	76.20	—	6.35	—
SC516	15.875		107.44	4.50	3.18	—	101.60	—	6.35	—
SC520	15.875		131.83	4.50	3.18	50.80	127.00	—	6.35	—
SC524	15.875		157.23	4.50	3.18	50.80	152.40	—	6.35	—
SC528	15.875	双内导	182.63	4.50	3.18	50.80	177.80	—	6.35	—
SC532	15.875		208.03	4.50	3.18	50.80	203.20	—	6.35	—
SC540	15.875		257.96	4.50	3.18	50.80	254.00	—	6.35	—
SC604	19.05		33.78	6.96	4.57	—	25.40	—	9.14	—
SC605	19.05		39.12	6.96	4.57	—	31.75	—	9.14	—
SC606	19.05	内导	46.48	6.96	4.57	—	38.10	—	9.14	—
SC608	19.05		58.67	6.96	4.57	—	50.80	—	9.14	—
SC610	19.05		71.37	6.96	4.57	—	63.50	—	9.14	—

续表

链号	链条节距 p	类型	最大链宽 M max	齿侧倒角高度 A	导槽宽度 C ± 0.13	导槽间距 D ± 0.25	齿全宽 F $+3.18$ 0	齿侧倒角宽度 H ± 0.08	齿侧圆角半径 R ± 0.08	齿宽 W $+0.25$ 0
SC612	19.05		81.53	6.96	4.57	—	76.20	—	9.14	—
SC614	19.05		94.23	6.96	4.57	—	88.90	—	9.14	—
SC616	19.05	内导	106.93	6.96	4.57	—	101.60	—	9.14	—
SC620	19.05		132.33	6.96	4.57	—	127.00	—	9.14	—
SC624	19.05		159.26	6.96	4.57	—	152.40	—	9.14	—
SC628	19.05		184.66	6.96	4.57	101.60	177.80	—	9.14	—
SC632	19.05		208.53	6.96	4.57	101.60	203.20	—	9.14	—
SC636	19.05	双内导	233.93	6.96	4.57	101.60	228.60	—	9.14	—
SC640	19.05		259.33	6.96	4.57	101.60	254.00	—	9.14	—
SC648	19.05		310.13	6.96	4.57	101.60	304.80	—	9.14	—
SC808	25.40		57.66	6.96	4.57	—	50.80	—	9.14	—
SC810	25.40		70.10	6.96	4.57	—	63.50	—	9.14	—
SC812	25.40	内导	82.42	6.96	4.57	—	76.20	—	9.14	—
SC816	25.40		107.82	6.96	4.57	—	101.60	—	9.14	—
SC820	25.40		133.22	6.96	4.57	—	127.00	—	9.14	—
SC824	25.40		158.62	6.96	4.57	—	152.40	—	9.14	—
SC828	25.40		188.98	6.96	4.57	101.60	177.80	—	9.14	—
SC832	25.40		213.87	6.96	4.57	101.60	203.20	—	9.14	—
SC836	25.40		234.95	6.96	4.57	101.60	228.60	—	9.14	—
SC840	25.40	双内导	263.91	6.96	4.57	101.60	254.00	—	9.14	—
SC848	25.40		316.23	6.96	4.57	101.60	304.80	—	9.14	—
SC856	25.40		361.95	6.96	4.57	101.60	355.60	—	9.14	—
SC864	25.40		412.75	6.96	4.57	101.60	406.40	—	9.14	—
SC1010	31.75		71.42	6.96	4.57	—	63.50	—	9.14	—
SC1012	31.75		84.12	6.96	4.57	—	76.20	—	9.14	—
SC1016	31.75	内导	109.52	6.96	4.57	—	101.60	—	9.14	—
SC1020	31.75		134.92	6.96	4.57	—	127.00	—	9.14	—
SC1024	31.75		160.32	6.96	4.57	—	152.40	—	9.14	—
SC1028	31.75		185.72	6.96	4.57	—	177.80	—	9.14	—
SC1032	31.75		211.12	6.96	4.57	101.60	203.20	—	9.14	—
SC1036	31.75		236.52	6.96	4.57	101.60	228.60	—	9.14	—
SC1040	31.75		261.92	6.96	4.57	101.60	254.00	—	9.14	—
SC1048	31.75		312.72	6.96	4.57	101.60	304.80	—	9.14	—
SC1056	31.75	双内导	363.52	6.96	4.57	101.60	355.60	—	9.14	—
SC1064	31.75		414.32	6.96	4.57	101.60	406.40	—	9.14	—
SC1072	31.75		465.12	6.96	4.57	101.60	457.20	—	9.14	—
SC1080	31.75		515.92	6.96	4.57	101.60	508.00	—	9.14	—
SC1212	38.10		85.98	6.96	4.57	—	76.20	—	9.14	—
SC1216	38.10		111.38	6.96	4.57	—	101.60	—	9.14	—
SC1220	38.10	内导	136.78	6.96	4.57	—	127.00	—	9.14	—
SC1224	38.10		162.18	6.96	4.57	—	152.40	—	9.14	—
SC1228	38.10		187.58	6.96	4.57	—	177.80	—	9.14	—

续表

链号	链条节距 p	类型	最大链宽 M max	齿侧倒角高度 A	导槽宽度 C ±0.13	导槽间距 D ±0.25	齿全宽 F +3.18 0	齿侧倒角宽度 H ±0.08	齿侧圆角半径 R ±0.08	齿宽 W +0.25 0
SC1232	38.10	双内导	212.98	6.96	4.57	101.60	203.20	—	9.14	—
SC1236	38.10		238.38	6.96	4.57	101.60	228.60	—	9.14	—
SC1240	38.10		264.92	6.96	4.57	101.60	254.00	—	9.14	—
SC1248	38.10		315.72	6.96	4.57	101.60	304.80	—	9.14	—
SC1256	38.10		366.52	6.96	4.57	101.60	355.60	—	9.14	—
SC1264	38.10		417.32	6.96	4.57	101.60	406.40	—	9.14	—
SC1272	38.10		468.12	6.96	4.57	101.60	457.20	—	9.14	—
SC1280	38.10		518.92	6.96	4.57	101.60	508.00	—	9.14	—
SC1288	38.10		569.72	6.96	4.57	101.60	558.80	—	9.14	—
SC1296	38.10		620.52	6.96	4.57	101.60	609.60	—	9.14	—
SC1616	50.80	内导	110.74	6.96	5.54	—	101.60	—	9.14	—
SC1620	50.80		136.14	6.96	5.54	—	127.00	—	9.14	—
SC1624	50.80		161.54	6.96	5.54	—	152.40	—	9.14	—
SC1628	50.80		186.94	6.96	5.54	—	177.80	—	9.14	—
SC1632	50.80	双内导	212.34	6.96	5.54	101.60	203.20	—	9.14	—
SC1640	50.80		263.14	6.96	5.54	101.60	254.00	—	9.14	—
SC1648	50.80		313.94	6.96	5.54	101.60	304.80	—	9.14	—
SC1656	50.80		371.09	6.96	5.54	101.60	355.60	—	9.14	—
SC1688	50.80		574.29	6.96	5.54	101.60	558.80	—	9.14	—
SC1696	50.80		571.50	6.96	5.54	101.60	609.60	—	9.14	—
SC16120	50.80		571.50	6.96	5.54	101.60	762.00	—	9.14	—

注：选用链宽可查阅制造厂产品目录。外导式的导板厚度与齿链板的厚度相同。

表 13-2-26　　4.76mm 节距链条的链宽和链轮齿廓尺寸（GB/T 10855—2016）　　　　mm

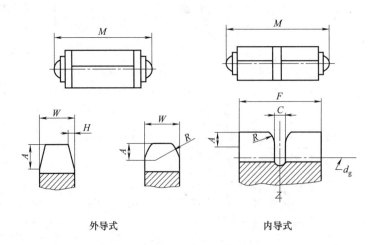

外导式　　　　　　　　内导式

续表

链号	链条节距 p	类型	最大链宽 M max	齿侧倒角高度 A	导槽宽度 C max	齿全宽 F min	齿侧倒角宽度 H	齿侧圆角半径 R	齿宽 W
SC0305	4.762	外导	5.49	1.5	—	—	0.64	2.3	1.91
SC0307	4.762	外导	7.06	1.5	—	—	0.64	2.3	3.51
SC0309	4.762	外导	8.66	1.5	—	—	0.64	2.3	5.11
SC0311①	4.762	外导/内导	10.24	1.5	1.27	8.48	0.64	2.3	6.71
SC0313①	4.762	外导/内导	11.84	1.5	1.27	10.06	0.64	2.3	8.31
SC0315①	4.762	外导/内导	13.41	1.5	1.27	11.66	0.64	2.3	9.91
SC0317	4.762	内导	15.01	1.5	1.27	13.23	—	2.3	—
SC0319	4.762	内导	16.59	1.5	1.27	14.83	—	2.3	—
SC0321	4.762	内导	18.19	1.5	1.27	16.41	—	2.3	—
SC0323	4.762	内导	19.76	1.5	1.27	18.01	—	2.3	—
SC0325	4.762	内导	21.59	1.5	1.27	19.58	—	2.3	—
SC0327	4.762	内导	22.94	1.5	1.27	21.18	—	2.3	—
SC0329	4.762	内导	24.54	1.5	1.27	22.76	—	2.3	—
SC0331	4.762	内导	26.11	1.5	1.27	24.36	—	2.3	—

① 应指明内导还是外导。

2.3.3　齿形链传动设计计算

齿形链传动计算内容和步骤见表 13-2-27，表13-2-28～表 13-2-36 列出了一些节距每 1mm 链宽的额定功率。其中方式Ⅰ指手工或者滴油润滑，方式Ⅱ指油浴或飞溅润滑，方式Ⅲ指油泵压力喷油润滑。

表 13-2-27　　　　　　　　　　齿形链传动计算内容和步骤

计算项目	代号	公式及数据	单位	说　明
已知条件		传递功率；小链轮、大链轮转速；传动用途、载荷性质以及原动机种类		
传动比		$i=\dfrac{n_1}{n_2}=\dfrac{z_2}{z_1}$ 一般 $i\leqslant7,i_{max}=10$		n_1——小链轮转速，r/min n_2——大链轮转速，r/min
小链轮齿数	z_1	推荐： i 1～2 / 2～3 / 3～4 / 4～5 / 5～6 / 6 z 35～32 / 32～30 / 30～27 / 27～23 / 23～19 / 19～17		z_1增大，则链轮径向尺寸增大；若链宽不变，则传递功率增大
大链轮齿数	z_2	$z_2=iz_1\leqslant140$		
链条节距	p	n_1/r·min⁻¹: 2000～5000 / 1500～3000 / 1200～2500 / 1000～2000 / 800～1500 / 600～1200 / ＜900 p: 9.525 / 12.7 / 15.875 / 19.05 / 25.4 / 31.75 / 38.1	mm	要求传动平稳、径向尺寸小时，选小节距，但链宽增大；从经济性考虑，a 小、i 大，选小节距；a 大、i 小，选大节距；传递功率大时，选大节距
计算功率	P_d	$P_d=K_AP$	kW	K_A——工作情况系数，见表 13-2-6，根据实际情况允许变动20% P——传递功率，kW
每毫米链宽所能传递的功率	P_0	查表 13-2-28～表 13-2-36	mm	

计算项目	代号	公式及数据			单位	说　明
初定中心距	a_0	一般取 $a_0 = (30 \sim 50)p$			mm	有张紧装置或托板时，a_0 可大于 $80p$
		脉动载荷、无张紧装置 $a_0 < 25p$				
		i	$\leqslant 3$	> 3		
		$a_{0\min}$	$1.2\dfrac{d_{a1}+d_{a2}}{2}$	$\dfrac{9+i}{10}\times\dfrac{d_{a1}+d_{a2}}{2}$		
以节距计的初定中心距	a_{0p}	$a_{0p} = \dfrac{a_0}{p}$			节	
以节距计的链条长度	L_p	$L_p = \dfrac{z_1+z_2}{2} + 2a_{0p} + \dfrac{k}{a_{0p}}$			节	计算得到的 L_p 值，宜圆整为偶数，避免使用过渡链节（其破断载荷为正常链节的 80% 以下） $k = [(z_2 - z_1)/2\pi]^2$
链条长度	L	$L = \dfrac{L_p p}{1000}$			m	
计算中心距	a_c	$a_c = \dfrac{p}{4}\left[L_p - \dfrac{z_1+z_2}{2} + \sqrt{\left(L_p - \dfrac{z_1+z_2}{2}\right)^2 - 8k}\right]$			mm	
实际中心距	a	$a = a_c - \Delta a$			mm	为保证松边的合理垂度，须将计算中心距减小 Δa，具体见表 13-2-5
链速	V	$V = \dfrac{z_1 n_1 p}{60 \times 1000}$			m/s	
有效圆周力	F_t	$F_t = \dfrac{1000 P_d}{V}$			N	
作用在轴上的力	F	水平或倾斜传动 $F \approx (1.15 \sim 1.20)K_A F_t$			N	
		接近垂直传动 $F \approx 1.05 K_A F_t$				

表 13-2-28　　4.762mm 节距链条每毫米链宽的额定功率表（GB/T 10855—2016）　　　　　kW

小链轮齿数	小链轮转速/r·min^{-1}											
	500	600	700	800	900	1200	1800	2000	3500	5000	7000	9000
15	0.00822	0.00969	0.01116	0.01262	0.01380	0.01761	0.02349	0.02642	0.03905	0.04873	0.05695	0.05754
17	0.00969	0.01145	0.01292	0.01468	0.01615	0.02055	0.02818	0.03083	0.04697	0.05872	0.07046	0.07398
19	0.01086	0.01262	0.01468	0.01615	0.01791	0.02349	0.03229	0.03523	0.05284	0.06752	0.08103	0.08573
21	0.01204	0.01409	0.01615	0.01820	0.01996	0.02554	0.03582	0.03905	0.05960	0.07574	0.09160	0.09835
23	0.01321	0.01556	0.01761	0.01996	0.02202	0.02818	0.03963	0.04316	0.06606	0.08455	0.10275	0.11097
25	0.01439	0.01703	0.01938	0.02173	0.02407	0.03083	0.04316	0.04697	0.07193	0.09189	0.11156	0.12037
27	0.01556	0.01820	0.02084	0.02349	0.02584	0.03376	0.04639	0.05050	0.07721	0.09835	0.11919	0.12830
29	0.01673	0.01967	0.02231	0.02525	0.02789	0.03552	0.04991	0.05431	0.08308	0.10598	0.12918	0.13857
31	0.01761	0.02114	0.02378	0.02672	0.02965	0.03817	0.05314	0.05784	0.08866	0.11274	0.13681	0.14679
33	0.01879	0.02202	0.02525	0.02848	0.03141	0.04022	0.05578	0.06107	0.09307	0.11802	0.14239	—
35	0.01996	0.02349	0.02701	0.03024	0.03347	0.04257	0.05960	0.06488	0.10011	0.12536	0.15149	—
37	0.02084	0.02466	0.02818	0.03171	0.03494	0.04462	0.06195	0.06752	0.10217	0.12888	0.15384	—
40	0.02055	0.02672	0.03053	0.03406	0.03787	0.04815	0.06694	0.07340	0.11068	0.13975	—	—
45	0.02525	0.02995	0.03376	0.03817	0.04198	0.05373	0.07428	0.08074	0.12184	0.15296	—	—
50	0.02789	0.03288	0.03728	0.04022	0.04639	0.05872	0.08162	0.08866	0.13270	0.16587	—	—
润滑	方式Ⅰ						方式Ⅱ			方式Ⅲ		

表 13-2-29　9. 525mm 节距链条每毫米链宽的额定功率表 (GB/T 18855—2016)

单位：kW

小链轮齿数	小链轮转速/r·min⁻¹														
	100	500	1000	1500	2000	2500	3000	3500	4000	4500	5000	6000	7000	8000	8500
17	0.02349	0.12037	0.24074	0.36111	0.47560	0.58717	0.70460	0.79267	0.91011	0.99818	1.08626	1.23305	1.35048	1.43855	1.43855
19	0.02642	0.13505	0.27010	0.40221	0.53138	0.64588	0.76331	0.88075	0.99818	1.08626	1.17433	1.32112	1.40920	1.46791	1.43855
21	0.02936	0.14973	0.29652	0.44037	0.58423	0.70460	0.85139	0.96822	1.08626	1.17433	1.26241	1.37984	1.43855	1.43855	1.37984
23	0.03229	0.16441	0.32588	0.48441	0.64588	0.79267	0.91011	1.02754	1.14497	1.26241	1.32112	1.43855	1.43855	1.35048	1.26241
25	0.03523	0.17615	0.35230	0.52253	0.67524	0.85139	0.96882	1.11561	1.23305	1.32112	1.37984	1.46791	1.40920	1.23305	1.08626
27	0.03817	0.19083	0.38166	0.56368	0.73396	0.91011	1.05690	1.17433	1.29176	1.37984	1.43855	1.43855	1.32112	1.02754	—
29	0.04110	0.20551	0.40808	0.61652	0.79267	0.96882	1.11561	1.23305	1.35048	1.40920	1.43855	1.40920	1.20369	—	—
31	0.04404	0.22019	0.44037	0.64588	0.82203	0.99818	1.17433	1.29176	1.40920	1.43855	1.46791	1.35048	1.02754	—	—
33	0.04697	0.23487	0.46386	0.67524	0.88075	1.05690	1.26241	1.32112	1.43855	1.43855	1.43855	1.26241	—	—	—
35	0.04991	0.24955	0.49028	0.70460	0.93946	1.11561	1.29176	1.37984	1.43855	1.46791	1.40920	1.11561	—	—	—
37	0.05284	0.26129	0.51671	0.76331	0.96882	1.14497	1.26241	1.40920	1.43855	1.43855	1.35048	—	—	—	—
40	0.05578	0.28184	0.55781	0.82203	1.02754	1.23305	1.35048	1.43855	1.43855	1.37984	1.23305	—	—	—	—
45	0.06459	0.31707	0.61652	0.91011	1.14497	1.32112	1.43855	1.46791	1.37984	1.20369	—	—	—	—	—
50	0.07046	0.35230	0.67524	0.96882	1.23305	1.37984	1.46791	1.40920	1.23305	—	—	—	—	—	—
润滑	方式 I		方式 II							方式 III					

表 13-2-30　12. 70mm 节距链条每毫米链宽的额定功率表 (GB/T 18855—2016)

单位：kW

小链轮齿数	小链轮转速/r·min⁻¹														
	100	500	1000	1500	2000	2500	3000	3500	4000	4500	5000	5500	6000	6500	7000
17	0.04697	0.23193	0.46386	0.67524	0.91011	1.11561	1.32112	1.49727	1.67342	1.82021	1.93765	2.05508	2.11379	2.17251	2.20187
19	0.05284	0.26129	0.51671	0.76331	0.99818	1.23305	1.43855	1.64406	1.82021	1.93765	2.05508	2.14315	2.17251	2.20187	2.14315
21	0.05872	0.28771	0.56955	0.85139	1.11561	1.35048	1.55599	1.76150	1.93765	2.05508	2.14315	2.20187	2.17251	2.11379	1.99636
23	0.06459	0.31413	0.61652	0.91011	1.20369	1.46791	1.67342	1.87893	2.02572	2.14315	2.17251	2.17251	2.11379	1.95700	1.76150
25	0.06752	0.34056	0.67524	0.99818	1.29176	1.55599	1.79085	1.96700	2.11379	2.17251	2.14315	1.99636	1.73214	1.37984	—
27	0.07340	0.36991	0.73396	1.05690	1.37984	1.64406	1.87893	2.05508	2.17251	2.20187	2.02572	1.79085	1.40920	0.91011	—
29	0.07927	0.39634	0.79267	1.14497	1.46791	1.76159	1.96700	2.11379	2.20187	2.17251	1.87893	1.52663	0.99818	—	—
31	0.08514	0.42276	0.82203	1.20369	1.55599	1.82021	2.02572	2.17251	2.20187	2.08444	1.67342	1.17433	—	—	—
33	0.09101	0.44918	0.88075	1.29176	1.61470	1.90829	2.08444	2.20187	2.14315	1.99636	1.37984	—	—	—	—
35	0.09688	0.47854	0.93946	1.35048	1.70278	1.96700	2.14315	2.20187	2.08444	1.82021	—	—	—	—	—
37	0.10275	0.50496	0.99818	1.40920	1.76150	2.02572	2.17251	2.17251	1.99636	1.61470	—	—	—	—	—
40	0.10863	0.54313	1.05690	1.49727	1.87893	2.11379	2.20187	2.08444	1.79085	1.23305	—	—	—	—	—
45	0.12330	0.61652	1.17433	1.64406	1.99636	2.17251	2.14315	1.82021	1.23305	—	—	—	—	—	—
50	0.13798	0.67524	1.29176	1.79085	2.11379	2.17251	1.96700	1.37984	—	—	—	—	—	—	—
润滑	方式 I		方式 II							方式 III					

表 13-2-31　15.875mm 节距链条每毫米链宽的额定功率表（GB/T 10855—2016）

kW

小链轮齿数	小链轮转速/r·min⁻¹												
	100	500	1000	1500	2000	2500	3000	3500	4000	4500	5000	5500	6000
17	0.07340	0.36404	0.73396	1.05690	1.40920	1.70278	1.96700	2.23123	2.43674	2.58353	2.70096	2.73032	2.73032
19	0.08220	0.40514	0.79267	1.17433	1.55599	1.87893	2.14315	2.40738	2.58353	2.70096	2.73032	2.70096	—
21	0.09101	0.44918	0.88075	1.29176	1.67342	2.02572	2.31930	2.52481	2.67160	2.73032	2.70096	—	—
23	0.09982	0.49028	0.96882	1.40920	1.82021	2.17251	2.43674	2.64224	2.73032	2.70096	—	—	—
25	0.10863	0.53432	1.05690	1.52663	1.93765	2.28994	2.55417	2.70096	2.73032	2.61289	—	—	—
27	0.11450	0.57542	1.11561	1.64406	2.08444	2.40738	2.64224	2.73032	2.67160	—	—	—	—
29	0.12330	0.61652	1.20369	1.73214	2.17251	2.52481	2.70096	2.73032	2.55417	—	—	—	—
31	0.13211	0.64588	1.29176	1.84957	2.28994	2.61289	2.73032	2.67160	—	—	—	—	—
33	0.14092	0.70460	1.35048	1.93765	2.37802	2.67160	2.73032	2.55417	—	—	—	—	—
35	0.14973	0.73396	1.43855	2.02572	2.46609	2.70096	2.70096	—	—	—	—	—	—
37	0.15853	0.79267	1.49727	2.11379	2.55417	2.73032	2.64224	—	—	—	—	—	—
40	0.17028	0.85139	1.61470	2.23123	2.64224	2.73032	2.46609	—	—	—	—	—	—
45	0.19376	0.93946	1.79085	2.40738	2.73032	2.61289	—	—	—	—	—	—	—
50	0.21432	1.05690	1.93765	2.55417	2.73032	2.31930	—	—	—	—	—	—	—
润滑	方式 I			方式 II					方式 III				

表 13-2-32　19.05mm 节距链条每毫米链宽的额定功率表（GB/T 10855—2016）

kW

小链轮齿数	小链轮转速/r·min⁻¹														
	100	200	500	800	1000	1200	1500	2000	2400	2800	3000	3500	4000	5500	6000
17	0.08807	0.17615	0.43744	0.70460	0.85139	1.02754	1.26241	1.64406	1.90829	2.17251	2.26059	2.49545	2.64224	2.52481	2.28994
19	0.09688	0.19670	0.49028	0.76331	0.96882	1.14497	1.40920	1.82021	2.08444	2.31930	2.43674	2.61289	2.70096	2.20187	1.73214
21	0.10863	0.21725	0.54019	0.85139	1.05690	1.26241	1.52663	1.96700	2.26059	2.46609	2.55417	2.67160	2.67160	1.64406	0.91011
23	0.11743	0.23780	0.58717	0.93346	1.14497	1.37984	1.67342	2.11379	2.37802	2.58353	2.64224	2.70096	2.58353	0.85139	—
25	0.12918	0.25835	0.64588	0.98813	1.26241	1.46791	1.79085	2.23123	2.49545	2.64224	2.70096	2.64224	2.34866	—	—
27	0.14092	0.27890	0.70460	1.08626	1.35048	1.58535	1.90829	2.34866	2.58353	2.70096	2.70096	2.52481	2.05508	—	—
29	0.14973	0.29945	0.73396	1.17433	1.43855	1.67342	2.02572	2.43674	2.64224	2.70096	2.64224	2.31930	1.61470	—	—
31	0.16147	0.32001	0.79267	1.23305	1.52663	1.79085	2.11379	2.52481	2.70096	2.64224	2.55417	2.02572	1.05690	—	—
33	0.17028	0.34056	0.85139	1.32112	1.61470	1.87893	2.23133	2.61289	2.70096	2.55417	2.40738	1.64406	—	—	—
35	0.18202	0.36111	0.88075	1.37984	1.70278	1.96700	2.31930	2.64224	2.67160	2.43674	2.17251	1.17433	—	—	—
37	0.19083	0.38166	0.93946	1.46791	1.76150	2.05508	2.37802	2.70096	2.61289	2.23123	1.90829	—	—	—	—
40	0.20551	0.41102	0.99818	1.55599	1.87893	2.17251	2.46609	2.70096	2.46609	1.84957	1.35048	—	—	—	—
45	0.23193	0.46386	1.14497	1.73214	2.08444	2.34866	2.61289	2.61289	2.05508	0.91011	—	—	—	—	—
50	0.25835	0.51377	1.26241	1.87893	2.23123	2.49545	2.70096	2.34866	1.35048	—	—	—	—	—	—
润滑	方式 I			方式 II					方式 III						

表 13-2-33　25.40mm 节距链条每毫米链宽的额定功率表 （GB/T 10855—2016）　　　kW

小链轮齿数	小链轮转速/r·min⁻¹														
	100	200	500	800	1000	1200	1500	1800	2000	2500	3000	3500	4000	4500	5100
17	0.13798	0.27597	0.67524	1.08626	1.35048	1.58535	1.93765	2.23123	2.43674	2.78903	2.99454	2.99454	2.75968	2.26059	1.29176
19	0.15560	0.30826	0.76331	1.20369	1.49727	1.76150	2.11379	2.43674	2.61289	2.93583	2.99454	2.81839	2.28994	1.43855	—
21	0.17028	0.34056	0.85139	1.32112	1.64406	1.90829	2.28994	2.61289	2.75968	2.99454	2.90647	2.46609	1.58535	—	—
23	0.18789	0.37285	0.91011	1.43855	1.76150	2.05508	2.43674	2.75968	2.87711	2.99454	2.70096	1.93765	—	—	—
25	0.20257	0.40808	0.99818	1.55599	1.90829	2.20187	2.53353	2.84775	2.96518	2.93583	2.37802	—	—	—	—
27	0.22019	0.44037	1.08626	1.67342	2.02572	2.34866	2.70096	2.93583	2.99454	2.78903	1.87893	—	—	—	—
29	0.23487	0.47267	1.14497	1.79085	2.14315	2.46609	2.81839	2.99454	2.99454	2.52481	—	—	—	—	—
31	0.25248	0.50496	1.23305	1.87893	2.26059	2.58353	2.90647	2.99454	2.93583	2.20187	—	—	—	—	—
33	0.27010	0.53432	1.29176	1.99636	2.37802	2.67160	2.96518	2.99454	2.81839	—	—	—	—	—	—
35	0.28478	0.56661	1.37984	2.08444	2.46609	2.75968	2.99454	2.90647	2.67160	—	—	—	—	—	—
37	0.30239	0.58717	1.43855	2.17251	2.55417	2.84775	2.99454	2.81839	2.43674	—	—	—	—	—	—
40	0.32588	0.64588	1.55599	2.31930	2.70096	2.93583	2.96518	2.55417	1.96700	—	—	—	—	—	—
45	0.36698	0.73396	1.73214	2.52481	2.84775	2.99454	2.78903	1.87893	—	—	—	—	—	—	—
50	0.40808	0.79267	1.90829	2.70096	2.96518	2.96518	2.37802	—	—	—	—	—	—	—	—
润滑	方式Ⅰ			方式Ⅱ							方式Ⅲ				

表 13-2-34　31.75mm 节距链条每毫米链宽的额定功率表 （GB 10855—2016）　　　kW

小链轮齿数	小链轮转速/r·min⁻¹										
	100	200	300	400	500	600	700	800	1000	1200	1500
19	0.16441	0.29358	0.44037	0.58716	0.70460	0.76331	0.85139	0.91011	0.99818	1.02754	—
21	0.18496	0.32294	0.52845	0.67524	0.76331	0.88075	0.96882	1.05690	1.17433	1.20369	—
23	0.20257	0.38166	0.55781	0.70460	0.85139	0.99818	1.05690	1.17433	1.32112	1.35048	1.35048
25	0.22019	0.41102	0.58716	0.76331	0.91011	1.05690	1.17433	1.29176	1.46791	1.55599	1.55599
27	0.23487	0.44037	0.67524	0.85139	1.02754	1.17433	1.29176	1.43855	1.58534	1.70278	1.70278
29	0.25248	0.46973	0.70460	0.91011	1.11561	1.26240	1.40919	1.55599	1.73214	1.84957	1.87893
31	0.27303	0.52845	0.76331	0.99818	1.17433	1.35048	1.49727	1.64406	1.87893	1.99636	2.02572
33	0.29065	0.55781	0.82203	1.02754	1.26240	1.43855	1.61470	1.76149	2.02572	2.14315	2.17251
35	0.32294	0.58716	0.85139	1.11561	1.32112	1.55599	1.73214	1.87893	2.14315	2.28994	2.28994
37	0.32294	0.61652	0.88075	1.17433	1.40919	1.61470	1.84957	1.99636	2.23123	2.37802	—
40	0.35230	0.70460	0.99818	1.29176	1.55599	1.76149	1.99636	2.17251	2.43673	2.58352	—
45	0.38166	0.76331	1.11561	1.43855	1.73214	1.99636	2.20187	2.37802	2.57160	—	—
50	0.44037	0.85139	1.26240	1.58534	1.90828	2.17251	2.43673	2.64224	2.93582	—	—
润滑	方式Ⅰ				方式Ⅱ				方式Ⅲ		

表 13-2-35

38. 10mm 节距链条每毫米链宽的额定功率表 （GB /T 10855—2016）

小链轮齿数	小链轮转速/r·min⁻¹														kW
	100	200	300	400	500	600	800	1000	1200	1400	1600	1800	2100	2400	2700
17	0.41982	0.85139	1.26241	1.67342	2.05508	2.46609	3.22941	3.93401	4.60925	5.19641	5.69550	6.07716	6.45882	6.57625	6.34138
19	0.46973	0.93946	1.40920	1.84957	2.28994	2.73032	3.58171	4.34502	5.02026	5.60743	6.04780	6.37074	6.57625	6.37074	5.69550
21	0.51964	1.02754	1.55599	2.05508	2.52481	3.02390	3.90465	4.69732	5.40192	5.95973	6.34138	6.54689	6.45882	5.84229	4.57989
23	0.56661	1.14497	1.70278	2.23123	2.75968	3.28813	4.22759	5.04962	5.72486	6.22395	6.51753	6.54689	6.10652	4.93219	—
25	0.61652	1.23305	1.82021	2.40738	2.99454	3.52299	4.52117	5.37256	6.01844	6.42946	6.57625	6.40010	5.49000	—	—
27	0.67524	1.32112	1.96700	2.61289	3.20005	3.78722	4.81476	5.66614	6.25331	6.54689	6.51753	6.07716	4.57989	—	—
29	0.70460	1.40920	2.11379	2.78903	3.434492	4.02208	5.07898	5.90101	6.42946	6.57625	6.31203	5.54871	—	—	—
31	0.76331	1.52663	2.26059	2.96518	3.64042	4.25695	5.34320	6.10652	6.51753	6.48818	5.95973	4.81476	—	—	—
33	0.82203	1.61470	2.40738	3.14133	3.84593	4.49181	5.57807	6.28267	6.57625	6.31203	5.43128	—	—	—	—
35	0.85139	1.70278	2.52481	3.31748	4.05144	4.69732	5.78358	6.42946	6.54689	6.01844	4.75604	—	—	—	—
37	0.91011	1.82021	2.67160	3.49363	4.25695	4.93219	5.95973	6.51753	6.45882	5.60743	—	—	—	—	—
40	0.99818	1.93765	2.87711	3.72850	4.52117	5.22577	6.22395	6.57625	6.15588	4.75604	—	—	—	—	—
45	1.11561	2.17251	3.20005	4.13952	4.96155	5.66614	6.48818	6.40010	5.19641	—	—	—	—	—	—
50	1.23305	2.40738	3.52299	4.52117	5.37256	6.01844	6.57625	5.90101	—	—	—	—	—	—	—
润滑	方式 I			方式 II					方式 III						

表 13-2-36

50.80mm 节距链条每毫米链宽的额定功率表 （GB /T 10855—2016）

小链轮齿数	小链轮转速/r·min⁻¹														kW
	100	200	300	400	500	600	700	800	900	1000	1200	1300	1400	1500	1600
17	0.73396	1.49727	2.23123	2.93583	3.64042	4.31566	4.96155	5.57807	6.13588	6.66433	7.57443	7.95609	8.24967	8.48454	8.66069
19	0.82203	1.67342	2.46609	3.25877	4.02208	4.75604	5.46064	6.10652	6.69368	7.22213	8.07352	8.39646	8.60197	8.74876	8.74876
21	0.91011	1.82021	2.73032	3.58171	4.43310	5.19641	5.93037	6.60561	7.19277	7.72122	8.45518	8.66069	8.74876	8.71940	8.57261
23	0.99818	1.99636	2.96518	3.90465	4.81476	5.63679	6.40010	7.07534	7.63315	8.10288	8.69005	8.77812	8.69005	8.45518	8.01481
25	1.08626	2.17251	3.22941	4.22759	5.16705	6.04780	6.81112	7.48636	8.01481	8.42582	8.77812	8.66710	8.36710	7.86801	7.10470
27	1.17433	2.34866	3.46427	4.55053	5.51935	6.42946	7.19277	7.83866	8.33775	8.63133	8.66069	8.33775	7.77994	6.92855	—
29	1.26241	2.52481	3.72850	4.84411	5.87165	6.78176	7.54507	8.16160	8.57261	8.74876	8.39646	7.80930	6.89919	—	—
31	1.35048	2.67160	3.96337	5.13770	6.19459	7.13406	7.86801	8.39646	8.71940	8.74876	7.92673	7.01662	—	—	—
33	1.43855	2.84775	4.19823	5.43128	6.51753	7.42764	8.13224	8.60197	8.77812	8.63133	7.25149	—	—	—	—
35	1.52663	3.02390	4.43310	5.69550	6.81112	7.72122	8.36710	8.71940	8.71940	8.36710	6.34138	—	—	—	—
37	1.61470	3.17069	4.63861	5.95973	7.10470	7.95609	8.54325	8.77812	8.60197	7.98545	—	—	—	—	—
40	1.76150	3.43492	4.99090	6.37074	7.48636	8.27903	8.71940	8.69005	8.19096	—	—	—	—	—	—
45	1.96700	3.84593	5.51935	6.95791	8.01481	8.63133	8.71940	8.19096	—	—	—	—	—	—	—
50	2.17251	4.22759	6.04780	7.48636	8.42582	8.77812	8.36710	—	—	—	—	—	—	—	—
润滑	方式 I			方式 II					方式 III						

2.3.4　齿形链链轮

2.3.4.1　9.52mm 及以上节距链轮的齿形和主要尺寸

9.52mm 及以上节距链轮齿形、主要尺寸见图

13-2-11、图 13-2-12 和表 13-2-37。单位节距链轮的最大轮毂直径见表 13-2-38，单位节距链轮的分度圆直径、齿顶圆直径、跨柱测量距和导槽最大直径见表 13-2-39。9.52mm 及以上节距链轮的相关数值等于实际节距乘以表 13-2-38 和表 13-2-39 中所列数值。

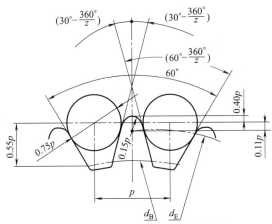

图 13-2-11　9.52mm 及以上节距链轮齿形

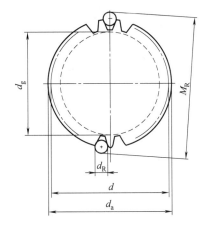

图 13-2-12　9.52mm 及以上
节距链轮主要尺寸

表 13-2-37　　　　　　　　　　　　　　　9.52mm 及以上节距链轮主要尺寸

	名　称	符号	计 算 公 式
参数	链轮节距	p	与配用链条相同
	链轮齿数	z	
主要尺寸	分度圆直径	d	$d = \dfrac{p}{\sin\dfrac{180°}{z}}$
	齿顶圆直径	d_a	圆弧齿：$d_a = p\left(\cot\dfrac{90°}{z} + 0.08\right)$ 矩形齿：$d_a = 2\sqrt{X^2 + L^2 + 2XL\cos\alpha}$ 其中： $X = Y\cos\alpha - \sqrt{(0.15p)^2 - (Y\sin\alpha)^2}$ $Y = p(0.500 - 0.375\sec\alpha)\cot\alpha + 0.11p$ $L = Y + \dfrac{d_E}{2}$
	跨柱直径	d_R	$d_R = 0.625p$
	跨柱测量距	M_R	偶数齿： $M_R = d - 0.125p\csc\left(30° - \dfrac{180°}{z}\right) + 0.625p$ 奇数齿： $M_R = \cos\dfrac{90°}{z}\left[d - 0.125p\csc\left(30° - \dfrac{180°}{z}\right)\right] + 0.625p$
	齿顶圆弧中心圆直径	d_E	$d_E = p\left(\cot\dfrac{180°}{z} - 0.22\right)$
	工作面的基圆直径	d_B	$d_B = p\sqrt{1.515213 + \left(\cot\dfrac{180°}{z} - 1.1\right)^2}$
	导槽圆的最大直径	d_g	$d_g = p\left(\cot\dfrac{180°}{z} - 1.16\right)$

第13篇

表 13-2-38 　　　　　　　　　　　单位节距链轮的最大轮毂直径　　　　　　　　　　　mm

齿数	滚刀加工	铣刀加工	齿数	滚刀加工	铣刀加工
17	4.019	4.099	25	6.586	6.666
17	4.341	4.421	26	6.905	6.985
19	4.662	4.742	27	7.226	7.306
20	4.983	5.063	28	7.546	7.626
21	5.304	5.384	29	7.865	7.945
22	5.626	5.706	30	8.185	8.265
23	5.946	6.026	31	8.503	8.583
24	6.265	6.345			

注：其他节距（9.52mm 及以上节距）的链轮为实际节距乘以表列值。

表 13-2-39　　9.525mm 及以上节距链轮的单位节距链轮的数值表（GB/T 10855—2016）　　　mm

齿数 z	分度圆直径 d	齿顶圆直径 d_a		跨柱测量距[①] M_R	导槽最大直径[①] d_g	量柱直径 d_R
		圆弧齿顶	矩形齿顶[①]			
17	5.442	5.429	5.298	5.669	4.189	0.6250
18	5.759	5.751	5.623	6.018	4.511	0.6250
19	6.076	6.072	5.947	6.324	4.832	0.6250
20	6.393	6.393	6.271	6.669	5.153	0.6250
21	6.710	6.714	6.595	6.974	5.474	0.6250
22	7.027	7.036	6.919	7.315	5.796	0.6250
23	7.344	7.356	7.243	7.621	6.116	0.6250
24	7.661	7.675	7.568	7.960	6.435	0.6250
25	7.979	7.996	7.890	8.266	6.756	0.6250
26	8.296	8.315	8.213	8.602	7.075	0.6250
27	8.614	8.636	8.536	8.909	7.396	0.6250
28	8.932	8.956	8.859	9.244	7.716	0.6250
29	9.249	9.275	9.181	9.551	8.035	0.6250
30	9.567	9.595	9.504	9.884	8.355	0.6250
31	9.885	9.913	9.828	10.192	8.673	0.6250
32	10.202	10.233	10.150	10.524	8.993	0.6250
33	10.520	10.553	10.471	10.883	9.313	0.6250
34	10.838	10.872	10.793	11.164	9.632	0.6250
35	11.156	11.191	11.115	11.472	9.951	0.6250
36	11.474	11.510	11.437	11.803	10.270	0.6250
37	11.792	11.829	11.757	12.112	10.589	0.6250
38	12.110	12.149	12.077	12.442	10.909	0.6250
39	12.428	12.468	12.397	12.751	11.228	0.6250
40	12.746	12.787	12.717	13.080	11.547	0.6250
41	13.064	13.104	13.037	13.390	11.866	0.6250
42	13.382	13.425	13.357	13.718	12.185	0.6250
43	13.700	13.743	13.677	14.028	12.503	0.6250
44	14.018	14.062	13.997	14.356	12.822	0.6250
45	14.336	14.381	14.317	14.667	13.141	0.6250
46	14.654	14.700	14.637	14.994	13.460	0.6250
47	14.972	15.018	14.957	15.305	13.778	0.6250
48	15.290	15.337	15.277	15.632	14.097	0.6250
49	15.608	15.656	15.597	15.943	14.416	0.6250

续表

齿数	分度圆直径	齿顶圆直径 d_a		跨柱测量距[①]	导槽最大直径[①]	量柱直径
z	d	圆弧齿顶	矩形齿顶[①]	M_R	d_g	d_R
50	15.926	15.975	15.917	16.270	14.735	0.6250
51	16.244	16.293	16.236	16.581	15.053	0.6250
52	16.562	16.612	16.556	16.907	15.372	0.6250
53	16.880	16.930	16.876	17.218	15.690	0.6250
54	17.198	17.249	17.196	17.544	16.009	0.6250
55	17.517	17.568	17.515	17.857	16.328	0.6250
56	17.835	17.887	17.834	18.183	16.647	0.6250
57	18.153	18.205	18.154	18.494	16.965	0.6250
58	18.471	18.524	18.473	18.820	17.284	0.6250
59	18.789	18.842	18.793	19.131	17.602	0.6250
60	19.107	19.161	19.112	19.457	17.921	0.6250
61	19.426	19.480	19.431	19.769	18.240	0.6250
62	19.744	19.799	19.750	20.095	18.559	0.6250
63	20.062	20.117	20.070	20.407	18.877	0.6250
64	20.380	20.435	20.388	20.731	19.195	0.6250
65	20.698	20.754	20.708	21.044	19.514	0.6250
66	21.016	21.072	21.027	21.368	19.832	0.6250
67	21.335	21.391	21.346	21.682	20.151	0.6250
68	21.653	21.710	21.665	22.006	20.470	0.6250
69	21.971	22.028	21.984	22.319	20.788	0.6250
70	22.289	22.347	22.303	22.643	21.107	0.6250
71	22.607	22.665	22.622	22.955	21.425	0.6250
72	22.926	22.984	22.941	23.280	21.744	0.6250
73	23.244	23.302	23.259	23.593	22.062	0.6250
74	23.562	23.621	23.578	23.917	22.381	0.6250
75	23.880	23.939	23.897	24.230	22.699	0.6250
76	24.198	24.257	24.216	24.553	23.017	0.6250
77	24.517	24.577	24.535	24.868	23.337	0.6250
78	24.835	24.895	24.853	25.191	23.655	0.6250
79	25.153	25.213	25.172	25.504	23.973	0.6250
80	25.471	25.531	25.491	25.828	24.291	0.6250
81	25.790	25.851	25.809	26.141	24.611	0.6250
82	26.108	26.169	26.128	26.465	24.929	0.6250
83	26.426	26.487	26.447	26.778	25.247	0.6250
84	26.744	26.805	26.766	27.101	25.565	0.6250
85	27.063	27.125	27.084	27.415	25.885	0.6250
86	27.381	27.443	27.403	27.739	26.203	0.6250
87	27.699	27.761	27.722	28.052	26.521	0.6250
88	28.017	28.079	28.040	28.375	26.839	0.6250
89	28.335	28.397	28.359	28.689	27.157	0.6250
90	28.654	28.716	28.678	29.013	27.476	0.6250
91	28.972	29.035	28.997	29.327	27.795	0.6250
92	29.290	29.353	29.315	29.649	28.113	0.6250
93	29.608	29.671	29.634	29.963	28.431	0.6250
94	29.926	29.989	29.953	30.285	28.749	0.6250

齿数	分度圆直径	齿顶圆直径 d_a		跨柱测量距[①]	导槽最大直径[①]	量柱直径
z	d	圆弧齿顶	矩形齿顶[①]	M_R	d_g	d_R
95	30.245	30.308	30.271	30.601	29.068	0.6250
96	30.563	30.627	30.590	30.923	29.387	0.6250
97	30.881	30.945	30.909	31.237	29.705	0.6250
98	31.199	31.263	31.228	31.559	30.023	0.6250
99	31.518	31.582	31.546	31.874	30.342	0.6250
100	31.836	31.900	31.865	32.196	30.660	0.6250
101	32.154	32.218	32.183	32.511	30.978	0.6250
102	32.473	32.537	32.502	32.834	31.297	0.6250
103	32.791	32.856	32.820	33.148	31.616	0.6250
104	33.109	33.174	33.139	33.470	31.934	0.6250
105	33.427	33.492	33.457	33.784	32.252	0.6250
106	33.746	33.811	33.776	34.107	32.571	0.6250
107	34.064	34.129	34.094	34.422	32.889	0.6250
108	34.382	34.447	34.413	34.744	33.207	0.6250
109	34.701	34.767	34.731	35.059	33.527	0.6250
110	35.019	35.084	35.050	35.381	33.844	0.6250
111	35.237	35.403	35.368	35.695	34.163	0.6250
112	35.655	35.721	35.687	36.017	34.481	0.6250
113	35.974	36.040	36.005	36.333	34.800	0.6250
114	36.292	36.358	36.324	36.654	35.118	0.6250
115	36.610	36.676	36.642	36.969	35.436	0.6250
116	36.929	36.995	36.961	37.292	35.755	0.6250
117	37.247	37.313	37.279	37.606	36.073	0.6250
118	37.565	37.632	37.598	37.928	36.392	0.6250
119	37.883	37.950	37.916	38.243	36.710	0.6250
120	38.201	38.268	38.235	38.564	37.028	0.6250
121	38.519	38.586	38.553	38.879	37.346	0.6250
122	38.837	38.904	38.872	39.200	37.664	0.6250
123	39.156	39.223	39.190	39.518	37.983	0.6250
124	39.475	39.542	39.508	39.839	38.302	0.6250
125	39.794	39.861	39.827	40.154	38.621	0.6250
126	40.112	40.180	40.145	40.476	38.940	0.6250
127	40.430	40.497	40.464	40.790	39.257	0.6250
128	40.748	40.816	40.782	41.112	39.576	0.6250
129	41.066	41.134	41.100	41.427	39.894	0.6250
130	41.384	41.452	41.419	41.748	40.212	0.6250
131	41.702	41.770	41.738	42.063	40.530	0.6250
132	42.020	42.088	42.056	42.384	40.848	0.6250
133	42.338	42.406	42.374	42.699	41.166	0.6250
134	42.656	42.724	42.693	43.020	41.484	0.6250
135	42.975	43.043	43.011	43.336	41.803	0.6250
136	43.293	43.362	43.329	43.657	42.122	0.6250
137	43.611	43.679	43.647	43.972	42.439	0.6250
138	43.930	43.998	43.966	44.295	42.758	0.6250
139	44.249	44.317	44.284	44.611	43.077	0.6250

续表

齿数	分度圆直径	齿顶圆直径 d_a		跨柱测量距[①]	导槽最大直径[①]	量柱直径
z	d	圆弧齿顶	矩形齿顶[①]	M_R	d_g	d_R
140	44.567	44.636	44.603	44.932	43.396	0.6250
141	44.885	44.954	44.922	45.247	43.714	0.6250
142	45.203	45.271	45.240	45.568	44.031	0.6250
143	45.521	45.590	45.558	45.883	44.350	0.6250
144	45.840	45.909	45.877	46.205	44.669	0.6250
145	46.158	46.227	46.195	46.520	44.987	0.6250
146	46.477	46.546	46.514	46.842	45.306	0.6250
147	46.796	46.865	46.832	47.159	45.625	0.6250
148	47.114	47.183	47.151	47.479	45.943	0.6250
149	47.432	47.501	47.469	47.795	46.261	0.6250
150	47.750	47.819	47.787	48.116	46.579	0.6250

① 表列均为最大直径值；所有公差必须取负值。

注：1. 其他节距（9.52mm 及以上节距）链轮数值为实际节距乘以表列数值。

2. 相关公差见表13-2-42。

2.3.4.2　4.76mm 节距链轮的主要尺寸

4.76mm 节距链轮齿形、主要尺寸见图13-2-13、图13-2-14 和表 13-2-40。其链轮的分度圆直径、齿顶圆直径、跨柱测量距和导槽最大直径见表13-2-41。

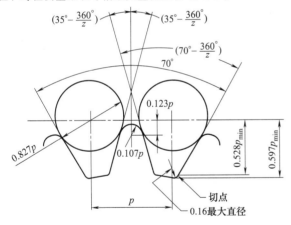

图 13-2-13　4.76mm 节距链轮齿形

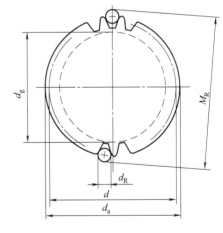

图 13-2-14　4.76mm 节距链轮的主要尺寸

表 13-2-40　　　　　　　　　　　4.76mm 节距链轮主要尺寸

名　　称		符号	计　算　公　式
参数	链轮节距	p	与配用链条相同
	链轮齿数	z	
主要尺寸	分度圆直径	d	$d = \dfrac{p}{\sin\dfrac{180°}{z}}$
	齿顶圆直径	d_a	$d_a = p\left(\cot\dfrac{180°}{z} - 0.032\right)$
	跨柱直径	d_R	$d_R = 0.667p$

名　称		符　号	计　算　公　式
主要尺寸	跨柱测量距	M_R	偶数齿：$$M_R = d - 0.160p\csc\left(35° - \frac{180°}{z}\right) + 0.667p$$ 奇数齿：$$M_R = \cos\frac{90°}{z}\left[d - 0.160p\csc\left(35° - \frac{180°}{z}\right)\right] + 0.667p$$
	导槽圆的最大直径	d_g	$$d_g = p\left(\cot\frac{180°}{z} - 1.20\right)$$

表 13-2-41　　　　　　　　　4.762mm 节距链轮的数值（GB/T 10855—2016）　　　　　　　　　mm

齿数 z	分度圆直径 d	齿顶圆直径 $d_a^{①②}$	跨柱测量距 $M_R^{①③}$	导槽最大直径 $d_g^{①}$
11	16.89	16.05	17.55	10.50
12	18.39	17.63	19.33	10.89
13	19.89	19.18	20.85	13.61
14	21.41	20.70	22.56	15.15
15	22.91	22.25	24.03	16.69
16	24.41	23.80	25.70	18.23
17	25.91	25.30	27.15	19.76
18	27.43	26.85	28.80	21.29
19	28.93	28.35	30.25	22.82
20	30.45	29.90	31.90	24.35
21	31.95	31.42	33.32	25.88
22	33.48	32.97	34.98	27.41
23	34.98	34.47	36.40	28.94.
24	36.47	35.99	38.02	30.36
25	38.00	37.52	39.47	31.98
26	39.52	39.07	41.07	33.50
27	41.02	40.56	42.52	35.03
28	42.54	42.09	44.12	36.55
29	44.04	43.61	45.59	38.01
30	45.57	45.14	47.17	39.60
31	47.07	46.63	48.62	41.12
32	48.59	48.18	50.22	42.56
33	50.11	49.71	51.69	44.17
34	51.61	51.21	53.24	45.69
35	53.14	52.76	54.74	47.19
36	54.64	54.25	56.29	48.72
37	56.16	55.78	57.76	50.24
38	57.68	57.30	59.33	51.77
39	59.18	58.80	60.81	53.29
40	60.71	60.35	62.38	54.81
41	62.20	61.85	63.83	56.31
42	63.73	63.37	65.40	57.84
43	65.25	64.90	66.88	59.36
44	66.75	66.40	68.45	60.88
45	68.28	67.92	69.93	62.38
46	69.80	69.47	71.50	63.91
47	71.30	70.97	72.95	65.43

续表

齿数	分度圆直径	齿顶圆直径	跨柱测量距	导槽最大直径
z	d	$d_a^{①②}$	$M_R^{①③}$	$d_g^{①}$
48	72.82	72.49	74.52	66.95
49	74.32	73.99	76.00	68.48
50	75.84	75.51	77.55	69.98
51	77.37	77.04	79.02	71.50
52	78.87	78.54	80.59	73.03
53	80.39	80.06	82.07	74.52
54	81.92	81.61	83.64	76.02
55	83.41	83.11	85.12	77.57
56	84.94	84.63	86.66	79.10
57	86.46	86.16	88.16	80.59
58	87.96	87.66	89.69	82.12
59	89.48	89.18	91.19	83.64
60	91.01	90.70	92.74	85.17
61	92.51	92.20	94.21	86.69
62	94.03	93.73	95.78	88.19
63	95.55	95.25	97.28	89.71
64	97.05	96.75	98.81	91.24
65	98.58	98.27	100.30	92.74
66	100.10	99.82	101.85	94.26
67	101.60	101.32	103.33	95.78
68	103.12	102.84	104.88	97.31
69	104.65	104.37	106.38	98.81
70	106.15	105.87	107.90	100.33
71	107.67	107.39	109.40	101.85
72	109.19	108.92	110.95	103.38
73	110.69	110.41	112.42	104.88
74	112.22	111.94	113.97	106.40
75	113.74	113.46	115.47	107.92
76	115.24	114.96	116.99	109.42
77	116.76	116.48	118.49	110.95
78	118.29	118.01	120.04	112.47
79	119.79	119.51	121.54	113.97
80	121.31	121.03	123.09	115.49
81	122.83	122.56	124.59	117.02
82	124.33	124.05	126.11	118.54
83	125.86	125.58	127.61	120.04
84	127.38	127.10	129.16	121.56
85	128.88	128.60	130.63	123.09
86	130.40	130.15	132.18	124.61
87	131.93	131.67	133.68	126.11
88	133.43	133.17	135.20	128.14
89	134.95	134.70	136.70	129.13
90	136.47	136.22	138.25	130.66
91	137.97	137.72	139.73	132.18
92	139.50	139.24	141.27	133.71
93	141.02	140.77	142.77	135.29
94	142.52	142.27	144.30	136.73
95	144.04	143.79	145.80	138.25

续表

齿数 z	分度圆直径 d	齿顶圆直径 $d_a^{①②}$	跨柱测量距 $M_R^{①③}$	导槽最大直径 $d_g^①$
96	145.57	145.31	147.35	139.78
97	147.07	146.81	148.82	141.27
98	148.59	148.34	150.37	142.80
99	150.11	149.86	151.87	144.32
100	151.61	151.36	153.39	145.82
101	153.14	152.88	154.89	147.35
102	154.66	154.41	156.44	148.87
103	156.15	155.91	157.91	150.39
104	157.66	157.40	159.44	151.89
105	159.21	158.95	160.96	153.42
106	160.73	160.48	162.51	154.94
107	162.26	162.00	164.01	156.44
108	163.75	163.50	165.56	157.96
109	165.30	165.05	167.03	159.49
110	166.78	166.52	168.58	160.99
111	168.28	168.02	170.06	162.50
112	169.80	169.54	171.58	164.03
113	171.32	171.07	173.10	165.56
114	172.85	172.59	174.65	167.06
115	174.40	174.14	176.15	168.58
116	175.87	175.62	177.67	170.10
117	177.39	177.14	179.17	171.60
118	178.92	178.66	180.70	173.13
119	180.42	180.19	182.22	174.65
120	181.91	181.69	183.72	176.15

① 表列均为最大直径值；所有公差必须取负值。

② 为圆弧顶齿。

③ 量柱直径＝3.175mm。

注：相关公差见表 13-2-43。

2.3.4.3　9.52mm 及以上节距链轮精度要求

表 13-2-42　　　　　　　　9.52mm 及以上节距链轮跨柱测量距公差　　　　　　　　mm

齿顶圆直径 d_a 公差	矩形齿顶：$_{-0.05p}^{0}$　圆弧齿顶链轮与跨柱测量距公差相同									
导槽直径 d_g 公差	$_{-0.76}^{0}$									
跨柱测量距公差	节距	齿数								
		≤15	16～24	25～35	36～48	49～63	64～80	81～99	100～120	121～143	≥144
	9.525	0.13	0.13	0.13	0.15	0.15	0.48	0.18	0.18	0.20	0.20
	12.700	0.13	0.15	0.15	0.18	0.18	0.20	0.20	0.23	0.23	0.25
	15.875	0.15	0.15	0.18	0.20	0.23	0.25	0.25	0.25	0.28	0.30
	19.050	0.15	0.18	0.20	0.23	0.25	0.28	0.28	0.30	0.33	0.36
	25.400	0.18	0.20	0.23	0.25	0.28	0.30	0.33	0.36	0.38	0.40
	31.750	0.20	0.23	0.25	0.28	0.33	0.36	0.38	0.43	0.46	0.48
	38.100	0.20	0.25	0.28	0.33	0.36	0.40	0.43	0.48	0.51	0.56
	50.800	0.25	0.30	0.36	0.40	0.46	0.51	0.56	0.61	0.66	0.71

第
13
篇

2.3.4.4　4.76mm 节距链轮精度要求

表 13-2-43　　　　　　　　　　　　4.76mm 节距链轮跨柱测量距公差　　　　　　　　　　　　　mm

导槽直径 d_g 公差		$^{0}_{-0.38}$								
跨柱测量距公差	节距	齿数								
		≤15	16～24	25～35	36～48	49～63	64～80	81～99	100～120	121～143	≥144
	4.76	−0.1	−0.1	−0.1	−0.1	−0.1	−0.13	−0.13	−0.13	−0.13	−0.13

2.4　链传动的布置、张紧与润滑

2.4.1　链传动的布置

表 13-2-44　　　　　　　　　　　　　　　　链传动的布置

传 动 参 数	正确布置	不正确布置	说　　　明
$i=2\sim3$ $a=(30\sim50)p$	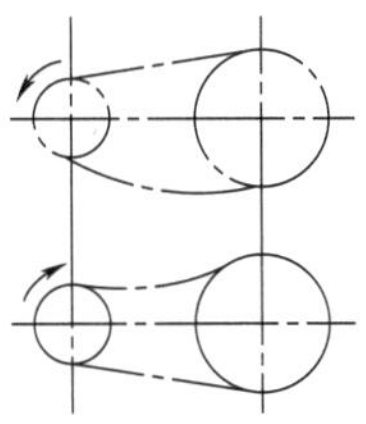		传动比和中心距中等大小 两轮轴线在同一水平面,紧边在上较好
$i>2$ $a<30p$	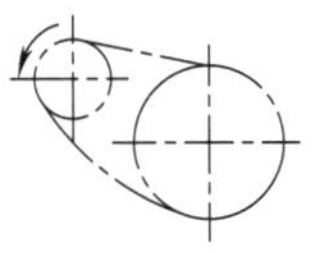	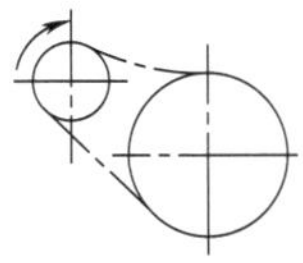	中心距较小 两轮轴线不在同一水平面,松边应在下面,否则松边下垂量增大后,链条易与链轮卡死
$i<1.5$ $a>60p$	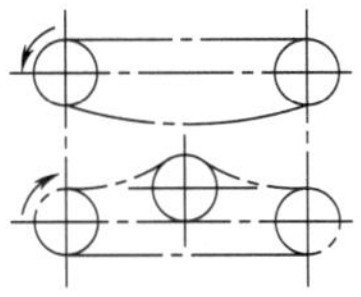		传动比小,中心距较大 两轮轴线在同一水平面,松边应在下面,否则经长时间使用,下垂量增大后,松边会与紧边相碰,需经常调整中心距
i、a 为任意值	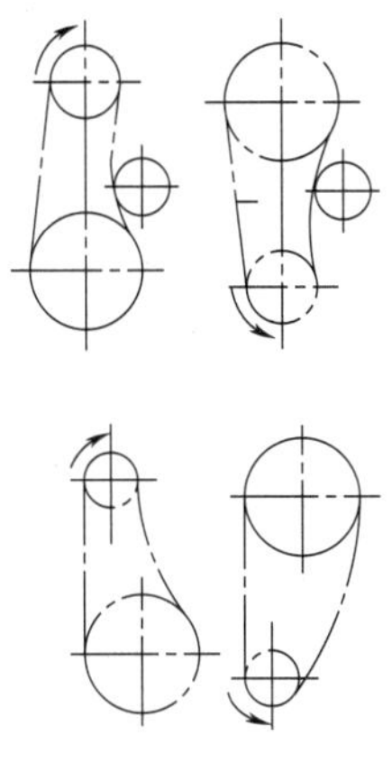	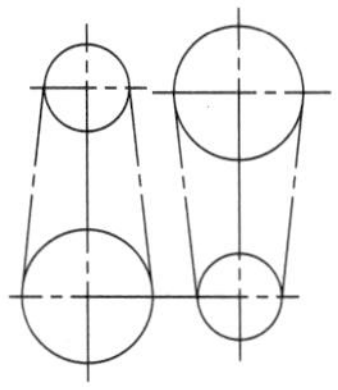	两轮轴线在同一铅垂面内,经使用,链节距加大,链下垂量增大,会减少下链轮的有效啮合齿数,降低传动能力。为此,可采取的措施有: ①中心距可调; ②设张紧装置; ③上、下两轮偏置,使两轮的轴线不在同一铅垂面内

2.4.2　链传动的张紧与安装

表 13-2-45　　　　　　　　　　　　链传动的张紧

类型	张紧调整形式	简　图	说　明
定期张紧	螺纹调节		调节螺钉可采用细牙螺纹并带锁紧螺母
	偏心调节		张紧轮一般布置在链条松边，根据需要可以靠近小链轮或大链轮，或者布置在中间位置。张紧轮可以是链轮或辊轮。张紧链轮的齿数常等于小链轮齿数。张紧辊轮常用于垂直或接近于垂直的链传动，其直径可取为 $(0.6\sim0.7)d$，d 为小链轮直径
自动张紧	弹簧调节		张紧轮一般布置在链条松边，根据需要可以靠近小链轮或大链轮，或者布置在中间位置。张紧轮可以是链轮或辊轮。张紧链轮的齿数常等于小链轮齿数。张紧辊轮常用于垂直或接近于垂直的链传动，其直径可取为 $(0.6\sim0.7)d$，d 为小链轮直径
	挂重调节		张紧轮一般布置在链条松边，根据需要可以靠近小链轮或大链轮，或者布置在中间位置。张紧轮可以是链轮或辊轮。张紧链轮的齿数常等于小链轮齿数。张紧辊轮常用于垂直或接近于垂直的链传动，其直径可取为 $(0.6\sim0.7)d$，d 为小链轮直径
	液压调节		采用液压块与导板相结合的形式，减振效果好，适用于高速场合，如发动机的链传动

第
13
篇

续表

类型	张紧调整形式	简　图	说　明
承托装置	托板和托架	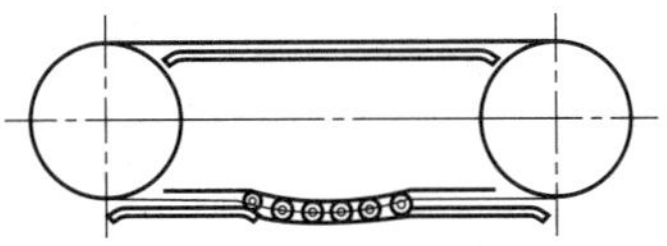 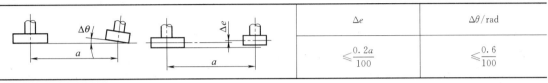	适用于中心距较大的场合,托板上可衬以软钢、塑料或耐油橡胶,滚子可在其上滚动,更大中心距时,托板可以分成两段,借中间6～10节链条的自重下垂张紧

表 13-2-46　　　　　　　　　　　　　　链传动的安装

	Δe	Δθ/rad
	$\leqslant \dfrac{0.2a}{100}$	$\leqslant \dfrac{0.6}{100}$

2.4.3　链传动的润滑

润滑对于链传动是十分重要的,合理的润滑能大大减轻链条铰链的磨损,延长其使用寿命。润滑方式的选择见图 13-2-5,润滑方式及其说明见表 13-2-47,链传动用润滑油见表 13-2-48,对工作条件恶劣的开式和重载、低速链传动,当难以采用油润滑时,可采用脂润滑。

表 13-2-47　　　　　　　　　　　　　　链传动的润滑

润滑方式	简　图	说　明	供 油 量
人工定期润滑		用刷子或油壶定期在链条松边内、外链板间隙中注油	每班注油一次
滴油润滑	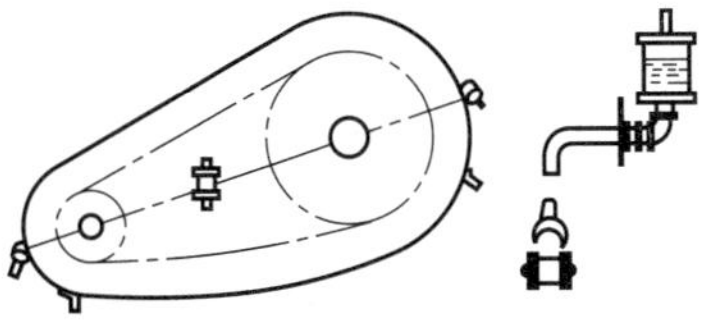	装有简单外壳,用滴油壶或滴油器在从动边的内外链板间隙处滴油	单排链,每分钟供油 5～20 滴,速度高时取大值
油浴供油润滑	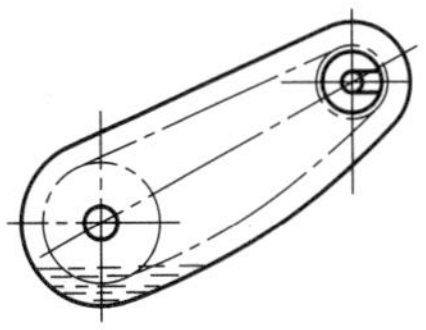	采用不漏油的外壳,使链条从油槽中通过	一般浸油深度为 6～12mm。链条浸入油面过深,搅油损失大,油易发热变质,浸入过浅润滑不可靠
飞溅润滑	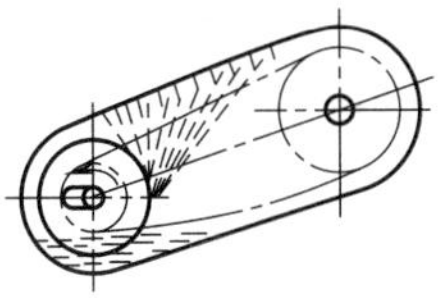	采用不漏油的外壳,在链轮侧边安装甩油盘,甩油盘圆周速度 $v>3$m/s。当链条宽度大于 125mm 时,链轮两侧各装一个甩油盘	甩油盘浸油深度为 12～35mm

续表

润滑方式	简　图	说　明	供　油　量

压力供油润滑 采用不漏油的外壳,油泵强制供油,喷油管口设在链条啮入处,循环油可起冷却作用

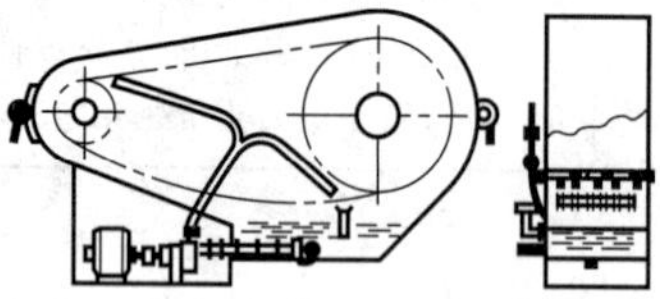

每个喷油嘴供油量/L·min⁻¹

链速 v/m·s⁻¹	节距 p/mm			
	≤19.05	25.4～31.75	38.1～44.45	≥50.8
8～13	1.0	1.5	2.0	2.5
>13～18	2.0	2.5	3.0	3.5
>18～24	3.0	3.5	4.0	4.5

表 13-2-48　　　　　　　　　　　　链传动用润滑油

润滑方式	环境温度/℃	节距 p/mm			
		9.525～15.875	19.05～25.4	31.75	38.1～76.2
人工定期润滑、滴油润滑、油浴或飞溅润滑	−10～0	L-AN46	L-AN68		L-AN100
	0～40	L-AN68	L-AN100		SC30
	40～50	L-AN100	SC40		SC40
	50～60	SC40	SC40		工业齿轮油(冬季用 90 号 GL-4 齿轮油)
油泵压力喷油润滑	−10～0	L-AN46			L-AN68
	0～40	L-AN68			L-AN100
	40～50	L-AN100			SC40
	50～60	SC40			SC40

参 考 文 献

[1] GB/T 1243—2006. 传动用短节距精密滚子链、套筒链、附件和链轮.

[2] GB/T 10855—2016. 齿形链和链轮.

[3] 龙振宇主编. 机械设计. 北京：机械工业出版社，2002.

[4] 吴宗泽，罗圣国主编. 机械设计课程设计手册. 北京：高等教育出版社，2006.

[5] 吴宗泽，刘莹主编. 机械设计教程. 北京：机械工业出版社，2006.

[6] 成大先主编. 机械设计手册. 第六版. 第 3 卷. 北京：化学工业出版社，2016.

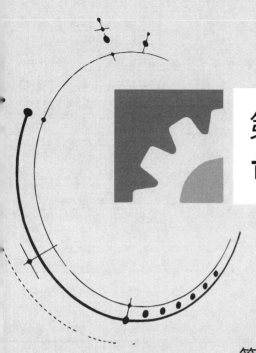

第 14 篇
齿轮传动

篇主编：秦大同　陈兵奎

撰　稿：张光辉　郭晓东　林腾蛟　林　超

　　　　秦大同　陈兵奎　石万凯　邓效忠

　　　　罗文军　廖映华　张卫青　欧阳志喜

审　稿：李钊刚

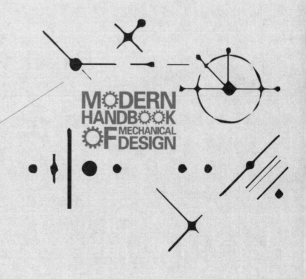

齿轮传动总览

（1）齿轮传动分类

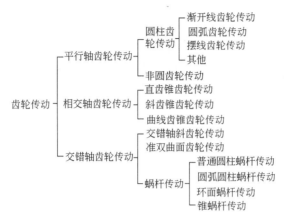

（2）齿轮传动主要特点及适用范围

名　　称		主　要　特　点	适　用　范　围			
			传动比	传动功率	速　　度	应用举例
渐开线圆柱齿轮		传动的速度和功率范围很大；传动效率高，一对齿轮可达0.98～0.995；精度愈高，润滑愈好，效率愈高；对中心距的敏感性小，互换性好，装配和维修方便；可以进行变位切削及各种修形、修缘，从而提高传动质量；易于进行精密加工，是齿轮传动中应用最广的传动	单级： 7.1(软齿面) 6.3(硬齿面) 两级： 50(软齿面) 28(硬齿面) 三级： 315(软齿面) 180(硬齿面)	低速重载可达5000kW以上高速传动可达40000kW以上	线速度可达200m/s以上	高速船用透平齿轮，大型轧机齿轮，矿山、轻工、化工和建材机械齿轮等
摆线针轮传动		有外啮合(外摆线)、内啮合(内摆线)和齿条啮合(渐开线)三种型式。适用于低速、重载的机械传动和粉尘多、润滑条件差等工作环境恶劣的场合，传动效率$\eta=0.9\sim0.93$(无润滑油时)或$\eta=0.93\sim0.95$(有润滑油时)。与一般齿轮相比，结构简单、加工容易、造价低、拆修方便	一般 5～30	—	0.05～0.5 m/s	起重机的回转机构，球磨机的传动机构，磷肥工业用的回转化成室，翻盘式真空过滤机的底部传动机构，工业加热炉用的台车拖曳机构。化工行业广为应用
圆弧圆柱齿轮传动	单圆弧齿轮传动	接触强度比渐开线齿轮高；弯曲强度比渐开线齿轮低；跑合性能好；没有根切现象；只有做成斜齿，不能做成直齿；中心距的敏感性比渐开线齿轮大；互换性比渐开线齿轮差；噪声稍大	同渐开线圆柱齿轮	低速重载传动可达3700kW以上；高速传动可达6000kW	＞100m/s	3700kW初轧机，输出轴转矩$T=14\times10^5$N·m轧机主减速器，矿井卷扬机减速齿轮，鼓风机、制氧机、压缩机减速器，3000～6000kW汽轮发电机齿轮等
	双圆弧齿轮传动	除具有单圆弧齿轮的优点外，弯曲强度比单圆弧齿轮高(一般高40％～60％)，可用同一把滚刀加工一对互相啮合的齿轮，比单圆弧齿轮传动平稳，噪声和振动比单圆弧齿轮小				

名　称	主　要　特　点	适　用　范　围			
		传动比	传动功率	速　度	应 用 举 例
非圆齿轮传动	非圆齿轮可以实现特殊的运动和实现函数运算,对机构的运动特性很有利,可以提高机构的性能,改善机构的运动条件 如应用在自动机器中,可使机器的工作机构和控制机构具有变速运动,可以协调平行工作的机构的循环时间,用非圆齿轮带动铰链连杆机构的主动件时,使铰链连杆机构的运动特性具有所需的形式	瞬时传动比是变化的,平均传动比是整数,大多情况下为 1	—	—	广泛用于自动机器仪器仪表及解算装置中,辊筒式平板印刷机的自动送纸装置,双色印刷机中的非圆—圆的扇形齿轮,纺织机械中绕线托架机构偏心圆齿轮和卵形齿轮,纸板机的横切机构中的椭圆齿轮,链传送带传动装置中的非圆齿轮,带有椭圆齿轮传动机构的摆动式传送机,连续线绕函数电位计中的非圆齿轮,仪器中的卵形齿轮流量计,大转矩液压马达
锥齿轮传动 直齿锥齿轮传动	比曲线齿锥齿轮的轴向力小,制造也比曲线齿锥齿轮容易	1～8	<370kW	<5m/s	用于机床、汽车、拖拉机及其他机械中轴线相交的传动
锥齿轮传动 斜齿锥齿轮传动	比直齿锥齿轮总重合度大,噪声较低	1～8	较直齿锥齿轮高	较直齿锥齿轮高,经磨齿后 v<50m/s	用于机床、汽车行业的机械设备中
锥齿轮传动 曲线齿锥齿轮传动	比直齿锥齿轮传动平稳,噪声小,承载能力大,但由于螺旋角而产生轴向力较大	1～8	<750kW	一般 v>5m/s;磨齿后可达 v>40m/s	用于汽车驱动桥传动,以及拖拉机和机床等传动
准双曲面齿轮传动	比曲线齿锥齿轮传动更平稳,利用偏距增大小轮直径,因而可以增加小轮刚性,实现两端支承,沿齿长方向有滑动,传动效率比直齿锥齿轮低,需用准双曲面齿轮油	一般 1～10;用于代替蜗杆传动时,可达 50～100	一般 <750 kW	>5m/s	最广泛用于越野及小客车,也用于卡车,可用以代替蜗杆传动
交错轴斜齿轮传动	是由两个螺旋角不等(或螺旋角相等,旋向也相同)的斜齿齿轮组成的齿轮副,两齿轮的轴线可以成任意角度,缺点是齿面为点接触,齿面间的滑动速度大,所以承载能力和传动效率比较低,故只能用于轻载或传递运动的场合	—	—	—	用于空间(在任意方向转向)传动机构
蜗杆传动 普通圆柱蜗杆传动(阿基米德螺旋线蜗杆、渐开线蜗杆及延长渐开线蜗杆)	传动比大,工作平稳,噪声较小,结构紧凑,在一定条件下有自锁性,效率低	8～80	<200kW	<15～35m/s	多用于中、小负荷间歇工作的情况下,如轧钢机压下装置、小型转炉倾动机构等
蜗杆传动 圆弧圆柱蜗杆传动(ZC 蜗杆)	接触线形状有利于形成油膜,主平面共轭齿面为凸凹齿面啮合,传动效率及承载能力均高于普通圆柱蜗杆传动	8～80	<200kW	<15～35m/s	用于中、小负荷间歇工作的情况,如轧钢机压下装置

名　　　　称		主 要 特 点	适 用 范 围			
			传 动 比	传 动 功 率	速　　　度	应 用 举 例
蜗杆传动	环面蜗杆传动(平面齿包络环面蜗杆、直廓环面蜗杆、锥面包络环面蜗杆、渐开面包络环面蜗杆等)	接触线和相对速度夹角接近于90°,有利于形成油膜;同时接触齿数多,当量曲率半径大,因而承载能力大,一般比普通圆柱蜗杆传动大2~3倍。但制造工艺一般比普通圆柱蜗杆要复杂	5~100	<4500kW	<15~35m/s	轧机压下装置,各种绞车、冷挤压机、转炉、军工产品以及其他冶金矿山设备等
	锥面蜗杆传动	同时接触齿数多,齿面可得到比较充分的润滑和冷却,易于形成油膜,传动比较平稳,效率比普通圆柱蜗杆传动高,设计计算和制造比较麻烦	10~358	—	—	适用于结构要求比较紧凑的场合
普通渐开线齿轮行星传动		体积小,重量轻,承载能力大,效率高,工作平稳,NGW型行星齿轮减速器与普通圆柱齿轮减速器比较,体积和重量可减小30%~50%,效率可稍提高,但结构比较复杂,制造成本比较高	NGW型单级:2.8~12.5两级:14~160三级:100~2000	NGW型达6500kW	高低速均可	NGW型主要用于冶金、矿山、起重运输等低速重载机械设备;也用于压缩机制氧机、船舶等高速大功率传动
少齿差传动	渐开线少齿差传动	内外圆柱齿轮的齿廓皆采用渐开线,因而可用普通的齿轮机床加工,结构较简单,生产价格也较低,但转臂轴承受径向力较大,这种传动与通用渐开线圆柱齿轮传动(或蜗杆传动)相比较,具有传动比大、体积小、重量轻、结构紧凑等特点 其承受过载荷冲击能力较强,寿命较长,传动效率一般为$\eta=0.8\sim0.9$,但也有达到0.9以上的实例。由于内齿轮采用软齿面,故承载能力略低于摆线针轮行星传动	单级:10~100,可多级串联,取得更大的传动比	最大:100kW常用:≤55kW	一般高速轴转速小于1500~1800r/min	电工、机械、起重、运输、轻工、化工、食品、粮油、农机、仪表、机床与附件及工程机械等
	摆线少齿差传动(亦称摆线针轮行星传动)	它以外摆线作为行星轮齿的齿廓曲线,在少齿差传动中应用最广,其效率达到$\eta=0.9\sim0.98$(单级传动时);多齿啮合承载能力高,运转平稳,故障少,寿命长;与电动机直联的减速器,结构紧凑,但制造成本较高,主要零部件加工精度要求高,齿形检测困难,大直径摆线轮加工困难	单级:11~87两级:121~5133	常用:<100kW最大:<220kW	—	广泛用于冶金、石油、化工、轻工、食品、纺织、印染、国防、工程、起重、运输等各类机械中

续表

名　称		主 要 特 点	适 用 范 围			
			传动比	传动功率	速　度	应用举例
少齿差传动	圆弧少齿差传动（又称圆弧针齿行星传动，或冕轮减速器）	其结构型式与摆线少齿差传动基本相同,其特点在于:行星轮的齿廓曲线改用凹圆弧代替摆线,轮齿与针齿形成凹凸两圆的内啮合,且曲率半径相差很小,从而提高了接触强度	单级:11～71	0.2～30kW	高速轴转速<1500～1800 r/min	用于矿山运输机械、轻工、纺织印染机械中
	活齿少齿差传动（又称"活齿传动""滑齿传动""滚道传动""密切圆传动"）	其特点是固定齿圈上的齿形制成圆弧或其他曲线,行星轮上的各轮齿改用单个的活动构件(如滚珠)代替,当主动偏心盘驱动时,它们将在输出轴盘上的径向槽孔中活动,故称为"活齿"。其效率为 $\eta=0.86\sim0.87$	单级:20～80	<18kW	高速轴转速<1500～1800r/min	用于矿山、冶金机械中
	锥齿少齿差传动（又称"锥齿轮谐波传动""章动传动"）	它采用一对少齿差的锥齿轮,以轴线运动的锥轮与另一固定锥轮啮合产生摆转运动代替了原来行星轮的平面运动	单级:≤200	—	—	用于矿山机械中
谐波齿轮传动		传动比大、范围宽;元件少、体积小、重量轻;在相同的条件下可比一般减速器的元件少一半,体积和重量可减少 20%～50%;同时啮合的齿数多,双波传动在受载情况下同时啮合齿数可达总数的 20%～40%,故承载能力高;且误差可相互补偿,故运动精度高。可采用调整发生器达到无侧隙啮合;运转平稳、噪声低、可通过密封壁传递运动,传动效率也比较高, $i=100$ 时, $\eta=0.69\sim0.90$, $i=400$ 时, $\eta=0.80$,且传动比大时,效率并不显著下降,但主要零件——柔轮的制造工艺比较复杂	单级1.002～1.02(波发生器固定,柔轮主动时);50～500(柔轮或刚轮固定,波发生器主动时);150～4000 用行星波发生器, 2×10^3 采用复波	几瓦到几十千瓦	—	主要用于航空、航天飞行器原子能、雷达系统等,也用于造船、汽车、坦克、机床、仪表、纺织、冶金、起重运输、医疗器械等,如机床进给分度机构,自动控制系统中的执行机构和数据传递装置,光学机械中的精密传动;用于化工设备、大型绞盘;用于高压、高真空的密封式传动;工业机器人、武器系统和无线电跟踪系统

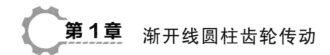

第1章　渐开线圆柱齿轮传动

1.1　渐开线圆柱齿轮的基本齿廓和模数系列

1.1.1　渐开线圆柱齿轮的基本齿廓 (GB/T 1356—2001)

GB/T 1356—2001标准规定了通用机械和重型机械用渐开线圆柱齿轮（外齿或内齿）的标准基本齿条齿廓的几何参数。此标准规定的齿廓没有考虑内齿轮齿高可能进行的修正，因此内齿轮对不同的情况应分别计算。为了确定渐开线类齿轮的轮齿尺寸，标准基本齿条的齿廓仅给出了渐开线类齿轮齿廓的几何参数。它不包括对刀具的定义，但为了获得合适的齿廓，可以根据基本齿条的齿廓规定刀具的参数。

1.1.1.1　标准基本齿条齿廓

标准基本齿条齿廓是指基本齿条的法向截面齿廓，基本齿条相当于齿数 $z = \infty$、直径 $d = \infty$ 的外齿轮；相啮标准基本齿条齿廓是指齿条齿廓在基准线 $P-P$ 上对称于标准基本齿条齿廓，且相对于标准基本齿条齿廓的半个齿距的齿廓。标准基本齿条齿廓代号的意义和单位见表14-1-1；标准基本齿条齿廓的几何参数见表14-1-2。

表 14-1-1　　　　　　　　　　　　标准基本齿条齿廓代号

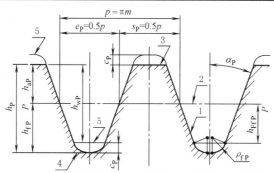

1—标准基本齿条齿廓；2—基准线；3—齿顶线；4—齿根线；
5—相啮标准基本齿条齿廓

符号	意　义	单位	符号	意　义	单位
c_P	标准基本齿条轮齿与相啮标准基本齿条轮齿之间的顶隙	mm	m	模数	mm
e_P	标准基本齿条轮齿齿槽宽	mm	p	齿距	mm
h_{aP}	标准基本齿条轮齿齿顶高	mm	s_P	标准基本齿条轮齿的齿厚	mm
h_{fP}	标准基本齿条轮齿齿根高	mm	u_{FP}	挖根量	mm
h_{FfP}	标准基本齿条轮齿齿根直线部分的高度	mm	α_{FP}	挖根角	(°)
h_P	标准基本齿条的齿高	mm	α_P	压力角	(°)
h_{wP}	标准基本齿条和相啮标准基本齿条轮齿的有效齿高	mm	ρ_{fP}	基本齿条的齿根圆角半径	mm

表 14-1-2　　　　　　　　　　标准基本齿条齿廓的几何参数值和几何关系

几何参数值	代　号	标准基本齿条齿廓的几何参数值	代　号	标准基本齿条齿廓的几何参数值
	α_P	20°	h_{fP}	1.25m
	h_{aP}	1m	ρ_{fP}	0.38m
	c_P	0.25m		

续表

几何关系	标准基本齿廓的几何关系如下

标准基本齿廓的几何关系如下

①标准基本齿条齿廓的齿距为 $p=\pi m$

②在 h_{aP} 加 h_{FfP} 高度上,标准基本齿廓的齿侧面为直线

③$P-P$ 线上的齿厚等于齿槽宽,即齿距的一半

$$s_P=e_P=\frac{p}{2}=\frac{\pi m}{2} \tag{14-1-1}$$

式中,s_P 为标准基本齿条轮齿的齿厚;e_P 为标准基本齿条轮齿的齿槽宽;p 为齿距;m 为模数

④标准基本齿条齿廓的齿侧面与基准线的垂线之间的夹角为压力角 α_P

⑤齿顶线和齿根线分别平行于基准线 $P-P$,且距 $P-P$ 线之间的距离分别为 h_{aP} 和 h_{fP}

⑥标准基本齿条齿廓和相啮标准基本齿条齿廓的有效齿高 h_{wP} 等于 $2h_{aP}$

⑦标准基本齿条齿廓的参数用 $P-P$ 线作为基准

⑧标准基本齿条的齿根圆角半径 ρ_{fP} 由标准顶隙 c_P 确定

对于 $\alpha_P=20°$、$c_P\leqslant0.295m$、$h_{FfP}=1m$ 的基本齿条

$$\rho_{fPmax}=\frac{c_P}{1-\sin\alpha_P} \tag{14-1-2}$$

式中,ρ_{fPmax} 为基本齿条的最大齿根圆角半径;c_P 为标准基本齿条轮齿和相啮标准基本齿条轮齿的顶隙;α_P 为压力角

对于 $\alpha_P=20°$、$0.295m<c_P\leqslant0.396m$ 的基本齿条

$$\rho_{fPmax}=\frac{\pi m/4-h_{fP}\tan\alpha_P}{\tan[(90°-\alpha_P)/2]} \tag{14-1-3}$$

式中,h_{fP} 为基本齿条轮齿的齿根高

ρ_{fPmax} 的中心在齿条齿槽的中心线上

实际齿根圆角(在有效齿廓以外)会随一些影响因素的不同而变化,如制造方法、齿廓修形、齿数等

⑨标准基本齿条齿廓的参数 c_P、h_{aP}、h_{fP} 和 h_{wP} 也可以表示为模数 m 的倍数,即相对于 $m=1mm$ 时的值可加一个星号表明,例如

$$h_{fP}=h_{fP}^*m$$

1.1.1.2　不同使用场合下推荐的基本齿条

（1）基本齿条型式的应用

A 型标准基本齿条齿廓推荐用于传递大转矩的齿轮。

根据不同的使用要求可以使用替代的基本齿条齿廓。

B 型和 C 型基本齿条齿廓推荐用于通常的使用场合。用一些标准滚刀加工时,可以用 C 型。

D 型基本齿条齿廓的齿根圆角为单圆弧齿根圆角。当保持最大齿根圆角半径时,增大的齿根高（$h_{fP}=1.4m$,齿根圆角半径 $\rho_{fP}=0.39m$）使得精加工刀具能在没有干涉的情况下工作。这种齿廓推荐用于高精度、传递大转矩的齿轮,齿廓精加工用磨齿或剃齿。在精加工时,要小心避免齿根圆角处产生凹痕,凹痕会导致应力集中。

几种类型基本齿条齿廓的几何参数见表 14-1-3。

表 14-1-3　　基本齿条齿廓

项目	基本齿条齿廓类型			
	A 型	B 型	C 型	D 型
α_P	20°	20°	20°	20°
h_{aP}	$1m$	$1m$	$1m$	$1m$
c_P	$0.25m$	$0.25m$	$0.25m$	$0.4m$
h_{fP}	$1.25m$	$1.25m$	$1.25m$	$1.4m$
ρ_{fP}	$0.38m$	$0.3m$	$0.25m$	$0.39m$

（2）具有挖根的基本齿条齿廓

使用具有给定的挖根量 u_{FP} 和挖根角 α_{FP} 的基本齿条齿廓时,用带凸台的刀具切齿,并用磨齿或剃齿精加工齿轮,见图 14-1-1。u_{FP} 和 α_{FP} 的具体值取决于一些影响因素,如加工方法等。

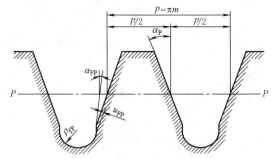

图 14-1-1　具有给定挖根量的基本齿条齿廓

1.1.1.3　其他非标准齿廓

对于大多数应用场合,利用 GB/T 1356—2001 标准基本齿条齿廓可以满足啮合要求。

在特殊情况下,当 GB/T 1356—2001 齿廓不能满足需要时,也可以使用其他非标准齿廓。

① 小压力角的齿廓,如 $\alpha_P=14.5°$ 或 $\alpha_P=15°$ 的压力角,它可以增大重合度,降低噪声。

② 大压力角的齿廓,用于重载齿轮传动,如

$\alpha_P = 22.5°$常用于汽车拖拉机齿轮，$\alpha_P = 28°$多用于航空齿轮；它可以提高齿面的接触强度和齿根的弯曲强度，但会使端面重合度变小，齿顶圆齿厚变小。

③ 齿顶高系数 $h_a^* < 1$ 的短齿齿廓，$h_a^* = 0.8$ 或 0.9，主要用于汽车、拖拉机的齿轮；用以降低齿顶齿根间的滑动速度，提高抗胶合能力。

④ 齿顶高系数 $h_a^* > 1$ 的长齿齿廓，如 $h_a^* = 1.2$，主要用于高精度的航空、船舶齿轮；以达到重合度 $\varepsilon > 2$，降低噪声、提高承载能力。但由于啮合时齿面滑动速度较高，胶合危险增加。

1.1.2　渐开线圆柱齿轮模数（GB/T 1357—2008）

GB/T 1357—2008 规定了通用机械和重型机械用直齿和斜齿渐开线圆柱齿轮的法向模型。

模数是齿距（mm）除以圆周率 π 所得的商，或分度圆直径（mm）除以齿数所得的商。

法向模数定义在基本齿条（见 GB/T 1356—2001）的法截面上。

标准模数列于表 14-1-4，应优先采用表中给出的第 I 系列法向模数，避免采用第 II 系列中的模数 6.5。

新标准与旧标准 GB/T 1357—1987 相比较，有以下变动。

① 删除了 GB/T 1357—1987 中 $m_n < 1$ 的模数

表 14-1-4　　渐开线圆柱齿轮模数

系　　列		系　　列		系　　列	
I	II	I	II	I	II
1	1.125		4.5	16	14
1.25	1.375	5	5.5	20	18
1.5	1.75	6	(6.5)	25	22
2	2.25		7	32	28
2.5	2.75	8	9	40	36
3	3.5	10	11	50	45
4		12			

值，其中第 I 系列有 0.1、0.12、0.15、0.2、0.25、0.3、0.4、0.5、0.6、0.8 十个模数值，第 II 系列有 0.35、0.7、0.9 三个模数值。

② 删除了 GB/T 1357—1987 中第 II 系列模数值为 3.25、3.75 的两个模数。

③ 增加了第 II 系列模数值为 1.125 和 1.375 的两个模数。

1.2　渐开线圆柱齿轮传动的参数选择

1.2.1　渐开线圆柱齿轮传动的基本参数

渐开线圆柱齿轮传动的基本参数及选择原则如表 14-1-5 所示。

表 14-1-5　　渐开线圆柱齿轮传动的基本参数

项　　目	选择原则和数值
压力角 $\alpha_P(\alpha)$	①一般取标准值：α（或 α_n）$= 20°$，特殊情况也可取大压力角 22.5° 或 25°；小压力角 14.5° 或 15° ②端面压力角和法向压力角的换算关系为：$\tan\alpha_t = \dfrac{\tan\alpha_n}{\cos\beta}$
齿顶高系数 $h_{aP}^*(h_a^*)$	①一般取标准值：h_a^*（或 h_{an}^*）$=1$，特殊情况可取短齿高 0.8（或 0.9），长齿高 1.2 ②端面齿顶高系数和法向齿顶高系数的换算关系为：$h_{at}^* = h_{an}^* \cos\beta$
顶隙系数 c^*	①一般取标准值：c^*（或 c_n^*）$= 0.25$，对渗碳淬火磨齿的齿轮取 0.4（$\alpha = 20°$），0.35（$\alpha = 25°$） ②端面顶隙系数和法向顶隙系数的换算关系为：$c_t^* = c_n^* \cos\beta$
模数 m	①模数 m（或 m_n）由强度计算或结构设计确定，并应按表 14-1-4 选取标准值 ②在强度和结构允许的条件下，应选取较小的模数 ③对软齿面（HB≤350）的外啮合的闭式传动，可按下式初选模数 m（或 m_n） $$m = (0.007 \sim 0.02)a$$ 当中心距较大、载荷平稳、转速较高时，可取小值；否则取大值 对硬齿面（HB>350）的外啮合闭式传动，可按下式初选模数 m（或 m_n） $$m = (0.016 \sim 0.0315)a$$ 高速、连续运转、过载较小时，取小值；中速、过载大、短时间歇运转时，取大值 ④在一般动力传动中，模数 m（或 m_n）不应小于 2mm ⑤端面模数和法向模数的换算关系为：$m_t = \dfrac{m_n}{\cos\beta}$
齿数 z	①当中心距（或分度圆直径）一定时，应选用较多的齿数，可以提高重合度，使传动平稳，减小噪声；模数的减小，还可以减小齿轮重量和切削量，提高抗胶合性能 ②选择齿数时，应保证齿数 z 大于发生根切的最少齿数 z_{min}，对内啮合齿轮传动还要避免干涉

续表

项 目	选择原则和数值
齿数 z	③当中心距 a（或分度圆直径 d_1）、模数 m、螺旋角 β 确定之后，可以按 $z_1 = \dfrac{2a\cos\beta}{m_n(u\pm1)}$（外啮合用＋，内啮合用－）计算齿数，若算得的值为小数，应予圆整，并按 $\cos\beta = \dfrac{z_1 m_n(u\pm1)}{2a}$ 最终确定 β ④在满足传动要求的前提下，应尽量使 z_1、z_2 互质，以便分散和消除齿轮制造误差对传动的影响 ⑤当齿数 $z_2 > 100$ 时，为便于加工，应尽量使 z_2 不是质数
齿数比 u	①$u = \dfrac{z_2}{z_1} = \dfrac{n_1}{n_2}$，按转速比的要求选取 ②一般的齿数比范围如下 外啮合：直齿轮 1～10，斜齿轮（或人字齿轮）1～15；硬齿面 1～6.3 内啮合：直齿轮 1.5～10，斜齿轮（或人字齿轮）2～15；常用 1.5～5 螺旋齿轮：1～10
分度圆螺旋角 β	①增大螺旋角 β，可以增大纵向重合度 ε_β，使传动平稳，但轴向力随之增大（指斜齿轮），一般斜齿轮：$\beta = 8°\sim20°$ 人字齿轮：$\beta = 20°\sim40°$ 小功率、高速取小值，大功率、低速取大值 ②可适当选取 β，使中心距 a 具有圆整的数值 ③外啮合：$\beta_1 = \beta_2$，旋向相反 内啮合：$\beta_1 = \beta_2$，旋向相同 ④用插齿刀切制的斜齿轮应选用标准刀具的螺旋角 ⑤螺旋齿轮：可根据需要确定 β_1 和 β_2
变位系数 x	变位系数的选择原则见 1.2.2 节
齿宽 b	可参考表 14-1-72 推荐的齿宽系数 ψ_d 选取

1.2.2 变位圆柱齿轮传动和变位系数的选择

1.2.2.1 变位齿轮传动的原理

1）用展成法加工渐开线齿轮，当齿条刀具的基准线与齿轮坯的分度圆相切时，加工出来的齿轮称为标准齿轮；当齿条刀具的基准线与齿轮坯的分度圆不相切时，则加工出来的齿轮称为变位齿轮。齿条刀具的基准线和齿轮坯的分度圆之间的距离称为变位量，用系数 x 与齿轮模数 m 的乘积 xm 表示，x 称为变位系数；当刀具由齿轮坯中心移远时（如图 14-1-2 所示），x 为正值（$x > 0$），这样加工出来的齿轮称为正变位齿轮；当刀具移近齿轮坯中心时，x 为负值（$x < 0$），这样加工出来的齿轮称为负变位齿轮。

斜齿圆柱齿轮的变位，可用端面变位系数 x_t 或法向变位系数 x_n 表示，端面变位系数和法向变位系数之间的关系为：$x_t = x_n\cos\beta$。

齿轮经变位后，由于基圆未变，其齿形与标准齿轮同属一条渐开线，但其应用的区段却不相同（见图 14-1-3）。正变位齿轮（$x > 0$）用曲率半径较大的一段渐开线，其分度圆齿厚比标准齿轮增大 $2xm\tan\alpha$，齿根高减少 xm；负变位齿轮（$x < 0$）用曲率半径较小的一段渐开线，其分度圆齿厚比标准齿轮减薄，齿根高却增大。利用这一特点，通过选择变位系数 x，

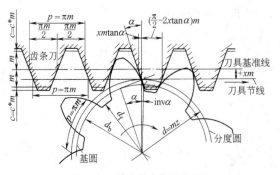

图 14-1-2 变位外齿轮形成原理

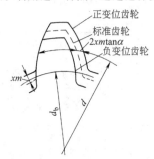

图 14-1-3 变位齿轮的齿廓

可以得到有利的渐开线区段，使齿轮传动性能得到改善。应用变位齿轮可以避免根切，提高齿面接触强度和齿根弯曲强度，提高齿面的抗胶合能力和耐磨损性能，此外，变位齿轮还可用于配凑中心距和修复被磨损的旧齿轮。

2）通常内齿轮是用插齿刀加工的，如改变插齿刀与内齿轮坯的相对位置，便可加工出变位内齿轮。用刃磨至原始截面（$x_0 = 0$）的插齿刀切内齿轮，当插齿刀向外移，使加工中心距大于标准加工中心距时，称为正变位（$x > 0$）；反之，使加工中心距小于标准加工中心距时，为负变位（$x < 0$）。为便于分析计算，引用假想标准齿条刀具的概念，把内齿轮齿槽看成外齿轮的轮齿，如图 14-1-4 所示。这个外齿轮用假想标准齿条加工，当假想标准齿条刀具基准线与内齿轮分度圆移近一段距离，使中心距减小，这时的变位系数 $-x_2$（负变位）就作为内齿轮的负变位系数，但此变位系数并不代表用插齿刀加工内齿轮时的实际变位量，而只是借用外齿轮的相应公式来计算内齿轮的几何参数及大部分的尺寸。

正变位时，假想齿条刀具的另一条直线（节线）与内齿轮的分度圆作纯滚动，刀具节线上的齿槽宽减小，因此加工出的内齿轮的分度圆齿厚减薄；反之，负变位时，内齿轮的分度圆齿厚增加。

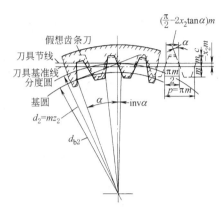

图 14-1-4　变位内齿轮形成原理

1.2.2.2　变位齿轮传动的分类和特点

表 14-1-6　　　　　　　　　　　变位齿轮传动的分类和特点

名称		标准齿轮传动 $x_{n1} = x_{n2} = 0$	变位齿轮传动		
			高度变位 $x_{n2} \pm x_{n1} = 0$ （$x_{n1} \neq 0$）	角度变位 $x_{n2} \pm x_{n1} \neq 0$	
				正传动 $x_{n2} \pm x_{n1} > 0$	负传动 $x_{n2} \pm x_{n1} < 0$
传动类型		图(a) $x_{n1} = x_{n2} = 0$　图(b) $x_{n1} \pm x_{n2} = 0$　图(c) $x_{n2} \pm x_{n1} > 0$　图(d) $x_{n2} \pm x_{n1} < 0$			
主要几何尺寸	分度圆直径	$d = m_t z$	不变		
	基圆直径	$d_b = d \cos\alpha_t$	不变		
	齿距	$p_t = \pi m_t$	不变		
	啮合角	$\alpha_t' = \alpha_t$	不变	增大	减小
	节圆直径	$d' = d$	不变	增大	减小
	中心距	$a = \dfrac{1}{2} m_t (z_2 \pm z_1)$	不变	增大	减小
	分度圆齿厚	$s_t = \dfrac{1}{2} \pi m_t$	外齿轮:正变位,增大;负变位,减小 内齿轮:正变位,减薄;负变位,增大		
	齿顶圆齿厚	$s_{at} = d_a \left(\dfrac{\pi}{2z} \pm \mathrm{inv}\alpha_t \mp \mathrm{inv}\alpha_{at} \right)$	正变位,减小;负变位,增大		
	齿根圆齿厚	$s_{ft} = d_f \left(\dfrac{\pi}{2z} \pm \mathrm{inv}\alpha_t \mp \mathrm{inv}\alpha_{ft} \right)$	正变位,增大;负变位,减小		
	齿顶高	$h_a = h_{an}^* m_n$ （内齿轮应减去 $\Delta h_{an}^* m_n$）	外齿轮:正变位,增大(一般情况);负变位,减小 内齿轮:正变位,减小(一般情况);负变位,增大		

续表

		标准齿轮传动 $x_{n1}=x_{n2}=0$	变位齿轮传动		
			高度变位 $x_{n2}\pm x_{n1}=0$（$x_{n1}\neq 0$）	角度变位 $x_{n2}\pm x_{n1}\neq 0$	
				正传动 $x_{n2}\pm x_{n1}>0$	负传动 $x_{n2}\pm x_{n1}<0$
名称	传动类型	图(a) $x_{n1}=x_{n2}=0$	图(b) $x_{n1}\pm x_{n2}=0$	图(c) $x_{n2}\pm x_{n1}>0$	图(d) $x_{n2}\pm x_{n1}<0$
主要几何尺寸	齿根高	$h_f=(h_{an}^*+c_n^*)m_n$	外齿轮：正变位,减小；负变位,增大 内齿轮：正变位,增大；负变位,减小		
	齿高	$h=h_a+h_f$	不变(不计入内齿轮为避免过渡曲线干涉而将齿顶高减小的部分变化)	外啮合：略减（保证和标准齿轮内啮合：略增（传动同样顶隙时）	
传动质量指标	端面重合度 ε_a	对 $\alpha=20°$,$h_a^*=1$ 的直齿轮： 外啮合 $1.4<\varepsilon_a<2$ 内啮合 $1.7<\varepsilon_a<2.2$ 对斜齿轮 ε_a 低于上述值	略减	减少	增加
	滑动率 η	小齿轮齿根有较大的 η_{1max}	η_{1max}减小,且可使 $\eta_{1max}=\eta_{2max}$	η_{1max} 和 η_{2max}都增大	
	几何压力系数 ψ	小齿轮齿根有较大的 ψ_{1max}	ψ_{1max}减小,且可使 $\psi_{1max}=\psi_{2max}$	ψ_{1max} 和 ψ_{2max}都增大	
对强度的影响	接触强度	—	只有当节点处于双齿对啮合区时,才能提高接触强度	对直齿轮,承载能力近似与 $\sin2\alpha'/\sin2\alpha$ 成正比,因此接触强度随着 x_Σ 的增加而提高；当节点位于双齿对啮合区时,对接触强度更为有利。但是增加 x_Σ 对接触强度的有益影响将因 ε_a 的降低而有所抵消,这对斜齿轮更为显著	
	弯曲强度	—	对外齿轮,当齿数少时,弯曲强度随变位系数的增加而提高；当齿数多时,变位对强度的影响不显著；对高精度齿轮,当增大变位系数时,由于重合度的降低,削弱了变位对提高强度的作用		
齿数限制		$z_1>z_{min}$,$z_2>z_{min}$	$z_1+z_2\geqslant 2z_{min}$	z_1+z_2 可小于 $2z_{min}$	$z_1+z_2>2z_{min}$
效率			提高		降低
互换性		较大	较小		
应用		广泛用于各种传动中	①用于结构紧凑,要求与标准齿轮的中心距相同的传动中 ②为不过多地降低大齿轮(负变位)的强度和避免根切,多用于 $z_2\pm z_1$ 较大的场合 ③用于希望提高齿轮强度,均衡大小齿轮的弯曲强度和滑动率,而又不希望 ε_a 下降很多的场合	①多用于结构紧凑,$z_2\pm z_1$ 比较小的场合 ②用于希望提高并均衡大小齿轮的强度和滑动率,而又允许 ε_a 降低的传动 ③用于配凑中心距 ④对斜齿轮一般仅用于配凑中心距	应用较少,一般仅用于配凑中心距或要求具有较大的 ε_a 的场合

注：1. 有"±"或"∓"号处,上面的符号用于外啮合,下面的符号用于内啮合。

2. 对直齿轮,应将表中的代号去掉下标 t 或 n。

1.2.2.3　外啮合齿轮变位系数的选择

（1）外啮合齿轮变位系数选择的限制条件

表 14-1-7 列出了外啮合齿轮变位系数选择的限

制条件，设计时可检验变位量是否恰当和合理。若超出这些限制条件，应考虑调整两啮合齿轮的变位量。外啮合齿轮变位系数的选择原则及方法见表 14-1-11。

表 14-1-7　　　　　　　**外啮合齿轮变位系数选择的限制条件**

限制条件	校　验　公　式	说　　明
加工时不根切	1. 用齿条型刀具加工时 $z_{min} = 2h_a^* / \sin^2\alpha$ （见表 14-1-8） $x_{min} = h_a^* \dfrac{z_{min} - z}{z_{min}} = h_a^* - \dfrac{z\sin^2\alpha}{2}$ （见表 14-1-8） 2. 用插齿刀加工时 $z'_{min} = \sqrt{z_0^2 + \dfrac{4h_{a0}^*}{\sin^2\alpha}(z_0 + h_{a0}^*)} - z_0$ （见表 14-1-9） $x_{min} = \dfrac{1}{2}\left[\sqrt{(z_0 + 2h_{a0}^*)^2 + (z^2 + 2zz_0)\cos^2\alpha} - (z_0 + z)\right]$ （见表 14-1-8）	齿数太少（$z < z_{min}$）或变位系数太小（$x < x_{min}$）或负变位系数过大时，都会产生根切 h_a^*——齿轮的齿顶高系数 z——被加工齿轮的齿数 α——插齿刀或齿轮的分度圆压力角 z_0——插齿刀齿数 h_{a0}^*——插齿刀的齿顶高系数
加工时不顶切	用插齿刀加工标准齿轮时 $z_{max} = \dfrac{z_0^2\sin^2\alpha - 4h_a^{*2}}{4h_a^* - 2z_0\sin^2\alpha}$ （见表 14-1-10）	当被加工齿轮的齿顶圆超过刀具的极限啮合点时，将产生"顶切"
齿顶不过薄	$s_a = d_a\left(\dfrac{\pi}{2z} + \dfrac{2x\tan\alpha}{z} + inv\alpha - inv\alpha_a\right) \geqslant (0.25\sim0.4)m$ 一般要求齿顶厚 $s_a \geqslant 0.25m$ 对于表面淬火的齿轮，要求 $s_a > 0.4m$	正变位的变位系数过大（特别是齿数较少）时，就可能发生齿顶过薄 d_a——齿轮的齿顶圆直径 α——齿轮的分度圆压力角 α_a——齿轮的齿顶压力角 $\alpha_a = \arccos(d_b/d_a)$
保证一定的重合度	$\varepsilon_a = \dfrac{1}{2\pi}\left[z_1(\tan\alpha_{a1} - \tan\alpha') + z_2(\tan\alpha_{a2} - \tan\alpha')\right] \geqslant 1.2$	变位齿轮传动的重合度 ε 随着啮合角 α' 的增大而减小 α'——齿轮传动的啮合角 α_{a1}, α_{a2}——齿轮 z_1 和齿轮 z_2 的齿顶压力角
不产生过渡曲线干涉	1. 用齿条型刀具加工的齿轮啮合时 ① 小齿轮齿根与大齿轮齿顶不产生干涉的条件 $\tan\alpha' - \dfrac{z_2}{z_1}(\tan\alpha_{a2} - \tan\alpha') \geqslant \tan\alpha - \dfrac{4(h_a^* - x_1)}{z_1\sin2\alpha}$ ② 大齿轮齿根与小齿轮齿顶不产生干涉的条件 $\tan\alpha' - \dfrac{z_1}{z_2}(\tan\alpha_{a1} - \tan\alpha') \geqslant \tan\alpha - \dfrac{4(h_a^* - x_2)}{z_2\sin2\alpha}$ 2. 用插齿刀加工的齿轮啮合时 ① 小齿轮齿根与大齿轮齿顶不产生干涉的条件 $\tan\alpha' - \dfrac{z_2}{z_1}(\tan\alpha_{a2} - \tan\alpha') \geqslant \tan\alpha'_{01} - \dfrac{z_0}{z_1}(\tan\alpha_{a0} - \tan\alpha'_{01})$ ② 大齿轮齿根与小齿轮齿顶不产生干涉的条件 $\tan\alpha' - \dfrac{z_1}{z_2}(\tan\alpha_{a1} - \tan\alpha') \geqslant \tan\alpha'_{02} - \dfrac{z_0}{z_2}(\tan\alpha'_{a0} - \tan\alpha'_{02})$	当一齿轮的齿顶与另一齿轮根部的过渡曲线接触时，不能保证其传动比为常数，此种情况称为过渡曲线干涉 当所选的变位系数的绝对值过大时，就可能发生这种干涉 用插齿刀加工的齿轮比用齿条型刀具加工的齿轮容易产生这种干涉 α——齿轮 z_1、z_2 的分度圆压力角 α'——该对齿轮的啮合角 α_{a1}, α_{a2}——齿轮 z_1、z_2 的齿顶压力角 x_1, x_2——齿轮 z_1、z_2 的变位系数

注：本表给出的是直齿轮的公式，对斜齿轮，可用其端面参数按本表计算。

表 14-1-8　　　　　　　**最少齿数 z_{min} 及最小变位系数 x_{min}**

α	20°	20°	14.5°	15°	25°
h_a^*	1	0.8	1	1	1
z_{min}	17	14	32	30	12
x_{min}	$\dfrac{17-z}{17}$	$\dfrac{14-z}{17.5}$	$\dfrac{32-z}{32}$	$\dfrac{30-z}{30}$	$\dfrac{12-z}{12}$

表 14-1-9　　　　　加工标准外齿直齿轮不根切的最少齿数

z_0	$12\sim16$	$17\sim22$	$24\sim30$	$31\sim38$	$40\sim60$	$68\sim100$
h_{a0}^*	1.3	1.3	1.3	1.25	1.25	1.25
z'_{min}	16	17	18	18	19	20

注：本表中数值是按 $\alpha=20°$、刀具变位系数 $x_0=0$ 时算出的，若 $x_0>0$，z'_{min} 将略小于表中数值，若 $x_0<0$，z'_{min} 将略大于表中值。

表 14-1-10　　　　　　　　不产生顶切的最多齿数

z_0	10	11	12	13	14	15	16	17
z_{max}	5	7	11	16	26	45	101	∞

表 14-1-11　　　　　　　外啮合齿轮变位系数的选择原则及方法

齿轮种类	变位的目的	应用条件	选择变位系数的原则	选择变位系数的方法
直齿轮	避免根切	用于齿数少的齿轮	对不允许削弱齿根强度的齿轮,不能产生根切;对允许削弱齿根强度的齿轮,可以产生少量根切	按选择外啮合齿轮变位系数的限制条件表 14-1-7 中的公式或表 14-1-8 和表 14-1-9 进行校验 对可以产生少量根切的齿轮,用下式校验 $x_{min}=\dfrac{14-z}{17}$
	提高接触强度	多用于软齿面($\leqslant$350HB)的齿轮	应适当选择较大的总变位系数 x_Σ,以增大啮合角,加大齿面当量曲率半径,减小齿面接触应力 还可以通过变位,使节点位于双齿对啮合区,以降低节点处的单齿载荷。这种方法对精度为 7 级以上的重载齿轮尤为适宜	可以根据使用条件按图 14-1-5 选择变位系数
	提高弯曲强度	多用于硬齿面($>$350HB)的齿轮	应尽量减小齿形系数和齿根应力集中,并尽量使两齿轮的弯曲强度趋于均衡	可以根据使用条件按图 14-1-5 选择变位系数
	提高抗胶合能力	多用于高速、重载齿轮	应选择较大的总变位系数 x_Σ,以减小齿面接触应力,并应使两齿根的最大滑动率相等	可以根据使用条件按图 14-1-5 选择变位系数
	提高耐磨损性能	多用于低速、重载、软齿面齿轮或开式齿轮		
	配凑中心距	中心距给定时	按给定中心距计算总变位系效 x_Σ,然后进行分配	一般情况可按图 14-1-5 分配总变位系数 x_Σ
斜齿轮	斜齿轮的变位系数基本上可以参照直齿轮的选择原则和方法,但使用图表时要用当量齿数 $z_v=z/\cos^3\beta$ 代替 z,所求出的是法向变位系数 x_n。对角度变位的斜齿轮传动,当总变位系数增加时,虽然可以增加齿面的当量曲率半径和齿根圆齿厚,但其接触线长度将缩短,故对承载能力的提高没有显著的效果,一般不推荐 $x_{n\Sigma}>0.4$ 的变位				

（2）外啮合齿轮变位系数的选择方法

① 利用线图选择变位系数　图 14-1-5 为用于齿条型刀具加工外齿轮的选择变位系数线图,它是由哈尔滨工业大学提出的变位系数选择方法。本线图用于小齿轮的齿数 $z_1\geqslant12$。其右侧部分线图的横坐标表示一对啮合齿轮的齿数和 z_Σ,纵坐标表示总变位系数 x_Σ,图中阴影线以内为许用区,许用区内各射线为同一啮合角（如 19°、20°、…、24°、25°等）时总变位系数 x_Σ 与齿数和 z_Σ 的函数关系。应用时,可根据所设计的一对齿轮的齿数和 z_Σ 的大小及其他具体要求,在该线图的许用区内选择总变位系数 x_Σ。对于同一 z_Σ,当所选的 x_Σ 越大（即啮合角 α' 越大）时,其传动的重合度 ε 就越小（即越接近于 $\varepsilon=1.2$）。

在确定总变位系数 x_Σ 之后,再按照该线图左侧的五条斜线分配变位系数 x_1 和 x_2。该部分线图的纵坐标仍表示总变位系数 x_Σ,而横坐标则表示小齿轮 z_1 的变位系数 x_1（从坐标原点 0 向左 x_1 为正值,反之 x_1 为负值）。根据 x_Σ 及齿数比 $u=(z_2/z_1)$,即可确定 x_1,从而得到 $x_2=x_\Sigma-x_1$。

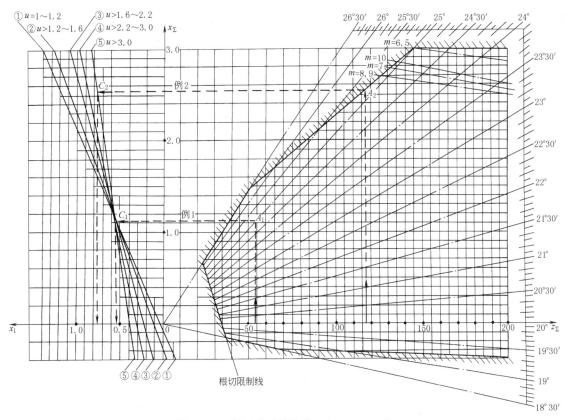

图 14-1-5　选择变位系数线图（$h_a^* = 1$，$\alpha = 20°$）

按此线图选取并分配变位系数，可以保证：

a. 齿轮加工时不根切（在根切限制线上选取 x_Σ，也能保证齿廓工作段不根切）；

b. 齿顶厚 $s_a > 0.4m$（个别情况下 $s_a < 0.4m$ 但大于 $0.25m$）；

c. 重合度 $\varepsilon \geqslant 1.2$（在线图上方边界线上选取 x_Σ，也只有少数情况 $\varepsilon = 1.1 \sim 1.2$）；

d. 齿轮啮合不干涉；

e. 两齿轮最大滑动率接近或相等（$\eta_1 \approx \eta_2$）；

f. 在模数限制线（图中 $m = 6.5$，$m = 7$，…，$m = 10$ 等线）下方选取变位系数时，用标准滚刀加工该模数的齿轮不会产生不完全切削现象。若使用非标准的滚刀时，可按下式核算滚刀螺纹部分长度 l 是否够用

$$l \geqslant d_a \sin(\alpha_a - \alpha) + \frac{1}{2}\pi m$$

式中　d_a——被加工齿轮的齿顶圆直径；

α_a——被加工齿轮的齿顶压力角；

α——被加工齿轮的分度圆压力角。

例 1　已知某机床变速箱中的一对齿轮，$z_1 = 21$，$z_2 = 33$，$m = 2.5$mm，$\alpha = 20°$，$h_a^* = 1$，中心距 $a' = 70$mm。试确定变位系数。

解　（1）根据给定的中心距 a' 求啮合角 α'

$$\cos\alpha' = \frac{m}{2a'}(z_1 + z_2)\cos\alpha = \frac{2.5}{2 \times 70}(21 + 33) \times 0.93969$$

$$= 0.90613$$

故　　　　　　　　$\alpha' = 25°1'25''$

（2）在图 14-1-5 中，由 0 点按 $\alpha' = 25°1'25''$ 作射线。与 $z_\Sigma = z_1 + z_2 = 21 + 23 = 54$ 处向上引的垂线相交于 A_1 点，A_1 点的纵坐标值即为所求的总变位系数 x_Σ（见图中例 1，$x_\Sigma = 1.125$），A_1 点在线图的许用区内，故可用。

（3）根据齿数比 $u = z_2/z_1 = 33/21 = 1.57$，故应按线图左侧的斜线②分配变位系数 x_1。自 A_1 点作水平线与斜线② 交于 C_1 点，C_1 点的横坐标 x_1 即为所求的 x_1 值，图中的 $x_1 = 0.55$。故 $x_2 = x_\Sigma - x_1 = 1.125 - 0.55 = 0.575$。

例 2　一对齿轮的齿数 $z_1 = 17$，$z_2 = 100$，$\alpha = 20°$，$h_a^* = 1$，要求尽可能地提高接触强度，试选择变位系数。

解　为提高接触强度，应按最大啮合角选取总变位系数 x_Σ。在图 14-1-5 中，自 $z_\Sigma = z_1 + z_2 = 17 + 100 = 117$ 处向上引垂线，与线图的上边界交于 A_2 点，A_2 点处的啮合角值，即为 $x_\Sigma = 117$ 时的最大许用啮合角。

A_2 点的纵坐标值即为所求的总变位系数 $x_\Sigma = 2.54$（若需圆整中心距，可以适当调整总变位系数）。

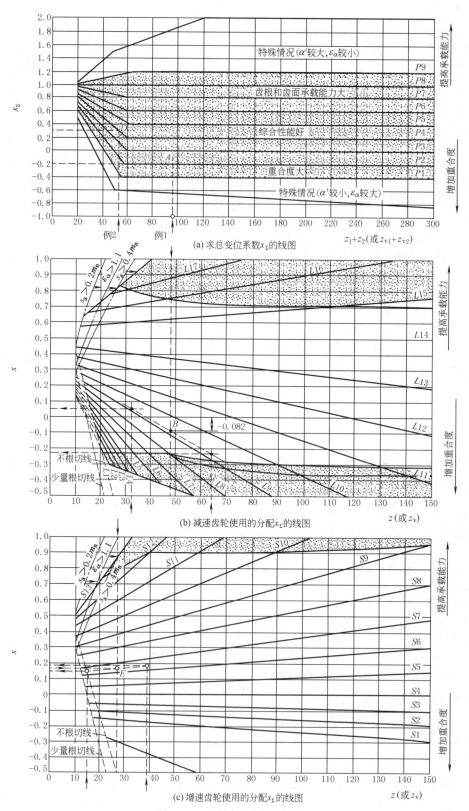

(a) 求总变位系数 x_Σ 的线图

(b) 减速齿轮使用的分配 x_Σ 的线图

(c) 增速齿轮使用的分配 x_Σ 的线图

图 14-1-6　选择变位系数的线图

由于齿数比 $u = z_2/z_1 = 100/17 = 5.9 > 3.0$。故应按斜线⑤分配变位系数。自 A_2 点作水平线与斜线⑤交于 C_2 点，则 C_2 点的横坐标值即为 x_1，得 $x_1 = 0.77$。

故　　　$x_2 = x_\Sigma - x_1 = 2.54 - 0.77 = 1.77$

例 3　已知齿轮的齿数 $z_1 = 15$、$z_2 = 28$、$\alpha = 20°$、$h_a^* = 1$，试确定高度变位系数。

解　高度变位时，啮合角 $\alpha' = \alpha = 20°$，总变位系数 $x_\Sigma = x_1 + x_2 = 0$，变位系数 x_1 可按齿数比 u 的大小，由图 14-1-5 左侧的五条斜线与 $x_\Sigma = 0$ 的水平线（即横坐标轴）的交点来确定。

齿数比 $u = z_2/z_1 = 28/15 = 1.87$，故应按斜线③与横坐标轴的交点来确定 x_1，得

$$x_1 = 0.23$$

故　　　$x_2 = x_\Sigma - x_1 = 0 - 0.23 = -0.23$

② 利用线图选择变位系数（DIN 3992 德国标准）　利用图 14-1-6 可以按对承载能力和传动平稳性的不同要求选取变位系数，该图适用于 $z > 10$ 的外啮合齿轮。当所选的变位系数落在图（b）或图（c）的阴影区内时，要校验过渡曲线干涉。图（b）中的 $L1 \sim L17$ 线和图（c）中的 $S1 \sim S13$ 线是按两齿轮的齿根强度相等、主动轮齿顶的滑动速度稍大于从动轮齿顶的滑动速度、滑动率不太大的条件，综合考虑作出的。

图 14-1-6 的使用方法如下。

a. 按照变位的目的，根据齿数和（$z_1 + z_2$）。在图（a）中选出适宜的总变位系数 x_Σ。

b. 利用图（b）（减速齿轮）或图（c）（增速齿轮）分配 x_Σ；按（$z_1 + z_2$）/2 和 $x_\Sigma/2$ 决定坐标点；过该点引与它相邻的 L 线或 S 线相应的射线；过 z_1 和 z_2 做垂线，与所引射线交点的纵坐标即为 x_1 和 x_2。

c. 当大齿轮的齿数 $z_2 > 150$ 时，可按 $z_2 = 150$ 查线图。

d. 斜齿轮按 $z_v = z/\cos^3\beta$ 查线图，求出的是 x_n。

例 4　已知齿轮减速装置，$z_1 = 32$、$z_2 = 64$、$m = 3$，该装置传递动力较小，要求运转平稳，求其变位系数。

解　由图 14-1-6（a），按运转平稳的要求，选用重合度较大的 $P2$，按 $z_1 + z_2 = 96$，得出 $x_\Sigma = -0.20$（图中 A 点）。按表 14-1-20 算得 $a = 143.39$mm，若把中心距圆整为 $a = 143.5$mm，则按表 14-1-20 可算得 $x_\Sigma = -0.164$。由 A 点向下引垂线，在图 14-1-6（b）上找出 $\frac{x_\Sigma}{2} = -0.082$ 的点 B。过点 B 引与 $L9$ 和 $L10$ 相应的射线，由 $z_1 = 32$，得出 $x_1 = 0.06$，则 $x_2 = x_\Sigma - x_1 = -0.224$。由图 14-1-8 查出 $\varepsilon_a = 1.79$，可以满足要求。

例 5　已知增速齿轮装置，$z_1 = 14$、$z_2 = 37$、$m_n = 5$、$\beta = 12°$，要求小齿轮不产生根切，且具有良好的综合性能，求其变位系数。

解　由表 14-1-20 算出 $z_{v1} = 15$、$z_{v2} = 39.5$。因为要求综合性能比较好，因此选用图 14-1-6（a）中的 $P4$，按 $z_{v1} + z_{v2} = 54.5$，求出 $x_{n\Sigma} = 0.3$（图中 D 点）。按表 14-1-20 算得 $a = 131.79$mm，若把中心距调整为 $a = 132$mm，则按表 14-1-20 可算得 $x_{n\Sigma} = 0.345$。过 D 点向下引垂线，在图 14-1-6（c）中找出 $\frac{x_{n\Sigma}}{2} = 0.173$ 的点 E。过 E 点引与 $S6$、$S7$ 相应的射线，由 $z_{v2} = 39.5$ 得出 $x_{n2} = 0.19$，则 $x_{n1} = x_{n\Sigma} - x_{n2} = 0.155$。因为由 z_{v1} 和 x_{n1} 确定的点落在不根切线的右侧，所以不产生根切，可以满足要求。

③ 利用"封闭图"选择变位系数　"封闭图"是按照给定的齿数（z_1 和 z_2）及齿形参数（h_a^* 和 α），根据上述选择变位系数的限制条件以及一些传动质量指标的要求而绘制的曲线图。利用它可以根据齿轮传动的不同要求，综合地考虑各种性能指标，比较合理地选择变位系数。封闭图比较直观，使用也很方便，但是，要有大量的封闭图才能满足一般工程设计的需要，这是该方法的主要缺点。

1.2.2.4　内啮合齿轮变位系数的选择

（1）内啮合齿轮的干涉

表 14-1-12　　　　　　　**内啮合齿轮的干涉现象和防止干涉的条件**

名称	简　图	定　义	不产生干涉的条件	防止干涉的措施	说　明
渐开线干涉		当实际啮合线的端点 B_2 落在理论啮合线的极限点 N_1 的左侧时，便发生渐开线干涉	对标准齿轮（$x_1 = x_2 = 0$） $$\frac{z_{02}}{z_2} \geqslant 1 - \frac{\tan\alpha_{a2}}{\tan\alpha'_{02}}$$ $$z_2 \geqslant \frac{z_1^2 \sin^2\alpha - 4(h_{a2}/m)^2}{2z_1 \sin^2\alpha - 4(h_{a2}/m)}$$	①加大压力角 ②加大内齿轮和小齿轮的变位系数	用插齿刀加工内齿轮时，在这种干涉下，内齿轮产生范成顶切。不产生顶切的插齿刀最少齿数见表 14-1-13～表 14-1-15

名称	简图	定义	不产生干涉的条件	防止干涉的措施	说明
齿廓重叠干涉	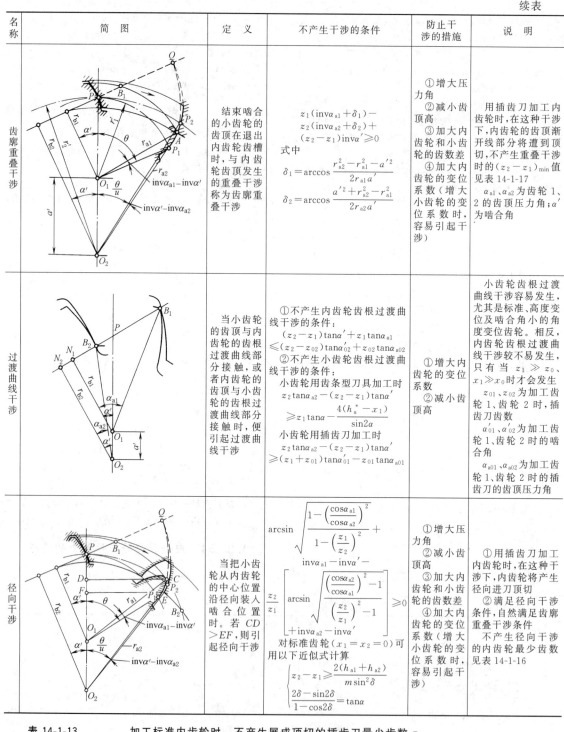	结束啮合的小齿轮的齿顶在退出内齿轮齿槽时，与内齿轮齿顶发生的重叠干涉称为齿廓重叠干涉	$z_1(\text{inv}\alpha_{a1}+\delta_1)-z_2(\text{inv}\alpha_{a2}+\delta_2)+(z_2-z_1)\text{inv}\alpha'\geq0$ 式中 $$\delta_1=\arccos\frac{r_{a2}^2-r_{a1}^2-a'^2}{2r_{a1}a'}$$ $$\delta_2=\arccos\frac{a'^2+r_{a2}^2-r_{a1}^2}{2r_{a2}a'}$$	①增大压力角 ②减小齿顶高 ③加大内齿轮和小齿轮的齿数差 ④加大内齿轮的变位系数（增大小齿轮的变位系数时，容易引起干涉）	用插齿刀加工内齿轮时，在这种干涉下，内齿轮的齿顶渐开线部分将遭到顶切，无产生重叠干涉时的$(z_2-z_1)_{\min}$值见表 14-1-17 $\alpha_{a1}、\alpha_{a2}$为齿轮1、2的齿顶压力角；α'为啮合角
过渡曲线干涉		当小齿轮的齿顶与内齿轮的齿根过渡曲线部分接触，或者内齿轮的齿顶与小齿轮的齿根过渡曲线部分接触时，便引起过渡曲线干涉	①不产生内齿轮齿根过渡曲线干涉的条件： $(z_2-z_1)\tan\alpha'+z_1\tan\alpha_{a1}$ $\leq(z_2-z_{02})\tan\alpha'_{02}+z_{02}\tan\alpha_{a02}$ ②不产生小齿轮齿根过渡曲线干涉的条件： 小齿轮用齿条型刀具加工时 $z_2\tan\alpha_{a2}-(z_2-z_1)\tan\alpha'$ $\geq z_1\tan\alpha-\dfrac{4(h_a^*-x_1)}{\sin2\alpha}$ 小齿轮用插齿刀加工时 $z_2\tan\alpha_{a2}-(z_2-z_1)\tan\alpha'$ $\geq(z_1+z_{01})\tan\alpha'_{01}-z_{01}\tan\alpha_{a01}$	①增大内齿轮的变位系数 ②减小齿顶高	小齿轮齿根过渡曲线干涉容易发生，尤其是标准、高度变位及啮合角小的角度变位齿轮。相反，内齿轮齿根过渡曲线干涉较不易发生，只有当 $z_1\gg z_0$，$x_1\gg x_0$时才会发生 $z_{01}、z_{02}$为加工齿轮1、齿轮2时，插齿刀齿数 $\alpha'_{01}、\alpha'_{02}$为加工齿轮1、齿轮2时的啮合角 $\alpha_{a01}、\alpha_{a02}$为加工齿轮1、齿轮2时的插齿刀的齿顶压力角
径向干涉		当把小齿轮从内齿轮的中心位置沿径向装入啮合位置时。若 $CD>EF$，则引起径向干涉	$\arcsin\sqrt{\dfrac{1-\left(\dfrac{\cos\alpha_{a1}}{\cos\alpha_{a2}}\right)^2}{1-\left(\dfrac{z_1}{z_2}\right)^2}}+\text{inv}\alpha_{a1}-\text{inv}\alpha'+\dfrac{z_2}{z_1}\left[\arcsin\sqrt{\dfrac{\left(\dfrac{\cos\alpha_{a2}}{\cos\alpha_{a1}}\right)^2-1}{\left(\dfrac{z_2}{z_1}\right)^2-1}}+\text{inv}\alpha_{a2}-\text{inv}\alpha'\right]\geq0$ 对标准齿轮$(x_1=x_2=0)$可用以下近似式计算 $\begin{cases}z_2-z_1\geq\dfrac{2(h_{a1}+h_{a2})}{m\sin^2\delta}\\[2mm]\dfrac{2\delta-\sin2\delta}{1-\cos2\delta}=\tan\alpha\end{cases}$	①增大压力角 ②减小齿顶高 ③加大内齿轮和小齿轮的齿数差 ④加大内齿轮的变位系数（增大小齿轮的变位系数时，容易引起干涉）	①用插齿刀加工内齿轮时，在这种干涉下，内齿轮将产生径向进刀顶切 ②满足径向干涉条件，自然满足齿廓重叠干涉条件 不产生径向干涉的内齿轮最少齿数见表 14-1-16

表 14-1-13　　　**加工标准内齿轮时，不产生展成顶切的插齿刀最少齿数 $z_{0\min}$**
$(x_2=0,\ x_{02}=0,\ \alpha=20°)$

插齿刀最少齿数 $z_{0\min}$		29	28	27	26	25	24	23	22	21	20	19	18	17	16	15	14
齿顶高系数	$h_a^*=1$ 内齿轮齿数 z_2	34	35	36	37	38、39	40、41	42~45	46~52	53~63	64~85	86~160	≥160				
	$h_a^*=0.8$					27		—	28	29	30、31	32~34	35~40	41~50	51~76	77~269	≥270

表 14-1-14　加工内齿轮不产生展成顶切的插齿刀最少齿数 z_{0min}　（$x_2 - x_{02} \geqslant 0$，$h_a^* = 0.8$，$\alpha = 20°$）

$x_{02} = 0$（内齿轮齿数 z_2）

z_{0min}	$x_2=0$	0.2	0.4	0.6	0.8	1.0	1.2	1.4
10					20~35	20~53	20~74	20~97
11				20~28	36~52	54~79	75~100	98~100
12				29~48	53~89	80~100		
13			20~27	49~100	90~100			
14			28~100					
15	≥77	≥39						
16	51~76	28~38						
17	41~50	24~27						
18	35~40	22,23						
19	32~34	21						
20	30,31							
21	29							
22	28							
23	—							
24	27							
25								

$x_{02} = -0.105$（内齿轮齿数 z_2）

z_{0min}	$x_2=0$	0.2	0.4	0.6	0.8	1.0	1.2	1.4
10					20~27	20~39	20~53	20~69
11				20,21	28~36	40~52	54~71	70~100
12				22~30	37~50	53~73	72~98	
13				31~44	51~75	74~100	99,100	
14			20~28	45~78	76~100			
15			29~94	79~100				
16	≥67	≥57	≥95					
17	47~66	29~56						
18	39~46	23~28						
19	34~38	21,22						
20	31~33							
21	30							
22	29							
23	28							
24	27							

$x_{02} = -0.263$（内齿轮齿数 z_2）

z_{0min}	$x_2=0$	0.2	0.4	0.6	0.8	1.0	1.2	1.4
10					20,21	20~30	20~39	20~49
11					22~27	31~37	40~48	50~60
12				20~22	28~34	38~47	49~61	61~77
13				23~28	35~43	48~60	62~78	78~98
14				29~37	44~57	61~79	79~100	99,100
15			20~26	38~52	58~79	80~100		
16			27~40	53~79	80~100			
17			41~77	80~100				
18			78~100					
19	≥94	≥22						
20	51~93							
21	39~50							

$x_{02} = -0.315$（内齿轮齿数 z_2）

z_{0min}	$x_2=0$	0.2	0.4	0.6	0.8	1.0	1.2	1.4
10	20				20	20~28	20~36	20~46
11				20,21	21~25	29~34	37~44	47~56
12				22~26	26~31	35~42	45~55	57~69
13				27~33	32~39	43~53	56~69	70~86
14				34~44	40~50	54~68	70~88	87~100
15			20~23	45~61	51~66	69~90	89~100	
16			24~33	62~95	67~92	91~100		
17			34~51	96~100	93~100			
18			52~100					
19		≥23						
20		22						

续表

内齿轮齿数 z_2

x_{02}	-0.263								-0.315						
z_2 / z_{0min}	0	0.2	0.4	0.6	0.8	1.0	1.2	1.4	0.2	0.4	0.6	0.8	1.0	1.2	1.4
22	34~38														36~45
23	31~33														32~35
24	29,30														29~31
25	28														28

注：1. 此表是按内齿轮齿顶圆公式 $d_{a2} = m(z_2 - 2h_a^* + 2x_{r2})$ 作出的。

2. 当设计内齿轮齿顶圆直径应用 $d_{a2} = m(z_2 - 2h_a^* + 2x_2 - 2\Delta y)$ 计算时，内齿轮齿顶高比用注 1 公式计算的高 Δym，即内齿轮的实际齿顶高系数应为 $(h_a^* + \Delta y)$，则查此表时所采用的齿顶高系数应等于或略大于内齿轮的实际齿顶高系数。例如：一内齿轮 $h_a^* = 0.8$，计算得 $\Delta y = 0.1316$，其实际齿顶高系数 $h_a^* + \Delta y = 0.9316$，则应按 $h_a^* = 1$ 查表 14-1-15 有关数值。

表 14-1-15　加工内齿轮不产生展成顶切的插齿刀最少齿数 z_{0min}（$x_2 - x_{02} \geq 0$，$h_a^* = 1$，$\alpha = 20°$）

内齿轮齿数 z_2

x_{02}	0								-0.105							
z_2 / z_{0min}	0	0.2	0.4	0.6	0.8	1.0	1.2	1.4	0	0.2	0.4	0.6	0.8	1.0	1.2	1.4
10	≥86	≥95				72~100	73~100	96~100						97~100	94~100	91~100
11	64~85	53~94				52~71	55~72	72~95						69~96	71~93	71~90
12	53~63	41~52			71~100	39~51	42~54	56~71					65~100	52~68	55~70	57~70
13	46~52	35~40			46~70	30~38	34~41	44~55					46~64	40~51	44~54	46~56
14	42~45	32~34		65~100	33~45	24~29	20~33	20~43				55~100	35~45	32~39	36~43	38~45
15	40,41	30,31		33~64	25~32	20~23				≥69		35~54	27~34	26~31	29~35	20~37
16	38,39	28,29		21~32	20~24					44~68		24~34	22~26	21~25	20~28	
17	37			20						36~43		20~23	20,21	20		
18	36		≥27							32~35	22					
19	35		22~26						≥79	29~31	≥23					
20	34								60~78	28						
21									50~59							
22									45~49							
23									41~44							
24									39,40							
25									37,38							
26									36							
27									35							
28									34							
29																
30									—							
31									34							

续表

内齿轮齿数 z_2

x_{02}	-0.263								-0.315							
x_2	0	0.2	0.4	0.6	0.8	1.0	1.2	1.4	0	0.2	0.4	0.6	0.8	1.0	1.2	1.4
z_2 (z_{0min})																
10							20~24	20~30								20~29
11						20~22	25~29	31~37						20,21	20~23	30~35
12					20~22	23~26	30~34	38~44						22~25	24~27	36~41
13					23~27	27~31	35~41	45~53					20,21	26~30	28~33	42~49
14					28~33	32~38	42~50	54~64					22~25	31~36	34~39	50~58
15					34~41	39~47	51~62	65~78					26~31	37~43	40~46	59~70
16				20~25	42~52	48~58	63~77	79~97				20~23	32~38	44~52	47~56	71~86
17				26~32	53~70	59~75	78~98	98~100				24~29	39~47	53~65	57~69	87~100
18				33~43	71~100	76~100	99,100					30~38	48~60	66~84	70~86	
19				44~62								39~51	61~81	85~100	87~100	
20			22~38	63~100							20~30	52~74	82~100			
21			39~100								31~55	75~100				
22		≥89									56~100					
23	≥98	40~88							≥87	≥56						
24	65~97	32~39							61~86	34~55						
25	52~64	29~31							49~60	29~33						
26	45~51	28							43~48	28						
27	41~44								40~42							
28	39,40								37~39							
29	37,38								36							
30	36								35							
31	35								34							
32	34															

注：1. 此表是按内齿轮齿顶圆公式 $d_{a2}=m(z_2-2h_a^*+2x_2)$ 作出的。

2. 当设计内齿轮齿顶圆直径应用注1公式 $d_{a2}=m(z_2-2h_a^*+2x_2-2\Delta y)$ 计算时，内齿轮齿顶高应用注1公式计算的高 Δym。即内齿轮的实际齿顶高系数应为 $(h_a^*+\Delta y)$，则查此表时所采用的齿顶高系数应等于或略大于或等于实际内齿轮的实际齿顶高系数。例如：一内齿轮 $h_a^*=0.8$，计算得 $\Delta y=0.1316$，其实际齿顶高系数 $h_a^*+\Delta y=0.9316$，则应按 $h_a^*=1$ 查此表 14-1-15有关数值。

表 14-1-16　　　　　　新直齿插齿刀的基本参数和被加工内齿轮不产生径向切入顶切的最少齿数 z_{2min}

插齿刀型式	插齿刀分度圆直径 d_0 /mm	模数 m /mm	插齿刀齿数 z_0	插齿刀变位系数 x_0	插齿刀齿顶圆直径 d_{a0} /mm	插齿刀齿高系数 h_{a0}^*	x_2								
							0	0.2	0.4	0.6	0.8	1.0	1.2	1.5	2.0
盘形直齿插齿刀 碗形直齿插齿刀	76	1	76	0.630	79.76	1.25	115	107	101	96	91	87	84	81	79
	75	1.25	60	0.582	79.58		96	89	83	78	74	70	67	65	62
	75	1.5	50	0.503	80.26		83	76	71	66	62	59	57	54	52
	75.25	1.75	43	0.464	81.24		74	68	62	58	54	51	49	47	45
	76	2	38	0.420	82.68		68	61	56	52	49	46	44	42	40
	76.5	2.25	34	0.261	83.30		59	54	49	45	43	40	39	37	36
	75	2.5	30	0.230	82.41		54	49	44	41	38	34	34	33	31
	77	2.75	28	0.224	85.37	1.3	52	47	42	39	36	34	33	31	30
	75	3	25	0.167	83.81		48	43	38	35	33	31	29	28	26
	78	3.25	24	0.149	87.42		46	41	37	34	31	29	28	27	25
	77	3.5	22	0.126	86.98		44	39	35	31	29	27	26	25	23
盘形直齿插齿刀	75	3.75	20	0.105	85.55	1.3	41	36	32	29	27	25	24	22	21
	76	4	19	0.105	87.24		40	35	31	28	26	24	23	21	20
	76.5	4.25	18	0.107	88.46		39	34	30	27	25	23	22	20	19
	76.5	4.5	17	0.104	89.15		38	33	29	26	24	22	21	19	18
盘形直齿插齿刀 碗形直齿插齿刀	100	1	100	1.060	104.6	1.25	156	147	139	132	125	118	114	110	105
	100	1.25	80	0.842	105.22		126	118	111	105	99	94	91	87	83
	102	1.5	68	0.736	107.96		110	102	95	89	85	80	77	74	71
	101.5	1.75	58	0.661	108.19		96	89	83	77	73	69	66	63	61
	100	2	50	0.578	107.31		85	78	72	67	63	60	57	55	52
	101.25	2.25	45	0.528	109.29		78	71	66	61	57	54	52	49	47
	100	2.5	40	0.442	108.46		70	64	59	54	51	48	46	44	42
	99	2.75	36	0.401	108.36		65	58	53	49	47	44	42	40	38
	102	3	34	0.337	111.28		60	54	50	46	44	41	39	37	35
	100.75	3.25	31	0.275	110.99		56	50	46	42	40	37	36	34	33
	98	3.5	28	0.231	108.72	1.3	54	46	42	39	37	34	33	31	30
	101.25	3.75	27	0.180	112.34		49	44	40	37	35	33	31	30	28
	100	4	25	0.168	111.74		47	42	38	35	33	31	29	28	26
	99	4.5	22	0.105	111.65		42	38	34	31	29	27	26	24	23
盘形直齿插齿刀 碗形直齿插齿刀	100	5	20	0.105	114.05	1.3	40	36	32	29	27	25	24	22	21
	104.5	5.5	19	0.105	119.96		39	35	31	28	26	24	23	21	20
	102	6	17	0.105	118.86		37	33	29	26	24	22	21	20	18
	104	6.5	16	0.105	122.27		36	32	28	25	23	21	20	18	17
锥柄直齿插齿刀	25	1.25	20	0.106	28.39	1.25	40	35	32	29	26	25	24	22	21
	27	1.5	18	0.103	31.06		38	33	30	27	24	23	22	20	19
	26.25	1.75	15	0.104	30.99		35	30	26	23	21	20	19	17	16
	26	2	13	0.085	31.34		34	28	24	21	19	17	17	15	14
	27	2.25	12	0.083	33.0		32	27	23	20	18	16	16	14	13
	25	2.5	10	0.042	31.46		30	25	21	18	16	14	14	12	11
	27.5	2.75	10	0.037	34.58		30	25	21	18	16	14	14	12	11

注：表中数值是按新插齿刀和内齿轮齿顶圆直径 $d_{a2}=d_2-2m(h_a^*-x_2)$ 计算而得。若用旧插齿刀或内齿轮齿顶圆直径加大 $\Delta d_a=\dfrac{15.1}{z_2}m$ 时，表中数值是更安全的。

表 14-1-17　　　　　　　　　　　不产生重叠干涉的条件

z_2	$34\sim77$	$78\sim200$	z_2	$22\sim32$	$33\sim200$
$(z_2-z_1)_{min}$ 当 $d_{a2}=d_2-2m_n$ 时	9	8	$(z_2-z_1)_{min}$ 当 $d_{a2}=d_2-2m_n+\dfrac{15.1m_n}{z_2}\cos^3\beta$ 时	7	8

（2）内啮合齿轮变位系数的选择原则

① 变位对内啮合齿轮强度的影响 采用（$x_2 - x_1$）>0 的内啮合齿轮传动，可以提高齿面接触强度，但由于内啮合是凸齿面与凹齿面接触，接触强度已较高，因此，提高内啮合齿轮承载能力的主要障碍往往不是接触强度的不够。

对内齿轮进行变位，可以提高其弯曲强度，但内齿轮的弯曲强度不仅与其齿数 z_2 和变位系数 x_2 有关，还与插齿刀齿数 z_0 有关。当 $z_0 > 18$ 时，变位系数 x_2 越大，弯曲强度越低，此时宜用负变位或小的正变位；当齿数 $z_0 < 18$ 时，变位系数越大，弯曲强度越高，此时宜用正变位。

由表 14-1-13 知，加工标准内齿轮时，z_0 不得小于 18，若要用 $z_0 < 18$ 的插齿刀加工内齿轮以提高其弯曲强度，就需增大内齿轮的变位系数 x_2 才能避免渐开线干涉现象。

② 变位对干涉和重合度的影响 由于内齿轮的变位并不能像外啮合齿轮那样显著的提高强度，通常，内啮合齿轮变位多是为了避免加工或啮合时的干涉。

正变位内齿轮（$x_2 > 0$）可以避免渐开线干涉和径向干涉；采用（$x_2 - x_1$）>0 的正传动内啮合，可以避免过渡曲线干涉和重叠干涉，但重合度将减小。

内啮合齿轮推荐采用高度变位，也可以采用角度变位。选择内啮合齿轮的变位系数以不使齿顶过薄、重合度不过小、不产生任何形式的干涉为限制条件。对高度变位齿轮，一般可选取

$$x_1 = x_2 = 0.5 \sim 0.65$$

为综合考虑内啮合传动的各种限制条件，最好利用内啮合"封闭图"来选择变位系数。

1.3 渐开线圆柱齿轮传动的几何尺寸计算

1.3.1 标准圆柱齿轮传动的几何尺寸计算

表 14-1-18   标准圆柱齿轮传动的几何尺寸计算

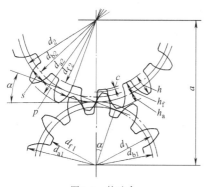
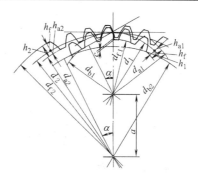

图（a） 外啮合   图（b） 内啮合

项　目		计算公式及说明	
		直齿轮（外啮合、内啮合）	斜齿轮（外啮合、内啮合）
分度圆直径 d		$d_1 = mz_1$ $d_2 = mz_2$	$d_1 = m_t z_1 = \dfrac{m_n z_1}{\cos\beta}$ $d_2 = m_t z_2 = \dfrac{m_n z_2}{\cos\beta}$
齿顶高 h_a	外啮合	$h_a = h_a^* m$	$h_a = h_{an}^* m_n$
	内啮合	$h_{a1} = h_a^* m$ $h_{a2} = (h_a^* - \Delta h_a^*)m$ 式中，$\Delta h_a^* = \dfrac{(h_a^*)^2}{z_2 \tan^2\alpha}$ 是为避免过渡曲线干涉而将齿顶高系数减小的量。当 $h_a^* = 1$、$\alpha = 20°$ 时，$\Delta h_a^* = \dfrac{7.55}{z_2}$	$h_{a1} = h_{an}^* m_n$ $h_{a2} = (h_{an}^* - \Delta h_{an}^*)m_n$ 式中，$\Delta h_{an}^* = \dfrac{(h_{an}^*)^2 \cos^3\beta}{z_2 \tan^2\alpha_n}$ 是为避免过渡曲线干涉而将齿顶高系数减小的量。当 $h_{an}^* = 1$、$\alpha_n = 20°$ 时，$\Delta h_{an}^* = \dfrac{7.55\cos^3\beta}{z_2}$
齿根高 h_f		$h_f = (h_a^* + c^*)m$	$h_f = (h_{an}^* + c_n^*)m_n$

续表

项　　目		计算公式及说明	
		直齿轮(外啮合、内啮合)	斜齿轮(外啮合、内啮合)
齿高 h	外啮合	$h = h_a + h_f$	$h = h_a + h_f$
	内啮合	$h_1 = h_{a1} + h_f$ $h_2 = h_{a2} + h_f$	$h_1 = h_{a1} + h_f$ $h_2 = h_{a2} + h_f$
齿顶圆 直径 d_a	外啮合	$d_{a1} = d_1 + 2h_a$ $d_{a2} = d_2 + 2h_a$	$d_{a1} = d_1 + 2h_a$ $d_{a2} = d_2 + 2h_a$
	内啮合	$d_{a1} = d_1 + 2h_{a1}$ $d_{a2} = d_2 - 2h_{a2}$	$d_{a1} = d_1 + 2h_{a1}$ $d_{a2} = d_2 - 2h_{a2}$
齿根圆直径 d_f		$d_{f1} = d_1 - 2h_f$ $d_{f2} = d_2 \mp 2h_f$	$d_{f1} = d_1 - 2h_f$ $d_{f2} = d_2 \mp 2h_f$
中心距 a		$a = \dfrac{1}{2}(d_2 \pm d_1) = \dfrac{m}{2}(z_2 \pm z_1)$	$a = \dfrac{1}{2}(d_2 \pm d_1) = \dfrac{m_n}{2\cos\beta}(z_2 \pm z_1)$
		一般希望 a 为圆整的数值	
基圆直径 d_b		$d_{b1} = d_1 \cos\alpha$ $d_{b2} = d_2 \cos\alpha$	$d_{b1} = d_1 \cos\alpha_t$ $d_{b2} = d_2 \cos\alpha_t$
齿顶圆压力角 α_a		$\alpha_{a1} = \arccos\dfrac{d_{b1}}{d_{a1}}$ $\alpha_{a2} = \arccos\dfrac{d_{b2}}{d_{a2}}$	$\alpha_{at1} = \arccos\dfrac{d_{b1}}{d_{a1}}$ $\alpha_{at2} = \arccos\dfrac{d_{b2}}{d_{a2}}$
重合度	端面重合度 ε_α	$\varepsilon_\alpha = \dfrac{1}{2\pi}\left[z_1(\tan\alpha_{a1} - \tan\alpha') \pm z_2(\tan\alpha_{a2} - \tan\alpha')\right]$	$\varepsilon_\alpha = \dfrac{1}{2\pi}\left[z_1(\tan\alpha_{at1} - \tan\alpha_t') \pm z_2(\tan\alpha_{at2} - \tan\alpha_t')\right]$
		α(或 α_n)$= 20°$ 的 ε_α 可由图 14-1-9 或图 14-1-8 查出	
	纵向重合度 ε_β	$\varepsilon_\beta = 0$	$\varepsilon_\beta = \dfrac{b\sin\beta}{\pi m_n}$
	总重合度 ε_γ	$\varepsilon_\gamma = \varepsilon_\alpha$	$\varepsilon_\gamma = \varepsilon_\alpha + \varepsilon_\beta$
当量齿数 z_v		—	$z_{v1} = \dfrac{z_1}{\cos^2\beta_b\cos\beta} \approx \dfrac{z_1}{\cos^3\beta}$ $z_{v2} = \dfrac{z_2}{\cos^2\beta_b\cos\beta} \approx \dfrac{z_2}{\cos^3\beta}$

注：有"$\pm$"或"$\mp$"号处，上面的符号用于外啮合，下面的符号用于内啮合。

1.3.2　高度变位齿轮传动的几何尺寸计算

表 14-1-19　　　　　　　　　高度变位齿轮传动的几何尺寸计算

项　　目		计算公式及说明	
		直齿轮(外啮合、内啮合)	斜齿轮(外啮合、内啮合)
分度圆直径 d		$d_1 = mz_1$ $d_2 = mz_2$	$d_1 = m_t z_1 = \dfrac{m_n z_1}{\cos\beta}$ $d_2 = m_t z_2 = \dfrac{m_n z_2}{\cos\beta}$
齿顶高 h_a	外啮合	$h_{a1} = (h_a^* + x_1)m$ $h_{a2} = (h_a^* + x_2)m$	$h_{a1} = (h_{an}^* + x_{n1})m_n$ $h_{a2} = (h_{an}^* + x_{n2})m_n$
	内啮合	$h_{a1} = (h_a^* + x_1)m$ $h_{a2} = (h_a^* - \Delta h_a^* - x_2)m$ 式中，$\Delta h_a^* = \dfrac{(h_a^* - x_2)^2}{z_2 \tan^2\alpha}$ 是为避免过渡曲线干涉而将齿顶高系数减小的量。当 $h_a^* = 1$，$\alpha = 20°$ 时 $\Delta h_a^* = \dfrac{7.55(1-x_2)^2}{z_2}$	$h_{a1} = (h_{an}^* + x_{n1})m_n$ $h_{a2} = (h_{an}^* - \Delta h_{an}^* - x_{n2})m_n$ 式中，$\Delta h_{an}^* = \dfrac{(h_{an}^* - x_{n2})^2\cos^3\beta}{z_2\tan^2\alpha_n}$ 是为避免过渡曲线干涉而将齿顶高系数减小的量。当 $h_{an}^* = 1$、$\alpha_n = 20°$ 时　$\Delta h_{an}^* = \dfrac{7.55(1-x_{n2})^2\cos^3\beta}{z_2}$

续表

项　　目		计算公式及说明	
		直齿轮(外啮合、内啮合)	斜齿轮(外啮合、内啮合)
齿根高 h_f		$h_{f1}=(h_a^*+c^*-x_1)m$ $h_{f2}=(h_a^*+c^*\mp x_2)m$	$h_{f1}=(h_{an}^*+c_n^*-x_{n1})m_n$ $h_{f2}=(h_{an}^*+c_n^*\mp x_{n2})m_n$
齿高 h		$h_1=h_{a1}+h_{f1}$ $h_2=h_{a2}+h_{f2}$	$h_1=h_{a1}+h_{f1}$ $h_2=h_{a2}+h_{f2}$
齿顶圆直径 d_a		$d_{a1}=d_1+2h_{a1}$ $d_{a2}=d_2\pm 2h_{a2}$	$d_{a1}=d_1+2h_{a1}$ $d_{a2}=d_2\pm 2h_{a2}$
齿根圆直径 d_f		$d_{f1}=d_1-2h_{f1}$ $d_{f2}=d_2\mp 2h_{f2}$	$d_{f1}=d_1-2h_{f1}$ $d_{f2}=d_2\mp 2h_{f2}$
中心距 a		$a=\dfrac{1}{2}(d_2\pm d_1)=\dfrac{m}{2}(z_2\pm z_1)$	$a=\dfrac{1}{2}(d_2\pm d_1)=\dfrac{m_n}{2\cos\beta}(z_2\pm z_1)$
		一般希望 a 为圆整的数值	
基圆直径 d_b		$d_{b1}=d_1\cos\alpha$ $d_{b2}=d_2\cos\alpha$	$d_{b1}=d_1\cos\alpha_t$ $d_{b2}=d_2\cos\alpha_t$
齿顶圆压力角 α_a		$\alpha_{a1}=\arccos\dfrac{d_{b1}}{d_{a1}}$ $\alpha_{a2}=\arccos\dfrac{d_{b2}}{d_{a2}}$	$\alpha_{at1}=\arccos\dfrac{d_{b1}}{d_{a1}}$ $\alpha_{at2}=\arccos\dfrac{d_{b2}}{d_{a2}}$
重合度	端面重合度 ε_α	$\varepsilon_\alpha=\dfrac{1}{2\pi}\left[z_1(\tan\alpha_{a1}-\tan\alpha)\pm z_2(\tan\alpha_{a2}-\tan\alpha)\right]$	$\varepsilon_\alpha=\dfrac{1}{2\pi}\left[z_1(\tan\alpha_{at1}-\tan\alpha_t)\pm z_2(\tan\alpha_{at2}-\tan\alpha_t)\right]$
		α(或 α_n)=20°的 ε_α 可由图 14-1-9 或图 14-1-8 查出	
	纵向重合度 ε_β	$\varepsilon_\beta=0$	$\varepsilon_\beta=\dfrac{b\sin\beta}{\pi m_n}$
	总重合度 ε_γ	$\varepsilon_\gamma=\varepsilon_\alpha$	$\varepsilon_\gamma=\varepsilon_\alpha+\varepsilon_\beta$
当量齿数 z_v		—	$z_{v1}=\dfrac{z_1}{\cos^2\beta_b\cos\beta}\approx\dfrac{z_1}{\cos^3\beta}$ $z_{v2}=\dfrac{z_2}{\cos^2\beta_b\cos\beta}\approx\dfrac{z_2}{\cos^3\beta}$

注：1. 有"±"或"∓"号处，上面的符号用于外啮合，下面的符号用于内啮合。

2. 对插齿加工的齿轮，当要求准确保证标准的顶隙时，d_a 和 d_f 应按表 14-1-20 计算。

1.3.3　角度变位齿轮传动的几何尺寸计算

表 14-1-20　　　　　　　　　　　角度变位齿轮传动的几何尺寸计算

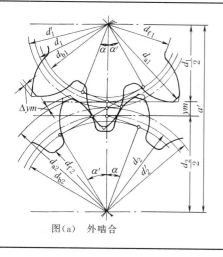

图(a)　外啮合

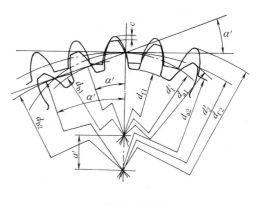

图(b)　内啮合

项　　目			计算公式及说明	
			直齿轮(外啮合、内啮合)	斜齿轮(外啮合、内啮合)
分度圆直径 d			$d_1 = mz_1$ $d_2 = mz_2$	$d_1 = m_t z_1 = \dfrac{m_n z_1}{\cos\beta}$ $d_2 = m_t z_2 = \dfrac{m_n z_2}{\cos\beta}$
已知 x 求 a'	啮合角 α'		$\mathrm{inv}\alpha' = \dfrac{2(x_2 \pm x_1)\tan\alpha}{z_2 \pm z_1} + \mathrm{inv}\alpha$	$\mathrm{inv}\alpha'_t = \dfrac{2(x_{n2} \pm x_{n1})\tan\alpha_n}{z_2 \pm z_1} + \mathrm{inv}\alpha_t$
			$\mathrm{inv}\alpha$ 可由表 14-1-23 查出	
	中心距变动 系数 y		$y = \dfrac{z_2 \pm z_1}{2}\left(\dfrac{\cos\alpha}{\cos\alpha'} - 1\right)$	$y_t = \dfrac{z_2 \pm z_1}{2}\left(\dfrac{\cos\alpha_t}{\cos\alpha'_t} - 1\right)$ $y_n = \dfrac{y_t}{\cos\beta}$
	中心距 a'		$a' = \dfrac{1}{2}(d_2 \pm d_1) + ym = m\left(\dfrac{z_2 \pm z_1}{2} + y\right)$	$a' = \dfrac{1}{2}(d_2 \pm d_1) + y_t m_t = \dfrac{m_n}{\cos\beta}\left(\dfrac{z_2 \pm z_1}{2} + y_t\right)$
已知 a' 求 x	未变位时的 中心距 a		$a = \dfrac{m}{2}(z_2 \pm z_1)$	$a = \dfrac{m_n}{2\cos\beta}(z_2 \pm z_1)$
	中心距变动 系数 y		$y = \dfrac{a' - a}{m}$	$y_t = \dfrac{a' - a}{m_t}$ $y_n = \dfrac{a' - a}{m_n}$
	啮合角 α'		$\cos\alpha' = \dfrac{a}{a'}\cos\alpha$	$\cos\alpha'_t = \dfrac{a}{a'}\cos\alpha_t$
	总变位系数 x_Σ		$x_\Sigma = (z_2 \pm z_1)\dfrac{\mathrm{inv}\alpha' - \mathrm{inv}\alpha}{2\tan\alpha}$	$x_{n\Sigma} = (z_2 \pm z_1)\dfrac{\mathrm{inv}\alpha'_t - \mathrm{inv}\alpha_t}{2\tan\alpha_n}$
			$\mathrm{inv}\alpha$ 可由表 14-1-23 查出	
	变位系数 x		$x_\Sigma = x_2 \pm x_1$	$x_{n\Sigma} = x_{n2} \pm x_{n1}$
			外啮合齿轮变位系数的分配见表 14-1-11 及图 14-1-5	
滚齿	齿顶高变动 系数 Δy		$\Delta y = (x_2 \pm x_1) - y$	$\Delta y_n = (x_{n2} \pm x_{n1}) - y_n$
	齿顶高 h_a		$h_{a1} = (h_a^* + x_1 \mp \Delta y)m$ $h_{a2} = (h_a^* \pm x_2 \mp \Delta y)m$	$h_{a1} = (h_{an}^* + x_{n1} \mp \Delta y_n)m_n$ $h_{a2} = (h_{an}^* \pm x_{n2} \mp \Delta y_n)m_n$
	齿根高 h_f		$h_{f1} = (h_a^* + c^* - x_1)m$ $h_{f2} = (h_a^* + c^* \pm x_2)m$	$h_{f1} = (h_{an}^* + c_n^* - x_{n1})m_n$ $h_{f2} = (h_{an}^* + c_n^* \mp x_{n2})m_n$
	齿高 h		$h_1 = h_{a1} + h_{f1}$ $h_2 = h_{a2} + h_{f2}$	$h_1 = h_{a1} + h_{f1}$ $h_2 = h_{a2} + h_{f2}$
	齿顶圆 直径 d_a	外啮合	$d_{a1} = d_1 + 2h_{a1}$ $d_{a2} = d_2 + 2h_{a2}$	$d_{a1} = d_1 + 2h_{a1}$ $d_{a2} = d_2 + 2h_{a2}$
		内啮合	$d_{a1} = d_1 + 2h_{a1}$ $d_{a2} = d_2 - 2h_{a2}$ 为避免小齿轮齿根过渡曲线干涉, d_{a2} 应满足下式 $d_{a2} \geqslant \sqrt{d_{b2}^2 + (2a'\sin\alpha' + 2\rho)^2}$ 式中, $\rho = m\left(\dfrac{z_1\sin\alpha}{2} - \dfrac{h_a^* - x_1}{\sin\alpha}\right)$	$d_{a1} = d_1 + 2h_{a1}$ $d_{a2} = d_2 - 2h_{a2}$ 为避免小齿轮齿根过渡曲线干涉, d_{a2} 应满足下式 $d_{a2} \geqslant \sqrt{d_{b2}^2 + (2a'\sin\alpha'_t + 2\rho)^2}$ 式中, $\rho = m_t\left(\dfrac{z_1\sin\alpha_t}{2} - \dfrac{h_a^* - x_{t1}}{\sin\alpha_t}\right)$
	齿根圆直径 d_f		$d_{f1} = d_1 - 2h_{f1}$ $d_{f2} = d_2 \mp 2h_{f2}$	$d_{f1} = d_1 - 2h_{f1}$ $d_{f2} = d_2 \mp 2h_{f2}$
插齿	插齿刀参数 $\begin{matrix}z_0\\x_0\\d_{a0}\end{matrix}$		按表 14-1-24 或根据现场情况选用插齿刀,并确定其参数 z_0、x_0(或 x_{n0})、d_{a0},设计时可按中等 磨损程度考虑,即可取 x_0(或 x_{n0})$= 0$, $d_{a0} = m(z_0 + 2h_{a0}^*)$	

续表

项目		计算公式及说明	
		直齿轮（外啮合、内啮合）	斜齿轮（外啮合、内啮合）
插齿	切齿时的啮合角 α_0'	$\text{inv}\alpha_{01}' = \dfrac{2(x_1+x_0)\tan\alpha}{z_1+z_0} + \text{inv}\alpha$ $\text{inv}\alpha_{02}' = \dfrac{2(x_2 \pm x_0)\tan\alpha}{z_2 \pm z_0} + \text{inv}\alpha$	$\text{inv}\alpha_{t01}' = \dfrac{2(x_{n1}+x_{n0})\tan\alpha_n}{z_1+z_0} + \text{inv}\alpha_t$ $\text{inv}\alpha_{t02}' = \dfrac{2(x_{n2} \pm x_{n0})\tan\alpha_n}{z_2 \pm z_0} + \text{inv}\alpha_t$
	切齿时的中心距变动系数 y_0	$y_{01} = \dfrac{z_1+z_0}{2}\left(\dfrac{\cos\alpha}{\cos\alpha_{01}'}-1\right)$ $y_{02} = \dfrac{z_2 \pm z_0}{2}\left(\dfrac{\cos\alpha}{\cos\alpha_{02}'}-1\right)$	$y_{t01} = \dfrac{z_1+z_0}{2}\left(\dfrac{\cos\alpha_t}{\cos\alpha_{t01}'}-1\right)$ $y_{t02} = \dfrac{z_2 \pm z_0}{2}\left(\dfrac{\cos\alpha_t}{\cos\alpha_{t02}'}-1\right)$
	切齿时的中心距 a_0'	$a_{01}' = m\left(\dfrac{z_1+z_0}{2}+y_{01}\right)$ $a_{02}' = m\left(\dfrac{z_2 \pm z_0}{2}+y_{02}\right)$	$a_{01}' = \dfrac{m_n}{\cos\beta}\left(\dfrac{z_1+z_0}{2}+y_{t01}\right)$ $a_{02}' = \dfrac{m_n}{\cos\beta}\left(\dfrac{z_2 \pm z_0}{2}+y_{t02}\right)$
	齿根圆直径 d_f	$d_{f1} = 2a_{01}' - d_{a0}$ $d_{f2} = 2a_{02}' \mp d_{a0}$	$d_{f1} = 2a_{01}' - d_{a0}$ $d_{f2} = 2a_{02}' \mp d_{a0}$
	齿顶圆直径 d_a — 外啮合	$d_{a1} = 2a' - d_{f2} - 2c^* m$ $d_{a2} = 2a' - d_{f1} - 2c^* m$	$d_{a1} = 2a' - d_{f2} - 2c_n^* m_n$ $d_{a2} = 2a' - d_{f1} - 2c_n^* m_n$
	齿顶圆直径 d_a — 内啮合	$d_{a1} = -2a' + d_{f2} - 2c^* m$ $d_{a2} = 2a' + d_{f1} + 2c^* m$ 为避免小齿轮齿根过渡曲线干涉，d_{a2} 应满足下式 $d_{a2} \geqslant \sqrt{d_{b2}^2 + (2a'\sin\alpha' + 2\rho_{01\min})^2}$ 式中，$\rho_{01\min} = a_{01}'\sin\alpha_{01}' - \dfrac{1}{2}\sqrt{d_{a0}^2 - d_{b0}^2}$	$d_{a1} = -2a' + d_{f2} - 2c_n^* m_n$ $d_{a2} = 2a' + d_{f1} + 2c_n^* m_n$ 为避免小齿轮齿根过渡曲线干涉，d_{a2} 应满足下式 $d_{a2} \geqslant \sqrt{d_{b2}^2 + (2a'\sin\alpha' + 2\rho_{01\min})^2}$ 式中，$\rho_{01\min} = a_{01}'\sin\alpha_{t01}' - \dfrac{1}{2}\sqrt{d_{a0}^2 - d_{b0}^2}$
节圆直径 d'		$d_1' = 2a'\dfrac{z_1}{z_2 \pm z_1}$ $d_2' = 2a'\dfrac{z_2}{z_2 \pm z_1}$	$d_1' = 2a'\dfrac{z_1}{z_2 \pm z_1}$ $d_2' = 2a'\dfrac{z_2}{z_2 \pm z_1}$
基圆直径 d_b		$d_{b1} = d_1\cos\alpha$ $d_{b2} = d_2\cos\alpha$	$d_{b1} = d_1\cos\alpha_t$ $d_{b2} = d_2\cos\alpha_t$
齿顶圆压力角 α_a		$\alpha_{a1} = \arccos\dfrac{d_{b1}}{d_{a1}}$ $\alpha_{a2} = \arccos\dfrac{d_{b2}}{d_{a2}}$	$\alpha_{at1} = \arccos\dfrac{d_{b1}}{d_{a1}}$ $\alpha_{at2} = \arccos\dfrac{d_{b2}}{d_{a2}}$
重合度	端面重合度 ε_α	$\varepsilon_\alpha = \dfrac{1}{2\pi}\left[z_1(\tan\alpha_{a1}-\tan\alpha') \pm z_2(\tan\alpha_{a2}-\tan\alpha')\right]$	$\varepsilon_\alpha = \dfrac{1}{2\pi}\left[z_1(\tan\alpha_{at1}-\tan\alpha_t') \pm z_2(\tan\alpha_{at2}-\tan\alpha_t')\right]$
		α（或 α_n）$=20°$ 的 ε_α 可由图 14-1-8 查出	
	纵向重合度 ε_β	$\varepsilon_\beta = 0$	$\varepsilon_\beta = \dfrac{b\sin\beta}{\pi m_n}$
	总重合度 ε_γ	$\varepsilon_\gamma = \varepsilon_\alpha$	$\varepsilon_\gamma = \varepsilon_\alpha + \varepsilon_\beta$
当量齿数 z_v		—	$z_{v1} = \dfrac{z_1}{\cos^2\beta_b\cos\beta} \approx \dfrac{z_1}{\cos^3\beta}$ $z_{v2} = \dfrac{z_2}{\cos^2\beta_b\cos\beta} \approx \dfrac{z_2}{\cos^3\beta}$

注：1. 有"$\pm$"或"$\mp$"号处，上面的符号用于外啮合，下面的符号用于内啮合。

2. 对插齿加工的齿轮，当不要求准确保证标准的顶隙时，可以近似按滚齿加工的方法计算，这对于 $x<1.5$ 的齿轮，一般并不会产生很大的误差。

例 1 已知外啮合直齿轮，$\alpha=20°$、$h_a^*=1$、$z_1=22$、$z_2=65$、$m=4\text{mm}$、$x_1=0.57$、$x_2=0.63$，用滚齿法加工，求其中心距和齿顶圆直径。

解 (1) 中心距

$$\text{inv}\alpha' = \dfrac{2(x_2+x_1)\tan\alpha}{z_2+z_1} + \text{inv}\alpha$$

$$= \dfrac{2\times(0.63+0.57)\tan20°}{65+22} + \text{inv}20° = 0.024945$$

由表 14-1-23 查得 $\alpha'=23°35'$。

$$y=\frac{z_2+z_1}{2}\left(\frac{\cos\alpha}{\cos\alpha'}-1\right)=\frac{65+22}{2}\times\left(\frac{\cos20°}{\cos23°35'}-1\right)=1.1018$$

$$\alpha'=m\left(\frac{z_2+z_1}{2}+y\right)=4\times\left(\frac{65+22}{2}+1.1018\right)=178.41\text{mm}$$

（2）齿顶圆直径

$$\Delta y=(x_2+x_1)-y=(0.63+0.57)-1.1018=0.0982$$

$$d_{a1}=mz_1+2(h_a^*+x_1-\Delta y)m=4\times22+2\times$$
$$(1+0.57-0.0982)\times4=99.77\text{mm}$$

$$d_{a2}=mz_2+2(h_a^*+x_2-\Delta y)m=4\times65+2\times$$
$$(1+0.63-0.0982)\times4=272.25\text{mm}$$

例 2　例 1 的齿轮用 $z_0=25$、$h_{a0}^*=1.25$ 的插齿刀加工，求齿顶圆直径。

解　插齿刀按中等磨损程度考虑，$x_0=0$，$d_{a0}=m(z_0+2h_{a0}^*)=4\times(25+2\times1.25)=110\text{mm}$

$$\text{inv}\alpha_{01}'=\frac{2(x_1+x_0)\tan\alpha}{z_1+z_0}+\text{inv}\alpha$$
$$=\frac{2\times0.57\tan20°}{22+25}+\text{inv}20°=0.0237326$$

由表 14-1-23 查得 $\alpha_{01}'=23°13'$。

$$\text{inv}\alpha_{02}'=\frac{2(x_2+x_0)\tan\alpha}{z_2+z_0}+\text{inv}\alpha$$
$$=\frac{2\times0.63\tan20°}{65+25}+\text{inv}20°=0.0200000$$

由表 14-1-23 查得 $\alpha_{02}'=21°59'$。

$$y_{01}=\frac{z_1+z_0}{2}\left(\frac{\cos\alpha}{\cos\alpha_{01}'}-1\right)=\frac{22+25}{2}\times\left(\frac{\cos20°}{\cos23°13'}-1\right)$$
$$=0.5286$$

$$y_{02}=\frac{z_2+z_0}{2}\left(\frac{\cos\alpha}{\cos\alpha_{02}'}-1\right)=\frac{65+25}{2}\times\left(\frac{\cos20°}{\cos21°59'}-1\right)$$
$$=0.6017$$

$$a_{01}'=m\left(\frac{z_1+z_0}{2}+y_{01}\right)=4\times\left(\frac{22+25}{2}+0.5286\right)$$
$$=96.11\text{mm}$$

$$a_{02}'=m\left(\frac{z_2+z_0}{2}+y_{02}\right)=4\times\left(\frac{65+25}{2}+0.6017\right)$$
$$=182.41\text{mm}$$

$$d_{f1}=2a_{01}'-d_{a0}=2\times96.11-110=82.22\text{mm}$$

$$d_{f2}=2a_{02}'-d_{a0}=2\times182.41-110=254.82\text{mm}$$

$$d_{a1}=2a'-d_{f2}-2c^*m=2\times178.41-254.82-2\times0.25\times4=100\text{mm}$$

$$d_{a2}=2a'-d_{f1}-2c^*m=2\times178.41-82.22-2\times0.25\times4=272.6\text{mm}$$

1.3.4　齿轮与齿条传动的几何尺寸计算

表 14-1-21　　　　　　　　　　齿轮与齿条传动的几何尺寸计算

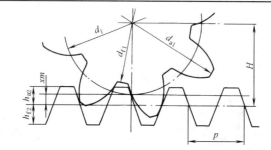

项　　目	计算公式及说明	
	直　　齿	斜　　齿
齿轮分度圆直径与齿条运动速度的关系	$d_1=\dfrac{60000v}{\pi n_1}$	
分度圆直径 d	$d_1=mz_1$	$d_1=\dfrac{m_n z_1}{\cos\beta}$
齿顶高 h_a	$h_{a1}=(h_a^*+x_1)m$ $h_{a2}=h_a^* m$	$h_{a1}=(h_{an}^*+x_{n1})m_n$ $h_{a2}=h_{an}^* m_n$
齿根高 h_f	$h_{f1}=(h_a^*+c^*-x_1)m$ $h_{f2}=(h_a^*+c^*)m$	$h_{f1}=(h_{an}^*+c_n^*-x_{n1})m_n$ $h_{f2}=(h_{an}^*+c_n^*)m_n$
齿高 h	$h_1=h_{a1}+h_{f1}$ $h_2=h_{a2}+h_{f2}$	$h_1=h_{a1}+h_{f1}$ $h_2=h_{a2}+h_{f2}$
齿顶圆直径 d_a	$d_{a1}=d_1+2h_{a1}$	$d_{a1}=d_1+2h_{a1}$
齿根圆直径 d_f	$d_{f1}=d_1-2h_{f1}$	$d_{f1}=d_1-2h_{f1}$
齿距 p	$p=\pi m$	$p_n=\pi m_n$ $p_t=\pi m_t$

项　　目	计算公式及说明	
	直　　齿	斜　　齿
齿轮中心到齿条基准线距离 H	$H = \dfrac{d_1}{2} + xm$	$H = \dfrac{d_1}{2} + x_n m_n$
基圆直径 d_b	$d_{b1} = d_1 \cos\alpha$	$d_{b1} = d_1 \cos\alpha_t$
齿顶圆压力角 α_a	$\alpha_{a1} = \arccos\dfrac{d_{b1}}{d_{a1}}$	$\alpha_{at1} = \arccos\dfrac{d_{b1}}{d_{a1}}$
重合度 端面重合度 ε_α 计算法	$\varepsilon_\alpha = \dfrac{1}{2\pi}\left[z_1(\tan\alpha_{a1} - \tan\alpha) + \dfrac{4(h_a^* - x_1)}{\sin 2\alpha}\right]$	$\varepsilon_\alpha = \dfrac{1}{2\pi}\left[z_1(\tan\alpha_{at1} - \tan\alpha_t) + \dfrac{4(h_{an}^* - x_1)\cos\beta}{\sin 2\alpha_t}\right]$
查图法	$\varepsilon_\alpha = (1 + x_1)\varepsilon_{a1} + \varepsilon_{a2}$	$\varepsilon_\alpha = (1 + x_{n1})\varepsilon_{a1} + \varepsilon_{a2}$
	ε_{a1} 按 $\dfrac{z_1}{1 + x_{n1}}$ 和 β 查图 14-1-9，ε_{a2} 按 x_{n1} 和 β 查图 14-1-10	
纵向重合度 ε_β	$\varepsilon_\beta = 0$	$\varepsilon_\beta = \dfrac{b\sin\beta}{\pi m_n}$
总重合度 ε_γ	$\varepsilon_\gamma = \varepsilon_\alpha$	$\varepsilon_\gamma = \varepsilon_\alpha + \varepsilon_\beta$
当量齿数 z_v	—	$z_{v1} \approx \dfrac{z_1}{\cos^3\beta}$ $z_{v2} = \infty$

注：1. 表中的公式是按变位齿轮给出的，对标准齿轮，将 x_1（或 x_{n1}）$= 0$ 代入即可。

2. n_1——齿轮转速，r/min；v——齿条速度，m/s。

1.3.5　交错轴斜齿轮传动的几何尺寸计算

交错轴斜齿轮传动用来传递空间两交错轴之间的运动。就单个齿轮而言，都是渐开线斜齿圆柱齿轮。交错轴斜齿轮传动的几何尺寸计算公式列于表 14-1-22 中。

1.3.6　几何计算中使用的数表和线图

对于压力角 $\alpha = 20°$ 的圆柱齿轮传动，端面啮合角 α_t' 可由图 14-1-7 查得；端面重合度 ε_α 可通过图 14-1-8 或图 14-1-9 查得。对于压力角 $\alpha = 20°$ 的齿轮齿条传动，其部分端面重合度 ε_{a2} 可由图 14-1-10 查得。

渐开线函数见表 14-1-23，直齿插齿刀的基本参数见表 14-1-24。

表 14-1-22　　　　　　　　　　交错轴斜齿轮传动的几何尺寸计算

名　　称	计　算　公　式	说　　明
轴交角 Σ	由结构设计确定，一般 $\Sigma = 90°$	
螺旋角 β（旋向相同）$\beta_1 + \beta_2 = \Sigma$		一般采用较多
螺旋角 β（旋向相反）$\beta_1 - \beta_2 = \Sigma$（或 $\beta_2 - \beta_1 = \Sigma$）		多用于 Σ 较小时
中心距 a	$a = \dfrac{1}{2}(d_1 + d_2) = \dfrac{m_n}{2}\left(\dfrac{z_1}{\cos\beta_1} + \dfrac{z_2}{\cos\beta_2}\right)$	—
齿数比 u	$u = \dfrac{z_2}{z_1} = \dfrac{d_2\cos\beta_2}{d_1\cos\beta_1}$	齿数比不等于分度圆直径比
当 $\Sigma = 90°$ 时		
中心距 a	$a = \dfrac{m_n z_1}{2}\left(\dfrac{1}{\sin\beta_2} + \dfrac{u}{\cos\beta_2}\right)$	—
中心距最小的条件	$\cot\beta_2 = \sqrt[3]{u}$	当 m_n、z_1、u 给定时，按此条件可得出最紧凑的结构

注：交错轴斜齿轮实际上是两个螺旋角不相等（或螺旋角相等，但旋向相同）的斜齿轮，因此其他尺寸的计算与斜齿轮相同，可按表 14-1-18 进行。

第
14
篇

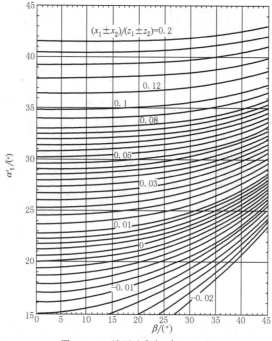

图 14-1-7　端面啮合角 α'_t ($\alpha = 20°$)

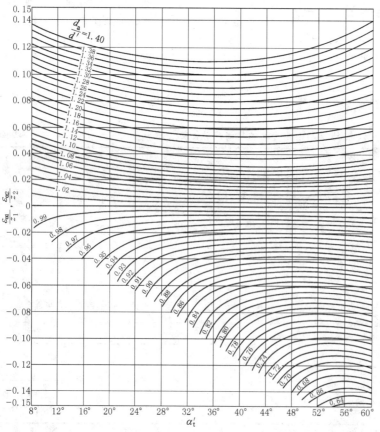

图 14-1-8　端面重合度 ε_a

注：1. 本图适用于 α（或 α_n）= 20°的各种平行轴齿轮传动。对于外啮合的标准齿轮和高度变位齿轮传动，使用图 14-1-9 则更为方便。

2. 使用方法：按 α'_t 和 $\dfrac{d_{a1}}{d'_1}$ 查出 $\dfrac{\varepsilon_{a1}}{z_1}$，按 α'_t 和 $\dfrac{d_{a2}}{d'_2}$ 查出 $\dfrac{\varepsilon_{a2}}{z_2}$，则 $\varepsilon_a = z_1\left(\dfrac{\varepsilon_{a1}}{z_1}\right) \pm z_2\left(\dfrac{\varepsilon_{a2}}{z_2}\right)$，式中"+"用于外啮合，"一"用于内啮合。

3. α'_t 可由图 14-1-7 查得。

例 1　已知外啮合齿轮传动，$z_1 = 18$、$z_2 = 80$、节圆直径 $d_1' = 91.84$mm、$d_2' = 408.16$mm、齿顶圆直径 $d_{a1} = 101.73$mm、$d_{a2} = 418.13$mm、啮合角 $\alpha_t' = 22°57'$，试求其端面重合度。

解　根据 $\alpha_t' = 22°57'$，按 $\dfrac{d_{a1}}{d_1'} = \dfrac{101.73}{91.84} = 1.108$，$\dfrac{d_{a2}}{d_2'} = \dfrac{418.13}{408.16} = 1.024$，分别由图 14-1-8 查得 $\dfrac{\varepsilon_{a1}}{z_1} = 0.039$，$\dfrac{\varepsilon_{a2}}{z_2} = 0.0105$，则 $\varepsilon_a = z_1\left(\dfrac{\varepsilon_{a1}}{z_1}\right) + z_2\left(\dfrac{\varepsilon_{a2}}{z_2}\right) = 18 \times 0.039 + 80 \times 0.0105 = 1.54$。

例 2　(1) 外啮合斜齿标准齿轮传动，$z_1 = 21$、$z_2 = 74$、$\beta = 12°$，试求其端面重合度。

解　根据 z_1 和 β 及 z_2 和 β 由图 14-1-9 分别查出 $\varepsilon_{a1} = 0.765$，$\varepsilon_{a2} = 0.88$（图中虚线），则 $\varepsilon_a = \varepsilon_{a1} + \varepsilon_{a2} = 0.765 + 0.88 = 1.65$。

(2) 外啮合斜齿高度变位齿轮传动，$z_1 = 21$、$z_2 = 74$、$\beta = 12°$、$x_{n1} = 0.5$、$x_{n2} = -0.5$，试求其端面重合度。

解　根据 $\dfrac{z_1}{1 + x_{n1}} = \dfrac{21}{1 + 0.5} = 14$ 和 $\dfrac{z_2}{1 - x_{n1}} = \dfrac{74}{1 - 0.5} = 148$，由图 14-1-9 分别查出 $\varepsilon_{a1} = 0.705$，$\varepsilon_{a2} = 0.915$，则 $\varepsilon_a = (1 + x_{n1})\varepsilon_{a1} + (1 - x_{n1})\varepsilon_{a2} = (1 + 0.5) \times 0.705 + (1 - 0.5) \times 0.915 = 1.52$。

例 3　已知直齿齿轮齿条传动，$z_1 = 18$，$x_1 = 0.4$，试求其端面重合度。

解　按 $\dfrac{z_1}{1 + x_1} = \dfrac{18}{1 + 0.4} = 12.86$，$\beta = 0°$，由图 14-1-9 查出 $\varepsilon_{a1} = 0.72$；按 $x_{n1} = 0.4$，$\beta = 0°$，由图 14-1-10 查出 $\varepsilon_{a2} = 0.586$，则 $\varepsilon_a = (1 + x_1) \times \varepsilon_{a1} + \varepsilon_{a2} = (1 + 0.4) \times 0.72 + 0.586 = 1.59$。

使用方法如下：

① 标准齿轮（$h_{a1} = h_{a2} = m_n$）：按 z_1 和 β 查出 ε_{a1}，按 z_2 和 β 查出 ε_{a2}，$\varepsilon_a = \varepsilon_{a1} + \varepsilon_{a2}$。

② 高度变位齿轮 $[h_{a1} = (1 + x_{n1})m_n$、$h_{a2} = (1 - x_{n1})m_n]$：按 $\dfrac{z_1}{1 + x_{n1}}$ 和 β 查出 ε_{a1}，按 $\dfrac{z_2}{1 - x_{n1}}$ 和 β 查出 ε_{a2}，$\varepsilon_a = (1 + x_{n1})\varepsilon_{a1} + (1 - x_{n1})\varepsilon_{a2}$。

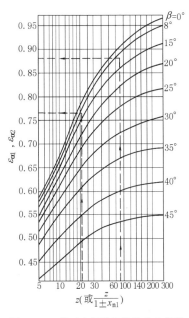

图 14-1-9　外啮合标准齿轮传动和高度
变位齿轮传动的端面重合度
ε_a（$\alpha = \alpha_n = 20°$，$h_a^* = h_{an}^* = 1$）

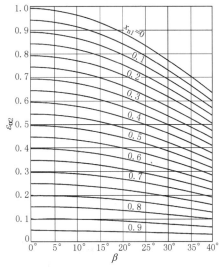

图 14-1-10　齿轮齿条传动的部分端面重合度
ε_{a2}（$\alpha = \alpha_n = 20°$，$h_a^* = h_{an}^* = 1$）

表 14-1-23　　　　　　　　　　渐开线函数 $\mathrm{inv}\,\alpha = \tan\alpha - \alpha$

$\alpha/(°)$		$0'$	$5'$	$10'$	$15'$	$20'$	$25'$	$30'$	$35'$	$40'$	$45'$	$50'$	$55'$
10	0.00	17941	18397	18860	19332	19812	20299	20795	21299	21810	22330	22859	23396
11	0.00	23941	24495	25057	25628	26208	26797	27394	28001	28616	29241	29875	30518
12	0.00	31171	31832	32504	33185	33875	34575	35285	36005	36735	37474	38224	38984
13	0.00	39754	40534	41325	42126	42938	43760	44593	45437	46291	47157	48033	48921
14	0.00	49819	50729	51650	52582	53526	54482	55448	56427	57417	58420	59434	60460
15	0.00	61498	62548	63611	64686	65773	66873	67985	69110	70248	71398	72561	73738
16	0.0	07493	07613	07735	07857	07982	08107	08234	08362	08492	08623	08756	08889
17	0.0	09025	09161	09299	09439	09580	09722	09866	10012	10158	10307	10456	10608
18	0.0	10760	10915	11071	11228	11387	11547	11709	11873	12038	12205	12373	12543
19	0.0	12715	12888	13063	13240	13418	13598	13779	13963	14148	14334	14523	14713

续表

$\alpha/(°)$		0′	5′	10′	15′	20′	25′	30′	35′	40′	45′	50′	55′
20	0.0	14904	15098	15293	15490	15689	15890	16092	16296	16502	16710	16920	17132
21	0.0	17345	17560	17777	17996	18217	18440	18665	18891	19120	19350	19583	19817
22	0.0	20054	20292	20533	20775	21019	21266	21514	21765	22018	22272	22529	22788
23	0.0	23049	23312	23577	23845	24114	24386	24660	24936	25214	25495	25778	26062
24	0.0	26350	26639	26931	27225	27521	27820	28121	28424	28729	29037	29348	29660
25	0.0	29975	30293	30613	30935	31260	31587	31917	32249	32583	32920	33260	33602
26	0.0	33947	34294	34644	34997	35352	35709	36069	36432	36798	37166	37537	37910
27	0.0	38287	38666	39047	39432	39819	40209	40602	40997	41395	41797	42201	42607
28	0.0	43017	43430	43845	44264	44685	45110	45537	45967	46400	46837	47276	47718
29	0.0	48164	48612	49064	49518	49976	50437	50901	51368	51838	52312	52788	53268
30	0.0	53751	54238	54728	55221	55717	56217	56720	57226	57736	58249	58765	59285
31	0.0	59809	60336	60866	61400	61937	62478	63022	63570	64122	64677	65236	65799
32	0.0	66364	66934	67507	68084	68665	69250	69838	70430	71026	71626	72230	72838
33	0.0	73449	74064	74684	75307	75934	76565	77200	77839	78483	79130	79781	80437
34	0.0	81097	81760	82428	83100	83777	84457	85142	85832	86525	87223	87925	88631
35	0.0	89342	90058	90777	91502	92230	92963	93701	94443	95190	95942	96698	97459
36	0.	09822	09899	09977	10055	10133	10212	10292	10371	10452	10533	10614	10696
37	0.	10778	10861	10944	11028	11113	11197	11283	11369	11455	11542	11630	11718
38	0.	11806	11895	11985	12075	12165	12257	12348	12441	12534	12627	12721	12815
39	0.	12911	13006	13102	13199	13297	13395	13493	13592	13692	13792	13893	13995
40	0.	14097	14200	14303	14407	14511	14616	14722	14829	14936	15043	15152	15261
41	0.	15370	15480	15591	15703	15815	15928	16041	16156	16270	16386	16502	16619
42	0.	16737	16855	16974	17093	17214	17336	17457	17579	17702	17826	17951	18076
43	0.	18202	18329	18457	18585	18714	18844	18975	19106	19238	19371	19505	19639
44	0.	19774	19910	20047	20185	20323	20463	20603	20743	20885	21028	21171	21315
45	0.	21460	21606	21753	21900	22049	22198	22348	22499	22651	22804	22958	23112
46	0.	23268	23424	23582	23740	23899	24059	24220	24382	24545	24709	24874	25040
47	0.	25206	25374	25543	25713	25883	26055	26228	26401	26576	26752	26929	27107
48	0.	27285	27465	27646	27828	28012	28196	28381	28567	28755	28943	29133	29324
49	0.	29516	29709	29903	30098	30295	30492	30691	30891	31092	31295	31498	31703
50	0.	31909	32116	32324	32534	32745	32957	33171	33385	33601	33818	34037	34257
51	0.	34478	34700	34924	35149	35376	35604	35833	36063	36295	36529	36763	36999
52	0.	37237	37476	37716	37958	38202	38446	38693	38941	39190	39441	39693	39947
53	0.	40202	40459	40717	40977	41239	41502	41767	42034	42302	42571	42843	43116
54	0.	43390	43667	43945	44225	44506	44789	45074	45361	45650	45940	46232	46526
55	0.	46822	47119	47419	47720	48023	48328	48635	48944	49255	49568	49882	50199
56	0.	50518	50838	51161	51486	51813	52141	52472	52805	53141	53478	53817	54159
57	0.	54503	54849	55197	55547	55900	56255	56612	56972	57333	57698	58064	58433
58	0.	58804	59178	59554	59933	60314	60697	61083	61472	61863	62257	62653	63052
59	0.	63454	63858	64265	64674	65086	65501	65919	66340	66763	67189	67618	68050

例　1. inv27°15′=0.039432；inv27°17′=$0.039432+\dfrac{2}{5}\times(0.039819-0.039432)=0.039587$。

2. invα=0.0060460，由表查得 $\alpha=14°55′$。

表 14-1-24　　　　　　　　直齿插齿刀的基本参数（GB/T 6081—2001）

形式	m/mm	z_0	d_0/mm	d_{a0}/mm	h_{a0}^*	形式	m/mm	z_0	d_0/mm	d_{a0}/mm	h_{a0}^*
	公称分度圆直径 25mm						公称分度圆直径 38mm				
锥柄直齿插齿刀	1.00	26	26.00	28.72	1.25	锥柄直齿插齿刀	1.00	38	38.0	40.72	1.25
	1.25	20	25.00	28.38			1.25	30	37.5	40.88	
	1.50	18	27.00	31.04			1.50	25	37.5	41.54	
	1.75	15	26.25	30.89			1.75	22	38.5	43.24	
	2.00	13	26.00	31.24			2.00	19	38.0	43.40	
	2.25	12	27.00	32.90			2.25	16	36.0	41.98	
	2.50	10	25.00	31.26			2.50	15	37.5	44.26	
	2.75	10	27.50	34.48			2.75	14	38.5	45.88	
							3.00	12	36.0	43.74	
							3.50	11	38.5	47.52	

第14篇

形式	m/mm	z_0	d_0/mm	d_{a0}/mm	h_{a0}^*
碗形直齿插齿刀	公称分度圆直径50mm				
	1.00	50	50.00	52.72	
	1.25	40	50.00	53.38	
	1.50	34	51.00	55.04	
	1.75	29	50.75	55.49	
	2.00	25	50.00	55.40	1.25
	2.25	22	49.50	55.56	
	2.50	20	50.00	56.76	
	2.75	18	49.50	56.92	
	3.00	17	51.00	59.10	
	3.50	14	49.00	58.44	
	公称分度圆直径75mm				
	1.00	76	76.00	78.72	
	1.25	60	75.00	78.38	
	1.50	50	75.00	79.04	
	1.75	43	75.25	79.99	
	2.00	38	76.00	81.40	
	2.25	34	76.50	82.56	1.25
	2.50	30	75.00	81.76	
	2.75	28	77.00	84.42	
	3.00	25	75.00	83.10	
	3.50	22	77.00	86.44	
	4.00	19	76.00	86.80	
盘形直齿插齿刀	公称分度圆直径75mm				
	1.00	76	76.00	78.50	
	1.25	60	75.00	78.56	
	1.50	50	75.00	79.56	
	1.75	43	75.25	80.67	
	2.00	38	76.00	82.24	
	2.25	34	76.50	83.48	1.25
	2.50	30	75.00	82.34	
	2.75	28	77.00	84.92	
	3.00	25	75.00	83.34	
	3.50	22	77.00	86.44	
	4.00	19	76.00	86.32	

形式	m/mm	z_0	d_0/mm	d_{a0}/mm	h_{a0}^*
盘形直齿插齿刀、碗形直齿插齿刀	公称分度圆直径100mm				
	1.00	100	100.00	102.62	
	1.25	80	100.00	103.94	
	1.50	68	102.00	107.14	
	1.75	58	101.50	107.62	
	2.00	50	100.00	107.00	
	2.25	45	101.25	109.09	1.25
	2.50	40	100.00	108.36	
	2.75	36	99.00	107.86	
	3.00	34	102.00	111.54	
	3.50	29	101.50	112.08	
	4.00	25	100.00	111.46	
	4.50	22	99.00	111.78	
	5.00	20	100.00	113.90	1.3
	5.50	19	104.50	119.68	
	6.00	18	108.00	124.56	
	公称分度圆直径125mm				
	4.0	31	124.00	136.80	
	4.5	28	126.00	140.14	
	5.0	25	125.00	140.20	
	5.5	23	126.50	143.00	1.3
	6.0	21	126.00	143.52	
	7.0	18	126.00	145.74	
	8.0	16	128.00	149.92	
盘形直齿插齿刀	公称分度圆直径160mm				
	6.0	27	162.00	178.20	
	7.0	23	161.00	179.90	
	8.0	20	160.00	181.60	1.25
	9.0	18	162.00	186.30	
	10.0	16	160.00	187.00	
	公称分度圆直径200mm				
	8	25	200.00	221.60	
	9	22	198.00	222.30	
	10	20	200.00	227.00	1.25
	11	18	198.00	227.70	
	12	17	204.00	236.40	

注：1. 分度圆压力角皆为 $\alpha = 20°$。

2. 表中 h_{a0}^* 是在插齿刀的原始截面中的值。

1.4　渐开线圆柱齿轮齿厚的测量计算

1.4.1　齿厚测量方法的比较和应用

齿轮传动设计时，是按无侧隙啮合计算的，而实际齿轮传动时，考虑到润滑油膜和传动零件的温度变化，又要求齿轮侧面留有一定的间隙。为控制间隙的大小，在中心距一定时，主要是控制齿厚减薄量，齿轮加工中，也用测量齿厚来控制切削深度。常用的测量齿厚方法有：公法线长度 W，分度圆弦齿厚 $\bar{s}$，固定弦齿厚 $\bar{s}_c$，量柱（球）测量距 M，如表 14-1-25 所示。

表 14-1-25　　齿厚测量方法的比较和应用

测量方法	简　图	优　点	缺　点	应　用
公法线长度（跨距）		①测量时不以齿顶圆为基准，因此不受齿顶圆误差的影响，测量精度较高，并可放宽对齿顶圆的精度要求 ②测量方便 ③与量具接触的齿廓曲率半径较大，量具的磨损较轻	①对斜齿轮，当 $b<W_n\sin\beta$ 时不能测量 ②当用于斜齿轮时，计算比较麻烦	广泛用于各种齿轮的测量，但是大型齿轮因受量具限制使用不多

续表

测量方法	简　图	优　点	缺　点	应　用
分度圆弦齿厚	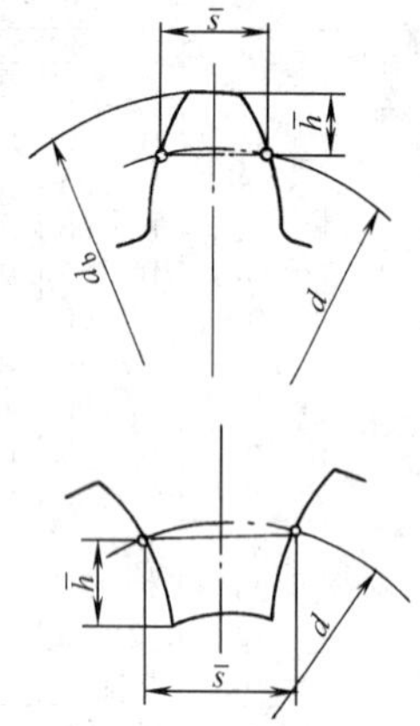	与固定弦齿厚相比,当齿轮的模数较小,或齿数较少时,测量比较方便	①测量时以齿顶圆为基准,因此对齿顶圆的尺寸偏差及径向圆跳动有严格的要求 ②测量结果受齿顶圆误差的影响,精度不高 ③当变位系数较大($x>0.5$)时,可能不便于测量 ④对斜齿轮,计算时要换算成当量齿数,增加了计算工作量 ⑤齿轮卡尺的卡爪尖部容易磨损	适用于大型齿轮的测量。也常用于精度要求不高的小型齿轮的测量
固定弦齿厚	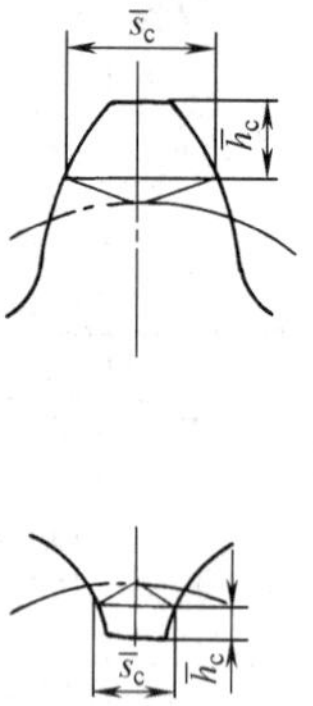	计算比较简单,特别是用于斜齿轮时,可省去当量齿数 z_v 的换算	①测量时以齿顶圆为基准,因此对齿顶圆的尺寸偏差及径向圆跳动有严格的要求 ②测量结果受齿顶圆误差的影响,精度不高 ③齿轮卡尺的卡爪尖部容易磨损 ④对模数较小的齿轮,测量不够方便	适用于大型齿轮的测量
量柱(球)测量距	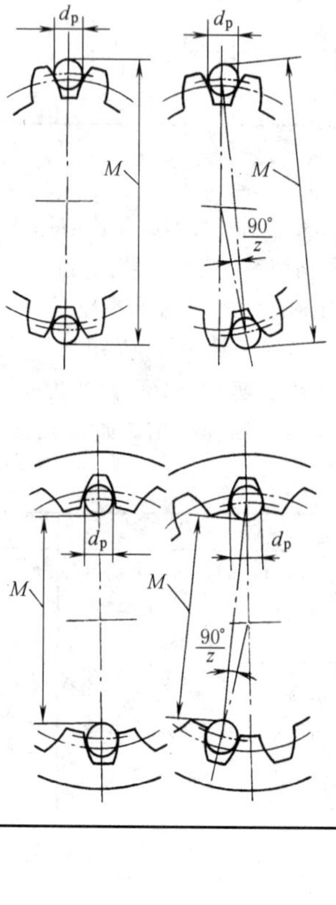	测量时不以齿顶圆为基准,因此不受齿顶圆误差的影响,并可放宽对齿顶圆的加工要求	①对大型齿轮测量不方便 ②计算麻烦	多用于内齿轮和小模数齿轮的测量

1.4.2　公法线长度（跨距）

卡尺卡爪跨 k 个轮齿与不同侧齿廓相切两点间的长度即为两侧齿廓的公法线，用 W 表示。公法线长度和跨测齿数计算式见表 14-1-26，使用图表法查公法线长度见表 14-1-27。

表 14-1-26　　　　　　　　　　　**公法线长度的计算公式**

	项　目	直齿轮（外啮合、内啮合）	斜齿轮（外啮合、内啮合）
标准齿轮	跨测齿数（对内齿轮为跨测齿槽数）k	$k = \dfrac{\alpha z}{180°} + 0.5$ 四舍五入成整数	$k = \dfrac{\alpha_n z'}{180°} + 0.5$ 式中，$z' = z\dfrac{\mathrm{inv}\alpha_t}{\mathrm{inv}\alpha_n}$ k 值应四舍五入成整数
		α（或 α_n）$=20°$时的 k 可由表 14-1-28 中的黑体字查出	
	公法线长度 W	$W = W^* \cdot m$ $W^* = \cos\alpha\,[\pi(k-0.5) + z\,\mathrm{inv}\alpha]$	$W_n = W^* \cdot m_n$ $W^* = \cos\alpha_n\,[\pi(k-0.5) + z'\,\mathrm{inv}\alpha_n]$ 式中，$z' = z\dfrac{\mathrm{inv}\alpha_t}{\mathrm{inv}\alpha_n}$
		α（或 α_n）$=20°$时的 W（或 W_n）可按表 14-1-27 的方法求出	
变位齿轮	跨测齿数（对内齿轮为跨测齿槽数）k	$k = \dfrac{z}{\pi}\left[\dfrac{1}{\cos\alpha}\sqrt{\left(1+\dfrac{2x}{z}\right)^2 - \cos^2\alpha}\, -\dfrac{2x}{z}\tan\alpha - \mathrm{inv}\alpha\right] + 0.5$ 四舍五入成整数	$k = \dfrac{z'}{\pi}\left[\dfrac{1}{\cos\alpha_n}\sqrt{\left(1+\dfrac{2x_n}{z'}\right)^2 - \cos^2\alpha_n}\, -\dfrac{2x_n}{z'}\tan\alpha_n - \mathrm{inv}\alpha_n\right] + 0.5$ 式中，$z' = z\dfrac{\mathrm{inv}\alpha_t}{\mathrm{inv}\alpha_n}$ k 值应四舍五入成整数
		α（或 α_n）$=20°$时的 k 可由图 14-1-11 查出	
	公法线长度 W	$W = (W^* + \Delta W^*)m$ $W^* = \cos\alpha\,[\pi(k-0.5) + z\,\mathrm{inv}\alpha]$ $\Delta W^* = 2x\sin\alpha$	$W_n = (W^* + \Delta W^*)m_n$ $W^* = \cos\alpha_n\,[\pi(k-0.5) + z'\,\mathrm{inv}\alpha_n]$ $z' = z\dfrac{\mathrm{inv}\alpha_t}{\mathrm{inv}\alpha_n}$ $\Delta W^* = 2x_n\sin\alpha_n$
		α（或 α_n）$=20°$时的 W（或 W_n）可按表 14-1-27 的方法求出	

表 14-1-27　　　　　　　　　　　**使用图表法查公法线长度（跨距）**

类别	直齿轮（外啮合、内啮合）	斜齿轮（外啮合、内啮合）
标准齿轮	①按 $z' = z$ 由表 14-1-28 查出黑体字的 k 和 W^* ②$W = W^* \cdot m$ 例　已知 $z = 33$、$m = 3$、$\alpha = 20°$ 　　由表 14-1-28 查出 $k = 4$ 　　$W^* = 10.7946$，则 　　$W = 3 \times 10.7946 = 32.384\text{mm}$	①按 β 由表 14-1-29 查出 $\dfrac{\mathrm{inv}\alpha_t}{\mathrm{inv}\alpha_n}$ 的值，并按 $z' = z\dfrac{\mathrm{inv}\alpha_t}{\mathrm{inv}\alpha_n}$ 求出 z'（取到小数点后两位） ②按 z' 的整数部分由表 14-1-28 查出黑体字的 k 和整数部分的公法线长度 ③按 z' 的小数部分由表 14-1-30 查出小数部分的公法线长度 ④将整数部分的公法线长度和小数部分的公法线长度相加，即得 W^* ⑤$W_n = W^* \cdot m_n$ 例　已知 $z = 27$、$m_n = 4$、$\beta = 12°34'$、$\alpha_n = 20°$ 　　由表 14-1-29 查出 $\dfrac{\mathrm{inv}\alpha_t}{\mathrm{inv}\alpha_n} = 1.0688 + 0.004 \times (14/20) = 1.0716$， 　　$z' = 1.0716 \times 27 = 28.93$ 　　由表 14-1-28 查出 $k = 4$ 和 $z' = 28$ 时的 $W^* = 10.7246$， 　　由表 14-1-30 查出 $z' = 0.93$ 时的 $W^* = 0.013$， 　　$W^* = 10.7246 + 0.013 = 10.7376$， 　　$W_n = 10.7376 \times 4 = 42.950\text{mm}$

第
14
篇

类别	直齿轮(外啮合、内啮合)	斜齿轮(外啮合、内啮合)
变位齿轮	①按 $z'=z$ 和 x 由图 14-1-11 查出 k ②按 $z'=z$ 和 k 由表 14-1-28 查出 W^* ③按 x 由表 14-1-31 查出 ΔW^* ④$W=(W^*+\Delta W^*)m$ 例　已知 $z=33$、$m=3$、$x=0.32$、$\alpha=20°$ 　　由图 14-1-11 查出 $k=5$ 　　由表 14-1-28 查出 $W^*=13.7468$ 　　由表 14-1-31 查出 $\Delta W^*=0.2189$ 　　$W=(13.7468+0.2189)\times 3=$ 41.897mm	①按 β 由表 14-1-29 查出 $\dfrac{\mathrm{inv}\alpha_{\mathrm t}}{\mathrm{inv}\alpha_{\mathrm n}}$ 的值，并按 $z'=z\dfrac{\mathrm{inv}\alpha_{\mathrm t}}{\mathrm{inv}\alpha_{\mathrm n}}$ 求出 z'(取到小数点后两位) ②按 z' 和 $x_{\mathrm n}$ 由图 14-1-11 查出 k ③按 z' 的整数部分和 k 由表 14-1-28 查出整数部分的公法线长度 ④按 z' 的小数部分由表 14-1-30 查出小数部分的公法线长度 ⑤将整数部分的公法线长度和小数部分的公法线长度相加，即得 W^* ⑥按 $x_{\mathrm n}$ 由表 14-1-31 查出 ΔW^* ⑦$W_{\mathrm n}=(W^*+\Delta W^*)m_{\mathrm n}$ 例　已知 $z=27$、$m_{\mathrm n}=4$、$\beta=12°34'$、$\alpha_{\mathrm n}=20°$ 　　由表 14-1-29 查出 $\dfrac{\mathrm{inv}\alpha_{\mathrm t}}{\mathrm{inv}\alpha_{\mathrm n}}=1.0688+0.004\times(14/20)=1.0716$， 　　$z'=1.0716\times 27=28.93$ 　　由图 14-1-11 查出 $k=4$， 　　由表 14-1-28 查出 $z'=28$ 时的 $W^*=10.7246$， 　　由表 14-1-30 查出 $z'=0.93$ 时的 $W^*=0.013$， 　　$W^*=10.7246+0.013=10.7376$ 　　由表 14-1-31 查出 $\Delta W^*=0.1368$， 　　$W_{\mathrm n}=(10.7376+0.1368)\times 4=43.498$mm

表 14-1-28　　　　公法线长度（跨距）W^*　（$m=m_{\mathrm n}=1$、$\alpha=\alpha_{\mathrm n}=20°$）　　　　mm

假想齿数 z'	跨测齿数 k	公法线长度 W^*	假想齿数 z'	跨测齿数 k	公法线长度 W^*	假想齿数 z'	跨测齿数 k	公法线长度 W^*	假想齿数 z'	跨测齿数 k	公法线长度 W^*
8	2	4.5402	21	2	4.7223	28	2	4.8204	34	2	4.9043
9	2	4.5542		3	7.6744		3	7.7725		3	7.8565
10	2	4.5683		4	10.6266		4	10.7246		4	10.8086
11	2	4.5823	22	2	4.7364		5	13.6767		5	13.7608
12	2	4.5963		3	7.6885	29	2	4.8344		6	16.7129
13	2	4.6103		4	10.6406		3	7.7865	35	2	4.9184
	3	7.5624	23	2	4.7504		4	10.7386		3	7.8705
14	2	4.6243		3	7.7025		5	13.6908		4	10.8227
	3	7.5764		4	10.6546	30	2	4.8484		5	13.7748
15	2	4.6383		5	13.6067		3	7.8005		6	16.7269
	3	7.5904	24	2	4.7644		4	10.7526	36	2	4.9324
16	2	4.6523		3	7.7165		5	13.7048		3	7.8845
	3	7.6044		4	10.6686		6	16.6569		4	10.8367
17	2	4.6663		5	13.6207	31	2	4.8623		5	13.7888
	3	7.6184	25	2	4.7784		3	7.8145		6	16.7409
	4	10.5706		3	7.7305		4	10.7666		7	19.6931
18	2	4.6803		4	10.6826		5	13.7188	37	2	4.9464
	3	7.6324		5	13.6347		6	16.6709		3	7.8985
	4	10.5846	26	2	4.7924	32	2	4.8763		4	10.8507
19	2	4.6943		3	7.7445		3	7.8285		5	13.8028
	3	7.6464		4	10.6966		4	10.7806		6	16.7549
	4	10.5986		5	13.6487		5	13.7328		7	19.7071
20	2	4.7083	27	2	4.8064		6	16.6849	38	2	4.9604
	3	7.6604		3	7.7585	33	2	4.8903		3	7.9125
	4	10.6126		4	10.7106		3	7.8425		4	10.8647
				5	13.6627		4	10.7946		5	13.8168
							5	13.7468		6	16.7689
							6	16.6989		7	19.7211

续表

假想齿数 z'	跨测齿数 k	公法线长度 W*	假想齿数 z'	跨测齿数 k	公法线长度 W*	假想齿数 z'	跨测齿数 k	公法线长度 W*	假想齿数 z'	跨测齿数 k	公法线长度 W*
39	2	4.9744	47	3	8.0386	55	4	11.1028	63	5	14.1669
	3	7.9265		4	10.9907		5	14.0549		6	17.1191
	4	10.8787		5	13.9429		6	17.0070		7	20.0712
	5	13.8308		6	16.8950		7	19.9592		8	23.0233
	6	16.7829		7	19.8471		8	22.9113		9	25.9755
	7	19.7351		8	22.7992		9	25.8634		10	28.9276
40	2	4.9884	48	4	11.0047	56	5	14.0689	64	6	17.1331
	3	7.9406		5	13.9569		6	17.0210		7	20.0852
	4	10.8927		6	16.9090		7	19.9732		8	23.0373
	5	13.8448		7	19.8611		8	22.9253		9	25.9895
	6	16.7969		8	22.8133		9	25.8774		10	28.9416
	7	19.7491					10	28.8296		11	31.8937
41	3	7.9546	49	4	11.0187	57	5	14.0829	65	6	17.1471
	4	10.9067		5	13.9709		6	17.0350		7	20.0992
	5	13.8588		6	16.9230		7	19.9872		8	23.0513
	6	16.8110		7	19.8751		8	22.9393		9	26.0035
	7	19.7631		8	22.8273		9	25.8914		10	28.9556
	8	22.7152		9	25.7794		10	28.8436		11	31.9077
42	3	7.9686	50	4	11.0327	58	5	14.0969	66	6	17.1611
	4	10.9207		5	13.9849		6	17.0490		7	20.1132
	5	13.8728		6	16.9370		7	20.0012		8	23.0654
	6	16.8250		7	19.8891		8	22.9533		9	26.0175
	7	19.7771		8	22.8413		9	25.9054		10	28.9696
	8	22.7292		9	25.7934		10	28.8576		11	31.9217
43	3	7.9826	51	4	11.0467	59	5	14.1109	67	6	17.1751
	4	10.9347		5	13.9989		6	17.0630		7	20.1272
	5	13.8868		6	16.9510		7	20.0152		8	23.0794
	6	16.8390		7	19.9031		8	22.9673		9	26.0315
	7	19.7911		8	22.8553		9	25.9194		10	28.9836
	8	22.7432		9	25.8074		10	28.8716		11	31.9358
44	3	7.9966	52	4	11.0607	60	5	14.1249	68	6	17.1891
	4	10.9487		5	14.0129		6	17.0771		7	20.1412
	5	13.9008		6	16.9660		7	20.0292		8	23.0934
	6	16.8530		7	19.9171		8	22.9813		9	26.0455
	7	19.8051		8	22.8693		9	25.9334		10	28.9976
	8	22.7572		9	25.8214		10	28.8856		11	31.9498
45	3	8.0106	53	4	11.0748	61	5	14.1389	69	6	17.2031
	4	10.9627		5	14.0269		6	17.0911		7	20.1552
	5	13.9148		6	16.9790		7	20.0432		8	23.1074
	6	16.8670		7	19.9311		8	22.9953		9	26.0595
	7	19.8191		8	22.8833		9	25.9475		10	29.0116
	8	22.7712		9	25.8354		10	28.8996		11	31.9638
46	3	8.0246	54	4	11.0888	62	5	14.1529	70	6	17.2171
	4	10.9767		5	14.0409		6	17.1051		7	20.1692
	5	13.9288		6	16.9930		7	20.0572		8	23.1214
	6	16.8810		7	19.9452		8	23.0093		9	26.0735
	7	19.8331		8	22.8973		9	25.9615		10	29.0256
	8	22.7852		9	25.8494		10	28.9136		11	31.9778

续表

假想齿数 z'	跨测齿数 k	公法线长度 W*	假想齿数 z'	跨测齿数 k	公法线长度 W*	假想齿数 z'	跨测齿数 k	公法线长度 W*	假想齿数 z'	跨测齿数 k	公法线长度 W*
71	6	17.2311	79	7	20.2953	87	8	23.3595	95	9	26.4236
	7	20.1832		8	23.2474		9	26.3116		10	29.3758
	8	23.1354		9	26.1996		10	29.2637		11	32.3279
	9	26.0875		10	29.1517		11	32.2159		12	35.2800
	10	29.0396		11	32.1038		12	35.1680		13	38.2322
	11	31.9918		12	35.0559		13	38.1201		14	41.1843
72	6	17.2451	80	7	20.3093	88	8	23.3735	96	9	26.4376
	7	20.1973		8	23.2614		9	26.3256		10	29.3898
	8	23.1494		9	26.2136		10	29.2777		11	32.3419
	9	26.1015		10	29.1657		11	32.2299		12	35.2940
	10	29.0536		11	32.1178		12	35.1820		13	38.2462
	11	32.0058		12	35.0700		13	38.1341		14	41.1983
73	7	20.2113	81	8	23.2754	89	8	23.3875	97	9	26.4517
	8	23.1634		9	26.2276		9	26.3396		10	29.4038
	9	26.1155		10	29.1797		10	29.2917		11	32.3559
	10	29.0677		11	32.1318		11	32.2439		12	35.3080
	11	32.0198		12	35.0840		12	35.1960		13	38.2602
	12	34.9719		13	38.0361		13	38.1481		14	41.2123
74	7	20.2253	82	8	23.2894	90	9	26.3536	98	9	26.4657
	8	23.1774		9	26.2416		10	29.3057		10	29.4178
	9	26.1295		10	29.1937		11	32.2579		11	32.3699
	10	29.0817		11	32.1458		12	35.2100		12	35.3221
	11	32.0338		12	35.0980		13	38.1621		13	38.2742
	12	34.9859		13	33.0501		14	41.1143		14	41.2263
75	7	20.2393	83	8	23.3034	91	9	26.3676	99	10	29.4318
	8	23.1914		9	26.2556		10	29.3198		11	32.3839
	9	26.1435		10	29.2077		11	32.2719		12	35.3361
	10	29.0957		11	32.1598		12	35.2240		13	38.2882
	11	32.0478		12	35.1120		13	38.1761		14	41.2403
	12	34.9999		13	38.0641		14	41.1283		15	44.1925
76	7	20.2533	84	8	23.3175	92	9	26.3816	100	10	29.4458
	8	23.2054		9	26.2696		10	29.3338		11	32.3979
	9	26.1575		10	29.2217		11	32.2859		12	35.3501
	10	29.1097		11	32.1738		12	35.2380		13	38.3022
	11	32.0618		12	35.1260		13	38.1902		14	41.2543
	12	35.0139		13	38.0781		14	41.1423		15	44.2065
77	7	20.2673	85	8	23.3315	93	9	26.3956	101	10	29.4598
	8	23.2194		9	26.2836		10	39.3478		11	32.4119
	9	26.1715		10	29.2357		11	32.2999		12	35.3641
	10	29.1237		11	32.1879		12	35.2520		13	38.3162
	11	32.0758		12	35.1400		13	38.2042		14	41.2683
	12	35.0279		13	38.0921		14	41.1563		15	44.2205
78	7	20.2813	86	8	23.3455	94	9	26.4096	102	10	29.4738
	8	23.2334		9	26.2976		10	29.3618		11	32.4259
	9	26.1855		10	29.2497		11	32.3139		12	35.3781
	10	29.1377		11	32.2019		12	35.2660		13	38.3302
	11	32.0898		12	35.1540		13	38.2182		14	41.2823
	12	35.0419		13	38.1061		14	41.1703		15	44.2345

续表

假想齿数 z'	跨测齿数 k	公法线长度 W^*	假想齿数 z'	跨测齿数 k	公法线长度 W^*	假想齿数 z'	跨测齿数 k	公法线长度 W^*	假想齿数 z'	跨测齿数 k	公法线长度 W^*
103	10	29.4878	111	11	32.5520	119	12	35.6162	127	13	38.6803
	11	32.4400		12	35.5041		13	38.5683		14	41.6325
	12	35.3921		13	38.4563		14	41.5204		15	44.5846
	13	38.3442		14	41.4084		15	44.4726		16	47.5367
	14	41.2963		15	44.3605		16	47.4247		17	50.4889
	15	44.2485		16	47.3127		17	50.3768		18	53.4410
104	10	29.5018	112	11	32.5660	120	12	35.6302	128	13	38.6944
	11	32.4540		12	35.5181		13	38.5823		14	41.6465
	12	35.4061		13	38.4703		14	41.5344		15	44.5986
	13	38.3582		14	41.4224		15	44.4866		16	47.5507
	14	41.3104		15	44.3745		16	47.4387		17	50.5029
	15	44.2625		16	47.3267		17	50.3908		18	53.4550
105	10	29.5158	113	11	32.5800	121	12	35.6442	129	13	38.7084
	11	32.4680		12	35.5321		13	38.5963		14	41.6605
	12	35.4201		13	38.4843		14	41.5484		15	44.6126
	13	38.3722		14	41.4364		15	44.5006		16	47.5648
	14	41.3244		15	44.3885		16	47.4527		17	50.5169
	15	44.2765		16	47.3407		17	50.4048		18	53.4690
106	10	29.5298	114	11	32.5940	122	12	35.6582	130	13	38.7224
	11	32.4820		12	35.5461		13	38.6103		14	41.6745
	12	35.4341		13	38.4983		14	41.5625		15	44.6266
	13	38.3862		14	41.4504		15	44.5146		16	47.5788
	14	41.3384		15	44.4025		16	47.4667		17	50.5309
	15	44.2905		16	47.3547		17	50.4188		18	53.4830
107	10	29.5438	115	11	32.6080	123	12	35.6722	131	13	38.7364
	11	32.4960		12	35.5601		13	38.6243		14	41.6885
	12	35.4481		13	38.5123		14	41.5765		15	44.6406
	13	38.4002		14	41.4644		15	44.5286		16	47.5928
	14	41.3524		15	44.4165		16	47.4807		17	50.5449
	15	44.3045		16	47.3687		17	50.4329		18	53.4970
108	11	32.5100	116	11	32.6220	124	12	35.6862	132	13	38.7504
	12	35.4621		12	35.5742		13	38.6383		14	41.7025
	13	38.4142		13	38.5263		14	41.5905		15	44.6546
	14	41.3664		14	41.4784		15	44.5426		16	47.6068
	15	44.3185		15	44.4305		16	47.4947		17	50.5589
	16	47.2706		16	47.3827		17	50.4469		18	53.5110
109	11	32.5240	117	12	35.5882	125	13	38.6523	133	13	38.7644
	12	35.4761		13	38.5403		14	41.6045		14	41.7165
	13	38.4282		14	41.4924		15	44.5566		15	44.6686
	14	41.3804		15	44.4446		16	47.5087		16	47.6208
	15	44.3325		16	47.3967		17	50.4609		17	50.5729
	16	47.2846		17	50.3488		18	53.4130		18	53.5250
110	11	32.5380	118	12	35.6022	126	13	38.6663	134	14	41.7305
	12	35.4901		13	38.5543		14	41.6185		15	44.6826
	13	38.4423		14	41.5064		15	44.5706		16	47.6348
	14	41.3944		15	44.4586		16	47.5227		17	50.5869
	15	44.3465		16	47.4107		17	50.4749		18	53.5390
	16	47.2986		17	50.3628		18	53.4270		19	56.4912

续表

假想齿数 z'	跨测齿数 k	公法线长度 W^*	假想齿数 z'	跨测齿数 k	公法线长度 W^*	假想齿数 z'	跨测齿数 k	公法线长度 W^*	假想齿数 z'	跨测齿数 k	公法线长度 W^*
135	14	41.7445	143	15	44.8087	151	15	44.9207	159	16	47.9849
	15	44.6967		16	47.7608		16	47.8729		17	50.9370
	16	47.6488		17	50.7130		17	50.8250		18	53.8892
	17	50.6009		18	53.6651		18	53.7771		19	56.8413
	18	53.5530		19	56.6172		19	56.7293		20	59.7934
	19	56.5052		20	59.5694		20	59.6814		21	62.7456
136	14	41.7585	144	15	44.8227	152	16	47.8869	160	16	47.9989
	15	44.7107		16	47.7748		17	50.8390		17	50.9511
	16	47.6628		17	50.7270		18	53.7911		18	53.9032
	17	50.6149		18	53.6791		19	56.7433		19	56.8553
	18	53.5671		19	56.6312		20	59.6954		20	59.8074
	19	56.5192		20	59.5834		21	62.6475		21	62.7596
137	14	41.7725	145	15	44.8367	153	16	47.9009	161	17	50.9651
	15	44.7247		16	47.7888		17	50.8530		18	53.9172
	16	47.6768		17	50.7410		18	53.8051		19	56.8693
	17	50.6289		18	53.6931		19	56.7573		20	59.8215
	18	53.5811		19	56.6452		20	59.7094		21	62.7736
	19	56.5332		20	59.5974		21	62.6615		22	65.7257
138	14	41.7865	146	15	44.8507	154	16	47.9149	162	17	50.9791
	15	44.7387		16	47.8028		17	50.8670		18	53.9312
	16	47.6908		17	50.7550		18	53.8192		19	56.8833
	17	50.6429		18	53.7071		19	56.7713		20	59.8355
	18	53.5951		19	56.6592		20	59.7234		21	62.7876
	19	56.5472		20	59.6114		21	62.6755		22	65.7397
139	14	41.8005	147	15	44.8647	155	16	47.9289	163	17	50.9931
	15	44.7527		16	47.8169		17	50.8810		18	53.9452
	16	47.7048		17	50.7690		18	53.8332		19	56.8973
	17	50.6569		18	53.7211		19	56.7853		20	59.8495
	18	53.6091		19	56.6732		20	59.7374		21	62.8016
	19	56.5612		20	59.6254		21	62.6896		22	65.7537
140	14	41.8145	148	15	44.8787	156	16	47.9429	164	17	51.0071
	15	44.7667		16	47.8309		17	50.8950		18	53.9592
	16	47.7188		17	50.7830		18	53.8472		19	56.9113
	17	50.6709		18	53.7351		19	56.7993		20	59.8635
	18	53.6231		19	56.6873		20	59.7514		21	62.8156
	19	56.5752		20	59.6394		21	62.7036		22	65.7677
141	14	41.8286	149	15	44.8927	157	16	47.9569	165	17	51.0211
	15	44.7807		16	47.8449		17	50.9090		18	53.9732
	16	47.7328		17	50.7970		18	53.8612		19	56.9253
	17	50.6849		18	53.7491		19	56.8133		20	59.8775
	18	53.6371		19	56.7013		20	59.7654		21	62.8269
	19	56.5892		20	59.6534		21	62.7176		22	65.7817
142	14	41.8426	150	15	44.9067	158	16	47.9709	166	17	51.0351
	15	44.7947		16	47.8589		17	50.9230		18	53.9872
	16	47.7468		17	50.8110		18	53.8752		19	56.9394
	17	50.6990		18	53.7631		19	56.8273		20	59.8915
	18	53.6511		19	56.7153		20	59.7794		21	62.8436
	19	56.6032		20	59.6674		21	62.7316		22	65.7957

续表

假想齿数 z'	跨测齿数 k	公法线长度 W^*	假想齿数 z'	跨测齿数 k	公法线长度 W^*	假想齿数 z'	跨测齿数 k	公法线长度 W^*	假想齿数 z'	跨测齿数 k	公法线长度 W^*
167	17	51.0491	176	18	54.1273	185	19	57.2055	193	20	60.2696
	18	54.0012		19	57.0794		20	60.1576		21	63.2218
	19	**56.9534**		**20**	**60.0315**		**21**	**63.1097**		**22**	**66.1739**
	20	59.9055		21	62.9837		22	66.0619		23	69.1260
	21	62.8576		22	65.9358		23	69.0140		24	72.0782
	22	65.8098		23	68.8879		24	71.9661		25	75.0303
168	17	51.0631	177	18	54.1413	186	19	57.2195	194	20	60.2836
	18	54.0152		19	57.0934		20	60.1716		21	63.2358
	19	**56.9674**		**20**	**60.0455**		**21**	**63.1237**		**22**	**66.1879**
	20	59.9195		21	62.9977		22	66.0759		23	69.1400
	21	62.8716		22	65.9498		23	69.0280		24	72.0922
	22	65.8238		23	68.9019		24	71.9801		25	75.0443
169	17	51.0771	178	18	54.1553	187	19	57.2335	195	20	60.2976
	18	54.0292		19	57.1074		20	60.1856		21	63.2498
	19	**56.9814**		**20**	**60.0595**		**21**	**63.1377**		**22**	**66.2019**
	20	59.9335		21	63.0117		22	66.0899		23	69.1540
	21	62.8856		22	65.9638		23	69.0420		24	72.1062
	22	65.8378		23	68.9159		24	71.9941		25	75.0583
170	18	54.0432	179	19	57.1214	188	20	60.1996	196	20	60.3116
	19	**56.9954**		**20**	**60.0736**		**21**	**63.1517**		21	63.2638
	20	59.9475		21	63.0257		22	66.1039		**22**	**66.2159**
	21	62.8996		22	65.9778		23	69.0560		23	69.1680
	22	65.8518		23	68.9299		24	72.0081		24	72.1202
	23	68.8039		24	71.8821		25	74.9603		25	75.0723
171	18	54.0572	180	19	57.1354	189	20	60.2186	197	21	63.2778
	19	57.0094		20	60.0876		21	63.1657		**22**	**66.2299**
	20	**59.9615**		**21**	**63.0397**		**22**	**66.1179**		23	69.1820
	21	62.9136		22	65.9918		23	69.0700		24	72.1342
	22	65.8658		23	68.9440		24	72.0221		25	75.0863
	23	68.8179		24	71.8961		25	74.9743		26	78.0384
172	18	54.0713	181	19	57.1494	190	20	60.2276	198	21	63.2918
	19	57.0234		20	60.1016		21	63.1797		22	66.2439
	20	**59.9755**		**21**	**63.0537**		**22**	**66.1319**		**23**	**69.1961**
	21	62.9276		22	66.0058		23	69.0840		24	72.1482
	22	65.8798		23	68.9580		24	72.0361		25	75.1003
	23	68.8319		24	71.9101		25	74.9883		26	78.0524
173	18	54.0853	182	19	57.1634	191	20	60.2416	199	21	63.3058
	19	57.0374		20	60.1156		21	63.1938		22	66.2579
	20	**59.9895**		**21**	**63.0677**		**22**	**66.1459**		**23**	**69.2101**
	21	62.9417		22	66.0198		23	69.0980		24	72.1622
	22	65.8938		23	68.9720		24	72.0501		25	75.1143
	23	68.8459		24	71.9241		25	75.0023		26	78.0665
174	18	54.0993	183	19	57.1774	192	20	60.2556	200	21	63.3198
	19	57.0514		20	60.1296		21	63.2078		22	66.2719
	20	**60.0035**		**21**	**63.0817**		**22**	**66.1599**		**23**	**69.2241**
	21	62.9557		22	66.0338		23	69.1120		24	72.1762
	22	65.9078		23	68.9860		24	72.0642		25	75.1283
	23	68.8599		24	71.9381		25	75.0163		26	78.0805
175	18	54.1133	184	19	57.1915						
	19	57.0654		20	60.1436						
	20	**60.0175**		**21**	**63.0957**						
	21	62.9697		22	66.0478						
	22	65.9218		23	69.0000						
	23	68.8739		24	71.9521						

注：1. 本表可用于外啮合和内啮合的直齿轮和斜齿轮，使用方法见表 14-1-27。

2. 对直齿轮 $z'=z$，对斜齿轮 $z'=z\dfrac{\mathrm{inv}\alpha_t}{\mathrm{inv}\alpha_n}$。

3. 对内齿轮 k 为跨测齿槽数。

4. 黑体字是标准齿轮（$x=x_n=0$）的跨测齿数 k 和公法线长度 W^*。

表 14-1-29　　$\dfrac{\mathrm{inv}\alpha_t}{\mathrm{inv}\alpha_n}$ 值（$\alpha_n=20°$）

β	$\dfrac{\mathrm{inv}\alpha_t}{\mathrm{inv}\alpha_n}$	差值	β	$\dfrac{\mathrm{inv}\alpha_t}{\mathrm{inv}\alpha_n}$	差值	β	$\dfrac{\mathrm{inv}\alpha_t}{\mathrm{inv}\alpha_n}$	差值	β	$\dfrac{\mathrm{inv}\alpha_t}{\mathrm{inv}\alpha_n}$	差值
8°	1.0283		17°	1.1358		25°	1.3227		32°	1.5952	
8°20′	1.0308	0.0025	17°20′	1.1417	0.0059	25°20′	1.3330	0.0103	32°20′	1.6116	0.0164
8°40′	1.0333	0.0025	17°40′	1.1476	0.0059	25°40′	1.3435	0.0105	32°40′	1.6285	0.0169
9°	1.0360	0.0027	18°	1.1537	0.0061	26°	1.3542	0.0107	33°	1.6457	0.0172
9°20′	1.0388	0.0028	18°20′	1.1600	0.0063	26°20′	1.3652	0.0110	33°20′	1.6634	0.0177
9°40′	1.0417	0.0029	18°40′	1.1665	0.0065	26°40′	1.3765	0.0113	33°40′	1.6814	0.0180
10°	1.0447	0.0030	19°	1.1731	0.0066	27°	1.3880	0.0115	34°	1.6999	0.0185
10°20′	1.0478	0.0031	19°20′	1.1798	0.0067	27°20′	1.3997	0.0117	34°20′	1.7188	0.0189
10°40′	1.0510	0.0032	19°40′	1.1867	0.0069	27°40′	1.4117	0.0120	34°40′	1.7381	0.0193
11°	1.0544	0.0034	20°	1.1938	0.0071	28°	1.4240	0.0123	35°	1.7579	0.0198
11°20′	1.0578	0.0034	20°20′	1.2011	0.0073	28°20′	1.4366	0.0126	35°20′	1.7782	0.0203
11°40′	1.0614	0.0036	20°40′	1.2085	0.0074	28°40′	1.4494	0.0128	35°40′	1.7989	0.0207
12°	1.0651	0.0037	21°	1.2162	0.0077	29°	1.4626	0.0132	36°	1.8201	0.0212
12°20′	1.0689	0.0038	21°20′	1.2240	0.0078	29°20′	1.4760	0.0134	36°20′	1.8419	0.0218
12°40′	1.0728	0.0039	21°40′	1.2319	0.0079	29°40′	1.4898	0.0138	36°40′	1.8641	0.0222
13°	1.0769	0.0041	22°	1.2401	0.0082	30°	1.5038	0.0140	37°	1.8869	0.0228
13°20′	1.0811	0.0042	22°20′	1.2485	0.0084	30°20′	1.5182	0.0144	37°20′	1.9102	0.0233
13°40′	1.0854	0.0043	22°40′	1.2570	0.0085	30°40′	1.5329	0.0147	37°40′	1.9341	0.0239
14°	1.0898	0.0044	23°	1.2658	0.0088	31°	1.5479	0.0150	38°	1.9586	0.0245
14°20′	1.0944	0.0046	23°20′	1.2747	0.0089	31°20′	1.5633	0.0154	38°20′	1.9837	0.0251
14°40′	1.0991	0.0047	23°40′	1.2839	0.0092	31°40′	1.5791	0.0158	38°40′	2.0093	0.0256
15°	1.1039	0.0048	24°	1.2933	0.0094	32°	1.5952	0.0161	39°	2.0356	0.0263
15°20′	1.1089	0.0050	24°20′	1.3029	0.0096						
15°40′	1.1140	0.0051	24°0′	1.3127	0.0098						
16°	1.1192	0.0052	25°	1.3227	0.0100						
16°20′	1.1246	0.0054									
16°40′	1.1302	0.0056									
17°	1.1358	0.0056									

表 14-1-30　　假想齿数的小数部分的公法线长度（跨距）（$m_n=1$、$\alpha_n=20°$）　　mm

z'	0.00	0.01	0.02	0.03	0.04	0.05	0.06	0.07	0.08	0.09
0.0	0.0000	0.0001	0.0003	0.0004	0.0006	0.0007	0.0008	0.0010	0.0011	0.0013
0.1	0.0014	0.0015	0.0017	0.0018	0.0020	0.0021	0.0022	0.0024	0.0025	0.0027
0.2	0.0028	0.0029	0.0031	0.0032	0.0034	0.0035	0.0036	0.0038	0.0039	0.0041
0.3	0.0042	0.0043	0.0045	0.0046	0.0048	0.0049	0.0050	0.0052	0.0053	0.0055
0.4	0.0056	0.0057	0.0059	0.0060	0.0062	0.0063	0.0064	0.0066	0.0067	0.0069
0.5	0.0070	0.0071	0.0073	0.0074	0.0076	0.0077	0.0078	0.0080	0.0081	0.0083
0.6	0.0084	0.0085	0.0087	0.0088	0.0090	0.0091	0.0092	0.0094	0.0095	0.0097
0.7	0.0098	0.0099	0.0101	0.0102	0.0104	0.0105	0.0106	0.0108	0.0109	0.0111
0.8	0.0112	0.0113	0.0115	0.0116	0.0118	0.0119	0.0120	0.0122	0.0123	0.0125
0.9	0.0126	0.0127	0.0129	0.0130	0.0132	0.0133	0.0134	0.0136	0.0137	0.0139

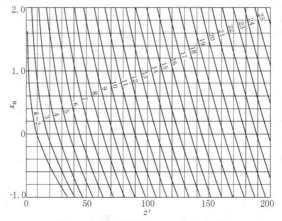

图 14-1-11　跨测齿数 k（$\alpha=\alpha_n=20°$）

表 14-1-31　　　变位齿轮的公法线长度跨距附加量 ΔW^*　（$m=m_n=1$、$\alpha=\alpha_n=20°$）　　mm

x（或 x_n）	0.00	0.01	0.02	0.03	0.04	0.05	0.06	0.07	0.08	0.09
0.0	0.0000	0.0068	0.0137	0.0205	0.0274	0.0342	0.0410	0.0479	0.0547	0.0616
0.1	0.0684	0.0752	0.0821	0.0889	0.0958	0.1026	0.1094	0.1163	0.1231	0.1300
0.2	0.1368	0.1436	0.1505	0.1573	0.1642	0.1710	0.1779	0.1847	0.1915	0.1984
0.3	0.2052	0.2121	0.2189	0.2257	0.2326	0.2394	0.2463	0.2531	0.2599	0.2668
0.4	0.2736	0.2805	0.2873	0.2941	0.3010	0.3078	0.3147	0.3215	0.3283	0.3352
0.5	0.3420	0.3489	0.3557	0.3625	0.3694	0.3762	0.3831	0.3899	0.3967	0.4036
0.6	0.4104	0.4173	0.4241	0.4309	0.4378	0.4446	0.4515	0.4583	0.4651	0.4720
0.7	0.4788	0.4857	0.4925	0.4993	0.5062	0.5130	0.5199	0.5267	0.5336	0.5404
0.8	0.5472	0.5541	0.5609	0.5678	0.5746	0.5814	0.5883	0.5951	0.6020	0.6088
0.9	0.6156	0.6225	0.6293	0.6362	0.6430	0.6498	0.6567	0.6635	0.6704	0.6772
1.0	0.6840	0.6909	0.6977	0.7046	0.7114	0.7182	0.7251	0.7319	0.7388	0.7456
1.1	0.7524	0.7593	0.7661	0.7730	0.7798	0.7866	0.7935	0.8003	0.8072	0.8140
1.2	0.8208	0.8277	0.8345	0.8414	0.8482	0.8551	0.8619	0.8687	0.8756	0.8824
1.3	0.8893	0.8961	0.9029	0.9098	0.9166	0.9235	0.9303	0.9371	0.9440	0.9508
1.4	0.9577	0.9645	0.9713	0.9782	0.9850	0.9919	0.9987	1.0055	1.0124	1.0192
1.5	1.0261	1.0329	1.0397	1.0466	1.0534	1.0603	1.0671	1.0739	1.0808	1.0876
1.6	1.0945	1.1013	1.1081	1.1150	1.1218	1.1287	1.1355	1.1423	1.1492	1.1560
1.7	1.1629	1.1697	1.1765	1.1834	1.1902	1.1971	1.2039	1.2108	1.2176	1.2244
1.8	1.2313	1.2381	1.2450	1.2518	1.2586	1.2655	1.2723	1.2792	1.2860	1.2928
1.9	1.2997	1.3065	1.3134	1.3202	1.3270	1.3339	1.3407	1.3476	1.3544	1.3612

1.4.3　分度圆弦齿厚

分度圆弦齿厚即为轮齿的分度圆弧齿厚对应的弦长，用 $\bar{s}$ 表示，其对应的弦齿高用 $\bar{h}$ 表示。分度圆弦齿高和分度圆弦齿厚计算公式见表 14-1-32。

表 14-1-32　　　　　　分度圆弦齿高和分度圆弦齿厚的计算公式

名　　称			直齿轮（外啮合、内啮合）	斜齿轮（外啮合、内啮合）
标准齿轮	分度圆弦齿高 $\bar{h}$	外齿轮	$\bar{h}=h_a+\dfrac{mz}{2}\left(1-\cos\dfrac{\pi}{2z}\right)$	$\bar{h}_n=h_a+\dfrac{m_n z_v}{2}\left(1-\cos\dfrac{\pi}{2z_v}\right)$
		内齿轮	$\bar{h}_2=h_{a2}-\dfrac{mz_2}{2}\left(1-\cos\dfrac{\pi}{2z_2}\right)+\Delta\bar{h}_2$ 　式中　$\Delta\bar{h}_2=\dfrac{d_{a2}}{2}(1-\cos\delta_{a2})$ $\delta_{a2}=\dfrac{\pi}{2z_2}-\mathrm{inv}\alpha+\mathrm{inv}\alpha_{a2}$	$\bar{h}_{n2}=h_{a2}-\dfrac{m_n z_{v2}}{2}\left(1-\cos\dfrac{\pi}{2z_{v2}}\right)+\Delta\bar{h}_2$ 　式中　$\Delta\bar{h}_2=\dfrac{d_{a2}}{2}(1-\cos\delta_{a2})$ $\delta_{a2}=\dfrac{\pi}{2z_2}-\mathrm{inv}\alpha_t+\mathrm{inv}\alpha_{at2}$
	分度圆弦齿厚 $\bar{s}$		$\bar{s}=mz\sin\dfrac{\pi}{2z}$	$\bar{s}_n=m_n z_v\sin\dfrac{\pi}{2z_v}$
	外齿轮的 $\bar{s}$（或 $\bar{s}_n$）和 $\bar{h}$（或 $\bar{h}_n$）可由表 14-1-33 查出			
变位齿轮	分度圆弦齿高 $\bar{h}$	外齿轮	$\bar{h}=h_a+\dfrac{mz}{2}\left[1-\cos\left(\dfrac{\pi}{2z}+\dfrac{2x\tan\alpha}{z}\right)\right]$	$\bar{h}_n=h_a+\dfrac{m_n z_v}{2}\left[1-\cos\left(\dfrac{\pi}{2z_v}+\dfrac{2x_n\tan\alpha_n}{z_v}\right)\right]$
		内齿轮	$\bar{h}_2=h_{a2}-\dfrac{mz_2}{2}\left[1-\cos\left(\dfrac{\pi}{2z_2}-\dfrac{2x_2\tan\alpha}{z_2}\right)\right]+\Delta\bar{h}_2$ 　式中　$\Delta\bar{h}_2=\dfrac{d_{a2}}{2}(1-\cos\delta_{a2})$ $\delta_{a2}=\dfrac{\pi}{2z_2}-\mathrm{inv}\alpha-\dfrac{2x_2\tan\alpha}{z_2}+\mathrm{inv}\alpha_{a2}$	$\bar{h}_{n2}=h_{a2}-\dfrac{m_n z_{v2}}{2}\left[1-\cos\left(\dfrac{\pi}{2z_{v2}}-\dfrac{2x_{n2}\tan\alpha_n}{z_{v2}}\right)\right]+\Delta\bar{h}_2$ 　式中　$\Delta\bar{h}_2=\dfrac{d_{a2}}{2}(1-\cos\delta_{a2})$ $\delta_{a2}=\dfrac{\pi}{2z_2}-\mathrm{inv}\alpha_t-\dfrac{2x_{n2}\tan\alpha_t}{z_2}+\mathrm{inv}\alpha_{at2}$
	分度圆弦齿厚 $\bar{s}$		$\bar{s}=mz\sin\left(\dfrac{\pi}{2z}\pm\dfrac{2x\tan\alpha}{z}\right)$	$\bar{s}_n=m_n z_v\sin\left(\dfrac{\pi}{2z_v}\pm\dfrac{2x_n\tan\alpha_n}{z_v}\right)$
	外齿轮的 $\bar{s}$（或 $\bar{s}_n$）和 $\bar{h}$（或 $\bar{h}_n$）可由表 14-1-34 查出			

注：有"±"号处，正号用于外齿轮，负号用于内齿轮。

第 14 篇

表 14-1-33　　　　标准外齿轮的分度圆弦齿厚 $\bar{s}$（或 $\bar{s}_n$）和分度圆弦齿高 $\bar{h}$（或 $\bar{h}_n$）

$$(m=m_n=1、h_a^*=h_{an}^*=1)$$　　　　　　　mm

z（或 z_v）	$\bar{s}$（或 $\bar{s}_n$）	$\bar{h}$（或 $\bar{h}_n$）	z（或 z_v）	$\bar{s}$（或 $\bar{s}_n$）	$\bar{h}$（或 $\bar{h}_n$）	z（或 z_v）	$\bar{s}$（或 $\bar{s}_n$）	$\bar{h}$（或 $\bar{h}_n$）	z（或 z_v）	$\bar{s}$（或 $\bar{s}_n$）	$\bar{h}$（或 $\bar{h}_n$）
8	1.5607	1.0769	43	1.5704	1.0143	78	1.5707	1.0079	113	1.5707	1.0055
9	1.5628	1.0684	44	1.5705	1.0140	79	1.5707	1.0078	114	1.5707	1.0054
10	1.5643	1.0616	45	1.5705	1.0137	80	1.5707	1.0077	115	1.5707	1.0054
11	1.5655	1.0560	46	1.5705	1.0134	81	1.5707	1.0076	116	1.5707	1.0053
12	1.5663	1.0513	47	1.5705	1.0131	82	1.5707	1.0075	117	1.5707	1.0053
13	1.5670	1.0474	48	1.5705	1.0128	83	1.5707	1.0074	118	1.5707	1.0052
14	1.5675	1.0440	49	1.5705	1.0126	84	1.5707	1.0073	119	1.5708	1.0052
15	1.5679	1.0411	50	1.5705	1.0123	85	1.5707	1.0073	120	1.5708	1.0051
16	1.5683	1.0385	51	1.5705	1.0121	86	1.5707	1.0072	121	1.5708	1.0051
17	1.5686	1.0363	52	1.5706	1.0119	87	1.5707	1.0071	122	1.5708	1.0051
18	1.5688	1.0342	53	1.5706	1.0116	88	1.5707	1.0070	123	1.5708	1.0050
19	1.5690	1.0324	54	1.5706	1.0114	89	1.5707	1.0069	124	1.5708	1.0050
20	1.5692	1.0308	55	1.5706	1.0112	90	1.5707	1.0069	125	1.5708	1.0049
21	1.5693	1.0294	56	1.5706	1.0110	91	1.5707	1.0068	126	1.5708	1.0049
22	1.5695	1.0280	57	1.5706	1.0108	92	1.5707	1.0067	127	1.5708	1.0049
23	1.5696	1.0268	58	1.5706	1.0106	93	1.5707	1.0066	128	1.5708	1.0048
24	1.5697	1.0257	59	1.5706	1.0105	94	1.5707	1.0066	129	1.5708	1.0048
25	1.5698	1.0247	60	1.5706	1.0103	95	1.5707	1.0065	130	1.5708	1.0047
26	1.5698	1.0237	61	1.5706	1.0101	96	1.5707	1.0064	131	1.5708	1.0047
27	1.5699	1.0228	62	1.5706	1.0099	97	1.5707	1.0064	132	1.5708	1.0047
28	1.5700	1.0220	63	1.5706	1.0098	98	1.5707	1.0063	133	1.5708	1.0046
29	1.5700	1.0213	64	1.5706	1.0096	99	1.5707	1.0062	134	1.5708	1.0046
30	1.5701	1.0206	65	1.5706	1.0095	100	1.5707	1.0062	135	1.5708	1.0046
31	1.5701	1.0199	66	1.5706	1.0093	101	1.5707	1.0061	140	1.5708	1.0044
32	1.5702	1.0193	67	1.5707	1.0092	102	1.5707	1.0060	145	1.5708	1.0043
33	1.5702	1.0187	68	1.5707	1.0091	103	1.5707	1.0060	150	1.5708	1.0041
34	1.5702	1.0181	69	1.5707	1.0089	104	1.5707	1.0059	200	1.5708	1.0031
35	1.5703	1.0176	70	1.5707	1.0088	105	1.5707	1.0059	∞	1.5708	1.0000
36	1.5703	1.0171	71	1.5707	1.0087	106	1.5707	1.0058			
37	1.5703	1.0167	72	1.5707	1.0086	107	1.5707	1.0058			
38	1.5703	1.0162	73	1.5707	1.0084	108	1.5707	1.0057			
39	1.5704	1.0158	74	1.5707	1.0083	109	1.5707	1.0057			
40	1.5704	1.0154	75	1.5707	1.0082	110	1.5707	1.0056			
41	1.5704	1.0150	76	1.5707	1.0081	111	1.5707	1.0056			
42	1.5704	1.0147	77	1.5707	1.0080	112	1.5707	1.0055			

注: 1. 当模数 m（或 m_n）$\neq1$ 时, 应将查得的结果乘以 m（或 m_n）。

2. 当 h_a^*（或 h_{an}^*）$\neq1$ 时, 应将查得的弦齿高减去（$1-h_a^*$）或（$1-h_{an}^*$）, 弦齿厚不变。

3. 对斜齿轮, 用 z_v 查表, z_v 有小数时, 按插入法计算。

表 14-1-34　　　　变位外齿轮的分度圆弦齿厚 $\bar{s}$（或 $\bar{s}_n$）和分度圆弦齿高 $\bar{h}$（或 $\bar{h}_n$）

（$\alpha=\alpha_n=20°$、$m=m_n=1$、$h_a^*=h_{an}^*=1$）　　　　　　mm

z（或 z_v）	10		11		12		13		14		15		16		17	
x（或 x_n）	$\bar{s}$（或 $\bar{s}_n$）	$\bar{h}$（或 $\bar{h}_n$）	$\bar{s}$（或 $\bar{s}_n$）	$\bar{h}$（或 $\bar{h}_n$）	$\bar{s}$（或 $\bar{s}_n$）	$\bar{h}$（或 $\bar{h}_n$）	$\bar{s}$（或 $\bar{s}_n$）	$\bar{h}$（或 $\bar{h}_n$）	$\bar{s}$（或 $\bar{s}_n$）	$\bar{h}$（或 $\bar{h}_n$）	$\bar{s}$（或 $\bar{s}_n$）	$\bar{h}$（或 $\bar{h}_n$）	$\bar{s}$（或 $\bar{s}_n$）	$\bar{h}$（或 $\bar{h}_n$）	$\bar{s}$（或 $\bar{s}_n$）	$\bar{h}$（或 $\bar{h}_n$）
0.02															1.583	1.057
0.05											1.604	1.093	1.604	1.090	1.605	1.088
0.08											1.626	1.124	1.626	1.121	1.626	1.119
0.10									1.639	1.148	1.640	1.145	1.641	1.142	1.641	1.140
0.12									1.654	1.169	1.655	1.166	1.655	1.163	1.655	1.160
0.15							1.675	1.204	1.676	1.200	1.677	1.197	1.677	1.194	1.677	1.192
0.18							1.697	1.236	1.698	1.232	1.698	1.228	1.699	1.225	1.699	1.223
0.20					1.710	1.261	1.711	1.257	1.712	1.253	1.713	1.249	1.713	1.246	1.713	1.243
0.22					1.725	1.282	1.726	1.278	1.726	1.273	1.727	1.270	1.728	1.267	1.728	1.264
0.25	1.744	1.327	1.745	1.320	1.746	1.314	1.747	1.309	1.748	1.305	1.749	1.301	1.749	1.298	1.750	1.295
0.28	1.765	1.359	1.767	1.351	1.768	1.346	1.769	1.341	1.770	1.336	1.770	1.332	1.771	1.329	1.771	1.326
0.30	1.780	1.380	1.781	1.373	1.782	1.367	1.783	1.362	1.784	1.357	1.785	1.353	1.785	1.350	1.786	1.347
0.32	1.794	1.401	1.796	1.394	1.797	1.388	1.798	1.383	1.798	1.378	1.799	1.374	1.800	1.371	1.800	1.368
0.35	1.815	1.433	1.817	1.426	1.819	1.419	1.820	1.414	1.820	1.410	1.821	1.405	1.822	1.402	1.822	1.399
0.38	1.837	1.465	1.839	1.457	1.841	1.451	1.841	1.446	1.842	1.441	1.843	1.437	1.843	1.433	1.844	1.430
0.40	1.851	1.486	1.853	1.479	1.855	1.472	1.856	1.467	1.857	1.462	1.857	1.458	1.858	1.454	1.858	1.451
0.42	1.866	1.508	1.867	1.500	1.870	1.493	1.870	1.488	1.871	1.483	1.872	1.479	1.872	1.475	1.873	1.472
0.45	1.887	1.540	1.889	1.532	1.891	1.525	1.892	1.519	1.893	1.514	1.893	1.510	1.894	1.506	1.895	1.503
0.48	1.908	1.572	1.910	1.564	1.917	1.557	1.913	1.551	1.914	1.546	1.915	1.541	1.916	1.538	1.916	1.534
0.50	1.923	1.593	1.925	1.585	1.926	1.578	1.928	1.572	1.929	1.567	1.929	1.562	1.930	1.558	1.931	1.555
0.52	1.937	1.615	1.939	1.606	1.941	1.599	1.942	1.593	1.943	1.588	1.944	1.583	1.945	1.579	1.945	1.576
0.55	1.959	1.647	1.961	1.638	1.962	1.631	1.964	1.625	1.965	1.620	1.966	1.615	1.966	1.611	1.967	1.607
0.58	1.980	1.679	1.982	1.670	1.984	1.663	1.985	1.656	1.986	1.651	1.987	1.646	1.988	1.642	1.988	1.638
0.60	1.994	1.700	1.996	1.691	1.998	1.684	1.999	1.677	2.001	1.673	2.002	1.667	2.002	1.663	2.003	1.659

z（或 z_v）	18		19		20		21		22		23		24		25	
x（或 x_n）	$\bar{s}$（或 $\bar{s}_n$）	$\bar{h}$（或 $\bar{h}_n$）	$\bar{s}$（或 $\bar{s}_n$）	$\bar{h}$（或 $\bar{h}_n$）	$\bar{s}$（或 $\bar{s}_n$）	$\bar{h}$（或 $\bar{h}_n$）	$\bar{s}$（或 $\bar{s}_n$）	$\bar{h}$（或 $\bar{h}_n$）	$\bar{s}$（或 $\bar{s}_n$）	$\bar{h}$（或 $\bar{h}_n$）	$\bar{s}$（或 $\bar{s}_n$）	$\bar{h}$（或 $\bar{h}_n$）	$\bar{s}$（或 $\bar{s}_n$）	$\bar{h}$（或 $\bar{h}_n$）	$\bar{s}$（或 $\bar{s}_n$）	$\bar{h}$（或 $\bar{h}_n$）
−0.12					1.482	0.908	1.482	0.906	1.482	0.905	1.482	0.904	1.483	0.903	1.483	0.902
−0.10			1.496	0.930	1.497	0.928	1.497	0.927	1.497	0.925	1.497	0.924	1.497	0.923	1.497	0.922
−0.08			1.511	0.950	1.511	0.949	1.511	0.947	1.511	0.946	1.511	0.945	1.511	0.944	1.512	0.943
−0.05	1.533	0.983	1.533	0.981	1.533	0.979	1.533	0.978	1.533	0.977	1.533	0.976	1.534	0.975	1.534	0.974
−0.02	1.554	1.014	1.554	1.012	1.555	1.010	1.555	1.009	1.555	1.008	1.555	1.006	1.555	1.005	1.555	1.004
0.00	1.569	1.034	1.569	1.032	1.569	1.031	1.569	1.029	1.569	1.028	1.569	1.027	1.570	1.026	1.570	1.025
0.02	1.583	1.055	1.584	1.053	1.584	1.051	1.584	1.050	1.584	1.049	1.584	1.047	1.584	1.046	1.584	1.045
0.05	1.605	1.086	1.605	1.084	1.605	1.082	1.606	1.081	1.606	1.079	1.606	1.078	1.606	1.077	1.606	1.076
0.08	1.627	1.117	1.627	1.115	1.627	1.113	1.627	1.112	1.628	1.110	1.628	1.109	1.628	1.108	1.628	1.107
0.10	1.641	1.138	1.642	1.136	1.642	1.134	1.642	1.132	1.642	1.131	1.642	1.130	1.642	1.128	1.642	1.127

续表

z (或 z_v)	18		19		20		21		22		23		24		25	
x (或 x_n)	$\bar{s}$ (或 $\bar{s}_n$)	$\bar{h}$ (或 $\bar{h}_n$)	$\bar{s}$ (或 $\bar{s}_n$)	$\bar{h}$ (或 $\bar{h}_n$)	$\bar{s}$ (或 $\bar{s}_n$)	$\bar{h}$ (或 $\bar{h}_n$)	$\bar{s}$ (或 $\bar{s}_n$)	$\bar{h}$ (或 $\bar{h}_n$)	$\bar{s}$ (或 $\bar{s}_n$)	$\bar{h}$ (或 $\bar{h}_n$)	$\bar{s}$ (或 $\bar{s}_n$)	$\bar{h}$ (或 $\bar{h}_n$)	$\bar{s}$ (或 $\bar{s}_n$)	$\bar{h}$ (或 $\bar{h}_n$)	$\bar{s}$ (或 $\bar{s}_n$)	$\bar{h}$ (或 $\bar{h}_n$)
0.12	1.656	1.158	1.656	1.156	1.656	1.154	1.656	1.153	1.657	1.151	1.657	1.150	1.657	1.149	1.657	1.147
0.15	1.678	1.189	1.678	1.187	1.678	1.185	1.678	1.184	1.678	1.182	1.678	1.181	1.679	1.179	1.679	1.178
0.18	1.699	1.220	1.700	1.218	1.700	1.216	1.700	1.215	1.700	1.213	1.700	1.212	1.700	1.210	1.701	1.209
0.20	1.714	1.241	1.714	1.239	1.714	1.237	1.714	1.235	1.715	1.234	1.715	1.232	1.715	1.231	1.715	1.229
0.22	1.728	1.262	1.729	1.259	1.729	1.257	1.729	1.256	1.729	1.254	1.729	1.253	1.729	1.251	1.730	1.250
0.25	1.750	1.293	1.750	1.290	1.750	1.288	1.751	1.287	1.751	1.285	1.751	1.283	1.751	1.281	1.751	1.280
0.28	1.772	1.324	1.772	1.321	1.772	1.319	1.773	1.318	1.773	1.316	1.773	1.314	1.773	1.313	1.773	1.311
0.30	1.786	1.344	1.787	1.342	1.787	1.340	1.787	1.338	1.787	1.336	1.787	1.335	1.788	1.333	1.788	1.332
0.32	1.801	1.365	1.801	1.363	1.801	1.361	1.802	1.359	1.802	1.357	1.802	1.355	1.802	1.354	1.802	1.353
0.35	1.822	1.396	1.823	1.394	1.823	1.392	1.823	1.390	1.824	1.388	1.824	1.386	1.824	1.385	1.824	1.383
0.38	1.844	1.427	1.844	1.425	1.845	1.423	1.845	1.421	1.845	1.419	1.845	1.417	1.846	1.415	1.846	1.414
0.40	1.858	1.448	1.859	1.446	1.859	1.443	1.859	1.441	1.860	1.439	1.860	1.438	1.860	1.436	1.860	1.435
0.42	1.873	1.469	1.873	1.466	1.874	1.464	1.874	1.462	1.874	1.460	1.874	1.458	1.875	1.457	1.875	1.455
0.45	1.895	1.500	1.895	1.497	1.896	1.495	1.896	1.493	1.896	1.491	1.896	1.489	1.896	1.488	1.897	1.486
0.48	1.916	1.531	1.917	1.529	1.917	1.526	1.918	1.524	1.918	1.522	1.918	1.520	1.918	1.518	1.918	1.517
0.50	1.931	1.552	1.931	1.549	1.932	1.547	1.932	1.545	1.932	1.543	1.933	1.541	1.933	1.539	1.933	1.537
0.52	1.945	1.573	1.946	1.570	1.946	1.568	1.947	1.565	1.947	1.563	1.947	1.562	1.947	1.560	1.947	1.558
0.55	1.967	1.604	1.968	1.601	1.968	1.599	1.968	1.596	1.969	1.594	1.969	1.593	1.969	1.591	1.969	1.589
0.58	1.989	1.635	1.989	1.632	1.990	1.630	1.990	1.627	1.990	1.625	1.991	1.624	1.991	1.621	1.991	1.620
0.60	2.003	1.656	2.004	1.653	2.004	1.650	2.005	1.648	2.005	1.646	2.005	1.645	2.005	1.642	2.005	1.641

z (或 z_v)	26～30	31～69	70～200	26	28	30	40	50	60	70	80	90	100	150	200
x (或 x_n)	$\bar{s}$ (或 $\bar{s}_n$)	$\bar{s}$ (或 $\bar{s}_n$)	$\bar{s}$ (或 $\bar{s}_n$)	$\bar{h}$ (或 $\bar{h}_n$)	$\bar{h}$ (或 $\bar{h}_n$)	$\bar{h}$ (或 $\bar{h}_n$)	$\bar{h}$ (或 $\bar{h}_n$)	$\bar{h}$ (或 $\bar{h}_n$)	$\bar{h}$ (或 $\bar{h}_n$)	$\bar{h}$ (或 $\bar{h}_n$)	$\bar{h}$ (或 $\bar{h}_n$)	$\bar{h}$ (或 $\bar{h}_n$)	$\bar{h}$ (或 $\bar{h}_n$)	$\bar{h}$ (或 $\bar{h}_n$)	$\bar{h}$ (或 $\bar{h}_n$)
−0.60	1.134	1.134	1.134	0.413	0.412	0.411	0.408	0.406	0.405	0.405	0.404	0.404	0.403	0.403	0.402
−0.58	1.148	1.149	1.149	0.433	0.432	0.431	0.428	0.427	0.426	0.425	0.424	0.424	0.423	0.423	0.422
−0.55	1.170	1.170	1.170	0.463	0.462	0.461	0.459	0.457	0.456	0.455	0.454	0.454	0.454	0.453	0.452
−0.52	1.192	1.192	1.192	0.494	0.493	0.492	0.489	0.487	0.486	0.485	0.485	0.484	0.484	0.483	0.482
−0.50	1.206	1.207	1.207	0.514	0.513	0.512	0.509	0.507	0.506	0.505	0.505	0.504	0.504	0.503	0.502
−0.48	1.221	1.221	1.221	0.534	0.533	0.532	0.529	0.528	0.526	0.525	0.525	0.524	0.524	0.523	0.522
−0.45	1.243	1.243	1.243	0.565	0.564	0.563	0.560	0.558	0.557	0.556	0.555	0.554	0.554	0.553	0.552
−0.42	1.265	1.265	1.266	0.595	0.594	0.593	0.590	0.588	0.587	0.586	0.585	0.584	0.584	0.583	0.582
−0.40	1.279	1.280	1.280	0.616	0.615	0.614	0.610	0.608	0.607	0.606	0.605	0.605	0.604	0.603	0.602
−0.38	1.294	1.294	1.294	0.636	0.635	0.634	0.630	0.628	0.627	0.626	0.625	0.625	0.624	0.623	0.622
−0.35	1.316	1.316	1.316	0.667	0.665	0.664	0.661	0.659	0.657	0.656	0.655	0.655	0.654	0.653	0.652
−0.32	1.337	1.338	1.338	0.697	0.696	0.695	0.691	0.689	0.687	0.686	0.686	0.685	0.685	0.683	0.682
−0.30	1.352	1.352	1.352	0.718	0.716	0.715	0.711	0.709	0.708	0.707	0.706	0.705	0.705	0.703	0.702
−0.28	1.366	1.367	1.367	0.738	0.737	0.736	0.732	0.729	0.728	0.727	0.726	0.725	0.725	0.723	0.722
−0.25	1.388	1.389	1.389	0.769	0.767	0.766	0.762	0.760	0.758	0.757	0.756	0.755	0.755	0.753	0.752
−0.22	1.410	1.411	1.411	0.799	0.798	0.797	0.792	0.790	0.788	0.787	0.786	0.786	0.785	0.784	0.783
−0.20	1.425	1.425	1.425	0.819	0.818	0.817	0.813	0.810	0.809	0.807	0.806	0.806	0.805	0.804	0.803

续表

z（或 z_v）	26～30	31～69	70～200	26	28	30	40	50	60	70	80	90	100	150	200
x（或 x_n）	$\bar{s}$（或 $\bar{s}_n$）	$\bar{s}$（或 $\bar{s}_n$）	$\bar{s}$（或 $\bar{s}_n$）	$\bar{h}$（或 $\bar{h}_n$）	$\bar{h}$（或 $\bar{h}_n$）	$\bar{h}$（或 $\bar{h}_n$）	$\bar{h}$（或 $\bar{h}_n$）	$\bar{h}$（或 $\bar{h}_n$）	$\bar{h}$（或 $\bar{h}_n$）	$\bar{h}$（或 $\bar{h}_n$）	$\bar{h}$（或 $\bar{h}_n$）	$\bar{h}$（或 $\bar{h}_n$）	$\bar{h}$（或 $\bar{h}_n$）	$\bar{h}$（或 $\bar{h}_n$）	$\bar{h}$（或 $\bar{h}_n$）
−0.18	1.439	1.440	1.440	0.840	0.838	0.837	0.833	0.830	0.829	0.827	0.826	0.826	0.825	0.824	0.823
−0.15	1.461	1.462	1.462	0.871	0.869	0.868	0.863	0.861	0.859	0.858	0.857	0.856	0.855	0.854	0.853
−0.12	1.483	1.483	1.483	0.901	0.899	0.898	0.894	0.891	0.889	0.888	0.887	0.886	0.886	0.884	0.883
−0.10	1.497	1.497	1.498	0.922	0.920	0.919	0.914	0.911	0.909	0.908	0.907	0.906	0.906	0.904	0.903
−0.08	1.512	1.512	1.513	0.942	0.940	0.939	0.934	0.931	0.929	0.928	0.927	0.926	0.926	0.924	0.923
−0.05	1.534	1.534	1.534	0.973	0.971	0.970	0.965	0.962	0.960	0.959	0.957	0.957	0.956	0.954	0.953
−0.02	1.555	1.555	1.556	1.003	1.001	1.000	0.995	0.992	0.990	0.989	0.988	0.987	0.986	0.984	0.983
0.00	1.570	1.571	1.571	1.024	1.022	1.021	1.015	1.012	1.010	1.009	1.008	1.007	1.006	1.004	1.003
0.02	1.585	1.585	1.585	1.044	1.042	1.041	1.036	1.033	1.031	1.029	1.028	1.027	1.026	1.025	1.023
0.05	1.606	1.607	1.607	1.075	1.073	1.072	1.066	1.063	1.061	1.059	1.058	1.057	1.057	1.055	1.053
0.08	1.628	1.629	1.629	1.106	1.104	1.102	1.097	1.093	1.091	1.089	1.088	1.088	1.087	1.085	1.083
0.10	1.643	1.643	1.644	1.126	1.124	1.122	1.117	1.114	1.111	1.110	1.108	1.108	1.107	1.105	1.103
0.12	1.657	1.658	1.658	1.147	1.145	1.143	1.137	1.134	1.132	1.130	1.129	1.128	1.127	1.125	1.124
0.15	1.679	1.679	1.680	1.177	1.175	1.173	1.168	1.164	1.162	1.160	1.159	1.158	1.157	1.155	1.154
0.18	1.701	1.702	1.702	1.208	1.206	1.204	1.198	1.195	1.192	1.190	1.189	1.188	1.187	1.186	1.184
0.20	1.715	1.716	1.716	1.228	1.226	1.224	1.218	1.215	1.212	1.210	1.209	1.208	1.207	1.206	1.204
0.22	1.730	1.731	1.731	1.249	1.247	1.245	1.239	1.235	1.233	1.231	1.229	1.228	1.228	1.226	1.224
0.25	1.752	1.753	1.753	1.280	1.278	1.276	1.269	1.265	1.263	1.261	1.260	1.259	1.258	1.256	1.254
0.28	1.774	1.774	1.775	1.310	1.308	1.306	1.300	1.296	1.293	1.291	1.290	1.289	1.288	1.286	1.284
0.30	1.788	1.789	1.789	1.331	1.329	1.327	1.320	1.316	1.313	1.311	1.310	1.309	1.308	1.306	1.304
0.32	1.803	1.804	1.804	1.351	1.349	1.347	1.340	1.336	1.334	1.332	1.330	1.329	1.328	1.326	1.324
0.35	1.824	1.825	1.826	1.382	1.380	1.378	1.371	1.367	1.364	1.362	1.360	1.359	1.358	1.356	1.354
0.38	1.846	1.847	1.847	1.413	1.410	1.408	1.401	1.397	1.394	1.392	1.391	1.389	1.389	1.386	1.384
0.40	1.861	1.862	1.862	1.433	1.431	1.429	1.422	1.417	1.414	1.412	1.411	1.410	1.409	1.407	1.404
0.42	1.875	1.876	1.877	1.454	1.451	1.449	1.442	1.438	1.435	1.433	1.431	1.430	1.429	1.427	1.424
0.45	1.897	1.898	1.898	1.485	1.482	1.480	1.473	1.468	1.465	1.463	1.461	1.460	1.459	1.457	1.455
0.48	1.919	1.920	1.920	1.516	1.513	1.511	1.503	1.498	1.495	1.493	1.492	1.490	1.489	1.487	1.485
0.50	1.933	1.934	1.935	1.536	1.533	1.531	1.523	1.519	1.516	1.513	1.512	1.510	1.509	1.507	1.505
0.52	1.948	1.949	1.949	1.557	1.554	1.552	1.544	1.539	1.536	1.534	1.532	1.531	1.530	1.527	1.525
0.55	1.970	1.970	1.971	1.587	1.585	1.582	1.574	1.569	1.566	1.564	1.562	1.561	1.560	1.557	1.555
0.58	1.992	1.993	1.993	1.618	1.615	1.613	1.605	1.600	1.597	1.594	1.592	1.591	1.590	1.587	1.585
0.60	2.006	2.007	2.008	1.639	1.636	1.634	1.625	1.620	1.617	1.614	1.613	1.611	1.610	1.608	1.605

注：1. 本表可直接用于高度变位齿轮，对角度变位齿轮，应将表中查出的 $\bar{h}$（或 $\bar{h}_n$）减去齿顶高变动系数 Δy（或 Δy_n）。

2. 当模数 m（或 m_n）$\neq 1$ 时，应将查得的 $\bar{s}$（或 $\bar{s}_n$）和 $\bar{h}$（或 $\bar{h}_n$）乘以 m（或 m_n）。

3. 对斜齿轮，用 z_v 查表，z_v 有小数时，按插入法计算。

1.4.4　固定弦齿厚

固定弦齿厚是指齿轮的轮齿与基本齿廓对称相切时，两切点间的距离，用 $\bar{s}_c$ 表示，其对应的弦齿高用 $\bar{h}_c$ 表示。固定弦齿高和固定弦齿厚计算式见表14-1-35。

表 14-1-35 固定弦齿厚的计算公式

名 称		直齿轮(外啮合、内啮合)	斜齿轮(外啮合、内啮合)
标准齿轮	固定弦齿高 $\overline{h}_c$ 外齿轮	$\overline{h}_c = h_a - \dfrac{\pi m}{8}\sin 2\alpha$	$\overline{h}_{cn} = h_a - \dfrac{\pi m_n}{8}\sin 2\alpha_n$
	内齿轮	$\overline{h}_{c2} = h_{a2} - \dfrac{\pi m}{8}\sin 2\alpha + \Delta\overline{h}_2$ 式中 $\Delta\overline{h}_2 = \dfrac{d_{a2}}{2}(1-\cos\delta_{a2})$ $\delta_{a2} = \dfrac{\pi}{2z_2} - \mathrm{inv}\alpha + \mathrm{inv}\alpha_{a2}$	$\overline{h}_{cn2} = h_{a2} - \dfrac{\pi m_n}{8}\sin 2\alpha_n + \Delta\overline{h}_2$ 式中 $\Delta\overline{h}_2 = \dfrac{d_{a2}}{2}(1-\cos\delta_{a2})$ $\delta_{a2} = \dfrac{\pi}{2z_2} - \mathrm{inv}\alpha_t + \mathrm{inv}\alpha_{at2}$
	固定弦齿厚 $\overline{s}_c$	$\overline{s}_c = \dfrac{\pi m}{2}\cos^2\alpha$	$\overline{s}_{cn} = \dfrac{\pi m_n}{2}\cos^2\alpha_n$
		$\alpha=20°、h_a^*=1$(或 $\alpha_n=20°、h_{an}^*=1$)的 $\overline{h}_c、\overline{s}_c$(或 $\overline{h}_{cn}、\overline{s}_{cn}$)可由表 14-1-36 查出	
变位齿轮	固定弦齿高 $\overline{h}_c$ 外齿轮	$\overline{h}_c = h_a - m\left(\dfrac{\pi}{8}\sin 2\alpha + x\sin^2\alpha\right)$	$\overline{h}_{cn} = h_a - m_n\left(\dfrac{\pi}{8}\sin 2\alpha_n + x_n\sin^2\alpha_n\right)$
	内齿轮	$\overline{h}_{c2} = h_{a2} - m\left(\dfrac{\pi}{8}\sin 2\alpha - x_2\sin^2\alpha\right) + \Delta\overline{h}_2$ 式中 $\Delta\overline{h}_2 = \dfrac{d_{a2}}{2}(1-\cos\delta_{a2})$ $\delta_{a2} = \dfrac{\pi}{2z_2} - \mathrm{inv}\alpha - \dfrac{2x_2\tan\alpha}{z_2} + \mathrm{inv}\alpha_{a2}$	$\overline{h}_{cn2} = h_{a2} - m_n\left(\dfrac{\pi}{8}\sin 2\alpha_n - x_{n2}\sin^2\alpha_n\right) + \Delta\overline{h}_2$ 式中 $\Delta\overline{h}_2 = \dfrac{d_{a2}}{2}(1-\cos\delta_{a2})$ $\delta_{a2} = \dfrac{\pi}{2z_2} - \mathrm{inv}\alpha_t - \dfrac{2x_{n2}\tan\alpha_t}{z_2} + \mathrm{inv}\alpha_{at2}$
	固定弦齿厚 $\overline{s}_c$	$\overline{s}_c = m\left(\dfrac{\pi}{2}\cos^2\alpha \pm x\sin 2\alpha\right)$	$\overline{s}_{cn} = m_n\left(\dfrac{\pi}{2}\cos^2\alpha_n \pm x_n\sin 2\alpha_n\right)$
		$\alpha=20°、h_a^*=1$(或 $\alpha_n=20°、h_{an}^*=1$)的外齿轮的 $\overline{h}_c、\overline{s}_c$(或 $\overline{h}_{cn}、\overline{s}_{cn}$)可由表 14-1-37 查出	

注:有"±"号处,+号用于外齿轮,-号用于内齿轮。

表 14-1-36 标准外齿轮的固定弦齿厚 $\overline{s}_c$(或 $\overline{s}_{cn}$)和固定弦齿高 $\overline{h}_c$(或 $\overline{h}_{cn}$)

($\alpha=\alpha_n=20°、h_a^*=h_{an}^*=1$) mm

m (或 m_n)	$\overline{s}_c$ (或 $\overline{s}_{cn}$)	$\overline{h}_c$ (或 $\overline{h}_{cn}$)	m (或 m_n)	$\overline{s}_c$ (或 $\overline{s}_{cn}$)	$\overline{h}_c$ (或 $\overline{h}_{cn}$)	m (或 m_n)	$\overline{s}_c$ (或 $\overline{s}_{cn}$)	$\overline{h}_c$ (或 $\overline{h}_{cn}$)
1.25	1.734	0.934	4.5	6.242	3.364	16	22.193	11.961
1.5	2.081	1.121	5	6.935	3.738	18	24.967	13.456
1.75	2.427	1.308	5.5	7.629	4.112	20	27.741	14.952
2	2.774	1.495	6	8.322	4.485	22	30.515	16.447
2.25	3.121	1.682	6.5	9.016	4.859	25	34.676	18.690
2.5	3.468	1.869	7	9.709	5.233	28	38.837	20.932
2.75	3.814	2.056	8	11.096	5.981	30	41.612	22.427
3	4.161	2.243	9	12.483	6.728	32	44.386	23.922
3.25	4.508	2.430	10	13.871	7.476	36	49.934	26.913
3.5	4.855	2.617	11	15.258	8.224	40	55.482	29.903
3.75	5.202	2.803	12	16.645	8.971	45	62.417	33.641
4	5.548	2.990	14	19.419	10.466	50	69.353	37.379

注:本表也可以用于内齿轮,对于齿顶圆直径按表 14-1-18 计算的内齿轮,应将本表中的 $\overline{h}_c$(或 $\overline{h}_{cn}$)加上 $\left(\Delta\overline{h}_2 - \dfrac{7.54}{z_2}\right)$($\Delta\overline{h}_2$ 的计算方法见表 14-1-35)。

1.4.5 量柱(球)测量距

量柱(球)测量距是将两量柱(球)放入沿直径相对的两齿槽中,测量两量柱(球)外侧面(对外齿轮)或内侧面(对内齿轮)间的距离 M 值。量柱(球)测量距计算式见表 14-1-38。

表 14-1-37　　　　变位外齿轮的固定弦齿厚 $\bar{s}_c$（或 $\bar{s}_{cn}$）和固定弦齿高 $\bar{h}_c$（或 $\bar{h}_{cn}$）

（$\alpha = \alpha_n = 20°$、$m = m_n = 1$、$h_a^* = h_{an}^* = 1$）　　　　　　　　　　mm

x（或 x_n）	$\bar{s}_c$（或 $\bar{s}_{cn}$）	$\bar{h}_c$（或 $\bar{h}_{cn}$）	x（或 x_n）	$\bar{s}_c$（或 $\bar{s}_{cn}$）	$\bar{h}_c$（或 $\bar{h}_{cn}$）	x（或 x_n）	$\bar{s}_c$（或 $\bar{s}_{cn}$）	$\bar{h}_c$（或 $\bar{h}_{cn}$）	x（或 x_n）	$\bar{s}_c$（或 $\bar{s}_{cn}$）	$\bar{h}_c$（或 $\bar{h}_{cn}$）
−0.40	1.1299	0.3944	−0.11	1.3163	0.6504	0.18	1.5027	0.9065	0.47	1.6892	1.1626
−0.39	1.1364	0.4032	−0.10	1.3228	0.6593	0.19	1.5092	0.9154	0.48	1.6956	1.1714
−0.38	1.1428	0.4120	−0.09	1.3292	0.6681	0.20	1.5156	0.9242	0.49	1.7020	1.1803
−0.37	1.1492	0.4209	−0.08	1.3356	0.6769	0.21	1.5220	0.9330	0.50	1.7084	1.1891
−0.36	1.1556	0.4297	−0.07	1.3421	0.6858	0.22	1.5285	0.9418	0.51	1.7149	1.1979
−0.35	1.1621	0.4385	−0.06	1.3485	0.6946	0.23	1.5349	0.9507	0.52	1.7213	1.2068
−0.34	1.1685	0.4474	−0.05	1.3549	0.7034	0.24	1.5413	0.9595	0.53	1.7277	1.2156
−0.33	1.1749	0.4562	−0.04	1.3613	0.7123	0.25	1.5477	0.9683	0.54	1.7342	1.2244
−0.32	1.1814	0.4650	−0.03	1.3678	0.7211	0.26	1.5542	0.9772	0.55	1.7406	1.2332
−0.31	1.1878	0.4738	−0.02	1.3742	0.7299	0.27	1.5606	0.9860	0.56	1.7470	1.2421
−0.30	1.1942	0.4827	−0.01	1.3806	0.7387	0.28	1.5670	0.9948	0.57	1.7534	1.2509
−0.29	1.2006	0.4915	0.00	1.3870	0.7476	0.29	1.5735	1.0037	0.58	1.7599	1.2597
−0.28	1.2071	0.5003	0.01	1.3935	0.7564	0.30	1.5799	1.0125	0.59	1.7663	1.2686
−0.27	1.2135	0.5092	0.02	1.3999	0.7652	0.31	1.5863	1.0213	0.60	1.7727	1.2774
−0.26	1.2199	0.5180	0.03	1.4063	0.7741	0.32	1.5927	1.0301	0.61	1.7791	1.2862
−0.25	1.2263	0.5268	0.04	1.4128	0.7829	0.33	1.5992	1.0390	0.62	1.7856	1.2951
−0.24	1.2328	0.5357	0.05	1.4192	0.7917	0.34	1.6056	1.0478	0.63	1.7920	1.3039
−0.23	1.2392	0.5445	0.06	1.4256	0.8006	0.35	1.6120	1.0566	0.64	1.7984	1.3127
−0.22	1.2456	0.5533	0.07	1.4320	0.8094	0.36	1.6185	1.0655	0.65	1.8049	1.3215
−0.21	1.2521	0.5621	0.08	1.4385	0.8182	0.37	1.6249	1.0743	0.66	1.8113	1.3304
−0.20	1.2585	0.5710	0.09	1.4449	0.8271	0.38	1.6313	1.0831	0.67	1.8177	1.3392
−0.19	1.2649	0.5798	0.10	1.4513	0.8359	0.39	1.6377	1.0920	0.68	1.8241	1.3480
−0.18	1.2713	0.5886	0.11	1.4578	0.8447	0.40	1.6442	1.1008	0.69	1.8306	1.3569
−0.17	1.2778	0.5975	0.12	1.4642	0.8535	0.41	1.6506	1.1096	0.70	1.8370	1.3657
−0.16	1.2842	0.6063	0.13	1.4706	0.8624	0.42	1.6570	1.1184	0.71	1.8434	1.3745
−0.15	1.2906	0.6151	0.14	1.4770	0.8712	0.43	1.6634	1.1273	0.72	1.8499	1.3834
−0.14	1.2971	0.6240	0.15	1.4835	0.8800	0.44	1.6699	1.1361	0.73	1.8563	1.3922
−0.13	1.3035	0.6328	0.16	1.4899	0.8889	0.45	1.6763	1.1449	0.74	1.8627	1.4010
−0.12	1.3099	0.6416	0.17	1.4963	0.8977	0.46	1.6827	1.1538	0.75	1.8691	1.4098

注：1. 本表可直接用于高度变位齿轮 [$h_a = (1+x)m$ 或 $h_{an} = (1+x_n)m_n$]，对于角度变位齿轮，应将表中查出的 $\bar{h}_c$（或 $\bar{h}_{cn}$）减去齿顶高变动系数 Δy（或 Δy_n）。

2. 当模数 m（或 m_n）$\neq 1$ 时，应将查得的 $\bar{s}_c$（或 $\bar{s}_{cn}$）和 $\bar{h}_c$（或 $\bar{h}_{cn}$）乘以 m（或 m_n）。

表 14-1-38　　　　　　　　　　量柱（球）测量距的计算公式

名　　称			直齿轮（外啮合、内啮合）	斜齿轮（外啮合、内啮合）
标准齿轮	量柱（球）直径 d_p	外齿轮	对 α（或 α_n）$=20°$ 的齿轮，按 z（斜齿轮用 z_v）和 $x_n = 0$ 查图 14-1-12	
		内齿轮	$d_p = 1.65m$	$d_p = 1.65m_n$
	量柱（球）中心所在圆的压力角 α_M		$\mathrm{inv}\alpha_M = \mathrm{inv}\alpha \pm \dfrac{d_p}{mz\cos\alpha} \mp \dfrac{\pi}{2z}$	$\mathrm{inv}\alpha_{Mt} = \mathrm{inv}\alpha_t \pm \dfrac{d_p}{m_n z\cos\alpha_n} \mp \dfrac{\pi}{2z}$
	量柱（球）测量距 M	偶数齿	$M = \dfrac{mz\cos\alpha}{\cos\alpha_M} \pm d_p$	$M = \dfrac{m_t z\cos\alpha_t}{\cos\alpha_{Mt}} \pm d_p$
		奇数齿	$M = \dfrac{mz\cos\alpha}{\cos\alpha_M}\cos\dfrac{90°}{z} \pm d_p$	$M = \dfrac{m_t z\cos\alpha_t}{\cos\alpha_{Mt}}\cos\dfrac{90°}{z} \pm d_p$

续表

名　称		直齿轮(外啮合、内啮合)	斜齿轮(外啮合、内啮合)
变位齿轮	量柱(球)直径 d_p 外齿轮	对 α(或 α_n)＝20°的齿轮,按 z(斜齿轮用 z_v)和 x_n 查图 14-1-12	
	内齿轮	$d_p=1.65m$	$d_p=1.65m_n$
	量柱(球)中心所在圆的压力角 α_M	$\mathrm{inv}\alpha_M=\mathrm{inv}\alpha\pm\dfrac{d_p}{mz\cos\alpha}\mp\dfrac{\pi}{2z}+\dfrac{2x\tan\alpha}{z}$	$\mathrm{inv}\alpha_{Mt}=\mathrm{inv}\alpha_t\pm\dfrac{d_p}{m_nz\cos\alpha_n}\mp\dfrac{\pi}{2z}+\dfrac{2x_n\tan\alpha_n}{z}$
	量柱(球)测量距 M 偶数齿	$M=\dfrac{mz\cos\alpha}{\cos\alpha_M}\pm d_p$	$M=\dfrac{m_tz\cos\alpha_t}{\cos\alpha_{Mt}}\pm d_p$
	奇数齿	$M=\dfrac{mz\cos\alpha}{\cos\alpha_M}\cos\dfrac{90°}{z}\pm d_p$	$M=\dfrac{m_tz\cos\alpha_t}{\cos\alpha_{Mt}}\cos\dfrac{90°}{z}\pm d_p$

注:1. 有"±"或"∓"号处,上面的符号用于外齿轮,下面的符号用于内齿轮。

　　2. 量柱(球)直径 d_p 按本表的方法确定后,推荐圆整成接近的标准钢球的直径(以便使用标准钢球测量)。

　　3. 直齿轮可以使用圆棒或圆球,斜齿轮使用圆球。

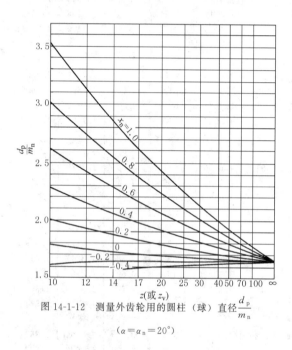

图 14-1-12　测量外齿轮用的圆柱(球)直径 $\dfrac{d_p}{m_n}$

$(\alpha=\alpha_n=20°)$

1.5　圆柱齿轮精度

在设计渐开线圆柱齿轮时,必须按照使用要求确定其精度等级。1988 年,我国首次制定和颁布了 GB/T 10095—1988《渐开线圆柱齿轮精度》国家标准。通过贯彻执行,有力地促进了齿轮制造质量水平的提高。1996 年之后,根据目前国际上齿轮技术的发展趋势,我国参照国际标准化组织制定的 ISO 1328-1:95 及 ISO 1328-2:97 标准,修订了 GB/T 10095—1988,提出了渐开线圆柱齿轮精度的新标准(含有 GB/T 10095.1—2001 与 GB/T 10095.2—2001 两个部分),它们在具体内容上有较大的变化。在此基础上,于 2008 年进行了修订,提出了新的渐开线圆柱齿轮精度的标准(含有 GB/T 10095.1—2008 与 GB/T 10095.2—2008 两个部分)。本节将主要叙述其规定内容,并对与其相关的四份指导性技术文件(检验实施规范)做简要介绍,以便设计时使用。相关标准名称如下:

① GB/T 10095.1—2008　圆柱齿轮　精度制第 1 部分:轮齿同侧齿面偏差的定义和允许值;

② GB/T 10095.2—2008　圆柱齿轮　精度制　第 2 部分:径向综合偏差与径向跳动的定义和允许值;

③ GB/Z 18620.1—2008　圆柱齿轮　检验实施规范　第 1 部分:轮齿同侧齿面的检验;

④ GB/Z 18620.2—2008　圆柱齿轮　检验实施规范　第 2 部分:径向综合偏差、径向跳动、齿厚和侧隙的检验;

⑤ GB/Z 18620.3—2008　圆柱齿轮　检验实施规范　第 3 部分:齿轮坯、轴中心距和轴线平行度的检验;

⑥ GB/Z 18620.4—2008　圆柱齿轮　检验实施规范　第 4 部分:表面结构和轮齿接触斑点的检验。

1.5.1　适用范围

1) GB/T 10095.1—2008 适用于基本齿廓符合 GB/T 1356《通用机械和重型机械用圆柱齿轮　标准基本齿条齿廓》规定的单个渐开线圆柱齿轮。齿距偏差、齿廓偏差、螺旋线偏差、切向综合偏差等各参数的范围和分段的上、下界限值如下(单位:mm):

分度圆直径 d	5/20/50/125/280/560/1000/1600/2500/4000/6000/8000/10000
模数(法向模数) m	0.5/2/3.5/6/10/16/25/40/70
齿宽 b	4/10/20/40/80/160/250/400/650/1000

标准的这一部分仅适用于单个齿轮的每个要素,不包括齿轮副。并强调指出:本部分的每个使用者,都应该非常熟悉 GB/Z 18620.1《圆柱齿轮　检验实施规范　第 1 部分:轮齿同侧齿面的检验》所叙述的

检验方法和步骤。在本部分的限制范围内，使用 GB/Z 18620.1 以外的技术是不适宜的。

2）GB/T 10095.2—2008 适用于基本齿廓符合 GB/T 1356《通用机械和重型机械用圆柱齿轮　标准基本齿条齿廓》规定的单个渐开线圆柱齿轮。

径向综合偏差的参数范围和分段的上、下界限值/mm	分度圆直径　d	5/20/50/125/280/560/1000
	法向模数　m	0.2/0.5/0.8/1.0/1.5/2.5/4/6/10
径向跳动公差的参数范围和分段的上、下界限值/mm	分度圆直径　d	5/20/50/125/280/560/1000/1600/2500/4000/6000/8000/10000
	模数（法向模数）　m	0.5/2.0/3.5/6/10/16/25/40/70

1.5.2　齿轮偏差的代号及定义

表 14-1-39　　　　　　齿轮各项偏差的代号及定义（GB/T 10095—2008）

序号	名称及代号	定　　义	备　　注
1	齿距偏差		
1.1	单个齿距偏差 $\pm f_{pt}$	在端面平面上，在接近齿高中部的一个与齿轮轴线同心的圆上，实际齿距与理论齿距的代数差（见图 14-1-13）	—
1.2	齿距累积偏差 F_{pk}	任意 k 个齿距的实际弧长与理论弧长的代数差（见图 14-1-13）。理论上它等于这 k 个齿距的各单个齿距偏差的代数和	F_{pk} 的计值仅限于不超过圆周 1/8 的弧段内，偏差 F_{pk} 的允许值适用于齿距数 k 为 2 至 $z/8$ 的弧段内
1.3	齿距累积总偏差 F_p	齿轮同侧齿面任意弧段（$k=1$ 至 $k=z$）内的最大齿距累积偏差。它表现为齿距累积偏差曲线的总幅值	—
2	齿廓偏差	实际齿廓偏离设计齿廓的量，在端面内且垂直于渐开线齿廓的方向计值	设计齿廓是指符合设计规定的齿廓，当无其他限定时，是端面齿廓。在齿廓曲线图中，未经修形的渐开线齿廓曲线一般为直线
2.1	齿廓总偏差 F_α	在计值范围 L_α 内，包容实际齿廓迹线的两条设计齿廓迹线间的距离[见图 14-1-14(a)]	齿廓迹线是指由齿轮齿廓检验设备在纸上或其他适当的介质上画出来的齿廓偏差曲线。齿廓迹线如偏离了直线，其偏离量即表示与被检齿轮的基圆所展成的渐开线齿廓的偏差
2.2	齿廓形状偏差 $f_{f\alpha}$	在计值范围 L_α 内，包容实际齿廓迹线的两条与平均齿廓迹线完全相同的曲线间的距离，且两条曲线与平均齿廓迹线的距离为常数[见图 14-1-14(b)]	平均齿廓是指设计齿廓迹线的纵坐标减去一条斜直线的相应纵坐标后得到的一条迹线，使得在计值范围内实际齿廓迹线偏离平均齿廓迹线之偏差的平方和最小
2.3	齿廓倾斜偏差 $\pm f_{H\alpha}$	在计值范围 L_α 内，两端与平均齿廓迹线相交的两条设计齿廓迹线间的距离[见图 14-1-14(c)]	—
3	螺旋线偏差	在端面基圆切线方向上测得的实际螺旋线偏离设计螺旋线的量	设计螺旋线是指符合设计规定的螺旋线。在螺旋线曲线图中，未经修形的螺旋线的迹线一般为直线
3.1	螺旋线总偏差 F_β	在计值范围 L_β 内，包容实际螺旋线迹线的两条设计螺旋线迹线间的距离[见图 14-1-15(a)]	螺旋线迹线是指由螺旋线检验设备在纸上或其他适当的介质上画出来的曲线。此曲线如偏离了直线，其偏离量即表示实际的螺旋线与不修形螺旋线的偏差
3.2	螺旋线形状偏差 $f_{f\beta}$	在计值范围 L_β 内，包容实际螺旋线迹线的，与平均螺旋线迹线完全相同的两条曲线间的距离，且两条曲线与平均螺旋线迹线的距离为常数[见图 14-1-15(b)]	平均螺旋线是指设计螺旋线迹线的纵坐标减去一条斜直线的相应纵坐标后得到的一条迹线，使得在计值范围内实际螺旋线迹线对平均螺旋线迹线偏差的平方和最小
3.3	螺旋线倾斜偏差 $\pm f_{H\beta}$	在计值范围 L_β 的两端与平均螺旋线迹线相交的两条设计螺旋线迹线间的距离[见图 14-1-15(c)]	—

续表

序号	名称及代号	定　义	备　注
4	切向综合偏差		
4.1	切向综合总偏差 F_i'	被测齿轮与测量齿轮单面啮合检验时，被测齿轮一转内，齿轮分度圆上实际圆周位移与理论圆周位移的最大差值（见图14-1-16）	在检验过程中只有同侧齿面单面接触
4.2	一齿切向综合偏差 f_i'	在一个齿距内的切向综合偏差值（见图14-1-16）	—
5	径向综合偏差		
5.1	径向综合总偏差 F_i''	在径向（双面）综合检验时，产品齿轮的左右齿面同时与测量的齿轮接触，并转过一整圈时出现的中心距最大值和最小值之差（见图14-1-17）	产品齿轮是指正在被测量或评定的齿轮
5.2	一齿径向综合偏差 f_i''	当产品齿轮啮合一整圈时，对应一个齿距（$360°/z$）的径向综合偏差值（见图14-1-17）	产品齿轮所有轮齿最大值 f_i'' 不应超过规定的允许值
6	径向跳动公差 F_r	测头（球形、圆柱形、砧形）相继置于每个齿槽内时，从它到齿轮轴线的最大和最小径向距离之差（见图14-1-18）	检查中，测头在近似齿高中部与左右齿面接触

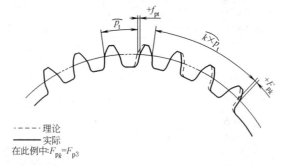

----- 理论
—— 实际
在此例中：$F_{pk} = F_{p3}$

图 14-1-13　齿距偏差

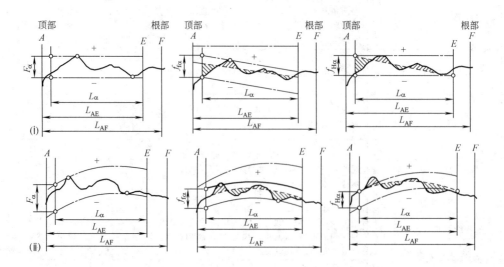

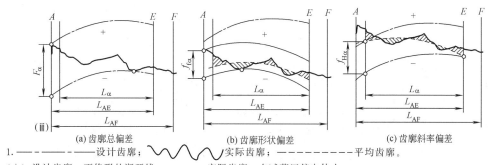

(a) 齿廓总偏差　　　　　　　(b) 齿廓形状偏差　　　　　　　(c) 齿廓斜率偏差

1. ————————设计齿廓；〰〰〰〰〰实际齿廓；————————平均齿廓。
（ⅰ）设计齿廓：不修形的渐开线　　　　实际齿廓：在减薄区偏向体内；
（ⅱ）设计齿廓：修形的渐开线（举例）　实际齿廓：在减薄区偏向体内；
（ⅲ）设计齿廓：修形的渐开线（举例）　实际齿廓：在减薄区偏向体外。

2. L_{AF}——可用长度，等于两条端面基圆切线长之差。其中一条从基圆伸展到可用齿廓的外界限点，另一条从基圆伸展到可用齿廓的内界限点。依据设计，可用长度被齿顶、齿顶倒棱或齿顶倒圆的起始点（A 点）限定；对于齿根，可用长度被齿根圆角或挖根的起始点（F 点）所限定。

3. L_{AE}——有效长度，可用长度中对应于有效齿廓的那部分。对于齿顶，有效长度界限点与可用长度的界限点（A 点）相同。对于齿根，有效长度伸展到与之配对齿轮有效啮合的终点 E（即有效齿廓的起始点）。如果配对齿轮未知，则 E 点为与基本齿条相啮合的有效齿廓的起始点。

4. L_{α}——齿廓计值范围，可用长度中的一部分，在 L_{α} 内应遵照规定精度等级的公差。除另有规定外，其长度等于从 E 点开始的有效长度 L_{AE} 的 92%。

图 14-1-14　齿廓偏差

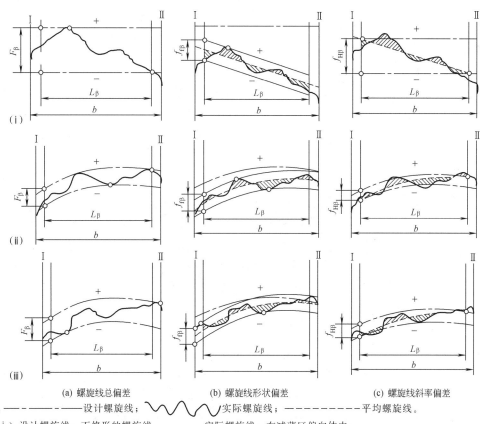

(a) 螺旋线总偏差　　　　　　(b) 螺旋线形状偏差　　　　　　(c) 螺旋线斜率偏差

1. ————————设计螺旋线；〰〰〰〰〰实际螺旋线；————————平均螺旋线。
（ⅰ）设计螺旋线：不修形的螺旋线　　　实际螺旋线：在减薄区偏向体内；
（ⅱ）设计螺旋线：修形的螺旋线（举例）实际螺旋线：在减薄区偏向体内；
（ⅲ）设计螺旋线：修形的螺旋线（举例）实际螺旋线：在减薄区偏向体外。

2. b——齿宽。

3. L_{β}——螺旋线计值范围。除非另有规定，L_{β} 等于在轮齿两端处各减去下面两个数值中较小的一个后的"迹线长度"，即 5% 齿宽或等于一个模数的长度。

图 14-1-15　螺旋线偏差

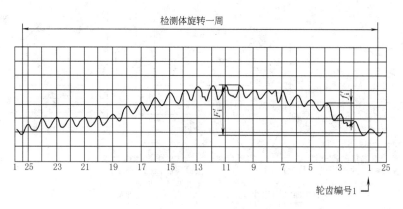

图 14-1-16 切向综合偏差

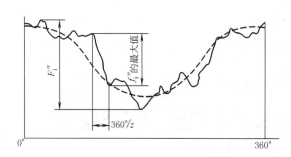

图 14-1-17 径向综合偏差

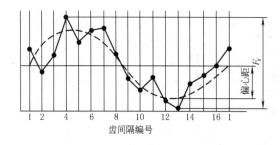

图 14-1-18 一个齿轮（16 齿）的径向跳动

1.5.3 齿轮精度等级及其选择

1.5.3.1 精度等级

1）GB/T 10095.1—2008 对轮齿同侧齿面偏差规定了 13 个精度等级，用数字 0～12 由高到低的顺序排列，0 级精度最高，12 级精度最低。

2）GB/T 10095.2—2008 对径向综合偏差规定了 9 个精度等级，其中 4 级精度最高，12 级精度最低；对径向跳动规定了 13 个精度等级，其中 0 级精度最高，12 级精度最低。

1.5.3.2 精度等级的选择

1）一般情况下，在给定的技术文件中，如所要求的齿轮精度为 GB/T 10095.1（或 GB/T 10095.2）的某个精度等级，则齿距偏差、齿廓偏差、螺旋线偏差（或径向综合偏差、径向跳动）的公差均按该精度等级。然而，按协议对工作齿面和非工作齿面可规定不同的精度等级，或对于不同的偏差项目可规定不同的精度等级。

2）径向综合偏差不一定与 GB/T 10095.1 中的偏差项目选用相同的精度等级。

3）选择齿轮精度时，必须根据其用途及工作条件（圆周速度、传递功率、工作时间、性能指标等）来确定。

齿轮精度等级的选择，通常有下述两种方法。

（1）计算法

① 如果已知传动链末端元件的传动精度要求，可按传动链误差的传递规律，分配各级齿轮副的传动精度要求，确定齿轮的精度等级。

② 根据传动装置所允许的机械振动，用"机械动力学"理论在确定装置的动态特性过程中确定齿轮的精度要求。

③ 根据齿轮承载能力的要求，适当确定齿轮精度的要求。

（2）经验法（表格法）

当原有的传动装置设计具有成熟经验时，新设计的齿轮传动可以参照采用相似的精度等级。目前采用的最主要的是表格法。常用齿轮的精度等级，其使用范围、加工方法见表 14-1-40～表 14-1-42，供选择齿轮精度等级时参考。

表 14-1-40　　　　　　　　　　　　　　　各类机械传动中所应用的齿轮精度等级

类型	精度等级	类型	精度等级	类型	精度等级	类型	精度等级
测量齿轮	2～5	汽车底盘	5～8	拖拉机	6～9	矿用绞车	8～10
透平齿轮	3～6	轻型汽车	5～8	通用减速器	6～9	起重机械	6～10
金属切削机床	3～8	载货汽车	6～9	轧钢机	5～9	农用机械	8～11
内燃机车	5～7	航空发动机	4～8				

表 14-1-41　　　　　　　　　　　　　　　圆柱齿轮各级精度的应用范围

要素		精　度　等　级					
		4	5	6	7	8	9
工作条件及应用范围	机床	高精度和精密的分度链末端齿轮	一般精度的分度链末端齿轮,高精度和精密的分度链的中间齿轮	V 级精度机床主传动的重要齿轮,一般精度的分度链的中间齿轮,油泵齿轮	Ⅳ 级和 Ⅲ 级以上精度等级机床的进给齿轮	一般精度的机床齿轮	没有传动精度要求的手动齿轮
圆周速度 /m·s^{-1}	直齿轮	＞30	＞15～30	＞10～15	＞6～10	＜6	—
	斜齿轮	＞50	＞30～50	＞15～30	＞8～15	＜8	—
工作条件及应用范围	航空船舶车辆	需要很高平稳性、低噪声的船用和航空齿轮	需要高平稳性、低噪声的船用和舰空齿轮,需要很高平稳性、低噪声的机车和轿车的齿轮	用于高速传动有高平稳性、低噪声要求的机车、航空、船舶和轿车的齿轮	用于有平稳性和低噪声要求的航空、船舶和轿车的齿轮	用于中等速度较平稳传动的载货汽车和拖拉机的齿轮	用于较低速和噪声要求不高的载货汽车第一挡与倒挡拖拉机和联合收割机齿轮
圆周速度 /m·s^{-1}	直齿轮	＞35	＞20	≤20	≤15	≤10	≤4
	斜齿轮	＞70	＞35	≤35	≤25	≤15	≤6
工作条件及应用范围	动力齿轮	用于很高速度的透平传动齿轮	用于高速的透平传动齿轮,重型机械进给机构和高速重载齿轮	用于高速传动的齿轮,工业机器有高可靠性要求的齿轮,重型机械的功率传动齿轮,作业率很高的起重运输机械齿轮	用于高速和适度功率或大功率和适度速度条件下的齿轮,冶金、矿山、石油、林业、轻工、工程机械和小型工业齿轮箱(普通减速器)有可靠性要求的齿轮	用于中等速度、较平稳传动的齿轮,冶金、矿山、石油、林业、轻工、化工、工程机械、起重运输机械和小型工业齿轮箱(普通减速器)的齿轮	用于一般性工作和噪声要求不高的齿轮,受载低于计算载荷的传动齿轮,速度大于1m/s 的开式齿轮传动和转盘的齿轮
圆周速度 /m·s^{-1}	直齿轮	＞70	＞30	＜30	＜15	＜10	≤4
	斜齿轮				＜25	＜15	≤6
工作条件及应用范围	其他	检验 7～8 级精度齿轮,其他的测量齿轮	检验 8～9 级精度齿轮的测量齿轮,印刷机械印刷辊子用的齿轮	读数装置中特别精密传动的齿轮	读数装置的传动及具有非直齿的速度传动齿轮,印刷机械传动齿轮	普通印刷机传动齿轮	—
单级传动效率		不低于 0.99(包括轴承不低于 0.982)			不低于 0.98(包括轴承不低于 0.975)	不低于 0.97(包括轴承不低于 0.965)	不低于 0.96(包括轴承不低于 0.95)

表 14-1-42　　　　　　　　　　精度等级与加工方法的关系

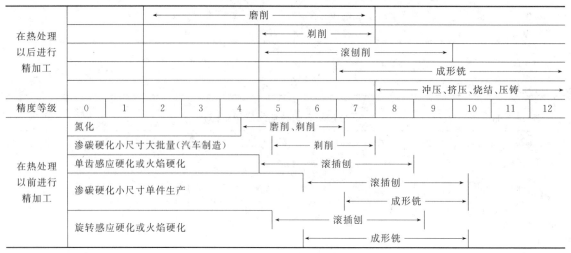

1.5.4　齿轮检验

1.5.4.1　齿轮的检验项目

GB/Z 18620.1—2008 和 GB/Z 18620.2—2008 分别给出了圆柱齿轮轮齿同侧齿面的检验实施规范和径向综合偏差、径向跳动、齿厚和侧隙的检验实施规范，作为 GB/T 10095.1—2008 和 GB/T 10095.2—2008 的补充，它提供了齿轮检测方法和测量结果分析方面的建议。

各种轮齿要素的检验，需要多种测量仪器。首先必须保证在涉及齿轮旋转的所有测量过程中，齿轮实际工作的轴线应与测量过程中旋转轴线相重合。

在检验中，没有必要测量全部轮齿要素的偏差，因为其中有些要素对于特定齿轮的功能并没有明显的影响；另外，有些测量项目可以代替另一些项目。例如切向综合偏差检验能代替齿距偏差的检验，径向综合偏差能代替径向跳动检验。然而应注意的是测量项目的增减，必须由供需双方协商确定。

齿轮的齿距偏差、齿廓偏差、螺旋线偏差、切向综合偏差、径向综合偏差及径向跳动公差的检验要求见表 14-1-43。

表 14-1-43　　　　　　　　　　齿轮偏差的检验要求

序号	名称及代号	检验要求
1	齿距偏差	
1.1	单个齿距偏差　$\pm f_{pt}$	①除另有规定外，齿距偏差均在接近齿高和齿宽中部的位置测量。单个齿距偏差 f_{pt} 需对每个轮齿的两侧面都进行测量
1.2	齿距累积偏差　F_{pk}	②除非另有规定，齿距累积偏差 F_{pk} 的计值仅限于不超过圆周 1/8 的弧段内。因此，偏差 F_{pk} 的允许值适用于齿距数 k 为 2 到 $z/8$ 的弧段内，通常 F_{pk} 取 $k \approx z/8$ 就足够
1.3	齿距累积总偏差　F_p	了。如果对于特殊的应用(例如高速齿轮)，还需检验较小弧段，并规定相应的 k 值
2	齿廓偏差	
2.1	齿廓总偏差　F_a	①除另有规定外，齿廓偏差应在齿宽中部位置测量。如果齿宽大于 250mm，则应增加两个测量部位，即在距齿宽每约 15% 的齿宽处测量。齿廓偏差应至少测三个齿的两侧齿面，这三个齿应取在沿齿轮圆周近似三等分位置处
2.2	齿廓形状偏差　f_{fa}	②齿廓形状偏差 f_{fa} 和齿廓倾斜偏差 f_{Ha} 不是强制性的单项检验项目，在 GB/T 10095.1—2008 中不作为标准要素。然而，由于形状偏差和倾斜偏差对齿轮的性能
2.3	齿廓倾斜偏差　$\pm f_{Ha}$	有重要影响，故在标准附录中给出了偏差值及计算公式。需要时，应在供需协议中予以规定
3	螺旋线偏差	
3.1	螺旋线总偏差　F_β	①除另有规定外，螺旋线偏差应至少测三个齿的两侧齿面，这三个齿应取在沿齿轮圆周近似三等分位置处
3.2	螺旋线形状偏差　$f_{f\beta}$	②螺旋线形状偏差 $f_{f\beta}$ 和倾斜偏差 $f_{H\beta}$ 不是强制性的单项检验项目，然而它们对齿轮性能有重要影响，故在标准附录中给出了偏差值及计算公式。需要时，应在供需协议中予以规定
3.3	螺旋线倾斜偏差　$\pm f_{H\beta}$	

第 14 篇

序号	名称及代号		检验要求
4	切向综合偏差		
4.1	切向综合总偏差	F_i'	①除另有规定外,切向综合偏差不是强制性检验项目 ②测量齿轮的精度将影响检验的结果,如测量齿轮的精度比被检验的产品齿轮的精度至少高 4 级时,测量齿轮的不精确性可忽略不计;如果测量齿轮的质量达不到比被检齿轮高 4 个等级时,则测量齿轮的不精确性必须考虑进去 ③检验时,需施加很轻的载荷和很低的角速度,以保证齿面间的接触所产生的记录曲线,反映出一对齿轮轮齿要素偏差的综合影响(即齿距、齿廓和螺旋线) ④检验时,产品齿轮与测量齿轮以适当的中心距相啮合并旋转,在只有一组同侧齿面相接触的情况下使之旋转直到获得一整圈的偏差曲线图 ⑤总重合度 ε_γ 影响 f_i' 的测量。当产品齿轮和测量齿轮的齿宽不同时,按较小的齿宽计算 ε_γ
4.2	一齿切向综合偏差	f_i'	如果对轮齿的齿廓和螺旋线进行了较大的修正,检验时 ε_γ 和系数 K 会受到较大的影响,在评定测量结果时,这些因素必须考虑在内。在这种情况下,需对检验条件和记录曲线的评定另订专门的协议
5	径向综合偏差		
5.1	径向综合总偏差	F_i''	①检验时,测量齿轮应在"有效长度 L_{AE}"上与产品齿轮啮合。应十分重视测量齿轮的精度和设计,特别是它与产品齿轮啮合的压力角会影响测量的结果,测量齿轮应该有足够的啮合深度,使其与产品齿轮的整个实际有效齿廓接触,但不应与非有效部分或根部接触 ②当检验精密齿轮时,对所用测量齿轮的精度和测量步骤,应由供需双方协商一致
5.2	一齿径向综合偏差	f_i''	③对于直齿轮,可按规定的公差值确定其精度等级。对于斜齿轮,因为纵向重合度 ε_β 会影响其径向测量的结果,应按供需双方的协议来使用。当用于斜齿轮时,其测量齿轮的齿宽应使与产品齿轮啮合时的 ε_β 小于或等于 0.5
6	径向跳动公差	F_r	①检验时,应按定义将测头(球、砧、圆柱或棱柱体)在齿轮旋转时逐齿放置在齿槽中,并与齿的两侧接触 ②测量时,球侧头的直径应选择得使其能接触到齿槽的中间部位,并应置于齿宽的中央;砧形测头的尺寸应选择得使其在齿槽中大致在分度圆的位置接触齿面

标准没有规定齿轮的公差组和检验组。对产品齿轮可采用两种不同的检验形式来评定和验收其制造质量。一种检验形式是综合检验,另一种是单项检验,但两种检验形式不能同时采用。

① 综合检验　其检验项目有:F_i'' 与 f_i''。

② 单项检验　按照齿轮的使用要求,可选择下列检验组中的一组来评定和验收齿轮精度:

a. f_{pt}、F_p、F_α、F_β、F_r;

b. f_{pt}、f_{pk}、F_p、F_α、F_β、F_r;

c. f_{pt}、F_r (仅用于 10～12 级);

d. F_i'、f_i' (有协议要求时)。

1.5.4.2　5 级精度的齿轮公差的计算公式

5 级精度齿轮的齿距偏差、齿廓偏差、螺旋线偏差、切向综合偏差、径向综合偏差及径向跳动公差计算式及使用说明见表 14-1-44。

1.5.4.3　齿轮的公差

齿轮的单个齿距偏差 $\pm f_{pt}$、齿距累积总偏差 F_p 分别见表 14-1-45 和表 14-1-46;齿廓总偏差 F_α、齿廓形状偏差 $f_{f\alpha}$、齿廓倾斜偏差 $\pm f_{H\alpha}$ 分别见表 14-1-47～表 14-1-49;螺旋线总偏差 F_β、螺旋线形状偏差 $f_{f\beta}$ 及螺旋线倾斜偏差 $\pm f_{H\beta}$ 见表 14-1-50 和表 14-1-51;一齿切向综合偏差 f_i' (测量一齿切向综合偏差 f_i' 时,其值受总重合度 ε_γ 影响,故标准给出了 f_i'/K 值)见表 14-1-52;径向综合偏差 F_i''、一齿径向综合偏差 f_i'' 见表 14-1-53 和表 14-1-54;径向跳动公差 F_r 见表 14-1-55。

表 14-1-44   **齿轮精度公差计算及使用说明**

名称及代号	5 级精度的齿轮公差计算式	使用说明
单个齿距偏差 f_{pt}	$f_{pt}=0.3(m+0.4\sqrt{d})+4$	
齿距累积偏差 F_{pk}	$F_{pk}=f_{pt}+1.6\sqrt{(k-1)m}$	
齿距累积总偏差 F_p	$F_p=0.3m+1.25\sqrt{d}+7$	
齿廓总偏差 F_α	$F_\alpha=3.2\sqrt{m}+0.22\sqrt{d}+0.7$	① 5 级精度的未圆整的计算值乘以 $2^{0.5(Q-5)}$，即可得到任意精度等级的待求值，Q 为待求值的精度等级数
齿廓形状偏差 $f_{f\alpha}$	$f_{f\alpha}=2.5\sqrt{m}+0.17\sqrt{d}+0.5$	
齿廓倾斜偏差 $f_{H\alpha}$	$f_{H\alpha}=2\sqrt{m}+0.14\sqrt{d}+0.5$	②应用公式时，参数 m、d 和 b 应取该分段界限值的几何平均值代入。例如：如果实际模数是 7mm，分段界限值为 $m=6$mm 和 $m=10$mm，允许偏差用 $m=\sqrt{6\times10}=7.746$mm 代入计算。如果计算值大于 $10\mu m$，圆整到最接近的整数；如果计算值小于 $10\mu m$，圆整到最接近的相差小于 $0.5\mu m$ 的小数或整数；如果计算值小于 $5\mu m$，圆整到最接近的相差小于 $0.1\mu m$ 的一位小数或整数
螺旋线总偏差 F_β	$F_\beta=0.1\sqrt{d}+0.63\sqrt{b}+4.2$	
螺旋线形状偏差 $f_{f\beta}$	$f_{f\beta}=0.07\sqrt{d}+0.45\sqrt{b}+3$	
螺旋线倾斜偏差 $f_{H\beta}$	$f_{H\beta}=0.07\sqrt{d}+0.45\sqrt{b}+3$	
切向综合总偏差 F_i'	$F_i'=F_p+f_i'$	③ 将实测的齿轮偏差值与表 14-1-45～表 14-1-54 中的值比较，以评定齿轮的精度等级
一齿切向综合偏差 f_i'	$f_i'=K(4.3+f_{pt}+F_\alpha)$ $=K(9+0.3m+3.2\sqrt{m}+0.34\sqrt{d})$ 式中，当 $\varepsilon_\gamma<4$ 时，$K=0.2\left(\dfrac{\varepsilon_\gamma+4}{\varepsilon_\gamma}\right)$；当 $\varepsilon_\gamma\geqslant$ 4 时，$K=0.4$ 如果产品齿轮与测量齿轮的齿宽不同，则按较小的齿宽进行 ε_γ 计算 如果对轮齿的齿廓或螺旋线进行了较大的修形，检验时 ε_γ 和 K 会受到较大的影响，因而在评定测量结果时，这些因素必须考虑在内，在这种情况下，对检验条件和记录曲线的评定另订专门的协议	④当齿轮参数不在给定的范围内或供需双方同意时，可以在公式中代入实际的齿轮参数
径向综合偏差 F_i''	$F_i''=3.2m_n+1.01\sqrt{d}+6.4$	① 5 级精度的未圆整的计算值乘以 $2^{0.5(Q-5)}$，即可得到任意精度等级的待求值，Q 为待求值的精度等级数 ②应用公式时，参数 m_n、d 和 b 应取该分段界限值的几何平均值代入。如果计算值大于 $10\mu m$，圆整到最接近的整数；如果计算值小于 $10\mu m$，圆整到最接近的相差小于 $0.5\mu m$ 的小数或整数
一齿径向综合偏差 f_i''	$f_i''=2.96m_n+0.01\sqrt{d}+0.8$	③采用表 14-1-55～表 14-1-57 中的值评定齿轮精度，仅用于供需双方有协议时。无协议时，用模数 m_n 和直径 d 的实际值代入公式计算公差值，评定齿轮的精度等级
径向跳动公差 F_r	$F_r=0.8F_p=0.24m_n+1.0\sqrt{d}+5.6$	④当齿轮参数不在给定的范围内，使用公式时，需供需双方协商一致

表 14-1-45   **单个齿距偏差 $\pm f_{pt}$**

分度圆直径 d/mm	模数 m/mm	精 度 等 级												
		0	1	2	3	4	5	6	7	8	9	10	11	12
		$\pm f_{pt}/\mu m$												
$5\leqslant d\leqslant20$	$0.5\leqslant m\leqslant2$	0.8	1.2	1.7	2.3	3.3	4.7	6.5	9.5	13.0	19.0	26.0	37.0	53.0
	$2<m\leqslant3.5$	0.9	1.3	1.8	2.6	3.7	5.0	7.5	10.0	15.0	21.0	29.0	41.0	59.0
$20<d\leqslant50$	$0.5\leqslant m\leqslant2$	0.9	1.2	1.8	2.5	3.5	5.0	7.0	10.0	14.0	20.0	28.0	40.0	56.0
	$2<m\leqslant3.5$	1.0	1.4	1.9	2.7	3.9	5.5	7.5	11.0	15.0	22.0	31.0	44.0	62.0
	$3.5<m\leqslant6$	1.1	1.5	2.1	3.0	4.3	6.0	8.5	12.0	17.0	24.0	34.0	48.0	68.0
	$6<m\leqslant10$	1.2	1.7	2.5	3.5	4.9	7.0	10.0	14.0	20.0	28.0	40.0	56.0	79.0

分度圆直径 d/mm	模数 m/mm	精度等级												
		0	1	2	3	4	5	6	7	8	9	10	11	12
		$\pm f_{pt}$/μm												
50<d≤125	0.5≤m≤2	0.9	1.3	1.9	2.7	3.8	5.5	7.5	11.0	15.0	21.0	30.0	43.0	61.0
	2<m≤3.5	1.0	1.5	2.1	2.9	4.1	6.0	8.5	12.0	17.0	23.0	33.0	47.0	66.0
	3.5<m≤6	1.1	1.6	2.3	3.2	4.6	6.5	9.0	13.0	18.0	26.0	36.0	52.0	73.0
	6<m≤10	1.3	1.8	2.6	3.7	5.0	7.5	10.0	15.0	21.0	30.0	42.0	59.0	84.0
	10<m≤16	1.6	2.2	3.1	4.4	6.5	9.0	13.0	18.0	25.0	35.0	50.0	71.0	100.0
	16<m≤25	2.0	2.8	3.9	5.5	8.0	11.0	16.0	22.0	31.0	44.0	63.0	89.0	125.0
125<d≤280	0.5≤m≤2	1.1	1.5	2.1	3.0	4.2	6.0	8.5	12.0	17.0	24.0	34.0	48.0	67.0
	2<m≤3.5	1.1	1.6	2.3	3.2	4.6	6.5	9.0	13.0	18.0	26.0	36.0	51.0	73.0
	3.5<m≤6	1.2	1.8	2.5	3.5	5.0	7.0	10.0	14.0	20.0	28.0	40.0	56.0	79.0
	6<m≤10	1.4	2.0	2.8	4.0	5.5	8.0	11.0	16.0	23.0	32.0	45.0	64.0	90.0
	10<m≤16	1.7	2.4	3.3	4.7	6.5	9.5	13.0	19.0	27.0	38.0	53.0	75.0	107.0
	16<m≤25	2.1	2.9	4.1	6.0	8.0	12.0	16.0	23.0	33.0	47.0	66.0	93.0	132.0
	25<m≤40	2.7	3.8	5.5	7.5	11.0	15.0	21.0	30.0	43.0	61.0	86.0	121.0	171.0
280<d≤560	0.5≤m≤2	1.2	1.7	2.4	3.3	4.7	6.5	9.5	13.0	19.0	27.0	38.0	54.0	76.0
	2<m≤3.5	1.3	1.8	2.5	3.6	5.0	7.0	10.0	14.0	20.0	29.0	41.0	57.0	81.0
	3.5<m≤6	1.4	1.9	2.7	3.9	5.5	8.0	11.0	16.0	22.0	31.0	44.0	62.0	88.0
	6<m≤10	1.5	2.2	3.1	4.4	6.0	8.5	12.0	17.0	25.0	35.0	49.0	70.0	99.0
	10<m≤16	1.8	2.5	3.6	5.0	7.0	10.0	14.0	20.0	29.0	41.0	58.0	81.0	115.0
	16<m≤25	2.2	3.1	4.4	6.0	9.0	12.0	18.0	25.0	35.0	50.0	70.0	99.0	140.0
	25<m≤40	2.8	4.0	5.5	8.0	11.0	16.0	22.0	32.0	45.0	63.0	90.0	127.0	180.0
	40<m≤70	3.9	5.5	8.0	11.0	16.0	22.0	31.0	45.0	63.0	89.0	126.0	178.0	252.0
560<d≤1000	0.5≤m≤2	1.3	1.9	2.7	3.8	5.5	7.5	11.0	15.0	21.0	30.0	43.0	61.0	86.0
	2<m≤3.5	1.4	2.0	2.9	4.0	5.5	8.0	11.0	16.0	23.0	32.0	46.0	65.0	91.0
	3.5<m≤6	1.5	2.2	3.1	4.3	6.0	8.5	12.0	17.0	24.0	35.0	49.0	69.0	98.0
	6<m≤10	1.7	2.4	3.4	4.8	7.0	9.5	14.0	19.0	27.0	38.0	54.0	77.0	109.0
	10<m≤16	2.0	2.8	3.9	5.5	8.0	11.0	16.0	22.0	31.0	44.0	63.0	89.0	125.0
	16<m≤25	2.3	3.3	4.7	6.5	9.5	13.0	19.0	27.0	38.0	53.0	75.0	106.0	150.0
	25<m≤40	3.0	4.2	6.0	8.5	12.0	17.0	24.0	34.0	47.0	67.0	95.0	134.0	190.0
	40<m≤70	4.1	6.0	8.0	12.0	16.0	23.0	33.0	46.0	65.0	93.0	131.0	185.0	262.0
1000<d≤1600	2≤m≤3.5	1.6	2.3	3.2	4.5	6.5	9.0	13.0	18.0	26.0	36.0	51.0	72.0	103.0
	3.5<m≤6	1.7	2.4	3.4	4.8	7.0	9.5	14.0	19.0	27.0	39.0	55.0	77.0	109.0
	6<m≤10	1.9	2.6	3.7	5.5	7.5	11.0	15.0	21.0	30.0	42.0	60.0	85.0	120.0
	10<m≤16	2.1	3.0	4.3	6.0	8.5	12.0	17.0	24.0	34.0	48.0	68.0	97.0	136.0
	16<m≤25	2.5	3.6	5.0	7.0	10.0	14.0	20.0	29.0	40.0	57.0	81.0	114.0	161.0
	25<m≤40	3.1	4.4	6.5	9.0	13.0	18.0	25.0	36.0	50.0	71.0	100.0	142.0	201.0
	40<m≤70	4.3	6.0	8.5	12.0	17.0	24.0	34.0	48.0	68.0	97.0	137.0	193.0	273.0
1600<d≤2500	3.5≤m≤6	1.9	2.7	3.8	5.5	7.5	11.0	15.0	21.0	30.0	43.0	61.0	86.0	122.0
	6<m≤10	2.1	2.9	4.1	6.0	8.5	12.0	17.0	23.0	33.0	47.0	66.0	94.0	132.0
	10<m≤16	2.3	3.3	4.7	6.5	9.5	13.0	19.0	26.0	37.0	53.0	74.0	105.0	149.0
	16<m≤25	2.7	3.8	5.5	7.5	11.0	15.0	22.0	31.0	43.0	61.0	87.0	123.0	174.0
	25<m≤40	3.3	4.7	6.5	9.5	13.0	19.0	27.0	38.0	53.0	75.0	107.0	151.0	213.0
	40<m≤70	4.5	6.5	9.0	13.0	18.0	25.0	36.0	50.0	71.0	101.0	143.0	202.0	286.0
2500<d≤4000	6≤m≤10	2.3	3.3	4.6	6.5	9.0	13.0	18.0	26.0	37.0	52.0	74.0	105.0	148.0
	10<m≤16	2.6	3.6	5.0	7.5	10.0	15.0	21.0	29.0	41.0	58.0	82.0	116.0	165.0
	16<m≤25	3.0	4.2	6.0	8.5	12.0	17.0	24.0	33.0	47.0	67.0	95.0	134.0	189.0
	25<m≤40	3.6	5.0	7.0	10.0	14.0	20.0	29.0	40.0	57.0	81.0	114.0	162.0	229.0
	40<m≤70	4.7	6.5	9.5	13.0	19.0	27.0	38.0	53.0	75.0	106.0	151.0	213.0	301.0

续表

分度圆直径 d/mm	模数 m/mm	精度等级												
		0	1	2	3	4	5	6	7	8	9	10	11	12
		$\pm f_{pt}/\mu m$												
4000<d≤6000	6≤m≤10	2.6	3.7	5.0	7.5	10.0	15.0	21.0	29.0	42.0	59.0	83.0	118.0	167.0
	10<m≤16	2.9	4.0	5.5	8.0	11.0	16.0	23.0	32.0	46.0	65.0	92.0	130.0	183.0
	16<m≤25	3.3	4.6	6.5	9.0	13.0	18.0	26.0	37.0	52.0	74.0	104.0	147.0	208.0
	25<m≤40	3.9	5.5	7.5	11.0	15.0	22.0	31.0	44.0	62.0	88.0	124.0	175.0	248.0
	40<m≤70	5.0	7.0	10.0	14.0	20.0	28.0	40.0	57.0	80.0	113.0	160.0	226.0	320.0
6000<d≤8000	10≤m≤16	3.1	4.4	6.5	9.0	13.0	18.0	25.0	36.0	50.0	71.0	101.0	142.0	201.0
	16<m≤25	3.5	5.0	7.0	10.0	14.0	20.0	28.0	40.0	57.0	80.0	113.0	160.0	226.0
	25<m≤40	4.1	6.0	8.5	12.0	17.0	23.0	33.0	47.0	66.0	94.0	133.0	188.0	266.0
	40<m≤70	5.5	7.5	11.0	15.0	21.0	30.0	42.0	60.0	84.0	119.0	169.0	239.0	338.0
8000<d≤10000	10≤m≤16	3.4	4.8	7.0	9.5	14.0	19.0	27.0	38.0	54.0	77.0	108.0	153.0	217.0
	16<m≤25	3.8	5.5	7.5	11.0	15.0	21.0	30.0	43.0	60.0	85.0	121.0	171.0	242.0
	25<m≤40	4.4	6.0	9.0	12.0	18.0	25.0	35.0	50.0	70.0	99.0	140.0	199.0	281.0
	40<m≤70	5.5	8.0	11.0	16.0	22.0	31.0	44.0	62.0	88.0	125.0	177.0	250.0	353.0

表 14-1-46　　　　　　　　　齿距累积总偏差 F_p

分度圆直径 d/mm	模数 m/mm	精度等级												
		0	1	2	3	4	5	6	7	8	9	10	11	12
		$F_p/\mu m$												
5≤d≤20	0.5≤m≤2	2.0	2.8	4.0	5.5	8.0	11.0	16.0	23.0	32.0	45.0	64.0	90.0	127.0
	2<m≤3.5	2.1	2.9	4.2	6.0	8.5	12.0	17.0	23.0	33.0	47.0	66.0	94.0	133.0
20<d≤50	0.5≤m≤2	2.5	3.6	5.0	7.0	10.0	14.0	20.0	29.0	41.0	57.0	81.0	115.0	162.0
	2<m≤3.5	2.6	3.7	5.0	7.5	10.0	15.0	21.0	30.0	42.0	59.0	84.0	119.0	168.0
	3.5<m≤6	2.7	3.9	5.5	7.5	11.0	15.0	22.0	31.0	44.0	62.0	87.0	123.0	174.0
	6<m≤10	2.9	4.1	6.0	8.0	12.0	16.0	23.0	33.0	46.0	65.0	93.0	131.0	185.0
50<d≤125	0.5≤m≤2	3.3	4.6	6.5	9.0	13.0	18.0	26.0	37.0	52.0	74.0	104.0	147.0	208.0
	2<m≤3.5	3.3	4.7	6.5	9.5	13.0	19.0	27.0	38.0	53.0	76.0	107.0	151.0	214.0
	3.5<m≤6	3.4	4.9	7.0	9.5	14.0	19.0	28.0	39.0	55.0	78.0	110.0	156.0	220.0
	6<m≤10	3.6	5.0	7.0	10.0	14.0	20.0	29.0	41.0	58.0	82.0	116.0	164.0	231.0
	10<m≤16	3.9	5.5	7.5	11.0	15.0	22.0	31.0	44.0	62.0	88.0	124.0	175.0	248.0
	16<m≤25	4.3	6.0	8.5	12.0	17.0	24.0	34.0	48.0	68.0	96.0	136.0	193.0	273.0
125<d≤280	0.5≤m≤2	4.3	6.0	8.5	12.0	17.0	24.0	35.0	49.0	69.0	98.0	138.0	195.0	276.0
	2<m≤3.5	4.4	6.0	9.0	12.0	18.0	25.0	35.0	50.0	70.0	100.0	141.0	199.0	282.0
	3.5<m≤6	4.5	6.5	9.0	13.0	18.0	25.0	36.0	51.0	72.0	102.0	144.0	204.0	288.0
	6<m≤10	4.7	6.5	9.5	13.0	19.0	26.0	37.0	53.0	75.0	106.0	149.0	211.0	299.0
	10<m≤16	4.9	7.0	10.0	14.0	20.0	28.0	39.0	56.0	79.0	112.0	158.0	223.0	316.0
	16<m≤25	5.5	7.5	11.0	15.0	21.0	30.0	43.0	60.0	85.0	120.0	170.0	241.0	341.0
	25<m≤40	6.0	8.5	12.0	17.0	24.0	34.0	47.0	67.0	95.0	134.0	190.0	269.0	380.0
280<d≤560	0.5≤m≤2	5.5	8.0	11.0	16.0	23.0	32.0	46.0	64.0	91.0	129.0	182.0	257.0	364.0
	2<m≤3.5	6.0	8.0	12.0	16.0	23.0	33.0	46.0	65.0	92.0	131.0	185.0	261.0	370.0
	3.5<m≤6	6.0	8.0	12.0	17.0	24.0	33.0	47.0	66.0	94.0	133.0	188.0	266.0	376.0
	6<m≤10	6.0	8.5	12.0	17.0	24.0	34.0	48.0	68.0	97.0	137.0	193.0	274.0	387.0
	10<m≤16	6.5	9.0	13.0	18.0	25.0	36.0	50.0	71.0	101.0	143.0	202.0	285.0	404.0
	16<m≤25	6.5	9.5	13.0	19.0	27.0	38.0	54.0	76.0	107.0	151.0	214.0	303.0	428.0
	25<m≤40	7.5	10.0	15.0	21.0	29.0	41.0	58.0	83.0	117.0	165.0	234.0	331.0	468.0
	40<m≤70	8.5	12.0	17.0	24.0	34.0	48.0	68.0	95.0	135.0	191.0	270.0	382.0	540.0

分度圆直径 d/mm	模数 m/mm	精度等级												
		0	1	2	3	4	5	6	7	8	9	10	11	12
		F_p/μm												
560<d≤1000	0.5≤m≤2	7.5	10.0	15.0	21.0	29.0	41.0	59.0	83.0	117.0	166.0	235.0	332.0	469.0
	2<m≤3.5	7.5	10.0	15.0	21.0	30.0	42.0	59.0	84.0	119.0	168.0	238.0	336.0	475.0
	3.5<m≤6	7.5	11.0	15.0	21.0	30.0	43.0	60.0	85.0	120.0	170.0	241.0	341.0	482.0
	6<m≤10	7.5	11.0	15.0	22.0	31.0	44.0	62.0	87.0	123.0	174.0	246.0	348.0	492.0
	10<m≤16	8.0	11.0	16.0	22.0	32.0	45.0	64.0	90.0	127.0	180.0	254.0	360.0	509.0
	16<m≤25	8.5	12.0	17.0	24.0	33.0	47.0	67.0	94.0	133.0	189.0	267.0	378.0	534.0
	25<m≤40	9.0	13.0	18.0	25.0	36.0	51.0	72.0	101.0	143.0	203.0	287.0	405.0	573.0
	40<m≤70	10.0	14.0	20.0	29.0	40.0	57.0	81.0	114.0	161.0	228.0	323.0	457.0	646.0
1000<d≤1600	2≤m≤3.5	9.0	13.0	18.0	26.0	37.0	52.0	74.0	105.0	148.0	209.0	296.0	418.0	591.0
	3.5<m≤6	9.5	13.0	19.0	26.0	37.0	53.0	75.0	106.0	149.0	211.0	299.0	423.0	598.0
	6<m≤10	9.5	13.0	19.0	27.0	38.0	54.0	76.0	108.0	152.0	215.0	304.0	430.0	608.0
	10<m≤16	10.0	14.0	20.0	28.0	39.0	55.0	78.0	111.0	156.0	221.0	313.0	442.0	625.0
	16<m≤25	10.0	14.0	20.0	29.0	41.0	57.0	81.0	115.0	163.0	230.0	325.0	460.0	650.0
	25<m≤40	11.0	15.0	22.0	30.0	43.0	61.0	86.0	122.0	172.0	244.0	345.0	488.0	690.0
	40<m≤70	12.0	17.0	24.0	34.0	48.0	67.0	95.0	135.0	190.0	269.0	381.0	539.0	762.0
1600<d≤2500	3.5<m≤6	11.0	16.0	23.0	32.0	45.0	64.0	91.0	129.0	182.0	257.0	364.0	514.0	727.0
	6<m≤10	12.0	16.0	23.0	33.0	46.0	65.0	92.0	130.0	184.0	261.0	369.0	522.0	738.0
	10<m≤16	12.0	17.0	24.0	33.0	47.0	67.0	94.0	133.0	189.0	267.0	377.0	534.0	755.0
	16<m≤25	12.0	17.0	24.0	34.0	49.0	69.0	97.0	138.0	195.0	276.0	390.0	551.0	780.0
	25<m≤40	13.0	18.0	26.0	36.0	51.0	72.0	102.0	145.0	205.0	290.0	409.0	579.0	819.0
	40<m≤70	14.0	20.0	28.0	39.0	56.0	79.0	111.0	158.0	223.0	315.0	446.0	603.0	891.0
2500<d≤4000	6≤m≤10	14.0	20.0	28.0	40.0	56.0	80.0	113.0	159.0	225.0	318.0	450.0	637.0	901.0
	10<m≤16	14.0	20.0	29.0	41.0	57.0	81.0	115.0	162.0	229.0	324.0	459.0	649.0	917.0
	16<m≤25	15.0	21.0	29.0	42.0	59.0	83.0	118.0	167.0	236.0	333.0	471.0	666.0	942.0
	25<m≤40	15.0	22.0	31.0	43.0	61.0	87.0	123.0	174.0	245.0	347.0	491.0	694.0	982.0
	40<m≤70	16.0	23.0	33.0	47.0	66.0	93.0	132.0	186.0	264.0	373.0	525.0	745.0	1054.0
4000<d≤6000	6≤m≤10	17.0	24.0	34.0	48.0	68.0	97.0	137.0	194.0	274.0	387.0	548.0	775.0	1095.0
	10<m≤16	17.0	25.0	35.0	49.0	69.0	98.0	139.0	197.0	278.0	393.0	556.0	786.0	1112.0
	16<m≤25	18.0	25.0	36.0	50.0	71.0	100.0	142.0	201.0	284.0	402.0	568.0	804.0	1137.0
	25<m≤40	18.0	26.0	37.0	52.0	74.0	104.0	147.0	208.0	294.0	416.0	588.0	832.0	1176.0
	40<m≤70	20.0	28.0	39.0	55.0	78.0	110.0	156.0	221.0	312.0	441.0	624.0	883.0	1249.0
6000<d≤8000	10≤m≤16	20.0	29.0	41.0	57.0	81.0	115.0	162.0	230.0	325.0	459.0	650.0	919.0	1299.0
	16<m≤25	21.0	29.0	41.0	59.0	83.0	117.0	166.0	234.0	331.0	468.0	662.0	936.0	1324.0
	25<m≤40	21.0	30.0	43.0	60.0	85.0	121.0	170.0	241.0	341.0	482.0	682.0	964.0	1364.0
	40<m≤70	22.0	32.0	45.0	63.0	90.0	127.0	179.0	254.0	359.0	508.0	718.0	1015.0	1436.0
8000<d≤10000	10≤m≤16	23.0	32.0	46.0	65.0	91.0	129.0	182.0	258.0	365.0	516.0	730.0	1032.0	1460.0
	16<m≤25	23.0	33.0	46.0	66.0	93.0	131.0	186.0	262.0	371.0	525.0	742.0	1050.0	1485.0
	25<m≤40	24.0	34.0	48.0	67.0	95.0	135.0	191.0	269.0	381.0	539.0	762.0	1078.0	1524.0
	40<m≤70	25.0	35.0	50.0	71.0	100.0	141.0	200.0	282.0	399.0	564.0	798.0	1129.0	1596.0

表 14-1-47　　　　　　　　　　齿廓总偏差 F_α

分度圆直径 d/mm	模数 m/mm	精度等级												
		0	1	2	3	4	5	6	7	8	9	10	11	12
		F_α/μm												
5≤d≤20	0.5≤m≤2	0.8	1.1	1.6	2.3	3.2	4.6	6.5	9.0	13.0	18.0	26.0	37.0	52.0
	2<m≤3.5	1.2	1.7	2.3	3.3	4.7	6.5	9.5	13.0	19.0	26.0	37.0	53.0	75.0

续表

分度圆直径 d/mm	模数 m/mm	精度等级												
		0	1	2	3	4	5	6	7	8	9	10	11	12
		$F_\alpha/\mu m$												
20<d≤50	0.5≤m≤2	0.9	1.3	1.8	2.6	3.6	5.0	7.5	10.0	15.0	21.0	29.0	41.0	58.0
	2<m≤3.5	1.3	1.8	2.5	3.6	5.0	7.0	10.0	14.0	20.0	29.0	40.0	57.0	81.0
	3.5<m≤6	1.6	2.2	3.1	4.4	6.0	9.0	12.0	18.0	25.0	35.0	50.0	70.0	99.0
	6<m≤10	1.9	2.7	3.8	5.5	7.5	11.0	15.0	22.0	31.0	43.0	61.0	87.0	123.0
50<d≤125	0.5≤m≤2	1.0	1.5	2.1	2.9	4.1	6.0	8.5	12.0	17.0	23.0	33.0	47.0	66.0
	2<m≤3.5	1.4	2.0	2.8	3.9	5.5	8.0	11.0	16.0	22.0	31.0	44.0	63.0	89.0
	3.5<m≤6	1.7	2.4	3.4	4.8	6.5	9.5	13.0	19.0	27.0	38.0	54.0	76.0	108.0
	6<m≤10	2.0	2.9	4.1	6.0	8.0	12.0	16.0	23.0	33.0	46.0	65.0	92.0	131.0
	10<m≤16	2.5	3.5	5.0	7.0	10.0	14.0	20.0	28.0	40.0	56.0	79.0	112.0	159.0
	16<m≤25	3.0	4.2	6.0	8.5	12.0	17.0	24.0	34.0	48.0	68.0	96.0	136.0	192.0
125<d≤280	0.5≤m≤2	1.2	1.7	2.4	3.5	4.9	7.0	10.0	14.0	20.0	28.0	39.0	55.0	78.0
	2<m≤3.5	1.6	2.2	3.2	4.5	6.5	9.0	13.0	18.0	25.0	36.0	50.0	71.0	101.0
	3.5<m≤6	1.9	2.6	3.7	5.5	7.5	11.0	15.0	21.0	30.0	42.0	60.0	84.0	119.0
	6<m≤10	2.2	3.2	4.5	6.5	9.0	13.0	18.0	25.0	36.0	50.0	71.0	101.0	143.0
	10<m≤16	2.7	3.8	5.5	7.5	11.0	15.0	21.0	30.0	43.0	60.0	85.0	121.0	171.0
	16<m≤25	3.2	4.5	6.5	9.0	13.0	18.0	25.0	36.0	51.0	72.0	102.0	144.0	204.0
	25<m≤40	3.8	5.5	7.5	11.0	15.0	22.0	31.0	43.0	61.0	87.0	123.0	174.0	246.0
280<d≤560	0.5≤m≤2	1.5	2.1	2.9	4.1	6.0	8.5	12.0	17.0	23.0	33.0	47.0	66.0	94.0
	2<m≤3.5	1.8	2.6	3.6	5.0	7.5	10.0	15.0	21.0	29.0	41.0	58.0	82.0	116.0
	3.5<m≤6	2.1	3.0	4.2	6.0	8.5	12.0	17.0	24.0	34.0	48.0	67.0	95.0	135.0
	6<m≤10	2.5	3.5	4.9	7.0	10.0	14.0	20.0	28.0	40.0	56.0	79.0	112.0	158.0
	10<m≤16	2.9	4.1	6.0	8.0	12.0	16.0	23.0	33.0	47.0	66.0	93.0	132.0	186.0
	16<m≤25	3.4	4.8	7.0	9.5	14.0	19.0	27.0	39.0	55.0	78.0	110.0	155.0	219.0
	25<m≤40	4.1	6.0	8.0	12.0	16.0	23.0	33.0	46.0	65.0	92.0	131.0	185.0	261.0
	40<m≤70	5.0	7.0	10.0	14.0	20.0	28.0	40.0	57.0	80.0	113.0	160.0	227.0	321.0
560<d≤1000	0.5≤m≤2	1.8	2.5	3.5	5.0	7.0	10.0	14.0	20.0	28.0	40.0	56.0	79.0	112.0
	2<m≤3.5	2.1	3.0	4.2	6.0	8.5	12.0	17.0	24.0	34.0	48.0	67.0	95.0	135.0
	3.5<m≤6	2.4	3.4	4.8	7.0	9.5	14.0	19.0	27.0	38.0	54.0	77.0	109.0	154.0
	6<m≤10	2.8	3.9	5.5	8.0	11.0	16.0	22.0	31.0	44.0	62.0	88.0	125.0	177.0
	10<m≤16	3.2	4.5	6.5	9.0	13.0	18.0	26.0	36.0	51.0	72.0	102.0	145.0	205.0
	16<m≤25	3.7	5.5	7.5	11.0	15.0	21.0	30.0	42.0	59.0	84.0	119.0	168.0	238.0
	25<m≤40	4.4	6.0	8.5	12.0	17.0	25.0	35.0	49.0	70.0	99.0	140.0	198.0	280.0
	40<m≤70	5.5	7.5	11.0	15.0	21.0	30.0	42.0	60.0	85.0	120.0	170.0	240.0	339.0
1000<d≤1600	2<m≤3.5	2.4	3.4	4.9	7.0	9.5	14.0	19.0	27.0	39.0	55.0	78.0	110.0	155.0
	3.5<m≤6	2.7	3.8	5.5	7.5	11.0	15.0	22.0	31.0	43.0	61.0	87.0	123.0	174.0
	6<m≤10	3.1	4.4	6.0	8.5	12.0	17.0	25.0	35.0	49.0	70.0	99.0	139.0	197.0
	10<m≤16	3.5	5.0	7.0	10.0	14.0	20.0	28.0	40.0	56.0	80.0	113.0	159.0	225.0
	16<m≤25	4.0	5.5	8.0	11.0	16.0	23.0	32.0	46.0	65.0	91.0	129.0	183.0	258.0
	25<m≤40	4.7	6.5	9.5	13.0	19.0	27.0	38.0	53.0	75.0	106.0	150.0	212.0	300.0
	40<m≤70	5.5	8.0	11.0	16.0	22.0	32.0	45.0	64.0	90.0	127.0	180.0	254.0	360.0
1600<d≤2500	3.5<m≤6	3.1	4.3	6.0	8.5	12.0	17.0	25.0	35.0	49.0	70.0	98.0	139.0	197.0
	6<m≤10	3.4	4.9	7.0	9.5	14.0	19.0	27.0	39.0	55.0	78.0	110.0	156.0	220.0
	10<m≤16	3.9	5.5	7.5	11.0	15.0	22.0	31.0	44.0	62.0	88.0	124.0	175.0	248.0
	16<m≤25	4.4	6.0	9.0	12.0	18.0	25.0	35.0	50.0	70.0	99.0	141.0	199.0	281.0
	25<m≤40	5.0	7.0	10.0	14.0	20.0	29.0	40.0	57.0	81.0	114.0	161.0	228.0	323.0
	40<m≤70	6.0	8.5	12.0	17.0	24.0	34.0	48.0	68.0	96.0	135.0	191.0	271.0	383.0

续表

分度圆直径 d/mm	模数 m/mm	精 度 等 级												
		0	1	2	3	4	5	6	7	8	9	10	11	12
		F_α/μm												
2500<d ≤4000	6≤m≤10	3.9	5.5	8.0	11.0	16.0	22.0	31.0	44.0	62.0	88.0	124.0	176.0	249.0
	10<m≤16	4.3	6.0	8.5	12.0	17.0	24.0	35.0	49.0	69.0	98.0	138.0	196.0	277.0
	16<m≤25	4.8	7.0	9.5	14.0	19.0	27.0	39.0	55.0	77.0	110.0	155.0	219.0	310.0
	25<m≤40	5.5	8.0	11.0	16.0	22.0	31.0	44.0	62.0	88.0	124.0	176.0	249.0	351.0
	40<m≤70	6.5	9.0	13.0	18.0	26.0	36.0	51.0	73.0	103.0	145.0	206.0	291.0	411.0
4000<d ≤6000	6≤m≤10	4.4	6.5	9.0	13.0	18.0	25.0	35.0	50.0	71.0	100.0	141.0	200.0	283.0
	10<m≤16	4.9	7.0	9.5	14.0	19.0	27.0	39.0	55.0	78.0	110.0	155.0	220.0	311.0
	16<m≤25	5.5	7.5	11.0	15.0	22.0	30.0	43.0	61.0	86.0	122.0	172.0	243.0	344.0
	25<m≤40	6.0	8.5	12.0	17.0	24.0	34.0	48.0	68.0	96.0	136.0	193.0	273.0	386.0
	40<m≤70	7.0	10.0	14.0	20.0	28.0	39.0	56.0	79.0	111.0	158.0	223.0	315.0	445.0
6000<d ≤8000	10≤m≤16	5.5	7.5	11.0	15.0	21.0	30.0	43.0	61.0	86.0	122.0	172.0	243.0	344.0
	16<m≤25	6.0	8.5	12.0	17.0	24.0	33.0	47.0	67.0	94.0	113.0	189.0	267.0	377.0
	25<m≤40	6.5	9.5	13.0	19.0	26.0	37.0	52.0	74.0	105.0	148.0	209.0	296.0	419.0
	40<m≤70	7.5	11.0	15.0	21.0	30.0	42.0	60.0	85.0	120.0	169.0	239.0	338.0	478.0
8000<d ≤10000	10≤m≤16	6.0	8.0	12.0	16.0	23.0	33.0	47.0	66.0	93.0	132.0	186.0	263.0	372.0
	16<m≤25	6.5	9.0	13.0	18.0	25.0	36.0	51.0	72.0	101.0	143.0	203.0	287.0	405.0
	25<m≤40	7.0	10.0	14.0	20.0	28.0	40.0	56.0	79.0	112.0	158.0	223.0	316.0	447.0
	40<m≤70	8.0	11.0	16.0	22.0	32.0	45.0	63.0	90.0	127.0	179.0	253.0	358.0	507.0

表 14-1-48　　　　　　　　　　　齿廓形状偏差 $f_{f\alpha}$

分度圆直径 d/mm	法向模数 m/mm	精 度 等 级												
		0	1	2	3	4	5	6	7	8	9	10	11	12
		$f_{f\alpha}$/μm												
5≤d≤20	0.5≤m≤2	0.6	0.9	1.3	1.8	2.5	3.5	5.0	7.0	10.0	14.0	20.0	28.0	40.0
	2<m≤3.5	0.9	1.3	1.8	2.6	3.6	5.0	7.0	10.0	14.0	20.0	29.0	41.0	58.0
20<d≤50	0.5≤m≤2	0.7	1.0	1.4	2.0	2.8	4.0	5.5	8.0	11.0	16.0	22.0	32.0	45.0
	2<m≤3.5	1.0	1.4	2.0	2.8	3.9	5.5	8.0	11.0	16.0	22.0	31.0	44.0	62.0
	3.5<m≤6	1.2	1.7	2.4	3.4	4.8	7.0	9.5	14.0	19.0	27.0	39.0	54.0	77.0
	6<m≤10	1.5	2.1	3.0	4.2	6.0	8.5	12.0	17.0	24.0	34.0	48.0	67.0	95.0
50<d≤125	0.5≤m≤2	0.8	1.1	1.6	2.3	3.2	4.5	6.5	9.0	13.0	18.0	26.0	36.0	51.0
	2<m≤3.5	1.1	1.5	2.1	3.0	4.3	6.0	8.5	12.0	17.0	24.0	34.0	49.0	69.0
	3.5<m≤6	1.3	1.8	2.6	3.7	5.0	7.5	10.0	15.0	21.0	29.0	42.0	59.0	83.0
	6<m≤10	1.6	2.2	3.2	4.5	6.5	9.0	13.0	18.0	25.0	36.0	51.0	72.0	101.0
	10<m≤16	1.9	2.7	3.9	5.5	7.5	11.0	15.0	22.0	31.0	44.0	62.0	87.0	123.0
	16<m≤25	2.3	3.3	4.7	6.5	9.5	13.0	19.0	26.0	37.0	53.0	75.0	106.0	149.0
125<d≤280	0.5≤m≤2	0.9	1.3	1.9	2.7	3.8	5.5	7.5	11.0	15.0	21.0	30.0	43.0	60.0
	2<m≤3.5	1.2	1.7	2.4	3.4	4.9	7.0	9.5	14.0	19.0	28.0	39.0	55.0	78.0
	3.5<m≤6	1.4	2.0	2.9	4.1	6.0	8.0	12.0	16.0	23.0	33.0	46.0	65.0	93.0
	6<m≤10	1.7	2.4	3.5	4.9	7.0	10.0	14.0	20.0	28.0	39.0	55.0	78.0	111.0
	10<m≤16	2.1	2.9	4.0	6.0	8.5	12.0	17.0	23.0	33.0	47.0	66.0	94.0	133.0
	16<m≤25	2.5	3.5	5.0	7.0	10.0	14.0	20.0	28.0	40.0	56.0	79.0	112.0	158.0
	25<m≤40	3.0	4.2	6.0	8.5	12.0	17.0	24.0	34.0	48.0	68.0	96.0	135.0	191.0

续表

分度圆直径 d/mm	法向模数 m/mm	精度等级 f_{fa}/μm												
		0	1	2	3	4	5	6	7	8	9	10	11	12
280<d≤560	0.5≤m≤2	1.1	1.6	2.3	3.2	4.5	6.5	9.0	13.0	18.0	26.0	36.0	51.0	72.0
	2<m≤3.5	1.4	2.0	2.8	4.0	5.5	8.0	11.0	16.0	22.0	32.0	45.0	64.0	90.0
	3.5<m≤6	1.6	2.3	3.3	4.6	6.5	9.0	13.0	18.0	26.0	37.0	52.0	74.0	104.0
	6<m≤10	1.9	2.7	3.8	5.5	7.5	11.0	15.0	22.0	31.0	43.0	61.0	87.0	123.0
	10<m≤16	2.3	3.2	4.5	6.5	9.0	13.0	18.0	26.0	36.0	51.0	72.0	102.0	145.0
	16<m≤25	2.7	3.8	5.5	7.5	11.0	15.0	21.0	30.0	43.0	60.0	85.0	121.0	170.0
	25<m≤40	3.2	4.5	6.5	9.0	13.0	18.0	25.0	36.0	51.0	72.0	101.0	144.0	203.0
	40<m≤70	3.9	5.5	8.0	11.0	16.0	22.0	31.0	44.0	62.0	88.0	125.0	177.0	250.0
560<d≤1000	0.5≤m≤2	1.4	1.9	2.7	3.8	5.5	7.5	11.0	15.0	22.0	31.0	43.0	61.0	87.0
	2<m≤3.5	1.6	2.3	3.3	4.6	6.5	9.0	13.0	18.0	26.0	37.0	52.0	74.0	104.0
	3.5<m≤6	1.9	2.6	3.7	5.5	7.5	11.0	15.0	21.0	30.0	42.0	59.0	84.0	119.0
	6<m≤10	2.1	3.0	4.3	6.0	8.5	12.0	17.0	24.0	34.0	48.0	68.0	97.0	137.0
	10<m≤16	2.5	3.5	5.0	7.0	10.0	14.0	20.0	28.0	40.0	56.0	79.0	112.0	159.0
	16<m≤25	2.9	4.1	6.0	8.0	12.0	16.0	23.0	33.0	46.0	65.0	92.0	131.0	185.0
	25<m≤40	3.4	4.8	7.0	9.5	14.0	19.0	27.0	38.0	54.0	77.0	109.0	154.0	217.0
	40<m≤70	4.1	6.0	8.5	12.0	17.0	23.0	33.0	47.0	66.0	93.0	132.0	187.0	264.0
1000<d≤1600	2≤m≤3.5	1.9	2.7	3.8	5.5	7.5	11.0	15.5	21.0	30.0	42.0	60.0	85.0	120.0
	3.5<m≤6	2.1	3.0	4.2	6.0	8.5	12.0	17.0	24.0	34.0	48.0	67.0	95.0	135.0
	6<m≤10	2.4	3.4	4.8	7.0	9.5	14.0	19.0	27.0	38.0	54.0	76.0	108.0	153.0
	10<m≤16	2.7	3.9	5.5	7.5	11.0	15.0	22.0	31.0	44.0	62.0	87.0	124.0	175.0
	16<m≤25	3.1	4.4	6.5	9.0	13.0	18.0	25.0	35.0	50.0	71.0	100.0	142.0	201.0
	25<m≤40	3.6	5.0	7.5	10.0	15.0	21.0	29.0	41.0	58.0	82.0	117.0	165.0	233.0
	40<m≤70	4.4	6.0	8.5	12.0	17.0	25.0	35.0	49.0	70.0	99.0	140.0	198.0	280.0
1600<d≤2500	3.5≤m≤6	2.4	3.4	4.8	6.5	9.5	13.0	19.0	27.0	38.0	54.0	76.0	108.0	152.0
	6<m≤10	2.7	3.8	5.5	7.5	11.0	15.0	21.0	30.0	43.0	60.0	85.0	120.0	170.0
	10<m≤16	3.0	4.2	6.0	8.5	12.0	17.0	24.0	34.0	48.0	68.0	96.0	136.0	192.0
	16<m≤25	3.4	4.8	7.0	9.5	14.0	19.0	27.0	39.0	55.0	77.0	109.0	154.0	218.0
	25<m≤40	3.9	5.5	8.0	11.0	16.0	22.0	31.0	44.0	63.0	89.0	125.0	177.0	251.0
	40<m≤70	4.6	6.5	9.5	13.0	19.0	26.0	37.0	53.0	74.0	105.0	149.0	210.0	297.0
2500<d≤4000	6≤m≤10	3.0	4.3	6.0	8.5	12.0	17.0	24.0	34.0	48.0	68.0	96.0	136.0	193.0
	10<m≤16	3.4	4.7	6.5	9.5	13.0	19.0	27.0	38.0	54.0	76.0	107.0	152.0	214.0
	16<m≤25	3.8	5.5	7.5	11.0	15.0	21.0	30.0	42.0	60.0	85.0	120.0	170.0	240.0
	25<m≤40	4.3	6.0	8.5	12.0	17.0	24.0	34.0	48.0	68.0	96.0	136.0	193.0	273.0
	40<m≤70	5.0	7.0	10.0	14.0	20.0	28.0	40.0	56.0	80.0	113.0	160.0	226.0	320.0
4000<d≤6000	6≤m≤10	3.4	4.8	7.0	9.5	14.0	19.0	27.0	39.0	55.0	77.0	109.0	155.0	219.0
	10<m≤16	3.8	5.5	7.5	11.0	15.0	21.0	30.0	43.0	60.0	85.0	120.0	170.0	241.0
	16<m≤25	4.2	6.0	8.5	12.0	17.0	24.0	33.0	47.0	67.0	94.0	133.0	189.0	267.0
	25<m≤40	4.7	6.5	9.5	13.0	19.0	26.0	37.0	53.0	75.0	106.0	150.0	212.0	299.0
	40<m≤70	5.5	7.5	11.0	15.0	22.0	31.0	43.0	61.0	87.0	122.0	173.0	245.0	346.0
6000<d≤8000	10≤m≤16	4.2	6.0	8.5	12.0	17.0	24.0	33.0	47.0	67.0	94.0	133.0	188.0	266.0
	16<m≤25	4.6	6.5	9.0	13.0	18.0	26.0	37.0	52.0	73.0	103.0	146.0	207.0	292.0
	25<m≤40	5.0	7.0	10.0	14.0	20.0	29.0	41.0	57.0	81.0	115.0	162.0	230.0	325.0
	40<m≤70	6.0	8.0	12.0	16.0	23.0	33.0	46.0	66.0	93.0	131.0	186.0	263.0	371.0
8000<d≤10000	10≤m≤16	4.5	6.5	9.0	13.0	18.0	25.0	36.0	51.0	72.0	102.0	144.0	204.0	288.0
	16<m≤25	4.9	7.0	10.0	14.0	20.0	28.0	39.0	56.0	79.0	111.0	157.0	222.0	314.0
	25<m≤40	5.5	7.5	11.0	15.0	22.0	31.0	43.0	61.0	87.0	123.0	173.0	245.0	347.0
	40<m≤70	6.0	8.5	12.0	17.0	25.0	35.0	49.0	70.0	98.0	139.0	197.0	278.0	393.0

表 14-1-49　　　　　　　　　　　　　　　　齿廓倾斜偏差 $\pm f_{H\alpha}$

分度圆直径 d/mm	法向模数 m/mm	精度等级												
		0	1	2	3	4	5	6	7	8	9	10	11	12
		$\pm f_{H\alpha}/\mu m$												
$5 \leqslant d \leqslant 20$	$0.5 \leqslant m \leqslant 2$	0.5	0.7	1.0	1.5	2.1	2.9	4.2	6.0	8.5	12.0	17.0	24.0	33.0
	$2 < m \leqslant 3.5$	0.7	1.0	1.5	2.1	3.0	4.2	6.0	8.5	12.0	17.0	24.0	34.0	47.0
$20 < d \leqslant 50$	$0.5 \leqslant m \leqslant 2$	0.6	0.8	1.2	1.6	2.3	3.3	4.6	6.5	9.5	13.0	19.0	26.0	37.0
	$2 < m \leqslant 3.5$	0.8	1.1	1.6	2.3	3.2	4.5	6.5	9.0	13.0	18.0	26.0	36.0	51.0
	$3.5 < m \leqslant 6$	1.0	1.4	2.0	2.8	3.9	5.5	8.0	11.0	16.0	22.0	32.0	45.0	63.0
	$6 < m \leqslant 10$	1.2	1.7	2.4	3.4	4.8	7.0	9.5	14.0	19.0	27.0	39.0	55.0	78.0
$50 < d \leqslant 125$	$0.5 \leqslant m \leqslant 2$	0.7	0.9	1.3	1.9	2.6	3.7	5.5	7.5	11.0	15.0	21.0	30.0	42.0
	$2 < m \leqslant 3.5$	0.9	1.2	1.8	2.5	3.5	5.0	7.0	10.0	14.0	20.0	28.0	40.0	57.0
	$3.5 < m \leqslant 6$	1.1	1.5	2.1	3.0	4.3	6.0	8.5	12.0	17.0	24.0	34.0	48.0	68.0
	$6 < m \leqslant 10$	1.3	1.8	2.6	3.7	5.0	7.5	10.0	15.0	21.0	29.0	41.0	58.0	83.0
	$10 < m \leqslant 16$	1.6	2.2	3.1	4.4	6.5	9.0	13.0	18.0	25.0	35.0	50.0	71.0	100.0
	$16 < m \leqslant 25$	1.9	2.7	3.8	5.5	7.5	11.0	15.0	21.0	30.0	43.0	60.0	86.0	121.0
$125 < d \leqslant 280$	$0.5 \leqslant m \leqslant 2$	0.8	1.1	1.6	2.2	3.1	4.4	6.0	9.0	12.0	18.0	25.0	35.0	50.0
	$2 < m \leqslant 3.5$	1.0	1.4	2.0	2.8	4.0	5.5	8.0	11.0	16.0	23.0	32.0	45.0	64.0
	$3.5 < m \leqslant 6$	1.2	1.7	2.4	3.3	4.7	6.5	9.5	13.0	19.0	27.0	38.0	54.0	76.0
	$6 < m \leqslant 10$	1.4	2.0	2.8	4.0	5.5	8.0	11.0	16.0	23.0	32.0	45.0	64.0	90.0
	$10 < m \leqslant 16$	1.7	2.4	3.4	4.8	6.5	9.5	13.0	19.0	27.0	38.0	54.0	76.0	108.0
	$16 < m \leqslant 25$	2.0	2.8	4.0	5.5	8.0	11.0	16.0	23.0	32.0	45.0	64.0	91.0	129.0
	$25 < m \leqslant 40$	2.4	3.4	4.8	7.0	9.5	14.0	19.0	27.0	39.0	55.0	77.0	109.0	155.0
$280 < d \leqslant 560$	$0.5 \leqslant m \leqslant 2$	0.9	1.3	1.9	2.6	3.7	5.5	7.5	11.0	15.0	21.0	30.0	42.0	60.0
	$2 < m \leqslant 3.5$	1.2	1.6	2.3	3.3	4.6	6.5	9.0	13.0	18.0	26.0	37.0	52.0	74.0
	$3.5 < m \leqslant 6$	1.3	1.9	2.7	3.8	5.5	7.5	11.0	15.0	21.0	30.0	43.0	61.0	86.0
	$6 < m \leqslant 10$	1.6	2.2	3.1	4.4	6.5	9.0	13.0	18.0	25.0	35.0	50.0	71.0	100.0
	$10 < m \leqslant 16$	1.8	2.6	3.7	5.0	7.5	10.0	15.0	21.0	29.0	42.0	59.0	83.0	118.0
	$16 < m \leqslant 25$	2.2	3.1	4.3	6.0	8.5	12.0	17.0	24.0	35.0	49.0	69.0	98.0	138.0
	$25 < m \leqslant 40$	2.6	3.6	5.0	7.5	10.0	15.0	21.0	29.0	41.0	58.0	82.0	116.0	164.0
	$40 < m \leqslant 70$	3.2	4.5	6.5	9.0	13.0	18.0	25.0	36.0	50.0	71.0	101.0	143.0	202.0
$560 < d$ $\leqslant 1000$	$0.5 \leqslant m \leqslant 2$	1.1	1.6	2.2	3.2	4.5	6.5	9.0	13.0	18.0	25.0	36.0	51.0	72.0
	$2 < m \leqslant 3.5$	1.3	1.9	2.7	3.8	5.5	7.5	11.0	15.0	21.0	30.0	43.0	61.0	86.0
	$3.5 < m \leqslant 6$	1.5	2.2	3.0	4.3	6.0	8.5	12.0	17.0	24.0	34.0	49.0	69.0	97.0
	$6 < m \leqslant 10$	1.7	2.5	3.5	4.9	7.0	10.0	14.0	20.0	28.0	40.0	56.0	79.0	112.0
	$10 < m \leqslant 16$	2.0	2.9	4.0	5.5	8.0	11.0	16.0	23.0	32.0	46.0	65.0	92.0	129.0
	$16 < m \leqslant 25$	2.3	3.3	4.7	6.5	9.5	13.0	19.0	27.0	38.0	53.0	75.0	106.0	150.0
	$25 < m \leqslant 40$	2.8	3.9	5.5	8.0	11.0	16.0	22.0	31.0	44.0	62.0	88.0	125.0	176.0
	$40 < m \leqslant 70$	3.3	4.7	6.5	9.5	13.0	19.0	27.0	38.0	53.0	76.0	107.0	151.0	214.0
$1000 < d$ $\leqslant 1600$	$2 \leqslant m \leqslant 3.5$	1.5	2.2	3.1	4.4	6.0	8.5	12.0	17.0	25.0	35.0	49.0	70.0	99.0
	$3.5 < m \leqslant 6$	1.7	2.4	3.5	4.9	7.0	10.0	14.0	20.0	28.0	39.0	55.0	78.0	110.0
	$6 < m \leqslant 10$	2.0	2.8	3.9	5.5	8.0	11.0	16.0	22.0	31.0	44.0	62.0	88.0	125.0
	$10 < m \leqslant 16$	2.2	3.1	4.5	6.5	9.0	13.0	18.0	25.0	36.0	50.0	71.0	101.0	142.0
	$16 < m \leqslant 25$	2.5	3.6	5.0	7.0	10.0	14.0	20.0	29.0	41.0	58.0	82.0	115.0	163.0
	$25 < m \leqslant 40$	3.0	4.2	6.0	8.5	12.0	17.0	24.0	33.0	47.0	67.0	95.0	134.0	189.0
	$40 < m \leqslant 70$	3.5	5.0	7.0	10.0	14.0	20.0	28.0	40.0	57.0	80.0	113.0	160.0	227.0
$1600 < d$ $\leqslant 2500$	$3.5 \leqslant m \leqslant 6$	2.0	2.8	3.9	5.5	8.0	11.0	16.0	22.0	31.0	44.0	62.0	88.0	125.0
	$6 < m \leqslant 10$	2.2	3.1	4.4	6.0	8.5	12.0	17.0	25.0	35.0	49.0	70.0	99.0	139.0
	$10 < m \leqslant 16$	2.5	3.5	4.9	7.0	10.0	14.0	20.0	28.0	39.0	55.0	78.0	111.0	157.0
	$16 < m \leqslant 25$	2.8	3.9	5.5	8.0	11.0	16.0	22.0	31.0	44.0	63.0	89.0	126.0	178.0
	$25 < m \leqslant 40$	3.2	4.5	6.5	9.0	13.0	18.0	25.0	36.0	51.0	72.0	102.0	144.0	204.0
	$40 < m \leqslant 70$	3.8	5.5	7.5	11.0	15.0	21.0	30.0	43.0	60.0	85.0	121.0	170.0	241.0

续表

分度圆直径 d/mm	法向模数 m/mm	精度等级												
		0	1	2	3	4	5	6	7	8	9	10	11	12
		$\pm f_{H\alpha}$/μm												
2500<d≤4000	6≤m≤10	2.5	3.5	4.9	7.0	10.0	14.0	20.0	28.0	39.0	56.0	79.0	112.0	158.0
	10<m≤16	2.7	3.9	5.5	7.5	11.0	15.0	22.0	31.0	44.0	62.0	88.0	124.0	175.0
	16<m≤25	3.1	4.3	6.0	8.5	12.0	17.0	24.0	35.0	49.0	69.0	98.0	139.0	196.0
	25<m≤40	3.5	4.9	7.0	10.0	14.0	20.0	28.0	39.0	55.0	78.0	111.0	157.0	222.0
	40<m≤70	4.1	5.5	8.0	11.0	16.0	23.0	32.0	46.0	65.0	92.0	130.0	183.0	259.0
4000<d≤6000	6≤m≤10	2.8	4.0	5.5	8.0	11.0	16.0	22.0	32.0	45.0	63.0	90.0	127.0	179.0
	10<m≤16	3.1	4.4	6.0	8.5	12.0	17.0	25.0	35.0	49.0	70.0	98.0	139.0	197.0
	16<m≤25	3.4	4.8	7.0	9.5	14.0	19.0	27.0	38.0	54.0	77.0	109.0	154.0	218.0
	25<m≤40	3.8	5.5	7.5	11.0	15.0	22.0	30.0	43.0	61.0	86.0	122.0	172.0	244.0
	40<m≤70	4.4	6.0	9.0	12.0	18.0	25.0	35.0	50.0	70.0	99.0	141.0	199.0	281.0
6000<d≤8000	10≤m≤16	3.4	4.8	7.0	9.5	14.0	19.0	27.0	39.0	54.0	77.0	109.0	154.0	218.0
	16<m≤25	3.7	5.5	7.5	11.0	15.0	21.0	30.0	42.0	60.0	84.0	119.0	169.0	239.0
	25<m≤40	4.1	6.0	8.5	12.0	17.0	23.0	33.0	47.0	66.0	94.0	132.0	187.0	265.0
	40<m≤70	4.7	6.5	9.5	13.0	19.0	27.0	38.0	53.0	76.0	107.0	151.0	214.0	302.0
8000<d≤10000	10≤m≤16	3.7	5.0	7.5	10.0	15.0	21.0	29.0	42.0	59.0	83.0	118.0	167.0	236.0
	16<m≤25	4.0	5.5	8.0	11.0	16.0	23.0	32.0	45.0	64.0	91.0	128.0	181.0	257.0
	25<m≤40	4.4	6.0	9.0	12.0	18.0	25.0	35.0	50.0	71.0	100.0	141.0	200.0	283.0
	40<m≤70	5.0	7.0	10.0	14.0	20.0	28.0	40.0	57.0	80.0	113.0	160.0	226.0	320.0

表 14-1-50　　　　　　　　螺旋线总偏差 F_β

分度圆直径 d/mm	齿宽 b/mm	精度等级												
		0	1	2	3	4	5	6	7	8	9	10	11	12
		F_β/μm												
5≤d≤20	4≤b≤10	1.1	1.5	2.2	3.1	4.3	6.0	8.5	12.0	17.0	24.0	35.0	49.0	69.0
	10<b≤20	1.2	1.7	2.4	3.4	4.9	7.0	9.5	14.0	19.0	28.0	39.0	55.0	78.0
	20<b≤40	1.4	2.0	2.8	3.9	5.5	8.0	11.0	16.0	22.0	31.0	45.0	63.0	89.0
	40<b≤80	1.6	2.3	3.3	4.6	6.5	9.5	13.0	19.0	26.0	37.0	52.0	74.0	105.0
20<d≤50	4≤b≤10	1.1	1.6	2.2	3.2	4.5	6.5	9.0	13.0	18.0	25.0	36.0	51.0	72.0
	10<b≤20	1.3	1.8	2.5	3.6	5.0	7.0	10.0	14.0	20.0	29.0	40.0	57.0	81.0
	20<b≤40	1.4	2.0	2.9	4.1	5.5	8.0	11.0	16.0	23.0	32.0	46.0	65.0	92.0
	40<b≤80	1.7	2.4	3.4	4.8	6.5	9.5	13.0	19.0	27.0	38.0	54.0	76.0	107.0
	80<b≤160	2.0	2.9	4.1	5.5	8.0	11.0	16.0	23.0	32.0	46.0	65.0	92.0	130.0
50<d≤125	4≤b≤10	1.2	1.7	2.4	3.3	4.7	6.5	9.5	13.0	19.0	27.0	38.0	53.0	76.0
	10<b≤20	1.3	1.9	2.6	3.7	5.5	7.5	11.0	15.0	21.0	30.0	42.0	60.0	84.0
	20<b≤40	1.5	2.1	3.0	4.2	6.0	8.5	12.0	17.0	24.0	34.0	48.0	68.0	95.0
	40<b≤80	1.7	2.5	3.5	4.9	7.0	10.0	14.0	20.0	28.0	39.0	56.0	79.0	111.0
	80<b≤160	2.1	2.9	4.2	6.0	8.5	12.0	17.0	24.0	33.0	47.0	67.0	94.0	133.0
	160<b≤250	2.5	3.5	4.9	7.0	10.0	14.0	20.0	28.0	40.0	56.0	79.0	112.0	158.0
	250<b≤400	2.9	4.1	6.0	8.0	12.0	16.0	23.0	33.0	46.0	65.0	92.0	130.0	184.0
125<d≤280	4≤b≤10	1.3	1.8	2.5	3.6	5.0	7.0	10.0	14.0	20.0	29.0	40.0	57.0	81.0
	10<b≤20	1.4	2.0	2.8	4.0	5.5	8.0	11.0	16.0	22.0	32.0	45.0	63.0	90.0
	20<b≤40	1.6	2.2	3.2	4.5	6.5	9.0	13.0	18.0	25.0	36.0	50.0	71.0	101.0
	40<b≤80	1.8	2.6	3.6	5.0	7.5	10.0	15.0	21.0	29.0	41.0	58.0	82.0	117.0
	80<b≤160	2.2	3.1	4.3	6.0	8.5	12.0	17.0	25.0	35.0	49.0	69.0	98.0	139.0
	160<b≤250	2.6	3.6	5.0	7.0	10.0	14.0	20.0	29.0	41.0	58.0	82.0	116.0	164.0
	250<b≤400	3.0	4.2	6.0	8.5	12.0	17.0	24.0	34.0	47.0	67.0	95.0	134.0	190.0
	400<b≤650	3.5	4.9	7.0	10.0	14.0	20.0	28.0	40.0	56.0	79.0	112.0	158.0	224.0

续表

分度圆直径 d/mm	齿宽 b/mm	精度 等级												
		0	1	2	3	4	5	6	7	8	9	10	11	12
		$F_\beta/\mu m$												
280<d≤560	10≤b≤20	1.5	2.1	3.0	4.3	6.0	8.5	12.0	17.0	24.0	34.0	48.0	68.0	97.0
	20<b≤40	1.7	2.4	3.4	4.8	6.5	9.5	13.0	19.0	27.0	38.0	54.0	76.0	108.0
	40<b≤80	1.9	2.7	3.9	5.5	7.5	11.0	15.0	22.0	31.0	44.0	62.0	87.0	124.0
	80<b≤160	2.3	3.2	4.6	6.5	9.0	13.0	18.0	26.0	36.0	52.0	73.0	103.0	146.0
	160<b≤250	2.7	3.8	5.5	7.5	11.0	15.0	21.0	30.0	43.0	60.0	85.0	121.0	171.0
	250<b≤400	3.1	4.3	6.0	8.5	12.0	17.0	25.0	35.0	49.0	70.0	98.0	139.0	197.0
	400<b≤650	3.6	5.0	7.0	10.0	14.0	20.0	29.0	41.0	58.0	82.0	115.0	163.0	231.0
	650<b≤1000	4.3	6.0	8.5	12.0	17.0	24.0	34.0	48.0	68.0	96.0	136.0	193.0	272.0
560<d≤1000	10≤b≤20	1.6	2.3	3.3	4.7	6.5	9.5	13.0	19.0	26.0	37.0	53.0	74.0	105.0
	20<b≤40	1.8	2.6	3.6	5.0	7.5	10.0	15.0	21.0	29.0	41.0	58.0	82.0	116.0
	40<b≤80	2.1	2.9	4.1	6.0	8.5	12.0	17.0	23.0	33.0	47.0	66.0	93.0	132.0
	80<b≤160	2.4	3.4	4.8	7.0	9.5	14.0	19.0	27.0	39.0	55.0	77.0	109.0	154.0
	160<b≤250	2.8	4.0	5.5	8.0	11.0	16.0	22.0	32.0	45.0	63.0	90.0	127.0	179.0
	250<b≤400	3.2	4.5	6.5	9.0	13.0	18.0	26.0	36.0	51.0	73.0	103.0	145.0	205.0
	400<b≤650	3.7	5.5	7.5	11.0	15.0	21.0	30.0	42.0	60.0	85.0	120.0	169.0	239.0
	650<b≤1000	4.4	6.0	9.0	12.0	18.0	25.0	35.0	50.0	70.0	99.0	140.0	199.0	281.0
1000<d≤1600	20≤b≤40	2.0	2.8	3.9	5.5	8.0	11.0	16.0	22.0	31.0	44.0	63.0	89.0	126.0
	40<b≤80	2.2	3.1	4.4	6.0	9.0	12.0	18.0	25.0	35.0	50.0	71.0	100.0	141.0
	80<b≤160	2.6	3.6	5.0	7.0	10.0	14.0	20.0	29.0	41.0	58.0	82.0	116.0	164.0
	160<b≤250	2.9	4.2	6.0	8.5	12.0	17.0	24.0	33.0	47.0	67.0	94.0	133.0	189.0
	250<b≤400	3.4	4.7	6.5	9.5	13.0	19.0	27.0	38.0	54.0	76.0	107.0	152.0	215.0
	400<b≤650	3.9	5.5	8.0	11.0	16.0	22.0	31.0	44.0	62.0	88.0	124.0	176.0	249.0
	650<b≤1000	4.5	6.5	9.0	13.0	18.0	26.0	36.0	51.0	73.0	103.0	145.0	205.0	290.0
1600<d≤2500	20≤b≤40	2.1	3.0	4.3	6.0	8.5	12.0	17.0	24.0	34.0	48.0	68.0	96.0	136.0
	40<b≤80	2.4	3.4	4.7	6.5	9.5	13.0	19.0	27.0	38.0	54.0	76.0	107.0	152.0
	80<b≤160	2.7	3.8	5.5	7.5	11.0	15.0	22.0	31.0	43.0	61.0	87.0	123.0	174.0
	160<b≤250	3.1	4.4	6.0	9.0	12.0	18.0	25.0	35.0	50.0	70.0	99.0	141.0	199.0
	250<b≤400	3.5	5.0	7.0	10.0	14.0	20.0	28.0	40.0	56.0	80.0	112.0	159.0	225.0
	400<b≤650	4.0	5.5	8.0	11.0	16.0	23.0	32.0	46.0	65.0	92.0	130.0	183.0	259.0
	650<b≤1000	4.7	6.5	9.5	13.0	19.0	27.0	38.0	53.0	75.0	106.0	150.0	212.0	300.0
2500<d≤4000	40≤b≤80	2.6	3.6	5.0	7.5	10.0	15.0	21.0	29.0	41.0	58.0	82.0	116.0	165.0
	80<b≤160	2.9	4.1	6.0	8.5	12.0	17.0	23.0	33.0	47.0	66.0	93.0	132.0	187.0
	160<b≤250	3.3	4.7	6.5	9.5	13.0	19.0	26.0	37.0	53.0	75.0	106.0	150.0	212.0
	250<b≤400	3.7	5.5	7.5	11.0	15.0	21.0	30.0	42.0	59.0	84.0	119.0	168.0	238.0
	400<b≤650	4.3	6.0	8.5	12.0	17.0	24.0	34.0	48.0	68.0	96.0	136.0	192.0	272.0
	650<b≤1000	4.9	7.0	10.0	14.0	20.0	28.0	39.0	55.0	78.0	111.0	157.0	222.0	314.0
4000<d≤6000	80≤b≤160	3.2	4.5	6.5	9.0	13.0	18.0	25.0	36.0	51.0	72.0	101.0	143.0	203.0
	160<b≤250	3.6	5.0	7.0	10.0	14.0	20.0	28.0	40.0	57.0	80.0	114.0	161.0	228.0
	250<b≤400	4.0	5.5	8.0	11.0	16.0	22.0	32.0	45.0	63.0	90.0	127.0	179.0	253.0
	400<b≤650	4.5	6.5	9.0	13.0	18.0	25.0	36.0	51.0	72.0	102.0	144.0	203.0	288.0
	650<b≤1000	5.0	7.5	10.0	15.0	21.0	29.0	41.0	58.0	82.0	116.0	165.0	233.0	329.0
6000<d≤8000	80≤b≤160	3.4	4.8	7.0	9.5	14.0	19.0	27.0	38.0	54.0	77.0	109.0	154.0	218.0
	160<b≤250	3.8	5.5	7.5	11.0	15.0	21.0	30.0	43.0	61.0	86.0	121.0	171.0	242.0
	250<b≤400	4.2	6.0	8.5	12.0	17.0	24.0	34.0	47.0	67.0	95.0	134.0	190.0	268.0
	400<b≤650	4.7	6.5	9.5	13.0	19.0	27.0	38.0	53.0	76.0	107.0	151.0	214.0	303.0
	650<b≤1000	5.5	7.5	11.0	15.0	22.0	30.0	43.0	61.0	86.0	122.0	172.0	243.0	344.0

续表

分度圆直径 d/mm	齿宽 b/mm	精 度 等 级												
		0	1	2	3	4	5	6	7	8	9	10	11	12
		$F_\beta/\mu m$												
8000<d ≤10000	80≤b≤160	3.6	5.0	7.0	10.0	14.0	20.0	29.0	41.0	58.0	81.0	115.0	163.0	230.0
	160<b≤250	4.0	5.5	8.0	11.0	16.0	23.0	32.0	45.0	64.0	90.0	128.0	181.0	255.0
	250<b≤400	4.4	6.0	9.0	12.0	18.0	25.0	35.0	50.0	70.0	99.0	141.0	199.0	281.0
	400<b≤650	4.9	7.0	10.0	14.0	20.0	28.0	39.0	56.0	79.0	112.0	158.0	223.0	315.0
	650<b≤1000	5.5	8.0	11.0	16.0	22.0	32.0	45.0	63.0	89.0	126.0	178.0	252.0	357.0

表 14-1-51　　　　　螺旋线形状偏差 $f_{f\beta}$ 和螺旋线倾斜偏差 $\pm f_{H\beta}$

分度圆直径 d/mm	齿宽 b/mm	精 度 等 级												
		0	1	2	3	4	5	6	7	8	9	10	11	12
		$f_{f\beta}$ 和 $\pm f_{H\beta}/\mu m$												
5≤d≤20	4≤b≤10	0.8	1.1	1.5	2.2	3.1	4.4	6.0	8.5	12.0	17.0	25.0	35.0	49.0
	10<b≤20	0.9	1.2	1.7	2.5	3.5	4.9	7.0	10.0	14.0	20.0	28.0	39.0	56.0
	20<b≤40	1.0	1.4	2.0	2.8	4.0	5.5	8.0	11.0	16.0	22.0	32.0	45.0	64.0
	40<b≤80	1.2	1.7	2.3	3.3	4.7	6.5	9.5	13.0	19.0	26.0	37.0	53.0	75.0
20<d≤50	4≤b≤10	0.8	1.1	1.6	2.3	3.2	4.5	6.5	9.0	13.0	18.0	26.0	36.0	51.0
	10<b≤20	0.9	1.3	1.8	2.5	3.6	5.0	7.0	10.0	14.0	20.0	29.0	41.0	58.0
	20<b≤40	1.0	1.4	2.0	2.9	4.1	6.0	8.0	12.0	16.0	23.0	33.0	46.0	65.0
	40<b≤80	1.2	1.7	2.4	3.4	4.8	7.0	9.5	14.0	19.0	27.0	38.0	54.0	77.0
	80<b≤160	1.4	2.0	2.9	4.1	6.0	8.0	12.0	16.0	23.0	33.0	46.0	65.0	93.0
50<d≤125	4≤b≤10	0.8	1.2	1.7	2.4	3.4	4.8	6.5	9.5	13.0	19.0	27.0	38.0	54.0
	10<b≤20	0.9	1.3	1.9	2.7	3.8	5.0	7.5	11.0	15.0	21.0	30.0	43.0	60.0
	20<b≤40	1.1	1.5	2.1	3.0	4.3	6.0	8.5	12.0	17.0	24.0	34.0	48.0	68.0
	40<b≤80	1.2	1.8	2.5	3.5	5.0	7.0	10.0	14.0	20.0	28.0	40.0	56.0	79.0
	80<b≤160	1.5	2.1	3.0	4.2	6.0	8.5	12.0	17.0	24.0	34.0	48.0	67.0	95.0
	160<b≤250	1.8	2.5	3.5	5.0	7.0	10.0	14.0	20.0	28.0	40.0	56.0	80.0	113.0
	250<b≤400	2.1	2.9	4.1	6.0	8.0	12.0	16.0	23.0	33.0	46.0	66.0	93.0	132.0
125<d≤280	4≤b≤10	0.9	1.3	1.8	2.5	3.6	5.0	7.0	10.0	14.0	20.0	29.0	41.0	58.0
	10<b≤20	1.0	1.4	2.0	2.8	4.0	5.5	8.0	11.0	16.0	23.0	32.0	45.0	64.0
	20<b≤40	1.1	1.6	2.2	3.2	4.5	6.5	9.0	13.0	18.0	25.0	36.0	51.0	72.0
	40<b≤80	1.3	1.8	2.6	3.7	5.0	7.5	10.0	15.0	21.0	29.0	42.0	59.0	83.0
	80<b≤160	1.5	2.2	3.1	4.4	6.0	8.5	12.0	17.0	25.0	35.0	49.0	70.0	99.0
	160<b≤250	1.8	2.6	3.6	5.0	7.5	10.0	15.0	21.0	29.0	41.0	58.0	83.0	117.0
	250<b≤400	2.1	3.0	4.2	6.0	8.5	12.0	17.0	24.0	34.0	48.0	68.0	96.0	135.0
	400<b≤650	2.5	3.5	5.0	7.0	10.0	14.0	20.0	28.0	40.0	56.0	80.0	113.0	160.0
280<d≤560	10≤b≤20	1.1	1.5	2.2	3.0	4.3	6.0	8.5	12.0	17.0	24.0	34.0	49.0	69.0
	20<b≤40	1.2	1.7	2.4	3.4	4.8	7.0	9.5	14.0	19.0	27.0	38.0	54.0	77.0
	40<b≤80	1.4	1.9	2.7	3.9	5.5	8.0	11.0	16.0	22.0	31.0	44.0	62.0	88.0
	80<b≤160	1.6	2.3	3.2	4.6	6.5	9.0	13.0	18.0	26.0	37.0	52.0	73.0	104.0
	160<b≤250	1.9	2.7	3.8	5.5	7.5	11.0	15.0	22.0	30.0	43.0	61.0	86.0	122.0
	250<b≤400	2.2	3.1	4.4	6.0	9.0	12.0	18.0	25.0	35.0	50.0	70.0	99.0	140.0
	400<b≤650	2.6	3.6	5.0	7.5	10.0	15.0	21.0	29.0	41.0	58.0	82.0	116.0	165.0
	650<b≤1000	3.0	4.3	6.0	8.5	12.0	17.0	24.0	34.0	49.0	69.0	97.0	137.0	194.0

分度圆直径 d/mm	齿宽 b/mm	精度等级												
		0	1	2	3	4	5	6	7	8	9	10	11	12
		$f_{f\beta}$ 和 $\pm f_{H\beta}$/μm												
560<d≤1000	10≤b≤20	1.2	1.7	2.3	3.3	4.7	6.5	9.5	13.0	19.0	26.0	37.0	53.0	75.0
	20<b≤40	1.3	1.8	2.6	3.7	5.0	7.5	10.0	15.0	21.0	29.0	41.0	58.0	83.0
	40<b≤80	1.5	2.1	2.9	4.1	6.0	8.5	12.0	17.0	23.0	33.0	47.0	66.0	94.0
	80<b≤160	1.7	2.4	3.4	4.9	7.0	9.5	14.0	19.0	27.0	39.0	55.0	78.0	110.0
	160<b≤250	2.0	2.8	4.0	5.5	8.0	11.0	16.0	23.0	32.0	45.0	64.0	90.0	128.0
	250<b≤400	2.3	3.2	4.6	6.5	9.0	13.0	18.0	26.0	37.0	52.0	73.0	103.0	146.0
	400<b≤650	2.7	3.8	5.5	7.5	11.0	15.0	21.0	30.0	43.0	60.0	85.0	121.0	171.0
	650<b≤1000	3.1	4.4	6.5	9.0	13.0	18.0	25.0	35.0	50.0	71.0	100.0	142.0	200.0
1000<d≤1600	20≤b≤40	1.4	2.0	2.8	3.9	5.5	8.0	11.0	16.0	22.0	32.0	45.0	63.0	89.0
	40<b≤80	1.6	2.2	3.1	4.4	6.5	9.0	13.0	18.0	25.0	35.0	50.0	71.0	100.0
	80<b≤160	1.8	2.6	3.6	5.0	7.5	10.0	15.0	21.0	29.0	41.0	58.0	82.0	116.0
	160<b≤250	2.1	3.0	4.2	6.0	8.5	12.0	17.0	24.0	34.0	47.0	67.0	95.0	134.0
	250<b≤400	2.4	3.4	4.8	6.5	9.5	13.0	19.0	27.0	38.0	54.0	76.0	108.0	153.0
	400<b≤650	2.8	3.9	5.5	8.0	11.0	16.0	22.0	31.0	44.0	63.0	89.0	125.0	177.0
	650<b≤1000	3.2	4.6	6.5	9.0	13.0	18.0	26.0	37.0	52.0	73.0	103.0	146.0	207.0
1600<d≤2500	20≤b≤40	1.5	2.1	3.0	4.3	6.0	8.5	12.0	17.0	24.0	34.0	48.0	68.0	96.0
	40<b≤80	1.7	2.4	3.4	4.8	6.5	9.5	13.0	19.0	27.0	38.0	54.0	76.0	108.0
	80<b≤160	1.9	2.7	3.9	5.5	7.5	11.0	15.0	22.0	31.0	44.0	62.0	87.0	124.0
	160<b≤250	2.2	3.1	4.4	6.0	9.0	12.0	18.0	25.0	35.0	50.0	71.0	100.0	141.0
	250<b≤400	2.5	3.5	5.0	7.0	10.0	14.0	20.0	28.0	40.0	57.0	80.0	113.0	160.0
	400<b≤650	2.9	4.1	6.0	8.0	12.0	16.0	23.0	33.0	46.0	65.0	92.0	130.0	184.0
	650<b≤1000	3.3	4.7	6.5	9.5	13.0	19.0	27.0	38.0	53.0	76.0	107.0	151.0	214.0
2500<d≤4000	40≤b≤80	1.8	2.6	3.6	5.0	7.5	10.0	15.0	21.0	29.0	41.0	58.0	83.0	117.0
	80<b≤160	2.1	2.9	4.1	6.0	8.5	12.0	17.0	23.0	33.0	47.0	66.0	94.0	133.0
	160<b≤250	2.4	3.3	4.7	6.5	9.5	13.0	19.0	27.0	38.0	53.0	75.0	106.0	150.0
	250<b≤400	2.6	3.7	5.5	7.5	11.0	15.0	21.0	30.0	42.0	60.0	85.0	120.0	169.0
	400<b≤650	3.0	4.3	6.0	8.5	12.0	17.0	24.0	34.0	48.0	68.0	97.0	137.0	193.0
	650<b≤1000	3.5	4.9	7.0	10.0	14.0	20.0	28.0	39.0	56.0	79.0	112.0	158.0	223.0
4000<d≤6000	80≤b≤160	2.2	3.2	4.5	6.5	9.0	13.0	18.0	25.0	36.0	51.0	72.0	101.0	144.0
	160<b≤250	2.5	3.6	5.0	7.0	10.0	14.0	20.0	29.0	40.0	57.0	81.0	114.0	161.0
	250<b≤400	2.8	4.0	5.5	8.0	11.0	16.0	22.0	32.0	45.0	64.0	90.0	127.0	180.0
	400<b≤650	3.2	4.5	6.5	9.0	13.0	18.0	26.0	36.0	51.0	72.0	102.0	144.0	204.0
	650<b≤1000	3.7	5.0	7.5	10.0	15.0	21.0	29.0	41.0	58.0	83.0	117.0	165.0	234.0
6000<d≤8000	80≤b≤160	2.4	3.4	4.8	7.0	9.5	14.0	19.0	27.0	39.0	54.0	77.0	109.0	154.0
	160<b≤250	2.7	3.8	5.5	7.5	11.0	15.0	21.0	30.0	43.0	61.0	86.0	122.0	172.0
	250<b≤400	3.0	4.2	6.0	8.5	12.0	17.0	24.0	34.0	48.0	67.0	95.0	135.0	190.0
	400<b≤650	3.4	4.7	6.5	9.5	13.0	19.0	27.0	38.0	54.0	76.0	107.0	152.0	215.0
	650<b≤1000	3.8	5.5	7.5	11.0	15.0	22.0	31.0	43.0	61.0	86.0	122.0	173.0	244.0
8000<d≤10000	80≤b≤160	2.5	3.6	5.0	7.0	10.0	14.0	20.0	29.0	41.0	58.0	81.0	115.0	163.0
	160<b≤250	2.8	4.0	5.5	8.0	11.0	16.0	23.0	32.0	45.0	64.0	90.0	128.0	181.0
	250<b≤400	3.1	4.4	6.0	9.0	12.0	18.0	25.0	35.0	50.0	70.0	100.0	141.0	199.0
	400<b≤650	3.5	4.9	7.0	10.0	14.0	20.0	28.0	40.0	56.0	79.0	112.0	158.0	224.0
	650<b≤1000	4.0	5.5	8.0	11.0	16.0	22.0	32.0	45.0	63.0	90.0	127.0	179.0	253.0

表 14-1-52　　　　　　　　　　　f_i'/K 的比值

分度圆直径 d/mm	法向模数 m/mm	精 度 等 级												
		0	1	2	3	4	5	6	7	8	9	10	11	12
		$(f_i'/K)/\mu m$												
$5 \leqslant d \leqslant 20$	$0.5 \leqslant m \leqslant 2$	2.4	3.4	4.8	7.0	9.5	14.0	19.0	27.0	38.0	54.0	77.0	109.0	154.0
	$2 < m \leqslant 3.5$	2.8	4.0	5.5	8.0	11.0	16.0	23.0	32.0	45.0	64.0	91.0	129.0	182.0
$20 < d \leqslant 50$	$0.5 \leqslant m \leqslant 2$	2.5	3.6	5.0	7.0	10.0	14.0	20.0	29.0	41.0	58.0	82.0	115.0	163.0
	$2 < m \leqslant 3.5$	3.0	4.2	6.0	8.5	12.0	17.0	24.0	34.0	48.0	68.0	96.0	135.0	191.0
	$3.5 < m \leqslant 6$	3.4	4.8	7.0	9.5	14.0	19.0	27.0	38.0	54.0	77.0	108.0	153.0	217.0
	$6 < m \leqslant 10$	3.9	5.5	8.0	11.0	16.0	22.0	31.0	44.0	63.0	89.0	125.0	177.0	251.0
$50 < d \leqslant 125$	$0.5 \leqslant m \leqslant 2$	2.7	3.9	5.5	8.0	11.0	16.0	22.0	31.0	44.0	62.0	88.0	124.0	176.0
	$2 < m \leqslant 3.5$	3.2	4.5	6.5	9.0	13.0	18.0	25.0	36.0	51.0	72.0	102.0	144.0	204.0
	$3.5 < m \leqslant 6$	3.6	5.0	7.0	10.0	14.0	20.0	29.0	40.0	57.0	81.0	115.0	162.0	229.0
	$6 < m \leqslant 10$	4.1	6.0	8.0	12.0	16.0	23.0	33.0	47.0	66.0	93.0	132.0	186.0	263.0
	$10 < m \leqslant 16$	4.8	7.0	9.5	14.0	19.0	27.0	38.0	54.0	77.0	109.0	154.0	218.0	308.0
	$16 < m \leqslant 25$	5.5	8.0	11.0	16.0	23.0	32.0	46.0	65.0	91.0	129.0	183.0	259.0	366.0
$125 < d \leqslant 280$	$0.5 \leqslant m \leqslant 2$	3.0	4.3	6.0	8.5	12.0	17.0	24.0	34.0	49.0	69.0	97.0	137.0	194.0
	$2 < m \leqslant 3.5$	3.5	4.9	7.0	10.0	14.0	20.0	28.0	39.0	56.0	79.0	111.0	157.0	222.0
	$3.5 < m \leqslant 6$	3.9	5.5	7.5	11.0	15.0	22.0	31.0	44.0	62.0	88.0	124.0	175.0	247.0
	$6 < m \leqslant 10$	4.4	6.0	9.0	12.0	18.0	25.0	35.0	50.0	70.0	100.0	141.0	199.0	281.0
	$10 < m \leqslant 16$	5.0	7.0	10.0	14.0	20.0	29.0	41.0	58.0	82.0	115.0	163.0	231.0	326.0
	$16 < m \leqslant 25$	6.0	8.5	12.0	17.0	24.0	34.0	48.0	68.0	96.0	136.0	192.0	272.0	384.0
	$25 < m \leqslant 40$	7.5	10.0	15.0	21.0	29.0	41.0	58.0	82.0	116.0	165.0	233.0	329.0	465.0
$280 < d \leqslant 560$	$0.5 \leqslant m \leqslant 2$	3.4	4.8	7.0	9.5	14.0	19.0	27.0	39.0	54.0	77.0	109.0	154.0	218.0
	$2 < m \leqslant 3.5$	3.8	5.5	7.5	11.0	15.0	22.0	31.0	44.0	62.0	87.0	123.0	174.0	246.0
	$3.5 < m \leqslant 6$	4.2	6.0	8.5	12.0	17.0	24.0	34.0	48.0	68.0	96.0	136.0	192.0	271.0
	$6 < m \leqslant 10$	4.8	6.5	9.5	13.0	19.0	27.0	38.0	54.0	76.0	108.0	153.0	216.0	305.0
	$10 < m \leqslant 16$	5.5	7.5	11.0	15.0	22.0	31.0	44.0	62.0	88.0	124.0	175.0	248.0	350.0
	$16 < m \leqslant 25$	6.5	9.0	13.0	18.0	26.0	36.0	51.0	72.0	102.0	144.0	204.0	289.0	408.0
	$25 < m \leqslant 40$	7.5	11.0	15.0	22.0	31.0	43.0	61.0	86.0	122.0	173.0	245.0	346.0	489.0
	$40 < m \leqslant 70$	9.5	14.0	19.0	27.0	39.0	55.0	78.0	110.0	155.0	220.0	311.0	439.0	621.0
$560 < d \leqslant 1000$	$0.5 \leqslant m \leqslant 2$	3.9	5.5	7.5	11.0	15.0	22.0	31.0	44.0	62.0	87.0	123.0	174.0	247.0
	$2 < m \leqslant 3.5$	4.3	6.0	8.5	12.0	17.0	24.0	34.0	49.0	69.0	97.0	137.0	194.0	275.0
	$3.5 < m \leqslant 6$	4.7	6.5	9.5	13.0	19.0	27.0	38.0	53.0	75.0	106.0	150.0	212.0	300.0
	$6 < m \leqslant 10$	5.0	7.5	10.0	15.0	21.0	30.0	42.0	59.0	84.0	118.0	167.0	236.0	334.0
	$10 < m \leqslant 16$	6.0	8.5	12.0	17.0	24.0	33.0	47.0	67.0	95.0	134.0	189.0	268.0	379.0
	$16 < m \leqslant 25$	7.0	9.5	14.0	19.0	27.0	39.0	55.0	77.0	109.0	154.0	218.0	309.0	437.0
	$25 < m \leqslant 40$	8.0	11.0	16.0	23.0	32.0	46.0	65.0	92.0	129.0	183.0	259.0	366.0	518.0
	$40 < m \leqslant 70$	10.0	14.0	20.0	29.0	41.0	57.0	81.0	115.0	163.0	230.0	325.0	460.0	650.0
$1000 < d \leqslant 1600$	$2 \leqslant m \leqslant 3.5$	4.8	7.0	9.5	14.0	19.0	27.0	38.0	54.0	77.0	108.0	153.0	217.0	307.0
	$3.5 < m \leqslant 6$	5.0	7.5	10.0	15.0	21.0	29.0	41.0	59.0	83.0	117.0	166.0	235.0	332.0
	$6 < m \leqslant 10$	5.5	8.0	11.0	16.0	23.0	32.0	46.0	65.0	91.0	129.0	183.0	259.0	366.0
	$10 < m \leqslant 16$	6.5	9.0	13.0	18.0	26.0	36.0	51.0	73.0	103.0	145.0	205.0	290.0	410.0
	$16 < m \leqslant 25$	7.5	10.0	15.0	21.0	29.0	41.0	59.0	83.0	117.0	166.0	234.0	331.0	468.0
	$25 < m \leqslant 40$	8.5	12.0	17.0	24.0	34.0	49.0	69.0	97.0	137.0	194.0	275.0	389.0	550.0
	$40 < m \leqslant 70$	11.0	15.0	21.0	30.0	43.0	60.0	85.0	120.0	170.0	241.0	341.0	482.0	682.0
$1600 < d \leqslant 2500$	$3.5 < m \leqslant 6$	5.5	8.0	11.0	16.0	23.0	32.0	46.0	65.0	92.0	130.0	183.0	259.0	367.0
	$6 < m \leqslant 10$	6.5	9.0	13.0	18.0	25.0	35.0	50.0	71.0	100.0	142.0	200.0	283.0	401.0
	$10 < m \leqslant 16$	7.0	10.0	14.0	20.0	28.0	39.0	56.0	79.0	111.0	158.0	223.0	315.0	446.0
	$16 < m \leqslant 25$	8.0	11.0	16.0	22.0	31.0	45.0	63.0	89.0	126.0	178.0	252.0	356.0	504.0
	$25 < m \leqslant 40$	9.0	13.0	18.0	26.0	37.0	52.0	73.0	103.0	146.0	207.0	292.0	413.0	585.0
	$40 < m \leqslant 70$	11.0	16.0	22.0	32.0	45.0	63.0	90.0	127.0	179.0	253.0	358.0	507.0	717.0

续表

分度圆直径 d/mm	法向模数 m/mm	精 度 等 级												
		0	1	2	3	4	5	6	7	8	9	10	11	12
		(f_i'/K)/μm												
2500<d ≤4000	6≤m≤10	7.0	10.0	14.0	20.0	28.0	39.0	56.0	79.0	111.0	157.0	223.0	315.0	445.0
	10<m≤16	7.5	11.0	15.0	22.0	31.0	43.0	61.0	87.0	122.0	173.0	245.0	346.0	490.0
	16<m≤25	8.5	12.0	17.0	24.0	34.0	48.0	68.0	97.0	137.0	194.0	274.0	387.0	548.0
	25<m≤40	10.0	14.0	20.0	28.0	39.0	56.0	79.0	111.0	157.0	222.0	315.0	445.0	629.0
	40<m≤70	12.0	17.0	24.0	34.0	48.0	67.0	95.0	135.0	190.0	269.0	381.0	538.0	761.0
4000<d ≤6000	6≤m≤10	8.0	11.0	16.0	22.0	31.0	44.0	62.0	88.0	125.0	176.0	249.0	352.0	498.0
	10<m≤16	8.5	12.0	17.0	24.0	34.0	48.0	68.0	96.0	136.0	192.0	271.0	384.0	543.0
	16<m≤25	9.5	13.0	19.0	27.0	38.0	53.0	75.0	106.0	150.0	212.0	300.0	425.0	601.0
	25<m≤40	11.0	15.0	21.0	30.0	43.0	60.0	85.0	121.0	170.0	241.0	341.0	482.0	682.0
	40<m≤70	13.0	18.0	25.0	36.0	51.0	72.0	102.0	144.0	204.0	288.0	407.0	576.0	814.0
6000<d ≤8000	10<m≤16	9.5	13.0	19.0	26.0	37.0	52.0	74.0	105.0	148.0	210.0	297.0	420.0	594.0
	16<m≤25	10.0	14.0	20.0	29.0	41.0	58.0	81.0	115.0	163.0	230.0	326.0	461.0	652.0
	25<m≤40	11.0	16.0	23.0	32.0	46.0	65.0	92.0	130.0	183.0	259.0	366.0	518.0	733.0
	40<m≤70	14.0	19.0	27.0	38.0	54.0	76.0	108.0	153.0	216.0	306.0	432.0	612.0	865.0
8000<d ≤10000	10<m≤16	10.0	14.0	20.0	28.0	40.0	56.0	80.0	113.0	159.0	225.0	319.0	451.0	637.0
	16<m≤25	11.0	15.0	22.0	31.0	43.0	61.0	87.0	123.0	174.0	246.0	348.0	492.0	695.0
	25<m≤40	12.0	17.0	24.0	34.0	49.0	69.0	97.0	137.0	194.0	275.0	388.0	549.0	777.0
	40<m≤70	14.0	20.0	28.0	40.0	57.0	80.0	114.0	161.0	227.0	321.0	454.0	642.0	909.0

注：f_i' 的公差值，由表中的值乘以 K 计算得出。

表 14-1-53　　　　　　　　　　　　　　　径向综合偏差 F_i''

分度圆直径 d/mm	法向模数 m_n/mm	精 度 等 级								
		4	5	6	7	8	9	10	11	12
		F_i''/μm								
5≤d≤20	0.2≤m_n≤0.5	7.5	11	15	21	30	42	60	85	120
	0.5<m_n≤0.8	8.0	12	16	23	33	46	66	93	131
	0.8<m_n≤1.0	9.0	12	18	25	35	50	70	100	141
	1.0<m_n≤1.5	10	14	19	27	38	54	76	108	153
	1.5<m_n≤2.5	11	16	22	32	45	63	89	126	179
	2.5<m_n≤4.0	14	20	28	39	56	79	112	158	223
20<d≤50	0.2≤m_n≤0.5	9.0	13	19	26	37	52	74	105	148
	0.5<m_n≤0.8	10	14	20	28	40	56	80	113	160
	0.8<m_n≤1.0	11	15	21	30	42	60	85	120	169
	1.0<m_n≤1.5	11	16	23	32	45	64	91	128	181
	1.5<m_n≤2.5	13	18	26	37	52	73	103	146	207
	2.5<m_n≤4.0	16	22	31	44	63	89	126	178	251
	4.0<m_n≤6.0	20	28	39	56	79	111	157	222	314
	6.0<m_n≤10	26	37	52	74	104	147	209	295	417
50<d≤125	0.2≤m_n≤0.5	12	16	23	33	46	66	93	131	185
	0.5<m_n≤0.8	12	17	25	35	49	70	98	139	197
	0.8<m_n≤1.0	13	18	26	36	52	73	103	146	206
	1.0<m_n≤1.5	14	19	27	39	55	77	109	154	218
	1.5<m_n≤2.5	15	22	31	43	61	86	122	173	244
	2.5<m_n≤4.0	18	25	36	51	72	102	144	204	288
	4.0<m_n≤6.0	22	31	44	62	88	124	176	248	351
	6.0<m_n≤10	28	40	57	80	114	161	227	321	454

续表

分度圆直径 d/mm	法向模数 m_n/mm	精度等级								
		4	5	6	7	8	9	10	11	12
		F_i''/μm								
125<d≤280	0.2≤m_n≤0.5	15	21	30	42	60	85	120	170	240
	0.5<m_n≤0.8	16	22	31	44	63	89	126	178	252
	0.8<m_n≤1.0	16	23	33	46	65	92	131	185	261
	1.0<m_n≤1.5	17	24	34	48	68	97	137	193	273
	1.5<m_n≤2.5	19	26	37	53	75	106	149	211	299
	2.5<m_n≤4.0	21	30	43	61	86	121	172	243	343
	4.0<m_n≤6.0	25	36	51	72	102	144	203	287	406
	6.0<m_n≤10	32	45	64	90	127	180	255	360	509
280<d≤560	0.2≤m_n≤0.5	19	28	39	55	78	110	156	220	311
	0.5<m_n≤0.8	20	29	40	57	81	114	161	228	323
	0.8<m_n≤1.0	21	29	42	59	83	117	166	235	332
	1.0<m_n≤1.5	22	30	43	61	86	122	172	243	344
	1.5<m_n≤2.5	23	33	46	65	92	131	185	262	370
	2.5<m_n≤4.0	26	37	52	73	104	146	207	293	414
	4.0<m_n≤6.0	30	42	60	84	119	169	239	337	477
	6.0<m_n≤10	36	51	73	103	145	205	290	410	580
560<d≤1000	0.2≤m_n≤0.5	25	35	50	70	99	140	198	280	396
	0.5<m_n≤0.8	25	36	51	72	102	144	204	288	408
	0.8<m_n≤1.0	26	37	52	74	104	148	209	295	417
	1.0<m_n≤1.5	27	38	54	76	107	152	215	304	429
	1.5<m_n≤2.5	28	40	57	80	114	161	228	322	455
	2.5<m_n≤4.0	31	44	62	88	125	177	250	353	499
	4.0<m_n≤6.0	35	50	70	99	141	199	281	398	562
	6.0<m_n≤10	42	59	83	118	166	235	333	471	665

表 14-1-54　　　　　　　　　　　　一齿径向综合偏差 f_i''

分度圆直径 d/mm	法向模数 m_n/mm	精度等级								
		4	5	6	7	8	9	10	11	12
		f_i''/μm								
5≤d≤20	0.2≤m_n≤0.5	1.0	2.0	2.5	3.5	5.0	7.0	10	14	20
	0.5<m_n≤0.8	2.0	2.5	4.0	5.5	7.5	11	15	22	31
	0.8<m_n≤1.0	2.5	3.5	5.0	7.0	10	14	20	28	39
	1.0<m_n≤1.5	3.0	4.5	6.5	9.0	13	18	25	36	50
	1.5<m_n≤2.5	4.5	6.5	9.5	13	19	26	37	53	74
	2.5<m_n≤4.0	7.0	10	14	20	29	41	58	82	115
20<d≤50	0.2≤m_n≤0.5	1.5	2.0	2.5	3.5	5.0	7.0	10	14	20
	0.5<m_n≤0.8	2.0	2.5	4.0	5.5	7.5	11	15	22	31
	0.8<m_n≤1.0	2.5	3.5	5.0	7.0	10	14	20	28	40
	1.0<m_n≤1.5	3.0	4.5	6.5	9.0	13	18	25	36	51
	1.5<m_n≤2.5	4.5	6.5	9.5	13	19	26	37	53	75
	2.5<m_n≤4.0	7.0	10	14	20	29	41	58	82	116
	4.0<m_n≤6.0	11	15	22	31	43	61	87	123	174
	6.0<m_n≤10	17	24	34	48	67	95	135	190	269

续表

分度圆直径 d/mm	法向模数 m_n/mm	精 度 等 级								
		4	5	6	7	8	9	10	11	12
		f_i''/μm								
50<d≤125	0.2≤m_n≤0.5	1.5	2.0	2.5	3.5	5.0	7.5	10	15	21
	0.5<m_n≤0.8	2.0	3.0	4.0	5.5	8.0	11	16	22	31
	0.8<m_n≤1.0	2.5	3.5	5.0	7.0	10	14	20	28	40
	1.0<m_n≤1.5	3.0	4.5	6.5	9.0	13	18	26	36	51
	1.5<m_n≤2.5	4.5	6.5	9.5	13	19	26	37	53	75
	2.5<m_n≤4.0	7.0	10	14	20	29	41	58	82	116
	4.0<m_n≤6.0	11	15	22	31	44	62	87	123	174
	6.0<m_n≤10	17	24	34	48	67	95	135	191	269
125<d≤280	0.2≤m_n≤0.5	1.5	2.0	2.5	3.5	5.5	7.5	11	15	21
	0.5<m_n≤0.8	2.0	3.0	4.0	5.5	8.0	11	16	22	32
	0.8<m_n≤1.0	2.5	3.5	5.0	7.0	10	14	20	29	41
	1.0<m_n≤1.5	3.0	4.5	6.5	9.0	13	18	26	36	52
	1.5<m_n≤2.5	4.5	6.5	9.5	13	19	27	38	53	75
	2.5<m_n≤4.0	7.5	10	15	21	29	41	58	82	116
	4.0<m_n≤6.0	11	15	22	31	44	62	87	124	175
	6.0<m_n≤10	17	24	34	48	67	95	135	191	270
280<d≤560	0.2≤m_n≤0.5	1.5	2.0	2.5	4.0	5.5	7.5	11	15	22
	0.5<m_n≤0.8	2.0	3.0	4.0	5.5	8.0	11	16	23	32
	0.8<m_n≤1.0	2.5	3.5	5.0	7.5	10	15	21	29	41
	1.0<m_n≤1.5	3.5	4.5	6.5	9.0	13	18	26	37	52
	1.5<m_n≤2.5	5.0	6.5	9.5	13	19	27	38	54	76
	2.5<m_n≤4.0	7.5	10	15	21	29	41	59	83	117
	4.0<m_n≤6.0	11	15	22	31	44	62	88	124	175
	6.0<m_n≤10	17	24	34	48	68	96	135	191	271
560<d≤1000	0.2≤m_n≤0.5	1.5	2.0	3.0	4.0	5.5	8.0	11	16	23
	0.5<m_n≤0.8	2.0	3.0	4.0	6.0	8.5	12	17	24	33
	0.8<m_n≤1.0	2.5	3.5	5.5	7.5	11	15	21	30	42
	1.0<m_n≤1.5	3.5	4.5	6.5	9.5	13	19	27	38	53
	1.5<m_n≤2.5	5.0	7.0	9.5	14	19	27	38	54	77
	2.5<m_n≤4.0	7.5	10	15	21	30	42	59	83	118
	4.0<m_n≤6.0	11	16	22	31	44	62	88	125	176
	6.0<m_n≤10	17	24	34	48	68	96	136	192	272

表 14-1-55　　　　　径向跳动公差 F_r

分度圆直径 d/mm	法向模数 m_n/mm	精 度 等 级												
		0	1	2	3	4	5	6	7	8	9	10	11	12
		F_r/μm												
5≤d≤20	0.5≤m_n≤2.0	1.5	2.5	3.0	4.5	6.5	9.0	13	18	25	36	51	72	102
	2.0<m_n≤3.5	1.5	2.5	3.5	4.5	6.5	9.5	13	19	27	38	53	75	106
20<d≤50	0.5≤m_n≤2.0	2.0	3.0	4.0	5.5	8.0	11	16	23	32	46	65	92	130
	2.0<m_n≤3.5	2.0	3.0	4.0	6.0	8.5	12	17	24	34	47	67	95	134
	3.5<m_n≤6.0	2.0	3.0	4.5	6.0	8.5	12	17	25	35	49	70	99	139
	6.0<m_n≤10	2.5	3.5	4.5	6.5	9.5	13	19	26	37	52	74	105	148

续表

分度圆直径 d/mm	法向模数 $m_{\mathrm{n}}/\mathrm{mm}$	精 度 等 级												
		0	1	2	3	4	5	6	7	8	9	10	11	12
		$F_{\mathrm{r}}/\mu\mathrm{m}$												
50<d≤125	0.5≤m_{n}≤2.0	2.5	3.5	5.0	7.5	10	15	21	29	42	59	83	118	167
	2.0<m_{n}≤3.5	2.5	4.0	5.5	7.5	11	15	21	30	43	61	86	121	171
	3.5<m_{n}≤6.0	3.0	4.0	5.5	8.0	11	16	22	31	44	62	88	125	176
	6.0<m_{n}≤10	3.0	4.0	6.0	8.0	12	16	23	33	46	65	92	131	185
	10<m_{n}≤16	3.0	4.5	6.0	9.0	12	18	25	35	50	70	99	140	198
	16<m_{n}≤25	3.5	5.0	7.0	9.5	14	19	27	39	55	77	109	154	218
125<d≤280	0.5≤m_{n}≤2.0	3.5	5.0	7.0	10	14	20	28	39	55	78	110	156	221
	2.0<m_{n}≤3.5	3.5	5.0	7.0	10	14	20	28	40	56	80	113	159	225
	3.5<m_{n}≤6.0	3.5	5.0	7.0	10	14	20	29	41	58	82	115	163	231
	6.0<m_{n}≤10	3.5	5.5	7.5	11	15	21	30	42	60	85	120	169	239
	10<m_{n}≤16	4.0	5.5	8.0	11	16	22	32	45	63	89	126	179	252
	16<m_{n}≤25	4.5	6.0	8.5	12	17	24	34	48	68	96	136	193	272
	25<m_{n}≤40	4.5	6.5	9.5	13	19	27	38	54	76	107	152	215	304
280<d≤560	0.5≤m_{n}≤2.0	4.5	6.5	9.0	13	18	26	36	51	73	103	146	206	291
	2.0<m_{n}≤3.5	4.5	6.5	9.0	13	18	26	37	52	74	105	148	209	269
	3.5<m_{n}≤6.0	4.5	6.5	9.5	13	19	27	38	53	75	106	150	213	301
	6.0<m_{n}≤10	5.0	7.0	9.5	14	19	27	39	55	77	109	155	219	310
	10<m_{n}≤16	5.0	7.0	10	14	20	29	40	57	81	114	161	228	323
	16<m_{n}≤25	5.5	7.5	11	15	21	30	43	61	86	121	171	242	343
	25<m_{n}≤40	6.0	8.5	12	17	23	33	47	66	94	132	187	265	374
	40<m_{n}≤70	7.0	9.5	14	19	27	38	54	76	108	153	216	306	432
560<d≤1000	0.5≤m_{n}≤2.0	6.0	8.5	12	17	23	33	47	66	94	133	188	266	376
	2.0<m_{n}≤3.5	6.0	8.5	12	17	24	34	48	67	95	134	190	269	380
	3.5<m_{n}≤6.0	6.0	8.5	12	17	24	34	48	68	96	136	193	272	385
	6.0<m_{n}≤10	6.0	8.5	12	17	25	35	49	70	98	139	197	279	394
	10<m_{n}≤16	6.5	9.0	13	18	25	36	51	72	102	144	204	288	407
	16<m_{n}≤25	6.5	9.5	13	19	27	38	53	76	107	151	214	302	427
	25<m_{n}≤40	7.0	10	14	20	29	41	57	81	115	162	229	324	459
	40<m_{n}≤70	8.0	11	16	23	32	46	65	91	129	183	258	365	517
1000<d≤1600	2.0≤m_{n}≤3.5	7.5	10	15	21	30	42	59	84	118	167	236	334	473
	3.5<m_{n}≤6.0	7.5	11	15	21	30	42	60	85	120	169	239	338	478
	6.0<m_{n}≤10	7.5	11	15	22	30	43	61	86	122	172	243	344	487
	10<m_{n}≤16	8.0	11	16	22	31	44	63	88	125	177	250	354	500
	16<m_{n}≤25	8.0	11	16	23	33	46	65	92	130	184	260	368	520
	25<m_{n}≤40	8.5	12	17	24	34	49	69	98	138	195	276	390	552
	40<m_{n}≤70	9.5	13	19	27	38	54	76	108	152	215	305	431	609
1600<d≤2500	3.5≤m_{n}≤6.0	9.0	13	18	26	36	51	73	103	145	206	291	411	582
	6.0<m_{n}≤10	9.0	13	18	26	37	52	74	104	148	209	295	417	590
	10<m_{n}≤16	9.5	13	19	27	38	53	75	107	151	213	302	427	604
	16<m_{n}≤25	9.5	14	19	28	39	55	78	110	156	220	312	441	624
	25<m_{n}≤40	10	14	20	29	41	58	82	116	164	232	328	463	655
	40<m_{n}≤70	11	16	22	32	45	63	89	126	178	252	357	504	713

续表

分度圆直径 d/mm	法向模数 m_n/mm	精 度 等 级												
		0	1	2	3	4	5	6	7	8	9	10	11	12
		$F_r/\mu\text{m}$												
2500＜d≤4000	6.0≤m_n≤10	11	16	23	32	45	64	90	127	180	255	360	510	721
	10＜m_n≤16	11	16	23	32	46	65	92	130	183	259	367	519	734
	16＜m_n≤25	12	17	24	33	47	67	94	133	188	267	377	533	754
	25＜m_n≤40	12	17	25	35	49	69	98	139	196	278	393	555	785
	40＜m_n≤70	13	19	26	37	53	75	105	149	211	298	422	596	843
4000＜d≤6000	6.0≤m_n≤10	14	19	27	39	55	77	110	155	219	310	438	620	876
	10＜m_n≤16	14	20	28	39	56	79	111	157	222	315	445	629	890
	16＜m_n≤25	14	20	28	40	57	80	114	161	227	322	455	643	910
	25＜m_n≤40	15	21	29	42	59	83	118	166	235	333	471	665	941
	40＜m_n≤70	16	22	31	44	62	88	125	177	250	353	499	706	999
6000＜d≤8000	6.0≤m_n≤10	16	23	32	45	64	91	128	181	257	363	513	726	1026
	10＜m_n≤16	16	23	32	46	65	92	130	184	260	367	520	735	1039
	16＜m_n≤25	17	23	33	47	66	94	132	187	265	375	530	749	1059
	25＜m_n≤40	17	24	34	48	68	96	136	193	273	386	545	771	1091
	40＜m_n≤70	18	25	36	51	72	102	144	203	287	406	574	812	1149
8000＜d≤10000	6.0≤m_n≤10	18	26	36	51	72	102	144	204	289	408	577	816	1154
	10＜m_n≤16	18	26	36	52	73	103	146	206	292	413	584	826	1168
	16＜m_n≤25	19	26	37	52	74	105	148	210	297	420	594	840	1188
	25＜m_n≤40	19	27	38	54	76	108	152	216	305	431	610	862	1219
	40＜m_n≤70	20	28	40	56	80	113	160	226	319	451	639	903	1277

1.5.5　齿轮坯的精度

有关齿轮轮齿精度（齿廓偏差、相邻齿距偏差等）的参数的数值，只有明确其特定的旋转轴线时才有意义。当测量时齿轮围绕其旋转的轴如有改变，则这些参数测量值也将改变。因此在齿轮的图纸上必须把规定轮齿公差的基准轴线明确表示出来，事实上整个齿轮的所有几何形状均以其为准。

齿轮坯的尺寸偏差和齿轮箱体的尺寸偏差对于齿轮副的接触条件和运行状况有着极大的影响。由于在加工齿轮坯和箱体时保持较紧的公差，比加工高精度的轮齿要经济得多，因此应首先根据拥有的制造设备的条件，尽量使齿轮坯和箱体的制造公差保持最小值。这种办法，可使加工的齿轮有较松的公差，从而获得更为经济的整体设计。

1.5.5.1　基准轴线与工作轴线之间的关系

基准轴线是制造者（和检验者）用来对单个零件确定轮齿几何形状的轴线，设计者应确保其精确的确定，保证齿轮相应于工作轴线的技术要求得以满足。通常，满足此要求的最常用的方法是确定基准轴线使其与工作轴线重合，即将安装面作为基准面。

在一般情况下首先需确定一个基准轴线，然后将其他所有的轴线（包括工作轴线及可能还有一些制造轴线）用适当的公差与之相联系，在此情况下，公差链中所增加的链节的影响应该考虑进去。

1.5.5.2　确定基准轴线的方法

一个零件的基准轴线一般是用基准面来确定的，有三种基本方法实现。对与轴做成一体的小齿轮可将该零件安置于两端的顶尖上，由两个中心孔确定它的基准轴线。表 14-1-56 给出了确定基准轴线的方法。

1.5.5.3　基准面与安装面的形状公差

基准面的要求精度取决于：

① 规定的齿轮精度，基准面的极限值应确定规定得比单个轮齿的极限值紧得多；

② 基准面的相对位置，一般地说，跨距占齿轮分度圆直径的比例越大，给定的公差可以越松。

基准面的精度要求，必须在零件图上规定。所有基准面的形状公差不应大于表 14-1-57 中所规定的数值，公差应减至最小。

第
14
篇

表 14-1-56　　　　　　　　　　　　　　确定基准轴线方法

方法	说　明	图　示	适用范围
用基准面确定	1. 用两个"短的"圆柱或圆锥形基准面上设定的两个圆的圆心来确定轴线上的两点	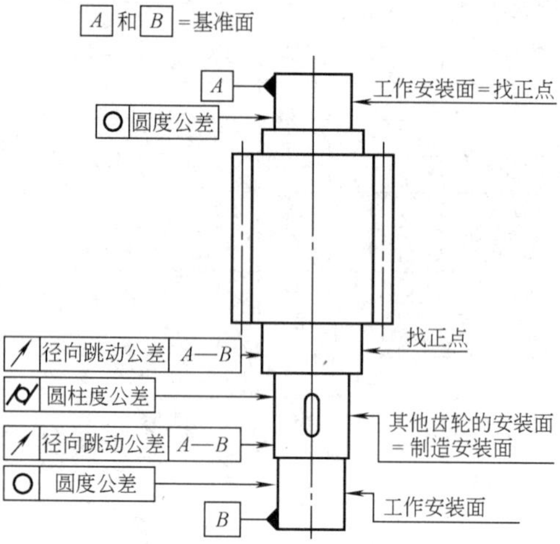	圆柱或圆锥形基准面必须是轴向很短的,以保证它们自己不会单独确定另一条轴线
	2. 用一个"长的"圆柱或圆锥形的面来同时确定轴线的位置和方向。孔的轴线可以用与之相匹配正确地装配的工作芯轴的轴线来代表	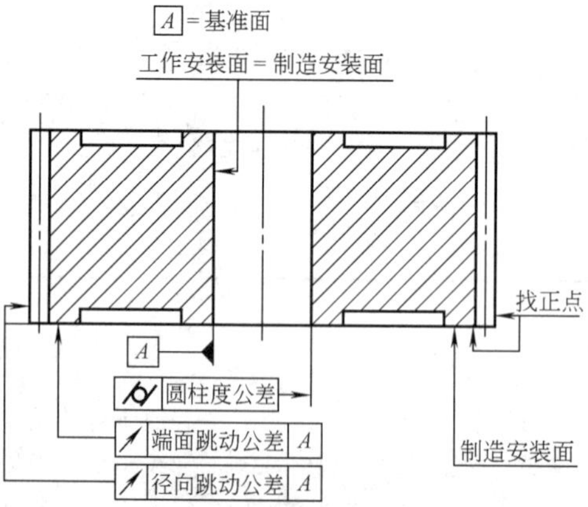	圆柱或圆锥形基准面必须是轴向很长的
	3. 轴线的位置用一个"短的"圆柱形基准面上的一个圆的圆心来确定,而其方向则用垂直于此轴线的一基准端面来确定	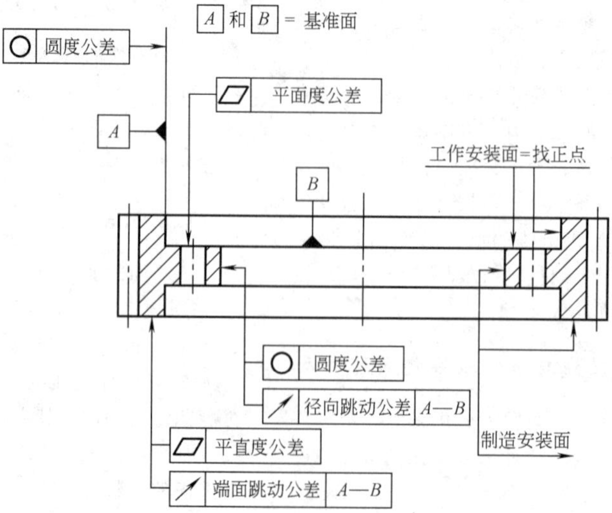	圆柱或圆锥形基准面必须是轴向很短的,以保证它们自己不会单独确定另一条轴线;基准端面的直径应该越大越好

续表

方法	说　明	图　示	适用范围
用中心孔确定	将零件安置于两端的顶尖上,用两个中心孔确定它的基准轴线,齿轮公差及(轴承)安装面的公差均需相对于此轴线来规定	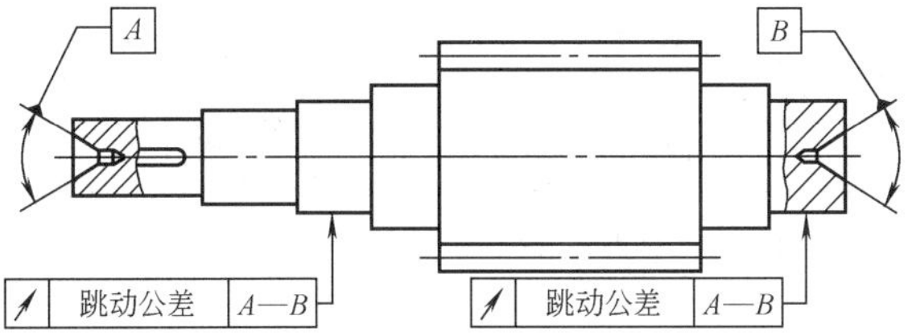 跳动公差　A—B　　跳动公差　A—B	是与轴做成一体的小齿轮制造和检验时最常用也是最满意的方法。安装面相对于中心孔的跳动公差必须规定很紧的公差值,中心孔 60°接触角范围内应对准成一直线

注：在与小齿轮做成一体的轴上常常有一段需安装大齿轮的地方,此安装面的公差值必须选择得与大齿轮的质量要求相适应。

表 14-1-57　　　　　　　　　　　　　　基准面与安装面的形状公差

确定轴线的基准面	公 差 项 目		
	圆度	圆柱度	平面度
两个"短的"圆柱或圆锥形基准面	$0.04(L/b)F_\beta$或$0.1F_p$ 取两者中之小值	—	—
一个"长的"圆柱或圆锥形基准面	—	$0.04(L/b)F_\beta$或$0.1F_p$ 取两者中之小值	—
一个短的圆柱面和一个端面	$0.06F_p$	—	$0.06(D_d/b)F_\beta$

注：1. 齿轮坯的公差应减至能经济地制造的最小值。

2. L——较大的轴承跨距；D_d——基准面直径；b——齿宽。

工作安装面的形状公差,不应大于表 14-1-57 中所给定的数值。如果用其他的制造安装面时,应采用同样的限制。

1.5.5.4　工作轴线的跳动公差

如果工作安装面被选择为基准面,直接用表14-1-57 中所规定的数值。当基准轴线与工作轴线并不重合时,工作安装面相对于基准轴线的跳动必须在图纸上予以控制。跳动公差不大于表 14-1-58 中规定的数值。

表 14-1-58　安装面的跳动公差

确定轴线的基准面	跳动量(总的指示幅度)	
	径向	轴向
仅指圆柱或圆锥形基准面	$0.15(L/b)F_\beta$或$0.3F_p$ 取两者中之大值	
一圆柱基准面和一端面基准面	$0.3F_p$	$0.2(D_d/b)F_\beta$

注：齿轮坯的公差应减至能经济地制造的最小值。

1.5.6　中心距和轴线的平行度

设计者应对中心距 a 和轴线的平行度两项偏差选择适当的公差。公差值的选择应按其使用要求能保证相啮合轮齿间的侧隙和齿长方向正确接触。

1.5.6.1　中心距允许偏差

中心距公差是指设计者规定的允许偏差,公称中心距是在考虑了最小侧隙及两齿轮的齿顶和其相啮的非渐开线齿廓齿根部分的干涉后确定的。GB/Z 18620.3—2008 中没有推荐偏差允许值。

在齿轮只是单向承载运转而不经常反转的情况下,最大侧隙的控制不是一个重要的考虑因素,此时中心距允许偏差主要取决于重合度的考虑。

在控制运动用的齿轮中,其侧隙必须控制。当轮齿上的负载常常反向时,对中心距的公差必须很仔细地考虑下列因素。

①轴、箱体和轴承的偏斜。

②由于箱体的偏差和轴承的间隙导致齿轮轴线的不一致。

③由于箱体的偏差和轴承的间隙导致齿轮轴线的错斜。

④安装误差。

⑤轴承跳动。

⑥温度的影响（随箱体和齿轮零件间的温差、中心距和材料不同而变化）。

⑦旋转件的离心伸胀。

⑧ 其他因素，例如润滑剂污染的允许程度及非金属齿轮材料的溶胀。

当确定影响侧隙偏差的所有尺寸的公差时，应该遵照 GB/Z 18620.2 中关于齿厚公差和侧隙的推荐内容。

1.5.6.2　轴线平行度偏差

由于轴线平行度偏差的影响与其向量的方向有关，对"轴线平面内的偏差"$f_{\Sigma\delta}$ 和"垂直平面上的偏差"$f_{\Sigma\beta}$ 作了不同的规定（见图 14-1-19 和表 14-1-59）。每项平行度偏差是以与有关轴承间距离 L（"轴承中间距"L）相关联的值来表示的。

1.5.7　齿厚和侧隙

GB/Z 18620.3—2008 给出了渐开线圆柱齿轮齿厚和侧隙的检验实施规范，并在附录中提供了选择齿轮的齿厚公差和最小侧隙的合理方法。齿厚和侧隙相关项目的定义见表 14-1-60。

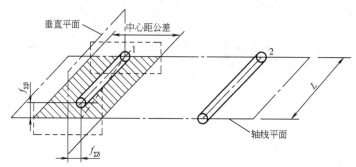

图 14-1-19　轴线平行度偏差

表 14-1-59　　　　　　　　　　　　　　　　　　轴线平行度偏差

名称及代号	推荐最大值计算式	备　注
轴线平面内的偏差 $f_{\Sigma\delta}$	$f_{\Sigma\delta} = \left(\dfrac{L}{b}\right)F_{\beta}$	$f_{\Sigma\delta}$ 是在两轴线的公共平面上测量的，这公共平面是用两轴承跨距中较长的一个 L 和另一根轴上的一个轴承来确定的，如果两个轴承的跨距相同，则用小齿轮轴和大齿轮轴的一个轴承 轴线平面内的轴线偏差影响螺旋线啮合偏差，它的影响是工作压力角的正弦函数
垂直平面上的偏差 $f_{\Sigma\beta}$	$f_{\Sigma\beta} = 0.5\left(\dfrac{L}{b}\right)F_{\beta}$	$f_{\Sigma\beta}$ 是在与轴线公共平面相垂直的"交错轴平面"上测量的垂直平面上的轴线偏差影响工作压力角的余弦函数

注：一定量的垂直平面上偏差导致的啮合偏差将比同样大小的平面内偏差导致的啮合偏差大 2～3 倍，对这两种偏差要素要规定不同的最大推荐值。

表 14-1-60　　　　　　　　　　　　　　　　　　齿厚和侧隙的定义

名称及代号	定　义	备　注
法向齿厚 s_n	分度圆柱上法向平面的法向齿厚。即齿厚的理论值，该齿厚与具有理论齿厚的相配合齿轮在理论中心距之下无侧隙啮合 对斜齿轮，s_n 值应在法向平面内测量	外齿轮 $s_n = m_n\left(\dfrac{\pi}{2} + 2x\tan\alpha_n\right)$ 内齿轮 $s_n = m_n\left(\dfrac{\pi}{2} - 2x\tan\alpha_n\right)$
齿厚的最大和最小极限 s_{ns} 和 s_{ni}	齿厚的两个极端的允许尺寸，齿厚的实际尺寸应该位于这两个极端尺寸之间（见图 14-1-20）	—
齿厚的极限偏差 E_{sns} 和 E_{sni}	齿厚上偏差 E_{sns} 和下偏差 E_{sni} 统称齿厚的极限偏差	$E_{sns} = s_{ns} - s_n$ $E_{sni} = s_{ni} - s_n$
齿厚公差 T_{sn}	齿厚上偏差和下偏差之差	$T_{sn} = E_{sns} - E_{sni}$
实际齿厚 $s_{nactual}$	通过测量确定的齿厚	—
实效齿厚 s_{wt}	测量所得的齿厚加上轮齿各要素偏差及安装所产生的综合影响的量	—

续表

名称及代号	定　义	备　注
侧隙 j	两个相配齿轮的工作齿面相接触时,在两个非工作齿面之间所形成的间隙(见图 14-1-21)。通常,在稳定的工作状态下的侧隙(工作侧隙)与齿轮在静态条件下安装于箱体内所测得的侧隙(装配侧隙)是不同的(小于装配侧隙)	—
圆周侧隙 j_{wt}	当固定两相啮合齿轮中的一个,另一个齿轮所能转过的节圆弧长的最大值(见图 14-1-22)	—
法向侧隙 j_{bn}	当两个齿轮的工作齿面互相接触时,其非工作齿面之间的最短距离(见图 14-1-22)	$j_{bn}=j_{wt}\cos\alpha_{wt}\cos\beta_b$
径向侧隙 j_r	将两个相配齿轮的中心距缩小,直到左侧和右侧齿面都接触时,这个缩小量为径向间隙(见图 14-1-22)	$j_r=\dfrac{j_{wt}}{2\tan\alpha_{wt}}$
最小侧隙 j_{wtmin}	节圆上的最小圆周侧隙。即具有最大允许实效齿厚的轮齿与也具有最大允许实效齿厚相配轮齿相啮合时,在静态条件下,在最紧允许中心距的圆周侧隙(见图 14-1-21)	最紧中心距,对于外齿轮是指最小的工作中心距,对于内齿轮是指最大的工作中心距
最大侧隙 j_{wtmax}	节圆上的最大圆周侧隙。即具有最小允许实效齿厚的轮齿与也具有最小允许实效齿厚相配轮齿相啮合时,在静态条件下,在最松允许中心距时的圆周侧隙(见图 14-1-21)	最松中心距,对于外齿轮是指最大的工作中心距,对于内齿轮是指最小的工作中心距

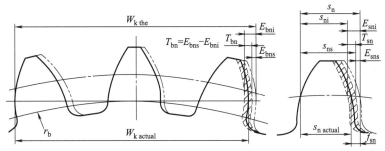

E_{bni}—公法线长度下偏差; E_{bns}—公法线长度上偏差; s_n—法向齿厚; s_{ni}—齿厚的最小极限; s_{ns}—齿厚的最大极限;
$s_{n\,actual}$—实际齿厚; E_{sni}—齿厚允许的下偏差; E_{sns}—齿厚允许的上偏差; f_{sn}—齿厚偏差; T_{sn}—齿厚公差, $T_{sn}=E_{sns}-E_{sni}$

图 14-1-20　公法线长度与齿厚的允许偏差

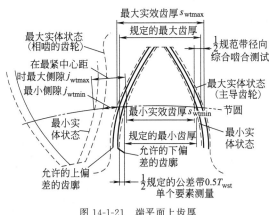

图 14-1-21　端平面上齿厚

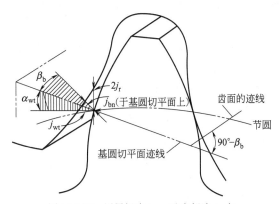

图 14-1-22　圆周侧隙 j_{wt}、法向侧隙 j_{bn} 与
径向侧隙 j_r 之间的关系

1.5.7.1 侧隙

在一对装配好的齿轮副中，侧隙 j 是相啮齿轮齿间的间隙，它是在节圆上齿槽宽度超过相啮合的轮齿齿厚的量。侧隙可以在法向平面上或沿啮合线（见图14-1-23）测量，但它是在端平面上或啮合平面（基圆切平面）上计算和规定的。

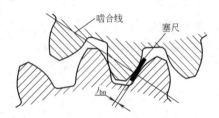

图 14-1-23 用塞尺测量侧隙（法向平面）

相啮齿的间隙是由一对齿轮运行时的中心距以及每个齿轮的实效齿厚所控制的。所有相啮的齿轮必定要有些侧隙，以保证非工作齿面不会相互接触。运行时侧隙还随速度、温度、负载等的变动而变化。在静态可测量的条件下，必须有足够的侧隙，以保证在带负载运行于最不利的工作条件下仍有足够的侧隙。侧隙的要求量与齿轮的大小、精度、安装和应用情况有关。

（1）最小侧隙

最小侧隙 j_{bnmin}（或 j_{wtmin}）受下列因素影响。

① 箱体、轴和轴承的偏斜。

② 由于箱体的偏差和轴承的间隙导致齿轮轴线的不对准。

③ 由于箱体的偏差和轴承的间隙导致齿轮轴线的歪斜。

④ 安装误差，例如轴的偏心。

⑤ 轴承径向跳动。

⑥ 温度影响（箱体与齿轮零件的温度差、中心距和材料差异所致）。

⑦ 旋转零件的离心胀大。

⑧ 其他因素，例如由于润滑剂的允许污染以及非金属齿轮材料的溶胀。

如果上述因素均能很好的控制，则最小侧隙值可以很小，每一个因素均可用分析其公差来进行估计，然后可计算出最小的要求量，在估计最期望要求值时，也需要用判断和经验，因为在最坏情况时的公差，不大可能都叠加起来。

表14-1-61列出了对工业传动装置推荐的最小侧隙，这些传动装置是用黑色金属齿轮和黑色金属的箱体制造的，工作时节圆线速度小于 15m/s，其箱体、轴和轴承都采用常用的商业制造公差。

表 14-1-61 对于中、大模数齿轮最小侧隙 j_{bnmin} 的推荐数据   mm

m_n	最小中心距 a_i					
	50	100	200	400	800	1600
1.5	0.09	0.11	—	—	—	—
2	0.10	0.12	0.15	—	—	—
3	0.12	0.14	0.17	0.24	—	—
5	—	0.18	0.21	0.28	—	—
8	—	0.24	0.27	0.34	0.47	—
12	—	—	0.35	0.42	0.55	—
18	—	—	—	0.54	0.67	0.94

表14-1-61中的数值，也可用下式进行计算，式中 a_i 必须是一个绝对值。

$$j_{bnmin} = \frac{2}{3} \times (0.06 + 0.0005a_i + 0.03m_n)$$

$$j_{bn} = |(E_{sns1} + E_{sns2})| \cos\alpha_n$$

如果 E_{sns1} 和 E_{sns2} 相等，则 $j_{bn} = 2E_{sns}\cos\alpha_n$，小齿轮和大齿轮的切削深度和根部间隙相等，并且重合度为最大。

（2）最大侧隙

一对齿轮副中的最大侧隙 j_{bnmax}（或 j_{wtmax}），是齿厚公差、中心距变动和轮齿几何形状变异的影响之和。理论的最大侧隙发生于两个理想的齿轮按最小齿厚的规定制成，且在最松的允许中心距条件下啮合。

通常，最大侧隙并不影响传递运动的性能和平稳性，同时，实效齿厚偏差也不是在选择齿轮的精度等级时的主要考虑的因素。在这些情况下，选择齿厚及其测量方法并非关键，可以用最方便的方法。在很多应用场合，允许用较宽的齿厚公差或工作侧隙，这样做不会影响齿轮的性能和承载能力，却可以获得较经济的制造成本。当最大侧隙必须严格控制的情况下，对各影响因素必须仔细地研究，有关齿轮的精度等级、中心距公差和测量方法，必须仔细地予以规定。

1.5.7.2 齿厚公差

（1）齿厚上偏差 E_{sns}

齿厚上偏差取决于分度圆直径和允许差，其选择大体上与轮齿精度无关。

（2）齿厚下偏差 E_{sni}

齿厚下偏差是综合了齿厚上偏差及齿厚公差后获得的，由于上、下偏差都使齿厚减薄，从齿厚上偏差中应减去公差值。

$$E_{sni} = E_{sns} - T_{sn}$$

（3）法向齿厚公差 T_{sn}

法向齿厚公差的选择，基本上与轮齿的精度无关，它主要应由制造设备来控制。齿厚公差的选择要适当，太小的齿厚公差对制造成本和保持轮齿的精度方面是不利的。

1.5.7.3　齿厚偏差的测量

测得的齿厚常被用来评价整个齿的尺寸或一个给定齿轮的全部齿尺寸。它可根据测头接触点间或两条很短的接触线间距离的少数几次测量来计值，这些接触点的状态和位置是由测量法的类型（公法线、球、圆柱或轮齿卡尺）以及单个要素偏差的影响来确定的。习惯上常假设整个齿轮依靠一次或两次测量来表明其特性。

用齿厚游标卡尺测量弦齿厚的优点是可以用一个手持的量具进行测量。但测量弦齿厚也有其局限性，由于齿厚卡尺的两个测量腿与齿面只是在其顶尖角处接触而不是在其平面接触，故测量必须要由有经验的操作者进行。另一点是，由于齿顶圆柱面的精确度和同轴度的不确定性，以及测量标尺分辨率很差，使测量不甚可靠。如有可能，应采用更可靠的轮齿跨距（公法线长度）、圆柱销或球测量法来代替。

（1）公法线长度测量

当齿厚有减薄量时，公法线长度也变小。因此，齿厚偏差也可用公法线长度偏差 E_{bn} 代替。

公法线长度偏差是指公法线的实际长度与公称长度之差。GB/Z 18620.2 给出了齿厚偏差与公法线长度偏差的关系式。

公法线长度上偏差

$$E_{bns} = E_{sns} \cos\alpha_n$$

公法线长度下偏差

$$E_{bni} = E_{sni} \cos\alpha_n$$

公法线测量对内齿轮是不适用的。另外对斜齿轮而言，公法线测量受齿轮齿宽的限制，只有满足下式条件时才可能。

$$b > 1.015 W_k \sin\beta_b$$

式中，W_k 是指在基圆柱切平面上跨 k 个齿（对外齿轮）或 k 个齿槽（对内齿轮）在接触到一个齿的右齿面和另一个齿的左齿面的两个平行平面之间测得的距离。

（2）跨球（圆柱）尺寸的测量

当斜齿轮的齿宽太窄，不允许作公法线测量时，可以用间接地检验齿厚的方法，即把两个球或圆柱（销子）置于尽可能在直径上相对的齿槽内，然后测量跨球（圆柱）尺寸。

GB/Z 18620.2—2008 给出了齿厚偏差与跨距（圆柱）尺寸偏差的关系式。

偶数齿时：

跨球（圆柱）尺寸上偏差

$$E_{yns} \approx E_{sns} \frac{\cos\alpha_t}{\sin\alpha_{Mt} \cos\beta_b}$$

跨球（圆柱）尺寸下偏差

$$E_{yni} \approx E_{sni} \frac{\cos\alpha_t}{\sin\alpha_{Mt} \cos\beta_b}$$

奇数齿时：

跨球（圆柱）尺寸上偏差

$$E_{yns} \approx E_{sns} \frac{\cos\alpha_t}{\sin\alpha_{Mt} \cos\beta_b} \cos\left(\frac{90}{z}\right)$$

跨球（圆柱）尺寸下偏差

$$E_{yni} \approx E_{sni} \frac{\cos\alpha_t}{\sin\alpha_{Mt} \cos\beta_b} \cos\left(\frac{90}{z}\right)$$

式中　α_{Mt}——工作端面压力角。

1.5.8　轮齿齿面粗糙度

轮齿齿面粗糙度对齿轮的传动精度（噪声和振动）、表面承载能力（点蚀、胶合和磨损）、弯曲强度（齿根过渡曲面状况）都有一定的影响。GB/Z 18620.4—2008 中给出了表面粗糙度的检验方法。

1.5.8.1　图样上应标注的数据

设计者应按照齿轮加工要求，在图样上应标出完工状态的齿轮表面粗糙度的适当数据，如图 14-1-24 所示。

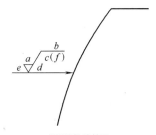

(a) 表面结构的符号

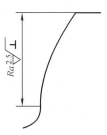

除开齿根过渡区的齿面

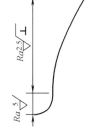

包括齿根过渡区的齿面

(b) 表面粗糙度和表面加工纹理方向的符号

图 14-1-24　表面粗糙度的符号

a—Ra 或 Rz，μm；b—加工方法、表面处理等；c—取样长度；d—加工纹理方向；e—加工余量；f—粗糙度的具体数值（括号内）

1.5.8.2　测量仪器

触针式测量仪器通常用来测量表面粗糙度。可采用以下几种类型的仪器来进行测量，不同的测量方法对测量不确定度的影响有不同的特性（见图14-1-25）。

① 在被测表面上滑行的一个或一对导头的仪器（仪器有一平直的基准平面）。

② 一个在具有名义表面形状的基准平面上滑行的导头。

③ 一个具有可调整的或可编程的与导头组合一起的基准线生成器，例如，可由一个坐标测量机来实现基准线。

④ 用一个无导头的传感器和一个具有较大测量范围的平直基准对形状、波纹度和表面粗糙度进行评定。

根据国家标准，触针的针尖半径应为 $2\mu m$ 或 $5\mu m$ 或 $10\mu m$，触针的圆锥角可为 $60°$ 或 $90°$。在表面测量的报告中应注明针尖半径和触针角度。

在对表面粗糙度或波纹度进行测量时，需要用无导头传感器和一个被限定截止的滤波器，它压缩表面轮廓的长波成分或短波成分。测量仪器仅适用于某些特定的截止波长，表 14-1-62 给出了适当的截止波长的参考值。必须要认真选择合适的触针针尖半径、取样长度和截止滤波器，见 GB/T 10610 和 ISO 16610-21：2011，否则测量中就会出现系统误差。

根据波纹度、加工纹理方向和测量仪器的影响的考虑，可能要选择一种不同的截止值。

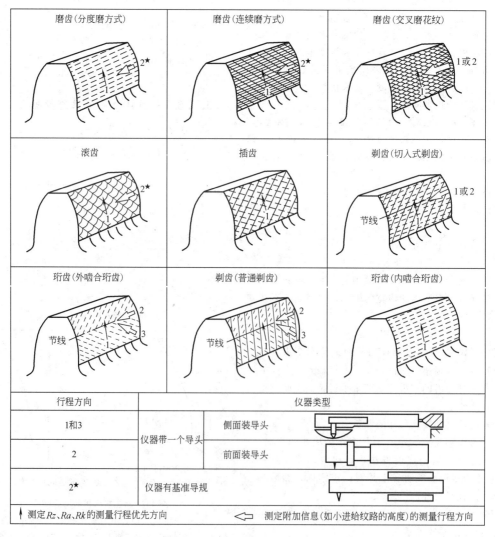

图 14-1-25　仪器特性以及与制造方法相关的测量行程方向

表 14-1-62　　滤波和截止波长

模数 /mm	标准工作 齿高/mm	标准截止 波长/mm	工作齿高内 的截止波数
1.5	3.0	0.2500	12
2.0	4.0	0.2500	16
2.5	5.0	0.2500	20
3.0	6.0	0.2500	24
4.0	8.0	0.8000	10
5.0	10.0	0.8000	12
6.0	12.0	0.8000	15
7.0	14.0	0.8000	17
8.0	16.0	0.8000	20
9.0	18.0	0.8000	22
10.0	20.0	0.8000	25
11.0	22.0	0.8000	27
12.0	24.0	0.8000	30
16.0	32.0	2.5000	13
20.0	40.0	2.5000	16
25.0	50.0	2.5000	20
50.0	100.0	8.0000	12

1.5.8.3　齿轮齿面表面粗糙度的测量

在测量表面粗糙度时，触针的轨迹应与表面加工纹理的方向相垂直，见图 14-1-25 和图 14-1-26 中所示方向，测量还应垂直于表面，因此，触针应尽可能紧跟齿面的弯曲的变化。

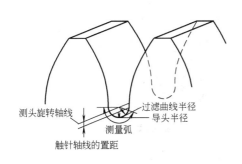

图 14-1-26　齿根过渡曲面粗糙度的测量

在对轮齿齿根的过渡区表面粗糙度测量时，整个方向应与螺旋线正交，因此，需要使用一些特殊的方法。图 14-1-26 中表示了一种适用的测量方法，在触针前面的传感器头部有一半径为 r（小于齿根过渡曲线的半径 R）的导头，安装在一根可旋转的轴上，当该轴转过角度约 100°时，触针的针尖描绘出一条同齿根过渡区接近的圆弧。当齿根过渡区足够大，并且该装置仔细的定位时方可进行表面粗糙度测量。导头直接作用于表面，应使半径 r 大于 $50\lambda_c$（截止波长），以避免因导头引起的测量不确定度。

使用导头形式的测量仪器进行测量还有另一种办法，选择一种适当的铸塑材料（如树脂等）制作一个相反的复制品。当对较小模数齿轮的齿根过渡部分的表面粗糙度进行测量时，这种方法是特别有用的。在使用这种方法时，应记住在评定过程中齿廓的记录曲线的凸凹是相反的。

（1）评定测量结果

直接测得的表面粗糙度参数值，可直接与规定的允许值比较。

参数值通常是按沿齿廓取的几个接连的取样长度上的平均值确定的，但是应考虑到表面粗糙度会沿测量行程有规律地变化，因此，确定单个取样长度的表面粗糙度值，可能是有益的。为了改进测量数值统计上的准确性，可从几个平行的测量迹线计算其算术平均值。

为了避免使用滤波器时评定长度的部分损失，可以在没有标准滤波过程的情况下，在单个取样长度上评定粗糙度。图 14-1-27 为消除形状成分等，将（没有滤波器）轨迹轮廓细分为短的取样长度 l_1、l_2、l_3 等所产生的滤波效果。为了同标准方法的滤波结果相比较，取样长度应与截止值 λ_c 为同样的值。

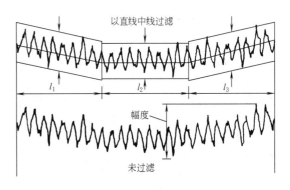

图 14-1-27　取样长度和滤波的影响

（2）参数值

规定的参数值应优先从表 14-1-63 和表 14-1-64 中所给出的范围中选择，无论是 Ra 还是 Rz 都可作为一种判断依据，但两者不应在同一部分使用。

表 14-1-63   **算术平均偏差 *Ra* 的推荐极限值**   μm

等级	*Ra* 模数/mm			等级	*Ra* 模数/mm		
	$m<6$	$6 \leqslant m \leqslant 25$	$m>25$		$m<6$	$6 \leqslant m \leqslant 25$	$m>25$
1	—	0.04	—	7	1.25	1.6	2.0
2	—	0.08	—	8	2.0	2.5	3.2
3	—	0.16	—	9	3.2	4.0	5.0
4	—	0.32	—	10	5.0	6.3	8.0
5	0.5	0.63	0.80	11	10.0	12.5	16
6	0.8	1.00	1.25	12	20	25	32

表 14-1-64   **微观不平度十点高度 *Rz* 的推荐极限值**   μm

等级	*Rz* 模数/mm			等级	*Rz* 模数/mm		
	$m<6$	$6 \leqslant m \leqslant 25$	$m>25$		$m<6$	$6 \leqslant m \leqslant 25$	$m>25$
1	—	0.25	—	7	8.0	10.0	12.5
2	—	0.50	—	8	12.5	16	20
3	—	1.0	—	9	20	25	32
4	—	2.0	—	10	32	40	50
5	3.2	4.0	5.0	11	63	80	100
6	5.0	6.3	8.0	12	125	160	200

注：表 14-1-63 和表 14-1-64 中关于 *Ra* 和 *Rz* 相当的表面状况等级并不与特定的制造工艺相应，这一点特别对于表中 1 级到 4 级的表列值。

1.5.9　轮齿接触斑点

检验产品齿轮副在其箱体内所产生的接触斑点，可用于评估轮齿间载荷分布。产品齿轮和测量齿轮的接触斑点，可用于评估装配后齿轮的螺旋线和齿廓精度。

1.5.9.1　检测条件

① 精度　产品齿轮和测量齿轮副轻载下接触斑点，可以从安装在机架上的齿轮相啮合得到。为此，齿轮轴线的不平行度，在等于产品齿轮齿宽的长度上的数值不得超过 0.005mm。同时也要保证测量齿轮的齿宽不小于产品齿轮的齿宽，通常这意味着对于斜齿轮需要一个专用的测量齿轮。相配的产品齿轮副的接触斑点也可以在相啮合的机架上获得。

② 载荷分布　产品齿轮副在其箱体内的轻载接触斑点，有助于评估载荷的可能分布，在其检验过程中，齿轮的轴颈应当位于它们的工作位置，这可以通过对轴承轴颈加垫片调整来达到。

③ 印痕涂料　适用的印痕涂料有装配工的蓝色印痕涂料和其他专用涂料，油膜层厚度为 0.006～0.012mm。

④ 印痕涂料层厚度的标定　在垂直于切平面的方向上以一个已知小角度移动齿轮的轴线，即在轴承座上加垫片并观察接触斑点的变化，标定工作应该有规范地进行，以确保印痕涂料、测试载荷和操作工人的技术都不改变。

⑤ 测试载荷　用于获得轻载齿轮接触斑点所施加的载荷，应恰好够保证被测齿面保持稳定地接触。

⑥ 记录测试结果　接触斑点通常以画草图、照片、录像记录下来，或用透明胶带覆盖接触斑点上，再把粘住接触斑点的涂料的胶带撕下来，贴在优质的白卡片上。

要完成以上操作的人员，应训练正确地操作，并定期检查他们的效果，以确保操作效能的一致性。

1.5.9.2　接触斑点的判断

接触斑点可以给出齿长方向配合不准确的程度，包括齿长方向的不准确配合和波纹度，也可以给出齿廓不准确性的程度，必须强调的是，做出的任何结论都带有主观性，只能是近似的并且依赖于有关人员的经验。

（1）与测量齿轮相啮合的接触斑点

图 14-1-28～图 14-1-31 所示的是产品齿轮与测量齿轮对滚产生的典型的接触斑点示意图。

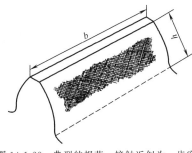

图 14-1-28　典型的规范，接触近似为：齿宽 b 的 80%，有效齿面高度 h 的 70%，齿端修薄

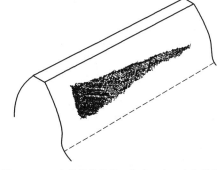

图 14-1-31　有螺旋线偏差、齿廓正确，有齿端修薄

（2）齿轮精度和接触斑点

图 14-1-32 和表 14-1-65、表 14-1-66 给出了在齿轮装配后（空载）检测时，所预计的在齿轮精度等级和接触斑点分布之间关系的一般指示，但不能理解为证明齿轮精度等级的可替代方法。实际的接触斑点不一定同图 14-1-32 中所示的一致，在啮合机架上所获得的齿轮检查结果应当是相似的。图 14-1-32 和表 14-1-65、表 14-1-66 对齿廓和螺旋线修形的齿面是不适用的。

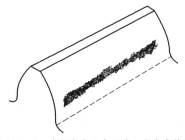

图 14-1-29　齿长方向配合正确，有齿廓偏差

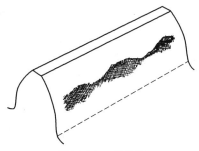

图 14-1-30　波纹度

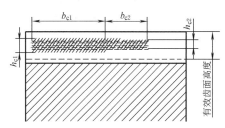

图 14-1-32　接触斑点分布的示意图

表 14-1-65　　　　　　　　　　　斜齿轮装配后的接触斑点

精度等级 GB/T10095	b_{c1} 占齿宽的百分比	h_{c1} 占有效齿面高度的百分比	b_{c2} 占齿宽的百分比	h_{c2} 占有效齿面高度的百分比
4 级及更高	50%	50%	40%	30%
5 和 6	45%	40%	35%	20%
7 和 8	35%	40%	35%	20%
9～12	25%	40%	25%	20%

表 14-1-66　　　　　　　　　　　直齿轮装配后的接触斑点

精度等级 GB/T10095	b_{c1} 占齿宽的百分比	h_{c1} 占有效齿面高度的百分比	b_{c2} 占齿宽的百分比	h_{c2} 占有效齿面高度的百分比
4 级及更高	50%	70%	40%	50%
5 和 6	45%	50%	35%	30%
7 和 8	35%	50%	35%	30%
9～12	25%	50%	25%	30%

1.5.10 新旧标准对照

表 14-1-67 新旧标准对照

序号	新 标 准	旧 标 准
1	组成	
	GB/T 10095.1—2008	
	GB/T 10095.2—2008	
	GB/Z 18620.1—2008	GB/T 10095—1988
	GB/Z 18620.2—2008	
	GB/Z 18620.3—2008	
	GB/Z 18620.4—2008	
2	采用 ISO 标准程度	
	等同采用 ISO 1328-1:2013	
	ISO 1328-2:1997	
	ISO/TR 10064-1:2017	等效采用 ISO 1328:1975
	ISO/TR 10064-2:1996	
	ISO/TR 10064-3:1996	
	ISO/TR 10064-4:1998	
3	适用范围	
	基本齿廓符合 GB/T 1356—2001 规定的单个渐开线圆柱齿轮,不适用于齿轮副 对 $m_n \geqslant 0.5 \sim 70mm$, $d \geqslant 5 \sim 10000mm$, $b \geqslant 4 \sim 1000mm$ 的齿轮规定了偏差的允许值(F_i'', f_i'' 为 $m_n \geqslant 0.2 \sim 10mm$, $d \geqslant 5 \sim 1000mm$ 时的偏差允许值)	基本齿廓按 GB/T 1356—1988 规定的平行传动的渐开线圆柱齿轮及其齿轮副 对 $m_n \geqslant 1 \sim 40mm$, d 至 4000mm, b 至 630mm 的齿轮规定了公差
4	偏差项目	
4.1	齿距偏差	
4.1.1	单个齿距偏差 $\pm f_{pt}$	齿距偏差 Δf_{pt} 齿距极限偏差 $\pm f_{pt}$
4.1.2	齿距累积偏差 F_{pk}	k 个齿距累积误差 ΔF_{pk} k 个齿距累积公差 F_{pk}
4.1.3	齿距累积总偏差 F_p	齿距累积误差 ΔF_p 齿距累积公差 F_p
4.1.4	基圆齿距偏差 f_{pb} (见 GB/Z 18620.1—2008,未给出公差数值)	基节偏差 Δf_{pb} 基节极限偏差 $\pm f_{pb}$
4.2	齿廓偏差	
4.2.1	齿廓形状偏差 $f_{f\alpha}$	
4.2.2	齿廓倾斜偏差 $\pm f_{H\alpha}$	
4.2.3	齿廓总偏差 F_α (规定了偏差计值范围)	齿形误差 Δf_f 齿形公差 f_f
4.3	螺旋线偏差	
4.3.1	螺旋线形状偏差 $f_{f\beta}$	
4.3.2	螺旋线倾斜偏差 $\pm f_{H\beta}$	
4.3.3	螺旋线总偏差 F_β (规定了偏差计值范围,公差不但与 b 有关,而且也与 d 有关)	齿向误差 ΔF_β 齿向公差 F_β
4.4	切向综合偏差	
4.4.1	切向综合总偏差 F_i'	切向综合误差 $\Delta F_i'$ 切向综合公差 F_i'
4.4.2	一齿切向综合偏差 f_i'	一齿切向综合偏差 $\Delta f_i'$ 一齿切向综合公差 f_i'
4.5	径向综合偏差	

续表

序号	新　标　准	旧　标　准
4.5.1	径向综合总偏差　F_i''	径向综合误差　$\Delta F_i''$ 径向综合公差　F_i''
4.5.2	一齿径向综合偏差　f_i''	一齿径向综合误差　$\Delta f_i''$ 一齿径向综合公差　f_i''
4.6	径向跳动公差　F_r	齿圈径向跳动　ΔF_r 齿圈径向跳动公差　F_r
4.7	—	公法线长度变动　ΔF_w 公法线长度变动公差　F_w
4.8	—	接触线误差　ΔF_b 接触线公差　F_b
4.9	—	轴向齿距偏差　ΔF_{px} 轴向齿距极限偏差　$\pm F_{px}$
4.10	—	螺旋线波度误差　Δf_β 螺旋线波度公差　f_β
4.11	齿厚偏差（见 GB/Z 18620.2—2008，未推荐数值） 齿厚上偏差　E_{sns} 齿厚下偏差　E_{sni} 齿厚公差　T_{sn}	齿厚偏差 ΔE_s（规定了 14 个字母代号） 齿厚上偏差　E_{ss} 齿厚下偏差　E_{si} 齿厚公差　T_s
4.12	公法线长度偏差（见 GB/Z 18620.2—2008） 公法线长度上偏差　E_{bns} 公法线长度下偏差　E_{bni}	公法线平均长度偏差　ΔE_{wm} 公法线平均长度上偏差　E_{wms} 公法线平均长度下偏差　E_{wmi}
5	齿轮副的检验与公差	
5.1	齿轮副传动偏差	
5.1.1	传动总偏差（产品齿轮副）　F' （见 GB/Z 18620.1—2008，仅给出符号）	齿轮副的切向综合误差　$\Delta F_{ic}'$ 齿轮副的切向综合公差　F_{ic}'
5.1.2	一齿传动偏差（产品齿轮副）　f' （见 GB/Z 18620.1—2008，仅给出符号）	齿轮副的一齿切向综合误差　$\Delta f_{ic}'$ 齿轮副的一齿切向综合公差　f_{ic}'
5.2	侧隙 j	
5.2.1	圆周侧隙　j_{wt} 最小圆周侧隙　j_{wtmin} 最大圆周侧隙　j_{wtmax}	圆周侧隙　j_t 最小圆周极限侧隙　j_{tmin} 最大圆周极限侧隙　j_{tmax}
5.2.2	法向侧隙　j_{bn} 最小法向侧隙　j_{bnmin} 最大法向侧隙　j_{bnmax} （见 GB/Z 18620.2—2008，推荐了 j_{bnmin} 计算式及数值表）	法向侧隙　j_n 最小法向极限侧隙　j_{nmin} 最大法向极限侧隙　j_{nmax} （j_{nmin} 由设计者确定）
5.2.3	径向侧隙　j_r	
5.3	轮齿接触斑点 （见 GB/Z 18620.4—2008，推荐了直、斜齿轮装配后的接触斑点）	齿轮副的接触斑点
5.4	中心距偏差 （见 GB/Z 18620.3—2008，没有推荐偏差允许值，仅有说明）	齿轮副中心距偏差　Δf_a 齿轮副中心距极限偏差　$\pm f_a$
5.5	轴线平行度	
5.5.1	轴线平面内的轴线平行度偏差　$f_{\Sigma\delta}$ 推荐的最大值：$f_{\Sigma\delta}=\left(\dfrac{L}{b}\right)F_\beta$	x 方向的轴线平行度误差　Δf_x x 方向的轴线平行度公差　$f_x=F_\beta$
5.5.2	垂直平面上的轴线平行度偏差　$f_{\Sigma\beta}$ 推荐的最大值：$f_{\Sigma\beta}=0.5\left(\dfrac{L}{b}\right)F_\beta$	y 方向的轴线平行度误差　Δf_y y 方向的轴线平行度公差　$f_y=0.5F_\beta$
6	精度等级与公差组	
6.1	GB/T 10095.1—2008 规定了从 0～12 级共 13 个等级 GB/T 10095.2—2008 对 F_i''、f_i'' 规定了从 4～12 级共 9 个等级；对 F_r 则规定了 13 个等级	规定了从 1～12 级共 12 个等级

第 14 篇

续表

序号	新 标 准	旧 标 准
6.2		将齿轮各项公差和极限偏差分成 3 个公差组
7	齿坯要求 在 GB/Z 18620.3—2008 对齿轮坯推荐了基准与安装面的形状公差,安装面的跳动公差	在附录中,补充规定了齿坯公差;轴、孔的尺寸、形状公差;基准面的跳动
8	齿轮检验与公差	
8.1	齿轮检验	
	GB/T 10095.1—2008 规定了 F_i'、f_i'、f_{fa}、$f_{H\alpha}$、$f_{H\beta}$、$f_{H\beta}$ 不是必检项目; GB/Z 18620.1—2008 规定:在检验中,测量全部轮齿要素的偏差既不经济也没有必要	根据齿轮副的使用要求和生产规模,在各公差组中,选定检验组来检定和验收齿轮精度
8.2	尺寸参数分段 模数 m_n: 0.5/2/3.5/6/10/16/25/40/70 (F_i''、f_i'' 为 0.2/0.5/0.8/1.0/1.5/2.5/4/6/10) 分度圆直径 d: 5/20/50/125/280/560/1000/1600/2500/4000/6000/8000/10000 (F_i''、f_i'' 为 5/20/50/125/280/560/1000) 齿宽 b: 4/10/20/40/80/160/250/400/650/1000	模数 m_n: 1/3.5/6.3/10/16/25/40 分度圆直径 d: ≤125/400/800/1600/2500/4000 齿宽 b: ≤40/100/160/250/400/630
8.3	公差与分级公比	
8.3.1	公差 F_i'、f_i'、F_{pk} 按关系式或计算式求出,其他项目均给出公差表;注意 F_i''、f_i''、F_r 公差表的使用要求	F_i'、f_i'、$f_{f\beta}$、F_{px}、F_b 按公差关系式或计算式求出公差,其他项目均有公差表
8.3.2	分级公比 φ 各精度等级采用相同的分级公比	高精度等级间采用较大的分级公比 φ 低精度等级间采用较小的分级公比 φ
9	表面结构 GB/Z 18620.4—2008 对轮齿表面粗糙度推荐了 Ra、Rz 数表	—

1.6 齿条精度

齿条是圆柱齿轮分度圆直径为无限大的一部分,端面齿廓和螺旋线均为直线。齿条副是圆柱齿轮和齿条的啮合,形成圆周运动与直线运动的转换。GB/T 10096—1988 齿条精度国家标准是由 GB/T 10095—1988 渐开线圆柱齿轮精度国家标准派生配套而形成的。目前因 GB/T 10095—1988 标准是等效采用已被作废的 ISO 1328—1975 国际标准,被等同采用 ISO 1328-1:1995 和 ISO 1328-2:1997 国际圆柱齿轮精度标准的国家标准 GB/T 10095.1—2008 和 GB/T 10095.2—2008 替代,因此 GB/T 10096—1988 齿条精度国家标准失去现行实用的意义。

国际 ISO 和德国 DIN、美国 INSI/AGMA 等都没有专门的齿条精度标准,他们的齿条精度由圆柱齿轮精度标准体现。齿条副的圆柱齿轮和齿条是相同的

偏差允许值,若圆柱齿轮的参数为未知,则齿条的精度等级以齿条长度折算为分度圆的圆周值进行计值。

1.7 渐开线圆柱齿轮承载能力计算

本节主要根据 GB/T 3480—1997 渐开线圆柱齿轮承载能力计算方法和 GB/T 10063—1988 通用机械渐开线圆柱齿轮承载能力简化计算方法,初步确定渐开线圆柱齿轮尺寸。齿面接触强度核算和轮齿弯曲强度核算的方法,适合于钢和铸铁制造的、基本齿廓符合 GB/T 1356 的内、外啮合直齿、斜齿和人字齿(双斜齿)圆柱齿轮传动,基本齿廓与 GB/T 1356 相类似但个别齿形参数值略有差异的齿轮,也可参照本法计算其承载能力。

由于 GB/T 3480—1997 精度质量是 GB/T 10095—1988 标准,现已由等同采用 ISO 1328-1:1995 的 GB/T 10095.1—2008 和等同采用 ISO 1328-

2：1997 的 GB/T 10095.2—2008 替代 GB/T
10095—1988 标准，因此与 ISO 6336 比较可达等效
水平。最近又将 ISO 6336-5：2003 等同到了 GB/T
3480.5—2008。本手册以下部分主要取材于 GB/T
3480—1997，试验齿轮的接触疲劳极限和弯曲疲劳
极限参照 GB/T 3480.5—2008，各专业领域请参照
各自专业标准。

1.7.1　可靠性与安全系数

齿轮工作的可靠性要求是根据其重要程度、工作
要求和维修难易等方面的因素综合考虑决定的。不同
的使用场合对齿轮有不同的可靠度要求。一般可分为
下述几类情况。

① 低可靠度要求　齿轮设计寿命不长，对可靠
度要求不高的易于更换的不重要齿轮，或齿轮设计寿
命虽不短，但对可靠性要求不高。这类齿轮可靠度可
取为 90%。

② 一般可靠度要求　通用齿轮和多数的工业应
用齿轮，其设计寿命和可靠性均有一定要求。这类齿
轮工作可靠度一般不大于 99%。

③ 较高可靠度要求　要求长期连续运转和较长
的维修间隔，或设计寿命虽不很长但可靠性要求较高
的高参数齿轮，一旦失效可能造成较严重的经济损失
或安全事故，其可靠度要求高达 99.9%。

④ 高可靠度要求　特殊工作条件下要求可靠
度很高的齿轮，其可靠度要求甚至高达 99.99%
以上。

目前，可靠性理论虽已开始用于一些机械设
计，且已表明只用强度安全系数并不能完全反映
可靠性水平，但是在齿轮设计中将各参数作为随

机变量处理尚缺乏足够数据。所以，标准 GB/T
3480 仍将设计参数作为确定值处理，仍然用强度
安全系数或许用应力作为判据，而通过选取适当
的安全系数来近似控制传动装置的工作可靠度要
求。考虑到计算结果和实际情况有一定偏差，为
保证所要求的可靠性，必须使计算允许的承载能
力有必要的安全裕量。显然，所取的原始数据越
准确，计算方法越精确，计算结果与实际情况偏
差就越小，所需的安全裕量就可以越小，经济性
和可靠性就更加统一。

具体选择安全系数时，需注意以下几点。

① 本节所推荐的齿轮材料疲劳极限是在失效概
率为 1% 时得到的，可靠度要求高时，安全系数应取
大些；反之，则可取小些。

② 一般情况下弯曲安全系数应大于接触安全系
数，同时断齿比点蚀的后果更为严重，也要求弯曲强
度的安全裕量应大于接触强度安全裕量。

③ 不同的设计方法推荐的最小安全系数不尽相
同，设计者应根据实际使用经验或适合的资料选定。
如无可用资料时，可参考表 14-1-106 选取。

④ 对特定工作条件下可靠度要求较高的齿轮安
全系数取值，设计者应做详细分析。

⑤ 不同使用场合评定齿轮失效的准则各异，最
小安全系数的选取也应有所不同。

⑥ 最小安全系数的选取，建议由设计制造部门
与用户协商确定。

1.7.2　轮齿受力分析

渐开线圆柱齿轮受力分析如图 14-1-33 所示，轮
齿上所受的作用力可用表 14-1-68 所列的公式计算。

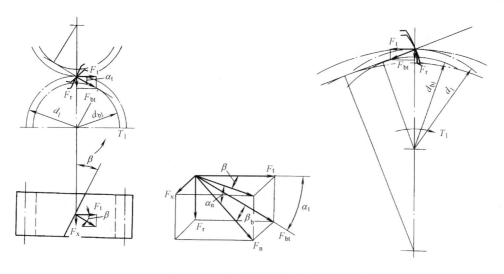

图 14-1-33　渐开线圆柱齿轮受力分析

表 14-1-68　　　　　　　　　　　　　圆柱齿轮轮齿上的作用力计算

作用力或转矩	单位	计 算 公 式		
		直齿轮	斜齿轮	人字齿轮
转矩 $T_{1(或2)}$	N・m	$T_{1(或2)} = \dfrac{9549 P_{kW}}{n_{1(或2)}} = \dfrac{7024 P_{PS}}{n_{1(或2)}}$		
切向力 F_t	N	$F_t = \dfrac{2000 T_{1(或2)}}{d_{1(或2)}}$		
径向力 F_r	N	$F_r = F_t \tan\alpha$	$F_r = F_t \tan\alpha_t = F_t \dfrac{\tan\alpha_n}{\cos\beta}$	
轴向力 F_x		0	$F_x = F_t \tan\beta$	0
法向力 F_n		$F_n = \dfrac{F_t}{\cos\alpha}$	$F_n = \dfrac{F_t}{\cos\beta\cos\alpha_n}$	

注：1. 代号意义及单位：

$T_{1(或2)}$——小齿轮（或大齿轮）的额定转矩，N・m；

$n_{1(或2)}$——小齿轮（或大齿轮）的转速，r/min；

P_{kW}——额定功率，kW；

P_{PS}——额定功率，hp（PS）；

其余代号和单位同前。

2. 将表中的 d 用节圆直径 d' 代入，即可计算得到节圆上的作用力 F_t'、F_r'、F_x' 和 F_n'。

1.7.3　齿轮主要尺寸的初步确定

齿轮传动的主要尺寸可按下述任何一种方法初步确定。

① 参照已有的相同或类似机械的齿轮传动，用类比法确定。

② 根据具体工作条件、结构、安装及其他要求确定。

③ 按齿面接触强度的计算公式确定中心距 a 或小齿轮的直径 d_1，根据弯曲强度计算公式确定模数 m。对闭式传动，应同时满足接触强度和弯曲强度的要求；对开式传动，一般只按弯曲强度计算，并将由公式算得的 m（或 m_n）值增大 10%～20%。

主要尺寸初步确定之后，原则上应进行强度校核，并根据校核计算的结果酌情调整初定尺寸。对于低精度的、不重要的齿轮，也可以不进行强度校核计算。

1.7.3.1　齿面接触强度

在初步设计齿轮时，根据齿面接触强度（GB/T 10063—1988），可按下列公式之一估算齿轮传动的尺寸

$$a \geq A_a(u\pm1)\sqrt[3]{\dfrac{KT_1}{\psi_a u \sigma_{HP}^2}} \quad (\text{mm})$$

$$d_1 \geq A_d \sqrt[3]{\dfrac{KT_1}{\psi_d \sigma_{HP}^2} \times \dfrac{u\pm1}{u}} \quad (\text{mm})$$

对于钢对钢配对的齿轮副，常系数值 A_a、A_d 见表 14-1-69，对于非钢对钢配对的齿轮副，需将表中值乘以修正系数，修正系数列于表 14-1-70。以上二式中的"＋"用于外啮合，"－"用于内啮合。

齿宽系数 $\psi_a = \dfrac{\psi_d}{0.5(u\pm1)}$ 按表 14-1-71 圆整。"＋"号用于外啮合，"－"号用于内啮合。ψ_d 的推荐值见表 14-1-72。

载荷系数 K，常用值 $K=1.2\sim2$，当载荷平稳、齿宽系数较小，轴承对称布置，轴的刚性较大，齿轮精度较高（6 级以上），以及齿的螺旋角较大时取较小值；反之取较大值。

许用接触应力 σ_{HP}，推荐按下式确定

$$\sigma_{HP} \approx 0.9\sigma_{Hlim} \quad (\text{N/mm}^2)$$

表 14-1-69　　　　　　　　　　钢对钢配对齿轮副的 A_a、A_d 值

螺旋角 β	直齿轮 $\beta=0°$	斜齿轮 $\beta=8°\sim15°$	斜齿轮 $\beta=25°\sim35°$
A_a	483	476	447
A_d	766	756	709

表 14-1-70　　　　　　　　　　　　　　　　修正系数

小齿轮	钢			铸钢			球墨铸铁		灰铸铁
大齿轮	铸钢	球墨铸铁	灰铸铁	铸钢	球墨铸铁	灰铸铁	球墨铸铁	灰铸铁	灰铸铁
修正系数	0.997	0.970	0.906	0.994	0.967	0.898	0.943	0.880	0.836

式中　σ_{Hlim}——试验齿轮的接触疲劳极限，见
　　　　1.7.4.1 节中的（13）。取 σ_{Hlim1}
　　　　和 σ_{Hlim2} 中的较小值。

表 14-1-71　　齿宽系数 ψ_a

0.2	0.25	0.3	0.35	0.4	0.45	0.5	0.6

注：对人字齿轮应为表中值的 2 倍。

表 14-1-72　　　　　　　　齿宽系数 ψ_d 的推荐范围

支承对齿轮的配置	载荷特性	ψ_d 的最大值		ψ_d 的推荐值	
		工作齿面硬度			
		一对或一个齿轮 ≤350HB	两个齿轮都是 >350HB	一对或一个齿轮 ≤350HB	两个齿轮都是 >350HB
对称配置并靠近齿轮	变动较小	1.8(2.4)	1.0(1.4)	0.8～1.4	0.4～0.9
	变动较大	1.4(1.9)	0.9(1.2)		
非对称配置	变动较小	1.4(1.9)	0.9(1.2)	结构刚性较大时 0.6～1.2	0.3～0.6
	变动较大	1.15(1.65)	0.7(1.1)	结构刚性较小时 0.4～0.8	0.2～0.4
悬臂配置	变动较小	0.8	0.55		
	变动较大	0.6	0.4		

注：1. 括号内的数值用于人字齿轮，其齿宽是两个半人字齿轮齿宽之和。

2. 齿宽与承载能力成正比，当载荷一定时，增大齿宽可以减小中心距，但螺旋线载荷分布的不均匀性随之增大。在必须增大齿宽的时候，为避免严重的偏载，齿轮和齿轮箱应具有较高的精度和足够的刚度。

3. $\psi_d=\dfrac{b}{d_1}$，$\psi_a=\dfrac{b}{a}$，$\psi_d=0.5(u+1)\psi_a$，对中间有退刀槽（宽度为 l）的人字齿轮：$\psi_d=0.5(u+1)\left(\psi_a-\dfrac{l}{a}\right)$。

4. 螺旋线修形的齿轮，ψ_d 值可大于表列的推荐范围。

1.7.3.2　齿根弯曲强度

在初步设计齿轮时，根据齿根弯曲强度（GB/T 10063—1988），可按下列公式估算齿轮的法向模数

$$m_n \geqslant A_m \sqrt[3]{\dfrac{KT_1 Y_{Fs}}{\psi_d z_1^2 \sigma_{FP}}}\ (mm)$$

系数 A_m 列于表 14-1-73。

表 14-1-73　　系数 A_m 值

螺旋角 β	直齿轮 $\beta=0°$	斜齿轮 $\beta=8°～15°$	斜齿轮 $\beta=25°～35°$
A_m	12.6	12.4	11.5

许用齿根应力 σ_{FP}，推荐按下式确定：

轮齿单向受力　$\sigma_{FP}\approx0.7\sigma_{FE}$（N/mm²）

轮齿双向受力或开式齿轮

$$\sigma_{FP}\approx0.5\sigma_{FE}=\sigma_{Flim}\ (N/mm^2)$$

式中　σ_{Flim}——试验齿轮的弯曲疲劳极限，见

1.7.4.2 节中的（8）；

Y_{Fs}——复合齿廓系数，$Y_{Fs}=Y_{Fa}Y_{Sa}$；

σ_{FE}——齿轮材料的弯曲疲劳强度的基本值，见 1.7.4.2 节中的（8）。

1.7.4　疲劳强度校核计算

本节介绍 GB/T 3480—1997 渐开线圆柱齿轮承载能力计算方法。该方法适用于钢、铸铁制造的，基本齿廓符合 GB/T 1356—2001 的内、外啮合直齿、斜齿和人字齿（双斜齿）圆柱齿轮传动。

1.7.4.1　齿面接触强度核算

GB/T 3480—1997 把赫兹应力作为齿面接触应力的计算基础，并用来评价接触强度。赫兹应力是齿面间应力的主要指标，但不是产生点蚀的唯一原因。例如在应力计算中未考虑滑动的大小和方向、摩擦因数及润滑状态等，这些都会影响齿面的实际接触应力。

齿面接触强度核算时，取节点和单对齿啮合区内界点的接触应力中的较大值，小轮和大轮的许用接触应力 σ_{HP} 要分别计算。

在任何啮合瞬间，大、小齿轮的接触应力总是相等的。齿面最大接触应力一般出现在小轮单对齿啮合区内界点 B、节点 C 及大轮单对齿啮合区内界点 D 这三个特征点之一处上（B、C、D 三点见图 14-1-34）。由于上述除赫兹应力外的其他因素影响，产生点蚀危险的实际接触应力通常出现在 C、D 点或其间（对大齿轮），或在 C、B 点或其间（对小齿轮）。基于节点区域系数 Z_H 计算的节点 C 处接触应力基本值 σ_{H0}，当单对齿啮合区内界点处的应力超过节点处的应力时，即 Z_B 或 Z_D 大于 1.0 时，在确定大、小齿轮计算应力 σ_H 时应乘以 Z_D、Z_B 予以修正；当 Z_B 或 Z_D 不大于 1.0 时，取其值为 1.0。

表 14-1-74 中的公式，适用于端面重合度 $\varepsilon_\alpha <$ 2.5 的齿轮副。对于斜齿轮，当纵向重合度 $\varepsilon_\beta \geqslant 1$ 时，一般节点接触应力较大；当纵向重合度 $\varepsilon_\beta < 1$ 时，接触应力由与斜齿轮齿数相同的直齿轮的 σ_H 和 $\varepsilon_\beta = 1$ 的斜齿轮的 σ_H 按 ε_β 作线性插值确定。

(1) 齿面接触强度核算公式

齿面接触强度校核的强度条件和计算公式见表 14-1-74。

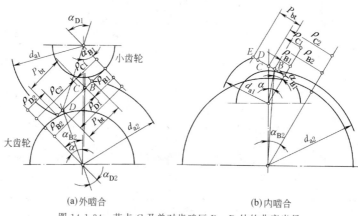

(a)外啮合　　　　　(b)内啮合

图 14-1-34 节点 C 及单对齿啮区 B、D 处的曲率半径

表 14-1-74　　　　　　　　齿面接触强度核算的公式

强度条件	$\sigma_H \leqslant \sigma_{HP}$ 或 $S_H \geqslant S_{Hlim}$	σ_H——齿轮的计算接触应力，N/mm^2 σ_{HP}——齿轮的许用接触应力，N/mm^2 S_H——接触强度的计算安全系数 S_{Hlim}——接触强度的最小安全系数
计算接触应力	小轮 $\sigma_{H1} = Z_B \sigma_{H0} \sqrt{K_A K_V K_{H\beta} K_{H\alpha}}$ 大轮 $\sigma_{H2} = Z_D \sigma_{H0} \sqrt{K_A K_V K_{H\beta} K_{H\alpha}}$	K_A——使用系数，见本节(3) K_V——动载系数，见本节(4) $K_{H\beta}$——接触强度计算的螺旋线载荷分布系数，见本节(5) $K_{H\alpha}$——接触强度计算的齿间载荷分配系数，见本节(6) Z_B，Z_D——小轮及大轮单对齿啮合系数，见本节(8) σ_{H0}——节点处计算接触应力的基本值，N/mm^2
计算接触应力的基本值	$\sigma_{H0} = Z_H Z_E Z_\varepsilon \sqrt{\dfrac{F_t}{d_1 b} \cdot \dfrac{u \pm 1}{u}}$ "+"号用于外啮合 "−"号用于内啮合	F_t——端面内分度圆上的名义切向力，N，见表 14-1-68 b——工作齿宽，mm，指一对齿轮中的较小齿宽 d_1——小齿轮分度圆直径，mm u——齿数比，$u = z_2/z_1$，z_1，z_2 分别为小轮和大轮的齿数 Z_H——节点区域系数，见本节(9) Z_E——弹性系数，$\sqrt{N/mm^2}$，见本节(10) Z_ε——重合度系数，见本节(11) Z_β——螺旋角系数，见本节(12)

续表

许用接触应力	$$\sigma_{HP} = \dfrac{\sigma_{HG}}{S_{Hmin}}$$ $$\sigma_{HG} = \sigma_{Hlim} Z_{NT} Z_L Z_v Z_R Z_W Z_x$$	σ_{HG}——计算齿轮的接触极限应力，N/mm^2 σ_{Hlim}——试验齿轮的接触疲劳极限，N/mm^2，见本节(13) Z_{NT}——接触强度计算的寿命系数，见本节(14) Z_L——润滑剂系数，见本节(15)
计算安全系数	$$S_H = \dfrac{\sigma_{HG}}{\sigma_H} = \dfrac{\sigma_{Hlim} Z_{NT} Z_L Z_v Z_R Z_W Z_x}{\sigma_H}$$	Z_v——速度系数，见本节(15) Z_R——粗糙度系数，见本节(15) Z_W——工作硬化系数，见本节(16) Z_x——接触强度计算的尺寸系数，见本节(17)

（2）名义切向力 F_t

可按齿轮传递的额定转矩或额定功率按表 14-1-68 中公式计算。变动载荷时，如果已经确定了齿轮传动的载荷图谱，则应按当量转矩计算分度圆上的切向力，见 1.7.4.4。

（3）使用系数 K_A

使用系数 K_A 是考虑由于齿轮啮合外部因素引起附加动载荷影响的系数。这种外部附加载荷取决于原动机和从动机的特性、轴和联轴器系统的质量和刚度以及运行状态。使用系数应通过精密测量或对传动系统的全面分析来确定。当不能实现时，可参考表 14-1-75 查取。

原动机及工作机的工作特性示例分别见表 14-1-76 和表 14-1-77。

表 14-1-75　　　　　　　　　　使用系数 K_A

原动机工作特性	工作机工作特性			
	均匀平稳	轻微冲击	中等冲击	严重冲击
均匀平稳	1.00	1.25	1.50	1.75
轻微冲击	1.10	1.35	1.60	1.85
中等冲击	1.25	1.50	1.75	2.0
严重冲击	1.50	1.75	2.0	2.25 或更大

注：1. 对于增速传动，根据经验建议取上表值的 1.1 倍。

2. 当外部机械与齿轮装置之间挠性连接时，通常 K_A 值可适当减小。

3. 数据主要适用于在非共振区运行的工业齿轮和高速齿轮，采用推荐值时，至少应取最小弯曲强度安全系数 $S_{Fmin} = 1.25$。

4. 某些应用场合的使用系数 K_A 值可能远高于表中值（甚至高达 10），选用时应全面分析工况和连接结构，如在运行中存在非正常的重载、大的启动转矩、重复的中等或严重冲击，应当核算其有限寿命下承载能力和静强度。

表 14-1-76　　　　　　　　　　原动机工作特性示例

工作特性	原 动 机
均匀平稳	电动机(例如直流电动机)、均匀运转的蒸汽轮机、燃气轮机(小的,启动转矩很小)
轻微冲击	蒸汽轮机、燃气轮机、液压装置、电动机(经常启动,启动转矩较大)
中等冲击	多缸内燃机
强烈冲击	单缸内燃机

表 14-1-77　　　　　　　　　　工作机工作特性示例

工作特性	工 作 机
均匀平稳	发电机、均匀传送的带式运输机或板式运输机、螺旋输送机、轻型升降机、包装机、机床进刀传动装置、通风机、轻型离心机、离心泵、轻质液体拌和机或均匀密度材料拌和机、剪切机、冲压机[①]、回转齿轮传动装置、往复移动齿轮装置[②]
轻微冲击	不均匀传动(例如包装件)的带式运输机或板式运输机、机床的主驱动装置、重型升降机、起重机中回转齿轮装置、工业与矿用风机、重型离心机、离心泵、黏稠液体或变密度材料的拌和机、多缸活塞泵、给水泵、挤压机(普通型)、压延机、转炉、轧机[③](连续锌条、铝条以及线材和棒料轧机)

续表

工作特性	工 作 机
中等冲击	橡胶挤压机、橡胶和塑料作间断工作的拌和机、球磨机（轻型）、木工机械（锯片、木车床）、钢坯初轧机[③④]、提升装置、单缸活塞泵
强烈冲击	挖掘机（铲斗传动装置、多斗传动装置、筛分传动装置、动力铲）、球磨机（重型）、橡胶揉合机、破碎机（石料，矿石）、重型给水泵、旋转式钻探装置、压砖机、剥皮滚筒、落砂机、带材冷轧机[③⑤]、压坯机、轮碾机

① 额定转矩＝最大切削、压制、冲击转矩。② 额定载荷为最大启动转矩。③ 额定载荷为最大轧制转矩。④ 转矩受限流器限制。⑤ 带钢的频繁破碎会导致 K_A 上升到 2.0。

（4）动载系数 K_V

动载系数 K_V 是考虑齿轮制造精度、运转速度对轮齿内部附加动载荷影响的系数，定义为

$$K_V = \frac{传递的切向载荷 + 内部附加动载荷}{传递的切向载荷}$$

影响动载系数的主要因素有：由基圆齿距偏差和齿廓偏差产生的传动误差；节线速度；转动件的惯量和刚度；轮齿载荷；轮齿啮合刚度在啮合循环中的变化。其他的影响因素还有：跑合效果、润滑油特性、轴承及箱体支承刚度及动平衡精度等。

在通过实测或对所有影响因素作全面的动力学分析来确定包括内部动载荷在内的最大切向载荷时，可取 K_V 等于 1。不能实现时，可用下述方法之一计算动载系数。

① 一般方法 K_V 的计算公式见表 14-1-78。

表 14-1-78 运行转速区间及其动载系数 K_V 的计算公式

运行转速区间	临界转速比 N	对运行的齿轮装置的要求	计算公式	备 注
亚临界区	$N \leq N_s$	多数通用齿轮在此区工作	$K_V = NK + 1 = N(C_{V1}B_p + C_{V2}B_f + C_{V3}B_k) + 1$ (1)	在 $N = 1/2$ 或 $2/3$ 时可能出现共振现象，K_V 大大超过计算值，直齿轮尤甚。此时应修改设计。在 $N = 1/4$ 或 $1/5$ 时共振影响很小
主共振区	$N_s < N \leq 1.15$	一般精度不高的齿轮（尤其是未修缘的直齿轮）不宜在此区运行。$\varepsilon_\gamma > 2$ 的高精度斜齿轮可在此区工作	$K_V = C_{V1}B_p + C_{V2}B_f + C_{V4}B_k + 1$ (2)	在此区内 K_V 受阻尼影响极大，实际动载与按式（2）计算所得值相差可达 40%，尤其是对未修缘的直齿轮
过渡区	$1.15 < N \leq 1.5$	—	$K_V = K_{V(N=1.5)} + \dfrac{K_{V(N=1.15)} - K_{V(N=1.5)}}{0.35}(1.5-N)$ (3)	$K_{V(N=1.5)}$ 按式（4）计算 $K_{V(N=1.15)}$ 按式（2）计算
超临界区	$N \geq 1.5$	绝大多数透平齿轮及其他高速齿轮在此区工作	$K_V = C_{V5}B_p + C_{V6}B_f + C_{V7}$ (4)	①可能在 $N = 2$ 或 3 时出现共振，但影响不大 ②当轴齿轮系统的横向振动固有频率与运行的啮合频率接近或相等时，实际动载与按式（4）计算所得值可相差 100%，应避免此情况

注：1. 表中各式均将每一齿轮副按单级传动处理，略去多级传动的其他各级的影响。非刚性连接的同轴齿轮，可以这样简化，否则应按表 14-1-81 中第 2 类型情况处理。

2. 亚临界区中当 $(F_t K_A)/b < 100\text{N/mm}$ 时，$N_s = 0.5 + 0.35\sqrt{\dfrac{F_t K_A}{100b}}$；其他情况时，$N_s = 0.85$。

3. 表内各式中：

N——临界转速比，见表 14-1-79；
C_{V1}——考虑齿距偏差的影响系数；
C_{V2}——考虑齿廓偏差的影响系数；
C_{V3}——考虑啮合刚度周期变化的影响系数；
C_{V4}——考虑啮合刚度周期性变化引起齿轮副扭转共振的影响系数；
C_{V5}——在超临界区内考虑齿距偏差的影响系数；

C_{V6}——在超临界区内考虑齿廓偏差的影响系数；
C_{V7}——考虑因啮合刚度的变动，在恒速运行时与轮齿弯曲变形产生的分力有关的系数；
B_p，B_f，B_k——分别考虑齿距偏差、齿廓偏差和轮齿修缘对动载荷影响的无量纲参数。其计算公式见表14-1-83。

$C_{V1} \sim C_{V7}$ 按表 14-1-82 的相应公式计算或由图 14-1-35 查取。

表 14-1-79　　　　　　　　　　　　　　**临界转速比 N**

项目	单位	计算公式	项目	单位	计算公式
临界转速比	—	$N=\dfrac{n_1}{n_{E1}}$	小轮及大轮转化到啮合线上的单位齿宽当量质量	kg/mm	$m_1=\dfrac{\Theta_1}{br_{b1}^2}$ $m_2=\dfrac{\Theta_2}{br_{b2}^2}$
临界转速	r/min	$n_{E1}=\dfrac{30\times10^3}{\pi z_1}\sqrt{\dfrac{c_\gamma}{m_{red}}}$ c_γ——齿轮啮合刚度,N/(mm·μm),见本节(7)	转动惯量	kg·mm²	$\Theta_1=\dfrac{\pi}{32}\rho_1 b_1(1-q_1^4)d_{m1}^4$ $\Theta_2=\dfrac{\pi}{32}\rho_2 b_2(1-q_2^4)d_{m2}^4$
			轮缘内腔直径与平均直径比	—	$q=\dfrac{D_i}{d_m}$(对整体结构的齿轮,$q=0$)
诱导质量	kg/mm	$m_{red}=\dfrac{m_1 m_2}{m_1+m_2}$ 对一般外啮合传动 $m_{red}=\dfrac{\pi}{8}\left(\dfrac{d_{m1}}{d_{b1}}\right)^2\times$ $\dfrac{d_{m1}^2}{\dfrac{1}{(1-q_1^4)\rho_1}+\dfrac{1}{(1-q_2^4)\rho_2 u^2}}$ ρ_1,ρ_2——齿轮材料密度,kg/mm³ 对行星传动和其他较特殊的齿轮,其 m_{red} 见表 14-1-80 和表 14-1-81	平均直径	mm	$d_m=\dfrac{1}{2}(d_a+d_f)$

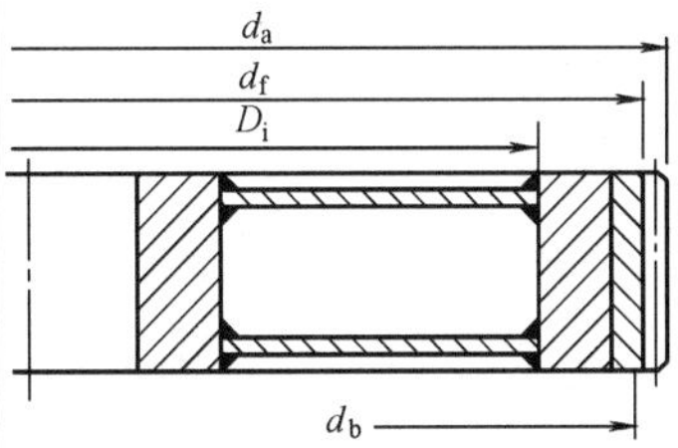

表 14-1-80　　　　　　　　　　　**行星传动齿轮的诱导质量 m_{red}**

齿轮组合	m_{red} 计算公式或提示	备　注
太阳轮(S)|行星轮(P)	$m_{red}=\dfrac{m_P m_S}{n_P m_P+m_S}$	n_P——轮系的行星轮数 m_S,m_P——太阳轮、行星轮的当量质量,可用表 14-1-79 中求小齿轮和大齿轮当量质量的公式计算
行星轮(P)|固定内齿圈	$m_{red}=m_P=\dfrac{\pi}{8}\times\dfrac{d_{mP}^4}{d_{bP}^2}(1-q_P^4)\rho_P$	把内齿圈质量视为无穷大处理 ρ_P——行星轮材料密度 d_m,d_b,q 定义及计算参见表 14-1-79 及表中图
行星轮(P)|转动内齿圈	m_{red} 按表 14-1-79 中一般外啮合的公式计算,有若干个行星轮时可按单个行星轮分别计算	内齿圈的当量质量可当作外齿轮处理

表 14-1-81　　　　　　　　　　**较特殊结构形式的齿轮的诱导质量 m_{red}**

序号	齿轮结构形式	计算公式或提示	备　注
1	小轮的平均直径与轴颈相近	采用表 14-1-79 一般外啮合的计算公式 因为结构引起的小轮当量质量增大和扭转刚度增大(使实际啮合刚度 c_γ 增大)对计算临界转速 n_{E1} 的影响大体上相互抵消	—
2	两刚性连接的同轴齿轮	较大的齿轮质量必须计入,而较小的齿轮质量可以略去	若两个齿轮直径无显著差别时,一起计入
3	两个小轮驱动一个大轮	按小轮 1-大轮 小轮 2-大轮 两个独立齿轮副分别计算	此时的大轮质量总是比小轮质量大得多

续表

序号	齿轮结构形式	计算公式或提示	备　注
4	中间轮	等效刚度 $$m_{red} = \dfrac{2}{\left(\dfrac{1}{m_1} + \dfrac{2}{m_2} + \dfrac{1}{m_3}\right)}$$ $$c_\gamma = \dfrac{1}{2}(c_{\gamma 1\text{-}2} + c_{\gamma 2\text{-}3})$$	m_1, m_2, m_3 为主动轮、中间轮、从动轮的当量质量 $c_{\gamma 1\text{-}2}$ —— 主动轮、中间轮啮合刚度 $c_{\gamma 2\text{-}3}$ —— 中间轮、从动轮啮合刚度

表 14-1-82　　C_V 系数值

系数代号 \ 总重合度	$1 < \varepsilon_\gamma \leqslant 2$	$\varepsilon_\gamma > 2$
C_{V1}	0.32	0.32
C_{V2}	0.34	$\dfrac{0.57}{\varepsilon_\gamma - 0.3}$
C_{V3}	0.23	$\dfrac{0.096}{\varepsilon_\gamma - 1.56}$
C_{V4}	0.90	$\dfrac{0.57 - 0.05\varepsilon_\gamma}{\varepsilon_\gamma - 1.44}$
C_{V5}	0.47	0.47
C_{V6}	0.47	$\dfrac{0.12}{\varepsilon_\gamma - 1.74}$

系数代号 \ 总重合度	$1 < \varepsilon_\gamma \leqslant 1.5$	$1.5 < \varepsilon_\gamma \leqslant 2.5$	$\varepsilon_\gamma > 2.5$
C_{V7}	0.75	$0.125\sin[\pi(\varepsilon_\gamma - 2)] + 0.875$	1.0

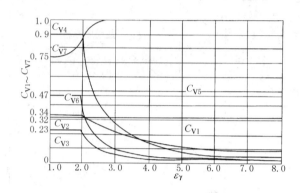

图 14-1-35　系数 $C_{V1} \sim C_{V7}$ 的数值

表 14-1-83　　参数 B_P、B_f、B_k 的计算公式

B_P	$B_P = \dfrac{c' f_{pbeff}}{\dfrac{F_t K_A}{b}}$	c' —— 单对齿轮刚度，见 1.7.4.1(7) C_a —— 设计修缘量，μm，沿齿廓法线方向计量。无修缘时，用由跑合产生的齿顶磨合量 $C_{ay}(\mu m)$ 值代替	当大、小轮材料相同时 $C_{ay} = \dfrac{1}{18}\left(\dfrac{\sigma_{Hlim}}{97} - 18.45\right)^2 + 1.5$	——
B_f	$B_f = \dfrac{c' f_{feff}}{\dfrac{F_t K_A}{b}}$	f_{pbeff}, f_{feff} —— 分别为有效基节偏差和有效齿廓形状偏差，μm，与相应的跑合量 y_p、y_f 有关。齿轮精度低于 5 级者，取 $B_k = 1$	当大、小轮材料不同时 $C_{ay} = 0.5(C_{ay1} + C_{ay2})$	C_{ay1}、C_{ay2} 分别按上式计算
B_k	$B_k = \left\| 1 - \dfrac{c' C_a}{\dfrac{F_t K_A}{b}} \right\|$		f_{pbeff}　$f_{pbeff} = f_{pb} - y_p$	如无 y_p、y_f 的可靠数据，可近似取 $y_p = y_f = y_\alpha$
			f_{feff}　$f_{feff} = f_f - y_f$	y_α 见表 14-1-96 f_{pb}、f_f 通常按大齿轮查取

② 简化方法　K_V 的简化法基于经验数据，主要考虑齿轮制造精度和节线速度的影响。K_V 值可由图 14-1-36 选取。该法适用于缺乏详细资料的初步设计阶段时 K_V 的取值。

对传动精度系数 $C \leqslant 5$ 的高精度齿轮，在良好的安装和对中精度以及合适的润滑条件下，K_V 为 $1.0 \sim 1.1$。C 值可按表 14-1-84 中的公式计算。

对其他齿轮，K_V 值可按图 14-1-36 选取，也可由表 14-1-84 的公式计算。

(5) 螺旋线载荷分布系数 $K_{H\beta}$

螺旋线载荷分布系数 $K_{H\beta}$ 是考虑沿齿宽方向载荷分布不均匀对齿面接触应力影响的系数：

$$K_{H\beta} = \frac{\omega_{max}}{\omega_m} = \frac{(F/b)_{max}}{F_m/b}$$

式中　ω_{max} —— 单位齿宽最大载荷，N/mm；

ω_m —— 单位齿宽平均载荷，N/mm；

F_m —— 分度圆上平均计算切向力，N。

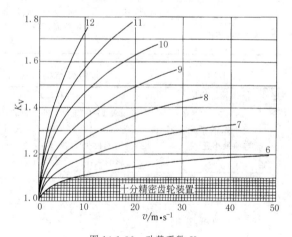

图 14-1-36　动载系数 K_V

注：曲线 6~12 为齿轮传动精度系数。

表 14-1-84　　　　　　　　　　　　　　K_V 的简化计算公式

项　目	计　算　公　式	备　　注
传动精度系数 C	$C=-0.5048\ln(z)-1.144\ln(m_n)+2.852\ln(f_{pt})+3.32$	分别以 z_1，f_{pt1} 和 z_2，f_{pt2} 代入计算，取大值，并将 C 值圆整，$C=6\sim12$
动载系数 K_V	$K_V=\left[\dfrac{A}{A+\sqrt{200v}}\right]^{-B}$ $A=50+56(1.0-B)$ $B=0.25(C-5.0)^{0.667}$	适用的条件 ① 法向模数 $m_n=1.25\sim50$mm ② 齿数 $z=6\sim1200$（当 $m_n>8.33$mm 时，$z=6\sim\dfrac{10000}{m_n}$） ③ 传动精度系数 $C=6\sim12$ ④ 齿轮节圆线速度 $v_{max}\leqslant\dfrac{[A+(14-C)]^2}{200}$

影响螺旋线载荷分布的主要因素有：

① 齿轮副的接触精度，它主要取决于齿轮加工误差、箱体镗孔偏差、轴承的间隙和误差、大小轮轴的平行度、跑合情况等；

② 轮齿啮合刚度、齿轮的尺寸结构及支承型式及轮缘、轴、箱体及机座的刚度；

③ 轮齿、轴、轴承的变形，热膨胀和热变形（这对高速宽齿轮尤其重要）；

④ 切向、轴向载荷及轴上的附加载荷（例如带或链传动）；

⑤ 设计中有无元件变形补偿措施（例如齿向修形）。

由于影响因素众多，确切的载荷分布系数应通过实际的精密测量和全面分析已知的各影响因素的量值综合确定。如果通过测量和检查能确切掌握轮齿的接触情况，并作相应地修形，经螺旋线修形补偿的高精度齿轮副，在给定的运行条件下，其螺旋线载荷接近均匀分布，$K_{H\beta}$ 接近于 1。在无法实现时，可按下述两种方法之一确定。

① 一般方法　按基本假定和适用范围计算 $K_{H\beta}$。基本假定和适用范围：

a. 沿齿宽将轮齿视为具有啮合刚度 c_γ 的弹性体，载荷和变形都呈线性分布；

b. 轴齿轮的扭转变形按载荷沿齿宽均布计算，弯曲变形按载荷集中作用于齿宽中点计算，没有其他额外的附加载荷；

c. 箱体、轴承、大齿轮及其轴的刚度足够大，其变形可忽略；

d. 等直径或阶梯轴，d_{sh} 为与实际轴产生同样弯曲变形量的当量轴径；

e. 轴和小齿轮的材料都为钢；小齿轮轴可以是实心轴或空心轴（其内径应 $<0.5d_{sh}$），齿轮的结构支承形式见表 14-1-89，偏心距 $s/l\leqslant0.3$。

$K_{H\beta}$ 的计算公式见表 14-1-85，当 $K_{H\beta}>1.5$ 时，通常应采取措施降低 $K_{H\beta}$ 值。

表 14-1-85　　　　　　　　　　　　　　$K_{H\beta}$ 计算公式

项　目	计　算　公　式	项　目	计　算　公　式
螺旋线载荷分布系数 $K_{H\beta}$	当 $\sqrt{\dfrac{2\omega_m}{F_{\beta y}c_\gamma}}\leqslant1$ 时 $K_{H\beta}=2(b/b_{cal})=\sqrt{\dfrac{2F_{\beta y}c_\gamma}{\omega_m}}$	跑合后啮合螺旋线偏差 $F_{\beta y}/\mu$m	$F_{\beta y}=F_{\beta x}-y_\beta=F_{\beta x}x_\beta$ [①]
	当 $\sqrt{\dfrac{2\omega_m}{F_{\beta y}c_\gamma}}>1$ 时 $K_{H\beta}=\dfrac{2(b_{cal}/b)}{2(b_{cal}/b)-1}=1+0.5\dfrac{F_{\beta y}c_\gamma}{\omega_m}$	初始啮合螺旋线偏差 $F_{\beta x}/\mu$m	受载时接触不良　$F_{\beta x}=1.33f_{sh}+f_{ma}$ [②]；$F_{\beta x}\geqslant F_{\beta xmin}$
			受载时接触良好　$F_{\beta x}=\|1.33f_{sh}-f_{\beta6}\|$ [③]；$F_{\beta x}\geqslant F_{\beta min}$
			受载时接触理想　$F_{\beta x}=F_{\beta min}$
单位齿宽平均载荷 $\omega_m/$N·mm^{-1}	$\omega_m=\dfrac{F_t K_A K_V}{b}=\dfrac{F_m}{b}$		$F_{\beta xmin}$ 取 $0.005\omega_m$ 和 $0.5F_\beta$ 之大值
轮齿啮合刚度 c_γ	见 1.7.4.1(7)	综合变形产生的啮合螺旋线偏差分量 f_{sh}/μm	$f_{sh}=\omega_m f_{sh0}=(F_m/b)f_{sh0}$
计算齿宽 b_{cal}	按实际情况定	单位载荷作用下的啮合螺旋线偏差 f_{sh0}/μm·mm·N^{-1}	一般齿轮　　　　　　　0.023γ [④]
			齿端修薄的齿轮　　　　0.016γ
			修形或鼓形修整的齿轮　0.012γ

① y_β，x_β 分别为螺旋线跑合量（μm）和螺旋线跑合系数，用表 14-1-86 公式计算。

② f_{ma} 为制造、安装误差产生的啮合螺旋线偏差分量（μm），用表 14-1-87 公式计算。

③ $f_{\beta6}$ 为 GB/T 10095.1—2008 或 ISO 1328-1：1995 规定的 6 级精度的螺旋线总偏差的允许值 F_β（μm）。

④ γ 为小齿轮结构尺寸系数，用表 14-1-88 公式计算。

表 14-1-86 y_β、x_β 计算公式

齿轮材料	螺旋线跑合量 $y_\beta(\mu m)$，跑合系数 x_β	适用范围及限制条件
结构钢、调质钢、珠光体或贝氏体球墨铸铁	$y_\beta = \dfrac{320}{\sigma_{Hlim}}F_{\beta x}$ $x_\beta = 1 - \dfrac{320}{\sigma_{Hlim}}$	$v > 10 m/s$ 时，$y_\beta \leqslant 12800/\sigma_{Hlim}$，$F_{\beta x} \leqslant 40\mu m$；$5 < v \leqslant 10 m/s$ 时，$y_\beta \leqslant 25600/\sigma_{Hlim}$，$F_{\beta x} \leqslant 80\mu m$；$v \leqslant 5 m/s$ 时，y_β 无限制
灰铸铁、铁素体球墨铸铁	$y_\beta = 0.55 F_{\beta x}$ $x_\beta = 0.45$	$v > 10 m/s$ 时，$y_\beta \leqslant 22\mu m$，$F_{\beta x} \leqslant 40\mu m$；$5 < v \leqslant 10 m/s$ 时，$y_\beta \leqslant 45\mu m$，$F_{\beta x} \leqslant 80\mu m$；$v \leqslant 5 m/s$ 时，y_β 无限制
渗碳淬火钢、表面硬化钢、氮化钢、氮碳共渗钢、表面硬化球墨铸铁	$y_\beta = 0.15 F_{\beta x}$ $x_\beta = 0.85$	$y_\beta \leqslant 6\mu m$，$F_{\beta x} \leqslant 40\mu m$

注：1. σ_{Hlim}——齿轮接触疲劳极限值，N/mm^2，见本节（13）。

2. 当大小齿轮材料不同时，$y_\beta = (y_{\beta 1} + y_{\beta 2})/2$，$x_\beta = (x_{\beta 1} + x_{\beta 2})/2$，式中下标 1、2 分别表示小、大齿轮。

表 14-1-87 f_{ma} 计算公式 μm

类 别		确定方法和公式
粗略数值	某些高精度的高速齿轮	$f_{ma} = 0$
	一般工业齿轮	$f_{ma} = 15$
给定精度等级	装配时无检验调整	$f_{ma} = 1.0 F_\beta$
	装配时进行检验调整（对研，轻载跑合，调整轴承，螺旋线修形，鼓形齿等）	$f_{ma} = 0.5 F_\beta$
	齿端修薄	$f_{ma} = 0.7 F_\beta$
给定空载下接触斑点长度 b_{c0}		$f_{ma} = \dfrac{b}{b_{c0}} S_c$ S_c——涂色层厚度，一般为 $2 \sim 20\mu m$，计算时可取 $S_c = 6\mu m$ 如按最小接触斑点长度 b_{c0min} 计算 $f_{ma} = \dfrac{2}{3} \times \dfrac{b}{b_{c0min}} S_c$ 如测得最长和最短的接触斑点长度 $f_{ma} = \dfrac{1}{2}\left(\dfrac{b}{b_{c0min}} + \dfrac{b}{b_{c0max}}\right) S_c$

表 14-1-88   小齿轮结构尺寸系数 γ

齿轮形式	γ 的计算公式	B^*	
		功率不分流	功率分流，通过该对齿轮 $k\%$ 的功率
直齿轮及单斜齿轮	$\left[\left\| B^* + k'\dfrac{ls}{d_1^2}\left(\dfrac{d_1}{d_{sh}}\right)^4 - 0.3 \right\| + 0.3\right]\left(\dfrac{b}{d_1}\right)^2$	$B^* = 1$	$B^* = 1 + 2(100 - k)/k$
人字齿轮或双斜齿轮	$2\left[\left\| B^* + k'\dfrac{ls}{d_1^2}\left(\dfrac{d_1}{d_{sh}}\right)^4 - 0.3 \right\| + 0.3\right]\left(\dfrac{b_B}{d_1}\right)^2$	$B^* = 1.5$	$B^* = 0.5 + (200 - k)/k$

注：l——轴承跨距，mm；s——小轮齿宽中点至轴承跨距中点的距离，mm；d_1——小轮分度圆直径，mm；d_{sh}——小轮轴弯曲变形当量直径，mm；k'——结构系数，见表 14-1-89；b_B——单斜齿轮宽度，mm。

表 14-1-89　　　　　　　　　　　　　　　　小齿轮结构系数 k'

k' 刚性	k' 非刚性	结 构 示 图	k' 刚性	k' 非刚性	结 构 示 图
0.48	0.8	$s/l<0.3$	−0.36	−0.6	$s/l<0.3$
−0.48	−0.8	$s/l<0.3$	−0.6	−1.0	$s/l<0.3$
1.33	1.33	$s/l<0.5$			

注：1. 对人字齿轮或双斜齿轮，图中实、虚线各代表半边斜齿轮中点的位置，s 按用实线表示的变形大的半边斜齿轮的位置计算，b 取单个斜齿轮宽度。

2. 图中，$d_1/d_{sh}\geqslant1.15$ 为刚性轴，$d_1/d_{sh}<1.15$ 为非刚性轴。通常采用键连接的套装齿轮都属非刚性轴。

3. 齿轮位于轴承跨距中心时（$s\approx0$），最好按下面典型结构齿轮的公式计算 $K_{H\beta}$。

4. 当采用本表以外的结构布置形式或 s/l 超过本表规定的范围，或轴上作用有带轮或链轮之类的附加载荷时，推荐做进一步的分析。

② 典型结构齿轮的 $K_{H\beta}$　适用条件：符合①中 a、b、c，并且小齿轮直径和轴径相近，轴齿轮为实心或空心轴（内孔径应小于 $0.5\,d_{sh}$），对称布置在两轴承之间（$s/l\approx0$）；非对称布置时，应把估算出的附加弯曲变形量加到 f_{ma} 上。

符合上述条件的单对齿轮、轧机齿轮和简单行星传动的 $K_{H\beta}$ 值可按表 14-1-90～表 14-1-92 中的公式计算。

表 14-1-90　　　　　　　　　　　　　　　单对齿轮 $K_{H\beta}$ 的计算公式

齿轮类型	修形情况	$K_{H\beta}$ 计算公式	
直齿轮、斜齿轮	不修形	$K_{H\beta}=1+\dfrac{4000}{3\pi}x_\beta\dfrac{c_\gamma}{E}\left(\dfrac{b}{d_1}\right)^2\left[5.12+\left(\dfrac{b}{d_1}\right)^2\left(\dfrac{l}{b}-\dfrac{7}{12}\right)\right]+\dfrac{x_\beta c_\gamma f_{ma}}{2F_m/b}$	(1)
	部分修形	$K_{H\beta}=1+\dfrac{4000}{3\pi}x_\beta\dfrac{c_\gamma}{E}\left(\dfrac{b}{d_1}\right)^4\left(\dfrac{l}{b}-\dfrac{7}{12}\right)+\dfrac{x_\beta c_\gamma f_{ma}}{2F_m/b}$	(2)
	完全修形	$K_{H\beta}=1+\dfrac{x_\beta c_\gamma f_{ma}}{2F_m/b}$，且 $K_{H\beta}\geqslant1.05$	(3)
人字齿轮或双斜齿轮	不修形	$K_{H\beta}=1+\dfrac{4000}{3\pi}x_\beta\dfrac{c_\gamma}{E}\left[3.2\left(\dfrac{2b_B}{d_1}\right)^2+\left(\dfrac{B}{d_1}\right)^4\left(\dfrac{l}{B}-\dfrac{7}{12}\right)\right]+\dfrac{x_\beta c_\gamma f_{ma}}{F_m/b_B}$	(4)
	完全修形	$K_{H\beta}=1+\dfrac{x_\beta c_\gamma f_{ma}}{F_m/b_B}$，且 $K_{H\beta}\geqslant1.05$	(5)

注：1. 本表各公式适用于全部转矩从轴的一端输入的情况，如同时从轴的两端输入或双斜齿轮从两半边斜齿轮的中间输入，则应做更详细的分析。

2. 部分修形指只补偿扭转变形的螺旋线修形；完全修形指同时可补偿弯曲、扭转变形的螺旋线修形。

3. B——包括空刀槽在内的双斜齿全齿宽，mm；b_B——单斜齿轮宽度，mm，对因结构要求而采用超过一般工艺需要的大齿轮宽度的双斜齿轮，应采用一般方法计算；F_m——分度圆上平均计算切向力，N。

表 14-1-91   **轧机齿轮的 $K_{H\beta}$ 计算公式**

是否修形	齿轮类型	$K_{H\beta}$ 计算公式
不修形	直齿轮、斜齿轮	$1+\dfrac{4000}{3\pi}x_\beta\dfrac{c_\gamma}{E}\left(\dfrac{b}{d_1}\right)^2\left[5.12+7.68\dfrac{100-k}{k}+\left(\dfrac{b}{d_1}\right)^2\left(\dfrac{l}{b}-\dfrac{7}{12}\right)\right]+\dfrac{x_\beta c_\gamma f_{ma}}{2F_m/b}$
	双斜齿轮或人字齿轮	$1+\dfrac{4000}{3\pi}x_\beta\dfrac{c_\gamma}{E}\left[\left(\dfrac{2b_B}{d_1}\right)^2\left(1.28+1.92\dfrac{100-k/2}{k/2}\right)+\left(\dfrac{B}{d_1}\right)^4\left(\dfrac{l}{B}-\dfrac{7}{12}\right)\right]+\dfrac{x_\beta c_\gamma f_{ma}}{F_m/b_B}$
完全修形	直齿轮、斜齿轮	按表 14-1-90 式(3)
	双斜齿轮或人字齿轮	按表 14-1-90 式(5)

注：1. 如不修形，按双斜齿或人字齿轮公式计算的 $K_{H\beta}>2$，应核查设计，最好用更精确的方法重新计算。

2. B 为包括空刀槽在内的双斜齿宽度，mm；b_B 为单斜齿轮宽度，mm。

3. k 表示当采用一对轴齿轮，$u=1$，功率分流，被动齿轮传递 $k\%$的转矩，$(100-k)\%$的转矩由主动齿轮的轴端输出，两齿轮皆对称布置在两端轴承之间。

表 14-1-92   **行星传动齿轮 $K_{H\beta}$ 的计算公式**

齿轮副		轴承形式	修形情况	$K_{H\beta}$ 计算公式
直齿轮、单斜齿轮	太阳轮(S)|行星轮(P)	Ⅰ	不修形	$1+\dfrac{4000}{3\pi}n_p x_\beta\dfrac{c_\gamma}{E}\times5.12\left(\dfrac{b}{d_s}\right)^2+\dfrac{x_\beta c_\gamma f_{ma}}{2F_m/b}$
			修形(仅补偿扭转变形)	按表 14-1-90 式(3)
		Ⅱ	不修形	$1+\dfrac{4000}{3\pi}x_\beta\dfrac{c_\gamma}{E}\left[5.12n_p\left(\dfrac{b}{d_s}\right)^2+2\left(\dfrac{b}{d_p}\right)^4\left(\dfrac{l_p}{b}-\dfrac{7}{12}\right)\right]+\dfrac{x_\beta c_\gamma f_{ma}}{2F_m/b}$
			完全修形(弯曲和扭转变形完全补偿)	按表 14-1-90 式(3)
	内齿轮(H)|行星轮(P)	Ⅰ	修形或不修形	按表 14-1-90 式(3)
		Ⅱ	不修形	$1+\dfrac{8000}{3\pi}x_\beta\dfrac{c_\gamma}{E}\left(\dfrac{b}{d_p}\right)^4\left(\dfrac{l_p}{b}-\dfrac{7}{12}\right)+\dfrac{x_\beta c_\gamma f_{ma}}{2F_m/b}$
			修形(仅补偿弯曲变形)	按表 14-1-90 式(3)
人字齿轮或双斜齿轮	太阳轮(S)|行星轮(P)	Ⅰ	不修形	$1+\dfrac{4000}{3\pi}n_p x_\beta\dfrac{c_\gamma}{E}\times3.2\left(\dfrac{2b_B}{d_s}\right)^2+\dfrac{x_\beta c_\gamma f_{ma}}{F_m/b_B}$
			修形(仅补偿扭转变形)	按表 14-1-90 式(5)
		Ⅱ	不修形	$1+\dfrac{4000}{3\pi}x_\beta\dfrac{c_\gamma}{E}\left[3.2n_p\left(\dfrac{2b_B}{d_s}\right)^2+2\left(\dfrac{B}{d_p}\right)^4\left(\dfrac{l_p}{B}-\dfrac{7}{12}\right)\right]+\dfrac{x_\beta c_\gamma f_{ma}}{F_m/b_B}$
			完全修形(弯曲和扭转变形完全补偿)	按表 14-1-90 式(5)
	内齿轮(H)|行星轮(P)	Ⅰ	修形或不修形	按表 14-1-90 式(5)
		Ⅱ	不修形	$1+\dfrac{8000}{3\pi}x_\beta\dfrac{c_\gamma}{E}\left(\dfrac{B}{d_p}\right)^4\left(\dfrac{l_p}{B}-\dfrac{7}{12}\right)+\dfrac{x_\beta c_\gamma f_{ma}}{F_m/b_B}$
			修形(仅补偿弯曲变形)	按表 14-1-90 式(5)

注：1. Ⅰ、Ⅱ 表示行星轮及其轴承在行星架上的安装形式；Ⅰ—轴承装在行星轮上，转轴刚性固定在行星架上；Ⅱ—行星轮两端带轴颈的轴齿轮，轴承装在转架上。

2. d_s——太阳轮分度圆直径，mm；d_p——行星轮分度圆直径，mm；l_p——行星轮轴承跨距，mm；B——包括空刀槽在内的双斜齿宽度，mm；b_B——单斜齿轮宽度，mm；B、b_B 见表 14-1-91。

3. $F_m=F_t K_A K_V K_\gamma/n_p$

K_γ——行星传动不均载系数；n_p——行星轮个数。

③ 简化方法　适用范围如下。

a. 中等或较重载荷工况：对调质齿轮，单位齿宽载荷 F_m/b 为 $400\sim1000\text{N/mm}$；对硬齿面齿轮，F_m/b 为 $800\sim1500\text{N/mm}$。

b. 刚性结构和刚性支承，受载时两轴承变形较小可忽略；齿宽偏置度 s/l（见表 14-1-89）较小，符合表 14-1-93 和表 14-1-94 限定范围。

c. 齿宽 b 为 $50\sim400\text{mm}$，齿宽与齿高比 b/h 为

$3 \sim 12$，小齿轮宽径比 b/d_1 对调质的应小于 2.0，对硬齿面的应小于 1.5。

d. 轮齿啮合刚度 c_γ 为 $15 \sim 25 \text{N}/(\text{mm} \cdot \mu\text{m})$。

e. 齿轮制造精度对调质齿轮为 $5 \sim 8$ 级，对硬齿面齿轮为 $5 \sim 6$ 级；满载时齿宽全长或接近全长接触（一般情况下未经螺旋线修形）。

f. 矿物油润滑。

符合上述范围齿轮的 $K_{H\beta}$ 值可按表 14-1-93 和表 14-1-94 中的公式计算。

表 14-1-93　　　　　　　　调质齿轮 $K_{H\beta}$ 的简化计算公式

$$K_{H\beta} = a_1 + a_2 \left[1 + a_3 \left(\frac{b}{d_1} \right)^2 \right] \left(\frac{b}{d_1} \right)^2 + a_4 b$$

精度等级		a_1	a_2	a_3（支撑方式）			a_4
				对称	非对称	悬臂	
装配时不作检验调整	5	1.14	0.18	0	0.6	6.7	2.3×10^{-4}
	6	1.15	0.18	0	0.6	6.7	3.0×10^{-4}
	7	1.17	0.18	0	0.6	6.7	4.7×10^{-4}
	8	1.23	0.18	0	0.6	6.7	6.1×10^{-4}
装配时检验调整或对研跑合	5	1.10	0.18	0	0.6	6.7	1.2×10^{-4}
	6	1.11	0.18	0	0.6	6.7	1.5×10^{-4}
	7	1.12	0.18	0	0.6	6.7	2.3×10^{-4}
	8	1.15	0.18	0	0.6	6.7	3.1×10^{-4}

表 14-1-94　　　　　　　　硬齿面齿轮 $K_{H\beta}$ 的简化计算公式

$$K_{H\beta} = a_1 + a_2 \left[1 + a_3 \left(\frac{b}{d_1} \right)^2 \right] \left(\frac{b}{d_1} \right)^2 + a_4 b$$

装配时不作检验调整；首先用 $K_{H\beta} \leqslant 1.34$ 计算							
精度等级		a_1	a_2	a_3（支撑方式）			a_4
				对称	非对称	悬臂	
$K_{H\beta} \leqslant 1.34$	5	1.09	0.26	0	0.6	6.7	2.0×10^{-4}
$K_{H\beta} > 1.34$		1.05	0.31	0	0.6	6.7	2.3×10^{-4}
$K_{H\beta} \leqslant 1.34$	6	1.09	0.26	0	0.6	6.7	3.3×10^{-4}①
$K_{H\beta} > 1.34$		1.05	0.31	0	0.6	6.7	3.8×10^{-4}
装配时检验调整或跑合；首先用 $K_{H\beta} \leqslant 1.34$ 计算							
$K_{H\beta} \leqslant 1.34$	5	1.05	0.26	0	0.6	6.7	1.0×10^{-4}
$K_{H\beta} > 1.34$		0.99	0.31	0	0.6	6.7	1.2×10^{-4}
$K_{H\beta} \leqslant 1.34$	6	1.05	0.26	0	0.6	6.7	1.6×10^{-4}
$K_{H\beta} > 1.34$		1.00	0.31	0	0.6	6.7	1.9×10^{-4}

① GB/T 3480—1997 误为 0.47×10^{-3}。

（6）齿间载荷分配系数 $K_{H\alpha}$、$K_{F\alpha}$

齿间载荷分配系数是考虑同时啮合的各对轮齿间载荷分配不均匀影响的系数。影响齿间载荷分配系数的主要因素有：受载后轮齿变形；轮齿制造误差，特别是基节偏差；齿廓修形，跑合效果等。

应优先采用经精密实测或对所有影响因素精确分析得到的齿间载荷分配系数。一般情况下，可按下述方法确定。

① 一般方法　$K_{H\alpha}$、$K_{F\alpha}$ 按表 14-1-95 中的公式计算。

② 简化方法　简化方法适用于满足下列条件的工业齿轮传动和类似的齿轮传动：钢制的基本齿廓符合 GB/T 1356 的外啮合和内啮合齿轮；直齿轮和 $\beta \leqslant 30°$ 的斜齿轮；单位齿宽载荷 $F_{tH}/b \geqslant 350 \text{N/mm}$（当 $F_{tH}/b \geqslant 350 \text{N/mm}$ 时，计算结果偏于安全；当 $F_{tH}/b < 350 \text{N/mm}$ 时，因 $K_{H\alpha}$、$K_{F\alpha}$ 的实际值较表值大，计算结果偏于不安全）。

$K_{H\alpha}$ 可按表 14-1-97 查取。

表 14-1-95 $K_{H\alpha}$、$K_{F\alpha}$ **计算公式**

项　目	公式或说明	项　目	公式或说明
齿间载荷分配系数 $K_{H\alpha}$[①]	当总重合度 $\varepsilon_\gamma \leqslant 2$ 时 $K_{H\alpha}=K_{F\alpha}=\dfrac{\varepsilon_\gamma}{2}\left[0.9+0.4\dfrac{c_\gamma(f_{pb}-y_\alpha)}{F_{tH}/b}\right]$ 当总重合度 $\varepsilon_\gamma > 2$ 时 $K_{H\alpha}=K_{F\alpha}=0.9+0.4\sqrt{\dfrac{2(\varepsilon_\gamma-1)}{\varepsilon_\gamma}}\times\dfrac{c_\gamma(f_{pb}-y_\alpha)}{F_{tH}/b}$ 若 $K_{H\alpha}>\dfrac{\varepsilon_\gamma}{\varepsilon_\alpha Z_\varepsilon^2}$，则取 $K_{H\alpha}=\dfrac{\varepsilon_\gamma}{\varepsilon_\alpha Z_\varepsilon^2}$ 若 $K_{F\alpha}>\dfrac{\varepsilon_\gamma}{\varepsilon_\alpha Y_\varepsilon}$，则取 $K_{F\alpha}=\dfrac{\varepsilon_\gamma}{\varepsilon_\alpha Y_\varepsilon}$ 若 $K_{H\alpha}<1.0$，则取 $K_{H\alpha}=1.0$ 若 $K_{F\alpha}<1.0$，则取 $K_{F\alpha}=1.0$	计算 $K_{H\alpha}$ 时的切向力 F_{tH}	$F_{tH}=F_t K_A K_V K_{H\beta}$，各符号见本节(2)～(5)
		总重合度 ε_γ	$\varepsilon_\gamma=\varepsilon_\alpha+\varepsilon_\beta$
		端面重合度 ε_α	$\varepsilon_\alpha=\dfrac{0.5\left(\sqrt{d_{a1}^2-d_{b1}^2}\pm\sqrt{d_{a2}^2-d_{b2}^2}\right)+a'\sin\alpha_t'}{\pi m_t\cos\alpha_t}$
		纵向重合度 ε_β	$\varepsilon_\beta=\dfrac{b\sin\beta}{\pi m_n}$
		齿廓跑合量 y_α	见表 14-1-96
		重合度系数 Z_ε	见本节(11)
啮合刚度 c_γ	见本节(7)	弯曲强度计算的重合度系数 Y_ε	见 1.7.4.2 中(6)
基节偏差 f_{pb}	通常以大轮的基节偏差计算；当有适宜的修缘时，按此值的一半计算		

　　① 对于斜齿轮，如计算得到的 $K_{H\alpha}$ 值过大，则应调整设计参数，使得 $K_{H\alpha}$ 及 $K_{F\alpha}$ 不大于 ε_α。同时，公式 $K_{H\alpha}$、$K_{F\alpha}$ 仅适用于齿轮基节偏差在圆周方向呈正常分布的情况。

表 14-1-96   **齿廓跑合量** y_α

齿 轮 材 料	齿廓跑合量 $y_\alpha/\mu m$	限 制 条 件
结构钢、调质钢、珠光体和贝氏体球墨铸铁	$y_\alpha=\dfrac{160}{\sigma_{Hlim}}f_{pb}$	$v>10m/s$ 时，$y_\alpha\leqslant\dfrac{6400}{\sigma_{Hlim}}\mu m$，$f_{pb}\leqslant40\mu m$； $5m/s<v\leqslant10m/s$ 时，$y_\alpha\leqslant\dfrac{12800}{\sigma_{Hlim}}\mu m$，$f_{pb}\leqslant80\mu m$； $v\leqslant5m/s$ 时，y_α 无限制
铸铁、铁素体球墨铸铁	$y_\alpha=0.275 f_{pb}$	$v>10m/s$ 时，$y_\alpha\leqslant11\mu m$，$f_{pb}\leqslant40\mu m$； $5m/s<v\leqslant10m/s$ 时，$y_\alpha\leqslant22\mu m$，$f_{pb}\leqslant80\mu m$； $v\leqslant5m/s$ 时，y_α 无限制
渗碳淬火钢或氮化钢、氮碳共渗钢	$y_\alpha=0.075 f_{pb}$	$y_\alpha\leqslant3\mu m$

　　注：1. f_{pb}——齿轮基节偏差，μm；σ_{Hlim}——齿轮接触疲劳极限，N/mm^2，见本节(13)。

　　2. 当大、小齿轮的材料和热处理不同时，其齿廓跑合量可取为相应两种材料齿轮副跑合量的算术平均值。

表 14-1-97   **齿间载荷分配系数** $K_{H\alpha}$、$K_{F\alpha}$

$K_A F_t/b$		$\geqslant100N/mm$							$<100N/mm$
精度等级		5	6	7	8	9	10	11～12	5级及更低
硬齿面直齿面	$K_{H\alpha}$	1.0		1.1	1.2			$1/Z_\varepsilon^2\geqslant1.2$	
	$K_{F\alpha}$							$1/Y_\varepsilon\geqslant1.2$	
硬齿面斜齿面	$K_{H\alpha}$	1.0	1.1	1.2	1.4			$\varepsilon_\alpha/\cos^2\beta_b\geqslant1.4$	
	$K_{F\alpha}$								
非硬齿面直齿面	$K_{H\alpha}$	1.0			1.1	1.2		$1/Z_\varepsilon^2\geqslant1.2$	
	$K_{F\alpha}$							$1/Y_\varepsilon\geqslant1.2$	
非硬齿面斜齿面	$K_{H\alpha}$	1.0	1.1	1.2	1.4			$\varepsilon_\alpha/\cos^2\beta_b\geqslant1.4$	
	$K_{F\alpha}$								

　　注：1. 经修形的6级精度硬齿面斜齿轮，取 $K_{H\alpha}=K_{F\alpha}=1$。

　　2. 若表中 $\varepsilon_\alpha/\cos^2\beta_b\geqslant1.4$ 的计算值 $K_{F\alpha}>\dfrac{\varepsilon_\gamma}{\varepsilon_\alpha Y_\varepsilon}$，则取 $K_{F\alpha}=\dfrac{\varepsilon_\gamma}{\varepsilon_\alpha Y_\varepsilon}$。

　　3. Z_ε 见本节(11)，Y_ε 见 1.7.4.2 中(6)。

　　4. 硬齿面和软齿面相啮合的齿轮副，齿间载荷分配系数取平均值。

　　5. 小齿轮和大齿轮精度等级不同时，则按精度等级较低的取值。

　　6. 本表也可以用于灰铸铁和球墨铸铁齿轮的计算。

（7）轮齿刚度——单对齿刚度 c' 和啮合刚度 c_γ

轮齿刚度定义为使一对或几对同时啮合的精确轮齿在 1mm 齿宽上产生 $1\mu m$ 挠度所需的啮合线上的载荷。直齿轮的单对齿刚度 c' 为一对轮齿的最大刚度，斜齿的 c' 为一对轮齿在法截面内的最大刚度。啮合刚度 c_γ 为端面内轮齿总刚度的平均值。

影响轮齿刚度的主要因素有：轮齿参数、轮体结构、法截面内单位齿宽载荷、轴毂连接结构和形式、齿面粗糙度和齿面波度、齿向误差、齿轮材料的弹性模量等。

轮齿刚度的精确值可由实验测得或由弹性理论的有限元法计算确定。在无法实现时，可按下述方法之一确定。

① 一般方法　对于基本齿廓符合 GB/T 1356—2001、单位齿宽载荷 $K_A F_t/b \geqslant 100\text{N/mm}$、轴-毂处圆周方向传力均匀（小齿轮为轴齿轮形式、大轮过盈连接或花键连接）、钢质直齿轮和螺旋角 $\beta \leqslant 45°$ 的外啮合齿轮，c' 和 c_γ 可按表 14-1-98 给出的公式计算。对于不满足上述条件的齿轮，如内啮合、非钢材料的组合、其他形式的轴-毂连接、单位齿宽载荷 $K_A F_t/b < 100\text{N/mm}$ 的齿轮，也可近似应用。

② 简化方法　对基本齿廓符合 GB/T 1356 的钢制刚性盘状齿轮，当 $\beta \leqslant 30°$，$1.2 < \varepsilon_a < 1.9$ 且 $K_A F_t/b \geqslant 100\text{N/mm}$ 时，取 $c' = 14\text{N}/(\text{mm} \cdot \mu m)$、$c_\gamma = 20\text{N}/(\text{mm} \cdot \mu m)$。非实心齿轮的 c' 和 c_γ 用表 14-1-98 中轮坯结构系数 C_R 折算。其他基本齿廓的齿轮的 c'、c_γ 可用表 14-1-98 中基本齿廓系数 C_B 折算。非钢对钢配对的齿轮的 c'、c_γ 可用表 14-1-98 中 c_γ 计算式折算。

表 14-1-98　　　　　　　　　　　　　　c'、c_γ 计算公式

项 目	计 算 公 式	项 目	计 算 公 式
单对齿刚度 c' /N·mm^{-1}·μm^{-1}	钢对钢齿轮 $c' = c'_{th} C_M C_R C_B \cos\beta$ 其他材料配对 $c' = c'_{st} \xi$ c'_{st} 为钢 c'	轮坯结构系数 C_R	对于实心齿轮,可取 $C_R = 1$ 对轮缘厚度 S_R 和辐板厚度 b_s 的非实心齿轮 $C_R = 1 + \dfrac{\ln(b_s/b)}{5e^{S_R/(5m_n)}}$ 若 $b_s/b < 0.2$,取 $b_s/b = 0.2$; 若 $b_s/b > 1.2$,取 $b_s/b = 1.2$; 若 $S_R/m_n < 1$,取 $S_R/m_n = 1$
单对齿刚度的理论值 c'_{th}/N·mm^{-1}·μm^{-1}	$c'_{th} = \dfrac{1}{q'}$	基本齿廓系数 C_B	$C_B = [1 + 0.5(1.2 - h_{fp}/m_n)] \times [1 - 0.02(20° - \alpha_n)]$ 对基本齿廓符合 $\alpha = 20°$,$h_{ap} = m_n$,$h_{fp} = 1.2m_n$,$\rho_{fp} = 0.2$ 的齿轮,$C_B = 1$ 若小轮和大轮的齿根高不一致 $C_B = 0.5(C_{B1} + C_{B2})$ C_{B1}、C_{B2} 分别为小、大齿轮基本齿廓系数
轮齿柔度的最小值 q'/mm·μm·N^{-1}	$q' = 0.04723 + \dfrac{0.15551}{z_{n1}} + \dfrac{0.25791}{z_{n2}} -$ $0.00635x_1 - 0.11654\dfrac{x_1}{z_{n1}} \mp 0.00193x_2 -$ $0.24188\dfrac{x_2}{z_{n2}} + 0.00529x_1^2 + 0.00182x_2^2$ （式中干的"—"用于外啮合,"+"用于内啮合） 对于内啮合齿轮,z_{n2} 应取为无限大	系数 ξ	$\xi = \dfrac{E}{E_{st}}$ $E = \dfrac{2E_1E_2}{E_1 + E_2}$ E_{st} 为钢的 E 对钢与铸铁配对:$\xi = 0.74$ 对铸铁与铸铁配对:$\xi = 0.59$
理论修正系数 C_M	一般取 $C_M = 0.8$	啮合刚度 c_γ	$c_\gamma = (0.75\varepsilon_a + 0.25)c'$

注：1. 当 $K_A F_t/b < 100\text{N/mm}$ 时，$c' = c'_{th} C_M C_R C_B \cos\beta \left(\dfrac{K_A F_t/b}{100}\right)^{0.25}$。

2. 一对齿轮副中，若一个齿轮为平键连接，配对齿轮为过盈或花键连接，由表中公式计算的 c' 增大 5%；若两个齿轮都为平键连接，由公式计算的 c' 增大 10%。

3. 啮合刚度 c_γ 的计算式适用于直齿轮和螺旋角 $\beta \leqslant 30°$ 的斜齿轮。对 $\varepsilon_a < 1.2$ 的直齿轮的 c_γ，需将计算值减小 10%。

4. z_{n1}、z_{n2} 为小、大（斜）齿轮的当量齿数，分别见表 14-1-18 中的 z_{v1}、z_{v2}。

（8）小轮及大轮单对齿啮合系数 Z_B、Z_D

$\varepsilon_a \leqslant 2$ 时的单对齿啮合系数 Z_B 是把小齿轮节点 C 处的接触应力折算到小轮单对齿啮合区内界点 B 处的接触应力的系数；Z_D 是把大齿轮节点 C 处的接触应力折算到大轮单对齿啮合区内界点 D 处的接触应力的系数，见图 14-1-34。

单对齿啮合系数由表 14-1-99 公式计算与判定。

表 14-1-99　　　　　　　　　　　Z_B、Z_D 的确定

参数计算式	判定条件		
		端面重合度 $\varepsilon_a < 2$	$\varepsilon_a > 2$ 时
$M_1 = \dfrac{\tan\alpha_t'}{\sqrt{\left[\sqrt{\dfrac{d_{a1}^2}{d_{b1}^2}-1}-\dfrac{2\pi}{z_1}\right]\left[\sqrt{\dfrac{d_{a2}^2}{d_{b2}^2}-1}-(\varepsilon_a-1)\dfrac{2\pi}{z_2}\right]}}$ $M_2 = \dfrac{\tan\alpha_t'}{\sqrt{\left[\sqrt{\dfrac{d_{a2}^2}{d_{b2}^2}-1}-\dfrac{2\pi}{z_2}\right]\left[\sqrt{\dfrac{d_{a1}^2}{d_{b1}^2}-1}-(\varepsilon_a-1)\dfrac{2\pi}{z_1}\right]}}$	外啮合齿轮	直齿轮： 当 $M_1>1$ 时，$Z_B=M_1$；当 $M_1\leqslant1$ 时，$Z_B=1$ 当 $M_2>1$ 时，$Z_D=M_2$；当 $M_2\leqslant1$ 时，$Z_D=1$ 斜齿轮： 当纵向重合度 $\varepsilon_\beta \geqslant 1.0$ 时，$Z_B=1$，$Z_D=1$ 当纵向重合度 $\varepsilon_\beta <1.0$ 时， $Z_B=M_1-\varepsilon_\beta(M_1-1)$ 当 $Z_B<1$ 时，取 $Z_B=1$ $Z_D=M_2-\varepsilon_\beta(M_2-1)$ 当 $Z_D<1$ 时，取 $Z_D=1$	对于 $2<\varepsilon_a\leqslant3$ 的高精度齿轮副，任何端截面内的总切向力由连续啮合的两对或三对轮齿共同承担。对于这样的齿轮副，取两对齿啮合外界点计算其接触应力。可用本表中的公式计算 M_1 和 M_2，但此时用表 14-1-74 中的公式计算 σ_{H0} 时，应用总切向力来代替式中的 F_t。这样计算的接触应力偏大，因此，安全系数偏于保守
	内啮合齿轮	取 $Z_B=1$，$Z_D=1$	

（9）节点区域系数 Z_H

节点区域系数 Z_H 是考虑节点处齿廓曲率对接触应力的影响，并将分度圆上切向力折算为节圆上法向力的系数。

$$Z_H = \sqrt{\frac{2\cos\beta_b \cos\alpha_t'}{\cos^2\alpha_t \sin\alpha_t'}}$$

式中　$\alpha_t = \arctan\left(\dfrac{\tan\alpha_n}{\cos\beta}\right)$

$\beta_b = \arctan(\tan\beta\cos\alpha_t)$

$\mathrm{inv}\alpha_t' = \mathrm{inv}\alpha_t + \dfrac{2(x_2\pm x_1)}{z_2\pm z_1}\tan\alpha_n$　（"+"用于外啮合，"−"用于内啮合）

对于法面压力角 α_n 为 $20°$、$22.5°$、$25°$ 的内、外啮合齿轮，Z_H 也可由图 14-1-37、图 14-1-38 和图 14-1-39 根据 $(x_1+x_2)/(z_1+z_2)$ 及螺旋角 β 查得。

（10）弹性系数 Z_E

弹性系数 Z_E 是用以考虑材料弹性模量 E 和泊松比 ν 对赫兹应力的影响，其数值可按实际材料弹性模量 E 和泊松比 ν 由下式计算得出。某些常用材料组合的 Z_E 可参考表 14-1-101 查取。

$$Z_E = \sqrt{\frac{1}{\pi\left(\dfrac{1-\nu_1^2}{E_1}+\dfrac{1-\nu_2^2}{E_2}\right)}}$$

（11）重合度系数 Z_ε

重合度系数 Z_ε 用以考虑重合度对单位齿宽载荷的影响。Z_ε 可由表 14-1-100 公式计算或按图 14-1-40 查得。

表 14-1-100　　　Z_ε 计算式

直齿轮	斜齿轮	
$Z_\varepsilon = \sqrt{\dfrac{4-\varepsilon_a}{3}}$	当 $\varepsilon_\beta < 1$ 时 $Z_\varepsilon = \sqrt{\dfrac{4-\varepsilon_a}{3}(1-\varepsilon_\beta)+\dfrac{\varepsilon_\beta}{\varepsilon_a}}$	
	当 $\varepsilon_\beta \geqslant 1$ 时 $Z_\varepsilon = \sqrt{\dfrac{1}{\varepsilon_a}}$	

（12）螺旋角系数 Z_β

螺旋角系数 Z_β 是考虑螺旋角造成的接触线倾斜对接触应力影响的系数，$Z_\beta = \sqrt{\cos\beta}$，也可根据分度圆螺旋角 β 由图 14-1-41 查得。

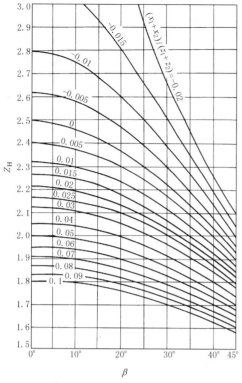

图 14-1-37　$\alpha_n = 20°$ 时的节点区域系数 Z_H

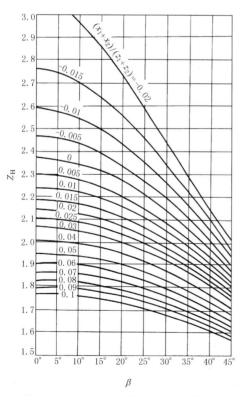

图 14-1-38　$\alpha_n = 22.5°$ 时的节点区域系数 Z_H

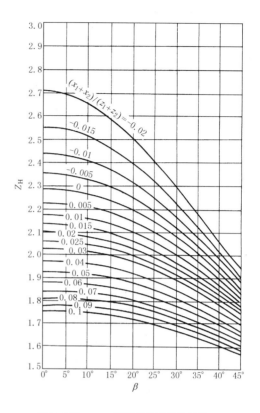

图 14-1-39　$\alpha_n = 25°$ 时的节点区域系数 Z_H

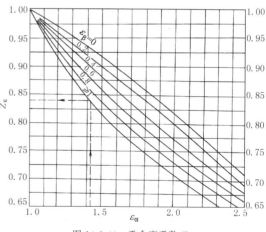

图 14-1-40　重合度系数 Z_ε

（13）试验齿轮的接触疲劳极限 σ_{Hlim}

σ_{Hlim} 是指某种材料的齿轮在某一接触应力下运转到规定的应力循环次数（对大多数材料其应力循环数为 5×10^7）而未发生齿面扩展性点蚀时的极限应力。主要影响因素有：材料成分，力学性能，热处理及硬化层深度、硬度梯度，结构（锻、轧、铸），残余应力，材料的纯度和缺陷等。

表 14-1-101 弹性系数 Z_E

齿 轮 1			齿 轮 2			Z_E
材料	弹性模量 $E_1/\mathrm{N \cdot mm^{-2}}$	泊松比 ν_1	材料	弹性模量 $E_2/\mathrm{N \cdot mm^{-2}}$	泊松比 ν_2	$/\sqrt{\mathrm{N/mm^2}}$
钢	206000	0.3	钢	206000	0.3	189.8
			铸钢	202000		188.9
			球墨铸铁	173000		181.4
			灰铸铁	118000~126000		162.0~165.4
铸钢	202000	0.3	铸钢	202000	0.3	188.0
			球墨铸铁	173000		180.5
			灰铸铁	118000		161.4
球墨铸铁	173000	0.3	球墨铸铁	173000	0.3	173.9
			灰铸铁	118000		156.6
灰铸铁	118000~126000	0.3	灰铸铁	118000	0.3	143.7~146.70

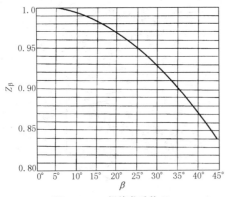

图 14-1-41 螺旋角系数 Z_β

中心距	$a=100\mathrm{mm}$
螺旋角	$\beta=0°(Z_\beta=1)$
模数	$m=(3\sim5)\mathrm{mm}(Z_x=1)$
齿面粗糙度	$R_z=3\mu\mathrm{m}(Z_R=1)$
节圆线速度	$v=10\mathrm{m/s}(Z_V=1)$
润滑剂黏度	$v_{50}=100\mathrm{mm^2/s}(Z_L=1)$
配对齿轮的材料相同	$(Z_W=1)$
齿轮精度等级	4~6 级(GB/T 10095.1)
齿宽	$b=(10\sim20)\mathrm{mm}$
载荷系数	$K_A=K_V=K_{H\beta}=K_{H\alpha}=1$

当满足上述条件时，以轮齿齿面点蚀面积比率作为齿轮失效判据：对于调质齿轮，其大小齿轮点蚀面积占全部工作齿面的 2%，或者对单齿占 4%；对于表面硬化齿轮，其大小齿轮点蚀面积占全部工作齿面的 0.5%，或者对单齿占 4%。

σ_{Hlim} 可由齿轮的负荷运转试验或使用经验的统计数据得出。此时需阐明线速度、润滑油黏度、表面粗糙度、材料组织等变化对许用应力的影响所引起的误差。无资料时，可参考图 14-1-42～图 14-1-46 根据材料和齿面硬度查取。图中的 σ_{Hlim} 值是试验齿轮的失效概率为 1% 时的轮齿接触疲劳极限。对于其他失效概率的疲劳极限值，可用适当的统计分析方法得到。图中硬化齿轮的疲劳极限值对渗碳齿轮适用于有效硬化层深度 $\delta=0.15m_n\sim0.2m_n$ 的精加工齿轮，对于氮化齿轮，其有效硬化层深度 $\delta=0.4\sim0.6\mathrm{mm}$。

在 σ_{Hlim} 图中，代表材料质量等级的 ML、MQ 和 ME 线所对应的材料处理要求见 GB/T 3480.5—2008。

ML——表示对齿轮加工过程中材料质量和热处理工艺的一般要求。

MQ——表示对有经验的制造者在适度成本下可达到的质量等级。

ME——表示必须具备高可靠度的制造过程控制才能达到的质量等级。

图 14-1-42～图 14-1-46 中提供的 σ_{Hlim} 值是基于基准试验条件和基准试验齿轮参数得到的，具体条件如下。

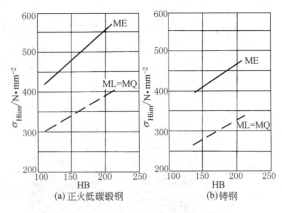

图 14-1-42 正火低碳锻钢和铸钢的 σ_{Hlim}

(14) 接触强度计算的寿命系数 Z_{NT}

寿命系数 Z_{NT} 是考虑齿轮寿命小于或大于持久寿命条件循环次数 N_c 时（见图 14-1-47），其可承受的接触应力值与其相应的条件循环次数 N_c 时疲劳极限应力的比例的系数。

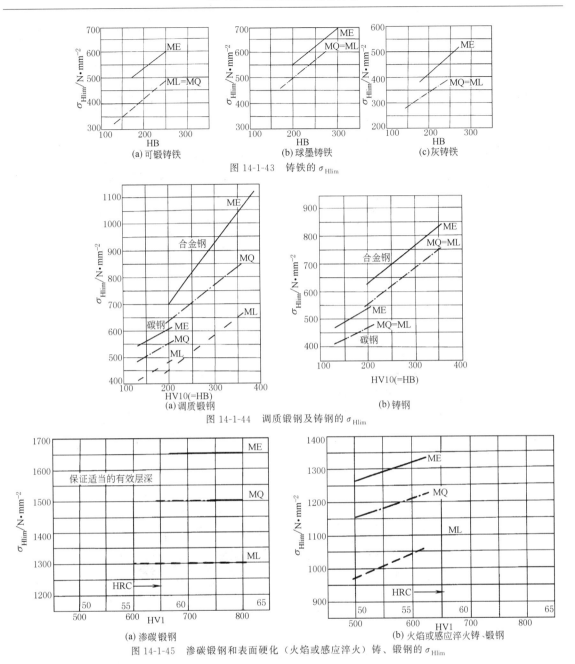

图 14-1-43　铸铁的 σ_{Hlim}

(a) 调质锻钢

图 14-1-44　调质锻钢及铸钢的 σ_{Hlim}

(a) 渗碳锻钢

(b) 火焰或感应淬火铸、锻钢

图 14-1-45　渗碳锻钢和表面硬化（火焰或感应淬火）铸、锻钢的 σ_{Hlim}

当齿轮在定载荷工况工作时，应力循环次数 N_L 为齿轮设计寿命期内单侧齿面的啮合次数；双向工作时，按啮合次数较多的一侧计算。当齿轮在变载荷工况下工作并有载荷图谱可用时，应按 1.7.4.4 的方法核算其强度安全系数；对于缺乏工作载荷图谱的非恒定载荷齿轮，可近似地按名义载荷乘以使用系数 K_A 来核算其强度。

条件循环次数 N_c 是齿轮材料 S-N（即应力-循环次数）曲线上一个特征拐点的循环次数，并取该点处的寿命系数为 1.0，相应的 S-N 曲线上的应力称为疲劳极限应力。

接触强度计算的寿命系数 Z_{NT} 应根据实际齿轮实验或经验统计数据得出 S-N 曲线求得，它与一对相啮合齿轮的材料、热处理、直径、模数、齿面粗糙度、节线速度及使用的润滑剂有关。当直接采用 S-N 曲线确定和 S-N 曲线实验条件完全相同的齿轮寿命系数 Z_{NT} 时，应将有关的影响系数 Z_R、Z_v、Z_L、Z_W、Z_x 的值均取为 1.0。

当无合适的上述实验或经验数据可用时，Z_{NT} 可由表 14-1-102 的公式计算得出，也可由图 14-1-47 查取。

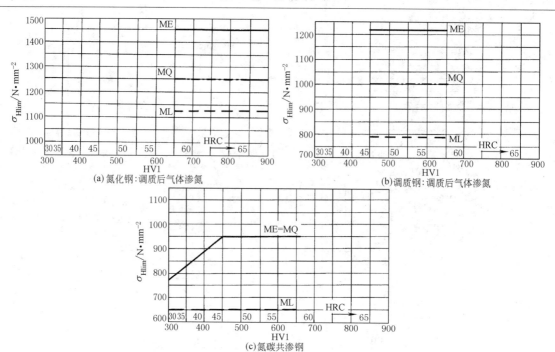

(a)氮化钢:调质后气体渗氮   (b)调质钢:调质后气体渗氮

(c)氮碳共渗钢

图 14-1-46   氮化钢、氮化调质钢和氮碳共渗钢的 σ_{Hlim}

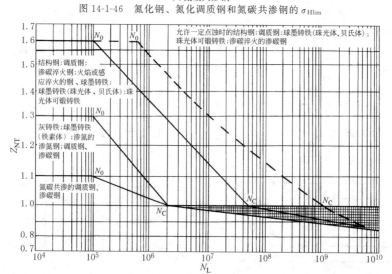

图 14-1-47   接触强度的寿命系数 Z_{NT}

表 14-1-102   接触强度的寿命系数 Z_{NT}

材料及热处理		静强度最大循环次数 N_0	持久寿命条件循环次数 N_C	应力循环次数 N_L	Z_{NT}计算公式
结构钢 调质钢 球墨铸铁（珠光体、贝氏体）、珠光体可锻铸铁；渗碳淬火的渗碳钢；感应淬火或火焰淬火的钢和球墨铸铁	允许有一定点蚀	$N_0=6\times10^5$	$N_C=10^9$	$N_L\leqslant6\times10^5$ $6\times10^5<N_L\leqslant10^7$ $10^7<N_L\leqslant10^9$ $10^9<N_L\leqslant10^{10}$	$Z_{NT}=1.6$ $Z_{NT}=1.3\left(\dfrac{10^7}{N_L}\right)^{0.0738}$ $\left(\dfrac{10^9}{N_L}\right)^{0.057}$ $\left(\dfrac{10^9}{N_L}\right)^{0.0706}$ （见注）
	不允许有点蚀	$N_0=10^5$	$N_C=5\times10^7$	$N_L\leqslant10^5$ $10^5<N_L\leqslant5\times10^7$ $5\times10^7<N_L\leqslant10^{10}$	$Z_{NT}=1.6$ $Z_{NT}=\left(\dfrac{5\times10^7}{N_L}\right)^{0.0756}$ $Z_{NT}=\left(\dfrac{5\times10^7}{N_L}\right)^{0.0306}$ （见注）

材料及热处理	静强度最大循环次数 N_0	持久寿命条件循环次数 N_C	应力循环次数 N_L	Z_{NT} 计算公式
灰铸铁、球墨铸铁（铁素体）；渗氮处理的渗氮钢、调质钢、渗碳钢	$N_0 = 10^5$	$N_C = 2 \times 10^6$	$N_L \leqslant 10^5$ $10^5 < N_L \leqslant 2 \times 10^6$ $2 \times 10^6 < N_L \leqslant 10^{10}$	$Z_{NT} = 1.3$ $Z_{NT} = \left(\dfrac{2 \times 10^6}{N_L}\right)^{0.0875}$ $Z_{NT} = \left(\dfrac{2 \times 10^6}{N_L}\right)^{0.0191}$（见注）
氮碳共渗的调质钢、渗碳钢			$N_L \leqslant 10^5$ $10^5 < N_L \leqslant 2 \times 10^6$ $2 \times 10^6 < N_L \leqslant 10^{10}$	$Z_{NT} = 1.1$ $Z_{NT} = \left(\dfrac{2 \times 10^6}{N_L}\right)^{0.0318}$ $Z_{NT} = \left(\dfrac{2 \times 10^6}{N_L}\right)^{0.0191}$（见注）

注：当优选材料、制造工艺和润滑剂，并经生产实践验证时，这几个式子可取 $Z_{NT} = 1.0$。

（15）润滑油膜影响系数 Z_L、Z_v、Z_R

齿面间的润滑油膜影响齿面承载能力。润滑区的油黏度、相啮齿间的相对速度、齿面粗糙度对齿面间润滑油膜状况的影响分别以润滑剂系数 Z_L、速度系数 Z_v 和粗糙度系数 Z_R 来考虑。齿面载荷和齿面相对曲率半径对齿面间润滑油膜状况也有影响。

确定润滑油膜影响系数数值的理想方法是总结现场使用经验或用具有可类比的尺寸、材料、润滑剂及运行条件的齿轮箱实验。当采用与设计的齿轮完全相同的参数、材料和条件实验决定其承载能力或寿命系数时，应取 Z_L、Z_v 和 Z_R 的值均等于 1.0。当无资料时，可按下述方法之一确定。

① 一般方法　计算公式见表 14-1-103。

表 14-1-103　　　　　　　　　　　Z_L、Z_v、Z_R **计算公式**

有限寿命设计（$N_L < N_C$ 时）	持久强度设计（$N_L \geqslant N_C$ 时）	静强度（$N_L \leqslant N_0$ 时）
$Z_L = \left(\dfrac{N_0}{N_L}\right)\left(\dfrac{\lg Z_{LC}}{K_n}\right)$ $Z_v = \left(\dfrac{N_0}{N_L}\right)\left(\dfrac{\lg Z_{vC}}{K_n}\right)$ $Z_R = \left(\dfrac{N_0}{N_L}\right)\left(\dfrac{\lg Z_{RC}}{K_n}\right)$ $K_n = \lg(N_0/N_C)$ 对结构钢，调质钢，球墨铸铁（珠光体、贝氏体），珠光体可锻铸铁，渗碳淬火钢，感应淬火或火焰淬火的钢，球墨铸铁 $K_n = -3.222$（允许一定点蚀） $K_n = -2.699$（不允许点蚀） 对可锻铸铁，球墨铸铁（铁素体），渗氮处理的渗氮钢，调质钢，渗碳钢，氮碳共渗的调质钢、渗碳钢 $K_n = -1.301$ 式中，Z_{LC}、Z_{vC}、Z_{RC} 为 $N_L = N_C$ 时得到的持久强度的值（即表中 $N_L = N_C$ 算得的 Z_L、Z_v、Z_R）；N_0、N_C 值见表14-1-102	$Z_L = C_{ZL} + \dfrac{4(1.0 - C_{ZL})}{\left(1.2 + \dfrac{80}{v_{50}}\right)^2} = C_{ZL} + \dfrac{4(1.0 - C_{ZL})}{\left(1.2 + \dfrac{134}{v_{40}}\right)^2}$ [1][2] 当 $850\text{N/mm}^2 \leqslant \sigma_{Hlim} \leqslant 1200\text{N/mm}^2$ 时 $C_{ZL} = \dfrac{\sigma_{Hlim}}{4375} + 0.6357$ [2] 当 $\sigma_{Hlim} < 850\text{N/mm}^2$ 时取 $C_{ZL} = 0.83$ 当 $\sigma_{Hlim} > 1200\text{N/mm}^2$ 时取 $C_{ZL} = 0.91$ Z_L 也可由图 14-1-48 查取 [2] $Z_v = C_{Zv} + \dfrac{2(1.0 - C_{Zv})}{\sqrt{0.8 + \dfrac{32}{v}}}$ 当 $850\text{N/mm}^2 \leqslant \sigma_{Hlim} \leqslant 1200\text{N/mm}^2$ 时 $C_{Zv} = 0.85 + \dfrac{\sigma_{Hlim} - 850}{350} \times 0.08$ 当 $\sigma_{Hlim} < 850\text{N/mm}^2$ 时以 850N/mm^2 代入计算 当 $\sigma_{Hlim} > 1200\text{N/mm}^2$ 时以 1200N/mm^2 代入计算 v 为节点线速度，m/s Z_v 也可由图 14-1-49 查取 $Z_R = \left(\dfrac{3}{R_{z10}}\right)^{C_{zR}}$（极限条件为：$Z_R \leqslant 1.15$）[3] 当 $850\text{N/mm}^2 \leqslant \sigma_{Hlim} \leqslant 1200\text{N/mm}^2$ 时 $C_{zR} = 0.32 - 0.0002\sigma_{Hlim}$ 当 $\sigma_{Hlim} < 850\text{N/mm}^2$ 时，取 $C_{zR} = 0.15$ 当 $\sigma_{Hlim} > 1200\text{N/mm}^2$ 时，取 $C_{zR} = 0.08$ Z_R 也可由图 14-1-50 查取	$Z_L = Z_v = Z_R = 1$

① v_{50}——在 50℃时润滑油的名义运动黏度，mm^2/s（cSt）；
v_{40}——在 40℃时润滑油的名义运动黏度，mm^2/s（cSt）。

② 公式及图 14-1-48 适用于矿物油（加或不加添加剂）。应用某些具有较小摩擦因数的合成油时，对于渗碳钢齿轮 Z_L 应乘以系数 1.1，对于调质钢齿轮应乘以系数 1.4。

③ R_{z10}——相对（峰—谷）平均粗糙度

$$R_{z10} = \dfrac{R_{z1} + R_{z2}}{2}\sqrt[3]{\dfrac{10}{\rho_{red}}}$$

R_{z1}，R_{z2}——小齿轮及大齿轮的齿面微观不平度十点高度，μm。如经事先跑合，则 R_{z1}，R_{z2} 应为跑合后的数值；若粗糙度以 Ra 值（$Ra = $ CLA 值 = AA 值）给出，则可近似取 $Rz \approx 6Ra$。

ρ_{red}——节点处诱导曲率半径，mm；$\rho_{red} = \rho_1\rho_2/(\rho_1 \pm \rho_2)$。式中"＋"用于外啮合，"－"用于内啮合，$\rho_1$，$\rho_2$ 分别为小轮及大轮节点处曲率半径；对于小齿轮-齿条啮合，$\rho_{red} = \rho_1$；$\rho_{1,2} = 0.5 d_{b1,2}\tan\alpha_t'$，式中 d_b 为基圆半径。

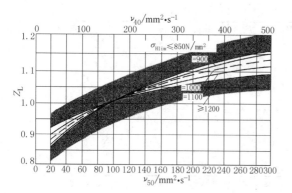

图 14-1-48 润滑剂系数 Z_L

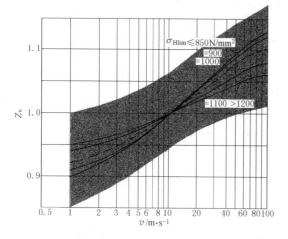

图 14-1-49 速度系数 Z_v

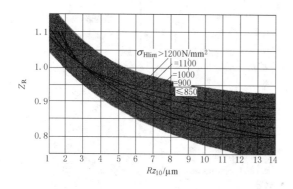

图 14-1-50 粗糙度系数 Z_R

② 简化方法 Z_L、Z_v、Z_R 的乘积在持久强度和静强度设计时由表 14-1-104 查得。对于应力循环次数 N_L 小于持久寿命条件循环次数 N_C 的有限寿命设计，$(Z_L Z_v Z_R)$ 值由其持久强度 $(N_L \geqslant N_C)$ 和静强度 $(N_L \leqslant N_0)$ 时的值参照表 14-1-103 的公式插值确定。

表 14-1-104　简化计算的 $(Z_L Z_v Z_R)$ 值

计算类型	加工工艺及齿面粗糙度 Rz_{10}	$(Z_L Z_v Z_R)_{N_0,NC}$
持久强度 $(N_L \geqslant N_C)$	$Rz_{10} > 4\mu m$ 经展成法滚、插或刨削加工的齿轮副	0.85
	研、磨或剃齿的齿轮副($Rz_{10} > 4\mu m$)；滚、插、研磨的齿轮与 $Rz_{10} \leqslant 4\mu m$ 的磨或剃齿轮啮合	0.92
	$Rz_{10} < 4\mu m$ 的磨削或剃的齿轮副	1.00
静强度 $(N_L \leqslant N_0)$	各种加工方法	1.00

(16) 齿面工作硬化系数 Z_W

工作硬化系数 Z_W 是用以考虑经光整加工的硬齿面小齿轮在运转过程中对调质钢大齿轮齿面产生冷作硬化，从而使大齿轮的许用接触应力得以提高的系数。

Z_W 可由公式 $Z_W = 1.2 - (HB - 130)/1700$ 计算或由图 14-1-51 查取（式中 HB 为大轮齿面布氏硬度值）。此公式和图的使用条件为：小齿轮齿面微观不平度 10 点高度 $Rz < 6\mu m$，大齿轮齿面硬度为 130～470HB。当 HB<130 时，取 $Z_W = 1.2$；当 HB>470 时，取 $Z_W = 1.0$。

(17) 接触强度计算的尺寸系数 Z_x

尺寸系数是考虑因尺寸增大使材料强度降低的尺寸效应因素。确定尺寸系数最理想的方法是通过实验或经验总结。当用与设计齿轮完全相同尺寸、材料和工艺的齿轮进行实验得到齿面承载能力或寿命系数时，$Z_x = 1.0$。静强度 $(N_L \leqslant N_0)$ 的 $Z_x = 1.0$。

当无合适的实验或经验数据可用时，持久强度 $(N_L \geqslant N_C)$ 的尺寸系数 Z_x 可按表 14-1-105 所列公式计算或由图 14-1-52 查取。有限寿命 $(N_0 < N_L < N_C)$ 的尺寸系数由持久强度和静强度时的尺寸系数值参照表 14-1-103 左栏公式插值确定。

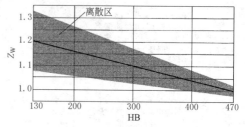

图 14-1-51 工作硬化系数 Z_W

表 14-1-105　　　　　　　　　　　　**接触强度计算的尺寸系数 Z_x**

材　料	Z_x	备　注
调质钢、结构钢	$Z_x = 1.0$	
短时间液体渗氮钢；气体渗氮钢	$Z_x = 1.067 - 0.0056 m_n$	$m_n < 12$ 时，取 $m_n = 12$ $m_n > 30$ 时，取 $m_n = 30$
渗碳淬火钢、感应或火焰淬火表面硬化钢	$Z_x = 1.076 - 0.0109 m_n$	$m_n < 7$ 时，取 $m_n = 7$ $m_n > 30$ 时，取 $m_n = 30$

注：m_n 是单位为 mm 的齿轮法向模数值。

（18）最小安全系数 S_{Hmin}（S_{Fmin}）

安全系数选取的原则见 1.7.1 节。如无可用资料时，最小安全系数可参考表 14-1-106 选取。

表 14-1-106　**最小安全系数参考值**

使用要求	最小安全系数	
	S_{Fmin}	S_{Hmin}
高可靠度	2.00	1.50～1.60
较高可靠度	1.60	1.25～1.30
一般可靠度	1.25	1.00～1.10
低可靠度	1.00	0.85

注：1. 在经过使用验证或对材料强度、载荷工况及制造精度拥有较准确的数据时，可用表中 S_{Fmin} 下限值。

2. 一般齿轮传动不推荐采用低可靠度的安全系数值。

3. 采用低可靠度的接触安全系数值时，可能在点蚀前先出现齿面塑性变形。

1.7.4.2　轮齿弯曲强度核算

GB/T 3480—1997 以载荷作用侧的齿廓根部的最大拉应力作为名义弯曲应力，并经相应的系数修正后作为计算齿根应力。考虑到使用条件、要求及尺寸的不同，标准将修正后的试件弯曲疲劳极限作为许用齿根应力。标准给出的轮齿弯曲强度计算公式适用于齿根以内轮缘厚度不小于 $3.5 m_n$ 的圆柱齿轮。对于不符合此条件的薄轮缘齿轮，应作进一步应力分析、实验或根据经验数据确定其齿根应力的增大率。

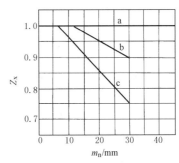

图 14-1-52　接触强度计算的尺寸系数 Z_x

a—结构钢、调质钢、静强度计算时的所有材料；

b—短时间液体渗氮钢，气体渗氮钢；

c—渗碳淬火钢、感应或火焰淬火表面硬化钢

（1）轮齿弯曲强度核算的公式

轮齿弯曲强度核算公式见表 14-1-107。

表 14-1-107　　　　　　　　　　　　**轮齿弯曲强度核算公式**

强度条件		$\sigma_F \leqslant \sigma_{FP}$ 或 $S_F \geqslant S_{Fmin}$	σ_F——齿轮的计算齿根应力，N/mm² σ_{FP}——齿轮的许用齿根应力，N/mm² S_F——弯曲强度的计算安全系数 S_{Fmin}——弯曲强度的最小安全系数，见 1.7.4.1 中（18）
计算齿根应力		$\sigma_F = \sigma_{F0} K_A K_V K_{F\beta} K_{F\alpha}$	$K_{F\beta}$——弯曲强度计算的螺旋线载荷分布系数，见本节（2） $K_{F\alpha}$——弯曲强度计算的齿间载荷分配系数，见本节（3） σ_{F0}——齿根应力的基本值，N/mm²，对于大、小齿轮应分别确定
齿根应力的基本值[①③]	方法一	$\sigma_{F0} = \dfrac{F_t}{b m_n} Y_F Y_S Y_\beta$	F_t——端面内分度圆上的名义切向力，N b——工作齿宽（齿根圆处）[②]，mm m_n——法向模数，mm Y_F——载荷作用于单对齿啮合区外界点时的齿形系数，见本节（4） Y_S——载荷作用于单对齿啮合区外界点时的应力修正系数，见本节（5） Y_β——螺旋角系数，见本节（7）
	方法二　仅适用于 $\varepsilon_\alpha < 2$ 的齿轮传动	$\sigma_{F0} = \dfrac{F_t}{b m_n} Y_{Fa} Y_{Sa} Y_\varepsilon Y_\beta$	Y_{Fa}——载荷作用于齿顶时的齿形系数，见本节（4） Y_{Sa}——载荷作用于齿顶时的应力修正系数，见本节（5） Y_ε——弯曲强度计算的重合度系数，见本节（6）

续表

许用齿根应力	$\sigma_{FP}=\dfrac{\sigma_{FG}}{S_{Fmin}}$ $\sigma_{FG}=\sigma_{Flim}Y_{ST}Y_{NT}Y_{\delta relT}Y_{RrelT}Y_{x}$ 大、小齿轮的许用齿根应力要分别确定	σ_{FG}——计算齿轮的弯曲极限应力，N/mm^2 σ_{Flim}——试验齿轮的齿根弯曲疲劳极限，N/mm^2，见本节(8) Y_{ST}——试验齿轮的应力修正系数，如用 GB/T 3480 所 　　　给 σ_{Flim} 值计算时，取 $Y_{ST}=2$ Y_{NT}——弯曲强度计算的寿命系数，见本节(8) S_{Fmin}——弯曲强度的最小安全系数，见 1.7.4.1(18) $Y_{\delta relT}$——相对齿根圆角敏感系数，见本节(11) Y_{RrelT}——相对齿根表面状况系数，见本节(12) Y_{x}——弯曲强度计算的尺寸系数，见本节(10)
计算安全系数	$S_F=\dfrac{\sigma_{FG}}{\sigma_F}=\dfrac{\sigma_{Flim}Y_{ST}Y_{NT}}{\sigma_{F0}}\times\dfrac{Y_{\delta relT}Y_{RrelT}Y_x}{K_AK_VK_{F\beta}K_{F\alpha}}$	K_A、K_V 同 1.7.4.1 中(3)、(4) $K_{F\beta}$——弯曲强度计算的螺旋线载荷分布系数，见本节(2) $K_{F\alpha}$——弯曲强度计算的齿间载荷分配系数，见本节(3)

①　对于计算精度要求较高的齿轮，应优先采用方法一。在对计算结果有争议时，以方法一为准。

②　若大、小齿轮宽度不同时，最多把窄齿轮的齿宽加上一个模数作为宽齿轮的工作齿宽；对于双斜齿或人字齿轮 $b=b_B\times2$，b_B 为单个斜齿轮宽度；轮齿如有齿端修薄或鼓形修整，b 应取比实际齿宽较小的值。

③　薄轮缘齿轮齿根应力基本值的计算见 1.7.4.5。

（2）弯曲强度计算的螺旋线载荷分布系数 $K_{F\beta}$

螺旋线载荷分布系数 $K_{F\beta}$ 是考虑沿齿宽载荷分布对齿根弯曲应力的影响。对于所有的实际应用范围，$K_{F\beta}$ 可按下式计算

$$K_{F\beta}=(K_{H\beta})^N$$

式中　$K_{H\beta}$——接触强度计算的螺旋线载荷分布系数，见 1.7.4.1 中（5）；

N——幂指数

$$N=\frac{(b/h)^2}{1+(b/h)+(b/h)^2}$$

式中　b——齿宽，mm，对人字齿或双斜齿齿轮，用单个斜齿轮的齿宽；

h——齿高，mm。

b/h 应取大小齿轮中的小值。

图 14-1-53 给出了按以上二式确定的近似解。

（3）弯曲强度计算的齿间载荷分配系数 $K_{F\alpha}$

弯曲强度计算的螺旋线载荷分配系数 $K_{F\alpha}$ 的含义、影响因素、计算方法及使用表格与接触强度计算的螺旋线载荷分配系数 $K_{H\alpha}$ 完全相同，且 $K_{F\alpha}=K_{H\alpha}$。详见 1.7.4.1 中（6）。

（4）齿廓系数 Y_F、Y_{Fa}

齿廓系数是用以考虑齿廓对名义弯曲应力的影响，以过齿廓根部左右两过渡曲线与 30°线相切点的截面作为危险截面进行计算。

①　齿廓系数 Y_F　齿廓系数 Y_F 是考虑载荷作用于单对齿啮合区外界点时齿廓对名义弯曲应力的影响（见图 14-1-54）。

外齿轮的齿廓系数 Y_F 可由下式计算：

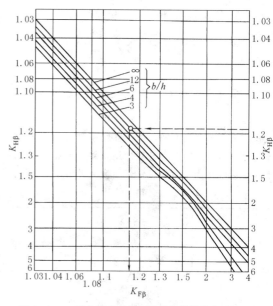

图 14-1-53　弯曲强度计算的螺旋线载荷分布系数 $K_{F\beta}$

$$Y_F=\frac{6\left(\dfrac{h_{Fe}}{m_n}\right)\cos\alpha_{Fen}}{\left(\dfrac{s_{Fn}}{m_n}\right)^2\cos\alpha_n}$$

式中　m_n——齿轮法向模数，mm；

α_n——法向分度圆压力角；

α_{Fen}，h_{Fe}，s_{Fn} 的定义见图 14-1-54。

用齿条刀具加工的外齿轮，Y_F 可用表 14-1-108 中的公式计算。但计算需满足下列条件：

a. 30°切线的切点应位于由刀具齿顶圆角所展成

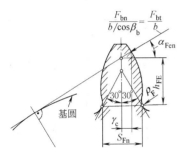

图 14-1-54　影响外齿轮齿廓系数 Y_F 的各参数

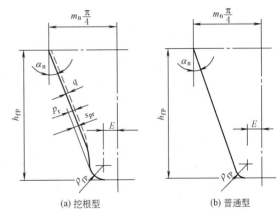

(a) 挖根型　　　　　(b) 普通型

图 14-1-55　刀具基本齿廓尺寸

的齿根过渡曲线上；

b. 刀具齿顶必须有一定大小的圆角，即 $\rho_{fP} \neq 0$。

刀具的基本齿廓尺寸见图 14-1-55。

表 14-1-108　　　　　　　　　　　　　外齿轮齿廓系数 Y_F 的有关公式

序号	名　称	计　算　公　式	备　注
1	刀尖圆心至刀齿对称线的距离 E	$\dfrac{\pi m_n}{4} - h_{fP}\tan\alpha_n + \dfrac{s_{pr}}{\cos\alpha_n} - (1-\sin\alpha_n)\dfrac{\rho_{fP}}{\cos\alpha_n}$	h_{fP}——基本齿廓齿根高 $s_{pr} = p_r - q$ 见图 14-1-55
2	辅助值 G	$\dfrac{\rho_{fP}}{m_n} - \dfrac{h_{fP}}{m_n} + x$	x——法向变位系数
3	基圆螺旋角 β_b	$\arccos\left[\sqrt{1-(\sin\beta\cos\alpha_n)^2}\right]$	—
4	当量齿数 z_n	$\dfrac{z}{\cos^2\beta_b\cos\beta} \approx \dfrac{z}{\cos^3\beta}$	—
5	辅助值 H	$\dfrac{2}{z_n}\left(\dfrac{\pi}{2} - \dfrac{E}{m_n}\right) - \dfrac{\pi}{3}$	—
6	辅助角 θ	$(2G/z_n)\tan\theta - H$	用牛顿法解时可取初始值 $\theta = -H(1-2G/z_n)$
7	危险截面齿厚与模数之比 $\dfrac{s_{Fn}}{m_n}$	$z_n\sin\left(\dfrac{\pi}{3} - \theta\right) + \sqrt{3}\left(\dfrac{G}{\cos\theta} - \dfrac{\rho_{fP}}{m_n}\right)$	—
8	30°切点处曲率半径与模数之比 $\dfrac{\rho_F}{m_n}$	$\dfrac{\rho_{fP}}{m_n} + \dfrac{2G^2}{\cos\theta(z_n\cos^2\theta - 2G)}$	—
9	当量直齿轮端面重合度 ε_{an}	$\dfrac{\varepsilon_a}{\cos^2\beta_b}$	ε_a 见表 14-1-95 中计算式
10	当量直齿轮分度圆直径 d_n	$\dfrac{d}{\cos^2\beta_b} = m_n z_n$	—
11	当量直齿轮基圆直径 d_{bn}	$d_n\cos\alpha_n$	—
12	当量直齿轮顶圆直径 d_{an}	$d_n + d_a - d$	d_a——齿顶圆直径 d——分度圆直径
13	当量直齿轮单对齿啮合区外界点直径 d_{en}	$2\sqrt{\left[\sqrt{\left(\dfrac{d_{an}}{2}\right)^2 - \left(\dfrac{d_{bn}}{2}\right)^2} \mp \pi m_n\cos\alpha_n(\varepsilon_{an}-1)\right]^2 + \left(\dfrac{d_{bn}}{2}\right)^2}$	式中"$\mp$"处对外啮合取"$-$"，对内啮合取"$+$"
14	当量齿轮单齿啮合外界点压力角 α_{en}	$\arccos\left(\dfrac{d_{bn}}{d_{en}}\right)$	—
15	外界点处的齿厚半角 γ_e	$\dfrac{1}{z_n}\left(\dfrac{\pi}{2} + 2x\tan\alpha_n\right) + \operatorname{inv}\alpha_n - \operatorname{inv}\alpha_{en}$	—

续表

序号	名　称	计 算 公 式	备　注
16	当量齿轮单齿啮合外界点载荷作用角 α_{Fen}	$\alpha_{en} - \gamma_e$	—
17	弯曲力臂与模数比 $\dfrac{h_{Fe}}{m_n}$	$\dfrac{1}{2}\left[\left(\cos\gamma_e - \sin\gamma_e \tan\alpha_{Fen}\right)\dfrac{d_{en}}{m_n} - z_n\cos\left(\dfrac{\pi}{3}-\theta\right) - \dfrac{G}{\cos\theta} + \dfrac{\rho_{fP}}{m_n}\right]$	—
18	齿廓系数 Y_F	$\dfrac{6\left(\dfrac{h_{Fe}}{m_n}\right)\cos\alpha_{Fen}}{\left(\dfrac{s_{Fn}}{m_n}\right)^2\cos\alpha_n}$	—

注：1. 表中长度单位为 mm，角度单位为 rad。

2. 本计算适用于标准或变位的直齿轮和斜齿轮。对于斜齿轮，齿廓系数按法截面确定，即按当量齿数 z_n 进行计算。大、小齿轮的 Y_F 应分别计算。

　　内齿轮的齿廓系数 Y_F 不仅与齿数和变位系数有关，且与插齿刀的参数有关。为了简化计算，可近似地按替代齿条计算（见图 14-1-56）。替代齿条的法向齿廓与基本齿条相似，齿高与内齿轮相同，法向载荷作用角 α_{Fen} 等于 α_n，并以脚标 2 表示内齿轮。Y_F 可用表 14-1-109 中的公式进行计算。

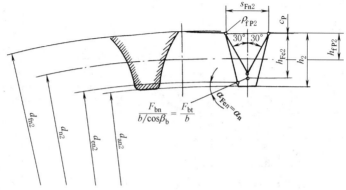

图 14-1-56　影响内齿轮齿廓系数 Y_F 的各参数

表 14-1-109　　　　　　　　内齿轮齿廓系数 Y_F 的有关公式（适用于 $z_2 > 70$）

序号	名　称	计 算 公 式	备　注
1	当量内齿轮分度圆直径 d_{n2}	$\dfrac{d_2}{\cos^2\beta_b} = m_n z_n$	d_2——内齿轮分度圆直径
2	当量内齿轮根圆直径 d_{fn2}	$d_{n2} + d_{f2} - d_2$	d_{f2}——内齿轮根圆直径
3	当量齿轮单齿啮合区外界点直径 d_{en2}	同表 14-1-108 第 13 项公式	式中"±""∓"符号应采用内啮合的
4	当量内齿轮齿根高 h_{fP2}	$\dfrac{d_{fn2} - d_{n2}}{2}$	—
5	内齿轮齿根过渡圆半径 ρ_{F2}	当 ρ_{F2} 已知时取已知值；当 ρ_{F2} 未知时取为 $0.15m_n$	—
6	刀具圆角半径 ρ_{fP2}	当齿轮型插齿刀顶端 ρ_{fP2} 已知时取已知量；当 ρ_{fP2} 未知时，取 $\rho_{fP2} \approx \rho_{F2}$	—
7	危险截面齿厚与模数之比 $\dfrac{s_{Fn2}}{m_n}$	$2\left(\dfrac{\pi}{4} + \dfrac{h_{fP2} - \rho_{fP2}}{m_n}\tan\alpha_n + \dfrac{\rho_{fP2} - s_{pr}}{m_n\cos\alpha_n} - \dfrac{\rho_{fP2}}{m_n}\cos\dfrac{\pi}{6}\right)$	$s_{pr} = p_r - q$，见图 14-1-55

续表

序号	名　　称	计　算　公　式	备　　注
8	弯曲力臂与模数之比 $\dfrac{h_{Fe2}}{m_n}$	$\dfrac{d_{fn2}-d_{en2}}{2m_n}-\left[\dfrac{\pi}{4}-\left(\dfrac{d_{fn2}-d_{en2}}{2m_n}-\dfrac{h_{fP2}}{m_n}\right)\tan\alpha_n\right]\times\tan\alpha_n-\dfrac{\rho_{fP2}}{m_n}\left(1-\sin\dfrac{\pi}{6}\right)$	—
9	齿廓系数 Y_F	$\left(\dfrac{6h_{Fe2}}{m_n}\right)\bigg/\left(\dfrac{s_{Fn2}}{m_n}\right)^2$	—

注：表中长度单位为 mm，角度单位为 rad。

② 齿廓系数 Y_{Fa}　齿廓系数 Y_{Fa} 是考虑当载荷作用于齿顶时齿廓对名义弯曲应力的影响，用于近似计算，且 Y_{Fa} 只能与 Y_ε 一起使用。

外齿轮的齿廓系数 Y_{Fa} 可由下式确定（参见图 14-1-57）。

$$Y_{Fa}=\dfrac{6\left(\dfrac{h_{Fa}}{m_n}\right)\cos\alpha_{Fan}}{\left(\dfrac{s_{Fn}}{m_n}\right)\cos\alpha_n}$$

公式适用于 $\varepsilon_{an}<2$ 的标准或变位的直齿轮和斜齿轮。大、小轮的 Y_{Fa} 应分别确定。

对于斜齿轮，齿廓系数按法截面确定，即按当量齿数 z_n 确定，当量齿数 z_n 可用表 14-1-108 中公式计算。

用齿条刀具加工的外齿轮的 Y_{Fa} 可按表 14-1-110 中的公式计算，或按图 14-1-59～图 14-1-63 相应查取。不同参数的齿廓所适用的图号见表 14-1-112。

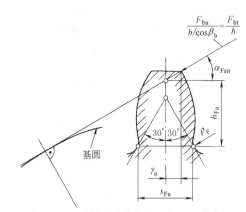

图 14-1-57　影响外齿轮齿廓系数 Y_{Fa} 的各参数

图 14-1-59～图 14-1-63 的图线适用于齿顶不缩短的齿轮。对于齿顶缩短的齿轮，实际弯曲力臂比不缩短时稍小一些，因此用以上图线查取的值偏于安全。

表 14-1-110　　　　　　　　　　　　　外齿轮齿廓系数 Y_{Fa} 的有关公式

序号	名　　称	计　算　公　式	备　　注
1	刀尖圆心至刀齿对称线的距离 E	$\dfrac{\pi m_n}{4}-h_{fP}\tan\alpha_n+\dfrac{s_{pr}}{\cos\alpha_n}-(1-\sin\alpha_n)\dfrac{\rho_{fP}}{\cos\alpha_n}$	h_{fP}——基本齿廓齿根高 s_{pr}——p_r-q，见图 14-1-55
2	辅助值 G	$\dfrac{\rho_{fP}}{m_n}-\dfrac{h_{fP}}{m_n}+x$	x——法向变位系数
3	基圆螺旋线 β_b	$\arccos\left[\sqrt{1-(\sin\beta\cos\beta_n)^2}\right]$	—
4	当量齿数 z_n	$\dfrac{z}{\cos^2\beta_b\cos\beta}$	—
5	辅助值 H	$\dfrac{2}{z_n}\left(\dfrac{\pi}{2}-\dfrac{E}{m_n}\right)-\dfrac{\pi}{3}$	—
6	辅助角 θ	$(2G/z_n)\tan\theta-H$	用牛顿法解时可取初始值 $\theta=-H(1-2G/z_n)$
7	危险截面齿厚与模数之比 $\dfrac{s_{Fn}}{m_n}$	$z_n\sin\left(\dfrac{\pi}{3}-\theta\right)+\sqrt{3}\left(\dfrac{G}{\cos\theta}-\dfrac{\rho_{fP}}{m_n}\right)$	ρ_{fP}/m_n 按表 14-1-108 中 $\dfrac{\rho_F}{m_n}$ 式计算
8	当量齿轮齿顶压力角 α_{an}	$\arccos\left[\dfrac{\cos\alpha_n}{1+\dfrac{(d_a-d)}{m_n z_n}}\right]$	d_a——齿顶圆直径 d——分度圆直径
9	齿顶厚半角 γ_a	$\dfrac{0.5\pi+2x\tan\alpha_n}{z_n}+\text{inv}\alpha_n-\text{inv}\alpha_{an}$	—
10	当量齿轮齿顶载荷作用角 α_{Fan}	$\alpha_{an}-\gamma_a=\tan\alpha_{an}-\text{inv}\alpha_n-\dfrac{0.5\pi+2x\tan\alpha_n}{z_n}$	—

续表

序号	名 称	计 算 公 式	备 注
11	弯曲力臂与模数之比 $\dfrac{h_{Fa}}{m_n}$	$0.5 z_n\left[\dfrac{\cos\alpha_n}{\cos\alpha_{Fan}}-\cos\left(\dfrac{\pi}{3}-\theta\right)\right]+0.5\left(\dfrac{\rho_{fP}}{m_n}-\dfrac{G}{\cos\theta}\right)$	—
12	齿廓系数 Y_{Fa}	$\left(6\times\dfrac{h_{Fa}}{m_n}\cos\alpha_{Fan}\right)/\left(\dfrac{s_{Fn}}{m_n}\right)^2\cos\alpha_n$	—

注：长度单位为 mm，角度单位为 rad。

内齿轮的齿廓系数 Y_{Fa} 可近似地按替代齿条计算。此替代齿条的法向齿廓与基本齿条相似，齿高与内齿轮相同，并取法向载荷作用角 α_{Fan} 等于 α_n（参见图 14-1-58）。以脚标 2 表示内齿轮。有关计算公式见表 14-1-111（适用于 $z_2>70$）。

与图 14-1-59～图 14-1-63 各齿廓参数相对应的内齿轮齿廓系数 Y_{Fa} 可由表 14-1-112 查取。

（5）应力修正系数 Y_S、Y_{Sa}

应力修正系数 Y_S 和 Y_{Sa} 是将名义弯曲应力换算成齿根局部应力的系数。它考虑了齿根过渡曲线处的应力集中效应，以及弯曲应力以外的其他应力对齿根应力的影响。

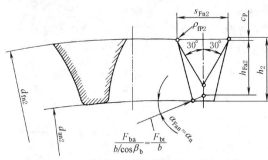

图 14-1-58 影响内齿轮齿廓系数 Y_{Fa} 的各参数

表 14-1-111　　　　　　　　　　　　内齿轮齿廓系数 Y_{Fa} 的有关公式

序号	名 称	计 算 公 式	备 注
1	当量内齿轮分度圆直径 d_{n2}	$\dfrac{d_2}{\cos^2\beta_b}=m_n z_n$	d_2——内齿轮分度圆直径
2	当量内齿轮根圆直径 d_{fn2}	$d_{n2}+d_{f2}-d_2$	d_{f2}——内齿轮根圆直径
3	当量内齿轮顶圆直径 d_{an2}	$d_{n2}+d_{a2}-d_2$	d_{a2}——内齿轮顶圆直径
4	当量内齿轮齿根高 h_{fP2}	$\dfrac{d_{fn2}-d_{n2}}{2}$	—
5	内齿轮齿根过渡圆半径 ρ_{F2}	当 ρ_{F2} 已知时取已知值；当 ρ_{F2} 未知时取为 $0.15 m_n$	—
6	刀具圆角半径 ρ_{fP2}	当齿轮型插齿刀顶端 ρ_{fP2} 已知时取已知量；当 ρ_{fP2} 未知时，取 $\rho_{fP2}\approx\rho_{F2}$	—
7	危险截面齿厚与模数之比 $\dfrac{s_{Fn2}}{m_n}$	$2\left(\dfrac{\pi}{4}+\dfrac{h_{fP2}-\rho_{fP2}}{m_n}\tan\alpha_n+\dfrac{\rho_{fP2}-s_{pr}}{m_n\cos\alpha_n}-\dfrac{\rho_{fP2}}{m_n}\cos\dfrac{\pi}{6}\right)$	$s_{pr}=p_r-q$，见图 14-1-55
8	弯曲力臂与模数之比 $\dfrac{h_{Fa2}}{m_n}$	$\dfrac{d_{fn2}-d_{an2}}{2m_n}-\left[\dfrac{\pi}{4}-\left(\dfrac{d_{fn2}-d_{an2}}{2m_n}-\dfrac{h_{fP2}}{m_n}\right)\tan\alpha_n\right]\times\tan\alpha_n-\dfrac{\rho_{fP2}}{m_n}\left(1-\sin\dfrac{\pi}{6}\right)$	—
9	齿廓系数 Y_{Fa}	$\left(\dfrac{6 h_{Fa2}}{m_n}\right)/\left(\dfrac{s_{Fn2}}{m_n}\right)^2$	—

注：1. 对变位齿轮，仍取标准齿高。

2. 长度单位为 mm，角度单位为 rad。

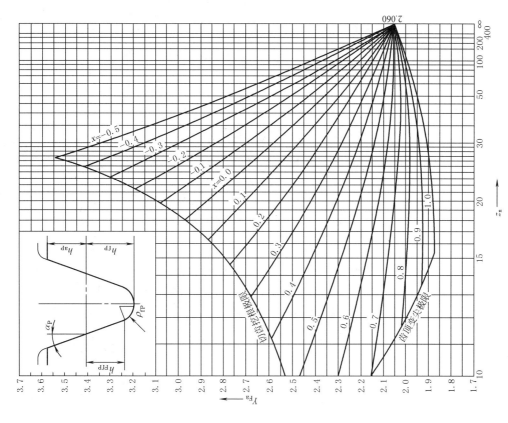

图 14-1-60　外齿轮齿廓系数 Y_{Fa}

$\alpha_P = 20°$；$h_{aP}/m_n = 1$；$h_{fP}/m_n = 1.25$；$\rho_{fP}/m_n = 0.3$

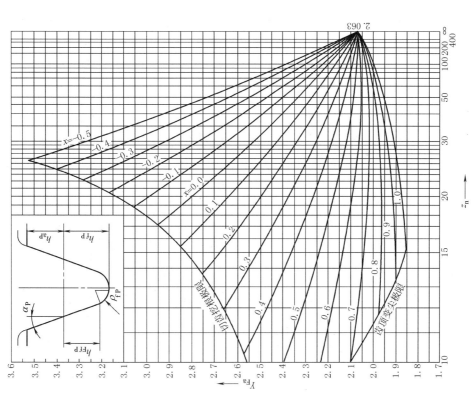

图 14-1-59　外齿轮齿廓系数 Y_{Fa}

$\alpha_P = 20°$；$h_{aP}/m_n = 1$；$h_{fP}/m_n = 1.25$；$\rho_{fP}/m_n = 0.38$

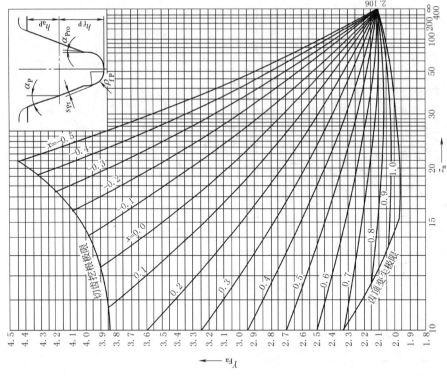

图 14-1-62　外齿轮齿廓系数 Y_{Fa}

$\alpha_P = 20°$；$h_{aP}/m_n = 1$；$h_{fP}/m_n = 1.4$；$\rho_{fP}/m_n = 0.4$；$s_{pr}/m_n = 0.02$

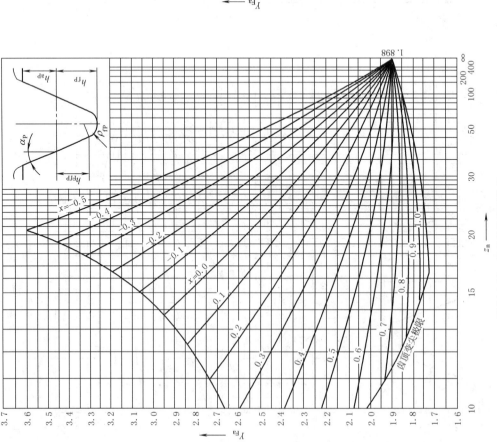

图 14-1-61　外齿轮齿廓系数 Y_{Fa}

$\alpha_P = 22.5°$；$h_{aP}/m_n = 1$；$h_{fP}/m_n = 1.25$；$\rho_{fP}/m_n = 0.4$

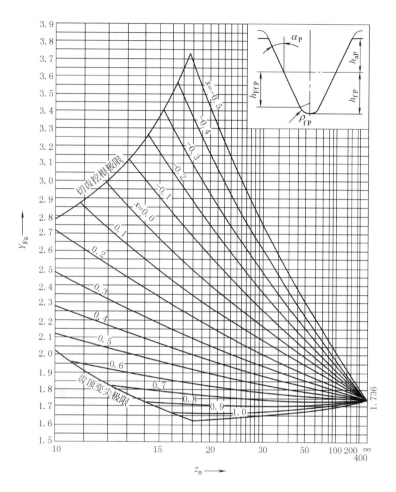

图 14-1-63　外齿轮齿廓系数 Y_{Fa}

$\alpha_P = 25°$；$h_{aP}/m_n = 1$；$h_{fP}/m_n = 1.25$；$\rho_{fP}/m_n = 0.318$

表 14-1-112　　　　　　　　　　　　　　　几种基本齿廓齿轮的 Y_{Fa}

基本齿廓				外 齿 轮	内 齿 轮
α_n	$\dfrac{h_{aP}}{m_n}$	$\dfrac{h_{fP}}{m_n}$	$\dfrac{\rho_{fP}}{m_n}$	Y_{Fa}	Y_{Fa} $\rho_F = 0.15 m_n , h = h_{aP} + h_{fP}$
20°	1	1.25	0.38	图 14-1-59	2.053
20°	1	1.25	0.3	图 14-1-60	2.053
22.5°	1	1.25	0.4	图 14-1-61	1.87
20°	1	1.4	0.4	图 14-1-62	（已挖根）
25°	1	1.25	0.318	图 14-1-63	1.71

应力修正系数不仅取决于齿根过渡曲线的曲率，还和载荷作用点的位置有关。Y_S 用于载荷作用于单对齿啮合区外界点的计算方法（方法一），Y_{Sa} 则用于载荷作用于齿顶的计算方法（方法二）。

① 应力修正系数 Y_S　应力修正系数 Y_S 仅能与齿廓系数 Y_F 联用。对于齿廓角 α_n 为 20° 的齿轮，Y_S 可按下式计算。对于其他齿廓角的齿轮，可按此式近似计算 Y_S

$$Y_S=(1.2+0.13L)q_S^{\frac{1}{1.21+2.3/L}}\ (\text{适用范围为}1\leqslant q_S<8)$$

式中　L——齿根危险截面处齿厚与弯曲力臂的比值

$$L=\frac{s_{Fn}}{h_{Fe}}$$

s_{Fn}——齿根危险截面齿厚，外齿轮由表 14-1-108 序号 7 的公式计算，内齿轮按表 14-1-109 序号 7 的公式计算；

h_{Fe}——弯曲力臂，外齿轮由表 14-1-108 序号 17 的公式计算，内齿轮由表 14-1-109 序号 8 的公式计算；

q_S——齿根圆角参数，其值为

$$q_S=\frac{s_{Fn}}{2\rho_F}$$

ρ_F——30°切线切点处曲率半径，外齿轮由表 14-1-108 序号 8 公式计算，内齿轮由表 14-1-109 序号 5 的公式计算。

Y_S 不宜用图解法确定。

② 应力修正系数 Y_{Sa}　应力修正系数 Y_{Sa} 仅能与齿廓系数 Y_{Fa} 联用，并且只能用于 $\varepsilon_{an}<2$ 的齿轮传动。

对于齿廓角 α_n 为 20°的齿轮，Y_{Sa} 可按下式计算。对于其他齿廓角的齿轮，可按此式近似计算 Y_{Sa}。

$$Y_{Sa}=(1.2+0.13L_a)q_S^{\frac{1}{1.21+2.3/L_a}}\ (\text{适用范围为}1\leqslant q_S<8)$$

式中　$L_a=s_{Fn}/h_{Fa}$；

s_{Fn}——外齿轮由表 14-1-108 序号 7 的公式计算，内齿轮由表 14-1-109 序号 7 的公式计算；

h_{Fa}——外齿轮由表 14-1-110 序号 11 的公式计算，内齿轮由表 14-1-111 序号 8 的公式计算。

用齿条刀具加工的外齿轮，其应力修正系数 Y_{Sa} 也可按当量齿数和法向变位系数从图 14-1-64～图 14-1-68 查取。对于短齿和有齿顶倒角的齿轮来说，使用这些图中的 Y_{Sa} 值，其承载能力是偏向安全的。不同参数的齿廓所适用的图号见表 14-1-113。

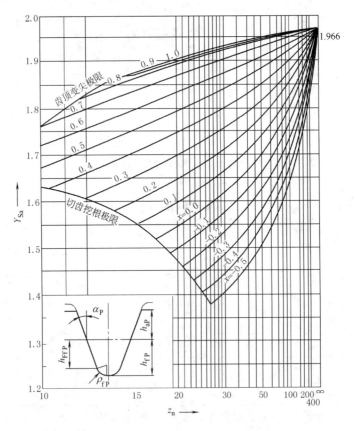

图 14-1-64　外齿轮应力修正系数 Y_{Sa}

$\alpha_P=20°$；$h_{aP}/m_n=1$；$h_{fP}/m_n=1.25$；$\rho_{fP}/m_n=0.38$

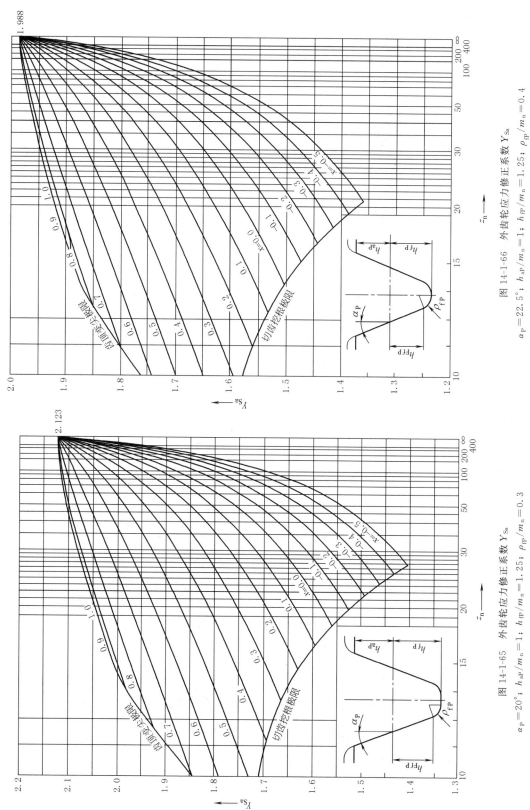

图 14-1-66　外齿轮应力修正系数 Y_{Sa}

$\alpha_P = 22.5°$；$h_{aP}/m_n = 1$；$h_{fP}/m_n = 1.25$；$\rho_{fP}/m_n = 0.4$

图 14-1-65　外齿轮应力修正系数 Y_{Sa}

$\alpha_P = 20°$；$h_{aP}/m_n = 1$；$h_{fP}/m_n = 1.25$；$\rho_{fP}/m_n = 0.3$

第 14 篇

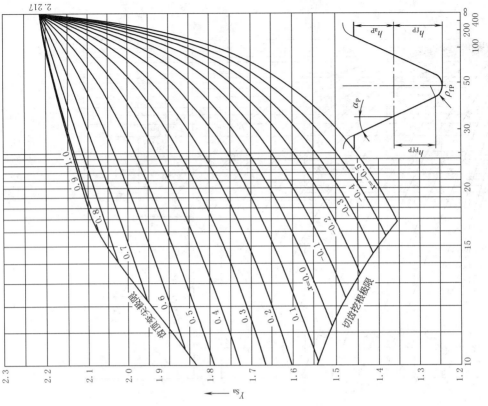

图 14-1-68 外齿轮应力修正系数 Y_{Sa}

$\alpha_P = 25°$；$h_{aP}/m_n = 1$；$h_{fP}/m_n = 1.25$；$\rho_{fP}/m_n = 0.318$

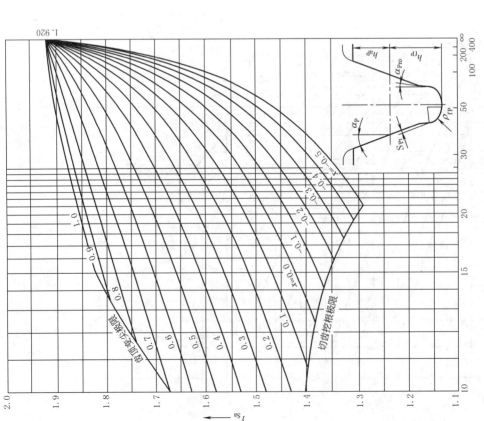

图 14-1-67 外齿轮应力修正系数 Y_{Sa}

$\alpha_P = 20°$；$h_{aP}/m_n = 1$；$h_{fP}/m_n = 1.4$；$\rho_{fP}/m_n = 0.4$；$s_{pr}/m_n = 0.02$

表 14-1-113　　　　　　　　　　　　　几种基本齿廓齿轮的 Y_{Sa}

基本齿廓				外 齿 轮	内 齿 轮
α_n	$\dfrac{h_{aP}}{m_n}$	$\dfrac{h_{fP}}{m_n}$	$\dfrac{\rho_{fP}}{m_n}$	Y_{Sa}	Y_{Sa} $\rho_F = 0.15m_n , h = h_{aP} + h_{fP}$
20°	1	1.25	0.38	图 14-1-64	2.65
20°	1	1.25	0.3	图 14-1-65	2.65
22.5°	1	1.25	Ò.4	图 14-1-66	2.76
20°	1	1.4	0.4	图 14-1-67	（已挖根）
25°	1	1.25	0.318	图 14-1-68	2.87

③ 齿根有磨削台阶齿轮的应力修正系数　靠近齿根危险截面的磨削台阶（参见图 14-1-69），将使齿根的应力集中增加很多，因此其应力集中系数要相应增加。计算时应以 Y_{Sg} 代替 Y_S，Y_{Sag} 代替 Y_{Sa}。

$$Y_{Sg} = \frac{1.3 Y_S}{1.3 - 0.6\sqrt{\dfrac{t_g}{\rho_g}}}$$

$$Y_{Sag} = \frac{1.3 Y_{Sa}}{1.3 - 0.6\sqrt{\dfrac{t_g}{\rho_g}}}$$

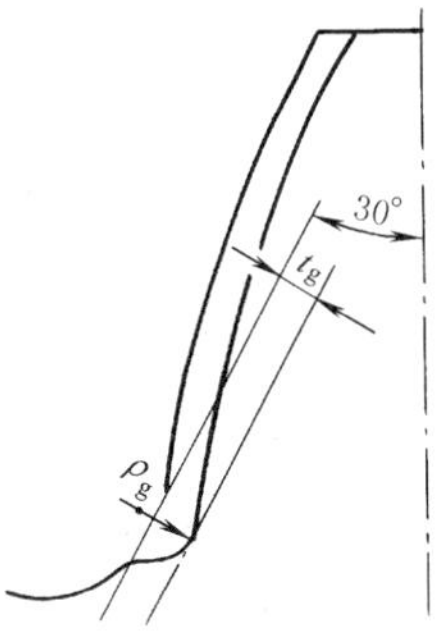

图 14-1-69　齿根磨削台阶

上述二式仅适用于 $\sqrt{t_g/\rho_g} > 0$ 的情况。

当磨削台阶高于齿根 30° 切线切点时，其磨削台阶的影响将比上二式计算所得的值小。

Y_{Sg} 和 Y_{Sag} 也考虑了齿根厚度的减薄。

（6）弯曲强度计算的重合度系数 Y_ε

重合度系数 Y_ε 是将载荷由齿顶转换到单对齿啮合区外界点的系数。

Y_ε 可用下式计算

$$Y_\varepsilon = 0.25 + \frac{0.75}{\varepsilon_{an}}$$

式中　ε_{an}——当量齿轮的端面重合度，$\varepsilon_{an} = \dfrac{\varepsilon_\alpha}{\cos^2 \beta_b}$。

（7）弯曲强度计算的螺旋角系数 Y_β

螺旋角系数 Y_β 是考虑螺旋角造成的接触线倾斜对齿根应力产生影响的系数。其数值可由下式计算

$$Y_\beta = 1 - \varepsilon_\beta \frac{\beta}{120°} \geqslant Y_{\beta min}$$

$$Y_{\beta min} = 1 - 0.25\varepsilon_\beta \geqslant 0.75$$

上式中：当 $\varepsilon_\beta > 1$ 时，按 $\varepsilon_\beta = 1$ 计算，当 $Y_\beta < 0.75$ 时，取 $Y_\beta = 0.75$；当 $\beta > 30°$ 时，按 $\beta = 30°$ 计算。

螺旋角系数 Y_β 也可根据 β 角和纵向重合度 ε_β 由图 14-1-70 查取。

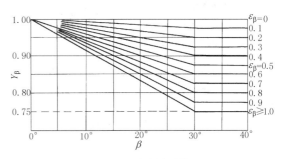

图 14-1-70　螺旋角系数 Y_β

（8）试验齿轮的弯曲疲劳极限 σ_{Flim}

σ_{Flim} 是指某种材料的齿轮经长期的重复载荷作用（对大多数材料其应力循环数为 3×10^6）后，齿根保持不破坏时的极限应力。其主要影响因素有：材料成分、力学性能、热处理及硬化层深度、硬度梯度、结构（锻、轧、铸）、残余应力、材料的纯度和缺陷等。

σ_{Flim} 可由齿轮的负荷运转试验或使用经验的统计数据得出。此时需阐明线速度、润滑油黏度、表面粗糙度、材料组织等变化对许用应力的影响所引起的误差。无资料时，可参考图 14-1-71～图 14-1-75 根据材料和齿面硬度查取。图中的 σ_{Flim} 值是试验齿轮的失效概率为 1％时的轮齿弯曲疲劳极限。对于其他失效概率的疲劳极限值，可用适当的统计分析法得到。图中硬化齿轮的疲劳极限值对渗碳齿轮适用于有效硬化层深度 $\delta = 0.15m_n \sim 0.2m_n$ 的精加工齿轮，对于氮化齿轮，其有效硬化层深度 $\delta = 0.4 \sim 0.6mm$。

在 σ_{Flim} 的图中，给出了代表材料质量等级的三条线，其对应的材料处理要求见 GB/T 3480.5—2008。

在选取材料疲劳极限时，除了考虑上述等级对材料质量和热处理质量的要求是否有把握达到外，还应注意所用材料的性能、质量的稳定性以及齿轮精度以外的制造质量同图列数值来源的试验齿轮的异同程度。这在选取 σ_{Flim} 时尤为重要。要留心一些常不引人注意的影响弯曲强度的因素，如实际加工刀具圆角的控制、齿根过渡圆角表面质量及因脱碳造成的硬度下降等。有可能出现齿根磨削台阶而计算中又未计 Y_{Sg} 时，在选取 σ_{Flim} 时也应予以考虑。

图 14-1-71～图 14-1-75 中提供的 σ_{Flim} 值是基于基准试验条件和基准试验齿轮参数得到的，具体条件如下。

螺旋角	$\beta=0°(Y_\beta=1)$
模数	$m=(3\sim5)\,mm(Y_x=1)$
应力修正系数	$Y_{ST}=2$
齿根圆角参数	$q_{ST}=2.5(Y_{\delta relT}=1)$
齿根圆角处的粗糙度	$Rz=10\,\mu m(Y_{RrelT}=1)$
齿轮精度等级	4～7 级(GB/T 10095.1)
基本齿条齿廓	按 GB/T 1356
齿宽	$b=(10\sim50)\,mm$
载荷系数	$K_A=K_V=K_{F\beta}=K_{F\alpha}=1$

以上图中的 σ_{Flim} 值适用于轮齿单向弯曲的受载状况；对于受对称双向弯曲的齿轮（如中间轮、行星轮），应将图中查得 σ_{Flim} 值乘上系数 0.7；对于双向运转工作的齿轮，其 σ_{Flim} 值所乘系数可稍大于 0.7。

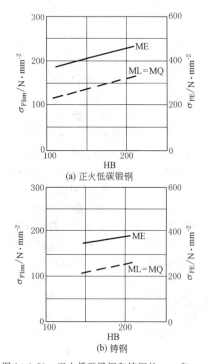

图 14-1-71　正火低碳锻钢和铸钢的 σ_{Flim} 和 σ_{FE}

图中，σ_{FE} 为齿轮材料的许用弯曲疲劳极限（它是用齿轮材料制成无缺口试件，在完全弹性范围内经受脉动载荷作用时的名义弯曲疲劳极限）。$\sigma_{FE}=Y_{ST}$ σ_{Flim}，$Y_{ST}=2.0$。

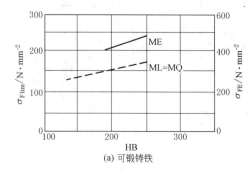

(a) 可锻铸铁

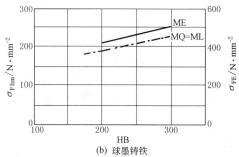

(b) 球墨铸铁

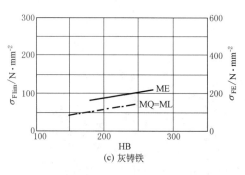

(c) 灰铸铁

图 14-1-72　铸铁的 σ_{Flim} 和 σ_{FE}

（9）弯曲强度的寿命系数 Y_{NT}

寿命系数 Y_{NT} 是考虑齿轮寿命小于或大于持久寿命条件循环次数 N_C 时（见图 14-1-76），其可承受的弯曲应力值与相应的条件循环次数 N_C 时疲劳极限应力的比例系数。

当齿轮在定载荷工况工作时，应力循环次数 N_L 为齿轮设计寿命期内单侧齿面的啮合次数；双向工作时，按啮合次数较多的一面计算。当齿轮在变载荷工况下工作并有载荷图谱可用时，应按 1.7.4.4 所述方法核算其强度安全系数，对于无载荷图谱的非恒定载荷齿轮，可近似地按名义载荷乘以使用系数 K_A 来核算其强度。

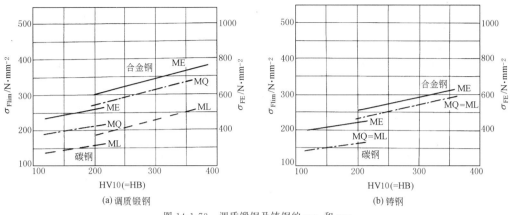

(a) 调质锻钢　　　　　　　　　　　　　(b) 铸钢

图 14-1-73　调质锻钢及铸钢的 σ_{Flim} 和 σ_{FE}

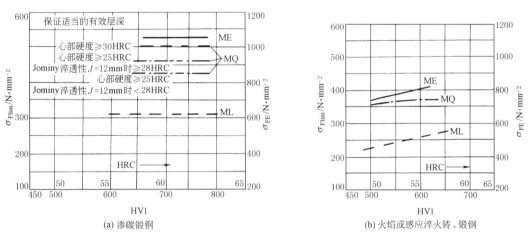

(a) 渗碳锻钢　　　　　　　　　　　(b) 火焰或感应淬火铸、锻钢

图 14-1-74　渗碳锻钢和表面硬化（火焰或感应淬火）铸、锻钢的 σ_{Flim} 和 σ_{FE}

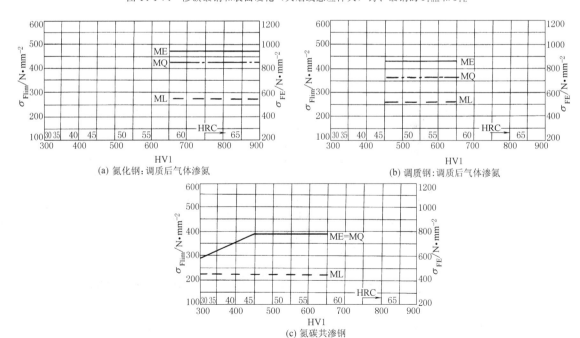

(a) 氮化钢：调质后气体渗氮　　　　　　　　(b) 调质钢：调质后气体渗氮

(c) 氮碳共渗钢

图 14-1-75　氮化钢、氮化调质钢和氮碳共渗钢的 σ_{Flim} 和 σ_{FE}

弯曲强度寿命系数 Y_{NT} 应根据实际齿轮实验或经验统计数据得出的 S-N 曲线求得，它与材料、热处理、载荷平稳程度、轮齿尺寸及残余应力有关。当直接采用 S-N 曲线确定和 S-N 曲线实验条件完全相同的齿轮寿命系数 Y_{NT} 时，应取系数 $Y_{\delta relT}$、Y_{RrelT}、Y_x 的值为 1.0。

当无合适的上述实验或经验数据可用时，Y_{NT} 可由表 14-1-114 中的公式计算得出，也可由图 14-1-76 查取。

表 14-1-114　　　弯曲强度的寿命系数 Y_{NT}

材料及热处理	静强度最大循环次数 N_0	持久寿命条件循环次数 N_C	应力循环次数 N_L	Y_{NT} 计算公式
球墨铸铁（珠光体、贝氏体）；珠光体可锻铸铁；调质钢	$N_0 = 10^4$		$N_L \leqslant 10^4$ $10^4 < N_L \leqslant 3 \times 10^6$ $3 \times 10^6 < N_L \leqslant 10^{10}$	$Y_{NT} = 2.5$ $Y_{NT} = \left(\dfrac{3 \times 10^6}{N_L}\right)^{0.16}$ $Y_{NT} = \left(\dfrac{3 \times 10^6}{N_L}\right)^{0.02}$ （见注）
渗碳淬火的渗碳钢；火焰淬火、全齿廓感应淬火的钢、球墨铸铁		$N_C = 3 \times 10^6$	$N_L \leqslant 10^3$ $10^3 < N_L \leqslant 3 \times 10^6$ $3 \times 10^6 < N_L \leqslant 10^{10}$	$Y_{NT} = 2.5$ $Y_{NT} = \left(\dfrac{3 \times 10^6}{N_L}\right)^{0.115}$ $Y_{NT} = \left(\dfrac{3 \times 10^6}{N_L}\right)^{0.02}$ （见注）
结构钢；渗氮处理的渗氮钢、调质钢、渗碳钢；灰铸铁、球墨铸铁（铁素体）	$N_0 = 10^3$		$N_L \leqslant 10^3$ $10^3 < N_L \leqslant 3 \times 10^6$ $3 \times 10^6 < N_L \leqslant 10^{10}$	$Y_{NT} = 1.6$ $Y_{NT} = \left(\dfrac{3 \times 10^6}{N_L}\right)^{0.05}$ $Y_{NT} = \left(\dfrac{3 \times 10^6}{N_L}\right)^{0.02}$ （见注）
氮碳共渗的调质钢、渗碳钢			$N_L \leqslant 10^3$ $10^3 < N_L \leqslant 3 \times 10^6$ $3 \times 10^6 < N_L \leqslant 10^{10}$	$Y_{NT} = 1.1$ $Y_{NT} = \left(\dfrac{3 \times 10^6}{N_L}\right)^{0.012}$ $Y_{NT} = \left(\dfrac{3 \times 10^6}{N_L}\right)^{0.02}$ （见注）

注：当优选材料、制造工艺和润滑剂，并经生产实践验证时，这些计算式可取 $Y_{NT} = 1.0$。

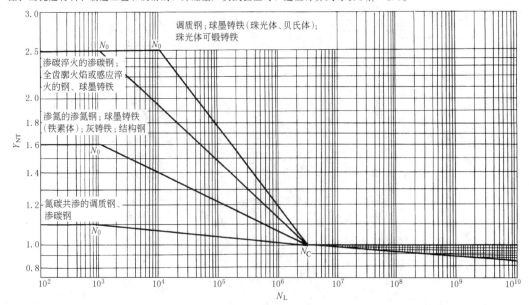

图 14-1-76　弯曲强度的寿命系数 Y_{NT}

（10）弯曲强度尺寸系数 Y_x

尺寸系数 Y_x 是考虑因尺寸增大使材料强度降低的尺寸效应因素，用于弯曲强度计算。确定尺寸系数最理想的方法是通过实验或经验总结。当用与设计齿轮完全相同尺寸、材料和工艺的齿轮进行实验得到齿面承载能力或寿命系数时，应取 Y_x 值为 1.0。静强度（$N_L \leqslant N_0$）的 $Y_x = 1.0$。当无实验资料时，持久强度（$N_L \geqslant N_C$）的尺寸系数 Y_x 可按表 14-1-115 的公式计算，也可由图 14-1-77 查取。

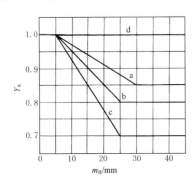

图 14-1-77　弯曲强度计算的尺寸系数 Y_x

a—结构钢、调质钢、球墨铸铁（珠光体、贝氏体）、珠光体可锻铸铁；

b—渗碳淬火钢和全齿廓感应或火焰淬火钢，渗氮或氮碳共渗钢；

c—灰铸铁、球墨铸铁（铁素体）；

d—静强度计算时的所有材料

（11）相对齿根圆角敏感系数 $Y_{\delta relT}$

齿根圆角敏感系数表示在轮齿折断时，齿根处的理论应力集中超过实际应力集中的程度。

相对齿根圆角敏感系数 $Y_{\delta relT}$ 是考虑所计算齿轮的材料、几何尺寸等对齿根应力的敏感度与试验齿轮不同而引进的系数。定义为所计算齿轮的齿根圆角敏感系数与试验齿轮的齿根圆角敏感系数的比值。在无精确分析的可用的数据时，可按下述方法分别确定 $Y_{\delta relT}$ 值。

① 持久寿命时的相对齿根圆角敏感系数 $Y_{\delta relT}$　持久寿命时的相对齿根圆角敏感系数 $Y_{\delta relT}$ 可按下式计算得出，也可由图 14-1-78 查得（当齿根圆角参数在 $1.5 < q_S < 4$ 的范围内时，$Y_{\delta relT}$ 可近似地取为 1，其误差不超过 5%）。

$$Y_{\delta relT} = \frac{1 + \sqrt{\rho' X^*}}{1 + \sqrt{\rho' X_T^*}}$$

式中　ρ'——材料滑移层厚度，mm，可由表 14-1-116 按材料查取；

X^*——齿根危险截面处的应力梯度与最大应力的比值，其值

$$X^* \approx \frac{1}{5}(1 + 2q_S)$$

q_S——齿根圆角参数，见本节（5）中①；

X_T^*——试验齿轮齿根危险截面处的应力梯度与最大应力的比值，仍可用上式计算，式中 q_S 取为 $q_{ST} = 2.5$，此式适用于 $m = 5\text{mm}$，其尺寸的影响用 Y_x 来考虑。

表 14-1-115　　　　　　　　　　　　　　弯曲强度计算的尺寸系数 Y_x

	材　料	Y_x	备　注
持久寿命（$N_L \geqslant N_C$）时的尺寸系数	结构钢、调质钢、球墨铸铁（珠光体、贝氏体）、珠光体可锻铸铁	$1.03 - 0.006 m_n$	当 $m_n < 5$ 时，取 $m_n = 5$ 当 $m_n > 30$ 时，取 $m_n = 30$
	渗碳淬火钢和全齿廓感应或火焰淬火钢、渗氮钢或氮碳共渗钢	$1.05 - 0.01 m_n$	当 $m_n < 5$ 时，取 $m_n = 5$ 当 $m_n > 25$ 时，取 $m_n = 25$
	灰铸铁、球墨铸铁（铁素体）	$1.075 - 0.015 m_n$	当 $m_n < 5$ 时，取 $m_n = 5$ 当 $m_n > 25$ 时，取 $m_n = 25$
有限寿命（$N_0 < N_L < N_C$）时的尺寸系数		$Y_x = Y_{xc} + \dfrac{\lg(N_L/N_C)}{\lg(N_0/N_C)} \times (1 - Y_{xc})$	Y_{xc}——持久寿命时的尺寸系数 N_0、N_L、N_C 见表 14-1-114
静强度（$N_L \leqslant N_0$）时的尺寸系数		$Y_x = 1.0$	

表 14-1-116　　　　　　　　　　　　　　不同材料的滑移层厚度 ρ'

序号	材　料		滑移层厚度 ρ'/mm
1	灰铸铁	$\sigma_b = 150\text{N/mm}^2$	0.3124
2	灰铸铁、球墨铸铁（铁素体）	$\sigma_b = 300\text{N/mm}^2$	0.3095
3a	球墨铸铁（珠光体）		0.1005
3b	渗氮处理的渗氮钢、调质钢		

续表

序号	材 料		滑移层厚度 ρ'/mm
4	结构钢	$\sigma_s = 300\text{N/mm}^2$	0.0833
5	结构钢	$\sigma_s = 400\text{N/mm}^2$	0.0445
6	调质钢,球墨铸铁(珠光体、贝氏体)	$\sigma_s = 500\text{N/mm}^2$	0.0281
7	调质钢,球墨铸铁(珠光体、贝氏体)	$\sigma_{0.2} = 600\text{N/mm}^2$	0.0194
8	调质钢,球墨铸铁(珠光体、贝氏体)	$\sigma_{0.2} = 800\text{N/mm}^2$	0.0064
9	调质钢,球墨铸铁(珠光体、贝氏体)	$\sigma_{0.2} = 1000\text{N/mm}^2$	0.0014
10	渗碳淬火钢,火焰淬火或全齿廓感应淬火的钢和球墨铸铁		0.0030

表 14-1-117 　　　　　　　　静强度的相对齿根圆角敏感系数 $Y_{\delta relT}$

材 料	计 算 式	备 注
结构钢	$Y_{\delta relT} = \dfrac{1+0.93(Y_S-1)\sqrt[4]{\dfrac{200}{\sigma_s}}}{1+0.93\sqrt[4]{\dfrac{200}{\sigma_s}}}$	Y_S——应力修正系数,见本节(5)中① σ_s——屈服强度
调质钢、铸铁和球墨铸铁(珠光体、贝氏体)	$Y_{\delta relT} = \dfrac{1+0.82(Y_S-1)\sqrt[4]{\dfrac{300}{\sigma_{0.2}}}}{1+0.82\sqrt[4]{\dfrac{300}{\sigma_{0.2}}}}$	$\sigma_{0.2}$——发生残余变形 0.2% 时的条件屈服强度
渗碳淬火钢、火焰淬火或全齿廓感应淬火的钢和球墨铸铁	$Y_{\delta relT} = 0.44Y_S + 0.12$	表面发生裂纹的应力极限
渗氮处理的渗氮钢、调质钢	$Y_{\delta relT} = 0.20Y_S + 0.60$	表面发生裂纹的应力极限
灰铸铁和球墨铸铁(铁素体)	$Y_{\delta relT} = 1.0$	断裂极限

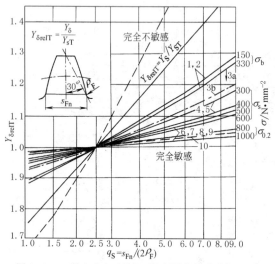

图 14-1-78　持久寿命时的相对齿根圆角敏感系数 $Y_{\delta relT}$
注：图中材料数字代号见表 14-1-116 中的序号

② 静强度的相对齿根圆角敏感系数 $Y_{\delta relT}$　静强度的 $Y_{\delta relT}$ 值可按表 14-1-117 中的相应公式计算得出(当应力修正系数在 $1.5 < Y_S < 3$ 的范围内时,静强度的相对敏感系数 $Y_{\delta relT}$ 近似地可取为 Y_S/Y_{ST};但此近似数不能用于氮化的调质钢与灰铸铁)。

③ 有限寿命的齿根圆角敏感系数 $Y_{\delta relT}$　有限寿命的 $Y_{\delta relT}$ 可用线性插入法从持久寿命的 $Y_{\delta relT}$ 和静强度的 $Y_{\delta relT}$ 之间得到

$$Y_{\delta relT} = Y_{\delta relTc} + \left[\lg\left(\frac{N_L}{N_C}\right)\Big/\lg\left(\frac{N_0}{N_C}\right)\right] \times (Y_{\delta relT0} - Y_{\delta relTc})$$

式中,$Y_{\delta relTc}$、$Y_{\delta relT0}$ 分别为持久寿命和静强度的相对齿根圆角敏感系数。

(12) 相对齿根表面状况系数 Y_{RrelT}

齿根表面状况系数是考虑齿廓根部的表面状况,主要是齿根圆角处的粗糙度对齿根弯曲强度的影响。

相对齿根表面状况系数 Y_{RrelT} 为所计算齿轮的齿根表面状况系数与试验齿轮的齿根表面状况系数的比值。

在无精确分析的可用数据时,按下述方法分别确定。对经过强化处理(如喷丸)的齿轮,其 Y_{RrelT} 值要稍大于下述方法所确定的数值。对有表面氧化或化学腐蚀的齿轮,其 Y_{RrelT} 值要稍小于下述方法所确定的数值。

① 持久寿命时的相对齿根表面状况系数 Y_{RrelT}　持久寿命时的相对齿根表面状况系数 Y_{RrelT} 可按表 14-1-118 中的相应公式计算得出,也可由图 14-1-79 查得。

表 14-1-118　　　　　　　　　持久寿命时的相对齿根表面状况系数 Y_{RrelT}

材　　料	计算公式或取值	
	$Rz<1\mu m$	$1\mu m \leqslant Rz<40\mu m$
调质钢,球墨铸铁(珠光体、贝氏体),渗碳淬火钢,火焰和全齿廓感应淬火的钢和球墨铸铁	$Y_{RrelT}=1.120$	$Y_{RrelT}=1.674-0.529(Rz+1)^{0.1}$
结构钢	$Y_{RrelT}=1.070$	$Y_{RrelT}=5.306-4.203(Rz+1)^{0.01}$
灰铸铁,球墨铸铁(铁素体),渗氮的渗氮钢、调质钢	$Y_{RrelT}=1.025$	$Y_{RrelT}=4.299-3.259(Rz+1)^{0.005}$

注：Rz 为齿根表面微观不平度10点高度。

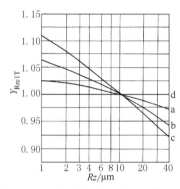

图 14-1-79　相对齿根表面状况系数 Y_{RrelT}

a—灰铸铁,铁素体球墨铸铁,渗氮处理的渗氮钢、调质钢；b—结构钢；c—调质钢,球墨铸铁（珠光体、铁素体）,渗碳淬火钢,全齿廓感应或火焰淬火钢；d—静强度计算时的所有材料

② 静强度的相对齿根表面状况系数 Y_{RrelT}　静强度的相对齿根表面状况系数 Y_{RrelT} 等于 1。

③ 有限寿命的相对齿根表面状况系数 Y_{RrelT}　有限寿命的 Y_{RrelT} 可从持久寿命的 Y_{RrelT} 和静强度的 Y_{RrelT} 之间用线性插入法得到

$$Y_{RrelT}=Y_{RrelTc}+\left[\lg\left(\frac{N_L}{N_C}\right)/\lg\left(\frac{N_0}{N_C}\right)\right]$$
$$\times(Y_{RrelT0}-Y_{RrelTc})$$

式中，Y_{RrelTc}、Y_{RrelT0} 分别为持久寿命和静强度的相对齿根表面状况系数。

1.7.4.3　齿轮静强度核算

当齿轮工作可能出现短时间、少次数（不大于表 14-1-102 和表 14-1-114 中规定的 N_0 值）的超过额定工况的大载荷，如使用大启动转矩电动机，在运行中出现异常的重载荷或有重复性的中等甚至严重冲击时，应进行静强度核算。作用次数超过上述表中规定的载荷应纳入疲劳强度计算。

静强度核算的计算公式见表 14-1-119。

1.7.4.4　在变动载荷下工作的齿轮强度核算

在变动载荷下工作的齿轮，应通过测定和分析计算确定其整个寿命的载荷图谱，按疲劳累积假说（Miner 法则）确定当量转矩 T_{eq}，并以当量转矩 T_{eq} 代替名义转矩 T 按表 14-1-68 求出切向力 F_{teq}，再应用 1.7.4.1 和 1.7.4.2 所述方法分别进行齿面接触强度核算和轮齿弯曲强度核算，此时取 $K_A=1$。当无载荷图谱时，则可用名义载荷近似校核齿轮的齿面强度和轮齿弯曲强度。

图 14-1-80 是以对数坐标的某齿轮的承载能力曲线与其整个工作寿命的载荷图谱，图中 T_1、T_2、T_3、…为经整理后的实测的各级载荷，N_1、N_2、N_3、…为与 T_1、T_2、T_3、…相对应的应力循环次数。小于名义载荷 T 的 50% 的载荷（如图中 T_5），被认为对齿轮的疲劳损伤不起作用，故略去不计，则当量应力循环次数 N_{eq} 为

$$N_{eq}=\sum N_i=N_1+N_2+N_3+N_4$$
$$N_i=60n_ikh_i$$

式中　N_i——第 i 级载荷下的应力循环次数；

　　　n_i——第 i 级载荷下的齿轮转速，r/min；

　　　k——齿轮每转一周，同侧齿面的接触次数；

　　　h_i——第 i 级载荷下齿轮的工作小时数，h。

根据 Miner 法则，当量载荷 T_{eq} 为

$$T_{eq}=\sum\left(\frac{N_i T_i^p}{N_{eq}}\right)^{1/p}$$
$$=\left(\frac{N_1 T_1^p+N_2 T_2^p+N_3 T_3^p+N_4 T_4^p}{N_{eq}}\right)^{1/p}$$

常用齿轮材料的疲劳曲线指数 p 值列于表 14-1-120。

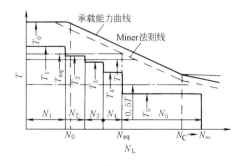

图 14-1-80　承载能力曲线与载荷图谱

表 14-1-119 静强度核算公式

项 目	计 算 式	备 注
计算切向力	$F_{cal} = \dfrac{2000 T_{max}}{d}$	F_{cal}——计算切向载荷，N d——齿轮分度圆直径，mm T_{max}——最大转矩，N·m，见注1
齿面静强度 σ_{Hst}	当大、小齿轮材料 σ_{HPst} 不同时，应取小者进行核算，$\sigma_{Hst} \leqslant \sigma_{HPst}$	σ_{Hst}——静强度最大齿面应力，N/mm² σ_{HPst}——静强度许用齿面应力，N/mm²
静强度最大齿面应力 σ_{Hst}	$\sigma_{Hst} = \sqrt{K_V K_{H\beta} K_{H\alpha}} Z_H Z_E Z_\varepsilon Z_\beta \sqrt{\dfrac{F_{cal}}{d_1 b} \dfrac{u \pm 1}{u}}$	$K_V, K_{H\beta}, K_{H\alpha}$ 取值见本表注 2、3、4 $Z_H, Z_E, Z_\varepsilon, Z_\beta$ 及 u, b 等代号意义及计算见 1.7.4.1
静强度许用齿面接触应力 σ_{HPst}	$\sigma_{HPst} = \dfrac{\sigma_{Hlim} Z_{NT}}{S_{Hmin}} Z_W$	σ_{Hlim}——接触疲劳极限应力，N/mm²，见 1.7.4.1中(13) Z_{NT}——静强度接触寿命系数，此时取 $N_L = N_0$，见表 14-1-102 Z_W——齿面工作硬化系数，见 1.7.4.1中(16) S_{Hmin}——接触强度最小安全系数，见 1.7.4.1中(18)
弯曲静强度 σ_{Fst}	$\sigma_{Fst} \leqslant \sigma_{FPst}$	σ_{Fst}——静强度最大齿根弯曲应力，N/mm² σ_{FPst}——静强度许用齿根弯曲应力，N/mm²
静强度最大齿根弯曲应力 σ_{Fst}	$\sigma_{Fst} = K_V K_{F\beta} K_{F\alpha} \dfrac{F_{cal}}{b m_n} Y_F Y_S Y_\beta$ 或 $\sigma_{Fst} = K_V K_{F\beta} K_{F\alpha} \dfrac{F_{cal}}{b m_n} Y_{Fa} Y_{Sa} Y_\varepsilon Y_\beta$	$K_V, K_{F\beta}, K_{F\alpha}$ 见本表注 2、3、4 $Y_F, Y_{Fa}, Y_S, Y_{Sa}, Y_\varepsilon, Y_\beta$ 见 1.7.4.2
静强度许用齿根弯曲应力 σ_{FPst}	$\sigma_{FPst} = \dfrac{\sigma_{Flim} Y_{ST} Y_{NT}}{S_{Fmin}} Y_{\delta relT}$	σ_{Flim}——弯曲疲劳极限应力，N/mm²，见 1.7.4.2中(8) Y_{ST}——试验齿轮的应力修正系数，$Y_{ST}=2.0$ Y_{NT}——弯曲强度寿命系数，此时取 $N_L=N_0$。见 1.7.4.2中(9) $Y_{\delta relT}$——相对齿根圆角敏感系数，见 1.7.4.2中(11) S_{Fmin}——弯曲强度最小安全系数，见 1.7.4.1中(18)

注：1. 因已按最大载荷计算，取使用系数 $K_A=1$。最大载荷可取启动载荷、堵转载荷、短路或其他最大过载转矩。
2. 对在启动或堵转时产生的最大载荷或低速工况，可取动载系数 $K_V=1$；其余情况 K_V 按 1.7.4.1中(4)取值。
3. 螺旋线载荷分布系数 $K_{H\beta}$，$K_{F\beta}$ 见 1.7.4.1中(5)和 1.7.4.2中(2)，但此时单位齿宽载荷应取 $\omega_m = \dfrac{K_V F_{cal}}{b}$。
4. 齿间载荷分配系数 $K_{H\alpha}$，$K_{F\alpha}$ 取值同 1.7.4.1中(6)和 1.7.4.2中(3)。

表 14-1-120 常用的齿轮材料的疲劳曲线指数

计算方法	齿轮材料及热处理方法		N_0	工作循环次数 N_L	P
接触强度	结构钢；调质钢；珠光体、贝氏体球墨铸铁；珠光体可锻铸铁；渗碳淬火的渗碳钢；感应淬火或火焰淬火的钢、球墨铸铁	允许有一定点蚀时	6×10^5	$6\times10^5 < N_L \leqslant 10^7$	6.77
				$10^7 < N_L \leqslant 10^9$	8.78
				$10^9 < N_L \leqslant 10^{10}$	7.08
		不允许出现点蚀时	10^5	$10^5 < N_L \leqslant 5\times10^7$	6.61
				$5\times10^7 < N_L \leqslant 10^{10}$	16.30
	灰铸铁，铁素体球墨铸铁；渗氮处理的渗氮钢、调质钢、渗碳钢		10^5	$10^5 < N_L \leqslant 2\times10^6$	5.71
				$2\times10^6 < N_L \leqslant 10^{10}$	26.20
	碳氮共渗的调质钢、渗碳钢		10^5	$10^5 < N_L \leqslant 2\times10^6$	15.72
				$2\times10^6 < N_L \leqslant 10^{10}$	26.20

续表

计算方法	齿轮材料及热处理方法	N_0	工作循环次数 N_L	P
弯曲强度	调质钢;珠光体、贝氏体球墨铸铁;珠光体可锻铸铁	10^4	$10^4 < N_L \leqslant 3 \times 10^6$	6.23
			$3 \times 10^6 < N_L \leqslant 10^{10}$	49.91
	渗碳淬火的渗碳钢;火焰和全齿廓感应淬火的钢和球墨铸铁	10^3	$10^3 < N_L \leqslant 3 \times 10^6$	8.74
			$3 \times 10^6 < N_L \leqslant 10^{10}$	49.91
	灰铸铁;铁素体球墨铸铁;结构钢;渗氮处理的渗氮钢、调质钢、渗碳钢	10^3	$10^3 < N_L \leqslant 3 \times 10^6$	17.03
			$3 \times 10^6 < N_L \leqslant 10^{10}$	49.91
	碳氮共渗的调质钢、渗碳钢		$10^3 < N_L \leqslant 3 \times 10^6$	84.00
			$3 \times 10^6 < N_L \leqslant 10^{10}$	49.91

当计算 T_{eq} 时，若 $N_{eq} < N_0$（材料疲劳破坏最少应力循环次数）时，取 $N_{eq} = N_0$；当 $N_{eq} > N_C$ 时，取 $N_{eq} = N_C$。

在变动载荷下工作的齿轮又缺乏载荷图谱可用时，可近似地用常规的方法即用名义载荷乘以使用系数 K_A 来确定计算载荷。当无合适的数值可用时，使用系数 K_A 可参考表 14-1-75 确定。这样，就将变动载荷工况转化为非变动载荷工况来处理，并按 1.7.4.1 和 1.7.4.2 有关公式核算齿轮强度。

1.7.4.5　薄轮缘齿轮齿根应力基本值

计算分析表明，当齿轮的轮缘厚度 S_R 相对地小于轮齿全齿高 h_t 时（S_R 及 h_t 见图14-1-81），齿轮的齿根弯曲应力将明显增大。当轮缘齿高比 $m_B = S_R/h_t \geqslant 2.0$ 时，m_B 对齿根弯曲应力没有影响。

轮缘系数 Y_B 没有考虑加工台阶、缺口、箍环、键槽等结构对齿根弯曲应力的影响。

在薄轮缘齿轮齿根应力基本值 σ_{F0} 计算时，应增加轮缘系数 Y_B，用以考虑轮缘齿高比 m_B 对齿根弯曲应力的影响。即采用表 14-1-107 中方法一计算 σ_{F0} 时，应改写成下式

$$\sigma_{F0} = \frac{F_t}{bm_n} Y_F Y_S Y_\beta Y_B$$

或采用表 14-1-107 中方法二计算 σ_{F0} 时，应改写成下式

$$\sigma_{F0} = \frac{F_t}{bm_n} Y_{Fa} Y_{Sa} Y_\varepsilon Y_\beta Y_B$$

式中　Y_B——轮缘系数，其他符号同前。

轮缘系数 Y_B 可按以下各式计算或由图 14-1-81 查取。

当 $m_B < 1.0$ 时

$$Y_B = 1.6\ln(2.242/m_B)$$

当 $1.0 \leqslant m_B < 1.56$ 时

$$Y_B = 0.656\ln(7.161/m_B)$$

当 $m_B \geqslant 1.56$ 时

$$Y_B = 1.0$$

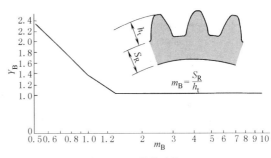

图 14-1-81　轮缘系数 Y_B

1.7.5　开式齿轮传动的计算

开式齿轮传动一般只需计算其弯曲强度，计算时，仍可使用表 14-1-107 的公式，考虑到开式齿轮容易磨损而使齿厚减薄，因此，应在算得的齿根应力 σ_F 上乘以磨损系数 K_m。K_m 值可根据轮齿允许磨损的程度，按表 14-1-121 选取。

表 14-1-121　磨损系数 K_m

已磨损齿厚占原齿厚的百分数/%	K_m	说　　明
10	1.25	这个百分数是开式齿轮传动磨损报废的主要指标，可按有关机器设备维修规程要求确定
15	1.40	
20	1.60	
25	1.80	
30	2.00	

对重载、低速开式齿轮传动，除按上述方法计算弯曲强度外，还建议计算齿面接触强度，此时许用接触应力应为闭式齿轮传动的 1.05～1.1 倍。

1.7.6 计算实例

表 14-1-122 计算实例

已知条件	如图所示球磨机传动简图,试设计其单级圆柱齿轮减速器。已知小齿轮传递的额定功率 $P=250\text{kW}$,小齿轮的转速 $n_1=750$ r/min,名义传动比 $i=3.15$,单向运转,满载工作时间 50000h 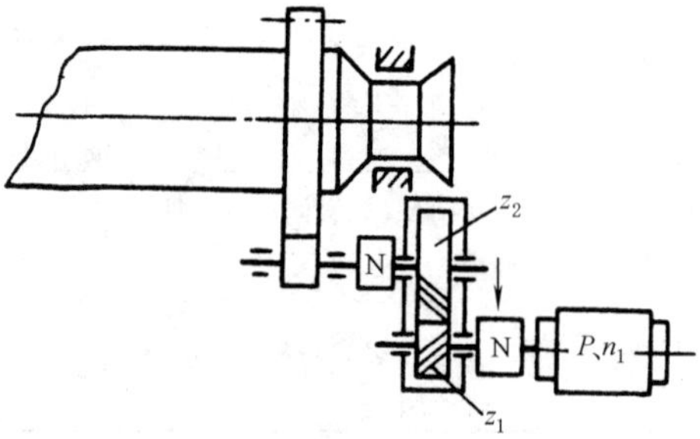	传动简图

选择齿轮材料	小齿轮:37SiMnMoV,调质,硬度 320～340HB 大齿轮:35SiMn,调质,硬度 280～300HB 由图 14-1-44 和图 14-1-73 按 MQ 级质量要求取值,得 $\sigma_{\text{Hlim1}}=800\text{N/mm}^2$、$\sigma_{\text{Hlim2}}=760\text{N/mm}^2$ 和 $\sigma_{\text{Flim1}}=320\text{N/mm}^2$、$\sigma_{\text{Flim2}}=300\text{N/mm}^2$

初步确定主要参数	按接触强度初步确定中心距	按斜齿轮从表 14-1-69 选取 $A_a=476$,按齿轮对称布置、速度中等、冲击载荷较大,取载荷系数 $K=2.0$。 按表 14-1-73,选 $\psi_d=0.8$,则 $\psi_a=0.385$,按表 14-1-71 圆整取齿宽系数 $\psi_a=0.35$ 齿数比 $u=i=3.15$ 许用接触应力 $\sigma_{\text{HP}}\approx0.9\sigma_{\text{Hlim}}=0.9\times760=684\text{N/mm}^2$ 小齿轮传递的转矩 T_1 $$T_1=\frac{9549P}{n_1}=\frac{9549\times250}{750}=3183\text{N·m}$$ 中心距 a $$a\geqslant A_a(u+1)\sqrt[3]{\frac{KT_1}{\psi_a u\sigma_{\text{HP}}^2}}=476\times(3.15+1)\sqrt[3]{\frac{2\times3183}{0.35\times3.15\times684^2}}=456.5\text{mm}$$ 取 $a=500\text{mm}$
	初步确定模数、齿数、螺旋角、齿宽、变位系数等几何参数	$$m_n=(0.007～0.02)a=(0.007～0.02)\times500=3.5～10\text{mm}$$ 取 $m_n=7\text{mm}$ 由公式 $$\frac{z_1}{\cos\beta}=\frac{2a}{m_n(1+u)}=\frac{2\times500}{7\times(1+3.15)}=34.4$$ 取 $z_1=34$ $z_2=iz_1=3.15\times34=107.1$ 取 $z_2=107$ 实际传动比 $i_0=z_2/z_1=107/34=3.147$ 螺旋角 $$\beta=\arccos\frac{m_n(z_1+z_2)}{2a}=\arccos\frac{7\times(34+107)}{2\times500}=9°14'55''$$ 齿宽 $b=\psi_a a=0.35\times500=175\text{mm}$ 取 180 分度圆直径 $d_1=\dfrac{m_n z_1}{\cos\beta}=\dfrac{7\times34}{\cos9°14'55''}=241.135\text{mm}$ $d_2=\dfrac{m_n z_2}{\cos\beta}=\dfrac{7\times107}{\cos9°14'55''}=758.865\text{mm}$ 采用高度变位,由图 14-1-5 查得:$x_1=0.38$ $x_2=-0.38$ 齿轮精度等级为 7 级

齿面接触强度核算	分度圆上名义切向力 F_t	$$F_t=\frac{2000T_1}{d_1}=\frac{2000\times3183}{241.135}=26400\text{N}$$
	使用系数 K_A	原动机为电动机,均匀平稳,工作机为水泥磨,有中等冲击,查表 14-1-75,$K_A=1.5$

齿面接触强度核算	动载系数 K_V	齿轮线速度 $\qquad v = \dfrac{\pi d_1 n_1}{60 \times 1000} = \dfrac{\pi \times 241.135 \times 750}{60 \times 1000} = 9.5\,\text{m/s}$ 由表 14-1-84 公式计算传动精度系数 C $\qquad C = -0.5048\ln(z) - 1.144\ln(m_n) + 2.825\ln(f_{pt}) + 3.32$ $\qquad z = z_1 = 34 \qquad f_{pt} = 19\mu\text{m(大轮)}$ $\qquad C = -0.5048\ln34 - 1.144\ln7 + 2.825\ln19 + 3.32 = 7.632$ 圆整取 $C = 8$，查图 14-1-36，$K_V = 1.18$
	螺旋线载荷分布系数 $K_{H\beta}$	由表 14-1-93，齿轮装配时对研跑合 $K_{H\beta} = 1.12 + 0.18\left(\dfrac{b}{d_1}\right)^2 + 0.23 \times 10^{-3}b = 1.12 + 0.18 \times \left(\dfrac{180}{241.135}\right)^2 + 0.23 \times 10^{-3} \times 180 = 1.262$
	齿间载荷分配系数 $K_{H\alpha}$	$K_A F_t / b = 1.5 \times 26400/180 = 220\,\text{N/mm}$ 查表 14-1-97 得：$K_{H\alpha} = 1.1$
	节点区域系数 Z_H	$x_\Sigma = 0 \qquad \beta = 9°14'55'' \qquad$ 查图 14-1-37 $\quad Z_H = 2.47$
	弹性系数 Z_E	由表 14-1-101 $\qquad\qquad Z_E = 189.8\,\sqrt{\text{N/mm}^2}$
	重合度系数 Z_ε	纵向重合度 $\qquad \varepsilon_\beta = \dfrac{b\sin\beta}{\pi m_n} = \dfrac{180 \times \sin9°14'55''}{\pi \times 7} = 1.315$ 端面重合度 $\quad \dfrac{z_1}{1+x_{n1}} = \dfrac{34}{1+0.38} = 24.64,\ \dfrac{z_2}{1-x_{n2}} = \dfrac{107}{1-0.38} = 172.58$，由图 14-1-9 $\varepsilon_{a1} = 0.79 \quad \varepsilon_{a2} = 0.93$ 则 $\qquad \varepsilon_a = (1+x_{n1})\varepsilon_{a1} + (1-x_{n2})\varepsilon_{a2} = (1+0.38) \times 0.79 + (1-0.38) \times 0.93 = 1.667$ 由图 14-1-40 查得：$Z_\varepsilon = 0.775$
	螺旋角系数 Z_β	$Z_\beta = \sqrt{\cos\beta} = \sqrt{\cos9°14'55''} = 0.993$
	小齿轮、大齿轮的单对齿啮合系数 Z_B, Z_D	按表 14-1-99 的判定条件，由于 $\varepsilon_\beta = 1.315 > 1.0$，取 $Z_B = 1, Z_D = 1$
	计算接触应力 σ_H	由表 14-1-74 公式可得 $\sigma_{H1} = Z_B \sqrt{K_A K_V K_{H\beta} K_{H\alpha}}\, Z_H Z_E Z_\varepsilon Z_\beta \sqrt{\dfrac{F_t}{d_1 b} \times \dfrac{u+1}{u}}$ $= 1.0 \times \sqrt{1.5 \times 1.18 \times 1.262 \times 1.1} \times 2.47 \times 189.8 \times 0.775 \times 0.993 \times \sqrt{\dfrac{26400}{241.135 \times 180} \times \dfrac{3.147+1}{3.147}}$ $= 506.3\,\text{N/mm}^2$ 由于 $Z_D = Z_B = 1$，所以 $\sigma_{H2} = \sigma_{H1} = 506.3\,\text{N/mm}^2$
	寿命系数 Z_{NT}	应力循环次数 $\quad N_{L1} = 60 n_1 t = 60 \times 750 \times 50000 = 2.25 \times 10^9$ $\qquad N_{L2} = 60 n_2 t = 60 \times \dfrac{750}{3.147} \times 50000 = 7.15 \times 10^8$ 由表 14-1-102 公式计算 $Z_{NT1} = \left(\dfrac{10^9}{N_{L1}}\right)^{0.0706} = \left(\dfrac{10^9}{2.25 \times 10^9}\right)^{0.0706} = 0.944 \qquad Z_{NT2} = \left(\dfrac{10^9}{N_{L2}}\right)^{0.057} = \left(\dfrac{10^9}{0.715 \times 10^9}\right)^{0.057} = 1.019$
	润滑油膜影响系数 $Z_L Z_v Z_R$	由表 14-1-104，经展成法滚、插的齿轮副 $Rz_{10} > 4\mu\text{m}$，$Z_L Z_v Z_R = 0.85$
	齿面工作硬化系数 Z_W	由图 14-1-51，$Z_{W1} = 1.08$，$Z_{W2} = 1.11$

齿面接触强度核算	尺寸系数 Z_X	由表 14-1-105,$Z_X=1.0$
	安全系数 S_H	$S_{H1}=\dfrac{\sigma_{Hlim1}Z_{NT1}Z_LZ_vZ_RZ_{W1}Z_X}{\sigma_{H1}}=\dfrac{800\times0.944\times0.85\times1.08\times1.0}{506.3}=1.37$ $S_{H2}=\dfrac{\sigma_{Hlim2}Z_{NT2}Z_LZ_vZ_RZ_{W2}Z_X}{\sigma_{H2}}=\dfrac{760\times1.019\times0.85\times1.11\times1.0}{506.3}=1.44$ S_{H1}、S_{H2} 均达到表 14-1-106 规定的较高可靠度时,最小安全系数 $S_{Hmin}=1.25\sim1.30$ 的要求。齿面接触强度核算通过
轮齿弯曲强度核算	螺旋线载荷分布系数 $K_{F\beta}$	$$K_{F\beta}=(K_{H\beta})^N$$ $$N=\dfrac{(b/h)^2}{1+b/h+(b/h)^2}$$ $$b=180\text{mm}\quad h=2.25m_n=2.25\times7=15.75\text{mm}$$ $$N=\dfrac{(180/15.75)^2}{1+180/15.75+(180/15.75)^2}=0.913$$ $$K_{F\beta}=(1.262)^{0.913}=1.24$$
	螺旋线载荷分配系数 $K_{F\alpha}$	$$K_{F\alpha}=K_{H\alpha}=1.1$$
	齿廓系数 $Y_{F\alpha}$	当量齿数 $\quad z_{n1}=\dfrac{z_1}{\cos^3\beta}=\dfrac{34}{\cos^39°14'55''}=35.36\qquad z_{n2}=\dfrac{z_2}{\cos^3\beta}=\dfrac{107}{\cos^39°14'55''}=111.28$ 由图 14-1-59,$Y_{Fa1}=2.17$,$Y_{Fa12}=2.30$
	应力修正系数 $Y_{S\alpha}$	由图 14-1-64,$Y_{Sa1}=1.81$,$Y_{Sa2}=1.69$
	重合度系数 Y_ε	$$Y_\varepsilon=0.25+\dfrac{0.75}{\varepsilon_{an}}\qquad \varepsilon_{an}=\dfrac{\varepsilon_\alpha}{\cos^2\beta_b}$$ 由表 14-1-110 知 $$\beta_b=\arccos\left[\sqrt{1-(\sin\beta\cos\alpha_n)^2}\right]$$ $$\cos\beta_b=\sqrt{1-(\sin\beta\cos\alpha_n)^2}=\sqrt{1-(\sin9°14'55''\cos20°)^2}=0.9885$$ $$\varepsilon_{an}=\dfrac{1.667}{0.9885^2}=1.71$$ $$Y_\varepsilon=0.25+0.75/1.71=0.689$$
	螺旋角系数 Y_β	由图 14-1-70,根据 β,ε_β 查得 $Y_\beta=0.92$
	计算齿根应力 σ_F	因 $\varepsilon_\alpha=1.667<2$,用表 14-1-107 中方法二 $$\sigma_F=\dfrac{F_t}{bm_n}Y_{F\alpha}Y_{S\alpha}Y_\varepsilon Y_\beta K_A K_V K_{F\beta}K_{F\alpha}$$ $$\sigma_{F1}=\dfrac{26400}{180\times7}\times2.17\times1.81\times0.689\times0.92\times1.5\times1.18\times1.24\times1.1=125.9\text{N/mm}^2$$ $$\sigma_{F2}=\dfrac{26400}{180\times7}\times2.30\times1.69\times0.689\times0.92\times1.5\times1.18\times1.24\times1.1=124.6\text{N/mm}^2$$
	试验齿轮的应力修正系数 Y_{ST}	见表 14-1-107,$Y_{ST}=2.0$
	寿命系数 Y_{NT}	由表 14-1-114 $\qquad\qquad Y_{NT}=\left(\dfrac{3\times10^6}{N_L}\right)^{0.02}$ $Y_{NT1}=\left(\dfrac{3\times10^6}{2.25\times10^9}\right)^{0.02}=0.876\qquad Y_{NT2}=\left(\dfrac{3\times10^6}{7.15\times10^8}\right)^{0.02}=0.896$

轮齿弯曲强度核算	相对齿根圆角敏感系数 $Y_{\delta relT}$	由 1.7.4.2(5) 中①齿根圆角参数 $q_S = \dfrac{S_{Fn}}{2\rho_F}$，用表 14-1-108 所列公式进行计算。由图 14-1-59 知：$h_{fP}/m_n = 1.25$，$\rho_{fP}/m_n = 0.38$ $$G_1 = \frac{\rho_{fP}}{m_n} - \frac{h_{fP}}{m_n} + x = 0.38 - 1.25 + 0.38 = -0.49$$ $$E = \frac{\pi m_n}{4} - h_{fP}\tan\alpha_n + \frac{S_{pr}}{\cos\alpha_n} - (1 - \sin\alpha_n)\frac{\rho_{fP}}{\cos\alpha_n} = \frac{\pi \times 7}{4} - 1.25 \times 7 \times \tan20° + 0 - (1 - \sin20°)\frac{0.38 \times 7}{\cos20°} = 0.45$$ $$H_1 = \frac{2}{z_{n1}}\left(\frac{\pi}{2} - \frac{E}{m_n}\right) - \frac{\pi}{3} = \frac{2}{35.36} \times \left(\frac{\pi}{2} - \frac{0.45}{7}\right) - \frac{\pi}{3} = -0.962$$ $$\theta_1 = -\frac{H_1}{1 - \frac{2G}{z_{n1}}} = -\frac{(-0.962)}{1 - \frac{2 \times (-0.49)}{35.36}} = 0.936\,\text{rad}$$ $$\frac{S_{Fn1}}{m_n} = z_{n1}\sin\left(\frac{\pi}{3} - \theta_1\right) + \sqrt{3}\left(\frac{G}{\cos\theta_1} - \frac{\rho_{fP}}{m_n}\right) = 35.36 \times \sin\left(\frac{\pi}{3} - 0.936\right) + \sqrt{3}\left(\frac{-0.49}{\cos(0.936)} - 0.38\right) = 1.834$$ $$S_{Fn1} = 1.834 \times 7 = 12.838\,\text{mm}$$ $$\frac{\rho_{F1}}{m_n} = \frac{\rho_{fP}}{m_n} + \frac{2G^2}{\cos\theta_1(z_{n1}\cos^2\theta - 2G)} = 0.38 + \frac{2 \times (-0.49)^2}{\cos(0.936) \times [35.36 \times \cos^2(0.936) - 2 \times (-0.49)]} = 0.4404$$ $$\rho_{F1} = 0.4404 \times 7 = 3.083\,\text{mm}$$ $$q_{S1} = \frac{S_{Fn1}}{2\rho_{F1}} = \frac{12.838}{2 \times 3.083} = 2.082$$ 同样计算可知：$1.5 < q_{S1}(q_{S2}) < 4$ $$Y_{\delta relT} = 1.0$$
	相对齿根表面状况系数 Y_{RrelT}	由图 14-1-79，齿根表面微观不平度 10 点高度为 $Rz_{10} = 12.5\mu m$ 时 $$Y_{RrelT} = 1.0$$
	尺寸系数 Y_x	由表 14-1-115 的公式 $$Y_x = 1.03 - 0.006m_n = 1.03 - 0.006 \times 7 = 0.988$$
	弯曲强度的安全系数 S_F	$$S_F = \frac{\sigma_{Flim}Y_{ST}Y_{NT}Y_{\delta relT}Y_{RrelT}Y_x}{\sigma_F}$$ $$S_{F1} = \frac{320 \times 2 \times 0.876 \times 1.0 \times 1.0 \times 0.988}{125.9} = 4.40 \qquad S_{F2} = \frac{300 \times 2 \times 0.896 \times 1.0 \times 1.0 \times 0.988}{124.6} = 4.26$$ S_{F1}、S_{F2} 均达到表 14-1-106 规定的较高可靠度时最小安全系数 $S_{Fmim} = 1.6$ 的要求。轮齿弯曲强度核算通过

1.8　渐开线圆柱齿轮修形计算

齿轮传动由于受制造和安装误差、齿轮弹性变形及热变形等因素的影响，在啮合过程中不可避免地会产生冲击、振动和偏载，从而导致齿轮早期失效的概率增大。生产实践和理论研究表明，仅仅靠提高齿轮制造和安装精度来满足日益增长的对齿轮的高性能要求是远远不够的，而且会大大增加齿轮传动的制造成本。对渐开线圆柱齿轮的齿廓和齿向进行适当修形，对改善其运转性能、提高其承载能力、延长其使用寿命有着明显的效果。

1.8.1　齿轮的弹性变形修形

齿轮装置在传递功率时，由于受载荷的作用，各个零部件都会产生不同程度的弹性变形，其中包括轮齿、轮体、箱体、轴承等的变形。尤其与齿轮相关的弹性变形，如轮齿变形和轮体变形，会引起齿轮的齿廓和齿向的畸变，使齿轮在啮合过程中产生冲击、振动和偏载。近年来，在高参数齿轮装置中，广泛采用轮齿修形技术，减少由轮齿受载变形和制造误差引起的啮合冲击，改善了齿面的润滑状态并获得较为均匀的载荷分布，有效地提高了轮齿的啮合性能和承载能力。

齿轮修形一般包括齿廓修形和齿向修形两部分。

1.8.1.1　齿廓修形

齿轮传递动力时，由于轮齿受载产生的弹性变形量以及制造误差，实际啮合点并非总是处于啮合线上，从动齿轮的运动滞后于主动齿轮，其瞬时速度差异将造成啮合干涉和冲击，从而产生振动和噪声。为减少啮合干涉和冲击，改善齿面的润滑状态，需要对齿轮进行齿廓修形。实际工作中，为了降低成本，一般将啮合齿轮的变形量都集中反映在小齿轮上，仅对小齿轮进行修形。

表 14-1-123 齿廓修形

项目	说　明
齿廓的弹性变形修形原理	图(a)中(ⅰ)所示为一对齿轮的啮合过程。随着齿轮旋转，轮齿沿啮合线进入啮合，啮合起始点为 A，啮出点为 D，啮合线 $ABCD$ 为齿轮的一个周期啮合。其中 AB 段和 CD 段是由两对齿轮同时啮合区域，而 BC 段为一对齿轮啮合区域，因此轮齿在啮合过程中载荷分配显得不均匀并有明显的突变现象，但由于在啮合点上受齿面接触变形、齿的剪切变形和弯曲变形的影响，使载荷变化得到缓和，实际载荷分布为图(a)中(ⅱ)中折线 $AMNHIOPD$。整个啮合过程中轮齿承担载荷的比例大致为：A 点为 40%；从两对齿啮合过渡到一对齿啮合的过渡点 B 为 60%；然后急剧转入一对齿啮合的 BC 段，达到 100%，最后至 D 点为 40%。由此可见，在啮合过程中轮齿的载荷分配有明显的突变现象，相应地，轮齿的弹性变形也随之改变。由于轮齿的弹性变形及制造误差，标准的渐开线齿轮在啮入时发生啮合干涉 齿廓修形就是将一对相啮轮齿上发生干涉的齿面部分适当削去一部分，即对靠近齿顶的一部分进行修形，也称为修缘，如图(a)中(ⅲ)所示。通过齿廓修形后，使轮齿载荷按图(a)中(ⅱ)中的 $AHID$ 规律分配。这样轮齿在进入啮合点 A 处正好相接触，载荷从 M 值降为零，然后逐渐增加至 H 点达 100% 载荷。在 CD 段，载荷由 100% 逐渐下降，最后到 D 点为零	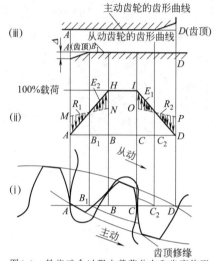 图(a)　轮齿啮合过程中载荷分布和齿廓修形
齿廓弹性变形计算	轮齿由于受到载荷作用，会产生一定的弹性变形。它包括轮齿的接触变形、弯曲变形、剪切变形和齿根变形等。该变形量与轮齿所受载荷的大小以及轮齿啮合刚度等因素有关。可按式下式计算 $$\delta_a = \frac{\omega_t}{c_\gamma}$$ 式中　δ_a——齿廓弹性变形量，μm 　　　ω_t——单位齿宽载荷，N/mm，$\omega_t = F_t / b$ 　　　F_t——齿轮切向力，N 　　　b——齿轮有效宽度，mm 　　　c_γ——轮齿啮合刚度，$N/(mm \cdot \mu m)$；对基本齿廓符合 GB/T 1356—2001，齿圈和轮辐刚性较大的外啮合齿轮，在中等载荷作用下，其轮齿啮合刚度可近似地取 $c_\gamma = 20N/(mm \cdot \mu m)$ 上式计算出的变形量可作为计算齿廓修形量的一部分。在确定具体的齿廓修形量时，还要考虑齿轮精度(基节误差、齿廓误差等)的影响
齿廓弹性变形修形量的确定	齿廓弹性变形修形量主要取决于轮齿受载产生的变形量和制造误差等因素。目前，各国各公司都有自己的经验计算公式和标准。在实际应用中，还要考虑实践经验、工艺条件和实现的方便等因素。齿廓修形推荐以下三种方式 ①小齿轮齿顶减薄、大齿轮齿廓不修形只进行齿顶倒圆[见图(b)]。此法较简单，适用于齿轮圆周速度低于 100m/s 的情况 ②大、小齿轮齿顶均修薄[图(c)]，适用于 $v > 100m/s$、功率 $P > 2000kW$ 的情况 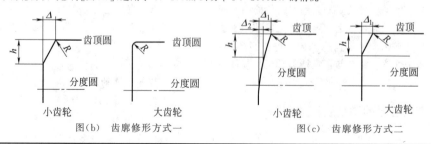 图(b)　齿廓修形方式一　　　　　图(c)　齿廓修形方式二

项目	说　　明
齿廓弹性变形修形量的确定	③小齿轮齿顶和齿根都修形，大齿轮不修形［见图(d)］，可用于任何情况 （i）减速传动　　　　　　　　（ii）增速传动 图(d)　齿廓修形方式三 在图(b)～图(d)中，$h=0.4m_n\pm0.05m_n$，$g_a=p_{bt}\varepsilon_a$，p_{bt} 是端面基节，$g_{aR}=(g_a-\rho_{bt})/2$，即保留基节长度不修，当轴向重合度较大时，g_{aR} 值也可取大些 采取滚剃切齿工艺时，齿形修形量可按规定在刀具基本齿廓上确定；硬齿面齿轮的修形量可在磨齿机上通过修行机构来实现。各种方式的修形量推荐分别按表 14-1-124、表 14-1-125 和表 14-1-126 选取。对于减速传动，由于小齿轮为主动轮，在齿轮啮合过程中，小齿轮齿根先进入啮合，因此，为减小啮入冲击，小齿轮齿根修形量应大于齿顶修形量；而在增速传动中，则刚好相反

表 14-1-124　　　　　　　　　　方式一的齿廓修形量　　　　　　　　　　　　　　　mm

m_n	1.5～2	2～5	5～10
Δ	0.010～0.015	0.015～0.025	0.025～0.040
R	0.25	0.50	0.75

表 14-1-125　　　　　　　　　　方式二的齿廓修形量　　　　　　　　　　　　　　　mm

m_n	3～5	5～8	Δ_2	0.005～0.010	0.0075～0.0125
Δ_1	0.015～0.025	0.025～0.035	R	0.50	0.75

表 14-1-126　　　　　　　　　　方式三的齿廓修形量　　　　　　　　　　　　　　　mm

齿轮类型	Δ_{1u}	Δ_{1d}	Δ_{2u}	Δ_{2d}
直齿轮	$7.5+0.05\omega_t$	$15+0.05\omega_t$	$0.05\omega_t$	$7.5+0.05\omega_t$
斜齿轮	$5+0.04\omega_t$	$13+0.04\omega_t$	$0.04\omega_t$	$5+0.04\omega_t$

1.8.1.2　齿向修形

齿轮传递动力时，由于作用力的影响齿轮轴将产生弯曲、扭转等弹性变形，由于温升的影响斜齿轮螺旋角将发生改变；制造时由于齿轮材质的不均匀将导致齿轮热后变形不稳定，产生齿向误差；安装时齿轮副轴线存在平行度误差等。这些误差使轮齿载荷不能均匀地分布于整个齿宽，而是偏载于一端，从而出现局部早期点蚀或胶合，甚至造成轮齿折断，失去了增加齿宽提高承载能力的意义。因此为获得较为均匀的齿向载荷分布，必须对高速、重载的宽斜齿（直齿）齿轮进行齿向修形，见表 14-1-127。

表 14-1-127　　　　　　　　　　　　齿向修形

项目	说　　明	
齿向的弹性变形修形原理	在高精度斜齿轮加工中，常采用配磨工艺来补偿制造和安装误差产生的螺旋线偏差，以保证在常温状态下齿轮沿齿宽方向均匀接触。但齿轮由于传递功率而使轮齿产生变形，其中包括轮体的弯曲变形、扭转变形、剪切变形及齿面接触变形等，使轮齿的螺旋线发生畸变。因此空载条件下沿齿宽方向均匀接触的状态被破坏了，造成齿轮齿向一端接触［见图(a)］，使载荷沿齿宽分布不均匀，出现偏载现象，降低了齿轮的承载能力，严重时将影响齿轮的正常工作 齿轮的齿向弹性变形修形就是根据轮齿受力后产生的变形，将轮齿齿面螺旋线按预定变形规律进行修整，以获得较为均匀的齿向载荷分布	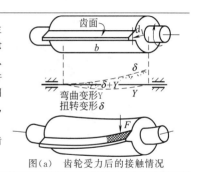 图(a)　齿轮受力后的接触情况

项目	说　　　明

齿向弹性变形计算是假定载荷沿齿宽均匀分布的条件下,计算轮齿受载后所引起的齿轮轴在齿宽范围内的最大相对变形量

齿轮在载荷作用下会发生弯曲变形、扭转变形和剪切变形等(由于剪切变形影响甚微,可忽略不计),可按材料力学方法计算

单斜齿和人字齿齿轮的弹性变形曲线见图(b)

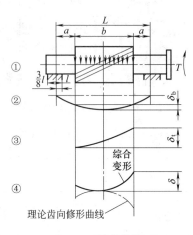 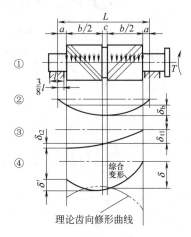

(i) 单斜齿　　　　　　　　　(ii) 人字齿

图(b)　斜齿轮的弹性变形曲线

①—结构简图及载荷分布;②—弯曲变形;③—扭转变形;④—综合变形及理论修形曲线

齿向弹性变形计算

单斜齿齿轮的弹性变形计算

	说明
弯曲变形计算	图(b)中(i)对称安装的单斜齿齿轮,其齿宽范围内的最大相对弯曲变形为 $$\delta_b = \psi_d^4 K_i K_r \omega_t \frac{12\eta - 7}{6\pi E}$$	δ_b——弯曲变形量,mm ω_t——单位齿宽载荷,N/mm ψ_d——宽径比,$\psi_d = b/d_1$ b——齿轮有效宽度,mm d_1——齿轮分度圆直径,mm K_i——考虑齿轮内孔影响的系数, 　　　$K_i = 1/[1-(d_i/d_1)^4]$ d_i——齿轮内孔直径,mm K_r——考虑径向力影响的系数,$K_r = 1/\cos^2\alpha_t$ η——轴承跨距和齿宽的比值,$\eta = L/b$ L——轴承跨距,mm E——齿轮材料的弹性模量,对于钢制齿轮,可取 $E = 2.06 \times 10^5$ N/mm²
扭转变形计算	假定载荷均匀分布,齿宽范围内的最大相对扭转变形为 $$\delta_t = 4\psi_d^4 K_i \frac{\omega_t}{\pi G}$$	δ_t——扭转变形量,mm G——切变模量,对于钢制齿轮,一般取 $G = 7.95 \times 10^4$ N/mm²
综合变形	单斜齿齿轮的综合变形为其弯曲变形与扭转变形合成后的综合变形。对于确定弹性变形修形量而言,就是要求出综合变形在齿宽范围内的最大相对值,即总变形量,其值可用下式计算 $$\delta = \delta_b + \delta_t$$ 单斜齿齿轮的理论齿向修形曲线见图(b)中(i),它和其综合变形曲线刚好形成反对称	δ——单斜齿齿轮的总变形量,mm

项目			说　明	
齿向弹性变形计算	人字齿齿轮的弹性变形计算	弯曲变形计算	图(b)中(ii)对称安装的人字齿齿轮,其齿宽范围内的最大相对弯曲变形为 $$\delta_b = \dfrac{\psi_d^4 K_i K_\tau}{6\pi E}\omega_t[12\eta(1+2\bar{c})-24\bar{c}(1+\bar{c})-7]$$ $$\bar{c}=\dfrac{c}{b}$$	c——退刀槽宽度,mm
		扭转变形计算	对于人字齿轮的齿向修形,要分别计算转矩输入端和自由端两半人字齿齿宽范围内的最大相对扭转变形 转矩输入端半人字齿齿宽范围内的最大相对扭转变形为 $$\delta_{t1}=3\psi_d^2 K_i\omega_t/(\pi G)$$ 自由端的半人字齿齿宽范围内的最大相对扭转变形为 $$\delta_{t2}=\psi_d^2 K_i\omega_t/(\pi G)$$	δ_{t1}——联轴器端半人字齿的扭转变形量,mm δ_{t2}——自由端半人字齿的扭转变形量,mm
		综合变形	对于人字齿齿轮,要分别计算转矩输入端和自由端两半人字齿齿宽范围内的综合变形,其最大相对值即为其总变形量 转矩输入端的总变形量为 $$\delta=\delta_b+\delta_{t1}$$ 自由端的总变形量为 $$\delta'=\delta_b-\delta_{t2}$$ 人字齿齿轮的理论曲线见图(b)中(ii),它和其综合变形曲线在两半人字齿齿宽范围内各自形成反对称。在实际确定齿向修形量时,两半人字齿的修形量一般都取转矩输入端的总变形量作为实际的齿向修形量	δ——转矩输入端的总变形量,mm δ'——自由端的总变形量,mm
齿向弹性变形修形量的确定	齿向弹性变形修形通常只修小齿轮,有以下三种方式 ① 齿端倒坡[见图(c)] ② 齿向鼓形修形[见图(d)] ③ 齿向修形+两端倒坡[见图(e)] 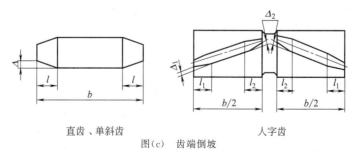 　　直齿、单斜齿　　　　　　　　　　　人字齿 图(c)　齿端倒坡 方式①、②适用于$v<100$mm/s,热变形小的情况。方式③适用于$v\geqslant100$mm/s的情况 方式①、②的修形量只按弹性变形量计算,0.013mm$\leqslant\Delta\leqslant0.035$mm,$l=0.25b$;$\Delta_1=\Delta$,$\Delta_2=0.00004b$,$l_1=0.15b$,$l_2=0.1b$ 方式③的修形量,$\Delta_1\leqslant0.03$mm,按弹性变形量计算;$\Delta_2\leqslant0.02$mm,按热变形量计算			

续表

项目	说　明

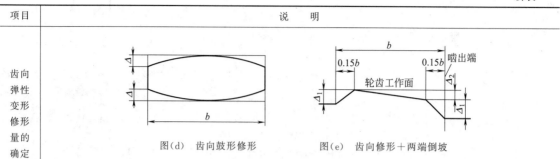

图(d)　齿向鼓形修形　　　　　　图(e)　齿向修形＋两端倒坡

齿向弹性变形修形量的确定

表 14-1-128 是 $v = 100 \sim 125 \mathrm{m/s}$ 时小齿轮热变形量 Δ_2 的推荐值。表 14-1-129 是 $v \geqslant 125 \mathrm{mm/s}$、功率 $P \geqslant 2000 \mathrm{kW}$、模数 3～8mm、宽径比 ϕ_d 大于 1 时的 Δ_1、Δ_2 的推荐值，此类齿轮一般只修小齿轮的工作面

表 14-1-128　　$v = 100 \sim 125 \mathrm{m/s}$ 的小齿轮热变形量 Δ_2　　mm

线速度 $v/\mathrm{m \cdot s^{-1}}$	齿轮分度圆直径 d_1				
	100	150	200	250	300
95	0.0023	0.0035	0.0047	0.0058	0.0070
105	0.0029	0.0043	0.0058	0.0072	0.0087
115	0.0036	0.0053	0.0071	0.0089	0.0107
125	0.0048	0.0072	0.0096	0.01211	0.0145

表 14-1-129　　$v \geqslant 125 \mathrm{mm/s}$ 的小齿轮的修形量 Δ_1、Δ_2　　mm

d_1	100	150	200	250	300
Δ_1	0.015～0.025				
Δ_2	0.010	0.013	0.015	0.018	0.020

1.8.2　齿轮的热变形修形

渐开线圆柱齿轮传动在工作时，啮合齿面间和轴承中都会因摩擦产生热，从而引起齿轮的热变形。由于一般齿轮传动的热变形非常小，对齿轮的运行影响不大，因此可不予考虑。但是，对于高速齿轮传动，尤其是单斜齿的高速齿轮传动，由于传递的功率大、产生的热量多，热变形的影响必须适当考虑。本节所述内容主要指的是高速单斜齿的热变形修形。

1.8.2.1　高速齿轮的热变形机理

高速齿轮运转时，由齿轮副、轴系、轴承、箱体等组成了一个热平衡系统。在这个系统中，由高速旋转齿轮的齿面滑动摩擦和滚动摩擦造成的齿轮啮合损失、高速齿轮轴在滑动轴承内转动引起的润滑油膜的剪切摩擦损失、轮齿对空气的搅动损失、斜齿轮轮齿进入啮合造成的高速油气混合体的流动与齿面的摩擦损失等，都将转化为大量的热能，这

些热能通过传导、对流及辐射等形式分布在齿轮箱内，与润滑油的内部冷却和空气的外部冷却结合在一起，形成处于平衡状态的高速齿轮的不均匀的温度场。

在影响高速齿轮不均匀温度场的诸因素中，最主要的因素是齿轮进入啮合时造成的沿齿轮轴向高速流动的油气混合体与齿面摩擦产生的热。由于斜齿轮的啮合作用（形成泵效应），喷入齿轮齿槽中的压力油与箱体内的空气组成的油气混合体，从齿轮的啮入端被挤向啮出端，形成高速流动的油气流。这种油气流的流动速度就是斜齿轮的轴向啮合速度。对于螺旋角为 $8° \sim 15°$ 的高速齿轮来说，其油气流的速度远大于齿轮的节圆线速度，约为节圆线速度的 3～7 倍。对于节圆线速度大于 100m/s 的单斜齿轮来说，这种油气流的速度就会达到声速的 2 倍以上。

1.8.2.2　高速齿轮齿向温度分布

根据郑州机械研究所的高速齿轮测温试验得出的

高速齿轮沿齿向的温度分布情况，如图 14-1-82 所示。由图可见，从啮入端到啮出端温度逐渐升高，在啮入端的大约半个齿宽范围内，温度变化缓慢，在啮出端的半个齿宽内，温度变化较大。在距啮出端面约 1/6 个齿宽处，温度基本达到最大值。对于不同的工况，齿向温度分布特征都相同，只是随着齿轮节圆线速度的增加，齿向温度分布不均匀程度增大。对于直径 200mm、螺旋角 12°、齿宽 130mm 的齿轮，在正常润滑油流量的情况下，节圆线速度为 110m/s 时，齿向温差约为 12.5℃，线速度为 120m/s、130m/s 时温差分别约为 14℃、17℃，而当线速度达到 140m/s、150m/s 时温差分别约为 27.5℃、35℃。在润滑油流量低于正常值 20% 左右的情况下，齿轮整体温度升高，齿向温差增大，在 150m/s 时温差可达 41℃。

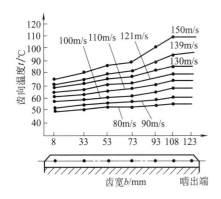

图 14-1-82　齿轮齿向温度分布

轮齿温度与节圆线速度的关系如图 14-1-83 所示。从图中可以看出，齿轮轮齿温度与节圆线速度成正比关系，温度随齿轮线速度的增加而升高。

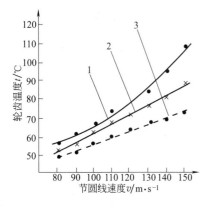

图 14-1-83　齿轮温度与节圆线速度的关系
1—啮出端温度；2—轮齿中部温度；3—啮入端温度

1.8.2.3　高速齿轮的热变形修形计算

要进行高速齿轮的热变形修形计算，首先要了解其温度场的分布。此处结合测温试验，给出一个工程上能够应用的简化的近似计算方法。

要对齿轮温度场的分布进行近似计算，需先作如下假设：把高速旋转着的齿轮看成是处于稳定温度场中的匀质圆柱体，沿齿轮外圆柱面有一个均匀分布的热源，同时把齿轮的热导率看成常数，温度沿圆周方向的变化等于零。另外把齿轮沿轴向垂直于齿轮轴线切成许多个薄圆盘，在每个薄圆盘上认为温度在轴向不发生变化，即认为齿轮温度场的分布仅与齿轮的半径有关。

由工程热力学可知，满足以上假设条件的齿轮的温度分布为

$$t = t_c + (t_s - t_c) r^2 / r_a^2$$

式中　t——齿轮半径 r 处的温度，℃；

t_c——齿轮轴心处的温度，℃；

t_s——齿轮外圆处的温度，℃；

r——齿轮任一点的半径，mm；

r_a——齿轮外圆半径，mm。

在前述的假设条件下，可以认为齿轮的热应力和热变形是相对于齿轮轴线对称的。由弹性理论得知，轴对称温度分布圆盘的径向热变形量的表达式为

$$u = (1 + \nu) \frac{\xi}{r} \int_0^r tr \, dr + (1 - \nu) \xi \frac{r}{r_a^2} \int_0^{r_a} tr \, dr$$

式中　u——齿轮半径 r 上的径向热变形，mm；

ν——材料的泊松比；

ξ——材料的线胀系数，℃$^{-1}$。

根据以上假设和上述两个公式可以推导出计算高速齿轮齿向热变形修形量的公式为

$$\Delta \delta = 0.5 \xi \lambda r_1 (t_{sh} + t_{ch} - t_{sl} - t_{cl}) \sin \alpha_t$$

式中　$\Delta \delta$——齿向热变形修形量，mm；

r_1——分度圆半径，mm；

λ——热变形修正系数；

t_{sh}——齿向温度最高点处的外表面温度，℃；

t_{ch}——齿向温度最高点处的轴心温度，℃；

t_{sl}——齿向温度最低点处的外表面温度，℃；

t_{cl}——齿向温度最低点处的轴心温度，℃；

α_t——端面压力角，(°)。

根据试验结果与工业现场的应用经验，同时参考国内外的有关修形方面的资料，认为修正系数 λ 取 0.75 比较合适，利用上述公式计算出的热变形修形量见表 14-1-130。

表 14-1-130 高速齿轮齿向热变形修形量 $\Delta\delta$ mm

线速度/m·s⁻¹	小齿轮直径				
	100	150	200	250	300
100	0.002	0.003	0.005	0.006	0.007
110	0.003	0.005	0.007	0.008	0.010
120	0.004	0.006	0.008	0.010	0.013
130	0.005	0.007	0.009	0.012	0.015
140	0.006	0.008	0.011	0.014	0.017
150	0.007	0.010	0.013	0.017	0.020

1.8.2.4 高速齿轮热变形修形量的确定

高速齿轮的热变形主要对轮齿齿向产生影响,对齿廓影响很小。因此,热变形修形主要是对齿向修形。试验表明,对于节圆线速度低于 100m/s 的齿轮,齿向温度差异很小,可不予考虑,对于线速度高于 100m/s 的齿轮,应考虑热变形的影响。

(1) 齿廓修形量的确定

高速齿轮齿廓修形通常采用图 14-1-84 的方式。考虑到大小齿轮温度差异对基节的影响,对齿廓未修形部分的公差带加以控制,以提高齿轮的运转性能。

(2) 齿向修形量的确定

高速齿轮齿向修形量通常采用图 14-1-85 的方式。其中 Δ_2 主要是考虑热变形的影响 $\Delta_2 = \Delta\delta$。修形曲线简化成一条以啮入端为起始点的斜直线。Δ_1 主要考虑弹性变形的影响,按表 14-1-127 中的单斜齿综合变形公式计算,且 $0.013mm \leqslant \Delta_1 \leqslant 0.035mm$。

$\Delta\delta$ 可按 1.8.2.3 节公式进行计算。在实际应用中,由于式中的参数计算较困难,可参考表 14-1-130 中的数据来确定 $\Delta\delta$。

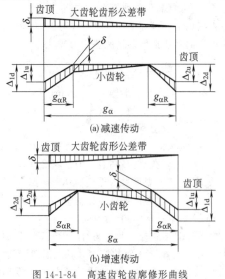

(a) 减速传动

(b) 增速传动

图 14-1-84 高速齿轮齿廓修形曲线
[$\delta = 0.003mm$,其余各量同表 14-1-123 中图 (d)]

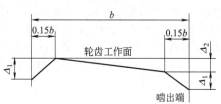

图 14-1-85 高速齿轮齿向修形曲线

(3) 修形示例

一对增速齿轮副,最大传递功率 $P = 8400kW$,$n_2/n_1 = 3987/10664r/min$,模数 $m_n = 6mm$,螺旋角 $\beta = 11°28'40''$,小齿轮分度圆直径 $d_1 = 244.9mm$,齿宽 $b = 280mm$,单位齿宽载荷 $\omega_t = 219N/mm$,节圆线速度 $v = 136.7m/s$,支撑跨距 $L = 640mm$。

齿廓修形采用图 14-1-84 (b) 方式,因齿轮节圆线速度高于 100m/s,故齿向修形曲线应为图 14-1-85 的形式。

齿廓修形量的确定:
根据表 14-1-126,
$$\Delta_{1u} = 5 + 0.04\omega_t = 13.76\mu m$$
$$\Delta_{1d} = 13 + 0.04\omega_t = 21.76\mu m$$
$$\Delta_{2u} = 0.04\omega_t = 8.76\mu m$$
$$\Delta_{2d} = 5 + 0.04\omega_t = 13.76\mu m$$

齿廓修形曲线如图 14-1-86 (a) 所示。

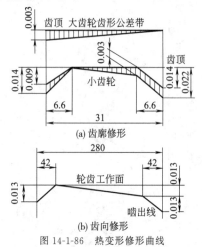

(a) 齿廓修形

(b) 齿向修形

图 14-1-86 热变形修形曲线

齿向修形量的确定：

由表 14-1-127 中的单斜齿综合变形公式

$$\delta_b = \psi_d^4 K_i K_r \omega_t (12\eta - 7)/(6\pi E) = 0.002\text{mm}$$

$$\delta_t = 4\psi_d^2 K_i \omega_t/(\pi G) = 0.0045\text{mm}$$

$$\delta = \delta_b + \delta_t = 0.0065\text{mm}$$

因 $\delta < 0.013\text{mm}$，取 $\Delta_1 = 0.013\text{mm}$

根据小齿轮直径和线速度查表 14-1-130，选取 $\Delta_2 = 0.013\text{mm}$。

齿向修形曲线如图 14-1-86（b）所示。

1.9　齿轮材料

齿轮材料及其热处理是影响齿轮承载能力和使用寿命的关键因素，也是影响齿轮生产质量和成本的主要环节。选择齿轮材料及其热处理时，要综合考虑轮齿的工作条件（如载荷性质和大小、工作环境等）、加工工艺、材料来源及经济性等因素，以使齿轮在满足性能要求的同时，生产成本也最低。

齿轮用材料主要有钢、铸铁、铜合金。

1.9.1　齿轮用钢

齿轮用各类钢材和热处理的特点及适用条件见表 14-1-131，调质及表面淬火齿轮用钢的选择见表 14-1-132，渗碳齿轮用钢的选择见表 14-1-133，渗氮齿轮用钢的选择见表 14-1-134，渗碳深度的选择见表 14-1-135，常用齿轮钢材的化学成分见表 14-1-136，常用齿轮钢材的力学性能见表 14-1-137，齿轮工作齿面硬度及其组合应用示例见表 14-1-138。

表 14-1-131　各类材料和热处理的特点及适用条件

材料	热　处　理	特　　点	适　用　条　件
调质钢	调质或正火	①经调质后具有较好的强度和韧性,常在 220～300HB 的范围内使用 ②当受刀具的限制而不能提高调质小齿轮的硬度时,为保持大小齿轮之间的硬度差,可使用正火的大齿轮,但强度较调质者差 ③齿面的精切可在热处理后进行,以消除热处理变形,保持轮齿精度 ④不需要专门的热处理设备和齿面精加工设备,制造成本低 ⑤面硬度较低,易于跑合,但是不能充分发挥材料的承载能力	广泛用于对强度和精度要求不太高的一般中低速齿轮传动,以及热处理和齿面精加工比较困难的大型齿轮
	高频淬火	①齿面硬度高,具有较强的抗点蚀和耐磨损性能;心部具有较好的韧性,表面经硬化后产生残余压缩应力,大大提高了齿根强度;通常的齿面硬度范围是:合金钢 45～55HRC,碳素钢 40～50HRC ②为进一步提高心部强度,往往在高频淬火前先调质 ③高频淬火时间短 ④为消除热处理变形,需要磨齿,增加了加工时间和成本,但是可以获得高精度的齿轮 ⑤当缺乏高频设备时,可用火焰淬火来代替,但淬火质量不易保证 ⑥表面硬化层深度和硬度沿齿面不等 ⑦由于急速加热和冷却,容易淬裂	广泛用于要求承载能力高、体积小的齿轮
渗碳钢	渗碳淬火	①齿面硬度很高,具有很强的抗点蚀和耐磨损性能;心部具有很好的韧性,表面经硬化后产生残余压应力,大大提高了齿根强度;一般齿面硬度范围是 56～62HRC ②切削性能较好 ③热处理变形较大,热处理后应磨齿,增加了加工时间和成本,但是可以获得高精度的齿轮 ④渗碳深度可参考表 14-1-135 选择	广泛用于要求承载能力高、耐冲击性能好、精度高、体积小的中型以下的齿轮
氮化钢	氮化	①可以获得很高的齿面硬度,具有较强的抗点蚀和耐磨损性能;心部具有较好的韧性,为提高心部强度,对中碳钢往往先调质 ②由于加热温度低,所以变形小,氮化后不需要磨齿 ③硬化层很薄,因此承载能力不及渗碳淬火齿轮,不宜用于冲击载荷的条件下 ④成本较高	适用于较大且较平稳的载荷下工作的齿轮,以及没有齿面精加工设备而又需要硬齿面的条件下
铸钢	正火或调质,以及高频淬火	①可以制造复杂形状的大型齿轮 ②其强度低于同种牌号和热处理的调质钢 ③容易产生铸造缺陷	用于不能锻造的大型齿轮

续表

材料	热　处　理	特　　点	适 用 条 件
铸铁	—	①价钱便宜 ②耐磨性好 ③可以制造复杂形状的大型齿轮 ④有较好的铸造和切削工艺性 ⑤承载能力低	灰铸铁和可锻铸铁用于低速、轻载、无冲击的齿轮;球墨铸铁可用于载荷和冲击较大的齿轮

表 14-1-132　　　　　　　　　调质及表面淬火齿轮用钢的选择

齿轮种类		钢号选择	备注
汽车、拖拉机及机床中的不重要齿轮		45	调质
中速、中载车床变速箱、钻床变速箱次要齿轮及高速、中载磨床砂轮齿轮			调质＋高频淬火
中速、中载较大截面机床齿轮		40Cr、42SiMn、35SiMn、45MnB	调质
中速、中载并带一定冲击的机床变速箱齿轮及高速、重载并要求齿面硬度高的机床齿轮			调质＋高频淬火
起重机械、运输机械、建筑机械、水泥机械、冶金机械、矿山机械、工程机械、石油机械等设备中的低速重载大齿轮	一般载荷不大,截面尺寸也不大,要求不太高的齿轮 Ⅰ	35、45、55	①少数直径大、载荷小、转速不高的末级传动大齿轮可采用 SiMn 钢正火
	Ⅱ	40Mn、50Mn2、40Cr、35SiMn、42SiMn	②根据齿轮截面尺寸大小及重要程度,分别选用各类钢材(从Ⅰ到Ⅴ,淬透性逐渐提高)
	截面尺寸较大,承受较大载荷,要求比较高的齿轮 Ⅲ	35CrMo、42CrMo、40CrMnMo、35CrMnSi、40CrNi、40CrNiMo、45CrNiMoV	③根据设计,要求表面硬度大于40HRC 者应采用调质＋表面淬火
	截面尺寸很大,承受载荷大,并要求有足够韧性的重要齿轮 Ⅳ	35CrNi2Mo、40CrNi2Mo	
	Ⅴ	30CrNi3、34CrNi3Mo、37SiMn2MoV	

表 14-1-133　　　　　　　　　渗碳齿轮用钢的选择

齿轮种类	选择钢号
汽车变速箱、分动箱、启动机及驱动桥的各类齿轮	20Cr、20CrMnTi、20CrMnMo、25MnTiB、20MnVB、20CrMo
拖拉机动力传动装置中的各类齿轮	
机床变速箱、龙门铣电动机及立车等机械中的高速、重载、受冲击的齿轮	
起重、运输、矿山、通用、化工、机车等机械的变速箱中的小齿轮	
化工、冶金、电站、铁路、宇航、海运等设备中的汽轮发电机、工业汽轮机、燃气轮机、高速鼓风机、透平压缩机等的高速齿轮,要求长周期、安全可靠地运行	12Cr2Ni4、20Cr2Ni4、20CrNi3、18Cr2Ni4W、20CrNi2Mo、20Cr2Mn2Mo、17CrNiMo6
大型轧钢机减速器齿轮,人字机座轴齿轮,大型带式输送机传动轴齿轮、锥齿轮、大型挖掘机传动箱主动齿轮,井下采煤机传动齿轮,坦克齿轮等低速重载,并受冲击载荷的传动齿轮	

注:其中一部分可进行碳氮共渗。

表 14-1-134　　　　　　　　　渗氮齿轮用钢的选择

齿轮种类	性能要求	选择钢号
一般齿轮	表面耐磨	20Cr、20CrMnTi、40Cr
在冲击载荷下工作的齿轮	表面耐磨、心部韧性高	18CrNiWA、18Cr2Ni4WA、30CrNi3、35CrMo
在重载荷下工作的齿轮	表面耐磨、心部强度高	30CrMnSi、35CrMoV、25Cr2MoV、42CrMo
在重载荷及冲击下工作的齿轮	表面耐磨、心部强度高、韧性高	30CrNiMoA、40CrNiMoA、30CrNi2Mo
精密耐磨齿轮	表面高硬度、变形小	38CrMoAlA、30CrMoAl

表 14-1-135　　　　　　　　　渗碳深度的选择

模数	>1~1.5	>1.5~2	>2~2.75	>2.75~4	>4~6	>6~9	>9~12
渗碳深度	0.2~0.5	0.4~0.7	0.6~1.0	0.8~1.2	1.0~1.4	1.2~1.7	1.3~2.0

注:1. 本表是气体渗碳的概略值,固体渗碳和液体渗碳略小于此值。

　　2. 近来,对模数较大的齿轮,渗碳深度有大于表值的倾向。

表 14-1-136　常用齿轮钢材的化学成分（质量分数）　%

序号	钢号	C	Si	Mn	Mo	W	Cr	Ni	V	Ti	B	Al
1	42Mn2	0.37~0.44	0.20~0.40	1.40~1.80								
2	50Mn2	0.47~0.55	0.20~0.40	1.40~1.80								
3	35SiMn	0.32~0.40	1.10~1.40	1.10~1.40								
4	42SiMn	0.39~0.45	1.10~1.40	1.10~1.40								
5	37SiMn2MoV	0.33~0.39	0.60~0.90	1.60~1.90	0.40~0.50				0.05~0.12			
6	20MnTiB	0.17~0.24	0.20~0.40	1.30~1.60						0.06~0.12	0.0005~0.0035	
7	25MnTiB	0.22~0.28	0.20~0.40	1.30~1.60						0.06~0.12	0.0005~0.0035	
8	15MnVB	0.12~0.18	0.20~0.40	1.20~1.60					0.07~0.12		0.0005~0.0035	
9	20MnVB	0.17~0.24	0.20~0.40	1.50~1.80					0.07~0.12		0.0005~0.0035	
10	45MnB	0.42~0.49	0.20~0.40	1.10~1.40								
11	30CrMnSi	0.27~0.34	0.90~1.20	0.80~1.10			0.80~1.10					
12	35CrMnSi	0.32~0.39	1.10~1.40	0.80~1.10			1.10~1.40					
13	50CrV	0.47~0.54	0.20~0.40	0.50~0.80			0.80~1.10		0.10~0.20			
14	20CrMnTi	0.17~0.24	0.20~0.40	0.80~1.10			1.00~1.30			0.06~0.12		
15	20CrMo	0.17~0.24	0.20~0.40	0.40~0.70	0.15~0.25		0.80~1.10					
16	35CrMo	0.30~0.40	0.20~0.40	0.40~0.70	0.15~0.25		0.80~1.10					
17	42CrMo	0.38~0.45	0.20~0.40	0.50~0.80	0.15~0.25		0.90~1.20					
18	20CrMnMo	0.17~0.24	0.20~0.40	0.90~1.20	0.20~0.30		1.10~1.40					
19	40CrMnMo	0.37~0.45	0.20~0.40	0.90~1.20	0.20~0.30		0.90~1.20					
20	25Cr2MoV	0.22~0.29	0.20~0.40	0.40~0.70	0.25~0.35		1.50~1.80		0.15~0.30			
21	35CrMoV	0.30~0.38	0.20~0.40	0.40~0.70	0.20~0.30		1.00~1.30		0.10~0.20			
22	38CrMoAl	0.35~0.42	0.20~0.40	0.30~0.60	0.15~0.25		1.35~1.65					0.70~1.10
23	20Cr	0.17~0.24	0.20~0.40	0.50~0.80			0.70~1.00					
24	40Cr	0.37~0.45	0.20~0.40	0.50~0.80			0.80~1.10					
25	40CrNi	0.37~0.44	0.20~0.40	0.50~0.80			0.45~0.75	1.00~1.40				
26	12CrNi2	0.10~0.17	0.20~0.40	0.30~0.60			0.60~0.90	1.50~2.00				
27	12CrNi3	0.10~0.17	0.20~0.40	0.30~0.60			0.60~0.90	2.75~3.25				
28	20CrNi3	0.17~0.24	0.20~0.40	0.30~0.60			0.60~0.90	2.75~3.25				
29	30CrNi3	0.27~0.34	0.20~0.40	0.30~0.60			0.60~0.90	2.75~3.25				
30	12Cr2Ni4	0.10~0.17	0.20~0.40	0.30~0.60			1.25~1.75	3.25~3.75				
31	20Cr2Ni4	0.17~0.24	0.20~0.40	0.30~0.60			1.25~1.75	3.25~3.75				
32	40CrNiMo	0.37~0.44	0.20~0.40	0.50~0.80	0.15~0.25		0.60~0.90	1.25~1.75				
33	45CrNiMoV	0.42~0.49	0.20~0.40	0.50~0.80	0.20~0.30		0.80~1.10	1.30~1.80	0.10~0.20			
34	30CrNi2MoV	0.27~0.43	0.20~0.40	0.30~0.60	0.15~0.25		0.60~0.90	2.00~2.50	0.15~0.30			
35	18Cr2Ni4W	0.13~0.19	0.20~0.40	0.30~0.60		0.80~0.12	1.35~1.65	4.00~4.50				

表 14-1-137　　　　　　　　　　　　常用齿轮钢材的力学性能

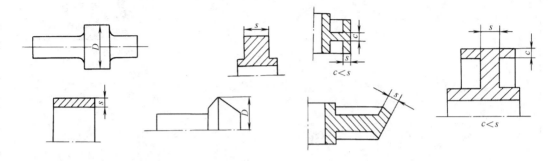

钢号	热处理状态	截面尺寸		力学性能					硬度 HBS
		直径 D/mm	壁厚 s/mm	σ_b /MPa	σ_s /MPa	δ_5 /%	ψ /%	a_k /J·cm^{-2}	
42Mn2	调质	50	25	≥794	≥588	≥17	≥59	≥63.7	—
		100	50	≥745	≥510	≥15.5	—	≥19.6	—
50Mn2	正火＋高温回火	≤100	≤50	≥735	≥392	≥14	≥35	—	187~241
		100~300	50~150	≥716	≥373	≥13	≥33	—	187~241
		300~500	150~250	≥686	≥353	≥12	≥30	—	187~241
	调质	≤80	≤40	≥932	≥686	≥9	≥40	—	255~302
35SiMn	调质	<100	<50	≥735	≥490	≥15	45	58.8	≥222
		100~300	50~150	≥735	≥441	≥14	≥35	49.0	217~269
		300~400	150~200	≥686	≥392	≥13	≥30	41.1	217~225
		400~500	200~250	≥637	≥373	≥11	≥28	39.2	196~255
42SiMn	调质	≤100	≤50	≥784	≥510	≥15	≥45	≥39.2	229~286
		100~200	50~100	≥735	≥461	≥14	≥42	≥29.2	217~269
		200~300	100~150	≥686	≥441	≥13	≥40	≥29.2	217~255
		300~500	150~250	≥637	≥373	≥10	≥40	≥24.5	196~255
37SiMn2MoV	调质	200~400	100~200	≥814	≥637	≥14	≥40	≥39.2	241~286
		400~600	200~300	≥765	≥588	≥14	≥40	≥39.2	241~269
		600~800	300~400	≥716	≥539	≥12	≥35	≥34.3	229~241
		1270	635	834/878	677/726	19.0/18.0	45.0/40.0	28.4/22.6	241/248
20MnTiB	淬火＋低、中温回火	25	12.5	≥1451	—	δ_{10}≥7.5	≥56	≥98.1	≥47HRC
				≥1402	—	δ_{10}≥7	≥53	≥98.1	≥47HRC
				≥1275	—	δ_{10}≥8	≥59	≥98.1	≥42HRC
20MnVB	渗碳＋淬火＋低温回火	≤120	≤60	1500	—	11.5	45	127.5	心398
45MnB	调质	45	22.5	824	598	14	60	103	表241
				≥834	559	16	59	—	表277
30CrMnSi	调质	<100	<50	≥834	≥588	≥12	≥35	≥58.8	240~292
		100~200	50~100	≥706	≥461	≥16	≥35	≥49.0	207~229
50CrV	调质	40~100	20~50	981~1177	≥785	≥11	≥45	—	—
		100~250	50~125	785~981	≥588	≥13	≥50	—	—
20CrMnTi (18CrMnTi)	渗碳＋淬火＋低温回火	30	15	≥1079	≥883	≥8	≥50	≥78.5	—
		≤80	≤40	≥981	≥785	≥9	≥50	≥78.5	表56~62HRC
		100	50	≥883	686	≥10	≥40	≥92.2	心240~300

续表

钢号	热处理状态	截面尺寸		力 学 性 能					硬度 HBS
		直径 D/mm	壁厚 s/mm	σ_b	σ_s	δ_5	ψ	a_k	
				/MPa		/%		/J·cm^{-2}	
20CrMo	淬火＋低温回火	30	15	≥775	≥433	≥21.2	≥55	≥92.2	≥217
35CrMo	调质	50～100	<50	735～883	539～686	14～16	45～50	68.6～88.3	217～255
		100～240	50～120	686～834	≥441	≥15	≥45	≥49.0	207～269
		100～300	50～150	≥686	≥490	≥15	≥50	≥68.6	—
		300～500	150～250	≥637	≥441	≥15	≥35	≥39.2	207～269
		500～800	250～400	≥588	≥392	≥12	≥30	≥29.4	207～269
42CrMo	调质	40～100	20～50	883～1020	≥686	≥12	≥50	49.0～68.6	—
		100～250	50～125	735～883	≥539	≥14	≥55	49.0～78.5	—
		100～250	50～125	735	589	≥14	40	58.8	207～269
		250～300	125～150	637	490	≥14	35	39.2	207～269
		300～500	150～250	588	441	10	30	39.2	207～269
20CrMnMo	渗碳＋淬火＋低温回火	30	15	≥1079	≥785	≥7	≥40	≥39.2	表 56～62HRC 心 28～33HRC
		≤100	≤50	≥834	≥490	≥15	≥40	≥39.2	表 56～62HRC 心 28～33HRC
40CrMnMo	调质	150	75	≥778	≥758	≥14.8	≥56.4	≥83.4	288
		300	150	≥811	≥655	≥16.8	≥52.2	—	255
		400	200	≥786	≥532	≥16.8	≥43.7	≥49.0	249
		500	250	≥748	≥484	≥14.0	≥46.2	≥42.2	213
25Cr2MoV	调质	25	12.5	≥932	≥785	≥14	≥55	≥78.5	≤247
		150	75	≥834	≥735	≥15	≥50	≥58.5	269～321
		≤200	≤100	≥735	≥588	≥16	≥50	≥58.5	241～277
35CrMoV	调质	120	60	≥883	≥785	≥12	≥50	≥68.6	—
		240	120	≥834	≥686	≥12	≥45	≥58.8	—
		500	250	657	490	14	40	49.0	212～248
38CrMoAl	调质	40	20	≥941	≥785	≥18	≥58	—	—
		80	40	≥922	≥735	≥16	≥56	—	—
		100	50	≥922	≥706	≥16	≥54	—	—
		120	60	≥912	≥686	≥15	≥52	—	—
		160	80	≥765	≥588	≥14	≥45	≥58.8	241～285
20Cr	渗碳＋淬火＋低温回火	60	30	≥637	≥392	≥13	≥40	49.0	心部≥178
		60	30	637～931	392～686	13～20	45～55	49.0～78.5	⅓半径处>182
40Cr	调质	100～300	50～150	≥686	≥490	≥14	≥45	≥392	241～286
		300～500	150～250	≥637	≥441	≥10	≥35	≥29.4	229～269
		500～800	250～400	≥588	≥343	≥8	≥30	≥19.2	217～255
40Cr	C-N 共渗淬火，回火	<40	<20	1373～1569	1177～1373	7	25	—	43～53HRC
40CrNi	调质	100～300	50～150	≥785	≥569	≥9	≥38	≥49.0	225
		300～500	150～250	≥735	≥549	≥8	≥36	≥44.1	255
		500～700	250～350	≥686	≥530	≥8	≥35	≥44.1	255
12CrNi2	渗碳＋淬火＋低温回火	20	10	≥686	≥539	≥12	≥50	≥88.3	表≥58HRC
		30	15	≥785	≥588	≥12	≥50	≥78.5	表≥58HRC
		60	30	≥932	≥686	≥12	≥50	≥88.3	表≥58HRC

钢号	热处理状态	截面尺寸		力 学 性 能					硬度 HBS
		直径 D/mm	壁厚 s/mm	σ_b	σ_s	δ_5	ψ	a_k	
				/MPa			/%	/J·cm^{-2}	
12CrNi3	渗碳＋淬火＋低温回火	30	15	≥932	≥686	≥10	≥50	≥98.1	表≥58HRC 心225～302
		<40	<20	≥834	≥686	≥10	≥50	≥78.5	表≥58HRC 心≥241
20CrNi3	渗碳＋淬火＋低温回火	30	15	≥932	≥735	≥11	≥55	≥98.1	表≥58HRC
		30	15	≥1079	≥883	≥7	≥50	≥88.3	表≥58HRC 心284～415
30CrNi3	调质	<100	50	≥785	≥559	≥16	≥50	≥68.6	≥241
		100～300	50～150	≥735	≥539	≥15	≥45	≥58.8	≥241
12Cr2Ni4	渗碳＋淬火＋低温回火 渗碳＋高温回火＋淬火＋低温回火	15	7.5	≥1079	≥834	≥10	≥50	≥88.3	表≥60HRC
		30	15	≥1177	≥1128	≥10	≥55	≥78.5	表≥60HRC 心302～388
20Cr2Ni4	渗碳＋淬火＋低温回火	25	12.5	≥1177	≥1079	≥10	≥45	≥78.5	表 HRC≥60
		30	15	≥1177	≥1079	≥9	≥45	≥78.5	表 HRC≥60 心305～405
40CrNiMo	调质	120	60	≥834	≥686	≥13	≥50	≥78.5	—
		240	120	≥785	≥588	≥13	≥45	≥58.8	—
		≤250	≤125	686～834	≥490	≥14	—	≥49.0	—
		≤500	≤250	588～734	≥392	≥18	—	≥68.6	—
45CrNiMoV	调质	25	12.5	≥1030	≥883	≥8	≥30	≥68.6	—
		60	30	≥1471	≥1324	≥7	≥35	≥39.2	—
	退火＋调质	100	50	≥1030	≥883	≥9	≥40	≥49.0	321～363
				≥883	≥686	≥10	≥45	≥58.8	260～321
30CrNi2MoV	调质	120	60	≥883	≥735	≥12	≥50	≥78.5	—
18Cr2Ni4W	渗碳＋淬火＋低温回火	15	7.5	≥1128	≥834	≥11	≥45	≥98.1	表≥58HRC 心340～387
		30	15	≥1128	≥834	≥12	≥50	≥98.1	表≥58HRC 心35～47HRC
		60	30	≥1128	≥834	≥12	≥50	≥98.1	表≥58HRC 心341～367
		60～100	30～50	≥1128	≥834	≥11	≥45	≥88.3	表≥58HRC 心341～367
铸钢、合金铸钢									
ZG 310-570	正火			570	310				163～197
ZG 340-640	正火			640	340				179～207
ZG 40Mn2	正火、回火 调质			588 834	392 686				≥197 269～302
ZG 35SiMn	正火、回火 调质			569 637	343 412				163～217 197～248
ZG 42SiMn	正火、回火 调质			588 637	373 441				163～217 197～248

续表

钢号	热处理状态	截面尺寸		力 学 性 能					硬度 HBS
		直径 D/mm	壁厚 s/mm	σ_b	σ_s	δ_5	ψ	a_k	
				/MPa		/%		/J·cm^{-2}	
ZG 50SiMn	正火、回火			686	441				217～255
ZG 40Cr	正火、回火			628	343				≤212
	调质			686	471				228～321
ZG 35CrMo	正火、回火			588	392				179～241
	调质			686	539				179～241
ZG 35CrMnSi	正火、回火			686	343				163～217
	调质			785	588				197～269

表 14-1-138　　　　　　　　　　齿轮工作齿面硬度及其组合的应用举例

齿面类型	齿轮种类	热处理		两轮工作齿面 硬度差	工作齿面硬度组合举例		备　注
		小齿轮	大齿轮		小齿轮	大齿轮	
软齿面 (≤350HB)	直齿	调质	正火 调质	20～25≥ (HB)$_{1min}$-(HB)$_{2max}$ >0	240～270HB 260～290HB	180～210HB 220～250HB	用于重载中低速固定式传动装置
	斜齿及 人字齿	调质	正火 正火 调质	(HB)$_{1min}$-(HB)$_{2max}$ ≥20～30	240～270HB 260～290HB 270～300HB	160～190HB 180～210HB 220～250HB	
软硬组合齿面 (HB$_1$>350,HB$_2$≤350)	斜齿及 人字齿	表面淬火	调质 调质	齿面硬度差很大	45～50HRC 45～50HRC	270～300HB 200～230HB	用于负荷冲击及过载都不大的重载中低速固定式传动装置
		渗碳	调质		56～62HRC	200～230HB	
硬齿面 (>350HB)	直齿、斜齿及人字齿	表面淬火	表面淬火	齿面硬度大致相同	45～50HRC		用在传动尺寸受结构条件限制的情形和运输机器上的传动装置
		渗碳	渗碳		56～62HRC		

注：1. 滚刀和插齿刀所能切削的齿面硬度一般不应超过 HB=300（个别情况下允许对尺寸较小的齿轮将其硬度提高到 HB=320～350）。

2. 对重要传动的齿轮表面应采用高频淬火并沿齿沟进行。

3. 通常渗碳后的齿轮要进行磨齿。

4. 为了提高抗胶合性能建议小轮和大轮采用不同牌号的钢来制造。

1.9.2　齿轮用铸铁

与钢齿轮相比，铸铁齿轮具有切削性能好、耐磨性高、缺口敏感低、减振性好、噪声低及成本低的优点，故铸铁常用来制造对强度要求不高、但耐磨的齿轮。

常用齿轮铸铁性能对比见表 14-1-139，常用灰铸铁、球墨铸铁的力学性能见表 14-1-140，球墨铸铁的组织状态和力学性能见表 14-1-141，球墨铸铁齿轮的

齿根弯曲疲劳强度见表 14-1-142，球墨铸铁齿轮的接触疲劳强度见表 14-1-143，石墨化退火黑心可锻铸铁和珠光体可锻铸铁的力学性能见表 14-1-144。

1.9.3　齿轮用铜合金

常用齿轮铜合金材料的化学成分见表 14-1-145，各种铜合金的主要特性及用途见表 14-1-146，常用齿轮铜合金的力学性能见表 14-1-147，常用齿轮铸造铜合金的物理性能见表 14-1-148。

表 14-1-139　　　　　　　　　　　　　　常用齿轮铸铁性能对比

性能 ＼ 铸铁种类	灰铸铁	珠光体可锻铸铁	球墨铸铁
抗拉强度 σ_b/MPa	100～350	450～700	400～1200
屈服强度 $\sigma_{0.2}$/MPa	—	270～530	250～900
伸长率 δ/%	0.3～0.8	2～6	2～18
弹性模量 E/GPa	103.5～144.8	155～178	159～172
弯曲疲劳极限 σ_{-1}/MPa	0.33～0.47[①]	220～260	206～343[④] 145～353[⑤]
硬度(HBS)	150～280	150～290	121HBS～43HRC
冲击韧度 a_k/J·cm^{-2}	9.8～15.68[②③] 14.7～27.44 21.56～29.4	5～20	5～150[④] 14(11),12(9)[⑥]
齿根弯曲疲劳极限 σ_F/MPa	50～110	140～230	150～320
齿根接触疲劳极限 σ_H/MPa	300～520	380～580	430～1370
减振性(相邻振幅比值的对数)应力为110MPa	6.0	3.30	2.2～2.5

① 弯曲疲劳比，弯曲疲劳极限与抗拉强度之比，设计时推荐使用 0.35 的疲劳比。

② 分别为珠光体灰铸铁范围：154～216MPa，216～309MPa 和大于 309MPa 的对应值。

③ 按 ISO R946 标准，在直径 20mm 的试棒上测得。

④ 无缺口试样。

⑤ 有缺口试样（45°，V 形），上贝氏体球墨铸铁。

⑥ V 形缺口（单铸试块），球墨铸铁 QT 400-18，括号外数据分别为试验温度 23℃±5℃和－20℃±2℃时 3 个试样的平均值；括号内的数据则分别为前述 2 种试验温度下单个试样的值。

表 14-1-140　　　　　　　　　　　　常用灰铸铁、球墨铸铁的力学性能

材料牌号	截 面 尺 寸		力 学 性 能			硬　度
	直径 D/mm	壁厚 s/mm	σ_b/MPa	$\sigma_{0.2}$/MPa	δ/%	HB
HT250	—	＞4.0～10	270	—	—	175～263
		＞10～20	240			164～247
		＞20～30	220			157～236
		＞30～50	200			150～225
HT300	—	＞10～20	290	—	—	182～273
		＞20～30	250			169～255
		＞30～50	230			160～241
HT350	—	＞10～20	340	—	—	197～298
		＞20～30	290			182～273
		＞30～50	260			171～257
QT400-18	—	—	400	250	18	130～180
QT400-15	—	—	400	250	15	≤180
QT450-10	—	—	450	310	10	160～210
QT500-7	—	—	500	320	7	170～230
QT600-3	—	—	600	370	3	190～270
QT700-2	—	—	700	420	2	225～305
QT800-2	—	—	800	480	2	245～335
QT900-2	—	—	900	600	2	280～360

表 14-1-141　　　　　　　　　　　**球墨铸铁的组织状态和力学性能**

球铁种类	热处理状态	σ_b/MPa	δ/%	HBS	a_k/J·cm^{-2}
铁素体	铸态	450～550	10～20	130～210	30～150
铁素体	退火	400～500	18～25	130～180	60～150
珠光体＋铁素体	铸态或退火	500～600	7～10	170～230	20～80
珠光体	铸态	600～750	3～4	190～270	15～30
珠光体	正火	700～950	3～5	225～305	20～50
珠光体＋碎块状铁素体	仍保留奥氏体化正火	600～900	4～9	207～285	30～80
贝氏体＋碎块状铁素体	仍保留奥氏体化等温淬火	900～1100	2～6	32～40HRC	40～100
下贝氏体	等温淬火	≥1100	≥5	38～48HRC	30～100
回火索氏体	淬火,550～600℃回火	900～1200	1～5	32～43HRC	20～60
回火马氏体	淬火,200～250℃回火	700～800	0.5～1	50～61HRC	10～20

表 14-1-142　　　　　　　　　　**球墨铸铁齿轮的齿根弯曲疲劳强度**

球铁种类	硬度	$P=0.5$ 时疲劳曲线方程	失效概率 P	循环基数 N_0	疲劳极限 σ_{Flim}/MPa
珠光体	244HBS	$\sigma_F^{3.209}N=4.0733\times10^{14}$	0.50	5×10^6	292.0
			0.01	5×10^6	198.2
上贝氏体	37HRC	$\sigma_F^{5.1704}N=2.272\times10^{19}$	0.50	3×10^6	308.48
			0.01	3×10^6	289.45
下贝氏体	43.5HRC	$\sigma_F^{4.8870}N=2.0116\times10^{18}$	0.50	3×10^6	263.01
			0.01	3×10^6	236.91
下贝氏体	41.8HRC	$\sigma_F^{3.8928}N=1.7844\times10^{16}$	0.50	3×10^6	324.25
			0.01	3×10^6	307.35
钒钛下贝氏体	32.3HRC	$\sigma_F^{2.6307}N=2.5074\times10^{13}$	0.50	3×10^6	427.84
			0.01	3×10^6	407.45
合金钢(调质)	37.5HRC		0.01	3×10^6	305.0
合金铸铁(调质)	37.5HRC		0.01	3×10^6	255.0

表 14-1-143　　　　　　　　　　　**球墨铸铁齿轮的接触疲劳强度**

球铁种类	硬度	$P=0.5$ 时疲劳曲线方程	失效概率 P	循环基数 N_0	疲劳极限 σ_{Hlim}/MPa
铁素体	180HBS	$\sigma_H^{14.161}N=5.194\times10^{46}$	0.50	5×10^7	569.1
			0.01	5×10^7	536.5
珠光体＋铁素体	226HBS	$\sigma_H^{8.394}N=2.242\times10^{31}$	0.50	5×10^7	657
			0.01	5×10^7	632
珠光体	253HBS	$\sigma_H^{7.941}N=3.688\times10^{30}$	0.50	5×10^7	758
			0.01	5×10^7	715
下贝氏体	41HRC	$\sigma_H^{4.5}N=1.307\times10^{21}$	0.50	10^7	1371
			0.01	10^7	1235
铁素体(软渗氮)	64HRC	$\sigma_H^{20.83}N=2.307\times10^{70}$	0.50	10^7	1100
			0.01	10^7	1060

第14篇

表 14-1-144　　　　　石墨化退火黑心可锻铸铁和珠光体可锻铸铁的力学性能

类型	牌 号		试样直径 /mm	抗拉强度 σ_b	屈服强度 $\sigma_{0.2}$	伸长率 δ/%	硬度 HBS
	A	B		MPa $\geqslant$		($L=3d$)	
黑心可锻铸铁	KTH300-06	—	12 或 15	300	—	6	<150
	—	KTH330-08		330	—	8	
	KTH350-10	—		350	200	10	
	—	KTH370-12		370	—	12	
珠光体可锻铸铁	KTZ450-06		12 或 15	450	270	6	150～200
	KTZ550-04			550	340	4	180～250
	KTZ650-02			650	430	2	210～260
	KTZ700-02			700	530	2	210～290

表 14-1-145　　　　　常用齿轮铜合金材料的化学成分（质量分数）

序号	合金名称（合金牌号）	主要化学成分/%									
		Cu	Fe	Al	Pb	Sn	Si	Ni	Mn	P	Zn
1	60-1-1 铝黄铜（HAl60-1-1）	58.0～61.0	0.70～1.50	0.70～1.50	≤0.40	—	—	—	0.10～0.60	≤0.01	余量
2	66-6-3-2 铝黄铜（HAl66-6-3-2）	64.0～68.0	2.0～4.0	6.0～7.0	≤0.50	≤0.2	—	—	1.5～2.5	≤0.02	余量
3	25-6-3-3 铝黄铜（ZCuZn25Al6Fe3Mn3）	60.0～66.0	2.0～4.0	4.5～7.0	—	—	—	—			余量
4	40-2 铅黄铜（ZCuZn40Pb2）	58.0～63.0	0.2～0.8		0.5～2.5	—	—	—			余量
5	38-2-2 锰黄铜（ZCuZn38Mn2Pb2）	57.0～60.0			1.5～2.5	—	—	—	1.5～2.5	—	余量
6	6.5-0.1 锡青铜（QSn6.5-0.1）	余量	≤0.05	≤0.002	≤0.02	6.0～7.0	≤0.002	—	0.10～0.25		—
7	7-0.2 锡青铜（QSn7-0.2）	余量	≤0.05	≤0.01	≤0.02	6.0～8.0	≤0.02	—	0.10～0.25		—
8	5-5-5 锡青铜（ZCuSn5Pb5Zn5）	余量	—	—	4.0～6.0	4.0～6.0	—	—	—		4.0～6.0
9	10-1 锡青铜（ZCuSn10P1）	余量	—	—	—	9.0～11.5	—	—		0.5～1.0	—
10	10-2 锡青铜（ZCuSn10Zn2）	余量	—	—	—	9.0～11.0	—	—			1.0～3.0
11	5 铝青铜（QAl5）	余量	≤0.5	4.0～6.0	≤0.03	≤0.1	≤0.1	—	≤0.5	≤0.01	≤0.5
12	7 铝青铜（QAl7）	余量	0.5	6.0～8.0	≤0.03	≤0.1	≤0.1	—	≤0.5	≤0.01	≤0.5
13	9-4 铝青铜（QAl9-4）	余量	2.0～4.0	8.0～10.0	≤0.01	≤0.1	≤0.1	—	≤0.5	≤0.01	≤1.0

续表

序号	合金名称 （合金牌号）	主要化学成分/%									
		Cu	Fe	Al	Pb	Sn	Si	Ni	Mn	P	Zn
14	10-3-1.5 铝青铜 （QAl10-3-1.5）	余量	2.0～ 4.0	8.5～ 10.0	≤0.03	≤0.1	≤0.1	—	1.0～ 2.0	≤0.01	≤0.5
15	10-4-4 铝青铜 （QAl10-4-4）	余量	3.5～ 5.5	9.5～ 11.0	≤0.02	≤0.1	≤0.1	3.5～ 5.5	≤0.3	≤0.01	≤0.5
16	9-2 铝青铜 （ZCuAl9Mn2）	余量	—	8.0～ 10.0	—	—	—	—	1.5～ 2.5	—	—
17	10-3 铝青铜 （ZCuAl10Fe3）	余量	2.0～ 4.0	8.5～ 11.0	—	—	—	—	—	—	—
18	10-3-2 铝青铜 （ZCuAl10Fe3Mn2）	余量	2.0～ 4.0	9.0～ 11.0	—	—	—	—	1.0～ 2.0	—	—
19	8-13-3-2 铝青铜 （ZCuAl8Mn13Fe3Ni2）	余量	2.5～ 4.0	7.0～ 8.5	—	—	—	1.8～ 2.5	11.5～ 14.0	—	—
20	9-4-4-2 铝青铜 （ZCuAl9Fe4Ni4Mn2）	余量	4.0～ 5.0	8.5～ 10.0	—	—	—	4.0～ 5.0	0.8～ 2.5	—	—

表 14-1-146　　　　　　　　　　　　各种铜合金的主要特性及用途

序号	合金牌号	主要特性	用　途
1	HAl60-1-1	强度高,耐蚀性好	耐蚀齿轮、蜗轮
2	HAl66-6-3-2	强度高,耐磨性好,耐蚀性好	大型蜗轮
3	ZCuZn25Al6Fe3Mn3	有很高的力学性能,铸造性能良好,耐蚀性较好,有应力腐蚀开裂倾向,可以焊接	蜗轮
4	ZCuZn40Pb2	有好的铸造性能和耐磨性,切削加工性能好,耐蚀性较好,在海水中有应力腐蚀倾向	齿轮
5	ZCuZn38Mn2Pb2	有较高的力学性能和耐蚀性,耐磨性较好、切削性能较好	蜗轮
6	QSn6.5-0.1	强度高、耐磨性好,压力及切削加工性能好	精密仪器齿轮
7	QSn7-0.2	强度高,耐磨性好	蜗轮
8	ZCuSn5Pb5Zn5	耐磨性和耐蚀性好,减摩性好,能承受冲击载荷,易加工,铸造性能和气密性较好	较高负荷,中等滑动速度下工作蜗轮
9	ZCuSn10P1	硬度高,耐磨性极好,有较好的铸造性能和切削加工性能,在大气和淡水中有良好的耐蚀性	高负荷,耐冲击和高滑动速度(8m/s)下齿轮、蜗轮
10	ZCuSn10Zn2	耐蚀性、耐磨性和切削加工性能好,铸造性能好,铸件气密性较好	中等及较多负荷和小滑动速度的齿轮、蜗轮
11	QAl5	较高的强度和耐磨性及耐蚀性	耐蚀齿轮、蜗轮
12	QAl7	强度高,较高的耐磨性及耐蚀性	高强、耐蚀齿轮、蜗轮
13	QAl9-4	高强度,高减摩性和耐蚀性	高负荷齿轮、蜗轮
14	QAl10-3-1.5	高的强度和耐磨性,可热处理强化,高温抗氧化性,耐蚀性好	高温下使用齿轮
15	QAl10-4-4	高温(400℃)力学性能稳定,减摩性好	高温下使用齿轮

第
14
篇

续表

序号	合金牌号	主 要 特 性	用 途
16	ZCuAl9Mn2	高的力学性能,在大气、淡水和海水中耐蚀性好,耐磨性好,铸造性能好,组织紧密,可以焊接,不易钎焊	耐蚀、耐磨齿轮、蜗轮
17	ZCuAl10Fe3	高的力学性能,在大气、淡水和海水中耐磨性和耐蚀性好,可以焊接,不易钎焊,大型铸件自700℃空冷可以防止变脆	高负荷大型齿轮、蜗轮
18	ZCuAl10Fe3Mn2	高的力学性能和耐磨性,可热处理,高温下耐蚀性和抗氧化性好,在大气、淡水和海水中耐蚀性好,可焊接,不易钎焊,大型铸件自700℃空冷可以防止变脆	高温、高负荷,耐蚀齿轮、蜗轮
19	ZCuAl8Mn13Fe3Ni2	很高的力学性能,耐蚀性好,应力腐蚀疲劳强度高,铸造性能好,合金组织紧密,气密性好,可以焊接,不易钎焊	高强、耐腐蚀重要齿轮、蜗轮
20	ZCuAl9Fe4Ni4Mn2	很高的力学性能,耐蚀性好,应力腐蚀疲劳强度高,耐磨性良好,在400℃以下具有耐热性,可热处理,焊接性能好,不易钎焊,铸造性能尚好	要求高强度、耐蚀性好及400℃以下工作重要齿轮、蜗轮

表 14-1-147　　　　　　　　　　　　**常用齿轮铜合金的力学性能**

序号	合金牌号	状态	力学性能≥					
			抗拉强度 σ_b/MPa	屈服强度 $\sigma_{0.2}$/MPa	伸长率/%		冲击韧度 a_k/J·cm^{-2}	HBS
					δ_5	δ_{10}		
1	HAl60-1-1	软态[①]	440	—	—	18	—	95
		硬态[②]	735	—	—	8	—	180
2	HAl66-6-3-2	软态	>35	—	—	7	—	—
		硬态	—	—	—	—	—	—
3	ZCuZn25Al6Fe3Mn3	S[③]	725	380	10	—	—	160
		J[④]	740	400	7	—	—	170
4	ZCuZn40Pb2	S	220	—	15	—	—	80
		J	280	120	20	—	—	90
5	ZCuZn38Mn2Pb2	S	245	—	10	—	—	70
		J	345	—	18	—	—	80
6	QSn6.5-0.1	软态	343~441	196~245	60~70	—	—	70~90
		硬态	686~784	578~637	7.5~12	—	—	160~200
7	QSn7-0.2	软态	353	225	64	55	174	≥70
		硬态	—	—	—	—	—	—
8	ZCuSn5Pb5Zn5	S	200	90	13	—	—	60
		J	200	90	13	—	—	60
9	ZCuSn10P1	S	200	130	3	—	—	80
		J	310	170	2	—	—	90
10	ZCuSn10Zn2	S	240	120	12	—	—	70
		J	245	140	6	—	—	80
11	QAl5	软态	372	157	65	—	108	60
		硬态	735	529	5	—	—	200

续表

序号	合 金 牌 号	状态	力学性能≥					
			抗拉强度 σ_b/MPa	屈服强度 $\sigma_{0.2}$/MPa	伸长率/%		冲击韧度 a_k/J·cm^{-2}	HBS
					δ_5	δ_{10}		
12	QAl7	软态	461	245	70		147	70
		硬态	960	—	3			154
13	QAl9-4	软态	490～588	196	40	12～15	59～69	110～190
		硬态	784～980	343	5			160～200
14	QAl10-3-1.5	软态	590～610	206	9～13	8～12	59～78	130～190
		硬态	686～882		9～12			160～200
15	QAl10-4-4	软态	590～690	323	5～6	4～5	29～39	170～240
		硬态	880～1078	539～588	—	—	—	180～240
16	ZCuAl9Mn2	S	390	—	20	—	—	85
		J	440	—	20	—	—	95
17	ZCuAl10Fe3	S	490	180	13	—	—	100
		J	540	200	15	—	—	110
18	ZCuAl10FeMn2	S	490	—	15	—	—	110
		J	540	—	20	—	—	120
19	ZCuAl8Mn13Fe3Ni2	S	645	280	20	—	—	160
		J	670	310	18	—	—	170
20	ZCuAl9Fe4Ni4Mn2	S	630	250	16	—	—	160

① 软态为退火态。② 硬态为压力加工态。③ S——砂型铸造。④ J——金属型铸造。

表 14-1-148　　　　　　　　常用齿轮铸造铜合金的物理性能

序号	合 金 牌 号	密度 /g·cm^{-3}	线胀系数 /10^{-6}℃$^{-1}$	热导率 /W·m^{-1}·K^{-1}	电阻率 /Ω·mm^2·m^{-1}	弹性模量 /MPa
3	ZCuZn25Al6Fe3Mn3	8.5	19.8	49.8	—	—
4	ZCuZn40Pb2	8.5	20.1	83.7	0.068	—
5	ZCuZn38Mn2Pb2	8.5	—	71.2	0.118	—
8	ZCuSn5Pb5Zn5	8.7	19.1	102.2	0.080	89180
9	ZCuSn10P1	8.7	18.5	48.9	0.213	73892
10	ZCuSn10Zn2	8.6	18.2	55.2	0.160	89180
16	ZCuAl9Mn2	—	20.1	71.2	0.110	—
17	ZCuAl10Fe3	7.5	18.1	49.4	0.124	109760
18	ZCuAl10Fe3Mn2	7.5	16.0	58.6	0.125	98000
19	ZCuAl8Mn13Fe3Ni2	7.4	16.7	41.8	0.174	124460
20	ZCuAl9Fe4Ni4Mn2	7.6	15.1	75.3	0.193	124460

注：表中序号与表 14-1-146 和表 14-1-147 相对应。

1.10　圆柱齿轮结构

圆柱齿轮的结构一般根据动力参数、几何尺寸以及箱体条件的限制，结合生产加工方式与工艺水平进行选择。通常有以下齿轮结构形式和尺寸，见表14-1-149。

第 14 篇

表 14-1-149　　**圆柱齿轮结构形式和尺寸**

mm

结构形式	轴 齿 轮	锻 造 齿 轮	
适用条件	$d_a < 2D_1$ 或 $\delta < 2.5m_t$	$d_a < 200$	$d_a \leq 500$
结构图	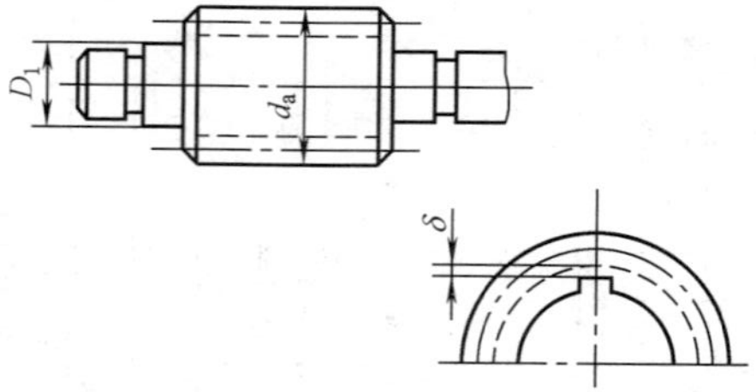	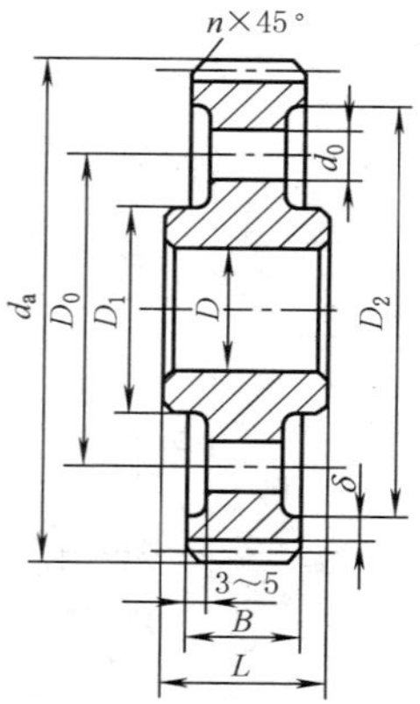	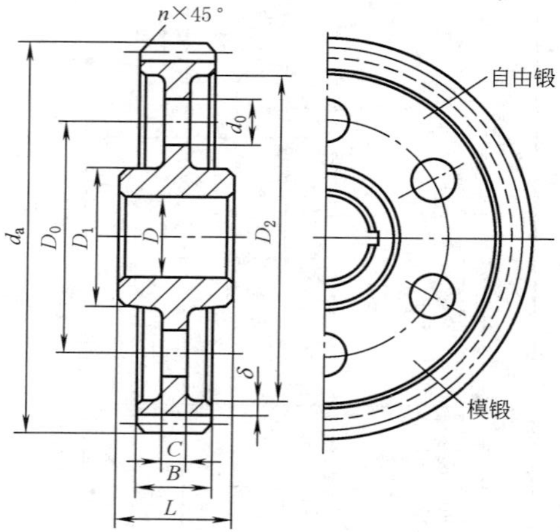
尺寸 D_1	—	$1.6D$	
L	—	$(1.2 \sim 1.5)D$，且 $L \geq B$	
δ	—	$2.5m_n$，但不小于 $8 \sim 10$	$(2.5 \sim 4)m_n$，但不小于 $8 \sim 10$
C	—	—	$0.3B$（自由锻）、$(0.2 \sim 0.3)B$（模锻）
D_0	—	$0.5(D_1 + D_2)$	
d_0	—	$0.25(D_2 - D_1)$，当 $d_0 < 10$ 时不必作孔	
n	—	$0.5m_n$	

续表

		铸造齿轮	
结构形式			
适用条件	平腹板:$d_a \leq 500$ 斜腹板:$d_a \leq 600$	$d_a = 400 \sim 1000$ $B \leq 200$	$d_a > 1000$,$B = 200 \sim 450$(上半部) $B > 450$(下半部)
结构图	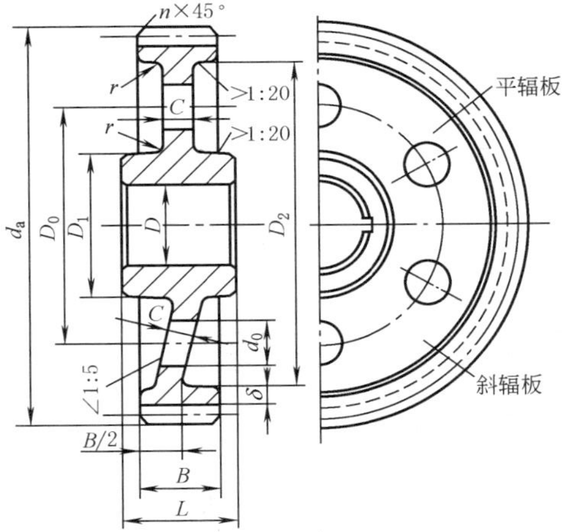	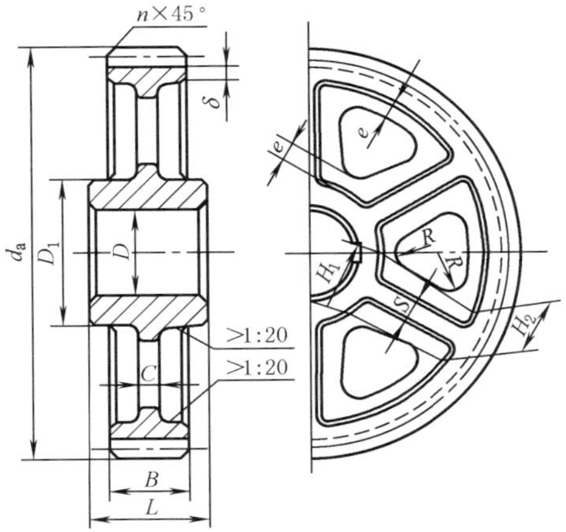	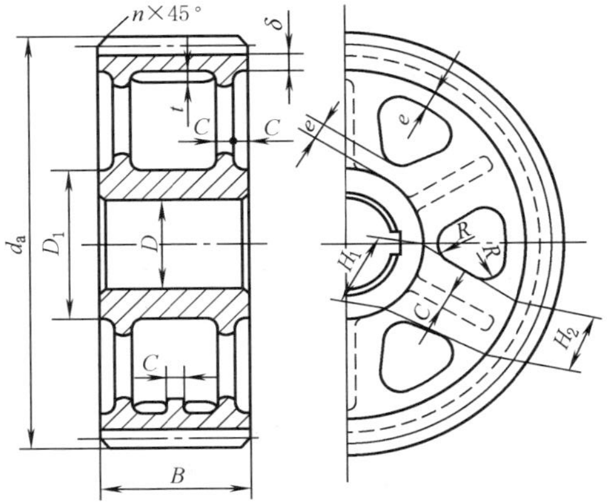

尺寸	平腹板、斜腹板	铸造齿轮
D_1	—	$1.6D$(铸钢),$1.8D$(铸铁)
L	—	$(1.2 \sim 1.5)D$,且 $L \geq B$
δ	—	$(2.5 \sim 4)m_n$,但不小于 8
H_1	—	$0.8D$
H_2	—	$0.8H_1$
C	$0.2B$,但不小于 10	$0.2H_1$,但不小于 10
S	—	$H_1/6$,但不小于 10
e	—	$(0.8 \sim 1.0)\delta$
D_0	$0.5(D_1 + D_2)$	—
d_0	$0.25(D_2 - D_1)$	—
R	按靠近轮毂的部分用单圆弧连接的条件决定	
t	—	$0.8e$
n	—	$0.5m_n$

第
14
篇

续表

结构形式	镶圈齿轮	焊接齿轮	
适用条件	$d_a > 600$	$d_a < 1000,\ B < 240$	$d_a > 1000,\ B > 240$
结构图	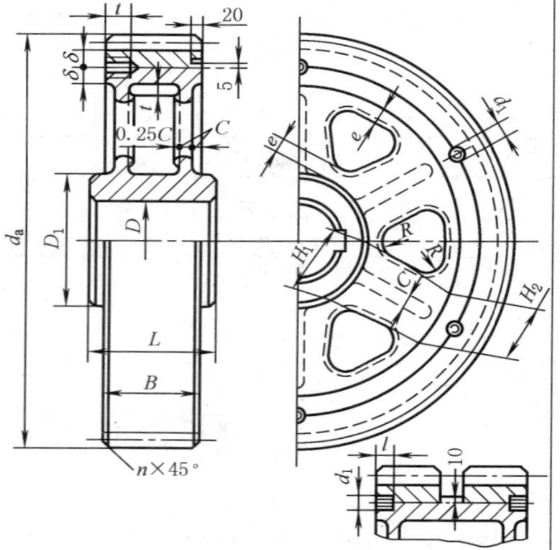	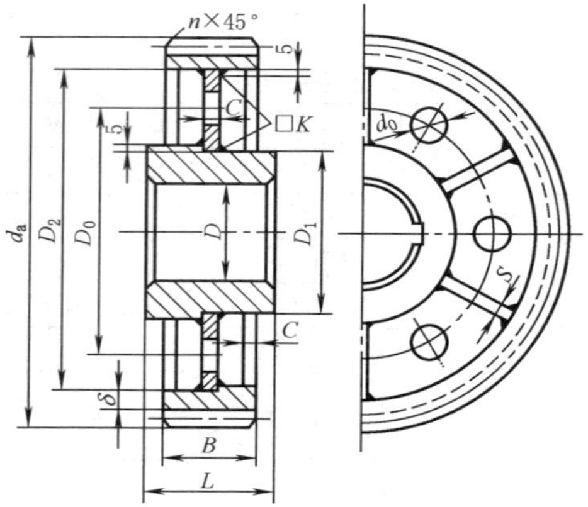	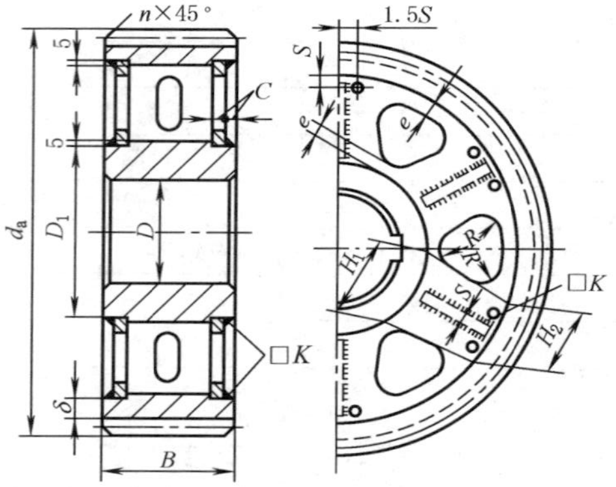
尺寸 D_1	1.6D（铸钢）、1.8D（铸铁）	$(1.2\sim1.5)D$,且 $L\geqslant B$	1.6D
L	4m_n,但不小于 15	2.5m_n,但不小于 8	
δ	—	—	—
H_1	0.8D	—	0.8D
H_2	0.8H_1	—	0.8H_1
C	0.15B	0.8C	0.8C
S	—	$(0.1\sim0.15)B$,但不小于 8	
e	$(0.8\sim1.0)\delta$	—	—
D_0	—	0.5(D_1+D_2)	0.2D
d_0	—	0.25(D_2-D_1),当 $d_2<10$ 时不必作孔	
R	按靠近轮毂的部分用单圆弧连接的条件决定	按靠近轮毂的部分用单圆弧连接的条件决定	
t	0.8e	—	—
n	—	0.5m_n	
d_1	$(0.05\sim0.1)D$	—	—
l	3d_1	—	—
K	—	0.67C	

续表

结构形式	剖分式齿轮
结构图	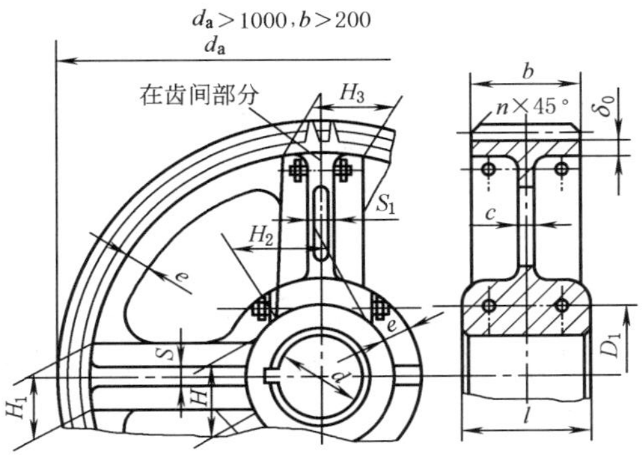 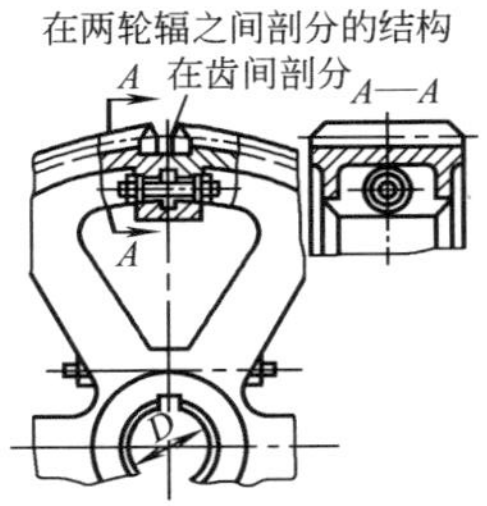 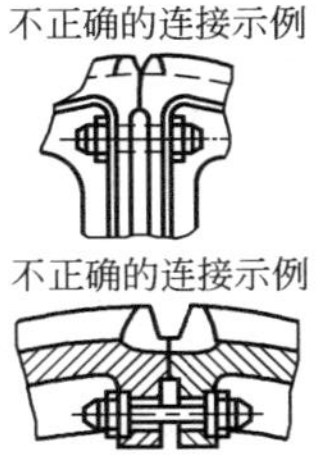
说明	

剖分式齿轮

不正确的连接示例

不正确的连接示例

在两轮辐之间剖分的结构 A 在齿间剖视 A—A

$d_a>1000,b>200$

在齿间剖切

①轮辐数和齿数应取偶数

②剖分轮辐的尺寸

$D_1=1.8d$　　　　$1.5d>l>b$

$\delta_0=(4\sim5)m_t$　　$H=0.8d$

$H_1=0.8H$　　　　$H_2=(1.4\sim1.5)H$

$H_3=0.8H_2$　　　$c=0.2b$

$S=0.8c$　　　　　$S_1=0.75S$

$e=1.5\delta_0$　　　　$n=0.5m_n$

③连接螺栓直径 d_1 按下值选取

连接螺栓位置	单排螺栓($B<100$mm)	双排螺栓($B>100$mm)
轮缘处	根 据 计 算 确 定	
轮毂处	$d_1=0.15D+(8\sim15)$mm	$d_1=0.12D+(8\sim15)$mm

④连接螺栓应尽量靠近大轮齿缘或轴线；在轮齿缘处应比大轮齿宽大 5~10mm。

注：1. 为便于装配，通常小轮齿宽比大轮齿宽大 5~10mm。

2. 当 $L\geq D>100$mm 时，轮毂孔内中部可以削出一个凹槽，其直径 $D'=D+6$mm，长度 $L'=\dfrac{L}{2}-12$mm。

3. 镶圈式结构齿圈与铸铁轮心的配合过盈量推荐按表 14-1-150 选取。

4. 用滚刀切削人字齿轮时，中间退刀槽尺寸见表 14-1-151。

表 14-1-150　　　　　　　　　　　　钢制齿圈与铸铁轮心配合的推荐过盈

名义直径 D		孔 的 偏 差		轴 的 偏 差		过 盈 量	
大于	到	下偏差	上偏差	上偏差	下偏差	最大值	最小值
mm		μm					
500	600	0	+80	+560	+480	560	400
600	700	0	+125	+700	+575	700	450
700	800	0	+150	+800	+650	800	500
800	1000	0	+200	+950	+750	950	550
1000	1200	0	+275	+1200	+925	1200	650
1200	1500	0	+375	+1500	+1125	1500	750
1500	1800	0	+500	+1900	+1400	1900	900
1800	2000	0	+600	+2200	+1600	2200	1000
2000	2200	0	+650	+2400	+1750	2400	1100
2200	2500	0	+700	+2600	+1900	2600	1200
2500	2800	0	+800	+2900	+2100	2900	1300
2800	3000	0	+900	+3200	+2300	3200	1400
3000	3200	0	+950	+3450	+2500	3450	1550
3200	3500	0	+1000	+3600	+2600	3600	1600
3500	3800	0	+1100	+4000	+2900	4000	1800
3800	4000	0	+1200	+4300	+3100	4300	1900

注：对于用两个齿圈镶套的人字齿轮（见图 14-1-87），应该用于转矩方向固定的场合，并在选择轮齿倾斜方向时应注意使轴向力方向朝齿圈中部。

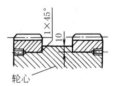

图 14-1-87　用两个齿圈镶套的人字齿轮

表 14-1-151　　　　　　　　　标准滚刀切制人字齿轮的中间退刀槽尺寸　　　　　　　　　　　　mm

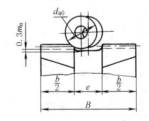

m_n	中间退刀槽宽 e			m_n	中间退刀槽宽 e		
	$\beta=15°\sim25°$	$\beta>25°\sim35°$	$\beta>35°\sim45°$		$\beta=15°\sim25°$	$\beta>25°\sim35°$	$\beta>35°\sim45°$
2	28	30	34	9	96	105	110
2.5	34	36	40	10	100	110	115
3	38	40	45	12	115	125	135
3.5	45	50	55	14	135	145	155
4	50	55	60	16	150	165	175
4.5	55	60	65	18	170	185	195
5	60	65	70	20	190	205	220
6	70	75	80	22	215	230	250
7	75	80	85	28	290	310	325
8	85	90	95				

注：用非标准滚刀切制人字齿轮的中间退刀槽宽 e 可按下式计算

$$e=2\sqrt{h(d_{a0}-h)\left[1-\left(\frac{m_n}{d_0}\right)^2\right]+\frac{m_n}{d_0}\left[l_0+\frac{(h_{a0}-x)m_n+c}{\tan\alpha_n}\right]}$$

式中　l_0——滚刀长度，其他代号同前。

1.11　圆柱齿轮零件工作图

1.11.1　需要在工作图中标注的一般尺寸数据

① 顶圆直径及其公差。

② 分度圆直径。

③ 齿宽。

④ 孔（轴）径及其公差。

⑤ 定位面及其要求（径向和端面跳动公差应标注在分度圆附近）。

⑥ 轮齿表面粗糙度（轮齿齿面粗糙度标注在齿高中部圆上或另行标注）。

1.11.2　需要在参数表中列出的数据

① 齿廓类型。

② 法向模数 m_n。

③ 齿数 z。

④ 齿廓齿形角 α。

⑤ 齿顶高系数 h_a^*。

⑥ 螺旋角 β。

⑦ 螺旋方向 $R(L)$。

⑧ 径向变位系数 x。

⑨ 齿厚，公称值及其上、下偏差。

a. 首先选用跨距（公法线长度）测量法，其 W_K 公称值及上偏差 E_{bns}、下偏差 E_{bni} 和跨测齿数 K。

b. 齿轮结构和尺寸不允许用跨距测量法时，也可采用跨球（圆柱）尺寸测量法或弦齿厚测量法。

⑩ 配对齿轮的图号及其齿数。

⑪ 齿轮精度等级。

a. 当单件或少量数件圆柱齿轮生产时，选用等级 GB/T 10095.1—2008。

b. 当批量生产圆柱齿轮时，选用等级 GB/T 10095.1—2008 和等级 GB/T 10095.2—2008。

c. 齿轮工作齿面和非工作齿面，一般选用同一精度等级，也可选用不同精度等级的组合。

⑫ 检验项目、代号及其允许值。

a. GB/T 10095.1—2008 规定：切向综合偏差（F_i'、f_i'），齿廓和螺旋线的形状和斜率偏差（$f_{f\alpha}$、$f_{f\beta}$、$f_{H\alpha}$、$f_{H\beta}$）不是必检项目。根据齿轮产品特殊需要，供需双方协商一致，可以标明其中的部分或全部偏差项目。

b. 检验项目要标明相应的计值范围 L_a 和 L_β。

1.11.3　其他数据

① 对于带轴的小齿轮，以及轴、孔不作为定心基准的大齿轮，在切齿前必须规定作定心检查用的表面最大径向跳动。

② 为检验轮齿的加工精度，对某些齿轮尚需推出其他一些技术参数（如基圆直径），或其他作为检验用的尺寸参数和形位公差（如齿顶圆柱面等）。

③ 当采用设计齿廓或设计螺旋线时，应在图样上详述其参数。

④ 给出必要的技术要求，如材料热处理、硬度、探伤、表面硬化，齿根圆过渡，以及其他等。

1.11.4　齿轮工作图示例

图样中参数表，一般放在图样右上角。参数表中列出参数项目可以根据实际情况增减，检验项目的允许值确定齿轮精度等级。图样中技术要求，一般放在图形下方空余地方。具体示例见图 14-1-88 和图 14-1-89。

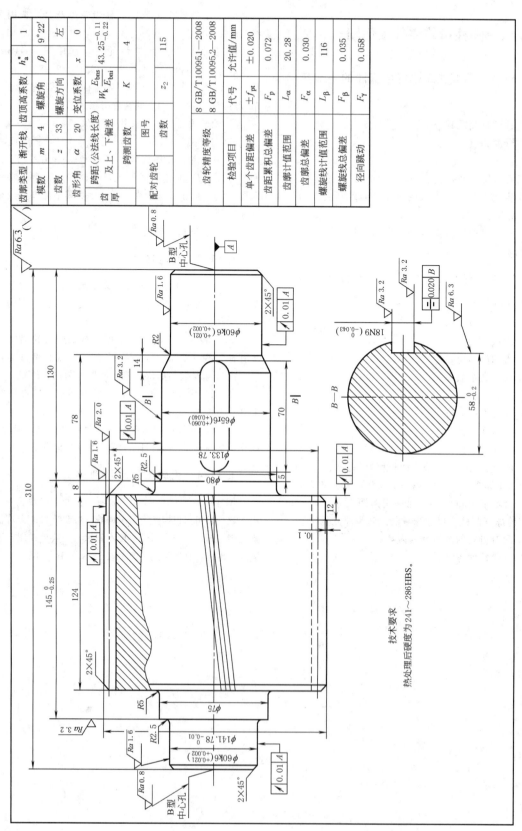

齿廓类型	渐开线		齿顶高系数	h_a^*	1
模数	m	4	螺旋角	β	9°22'
齿数	z	33	螺旋方向		左
齿形角	α	20	变位系数	x	0
齿厚	跨距(公法线长度)及上、下偏差	W_k $\dfrac{E_{bns}}{E_{bni}}$	$43.25^{-0.11}_{-0.22}$		
	跨测齿数	K	4		
配对齿轮	图号				
	齿数	z_2	115		
齿轮精度等级	8 GB/T10095.1—2008				
	8 GB/T10095.2—2008				
检验项目	代号	允许值/mm			
单个齿距偏差	$\pm f_{pt}$	±0.020			
齿距累积总偏差	F_p	0.072			
齿廓计值范围	L_α	20.28			
齿廓总偏差	F_α	0.030			
螺旋线计值范围	L_β	116			
螺旋线总偏差	F_β	0.035			
径向跳动	F_r	0.058			

技术要求

热处理后硬度为241~286HBS。

图 14-1-88　轴齿轮工作图示例

齿廓类型	渐开线		齿顶高系数	h_a^*	1
模数	m	3	螺旋角	β	8°06′34″
齿数	z	79	螺旋方向		右
齿形角	α	20°	变位系数	x	0
齿厚	跨距(公法线长度)及上、下偏差	$W_k \dfrac{E_{bns}}{E_{bni}}$		$87.55^{-0.13}_{-0.22}$	
	跨测齿数	K		10	
配对齿轮	图号				
	齿数	z_2		22	
齿轮精度等级	8 GB/T10095.1—2008				
	8 GB/T10095.2—2008				
检验项目	代号			允许值/mm	
单个齿距偏差	$\pm f_{pt}$			±0.018	
齿距累积总偏差	F_p			0.070	
齿廓计值范围	L_α			15.11	
齿廓总偏差	F_α			0.025	
螺旋线计值范围	L_β			48.0	
螺旋线总偏差	F_β			0.029	
径向跳动	F_γ			0.056	

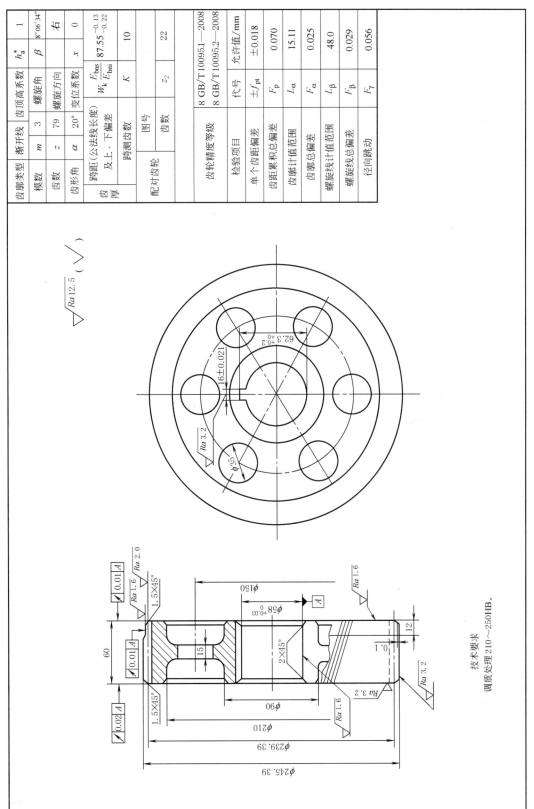

$\sqrt{Ra\,12.5}\ (\ \checkmark\ )$

$\sqrt{Ra\,3.2}$

$\phi 35$

$62.3^{+0.2}_{+0}$

16 ± 0.021

技术要求

调质处理 210～250HB。

图 14-1-89　齿轮工作图示例

第 2 章　圆弧圆柱齿轮传动

2.1　圆弧齿轮的分类、基本原理、特点及应用

表 14-2-1　　　　　　　　　　　　　圆弧齿轮的分类、基本原理、特点及应用

<table>
<tr><td colspan="2">名称</td><td>图　例</td><td>特　点</td><td>发展状况</td></tr>
<tr><td rowspan="2">分类</td><td>单圆弧齿轮</td><td></td><td>　单圆弧齿轮轮齿的工作齿廓曲线为一段圆弧。相啮合的一对齿轮副,一个齿轮的轮齿制成凸齿,配对的另一个齿轮的轮齿制成凹齿,凸齿的工作齿廓在节圆柱以外,凹齿的工作齿廓在节圆柱以内。为了不降低小齿轮的强度和刚度,通常把配对的小齿轮制成凸齿,大齿轮制成凹齿
　传动特性:单圆弧齿轮传动又称为圆弧点啮合齿轮传动</td><td>将逐步被双圆弧齿轮传动所取代</td></tr>
<tr><td>双圆弧齿轮</td><td></td><td>　双圆弧齿轮轮齿的工作齿廓曲线为两段圆弧。在一个轮齿上,节圆柱以外的齿廓为凸圆弧(凸齿)、节圆柱以内的齿廓为凹圆弧(凹齿),凸凹圆弧之间用一段过渡圆弧连接,形成台阶,称为分阶式双圆弧齿轮。也可用切线连接,成为公切线式双圆弧齿轮。双圆弧齿轮的两配对齿轮的齿廓相同
　传动特性:双圆弧齿轮传动称为节点前后啮合传动或双啮合线传动</td><td>双圆弧齿轮传动因有较高的承载能力,并得到了广泛的应用,正逐步取代单圆弧齿轮传动</td></tr>
<tr><td rowspan="6">基本原理</td><td colspan="4">　以端面圆弧齿廓啮合传动为例,说明圆弧齿轮和渐开线齿轮啮合传动时的本质区别。圆弧齿轮啮合时,在端面上为凸凹圆弧曲线接触,当凸圆弧和凹圆弧的半径相等时,齿面上的接触迹线为沿齿高分布的一段圆弧线,连续啮合传动,这条圆弧接触迹线由啮入端沿齿向线移动到啮出端。渐开线直齿轮啮合时,在端面上为凸凹曲线接触,齿面上的接触迹线为沿齿宽(轴向)分布的一条直线,连续啮合传动,这条接触迹线从齿根(主动轮啮入)移动到齿顶(主动轮啮出)</td></tr>
<tr><td colspan="4">　要在制造装配上实现圆弧齿轮沿齿高方向的线接触,那是很难的,它要求啮合凸凹齿廓圆弧半径相等且圆心在节点上,无误差加工,无误差装配。实际上圆弧齿轮齿廓设计要求,凸弧齿廓半径略小于凹弧齿廓半径,凸凹弧圆心分布在节线两侧(称为双偏共轭齿廓,如果凸弧圆心在节线上称为单偏共轭齿廓),这就给制造装配带来极大的方便。由于凸凹圆弧齿廓有半径差,端面圆弧齿廓啮合时,只有两齿廓圆心与节点共线,才在两齿廓内切处接触[图(a)中 K 点],并立即分离,而与它相邻的端面齿廓瞬间进入接触,又分离,如此重复实现啮合传动,根据这一特点,圆弧齿轮传动又称为圆弧点啮合齿轮传动。相啮合的两齿面经长期跑合(磨合),凸齿齿廓在接触点处的曲率半径逐渐增大,凹齿齿廓在接触点处的曲率半径逐渐减小,两工作齿面的齿廓曲率半径逐渐趋于相等,两齿廓圆心逐渐接近节点,就可逐步实现沿齿高方向的线接触,即所谓的线啮合传动(实际上齿面受载变形后是区域接触)</td></tr>
<tr><td colspan="4">　在图(a)中,K 点具有双重性,它是端面两齿廓啮合时的啮合点,又是两齿面的瞬时接触点。作为啮合点,两齿廓在该点的公法线必须通过节点 P。啮合点由啮入到啮出在空间沿轴向移动,其轨迹 K_aK_b[图(b)]称为啮合线。P 点也在空间沿轴向移动,其轨迹 P_aP_b[图(b)]称为节线(即节点连线,不同于齿廓中的节线)。啮合线和节线都是平行于轴线的直线。作为接触点在齿面上留下的轨迹 K_bK_c 和 K_bK_c'[图(b)]分别为两条螺旋线</td></tr>
<tr><td colspan="4">　当相啮合的两齿轮分别以 ω_1 和 ω_2 回转时,啮合点 K 以匀速 v_0 沿啮合线 K_aK_b 移动,同时在两齿面上分别形成两条螺旋接触迹线,其螺旋参数分别为

$$K_1 = \frac{v_0}{\omega_1};\ K_2 = \frac{v_0}{\omega_2}　　　　　　　　　　(14\text{-}2\text{-}1)$$</td></tr>
<tr><td colspan="4">　传动比　　　　　　　　　　$$i_{12} = \frac{\omega_1}{\omega_2} = \frac{K_2}{K_1}　　　　　　　　　　(14\text{-}2\text{-}2)$$</td></tr>
<tr><td colspan="4">　上式表明传动比与角速度成正比,与螺旋参数成反比。同一齿面的螺旋参数是不变的,所以齿面上接触迹线位置的偏移并不影响传动比。设 d_1、d_2 分别为两齿轮的节圆直径,β_1、β_2 分别为两齿轮节圆柱上的螺旋角,节圆柱上的螺旋参数分别为</td></tr>
</table>

$$
\left.
\begin{aligned}
K_1 &= \frac{d_1}{2}\cot\beta_1 \\
K_2 &= \frac{d_2}{2}\cot\beta_2
\end{aligned}
\right\}
\qquad(14\text{-}2\text{-}3)
$$

基
本
原
理

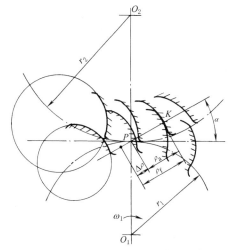

图(a)　端面上两齿廓在点 K 接触

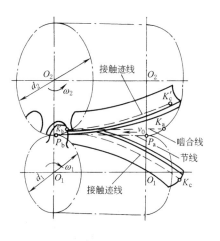

图(b)　圆弧齿轮的啮合线和
　　　齿面接触迹线

$$
i_{12}=\frac{\omega_1}{\omega_2}=\frac{K_2}{K_1}=\frac{d_2\cot\beta_2}{d_1\cot\beta_1} \qquad(14\text{-}2\text{-}4)
$$

齿轮啮合时,两齿轮的节圆线速度相等,则

$$
i_{12}=\frac{\omega_1}{\omega_2}=\frac{d_2}{d_1} \qquad(14\text{-}2\text{-}5)
$$

比较式(14-2-4)和式(14-2-5)得出 $\beta_1=\beta_2=\beta$

由于圆弧齿轮的啮合线平行于轴线,在啮合传动的每一瞬间,在同一轴截面(包括端面)上只能有一个啮合点,所以其端面重合度为零,圆弧齿轮必须制成斜齿轮才能啮合传动。为了保持连续啮合,必须在前一对齿脱开之前,后一对齿已进入啮合,即纵向重合度 $\varepsilon_\beta=\dfrac{b}{p_x}\geqslant1$[图(c)]。为了保证匀速传动,两齿轮的轴向齿距必须相等,即 $p_{x1}=p_{x2}=p_x$,而

$$
\left.
\begin{aligned}
p_{x1} &= \pi m_{n1}/\sin\beta_1 \\
p_{x2} &= \pi m_{n2}/\sin\beta_2
\end{aligned}
\right\}
\qquad(14\text{-}2\text{-}6)
$$

由于 $\beta_1=\beta_2=\beta$,所以 $m_{n1}=m_{n2}=m_n$,即一对相啮合的齿轮的模数必须相等。

综上所述,要保证圆弧齿轮能以恒定传动比连续匀速传动,必须使一对啮合齿轮的模数相等、螺旋角相等方向相反、纵向重合度等于或大于 1。这就是圆弧齿轮连续啮合传动的三要素。

单圆弧齿轮啮合传动,当主动轮是凸齿齿廓时,顺着旋转方向看,主动轮和被动轮齿廓在节点后啮合(接触),称为节点后啮合传动,反之称为节点前啮合传动[图(d)中(ⅰ)、(ⅱ)],单圆弧齿

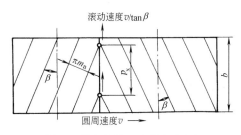

图(c)　轴向齿距 p_x 和纵向重合度

轮传动只有一条啮合线。双圆弧齿轮啮合传动[图(d)中(ⅲ)],既有节点前啮合(图中 K_A 点),又有节点后啮合(图中 K_T 点),有两条啮合线,称为节点前后啮合传动或双啮合线传动。双圆弧齿轮啮合传动时,同一轮齿上的凸凹齿廓都参与啮合,在参数相同条件下,其接触点数比单圆弧齿轮增加一倍,减小了齿面接触应力。另外双圆弧齿轮轮齿根部齿厚较大,提高了抗弯强度。所以双圆弧齿轮有较高的承载能力,已得到广泛应用,正逐步取代单圆弧齿轮传动

基本原理	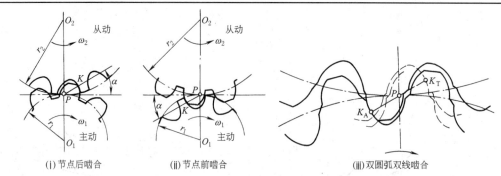 (i)节点后啮合　　　(ii)节点前啮合　　　(iii)双圆弧双线啮合 图(d)　节点前、后啮合情况
齿面接触强度高	圆弧齿轮的齿面接触应力是一个复杂的三维问题,但接触应力的大小与垂直于瞬时接触迹线平面内的相对曲率半径 ρ 有关, ρ 越大接触应力越小。圆弧齿轮是凸凹齿廓接触,有很大的相对曲率半径[图(e)中(ii)]。设 u 为一对啮合齿轮的齿数比,则圆弧齿轮的相对曲率半径为 $$\rho_H=\frac{R_{n1}R_{n2}}{R_{n1}+R_{n2}}=\frac{d_1}{2\sin\alpha\sin^2\beta}\times\frac{u}{u+1} \qquad (14\text{-}2\text{-}7)$$ 同参数渐开线齿轮的相对曲率半径为 $$\rho_j=\frac{R_{n1}R_{n2}}{R_{n1}+R_{n2}}=\frac{d_1\sin\alpha_n}{2\cos^2\beta}\times\frac{u}{u+1} \qquad (14\text{-}2\text{-}8)$$ 　　比较上两式可知,当 $\beta=10°\sim30°$ 的范围时,参数相同的圆弧齿轮与渐开线齿轮相比较,圆弧齿轮的相对曲率半径大约是渐开线齿轮的 20~200 倍, β 越小 ρ 越大。而且圆弧齿轮经跑合后沿齿高线是区域接触[图(e)中(ii)],所以单圆弧齿轮传动的接触强度承载能力一般比渐开线齿轮高 1~1.5 倍
具有良好的跑合性能	圆弧齿轮凸凹啮合齿面的相对曲率半径小,齿面间的离合度也小,转动起来很容易跑合。当凸凹齿廓圆弧半径差 $\Delta\rho$ 由于跑合消失后,啮合齿面沿齿高方向各处的相对滑动速度基本相等。所以圆弧齿轮经跑合后,齿面磨损缓慢、均匀光滑,有利于形成油膜
齿面间容易建立动压油膜	圆弧齿轮跑合后齿面光滑,啮合传动时接触点沿齿向线的滚动速度非常大 $v_0=v/\sin\beta$[图(e)中(ii)], β 越小 v_0 越大,这对建立齿面间的动压油膜极为有利。较厚的油膜可以提高抗胶合能力,提高承载能力,减少摩擦损耗,提高传动效率。圆弧齿轮的传动效率可达 0.99~0.995
齿面接触迹位置易受中心距和切深变动量影响	圆弧齿轮初始接触(跑合前),在端面齿廓上是一个点,在齿面上是一条沿齿向的螺旋迹线(简称接触迹也称接触带)。中心距和切深的变动量会影响初始接触压力角的大小[图(f)],在标准切深情况下,中心距偏小(即 $\Delta a<0$)使初始接触压力角增大,形成凸齿齿顶和凹齿齿根接触,接触迹位置偏向凸齿齿顶和凹齿齿根 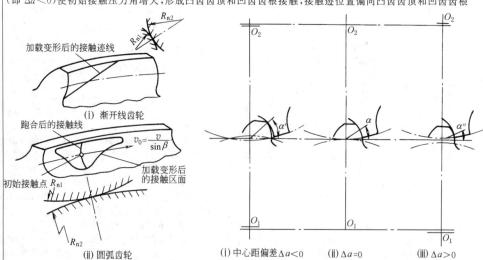 (i)渐开线齿轮　　　(ii)圆弧齿轮 图(e)　齿轮的曲率半径与接触迹　　(i)中心距偏差 $\Delta a<0$　(ii) $\Delta a=0$　(iii) $\Delta a>0$ 　　　　　　　　　　　　　　　　　图(f)　中心距误差对接触位置的影响 　　反之(即 $\Delta a>0$)使初始接触压力角减小,形成凸齿齿根和凹齿齿顶接触,接触迹位置偏向凸齿齿根和凹齿齿顶。同样,在标准中心距的情况下,齿深切浅或切深,相当于中心距偏小或偏大对接触位置的影响。变动量也就是加工中的偏差,中心距偏差和切深偏差对接触位置的影响可以相互叠加也可抵消,加工中应严格按公差要求控制中心距和切深的偏差,尽量减小其综合影响。否则,过大的偏差都会降低齿轮的承载能力,影响传动的平稳性

特点

特点	只有纵向重合度	圆弧齿轮传动中,轴向齿距偏差对啮合的影响,犹如渐开线齿轮传动中基节偏差的影响,会引起啮入和啮出冲击,增大振动,影响承载能力。加工中应注意控制齿向误差和轴向齿距偏差
	没有根切现象可以取较少的齿数	渐开线齿轮齿数很少时,基圆就会大于齿根圆,制齿时就易产生根切,削弱齿根强度,所以有最少齿数限制。圆弧齿轮没有这一问题,齿数可以取得很少,所以小齿轮齿数可以很小($z_{1min}=6\sim8$),但要保证齿轮和轴的强度和刚度
	抗弯强度低	轮齿抗弯强度较弱
	加工较复杂	一对单圆弧齿轮需用两把滚刀切制凸齿和凹齿,而切制一对渐开线齿轮只需要一把滚刀

成形工艺	目前圆弧齿轮最常用的加工方法是滚齿。滚齿工艺包括软齿面和中硬齿面滚齿以及渗碳液火硬齿面刮削(滚刮)工艺,分别采用高速钢滚刀、氮化钛涂层滚刀和钴高速钢滚刀,以及镶片式硬质合金滚刀。采用滚齿工艺还可以进行齿端修形(修薄),以减小齿端效应的影响和啮合时的冲击。单圆弧齿轮滚刀需用两把滚刀,凸齿滚刀滚切凹齿齿轮,凹齿滚刀滚切配对的凸齿齿轮。双圆弧齿轮滚齿,只需一把滚刀就可以滚切出两个配对齿轮
	圆弧齿轮还可以用指状铣刀成形加工,老式机械分度加工方法制造精度低、效率低,很少采用。如有可能采用数控加工,也是一种有效的制造工艺
	圆弧齿轮主要采用外啮合传动,很少采用内啮合传动,因为插斜齿设备较复杂,所以目前较少采用插斜齿工艺。即使是渐开线齿轮,也多采用插直齿(如行星齿轮传动),很少采用插斜齿工艺
	采用成形磨齿工艺可有效地提高圆弧齿轮的齿面硬度和几何精度,进一步提高其承载能力,但因其齿形复杂,目前尚未见采用磨齿工艺
	齿面精整加工工艺主要是采用蜗杆型软砂轮(PVA砂轮)珩齿。多用于齿面渗氮的高速齿轮,降低表面粗糙度、改善齿面精度、提高传动的平稳性
	对于齿面接触状况稍差的齿轮副,允许采用悬浮式(金刚砂均匀分布在膏内呈悬浮状)糊状研磨进行研齿,但要注意保护好轴承,研后清洗干净。研磨时间不宜太长,以免严重损失齿廓

圆弧齿轮的应用及发展	圆弧齿轮具有承载能力强、工艺简单、制造成本低和使用寿命长等优点。圆弧齿轮是一种性能优良的动力传动齿轮,除不能用于滑移齿轮变速机构外,大部分设备均可采用,已广泛应用于冶金轧钢、矿山输送、采油炼油、化工化纤、发电设备、轻工榨糖、建材水泥、交通航运等行业的高低速齿轮传动。目前在低速应用的最大模数为30mm。高速应用的最大功率为7700kW,最高线速度达到117m/s,齿面载荷系数为1.88MPa
	随着渗碳淬火硬齿面双圆弧齿轮滚刀制造技术的研究成功和应用,必将促进圆弧齿轮成形磨齿工艺的研究和发展,进一步提高圆弧齿轮的承载能力和使用寿命。为了进一步提高圆弧齿轮的承载能力,特别是提高其齿根弯曲强度,中硬齿面和硬齿面技术是圆弧齿轮发展趋势之一
	同渐开线齿轮传动相比,圆弧齿轮传动啮合过程接近纯滚动,且具有良好的跑合性,同时圆弧齿轮也存在着对中心距敏感、齿根弯曲强度低等一些缺点。因此如何把渐开线齿轮传动的中心距可分性与圆弧齿轮的特点结合起来,从而研制出一种兼有普通圆弧齿轮和渐开线齿轮优点的新型传动,是一个重要的发展方向

2.2 圆弧齿轮的模数、基本齿廓和几何尺寸计算

2.2.1 圆弧齿轮的模数系列

表 14-2-2   **圆弧齿轮模数系列**(GB/T 1840—1989)   mm

第一系列	1.5		2		2.5		3		4		5		6		8		10		12		16		20		25		32		40		50
第二系列		2.25		2.75		3.5		4.5		5.5		7		9				14		18		22		28		36		45	

注:优先采用第一系列。

2.2.2 圆弧齿轮的基本齿廓

圆弧齿轮的基本齿廓是指基本齿条(或齿条形刀具)在法平面内的齿廓。按基本齿廓标准制成的刀具(如滚刀),用同一种模数的滚刀可以加工不同齿数和不同螺旋角的齿轮。所以,实际使用的圆弧齿轮都是法面圆弧齿轮,法面圆弧齿轮传动的基本原理和端面圆弧齿轮相同,但加工方便。

2.2.2.1　单圆弧齿轮的滚刀齿形

表 14-2-3　　　　　　　"67 型"（单）圆弧齿轮滚刀法面齿形参数

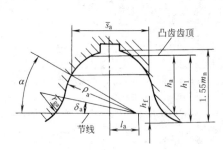
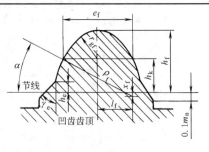

图（a）　加工凸齿用　　　　　　　　　　图（b）　加工凹齿用

参 数 名 称	加工凸齿	加 工 凹 齿	
	$m_n = 2\sim32$mm	$m_n = 2\sim6$mm	$m_n = 7\sim32$mm
压力角 α	30°	30°	30°
接触点离节线高度 h_k	$0.75m_n$	$0.75m_n$	$0.75m_n$
齿廓圆弧半径 ρ_a, ρ_f	$1.5m_n$	$1.65m_n$	$1.55m_n + 0.6$
齿顶高 h_a	$1.2m_n$	0	0
齿根高 h_f	$0.3m_n$	$1.36m_n$	$1.36m_n$
全齿高 h	$1.5m_n$	$1.36m_n$	$1.36m_n$
齿廓圆心偏移量 l_a, l_f	$0.529037m_n$	$0.6289m_n$	$0.5523m_n + 0.5196$
齿廓圆心移距量 x_a, x_f	0	$0.075m_n$	$0.025m_n + 0.3$
接触点处齿厚 $\bar{s}_a, \bar{s}_f$	$1.54m_n$	$1.5416m_n$	$1.5616m_n$
接触点处槽宽 e_a, e_f	$1.6016m_n$	$1.60m_n$	$1.58m_n$
接触点处侧隙 j	—	$0.06m_n$	$0.04m_n$
凹齿齿顶倒角高度 h_e	—	$0.25m_n$	$0.25m_n$
凹齿齿顶倒角 γ_e	—	30°	30°
凸齿工艺角 δ_a	8°47′34″	—	
齿根圆弧半径 r_g	$0.6248m_n$	$0.6227m_n$	$\dfrac{2.935m_n + 0.9}{2} - \dfrac{l_f^2}{2(0.165m_n + 0.3)}$

2.2.2.2　双圆弧齿轮的基本齿廓

表 14-2-4　　　　　　双圆弧齿轮基本齿廓参数（GB/T 12759—1991）

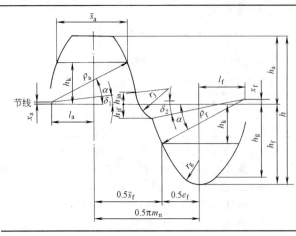

α—压力角；h—全齿高；h_a—齿顶高；h_f—齿根高；ρ_a—凸齿齿廓圆弧半径；ρ_f—凹齿齿廓圆弧半径；x_a—凸齿齿廓圆心移距量；x_f—凹齿齿廓圆心移距量；l_a—凸齿齿廓圆心偏移量；l_f—凹齿齿廓圆心偏移量；$\bar{s}_a$—凸齿接触点处弦齿厚；h_k—接触点到节线的距离；h_{ja}—过渡圆弧和凸齿圆弧的切点到节线的距离；h_{jf}—过渡圆弧和凹齿圆弧的交点到节线的距离；e_f—凸齿接触点处槽宽；$\bar{s}_f$—凹齿接触点处弦齿厚；δ_1—凸齿工艺角；δ_2—凹齿工艺角；r_j—过渡圆弧半径；r_g—齿根圆弧半径；h_g—齿根圆弧和凹齿圆弧的切点到节线的距离

续表

法向模数 m_n/mm	基 本 齿 廓 的 参 数										
	α	h^*	h_a^*	h_f^*	ρ_a^*	ρ_f^*	x_a^*	x_f^*	l_a^*	$\bar{s}_a^*$	h_k^*
1.5～3	24°	2	0.9	1.1	1.3	1.420	0.0163	0.0325	0.6289	1.1173	0.5450
＞3～6	24°	2	0.9	1.1	1.3	1.410	0.0163	0.0285	0.6289	1.1173	0.5450
＞6～10	24°	2	0.9	1.1	1.3	1.395	0.0163	0.0224	0.6289	1.1173	0.5450
＞10～16	24°	2	0.9	1.1	1.3	1.380	0.0163	0.0163	0.6289	1.1173	0.5450
＞16～32	24°	2	0.9	1.1	1.3	1.360	0.0163	0.0081	0.6289	1.1173	0.5450
＞32～50	24°	2	0.9	1.1	1.3	1.340	0.0163	0.0000	0.6289	1.1173	0.5450

法向模数 m_n/mm	基 本 齿 廓 的 参 数									
	l_f^*	h_{ja}^*	h_{jf}^*	e_f^*	$\bar{s}_f^*$	δ_1	δ_2	r_j^*	r_g^*	h_g^*	侧隙 j
1.5～3	0.7086	0.16	0.20	1.1773	1.9643	6°20′52″	9°25′31″	0.5049	0.4030	0.9861	0.06m_n
＞3～6	0.6994	0.16	0.20	1.1773	1.9643	6°20′52″	9°19′30″	0.5043	0.4004	0.9883	0.06m_n
＞6～10	0.6957	0.16	0.20	1.1573	1.9843	6°20′52″	9°10′21″	0.4884	0.3710	1.0012	0.04m_n
＞10～16	0.6820	0.16	0.20	1.1573	1.9843	6°20′52″	9°0′59″	0.4877	0.3663	1.0047	0.04m_n
＞16～32	0.6638	0.16	0.20	1.1573	1.9843	6°20′52″	8°48′11″	0.4868	0.3595	1.0095	0.04m_n
＞32～50	0.6455	0.16	0.20	1.1573	1.9843	6°20′52″	8°35′01″	0.4858	0.3520	1.0145	0.04m_n

导出参数

$$h_k^* = x_a^* + \rho_a^* \sin\alpha$$

$$x_f^* = \rho_f^* \sin\alpha - h_k^*$$

$$\bar{s}_a^* = 2(\rho_a^* \cos\alpha - l_a^*)$$

$$l_f^* = l_a^* - 0.5j^* + (\rho_f^* - \rho_a^*)\cos\alpha$$

$$e_f^* = 2(\rho_f^* \cos\alpha - l_f^*)$$

$$\bar{s}_f^* = \pi - e_f^*$$

$$\delta_1 = \arcsin\left(\frac{h_{ja}^* - x_a^*}{\rho_a^*}\right)$$

$$\delta_2 = \arcsin\left(\frac{h_{jf}^* + x_f^*}{\rho_f^*}\right)$$

$$r_g^* = \frac{\rho_f^{*2} - l_f^{*2} - (h_f^* + x_f^*)^2}{2(\rho_f^* - h_f^* - x_f^*)}$$

$$= \frac{1}{2}\left[(\rho_f^* + h_f^* + x_f^*) - \frac{l_f^{*2}}{\rho_f^* - h_f^* - x_f^*}\right]$$

$$h_g^* = \frac{\rho_f^*(h_f^* + x_f^* - r_g^*)}{\rho_f^* - r_g^*} - x_f^*$$

$$r_j^* = \frac{1}{2}\left[\frac{\omega^2 + (h_{ja}^* + h_{jf}^*)^2}{\omega\cos\delta_1 - (h_{ja}^* + h_{jf}^*)\sin\delta_1}\right]$$

式中　$\omega = 0.5\pi + l_a^* + l_f^* - \rho_a^*\cos\delta_1 - \rho_f^*\cos\delta_2$

2.2.3　圆弧齿轮的几何参数和尺寸计算

表 14-2-5　　　　　　　　圆弧齿轮的几何参数和尺寸计算

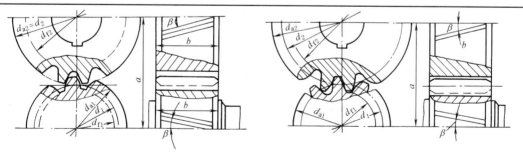

参数名称及代号	计 算 公 式	
	单 圆 弧 齿 轮	双 圆 弧 齿 轮
中心距 a	$a = \dfrac{1}{2}(d_1 + d_2) = \dfrac{m_n(z_1 + z_2)}{2\cos\beta}$ 由强度计算或结构设计确定,减速器 a 取标准值	
法向模数 m_n	$\dfrac{m_n}{a} = 0.01 \sim 0.02$(特殊用途可达 0.04) 由弯曲强度计算或结构设计确定,取标准值(表 14-2-2)	
齿数和 z_Σ	$z_\Sigma = \dfrac{2a\cos\beta}{m_n}$ 按初选螺旋角 β 计算 单斜齿 $\beta = 10° \sim 20°$;人字齿 $\beta = 25° \sim 35°$	

续表

参数名称及代号	计 算 公 式	
	单 圆 弧 齿 轮	双 圆 弧 齿 轮
齿数 z	小齿轮 $z_1 = \dfrac{z_\Sigma}{1+i} = \dfrac{2a\cos\beta}{(1+i)m_n}$ 大齿轮 $z_2 = iz_1$ 按给定传动比 $i \geqslant 1$ 计算，齿数取整数	
齿数比 u	$u = \dfrac{z_2}{z_1}$ 校验传动比误差	
螺旋角 β	$\cos\beta = \dfrac{m_n(z_1+z_2)}{2a}$ 准确到秒	
齿宽 b	单斜齿 $b = \varphi_a a$ $\varphi_a = 0.4 \sim 0.8$ 人字齿 $b = \varphi_a a$ $\varphi_a = 0.3 \sim 0.6$（单边）	
纵向重合度 ε_β	$\varepsilon_\beta = \dfrac{b}{p_x} = \dfrac{b\sin\beta}{\pi m_n}$ b——有效齿宽（扣除齿端修薄）	
同一齿上凸齿和凹齿两接触点间的轴向距离 q_{TA}	—	$q_{TA} = \dfrac{0.5(\pi m_n - j) + 2(l_a + x_a\cot\alpha)}{\sin\beta}$ $2\left(\rho_a + \dfrac{x_a}{\sin\alpha}\cos\alpha\sin\beta\right)$
接触点距离系数 λ	—	$\lambda = \dfrac{q_{TA}}{p_x}$
总重合度 ε_γ	$\varepsilon_\gamma = \varepsilon_\beta$	$\varepsilon_\gamma = \varepsilon_\beta + \lambda$（当 $\varepsilon_\beta \geqslant \lambda$）
分度圆直径 d	小齿轮 $d_1 = \dfrac{2az_1}{z_1+z_2} = \dfrac{m_n z_1}{\cos\beta}$ 大齿轮 $d_2 = \dfrac{2az_2}{z_1+z_2} = \dfrac{m_n z_2}{\cos\beta}$	
齿顶高 h_a	凸齿 $h_{a1} = 1.2m_n$ 凹齿 $h_{a2} = 0$	$h_a = 0.9m_n$
齿根高 h_f	凸齿 $h_{f1} = 0.3m_n$ 凹齿 $h_{f2} = 1.36m_n$	$h_f = 1.1m_n$
全齿高 h	凸齿 $h_1 = h_{a1} + h_{f1} = 1.5m_n$ 凹齿 $h_2 = h_{f2} = 1.36m_n$	$h = h_a + h_f = 2m_n$
齿顶圆直径 d_a	凸齿 $d_{a1} = d_1 + 2h_{a1}$ 凹齿 $d_{a2} = d_2$	小齿轮 $d_{a1} = d_1 + 2h_a$ 大齿轮 $d_{a2} = d_2 + 2h_a$
齿根圆直径 d_f	凸齿 $d_{f1} = d_1 - 2h_{f1}$ 凹齿 $d_{f2} = d_2 - 2h_{f2}$	小齿轮 $d_{f1} = d_1 - 2h_f$ 大齿轮 $d_{f2} = d_2 - 2h_f$

参数名称及代号	计 算 公 式	
	单圆弧凸齿和双圆弧齿轮	单圆弧凹齿
弦齿厚（法向）$\bar{s}$ 	$\bar{s}_a = 2\left(\rho_a + \dfrac{x_a}{\sin\alpha}\right)\cos(\alpha+\delta_a) - m_n z_v\sin\delta_a$ $\delta_a = \dfrac{2(l_a + x_a\cot\alpha)}{m_n z_v}$ 式中 α——基本齿廓的压力角 δ_a——凸齿齿廓圆弧的圆心偏角 测量齿高的计算公式 $\bar{h}_a = h_a - \left(\rho_a + \dfrac{x_a}{\sin\alpha}\right)\sin(\alpha+\delta_a) +$ $\dfrac{m_n z_v}{2}(1-\cos\delta_a)$ $z_v = \dfrac{z}{\cos^3\beta}$	$\bar{s}_f = 2\left\{\dfrac{m_n z_v}{2}\sin\left(\dfrac{\pi}{z_v}+\delta_f\right) - \right.$ $\left(\rho_f - \dfrac{x_f}{\sin\alpha}\right)\cos\left[\alpha - \left(\dfrac{\pi}{z_v}+\delta_f\right)\right]\left.\right\}$ $\bar{h}_f = \dfrac{m_n z_v}{2}\left[1 - \cos\left(\dfrac{\pi}{z_v}+\delta_f\right)\right] +$ $\left(\rho_f - \dfrac{x_f}{\sin\alpha}\right)\sin\left[\alpha - \left(\dfrac{\pi}{z_v}+\delta_f\right)\right]$ $\delta_f = \dfrac{2(l_f - x_f\cot\alpha)}{m_n z_v}$ 式中 δ_f——凹齿齿廓圆弧的圆心偏角

续表

参数名称及代号	计　算　公　式	
	单圆弧凸齿和双圆弧齿轮	单圆弧凹齿

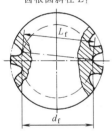

弦齿深（法向）$\bar{h}$

$$\bar{h}=h-h_g+\frac{1}{2}(d_a'-d_a)$$

式中　h——全齿高

　　　　h_g——弓高

　　　　d_a'——齿顶圆直径实测值

　　　　d_a——齿顶圆直径

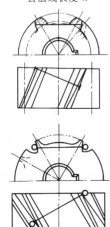

对于单圆弧齿轮凸齿和双圆弧齿轮，弓高 h_g

$$h_g=\frac{1}{4}(z_v m_n+2h_a)\left(\frac{\pi}{z_v}-\frac{s_a}{z_v m_n+2h_a}\right)^2$$

$$s_a=\left(0.742-\frac{0.43}{z_v}\right)m_n$$

$$s_a=\left(0.6491-\frac{0.61}{z_v}\right)m_n$$

式中　h_a——凸齿齿顶高

　　　　z_v——当量齿数

　　　　s_a——齿顶厚，随齿数减少而变窄，拟合成上述公式

对于单圆弧齿轮凹齿弓高 h_g

$$h_g=\frac{1}{z_v m_n}(\sqrt{\rho_f^2-(h_e+x_f)^2}+$$
$$h_e\tan\gamma_e-l_f)^2$$

式中　ρ_f——凹齿齿廓圆弧半径

　　　　h_e——凹齿齿顶倒角高度

　　　　x_f——凹齿齿廓圆心移距量

　　　　γ_e——凹齿齿顶倒角

　　　　l_f——凹齿齿廓圆心偏移量

齿根圆斜径 L_f

对偶数齿，测齿根圆直径 d_f　　　$d_f=d-2h_f$

对奇数齿，测齿根圆斜径 L_f　　　$L_f=d_f\cos\dfrac{90°}{z}$

公法线长度 W

$$W=\frac{d\sin^2\alpha_t+2x}{\sin\alpha_n}\pm2\rho$$

$$\tan\alpha_n=\tan\alpha_t\cos\beta$$

式中　d——分度圆直径

　　　　x——齿廓圆心移距量：凸齿 x_a，凹齿 x_f

　　　　ρ——齿廓圆弧半径：凸齿 ρ_a，用正（＋）号；凹齿 ρ_f，用负（－）号

　　　　α_n——测点法向压力角

　　　　α_t——测点端面压力角

测点端面压力角，需求解超越方程（误差在 1″以内），计算精度应为小数第五位

$\alpha_{ta}=M_a-B\sin2\alpha_{ta}-Q_a\cot\alpha_{ta}$　（rad）	$\alpha_{tf}=M_f-B\sin2\alpha_{tf}-Q_f\cot\alpha_{tf}$　（rad）
$M_a=\dfrac{1}{z}\left[(k_a-1)\pi-\dfrac{2l_a}{m_n}\right]$	$M_f=\dfrac{1}{z}\left(k_f\pi+\dfrac{2l_f}{m_n}\right)$
$B=\dfrac{1}{2}\tan^2\beta$	$B=\dfrac{1}{2}\tan^2\beta$
$Q_a=\dfrac{2x_a}{zm_n\cos\beta}$	$Q_f=\dfrac{2x_f}{zm_n\cos\beta}$
式中　l_a——凸齿齿廓圆心偏移量 　　　　k_a——凸齿跨齿数	式中　l_f——凹齿齿廓圆心偏移量 　　　　k_f——凹齿跨齿数

参数名称及代号	计 算 公 式	
	单圆弧凸齿和双圆弧齿轮	单圆弧凹齿
	k_a 的计算：$$k_a = \frac{z}{\pi}\left[\alpha_{t0} + \frac{1}{2}\tan^2\beta\sin2\alpha_t\right] + \frac{2}{\pi}\left(\frac{l_a}{m_n} + \frac{x_a\cot\alpha_0}{m_n}\right) + 1$$（取整数）	k_f 的计算：$$k_f = \frac{z}{\pi}\left[\alpha_{t0} + \frac{1}{2}\tan^2\beta\sin2\alpha_t\right] - \frac{2}{\pi}\left(\frac{l_f}{m_n} - \frac{x_f\cot\alpha_0}{m_n}\right)$$（取整数）
	式中，α_{t0} 的单位为 rad，$\tan\alpha_{t0} = \dfrac{\tan\alpha_0}{\cos\beta}$，$\alpha_0$——基本齿廓的压力角	

2.3   圆弧齿轮传动精度

2.3.1   精度等级及其选择

GB/T 15753—1995《圆弧圆柱齿轮精度》规定的精度等级从高到低分 4、5、6、7、8 五级。目前尚无成熟的工艺方法加工 4 级精度的齿轮，故齿轮精度等级选用表中不推荐 4 级精度。

表 14-2-6   精度等级选用表

精度等级	加 工 方 法	适 用 工 况	节圆线速度/m·s^{-1}
5 级（高精度）	采用中硬齿面调质处理，在高精度滚齿机上用 AA 级滚刀切齿，齿面硬化处理（离子渗氮等）并进行珩齿	要求传动很平稳，振动、噪声小，节线速度高及齿面载荷系数大的齿轮，例如透平齿轮	≤120
6 级（精密）	采用中硬齿面调质处理，在高精度滚齿机上用 AA 级滚刀切齿，齿面硬化处理（离子渗氮等）并进行珩齿	要求传动平稳，振动、噪声较小，节线速度较高，齿面载荷系数较大的齿轮，例如汽轮机、鼓风机、压缩机齿轮等	≤100
7 级（中等精度）	采用中硬齿面调质处理，在较精密滚齿机上用 A 级滚刀切齿。小齿轮可进行齿面硬化处理（离子碳氮共渗等），也可采用渗碳淬火硬齿面，采用硬质合金镶片滚刀加工	中等速度的重载齿轮，例如轧钢机齿轮，矿井提升机、带式输送机、球磨机、榨糖机以及起重运输机械的主传动齿轮等	≤25
8 级（低精度）	采用中硬齿面或软齿面调质处理，在普通滚齿机上用 A 级或 B 级滚刀切齿	一般用途的低速齿轮，例如抽油机齿轮、通用减速器齿轮等矿山、冶金设备用齿轮	≤10

2.3.2   齿轮、齿轮副误差及侧隙的定义和代号

表 14-2-7   齿轮、齿轮副误差及侧隙的定义和代号（GB/T 15753—1995）

名 称	定 义
切向综合误差 $\Delta F_i'$ 切向综合公差 F_i'	被测齿轮与理想精确的测量齿轮单面啮合时，在被测齿轮一转内，实际转角与公称转角之差的总幅度值，以分度圆弧长计值
一齿切向综合误差 $\Delta f_i'$ 一齿切向综合公差 f_i'	被测齿轮与理想精确的测量齿轮单面啮合时，在被测齿轮一齿距角内，实际转角与公称转角之差的最大幅度值，以分度圆弧长计值
齿距累积误差 ΔF_p k 个齿距累积误差 ΔF_{pk} 齿距累积公差 F_p k 个齿距累积公差 F_{pk}	在检查圆[①]上任意两个同侧齿面间的实际弧长与公称弧长之差的最大差值 在检查圆上，k 个齿距的实际弧长与公称弧长之差的最大差值，k 为 2 到小于 $\frac{z}{2}$ 的整数
齿圈径向跳动 ΔF_r 齿圈径向跳动公差 F_r	在齿轮一转范围内，测头在齿槽内，于凸齿或凹齿中部双面接触，测头相对于齿轮轴线的最大变动量
公法线长度变动 ΔF_w 公法线长度变动公差 F_w	在齿轮一周范围内，实际公法线长度最大值与最小值之差 $\Delta F_w = W_{max} - W_{min}$
齿距偏差 Δf_{pt} 齿距极限偏差 $\pm f_{pt}$	在检查圆上，实际齿距与公称齿距之差 用相对法测量时，公称齿距是指所有实际齿距的平均值

名　　　称	定　　　义
齿向误差 ΔF_β 一个轴向齿距内的齿向误差 Δf_β 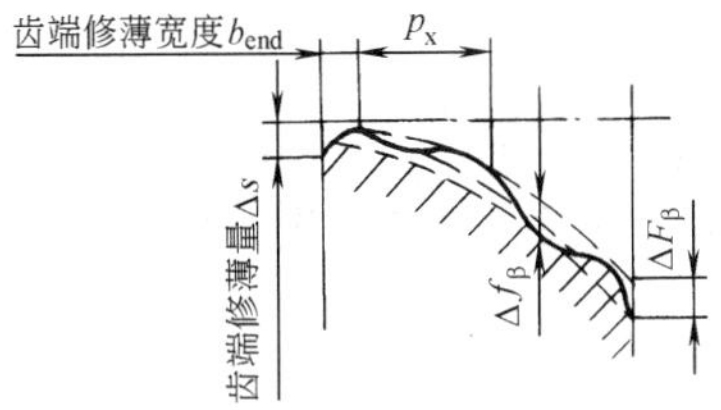 齿端修薄宽度 b_{end}　　p_x 齿向公差 F_β 一个轴向齿距内的齿向公差 f_β	在检查圆柱面上,在有效齿宽范围内(端部倒角部分除外),包容实际齿向线的两条最近的设计齿线之间的端面距离 　　在有效齿宽中,任一轴向齿距范围内,包容实际齿线的两条最近的设计齿线之间的端面距离 　　设计齿线可以是修正的圆柱螺旋线,包括齿端修薄及其他修形曲线 　　齿宽两端的齿向误差只允许逐渐偏向齿体内
轴向齿距偏差 ΔF_{px} 一个轴向齿距偏差 Δf_{px} 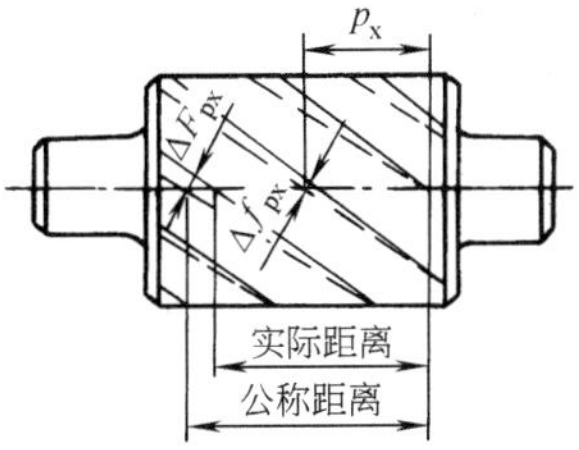 实际距离 公称距离 轴向齿距极限偏差 $\pm F_{px}$ 一个轴向齿距极限偏差 $\pm f_{px}$	在有效齿宽范围内,与齿轮基准轴线平行而大约通过凸齿或凹齿中部的一条直线上,任意两个同侧齿面间的实际距离与公称距离之差。沿齿面法线方向计值 　　在有效齿宽范围内,与齿轮基准轴线平行而大约通过凸齿或凹齿中部的一条直线上,任一轴向齿距内,两个同侧齿面间的实际距离与公称距离之差。沿齿面法线方向计值
螺旋线波度误差 $\Delta f_{f\beta}$ 螺旋线波度公差 $f_{f\beta}$	在有效齿宽范围内,凸齿或凹齿中部的实际齿线波纹的最大波幅。沿齿面法线方向计值
弦齿深偏差 ΔE_h 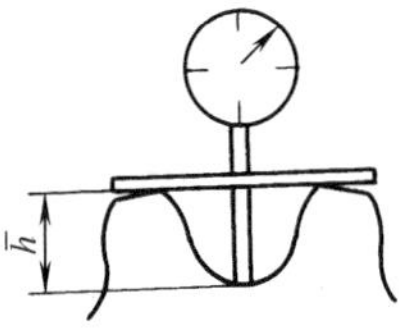 弦齿深极限偏差 $\pm E_h$	在齿轮一周内,实际弦齿深减去实际外圆直径偏差后与公称弦齿深之差 　　在法面中测量
齿根圆直径偏差 ΔE_{df} 齿根圆直径极限偏差 $\pm E_{df}$	齿根圆直径实际尺寸和公称尺寸之差,对于奇数齿可用齿根圆斜径代替 　　斜径的公称尺寸 L_f 为 $$L_f = d_f \cos\frac{90°}{z}$$
齿厚偏差 ΔE_s 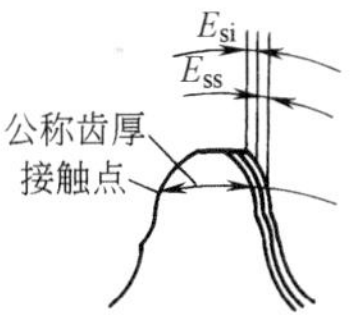 E_{si} E_{ss} 公称齿厚 接触点 	接触点所在圆柱面上,法向齿厚实际值与公称值之差

名　称	定　义
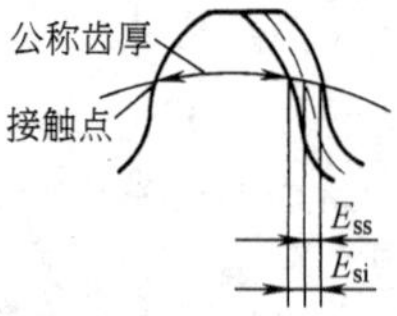 齿厚极限偏差 　上偏差 E_{ss} 　下偏差 E_{si} 　公差 T_s	
公法线长度偏差 ΔE_w 公法线长度极限偏差 　上偏差 E_{ws} 　下偏差 E_{wi} 　公差 T_w	在齿轮一周内,公法线实际长度值与公称值之差
齿轮副的切向综合误差 $\Delta F'_{ic}$ 齿轮副的切向综合公差 F'_{ic}	在设计中心距下安装好的齿轮副,在啮合转动足够多的转数内,一个齿轮相对于另一个齿轮的实际转角与公称转角之差的总幅度值。以分度圆弧长计值
齿轮副的一齿切向综合误差 $\Delta f'_{ic}$ 齿轮副的一齿切向综合公差 f'_{ic}	安装好的齿轮副,在啮合转动足够多的转数内,一个齿轮相对于另一个齿轮,一个齿距的实际转角与公称转角之差的最大幅度值。以分度圆弧长计值
齿轮副的接触迹线 接触迹线位置偏差 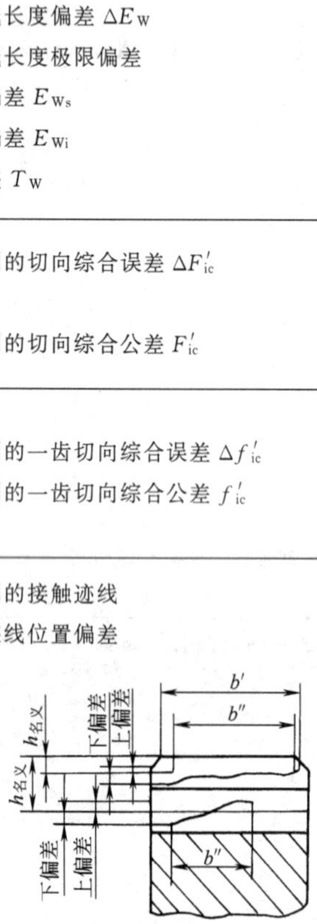 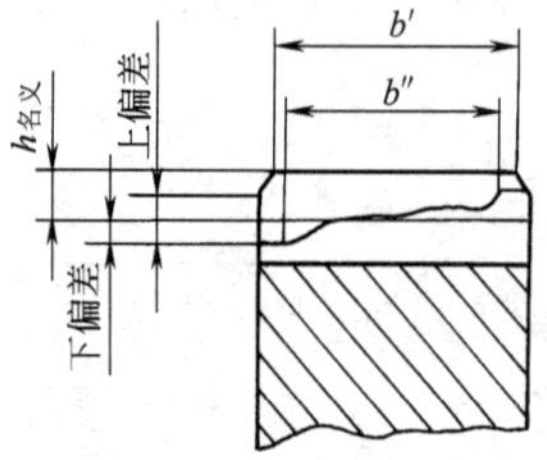 接触迹线沿齿宽分布的长度	凸凹齿面瞬时接触时,由于齿面接触弹性变形而形成的挤压痕迹 装配好的齿轮副,跑合之前,着色检验,在轻微制动下,齿面实际接触迹线偏离名义接触迹线的高度 对于双圆弧齿轮: 凸齿: $h_{名义}=\left(0.355-\dfrac{1.498}{z_v+1.09}\right)m_n$ 凹齿: $h_{名义}=\left(1.445-\dfrac{1.498}{z_v-1.09}\right)m_n$ 对于单圆弧齿轮: 凸齿: $h_{名义}=\left(0.45-\dfrac{1.688}{z_v+1.5}\right)m_n$ 凹齿: $h_{名义}=\left(0.75-\dfrac{1.688}{z_v-1.5}\right)m_n$ 式中　z_v——当量齿数, $z_v=\dfrac{z}{\cos^3\beta}$ 　　　　z——齿数 　　　　β——螺旋角 沿齿长方向,接触迹线的长度 b'' 与工作长度 b' 之比即 $$\dfrac{b''}{b'}\times100\%$$

名　　称	定　　义
齿轮副的接触斑点 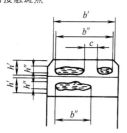	装配好的齿轮副,经空载检验,在名义接触迹线位置附近齿面上分布的接触擦亮痕迹 接触痕迹的大小在齿面展开图上用百分数计算 沿齿长方向:接触痕迹的长度 b''(扣除超过模数值的断开部分 c)与工作长度 b'[②]之比的百分数,即 $$\frac{b''-c}{b'}\times100\%$$ 沿齿高方向:接触痕迹的平均高度 h'' 与工作高度 h' 之比的百分数,即 $$\frac{h''}{h'}\times100\%$$
齿轮副的侧隙 j_t 圆周侧隙 法向侧隙 j_n 最大极限侧隙 j_{tmax} 　　　　　　j_{nmax} 最小极限侧隙 j_{tmin} 　　　　　　j_{nmin}	装配好的齿轮副,当一个齿轮固定时,另一个齿轮的圆周晃动量。以接触点所在圆上的弧长计值 装配好的齿轮副,当工作齿面接触时,非工作齿面之间的最小距离
齿轮副的中心距偏差 Δf_a 齿轮副的中心距极限偏差 $\pm f_a$	在齿轮副的齿宽中间平面内,实际中心距与公称中心距之差
轴线的平行度误差 x 方向轴线的平行度误差 Δf_x y 方向轴线的平行度误差 Δf_y 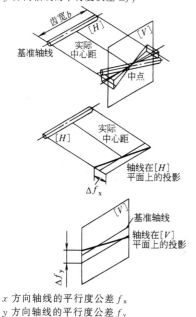 x 方向轴线的平行度公差 f_x y 方向轴线的平行度公差 f_y	一对齿轮的轴线,在其基准平面[H]上投影的平行度误差,在等于齿宽的长度上测量 一对齿轮的轴线,在垂直于基准平面,并且平行于基准轴线的平面[V]上投影的平行度误差,在等于齿宽的长度上测量 备注:包含基准轴线,并通过由另一轴线与齿宽中间平面相交的点所形成的平面,称为基准平面。两条轴线中任何一条轴线都可以作为基准轴线

① 检查圆是指位于凸齿或凹齿中部与分度圆同心的圆。
② 工作长度 b' 是指全齿长扣除小齿轮两端修薄长度。

2.3.3　公差分组及其检验

　　根据齿轮副的工作要求、生产批量、齿轮规格和计量条件，在公差组中，可任选一个给定精度的检验组来检验齿轮。也可按用户提出的精度和检验项目进行检验。各项目检验结果应符合标准规定。

表 14-2-8　　　　　　　　　　公差分组及推荐的检验组项目

公差组	公差与极限偏差项目	误差特性	对传动性能的主要影响	推荐的检验组项目及说明
I	F_i'、F_p(F_{pk}) F_r、F_w	以齿轮一转为周期的误差	传递运动的精确性	F_i' 目前尚无圆弧齿轮专用量仪 F_p(F_{pk})推荐用 F_p，F_{pk} 仅在必要时加检 F_r 与 F_w 可用于 7、8 级齿轮，当其中有一项超差时，应按 F_p 鉴定和验收
II	f_i'、f_{pt}、f_β、f_{px}、$f_{f\beta}$	在齿轮一周内，多次周期性重复出现的误差	传动的平稳性、噪声、振动	f_i' 目前尚无圆弧齿轮专用量仪 推荐用 f_{pt} 与 f_β（或 f_{px}）；对于 6 级及高于 6 级的齿轮加检 $f_{f\beta}$ 8 级精度齿轮允许只检 f_{pt}
III	F_β、F_{px} E_{df}、E_h （E_w、E_s）	齿向误差、轴向齿距偏差、齿形的径向位置误差	载荷沿齿宽分布的均匀性、齿高方向的接触部位和承载能力	推荐用 F_β 与 E_{df}（或 E_h），或用 F_{px} 与 E_{df}（或 E_h），必要时加检 E_w 或 E_s
齿轮副	F_{ic}'、f_{ic}' 接触迹线位置偏差、接触斑点及齿侧间隙	综合性误差	影响工作平稳性和承载能力	可用传动误差测量仪检查 F_{ic}' 和 f_{ic}' 跑合前检查接触迹线位置和侧隙，合格后进行跑合。跑合后检查接触斑点

　　注：参照 GB/T 15753—1995《圆弧圆柱齿轮精度》。

2.3.4　检验项目的极限偏差及公差值（GB/T 15753—1995）

表 14-2-9　　　　　　　　　　极限偏差及公差计算式

精度等级	F_p $A\sqrt{L}+C$		F_r $Am_n+B\sqrt{d}+C$ $B=0.25A$		F_w $B\sqrt{d}+C$		f_{pt} $Am_n+B\sqrt{d}+C$ $B=0.25A$		F_β $A\sqrt{b}+C$		E_h $Am_n+B\sqrt[3]{d}+C$			E_{df} $Am_n+B\sqrt[3]{d}$	
	A	C	A	C	B	C	A	C	A	C	A	B	C	A	B
4	1.0	2.5	0.56	7.1	0.34	5.4	0.25	3.15	0.63	3.15	0.72	1.44	2.16	1.44	2.88
5	1.6	4	0.90	11.2	0.54	8.7	0.40	5	0.80	4	0.9	1.8	2.7	1.8	3.6
6	2.5	6.3	1.40	18	0.87	14	0.63	8	1	5	0.9	1.8	2.7	1.8	3.6
7	3.55	9	2.24	28	1.22	19.4	0.90	11.2	1.25	6.3	1.125	2.25	3.375	2.25	4.5
8	5	12.5	3.15	40	1.7	27	1.25	16	2	10	1.125	2.25	3.375	2.25	4.5

项目	计算公式	项目	计算公式
切向综合公差 F_i'	$F_i'=F_p+f_\beta$	齿厚公差 T_s	$E_{ss}=-2\tan\alpha(-E_h)$ $E_{si}=-2\tan\alpha(+E_h)$ $T_s=E_{ss}-E_{si}$
一齿切向综合公差 f_i'	$f_i'=0.6(f_{pt}+f_\beta)$		
螺旋线波度公差 $f_{f\beta}$	$f_{f\beta}=f_i'\cos\beta$		
轴向齿距极限偏差 F_{px}	$F_{px}=F_\beta$	齿轮副的切向综合公差 F_{ic}'	$F_{ic}'=F_{i1}'+F_{i2}'$ 　　当两齿轮的齿数比为不大于 3 的整数且采用选配时，F_{ic}' 可比计算值压缩 25% 或更多。齿轮副的一齿切向综合公差 f_{ic}' $f_{ic}'=f_{i1}'+f_{i2}'$
一个轴向齿距极限偏差 f_{px}	$f_{px}=f_\beta$		
中心距极限偏差 f_a	$f_a=0.5$(IT6,IT7,IT8)		
公法线长度公差 T_w	$E_{ws}=-2\sin\alpha(-E_h)$ $E_{wi}=-2\sin\alpha(+E_h)$ $T_w=E_{ws}-E_{wi}$		

　　注：d——齿轮分度圆直径；b——轮齿宽度；L——分度圆弧长；m_n——齿轮法向模数。

表 14-2-10　　　　　　　齿距累积公差 F_p 及 k 个齿距累积公差 F_{pk} 值　　　　　　　μm

L/mm		精　度　等　级				
大于	到	4	5	6	7	8
—	32	8	12	20	28	40
32	50	9	14	22	32	45
50	80	10	16	25	36	50
80	160	12	20	32	45	63
160	315	18	28	45	63	90
315	630	25	40	63	90	125
630	1000	32	50	80	112	160
1000	1600	40	63	100	140	200
1600	2500	45	71	112	160	224
2500	3150	56	90	140	200	280
3150	4000	63	100	160	224	315
4000	5000	71	112	180	250	355
5000	7200	80	125	200	280	400

注：1. F_p 和 F_{pk} 按分度圆弧长 L 查表。

查 F_p 时，取 $L=\dfrac{1}{2}\pi d=\dfrac{\pi m_n z}{2\cos\beta}$；

查 F_{pk} 时，取 $L=\dfrac{K\pi m_n}{\cos\beta}$（$k$ 为 2 到小于 $z/2$ 的整数）。

式中　d——分度圆直径；m_n——法向模数；z——齿数；β——分度圆螺旋角。

2. 除特殊情况外，对于 F_{pk}，k 值规定取为小于 $z/6$ 或 $z/8$ 的最大整数。

表 14-2-11　　　　　　　　　　齿圈径向跳动公差 F_r 值　　　　　　　　　　　μm

分度圆直径/mm		法向模数/mm	精　度　等　级				
大于	到		4	5	6	7	8
—	125	1.5～3.5	9	14	22	36	50
		>3.5～6.3	11	16	28	45	63
		>6.3～10	13	20	32	50	71
		>10～16	—	22	36	56	80
125	400	1.5～3.5	10	16	25	40	56
		>3.5～6.3	13	18	32	50	71
		>6.3～10	14	22	36	56	80
		>10～16	16	25	40	63	90
		>16～25	20	32	50	80	112
400	800	1.5～3.5	11	18	28	45	63
		>3.5～6.3	13	20	32	50	71
		>6.3～10	14	22	36	56	80
		>10～16	18	28	45	71	100
		>16～25	22	36	56	90	125
		>25～40	28	45	71	112	160
800	1600	1.5～3.5	—	—	—	—	—
		>3.5～6.3	14	22	36	56	80
		>6.3～10	16	25	40	63	90
		>10～16	18	28	45	71	100
		>16～25	22	36	56	90	125
		>25～40	28	45	71	112	160
1600	2500	1.5～3.5	—	—	—	—	—
		>3.5～6.3	—	—	—	—	—
		>6.3～10	18	28	45	71	100
		>10～16	20	32	50	80	112
		>16～25	25	40	63	100	140
		>25～40	32	50	80	125	180

续表

分度圆直径/mm		法向模数/mm	精 度 等 级				
大于	到		4	5	6	7	8
2500	4000	1.5～3.5	—	—	—	—	—
		>3.5～6.3	—	—	—	—	—
		>6.3～10	—	—	—	—	—
		>10～16	22	36	56	90	125
		>16～25	25	40	63	100	140
		>25～40	32	50	80	125	180

表 14-2-12　　　　　　　　公法线长度变动公差 F_w 值　　　　　　　　μm

分度圆直径/mm		精 度 等 级				
大于	到	4	5	6	7	8
—	125	8	12	20	28	40
125	400	10	16	25	36	50
400	800	12	20	32	45	63
800	1600	16	25	40	56	80
1600	2500	18	28	45	71	100
2500	4000	25	40	63	90	125

表 14-2-13　　　　　　　　齿距极限偏差± f_{pt}　　　　　　　　μm

分度圆直径/mm		法向模数/mm	精 度 等 级				
大于	到		4	5	6	7	8
—	125	1.5～3.5	4.0	6	10	14	20
		>3.5～6.3	5.0	8	13	18	25
		>6.3～10	5.5	9	14	20	28
		>10～16	—	10	16	22	32
125	400	1.5～3.5	4.5	7	11	16	22
		>3.5～6.3	5.5	9	14	20	28
		>6.3～10	6.0	10	16	22	32
		>10～16	7.0	11	18	25	36
		>16～25	9.0	14	22	32	45
400	800	1.5～3.5	5.0	8	13	18	25
		>3.5～6.3	5.5	9	14	20	28
		>6.3～10	7.0	11	18	25	36
		>10～16	8.0	13	20	28	40
		>16～25	10	16	25	36	50
		>25～40	13	20	32	45	63
800	1600	>3.5～6.3	6.0	10	16	22	32
		>6.3～10	7.0	11	18	25	36
		>10～16	8.0	13	20	28	40
		>16～25	10	16	25	36	50
		>25～40	13	20	32	45	63
1600	2500	>6.3～10	8.0	13	20	28	40
		>10～16	9.0	14	22	32	45
		>16～25	11	18	28	40	56
		>25～40	14	22	36	50	71
2500	4000	>10～16	10	16	25	36	50
		>16～25	11	18	28	40	56
		>25～40	14	22	36	50	71

表 14-2-14　　　　　　　齿向公差 F_β 值（一个轴向齿距内齿向公差 f_β 值）　　　　　　μm

有效齿宽（轴向齿距）/mm		精　度　等　级				
大于	到	4	5	6	7	8
—	40	5.5	7	9	11	18
40	100	8.0	10	12	16	25
100	160	10	12	16	20	32
160	250	12	16	19	24	38
250	400	14	18	24	28	45
400	630	17	22	28	34	55

注：一个轴向齿距内的齿向公差按轴向齿距查表。

表 14-2-15　　　　　　　　　　　　　　　　　轴线平行度公差

x 方向轴线平行度公差 $f_x = F_\beta$	F_β 见表 14-2-14
y 方向轴线平行度公差 $f_y = \dfrac{1}{2} F_\beta$	

表 14-2-16　　　　　　　　　　　中心距极限偏差 $\pm f_a$　　　　　　　　　　μm

第Ⅱ公差组精度等级		4	5,6	7,8
f_a		$\dfrac{1}{2}$IT6	$\dfrac{1}{2}$IT7	$\dfrac{1}{2}$IT8
齿轮副的中心距 /mm	大于	到 120		
	大于	到 120	11	17.5	27
	120	180	12.5	20	31.5
	180	250	14.5	23	36
	250	315	16	26	40.5
	315	400	18	28.5	44.5
	400	500	20	31.5	48.5
	500	630	22	35	55
	630	800	25	40	62
	800	1000	28	45	70
	1000	1250	33	52	82
	1250	1600	39	62	97
	1600	2000	46	75	115
	2000	2500	55	87	140
	2500	3150	67.5	105	165

表 14-2-17　　　　　　　　　　　弦齿深极限偏差 $\pm E_h$　　　　　　　　　　μm

分度圆直径/mm		法向模数 /mm	精　度　等　级		
大于	到		4	5,6	7,8
—	50	1.5～3.5	10	12	15
		>3.5～6.3	12	15	19
50	80	1.5～3.5	11	14	17
		>3.5～6.3	13	16	20
		>6.3～10	15	19	24
80	120	1.5～3.5	12	15	18
		>3.5～6.3	14	18	21
		>6.3～10	17	21	26
		>10～16	—	—	32
120	200	1.5～3.5	13	16	21
		>3.5～6.3	15	19	23
		>6.3～10	18	23	27
		>10～16	—	—	34
		>16～32	—	—	49

第 14 篇

续表

分度圆直径/mm		法向模数 /mm	精 度 等 级		
大于	到		4	5,6	7,8
200	320	1.5～3.5	15	18	23
		>3.5～6.3	17	21	26
		>6.3～10	20	24	30
		>10～16	—	—	36
		>16～32	—	—	53
320	500	1.5～3.5	17	21	24
		>3.5～6.3	18	23	27
		>6.3～10	21	26	32
		>10～16	—	—	38
		>16～32	—	—	57
500	800	1.5～3.5	18	23	—
		>3.5～6.3	20	26	30
		>6.3～10	23	28	34
		>10～16	—	—	42
		>16～32	—	—	57
800	1250	>3.5～6.3	23	28	34
		>6.3～10	25	31	38
		>10～16	—	—	45
		>16～32	—	—	60
1250	2000	>3.5～6.3	25	31	38
		>6.3～10	27	34	42
		>10～16	—	—	49
		>16～32	—	—	68
2000	3150	>3.5～6.3	27	34	—
		>6.3～10	30	38	45
		>10～16	—	—	53
		>16～32	—	—	68
3150	4000	>3.5～6.3	30	38	—
		>6.3～10	36	45	49
		>10～16	—	—	57
		>16～32	—	—	75

注：对于单圆弧齿轮，弦齿深极限偏差取 $\pm E_h/0.75$。

表 14-2-18　　　　　　　　　　齿根圆直径极限偏差 $\pm E_{df}$ 　　　　　　　　　　μm

分度圆直径/mm		法向模数 /mm	精 度 等 级		
大于	到		4	5,6	7,8
—	50	1.5～3.5	15	19	23
		>3.5～6.3	19	24	30
50	80	1.5～3.5	17	21	26
		>3.5～6.3	21	26	33
		>6.3～10	27	34	42
80	120	1.5～3.5	19	24	29
		>3.5～6.3	23	28	36
		>6.3～10	29	36	45
		>10～16	—	—	57
120	200	1.5～3.5	22	27	33
		>3.5～6.3	26	32	38
		>6.3～10	32	39	49
		>10～16	—	—	60
		>16～32	—	—	90

续表

分度圆直径/mm		法向模数 /mm	精 度 等 级		
大于	到		4	5,6	7,8
200	320	1.5～3.5	24	30	38
		>3.5～6.3	29	36	42
		>6.3～10	34	42	53
		>10～16	—	—	64
		>16～32	—	—	94
320	500	1.5～3.5	27	34	42
		>3.5～6.3	32	39	50
		>6.3～10	38	48	57
		>10～16	—	—	68
		>16～32	—	—	98
500	800	1.5～3.5	32	39	—
		>3.5～6.3	36	45	53
		>6.3～10	41	51	60
		>10～16	—	—	75
		>16～32	—	—	105
800	1250	>3.5～6.3	41	51	60
		>6.3～10	46	57	68
		>10～16	—	—	83
		>16～32	—	—	113
1250	2000	>6.3～10	48	60	75
		>10～16	—	—	90
		>16～32	—	—	120
2000	3150	>6.3～10	60	75	—
		>10～16	—	—	105
		>16～32	—	—	135
3150	4000	>10～16	—	—	120
		>16～32	—	—	150

注：对于单圆弧齿轮，齿根圆直径极限偏差取 $\pm E_{df}/0.75$。

表 14-2-19　　　　　　　　　接触迹线长度和位置偏差

齿轮类型及检验项目			精 度 等 级				
			4	5	6	7	8
双圆弧齿轮	接触迹线位置偏差		$\pm 0.11m_n$	$\pm 0.15m_n$		$\pm 0.18m_n$	
	按齿长不少于工作齿长/%	第一条	95	90	90	85	80
		第二条	75	70	60	50	40
单圆弧齿轮	接触迹线位置偏差		$\pm 0.15m_n$	$\pm 0.20m_n$		$\pm 0.25m_n$	
	按齿长不少于工作齿长/%		95	90		85	

表 14-2-20　　　　　　　　　接触斑点　　　　　　　　　　　　　　　%

齿轮类型及检验项目			精 度 等 级				
			4	5	6	7	8
双圆弧齿轮	按齿高不少于工作齿高		60	55	50	45	40
	按齿长不少于工作齿长	第一条	95	95	90	85	80
		第二条	90	85	80	70	60
单圆弧齿轮	按齿高不少于工作齿高		60	55	50	45	40
	按齿长不少于工作齿长		95	95	90	85	80

注：对于齿面硬度≥300HBS 的齿轮副，其接触斑点沿齿高方向应为≥$0.3m_n$。

2.3.5　齿坯公差

表 14-2-21　　　　　　　　　　　齿坯尺寸和形状公差

齿轮精度等级[①]		4	5	6	7	8
孔	尺寸公差 形状公差	IT4	IT5	IT6	IT7	
轴	尺寸公差 形状公差	IT4	IT5		IT6	
顶圆直径[②]		IT6			IT7	

① 当三个公差组的精度等级不同时，按最高的精度等级确定公差值。
② 当顶圆不作测量齿深和齿厚的基准时，尺寸公差按 IT11 给定，但不大于 $0.1m_n$。

表 14-2-22　齿轮基准面的径向圆跳动公差　　μm

分度圆直径/mm		精 度 等 级		
大于	到	4	5,6	7,8
—	125	7	11	18
125	400	9	14	22
400	800	12	20	32
800	1600	18	28	45
1600	2500	25	40	63
2500	4000	40	63	100

表 14-2-23　齿轮基准面的端面圆跳动公差　　μm

分度圆直径/mm		精 度 等 级		
大于	到	4	5,6	7,8
—	125	2.8	7	11
125	400	3.6	9	14
400	800	5	12	20
800	1600	7	18	28
1600	2500	10	25	40
2500	4000	16	40	63

2.3.6　图样标注及零件工作图

（1）图样标注

1）在齿轮工作图上应注明齿轮的精度等级和侧隙系数。当采用标准齿廓滚刀加工时，可不标注侧隙系数。

标注示例 1：三个公差组的精度不同，采用标准齿廓滚刀加工。

7 - 6 - 6　GB/T 15753—1995
　　　　——第 Ⅲ 公差组的精度等级
　　　　——第 Ⅱ 公差组的精度等级
　　　　——第 Ⅰ 公差组的精度等级

标注示例 2：三个公差组的精度相同，采用标准齿廓滚刀加工。

7　GB/T 15753—1995
　——第Ⅰ、Ⅱ、Ⅲ公差组的精度等级

标注示例 3：三个公差组的精度相同，侧隙有特殊要求 $j_n = 0.07m_n$。

5 - (0.07)　GB/T 15753—1995
　　　——侧隙系数
　　　——第Ⅰ、Ⅱ、Ⅲ 公差组的精度等级

2）在图样上应标注的主要尺寸数据有：顶圆直径及其公差，分度圆直径，根圆直径及其公差，齿宽，孔（轴）径及其公差。基准面（包括端面、孔圆柱面和轴圆柱面）的形位公差。轮齿表面及基准面的粗糙度。轮齿表面粗糙度见表 14-2-24 的推荐值，其余表面（包括基准面）的粗糙度，可根据配合精度和使用要求确定。

3）在图样右上角用表格列出齿轮参数以及应检验的项目代号和公差值等。检验项目根据传动要求确定。常检的项目有：齿距累积公差 F_p、齿圈径向跳动公差 F_r、齿距极限偏差 $\pm f_{pt}$、齿向公差 F_β、齿根圆直径极限偏差（或弦齿深、弦齿厚、公法线平均长度极限偏差）等。除齿根圆直径极限偏差标在图样上外，弦齿深、弦齿厚和公法线平均长度极限偏差均列在表格内。接触迹线位置和接触斑点检验要求列在装配图上。

表 14-2-24　　　　　　　　　　　圆弧齿轮的齿面粗糙度

精 度 等 级	5、6级	7级		8级	
法向模数 m_n/mm	1.5~10	1.5~10	>10	1.5~10	>10
跑合前的齿面粗糙度 Ra/μm	0.8	2.5	3.2	3.2	6.3

4) 对齿轮材料的力学性能、热处理、锻铸件质量、动静平衡以及其他特殊要求，均以技术要求的形式，用文字或表格标注在右下角标题栏上方，或附近其他合适的地方。

（2）零件工作图

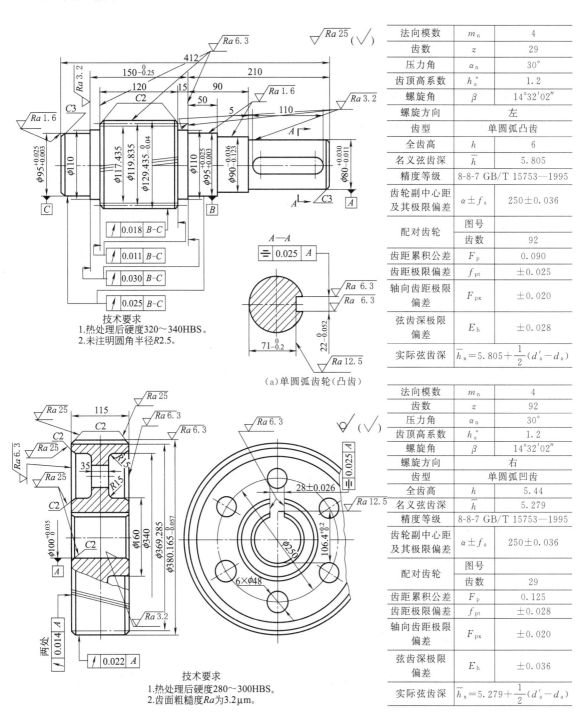

法向模数	m_n	4
齿数	z	29
压力角	α_n	30°
齿顶高系数	h_a^*	1.2
螺旋角	β	14°32′02″
螺旋方向		左
齿型		单圆弧凸齿
全齿高	h	6
名义弦齿深	$\overline{h}$	5.805
精度等级		8-8-7 GB/T 15753—1995
齿轮副中心距及其极限偏差	$\alpha \pm f_a$	250±0.036
配对齿轮	图号	
	齿数	92
齿距累积公差	F_p	0.090
齿距极限偏差	f_{pt}	±0.025
轴向齿距极限偏差	F_{px}	±0.020
弦齿深极限偏差	E_h	±0.028
实际弦齿深	\multicolumn{2}{c}{$\overline{h}_x = 5.805 + \dfrac{1}{2}(d_a' - d_a)$}

（a）单圆弧齿轮（凸齿）

技术要求
1.热处理后硬度320～340HBS。
2.未注明圆角半径R2.5。

法向模数	m_n	4
齿数	z	92
压力角	α_n	30°
齿顶高系数	h_a^*	1.2
螺旋角	β	14°32′02″
螺旋方向		右
齿型		单圆弧凹齿
全齿高	h	5.44
名义弦齿深	$\overline{h}$	5.279
精度等级		8-8-7 GB/T 15753—1995
齿轮副中心距及其极限偏差	$\alpha \pm f_a$	250±0.036
配对齿轮	图号	
	齿数	29
齿距累积公差	F_p	0.125
齿距极限偏差	f_{pt}	±0.028
轴向齿距极限偏差	F_{px}	±0.020
弦齿深极限偏差	E_h	±0.036
实际弦齿深	\multicolumn{2}{c}{$\overline{h}_x = 5.279 + \dfrac{1}{2}(d_a' - d_a)$}

技术要求
1.热处理后硬度280～300HBS。
2.齿面粗糙度Ra为3.2μm。

（b）单圆弧齿轮（凹齿）

图 14-2-1

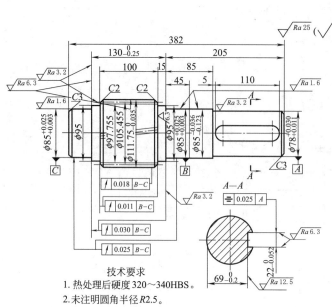

法向模数	m_n	3.5
齿数	z	29
压力角	α_n	24°
齿顶高系数	h_a^*	0.9
螺旋角	β	15°44′26″
螺旋方向		左
齿型		双圆弧
全齿高	h	7
名义弦齿深	$\overline{h}$	6.922
精度等级		8-8-7 GB/T 15753—1995
齿轮副中心距及其极限偏差	$\alpha \pm f_a$	220±0.036
配对齿轮	图号	
	齿数	92
齿距累积公差	F_p	0.090
齿距极限偏差	f_{pt}	±0.020
轴向齿距极限偏差	F_{px}	±0.016
弦齿深极限偏差	E_h	±0.021
实际弦齿深	$\overline{h}_x=6.922+\dfrac{1}{2}(d'_a-d_a)$	

技术要求
1. 热处理后硬度 320～340HBS。
2. 未注明圆角半径 R2.5。

(c)双圆弧齿轮(主动轮)

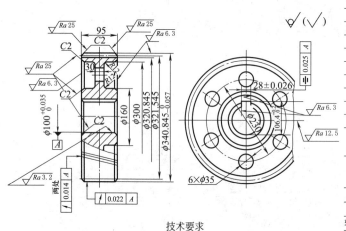

法向模数	m_n	3.5
齿数	z	92
压力角	α_n	24°
齿顶高系数	h_a^*	0.9
螺旋角	β	15°44′26″
螺旋方向		右
齿型		双圆弧
全齿高	h	7
名义弦齿深	$\overline{h}$	6.975
精度等级		8-8-7 GB/T 15753—1995
齿轮副中心距及其极限偏差	$\alpha \pm f_a$	220±0.036
配对齿轮	图号	
	齿数	29
齿距累积公差	F_p	0.125
齿距极限偏差	f_{pt}	±0.022
轴向齿距极限偏差	F_{px}	±0.016
弦齿深极限偏差	E_h	±0.027
实际弦齿深	$\overline{h}_x=6.975+\dfrac{1}{2}(d'_a-d_a)$	

技术要求
1. 热处理后硬度 280～300HBS。
2. 齿面粗糙度 Ra 为 3.2μm。

(d)双圆弧齿轮(从动轮)

图 14-2-1　圆弧齿轮零件工作图

2.4　圆弧齿轮传动的设计及强度计算

2.4.1　基本参数选择

圆弧齿轮传动的主要参数(z、m_n、ε_β、β、φ_d 和 φ_a 等)对传动的承载能力和工作质量有很大的影响(见表

14-2-25)。各参数之间有密切的联系,相互影响,相互制约,选择时应根据具体工作条件,并注意它们之间的基本关系:

$$d_1=\frac{z_1 m_n}{\cos\beta} \tag{14-2-9}$$

$$\varepsilon_\beta=\frac{b}{p_x}=\frac{b\sin\beta}{\pi m_n} \tag{14-2-10}$$

$$a = \frac{m_n(z_1 + z_2)}{2\cos\beta} \qquad (14\text{-}2\text{-}11)$$

$$\varphi_d = \frac{b}{d_1} = \frac{\pi\varepsilon_\beta}{z_1\tan\beta} \qquad (14\text{-}2\text{-}12)$$

$$\varphi_a = \frac{b}{a} = \frac{2\pi\varepsilon_\beta}{(z_1 + z_2)\tan\beta} \qquad (14\text{-}2\text{-}13)$$

设计时可先确定齿宽系数,再用式(14-2-13)来调整 z_1、β 和 ε_β。也可先确定 z_1、β 和 ε_β,再用式(14-2-13)来校核 φ_a。最好是用计算机程序进行参数优化设计。

对于常用的 ε_β 值:$\varepsilon_\beta = 1.25$;$\varepsilon_\beta = 2.25$;$\varepsilon_\beta = 3.25$ 等,可用图 14-2-2 来选取一组合适的 φ_d、z_1 和 β 值。

表 14-2-25　　　　　　　　　　　　　　　**基本参数选择**

参数名称	选　择　原　则
小齿轮齿数 z_1	① 圆弧齿轮没有根切现象,z_1 不受根切齿数限制,但 z_1 太少,不能保证轴的强度和刚度 ② 当 d、b 一定时,z_1 少则 m_n 大,不易保证应有的 ε_β ③ 在满足弯曲强度条件下,应取较大的 z_1 推荐:中低速传动　$z_1 = 16 \sim 35$ 　　　高速传动　　$z_1 = 25 \sim 50$
法向模数 m_n	① 模数按弯曲强度或结构设计确定,并取标准值 ② 一般减速器,推荐 $m_n = (0.01 \sim 0.02)a$,平稳连续运转取小值 ③ 当 d、b 一定时,m_n 小则 ε_β 大,传动平稳,且 m_n 小,齿面滑动速度小,摩擦功小,可提高抗胶合能力,在满足齿轮弯曲强度的条件下,宜选用较小的模数 ④ 在有冲击载荷且轴承对称布置时,推荐 $m_n = (0.025 \sim 0.04)a$
纵向重合度 ε_β	① 纵向重合度可写成整数部分 μ_ε 和尾数 $\Delta\varepsilon$,即 $\varepsilon_\beta = \mu_\varepsilon + \Delta\varepsilon$;一般 $\mu_\varepsilon = 2 \sim 5$,推荐 　　　$\Delta\varepsilon = 0.25 \sim 0.4$(或 $0.15 \sim 0.35$) ② 中低速传动 $\mu_\varepsilon \geqslant 2$,高速传动 $\mu_\varepsilon \geqslant 3$ ③ 高精度齿轮、大 β 角的人字齿轮,μ_ε 取大值,可提高传动平稳性和承载能力。但必须严格控制齿距误差、齿向误差、轴线平行度误差和轴系变形量 ④ $\Delta\varepsilon$ 太小,啮入冲击大,端面效应也大,易崩角 ⑤ 增大 $\Delta\varepsilon$,端部齿根应力有所减小,但 $\Delta\varepsilon > 0.4$ 以后,应力减少缓慢,不经济 ⑥ 选 $\Delta\varepsilon$ 应考虑修端情况(见修端长度的确定)
螺旋角 β	① 螺旋角增大,齿面瞬时接触迹宽度减小,当 ε_β 一定时,齿面接触应力增大,接触强度降低 ② 当齿轮圆周速度一定时,β 增大,齿面滚动速度减小,不利于形成油膜 ③ β 增大,轴向力也增大,轴承负担加重 ④ 当 b、m_n 一定时,β 增大,ε_β 也增大,传动平稳,并使弯曲强度和接触强度提高,特别对弯曲强度更有利 推荐:单斜齿 $\beta = 10° \sim 20°$,人字齿 $\beta = 25° \sim 35°$
齿宽系数 φ_a、φ_d	齿宽系数影响齿向载荷分配,应根据载荷特性、加工精度、传动结构布局和系统刚度来确定。通常推荐减速器的齿宽系数 　单斜齿　　$\varphi_a = \dfrac{b}{a} = 0.4 \sim 0.8$　　　$\varphi_d = 0.4 \sim 1.4$ 　人字齿　　$\varphi_a = \dfrac{b}{a} = 0.3 \sim 0.6$($b$ 为半侧齿宽) 对于单级传动的齿轮箱,应取较大的齿宽系数
齿宽 b	齿宽可根据齿宽系数和中心距(或齿轮分度圆直径)确定。也可根据重合度和啮合特性确定。双圆弧齿轮啮合特性和齿宽的关系如下 啮合特性与齿宽的关系 <table><tr><td>最少接触点数与最少啮合齿对数</td><td>代号</td><td>齿宽 b 的选择范围</td></tr><tr><td>$2m$ 点接触 m 对齿啮合</td><td>ε_{2md} ε_{mz}</td><td>$mp_x \leqslant b \leqslant (m+1)p_x - q_{TA}$</td></tr><tr><td>$2m$ 点接触 $(m+1)$ 对齿啮合</td><td>ε_{2md} $\varepsilon_{(m+1)z}$</td><td>$(m+1)p_x - q_{TA} < b < mp_x + q_{TA}$</td></tr><tr><td>$(2m+1)$ 点接触 $(m+1)$ 对齿啮合</td><td>$\varepsilon_{(2m+1)d}$ $\varepsilon_{(m+1)z}$</td><td>$mp_x + q_{TA} \leqslant b < (m+1)p_x$</td></tr></table> 表中的 m 为齿宽 b 含 p_x 的整倍数值

第14篇

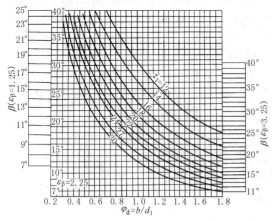

图 14-2-2　φ_d 与 z_1、β 的关系

2.4.2　圆弧齿轮的强度计算

圆弧齿轮和渐开线齿轮一样，在使用中其损伤的表现形式有轮齿折断、齿面点蚀、齿面胶合、齿面塑变、齿面磨损等。它还有一种特殊的损伤为齿端崩角，这是由于其啮入和啮出时齿端受集中载荷作用所致。在使用中哪一种是主要损伤形式，则与设计参数、材料热处理、加工装配质量、润滑、跑合及载荷状况有关。其中危害最大的是轮齿折断，往往会引起

重大事故。轮齿折断与轮齿的抗弯强度密切相关。齿面点蚀和严重胶合，也会形成轮齿折断的疲劳源，诱发断齿，要求齿面应有足够的抗疲劳强度。

圆弧齿轮啮合受力，其弯曲应力和接触应力是一个复杂的三维问题，不能像渐开线齿轮那样简化为悬臂梁进行弯曲应力分析，以赫兹公式为基础进行接触应力分析，它必须确切计入正压力 F_n、齿向相对曲率半径 ρ 和材料的诱导弹性模量 E 的影响。经过大量的试验研究和应力测量，并经理论分析和数学归纳，得出适合圆弧齿轮强度计算的齿根应力和齿面接触应力的计算公式。又经大量的生产应用实践，制订出 GB/T 13799—1992《双圆弧圆柱齿轮承载能力计算方法》国家标准。由于单、双圆弧齿轮啮合原理和受力分析是一样的，依据标准中的计算公式，根据单圆弧齿轮的齿廓参数，拟合出单圆弧齿轮的强度计算公式和计算用图表，供设计者参考。单圆弧圆柱齿轮承载能力计算方法目前尚未制定标准。

GB/T 13799—1992 规定的计算方法，适用于符合 GB/T 12759—1991 齿廓标准规定的双圆弧齿轮，齿轮精度符合 GB/T 15753—1995 的规定。

2.4.2.1　双圆弧齿轮的强度计算公式

表 14-2-26　　　　GB/T 12759—1991 型双圆弧齿轮强度计算公式（GB/T 13799—1992）

项　　　目	齿根弯曲强度	齿面接触强度
计算应力/MPa	$\sigma_F = \left(\dfrac{T_1 K_A K_V K_1 K_{F2}}{2\mu_\varepsilon + K_{\Delta\varepsilon}} \right)^{0.86} \times \dfrac{Y_E Y_u Y_\beta Y_F Y_{End}}{z_1 m_n^{2.58}}$	$\sigma_H = \left(\dfrac{T_1 K_A K_V K_1 K_{H2}}{2\mu_\varepsilon + K_{\Delta\varepsilon}} \right)^{0.73} \times \dfrac{Z_E Z_u Z_\beta Z_a}{z_1 m_n^{2.19}}$
法向模数/mm	$m_n \geq \left(\dfrac{T_1 K_A K_V K_1 K_{F2}}{2\mu_\varepsilon + K_{\Delta\varepsilon}} \right)^{1/3} \times \left(\dfrac{Y_E Y_u Y_\beta Y_F Y_{End}}{z_1 \sigma_{FP}} \right)^{1/2.58}$	$m_n \geq \left(\dfrac{T_1 K_A K_V K_1 K_{H2}}{2\mu_\varepsilon + K_{\Delta\varepsilon}} \right)^{1/3} \times \left(\dfrac{Z_E Z_u Z_\beta Z_a}{z_1 \sigma_{HP}} \right)^{1/2.19}$
小齿轮名义转矩/N·mm	$T_1 = \dfrac{2\mu_\varepsilon + K_{\Delta\varepsilon}}{K_A K_V K_1 K_{F2}} m_n^3 \times \left(\dfrac{z_1 \sigma_{FP}}{Y_E Y_u Y_\beta Y_F Y_{End}} \right)^{1/0.86}$	$T_1 = \dfrac{2\mu_\varepsilon + K_{\Delta\varepsilon}}{K_A K_V K_1 K_{H2}} m_n^3 \times \left(\dfrac{z_1 \sigma_{HP}}{Z_E Z_u Z_\beta Z_a} \right)^{1/0.73}$
许用应力/MPa	$\sigma_{FP} = \sigma_{Flim} Y_N Y_x / S_{Fmin} \geq \sigma_F$	$\sigma_{HP} = \sigma_{Hlim} Z_N Z_L Z_v / S_{Hmin} \geq \sigma_H$
安全系数	$S_F = \sigma_{Flim} Y_N Y_x / \sigma_F \geq S_{Fmin}$	$S_H = \sigma_{Hlim} Z_N Z_L Z_v / \sigma_H \geq S_{Hmin}$

注：表中公式适用于经正火、调质或渗氮处理的钢制齿轮和球墨铸铁齿轮。公式中的长度单位为 mm；力单位为 N；T_1 为小齿轮的名义转矩，对人字齿轮取其值的一半即 $T_1/2$，μ_ε 和 $K_{\Delta\varepsilon}$ 按半边齿宽取值；式中各参数的意义和确定方法见表 14-2-28。

2.4.2.2　单圆弧齿轮的强度计算公式

表 14-2-27　　　　　　　　　　单圆弧齿轮强度计算公式

项　　　目	齿根弯曲强度	齿面接触强度
计算应力/MPa	凸齿　$\sigma_{F1} = \left(\dfrac{T_1 K_A K_V K_1 K_{F2}}{\mu_\varepsilon + K_{\Delta\varepsilon}} \right)^{0.79} \times \dfrac{Y_{E1} Y_{u1} Y_{\beta1} Y_{F1} Y_{End1}}{z_1 m_n^{2.37}}$ 凹齿　$\sigma_{F2} = \left(\dfrac{T_1 K_A K_V K_1 K_{F2}}{\mu_\varepsilon + K_{\Delta\varepsilon}} \right)^{0.73} \times \dfrac{Y_{E2} Y_{u2} Y_{\beta2} Y_{F2} Y_{End2}}{z_1 m_n^{2.19}}$	$\sigma_H = \left(\dfrac{T_1 K_A K_V K_1 K_{H2}}{\mu_\varepsilon + K_{\Delta\varepsilon}} \right)^{0.7} \times \dfrac{Z_F Z_u Z_\beta Z_a}{z_1 m_n^{2.1}}$

项　　目		齿根弯曲强度	齿面接触强度
法向模数/mm	凸齿	$m_n \geq \left(\dfrac{T_1 K_A K_V K_1 K_{F2}}{\mu_\varepsilon + K_{\Delta\varepsilon}}\right)^{1/3} \times$ $\left(\dfrac{Y_{E1} Y_{u1} Y_{\beta1} Y_{F1} Y_{End1}}{z_1 \sigma_{FP1}}\right)^{1/2.37}$	$m_n \geq \left(\dfrac{T_1 K_A K_V K_1 K_{H2}}{\mu_\varepsilon + K_{\Delta\varepsilon}}\right)^{1/3} \times \left(\dfrac{Z_E Z_u Z_\beta Z_a}{z_1 \sigma_{HP}}\right)^{1/2.1}$
	凹齿	$m_n \geq \left(\dfrac{T_1 K_A K_V K_1 K_{F2}}{\mu_\varepsilon + K_{\Delta\varepsilon}}\right)^{1/3} \times$ $\left(\dfrac{Y_{E2} Y_{u2} Y_{\beta2} Y_{F2} Y_{End2}}{z_1 \sigma_{FP2}}\right)^{1/2.19}$	
小轮（凸齿）名义转矩/N·mm	凸齿	$T_1 = \dfrac{\mu_\varepsilon + K_{\Delta\varepsilon}}{K_A K_V K_1 K_{F2}} m_n^3 \times$ $\left(\dfrac{z_1 \sigma_{FP1}}{Y_{E1} Y_{u1} Y_{\beta1} Y_{F1} Y_{End1}}\right)^{1/0.79}$	$T_1 = \dfrac{\mu_\varepsilon + K_{\Delta\varepsilon}}{K_A K_V K_1 K_{H2}} m_n^3 \times \left(\dfrac{z_1 \sigma_{HP}}{Z_E Z_u Z_\beta Z_a}\right)^{1/0.7}$
	凹齿	$T_1 = \dfrac{\mu_\varepsilon + K_{\Delta\varepsilon}}{K_A K_V K_1 K_{F2}} m_n^3 \times$ $\left(\dfrac{z_1 \sigma_{FP2}}{Y_{E2} Y_{u2} Y_{\beta2} Y_{F2} Y_{End2}}\right)^{1/0.73}$	
许用应力/MPa		$\sigma_{FP} = \sigma_{Flim} Y_N Y_x / S_{Fmin} \geq \sigma_F$	$\sigma_{HP} = \sigma_{Hlim} Z_N Z_L Z_v / S_{Hmin} \geq \sigma_H$
安全系数		$S_F = \sigma_{Flim} Y_N Y_x / \sigma_F \geq S_{Fmin}$	$S_H = \sigma_{Hlim} Z_N Z_L Z_v / \sigma_H \geq S_{Hmin}$

注：同表 14-2-26 注。

2.4.2.3　强度计算公式中各参数的确定方法

表 14-2-28　　　　　　　　　　　强度计算公式中各参数的确定方法

参数名称	确　定　方　法
小齿轮的名义转矩 T_1	$T_1 = 9550 \times 10^3 \dfrac{P_1}{n_1}$ （N·mm）　　　　　　　（14-2-14） 式中　P_1——小齿轮传递的名义功率，kW 　　　n_1——小齿轮转速，r/min
使用系数 K_A	使用系数是考虑由于啮合外部因素引起的动力过载影响的系数。这种过载取决于工作机和原动机的载荷特性、传动零件的质量比、联轴器类型以及运行状况。使用系数最好是通过实测或对系统的全面分析来确定。当缺乏这种资料时，可参考表 1 选取

表 1　使用系数 K_A

原动机工作特性及其示例	工作机工作特性及其示例			
	均匀平稳 如发电机、均匀传动的带式输送机或板式输送机、螺旋输送机、通风机、轻型离心机、离心泵、离心式空调压缩机	轻微振动 如不均匀传动的带式输送机或板式输送机、起重机回转齿轮装置、工业与矿用风机、重型离心机、离心泵、离心式空气压缩机	中等振动 如轻型球磨机、提升装置、轧机、橡胶挤压机、单缸活塞泵、叶瓣式鼓风机、糖业机械	强烈振动 如挖掘机、重型球磨机、钢坯初轧机、压坯机、旋转钻机、挖泥机、破碎机、污水处理用离心泵、泥浆泵
均匀平稳 如电动机、均匀转动的蒸汽轮机、燃气轮机	1.00	1.25	1.50	≥1.75
轻微振动 如蒸汽轮机、燃气轮机、经常启动的大电动机	1.10	1.35	1.60	≥1.85
中等振动 如多缸内燃机	1.25	1.50	1.75	≥2.00
强烈振动 如单缸内燃机	1.50	1.75	2.00	≥2.25

注：1. 表中数值仅适用于在非共振区运转的齿轮装置。至少应取最小弯曲强度安全系数 $S_{Fmin} = 1.25$
　　2. 对于增速传动，根据经验建议取值的 1.1 倍
　　3. 对外部机械与齿轮装置之间有挠性连接时，通常 K_A 值可适当减小
　　4. 对高速齿轮传动，在使用表值时，根据经验建议：当圆周速度 $v = 40 \sim 70$m/s 时，取表值的 $1.02 \sim 1.15$ 倍；当圆周速度 $v = 70 \sim 100$m/s 时，取表值的 $1.15 \sim 1.3$ 倍；当圆周速度 $v > 100$m/s 时，取表值的 1.3 倍以上

续表

参数名称	确　定　方　法
动载系数 K_V	动载系数是考虑轮齿齿接触迹在啮合过程中的冲击和由此引起齿轮副的振动而产生的内部附加动载影响的系数。其值可按齿轮的圆周速度 v 及平稳性精度查图(a) 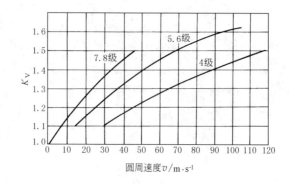 图(a)　动载系数 K_V
接触迹间载荷分配系数 K_1	接触迹间载荷分配系数是考虑由齿向误差、齿距误差、轮齿和轴系受载变形等引起载荷沿齿宽方向在各接触迹之间分配不均的影响系数。K_1 值可由图(b)查取。对人字齿轮 b 是半侧齿宽 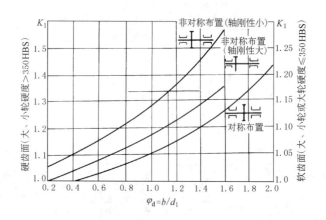 图(b)　接触迹间载荷分配系数 K_1

接触迹内载荷分布系数是考虑由于齿面接触迹线位置沿齿高的偏移而引起应力分布状态改变对强度的影响系数。K_{H2} 及 K_{F2} 值可按接触精度查表 2

表 2　接触迹内载荷分布系数

接 触 迹 内 载 荷 分 布 系 数 K_{H2}、K_{F2}

精度等级		4	5	6	7	8
K_{H2}	双圆弧	1.05	1.15	1.23	1.39	1.49
	单圆弧	1.06	1.16	1.24	1.41	1.52
K_{F2}		1.05	1.08		1.10	

接触迹系数 $K_{\Delta\varepsilon}$

接触迹系数是考虑纵向重合度尾数 $\Delta\varepsilon$ 对轮齿应力的影响系数。当 $\Delta\varepsilon$ 较大时，在相应于 $\Delta\varepsilon$ 的这部分齿宽，即使在最不利的情况下，也有部分接触迹参与承担载荷，使轮齿应力有所下降。双圆弧齿轮的 $K_{\Delta\varepsilon}$ 值可按 $\Delta\varepsilon$ 由图(c)中(ⅰ)查取，单圆弧齿轮的 $K_{\Delta\varepsilon}$ 值可由图(c)中(ⅱ)查取。对于齿端修薄的齿轮，应根据减去齿端修薄长度后的有效齿长部分的 $\Delta\varepsilon$ 来查图(当 20°<β<25°时采用插值法查取)

续表

参数名称	确 定 方 法

接触迹系数 $K_{\Delta\varepsilon}$

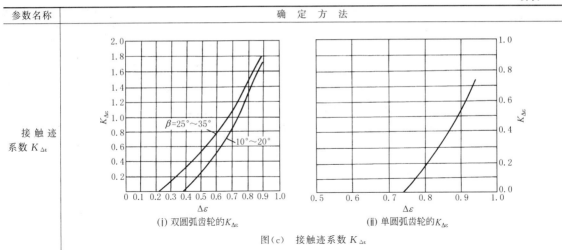

(i) 双圆弧齿轮的 $K_{\Delta\varepsilon}$

(ii) 单圆弧齿轮的 $K_{\Delta\varepsilon}$

图(c)　接触迹系数 $K_{\Delta\varepsilon}$

弹性系数 Y_E、Z_E

弹性系数是考虑材料的弹性模量 E 及泊松比 ν 对轮齿应力影响的系数。其值可按表3查取

表3　弹性系数 Y_E、Z_E

项　　目		单位	锻钢-锻钢	锻钢-铸钢	锻钢-球墨铸铁	其他材料
双圆弧齿轮	Y_E	(MPa)$^{0.14}$	2.079	2.076	2.053	$0.370E^{0.14}$
	Z_E	(MPa)$^{0.27}$	31.346	31.263	30.584	$1.123E^{0.27}$
单圆弧齿轮	Y_{E1}	(MPa)$^{0.21}$	6.580	6.567	6.456	$0.494E^{0.21}$
	Y_{E2}	(MPa)$^{0.27}$	16.748	16.703	16.341	$0.600E^{0.27}$
	Z_E	(MPa)$^{0.3}$	31.436	31.343	30.589	$0.778E^{0.3}$
诱导弹性模量	E	MPa	$E = \dfrac{2}{\dfrac{1-\nu_1^2}{E_1} + \dfrac{1-\nu_2^2}{E_2}}$			

注：E_1、E_2 和 ν_1、ν_2 分别为小齿轮和大齿轮的弹性模量和泊松比

齿数比系数 Y_u、Z_u

齿数比系数是考虑不同的齿数比具有不同的齿面相对曲率半径，从而影响轮齿应力的系数。其值可按图(d)查取或按图中公式计算

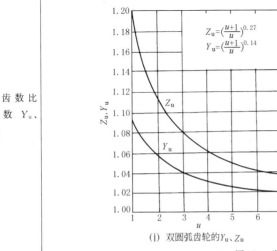

$Z_u = \left(\dfrac{u+1}{u}\right)^{0.27}$

$Y_u = \left(\dfrac{u+1}{u}\right)^{0.14}$

(i) 双圆弧齿轮的 Y_u、Z_u

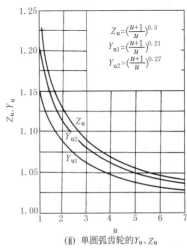

$Z_u = \left(\dfrac{u+1}{u}\right)^{0.3}$

$Y_{u1} = \left(\dfrac{u+1}{u}\right)^{0.21}$

$Y_{u2} = \left(\dfrac{u+1}{u}\right)^{0.27}$

(ii) 单圆弧齿轮的 Y_u、Z_u

图(d)　齿数比系数 Y_u、Z_u

参数名称	确 定 方 法
螺旋角 系数 Y_β、Z_β	螺旋角系数是考虑螺旋角影响齿面相对曲率半径,从而影响轮齿应力的系数。其值可按图(e)查取或按图中公式计算 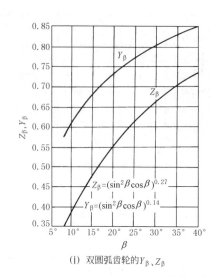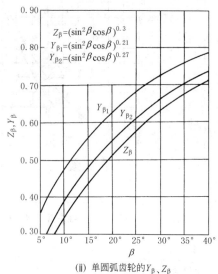 (i) 双圆弧齿轮的 Y_β、Z_β　　　　　(ii) 单圆弧齿轮的 Y_β、Z_β 图(e)　螺旋角系数 Y_β、Z_β
齿形系 数 Y_F	齿形系数是考虑轮齿几何形状对齿根应力影响的系数。它是用折截面法计算得来的,已考虑了齿根应力集中的影响,其值可按当量齿数 z_v 查图(f) 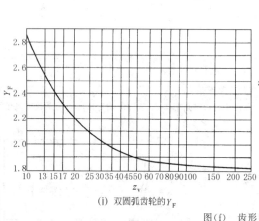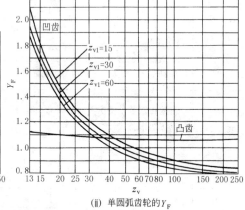 (i) 双圆弧齿轮的 Y_F　　　　　　(ii) 单圆弧齿轮的 Y_F 图(f)　齿形系数 Y_F
齿端系 数 Y_{End}	齿端系数是考虑接触迹在齿轮端部时,端面以外没有齿根来参与承担弯曲力矩,以致端部齿根应力增大的影响系数。其值为端部齿根最大应力与齿宽中部齿根最大应力的比值。对于未修端的齿轮,Y_{End}值可根据 ε_β 及 β 由图(g)查取(当 β 不是图中值时用插值法查取) 　　对于齿端修薄的齿轮,$Y_{End}=1$。如图(h)所示,齿端修薄量 $\Delta S=(0.01\sim0.04)m_n$(按法向齿厚计量)。高精度齿轮取较小值,低精度齿轮取较大值;大模数齿轮取较小值,小模数齿轮取较大值 　　修端长度(按齿宽方向度量)ΔL:只修啮入端时,$\Delta L=(0.25\sim0.4)p_x$;当两端修薄时,$\Delta L=(0.13\sim0.2)p_x$,此时 $\Delta\varepsilon$ 应取较大值

参数名称	确　定　方　法
齿端系数 Y_{End}	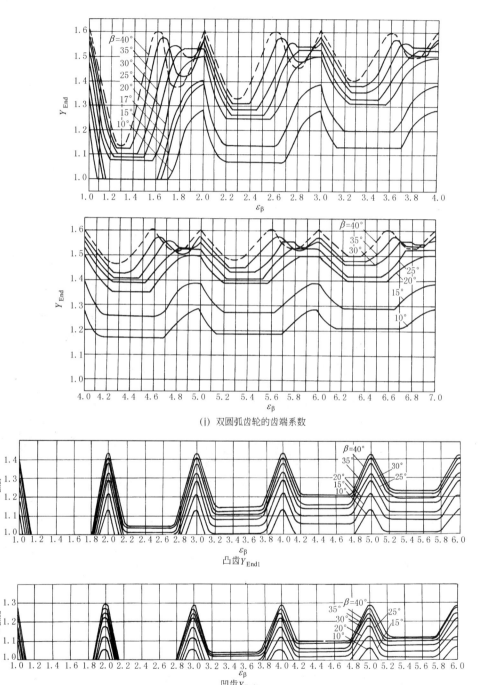

图(g)　圆弧齿轮的齿端系数 Y_{End}

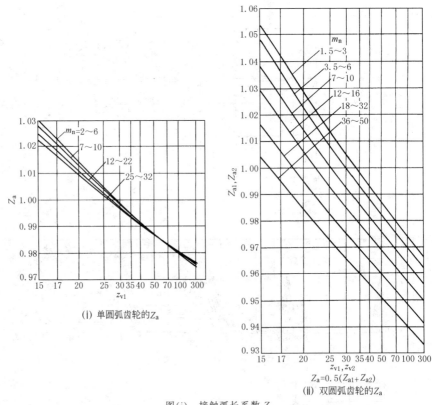

参数名称	确 定 方 法
齿端系数 Y_{End}	图(h)　齿端修薄
接触弧长系数 Z_{a}	接触弧长系数是考虑齿面接触弧的有效工作长度对齿面接触应力的影响系数。单圆弧齿轮,一对齿只有一个接触弧,Z_{a} 值可查图(i)中(ⅰ)。双圆弧齿轮,当齿数比不等于 1 时,一个齿轮的上齿面和下齿面的接触弧长不一样,接触弧长系数应取两个齿轮的平均值,即 $Z_{\mathrm{a}}=0.5(Z_{\mathrm{a1}}+Z_{\mathrm{a2}})$,$Z_{\mathrm{a1}}$ 和 Z_{a2} 值可按小齿轮和大齿轮的当量齿数 z_{v1} 和 z_{v2} 查图(i)中(ⅱ) (i)　单圆弧齿轮的 Z_{a} (ⅱ)　双圆弧齿轮的 Z_{a} 图(i)　接触弧长系数 Z_{a}
弯曲疲劳极限 σ_{Flim}	弯曲疲劳极限是指某种材料的齿轮经长期持续的重复载荷(应力循环基数 $N_0=3\times10^6$)作用后,轮齿保持不破坏时的极限应力。它可由齿轮的载荷运转试验或经验统计数据获得。当缺乏资料时,可参考图(j),根据材料和齿面硬度取值 　当材料、工艺、热处理性能良好时,可在区域图的上半部取值,否则在下半部取值,一般取中间值。对于正反向传动的齿轮或受对称双向弯曲的齿轮(如中间轮),应将图中查得的弯曲疲劳极限数值乘以 0.7 　对于渗氮钢齿轮,要求轮齿心部硬度大于等于 300HBS

图(h) 齿端修薄中的标注：ΔL　齿宽方向　Δs　法向

图(i)(ⅰ) 单圆弧齿轮的 Z_{a}：纵轴 Z_{a}（0.97～1.03），横轴 z_{v1}（15～300）；曲线标注 $m_{\mathrm{n}}=2\sim6$、$7\sim10$、$12\sim22$、$25\sim32$

图(i)(ⅱ) 双圆弧齿轮的 Z_{a}：纵轴 Z_{a1},Z_{a2}（0.93～1.06），横轴 z_{v1},z_{v2}（15～300）；曲线标注 m_{n}：$1.5\sim3$、$3.5\sim6$、$7\sim10$、$12\sim16$、$18\sim32$、$36\sim50$；$Z_{\mathrm{a}}=0.5(Z_{\mathrm{a1}}+Z_{\mathrm{a2}})$

续表

参数名称	确 定 方 法
弯曲疲劳极限 σ_{Flim}	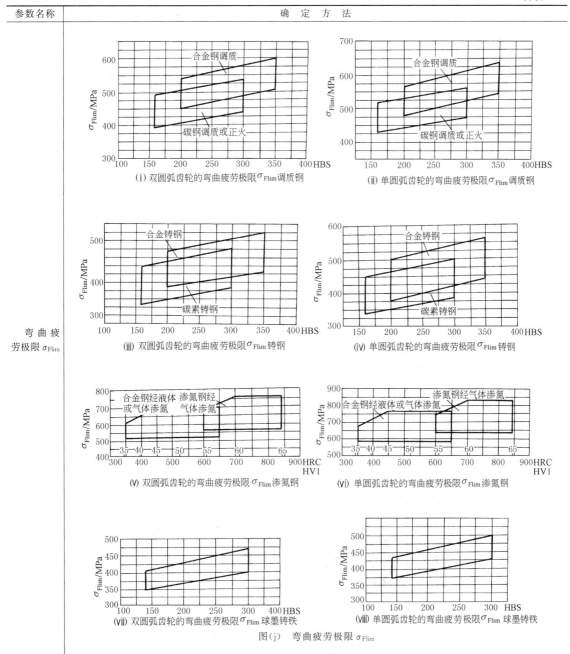

图(j)　弯曲疲劳极限 σ_{Flim}

| 接触疲劳极限 σ_{Hlim} | 　接触疲劳极限是指某种材料的齿轮经长期持续的重复载荷(应力循环基数 $N_0 = 5 \times 10^7$)作用后,齿面保持不破坏时的极限应力。它可由齿轮的载荷运转试验或经验统计数据获得。当缺乏资料时,可参考图(k),根据材料和齿面硬度取值
　当材料、工艺、热处理性能良好时,可在区域图的上半部取值,否则在下半部取值,一般取中间值
　对于渗氮钢齿轮,要求轮齿心部硬度大于等于 300HBS |

参数名称	确 定 方 法
接 触 疲 劳 极 限 σ_{Hlim}	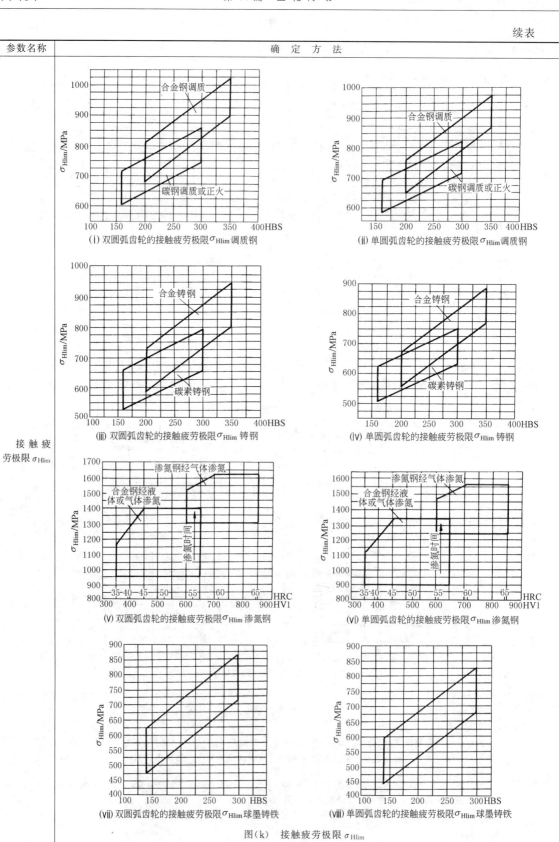

图(k) 接触疲劳极限 σ_{Hlim}

参数名称	确　定　方　法
尺寸系数 Y_x	尺寸系数是考虑实际齿轮模数大于试验齿轮模数而使材料强度降低的尺寸效应。其值可由图(l)查取 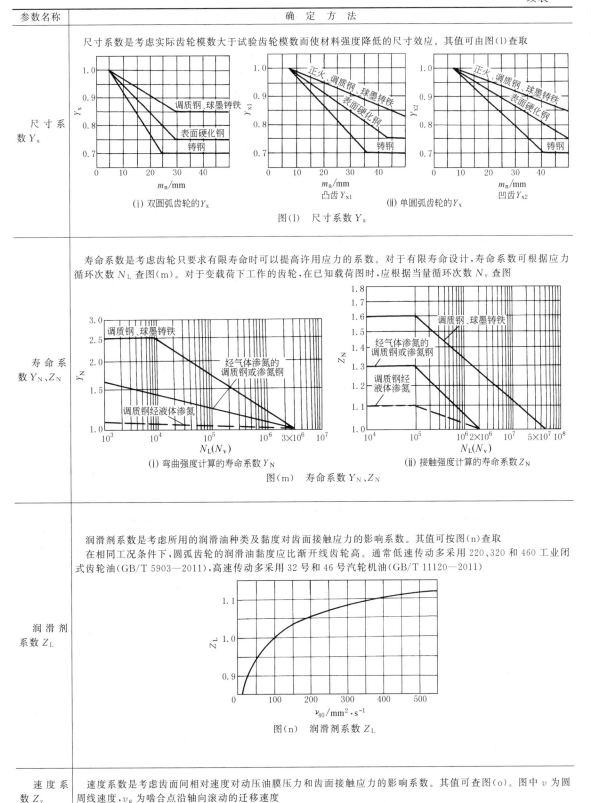

尺寸系数是考虑实际齿轮模数大于试验齿轮模数而使材料强度降低的尺寸效应。其值可由图(l)查取

(i) 双圆弧齿轮的 Y_x　　　凸齿 Y_{x1}　　　(ii) 单圆弧齿轮的 Y_x　　凹齿 Y_{x2}

图(l)　尺寸系数 Y_x

寿命系数 Y_N、Z_N

寿命系数是考虑齿轮只要求有限寿命时可以提高许用应力的系数。对于有限寿命设计,寿命系数可根据应力循环次数 N_L 查图(m)。对于变载荷下工作的齿轮,在已知载荷图时,应根据当量循环次数 N_v 查图

(i) 弯曲强度计算的寿命系数 Y_N　　　(ii) 接触强度计算的寿命系数 Z_N

图(m)　寿命系数 Y_N、Z_N

润滑剂系数 Z_L

润滑剂系数是考虑所用的润滑油种类及黏度对齿面接触应力的影响系数。其值可按图(n)查取

在相同工况条件下,圆弧齿轮的润滑油黏度应比渐开线齿轮高。通常低速传动多采用 220、320 和 460 工业闭式齿轮油(GB/T 5903—2011),高速传动多采用 32 号和 46 号汽轮机油(GB/T 11120—2011)

图(n)　润滑剂系数 Z_L

速度系数 Z_v

速度系数是考虑齿面间相对速度对动压油膜压力和齿面接触应力的影响系数。其值可查图(o)。图中 v 为圆周线速度,v_g 为啮合点沿轴向滚动的迁移速度

续表

参数名称	确　定　方　法
速度系数 Z_v	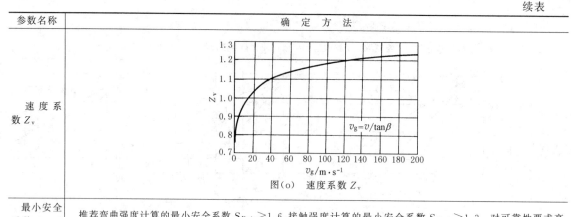 图(o)　速度系数 Z_v
最小安全系数 S_{Fmin}、S_{Hmin}	推荐弯曲强度计算的最小安全系数 $S_{Fmin} \geqslant 1.6$，接触强度计算的最小安全系数 $S_{Hmin} \geqslant 1.3$。对可靠性要求高的齿轮传动或动力参数掌握不够准确或质量不够稳定的齿轮传动，可取更大的安全系数

2.5　圆弧圆柱齿轮设计计算举例

2.5.1　设计计算依据

圆弧齿轮设计计算的依据是项目的设计任务书或使用单位提出的设计技术要求。高速齿轮传动和低速齿轮传动的要求略有不同，但综合起来应包括以下主要内容。

① 传递功率（kW）或输出转矩（N·m），或运行载荷图。

② 输入转速（r/min）、输出转速（r/min）或速比，工作时的旋向，是否正反转运行。

③ 使用寿命（h 或 a）。

④ 润滑方式和油品，润滑油温升和轴承温度限制，环境温度。

⑤ 振动和噪声要求。

⑥ 动平衡要求（高速齿轮），静平衡要求（多用于低速铸件）。

⑦ 传动系统的原动机和工作机工况。

⑧ 输入输出连接尺寸要求及受力情况，安装尺寸（包括润滑油管道尺寸）要求。

⑨ 其他要求，如高速齿轮传动输入轴配有盘车机构等。

2.5.2　高速双圆弧齿轮设计计算举例

表 14-2-29　　　　　　　　　　　高速双圆弧齿轮设计计算实例

已知条件	某炼油厂烟汽轮机用的高速双圆弧齿轮箱设计计算。设计技术要求如下：电动机功率 $P = 9000\text{kW}$，转速 $n_2 = 1485\text{r/min}$，鼓风机转速 $n_1 = 6054\text{r/min}$。当电动机启动并驱动齿轮箱和鼓风机进入额定工况时，为增速传动。以后烟汽轮机工作并驱动鼓风机、带动齿轮箱和电机（变成发电机），这时为减速传动。无论增速或减速，齿轮旋向不变，两侧齿面无规律地交替受力，轮齿承受交变载荷。外循环油泵喷油润滑，选用 ISOVG46 号汽轮机油。采用动压滑动轴承，轴承温度不高于 80℃。齿轮箱噪声不高于 92dB(A)。每天 24h 连续运行，要求持久寿命设计。要求齿轮做动平衡。有连接安装尺寸要求，装有盘车机构

确定参数	结构设计	因传递功率较大，采用单级人字齿轮结构，齿形为 GB/T 12759—1991 标准双圆弧齿廓，齿轮精度不低于 6 级（GB/T 15753—1995）
	确定齿轮参数	采用郑州机械研究所编制的"双圆弧齿轮计算机辅助设计软件"进行参数优化设计、几何尺寸计算和强度校核计算，大致计算过程如下 ① 选择材料及热处理工艺，确定极限应力。大、小齿轮材料均选用 42CrMo，锻坯，采用中硬齿面调质处理（轮齿心部硬度大于 300HBS）。齿面进行深层离子渗氮，齿面硬度不低于 650HV1。材料的极限应力查表 14-2-28 中图(j)中(V)得 $\sigma_{Flim} = 620\text{MPa}$；查表 14-2-28 中图(k)中(V)得 $\sigma_{Hlim} = 1150\text{MPa}$ ② 选取最小安全系数 S_{min}。由于传递功率较大，是生产线上的关键设备，要求高可靠性运行。最小安全系数值应稍大于标准推荐值。取弯曲强度计算的最小安全系数 $S_{Fmin} = 1.8$；接触强度计算的最小安全系数 $S_{Hmin} = 1.5$ ③ 齿数 z。小齿轮齿数的确定，根据表 14-2-25 高速齿轮传动，由于速比较大，小齿轮齿数 z_1 不能选得太大，如果 z_1 大，齿轮和箱体都大，不经济。根据安装尺寸要求，适当选 z_1，取 $z_1 = 26$

续表

大齿轮齿数 $z_2 = z_1 \dfrac{n_1}{n_2} = 26 \times \dfrac{6054}{1485} = 105.9959$，取 $z_2 = 106$

④纵向重合度 ε_β。根据表 14-2-25，人字齿轮结构，暂取 $\beta = 30°$，$\varphi_a = 0.3$。按式(14-2-13)初算单侧纵向重合度，高速齿轮传动，最好 $\varepsilon_\beta \geqslant 3$

$$\varepsilon_\beta = \varphi_a(z_1 + z_2)\tan\beta / 2\pi = 0.3 \times (26 + 106)\tan 30° / 2\pi = 3.639$$

初算结果表明重合度尾数较大。因高速传动有噪声限制，应将齿端修薄

⑤模数 m_n。按表 14-2-26 中弯曲强度计算公式初算法向模数

$$m_n \geqslant \left(\frac{T_1 K_A K_V K_1 K_{F2}}{2\mu_\varepsilon + K_{\Delta\varepsilon}} \right)^{1/3} \left(\frac{Y_E Y_u Y_\beta Y_F Y_{End}}{z_1 \sigma_{FP}} \right)^{1/2.58}$$

式中各参数值的确定如下

转矩 T_1：$T_1 = \dfrac{T}{2} = \dfrac{1}{2}\left(9550 \times 10^3 \dfrac{P}{n_1} \right) = \dfrac{9550 \times 10^3 \times 9000 \times 26}{2 \times 1485 \times 106} = 7098342 \text{N} \cdot \text{mm}$

使用系数 K_A：查表 14-2-28 中表 1，按轻微振动增速传动 $K_A = 1.35 \times 1.1 = 1.485$

动载系数 K_V：查表 14-2-28 中图(a)，按 6 级精度，初定速度 50m/s，得 $K_V = 1.38$

接触迹间载荷分配系数 K_1：查表 14-2-28 中图(b)，按硬齿面对称布置(φ_d 按表 14-2-25 的中间值 0.9)，得 $K_1 = 1.08$

接触迹内载荷分布系数 K_{F2}：查表 14-2-28 中表 2，6 级精度得 $K_{F2} = 1.08$

弹性系数 Y_E：查表 14-2-28 中表 3，锻钢-锻钢，得 $Y_E = 2.079$

齿数比系数 Y_u：查表 14-2-28 中图(d)中(ⅰ)或按式 $\left(\dfrac{u+1}{u} \right)^{0.14} = Y_u$ 计算，当 $u = \dfrac{106}{26} = 4.077$ 时，得 $Y_u = 1.031$

螺旋角系数 Y_β：查表 14-2-28 中图(e)中(ⅰ)，当 $\beta = 30°$时，$Y_\beta = 0.81$

齿形系数 Y_F：查表 14-2-28 中图(f)中(ⅰ)，当 $Z_v = 26/\cos^3 30° = 40.029$ 时，$Y_{F1} = 1.95$

齿端系数 Y_{End}：因齿端修薄，$Y_{End} = 1$

重合度的整数部分值 μ_ε：$\mu_\varepsilon = 3$

接触迹系数 $K_{\Delta\varepsilon}$：假定重合度的尾数部分 $\Delta\varepsilon$ 全部修去，$K_{\Delta\varepsilon} = 0$

许用应力 σ_{FP}

$$\sigma_{FP} = \frac{0.7\sigma_{Flim}Y_N Y_x}{S_{Fmin}}$$

式中，0.7 为交变载荷系数

寿命系数 Y_N：查表 14-2-28 中图(m)中(ⅰ)，设计为持久寿命 $Y_N = 1$

尺寸系数 Y_x：因模数未定，暂取 $Y_x = 1$

最小安全系数 S_{Fmin}：$S_{Fmin} = 1.8$

$$\sigma_{FP} = \frac{0.7 \times 620 \times 1 \times 1}{1.8} = 241.111 \text{MPa}$$

将上列各参数值代入表 14-2-26 中弯曲强度计算的模数计算式得

$$m_n \geqslant \left(\frac{7098342 \times 1.485 \times 1.38 \times 1.08 \times 1.08}{2 \times 3 + 0} \right)^{1/3} \times \left(\frac{2.079 \times 1.031 \times 0.81 \times 1.95 \times 1}{26 \times 241.111} \right)^{1/2.58} = 7.656 \text{mm}$$

取标准模数　$m_n = 8 \text{mm}$

计算中心距 a

$$a = \frac{m_n(z_1 + z_2)}{2\cos\beta} = \frac{8 \times (26 + 106)}{2\cos 30°} = 609.682$$

按优先数系列考虑取中心距　$a = 600 \text{mm}$

计算螺旋角 β

$$\beta = \arccos\frac{m_n(z_1 + z_2)}{2a} = \arccos\frac{8 \times (26 + 106)}{2 \times 600} = 28.35763658° = 28°21'27.49''$$

⑥齿宽 b。按初选的重合度 3.639 计算齿宽

$$b = p_x \varepsilon_\beta = \frac{\pi m_n \varepsilon_\beta}{\sin\beta} = \frac{\pi \times 8 \times 3.639}{\sin 28°21'27.49''} = 192.55$$

经圆整取　$b = 190 \text{mm}$，为单侧齿宽

计算重合度 ε_β：

$$\varepsilon_\beta = \frac{b}{p_x} = \frac{b\sin\beta}{\pi m_n} = \frac{190 \times \sin 28°21'27.49''}{8\pi} = 3.59$$

取齿端修薄后的有效齿宽为 175mm，此时的有效重合度为

$$\varepsilon_\beta = \frac{175 \times \sin 28°21'27.49''}{8\pi} = 3.307$$

齿端修薄长度为

$$\Delta L = (3.59 - 3.307)p_x = 0.283 p_x$$

符合标准推荐的只修一端(啮入端)的修薄长度要求

确定参数

确定齿轮参数

续表

确定参数	确定齿轮参数	⑦确定的齿轮参数。模数 $m_n=8mm$，齿数 $z_1=26$，$z_2=106$，螺旋角 $\beta=28°21'27.49''$，中心距 $a=600mm$，齿宽 $b=190$（单侧齿宽，含修薄长度），有效纵向重合度 $\varepsilon_\beta=3.307$，轴向齿距 $p_x=\dfrac{m_n\pi}{\sin\beta}=52.914mm$，小齿轮分度圆直径 $d_1=\dfrac{m_n z_1}{\cos\beta}=236.364mm$，大齿轮分度圆直径 $d_2=\dfrac{m_n z_2}{\cos\beta}=963.636mm$
		计算圆周线速度 v：　$v=\dfrac{\pi d_1 n_1}{60\times1000}=74.927m/s$
		计算当量齿数 z_v：　$z_{v1}=\dfrac{z_1}{\cos^3\beta}=38.153$，$z_{v2}=\dfrac{z_2}{\cos^3\beta}=155.546$

齿轮强度校核计算	校核轮齿齿根弯曲疲劳强度	按表 14-2-26 中的公式计算齿根弯曲应力 $$\sigma_{F1}=\left(\dfrac{T_1 K_A K_V K_1 K_{F2}}{2\mu_\varepsilon+K_{\Delta\varepsilon}}\right)^{0.86}\dfrac{Y_E Y_u Y_\beta Y_{F1} Y_{End}}{z_1 m_n^{2.58}}\quad(MPa)$$ 小齿轮名义转矩 T_1：$T_1=7098342N\cdot mm$ 使用系数 K_A：$K_A=1.485$ 动载系数 K_V：查表 14-2-28 中图(a)，按 6 级精度，$v=74.927m/s$，得　$K_V=1.52$ 接触迹间载荷分配系数 K_1：查表 14-2-28 中图(b)，按硬齿面对称布置，$\dfrac{b}{d_1}=0.74$（按有效齿宽 175mm 计算），得 $K_1=1.06$ 接触迹内载荷分布系数 K_{F2}：$K_{F2}=1.08$ 接触迹系数 $K_{\Delta\varepsilon}$：查表 14-2-28 中图(c)中(ⅰ)，按有效纵向重合度 $\varepsilon_\beta=3.307$，其中 $\mu_\varepsilon=3$，$\Delta\varepsilon=0.307$。按 $\Delta\varepsilon=0.307$ 查 25°～30°曲线，得 $K_{\Delta\varepsilon}=0.14$ 弹性系数 Y_E：$Y_E=2.079$ 齿数比系数 Y_u：$Y_u=1.031$ 螺旋角系数 Y_β：查表 14-2-28 中图(e)中(ⅰ)，或按式 $(\sin^2\beta\cos\beta)^{0.14}=Y_\beta$ 计算得 $Y_\beta=0.797$ 齿形系数 Y_F：查表 14-2-28 中图(f)中(ⅱ)，当当量齿数 $z_{v1}=38.153$，$z_{v2}=155.546$ 分别查，得 $Y_{F1}=1.95$，$Y_{F2}=1.82$ 齿端系数 Y_{End}：因齿端修薄，$Y_{End}=1$ 将上列各参数值代入弯曲应力计算公式得：$$\sigma_{F1}=\left(\dfrac{7098342\times1.485\times1.52\times1.06\times1.08}{2\times3+0.14}\right)^{0.86}\times\dfrac{2.079\times1.031\times0.797\times1.95\times1}{26\times8^{2.58}}=222.028MPa$$ $$\sigma_{F2}=\sigma_{F1}\dfrac{Y_{F2}}{Y_{F1}}=207.226MPa$$ 按表 14-2-26 中公式计算安全系数 S_F：　$S_F=\dfrac{0.7\sigma_{Flim}Y_N Y_x}{\sigma_F}$ 寿命系数 Y_N：$Y_N=1$ 尺寸系数 Y_x：查表 14-2-28 中图(l)中(ⅰ)，按 $m_n=8mm$，得 $Y_x=0.97$ 将各参数值代入计算公式：$S_{F1}=\dfrac{0.7\sigma_{Flim}Y_N Y_x}{\sigma_{F1}}=\dfrac{0.7\times620\times1\times0.97}{222.028}=1.896$ $$S_{F2}=\dfrac{0.7\sigma_{Flim}Y_N Y_x}{\sigma_{F2}}=\dfrac{0.7\times620\times1\times0.97}{207.226}=2.032$$ S_{F1} 和 S_{F2} 均大于 S_{Fmin}，齿根弯曲疲劳强度校核通过
	校核齿面接触疲劳强度	按表 14-2-26 中的公式计算齿面接触应力 $$\sigma_H=\left(\dfrac{T_1 K_A K_V K_1 K_{H2}}{2\mu_\varepsilon+K_{\Delta\varepsilon}}\right)^{0.73}\dfrac{Z_E Z_u Z_\beta Z_a}{z_1 m_n^{2.19}}\quad(MPa)$$ 式中，T_1、K_A、K_V、K_1、μ_ε、$K_{\Delta\varepsilon}$ 等同弯曲应力计算中的值。其余参数值如下 接触迹内载荷分布系数 K_{H2}：查表 14-2-28 中表 2，按 6 级精度得 $K_{H2}=1.23$ 弹性系数 Z_E：查表 14-2-28 中表 3，锻钢-锻钢，$Z_E=31.346$ 齿数比系数 Z_u：查表 14-2-28 中图(d)中(ⅰ)，或按式 $\left(\dfrac{u+1}{u}\right)^{0.27}=Z_u$ 计算得 $Z_u=1.061$ 螺旋角系数 Z_β：查表 14-2-28 中图(e)中(ⅰ)，或按式 $(\sin^2\beta\cos\beta)^{0.27}=Z_\beta$ 计算得 $Z_\beta=0.646$ 接触弧长系数 Z_a：查表 14-2-28 中图(i)中(ⅰ)，按当量齿数 $Z_{v1}=38.153$ 和 $Z_{v2}=155.546$，得 $Z_{a1}=0.983$，$Z_{a2}=0.961$。$Z_a=\dfrac{1}{2}(Z_{a1}+Z_{a2})=0.972$ 将上列各参数值代入接触应力计算公式得 $$\sigma_H=\left(\dfrac{7098342\times1.485\times1.52\times1.06\times1.23}{2\times3+0.14}\right)^{0.73}\times\dfrac{31.346\times1.061\times0.646\times0.972}{26\times8^{2.19}}=495.733MPa$$

续表

齿轮强度校核计算	校核齿面接触疲劳强度	计算安全系数 S_H 按表 14-2-26 中公式：$S_H=\dfrac{\sigma_{Hlim}Z_N Z_L Z_v}{\sigma_H}$ 寿命系数 Z_N：查表 14-2-28 中图(m)中(ii)，因持久寿命，$Z_N=1$ 润滑剂系数 Z_L：查表 14-2-28 中图(n)，按黏度 $\nu_{40}=46mm^2/s$，得 $Z_L=0.943$ 速度系数 Z_v：查表 14-2-28 中图(o)，按 $v_g=\dfrac{v}{\tan\beta}=138.82m/s$，得 $Z_v=1.21$ 将各参数值代入计算公式：$S_H=\dfrac{1150\times1\times0.943\times1.21}{495.733}=2.647$ S_H 大于 S_{Hmin}，齿面接触疲劳强度校核通过

2.5.3　低速重载双圆弧齿轮设计计算举例

表 14-2-30　　　　　　　　　　低速重载双圆弧齿轮设计计算实例

已知条件	某钢铁公司初轧连轧机主传动双圆弧齿轮减速器齿轮强度校核计算。该减速器电机驱动功率 $P=4000kW$，转速 248r/min，单向运转。第一级中心距 $a_1=1175mm$，速比 $i_1=1.8$。第二级中心距 $a_2=1617mm$，速比 $i_2=2.2$。采用外循环喷油润滑，油品为 220 号极压工业齿轮油。每天 24h 连续运转，设计寿命为 80000h。要求 II 轴和 III 轴双轴输出。有安装连接尺寸要求。原设计为软齿面渐开线齿轮，第一级模数为 26mm，第二级模数为 30mm。减速器传动简图见下图 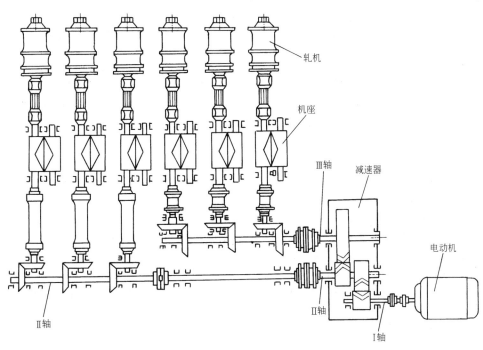 减速器传动简图
确定齿轮参数	减速器第一输出轴(II 轴)带动 4～6 架轧机，扭矩相对较小。第二输出轴(III 轴)带动 1～3 架轧机，传递扭矩很大。设计采用人字齿轮结构，齿形为 GB/T 12759—1991 标准双圆弧齿廓，齿轮精度为 7 级(GB/T 15753—1995)，齿面硬度为软齿面 　　该减速器为设备改造项目，设计时受中心距和速比限制，齿轮参数优化设计只能在模数、齿数和螺旋角三者之间优化组合。设计时进行了模数 20mm，25mm 和 30mm 的比较设计，最终第一级和第二级都选取模数 20mm，较为合适 　　第一级齿轮参数：$m_n=20mm$，$z_1=36$，$z_2=64$，$\beta=30°40'21''$，单侧齿宽 $b=325mm$ 　　第二级齿轮参数：$m_n=20mm$，$z_1=43$，$z_2=95$，$\beta=31°24'47''$，单侧齿宽 $b=305mm$ 　　仅以第二级为例进行强度校核计算。第二级齿轮的有关参数如下 小齿轮转速 n_1：$n_1=n\times\dfrac{36}{64}=248\times\dfrac{36}{64}=139.5r/min$ 小齿轮分度圆直径 d_1：$d_1=\dfrac{m_n z_1}{\cos\beta}=1007.696mm$

第 14 篇		

确定齿轮参数

大齿轮分度圆直径 d_2：$d_2 = \dfrac{m_n z_2}{\cos\beta} = 2226.305\text{mm}$

齿数比 u：$u = \dfrac{z_2}{z_1} = 2.209$（要求速比 2.2）

单侧纵向重合度 ε_β：$\varepsilon_\beta = \dfrac{b\sin\beta}{\pi m_n} = 2.53$，其中 $\mu_\varepsilon = 2$，$\Delta_\varepsilon = 0.53$，齿端不修薄

齿轮圆周线速度 v：$v = \dfrac{\pi d_1 n_1}{60\times 1000} = 7.36\text{m/s}$

齿轮当量齿数 z_v：$z_{v1} = \dfrac{z_1}{\cos^3\beta} = 69.177$，$z_{v2} = \dfrac{z_2}{\cos^3\beta} = 152.83$

小齿轮材料为 37SiMn2MoV，锻件，进行调质处理，齿面硬度 260～290HBS；大齿轮材料为 ZG35CrMo，铸钢件，进行调质处理，齿面硬度 220～250HBS

小齿轮材料的弯曲疲劳极限 σ_{Flim1}：查表 14-2-28 中图（j）中（ⅰ），得 $\sigma_{\text{Flim1}} = 520\text{MPa}$

小齿轮材料的接触疲劳极限 σ_{Hlim1}：查表 14-2-28 中图（k）中（ⅰ），得 $\sigma_{\text{Hlim1}} = 840\text{MPa}$

大齿轮材料的弯曲疲劳极限 σ_{Flim2}：查表 14-2-28 中图（j）中（ⅲ），得 $\sigma_{\text{Flim2}} = 440\text{MPa}$

大齿轮材料的接触疲劳极限 σ_{Hlim2}：查表 14-2-28 中图（k）中（ⅲ），得 $\sigma_{\text{Hlim2}} = 680\text{MPa}$

最小安全系数 $S_{\min}$：按标准推荐值 $S_{\text{Fmin}} = 1.6$，$S_{\text{Hmin}} = 1.3$

齿轮强度校核计算

校核轮齿齿根弯曲疲劳强度

按表 14-2-26 中的公式计算齿根弯曲应力

$$\sigma_{\text{F1}} = \left(\frac{T_1 K_A K_V K_1 K_{\text{F2}}}{2\mu_\varepsilon + K_{\Delta\varepsilon}}\right)^{0.86} \frac{Y_E Y_u Y_\beta Y_{\text{F1}} Y_{\text{End}}}{z_1 m_n^{2.58}} \quad (\text{MPa})$$

小齿轮名义转矩 T_1

$T_1 = \dfrac{T}{2} = \dfrac{1}{2}\left(9549\times 10^3 \dfrac{P}{n_1}\right) = 136917562.7\text{N}\cdot\text{mm}$，计算中略去了第一级传动的效率损失

使用系数 K_A：查表 14-2-28 中表 1，中等振动，$K_A = 1.5$

动载系数 K_V：查表 14-2-28 中图（a），按 7 级精度，$v = 7.36\text{m/s}$，得 $K_V = 1.1$

接触迹间载荷分配系数 K_1：查表 14-2-28 中图（b），按软齿面，非对称布置（轴刚性较大），$\varphi_d = \dfrac{b}{d_1} = 0.303$，得 $K_1 = 1.01$

接触迹内载荷分布系数 K_{F2}：查表 14-2-28 中表 2，7 级精度，$K_{\text{F2}} = 1.1$

接触迹系数 $K_{\Delta\varepsilon}$：查表 14-2-28 中图（c）中（ⅰ），$\Delta_\varepsilon = 0.53$，得 $K_{\Delta\varepsilon} = 0.6$

弹性系数 Y_E：查表 14-2-28 中表 3，锻钢-铸钢，得 $Y_E = 2.076$

齿数比系数 Y_u：查表 14-2-28 中图（d）中（ⅰ），或按式 $\left(\dfrac{u+1}{u}\right)^{0.14} = Y_u$ 计算得，$Y_u = 1.054$

螺旋角系数 Y_β：查表 14-2-28 中图（e）中（ⅰ），或按式 $(\sin^2\beta\cos\beta)^{0.14} = Y_\beta$ 计算，得 $Y_\beta = 0.815$

齿形系数 Y_F：查表 14-2-28 中图（f）中（ⅰ），按当量齿数 $z_{v1} = 69.177$，$z_{v2} = 152.83$ 得 $Y_{\text{F1}} = 1.865$，$Y_{\text{F2}} = 1.82$

齿端系数 Y_{End}：查表 14-2-28 中图（g）中（ⅰ），用插值法，$\varepsilon_\beta = 2.53$ 查取，$\beta = 30°$ 时 $Y_{\text{End}} = 1.35$，$\beta = 35°$ 时 $Y_{\text{End}} = 1.47$，当 $\beta = 31°24'47''$ 时 $Y_{\text{End}} = 1.384$

将上列各参数值代入弯曲应力计算公式得

$$\sigma_{\text{F1}} = \left(\frac{136917562.7\times 1.5\times 1.1\times 1.01\times 1.1}{2\times 2 + 0.6}\right)^{0.86}\times \frac{2.076\times 1.054\times 0.815\times 1.865\times 1.384}{43\times 20^{2.58}} = 212.152\text{MPa}$$

$$\sigma_{\text{F2}} = \sigma_{\text{F1}}\frac{Y_{\text{F2}}}{Y_{\text{F1}}} = 207.033\text{MPa}$$

按表 14-2-26 中公式计算安全系数 S_F：$S_F = \dfrac{\sigma_{\text{Flim}} Y_N Y_x}{\sigma_F}$

寿命系数 Y_N：查表 14-2-28 中图（m）中（ⅰ），因循环次数大于 3×10^6，得 $Y_N = 1$

尺寸系数 Y_x：查表 14-2-28 中图（l）中（ⅰ），按 $m_n = 20\text{mm}$，得 $Y_{x1} = 0.91$，$Y_{x2} = 0.77$

将各参数值代入计算公式：

$$S_{\text{F1}} = \frac{\sigma_{\text{Flim1}} Y_N Y_{x1}}{\sigma_{\text{F1}}} = \frac{520\times 1\times 0.91}{212.152} = 2.23$$

$$S_{\text{F2}} = \frac{\sigma_{\text{Flim2}} Y_N Y_{x2}}{\sigma_{\text{F2}}} = \frac{440\times 1\times 0.77}{207.033} = 1.64$$

S_{F1} 和 S_{F2} 均大于 S_{Fmin}，齿根弯曲疲劳强度校核通过

齿轮强度校核计算	校核齿面接触疲劳强度	按表 14-2-26 中的公式计算齿面接触应力

按表 14-2-26 中的公式计算齿面接触应力

$$\sigma_H = \left(\frac{T_1 K_A K_V K_1 K_{H2}}{2\mu_\varepsilon + K_{\Delta\varepsilon}} \right)^{0.73} \frac{Z_E Z_u Z_\beta Z_a}{z_1 m_n^{2.19}} \quad (MPa)$$

式中，T_1、K_A、K_V、K_1、μ_ε、$K_{\Delta\varepsilon}$ 等同弯曲应力计算中的值，其余参数如下

接触迹内载荷分布系数 K_{H2}：查表 14-2-28 中表 2，按 7 级精度得 $K_{H2} = 1.39$

弹性系数 Z_E：查表 14-2-28 中表 3，锻钢-铸钢，得 $Z_E = 31.263$

齿数比系数 Z_u：查表 14-2-28 中图(d)中(ⅰ)，或按式 $\left(\frac{u+1}{u} \right)^{0.27} = Z_u$ 计算得 $Z_u = 1.106$

螺旋角系数 Z_β：查表 14-2-28 中图(e)中(ⅰ)，或按式 $(\sin^2\beta\cos\beta) = Z_\beta$ 计算得 $Z_\beta = 0.674$

接触弧长系数 Z_a：查表 14-2-28 中图(i)中(ⅰ)，按当量齿数 $Z_{v1} = 69.177$，$Z_{v2} = 152.83$，得 $Z_{a1} = 0.954$，$Z_{a2} = 0.945$。$Z_a = \frac{1}{2}(Z_{a1} + Z_{a2}) = 0.9495$

将上列各参数值代入接触应力计算公式得

$$\sigma_H = \left(\frac{136917562.7 \times 1.5 \times 1.1 \times 1.01 \times 1.39}{2 \times 2 + 0.6} \right)^{0.73} \times \frac{31.263 \times 1.106 \times 0.674 \times 0.9495}{43 \times 20^{2.19}} = 384.005 MPa$$

按表 14-2-26 中公式计算安全系数 S_H：$S_H = \frac{\sigma_{Hlim} Z_N Z_L Z_v}{\sigma_H}$

寿命系数 Z_N：查表 14-2-28 中图(m)中(ⅰ)，因循环次数大于 5×10^7，$Z_N = 1$

润滑剂系数 Z_L：查表 14-2-28 中图(n)，按 $\nu_{40} = 220 mm^2/s$，得 $Z_L = 1.06$

速度系数 Z_v：查表 14-2-28 中图(o)，按 $v_g = \frac{v}{\tan\beta} = 12.05 m/s$，得 $Z_v = 0.98$

计算公式：　$S_{H1} = \frac{\sigma_{Hlim1} Z_N Z_L Z_v}{\sigma_H} = \frac{840 \times 1 \times 1.06 \times 0.98}{384.005} = 2.27$

$$S_{H2} = \frac{\sigma_{Hlim2} Z_N Z_L Z_v}{\sigma_H} = \frac{680 \times 1 \times 1.06 \times 0.98}{384.005} = 1.84$$

S_{H1} 和 S_{H2} 均大于 S_{Hmin}，齿面接触疲劳强度校核通过

第3章 锥齿轮传动

3.1 锥齿轮传动的基本类型、特点及应用

表 14-3-1   锥齿轮传动的基本类型、特点及应用

分类方法	基本类型		简 图	主 要 特 点	应 用 范 围
按轴交角分	正交传动			轴交角 $\Sigma = 90°$	最广
	斜交传动			轴交角 $\Sigma \neq 90°$ $0° < \Sigma < 180°$	一般用于 $15° \leqslant \Sigma \leqslant 165°$
	共轴线传动			轴交角 $\Sigma = 0°$	内啮合联轴器
				轴交角 $\Sigma = 180°$	端面齿盘离合器
按节平面的齿线分	直线齿	直齿锥齿轮		① 齿形简单,制造容易,成本较低 ② 承载能力较低 ③ 噪声较大(经磨削后,噪声可大为降低) ④ 装配误差及轮齿变形易产生偏载,为减小这种影响可以制成鼓形齿 ⑤ 轴向力较小,且方向离开锥顶	① 多用于低速、轻载而稳定的传动,一般用于圆周速度 $v \leqslant 5\text{m/s}$ 或转速 $n \leqslant 1000\text{r/min}$ ② 对于大型齿轮传动,当用仿型法加工时,其使用周速 $v \leqslant 2\text{m/s}$ ③ 磨齿后可用于 $v = 75\text{m/s}$ 的传动

续表

分类方法	基本类型		简　图	主　要　特　点	应　用　范　围
按节平面的齿线分	直线齿	斜齿锥齿轮	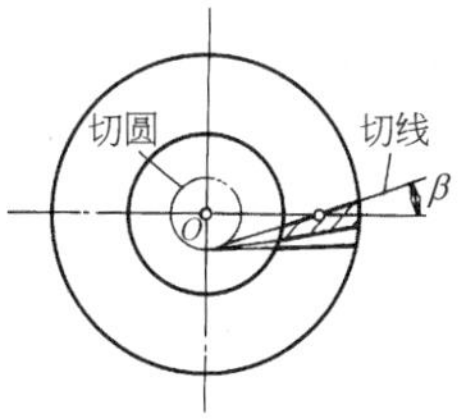	与直齿锥齿轮相比 ① 承载能力较大,噪声较小 ② 轴向力大,其方向与转向有关 ③ 其齿线是斜交直线,并切于一切圆	① 多用于大型机械,模数 $m>15\text{mm}$ 的传动 ② 在低速($v<12\text{m/s}$)、重载或有冲击的传动中,由于加工条件的限制而不能采用曲线齿时,可用它代替 ③ 磨齿后可用于高速传动
	曲线齿	弧齿锥齿轮	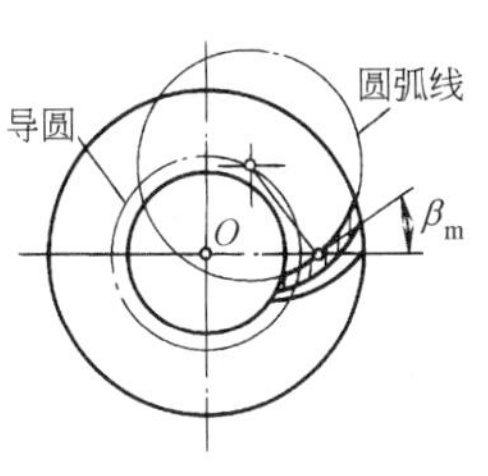	① 齿线是一段圆弧 ② 承载能力高,运转平稳,噪声小 ③ 齿面呈局部接触,装配误差及轮齿变形对偏载的影响不显著 ④ 轴向力大,其方向与齿轮的转向有关 ⑤ 可以磨齿	① 多用于大载荷、周速 $v>5\text{m/s}$ 或转速 $n>1000\text{r/min}$,要求噪声小的传动 ② 磨齿后可用于高速传动($v=40\sim100\text{m/s}$)
		零度弧齿锥齿轮	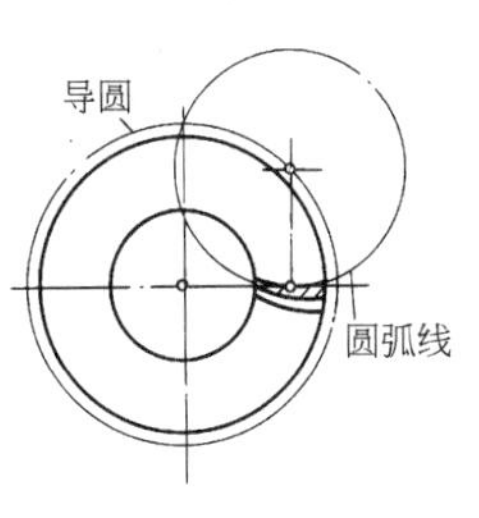	① 齿线也是一段圆弧,且齿宽中点螺旋角 $\beta_\mathrm{m}=0°$ ② 承载能力略高于直齿锥齿轮,与鼓形直齿相近 ③ 齿面呈局部接触,对偏载的敏感性界于直齿和弧齿之间 ④ 轴向力的大小、方向与直齿锥齿轮相近 ⑤ 可以磨齿	① 用于周速 $v<5\text{m/s}$ 或转速 $n<1000\text{r/min}$ 的中、低速传动 ② 可在不改变支承装置的情况下,代替直齿锥齿轮传动,使传动性能得以改善 ③ 磨齿后可用于高速
		摆线齿锥齿轮	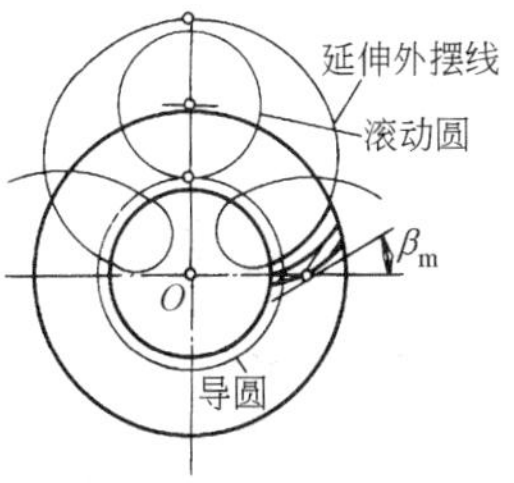	① 齿线较复杂,是延伸外摆线(或称长幅外摆线) ② 加工时机床调整方便,计算简单 ③ 传动性能与弧齿锥齿轮基本相同 ④ 不能磨齿	应用范围与弧齿锥齿轮基本相同,尤其适用于单件或中小批生产
按齿高分	收缩齿	不等顶隙收缩齿	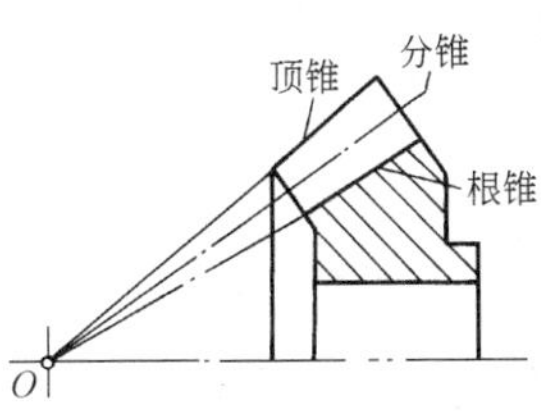	① 从轮齿的大端到小端齿高逐渐减小,且顶锥、根锥和分锥的顶点相重合 ② 齿轮副的顶隙从齿的大端到小端也是逐渐减小的,在小端容易因错位而"咬死" ③ 小端的齿根圆角半径较小,齿根强度较弱,且小端齿顶较薄	过去广泛应用于直齿锥齿轮,近来有被等顶隙收缩齿取代的趋势
		等顶隙收缩齿	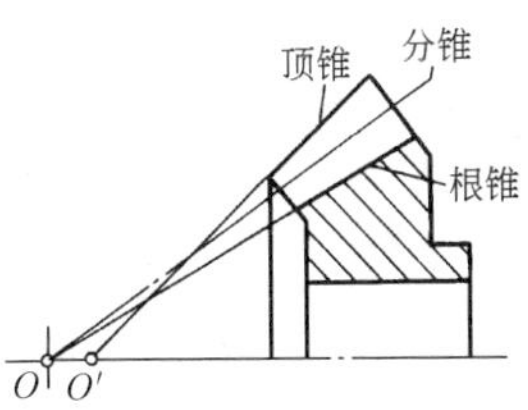	① 从轮齿的大端到小端齿高逐渐减小,且顶锥的顶点不与分锥和根锥的顶点相重合 ② 齿轮副的顶隙沿齿长保持与大端相等的值(一齿轮的顶锥母线与另一齿轮的根锥母线平行) ③ 可以增大小端的齿根圆角半径,减小应力集中,提高齿根强度;同时可增大刀具的刀尖圆角,提高刀具的寿命;还可减小小端齿顶过薄和因错位而"咬死"的可能性	① 直齿锥齿轮推荐使用等顶隙收缩齿 ② 弧齿锥齿轮和较大模数的零度弧齿锥齿轮(如 $m>2.5\text{mm}$)大多采用等顶隙收缩齿

续表

分类方法	基本类型		简　图	主 要 特 点	应 用 范 围
按齿高分	收缩齿	双重收缩齿	顶锥　分锥　根锥　O″O O′	① 从轮齿的大端到小端齿高急剧减小,且顶锥、根锥和分锥三者的顶点都不相重合 ② 齿轮副的顶隙沿齿长保持与大端相等的值,因此其特点与等顶隙收缩齿相同 ③ 齿宽中点两个侧面的螺旋角接近相等,便于用双重双面法加工,以提高生产率	用于双重双面法加工的零度弧齿锥齿轮($m{\leqslant}2.5$mm 的零度弧齿锥齿轮常采用双重双面法加工)
	等高齿		顶锥　分锥　根锥　O′ O O″	① 轮齿的大端与小端齿高相等,即齿轮的顶锥角、分锥角、根锥角都相等 ② 加工时机床调整方便,计算简单 ③ 小端处易产生根切和齿顶过薄,使齿轮的强度削弱,因此其齿宽系数和齿数有一定的限制	① 摆线齿锥齿轮都采用等高齿 ② 弧齿锥齿轮也可以采用等高齿 ③ 一般应用范围 齿宽系数 $\phi_R{\leqslant}0.25$ 小轮齿数 $z_1{\geqslant}9$ 平面齿轮齿数 $z_c{\geqslant}25$

3.2　锥齿轮的变位

表 14-3-2 　　　　　　　　　　　　　　锥齿轮的变位方式

径向变位	用范成法加工锥齿轮时,若刀具所构成的产形齿轮的分度面与被加工的锥齿轮的分度面相切,则加工出来的齿轮为标准齿轮;当把产形齿轮的分度面沿被加工齿轮的当量齿轮齿向移开一段距离 xm 时,则加工出来的齿轮为径向变位齿轮[图(a)],xm 称为变位量(m 为模数,x 称为变位系数),刀具远离被加工齿轮时 x 为正,反之 x 为负,在相互啮合的一对齿轮中,若 $x_{\Sigma}=x_1+x_2=0$,且 $x_2=-x_1$,则称其为高变位;若 $x_{\Sigma}=x_1+x_2{\neq}0$,则称其为角变位。径向变位可以避免根切,提高轮齿承载能力和改善传动性能。其中高变位计算简单,应用较广。锥齿轮经径向变位后,其啮合情况如图(b)所示
	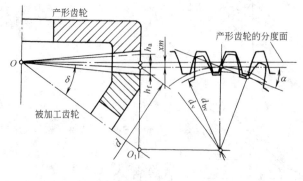 图(a)　锥齿轮的径向变位

续表

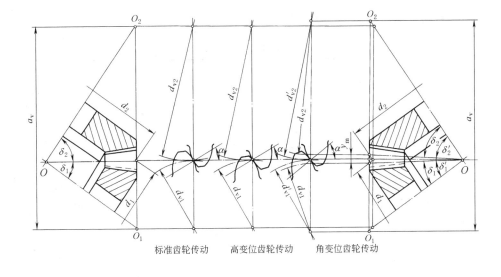

标准齿轮传动　　高变位齿轮传动　　角变位齿轮传动

图(b)　标准齿轮和径向变位齿轮的啮合情况

径向变位	

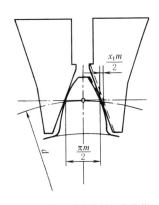

图(c)　直齿锥齿轮的切向变位

　　用范成法加工锥齿轮时,当加工轮齿两侧的两刀刃在其所构成的产形齿轮的分度面上的距离为 $\pi m/2$ 时,加工出来的齿轮为标准齿轮;若改变两刀刃之间的距离,则加工出来的齿轮为切向变位齿轮,变位量用 $x_t m$ 表示(m 为模数,x_t 称为切向变位系数)。变位使齿厚增加时,x_t 为正值;反之 x_t 为负值。为均衡大小齿轮的弯曲强度,常采用 $x_{t\Sigma} = x_{t1} + x_{t2} = 0$ 的切向变位,此时除齿厚有所变化外,其他参数并不变化[见图(c)]。若 $x_{t\Sigma}$ 任设值则称为任设值切向变位

高-切综合变位	切向变位和高变位常常一起使用,称为高-切综合变位。它不仅可以改善传动性能、均衡大小齿轮的强度,而且还可以改善由于高变位所引起的小齿轮齿顶厚度过薄的现象
非零综合变位	一种新型锥齿轮,其综合变位之和为正或负值:$x_\Sigma + 0.5 x_{t\Sigma} \tan\alpha \neq 0$

3.3 锥齿轮传动的几何计算

3.3.1 直齿、斜体锥齿轮传动的几何计算

表 14-3-3　　　　　　　　　　直齿锥齿轮传动的几何计算

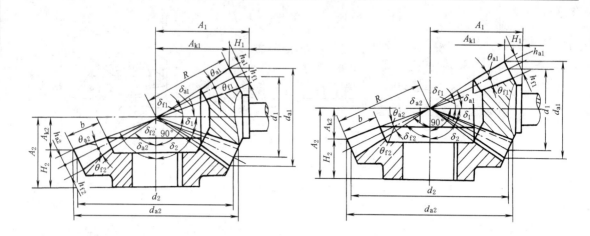

等顶隙收缩齿（Σ＝90°）　　　　不等顶隙收缩齿（Σ＝90°）

项　　目	计算公式及说明	
	小齿轮	大齿轮
齿形角 α	20°(GB/T 12369—1990)	
齿顶高系数 h_a^*	1(GB/T 12369—1990)	
顶隙系数 c^*	0.2(GB/T 12369—1990)	
大端端面模数 m	根据强度计算或类比法确定,并按表14-3-5取标准值	
齿数比 u	$u=\dfrac{z_2}{z_1}=\dfrac{n_1}{n_2}\geqslant 1$ 按传动要求确定,一般 $u<6$	
齿数 z	① 通常 $z_1=16\sim 30$ ② 不产生根切的最少齿数 $z_{\min}=\dfrac{2h_a^*}{\sin^2\alpha}\cos\delta$ ③ 选取最少齿数时可参考表14-3-6 ④ 当分度圆直径确定之后,推荐按图14-3-2选取 z_1	
变位系数 x,x_t	① 对于 $u=1$:$x_1=x_2=0$,$x_{t1}=x_{t2}=0$ ② 对于格里森齿制:$x_1=0.46\left(1-\dfrac{1}{u^2}\right)$,$x_2=-x_1$;$x_{t1}$按图14-3-1选取,$x_{t2}=-x_{t1}$ ③ 对于埃尼姆斯齿制:x_1按表14-3-8选取,$x_2=-x_1$;x_{t1}按表14-3-9选取,$x_{t2}=-x_{t1}$	
节锥角 δ	$\tan\delta_1=\dfrac{\sin\Sigma}{u+\cos\Sigma}$	$\delta_2=\Sigma-\delta_1$
分度圆直径 d	$d_1=mz_1$	$d_2=mz_2$
锥距 R	$R=\dfrac{d_1}{2\sin\delta_1}=\dfrac{d_2}{2\sin\delta_2}$	

续表

项　目	计算公式及说明	
	小齿轮	大齿轮
齿宽系数 ϕ_R	齿宽系数不宜取得过大,否则将引起小端齿顶过薄,齿根圆角半径过小,应力集中过大,故一般取 $\phi_R = \dfrac{1}{4} \sim \dfrac{1}{3}$	
齿宽 b	$b = \phi_R R$,但不得大于 $10m$	
齿顶高 h_a	$h_{a1} = (h_a^* + x_1)m$	$h_{a2} = (h_a^* + x_2)m$
齿高 h	$h = (2h_a^* + c^*)m$	
齿根高 h_f	$h_{f1} = h - h_{a1}$	$h_{f2} = h - h_{a2}$
齿顶圆直径 d_a	$d_{a1} = d_1 + 2h_{a1}\cos\delta_1$	$d_{a2} = d_2 + 2h_{a2}\cos\delta_2$
齿根角 θ_f	$\tan\theta_{f1} = \dfrac{h_{f1}}{R}$	$\tan\theta_{f2} = \dfrac{h_{f2}}{R}$
齿顶角 θ_a　不等顶隙收缩齿	$\tan\theta_{a1} = \dfrac{h_{a1}}{R}$	$\tan\theta_{a2} = \dfrac{h_{a2}}{R}$
等顶隙收缩齿	$\theta_{a1} = \theta_{f2}$	$\theta_{a2} = \theta_{f1}$
顶锥角 δ_a	$\delta_{a1} = \delta_1 + \theta_{a1}$	$\delta_{a2} = \delta_2 + \theta_{a2}$
根锥角 δ_f	$\delta_{f1} = \delta_1 - \theta_{f1}$	$\delta_{f2} = \delta_2 - \theta_{f2}$
安装距 A	按结构确定	
外锥高 A_k	$A_{k1} = \dfrac{d_2}{2} - h_{a1}\sin\delta_1$	$A_{k2} = \dfrac{d_1}{2} - h_{a2}\sin\delta_2$
支承端距 H	$H_1 = A_1 - A_{k1}$	$H_2 = A_2 - A_{k2}$
齿距 p	$p = \pi m$	
分度圆弧齿厚 s	$s_1 = m\left(\dfrac{\pi}{2} + 2x_1\tan\alpha + x_{t1}\right)$	$s_2 = p - s_1$
分度圆弦齿厚 $\bar{s}$	$\bar{s}_1 = \dfrac{d_1}{\cos\delta_1}\sin\Delta_1 \approx s_1 - \dfrac{s_1^3\cos^2\delta_1}{6d_1^2}$ 式中　$\Delta_1 = \dfrac{s_1\cos\delta_1}{d_1}$　(rad)	$\bar{s}_2 = \dfrac{d_2}{\cos\delta_2}\sin\Delta_2 \approx s_2 - \dfrac{s_2^3\cos^2\delta_2}{6d_2^2}$ 式中　$\Delta_2 = \dfrac{s_2\cos\delta_2}{d_2}$　(rad)
分度圆弦齿高 $\bar{h}$	$\bar{h}_1 = \dfrac{d_{a1} - d_1\cos\Delta_1}{2\cos\delta_1} \approx h_{a1} + \dfrac{s_1^2}{4d_1}\cos\delta_1$	$\bar{h}_2 = \dfrac{d_{a2} - d_2\cos\Delta_2}{2\cos\delta_2} \approx h_{a2} + \dfrac{s_2^2}{4d_2}\cos\delta_2$
当量齿数 z_v	$z_{v1} = \dfrac{z_1}{\cos\delta_1}$	$z_{v2} = \dfrac{z_2}{\cos\delta_2}$

第 14 篇

续表

项　　目	计算公式及说明	
	小齿轮	大齿轮
端面重合度 ε_α	$$\varepsilon_\alpha=\frac{1}{2\pi}\left[z_{v1}(\tan\alpha_{va1}-\tan\alpha)+z_{v2}(\tan\alpha_{va2}-\tan\alpha)\right]$$ 式中　$\alpha_{va1}=\arccos\dfrac{z_{v1}\cos\alpha}{z_{v1}+2h_a^*+2x_1}$，$\alpha_{va2}=\arccos\dfrac{z_{v2}\cos\alpha}{z_{v2}+2h_a^*+2x_2}$	
	ε_α 可由图 14-3-6 查出	

表 14-3-4　　　　　　　　**斜齿锥齿轮传动的几何计算**

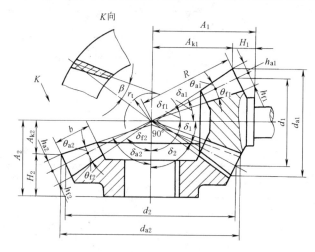

等顶隙收缩齿（$\Sigma=90°$）

项　　目	计算公式及说明	
	小齿轮	大齿轮
螺旋角 β	① 最好齿线重合度 $\varepsilon_\beta\geqslant1$　　$\tan\beta\geqslant\dfrac{\pi(R-b)m\varepsilon_\beta}{Rb}$ ② 旋向的规定：从锥顶看齿轮，当齿线从小端到大端是顺时针旋转时，为右旋；反之为左旋 ③ 旋向的选用：大小齿轮的旋向应相反，且其产生的轴向力应使两齿轮趋于分离，如做不到时，也应使小齿轮趋向分离（轴向力方向的确定见本章 3.5 节）	
齿根角 θ_f	$\tan\theta_{f1}=\dfrac{h_{f1}}{R\cos^2\beta}$	$\tan\theta_{f2}=\dfrac{h_{f2}}{R\cos^2\beta}$
切圆半径 r_t	$r_t=R\sin\beta$	
分度圆弧齿厚 s	$s_1=\left(\dfrac{\pi}{2}+\dfrac{2x_1\tan\alpha}{\cos\beta}+x_{t1}\right)m$	$s_2=\pi m-s_1$
弦齿厚 $\bar{s}_n$	$\bar{s}_{n1}=\left(1-\dfrac{s_1\sin2\beta}{4R}\right)\left(s_1-\dfrac{s_1^3\cos^2\delta_1}{6d_1^2}\right)\cos\beta$	$\bar{s}_{n2}=\left(1-\dfrac{s_2\sin2\beta}{4R}\right)\left(s_2-\dfrac{s_2^3\cos^2\delta_2}{6d_2^2}\right)\cos\beta$
弦齿高 $\bar{h}_n$	$\bar{h}_{n1}=\left(1-\dfrac{s_1\sin2\beta}{4R}\right)\left(h_{a1}+\dfrac{s_1^2}{4d_1}\cos\delta_1\right)$	$\bar{h}_{n2}=\left(1-\dfrac{s_2\sin2\beta}{4R}\right)\left(h_{a2}+\dfrac{s_2^2}{4d_2}\cos\delta_2\right)$
当量齿数 z_v	$z_{v1}=\dfrac{z_1}{\cos\delta_1\cos^3\beta}$	$z_{v2}=\dfrac{z_2}{\cos\delta_2\cos^3\beta}$

项　目	计算公式及说明	
	小齿轮	大齿轮
端面重合度 ε_a	$\varepsilon_a=\dfrac{1}{2\pi}\left[\dfrac{z_1}{\cos\delta_1}(\tan\alpha_{vat1}-\tan\alpha_t)+\dfrac{z_2}{\cos\delta_2}(\tan\alpha_{vat2}-\tan\alpha_t)\right]$ 式中　$\alpha_t=\arctan\left(\dfrac{\tan\alpha}{\cos\beta}\right)$ $\alpha_{vat1}=\arccos\dfrac{z_1\cos\alpha_t}{z_1+2(h_a^*+x_1)\cos\delta_1}$ $\alpha_{vat2}=\arccos\dfrac{z_2\cos\alpha_t}{z_2+2(h_a^*+x_2)\cos\delta_2}$ $\alpha=20°$时的 ε_a 值可由图 14-3-6 查出	

注：其他几何尺寸的计算与表 14-3-3 中同名参数的计算公式相同。

表 14-3-5　　　　　　　　　　　标准系列模数（GB/T 12368—1990）　　　　　　　　　　mm

1	1.125	1.25	1.375	1.5	1.75	2	2.25	2.5	2.75
3	3.25	3.5	3.75	4	4.5	5	5.5	6	6.5
7	8	9	10	11	12	14	16	18	20
22	25	28	30	32	36	40	45	50	

表 14-3-6　　　　　　　　　锥齿轮的最少齿数 z_{min} 和最少齿数和 $z_{\Sigma min}$

用　途	直齿及小螺旋角锥齿轮		大螺旋角曲线齿锥齿轮		非零变位大螺旋角锥齿轮	
	z_{min}	$z_{\Sigma min}$	z_{min}	$z_{\Sigma min}$	z_{min}	$z_{\Sigma min}$
工业用 $\alpha=20°$ $h_a^*=\cos\beta_m$	13 $\geqslant 14$	44 34	12 13～14 $\geqslant 15$	45 40 34	10 11 $\geqslant 12$	30 27 24
汽车，高减 速比[①]	6～8 9～12	35～40 24～38	6～9 10～11	40 38	3～5 6～9	35 25

① 采用大齿形角、短齿高，大螺旋角，大正值变位（$x_1>0.5$）以消除根切。

表 14-3-7　　　　　　　直齿及零度弧齿锥齿轮高变位系数（格里森齿制，$\Sigma=90°$）

u	x	u	x	u	x	u	x
<1.00	0.00	1.15～1.17	0.12	1.42～1.45	0.24	2.06～2.16	0.36
1.00～1.02	0.01	1.17～1.19	0.13	1.45～1.48	0.25	2.16～2.27	0.37
1.02～1.03	0.02	1.19～1.21	0.14	1.48～1.52	0.26	2.27～2.41	0.38
1.03～1.04	0.03	1.21～1.23	0.15	1.52～1.56	0.27	2.41～2.58	0.39
1.04～1.05	0.04	1.23～1.25	0.16	1.56～1.60	0.28	2.58～2.78	0.40
1.05～1.06	0.05	1.25～1.27	0.17	1.60～1.65	0.29	2.78～3.05	0.41
1.06～1.08	0.06	1.27～1.29	0.18	1.65～1.70	0.30	3.05～3.41	0.42
1.08～1.09	0.07	1.29～1.31	0.19	1.70～1.76	0.31	3.41～3.94	0.43
1.09～1.11	0.08	1.31～1.33	0.20	1.76～1.82	0.32	3.94～4.82	0.44
1.11～1.12	0.09	1.33～1.36	0.21	1.82～1.89	0.33	4.82～6.81	0.45
1.12～1.14	0.10	1.36～1.39	0.22	1.89～1.97	0.34	>6.81	0.46
1.14～1.15	0.11	1.39～1.42	0.23	1.97～2.06	0.35		

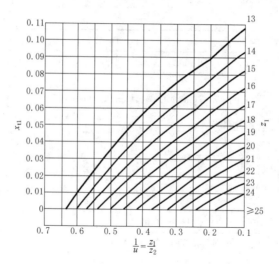

图 14-3-1   直齿及零度弧齿锥齿轮切向变位系数 x_t（格里森齿制，$\alpha = 20°$）

表 14-3-8   **直齿锥齿轮高变位系数 x_1（埃尼姆斯齿制，$\Sigma = 90°$）**

齿数比	x_1											
$u = \dfrac{z_2}{z_1}$	小轮齿数 z_1											
	10	11	12	13	14	15	18	20	25	30	35	40
1.02~1.05	—	—	—	—	0.05	0.04	0.04	0.04	0.03	0.03	0.02	0.02
>1.05~1.09	—	—	—	—	0.07	0.07	0.06	0.05	0.05	0.04	0.03	0.03
>1.09~1.14	—	—	—	—	0.10	0.10	0.08	0.08	0.06	0.05	0.04	0.04
>1.14~1.18	—	—	—	0.13	0.12	0.11	0.10	0.09	0.08	0.07	0.06	0.06
>1.18~1.22	—	—	—	0.15	0.14	0.14	0.13	0.12	0.10	0.09	0.08	0.07
>1.22~1.27	—	—	—	0.19	0.18	0.17	0.15	0.14	0.12	0.10	0.09	0.08
>1.27~1.32	—	—	—	0.22	0.21	0.20	0.18	0.16	0.13	0.11	0.10	0.09
>1.32~1.39	—	—	0.25	0.24	0.23	0.22	0.20	0.18	0.15	0.13	0.12	0.10
>1.39~1.46	—	—	0.29	0.27	0.26	0.25	0.22	0.21	0.17	0.15	0.13	0.12
>1.46~1.54	—	—	0.33	0.31	0.30	0.27	0.25	0.23	0.20	0.18	0.16	0.14
>1.54~1.65	—	—	0.37	0.35	0.33	0.30	0.27	0.25	0.22	0.19	0.17	0.15
>1.65~1.80	—	0.41	0.39	0.38	0.36	0.34	0.30	0.27	0.24	0.21	0.19	0.16
>1.80~1.95	—	0.44	0.42	0.40	0.38	0.36	0.33	0.30	0.26	0.22	0.20	0.19
>1.95~2.10	0.49	0.48	0.47	0.44	0.42	0.40	0.36	0.34	0.29	0.25	0.22	0.20
>2.10~2.40	0.53	0.51	0.49	0.47	0.45	0.42	0.39	0.36	0.32	0.27	0.24	0.22
>2.40~2.70	0.57	0.54	0.51	0.49	0.47	0.45	0.42	0.39	0.34	0.30	0.26	0.24
>2.70~3.00	0.59	0.55	0.52	0.51	0.49	0.47	0.43	0.40	0.35	0.31	0.27	0.25
>3.00~4.00	0.60	0.56	0.53	0.52	0.50	0.48	0.44	0.42	0.36	0.32	0.28	0.25
>4.00~6.00	0.61	0.58	0.54	0.53	0.51	0.49	0.45	0.43	0.37	0.34	0.30	0.26
>6.00	0.62	0.60	0.55	0.54	0.52	0.50	0.46	0.44	0.38	0.35	0.31	—

表 14-3-9   **直齿锥齿轮切向变位系数 x_{t1}（埃尼姆斯齿制，$\Sigma = 90°$）**

齿数比 u	小齿轮齿数 z_1	切向变位系数 x_{t1}	齿数比 u	小齿轮齿数 z_1	切向变位系数 x_{t1}
1.09~1.14	14~40	0.01	>2.1~2.4	10~14	0.06
>1.14~1.18	13~40	0.01	>2.1~2.4	15~40	0.07
>1.18~1.32	13~40	0.02	>2.4~3.0	10~40	0.07
>1.32~1.39	12~40	0.02	>3.0~4.0	10~40	0.08
>1.39~1.46	12~40	0.03	>4.0~6.0	10~14	0.09
>1.46~1.65	12~40	0.04	4.0~6.0	15~40	0.08
>1.65~1.95	11~40	0.05	6.0 以上	10~13	0.10
>1.95~2.10	10~40	0.06	6.0 以上	14~35	0.09

3.3.2 弧齿锥齿轮传动的几何计算

表 14-3-10   弧齿锥齿轮传动的几何计算

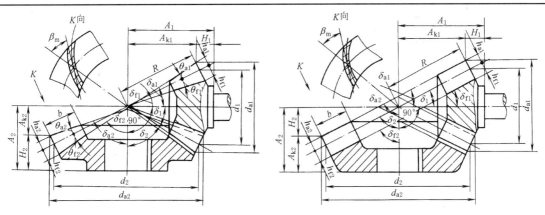

项 目	计算公式及说明		
	零度弧齿锥齿轮	弧齿锥齿轮	
	等顶隙收缩齿、双重收缩齿 （格里森齿制）	等顶隙收缩齿 （格里森齿制、埃尼姆斯齿制）	等高齿（洛-卡氏齿制）
齿形角 α	20°	20°	20°（轻载或精密传动可用 16°）
齿顶高系数 h_a^*	0.85	0.85、0.82	1
顶隙系数 c^*	0.188	0.188、0.2	0.25
大端端面模数 m	$m=\dfrac{d_1}{z_1}=\dfrac{d_2}{z_2}$，根据强度计算或类比法确定，可以取非标准或非整数的数值		
齿数比 u	$u=\dfrac{z_2}{z_1}=\dfrac{n_1}{n_2}$，按传动要求确定，一般 $u=1\sim10$		
齿数 z	① 不产生根切的最少齿数 $z_{\min}=\dfrac{2h_a^*}{\sin^2\alpha_m}\cos\delta\cos^3\beta_m$ ② 选取最少齿数时可参考表 14-3-6 ③ 当分度圆直径确定后，推荐按图 14-3-2 或图 14-3-3 选取 z_1		推荐的小齿轮最少齿数见表 14-3-11
变位系数 x,x_t	$x_1=0.46\left(1-\dfrac{1}{u^2}\right),x_2=-x_1,$ 或按表 14-3-7 选取 x_{t1} 按图 14-3-1 选取，$x_{t2}=-x_{t1}$	格里森齿制： $x_1=0.39\left(1-\dfrac{1}{u^2}\right),x_2=-x_1,$ 或按表 14-3-15 选取 x_{t1} 按图 14-3-4 选取，$x_{t2}=-x_{t1}$ 埃尼姆斯齿制： x_1 见表 14-3-16，$x_2=-x_1$ x_{t1} 见表 14-3-17，$x_{t2}=-x_{t1}$	$\beta_1>10°$ 时，$x_1=0.4\left(1-\dfrac{1}{u^2}\right),$ $x_2=-x_1$ $\beta_1=10°$ 时，$x_1=0.47,x_2=-x_1$ 用简单双面法加工，且 $u<1.5$ 时，$x_{t1}=0.18\cos\beta_1,x_{t2}=-x_{t1}$ 其他条件下，$x_{t1}=x_{t2}=0$
齿宽中点螺旋角 β_m	$\beta_{m1}=\beta_{m2}=0°$，两轮旋向相反 （旋向的规定见右栏）	① 等顶隙收缩齿的标准螺旋角 $\beta_m=35°$，等高齿的螺旋角 $\beta_m=10°\sim35°$，两轮齿宽中点的螺旋角数值相等，旋向相反 ② 增大螺旋角可以增加齿线重合度，提高传动平稳性，降低噪声，但轴向力也随之增大 ③ 决定螺旋角大小时，至少使齿线重合度 $\varepsilon_\beta\geqslant1.25$，如果条件允许可使 $\varepsilon_\beta=1.5\sim2.0$。$\varepsilon_\beta$ 和 β_m 的关系可利用图 14-3-5 确定 ④ 旋向规定：从锥顶看齿轮，当齿线从小端到大端是顺时针旋转时，为右旋；反之为左旋 ⑤ 选定旋向时，大小齿轮的旋向应相反，其产生的轴向力应使两齿轮趋向分离，如果做不到时，也应使小齿轮趋向分离（轴向力方向的确定见本章 3.5 节）	

续表

项　目	计算公式及说明		
	零度弧齿锥齿轮	弧齿锥齿轮	
	等顶隙收缩齿、双重收缩齿（格里森齿制）	等顶隙收缩齿（格里森齿制、埃尼姆斯齿制）	等高齿（洛-卡氏齿制）
分锥角 δ	$\tan\delta_1=\dfrac{\sin\Sigma}{u+\cos\Sigma}$，$\delta_2=\Sigma-\delta_1$		
分度圆直径 d	$d_1=mz_1$，$d_2=mz_2$		
锥距 R	$R=\dfrac{d_1}{2\sin\delta_1}=\dfrac{d_2}{2\sin\delta_2}$		
齿宽系数 ϕ_R	$\phi_R=\dfrac{b}{R}\leqslant\dfrac{1}{4}$	$\phi_R=\dfrac{b}{R}=\dfrac{1}{3.5}\sim\dfrac{1}{3}$	$\phi_R=\dfrac{b}{R}=\dfrac{1}{4}\sim\dfrac{1}{3}$
齿宽 b	取 $b=\phi_R R$ 和 $b=10m$ 中的较小值		
齿顶高 h_a	$h_{a1}=(h_a^*+x_1)m$ $h_{a2}=(h_a^*+x_2)m$		$h_{a1}=(h_a^*+x_1)(1-\phi_R)m$ $h_{a2}=(h_a^*+x_2)(1-\phi_R)m$
齿高 h	$h=(2h_a^*+c^*)m$		$h=(2h_a^*+c^*)(1-\phi_R)m$
齿根高 h_f	$h_{f1}=h-h_{a1}$ $h_{f2}=h-h_{a2}$		$h_{f1}=h-h_{a1}$ $h_{f2}=h-h_{a2}$
齿顶圆直径 d_a	$d_{a1}=d_1+2h_{a1}\cos\delta_1$，$d_{a2}=d_2+2h_{a2}\cos\delta_2$		
齿根角 θ_f	$\theta_{f1}=\arctan\dfrac{h_{f1}}{R}+\Delta\theta_f$ $\theta_{f2}=\arctan\dfrac{h_{f2}}{R}+\Delta\theta_f$ 等顶隙收缩齿 $\Delta\theta_f=0$ 双重收缩齿 $\Delta\theta_f$ 见表 14-3-12	$\tan\theta_{f1}=\dfrac{h_{f1}}{R}$ $\tan\theta_{f2}=\dfrac{h_{f2}}{R}$	—
齿顶角 θ_a	$\theta_{a1}=\theta_{f2}$，$\theta_{a2}=\theta_{f1}$		
顶锥角 δ_a	$\delta_{a1}=\delta_1+\theta_{a1}$，$\delta_{a2}=\delta_2+\theta_{a2}$		$\delta_{a1}=\delta_1$，$\delta_{a2}=\delta_2$
根锥角 δ_f	$\delta_{f1}=\delta_1-\theta_{f1}$，$\delta_{f2}=\delta_2-\theta_{f2}$		$\delta_{f1}=\delta_1$，$\delta_{f2}=\delta_2$
外锥高 A_k	$A_{k1}=R\cos\delta_1-h_{a1}\sin\delta_1$，$A_{k2}=R\cos\delta_2-h_{a2}\sin\delta_2$		
安装距 A	按结构确定，一般凑成整数		
支承端距 H	$H_1=A_1-A_{k1}$，$H_2=A_2-A_{k2}$		
弧齿厚 s	$s_1=m\left(\dfrac{\pi}{2}+\dfrac{2x_1\tan\alpha}{\cos\beta}+x_{t1}\right)$，$s_2=\pi m-s_1$ 式中，β 为大端螺旋角，按表 14-3-13 计算		
弦齿厚 $\bar{s}_n$ 弦齿高 $\bar{h}_n$	根据切齿方法确定，一般由机床调整计算		
当量齿数 z_v	$z_{v1}=\dfrac{z_1}{\cos\delta_1}$，$z_{v2}=\dfrac{z_2}{\cos\delta_2}$	$z_{v1}=\dfrac{z_1}{\cos\delta_1\cos^3\beta_m}$，$z_{v2}=\dfrac{z_2}{\cos\delta_2\cos^3\beta_m}$	
重合度　端面重合度 ε_α	$\varepsilon_\alpha=\dfrac{1}{2\pi}[z_{v1}(\tan\alpha_{va1}-\tan\alpha)+z_{v2}(\tan\alpha_{va2}-\tan\alpha)]$ 式中 $\alpha_{va1}=\arccos\dfrac{z_{v1}\cos\alpha}{z_{v1}+2h_a^*+2x_1}$ $\alpha_{va2}=\arccos\dfrac{z_{v2}\cos\alpha}{z_{v2}+2h_a^*+2x_2}$ $\alpha=20°$ 时，ε_α 值可由图 14-3-6 查出	$\varepsilon_\alpha=\dfrac{1}{2\pi}\left[\dfrac{z_1}{\cos\delta_1}(\tan\alpha_{vat1}-\tan\alpha_t)+\dfrac{z_2}{\cos\delta_2}(\tan\alpha_{vat2}-\tan\alpha_t)\right]$ 式中　$\alpha_t=\arctan\left(\dfrac{\tan\alpha}{\cos\beta_m}\right)$ $\alpha_{vat1}=\arccos\dfrac{z_1\cos\alpha_t}{z_1+2(h_a^*+x_1)\cos\delta_1}$ $\alpha_{vat2}=\arccos\dfrac{z_2\cos\alpha_t}{z_2+2(h_a^*+x_2)\cos\delta_2}$	
重合度　齿线重合度 ε_β	$\varepsilon_\beta=0$	$\varepsilon_\beta\approx\dfrac{1}{1-0.5\phi_R}\times\dfrac{b\tan\beta_m}{\pi m}$ $b/R=0.3$ 时，ε_β 可由图 14-3-5 查出	
重合度　总重合度 ε_γ	$\varepsilon_\gamma=\varepsilon_\alpha$	$\varepsilon_\gamma=\sqrt{\varepsilon_\alpha^2+\varepsilon_\beta^2}$	

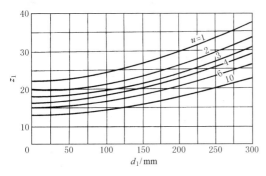

图 14-3-2　直齿及零度弧齿锥齿轮小轮齿数 z_1

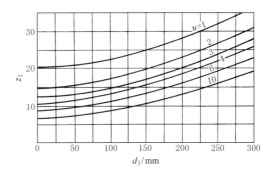

图 14-3-3　弧齿锥齿轮小轮齿数 z_1（$\beta_m = 35°$）

表 14-3-11　　　　　　　　　等高齿弧齿锥齿轮小轮齿数 z_1

切齿方法	齿形角 α	中点螺旋角 β_m	传动比 i	小 齿 轮 最 少 齿 数				R/D_0	锥距 R /mm
				$i=1.0\sim1.5$	$i=1.5\sim2.5$	$i=2.5\sim3.5$	$i=3.5\sim10$		
单面法	20°	10°~35°	1~10	19	16	13	10	0.55~0.9	50~810
简单双面法	20°	10°~35°	1~10	23	18	14	10	0.67~1.0	60~800

表 14-3-12　　　　　　　双重收缩齿零度弧齿锥齿轮齿根角增量 $\Delta\theta_f$

齿形角 α	20°	22°30′	25°
平面齿轮齿数 z_p	$z_p = \dfrac{2R}{m} = \sqrt{z_1^2 + z_2^2}$		
齿根角增量 $\Delta\theta_f$	$\Delta\theta_f = \dfrac{6668}{z_p} - \dfrac{1512\sqrt{d_1\sin\delta_2}}{z_p b} - \dfrac{355.6}{z_p m}$	$\Delta\theta_f = \dfrac{4868}{z_p} - \dfrac{1512\sqrt{d_1\sin\delta_2}}{z_p b} - \dfrac{355.6}{z_p m}$	$\Delta\theta_f = \dfrac{3412}{z_p} - \dfrac{1512\sqrt{d_1\sin\delta_2}}{z_p b} - \dfrac{355.6}{z_p m}$

表 14-3-13　　　　　　　　　　弧齿锥齿轮螺旋角计算公式

名　称	代号	计 算 公 式	说　明
任意点螺旋角	β_x	$\sin\beta_x = \dfrac{1}{d_0}\left[R_x + \dfrac{R_m(d_0\sin\beta_m - R_m)}{R_x}\right]$	R_x——任意点锥距
大端螺旋角	β	$\sin\beta = \dfrac{1}{d_0}\left[R + \dfrac{R_m(d_0\sin\beta_m - R_m)}{R}\right]$	R_m——中点锥距，$R_m = R - \dfrac{b}{2}$ R_i——小端锥距，$R_i = R - b$
小端螺旋角	β_i	$\sin\beta_i = \dfrac{1}{d_0}\left[R_i + \dfrac{R_m(d_0\sin\beta_m - R_m)}{R_i}\right]$	d_0——铣刀盘名义直径，其值已标准化，见表 14-3-14

表 14-3-14　　　　　　　　　　　铣刀盘名义直径 d_0

名义直径 d_0		螺旋角 $\beta_m/(°)$	锥距 R/mm	最大齿高 /mm	最大齿宽 /mm	最大模数 /mm
英制,in	公制,mm	推　荐　值				
1/2	12.7	≤15	6~13	3.5	4	1.75
1¹⁄₁₀	27.94	≤25	13~19	3.5	6.5	1.75
1½	38.10	≤25	19~25	5	8	2.5
2	50.8	≤25	25~38	5	11	2.5

续表

名义直径 d_0		螺旋角 β_m/(°)	锥距 R/mm	最大齿高 /mm	最大齿宽 /mm	最大模数 /mm
英制,in	公制,mm	推 荐 值				
$3\frac{1}{2}$	88.9	0～15 ＞15	20～40 36～65	8.7	20	3.5
6	152.4	0～15 ＞15	35～70 60～100	10	30	4.5 5
9	228.6	0～15 ＞15～25 ＞25	60～120 90～160 90～160	15	50	6.5 7.5 8
12	304.8	0～15 ＞15～25 ＞25	90～180 140～210 140～210	20	65	9 10 11
18	457.2	0～15 ＞15～25 ＞25	160～240 190～320 190～320	28	100	12 14 15
21	533.4	0～15 ＞15～25 ＞25	190～280 220～370 220～370	35	115	14 16 17.5
24	609.6	0～15 ＞15～25 ＞25	210～320 250～420 250～420	40	130	16 18 20
27	685.8	0～15 ＞15～25 ＞25	240～360 280～480 280～480	45	150	18 20 22.5
30	762	0～15 ＞15～25 ＞25	270～400 320～530 320～530	50	170	20 22 25
33	838.2	0～15 ＞15～25 ＞25	290～440 350～590 350～590	55	190	22 24 27.5
36	914.4	0～15 ＞15～25 ＞25	320～480 380～640 380～640	60	210	24 26 30
39	990.6	0～15 ＞15～25 ＞25	340～490 400～690 400～690	65	230	26 28 32.5
42	1066.8	0～15 ＞15～25 ＞25	370～560 440～740 440～740	70	250	28 30 35

注：1. 本表只适用于收缩齿弧齿锥齿轮。

2. $d_0 \geqslant 21$in 的铣刀盘只用于大型弧齿锥齿轮加工机床。

表 14-3-15 　　　　　　　弧齿锥齿轮高变位系数（格里森齿制）

u	x	u	x	u	x	u	x
＜1.00	0.00	1.15～1.17	0.10	1.41～1.44	0.20	1.99～2.10	0.30
1.00～1.02	0.01	1.17～1.19	0.11	1.44～1.48	0.21	2.10～2.23	0.31
1.02～1.03	0.02	1.19～1.21	0.12	1.48～1.52	0.22	2.23～2.38	0.32
1.03～1.05	0.03	1.21～1.23	0.13	1.52～1.57	0.23	2.38～2.58	0.33
1.05～1.06	0.04	1.23～1.26	0.14	1.57～1.63	0.24	2.58～2.82	0.34
1.06～1.08	0.05	1.26～1.28	0.15	1.63～1.68	0.25	2.82～3.17	0.35
1.08～1.09	0.06	1.28～1.31	0.16	1.68～1.75	0.26	3.17～3.67	0.36
1.09～1.11	0.07	1.31～1.34	0.17	1.75～1.82	0.27	3.67～4.56	0.37
1.11～1.13	0.08	1.34～1.37	0.18	1.82～1.90	0.28	4.56～7.00	0.38
1.13～1.15	0.09	1.37～1.41	0.19	1.90～1.99	0.29	＞7.00	0.39

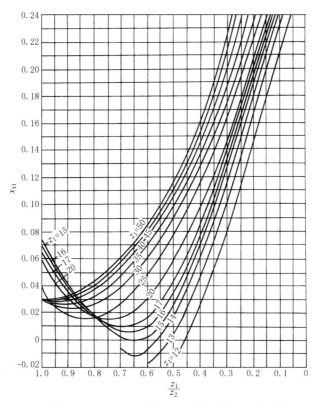

图 14-3-4　弧齿锥齿轮切向变位系数 x_t［格里森齿制 Σ（或当量 Σ）＝90°］

表 14-3-16　　　　　　弧齿锥齿轮高变位系数 x_1（埃尼姆斯齿制，Σ＝90°，β_m＝35°）

u ＼ z_1	10	11	12	13	14	15	18	20	25	30	35	40
1.00～1.02	—	—	—	0	0	0	0	0	0	0	0	0
1.02～1.05	—	—	—	0.02	0.02	0.02	0.02	0.01	0.01	0.01	0.01	0.01
1.05～1.08	—	—	—	0.03	0.03	0.03	0.03	0.03	0.02	0.02	0.01	0.01
1.08～1.12	—	—	—	0.04	0.03	0.03	0.03	0.03	0.02	0.02	0.02	0.01
1.12～1.16	—	—	—	0.06	0.06	0.05	0.05	0.04	0.04	0.03	0.03	0.02
1.16～1.20	—	—	—	0.08	0.08	0.07	0.07	0.06	0.05	0.05	0.04	0.04
1.20～1.25	—	—	—	0.10	0.10	0.09	0.08	0.07	0.06	0.06	0.05	0.05
1.25～1.30	—	—	—	0.12	0.12	0.10	0.09	0.09	0.08	0.07	0.06	0.05
1.30～1.35	—	—	—	0.14	0.14	0.12	0.10	0.10	0.09	0.07	0.06	0.06
1.35～1.40	—	0.18	0.17	0.16	0.15	0.14	0.12	0.11	0.09	0.08	0.07	0.06
1.40～1.50	—	0.20	0.19	0.18	0.17	0.16	0.14	0.12	0.10	0.09	0.08	0.07
1.50～1.60	0.24	0.23	0.22	0.20	0.19	0.18	0.16	0.14	0.12	0.11	0.09	0.08
1.60～1.80	0.27	0.25	0.24	0.22	0.21	0.20	0.18	0.16	0.14	0.12	0.10	0.09
1.80～2.0	0.30	0.28	0.26	0.25	0.24	0.23	0.20	0.18	0.15	0.13	0.12	0.10
2.0～2.25	0.32	0.30	0.28	0.27	0.26	0.24	0.22	0.20	0.17	0.14	0.13	0.11
2.25～2.5	0.34	0.32	0.30	0.29	0.28	0.26	0.24	0.22	0.18	0.15	0.13	0.12
2.5～3.0	0.37	0.35	0.32	0.31	0.30	0.28	0.25	0.23	0.19	0.16	0.14	0.13
3.0～3.5	0.38	0.35	0.33	0.31	0.30	0.29	0.26	0.24	0.19	0.17	0.13	0.13
3.5～4.5	0.38	0.36	0.34	0.32	0.31	0.30	0.26	0.24	0.20	0.18	0.15	0.14
4.5～6	0.38	0.37	0.35	0.33	0.31	0.31	0.27	0.25	0.21	0.18	0.16	0.14
＞6	0.38	0.37	0.35	0.33	0.32	0.31	0.28	0.26	0.22	0.19	0.17	—

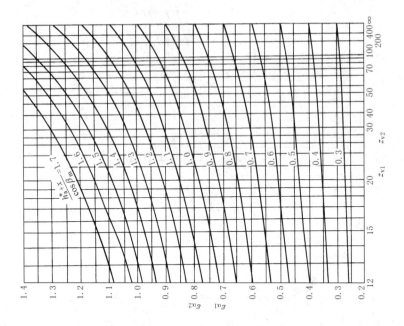

图 14-3-6　锥齿轮的端面重合度 ϵ_α（$\alpha = 20°$）

注：1. 对直齿轮，按 z_{v1} 和 z_{v2} 查出 $\epsilon_{\alpha1}$ 和 $\epsilon_{\alpha2}$，$\epsilon_\alpha = \epsilon_{\alpha1} + \epsilon_{\alpha2}$

2. 对曲线齿，按 z_{v1} 和 z_{v2} 查出 $\epsilon_{\alpha1}$ 和 $\epsilon_{\alpha2}$，$\epsilon_\alpha = K(\epsilon_{\alpha1} + \epsilon_{\alpha2})$，$K$ 值如下：

β_m	15°	20°	25°	30°	35°
K	0.941	0.897	0.842	0.779	0.709

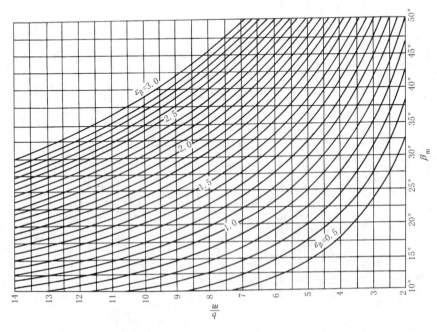

图 14-3-5　弧齿锥齿轮齿线重合度 ϵ_β

表 14-3-17　　　　　弧齿锥齿轮切向变位系数 x_{t1}（埃尼姆斯齿制，$\Sigma = 90°$，$\beta_m = 35°$）

u \ z_1	10	11	12	13	14	15	18	20	25	30	35	40
1.00~1.15	—	—	—	0	0	0	0	0	0	0	0	0
1.15~1.30	—	—	—	0	0	0	0	0.02	0.02	0.02	0.02	0.02
1.30~1.45	—	0.02	0.02	0.02	0.02	0.02	0.02	0.02	0.03	0.03	0.03	0.03
1.45~1.60	—	0.02	0.02	0.02	0.03	0.03	0.03	0.03	0.03	0.03	0.03	0.03
1.60~1.75	0.04	0.04	0.04	0.04	0.04	0.04	0.05	0.05	0.05	0.05	0.05	0.05
1.75~1.90	0.05	0.05	0.05	0.05	0.06	0.06	0.06	0.06	0.06	0.06	0.06	0.06
1.90~2.05	0.06	0.06	0.07	0.07	0.07	0.07	0.07	0.07	0.07	0.07	0.07	0.07
2.05~2.25	0.08	0.08	0.08	0.08	0.08	0.08	0.08	0.08	0.08	0.08	0.08	0.08
2.25~2.50	0.10	0.10	0.10	0.10	0.10	0.10	0.10	0.10	0.10	0.10	0.10	0.10
2.50~2.75	0.12	0.12	0.12	0.12	0.12	0.11	0.11	0.11	0.11	0.11	0.11	0.11
2.75~3.00	0.14	0.13	0.13	0.13	0.13	0.12	0.12	0.12	0.12	0.12	0.12	0.12
3.0~3.5	0.17	0.16	0.16	0.15	0.15	0.15	0.14	0.14	0.14	0.14	0.14	0.13
3.5~4.0	0.18	0.18	0.18	0.18	0.17	0.17	0.17	0.16	0.16	0.16	0.16	0.15
4.0~4.5	0.21	0.20	0.20	0.20	0.20	0.19	0.19	0.19	0.18	0.18	0.18	0.18
4.5~5.0	0.22	0.22	0.21	0.21	0.21	0.20	0.20	0.20	0.19	0.19	0.19	0.19
5.0~6.0	0.24	0.24	0.23	0.23	0.23	0.22	0.22	0.21	0.20	0.20	0.20	0.20
6.0~7.0	0.25	0.25	0.24	0.24	0.24	0.23	0.23	0.22	0.22	0.21	0.21	—
7.0~8.0	0.26	0.26	0.25	0.25	0.25	0.24	0.24	0.23	0.23	0.22	0.22	—
8.0~9.0	0.27	0.27	0.26	0.26	0.26	0.25	0.25	0.24	0.24	0.23	0.23	—
9.0~10.0	0.29	0.28	0.28	0.27	0.27	0.26	0.26	0.25	0.25	0.24	0.24	—

3.3.3　摆线齿锥齿轮的几何设计

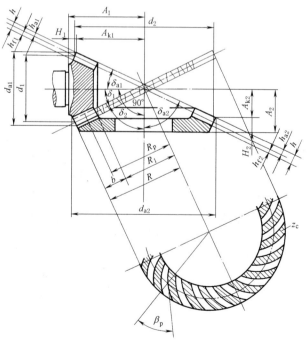

图 14-3-7　摆线齿锥齿轮的几何计算

3.3.3.1 摆线齿锥齿轮几何参数计算的原始参数

表 14-3-18   摆线齿锥齿轮几何参数计算的原始参数

序号	名　称	代号/单位	说　明
1	轴交角	$\Sigma/(°)$	—
2	传动比和齿数比理论值	i_{120}, u_0	$i_{120} = u_0$
3	主动小齿轮转速	$n_1/r \cdot min^{-1}$	—
4	主动小齿轮转矩	$T_1/N \cdot m$	—
5	大轮大端节圆直径初值	d_2'/mm	$\Sigma = 90°$时: $(d_2')^{2.8} \approx 1000 T_1 \left(\dfrac{u_0^3}{1+u_0^3} \right) \sqrt[5]{n_1}$
6	齿　宽	b/mm	轻载,中载传动 $b = (0.2 \sim 0.29) R_0'$ 重载传动 $b = (0.29 \sim 0.33) R_0'$ R_0' 为大端锥距初值
7	参考点螺旋角	$\beta_m/(°)$	$\beta_m = \arccos \left(\dfrac{z_1 u m_n}{d_2' - b\sin\delta_2'} \right)$
8	参考点法向模数	m_n/mm	硬齿面重载齿轮 $m_n = (0.1-0.14)b$ 调质钢软齿面齿轮 $m_n = (0.083-0.1)b$
9	小轮齿数	z_1	$z_1 \approx \dfrac{(d_2' - b\sin\delta_{20}')\cos\beta_{m0}}{u_0 m_n}$ 加以圆整 $z_1 \geqslant 5$ δ_{20}' 为 δ_2' 计算初值
10	大轮齿数	z_2	$z_2 = u_0 z_1$
11	齿数比	u	$u = z_2/z_1$
12	传动比误差百分数	Δi_{12}	$\Delta i_{12} = 100(u - u_0)/u_0$
13	法向压力角	$a_n/(°)$	$a_n = 20°$
14	齿顶高系数	h_a^*	$h_a^* = 1$
15	顶隙系数	c^*	$c^* = 0.25$
16	法向尺侧间隙	j_n/mm	$j_n \approx 0.05 + 0.03 m_n$
17	大轮节锥角	$\delta_2'/(°)$	$\Sigma \leqslant 90°$ $\delta_2' = \arctan \left(\dfrac{\sin\Sigma}{1/u + \cos\Sigma} \right)$ $\Sigma > 90°$ $\delta_2' = \arctan \left[\dfrac{\sin(180° - \Sigma)}{1/u + \cos(180° - \Sigma)} \right]$
18	大轮大端节锥距	R_2/mm	$R_2 = 0.5 d_2'/\sin\delta_2'$
19	小轮螺旋方向	—	—
20	大轮螺旋方向	—	—
21	分锥角修正值	$\Delta\delta/(°)$	初值 $\Delta\delta = 0$
22	铣齿机型号	—	
23	铣刀盘名义半径	r_0/mm	
24	刀齿组数	z_0	"奥"制按图 14-3-8 和表 14-3-19 选取,"克"制按图 14-3-9 和
25	刀齿节点高度("奥"制)	h_{w0}/mm	图 14-3-10 选取
	刀齿模数("克"制)	m_0/mm	

续表

序号	名　　称	代号/单位	说　　明
26	高变位系数	x_1	初值 $x_1 = 0.5$
27	切向变位系数	x_{t1}	初值 $x_{t1} = 0.1$

注：1. "奥"制铣刀盘根据锥齿轮参考点法向模数 m_n，由表 14-3-19 和图 14-3-8 选择刀盘半径 r_0，刀齿组数 z_0 以及刀齿节点高度 h_{w0}。"克"制铣刀盘根据锥齿轮参考点法向模数 m_n，铣齿机型号，选定刀盘名义半径刀盘半径 r_0，刀齿组数 z_0 以及刀齿模数 m_0。

2. 图 14-3-8 中，①区和②区优先考虑低噪声运行。③区优先考虑承载能力较大。

3. 几种刀盘名义半径适用于同一模数时，按下式选择刀盘半径：

$$R_m \sin\beta_m < r_0 < R \sin\beta_e \qquad (14\text{-}3\text{-}1)$$

式中　R——冠轮大端锥距；

β_e——冠轮大端旋角；

R_m——冠轮参考点锥距；

β_m——冠轮参考点旋角。

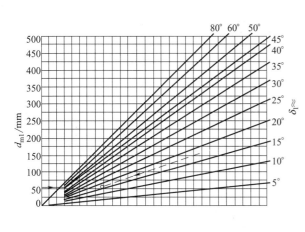
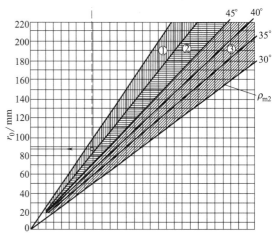

图 14-3-8　选择奥利康刀盘名义半径的线图

表 14-3-19　　　　　　　　　　　　　　奥利康刀盘参数系列

模数范围	$m_n = 1.5 \sim 4.5$		$m_n = 4.5 \sim 8.5$		$m_n = 5 \sim 10$	
刀齿尺寸	$H \times B = 9 \times 7.5$		$H \times B = 17.5 \sim 13.5$		$H \times B = 20 \times 16$	
刀盘参数	刀盘代号	h_{w0}	刀盘代号	h_{w0}	刀盘代号	h_{w0}
	FS5—39	119	FS5—62	124	FSS9—132	116
	FS7—49	119	FS7—88	124	FSS11—160	116
	FS11—74	119	FS9—110	109	FSS13—181	
	FS13—88	119	FS11—140	109		
			FS13—160	109		
			FS13—181			
刀盘数量	8 套 16 个		10 套 20 个		4 套 8 个	

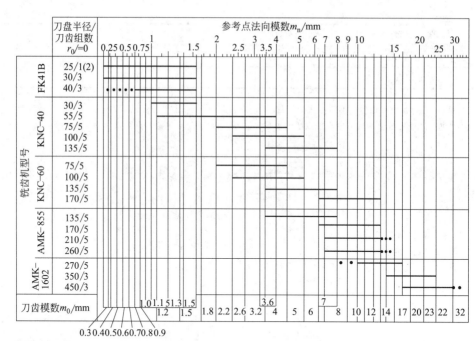

图 14-3-9 克林根贝尔格刀盘的 r_0、z_0 和 m_0 选择范围之一

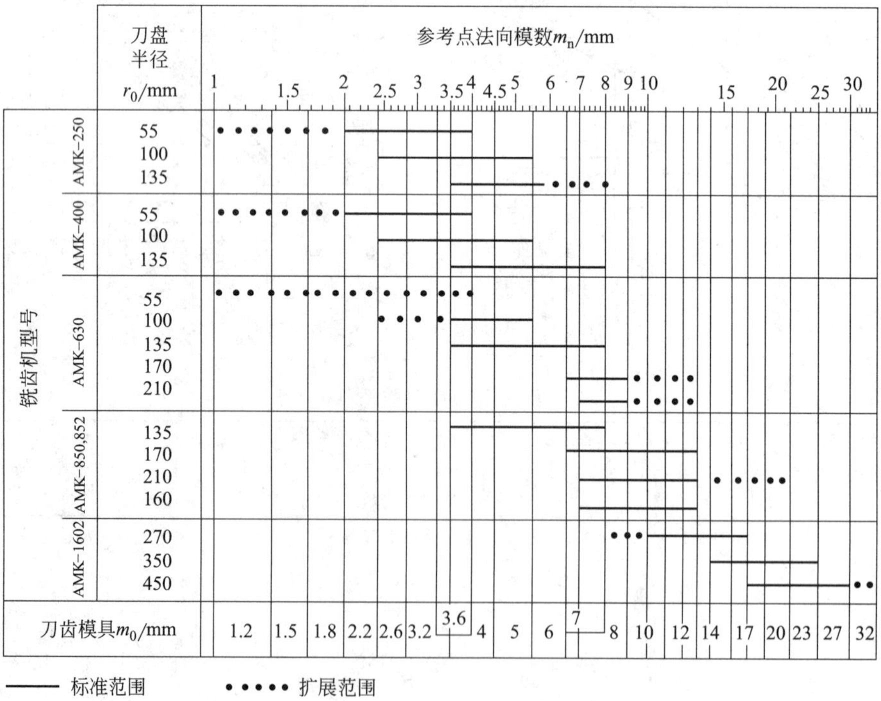

图 14-3-10 克林根贝尔格刀盘的 r_0、z_0 和 m_0 选择范围之二

3.3.3.2 摆线齿锥齿轮几何参数计算

（1）节锥面参数，冠轮参数，大小端法向模数计算

表 14-3-20　　　　　　　　　**节锥面参数，冠轮参数，大小端法向模数计算**

序号	名称	代号/单位	计算公式和说明
1	大轮节锥角	$\delta'_2/(°)$	$\Sigma \leqslant 90°$ $\delta'_2 = \arctan\left(\dfrac{\sin\Sigma}{1/u + \cos\Sigma}\right)$ $\Sigma > 90°$ $\delta'_2 = \arctan\left[\dfrac{\sin(180° - \Sigma)}{1/u + \cos(180° - \Sigma)}\right]$
2	小轮节锥角	$\delta'_1/(°)$	$\delta'_1 = \Sigma - \delta'_2$
3	小轮大端节圆直径	d'_1/mm	$d'_1 = d'_2/u$
4	小轮参考点节圆直径	d'_{m1}/mm	$d'_{m1} = m_n z_1/\cos\beta_m$
5	大轮参考点节圆直径	d'_{m2}/mm	$d'_{m2} = m_n z_2/\cos\beta_m$
6	冠轮齿数	z_p	$z_p = z_2 \cos\Delta\delta/\sin\delta'_2$
7	冠轮大端锥距	R/mm	$R = 0.5 d'_2 \cos\Delta\delta/\sin\delta'_2$
8	冠轮参考点锥距	R_m/mm	$R_m = R - 0.5 b \cos\Delta\delta$
9	冠轮小端锥距	R_i/mm	$R_i = R - b \cos\Delta\delta$
10	刀齿方向角	$\delta_0/(°)$	$\delta_0 = \arcsin(0.5 m_n Z_0/r_0)$
11	刀位	E_x/mm	$E_x = [R_m^2 + r_0^2 - 2R_m r_0 \sin(\beta_m - \delta_0)]^{0.5}$
12	刀位检查	—	
13	基圆半径	E_y/mm	$E_y = E_x/(1 + Z_0/z_p)$
14		$q_e/(°)$	$q_e = \arccos\left(\dfrac{R^2 + E_x^2 - r_0^2}{2R E_x}\right)$
15		$q_i/(°)$	$q_i = \arccos\left(\dfrac{R_i^2 + E_x^2 - r_0^2}{2R_i E_x}\right)$
16	大端螺旋角	$\beta_e/(°)$	$\beta_e = \arctan\left(\dfrac{R - E_y \cos q_e}{E_y \sin q_e}\right)$
17	小端螺旋角	$\beta_i/(°)$	$\beta_i = \arctan\left(\dfrac{R_i - E_y \cos q_i}{E_y \sin q_i}\right)$
18	大端法向模数	m_{ne}/mm	$m_{ne} = 2R_0 \cos\beta_e/z_p$
19	小端法向模数	m_{ni}/mm	$m_{ni} = 2R_i \cos\beta_i/z_p$
20	大小端模数检验	mm	$m_{ne} \geqslant m_n$ $m_{ne} \geqslant m_i$

　　注：1. 表中第 12 项刀位检查，刀位的选取必须在铣齿机允许的范围内。奥利康铣齿机的 E_x 许用范围可查铣齿机说明书，克林根贝尔格制不同型号的铣齿机刀位的最大值 E_{xmax} 和最小值 E_{xmin} 见表 14-3-21。

　　2. 表中第 18～20 项，检查齿小端和大端法向模数，保证 $m_{ne} \geqslant m_n$ 和 $m_{ne} \geqslant m_{ni}$，由齿小端到齿大端齿厚正常收缩，而不是小端齿厚大于小端齿厚的反收缩。

表 14-3-21　　　　　　　　　**克林根贝尔格制铣齿机刀位许可范围**

机床型号	Fk-41B	AMK-250	AMK-400	AMK-630/650
E_{xmax}	70	150	250	280
E_{xmin}	0	0	0	0
机床型号	KNC-40/60	AMK-850/852	AMK-855	AMK-1602
E_{xmax}	290	400	460	900
E_{xmin}	0	0	0	0

（2）小端划伤和槽底留埂检查

表 14-3-22　　　　　　　　　　小端划伤和槽底留埂检查

序号	名　称	代号/单位	计算公式和说明
1	法界面内最大齿槽宽处的锥距	R_y /mm	$R_y = \sqrt{\left(\dfrac{z_p - Z_0}{z_p + Z_0}\right)E_x^2 + r_0^2}$
2	冠轮齿顶高	h_{a0} /mm	$h_{a0} = m_n(h_a^* + c^*)$
3		H_w /mm	$H_w = x_{t1}m_n + 2h_{a0}\tan\alpha_n$
4	在 R_y 处	e_{fny1} /mm	$e_{fny1} = (\pi E_y / z_p) - H_w$
		e_{fny2} /mm	$e_{fny2} = e_{fny1} + 2x_{t1}m_n$
5	在 R_e 处	e_{fne1} /mm	$e_{fne1} = (\pi m_{ne}/2) - H_w$
		e_{fne2} /mm	$e_{fne2} = e_{fne1} + 2x_{t1}m_n$
6	在 R_i 处	e_{fni1} /mm	$e_{fni1} = (\pi m_{ni}/2) - H_w$
		e_{fni2} /mm	$e_{fni2} = e_{fni1} + 2x_{t1}m_n$
7	刀顶宽	s_{a0} /mm	—
8	小端齿面无划伤检查	mm	$(e_{fn})_{min} \geqslant s_{a0} \geqslant 0.2m_n$
9	齿槽底不留埂检查	mm	$(e_{fn})_{max} < 3.0 s_{a0} < 3.0(e_{fn})_{min}$
10	划伤起始点锥距	R_v /mm	$R_v = \dfrac{z_p}{\pi\cos\beta_v}(s_{a0} + x_{t1}m_n + 2h_{a0}\tan\alpha_n)$ 取初值 $\beta_v = \beta_i$ 迭代求解
11		q_v /(°)	$q_v = \arccos\left(\dfrac{R_v^2 + E_x^2 - r_0^2}{2R_v E_x}\right)$
12	R_v 处的螺旋角	β_v /(°)	$\beta_v = \arctan\left(\dfrac{R_v - E_y\cos q_v}{E_y\sin q_v}\right)$

注：表中第 8 项，$s_{a0} \leqslant (ef_n)_{min}$ 时无划伤，不需要计算 R_v 值；$s_{a0} > (ef_n)_{min}$ 时有划伤。若允许齿小端略有划伤，需根据 s_{a0} 值，取初值 $\beta_v = \beta_i$，迭代求解出划伤起始点锥距 R_v，以保证有足够的工作齿面。

（3）高变位系数的计算

表 14-3-23　　　　　　　　　　高变位系数的计算

序号	名　称	代号/单位	计算公式和说明
1	端面当量齿轮基圆螺旋角	β_{vb} /(°)	$\beta_{vb} = \arcsin(\sin\beta_n\cos\alpha_n)$
2	法向当量小齿轮齿数	z_{vn1}	$z_{vn1} = \dfrac{z_1}{\cos^2\beta_{vb}\cos\beta_m\cos\delta_1'}$
3	法向当量大齿轮齿数	z_{vn2}	$z_{vn2} = \dfrac{z_2}{\cos^2\beta_{vb}\cos\beta_m\cos\delta_2'}$
4	高变位系数	x_1	$x_1 = 0.5$（初值）
5	法向当量小齿轮齿顶压力角	α_{van1} /(°)	$\alpha_{van1} = \arccos\left[\dfrac{z_{van1}\cos\alpha_n}{z_{van1} + 2(h_a^* + x_1)}\right]$
6	法向当量大齿轮齿顶压力角	α_{van2} /(°)	$\alpha_{van2} = \arccos\left[\dfrac{z_{van2}\cos\alpha_n}{z_{van2} + 2(h_a^* - x_1)}\right]$
7	小轮齿顶滑动比	η_{a1}	$\eta_{a1} = \dfrac{(z_{vn1} + z_{vn2})(\tan\alpha_{van1} - \tan\alpha_n)}{z_{vn2}\tan\alpha_{van1}}$
8	大轮齿顶滑动比	η_{a2}	$\eta_{a2} = \dfrac{(z_{vn1} + z_{vn2})(\tan\alpha_{van2} - \tan\alpha_n)}{z_{vn1}\tan\alpha_{van2}}$
9	小轮齿根滑动比	η_{f1}	$\eta_{f1} = \dfrac{(z_{vn1} + z_{vn2})(\tan\alpha_n - \tan\alpha_{van2})}{(z_{vn1} + z_{vn2})\tan\alpha_n - z_{vn2}\tan\alpha_{van2}}$

续表

序号	名　　称	代号/单位	计算公式和说明
10	大轮齿根滑动比	η_{f2}	$\eta_{f2}=\dfrac{(z_{vn1}+z_{vn2})(\tan\alpha_n-\tan\alpha_{avn1})}{(z_{vn1}+z_{vn2})\tan\alpha_n-z_{vn1}\tan\alpha_{van1}}$
11	小轮齿顶大轮齿根滑动比之和	ζ_1	"奥"制 $\zeta_1=u\eta_{a1}+\mid\eta_{f2}\mid$
			"克"制 $\zeta_1=\eta_{a1}+\mid\eta_{f2}\mid$
12	大轮齿顶大轮齿根滑动比之和	ζ_2	"奥"制 $\zeta_1=\eta_{a2}+\mid u\eta_{f1}\mid$
			"克"制 $\zeta_1=\eta_{a2}+\mid\eta_{f1}\mid$
13	等滑动系数	$\Delta\zeta$	"奥"制 $\Delta\zeta=\mid\zeta_1-\zeta_2\mid<10^{-4}$
			"克"制 $\Delta\zeta=\mid\zeta_1-\zeta_2\mid<10^{-4}$
14	高变位系数取值	x_1	按本表第 4 项取终值

　　注：高变位系数的选择的准则是相配两齿轮齿顶和齿根滑动系数绝对值之和相等。"奥"制高变位系数的选择依据：

$$u\eta_{a1}+\mid\eta_{f2}\mid=\eta_{a2}+\mid u\eta_{f1}\mid \tag{14-3-2}$$

　　"克"制高变位系数的选择依据：

$$\eta_{a1}+\mid\eta_{f2}\mid=\eta_{a2}+\mid\eta_{f1}\mid \tag{14-3-3}$$

（4）分锥角修正与计算，小轮根切校核及齿高计算

表 14-3-24　　　　　　　分锥角修正与计算，小轮根切校核及齿高计算

序号	名　　称	代号/单位	计算公式和说明
1	小轮小端轴颈的直径	d_z/mm	由设计图取值
2	小轮轴颈安装基面至小端轴颈端面的距离	A_z/mm	由设计图取值
3	小轮安装距	A_1/mm	由设计图取值
4	两轴线交点至小轮参考点分度圆心的距离	A_{m1}/mm	$A_{m1}=0.5d'_m/\tan\delta'_1$
5	小轮许用最大分锥角	δ_{1max}/(°)	$\delta_{1max}=\arctan\{[(d'_{m1}-d_z)/2-m_n(h_a^*+c^*-x_1+0.03)/\cos\delta'_1]/(A_z+A_{m1}-A_1)\}$
6	分锥角修正量	$\Delta\delta$/(°)	$\Delta\delta=\delta'_1-\delta_{1max}$小端无轴颈或 $\Delta\delta<0°$时，取 $\Delta\delta=0°$
7	小轮分锥角	δ_1/(°)	$\delta_1=\delta'_1-\Delta\delta$
8	大轮分锥角	δ_2/(°)	$\delta_2=\delta'_2+\Delta\delta$
9	小轮小端法面当量齿轮齿数	z_{vni1}	$z_{vni1}=\dfrac{z_1}{(1-\sin^2\beta_i\cos^2\alpha_n)\cos\beta_i\cos\delta'_1}$
10	小轮最小高变位系数	x_{1min}	"奥"制 $:x_{1min}=0.833m_nh_a^*/m_{ni}-0.5z_{vni1}\sin^2\alpha_n-0.5\tan\Delta\delta/m_n$
11			"克"制$:x_{1min}=1.1h_a^*-0.5m_{ni}z_{vni1}\times\sin^2\alpha_n/m_n-0.5b\tan\Delta\delta/m_n$
12	小轮高变位系数终值	x_1	当 $x_{1min}\leqslant x_1$时，x_1值不变 当 $x_{1min}<x_1$时，取 $x_{1min}=x_1$
13	小轮齿顶高	h_{a1}/mm	$h_{a1}=m_n(h_a^*+x_1)$
14	大轮齿顶高	h_{a2}/mm	$h_{a2}=m_n(h_a^*-x_1)$
15	全齿高	h/mm	$h=m_n(2h_a^*+c^*)$

　　注：表中第 6 项，小端无轴颈（两齿轮分锥角等于节锥角，$\Delta\delta=0°$）或 $\Delta\delta<0°$时，取 $\Delta\delta=0°$，不需要修正两齿轮的分锥角。小轮跨装支撑时，需要检查需要检查铣刀盘是否切坏小轮小端轴颈。

（5）小轮齿顶变尖检查及齿顶系数

表 14-3-25 小轮齿顶变尖检查及齿顶系数

序号	名　　称	代号/单位	计算公式和说明
			小轮小端齿顶变尖检查
1	小轮小端法向当量齿轮顶圆直径	d_{vani1}/mm	$d_{\text{vani1}} = n_{\text{ni}} z_{\text{vni1}} + 2(h_a^* + x_1)m_n + b\sin\Delta\delta/2$
2	小轮小端齿顶法向压力角	α_{vani1}/(°)	$\alpha_{\text{vani1}} = \arccos(m_{\text{ni}} z_{\text{vni1}} \cos\alpha_n / d_{\text{vani1}})$
3	小轮小端法向节圆齿厚半角	ψ_{vni1}/rad	$\psi_{\text{vni1}} = \{\pi/2 + m_n[x_{t1} + 2\tan\alpha_n(x_1 + 0.5b\sin\Delta\delta/m_n)]/m_{\text{ni}}\}/z_{\text{vni1}}$
4	小轮小端法向齿顶厚半角	ψ_{vani1}/rad	$\psi_{\text{vani1}} = \psi_{\text{vni1}} + \text{inv}\alpha_n - \text{inv}\alpha_{\text{vani1}}$
5	小轮小端法向齿顶厚	s_{ai1}/mm	$s_{\text{ai1}} = \psi_{\text{vani1}} d_{\text{vani1}}$
6	小轮小端齿顶变尖检查	—	"奥"制 $s_{\text{ai1}} \geqslant 0.2m_n$ 当 $s_{\text{ai1}} < 0.2m_n$ 时，小轮小端齿顶倒坡 "克"制 $s_{\text{ai1}} \geqslant 0.3m_n$ 当 $s_{\text{ai1}} < 0.3m_n$ 时，小轮小端齿顶倒坡
			小轮齿顶倒坡（"奥"制 $s_{\text{ai1}} < 0.2m_n$ 或"克"制 $s_{\text{ai1}} < 0.3m_n$ 时）
7		K	$K = 0$
8	倒坡后小轮小端顶圆板半径	d_{vak}/mm	$d_{\text{vak}} = d_{\text{vani1}} - 2m_n K$
9		α_{vak}/(°)	$\alpha_{\text{vak}} = \arccos(m_{\text{ni}} z_{\text{vni1}} \cos\alpha_n / d_{\text{vak}})$
10		ψ_{vak}/rad	$\psi_{\text{vak}} = \psi_{\text{vni1}} + \text{inv}\alpha_n - \text{inv}\alpha_{\text{vak}}$
11		s_{ak}/mm	$s_{\text{ak}} = \psi_{\text{vak}} d_{\text{vak}}$
12		Δs_{ai1}/mm	$\Delta s_{\text{ai1}} = s_{\text{ak}} - 0.3m_n$
13		—	$\Delta s_{\text{ai1}} > 0$ 或 $|\Delta s_{\text{ai1}}| \leqslant 10^{-3}$，执行（15）
14		K	$\Delta s_{\text{ai1}} < 0$ 并且 $|\Delta s_{\text{ai1}}| > 10^{-3}$ 时，$K \Leftarrow K + \dfrac{0.3 - s_{\text{ak}}/m_n}{2\tan(\alpha_{\text{vak}} - \psi_{\text{vak}})}$ 返回（8）
15	参考点法向当量小齿轮顶圆直径	d_{van1}/mm	$d_{\text{van1}} = m_n z_{\text{vni1}} + 2m_n(h_a^* + x_1)$
16	参考点法向当量小齿轮齿顶压力角	α_{van1}/(°)	$\alpha_{\text{van1}} = \arccos(m_n z_{\text{vni1}} \cos\alpha_n / d_{\text{van1}})$
17	参考点法向当量小轮分度圆齿厚半角	ψ_{vn1}/rad	$\psi_{\text{vni1}} = \{\pi/2 + m_n[x_{t1} + 2\tan\alpha_n$ $(x_1 + 0.5b\sin\Delta\delta/m_n)]/m_{\text{ni}}\}/z_{\text{vni1}}$
18	参考点法向当量小轮齿顶厚半角	ψ_{vani1}/rad	$\psi_{\text{vani1}} = \psi_{\text{vn1}} + \text{inv}\alpha_n - \text{inv}\alpha_{\text{van1}}$
19	参考点法向当量小轮齿顶厚	s_{a1}/mm	$s_{\text{a1}} = \psi_{\text{van1}} d_{\text{van1}}$
20	倒坡后小轮齿顶宽减少量	b'_k/mm	$b'_k = \dfrac{b(0.3m_n - s_{\text{ai1}})}{2(s_{\text{am1}} - s_{\text{ai1}})}$
21	小轮倒坡部分的顶锥角	δ_{ak}/mm	$\delta_{\text{ak}} = \delta_1 + \arctan(Km_n/b'_k)$
22	倒坡宽度	b_k/mm	$b_k = b'_k / \cos(\delta_{\text{ak}} - \delta_1)$

注：1. 本表第 6 项，通过本表 1～5 项分别算出小轮小端法向当量齿轮顶圆直径，齿顶压力角和齿顶厚半角，从而求得小轮小端法面当量齿轮齿顶厚 s_{ai1}。"奥"制 s_{ai1} 许用值为 $s_{\text{ai1}} \geqslant 0.2m_n$。"克"制 s_{ai1} 许用值为 $s_{\text{ai1}} \geqslant 0.3m_n$。

2. 当"奥"制 $s_{\text{ai1}} < 0.2m_n$ 或"克"制 $s_{\text{ai1}} < 0.3m_n$ 时，认为小轮齿顶变尖，需要在小轮顶锥面小端倒坡，切去齿顶变尖部分，形成双顶锥面。

（6）刀盘干涉检查

表 14-3-26 刀盘干涉检查

序号	名　　称	代号/单位	计算公式和说明
1		Δh/mm	$\Delta h = R_m \tan\Delta\delta$
2		λ/(°)	$\lambda = \dfrac{180}{\pi R_e}[(h_{a0} + x_1 m_n - 0.5b\sin\Delta\delta)/\tan\alpha_n + h_{a0}\tan\alpha_n]$
3	切入时刀盘中心横坐标	x_0/mm	$x_0 = E_x \sin(q_e - \lambda)$
4	切入时刀盘中心纵坐标	y_0/mm	$y_0 = E_x \cos(q_e - \lambda)$
5	刀盘面与顶锥角交点 E 的横坐标	x_e/mm	$x_e = [2h(R_e\tan\delta_2 + h_{a2} - \Delta h) - (h/\cos\delta_2)^2]^{0.5}$
6	刀顶面与顶锥角交点 E 的纵坐标	y_e/mm	$y_e = R_e - h\tan\delta_2$

续表

序号	名　称	代号/单位	计算公式和说明
7	刀顶面与顶锥角交点 I 的横坐标	x_i/mm	$x_i = [2h(R_i \tan\delta_2 + h_{a2} - \Delta h) - (h/\cos\delta_2)^2]^{0.5}$
8	刀顶面与顶锥角交点 I 的纵坐标	y_i/mm	$y_i = R_i - h\tan\delta_2$
9	距离 $\overline{OE}$	$\overline{OE}$/mm	$\overline{OE} = [(x_e - x_0)^2 + (y_e - y_0)^2]^{0.5}$
10	距离 $\overline{OI}$	$\overline{OI}$/mm	$\overline{OI} = [(x_i - x_0)^2 + (y_i - y_0)^2]^{0.5}$
11	刀盘无干涉条件	mm	$\overline{OE} < r_0 + h_{a0}\tan\alpha_n$ $\overline{OI} < r_0 + h_{a0}\tan\alpha_n$

注：1. 对于摆线齿轮等高齿轮，当大轮分锥角较大时，而采用的刀盘名义半径由比较小时，会产生刀盘干涉，即一组刀齿切齿槽时，其他刀齿切坏了齿轮的顶锥面（如图 14-3-11 所示中 E 区发生了刀盘干涉）。刀盘干涉又称为二次切削。

2. 如图 14-3-11 所示，对于摆线齿锥齿轮，刀盘切入齿的大端，切齿啮合起始位置刀盘干涉的危险性最大，以此作为刀盘干涉检查位置。由本表检查刀盘是否干涉。若有刀盘干涉，则需要加大刀盘半径 r_0 值重新计算，并且在切齿计算时还要考虑刀盘干涉对刀倾角的限制。

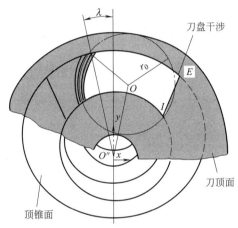

图 14-3-11　刀盘干涉检查示意图

（7）齿轮尺寸

表 14-3-27　　　　　　　　　　　　　齿轮尺寸

序号	名　称	代号/单位	计算公式和说明
1	小轮大端顶圆直径	d_{a1}/mm	$d_{a1} = d'_1 + (2h_{a1} - b\sin\Delta\delta)\cos\delta_1$
2	大轮大端顶圆直径	d_{a2}/mm	$d_{a2} = d'_2 + (2h_{a2} - b\sin\Delta\delta)\cos\delta_2$
3	分度锥尺宽	b_a/mm	$b_a = b\cos\Delta\delta$
4	倒坡前小轮小端顶圆直径	d_{ai1}/mm	$d_{ai1} = d_{a1} - 2b_a\sin\delta_1$
5	倒坡后小轮小端顶圆直径	d_{aik1}/mm	$d_{aik1} = d_{ai1} - 2Km_n\cos\delta_1$
6	大轮小端顶圆直径	d_{ai2}/mm	$d_{ai2} = d_{a2} - 2b_a\sin\delta_2$
7	小轮节锥顶点至大端节圆心的距离	A'_1/mm	$A'_1 = 0.5d'_1/\tan\delta'_1$
8	大轮节锥顶点至大端节圆心的距离	A'_2/mm	$A'_2 = 0.5d'_2/\tan\delta'_2$
9	无倒坡小轮轴向尺宽	b_{x1}/mm	$b_{x1} = b_a\cos\delta_1$
10	倒坡后小轮轴向尺宽	b_{xk}/mm	$b_{xk} = b_{x1} - km_n\sin\delta_1$

续表

序号	名　称	代号/单位	计算公式和说明
11	大轮轴向尺宽	b_{x2}/mm	$b_{x2} = b_a \cos\delta_2$
12	小轮冠顶距	A_{k1}/mm	$A_{k1} = A'_1 - (h_{a1} - 0.5b\sin\Delta\delta)\sin\delta_1$
13	大轮冠顶距	A_{k2}/mm	$A_{k2} = A'_2 - (h_{a2} - 0.5b\sin\Delta\delta)\sin\delta_2$
14	小轮安装距	A_1/mm	由设计图确定
15	大轮安装距	A_2/mm	由设计图确定
16	小轮轮冠距	H_1/mm	$H_1 = A_1 - A_{k1}$
17	大轮轮冠距	H_2/mm	$H_2 = A_2 - A_{k2}$
18	小轮参考点法向分度圆弧齿宽	s_{mn1}/mm	$s_{mn1} = m_n(\pi/2 + 2x_1\tan\alpha_n + x_{t1}) - j_n/2$
19	大轮参考点法向分度圆弧齿宽	s_{mn2}/mm	$s_{mn2} = m_n(\pi/2 + 2x_1\tan\alpha_n - x_{t1}) - j_n/2$

3.3.3.3　摆线齿锥齿轮的当量齿轮参数及重合度

表 14-3-28　　　　　　　　　　摆线齿锥齿轮的当量齿轮参数及重合度

序号	名　称	代号/单位	计算公式和说明
1	大端端面模数	m_e/mm	$m_e = d'_2/z_2$
2	参考点端面模数	m_m/mm	$m_m = m_e R_m/R_e$
3	参考点分度圆直径	d_{mi}/mm	$d_{mi} = m_n z_i/\cos\beta_m$
4	参考点齿根高	h_{fi}/mm	$h_{fi} = m_n(h_a^* + c \mp x_1)$
端面当量齿轮参数			
5	端面当量齿数	z_{vi}	$z_{vi} = z_i/\cos\delta'_i$
6	端面当量齿数比	u_v	$u_v = z_{v2}/z_{v1}$
7	端面当量齿轮分度圆直径	d_{vi}/mm	$d_{vi} = d_{mi}/\cos\sigma_i$
8	端面当量齿轮中心距	a_v/mm	$a_v = 0.5(d_{v1} + d_{v2})$
9	端面当量齿轮顶圆直径	d_{vai}/mm	$d_{vai} = d_{vi} + 2h_{ai}$
10	端面当量齿轮压力角	α_{vt}/(°)	$\alpha_{vt} = \arctan(\tan\alpha_n/\cos\beta_m)$
11	端面当量齿轮基圆直径	d_{vbi}/mm	$d_{vbi} = d_{vi} + 2d_{ai}$
12	端面当量齿轮基圆齿距	p_{vb}/mm	$p_{vb} = \pi m_m \cos\alpha_{vt}$
13	端面当量齿轮啮合线有效长度	g_{va}/mm	$g_{va} = 0.5[(d_{va1}^2 - d_{vb1}^2)^{0.5} + (d_{va2}^2 - d_{vb2}^2)^{0.5}] - a_v\sin\alpha_{vt}$
14	端面当量齿轮的端面重合度	ε_{va}	$\varepsilon_{va} = g_{va}/p_{vb}$
15	端面当量齿轮纵向重合度	$\varepsilon_{v\beta}$	$\varepsilon_{v\beta} = b\sin\beta_m/(\pi m_n)$
16	总重合度	ε	$\varepsilon_{v\gamma} = (\varepsilon_{va}^2 + \varepsilon_{v\beta}^2)^{0.5}$
法向当量齿轮齿数			
17	法向当量齿轮分度圆直径	d_{vni}/mm	$d_{vni} = z_{vni} m_n$
18	法向当量齿轮中心距	a_{vn}/mm	$a_{vn} = 0.5(d_{vn1} + d_{vn2})$

续表

序号	名　　称	代号/单位	计算公式和说明
		法向当量齿轮齿数	
19	法向当量齿轮顶圆直径	d_{vani}/mm	$d_{vani} = d_{vni} + 2h_{ai}$
20	法向当量齿轮顶圆直径	d_{vfni}/mm	$d_{vfni} = d_{vni} - 2h_{fi}$
21	法向当量齿轮基圆直径	d_{vbni}/mm	$d_{vbni} = d_{vni}\cos\alpha_n$
22	法向当量齿轮啮合线有效长度	g_{van}/mm	$g_{van} = 0.5[(d_{van1}^2 - d_{vbn1}^2)^{0.5} + (d_{van2}^2 - d_{vbn2}^2)^{0.5}] - \alpha_{vn}\sin\alpha_n$
23	法向当量齿轮的端面重合度	ε_{van}	$\varepsilon_{van} = \varepsilon_{va}/\cos^2\beta_{vb}$
24	刀尖圆角半径	ρ_{a0}/mm	"奥"制 $\rho_{a0} = \rho_{a0}^* m_n$ "克"制 $\rho_{a0} = \rho_{a0}^* m_0$

　　注：齿轮的重合度计算和强度计算需要当量齿轮参数，且锥齿轮重合度计算和强度计算可以简化成参考点 M 处的端面和法面当量齿轮的重合度计算和强度计算。表中凡参考点 M 的参数代号中引入下角标"m"；端面当量齿轮参数代号引入下角标"v"；法向当量齿轮参数代号引入下角标"vn"。

3.3.3.4　"克制"摆线齿圆锥齿轮的齿形系数

表 14-3-29　　　　　　　　　"克制"摆线齿圆锥齿轮的齿形系数计算

序号	名　　称	代号/单位	计算公式和说明
1		E/mm	$E = (\pi/4 \mp x_{t1}/2)m_n - h_{a0}\tan\alpha_n - \rho_{a0}(1 - \sin\alpha_n)/\cos\alpha_n$
2		G	$G = \rho_{a0}/m_n - h_{a0}/m_n \pm x_1$
3		H	$H = \dfrac{2}{z_{vni}}(\pi/2 - E/m_n) - \pi/3$
4		θ/rad	$\theta = 2G\tan\theta/z_{vni} - H$
5	危险截面齿厚与模数之比	$\dfrac{s_{Fn}}{m_n}$	$\dfrac{s_{Fn}}{m_n} = z_{vni}\sin(\pi/3 - \theta) + \sqrt{3}\left(\dfrac{G}{\cos\theta} - \dfrac{\rho_{a0}}{m_n}\right)$
6	30°切线切点处齿廓曲率半径 和模数之比	$\dfrac{\rho_F}{m_n}$	$\dfrac{\rho_F}{m_n} = \dfrac{\rho_{a0}}{m_n} + \dfrac{2G^2}{\cos\theta(z_{vni}\cos^2\theta - 2G)}$
7	齿顶法向压力角	α_{vani}/(°)	$\alpha_{vani} = \arccos(d_{vbni}/d_{vani})$
8	法向顶圆齿厚半角	ψ_{vani}/(°)	$\psi_{vani} = \dfrac{180}{\pi}\left\{\dfrac{1}{z_{vni}}[\pi/2 \pm (2x_1\tan\alpha_n + x_{t1})] + inv\alpha_n - inv\alpha_{vani}\right\}$
9	法向载荷作用角	α_{Fan}/(°)	$\alpha_{Fan} = \alpha_{vani} - \psi_{vani}$
10	弯曲力臂与模数之比	$\dfrac{h_{Fa}}{m_n}$	$\dfrac{h_{Fa}}{m_n} = \dfrac{z_{vni}}{2}\left[\dfrac{\cos\alpha_n}{\cos\alpha_{Fan}} - \cos(\pi/3 - \theta)\right] + 0.5\left(\dfrac{\rho_{a0}}{m_n} - \dfrac{G}{\cos\theta}\right)$
11	齿形系数	Y_{Fa}	$Y_{Fa} = \dfrac{6\left(\dfrac{h_{Fa}}{m_n}\right)\cos\alpha_{Fan}}{\left(\dfrac{s_{Fn}}{m_n}\right)^2\cos\alpha_n}$

　　注：1. 采用 ISO/FDIS10300—3：2014（E）中的 B1 法计算齿形系数，该标准沿用渐开线圆柱齿轮齿顶加载 30°切线法计算摆线齿锥齿轮的法面当量齿轮的齿形系数。
　　2. 表中双符号项，上面符号适用于小轮，下面符号适用于大轮。
　　3. 表中迭代求解时取初值 $\theta = \pi/6$ rad。
　　4. 表中第 1 项、第 8 项考虑到切向变位系数 x_{t1} 对齿形系数的影响，以配对大小齿轮的齿形系数相等为准则，迭代求解 x_{t1} 值。

3.3.4 准双曲面齿轮传动设计

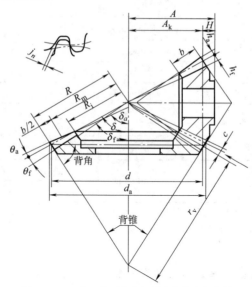

图 14-3-12 准双曲面齿轮各尺寸的名称与代号

R—大端锥距；R_i—小端锥距；R_m—参考点锥距；r_v—参考点背锥距；A—安装距；A_k—冠顶距；H—轮冠距；b—齿宽；
c—顶隙；h_a—齿顶高；h_f—齿根高；θ_a—齿顶角；θ_f—齿根角；d_a—大端顶圆直径；d—大端分度圆直径；
δ_a—顶锥角；δ—分锥角；δ_f—根锥角

3.3.4.1 准双曲面齿轮主要参数选择

表 14-3-30 　　　　　　　　　　准双曲面齿轮主要参数的选择

参数名称	选 择 要 点
大小轮齿数 z_2、z_1	根据设计要求的传动比 i_{12} 选择大小轮齿数,使其齿数比 $u＝z_2/z_1$ 与 i_{12} 的差在允许的误差范围内。对于汽车工业用准双曲面齿轮小轮最少齿数见下表 汽车工业用准双曲面齿轮最少齿数 见下表

汽车工业用准双曲面齿轮最少齿数

传动比	小轮齿数	允许范围
1.5～1.75	14	12～16
1.75～2.0	13	11～15
2.0～2.5	11	10～13
2.5～3.0	10	9～11
3.0～3.5	10	9～11
3.5～4.0	10	9～11
4.0～4.5	9	8～10
4.5～5.0	8	7～9
5.0～6.0	7	6～8
6.0～7.5	6	5～7
7.5～10.0	5	5～6

参数名称	选 择 要 点
压力角	2α 准双曲面齿轮有 38°、42.5°、45°三种标准压力角。对于载重汽车用准双曲面齿轮常采用 45°,而对于轻型客车用准双曲面齿轮常采用 38°。增大压力角可提高轮齿的弯曲强度,减小轮齿根切可能性,但同时会减小齿高方向的轮齿啮合时的重叠系数,且使齿底和齿顶宽度变窄。齿底宽度太窄不利于提高刀具耐用度;而齿顶宽度太窄会使齿轮渗碳淬火时齿顶易发生碎裂

参数名称	选 择 要 点
准双曲面齿轮的螺旋方向和小轮偏置	主动齿轮的凹面和从动齿轮的凸面啮合时,两轮轴向力均指向各自大端,齿侧间隙有增大趋势,轮齿不会卡死,作为承受较大载荷的工作面比较安全。主动轮凸面与从动轮凹面只能作为承受载荷较小的非工作面。一般小轮为主动轮,小轮凹面,大轮凸面为工作面。两轮螺旋方向相反时啮合效率较高;参考点螺旋角 $\beta_{m1}>\beta_{m2}$ 时,可以增大小轮直径,增加齿轮的刚度和强度 　　小轮偏置距 E 准双曲面齿轮的小轮可设计为向下偏置或向上偏置。由于小轮偏置,可增大齿轮副直径,从而提高强度。但同时会增加齿面间沿齿长方向的滑动,增大磨损。一般情况下,小轮偏置距不超过 20% 小轮节锥距或 12% 大轮节圆直径 　　图(a)所示,小轮从大端看,大轮从正面看均为顺时针转动时,取小轮齿的螺旋方向左旋(称为左旋传动),大轮右旋。小轮右置时下偏[见图(a)],左置时偏置方向如图(b)所示。大小齿轮均为逆时针转动时,取小轮右旋(称为右旋传动),大轮左旋;小轮右置时上偏[见图(d)],左置时偏置方向如图(c)所示 　　小轮偏置方向根据工作需要确定,如轿车小轮下偏可以降低重心,增加舒适性。通常先确定小轮偏置方向,再由小轮旋转方向确定其螺旋方向 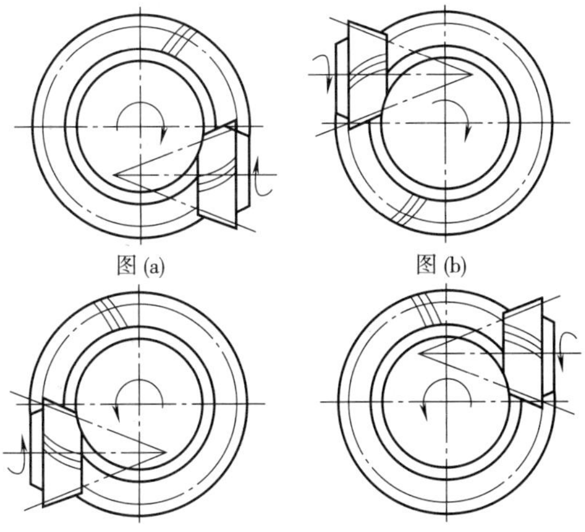 图 (a)　　　　　图 (b) 图 (c)　　　　　图 (d) 准双曲面齿轮的螺旋方向和小轮偏置
模数	根据大轮大端节圆直径计算求得。合理的大轮大端节圆直径需根据强度校核计算最后确定
小轮螺旋角	对于准双曲面齿轮传动,用于大小轮的螺旋角不相等。一般小轮螺旋角可用下式计算初值: $$\beta_1=25.0+5\sqrt{\frac{z_2}{z_1}}+90\frac{E}{d_2} \tag{14-3-4}$$ 增大螺旋角可提高齿长方向的重叠系数,但同时会增大齿轮的轴向力而不利于设计合理的齿轮支承结构。对于轮齿的螺旋方向,应根据对轴向力的方向要求而定。总的原则是希望齿轮副在工作时,小轮的轴向推力是使小轮大端的支承面向轴承的支承端面靠紧
大轮齿面宽 b	推荐齿面宽为 0.3 倍锥距以及 10 倍模数两者的最小值
刀盘名义半径 r_0	根据大轮节圆直径推荐使用的刀盘名义半径如下表 刀盘名义半径 {见下表}

大轮节圆直径 d_2	刀盘半径 r_0
127～165	76.2(3′)
165～216	95.25(3.75′)
217～279	114.3(4.5′)
279～381	152.4(6′)
381～482	203.2(8′)
>482	228.6(9′)

参数名称	选 择 要 点
齿高系数	准双曲面齿轮是根据齿宽中点设计齿高比例,再换算至大端的,其基本计算公式 $$h_{km} = h^* \frac{m_n}{2} \qquad (14\text{-}3\text{-}5)$$ $$h_{am2} = h_a^* h_{km} \qquad (14\text{-}3\text{-}6)$$ $$h_m = 1.15 h_{km} \qquad (14\text{-}3\text{-}7)$$ $$c = 0.15 h_{km} \qquad (14\text{-}3\text{-}8)$$ 工作齿高系数 h^* 见表1,大轮齿顶高系数 h_a^* 见表2和表3

表 1　工作齿高系数 h^*

小轮齿数 z_1	5	6	7	8	9	10	11～25
工作齿高系数 h^*	3.4	3.5	3.6	3.7	3.8	3.9	4.0

表 2　齿数比 $z_2/z_1 \geqslant 2$ 小轮齿数 $z_1 < 21$ 的大轮齿顶高系数 h_a^*

小轮齿数 z_1	5	6	7	8	9～25(成形法加工大轮) 9～20(滚切法加工大轮)
大轮齿顶高系数 h_a^*	0.09	0.11	0.13	0.15	0.17

表 3　小轮齿数 $z_1 \geqslant 21$ 滚切法加工大轮的齿顶高系数 h_a^*

z_2/z_1	<0.35	<0.45	<0.55	<0.65	<0.75	<0.85	<0.95	≥0.95
h_a^*	0.3	0.325	0.35	0.375	0.40	0.425	0.45	0.5

轮齿收缩制度		
		准双曲面齿轮可设计为标准收缩齿、双重收缩齿和倾齿根收缩齿
	标准收缩齿制	当采用标准收缩齿制时,大轮齿顶角 θ_{a2}、齿根角 θ_{f2} 分别按下式计算 $$\theta_{a2} = \frac{h_{am2}}{R_{m2}}; \qquad \theta_{f2} = \frac{h_{fm2}}{R_{m2}}; \qquad \sum \theta_s = \theta_{a2} + \theta_{f2} \qquad (14\text{-}3\text{-}9)$$ 式中　R_{m2}——大轮中点锥距 　　　h_{am2}、h_{fm2}——大轮中点齿顶高和齿根高
	双重收缩齿制	当采用双重收缩齿制时,大轮齿顶角和齿根角之和 $\sum \theta_d$ 按齿厚收缩率和节锥的锥度一致的条件计算,其公式为 $$\sum \theta_d = \frac{176}{z_2 \tan\alpha} \left(\frac{\sin\delta_2}{\cos\beta_2} - \frac{R_{m2}}{r_0} \tan\beta_2 \right) \qquad (14\text{-}3\text{-}10)$$ 式中　δ_2, β_2——分别为大轮节锥角和大轮节点螺旋角 大轮齿顶角和齿根角由大轮齿高系数确定 $$\theta_{a2} = h_a^* \sum \theta_d; \qquad \theta_{f2} = (1-h_a^*) \sum \theta_d \qquad (14\text{-}3\text{-}11)$$
	倾齿根收缩齿制	如果采用双重收缩齿制使齿顶高的收缩过大,则推荐采用倾齿根收缩齿制。对于倾齿根收缩齿制,大轮齿顶角、齿根角按下式确定 $$\sum \theta_{tr} = T_r \sum \theta_s \begin{cases} \text{当 } z_1 < 12 \text{ 时}, T_r = 0.02z_1 + 1.06 \\ \text{当 } z_1 \geqslant 12 \text{ 时}, T_r = 1.30 \end{cases} \qquad (14\text{-}3\text{-}12)$$ $$\theta_{a2} = h_a^* \sum \theta_{tr}$$ $$\theta_{f2} = (1-h_a^*) \sum \theta_{tr}$$ 式中　$\sum \theta_s$——标准收缩齿制的大小轮齿根角之和 一般地,当 $\sum \theta_d / \sum \theta_s \leqslant T_r$ 时应采用双重收缩齿制,反之应采用倾齿根收缩齿制

3.3.4.2　准双曲面齿轮几何参数计算

表 14-3-31　　　　　　　　　　准双曲面齿轮几何参数计算实例

序号	参 数 名 称	代号和公式	计 算 结 果		
1	小轮齿数	z_1[①]	6		
2	大轮齿数	z_2[①]	38		
3		(1)[②]/(2)	0.157895		
4	大轮齿面宽	b[①]	46		
5	小轮偏置距	E[①]	38		
6	大轮节圆直径	d_2'[①]	376		
7		r_0	152.4		
8	希望的小轮中点螺旋角(一般取 50°)	β_{10}	50		
9	β_1 为小轮螺旋角	$\tan\beta_1$	1.1917536		

用迭代法确定准双曲面齿轮的节锥(第 10~65 项),其中第 10~19 项是确定迭代前的初值,第 20~66 项采用三次迭代以保证准双曲面齿轮中点的极限曲率半径与刀盘半径的差值在 1% 以内。在每次迭代中从第 20~32 项又一次迭代,用来保证小轮螺旋角等于希望的小轮螺旋角

10	δ_2' 为大轮节锥角初值	$\cot\delta_2' = 1.2 \times (3)$	0.1894737		
11		$\sin\delta_2'$	0.9825196		
12		$r_2 = \dfrac{(6) - (4) \times (11)}{2.0}$	165.4021		
13		$\sin\varepsilon_0' = \dfrac{(5)(11)}{(12)}$	0.2257272		
14		$\cos\varepsilon_0'$	0.97419		
15	加大系数的初值	$k' $[③] $= (14) + (9)(13)$	1.2432017		
16		(3)(12)	26.116121		
17	小轮节圆半径初值	$r_{10} = (15)(16)$	32.4629		
18		$T_R = 0.02(1) + 1.06$	1.18		
19	锥度系数	Q[④] $= \dfrac{(12)}{(10)} + (17)$	905.4184		
20		$\tan\eta = \dfrac{(5)}{(19)}$	0.04197	0.03197	0.04361
21		$\sqrt{1.0 + (20)^2}$	1.00088	1.000511	1.00095
22		$\sin\eta = \dfrac{(20)}{(21)}$	0.041933	0.031954	0.04359
23	η 是小轮偏置角	η	2.4033	1.83112	2.4971
24	ε_1 为大轮偏置角 ε 的初值	$\sin\varepsilon_1 = \dfrac{(5) - (17)(22)}{12}$	0.221513	0.22347	0.221192
25		$\tan\varepsilon_1$	0.227156	0.22927	0.22681
26	δ_1' 为小轮节锥角 δ_1 的初值	$\tan\delta_1' = (22)/(25)$	0.1846	0.1394	0.1921
27		$\cos\delta_1'$	0.9834	0.9904	0.9821
28	ε_1' 为准双曲面齿轮偏置角 ε_1 的初值	$\sin\varepsilon_1' = (24)/(27)$	0.2253	0.2256	0.2252
29		$\cos\varepsilon_1'$	0.9743	0.9742	0.9743
30	β_1' 为小轮螺旋角 β_1 的初值	$\tan\beta_1' = \dfrac{(15) - (29)}{(28)}$	1.1938	1.1922	1.1938
31	加大系数增量 $(k - k')$	$\Delta k = (28)[(9) - (30)]$	-0.000454	-0.000093	-0.000472

序号	参 数 名 称	代号和公式	计 算 结 果		
32		(3)(31)	−0.00055	−0.00009	−0.00047
33	ε 为大轮偏置角	$\sin\varepsilon = (24)-(22)(32)$	0.2215	0.2235	0.2212
34		$\tan\varepsilon$	0.2272	0.2293	0.2268
35		$\tan\delta_1 = \dfrac{(22)}{(34)}$	0.1846	0.1394	0.1921
36	小轮节锥角	$\delta_1^{①}$	10.459	7.9344	10.874
37		$\cos\delta_1$	0.9834	0.9904	0.9820
38		$\sin\varepsilon' = \dfrac{(33)}{(37)}$	0.2253	0.2256	0.2252
39	准双曲面齿轮偏置角	ε'	13.018	13.04	13.017
40		$\cos\varepsilon'$	0.9743	0.9742	0.9743
41		$\tan\beta_1 = \dfrac{(15)+(31)-(40)}{(38)}$	1.1917	1.1917	1.1917
42	小轮螺旋角	$\beta_1^{①}$	49.9995	50	50
43		$\cos\beta_1$	0.6428	0.6428	0.6428
44		$\beta_2 = (42)-(39)$	36.9814	39.96	36.983
45	大轮螺旋角	$\cos\beta_2$	0.7988	0.7991	0.7988
46		$\tan\beta_2$	0.7530	0.7525	0.7531
47		$\cot\delta_2 = \dfrac{(20)}{(33)}$	0.18947	0.1431	0.19716
48	大轮节锥角	$\delta_2^{①}$	79.2715	81.8584	78.8468
49		$\sin\delta_2$	0.98252	0.9899	0.9811
50		$\cos\delta_2$	0.1862	0.1416	0.1934
51		$\dfrac{(17)+(12)(32)}{(37)}$	32.999	32.7741	33.044
52		$\dfrac{(12)}{(50)}$	888.518	1167.929	855.087
53		$(51)+(52)$	921.5175	1200.703	888.1312
54		$\dfrac{(12)(45)}{(49)}$	134.4788	133.512	134.6695
55		$\dfrac{(43)(51)}{(35)}$	114.9075	151.1578	110.5735
56		$-\tan\alpha^* = \dfrac{(41)(55)-(46)(54)}{(53)}$	0.03871	0.06636	0.03418
57	α^* 为极限压力角	$-\alpha^*$	2.2167	3.7967	1.9578
58		$\cos\alpha^*$	0.99925	0.9978	0.999416
59		$\dfrac{(41)(56)}{(51)}$	0.001398	0.002413	0.0012328
60		$\dfrac{(46)(56)}{(52)}$	0.0000328	0.00004275	0.00003
61		$(54)(55)$	15452.64	20181.38	14890.878
62		$\dfrac{(54)-(55)}{(61)}$	0.001266	−0.000874	0.001618
63		$(59)+(60)+(62)$	0.002697	0.001581	0.00288
64		$\dfrac{(41)-(46)}{(63)}$	162.6575	277.79	152.26

续表

序号	参 数 名 称	代号和公式	计 算 结 果		
65	极限法曲率半径	$r'_0 = \dfrac{(64)}{(58)}$	162.7797	278.4021	152.35
66		$\dfrac{(7)}{(65)}$	0.93623	0.54741	1.000337

计算大轮轮坯尺寸(第67～111项)

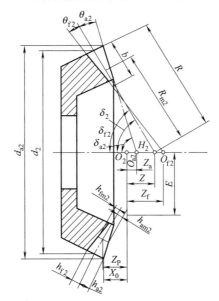

图(a)　弧线齿准双曲面齿轮大轮轮坯尺寸

67		$(3)(50)$	$1.0 - (3)$	0.030542	0.842105
68		$\dfrac{(5)}{(34)} - (17)(35)$	$(35)(37)$	161.3023	0.188643
69		$(37) + (40)(67)_L$		1.0118	
70	节点沿大轮轴线到交叉点的距离	$Z_P = (49)(51)$		32.4198	
71	大轮节锥顶点超过轴交错点距离	$Z^{①} = (12)(47) - (70)$		0.1902	
72	大轮节锥距	$R_{m2} = \dfrac{(12)}{(49)}$		168.5862	
73	大轮外锥距	$R = \dfrac{0.5(6)}{(49)}$		191.619	
74		$(73) - (72)$		23.0329	
75	大轮中点工作齿高	$h_{km} = \dfrac{h^*(12)(45)}{(2)}$		12.1695	
76		$\dfrac{(12)(46)}{(7)}$		0.817332	
77		$\dfrac{(49)}{(45)} - (76)$		0.410875	
78		2α		45	
79		$\sin 2\alpha$		0.707107	
80	平均压力角	$\alpha^{①} = \dfrac{(78)}{2.0}$		22.5	
81		$\cos\alpha$		0.92388	
82		$\tan\alpha$		0.414214	

续表

序号	参 数 名 称	代号和公式		计 算 结 果	
83		$\dfrac{(77)}{(82)}$		0.99194	
84		$\sum\theta_D=\dfrac{10560(83)}{(2)}$		275.655′	
85	齿顶高系数	h_a^*		0.11	
86		$h_f^*=1.15-(85)$		1.04	
87		$h_{am2}=(75)(85)$		1.33865	
88		$h_{fm2}=(75)(86)+0.05$		12.7063	
89		$\theta_{f2}=(84)(85)$	$\dfrac{3438(87)}{(72)}$	0.50537	0.455
90		$\sin a_G$		0.0088203	0.0079418
91		$\delta_G=(84)-(89)$	$\dfrac{3438(88)}{(72)}$	4.08888	4.31869
92		$\sin\theta_{f2}$		0.0713	0.0753
93	大轮齿顶高	$h_{a2}^{①}=(87)+(74)(90)$		1.5418	1.5216
94	大轮齿根高	$h_{f2}^{①}=(88)+(74)(92)$		14.3485	14.44086
95	顶隙	$c=0.15(75)+0.05$		1.8754	
96	大轮齿全高	$h^{①}=(93)+(94)$		15.89,15.9623	
97	大轮工作齿高	$h_k^{①}=(96)-(95)$		14.0146,14.087	
98	大轮面锥角	$\delta_{a2}^{①}=(48)+(89)$		79.3522,79.3018	
99		$\sin\delta_{a2}$		0.9828	
100		$\cos\delta_{a2}$		0.184772	
101	大轮根锥角	$\delta_{f2}^{①}=(48)-(91)$		74.758	
102		$\sin\delta_{f2}$		0.9648237	
103		$\cos\delta_{f2}$		0.262898	
104		$\cot\delta_{f2}$		0.272483	
105	大轮外径	$d_{a2}^{①}=\dfrac{(93)(50)}{0.5}+(6)$		376.596	
106		$(70)+(74)(50)$		36.8751	
107	大轮轮冠到轴线交叉点距离	$X_0^{①}=(106)-(93)(49)$		35.36244	
108		$\dfrac{(72)(92)-(87)}{(99)}$		0.15093	
109		$\dfrac{(72)(92)-(88)}{(102)}$		-0.7111	
110	大轮面锥顶点超过轴 交错点距离	$Z_a^{①}=(71)-(108)$		0.03927	
111	大轮根锥顶点超过轴 交错点距离	$Z_f^{①}=(71)+(109)$		-0.5209	
112		$(12)+(70)(104)$		174.236	

计算小轮轮坯尺寸(第 113~145 项)

用来计算小轮的轮坯尺寸,各参数的几何意义见图(b)。在确定小轮的顶锥时,把通过节点并与大轮根锥和小轮顶锥平行的等距锥作为一对准双曲面齿轮的节锥来考虑的,这对节锥的节点是由大轮节圆半径 r_2、节锥角 δ_{f2} 由图(c)所确定的锥度系数 Q_f 这三个独立参数所确定。因为这对节锥在准双曲面齿轮加工中有重要作用。为叙述方便,特称为准双曲面齿轮的工艺节锥。同样地,在确定小轮根锥时是把通过节点并与大轮顶锥和小轮根锥平行的等距锥面作为一对准双曲面齿轮的节锥来考虑的

续表

序号	参 数 名 称	代号和公式		计 算 结 果	

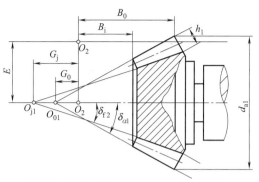

图(b)　弧线齿准双曲面齿轮小轮轮坯尺寸

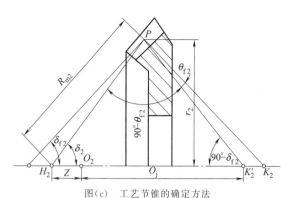

图(c)　工艺节锥的确定方法

序号	参 数 名 称	代号和公式		计 算 结 果	
113	ε_f 为工艺节锥中大轮的偏置角	$\sin\varepsilon_f = \dfrac{(5)}{(112)}$		0.218095	
114		$\cos\varepsilon_f = \sqrt{1-(113)^2}$		0.97593	
115		$\tan\varepsilon_f = \dfrac{(113)}{(114)}$		0.2234746	
116		$\sin\delta_{a1} = (103)(114)$		0.25657	
117	小轮面锥角	$\delta_{a1}^{①}$		14.86664	
118		$\cos\delta_{a1}$		0.966526	
119		$\tan\delta_{a1}$		0.265456	
120		$\dfrac{(102)(111)+(95)}{(103)}$		1.3728	
121	小轮面锥顶点超过轴交错点距离	$G_a = \dfrac{(5)(113)-(120)}{(114)}$		7.0854	
122		$\tan\lambda'^{⑤} = \dfrac{(38)(67)_L}{(69)}$		0.0068	
123	λ' 为啮合线与小轮节锥母线的夹角	λ'	$\cos\lambda'$	0.38955	0.99998
124		$\varepsilon_1'-\lambda'$	$\cos(\varepsilon_1'-\lambda')$	-12.6274	0.975812
125		$\theta_{a1}=(117)-(36)$	$\cos\theta_{a1}$	3.99304	0.997573
126		$\pm(113)(67)_R-(68)_R$		−0.004986	−0.3723
127		$\dfrac{(123)_R}{(124)_R}$		1.024767	
128		$(68)_L+(87)(68)_R$		161.554827	
129		$\dfrac{(118)}{(125)_R}$		0.968877	
130		$(74)(127)$		23.90679	
131	小轮轮冠到轴线交叉点距离	$B_0^{①}=(128)+(130)(129)+(75)(126)_L$		184.65689	
132		$(121)+(131)$		23.23249	
133	小轮前轮冠到轴线交叉点距离	$B_i^{①}=(128)-(132)(129)+(75)(126)_R$		134.514697	
134		$(121)+(131)$		191.74229	

续表

序号	参 数 名 称	代号和公式	计 算 结 果
135	小轮外径	$d_{a1}^{①}=\dfrac{(119)(134)}{0.5}$	101.79823
136		$\dfrac{(70)(100)}{(99)}+(12)$	171.49733
137		$\sin\varepsilon_\alpha=\dfrac{(5)}{(136)}$	0.221578
138	确定小轮根锥时那对节锥 中大轮的偏置角	ε_α	12.80172
139		$\cos\varepsilon_\alpha$	0.9751427
140		$\dfrac{(99)(110)+(95)}{(100)}$	10.35868
141	小轮根锥顶点超过轴交错点距离	$G_f^{①}=\dfrac{(5)(137)-(140)}{(139)}$	-1.98814
142		$\sin\delta_{f1}=(100)(139)$	0.180179
143	小轮根锥角	$\delta_{f1}^{①}$	10.38019
144		$\cos\delta_{f1}$	0.983634
145		$\tan\delta_{f1}$	0.1831769
146	允许的最小法向侧隙	j_{min}	
147	允许的最大法向侧隙	j_{max}	
148		$(90)+(92)$	0.083242
149		$(96)-(4)(148)$	12.133148
150	大轮小端锥距	$R_{i2}=(73)-(4)$	145.619

① 准双曲面齿轮的主要参数，应用这些参数可绘制准双曲面齿轮工作图和进行切齿加工参数计算。
② 此处 "（1）" 指代序号为 1 所在行的代号和公式，后同。
③ 准双曲面齿轮小轮的节圆半径要比相应的弧齿锥齿轮小轮的节圆半径要大，两者之比 k 称为加大系数，k' 是加大系数的初值。
④ Q 为锥度系数，是 K_2 点到大轮交叉点 O_2 点的距离。
⑤ $\tan\lambda'$：λ' 是啮合线与小轮节锥母线的夹角，这里用齿轮副相对角速度在节平面的投影与小轮节锥母线的夹角来代替。
注：下角标 "L" 指左栏计算结果，"R" 指右栏计算结果。

3.3.5　摆线齿准双曲面齿轮传动设计

　　摆线齿准双曲面齿轮用于传递相错轴之间的运动和动力。通常轴交角 $\Sigma=90°$，多用于汽车后桥减速运动。传动效率一般在 $90\%\sim98\%$ 之间，最大传动比可以达到 10，最大圆周速度可以达到 30m/s。

3.3.5.1　摆线齿准双曲面齿轮几何参数计算的原始参数

表 14-3-32　　　　　　摆线齿准双曲面齿轮几何参数计算的原始参数

序号	名　　称	代号/单位	说　　明
1	轴交角	$\Sigma/(°)$	—
2	传动比理论值	i_{120},u_0	—
3	小轮转速	$n_1/\text{r}\cdot\text{min}^{-1}$	—
4	小轮转距	$T_1/\text{N}\cdot\text{m}$	—
5	偏置距	E/mm	轿车：$E=(0.15\sim0.25)d_2'$ 载重汽车：$E=(0.1\sim0.15)d_2'$
6	小轮齿数	z_1	$z_1=\dfrac{(d_2'-b_2\sin\delta_{20})\cos\beta_{m2}}{u_0m_{n0}}$（圆整）
7	大轮齿数	z_2	$z_2=u_0z_1$（圆整）

续表

序号	名　称	代号/单位	说　明
8	齿数比	u	$u = z_2 / z_1$
9	传动比误差百分数	Δi_{12}	$\Delta i_{12} = 100(u - u_0)/u_0$
10	大轮大端节圆直径	d_2'/mm	
11	大轮大端节锥距初值	R_{e20}/mm	$R_{e20} = \dfrac{d_2' \sqrt{u_0^2 + 1}}{2u_0 \cos \varepsilon_0}$
12	大轮齿宽	b_2/mm	$b_2 = 0.29 R_{e20}$
13	参考点法向模数初值	m_{n0}/mm	$m_n \approx 0.1 b_2$
14	基本齿廓平均齿形角	α/(°)	$\alpha = 20°$
15	齿顶高系数	h_a^*	$h_a^* = 1$
16	顶隙系数	c^*	$c^* = 0.25$
17	法向齿侧间隙	j_n/mm	$j_n \approx 0.05 + 0.03 m_n$
18	小轮螺旋方向	—	根据主动齿轮旋转
19	大轮螺旋方向	—	方向选择螺旋方向
20	铣齿机型号	—	
21	大轮分锥角初值	δ_{20}/(°)	$\delta_{20} = \arcsin\left(\dfrac{u_0 \cos \varepsilon_0}{\sqrt{u_0^2 + 1}}\right)$
22	大轮偏离角初值	ε_0/(°)	$\varepsilon_0 = \arcsin(2E/d_2') \leqslant 1.4 u_0 - 20/u_0 + 18.6$
23	铣刀盘名义半径	r_0/mm	
24	刀齿组数	Z_0	"奥"制按图 14-3-8 和表 14-3-19 选取
25	"奥"制刀齿节点高	h_{wo}/mm	"克"制按图 14-3-9 和图 14-3-10 选取
	"克"刀齿模数	m_0/mm	
26	小轮高变位系数	x_1	初值 $x_1 = 0.5$，由表 14-3-36(17) 得终值
27	小轮切向变位系数	x_{t1}	初值 $x_{t1} = 0.1$

注：表中第 6～9 项在传动比允许偏差值 Δi_{12} 范围内，两齿轮齿数尽可能无公因数。

3.3.5.2　摆线齿准双曲面齿轮几何参数计算

（1）全展成摆线齿准双曲面齿轮分度锥面和冠轮参数计算

表 14-3-33　　　　全展成摆线齿准双曲面齿轮分度锥面和冠轮参数计算

序号	名　称	代号/单位	计算公式和说明
1	大轮分锥角初值	δ_2/(°)	$\delta_2 = \delta_{20}$
2	大轮参考点节圆半径	r_{m2}/mm	$r_{m2} = 0.5(d_2 - b_2 \sin \delta_2)$
3	参考点法向模数	m_n/mm	$m_n = 2 r_{m2} \cos \beta_{m2} / z_2$
4	刀齿方向角	δ_0/(°)	$\delta_0 = \arcsin(0.5 m_n z_0 / r_0)$
5	大轮偏离角初值	ε/(°)	$\varepsilon = \varepsilon_0$
6	小轮分锥角	δ_1/(°)	$\delta_1 = \arcsin(\cos \varepsilon \sin \Sigma \cos \delta_2 - \cos \Sigma \sin \delta_2)$
7	参考点螺旋角差值	β_{m12}/(°)	$\beta_{m12} = \arcsin(\sin \varepsilon \sin \Sigma / \cos \delta_1)$
8	小轮参考点螺旋角	β_{m1}/(°)	$\beta_{m1} = \beta_{m2} + \beta_{m12}$
9	小轮参考点分度圆半径	r_{m1}/mm	$r_{m1} = z_1 r_{m2} \cos \beta_{m2} / (z_2 \cos \beta_{m1})$
10	偏置距计算误差	ΔE/mm	$\Delta E = \sin \beta_{m12} (r_{m1} \cos \delta_2 + r_{m2} \cos \delta_1)/\sin \Sigma - E$ 当 $|\Delta E| \leqslant 10^{-6}$ 时，执行(12)
11	大轮偏离角终值	ε/(°)	$\varepsilon = \arcsin[E/(r_{m1} + r_{m2} \cos \delta_2 / \cos \delta_1)]$ 返回(6)

第 14 篇

序号	名　称	代号/单位	计算公式和说明
12		a_0/mm	$a_0 = r_{m1}\sin\beta_{m1}\cos\delta_1 - r_{m2}\sin\beta_{m2}\cos\delta_1$
13		b_0/mm	$b_0 = \cos\beta_{m12}(r_{m1}\cos\delta_2 + r_{m2}\cos\delta_1)$
14	极限压力角	$\alpha_0/(°)$	$\alpha_0 = \arctan(-a_0/b_0)$
15		e_0/mm	$e_0 = \sin\beta_{m12}(r_{m1}\tan\beta_{m2}\cos\delta_2 + r_{m2}\tan\beta_{m1}\cos\delta_1)$
16		W/mm^{-2}	$W = \cos\beta_{m1}\cos\beta_{m2}/(r_{m1}r_{m2}\sin^2\beta_{m12})$
17	极限法曲率	K_{jv}/mm^{-1}	$K_{jv} = \cos\alpha_0(\sin\delta_1\cos\beta_{m2}/r_{m1} - \sin\delta_2\cos\beta_{m1}/r_{m2})/\sin\beta_{m12} - e_0 W\sin\alpha_0$
18	冠轮与大轮参考点螺旋角之差	$\beta_{p2}/(°)$	$\beta_{p2} = \arctan\{-\tan\alpha_0\cos^3\beta_{m2}/[\tan\delta_2 - \dfrac{K_{jv}r_{m2}\sin\beta_{m2}}{\cos\alpha_0\cos\delta_2} - \tan\alpha_0\sin^3\beta_{m2}]\}$
19	冠轮参考点螺旋角	$\beta_p/(°)$	$\beta_{p1} = \beta_{p2} + \beta_{m2}$
20	冠轮锥距, 分度圆半径	$R_{mp}, r_p/mm$	$R_{mp} = r_p = \dfrac{r_{m2}\sin\beta_{m2}}{\tan\alpha_0\cos\beta_{p2}\cos\delta_2 + \sin\beta_p\sin\delta_2}$
21		$\beta_{1p}/(°)$	$\beta_{1p} = \beta_{m1} - \beta_p$
22		E_1/mm	$E_1 = r_p\sin\beta_{1p}$
23		E_2/mm	$E_2 = -r_p\sin\beta_{p2}$
24	刀位	E_x/mm	$E_x = [r_p^2 + r_0^2 - 2r_p r_0\sin(\beta_p - \delta_0)]^{0.5}$
25		$\Delta p/(°)$	$\Delta p = \arcsin[(r_0\cos\delta_0 - r_p\sin\beta_p)/E_x]$
26	冠轮齿数	z_p	$z_p = 2r_p\cos\beta_p/m_n$
27		i_{p0}	$i_{p0} = z_0/z_p$
28	刀盘滚圆半径	E_b/mm	$E_b = E_x i_{p0}/(1 + i_{p0})$
29		r_{cb}/mm	$r_b = r_0\cos\delta_0 - E_b\sin\Delta p$
30	参考点冠轮齿线曲率	K_0/mm^{-1}	$K_0 = \dfrac{1}{r_{cb}}[1 + \dfrac{E_b\sin\Delta p}{r_{cb}(1 + i_{p0})}]$
31	参考点冠轮齿线曲率半径与极限曲率半径之差	$\Delta\rho/mm$	$\Delta\rho = 1/K_0 - 1/K_{jv}$ $\|\Delta p\| \leqslant 5\times10^{-4}$ 时, $\delta_2 \Leftarrow \delta_2 + \Delta\delta_2$ 返回(2)
32	大轮分锥角终值	$\delta_2/(°)$	$\|\Delta p\| \leqslant 5\times10^{-4}$ 时, 外层迭代结束
33	工作面理论压力角	$\alpha_{ni}/(°)$	$\alpha_{ni} = \alpha + \alpha_0$
34	非工作面理论压力角	$\alpha_{ne}/(°)$	$\alpha_{ne} = \alpha - \alpha_0$

（2）"奥"制半展成摆线齿准双曲面齿轮分度锥面轮参数计算

半展成齿轮副的大轮用连续分度半展成切入法加工，刀刃在大齿轮坯上的轨迹曲面为大轮齿面。小齿轮由与大轮相似的圆锥形用对偶法展成。

（3）冠轮参数及小轮尺宽的计算

表 14-3-34　　　　　　　　　　冠轮参数及小轮尺宽的计算

序号	名　称	代号/单位	计算公式和说明
1	基圆半径	E_y/mm	$E_y = E_x - E_b$
2	大轮参考点锥距	R_{m2}/mm	$R_{m2} = r_{m2}/\sin\Delta\delta$
3	大轮小端锥距	R_{i2}/mm	$R_{i2} = R_{m2} - 0.5b_2$
4	大轮大端锥距	R_2/mm	$R_2 = R_{m2} + 0.5b_2$
5		E'_p	$E'_p = R_{m2}\sin\beta_{p2}$
6	冠轮尺宽	b_p/mm	$b_p = (R_{e2}^2 - E'^2_p)^{0.5} - (R_{i2}^2 - E'^2_p)^{0.5}$

序号	名　　称	代号/单位	计算公式和说明
7	冠轮参考点至小端齿宽	b_{ip}/mm	$b_{ip} = (R_{m2}^2 - E_p'^2)^{0.5} - (R_{i2}^2 - E_p'^2)^{0.5}$
8	冠轮小端锥距	R_{ip}/mm	$R_{ip} = R_{mp} - b_p$
9	冠轮大端锥距	R_p/mm	$R_p = R_{ip} + b_p$
10		$q_e/(°)$	$q_e = \arccos\left(\dfrac{R_{ep}^2 + E_x^2 - r_0^2}{2R_{ep}E_x}\right)$
11		$q_i/(°)$	$q_i = \arccos\left(\dfrac{R_{ip}^2 + E_x^2 - r_0^2}{2R_{ip}E_x}\right)$
12	冠轮大端螺旋角	$\beta_e/(°)$	$\beta_e = \arctan\left(\dfrac{R_{ep} - E_x\cos q_e}{E_y\sin q_e}\right)$
13	冠轮小端螺旋角	$\beta_i/(°)$	$\beta_i = \arctan\left(\dfrac{R_i - E_x\cos q_i}{E_y\sin q_i}\right)$
14	冠轮大端法向模数	m_{ne}/mm	$m_{ne} = 2R_{ep}\cos\beta_e / z_p$
15	冠轮小端法向模数	m_{ni}/mm	$m_{ni} = 2R_{ip}\cos\beta_i / z_p$
16	大小端模数检验	mm	要求 $m_{ne} \geqslant m_n$
17			要求 $m_{ne} > m_{ni}$
18		E_1'/mm	$E_1' = R_{m2}\sin\beta_{m12}$
19	冠轮分度平面上的小轮齿宽	b_1'/mm	$b_1' = (R_2^2 - E_1'^2)^{0.5} - (R_{i2}^2 - E_1'^2)^{0.5}$
20	小轮参考点至小轮齿宽	b_{i1}/mm	$b_{i1} = (R_{m2}^2 - E_1'^2)^{0.5} - (R_{i2}^2 - E_1'^2)^{0.5}$
21	小轮齿宽	b_1/mm	$b_1 \approx b' + 3m_n\tan\beta_{m12}$
22	小轮两端齿宽加宽值	$\Delta b_1/mm$	$\Delta b_1 = 0.5(b_1 - b_1')$
23	小轮参考点锥距	R_{m1}/mm	$R_{m1} = r_{m1}/\sin\delta_1$
24	小轮小端有效锥距	R_{i1}/mm	$R_{i1} = R_{m1} - b_{i1}$
25	小轮大端有效锥距	R_1/mm	$R_1 = R_{i1} + b_1'$

（4）小端齿面划伤和槽底留埂检查

表 14-3-35　　　　　　　　　　　小端齿面划伤和槽底留埂检查

序号	名　　称	代号/单位	计算公式和说明
1	工作面基本齿廓齿形角	$\alpha_i/(°)$	$\alpha_i = \alpha_{ni}$
2	非工作面基本齿廓齿形角	$\alpha_e/(°)$	$\alpha_e = \alpha_{ne}$
3	法界面内最大齿槽宽处的锥距	R_{yp}/mm	$R_{yp} = \sqrt{\left(\dfrac{z_p - Z_0}{z_p + Z_0}\right)E_x^2 + r_0^2}$
4	冠轮齿顶高	h_{a0}/mm	$h_{a0} = m_n(h_a^* + c^*)$
5		H_w/mm	$H_w = x_{t1}m_n + h_{a0}(\tan\alpha_i + \tan\alpha_e)$
6		e_{fny1}/mm	$e_{fny1} = (\pi E_y/z_p) - H_w$
		e_{fny2}/mm	$e_{fny2} = e_{fny1} + 2x_{t1}m_n$
7		e_{fne1}/mm	$e_{fne1} = (\pi m_{ne}/2) - H_w$
		e_{fne2}/mm	$e_{fne2} = e_{fne1} + 2x_{t1}m_n$
8		e_{fni1}/mm	$e_{fni1} = (\pi m_{ni}/2) - H_w$
		e_{fni2}/mm	$e_{fni2} = e_{fni1} + 2x_{t1}m_n$
9	小端齿面无划伤检查	mm	$(e_{fn})_{min} \geqslant 0.344m_n \geqslant 0.2m_n$
10	齿槽底不留埂检查	mm	$(e_{fn})_{max} < 3 \times 0.344m_n < 3.0(e_{fn})_{min}$

（5）高变位系数计算和根切校核

表 14-3-36　　　　　　　　　　　　　高变位系数计算和根切校核

序号	名　称	代号/单位	计算公式和说明
	高变位系数		
1	小轮端面当量齿轮基圆螺旋角	$\beta_{vb1}/(°)$	$\beta_{vb1}=\arcsin(\sin\beta_{m1}\cos\alpha)$
2	大轮端面当量齿轮基圆螺旋角	$\beta_{vb2}/(°)$	$\beta_{vb2}=\arcsin(\sin\beta_{m2}\cos\alpha)$
3	小轮法向当量齿轮齿数	z_{vn1}	$z_{vn1}=\dfrac{z_1}{\cos^2\beta_{vb1}\cos\beta_{m1}\cos\delta_1}$
4	大轮法向当量齿轮齿数	z_{vn2}	$z_{vn2}=\dfrac{z_2}{\cos^2\beta_{vb2}\cos\beta_{m2}\cos\delta_2}$
5	法向当量齿轮齿数和	$z_{vn\Sigma}$	$z_{vn\Sigma}=z_{vn1}+z_{vn2}$
6	高变位系数初值	x_1'	$x_1'=0.5$（初值）
7	法向当量小齿轮齿顶压力角	$\alpha_{van1}/(°)$	$\alpha_{van1}=\arccos\left[\dfrac{z_{van1}\cos\alpha_n}{z_{van1}+2(h_a^*+x_1')}\right]$
8	法向当量大齿轮齿顶压力角	$\alpha_{van2}/(°)$	$\alpha_{van2}=\arccos\left[\dfrac{z_{van2}\cos\alpha_n}{z_{van2}+2(h_a^*-x_1')}\right]$
9	小轮齿顶滑动比	η_{a1}	$\eta_{a1}=\dfrac{z_{vn\Sigma}(\tan\alpha_{van1}-\tan\alpha_n)}{z_{vn2}\tan\alpha_{van1}}$
10	大轮齿顶滑动比	η_{a2}	$\eta_{a2}=\dfrac{z_{vn\Sigma}(\tan\alpha_{van2}-\tan\alpha_n)}{z_{vn1}\tan\alpha_{van2}}$
11	小轮齿根滑动比	η_{f1}	$\eta_{f1}=\dfrac{z_{vn\Sigma}(\tan\alpha_n-\tan\alpha_{van2})}{z_{vn\Sigma}\tan\alpha_n-z_{vn2}\tan\alpha_{van2}}$
12	大轮齿根滑动比	η_{f2}	$\eta_{f2}=\dfrac{z_{vn\Sigma}(\tan\alpha_n-\tan\alpha_{avn1})}{z_{vn\Sigma}\tan\alpha_n-z_{vn1}\tan\alpha_{van1}}$
13	小轮齿顶大轮齿根滑动比之和	ζ_1	"奥"制 $\zeta_1=u\eta_{a1}+\lvert\eta_{f2}\rvert$ "克"制 $\zeta_1=\eta_{a1}+\lvert\eta_{f2}\rvert$
14	大轮齿顶大轮齿根滑动比之和	ζ_2	"奥"制 $\zeta_2=\eta_{a2}+\lvert u\eta_{f1}\rvert$ "克"制 $\zeta_2=\eta_{a2}+\lvert\eta_{f1}\rvert$
15	等滑动系数	$\Delta\zeta$	$\Delta\zeta=\zeta_1-\zeta_2$ 当 $\lvert\Delta\zeta\rvert\leqslant5\times10^{-4}$ 时，执行(18)
16		$\Delta x_1'$	$\Delta x_1'=(\delta_2-\delta_1)\sin\alpha$
17	高变位系数取值	x_1'	$x_1'\Leftarrow x_1'(1+x_1')$，转向(7)
	小轮小端无根切最小变位系数		
18	小轮小端对应点冠轮锥距	R_p'/mm	$R_p'=\left[(R_{mp}\cos\beta_{1p}-b_{i1})^2+E_1^2\right]^{0.5}$
19		$q_i'/(°)$	$q_i'=\arccos\left(\dfrac{R_{ip}'^2+E_x^2-r_0^2}{2R_{ip}'E_x}\right)$
20	小轮小端对应点冠轮螺旋角	$\beta_{ip}'/(°)$	$\beta_{ip}'=\arccos\left(\dfrac{R_{ip}'-E_y\cos q_i'}{E_y\sin q_i'}\right)$
21	小轮与冠轮小端螺旋角之差	$\beta_{i1p}'/(°)$	$\beta_{i1p}'=\arcsin(E_1/E_{ip}')$
22	小轮小端螺旋角	$\beta_{i1}'/(°)$	$\beta_{i1}'=\beta_{ip}'+\beta_{i1p}'$
23	小轮小段节圆半径	r_{i1}'/mm	$r_{i1}'=z_1R_{ip}'\cos\beta_{ip}'/(z_2\cos\beta_{ip}')$
24	小轮切齿啮合小端极限压力角	$\alpha_0'/(°)$	$\alpha_0'=\arctan[(R_{ip}'\sin\beta_{ip}'\sin\delta_1-r_{i1}'\sin\beta_{i1}')/$ $(R_{ip}'\cos\delta_1\cos\beta_{i1p}')]$
25	小轮小端工作面切齿啮合角	$\alpha_{ii}'/(°)$	$\alpha_{ii}'=\alpha_1-\alpha_o'$
26	小轮小端非工作面切齿啮合角	$\alpha_{ie}'/(°)$	$\alpha_{ie}'=\alpha_e+\alpha_o'$

续表

序号	名　　称	代号/单位	计算公式和说明
		小轮小端无根切最小变位系数	
27	小轮小端最小切齿啮合角	$\alpha'_{min}/(°)$	$\alpha'_{min}=\min(\alpha'_{ii},\alpha'_{ie})$
28	小轮法面当量齿轮齿数	z_{vni1}	$z_{vni1}=\dfrac{z_1}{\cos\delta_1\cos^3\beta'_{vi1}}$
29	小轮小端分度圆半径	r_{i1}/mm	$r_{i1}=R_{i1}\sin\delta_1$
30	小轮小端法向模数	m_{ni1}/mm	$m_{ni1}=2r'_{i1}\cos\beta'_{i1}/z_1$
31	小端齿顶定高系数	h^*_{ai}	$h^*_{ai}=m_n h^*_a/m_{ni1}$
32	小轮无根切最小变位系数	x_{1min}	$x_{1min}=0.833h^*_{a1}-0.5z_{vni1}\sin^2\alpha'_{min}+(r'_{ri}-r_{ri})\cos\delta_1/m_n$
33	小轮高变位系数取值	x_1	当 $x_{1min}<x'_1$ 时，$x_1\approx x'_1$ 当 $x_{1min}>x'_1$ 时，$x_1\approx x'_{min}$

注：1. 小轮高变位系数计算 摆线齿准双曲面齿轮采用高变位制，小轮高变位系数 $x_1>0$，大轮的 $x_2=-x_1$。"奥"制准双曲面齿轮高变位系数选择准则和锥齿轮相同。"克"制高度变位系数选择的准则——相配两齿轮齿顶和齿根滑动系数绝对值之和相等，即：

$$|\eta_{a1}|+|\eta_{f2}|=|\eta_{a2}|+|\eta_{f1}|$$

2. 由小轮易根切的小端确定小轮无根切最小变位系数 x_{1min}。

（6）小轮分锥角检查和齿高计算

表 14-3-37　　小轮分锥角检查和齿高计算

序号	名　　称	代号/单位	计算公式和说明
		小轮许用最大分锥角	
1	小轮小端轴颈的直径	d_z/mm	由设计图取值
2	小轮轴颈安装基面至小端轴颈端面的距离	A_z/mm	由设计图取值
3	小轮安装距	A_1/mm	由设计图取值
4		l/mm	$l=r_{m1}/\cos\delta_1+r_{m2}/\cos\delta_2$
5	小轮参考点分度圆至心两轴线交点的距离	A_{m1}/mm	$A_{m1}=l(\sin\delta_1+\sin\delta_2\cos\Sigma)/\sin^2\Sigma-r_{m1}\tan\delta_1$
6	小轮许用最大分锥角	$\delta_{1max}/(°)$	$\delta_{1max}=\arctan\{[(d_{m1}-d_x)/2-m_n(h^*_a+c^*-x_1+0.03)/\cos\delta_1]/(A_z+A_{m1}-A_1)\}$
7	小轮分锥角检查	—	当 $\delta\leqslant\delta_{1max}$ 时不需修正 δ_1 值，否则需调整原始参数
		齿顶高，齿根高和全齿高	
8	小轮齿顶高	h_{a1}/mm	$h_{a1}=m_n(h^*_a+x_1)$
9	大轮齿顶高	h_{a2}/mm	$h_{a2}=m_n(h^*_a-x_1)$
10	小轮齿根高	h_{f1}/mm	$h_{f1}=m_n(h^*_a+c^*-x_1)$
11	大轮齿根高	h_{f2}/mm	$h_{f2}=m_n(h^*_a+c^*+x_1)$
12	全齿高	h/mm	$h=m_n(2h^*_a+c^*)$

注：小端无轴颈时不检查小轮分锥角。小轮跨装支承时，需要检查铣刀盘是否会切坏其小端轴颈，由表中（1）～（6）求得小轮分锥角许用最大值 δ_{1max}。小轮小端无轴颈或 $\delta_1<\delta_{1max}$ 时，不用修正 δ_1 值。当 $\delta_1>\delta_{1max}$ 时，需要改变原始参数重新计算 δ_1 值，使其符合要求。对准双曲面齿轮副，不能只修正分锥面而不改变分锥面的其他参数，否则会破坏齿面参考点 M 处的共轭。

（7）小轮齿顶变尖检查和小轮齿顶倒坡

表 14-3-38　　　　　　　　　　　小轮齿顶变尖检查和小轮齿顶倒坡

序号	名　称	代号/单位	计算公式和说明
		小轮小端齿顶变尖检查	
1	小轮小端法向当量齿轮顶圆直径	d_{vanil}/mm	$d_{vanil} = m_{nii} z_{vnil} + 2[(h_a^* + x_1)m_n - (r'_{il} - r_{il})\cos\delta_1]$
2	小轮小端齿顶压力角	a_{vanil}/(°)	$a_{vanil} = \arccos(m_{ni} z_{vnil} \cos\alpha / d_{vanil})$
3	小轮小端法面当量齿轮节圆齿厚半角	ψ_{vnil}/rad	$\psi_{vnil} = \dfrac{1}{z_{vnil}}\{\pi/2 + \dfrac{m_n x_{t1}}{m_{nil}} + \dfrac{2\tan\alpha_n}{m_{nil}} \times [m_n x_1 - (r'_{il} - r_{il})\cos\delta_1]\}$
4	小轮小端法面当量齿轮齿顶厚半角	ψ_{vanil}/rad	$\psi_{vanil} = \psi_{vnil} + \text{inv}\,a - \text{inv}\,a_{vanil}$
5	小轮小端法向齿顶厚	s_{ail}/mm	$s_{ail} = \psi_{vanil} d_{vanil}$
6	小轮齿顶变尖检查	—	$s_{ail} \geqslant 0.3 m_n$ 当 $s_{ail} < 0.3 m_n$ 时，小轮小端齿顶倒坡
		小轮小端齿顶倒坡（$s_{ail} < 0.3 m_n$ 时）	
7		K	$K = 0$（初值）
8	倒坡后小轮小端顶圆直径	d_{vak}/mm	$d_{vak} = d_{vanil} - 2 m_n K$
9		a_{vak}/(°)	$a_{vak} = \arccos(m_{ni} z_{vnil} \cos\alpha / d_{vak})$
10		ψ_{vak}/rad	$\psi_{vak} = \psi_{vnil} + \text{inv}\,\alpha_n - \text{inv}\,\alpha_{vak}$
11		s_{ak}/mm	$s_{ak} = \psi_{vak} d_{vak}$
12		Δs_{ail}/mm	$\Delta s_{ail} = s_{ak} - 0.3 m_n$
13			$\Delta s_{ail} > 0$ 或 $\|\Delta s_{ail}\| \leqslant 10^{-3}$，执行（15）
14		K	$\Delta s_{ail} < 0$ 并且 $\|\Delta s_{ail}\| > 10^{-3}$ 时，$K \Leftarrow K + \dfrac{0.3 - s_{ak}/m_n}{2\tan(a_{vak} - \psi_{vak})}$ 返回（8）
15	参考点法向当量小齿轮顶圆直径	d_{van1}/mm	$d_{van1} = m_n z_{vni1} + 2 m_n (h_a^* + x_1)$
16	参考点法向当量小齿轮齿顶压力角	a_{van1}/(°)	$a_{van1} = \arccos(m_n z_{vni1} \cos\alpha_n / d_{van1})$
17	参考点法向当量小轮分度圆齿厚半角	ψ_{vn1}/rad	$\psi_{vni1} = (\pi/2 + x_{t1} + 2 x_1 \tan\alpha)/z_{vni1}$
18	参考点法向当量小轮齿顶厚半角	ψ_{van1}/rad	$\psi_{van1} = \psi_{vn1} + \text{inv}\,\alpha - \text{inv}\,\alpha_{van1}$
19	参考点法向当量小齿轮齿顶厚	s_{a1}/mm	$s_{a1} = \psi_{van1} d_{van1}$
20	倒坡后小轮齿顶宽减少量	b'_k/mm	$b'_k = \dfrac{b_{il}(0.3 m_n - s_{ail})}{(s_{am1} - s_{ail})}$
21	小轮倒坡部分的顶锥角	δ_{ak}/mm	$\delta_{ak} = \delta_1 + \arctan(K m_n / b'_k)$
22	倒坡宽度	b_k/mm	$b_k = b'_k / \cos(\delta_{ak} - \delta_1)$

注：规定 $s_{ail} \geqslant 0.3 m_n$，当 $s_{ail} < 0.3 m_n$ 时，小轮小端必须倒坡，切去齿顶变尖的薄弱部分，求出倒坡部分的顶锥角 δ_{ak} 和宽度 b_k。

（8）刀盘干涉检查

表 14-3-39　　　　　　　　　　　刀盘干涉检查

序号	名　称	代号/单位	计算公式和说明
1		Δh/mm	$\Delta h = R_m \tan\Delta\delta$
2		λ/(°)	$\lambda = \dfrac{180}{\pi R_e}[(h_{a0} + x_1 m_n - 0.5 b \sin\Delta\delta)/\tan\alpha_n + h_{a0}\tan\alpha_n]$
3	切入时刀盘中心横坐标	x'_0/mm	$x'_0 = E_x \sin(q_e - \lambda)$
4	切入时刀盘中心纵坐标	y'_0/mm	$y'_0 = E_x \cos(q_e - \lambda)$
5		x_e/mm	$x_e = [2h(R_e \tan\delta_2 + h_{a2} - \Delta h) - (h/\cos\delta_2)^2]^{0.5}$
6		y_e/mm	$y_e = R_e - h \tan\delta_2$

序号	名　称	代号/单位	计算公式和说明
7		x_i/mm	$x_i = [2h(R_i\tan\delta_2 + h_{a2} - \Delta h) - (h/\cos\delta_2)^2]^{0.5}$
8		y_i/mm	$y_i = R_i - h\tan\delta_2$
9		x_{op}/mm	$x_{op} = |E_2|$
10		y_{op}/mm	$y_{op} = R_{m2} - R_{mp}\cos\beta_{p2}$
11		x_{oe}/mm	$x_{oe} = x_e - x_{op}$
12		y_{oe}/mm	$y_{oe} = y_e - y_{op}$
13		x_{oi}/mm	$x_{oi} = x_i - x_{op}$
14		y_{oi}/mm	$y_{oi} = y_i - y_{op}$
15	刀顶面与大轮顶锥面大端交点 E 的横坐标	x'_e/mm	$x'_e = x_{oe}\cos\beta_{p2} + y_{oe}\sin\beta_{p2}$
16	刀顶面与大轮顶锥面大端交点 E 的纵坐标	y'_e/mm	$y'_e = -x_{oe}\sin\beta_{p2} + y_{oe}\cos\beta_{p2}$
17	刀顶面与大轮顶锥面小端交点 E 的横坐标	x'_i/mm	$x'_i = x_{oi}\cos\beta_{p2} + y_{oi}\sin\beta_{p2}$
18	刀顶面与大轮顶锥面小端交点 E 的纵坐标	y'_i/mm	$y'_i = x_{oi}\sin\beta_{p2} + y_{oi}\cos\beta_{p2}$
19	距离 $\overline{OE}$	$\overline{OE}$/mm	$\overline{OE} = [(x_e - x_0)^2 + (y_e - y_o)^2]^{0.5}$
20	距离 $\overline{OI}$	$\overline{OI}$/mm	$\overline{OI} = [(x_i - x_0)^2 + (y_i - y_o)^2]^{0.5}$
21	刀盘无干涉条件	—	$\overline{OE} < r_0 + h_{a0}\tan\alpha_n$ $\overline{OI} < r_0 + h_{a0}\tan\alpha_n$

注：当大轮分锥角较大时，而采用的刀盘名义半径由比较小时，会产生刀盘干涉，铣坏大轮顶锥面。若发生刀盘干涉时，需要加大刀盘半径后重新计算。"奥"制切齿调整计算时，必须考虑到刀盘干涉对刀倾角的限制。刀盘干涉示意图如图 14-3-13所示。

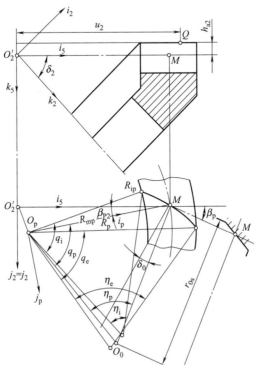

图 14-3-13　刀盘干涉检查示意图

（9）摆线齿准双曲面齿轮几何尺寸

表 14-3-40   摆线齿准双曲面齿轮几何尺寸

序号	名　称	代号/单位	计算公式和说明
1	小轮大端分度圆直径	d_1/mm	$d_1 = 2r_{m1} + 2(b_1 - b_{i1} - \Delta b_1)\sin\delta_1$
2	大轮大端顶圆直径	d_{a1}/mm	$d_{a1} = d_1 + 2h_{a1}\cos\delta_1$
3	小轮大端顶圆直径	d_{a2}/mm	$d_{a2} = d_2 + 2h_{a2}\cos\delta_2$
4	小轮小端顶圆直径	d_{i1}/mm	$d_{i1} = d_{a1} - 2b_1\sin\delta_1$
5	大轮小端顶圆直径	d_{i2}/mm	$d_{i2} = d_{a2} - 2b_2\sin\delta_2$
6	大轮参考点分度圆心至两轴线公垂线的距离	A_{m2}/mm	$A_{m2} = l(\sin\delta_2 + \sin\delta_2\cos\Sigma)/\sin^2\Sigma - r_{m2}\tan\delta_2$
7	小轮大端分度圆心至两轴线公垂线的距离	A'_1/mm	$A'_1 = A_{m1} + (b_1 - b_{i1} - \Delta b_1)\cos\delta_1$
8	大轮大端分度圆心至两轴线公垂线的距离	A'_2/mm	$A'_2 = A_{m2} + 0.5b_2\cos\delta_2$
9	无倒坡小轮轴向齿宽	b_{x1}/mm	$b_{x1} = b_1\cos\delta_1$
10	倒坡后小轮轴向齿宽	b_{xk}/mm	$b_{xk} = b_{x1} - km_n\sin\delta_1$
11	大轮轴向齿宽	b_{x2}/mm	$b_{x2} = b_2\cos\delta_2$
12	小轮大端顶圆心至两轴线公垂线的距离	A_{k1}/mm	$A_{k1} = A_{e1} - h_{a1}\sin\delta_1$
13	小轮大端顶圆心至两轴线公垂线的距离	A_{k2}/mm	$A_{k2} = A_{e2} - h_{a2}\sin\delta_2$
14	小轮安装距	A_1/mm	由设计图确定
15	大轮安装距	A_2/mm	由设计图确定
16	小轮轮冠距	H_1/mm	$H_1 = A_1 - A_{k1}$
17	大轮轮冠距	H_2/mm	$H_2 = A_2 - A_{k2}$
18	小轮参考点法向分度圆弧齿宽	s_{mn1}/mm	$s_{mn1} = m_n[\pi/2 + x_1(\tan\alpha_n + \tan\alpha_e) + x_{t1}] - j_n/2$
19	大轮参考点法向分度圆弧齿宽	s_{mn2}/mm	$s_{mn2} = m_n[\pi/2 - x_1(\tan\alpha_i + \tan\alpha_e) - x_{t1}] - j_n/2$

3.3.5.3　摆线齿准双曲面齿轮的当量齿轮参数

表 14-3-41   摆线齿准双曲面齿轮的当量齿轮参数

序号	名　称		代号/单位	计算公式和说明
1	法向当量齿轮啮合角	I 面	α'_n/(°)	$\alpha'_n = \alpha_i - \alpha_0$
		E 面		$\alpha'_n = \alpha_e + \alpha_0$
2	大轮大端面端面模数		m/mm	$m = d'_2/z_2$
3	小轮参考点端面模数		m_{m1}/mm	$m_{m1} = m_n/\cos\beta_{m1}$
4	大轮参考点端面模数		m_{m2}/mm	$m_{m2} = m_n/\cos\beta_{m2}$
法向当量齿轮				
5	法向当量齿轮分度圆直径		d_{vni}/mm	$d_{vni} = z_{vni}m_n$
6	法向当量齿轮中心距		a_{vn}/mm	$a_{vn} = 0.5(d_{vn1} + d_{vn2})$
7	法向当量齿轮顶圆直径		d_{vani}/mm	$d_{vani} = d_{vni} + 2h_{ai}$

序号	名　称		代号/单位	计算公式和说明
	法向当量齿轮			
8	法向当量齿轮根圆直径		d_{vfni}/mm	$d_{vfni} = d_{vni} - 2h_{fi}$
9	法向当量齿轮基圆直径	i 面	d_{vbni}/mm	$d_{vbni} = d_{vni}\cos\alpha_n'$
		e 面		
10	法向当量齿轮啮合线有效长度	i 面	g_{van}/mm	$g_{van} = 0.5[(d_{van1}^2 - d_{vbn1}^2)^{0.5} +$ $(d_{van2}^2 - d_{vbn2}^2)^{0.5}] - a_{vn}\sin\alpha_n'$
		e 面		
11	法向当量齿轮的重合度	i 面	ε_{vn}	$\varepsilon_{vn} = g_{van}/\pi m_n\cos\alpha_n$
		e 面		
12	刀尖圆角半径		ρ_{a0}/mm	$\rho_{a0} = \rho_{a0}^* m_0$
	接触强度和弯曲强度的端面当量齿轮参数			
13	假想小齿轮分锥角		δ_{01}/(°)	$\delta_{01} = \Sigma - \delta_2$
14	假想小齿轮参考点螺旋角		β_{m01}/(°)	$\beta_{m01} = \beta_{m2}$
15	假想小齿轮参考点分度圆直径		d_{m01}/mm	$d_{m01} = 2r_{m2}\sin\delta_{01}/\sin\delta_2$
16	假想小齿轮齿数		z_{01}	$z_{01} = d_{m01}\cos\beta_{m01}/m_n$
17	大轮与假想小齿轮齿数比		u'	$u' = z_2/z_1$
18	端面当量齿数		z_{vi}	$z_{v1} = z_1/\cos\delta_{01}$；$z_{v2} = z_2/\cos\delta_2$
19	端面当量齿轮齿数比		u_v	$u_v = z_{v2}/z_{v1}$
20	端面当量齿轮分度圆直径		d_{vi}/mm	$d_{v1} = d_{m01}/\cos\delta_{01}$；$d_{v2} = d_{m2}/\cos\delta_2$
21	端面当量齿轮中心距		a_v/mm	$a_v = 0.5(d_{v1} + d_{v2})$
22	端面当量齿轮顶圆直径		d_{vai}/mm	$d_{vai} = d_{vi} + 2h_{ai}$
23	端面当量齿轮压力角	i 面	α_{vt}'/(°)	$\alpha_{vt}' = \arctan(\tan\alpha_n'/\cos\beta_{m2})$
		e 面		
24	端面当量齿轮顶圆螺旋角	i 面	β_{vb}/(°)	$\beta_{vb} = \arcsin(\sin\beta_{m2}\cos\alpha_n')$
		e 面		
25	端面当量齿轮基圆直径	i 面	d_{vbi}/mm	$d_{vbi} = d_{vi}\cos\alpha_{vt}'$
		e 面		
26	端面当量齿轮基圆齿距	i 面	p_{vb}/mm	$p_{vb} = \pi m_{mt}\cos\alpha_{vt}'$
		e 面		
27	端面当量齿轮重合度	i 面	ε_{va}	$\varepsilon_{va} = \varepsilon_{vn}\cos^2\beta_{vb}$
		e 面		
28	端面当量齿轮纵向重合度		$\varepsilon_{v\beta}$	$\varepsilon_{v\beta} = b_2\sin\beta_{m2}/(\pi m_n)$
29	总重合度	i 面	$\varepsilon_{v\gamma}$	$\varepsilon_{v\gamma} = (\varepsilon_{va}^2 + \varepsilon_{v\beta}^2)^{0.5}$
		e 面		

注：准双曲面齿轮的重合度计算和强度计算需要法面当量齿轮和端面齿轮参数。由于啮合不对称，需要对法面当量齿轮的啮合角进行修正。

3.3.5.4　摆线准双曲面齿轮的齿形系数

表 14-3-42　　　　　　　　　　　　　　摆线准双曲面齿轮的齿形系数计算

序号	名 称	代号/单位	计算公式和说明
1		I'	$I' = h_{a0}/m_n - \rho_{a0}/m_n \mp x_1$
2	法向当量齿轮齿厚半角	$\psi_{vn}/(°)$	$\psi_{vn} = \dfrac{180}{\pi z_{vni}} [\pi/2 \pm (2x_1 \tan\alpha_{i,e} + x_{t1})]$
3		$\varphi_a/(°)$	$\varphi_a = \dfrac{360(I' \sin\alpha'_n + p_{a0}/m_n)}{\pi z_{vni} \cos\alpha'_n}$
4		$\gamma/(°)$	$\gamma = \psi_{vn} + \varphi_a$
5		$\Delta\gamma/(°)$	$\Delta\gamma = 0.5(\gamma_e - \gamma_i)$
6		$\gamma_m/(°)$	$\gamma_m = 0.5(\gamma_e + \gamma_i)$
7		$K/(°)$	$K = \gamma_m + 30°$
8		φ_b/rad	$\varphi_b = \{[(1 + \dfrac{2I'}{z_{vni}})\dfrac{\tan K}{2}]^2 + \dfrac{2I'}{z_{vni}}\}^{0.5}$ $- (1 + \dfrac{2I'}{z_{vni}})\dfrac{\tan K}{2}$
9		y'	$y' = 0.5 z_{vni}\varphi_b + \rho_{a0}\cos(K + 180\varphi_b/\pi)/m_n$
10		x'	$x' = 0.5 z_{vni} - I' - \rho_{a0}\sin(K + 180\varphi_b/\pi)/m_n$
11	危险截面齿厚与模数之比	s'_{Fn}	$s'_{Fn} = 2[x' \sin(\gamma_m + 180\varphi_b/\pi) - y' \cos(\gamma_m + 180\varphi_b/\pi)]$
12	法向当量齿轮齿顶压力角 (i 面 / e 面)	$\alpha_{van}/(°)$	$\alpha_{van} = \arccos[\dfrac{z_{vni}\cos\alpha'_n}{z_{vni} + 2(h_a^* \pm x_1)}]$
13	法向当量齿轮齿顶厚半角 (i 面 / e 面)	$\psi_{van}/(°)$	$\psi_{van} = \psi_{vn} + \dfrac{180}{\pi}(\text{inv}\alpha'_n - \text{inv}\alpha'_{van})$
14	工作面载荷作用角	$\alpha_{Fi}/(°)$	$\alpha_{Fi} = \alpha_{vani} - \psi_{vani} - \Delta\gamma$
15	非工作面载荷作用角	$\alpha_{Fe}/(°)$	$\alpha_{Fe} = \alpha_{vane} - \psi_{vane} - \Delta\gamma$
16	弯曲力臂与模数之比 (i 面 / e 面)	h'_F	$h'_F = \dfrac{z_{vni}\cos\alpha'_n}{2\cos\alpha'_{Fi,e}} - y'\sin(\gamma_m + 180\varphi_b/\pi)$ $- x'\cos(\gamma_m + 180\varphi_b/\pi)$
17	齿形系数 (i 面 / e 面)	Y_{Fa}	$Y_{Fa} = \dfrac{bh'_F \cos\alpha_{Fi,e}}{(s'_F)^2 \cos\alpha'_n}$

注：1. 本表为准双曲面齿轮的齿形系数计算，用于切向变位系数和弯曲强度的计算。

2. 表中双符号项，上面符号适用于小轮，下面符号适用于大轮。

3. 表中，取初值 $x_{t1} = 0.1$，以相配大小轮工作面"i"齿形系数相等为准则，迭代求解 x_{t1} 值。

3.3.5.5 摆线准双曲面齿轮的齿坯图

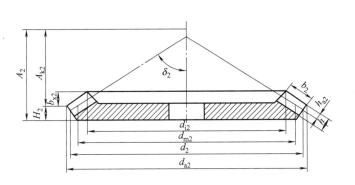

图 14-3-14 摆线准双曲面齿轮大轮的齿坯尺寸

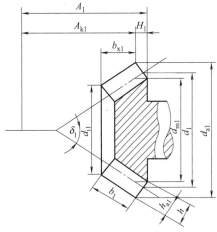

图 14-3-15 摆线准双曲面齿轮小轮的齿坯尺寸

$$\delta_2' = \arctan u = 90° - \delta_1'$$

u 为齿数比，$u = \dfrac{z_2}{z_1}$

当 $\Sigma = 90°$ 时

$$u_v = \frac{z_{v2}}{z_{v1}} = u^2$$

当量齿轮的端面分度圆压力角 α_t 大于相应的法向分度圆压力角 α_n。

$$\tan\alpha_t = \frac{\tan\alpha_n}{\cos\beta}$$

螺旋角 β 取中点处凹凸两面的平均值。

新型非零变位设计提出与传统零变位设计截然不同的观点：保持节锥角不变而使分锥角变位，变位后分锥与节锥分离，从而使轴交角保持不变。当量齿轮节圆和分圆分离，能够达到变位目的。

分锥变位就是分锥母线绕自身一点相对于节锥母线旋转一角度 $\Delta\delta$，使分锥母线和节锥母线分离，在当量齿轮上分圆和节圆分离。两锥分离的形式可以有共锥顶和异锥顶几种形式，如图 14-3-16 所示（图中 O_1、O_2 为分锥锥顶，O' 为节锥锥顶）。每种形式都可形成一副基本三角结构，图中分锥以虚线表示，节锥以实线表示。以共锥顶方式为例〔图 14-3-16(a)〕，设节锥半径为 r'，分度圆半径为 r，令 $\Delta r = r' - r$，则当：

$\Delta r > 0$，分锥缩小，称为"缩式"；

$\Delta r < 0$，分锥扩大，称为"扩式"。

在非零变位中，当量齿轮节圆半径 r_v' 和分圆半径 r_v 之间产生差值为 Δr_v。节圆啮合角 α_t' 和分圆压力

3.4 锥齿轮的非零变位设计

在弧齿锥齿轮的设计中，传统方法是采用高切综合变位的零传动，即当齿数比 $u = 1$ 时，无变位；当 $u > 1$ 时，采用高度变位（$x_1 + x_2 = 0$；$x_{t1} + x_{t2} = 0$）。若采用非零变位（$x_1 + x_2 \neq 0$；$x_{t1} + x_{t2} \neq 0$）设计，则锥齿轮当量中心距就要发生改变，以致使锥齿轮的轴交角也发生改变。而轴交角是在设计之前就已确定的，所以这种方法被禁用。分锥角综合变位原理克服了这种困难，在保持轴交角不变的条件下能够达到变位的目的，解决了传统设计中的矛盾。这种新型的非零变位齿轮具有优良的传动啮合性能，高的承载能力和广泛的工作适应性。可获得如等弯强、耐磨损、实现少齿数和传动的优点。

3.4.1 锥齿轮非零变位原理

在弧齿锥齿轮的设计中以端面的当量齿轮副作为分析基准。当量齿轮副是将圆锥齿轮的背锥展开为平面扇形齿轮，此扇形齿轮补足为一整圆构成。因此当量齿轮的齿数 z_v 比锥齿轮的齿数 z 要多。

$$z_v = \frac{z}{\cos\delta'}$$

式中，δ' 为节锥角。节锥的形状和尺寸由轴交角 Σ 和 δ' 确定：

$$\delta_1' = \arctan\frac{\sin\Sigma}{u + \cos\Sigma}$$

$$\delta_2' = \Sigma - \delta_1'$$

特殊情况下，当 $\Sigma = 90°$ 时，

第
14
篇

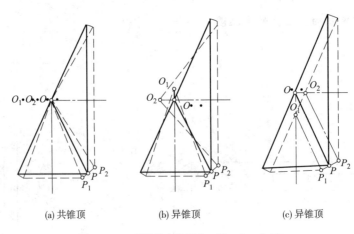

| (a) 共锥顶 | (b) 异锥顶 | (c) 异锥顶 |

图 14-3-16　两锥分离的形式（以 $x_h > 0$ 为例）

角 α_t 之间也不同，但满足：

$$r_v{'}\cos\alpha_t{'} = r_v\cos\alpha_t$$

设当量节圆半径对分圆半径的变动比为 K_a，则有：

$$K_a = \frac{r_v{'}}{r_v} = \frac{\cos\alpha_t}{\cos\alpha_t{'}} = \frac{R'}{R_0}$$

对于正传动变位 $K_a > 1$；负传动变位 $K_a < 1$；零传动 $K_a = 1$。

3.4.2　分锥变位的形式

表 14-3-43　　　　　　　　　　　　　　　分锥变位的形式

| ΔR 式：改变锥距式 | 对于共锥顶形式，在节锥角不变的条件下，将节锥距外延或内缩一小量 ΔR，从而使节圆半径增大或减小，相应地分圆半径也按比例增大或减小，使节锥和分锥分离

对于正传动变位 $X > 0$ 采用延长节锥距 R' 的方法，使 a_v 增大，设移出齿形前用下标"0"表示，移出后的节锥用加"′"表示，变位前的锥距为 OP_0，变位后锥距为 OP。过 P_0 做 $P_0 P_1 // OO_1$，$P_0 P_2 // OO_2$ 交新齿形截面于 P_1, P_2，$P_0 P$ 为变化前后锥距之差 ΔR

ΔR 的适量变化可使分度圆模数在变位过程中不发生改变。这是因为一方面分锥变小使分度圆模数减小，另一方面锥距的增大又使分度圆模数增大，两者效果抵消可保持分度圆模数不变。由图(a)可知有以下关系存在

$$K_a = \frac{r_{vi}{'}}{r_{vi}} = \frac{R'}{R} = \frac{a_v{'}}{a_v} = \frac{\cos\alpha_t}{\cos\alpha_t{'}}$$

$$\Delta r_i = r_{vi}{'} - r_{vi} = (K_a - 1) r_{vi} \qquad i = 1, 2$$

$$\frac{\Delta r_{v2}}{\Delta r_{v1}} = u_v = \frac{r_{v2}}{r_{v1}}$$

$$\tan\Delta\delta_i = \frac{\Delta r_{vi}{'}}{R_m} = \left(1 - \frac{1}{K_a}\right) \times \tan\delta_i{'}$$

$$\Delta R = R' - R_0 = (K_a - 1) R_0$$
$$= (r_{vi}{'} - r_{vi}) \tan\delta_i{'}$$ | 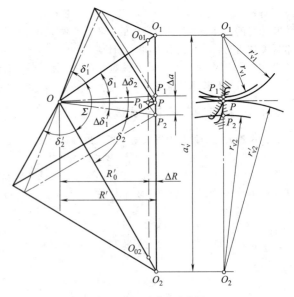

图(a)　ΔR 式分锥变位图 |

续表

Δr 式：改变分度圆式	此时采用在节锥距不变条件下，增大(负变位)或缩小(正变位)分锥角，也即增大或缩小分圆半径，以保持变位时节圆大于分圆(正变位)或节圆小于分圆(负变位)的特性，这种变位形式变位后，节圆模数 m' 不变，而分圆模数 m 改变。$m'=K_a m$。变位形式如图(b)所示 $$\Delta r_{vi}=r'_{vi}-r_{vi}=(1-K_a^{-1})r'_{vi} \qquad i=1,2$$ 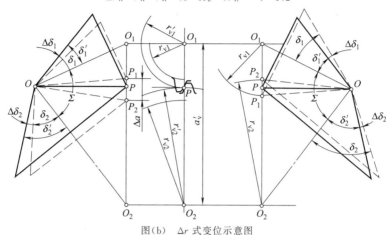 图(b)　Δr 式变位示意图
变位形式选择	这两种变位形式，在具体应用中，可视设计条件的不同选择。若是在原设计基础上加以改进，以增加齿轮的强度，箱体内空间合适，则采用 ΔR 式，一般应用于正传动变位，节锥距略有增加。若对于原设计参数有较大改动，设计对于箱体尺寸要求严格，或进行不同参数的全新设计，则采用 Δr 式。Δr 式常用于负传动变位

3.4.3　切向变位的特点

圆锥齿轮可采用切向变位来调节齿厚。传统的零变位传动设计中，切向变位系数之和为 $x_{t\Sigma}=x_{t1}+x_{t2}=0$。对于非零传动设计，$x_{t\Sigma}$ 可以为任意值。切向变位通过改变齿厚，可以实现：

① 配对齿轮副的弯曲强度相等 $\sigma_{F1}=\sigma_{F2}$。

② 保持齿全高不变，即 $\sigma=0$。

③ 缓解齿顶变尖 $S_{a1}>0$。

④ 缓解齿根部变瘦，使齿根增厚。

非零传动可以满足上述四种特性中的两项，而零传动只可以满足其中一项。如切向变位可以改变齿厚，所以在 X_1、X_2 比较大时，易出现尖顶，就可以用切向变位来进行修正，弥补了不足。即使在无尖顶的情况下，也可使小轮齿厚增加，以实现等弯强、等寿命。有时在选择径向变位系数时，若其他条件均满足而有尖顶出现时，用切向变位则可以来调节。切向变位可使啮合角发生改变。

将切向变位沿径向的增量与径向变位结合起来，称为分锥综合变位，综合变位为 x_h。

$$x_h=x_\Sigma+\frac{x_{t\Sigma}}{2\tan\alpha_t}\neq 0$$

切向变位引起的沿当量齿轮分度圆齿距 t 方向的变量为 Δt

$$\Delta t=\Delta s_1+\Delta s_2=(x_{t1}+x_{t2})m=x_{t\Sigma}m$$

故分圆上的齿距不等于定值，将径向变位沿切向的增量与切向变位结合起来，则当量分圆弧齿厚为

$$s_i=\left(\frac{\pi}{2}+2x_i\tan\alpha_t+x_{ti}\right)m \qquad i=1,2\cdots$$

分圆齿距为

$$t=s_1+s_2=(\pi+2X_\Sigma\tan\alpha_t+X_{t\Sigma})m\neq\pi m$$

式中，α_t 是端面分圆压力角；m 是端面分圆模数。

端面节圆啮合角 α'_t 与分圆压力角 α_t 的渐开线函数关系为

$$\text{inv}\alpha'_t=\frac{2x_\Sigma\tan\alpha_t+x_{t\Sigma}}{z_{v1}+z_{v2}}+\text{inv}\alpha_t=\frac{x_h\tan\alpha_t}{z_{vm}}+\text{inv}\alpha_t$$

式中，z_{vm} 为平均端面当量齿数。

但在节圆上的齿距 t' 为一定值

$$t'=\pi m'=\pi K_a m$$

小轮节圆弧齿厚

$$s'_1=K_a[s_1-d_{v1}(\text{inv}\alpha'_t-\text{inv}\alpha_t)]$$

大轮节圆弧齿厚

$$s'_2=\pi m'-s'_1=K_a[s_2-d_{v2}(\text{inv}\alpha'_t-\text{inv}\alpha_t)]$$

弧齿锥齿轮的切向变位可以使径向也发生变化，使当量中心距改变，从而啮合角也发生改变。当量中心距分离系数按下式计算

$$y=\frac{z_{v1}+z_{v2}}{2}\times\left(\frac{\cos\alpha_t}{\cos\alpha'_t}-1\right)$$

齿顶高变动量 $\sigma = x_\Sigma - y$,此 σ 不但可以大于零,可以小于零,还可以通过公式来改变 $X_{t\Sigma}$ 使啮合角发生改变。因此总可以找到一个合适的 $X_{t\Sigma}$ 可以使 $\sigma = 0$。

3.4.4 "非零"分度锥综合变位锥齿轮的几何计算

表 14-3-44   "非零"分度锥综合变位锥齿轮的几何计算公式   mm

项 目	代 号	计算方法及说明	例题[①]
类型		适用于各种直齿、斜齿、弧齿、摆线齿锥齿轮	弧齿锥齿轮
轴夹角	Σ	根据设计要求选定	$\Sigma = 90°$
齿数比	u	z_2/z_1	$u = \dfrac{49}{13} = 3.769$
节锥角	δ'	$\delta_1' = \arctan\left(\dfrac{\sin\Sigma}{u + \cos\Sigma}\right) = 90° - \delta_2'$	$\delta_1' = 14.859°$ $\delta_2' = 75.141°$
齿形角	α_0	根据设计要求选定	$\alpha_0 = 20°$
螺旋角	β	根据设计要求选定	$\beta = 5.5°$
节圆大端端面模数	m_0	根据设计要求选定	$m_0 = 6.74$
齿顶高系数	h_a^*	对于小螺旋角,取 $h_a^* = \cos\beta$,对于 $\beta = 35°$,取 $h_a^* = 0.85$	$h_a^* = 1$
顶隙系数	c^*	小螺旋角取 0.2,当 $\beta = 35°$,取 0.188	$c^* = 0.2$
齿宽	b	对正交传动,一般为 $R/4 \sim R/3$	$b = 50$
刀具参数	d_0	铣刀盘公称直径,取标准系列	304.8(12″)
径向变位系数	x	从优化设计中得出,也可查有关资料从当量齿轮的径向变位封闭图中得出	$x_1 = 0.8 > 0$ $x_2 = 0.3 > 0$
齿高变位系数	σ	σ 可为任意值;当 $\sigma > 0$ 时,齿高削短;$\sigma < 0$ 时,齿高加长;$\sigma = 0$ 时,齿高不变	取 $\sigma = 0$
平均当量齿轮齿数	z_{vm}	$z_{vm} = 0.5\left(\dfrac{z_1}{\cos\delta_1'} + \dfrac{z_2}{\cos\delta_2'}\right)$	$z_{vm} = 102.263$
节锥与分锥的比值系数	K_a	当 $\sigma = 0$ 时:$K_a = \dfrac{x_\Sigma}{z_{vm}} + 1$	$K_a = 1.01076$
中点当量齿轮分度圆压力角	α_m	$\arctan\left(\dfrac{\tan\alpha_0}{\cos\beta}\right)$	$\alpha_m = 20.085°$
分度圆大端端面模数	m	对 Δr 结构,$m = m_0/K_a$;对 ΔR 结构,$m = m_0$	Δr 结构: $m = 6.668$
中点当量齿轮啮合角	α_m'	$\arccos\left(\dfrac{\cos\alpha_m}{K_a}\right)$	$\alpha_m' = 21.6917°$
切向变位系数之和	$x_{t\Sigma}$	$2z_{vm}[\mathrm{inv}\alpha_m' - \mathrm{inv}\alpha_m] - 2x_\Sigma\tan\alpha_m$	$x_{t\Sigma} = 0.03207$
切向变位系数	x_t	从优化设计中得出,也可查有关资料从当量齿轮切向变位封闭图中得出	按 $\sigma = 0$ 及补偿小齿轮尖顶得: $x_{t1} = 0.2$,$x_{t2} = -0.1679$
分度圆直径	d	$d = mz$	$d_1 = 86.687$ $d_2 = 326.732$
节锥距	R'	$0.5K_a d_2/\sin\delta_2'$	$R' = 170.84$
中点锥距	R_m	$R - 0.5b$	$R_m = 145.84$
齿全高	h	$h = (2h_a^* + c^* - \sigma)m$	$h = 14.669$
分圆齿顶高	h_a	$h_a = (h_a^* + x - \sigma)m$	$h_{a1} = 12.002$ $h_{a2} = 8.669$
分圆齿根高	h_f	$h_f = h - h_a$	$h_{f1} = 2.667$ $h_{f2} = 6.001$
节圆齿根高	h_f'	$h_f + 0.5(K_a - 1)d/\cos\delta'$	$h_{f1}' = 3.149$ $h_{f2}' = 12.854$
节圆齿顶高	h_a'	$h_a' = h - h_f'$	$h_{a1}' = 11.521$ $h_{a2}' = 1.816$
节锥齿根角	θ_f'	$\theta_f' = \arctan\left(\dfrac{h_f'}{R'}\right)$,对等高齿,$\theta_f' = 0$	$\theta_{f1}' = 1.056°$ $\theta_{f2}' = 4.303°$
根锥角	δ_f	$\delta' - \theta_{f1}'$,对等高齿,$\delta_f = \delta'$	$\delta_{f1} = 13.803°$ $\delta_{f2} = 70.838°$
顶锥角	δ_a	对等顶隙收缩齿,$\delta_{a1} = \delta_1' + \theta_{f2}'$,$\delta_{a2} = \delta_2' + \theta_{f1}'$	$\delta_{a1} = 19.162°$ $\delta_{a2} = 76.197°$
顶圆直径	d_a	$d_a = d + 2h_a\cos\delta'$	$d_{a1} = 109.89$ $d_{a2} = 331.18$

项　　目	代　号	计算方法及说明	例题[①]
冠顶距	A_a	$A_a = R'\cos\delta' - h_a'\sin\delta'$	$A_{a1} = 162.173$ $A_{a2} = 42.055$
安装距	A	由结构尺寸确定	$A_1 = 168$ $A_2 = 80$
轮冠（冠基）距	H_a	$A - A_a$	$H_{a1} = 5.827$ $H_{a2} = 37.945$
大端分度圆弧齿厚	s	$s = \left(\dfrac{\pi}{2} + 2x\dfrac{\tan\alpha_0}{\cos\beta} + x_t\right)m$	$s_1 = 15.708$ $s_2 = 10.817$

① 非零齿形制的具体设计方案可以很多，所举例题是 $x_\Sigma > 0$，$\sigma = 0$，基本结构中的缩式（$\Delta r > 0$）。

3.5　轮齿受力分析

3.5.1　作用力的计算

作用力计算公式见表 14-3-45。当已知切向力 F_{tm} 时，也可用图 14-3-17 确定轴向力 F_{x1}、F_{x2} 对正交传动（$\Sigma = 90°$），可通过 $F_{r1} = F_{x2}$、$F_{r2} = F_{x1}$ 确定径向力。

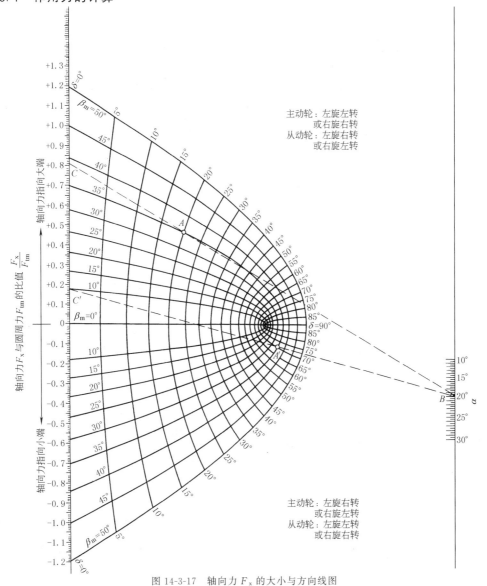

图 14-3-17　轴向力 F_x 的大小与方向线图

表 14-3-45　　　　　　　　　　　**作用力计算公式**　　　　　　　　　　　　　N

传 动 类 型	直 齿	曲 线 齿、斜 齿			
		主动轮:左旋左转 从动轮:右旋右转	主动轮:右旋右转 从动轮:左旋左转	主动轮:左旋右转 从动轮:右旋左转	主动轮:右旋左转 从动轮:左旋右转
简图					

齿宽中点处分度圆上的切向力 F_{tm}		$F_{tm}=\dfrac{2000T_1}{d_{m1}}=\dfrac{2000T_1}{d_1(1-0.5\phi_R)}=\dfrac{19\times10^6 P}{n_1 d_1(1-0.5\phi_R)}$			
齿宽中点处的径向力 F_r	主动轮	$F_{r1}=F_{tm}\tan\alpha\cos\delta_1$	$F_{r1}=\dfrac{F_{tm}}{\cos\beta_m}(\tan\alpha\cos\delta_1-\sin\beta_m\sin\delta_1)$		$F_{r1}=\dfrac{F_{tm}}{\cos\beta_m}(\tan\alpha\cos\delta_1+\sin\beta_m\sin\delta_1)$
	从动轮	$F_{r2}=F_{tm}\tan\alpha\cos\delta_2$	$F_{r2}=\dfrac{F_{tm}}{\cos\beta_m}(\tan\alpha\cos\delta_2+\sin\beta_m\sin\delta_2)$		$F_{r2}=\dfrac{F_{tm}}{\cos\beta_m}(\tan\alpha\cos\delta_2-\sin\beta_m\sin\delta_2)$
齿宽中点处的轴向力 F_x	主动轮	$F_{x1}=F_{tm}\tan\alpha\sin\delta_1$	$F_{x1}=\dfrac{F_{tm}}{\cos\beta_m}(\tan\alpha\sin\delta_1+\sin\beta_m\cos\delta_1)$		$F_{x1}=\dfrac{F_{tm}}{\cos\beta_m}(\tan\alpha\sin\delta_1-\sin\beta_m\cos\delta_1)$
	从动轮	$F_{x2}=F_{tm}\tan\alpha\sin\delta_2$	$F_{x2}=\dfrac{F_{tm}}{\cos\beta_m}(\tan\alpha\sin\delta_2-\sin\beta_m\cos\delta_2)$		$F_{x2}=\dfrac{F_{tm}}{\cos\beta_m}(\tan\alpha\sin\delta_2+\sin\beta_m\cos\delta_2)$
说　明		T_1——主动轮转矩,N·m d_1——主动轮大端分度圆直径,mm ϕ_R——齿宽系数		d_{m1}——主动轮齿宽中点处的直径,mm n_1——主动轮转速,r/min P——传递功率,kW	

注：1. 当 $F_r>0$ 时，表示径向力方向指向本身轴线；当 $F_r<0$ 时，则方向相反。当 $F_x>0$ 时，表示轴向力方向指向锥齿轮大端；当 $F_x<0$ 时，则方向相反。

2. 当轴交角 $\Sigma=90°$ 时，$F_{x1}=F_{r2}$，$F_{r1}=F_{x2}$（大小相等，方向相反）。

3. 转向确定准则：从锥顶看齿轮，当齿轮顺时针转动时为右转，反之为左转。

例　一对螺旋锥齿轮传动，其 $\Sigma=90°$、$\delta_1=20°$、$\delta_2=70°$、$\alpha=20°$、$\beta_m=35°$，小齿轮为主动轮、左旋左转（逆时针），大齿轮为从动轮、右旋右转（顺时针），求轴向力 F_x 及径向力 F_r 的大小与方向。

解　小齿轮的轴向力 F_{x1} 可由图 14-3-17 求得：根据主动轮的旋向和转向确定应使用图中曲线的上半部，求出 $\delta_1=20°$ 与 $\beta_m=35°$ 两曲线的交点 A。然后，由 $\alpha=20°$ 定 B 点，连接 B、A 两点并延长交 $\dfrac{F_x}{F_{tm}}$ 坐标于 C 点，得 $\dfrac{F_x}{F_{tm}}\approx+0.81$，即 $F_{x1}=+0.81F_{tm}$（"+"表示 F_{x1} 指向大端）。

亦可由表 14-3-45 公式计算求得

$$F_{x1}=\frac{F_{tm}}{\cos35°}(\tan20°\sin20°+\sin35°\cos20°)$$
$$=+0.81F_{tm}（"+"表示 F_{x1} 指向大端）$$

大齿轮的轴向力 F_{x2} 也可由图 14-3-17 求得：根据从动轮的旋向和转向确定应使用图中曲线的下半部，求出 $\delta_2=70°$ 与 $\beta_m=35°$ 两曲线的交点 A'。连接 BA' 两点并延长交 $\dfrac{F_x}{F_{tm}}$ 坐标于 C' 点，得 $\dfrac{F_x}{F_{tm}}=+0.18$，即 $F_{x2}=+0.18F_{tm}$（"+"表示 F_{x2} 指向大端）。

亦可由表 14-3-45 公式计算求得

$$F_{x2}=\frac{F_{tm}}{\cos35°}(\tan20°\sin70°-\sin35°\cos70°)$$
$$=+0.18F_{tm}（"+"表示 F_{x2} 指向大端）$$

小齿轮的径向力：$F_{r1}=F_{x2}=+0.18F_{tm}$（"+"表示 F_{r1} 指向本身轴线）

大齿轮的径向力：$F_{r2}=F_{x1}=+0.81F_{tm}$（"+"表示 F_{r2} 指向本身轴线）

3.5.2　轴向力的选择设计

表 14-3-45 中的轴向力 F_x 公式可改写成：

$$\frac{F_{x1,2}\cos\beta_m}{F_{tm}\cos\delta_{1,2}}=\tan\alpha\tan\delta_{1,2}\pm\sin\beta_m$$

其正负号由大小轮、主从动、旋向、转向、节锥角、螺旋角、齿形角七项因素所确定，其中由 2 种旋向与 2 种转向构成的 4 种组合，可合并为 2 套组合：

同向组合（左旋与左转/右旋与右转）

异向组合（左旋与右转/右旋与左转）

它们与减速/增速传动相结合，构成 4 套（ac、ad、bc、bd）组合（即 8 种组合），见表 14-3-46。

表 14-3-46　轴向力方向（正负号）的组合选择

a	b	c	d
减速传动	增速传动	同向组合	异向组合
小轮主动	大轮主动	+	—
大轮从动	小轮从动	—	+

轴向力选择要求：小轮 F_{x1} 方向指向大端（即 $F_{x1}>0$），大轮 F_{x2} 最好也指向大端（$F_{x2}>0$），至少从组合中选一组 F_{x2} 的绝对值较小者。对直齿和零度曲齿传动，因为 $\beta_m=0$，所以 $F_{x1}>0$，$F_{x2}>0$。对一般曲齿传动，当齿数比、大小轮、主从动、转向初定后，可从螺旋角、齿形角、旋向三者与适当的组合中去优选。例如下述四种常见工况：

（1）减速曲齿锥齿轮传动——选同向组合（ac），此时 $F_{x1}>0$，F_{x2} 带负号，如希望 $F_{x2}\geqslant0$，则有 $\tan\alpha\tan\delta_2\geqslant\sin\beta_m$，对正交传动，选择 β_m 与 α，使 $\sin\beta_m/\tan\alpha\leqslant u$。

（2）增速曲齿锥齿轮传动——选异向组合（bd），此时 $F_{x1}>0$，F_{x2} 带负号。如希望 $F_{x2}\geqslant0$，则有 $\tan\alpha\tan\delta_2\geqslant\sin\beta_m$，对正交传动，选择 β_m 与 α，使 $\sin\beta_m/\tan\alpha\leqslant u$。

（3）双向（正反转）曲齿锥齿轮减速传动——选

双向中受载较大的转向的同向组合（ac），此时 $F_{x1}=0$，F_{x2} 带负号；当受载较小的转向传动时，变为异向组合（ad），此时 F_{x1} 带负号，可设计 $F_{x1}>0$，即 $\tan\alpha\tan\delta_1\geqslant\sin\beta_m$。对正交传动，选择 β_m 与 α，使 $\tan\alpha/\sin\beta_m\geqslant u$。

（4）双向曲齿锥齿轮增速传动——对受载较大的转向选异向组合（bd），此时的 $F_{x1}>0$；对受载较小的转向，变成同向组合（bc），此时的 F_{x1} 带负号，可设计 $F_{x1}>0$。对正交传动，设计成 $\tan\alpha/\sin\beta_m\geqslant u$。

3.6 锥齿轮传动的强度计算

3.6.1 直齿锥齿轮传动的强度计算

3.6.1.1 直齿锥齿轮传动的初步计算

表 14-3-47　　直齿锥齿轮传动的初步计算

计算公式	锥齿轮传动的主要尺寸可按传动的结构要求和类比法初步确定，直齿锥齿轮传动的小轮大端分度圆直径可按式（14-3-13）估算 $$d_1\geqslant1172\sqrt[3]{\dfrac{KT_1}{(1-0.5\phi_R)^2\phi_R u\sigma_{HP}'^2}}\approx1951\sqrt[3]{\dfrac{KT_1}{u\sigma_{HP}'^2}} \qquad (14\text{-}3\text{-}13)$$ K——载荷系数，当原动机为电动机、汽轮机时，一般可取 $K=1.2\sim1.8$。当载荷平稳，传动精度较高，速度较低，斜齿，曲线齿以及大、小齿轮皆两侧布置轴承时，K 取较小值；如采用多缸内燃机驱动时，K 值应增加 1.2 倍左右 σ_{HP}'——设计齿轮的御用接触应力，N/mm^2，$\sigma_{HP}'=\dfrac{\sigma_{Hlim}}{S_H'}$，试验齿轮接触疲劳极限 σ_{Hlim} 查图(a)～图(l)。估算时接触强度的安全系数 $S_H'=1\sim1.2$，当齿轮精度较高，计算载荷精确，设备不堪重要时，可取低值 T_1——小齿轮传递的额定转矩，N/mm^2 u——齿数比，$u=z_2/z_1$
齿面接触疲劳极限 σ_{Hlim}	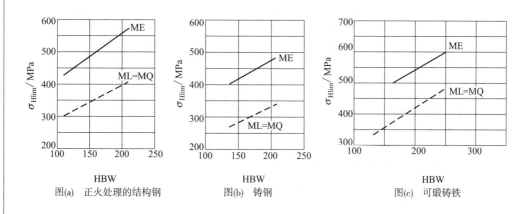

图(a)　正火处理的结构钢　　　　图(b)　铸钢　　　　图(c)　可锻铸铁

续表

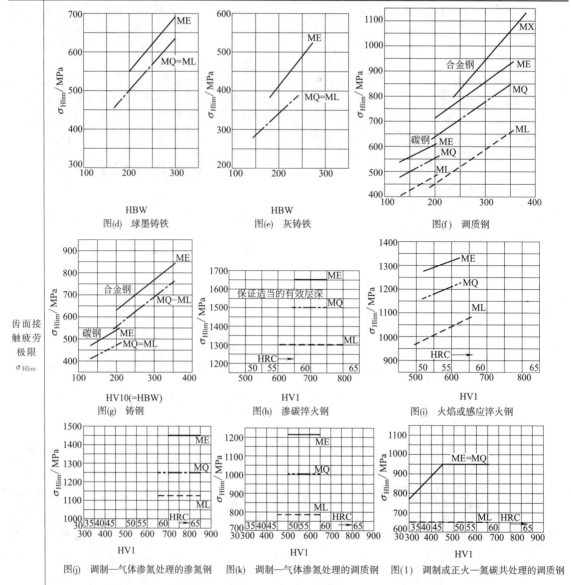

图(d)　球墨铸铁　　　　　　图(e)　灰铸铁　　　　　　图(f)　调质钢

齿面接
触疲劳
极限

σ_{Hlim}

图(g)　铸钢　　　　　　图(h)　渗碳淬火钢　　　　　图(i)　火焰或感应淬火钢

图(j)　调制—气体渗氮处理的渗氮钢　　图(k)　调制—气体渗氮处理的调质钢　　图(1)　调制或正火—氮碳共处理的调质钢

ML——表示齿轮材料质量和热处理质量达到最低要求时的疲劳极限取值线

MQ——表示齿轮材料质量和热处理质量达到中等要求时的疲劳极限取值线。此中等要求是有经验的工业齿轮制
　　　造者以合理的生产成本能达到的

ME——表示齿轮材料质量和热处理质量达到很高要求时的疲劳极限取值线。这种要求只有在具备高水平的制造
　　　过程可控能力时才能达到

MX——表示对淬透性及金相组织有特殊考虑的调质合金钢的取值线

3.6.1.2　直齿锥齿轮传动的当量齿数参数计算

表 14-3-48　　　　　　　直齿锥齿轮传动的当量齿轮参数计算（$\Sigma=90°$）

锥齿轮的齿面接触疲劳强度和齿根弯曲疲劳强度按《锥齿轮承载能力计算方法》（GB/T 10062.1～3—2003）进行。该标准
以齿轮齿宽中点的齿轮尺寸为基准，以中点当量圆柱齿轮为计算点

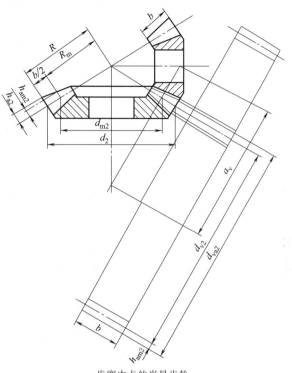

齿宽中点的当量齿轮

名　　称	代　号	计　算　公　式
直齿锥齿轮原始几何参数		
齿形压力角 α，齿数 z，齿数比 u，分锥角 δ，齿宽 b，大端分度圆直径 d，中点分度圆直径 $d_m = d - b\sin\delta$，中点模数 m_m，齿顶高 h_a，齿根圆角半径系数 ρ_f/m_m		
中点端面当量圆柱齿轮参数		
当量齿数	z_v	$z_v = z/\cos\delta$
齿数比	u_v	$u_v = u\cos\delta_1/\cos\delta_2$
分度圆直径	d_v	$d_{v1} = d_{m1}\dfrac{\sqrt{u^2+1}}{u}$，$d_{v2} = u^2 d_{v1}$
中心距	a_v	$a_v = \dfrac{1}{2}(d_{v1} + d_{v2})$
顶圆直径	d_{va}	$d_{va} = d_v + 2h_{am}$
当量齿轮压力角	α_v	$\alpha_v = \alpha$
基圆直径	d_{vb}	$d_{vb} = d_v\cos\alpha_{vt}$
基圆齿距	p_{vb}	$p_{vb} = \pi m_m\cos\alpha_v$
啮合线长度	g_{va}	$g_{va} = \dfrac{1}{2}(\sqrt{d_{va1}^2 - d_{vb1}^2} + \sqrt{d_{va2}^2 - d_{vb2}^2}) - a_v\sin\alpha_v$
端面重合度	ε_{va}	$\varepsilon_{va} = \dfrac{g_{va}}{p_{vb}} = \dfrac{g_{va}}{\pi m_{nm}\cos\alpha_v}$
齿中部接触线长度	l_{bm}	$l_{bm} = \dfrac{2b\sqrt{\varepsilon_{va}-1}}{\varepsilon_{va}}$
齿中部接触线的投影线长度	l'_{bm}	$l'_{bm} = l_{bm}$

3.6.1.3　直齿锥齿轮齿面接触疲劳强度计算

表 14-3-49　　　　　　　　　　　直齿锥齿轮齿面接触疲劳强度计算

正交$(\Sigma=90°)$锥齿轮齿面接触疲劳强度校核式
$$\sigma_H=\sqrt{\frac{K_AK_VK_{H\beta}K_{H\alpha}F_t}{d_{m1}l_{bm}}\times\frac{\sqrt{u^2+1}}{u}}\times Z_{M-B}Z_HZ_EZ_{LS}Z_K\leqslant\sigma_{HP} \qquad (14\text{-}3\text{-}14)$$

中点分度圆的切向力 F_t	$$F_t=\frac{2000T_1}{d_{m1}}\quad(N)$$ T_1——小轮转矩，N·mm d_{m1}——小轮中点分度圆直径，mm

使用系数 K_A

表 1　使用系数 K_A

原动机 工作特性	工作机工作特征			
	均匀平稳	轻微振动	中等振动	强烈振动
均匀平稳	1.00	1.25	1.50	1.75
轻微振动	1.10	1.35	1.60	1.85
中等振动	1.25	1.50	1.75	2.0
强烈振动	1.50	1.75	2.0	2.25 或更大

动载系数 K_V	根据精度等级和中点圆周速度 $v_m=\dfrac{\pi d_{m1}n_1}{60\times1000}$，见图(a)

齿向载荷系数 $K_{H\beta}$

当有效工作齿宽　　　　　　　$b_e>0.85b$，$K_{H\beta}=1.5K_{H\beta e}$　　　　　　　(14-3-15)

当有效工作齿宽　　　　　　　$b_e\leqslant0.85b$，$K_{H\beta}=1.275K_{H\beta e}\dfrac{b}{b_e}$　　　(14-3-16)

式中，锥齿轮装配系数 $K_{H\beta e}$ 见表 2

表 2　锥齿轮装配系数 $K_{H\beta e}$

接触区校验条件	大、小轮的装配条件		
	两轮均 跨装支撑	一轮均 跨装支撑	两轮均 悬臂支撑
满载下装机全部检验	1.00	1.00	1.00
轻载下全部检验	1.05	1.10	1.25
满载下抽样检验	1.20	1.32	1.50

端面载荷系数 $K_{H\alpha}$

表 3　锥齿轮端面载荷系数 $K_{H\alpha}$

单位齿宽载荷 F_t/b_e		$\geqslant100$N/mm						<100N/mm
精度等级		6 级及 以上	7	8	9	10	11	12
硬齿面	$K_{H\alpha}$	1.0		1.1	1.2			$\max[1/Z_{LS}^2,1.2]$
	$K_{F\alpha}$							$\max[1/Y_\varepsilon^2,1.2]$
软齿面	$K_{H\alpha}$		1.0		1.1	1.2		$\max[1/Z_{LS}^2,1.2]$
	$K_{F\alpha}$							$\max[1/Y_\varepsilon^2,1.2]$

注：1. Z_{LS} 按式(14-3-20)计算
2. Y_ε 按式(14-3-23)计算

节点区域系数 Z_H	可由(14-3-17)计算，也可查图(b) $$Z_H=\frac{2}{\sqrt{\sin(2\alpha_v)}} \qquad (14\text{-}3\text{-}17)$$

中点区域系数 Z_{M-B}	$$Z_{M-B}=\frac{\tan\alpha_v}{\sqrt{\left[\sqrt{\left(\dfrac{d_{va1}}{d_{vb1}}\right)^2-1}-\dfrac{\pi F_1}{z_{v1}}\right]\left[\sqrt{\left(\dfrac{d_{va2}}{d_{vb2}}\right)^2-1}-\dfrac{\pi F_2}{z_{v2}}\right]}} \qquad (14\text{-}3\text{-}18)$$ 式中，$F_1=2$；$F_2=2(\varepsilon_{v\alpha}-1)$

弹性系数 Z_E	表 4　材料弹性系数 z_E							
	小齿轮材料	大齿轮材料						
		钢	铸钢	球墨铸铁	铸铁	锡青铜	铸锡青铜	织物层压塑料
	钢	189.8	188.9	181.4	162.0	159.8	155.0	56.4
	铸钢		188.0	180.5	161.4			
	球墨铸铁			173.9	156.6			
	铸铁				143.7			

计算齿面接触强度的锥齿轮系数 Z_K	$Z_K = 0.8$	(14-3-19)

计算齿面接触强度的载荷分配系数 Z_{LS}	对于直齿轮	$Z_{LS} = 1$	(14-3-20)

齿轮许用接触应力 σ_{HP}

大小齿轮的许用接触应力应分别计算,以较小的为准。计算如下

$$\sigma_{HP} = \frac{\sigma_{Hlim}}{S_{Hmin}} Z_{NT} Z_{LVR} Z_x Z_W \qquad (14\text{-}3\text{-}21)$$

式中　σ_{Hlim}——实验齿轮的接触疲劳极限,见表 14-3-47 中图(a)~图(l)

$\quad\quad Z_{NT}$——寿命系数,见图(c)

$\quad\quad Z_{LVR}$——润滑油影响系数,见图(d)、图(e)

$\quad\quad Z_W$——工作硬化系数,见图(f)

$\quad\quad Z_x$——尺寸系数,见图(g)

$\quad\quad S_{Hmin}$——齿面接触强度的安全系数,见表 5

表 5　最小安全系数参考值

使用要求	S_{Hmin}	S_{Fmin}
高可靠度	1.50~1.60	2.00
较高可靠度	1.25~1.30	1.60
一般可靠度	1.00~1.10	1.25
低可靠度	0.85~1.00	1.00

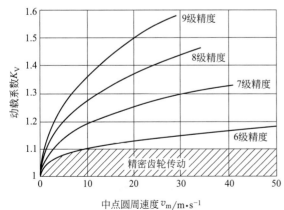

图(a)　锥齿轮的动载系数 K_V

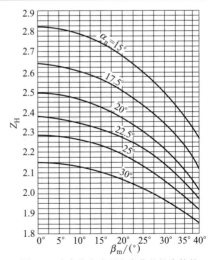

图(b)　变高位和未径向变位的锥齿轮的节点区域系数 Z_H

续表

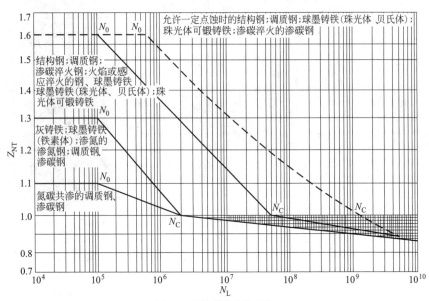

图(c) 接触强度寿命系数

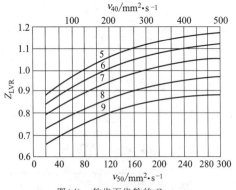

图(d) 软齿面齿轮的 Z_{LVR}

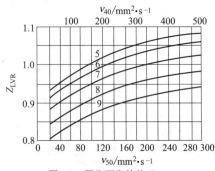

图(e) 硬齿面齿轮的 Z_{LVR}

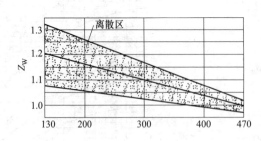

图(f) 工作硬化系数

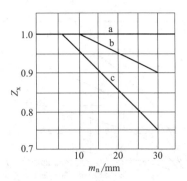

图(g) 接触强度计算的尺寸系数 Z_x

a—调质钢、结构钢、所有材料的静度

b—短时间液体或气体氮化、长时间气体氮化钢

c—渗碳淬火、感应或火焰淬火表面硬化钢

3.6.1.4 直齿锥齿轮齿根弯曲疲劳强度计算

表 14-3-50 直齿锥齿轮齿根弯曲疲劳强度计算

锥齿轮齿根弯曲疲劳强度按式(14-3-22),大小轮分别进行计算 $$\sigma_F = \frac{K_A K_V K_{F\beta} K_{F\alpha} F_t}{b m_{nm}} Y_{FS} Y_\varepsilon Y_K Y_{LS} \leqslant \sigma_{FP}\qquad(14\text{-}3\text{-}22)$$	
F_t, K_A, K_V, $K_{F\beta} = K_{H\beta}$, $K_{F\alpha} = K_{H\alpha}$	同前
复合齿形 系数 Y_{FS}	根据法面当量直尺圆柱齿轮 z_{vn} 查图(a)~图(c)
计算齿根抗弯 强度的重合度 系数 Y_ε	$$Y_\varepsilon = 0.25 + 0.75/\varepsilon_{v\alpha} \geqslant 0.625 \qquad(14\text{-}3\text{-}23)$$
计算齿根抗弯 强度的锥齿轮 系数 Y_K	$$Y_K = \frac{1}{4}\left(1 + \frac{l'_{bm}}{b}\right)^2 \frac{b}{l'_{bm}} \qquad(14\text{-}3\text{-}24)$$
计算齿根抗 弯强度的载 荷分配系 数 Y_{LS}	$$Y_{LS} = Z_{LS}^2 \qquad(14\text{-}3\text{-}25)$$
齿根许用弯 曲应力 σ_{FP}	$$\sigma_{FP} = \frac{\sigma_{FE}}{S_{Fmin}} Y_{NT} Y_{\delta relT} Y_{RrelT} Y_x \qquad(14\text{-}3\text{-}26)$$ 式中　σ_{FE}——齿轮材料的弯曲疲劳强度的基本值,见图(d)　　Y_{NT}——寿命系数,见图(e)　　$Y_{\delta relT}$——相对齿根圆角敏感系数,见表1 表1 相对齿根圆角敏感系数 $Y_{\delta relT}$ Y_{RrelT}——相对齿根表面状况系数,见式(14-3-26)和式(14-3-27)　疲劳强度计算时:　齿根表面粗糙度 $Rz \leqslant 16\mu m (Ra \leqslant 2.6\mu m)$ 时,　　　$Y_{\delta relT} = 1.0$　　　　　　　(14-3-27)　齿根表面粗糙度 $Rz > 16\mu m (Ra > 2.6\mu m)$ 时,　　　$Y_{\delta relT} = 0.9$　　　　　　　(14-3-28)　　Y_x——尺寸系数,按中点模数 m_{nm} 查图(f)　　S_{Fmin}——齿根抗弯强度的最小安全系数,见表4

表1　相对齿根圆角敏感系数 $Y_{\delta relT}$

齿根圆角参数范围	$Y_{\delta relT}$ 值	
	疲劳强度计算时	静强度计算时
$q_s \geqslant 1.5$	1	1
$q_s < 1.5$	0.95	0.7

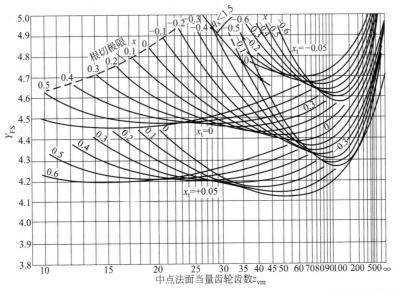

图(a)　基本齿条为 $\alpha_n = 20°, h_{am}/m_{nm} = 1, h_{fm}/m_{nm} = 1.25, \rho_f/m_{nm} = 0.2$ 的展成锥齿轮的复合齿形系数 Y_{FS}

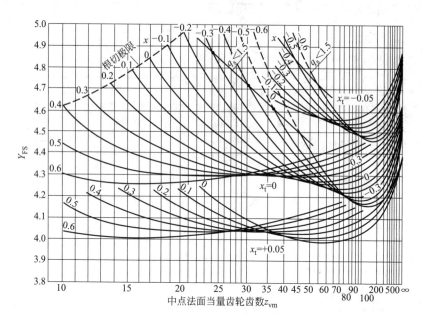

图(b)　基本齿条为 $\alpha_n = 20°$, $h_{am}/m_{nm} = 1$, $h_{fm}/m_{nm} = 1.25$, $\rho_f/m_{nm} = 0.25$ 的展
成锥齿轮的复合齿形系数 Y_{FS}

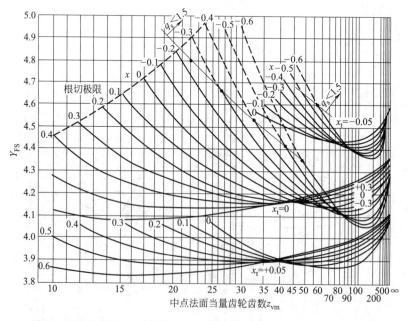

图(c)　基本齿条为 $\alpha_n = 20°$, $h_{am}/m_{nm} = 1$, $h_{fm}/m_{nm} = 1.25$, $\rho_f/m_{nm} = 0.3$ 的展
成锥齿轮的复合齿形系数 Y_{FS}

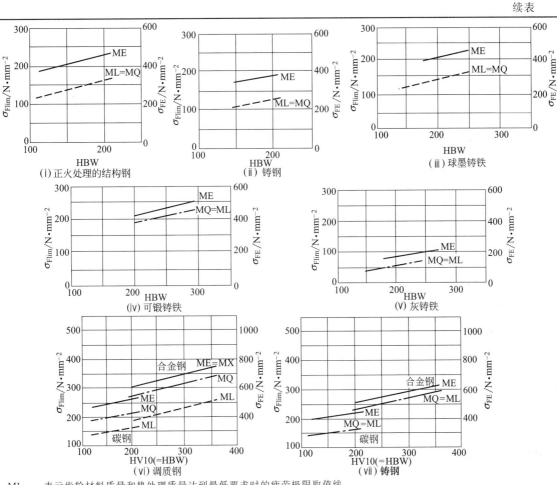

ML——表示齿轮材料质量和热处理质量达到最低要求时的疲劳极限取值线
MQ——表示齿轮材料质量和热处理质量达到中等要求时的疲劳极限取值线,此中等要求是有经验的工业齿轮制造者以合理的
　　　生产成本能达到的
ME——表示齿轮材料质量和热处理质量达到很高要求时的疲劳极限取值线,这种要求只在具备高水平的制造过程可控能力
　　　时才能达到
MX——表示对淬透性及金相组织有特殊考虑的调质合金钢的取值线

图(d)　齿根弯曲疲劳极限 σ_{Flim} 及基本值 σ_{FE}

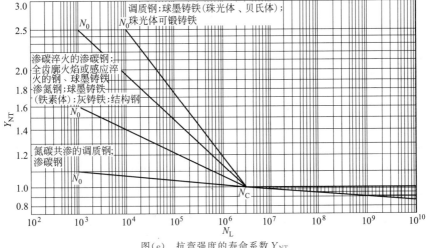

图(e)　抗弯强度的寿命系数 Y_{NT}

续表

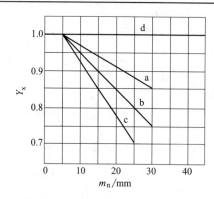

a—结构钢、调质钢、球墨铸铁、珠光体、可锻铸铁
b—表面硬化钢
c—灰铸铁
d—静载荷下的所有材料

图(f) 抗弯强度计算的尺寸系数 Y_x

3.6.1.5 直齿锥齿轮传动设计计算实例

设计某机床主传动用 6 级直尺锥齿轮传动。已知：小轮传动的转矩 $T_1 = 140N \cdot m$，小轮转速 $n_1 = 960r/min$，大轮转速 $n_1 = 325r/min$。两轮轴线相交成 $90°$，小轮悬臂支撑，大轮两端支承。大小轮均采用 20Cr 渗碳，淬火，齿面硬度 58～63HRC。齿面粗糙度 $Rz_1 = Rz_2 = 3.2\mu m$。采用 100 号中级压齿轮润滑油，齿轮长期工作。

表 14-3-51　　　　　　　　直齿锥齿轮传动设计计算过程与结果

计 算 项 目		计 算 和 说 明
1. 初步设计	设计公式	$d_1' \geq 1951 \sqrt[3]{\dfrac{KT_1}{u\sigma_{HP}'^2}}$　　　　　　　　　　(14-3-29)
	载荷系数	$K = 1.5$
	齿数比	$u = i = \dfrac{n_1}{n_2} = \dfrac{960}{325} = 2.954$
	估算时的齿轮许用接触应力	$\sigma_{HP}' = \dfrac{\sigma_{Hlim}'}{S_H'} = \dfrac{1300}{1.1} N/mm^2 = 1182 N/mm^2$ 式中，实验齿轮的接触疲劳强度极限 $\sigma_{Hlim} = 1300 N/mm^2$[表 14-3-47 中图(h)]，估算时的安全系数 $S_H' = 1.1$
	估算结果	$d_1' \geq 1951 \sqrt[3]{\dfrac{1.5 \times 140}{2.954 \times 1182^2}} = 72.296 mm$
2. 几何尺寸	齿数	取 $z_1 = 21$，$z_2 = uz_1 = 2.954 \times 21 = 62$，实际齿数比 $u = z_2/z_1 = 62/21 = 2.9524$
	分锥角	$\delta_1 = \arctan \dfrac{z_1}{z_2} = \arctan \dfrac{21}{62} = 18.71174° = 18°42'42''$ $\delta_2 = \arctan \dfrac{z_1}{z_2} = \arctan \dfrac{62}{21} = 71.28826° = 71°17'18''$
	大端模数	$m = \dfrac{d_1'}{z_1} = \dfrac{72.296}{21} = 3.44 mm$，取 $m = 3.5 mm$
	大端分度圆直径	$d_1 = z_1 m = 21 \times 3.5 mm = 73.5 mm$ $d_2 = z_2 m = 62 \times 3.5 mm = 217 mm$
	外锥距	$R = d_1/2\sin\delta_1 = 114.555 mm$
	齿宽系数	取 $\phi_R = 0.3$

计 算 项 目		计 算 和 说 明
2. 几何尺寸	齿宽	$b=\phi_R R=0.3\times114.555=34.366$，取 $b=34$mm 实际齿宽系数 $\phi_R=\dfrac{b}{R}=\dfrac{34}{114.555}=0.2968$
	中点模数	$m_m=m(1-0.5\phi_R)=2.9806$mm
	中点分度圆直径	$d_{m1}=d_1(1-0.5\phi_R)=62.593$mm $d_{m2}=d_2(1-0.5\phi_R)=184.797$mm
	切向变位系数	$x_{t1}=0,x_{t2}=0$
	高位变位系数	$x_1=0,x_2=0$
	顶隙	$c=c^* m=0.2\times3.5=0.875mm(c^*=0.2)$
	大端齿顶高	$h_{a1}=(1+x_1)m=[(1+0)\times3.5]mm=3.5$mm，$h_{a2}=3.5$mm
	大端齿根高	$h_{f1}=(1+c^*-x_1)m=[(1+0.2-0)\times3.5]mm=4.2$mm $h_{f2}=(1+c^*-x_2)m=[(1+0.2-0)\times3.5]mm=4.2$mm
	齿全高	$h=(2+c^*)m=[(2+0.2)\times3.5]mm=7.7$mm
	齿根角	$\theta_{f1}=\arctan\dfrac{h_{f1}}{R_e}=\arctan\dfrac{4.2}{114.555}=2.09973°=2°05'9''$ $\theta_{f2}=\arctan\dfrac{h_{f2}}{R}=2°05'59''$
	齿顶角	$\theta_{a1}=\arctan\dfrac{h_{a1}}{R}=\arctan\dfrac{3.5}{114.555}=1°45'$ $\theta_{a2}=\arctan\dfrac{h_{a2}}{R}=1°45'$
	顶锥角	$\delta_{a1}=\delta_1+\theta_{a1}=18°42'42''+1°45'=20°27'42''$ $\delta_{a2}=\delta_2+\theta_{a2}=71°17'18''+1°45'=73°2'18''$
	根锥角	$\delta_{f1}=\delta_1-\theta_{f1}=18°42'42''-2°05'59''=16°36'43''$ $\delta_{f2}=\delta_2-\theta_{f2}=71°17'18''-2°05'59''=69°11'19''$
	大端齿顶圆直径	$d_{a1}=d_1+2h_{a1}\cos\delta_1=73.5+2\times3.5\cos18.7117°=80.130$mm $d_{a2}=d_2+2h_{a2}\cos\delta_2=217+2\times3.5\cos71.2883°=219.246$mm
	安装距	$A_1=120.179$mm　　　$A_2=105$mm
	冠顶距	$A_{k1}=\dfrac{d_2}{2}-h_{a1}\sin\delta_1=\dfrac{217}{2}-3.5\sin18.7117°=107.377$mm $A_{k2}=\dfrac{d_1}{2}-h_{a2}\sin\delta_2=\dfrac{73.5}{2}-3.5\sin71.2883°=33.435$mm
	大端分度圆弧齿厚	$s_1=m\left(\dfrac{\pi}{2}+2x_1\tan\alpha+x_{t1}\right)$ $=\left[3.5\times\left(\dfrac{\pi}{2}+2\times0\times\tan20°+0\right)\right]mm=5.4978$mm(标准压力角 $\alpha=20°$) $s_2=\pi m-s_1=5.4978$mm
	大端分度圆弦齿厚	$\bar{s}_1=s_1\left(1-\dfrac{s_1^2}{6d_{e1}^2}\right)=\left[5.4978\times\left(1-\dfrac{5.4978^2}{6\times73.5^2}\right)\right]mm=5.4927$mm $\bar{s}_2=s_2\left(1-\dfrac{s_2^2}{6d_2^2}\right)=\left[5.4978\times\left(1-\dfrac{5.4978^2}{6\times217^2}\right)\right]mm=5.4972$mm

计 算 项 目		计 算 和 说 明
2. 几何尺寸	大端分度圆弦齿高	$\bar{h}_1 = h_{a1} + \dfrac{s_1^2 \cos\delta_1}{4d_1} = \left(3.5 + \dfrac{5.4927^2 \cos18.7117°}{4 \times 73.5}\right)\text{mm} = 3.5972\text{mm}$ $\bar{h}_2 = h_{a2} + \dfrac{s_2^2 \cos\delta_2}{4d_2} = \left(3.5 + \dfrac{5.4927^2 \cos71.28826°}{4 \times 217}\right)\text{mm} = 3.5112\text{mm}$
	当量齿数	$z_{v1} = \dfrac{z_1}{\cos\delta_1} = \dfrac{21}{18.7117°} = 22.172$ $z_{v2} = \dfrac{z_2}{\cos\delta_2} = \dfrac{62}{\cos71.2883°} = 193.263$
	当量齿轮分度圆直径	$d_{v1} = d_{m1}\dfrac{\sqrt{u^2+1}}{u} = \left(62.593 \times \dfrac{\sqrt{2.9524^2+1}}{2.5924}\right)\text{mm} = 66.086\text{mm}$ $d_{v2} = u^2 d_{v1} = (2.5924^2 \times 62.593)\text{mm} = 576.042\text{mm}$
	当量齿轮顶圆直径	$d_{va1} = d_{v1} + 2h_a = (66.086 + 2 \times 1 \times 2.9608)\text{mm} = 72.047\text{mm}$ $d_{va2} = d_{v2} + 2h_{am} = (576.042 + 2 \times 1 \times 2.9608)\text{mm} = 582.003\text{mm}$
	当量齿轮根圆直径	$d_{vb1} = d_{v1}\cos\alpha = (66.086 \times \cos20°)\text{mm} = 62.100\text{mm}$ $d_{vb2} = d_{v2}\cos\alpha = (576.042 \times \cos20°)\text{mm} = 541.302\text{mm}$
	当量齿轮传动中心距	$a_v = \dfrac{1}{2}(d_{v1} + d_{v2}) = \left[\dfrac{1}{2} \times (66.086 + 576.042)\right]\text{mm} = 321.064\text{mm}$
	当量齿轮基圆齿距	$p_{vb} = \pi m_m \cos\alpha = [3.14 \times 2.9608 \times \cos20°]\text{mm} = 8.7991\text{mm}$
	啮合线长度	$g_{v\alpha} = \dfrac{1}{2}\left(\sqrt{d_{va1}^2 - d_{vb1}^2} + \sqrt{d_{va2}^2 - d_{vb2}^2}\right) - a_v\sin\alpha_{vt} = 15.365\text{mm}$
	端面重合度	$\varepsilon_{v\alpha}\dfrac{g_{v\alpha}}{p_{vb}} = \dfrac{15.365}{8.799} = 1.746$
	齿中部接触线长度	$l_{bm} = \dfrac{2b}{\varepsilon_{v\alpha}}\sqrt{\varepsilon_{v\alpha}-1} = \dfrac{2 \times 34 \times \sqrt{1.746-1}}{1.746}\text{mm} = 33.63\text{mm}$
	齿中部接触线的投影长度	$l'_{bm} = l_{bm} = 33.63\text{mm}$
3. 齿面接触疲劳强度校核	计算公式	$\sigma_H = \sqrt{\dfrac{K_A K_V K_{H\beta} K_{H\alpha} F_t}{d_{m1} l_{bm}} \dfrac{\sqrt{u^2+1}}{u}} Z_{M-B} Z_H Z_E Z_{LS} Z_\beta Z_K \leqslant \sigma_{HP}$ (14-3-30)
	中点分度圆上的切向力	$F_t = \dfrac{2000T_1}{d_{m1}} = \dfrac{2000 \times 140}{62.593}\text{N} = 4473\text{N}$
	使用系数	$K_A = 1.25$（表 14-3-49 中表 1）
	动载系数	由 6 级精度和中点节线速度得 $v_m = \dfrac{\pi d_{m1} n_1}{60 \times 1000} = \dfrac{\pi \times 62.593 \times 960}{60 \times 1000} = 3.145\text{m/s}$，查表 14-3-49 中图(a) $K_V = 1.045$
	齿向载荷分布系数	由表 14-3-49 中表 2 取 $K_{H\beta e} = 1.1$，有效工作齿宽 $b_e > 0.85b$，按式(14-3-15) $K_{H\beta} = 1.5K_{H\beta e} = 1.5 \times 1.1 = 1.65$
	端面载荷系数	$F_t/b_e \approx F_t/b = 4473/34 = 131.5 > 100\text{N/mm}$，由表 14-3-49 中表 3， $K_{H\alpha} = 1.0$
	节点区域系数	$Z_H = 2.5$，表 14-3-49 中图(b)

计 算 项 目		计 算 和 说 明
3. 齿面接触疲劳强度校核	中点区域系数	由式(14-3-18)计算 $$Z_{M-B} = \cfrac{\tan\alpha_v}{\sqrt{\left[\sqrt{\left(\dfrac{d_{va1}}{d_{vb1}}\right)^2 - 1} - \dfrac{\pi F_1}{z_{v1}}\right]\left[\sqrt{\left(\dfrac{d_{va2}}{d_{vb2}}\right)^2 - 1} - \dfrac{\pi F_2}{z_{v2}}\right]}}$$ $$= \cfrac{\tan 20°}{\sqrt{\left[\sqrt{\left(\dfrac{72.047}{62.1}\right)^2 - 1} - \dfrac{\pi\times 2}{22.172}\right]\times\left[\sqrt{\left(\dfrac{582.003}{541.302}\right)^2 - 1} - \dfrac{\pi\times 1.492}{193.263}\right]}}$$ $= 1.082$ 式中，$F_1 = 2$；$F_2 = 2(\varepsilon_{va} - 1) = 2\times(1.746 - 1) = 1.492$
	弹性系数	$Z_E = 189.8\ \sqrt{\mathrm{N/mm^2}}$，表 14-3-49 中表 4
	螺旋角系数	直齿轮，$Z_\beta = 1$
	锥齿轮系数	由式(14-3-19)，$Z_K = 0.8$
	载荷分配系数	由式(14-3-20)，$Z_{LS} = 1$
	计算接触应力	$\sigma_H = (\sqrt{\dfrac{1.25\times 1.045\times 1.65\times 1\times 4473}{62.593\times 33.63}\dfrac{\sqrt{2.9524^2 + 1}}{2.9524}}\times$ $1.083\times 2.5\times 198.8\times 1\times 1\times 0.8)\mathrm{N/mm^2} = 904\mathrm{N/mm^2}$
	许用接触应力	$\sigma_{HP} = \dfrac{\sigma_{Hlim}}{S_{Hmin}}Z_N Z_{LVR} Z_X Z_W$
	实验齿轮的接触疲劳极限	$\sigma_{Hlim} = 1300\mathrm{N/mm^2}$，表 14-3-47 中图(h)
	寿命系数	$Z_N = 1$，长期工作，取为无限寿命设计
	润滑油影响系数	$Z_{LVR} = 0.95$，表 14-3-49 中图(e)，$\nu_{40} = 100\mathrm{mm^2/s}$
	工作硬化系数	$Z_W = 1$
	尺寸系数	$Z_X = 1$
	最小安全系数	$S_{Hmin} = 1.1$
	许用接触应力值	$\sigma_{HP} = \left(\dfrac{1300}{1.1}\times 1\times 0.95\times 1\times 1\right)\mathrm{N/mm^2} = 1123\mathrm{N/mm^2}$
	齿面接触强度校核结果	$\sigma_H = 904\mathrm{N/mm^2} < \sigma_{HP} = 1123\mathrm{N/mm^2}$
4. 齿根弯曲疲劳强度校核	计算公式	$\sigma_F = \dfrac{K_A K_V K_{F\beta} K_{F\alpha} F_t}{bm_{nm}}Y_{FS}Y_\varepsilon Y_K Y_{LS} \leqslant \sigma_{FP}$　(14-3-31) $K_A = 1.25$；$K_V = 1.045$；$K_{F\beta} = K_{H\beta} = 1.65$；$K_{F\alpha} = K_{H\alpha} = 1.0$； $F_t = 4473\mathrm{N}$。同前
	复合齿形系数	$Y_{FS1} = 4.72$；$Y_{FS2} = 4.2$。按 $z_{v1} = 22.172$、$z_{v2} = 193.263$，查表 14-3-50 中图(a)
	重合度系数	$Y_\varepsilon = 0.25 + 0.75/\varepsilon_{va} = 0.25 + 0.75/1.746 = 0.68$　(14-3-32)
	锥齿轮系数	$Y_K = \dfrac{1}{4}\left(1 + \dfrac{l'_{bm}}{b}\right)^2\dfrac{b}{l'_{bm}} = \dfrac{1}{4}(1 + \dfrac{33.63}{34})^2\times\dfrac{34}{33.63} = 1$　(14-3-33)
	载荷分配系数	$Y_{LS} = Z^2_{LS} = 1$　(14-3-34)
	齿根弯曲应力计算值	$\sigma_{F1} = \dfrac{1.25\times 1.045\times 1.65\times 4473}{34\times 2.9806}\times 4.72\times 0.68\times 1\times 1 = 305.3\mathrm{N/mm^2}$ $\sigma_{F2} = \sigma_{F1}\dfrac{Y_{FS2}}{Y_{FS1}} = 305.3\times\dfrac{4.2}{4.72} = 271.7\mathrm{N/mm^2}$
	齿根许用弯曲应力	$\sigma_{FP} = \dfrac{\sigma_{FE}}{S_{Fmin}}Y_{NT}Y_{\delta relT}Y_{RrelT}Y_X$　(14-3-35)
	齿根弯曲疲劳强度基本值	$\sigma_{FE} = 630\mathrm{N/mm^2}$，表 14-3-50 中图(d)
	寿命系数	$Y_{NT} = 1$，长期工作，取为无限寿命设计
	相对齿根圆角敏感系数	$R_{\delta relT} = 1$
	相对齿根表面状况系数	$\sigma_{RrelT} = 1$

计 算 项 目		计 算 和 说 明
4. 齿根弯曲疲劳强度校核	尺寸系数	$Y_{X1}=Y_{X2}=1$,表 14-3-50 中图(f)
	最小安全系数	$S_{Fmin}=1.4$
	许用弯曲应力值	$\sigma_{FP1}=\sigma_{FP2}=\left(\dfrac{630}{1.4}\times1\times1\times1\times1\right)\text{N/mm}^2=450\text{N/mm}^2$
	齿根弯曲强度校核结果	$\sigma_{F1}=305.3\text{N/mm}^2<\sigma_{FP1}=450\text{N/mm}^2$ $\sigma_{F2}=271.7\text{N/mm}^2<\sigma_{FP2}=450\text{N/mm}^2$

3.6.2 弧线齿锥齿轮的强度计算 (按美国格里森公司标准)

表 14-3-52   弧线齿锥齿轮的强度计算 (按美国格里森公司标准)

轮齿齿根弯曲应力	$$\sigma_F=\frac{F_tK_A}{K_V}\times\frac{1}{bm}\times\frac{Y_XK_{F\beta}}{K_XJ}\tag{14-3-36}$$

式中 σ_F——齿根弯曲计算应力,MPa

　　　F_t——轮副所传递的切向载荷,N

$$F_t=\frac{2000T_1}{d_1}=\frac{2000T_2}{d_2}\tag{14-3-37}$$

　　d_1,d_2——小轮和大轮的分度圆直径,mm

　　T_1,T_2——小轮和大轮传递的扭矩,N·m

　　　K_A——过载系数,按表 1 选取

表 1 过载系数 K_A

原动机工作特性	从动机工作特性			
	平稳工作	轻微振动	中等振动	强烈振动
平稳工作	1.00	1.25	1.55	≥1.75
轻微振动	1.10	1.30	1.60	≥1.85
中等振动	1.25	1.50	1.75	≥2.00
强烈振动	1.50	1.75	2.00	≥2.25

　　　K_V——动载系数;对于轮齿接触区良好,分齿精度较高的锥齿轮按照图(a)中曲线 1 选取。对于精度较低的弧齿锥齿轮,按照曲线 2 选取。对于精度较低的零度锥齿轮按照曲线 3 选取

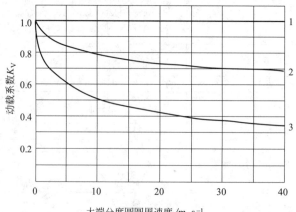

图(a) 动载系数

　　　m——模数

　　　b——齿面宽

　　　Y_X——尺寸系数,见图(b)

续表

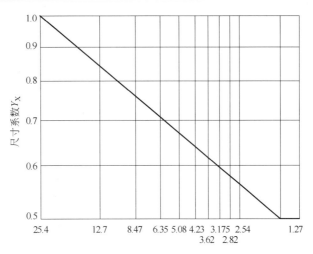

图（b）　尺寸系数 Y_X

$K_{F\beta}$——载荷分布系数，见表 2

表 2　载荷分布系数 $K_{F\beta}$

应用范围	两轮跨支安装	一轮跨支一轮悬臂	两轮悬臂
一般工业	1.00～1.10	1.10～1.25	1.25～1.40
汽车工业	1.00～1.10	1.10～1.25	—
航空工业	1.00～1.25	1.10～1.40	1.25～1.50

K_X——刀盘半径系数

$$K_X = 0.2111\left(\frac{0.5d_0}{R-0.5b}\right)^{\frac{0.2788}{\lg\sin\beta_m}} + 0.7889 \tag{14-3-38}$$

J——弯曲强度几何参数，按图（c）～图（i）选取。当齿轮参数与图不符时，用相近参数的值按线性插值
计算 J

相配齿轮齿数

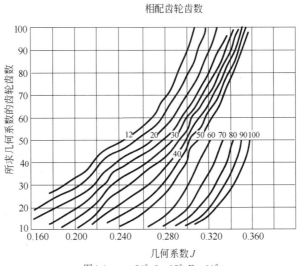

图（c）　$\alpha=20°,\beta=35°,\Sigma=90°$

轮齿齿根弯
曲应力

轮齿齿根弯
曲应力

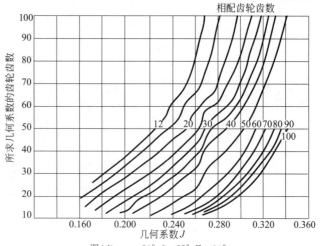

图(d)　$\alpha=20°,\beta=25°,\Sigma=90°$

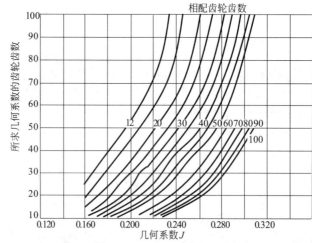

图(e)　$\alpha=20°,\beta=15°,\Sigma=90°$

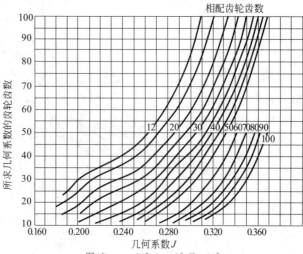

图(f)　$\alpha=20°,\beta=35°,\Sigma=60°$

轮齿齿根弯曲应力

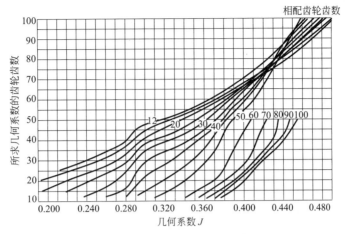

图(g)　$\alpha=25°, \beta=35°, \Sigma=90°$

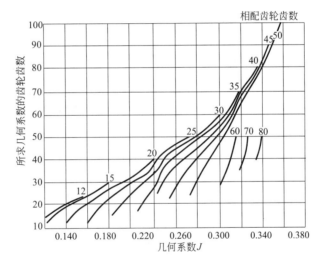

图(h)　$\alpha=20°, \beta=35°, \Sigma=120°$

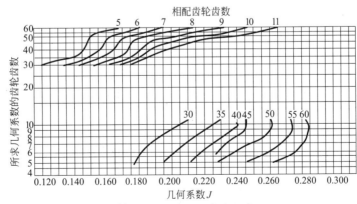

图(i)　$\alpha=20°, \beta=35°, \Sigma=90°$

续表

$$\sigma'_{\text{Flim}} = \frac{\sigma_{\text{Flim}} Y_N}{Y_\theta S_{\text{Flim}}}$$ (14-3-39)

式中 σ'_{Flim}——齿根弯曲工作应力,MPa

σ_{Flim}——许用弯曲应力,MPa,按照表 3 选取

表 3 许用弯曲应力 σ_{Flim}

材　料	热　处　理	表　面　硬　度		$\sigma_{\text{Flim}}/\text{MPa}$
		HB	HRC	
钢	渗碳淬硬	575~625	最小 55	206.82
钢	火焰或高频表面淬硬	450~550	最小 50	93.16
钢	调质	最小 450	—	172.4
钢	调质	最小 300	—	131.02
钢	调质	最小 180	—	93.16
钢	正火	最小 140	—	75.81
铸铁	不经热处理	最小 200	—	48.25
铸铁	不经热处理	最小 175	—	31.68

齿根弯曲工作应力

Y_N——寿命系数,按照图(j)选取

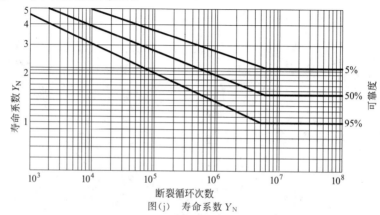

图(j) 寿命系数 Y_N

Y_θ——温度系数,一般工作情况下 $Y_\theta = 1.0$,如果用渗碳淬硬钢,且工作温度为 71~149℃,可用下式计算:

$$Y_\theta = \frac{273 + T}{344}$$ (14-3-40)

T——润滑油的最高温度,℃

S_{Fmin}——安全系数,按照表 4 选取

表 4 安全系数 S_{Fmin}

使 用 要 求	安全系数 S_{Fmin}
高可靠性	2.0
失效率 1%	1.0
失效率 1/3	0.8

齿根弯曲计算应力必须小于或者等于齿根弯曲工作应力,即

$$\sigma_F \leqslant \sigma'_{\text{Flim}}$$ (14-3-41)

轮齿齿面接触应力

$$\sigma_H = Z_E \sqrt{\frac{4000 T_{1m} K_A}{K_V} \times \frac{1}{bd^2} \times \frac{Z_X Z_R K_{H\beta}}{I}} \times \sqrt[3]{\frac{T_{1w}}{T_{1m}}}$$ (14-3-42)

式中 σ_H——齿面接触应力计算值,MPa

Z_E——弹性系数,见表 5

表 5　弹性系数 Z_E

Z_E		大齿轮材料	
		钢	铸铁
小齿轮材料	钢	189.8	165.4
	铸铁	165.4	146

T_{1m}——小轮的最大扭矩,N・m

T_{1w}——小轮的工作扭矩,N・m

Z_R——表面状态系数,当缺少经验数值时按照 1.0

Z_X——尺寸系数,与弯曲应力计算的 Y_X 的取值相同

$K_{H\beta}$——载荷分布系数,与弯曲应力计算的 $K_{F\beta}$ 取值相同

I——接触强度几何系数,如图(k)～图(r)中选取。当齿轮参数与图不符时,用相近参数的值按线性插值计算 I

轮齿齿面接触应力

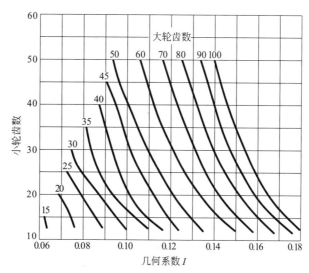

图(k)　$\alpha=20°,\beta=35°,\Sigma=90°$

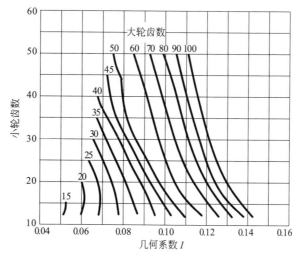

图(l)　$\alpha=20°,\beta=25°,\Sigma=90°$

轮齿齿面接
触应力

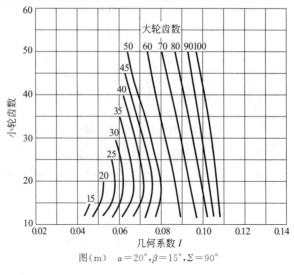

图(m)　$\alpha=20°$, $\beta=15°$, $\Sigma=90°$

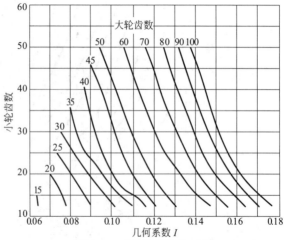

图(n)　$\alpha=25°$, $\beta=35°$, $\Sigma=90°$

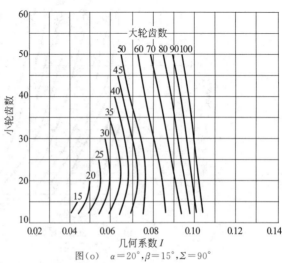

图(o)　$\alpha=20°$, $\beta=15°$, $\Sigma=90°$

轮齿齿面接
触应力

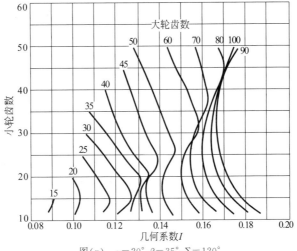

图（p）　$\alpha=20°,\beta=35°,\Sigma=120°$

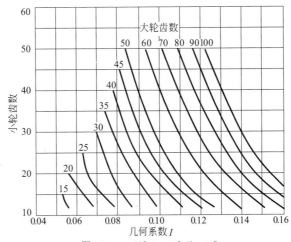

图（q）　$\alpha=20°,\beta=35°,\Sigma=60°$

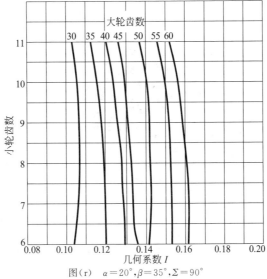

图（r）　$\alpha=20°,\beta=35°,\Sigma=90°$

$$\sigma'_{Hlim} = \frac{\sigma_{Hlim} Z_W Z_N}{Z_\theta S_{Hmin}}$$ (14-3-43)

式中　σ'_{Hlim}——工作应力，MPa

σ_{Hlim}——许用接触应力，MPa，按表 6 选取

表 6　许用接触应力 σ_{Hlim}

材　料	热　处　理	表 面 硬 度		S_{ca}/MPa
		HB	HRC	
钢	渗碳、表面淬硬	—	59	1726
			55	1373
	火焰或高频表面淬硬	—	50	1314
	调质	440		1314
		300	—	932
		180		657
铸铁	不经热处理	200		451
		175		343

Z_W——硬度比系数，对于材料相同的大小齿轮，Z_W 取 1.0

Z_N——寿命系数，见图（s）

齿面接触工作应力

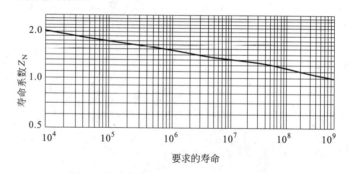

图（s）　锥齿轮齿面接触应力计算用的寿命系数

Z_θ——温度系数，与齿根弯曲应力计算的 Y_θ 相同

S_{Hlim}——安全系数，推荐值见表 7

表 7　安全系数

使用要求	安全系数 S_{Hlim}
高可靠性	>1.25
失效率 1%	1.0
失效率 1/3	0.8

接触应力计算值必须等于或者小于接触工作应力，即

$$\sigma_H \leqslant \sigma'_{Hlim}$$ (14-3-44)

当计算的齿根弯曲应力大于弯曲工作应力或计算的齿面接触应力大于接触工作应力时，需增大齿轮尺寸，直到满足强度条件。新的大轮节圆直径可按下式计算

$$d'_2 = d_2 \sqrt[2.75]{\frac{\sigma_F}{\sigma'_{Flim}}} \quad 或 \quad d'_2 = d_2 \sqrt[1.5]{\frac{\sigma_H}{\sigma'_{Hlim}}}$$ (14-3-45)

式中　d'_2——新的大轮分度圆直径，mm

d_2——第一次试算的大轮分度圆直径，mm

续表

齿面接触工作应力	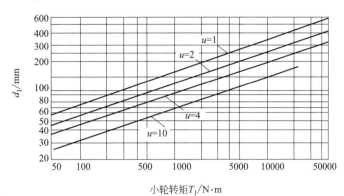
	图(t)　根据接触强度确定小轮节圆直径 d_1
	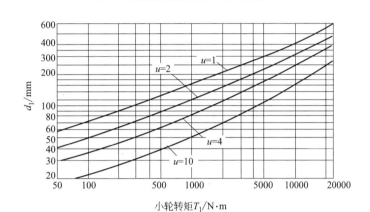
	图(u)　根据抗弯强度确定小轮节圆直径 d_1

表 14-3-53		弧齿锥齿轮强度计算实例
已知条件		设计一对一般工业用弧齿锥齿轮,已知参数如下 小轮工作扭矩　　　　　　　　　　　　　　$T_1=685\text{N·m}$ 传动比　　　　　　　　　　　　　　　　　$i_{12}=3.07143$ 安装方式:两轮均采用跨支安装 材料:渗碳淬火钢 工作寿命:10^8 循环
设计计算		根据使用要求,取压力角为 20°,螺旋角为 35°,取小轮齿数为 $z_1=14$,则大轮齿数为 $z_2=i_{12}z_1=3.07143\times14=43$
	(1)几何参数计算	计算模数 m 由表 14-3-52 中图(t)和图(u)查取,$u=2$ 时,$d_1=101.4028$;$u=4$ 时,$d_1=88.15$ 线形插值可得 $u=3$ 时,$d_1=\dfrac{101.4028+88.15}{2}=94.7764$,则 $m=\dfrac{d_1}{z_1}=\dfrac{97.7764}{14}=6.7697$,取 $m=6.7$ 计算齿面宽 b $b=\min\{10m,0.33333R_e\}=\min\{10\times6.7,0.33333\times151.4925\}=50.5$

续表

设计计算	(2)弯曲应力计算	尺寸系数从表 14-3-52 中图(b)查取，$Y_X = 0.712$ 载荷分布系数从表 14-3-52 中表 2 查取，按照一般工业应用取 $K_{F\beta} = 1.0$ 几何系数 J 从表 14-3-52 中图(c)查取，$J = 0.238$ 动载系数按从表 14-3-52 中图(a)查取，$K_V = 1.0$ 过载系数按从表 14-3-52 中表 1 中查取，$K_A = 1.0$ 刀盘半径系数 $K_x = 0.2111\left(\dfrac{0.5d_0}{R - 0.5b}\right)^{\frac{0.2788}{\lg\sin\beta m}} + 0.7889 = 0.2111\left(\dfrac{110.25}{126.2425}\right)^{\frac{0.2788}{\lg\sin35°}} + 0.7889 = 1.03575$ 切向载荷 $F_t = \dfrac{2000 \times 685}{93.8} = 14605\text{N}$ $\sigma_F = \dfrac{14605 \times 1.0}{1.0} \times \dfrac{1}{50.5 \times 6.7} \times \dfrac{0.712 \times 1.0}{1.03575 \times 0.238} = 124.68\text{MPa}$
	(3)弯曲工作应力计算	许用弯曲应力从表 14-3-52 中表 3 查取，对于渗碳钢 $\sigma_{Flim} = 206.82\text{MPa}$ 寿命系数从表 14-3-52 中图(j)查取，$Y_N = 1.0$ 温度系数 $Y_\theta = 1.0$ 安全系数从表 14-3-52 中表 7 选取，按照 100 对齿轮中损坏不到 1 对，即失效率为 1%，$S_{Flim} = 1.0$ $\sigma'_{Flim} = \dfrac{206.82 \times 1.0}{1.0 \times 1.0} = 206.82\text{MPa}$ $\sigma_F \leqslant \sigma'_{Flim}$，能够满足弯曲疲劳强度要求
	(4)接触应力计算	弹性系数从表 14-3-52 中表 5 查取，$Z_E = 189.8$ $T_{1m} = T_{1w} = T_1 = 685\text{N·m}$ 表面状态系数，$Z_R = 1.0$ 过载系数 K_A 与弯曲应力相同，从表 14-3-52 中表 1 查取，$K_A = 1.0$ 动载系数 K_V 与弯曲应力相同，从表 14-3-52 中图(a)查取，$K_V = 1.0$ 尺寸系数 Z_X 与弯曲应力相同，从表 14-3-52 中图(b)查取，$Z_X = 0.712$ 载荷分布系数 $K_{H\beta}$ 与弯曲应力相同，表 14-3-52 中表 2 查取，$K_{H\beta} = 1.0$ 接触强度几何系数，从表 14-3-52 中图(k)查取，$I = 0.117$ $\sigma_H = 189.8\sqrt{\dfrac{4000 \times 685 \times 1.0}{1.0} \times \dfrac{1}{50.5 \times 93.8^2} \times \dfrac{0.712 \times 1.0 \times 1.0}{0.117} \times \sqrt[3]{\dfrac{685}{685}}} = 1170.2\text{MPa}$
	(5)齿面接触工作应力计算	许用接触应力从表 14-3-52 中表 6 查取，对于渗碳钢 $\sigma_{Hlim} = 1373\text{MPa}$ 硬度比系数，大小齿轮材料相同，取 $Z_W = 1.0$ 寿命系数从表 14-3-52 中图(s)查取，$Z_N = 1.15$ 温度系数 Z_θ 与弯曲应力 Y_θ 相同，$Z_\theta = 1.0$ 安全系数按照表 14-3-52 中表 7 选取，按照 100 对齿轮中损坏不到 1 对，即失效率为 1%，$S_{Hlim} = 1.0$ $\sigma'_{Hlim} = \dfrac{1373 \times 1.15 \times 1.0}{1.0 \times 1.0} = 1578.95\text{MPa}$ $\sigma_H < \sigma'_{Hlim}$，能够满足接触疲劳强度要求

3.6.3 "克制"摆线齿锥齿轮的强度计算

采用 ISO/FDIS10300 的 B1 法对摆线齿圆锥齿轮的接触强度和弯曲强度进行校核。强度校核之前，应先进行几何设计。

3.6.3.1 摆线齿圆锥齿轮的强度校核的原始参数

表 14-3-54　　　　　　　　　　　　　摆线齿圆锥齿轮的强度校核的原始参数

序号	名　称		代号/单位	计算公式和说明
1	传递功率		P/kW	—
2	小轮转矩		$T_1/\mathrm{N\cdot m}$	$T_1=9549P/n_1$
3	小轮转速		$n_1/\mathrm{r\cdot min^{-1}}$	
4	有效齿宽系数		b_e^*	b_e^* 为有效齿宽之比，一般取 $b_e^*=0.85$
5	齿轮材料及热处理	小轮	—	
6		大轮	—	
7	齿面硬度	小轮		
8		大轮		
9	试验齿轮的弯曲疲劳极限	小轮	$\sigma_{\mathrm{Flim1}}/\mathrm{MPa}$	
10		大轮	$\sigma_{\mathrm{Flim2}}/\mathrm{MPa}$	
11	试验齿轮的接触疲劳极限	小轮	$\sigma_{\mathrm{Hlim1}}/\mathrm{MPa}$	
12		大轮	$\sigma_{\mathrm{Hlim2}}/\mathrm{MPa}$	
13	齿轮材料的密度	小轮	$\rho_1/\mathrm{kg\cdot mm^{-3}}$	
14		大轮	$\rho_2/\mathrm{kg\cdot mm^{-3}}$	
15	材料的弹性模量	小轮	E_1/MPa	
16		大轮	E_2/MPa	
17	材料的泊松比	小轮	ν_1	
18		大轮	ν_2	
19	齿轮的精度等级		—	
20	齿面粗糙度	小轮	$Rz_1/\mu\mathrm{m}$	
21		大轮	$Rz_2/\mu\mathrm{m}$	
22	润滑油		—	
23	40℃时润滑油的运动黏度		$\nu_{40}/\mathrm{mm^2\cdot s^{-1}}$	
24	使用场合		—	
25	使用寿命		h	

3.6.3.2 摆线齿锥齿轮的切向力及载荷系数

表 14-3-55　　　　　　　　　　　　　摆线齿锥齿轮的切向力及载荷系数

序号	名　称	代号/单位	计算公式和说明
1	小轮转矩	$T_1/\mathrm{N\cdot m}$	$T_1=9549P/n_1$
2	参考点切向力	$F_{\mathrm{mt}}/\mathrm{N}$	$F_{\mathrm{mt}}=2000T_1/d_{\mathrm{m1}}$
3	参考点切向速度	$v_{\mathrm{mt}}/\mathrm{m\cdot s^{-1}}$	$v_{\mathrm{mt}}=d_{\mathrm{m1}}n_1/19098$
4	使用系数	K_{A}	根据工况按表 14-3-56 选取
	动载荷系数 K_{V}		
5	有效齿宽	b_e	$b_e=b_e^*b$
6		$F_{\mathrm{kb}}/\mathrm{N\cdot mm^{-1}}$	$F_{\mathrm{kb}}=F_{\mathrm{mt}}K_{\mathrm{A}}/b_e$

续表

序号	名　　称	代号/单位	计算公式和说明
		动载荷系数 K_V	
7	齿轮啮合刚度修正 系数之一	C_F	$F_{kb} \geqslant 100$ 时，$C_F = 1$ $F_{kb} < 100$ 时，$C_F = F_{kb}/100$
8	齿轮啮合刚度修正 系数之二	C_b	$b_e^* \geqslant 0.85$ 时，$C_b = 1$ $b_e^* < 0.85$ 时，$C_b = b_e^*/0.85$
9	轮齿啮合刚度	$c_\gamma/\text{N} \cdot \text{mm}^{-1} \cdot \mu\text{m}^{-1}$	$c_\gamma = 20 C_F C_b$
10	单对齿刚度	$c'/\text{N} \cdot \text{mm}^{-1} \cdot \mu\text{m}^{-1}$	$c' = 14 C_F C_b$
11	诱导质量	$m_{redx}/\text{kg} \cdot \text{mm}^{-1}$	$m_{redx} = \dfrac{\pi \rho d_{m1}^2}{8 \cos^2 a_n} \left(\dfrac{u^2}{1+u^2} \right)$
12	轮 1 临界转速	$n_{E1}/\text{r} \cdot \text{min}^{-1}$	$n_{E1} = \dfrac{30 \times 10^3}{\pi z_1} \sqrt{\dfrac{c_\gamma}{m_{redx}}}$
13	临界转速比	N	$N = n_1/n_{E1}$
14		A_p	根据齿轮精度由表 14-3-57 查得
15		C_p	
16	齿距极限偏差	$f_{pt}/\mu\text{m}$	$f_{pt} = A_p(m_n + 0.25\sqrt{d_{m2}}) + C_p$
17	轮齿跑合量	$y_a/\mu\text{m}$	调质钢，$y_a = 160 f_{pt}/\sigma_{Hlim}$ 灰铸铁，$y_a = 0.275 f_{pt}$ 淬火钢和渗氮钢 $y_a = 0.075 f_{pt}$ 两种不同材料 $y_a = (y_{a1} + y_{a2})/2$
18	有效齿距偏差	$f_{peff}/\mu\text{m}$	$f_{peff} = f_{pt} - y_a$
19		B_p	$B_p = b f_{peff} c'/(F_{mt} K_A)$
20	$N \leqslant 1.25$ 时的 C_{v1} 和 C_{v2}	C_{v1}	
21		C_{v2}	
22	$N \leqslant 0.75$ 时的 C_{v3}	C_{v3}	
23	$0.75 < N \leqslant 1.25$ 时的 C_{v4}	C_{v4}	见表 14-3-58
24		C_{v5}	
25	$N \geqslant 1.5$ 时的 C_{v5}、C_{v6} 和 C_{v7}	C_{v6}	
26		C_{v7}	
27	动载系数	K_V	$N \leqslant 0.75$ 时，$K_V = N[B_p(C_{v1}+C_{v2})+C_{v3}]+1$ $0.75 < N \leqslant 1.25$ 时， $K_V = B_p(C_{v1}+C_{v2})+C_{v4}+1$ $N \geqslant 1.5$ 时，$K_V = B_p(C_{v5}+C_{v6})+C_{v7}$ $1.25 \leqslant N \leqslant 1.5$ 时，$K_V = K_{V(N=1.5)} + \dfrac{K_{V(N=1.25)} - K_{V(N=1.5)}}{0.25}(1.5-N)$
		齿向载荷分布系数 $K_{H\beta}$、$K_{F\beta}$ 以及 Z_{LS} 和 Y_ε	
28	装配系数	$K_{H\beta-be}$	根据装配条件和接触区检验条件， 按表 14-3-59 选取
29	接触强度计算的齿 向载荷分布系数	$K_{H\beta}$	$b_e^* > 0.85$ 时，$K_{H\beta} = 1.5 K_{H\beta-be}$ $b_e^* \leqslant 0.85$ 时，$K_{H\beta} = 1.275 K_{H\beta-be}/b_e^*$
30		q	$q = 0.279/\lg(\sin\beta_m)$
31	曲线齿锥齿轮的 K_{FO}	K_{FO}	$K_{FO} = 0.211(r_0/R_m)^2 + 0.789$
32	抗弯强度计算的齿向 载荷分布系数	$K_{F\beta}$	$K_{F\beta} = K_{H\beta}/K_{FO}$

序号	名　称	代号/单位	计算公式和说明
齿向载荷分布系数 $K_{H\beta}$、$K_{F\beta}$ 以及 Z_{LS} 和 Y_ε			
33	接触强度计算的载荷分配系数	Z_{LS}	$\varepsilon_{v\gamma}\leqslant 2$ 时，$Z_{LS}=1$ $\varepsilon_{v\gamma}>2$ 和 $\varepsilon_{v\beta}>1$ 时 $Z_{LS}=\{1+2[1-(2/\varepsilon_{v\gamma})^{1.5}]\sqrt{1-4/\varepsilon_{v\gamma}^2}\}^{-0.5}$
34	重合度系数	Y_ε	$\varepsilon_{v\beta}=0$ 时，$Y_\varepsilon=0.25+0.75/\varepsilon_{va}\geqslant 0.625$ $0<\varepsilon_{v\beta}\leqslant 1$ 时，$Y_\varepsilon=0.25+0.75/\varepsilon_{va}-\varepsilon_{v\beta}(0.75/\varepsilon_{va})\geqslant 0.625$ $\varepsilon_{v\beta}>1$ 时，$Y_\varepsilon=0.625$
齿间载荷分配系数 $K_{H\alpha}$ 和 $K_{F\alpha}$			
35		F_{mtH}/N	$F_{mtH}=F_{mt}K_A K_V K_{H\beta}$
36	接触强度计算的齿间载荷分配系数	$K_{H\alpha}$	$\varepsilon_{v\gamma}\leqslant 2$ 时，$K_{H\alpha}=\dfrac{\varepsilon_{v\gamma}}{2}\left[0.9+\dfrac{0.4c_\gamma(f_{pt}-y_a)}{F_{mtH}/b}\right]$ $\varepsilon_{v\gamma}>2$ 时， $K_{H\alpha}=0.9+\dfrac{0.4c_\gamma(f_{pt}-y_a)}{F_{mtH}/b}\sqrt{\dfrac{2(\varepsilon_{v\gamma}-1)}{\varepsilon_{v\gamma}}}$ 当 $K_{H\alpha}<1$ 时，取 $K_{H\alpha}=1$ 当 $K_{H\alpha}>K_{H\alpha max}$ 时，取 $K_{H\alpha}=K_{H\alpha max}$
37	抗弯强度计算的齿间载荷分配系数	$K_{F\alpha}$	$K_{F\alpha}=K_{H\alpha}$ 当 $K_{F\alpha}<1$ 时，取 $K_{F\alpha}=1$ 当 $K_{F\alpha}>K_{F\alpha max}$ 时，取 $K_{F\alpha}=K_{F\alpha max}$
38		$K_{H\alpha max}$	$K_{H\alpha max}=\varepsilon_{v\gamma}/(Z_{LS}^2 \varepsilon_{v\gamma})$
39		$K_{F\alpha max}$	$K_{F\alpha max}=\varepsilon_{v\gamma}/(Y_\varepsilon \varepsilon_{va})$

表 14-3-56　　　　　　　　　　　　　　　使用系数 K_A

原动机工作特性	工作机工作特性			
	均匀平稳	轻微振动	中等振动	强烈振动
均匀平稳	1.00	1.25	1.50	1.75 或更大
轻微振动	1.10	1.35	1.60	1.85 或更大
中等振动	1.25	1.50	1.75	1.85 或更大
强烈振动	1.50	1.75	2.00	2.25 或更大

表 14-3-57　　　　　　　　　　　　　　　A_p 和 C_p 值

精度等级	4	5	6	7	8	9	10	11	12
A_p	0.25	0.4	0.63	0.9	1.25	1.8	2.5	3.55	5
C_p	3.15	5	8	11.2	16	22.4	31.5	45	63

表 14-3-58　　　　　　　　　　　　　　　系数 $C_{v1}\sim C_{v7}$

系数	影　响　因　素	$1<\varepsilon_{v\gamma}\leqslant 2$	$\varepsilon_{v\gamma}>2$
C_{v1}	齿距偏差影响系数	0.32	0.32
C_{v2}	齿形相对误差影响系数	0.34	$0.57/(\varepsilon_{v\gamma}-0.3)$
C_{v3}	啮合刚度周期变化影响系数	0.23	$0.096/(\varepsilon_{v\gamma}-1.56)$
C_{v4}	啮合刚度周期变化引起齿轮副扭转共振的影响系数	0.90	$\dfrac{0.57-0.05\varepsilon_{v\gamma}}{\varepsilon_{v\gamma}-1.44}$

第 14 篇

续表

系数	影 响 因 素	$1<\varepsilon_{v\gamma}\leqslant 2$	$\varepsilon_{v\gamma}>2$	
C_{v5}	超临界区内齿距偏差影响系数	0.47	0.47	
C_{v6}	超临界区内齿形相对误差影响系数	0.47	$0.12/(\varepsilon_{v\gamma}-1.74)$	
C_{v7}	啮合刚度变化齿轮变形产生的分力的影响系数	$1<\varepsilon_{v\gamma}\leqslant 1.5$	$1.5<\varepsilon_{v\gamma}\leqslant 2.5$	$\varepsilon_{v\gamma}>2.5$
		0.75	$0.125\sin[\pi(\varepsilon_{v\gamma}-2)]+0.875$	1.0

表 14-3-59　　　　　　　　　　　装配系数 $K_{H\beta-be}$

接触区检验条件	大小轮装配条件		
	两轮均跨装支承	一轮跨装支承	两轮悬臂支承
每对齿轮都装到箱体座孔满载检验	100	1.00	1.00
每对齿轮都在轻载下检验	1.05	1.10	1.25
齿轮副抽样满载检验	1.20	1.32	1.50

3.6.3.3　摆线齿圆锥齿轮的齿面接触强度校核

表 14-3-60　　　　　　　　　　　摆线齿圆锥齿轮的齿面接触强度校核

序号	名　　称	代号/单位	计算公式和说明
1	节点区域系数	Z_H	$Z_H=2(\cos\beta_{vb}/\sin 2\alpha_{vt})^{0.5}$
2		F_1	$\varepsilon_{v\beta}=0$ 时, $F_1=2$; $\varepsilon_{v\beta}\geqslant 1$ 时 $F_1=\varepsilon_{va}$; $0<\varepsilon_{v\beta}\leqslant 1$ 时, $F_1=2+(\varepsilon_{va}-2)\varepsilon_{v\beta}$
3		F_2	$\varepsilon_{v\beta}=0$ 时, $F_2=2$; $\varepsilon_{v\beta}\geqslant 1$ 时 $F_2=\varepsilon_{va}$; $0<\varepsilon_{v\beta}\leqslant 1$ 时, $F_2=2\varepsilon_{va}-2-(\varepsilon_{va}-2)\varepsilon_{v\beta}$
4	单对齿啮合系数	Z_{M-B}	$Z_{M-B}=\dfrac{\tan\alpha_{vt}}{\sqrt{\left[\sqrt{\left(\dfrac{d_{va1}}{d_{vb1}}\right)^2-1}-\dfrac{\pi F_1}{z_{v1}}\right]\left[\sqrt{\left(\dfrac{d_{va2}}{d_{vb2}}\right)^2-1}-\dfrac{\pi F_2}{z_{v2}}\right]}}$
5	弹性系数	$Z_E/\sqrt{MPa}$	$Z_E=\sqrt{\dfrac{1}{\pi\left(\dfrac{1-\nu_1^2}{E_1}+\dfrac{1-\nu_2^2}{E_2}\right)}}$
6	螺旋角系数	Z_β	$Z_\beta=\sqrt{\cos\beta_m}$
7	锥齿轮系数	Z_k	$Z_k=0.8$
8	尺寸系数	Z_x	$Z_x=1$
9		C_{ZL}	$C_{ZL}=0.08\left(\dfrac{\sigma_{Hlim}-850}{350}\right)+0.83$
10	润滑剂系数	Z_L	$Z_L=C_{ZL}+\dfrac{4(1-C_{ZL})}{(1.2+134/\nu_{40})^2}$
11		C_{Zv}	$C_{Zv}=0.08\left(\dfrac{\sigma_{Hlim}-850}{350}\right)+0.85$
12	速度系数	Z_v	$Z_v=C_{Zv}+\dfrac{2(1-C_{Zv})}{(0.8+32/v_{mt})^{0.5}}$
13	小轮齿面微观不平度	$Rz_1/\mu m$	$Rz_1\approx 6Ra_1$
14	大轮齿面微观不平度	$Rz_2/\mu m$	$Rz_2\approx 6Ra_2$
15	相对曲率半径	ρ_{red}/mm	$\rho_{red}=u_v\alpha_v\sin\alpha_{vt}/[\cos\beta_{vb}(1+u_v)^2]$
16		Rz_{10}	$Rz_{10}=0.5(Rz_1+Rz_2)\sqrt[3]{(10/\rho_{red})}$
17		C_{ZR}	$C_{ZR}=0.12+(1000-\sigma_{Hlim})/5000$
18	表面粗糙度系数	Z_R	$Z_R=(3/Rz_{10})^{C_{ZR}}$

续表

序号	名　　称	代号/单位	计算公式和说明
19	工作硬化系数	Z_W	HB<130 时，$Z_W=1.2$
			HB>470 时，$Z_W=1$
			130≤HB≤470 时，$Z_W=1.2-$(HB-130)/1700
20	接触疲劳寿命系数	Z_{NT}	由表 14-3-61 查得 $Z_{NT}=(10^9/N_L)^{0.057}$ ，N_L 为应力循环次数
21	齿中点接触线长度	l_{bm}/mm	$l_{bm}=\dfrac{b\varepsilon_{v\alpha}}{\varepsilon_{v\gamma}^3\cos\beta_{vb}}\sqrt{\varepsilon_{v\gamma}^2-\left[(2-\varepsilon_{v\alpha})(1-\varepsilon_{v\beta})\right]^2}$
22	齿面计算接触应力基本值	σ_{HO}/MPa	$\sigma_{HO}=Z_{M-B}Z_H Z_E Z_{LS}Z_\beta Z_K\sqrt{\dfrac{F_{mt}(u_v+1)}{d_{v1}l_{bm}u_v}}$
23	接触强度计算安全系数	S_H	$S_H=\dfrac{\sigma_{H\lim}Z_{NT}Z_X Z_L Z_v Z_R Z_W}{\sigma_{HO}\sqrt{K_A K_v K_{H\beta}K_{H\alpha}}}$
24	许用接触强度最小安全系数	$S_{H\lim}$	根据要求的失效概率由表 14-3-62 查得

注：1. 对于表中第 9、11、17 项，当 $\sigma_{H\lim}<850\text{MPa}$ 时，以 850MPa 计；当 $\sigma_{H\lim}>1200\text{MPa}$ 时，以 1200MPa 计。

2. 接触疲劳强度寿命系数 Z_{NT} 由表 14-3-61 中的公式计算。齿轮的稳定载荷工况下工作时，应力循环次数为设计寿命内单侧齿面啮合次数；双向工作时，按啮合次数较多的一侧计算。

3. 表中最小安全系数 $S_{H\min}$ 见表 14-3-62 产品重要程度低，易维修，计算依据数据可靠程度高时，$S_{H\min}$ 可取得小些。反之则大些。见表 14-3-62。

表 14-3-61　　　　　　　　　　　　　**接触疲劳强度寿命系数** Z_{NT}

材料及热处理		载荷循环数	寿命系数
结构钢（$\sigma_b<800\text{MPa}$）调质钢（$\sigma_b\geqslant$ 800MPa），球墨铸铁（珠光体，贝氏体），可煅铸铁（珠光体），渗碳淬火钢，火焰或感应淬火钢	允许一定点蚀	$N_L\leqslant6\times10^5$，静强度	1.6
		$6\times10^5<N_L\leqslant10^7$，持久寿命	$1.3(10^7/N_L)^{0.0738}$
		$10^7<N_L\leqslant10^9$，持久寿命	$(10^9/N_L)^{0.057}$
		$10^9<N_L\leqslant10^{10}$，持久寿命	$(10^9/N_L)^{0.0706}$
		$N_L=10^{10}$，持久寿命	0.85
结构钢（$\sigma_b<800\text{MPa}$）调质钢（$\sigma_b\geqslant$ 800MPa），球墨铸铁（珠光体，贝氏体），可煅铸铁（珠光体），渗碳淬火钢，火焰或感应淬火钢	不允许点蚀	$N_L\leqslant10^5$，静强度	1.6
		$10^5<N_L\leqslant5\times10^7$，持久寿命	$(5\times10^7/N_L)^{0.0756}$
		$5\times10^7<N_L\leqslant10^{10}$，持久寿命	$(5\times10^7/N_L)^{0.0306}$
		$N_L=10^{10}$，持久寿命	0.85
		材料与制造俱佳，有使用经验	1.0
渗氮处理的渗氮钢和调质钢，灰铸铁，球墨铸铁（铁素体）		$N_L\leqslant10^5$，静强度	1.3
		$10^5<N_L\leqslant2\times10^6$，持久寿命	$(2\times10^6/N_L)^{0.0875}$
		$2\times10^6<N_L\leqslant10^{10}$，持久寿命	$(2\times10^6/N_L)^{0.0191}$
		$N_L=10^{10}$，持久寿命	0.85
		材料与制造俱佳，有使用经验	1.0
氮碳共渗处理的调质钢		$N_L\leqslant10^5$，静强度	1.6
		$10^5<N_L\leqslant2\times10^6$，持久寿命	$(2\times10^6/N_L)^{0.0318}$
		$2\times10^6<N_L\leqslant10^{10}$，持久寿命	$(2\times10^6/N_L)^{0.0191}$
		$N_L=10^{10}$，持久寿命	0.85
		材料与制造俱佳，有使用经验	1.0

表 14-3-62　　　　　　　　　　最小安全系数 S_{Hmin}，S_{Fmin} 参考值

要求	S_{Hmin}，S_{Fmin}	要求	S_{Hmin}，S_{Fmin}
失效概率低于 1/10000	1.50	失效概率低于 1/100	1.00
失效概率低于 1/1000	1.25	失效概率低于 1/10	0.85

3.6.3.4　摆线齿锥齿轮的弯曲强度校核

表 14-3-63　　　　　　　　　　摆线齿锥齿轮的弯曲强度校核

序号	名称	代号/单位	计算公式和说明
1	齿形系数	Y_{Fa}	见表 14-3-29
2		L_a	$L_a = s_{Fn}/h_{Fa}$
3		q_s	$q_s = 0.5 s_{Fn}/\rho_F$
4	应力修正系数	Y_{sa}	$Y_{sa} = (1.2 + 0.13 L_a) q_a^{\left(\frac{1}{1.21 + 2.3/L_a}\right)}$
5		l'_{bm}/mm	$l'_{bm} = l_{bm} \cos\beta_{vb}$
6	锥齿轮系数	Y_K	$Y_K = b(0.5 + 0.5 l'_{bm}/b)^2/l'_{bm}$
7	载荷分配系数	Y_{LS}	$Y_{LS} = Z_{LS}^2$
8	齿根应力基本值	σ_{FO}	$\sigma_{FO} = \dfrac{F_{mt}}{bm_n} Y_{Fa} Y_{sa} Y_\varepsilon Y_K Y_{Ls}$
9	材料滑移层厚度	ρ'/mm	由表 14-3-66 查得
10		x^*	$x^* = (1 + 2q_s)/5$
11	相对齿根圆角敏感系数	$Y_{\delta relT}$	$Y_{\delta relT} = (1 + \sqrt{\rho' x^*})/(1 + \sqrt{1.2\rho'})$
12	相对齿根表面状况系数	Y_{RrelT}	由表 14-3-65 查得
13	尺寸系数	Y_X	由表 14-3-64 查得
14	试验齿轮应力修正系数	Y_{ST}	$Y_{ST} = 2$
15	弯曲疲劳寿命系数	Y_{NT}	由表 14-3-67 查得，$Y_{NT} = (3 \times 10^6/N_L)^{0.02}$
16	弯曲强度计算安全系数	S_F	$S_F = \dfrac{\sigma_{Flim} Y_{ST} Y_{NT} Y_{\delta relT} Y_{RrelT} Y_X}{\sigma_{FO} K_A K_V K_{F\beta} K_{Fa}}$
17	许用弯曲强度最小安全系数	S_{Fmin}	根据要求的失效概率由表 14-3-62 查得

注：齿轮的稳定载荷工况下工作时，应力循环次数为设计寿命内单侧齿面啮合次数；双向工作时，按啮合次数较多的一侧计算。

表 14-3-64　　　　　　　　　　尺寸系数 Y_X

结构钢，调质钢，球墨铸铁，珠光体可锻铸铁	$Y_X = 1.03 - 0.006 m_n$，$0.85 \leqslant Y_X \leqslant 1.0$
表面硬化钢	$Y_X = 1.05 - 0.010 m_n$，$0.80 \leqslant Y_X \leqslant 1.0$
灰铸铁	$Y_X = 1.075 - 0.015 m_n$，$0.70 \leqslant Y_X \leqslant 1.0$

表 14-3-65　　　　　　　　　　相对齿根表面状况系数 Y_{RrelT}

	$Rz < 1\mu m$	$1\mu m \leqslant Rz \leqslant 40\mu m$
调质钢与渗碳淬火钢	$Y_{RrelT} = 1.12$	$Y_{RrelT} = 1.674 - 0.529(Rz + 1)^{0.1}$
结构钢	$Y_{RrelT} = 1.07$	$Y_{RrelT} = 5.306 - 4.203(Rz + 1)^{0.01}$
灰铸铁渗氮钢	$Y_{RrelT} = 1.025$	$Y_{RrelT} = 4.299 - 3.259(Rz + 1)^{0.005}$

表 14-3-66　　　　　　　　　　材料滑移层厚度 ρ'

序号	材料	材料强度 σ_b/MPa	材料滑移层厚度 ρ'/mm
1	灰铸铁	150	0.3142
2	灰铸铁及球墨铸铁	300	0.3095
3	气体或液体渗氮调质钢		0.1005

续表

序号	材　　料	材料强度 σ_b/MPa	材料滑移层厚度 ρ'/mm
4	结构钢	300	0.0833
5	结构钢	400	0.0445
6	调质钢	500	0.0281
7	调质钢	600	0.0194
8	调质钢	800	0.0064
9	调质钢	1000	0.0014
10	渗碳淬火钢		0.0030

表 14-3-67　　　　　　　　　　　弯曲疲劳强度寿命系数 Y_{NT}

材料及热处理	载荷循环次数	寿命系数
调质钢（$\sigma_b \geqslant 800$MPa），球墨铸铁（珠光体，贝氏体），可锻铸铁	$N_L \leqslant 10^4$，静强度	2.5
	$10^4 < N_L < 3 \times 10^6$，持久寿命	$(3 \times 10^6 / N_L)^{0.16}$
	$N_L = 3 \times 10^6$，持久寿命	1.0
	$3 \times 10^6 < N_L < 10^{10}$，持久寿命	$(3 \times 10^6 / N_L)^{0.02}$
	$N_L = 10^{10}$，持久寿命	0.85
	材料与制造俱佳，有使用经验	1.0
渗碳淬火钢，火焰或感应淬火钢，球墨铸铁	$N_L \leqslant 10^3$，静强度	2.5
	$10^3 < N_L < 3 \times 10^6$，持久寿命	$(3 \times 10^6 / N_L)^{0.115}$
	$N_L = 3 \times 10^6$，持久寿命	1.0
	$3 \times 10^6 < N_L < 10^{10}$，持久寿命	$(3 \times 10^6 / N_L)^{0.02}$
	$N_L = 10^{10}$，持久寿命	0.85
	材料与制造俱佳，有使用经验	1.0
结构钢，渗氮处理的渗氮钢，灰铸铁，球墨铸铁（铁素体）	$N_L \leqslant 10^3$，静强度	2.5
	$10^3 < N_L < 3 \times 10^6$，持久寿命	$(3 \times 10^6 / N_L)^{0.05}$
	$N_L = 3 \times 10^6$，持久寿命	1.0
	$3 \times 10^6 < N_L < 10^{10}$，持久寿命	$(3 \times 10^6 / N_L)^{0.02}$
	$N_L = 10^{10}$，持久寿命	0.85
	材料与制造俱佳，有使用经验	1.0
氮碳共渗处理的调质钢	$N_L \leqslant 10^3$，静强度	2.5
	$10^3 < N_L < 3 \times 10^6$，持久寿命	$(3 \times 10^6 / N_L)^{0.012}$
	$N_L = 3 \times 10^6$，持久寿命	1.0
	$3 \times 10^6 < N_L < 10^{10}$，持久寿命	$(3 \times 10^6 / N_L)^{0.02}$
	$N_L = 10^{10}$，持久寿命	0.85
	材料与制造俱佳，有使用经验	1.0

3.6.3.5　摆线齿圆锥齿轮强度计算实例

设计某运输机用 7 级精度的"克"制摆线齿圆锥齿轮传动。已知：小轮传递的额定转矩 $T_1 = 4000$N·m，小轮转速为 $n_1 = 800$r/min；传动比为 6，轴交角 $\Sigma = $ 90°，并且大小齿轮材料都采用的是 20CrMnTi，渗碳淬火。齿面硬度 58～63HRC。齿面粗糙度 $Rz_1 = Rz_2 = 9.6\mu$m，采用 100（GB/T 5903—2011）润滑油，希望齿轮能够长期工作。

表 14-3-68　　　　　　　　　　摆线齿圆锥齿轮强度计算结果与过程

序号	参　　数	计 算 结 果
	原始参数计算详细说明见表 14-3-18	
1	轴交角	$\Sigma = 90°$
2	传动比和齿数比理论值	$i_{120} = u_0 = 6$

续表

序号	参　数	计算结果
3	主动小齿轮转速	$n_1 = 800\text{r/min}$
4	主动小齿轮转矩	$T_1 = 4000\text{N} \cdot \text{m}$
5	大轮大端节圆直径	$(d_2')^{2.8} = 690.065$ 圆整取 690
6	齿宽	$b = 102$
7	参考点螺旋角	$\beta_m = 23.6226$
8	参考点法向模数	$m_n = 10$
9	小轮齿数	$z_1 \approx 8.1466$ 圆整取 9
10	大轮齿数	$z_2 = u_0 z_1 = 54$
11	齿数比	$u = z_2/z_1 = 6$
12	传动比误差百分数	$\Delta i_{12} = 100(u - u_0)/u_0 = 0$
13	法向压力角	$\alpha_n = 20°$
14	齿顶高系数	$h_a^* = 1$
15	顶隙系数	$c^* = 0.25$
16	法向尺侧间隙	$j_n \approx 0.05 + 0.03 m_n = 0.35$
17	大轮节锥角	$\delta_2' = 80.5377$
18	大轮大端节锥距	$R_2' = 0.5 d_2'/\sin\delta_2'$
19	小轮螺旋方向	右旋
20	大轮螺旋方向	左旋
21	分锥角修正值	初值 $\Delta\delta = 0$，由表 14-3-24 中(6)得终值
22	"克"制铣齿机型号	AMK852
23	"克"制铣刀盘名义半径	$r_0 = 210\text{mm}$
24	刀齿组数	$Z_0 = 5$
25	节点高度	$m_0 = 10\text{mm}$
节锥面参数,冠轮参数,大小端法向模数计算(见表14-3-20)		
26	小轮节锥角	$\delta_1' = 9.462322$
27	小轮大端节圆直径	$d_1' = 115$
28	小轮参考点节圆直径	$d_{m1}' = 115$
29	大轮参考点节圆直径	$d_{m2}' = 589.387$
30	冠轮齿数	$z_p = 54.744863$
31	冠轮大端锥距	$R = 349.758823$
32	冠轮参考点锥距	$R_m = 298.758823$
33	冠轮小端锥距	$R_i = 247.758823$
34	"克"制刀齿方向角	$\delta_0 = 6.837141$
35	"克"制刀位	$E_x = 246.7447$
36	刀位检查	$E_{min} \leqslant E_x \leqslant E_{max}$
37	基圆半径	$E_y = 226.09483$
38	大端螺旋角	$\beta_e = 51.3817$
39	小端螺旋角	$\beta_i = 25.395525$
40	大端法向模数	$m_{ne} = 7.974976$
41	小端法向模数	$m_{ni} = 7.96532$
42	大小端模数检验	$m_{ne} \geqslant m_n$ 且 $m_{ne} > m_i$
43	小端齿面无划伤检查	$(e_{fn})_{min} \geqslant s_{a0} \geqslant 0.2 m_n$
44	齿槽底不留埂检查	$(e_{fn})_{max} < 3.0 s_{a0} < 3.0 (e_{fn})_{min}$

序号	参　　数	计 算 结 果
	高变位系数见表 14-3-23	
45	端面当量齿轮基圆螺旋角	$\beta_{vb}=22.11984$
46	法向当量小齿轮齿数	$z_{vn1}=11.60389$
47	法向当量大齿轮齿数	$z_{vn2}=417.741336$
48	克制小轮齿顶大轮齿根滑动比之和	$\zeta_1=1.959886$
49	克制大轮齿顶大轮齿根滑动比之和	$\zeta_1=1.95865$
50	克制等滑动系数	$\Delta\zeta=|\zeta_1-\zeta_2|<10^{-4}$
51	克制高变位系数取值	0.54
	尺高和分度锥角见表 14-3-24	
52	小轮齿顶高	$h_{a1}=15.4$
53	大轮齿顶高	$h_{a2}=4.6$
54	全齿高	$h=22.5$
55	小轮分锥角	$\delta_1=9.462322$
56	大轮分锥角	$\delta_2=80.537678$
	小轮齿顶变尖检查及齿顶系数见表 14-3-25	
57	小轮小端法向当量齿轮顶圆直径	$d_{vanil}=129.399789$
58	小轮小端齿顶法向压力角	$\alpha_{vanil}=44.272728$
59	小轮小端法向节圆齿厚半角	$\psi_{vnil}=0.173513297$
60	小轮小端法向齿顶厚半角	$\psi_{vanil}=0.245153$
61	小轮小端法向齿顶厚	$s_{ail}=31.722796$
62	克制小轮小端齿顶变尖检查	$s_{ail}\geqslant0.2m_n=2$ 无需倒坡检查
	刀盘干涉检查见表 14-3-26	
63	距离$\overline{OE}$	$\overline{OE}=161.669138$
64	距离$\overline{OI}$	$\overline{OI}=150.0201$
65	刀盘无干涉条件	$\overline{OE}<r_0+h_{a0}\tan\alpha_n=214.5496$
66		$\overline{OI}<r_0+h_{a0}\tan\alpha_n=214.5496$
67	刀盘干涉检查	不发生刀盘干涉
	齿轮尺寸见表 14-3-27	
68	小轮大端顶圆直径	$d_{a1}=145.380932$
69	大轮大端顶圆直径	$d_{a2}=691.514571$
70	分度锥尺宽	$b_a=102$
71	倒坡前小轮小端顶圆直径	$d_{ail}=111.843539$
72	大轮小端顶圆直径	$d_{ai2}=475.507993$
73	小轮节锥距至大端节圆心的距离	$A_1'=345$
74	大轮节锥距至大端节圆心的距离	$A_2'=57.499863$
75	大轮轴向尺宽	$b_{x2}=16.768687$
76	小轮冠顶距	$A_{k1}=342.468256$
77	大轮冠顶距	$A_{k2}=52.96251$
	当量齿轮参数及重合度见表 14-3-28	
78	大端端面模数	$m_e=d_2'/z_2=12.777778$
79	端面当量齿轮分度圆直径	$d_{m1}=98.2313186,d_{m2}=589.3879116$
80	端面当量齿轮顶圆直径	$d_{va1}=130.386297,d_{va2}=3594.315045$

续表

序号	参　　数	计　算　结　果
	当量齿轮参数及重合度见表 14-3-28	
81	端面当量齿轮基圆直径	$d_{vb1}=92.550785, d_{vb2}=3331.836033$
82	端面当量齿轮的端面重合度	$\varepsilon_{va}=g_{va}/p_{vb}=1.252770$
83	端面当量齿轮纵向重合度	$\varepsilon_{v\beta}=b\sin\beta_m/(\pi m_n)=1.301670$
84	总重合度	$\varepsilon_{v\gamma}=(\varepsilon_{va}^2+\varepsilon_{v\beta}^2)^{0.5}=1.810016$
85	法向当量齿轮分度圆直径	$d_{vn1}=116.038990, d_{vn2}=4177.413360$
86	法向当量齿轮顶圆直径	$d_{van1}=146.83899, d_{van2}=4186.61336$
87	法向当量齿轮基圆直径	$d_{vbn1}=106.040983, d_{vbn1}=3925.484508$
88	齿形系数	$Y_{Fa1}=3.5421, Y_{Fa2}=3.5204$
	强度校核	
	强度校核的原始参数见表 14-3-54	
89	小轮转矩	$T_1=4000\text{N·m}$
90	小轮转速	$n_1=800\text{r/min}$
91	齿轮材料及热处理	大小齿轮均为 20CrMnTi
92	齿面硬度	58～63HRC
93	试验齿轮的接触疲劳极限	1550MPa
94	试验齿轮的弯曲疲劳极限	280MPa
95	齿轮材料的密度	$7.86\times10^{-6}\text{kg/mm}$
96	材料的弹性模量	$2.06\times10^5\text{ MPa}$
97	材料的泊松比	0.3
98	齿轮的精度等级	GB/T 11365—1989,7 级
99	齿面粗糙度	9.6
100	润滑油	100(GB 5903—2011)
101	40℃时润滑油的运动黏度	$100\text{mm}^2/\text{s}$
	切向力及载荷系数见表 14-3-55	
102	参考点切向力	$F_{mt}=2000T_1/d_{m1}=81440.422$
103	参考点切向速度	$v_{mt}=d_{m1}n_1/19098=4.114831$
104	使用系数	1.25
105	有效齿宽	$b_e=86.7$
106	齿轮啮合刚度修正系数之一	$C_F=1$
107	齿轮啮合刚度修正系数之二	$C_b=1$
108	轮齿啮合刚度	$c_\gamma=20C_FC_b=20$
109	单对齿刚度	$c'=14C_FC_b=14$
110	C_{v1}	$C_{v1}=0.32$
111	C_{v2}	$C_{v2}=0.34$
112	C_{v3}	$C_{v3}=0.23$
113	动载系数	$K_v=1.013717867$
114	装配系数	$K_{H\beta-be}=1.1$
115	接触强度计算的齿向载荷分布系数	$K_{H\beta}=1.65$
116	曲线齿锥齿轮的 K_{FO}	$K_{FO}=1.05251$
117	抗弯强度计算的齿向载荷分布系数	$K_{F\beta}=1.557646$
118	接触强度计算的载荷分配系数	$Z_{LS}=1$
119	重合度系数	$Y_\varepsilon=0.625$
120	接触强度计算的齿间载荷分配系数	$K_{H\alpha}=0.917458$
121	抗弯强度计算的齿间载荷分配系数	$K_{F\alpha}=0.917458$

续表

序号	参　　　数	计 算 结 果
齿面接触强度校核见表 14-3-60		
122	单对齿啮合系数	$Z_{M-B}=0.812146$
123	弹性系数	$Z_E=189.859832$
124	锥齿轮系数	$Z_k=0.8$
125	尺寸系数	$Z_x=1$
126	润滑剂系数	$Z_L=0.9658$
127	速度系数	$Z_v=0.95398$
128	表面粗糙度系数	$Z_R=0.9272728$
129	工作硬化系数	$Z_W=1.0$
130	接触疲劳寿命系数	$Z_{NT}=1.07$
131	齿中点接触线长度	$l_{bm}/mm=76.20636976$
132	齿面计算接触应力基本值	$\sigma_{HO}=911.862175=911.862175$
133	接触强度计算安全系数	$S_H=1.121945>S_{Hlim}$接触强度符合
134	许用接触强度最小安全系数	$S_{Hlim}=1$
弯曲强度校核见表 14-3-63		
135	应力修正系数	$Y_{sa1}=1.84678,Y_{sa2}=1.967823$
136	锥齿轮系数	$Y_K=1.0342347$
137	载荷分配系数	$Y_{LS}=1$
138	试验齿轮应力修正系数	$Y_{ST}=2$
139	相对齿根圆角敏感系数	$Y_{\delta relT1}=1.0044,Y_{\delta relT2}=1.0065$
140	相对齿根表面状况系数	$Y_{RrelT}=1$
141	弯曲疲劳寿命系数	$Y_{NT1}=0.912,Y_{NT2}=0.945$
142	弯曲强度计算安全系数	$S_{F1}=1.36,S_{F2}=1.147$ 均大于 S_{Fmin}，弯曲强度符合
143	许用弯曲强度最小安全系数	$S_{Fmin}=1$

3.6.4　弧线齿准双曲面齿轮的强度计算（按美国格利森公司标准）

表 14-3-69　　　　　　　　　　　弧线齿准双曲面齿轮的强度计算

计算公式	格利森制准双曲面齿轮的承载能力计算与弧齿锥齿轮计算相同，只是在计算齿根弯曲应力时直接将齿轮传递的转矩引入公式，而不是使用切向载荷。计算准双曲面齿轮齿面接触应力的公式为 $$\delta_H=C_P\sqrt{\frac{4000T_{1m}K_A}{K_v}\times\frac{1}{bd_1^2}\times\frac{K_{H\beta}Z_XZ_R}{I}}\times\sqrt[3]{\frac{T_{1w}}{T_{1m}}} \qquad (14-3-46)$$ 计算锥齿轮齿根弯曲应力的公式为 $$\delta_{F2}=\frac{2T_{2w}K_A}{K_v}\times\frac{1}{mbd_2}\times\frac{K_{F\beta}Y_X}{J_2} \qquad (14-3-47)$$ $$\delta_{F1}=\frac{2T_{1w}K_A}{K_v}\times\frac{1}{mbd_1}\times\frac{K_{F\beta}Y_X}{J_1} \qquad (14-3-48)$$
几何系数	I 为计算齿面接触应力时的几何系数。J_2、J_1 分别为小轮弯曲强度几何系数和大轮弯曲强度几何系数。弯曲强度和疲劳强度几何系数可以从图(a)~图(c)中曲线查取，其余系数选择与计算与弧齿锥齿轮相同。对于平均压力角和 E/D 值不在上述范围的齿轮几何系数，可以插值法计算齿轮几何系数

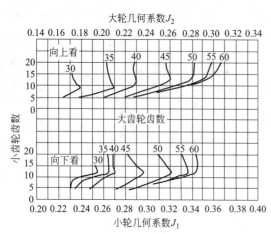

图(a) 平均压力角 19°,$E/D=0.1$

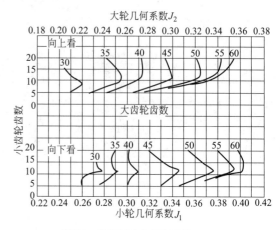

图(b) 平均压力角 19°,$E/D=0.15$

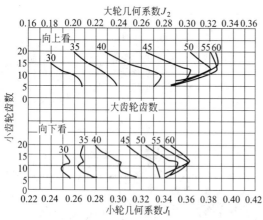

图(c) 平均压力角 19°,$E/D=0.2$

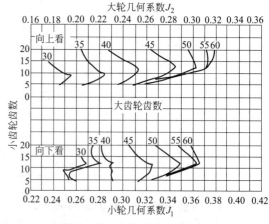

图(d) 均压力角 22.5°,$E/D=0.1$

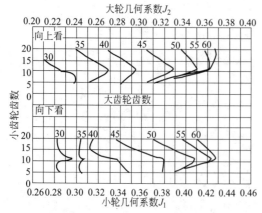

图(e) 均压力角 22.5°,$E/D=0.15$

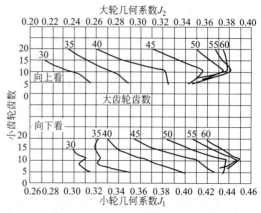

图(f) 均压力角 22.5°,$E/D=0.2$

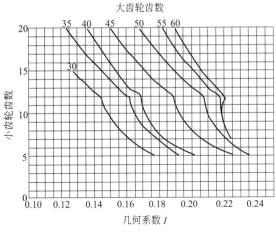

图 (g)　压力角 19°,$E/D=0.1$

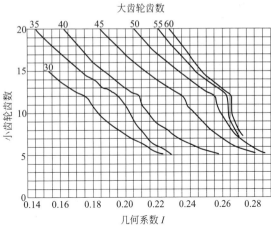

图 (h)　压力角 19°,$E/D=0.15$

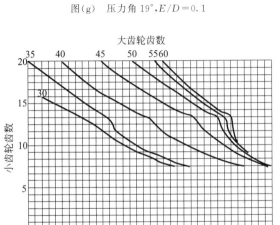

图 (i)　压力角 19°,$E/D=0.2$

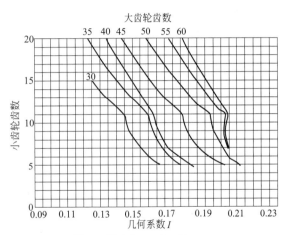

图 (j)　压力角 22.5°,$E/D=0.1$

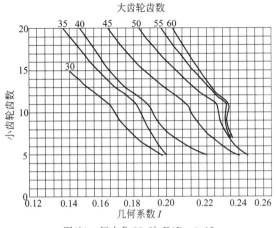

图 (k)　压力角 22.5°,$E/D=0.15$

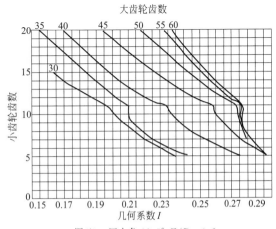

图 (l)　压力角 22.5°,$E/D=0.2$

3.6.5　摆线齿准双曲面齿轮的强度计算

采用 ISO/FDIS10300 的 B1 法对摆线齿准双曲面齿轮的接触强度和弯曲强度进行校核。强度校核之前，应先进行几何设计。

3.6.5.1　摆线齿准双曲面齿轮的强度校核的原始参数

表 14-3-70　　　　　　　　　　　摆线齿准双曲面齿轮的强度校核的原始参数

序　号	名　　称	代号/单位	计算公式和说明
1	传递功率	P/kW	
2	小轮转矩	$T_1/\text{N·m}$	$T_1 = 9549P/n_1$
3	大轮转矩	$T_2/\text{N·m}$	$T_2 = T_1 n_1/n_2$
4	小轮转速	$n_1/\text{r·min}^{-1}$	—
5	大轮转速	$n_2/\text{r·min}^{-1}$	$n_2 = n_1 z_1/z_2$
6	有效齿宽系数	b_e^*	b_e^* 为有限齿宽之比，一般取 $b_e^* = 0.85$
7	齿轮材料及热处理	—	—
8	齿面硬度	—	—
9	试验齿轮的弯曲疲劳极限	$\sigma_{Flim i}/\text{MPa}$	
10	试验齿轮的接触疲劳极限	$\sigma_{Hlim i}/\text{MPa}$	
11	齿轮材料的密度	$\rho_i/\text{kg·mm}^{-3}$	
12	材料的弹性模量	E_i/MPa	
13	材料的泊松比	ν_i	
14	齿轮的精度等级	—	
15	齿面粗糙度	$Rz/\mu\text{m}$	
16	润滑油	—	
17	40℃时润滑油的运动黏度	$\nu_{40}/\text{mm}^2·\text{s}^{-1}$	
18	使用场合	—	
19	使用寿命	h	

3.6.5.2　摆线齿准双曲面齿轮的切向力及载荷系数

表 14-3-71　　　　　　　　　　　摆线齿准双曲面齿轮的切向力及载荷系数

序　号	名　　称	代号/单位	计算公式和说明
1	参考点切向力	F_{mt}/N	$F_{mt} = 2000T_1/d_{m1}$
2	参考点切向速度	$v_{mt}/\text{m·s}^{-1}$	$v_{mt} = d_{m1} n_1/19098$
3	使用系数	K_A	根据工况按表 14-3-56 选取
	动载荷系数 K_V		
4	有效齿宽	b_e	$b_e = b_e^* b$
5		$F_{kb}/\text{N·mm}^{-1}$	$F_{kb} = F_{mt} K_A/b_e$
6	齿轮啮合刚度修正系数之一	C_F	$F_{kb} \geqslant 100$ 时，$C_F = 1$ $F_{kb} < 100$ 时，$C_F = F_{kb}/100$
7	齿轮啮合刚度修正系数之二	C_b	$b_e^* \geqslant 0.85$ 时，$C_b = 1$ $b_e^* < 0.85$ 时，$C_b = b_e^*/0.85$
8	轮齿啮合刚度	$c_\gamma/\text{N·mm}^{-1}·\mu\text{m}^{-1}$	$c_\gamma = 20C_F C_b$
9	单对齿刚度	$c'/\text{N·mm}^{-1}·\mu\text{m}^{-1}$	$c' = 14C_F C_b$
10	诱导质量	$m_{redx}/\text{kg·mm}^{-1}$	$m_{redx} = \dfrac{\pi \rho d_{m1}^2}{8\cos^2 a_n}\left(\dfrac{u^2}{1+u^2}\right)$

序　号	名　　称	代号/单位	计算公式和说明
		动载荷系数 K_V	
11	轮 1 临界转速	$n_{E1}/r \cdot min^{-1}$	$n_{E1} = \dfrac{30 \times 10^3}{\pi z_1} \sqrt{\dfrac{c_\gamma}{m_{redx}}}$
12	临界转速比	N	$N = n_1/n_{E1}$
13		A_p	根据齿轮精度由表 14-3-57 查得
14		C_p	
15	齿距极限偏差	$f_{pt}/\mu m$	$f_{pt} = A_p(m_n + 0.25\sqrt{d_{m2}}) + C_p$
16	轮齿跑合量	$y_\alpha/\mu m$	调质钢，$y_\alpha = 0.275 f_{at}$
			灰铸铁，$y_\alpha = 160 f_{at}/\sigma_{Hlim}$
			淬火钢和渗氮钢 $y_\alpha = 0.075 f_{at}$
17			两种不同材料 $y_\alpha = (y_{\alpha 1} + y_{\alpha 2})/2$
18	有效齿距偏差	$f_{peff}/\mu m$	$f_{peff} = f_{pt} - y_\alpha$
19		B_p	$B_p = b f_{peff} c'/(F_{mt} K_A)$
20	$N \leqslant 1.25$ 时的 C_{v1} 和 C_{v2}	C_{v1}	
21		C_{v2}	
22	$N \leqslant 0.75$ 时的 C_{v3}	C_{v3}	
23	$0.75 < N \leqslant 1.25$ 时的 C_{v4}	C_{v4}	系数 $C_{v1} \sim C_{v7}$ 见表 14-3-58
24		C_{v5}	
25	$N \geqslant 1.5$ 时的 C_{v5}、C_{v6} 和 C_{v7}	C_{v6}	
26		C_{v7}	
27	动载系数	K_V	$N \leqslant 0.75$ 时，$K_V = N[B_p(C_{v1} + C_{v2}) + C_{v3}] + 1$
			$0.75 < N \leqslant 1.25$ 时，$K_V = B_p(C_{v1} + C_{v2}) + C_{v4} + 1$
			$N \geqslant 1.5$ 时，$K_V = B_p(C_{v5} + C_{v6}) + C_{v7}$
			$1.25 \leqslant N \leqslant 1.5$ 时，$K_V = K_{V(N=1.5)} + \dfrac{K_{V(N=1.25)} - K_{V(N=1.5)}}{0.25}(1.5 - N)$
		齿向载荷分布系数 $K_{H\beta}$、$K_{F\beta}$ 以及 Z_{LS} 和 Y_ε	
28	装配系数	$K_{H\beta - be}$	根据装配条件和接触区检验条件，按表 14-3-59 选取
29	接触强度计算的齿向载荷分布系数	$K_{H\beta}$	$b_e^* > 0.85$ 时，$K_{H\beta} = 1.5 K_{H\beta - be}$
			$b_e^* \leqslant 0.85$ 时，$K_{H\beta} = 1.275 K_{H\beta - be}/b_e^*$
30		q	$q = 0.279/\lg(\sin\beta_m)$
31	曲线齿锥齿轮的 K_{FO}	K_{FO}	$K_{FO} = 0.211(r_0/R_m)^2 + 0.789$
32	抗弯强度计算的齿向载荷分布系数	$K_{F\beta}$	$K_{F\beta} = K_{H\beta}/K_{FO}$
33	接触强度计算的载荷分配系数	Z_{LS}	$\varepsilon_{v\gamma} \leqslant 2$ 时，$Z_{LS} = 1$
			$\varepsilon_{v\gamma} > 2$ 和 $\varepsilon_{v\beta} > 1$ 时
			$Z_{LS} = \{1 + 2[1 - (2/\varepsilon_{v\gamma})^{1.5}]\sqrt{1 - 4/\varepsilon_{v\gamma}^2}\}^{-0.5}$
34	重合度系数	Y_ε	$\varepsilon_{v\beta} = 0$ 时，$Y_\varepsilon = 0.25 + 0.75/\varepsilon_{v\alpha} \geqslant 0.625$
			$0 < \varepsilon_{v\beta} \leqslant 1$ 时，$Y_\varepsilon = 0.25 + 0.75/\varepsilon_{v\alpha} - \varepsilon_{v\beta}(0.75/\varepsilon_{v\alpha}) \geqslant 0.625$
			$\varepsilon_{v\beta} > 1$ 时，$Y_\varepsilon = 0.625$

序　号	名　　　称	代号/单位	计算公式和说明
		齿间载荷分配系数 $K_{H\alpha}$ 和 $K_{F\alpha}$	
35		F_{mtH}/N	$F_{mtH}=F_{mt}K_AK_VK_{H\beta}$
36	接触强度计算的齿间载荷分配系数	$K_{H\alpha}$	$\varepsilon_{v\gamma}\leqslant2$ 时，$K_{H\alpha}=\dfrac{\varepsilon_{v\gamma}}{2}\left[0.9+\dfrac{0.4c_\gamma(f_{pt}-y_\alpha)}{F_{mtH}/b}\right]$ $\varepsilon_{v\gamma}>2$ 时，$K_{H\alpha}=0.9+\dfrac{0.4c_\gamma(f_{pt}-y_\alpha)}{F_{mtH}/b}\sqrt{\dfrac{2(\varepsilon_{v\gamma}-1)}{\varepsilon_{v\gamma}}}$ 当 $K_{H\alpha}<1$ 时，取 $K_{H\alpha}=1$ 当 $K_{H\alpha}>K_{H\alpha max}$ 时，取 $K_{H\alpha}=K_{H\alpha max}$
37	抗弯强度计算的齿间载荷分配系数	$K_{F\alpha}$	$K_{F\alpha}=K_{H\alpha}$ 当 $K_{F\alpha}<1$ 时，取 $K_{F\alpha}=1$ 当 $K_{F\alpha}>K_{F\alpha max}$ 时，取 $K_{F\alpha}=K_{F\alpha max}$
38		$K_{H\alpha max}$	$K_{H\alpha max}=\varepsilon_{v\gamma}/(Z_{Ls}^2\varepsilon_{v\gamma})$
39		$K_{F\alpha max}$	$K_{F\alpha max}=\varepsilon_{v\gamma}/(Y_\varepsilon\varepsilon_{va})$

3.6.5.3　摆线齿准双曲面齿轮的齿面接触强度校核

表 14-3-72　　　　　　　　　　摆线齿准双曲面齿轮的齿面接触强度校核

序号	名　　　称	代号/单位	计算公式和说明
1	节点区域系数	Z_H	$Z_H=2(\cos\beta_{vb}/\sin2\alpha'_{vt})^{0.5}$
2		F_1	$0<\varepsilon_{v\beta}\leqslant1$ 时，$F_1=2+(\varepsilon_{va}-2)\varepsilon_{v\beta}$ $\varepsilon_{v\beta}\geqslant1$ 时 $F_1=\varepsilon_{va}$
3		F_2	$0<\varepsilon_{v\beta}\leqslant1$ 时，$F_2=2\varepsilon_{va}-2-(\varepsilon_{va}-2)\varepsilon_{v\beta}$ $\varepsilon_{v\beta}\geqslant1$ 时 $F_2=\varepsilon_{va}$
4	单对齿啮合系数	Z_{M-B}	$Z_{M-B}=\dfrac{\tan\alpha'_{vt}}{\sqrt{\left[\sqrt{\left(\dfrac{d_{va1}}{d_{vb1}}\right)^2-1}-\dfrac{\pi F_1}{z_{v1}}\right]\left[\sqrt{\left(\dfrac{d_{va2}}{d_{vb2}}\right)^2-1}-\dfrac{\pi F_2}{z_{v2}}\right]}}$
5	弹性系数	$Z_E/\sqrt{MPa}$	$Z_E=\sqrt{\dfrac{1}{\pi\left(\dfrac{1-\nu_1^2}{E_1}+\dfrac{1-\nu_2^2}{E_2}\right)}}$
6	螺旋角	Z_β	$Z_\beta=\sqrt{\cos\beta_m}$
7	锥齿轮系数	Z_k	$Z_k=0.8$
8	尺寸系数	Z_x	$Z_x=1$
9		C_{ZL}	$C_{ZL}=0.08\left(\dfrac{\sigma_{Hlim}-850}{350}\right)+0.83$
10	润滑剂系数	Z_L	$Z_L=C_{ZL}+\dfrac{4(1-C_{ZL})}{(1.2+134/\nu_{40})^2}$
11		C_{Zv}	$C_{Zv}=0.08\left(\dfrac{\sigma_{Hlim}-850}{350}\right)+0.85$
12	速度系数	Z	$Z_v=C_{Zv}+\dfrac{2(1-C_{Zv})}{(0.8+32/v_{mt})^{0.5}}$
13	小轮齿面微观不平度	$Rz_1/\mu m$	$Rz_1\approx6Ra_1$
14	大轮齿面微观不平度	$Rz_2/\mu m$	$Rz_2\approx6Ra_2$
15	相对曲率半径	ρ_{red}/mm	$\rho_{red}=u_va_v\sin\alpha'_{vt}/[\cos\beta_{vb}(1+u_v)^2]$
16		Rz_{10}	$Rz_{10}=0.5(Rz_1+Rz_2)\sqrt[3]{(10/\rho_{red})}$

续表

序号	名　称	代号/单位	计算公式和说明
17		C_{ZR}	$C_{ZR}=0.12+(1000-\sigma_{Hlim})/5000$
18	表面粗糙度系数	Z_R	$Z_R=(3/Rz_{10})^{C_{ZR}}$
19	工作硬化系数	Z_W	HB<130 时，$Z_W=1.2$
			HB>470 时，$Z_W=1$
			130≤HB≤470 时，$Z_W=1.2-(HB-130)/1700$
20	接触疲劳寿命系数	Z_{NT}	由表 14-3-61 查得 $Z_{NT}=(10^9/N_L)^{0.057}$
21	齿中点接触线长度	l_{bm}/mm	$l_{bm}=\dfrac{b\varepsilon_{va}}{\varepsilon_{v\gamma}^3\cos\beta_{vb}}\sqrt{\varepsilon_{v\gamma}^2-[(2-\varepsilon_{va})(1-\varepsilon_{v\beta})]^2}$
22	齿面计算接触应力基本值	σ_{HO}/MPa	$\sigma_{HO}=Z_{M-B}Z_HZ_EZ_{LS}Z_\beta Z_K\sqrt{\dfrac{F_{mt}(u_v+1)}{d_{v1}l_{bm}u_v}}$
23	接触强度计算安全系数	S_H	$S_H=\dfrac{\sigma_{Hlim}Z_{NT}Z_XZ_Lz_vZ_RZ_W}{\sigma_{HO}\sqrt{K_AK_vK_{H\beta}K_{H\alpha}}}$
24	许用接触强度最小安全系数	S_{Hlim}	根据要求的失效概率由表 14-3-62 查得

注：1. 表中第 9、11、17 项，当 σ_{Hlim}<850MPa 时，以 850MPa 计；当 σ_{Hlim}>1200MPa 时，以 1200MPa 计。

2. 接触疲劳强度寿命系数 Z_{NT} 由表中的公式计算。齿轮在稳定载荷工况下工作时，应力循环次数为设计寿命内单侧齿面啮合次数；双向工作时，按啮合次数较多的一侧计算。

3. 表中最小安全系数 S_{Hmin} 见表 14-3-62，产品重要程度低，易维修，计算依据数据可靠程度高时，S_{Hmin} 可取得小些。反之则大些。

3.6.5.4　摆线准双曲面齿轮的弯曲强度校核

表 14-3-73　　　　　　　　　　摆线准双曲面齿轮的弯曲强度校核

序号	名　称	代号/单位	计算公式和说明
1	齿形系数	Y_{Fa}	见表 14-3-42
2		N_b	$N_b=I'm_n/[\rho_{a0}\sin(\varphi_k+180\varphi_b/\pi)]$
3		$\rho_F/\mu m$	$\rho_F=\rho_{a0}/\{1-N_b/[1+N_b+$ $d_{vni}\sin(\varphi_k+180\varphi_b/\pi)(2\rho_{a0}N_b)]\}$
4		q_s	$q_s=0.5s'_{Fn}m_n/\rho_F$
5		L_a	$L_a=s'_{Fn}/h'_F$
6	应力修正系数	Y_{sa}	$Y_{sa}=(1.2+0.13L_a)q_s^{\left(\frac{1}{1.21+2.3/L_a}\right)}$
7		l'_{bm}/mm	$l'_{bm}=l_{bm}\cos\beta_{vb}$
8	锥齿轮系数	Y_K	$Y_K=b(0.5+0.5l'_{bm}/b)^2/l'_{bm}$
9	载荷分配系数	Y_{LS}	$Y_{LS}=Z_{LS}^2$
10	齿根应力基本值	σ_{FO}	$\sigma_{FO}=\dfrac{F_{mt2}}{b_2m_n}Y_{Fa}Y_{sa}Y_\varepsilon Y_KY_{Ls}$
11	材料滑移层厚度	ρ'/mm	由表 14-3-66 查得
12		x^*	$x^*=(1+2q_s)/5$
13	相对齿根圆角敏感系数	$Y_{\delta relT}$	$Y_{\delta relT}=(1+\sqrt{\rho'x^*})/(1+\sqrt{1.2\rho'})$
14	相对齿根表面状况系数	Y_{RrelT}	见表 14-3-65
15	尺寸系数	Y_X	见表 14-3-64
16	试验齿轮应力修正系数	Y_{ST}	$Y_{ST}=2$
17	弯曲疲劳寿命系数	Y_{NT}	由表 14-3-67 查得，$Y_{NT}=(3\times10^6/N_L)^{0.02}$
18	弯曲强度计算安全系数	S_F	$S_F=\dfrac{\sigma_{Flim}Y_{ST}Y_{NT}Y_{\delta relT}Y_{RrelT}Y_X}{\sigma_{FO}K_AK_vK_{F\beta}K_{F\alpha}}$
19	许用弯曲强度最小安全系数	S_{Fmin}	根据要求的失效概率由表 14-3-62 查得

注：齿轮的稳定载荷工况下工作时，应力循环次数为设计寿命内单侧齿面啮合次数；双向工作时，按啮合次数较多的一侧计算。

3.6.5.5　摆线齿准双曲面齿轮强度计算实例

设计某高级轿车用的 7 级精度摆线双曲面齿轮传动机构。已知：小轮传递的额定转矩为 $T_1 = 180 \mathrm{N \cdot m}$，转速为 $n_1 = 750 \mathrm{r/min}$；传动比为 3.9。两齿轮轴线相交成 90°。并且大小齿轮都采用的是 20CrMnMo，渗碳淬火。齿面硬度 58～63HRC。齿面粗糙度 $Rz_1 = Rz_2 = 9.6 \mu\mathrm{m}$，采用 80W/90GL-4 润滑油，希望齿轮能够长期工作。

表 14-3-74　　　　　　　　　摆线齿准双曲面齿轮强度计算结果与过程

序号	计 算 项 目	计算结果与过程
	初步设计计算，见表 14-3-32	
1	偏置距	$E = 20.5$
2	大轮偏离角初值	$\varepsilon_0 = 11.530$
3	大轮齿宽	$b_2 = 30$
4	参考点法向模数初值	$m_n \approx 3$
5	大轮参考点螺旋角	$\beta_{m2} \approx 30°$
6	大轮分锥角初值	$\delta_{20} = 71.639381$
7	小轮齿数	$z_1 = 11.9496$ （圆整）$z_1 = 11$
8	大轮齿数	$z_2 = u_0 z_1 = 43$
9	齿数比	$u = z_2 / z_1 = 3.9$
10	传动比误差百分数	$\Delta i_{12} = 0.002$
11	基本齿廓平均齿形角	$\alpha = 20°$
12	齿顶高系数	$h_a^* = 1$
13	顶隙系数	$c^* = 0.25$
14	法向齿侧间隙	$j_n \approx 0.15$
15	小轮螺旋方向	左旋
16	大轮螺旋方向	右旋
17	"奥制"铣齿机型号	S17
18	"奥制"铣刀盘名义半径	$r_0 = 88$
19	"奥制"刀齿组数	$Z_0 = 13$
20	"奥制"刀齿节点高	$h_{w0} = 119$
21	"奥制"小轮高变位系数	$x_1 = 0.5$（初值）
22	"奥制"小轮切向变位系数	$x_{t1} = 0.1$（初值）
23	大轮分锥角初值	$\delta_2 = \delta_{20} = 71.639381$
24	大轮参考点节圆半径	$r_{m2} = 88.2636$
25	参考点法向模数	$m_n = 3.272819$
26	小轮分锥角	$\delta_1 = 19.976838$
27	小轮参考点螺旋角	$\beta_{m1} = 48.678529$
28	小轮参考点分度圆半径	$r_{m1} = 27.261820$
29	极限压力角	$\alpha_0 = -1.886697$
30	冠轮参考点螺旋角	$\beta_{p1} = 10.174587$
31	冠轮锥距，分度圆半径	$R_{mp} = r_p = 87.737623$
32	"奥"制刀位	$E_x = 95.051002$
33	"奥"制 $\Delta p/(°)$	$\Delta p = 18.904523$
34	"奥"制 i_{p0}	$i_{p0} = 0.308188$
35	"奥"制刀盘滚圆半径	$E_b = 22.481668$

续表

序号	计 算 项 目	计 算 结 果 与 过 程
36	冠轮齿数	$z_p = 41.960256$
37	大轮分锥角终值	$\lvert \Delta p \rvert \leqslant 5 \times 10^{-4}$ 时,外层迭代结束
38	工作面理论压力角	$\alpha_{ni} = 18.113303$
39	非工作面理论压力角	$\alpha_{ne} = 21.886697$
大小端模数和小轮齿宽,见表 14-3-34		
40	冠轮大端法向模数	$m_{ne} = 3.424110$
41	冠轮小端法向模数	$m_{ni} = 2.96842$
42	小轮齿宽	$b_1 = 32.6448$
43	小轮参考点锥距	$R_{m1} = 88.845696$
44	小轮小端有效锥距	$R_{i1} = 72.957176$
45	小轮大端有效锥距	$R_1 = 103.596567$
46	小端齿面无划伤检查	$(e_{fn})_{min} \geqslant 0.344 m_n \geqslant 0.2 m_n$
47	齿槽底不留埂检查	$(e_{fn})_{max} < 3 \times 0.344 m_n < 3.0 (e_{fn})_{min}$
48	高变位系数计算值	见表 14-3-36(17)中 $x_1' \leftarrow x_1'(1 + x_1')$,转向表 14-3-36(7)
49	小轮小端无根切最小变位系数	$x_{1min} = 0.642635$
小轮分锥角检查和齿高计算,见表 14-3-37		
50	小轮许用最大分锥角	$\delta_{1max} = 24.84542$
51	小轮分锥角检查	$\delta_1 \leqslant \delta_{1max}$ 时不需修正 δ_1 值
52	小轮齿顶高	$h_{a1} = 4.581947$
53	大轮齿顶高	$h_{a2} = 1.963691$
54	小轮齿根高	$h_{f1} = 2.531896$
55	大轮齿根高	$h_{f2} = 5.400153$
56	全齿高	$h = 7.363886$
57	小轮齿顶变尖检查	见表 14-3-38
58	小轮小端法向齿顶厚	$s_{ai1} = 1.5874$
59	(奥制)小轮齿顶变尖检查	$s_{ai1} \geqslant 0.3 m_n = 0.9818457$ 不需倒坡
刀盘干涉检查,见表 14-3-39		
60	(奥制)距离 $\overline{OE}$	$\overline{OE} = 7.92$
61	(奥制)距离 $\overline{OI}$	$\overline{OI} = 24.54$
62	(奥制)刀盘无干涉条件	$\overline{OE} < r_0 + h_{a0} \tan \alpha_n = 89.34$
63		$\overline{OI} < r_0 + h_{a0} \tan \alpha_n = 89.34$
齿轮尺寸		
64	小轮大端分度圆直径	$d_1 = 64.6770$
65	大轮大端顶圆直径	$d_{a1} = 73.3936$
66	小轮大端顶圆直径	$d_{a2} = 206.23714$
67	小轮小端顶圆直径	$d_{i1} = 53.0204$
68	大轮小端顶圆直径	$d_{i2} = 149.29137$
69	大轮参考点分度圆心至两轴线公垂线的距离	$A_{m2} = 27.3346$
70	小轮大端分度圆心至两轴线公垂线的距离	$A_1' = 102.24308$
71	大轮大端分度圆心至两轴线公垂线的距离	$A_2' = 32.05965$
72	无倒坡小轮轴向齿宽	$b_{x1} = 31.01379$
73	大轮轴向齿宽	$b_{x2} = 9.4495$

续表

序号	计 算 项 目	计 算 结 果 与 过 程
	齿轮尺寸	
74	小轮大端顶圆心至两轴线公垂线的距离	$A_{k1}=97.89438$
75	小轮大端顶圆心至两轴线公垂线的距离	$A_{k2}=A_2'-30.195916$
76	小轮安装距	由设计图确定
77	大轮安装距	由设计图确定
78	小轮轮冠距	$H_1=A_1-A_{k1}$
79	大轮轮冠距	$H_2=A_2-A_{k2}$
80	小轮参考点法向分度圆弧齿宽	$s_{mn1}=6.042425$
81	大轮参考点法向分度圆弧齿宽	$s_{mn2}=4.097623$
82	端面当量齿数	$z_{v1}=15.036887; z_{v2}=136.517786$
83	端面当量齿轮齿数比	$u_v=9.078593$
84	端面当量齿轮分度圆直径	$d_{v1}=61.732418; d_{v2}=560.409556$
85	端面当量齿轮中心距	$a_v=31.14641378$
86	端面当量齿轮顶圆直径	$d_{vb1}=56.156671$ $d_{vb2}=509.792685$
87	端面当量齿轮重合度	$\varepsilon_{va}=1.53847853$
88	端面当量齿轮纵向重合度	$\varepsilon_{v\beta}=1.762307535$
89	总重合度	$\varepsilon_{v\gamma}=2.10644077$
90	齿形系数计算	见表 14-3-29,$Y_{Fa}=\dfrac{bh_F'\cos\alpha_{Fi,e}}{(s_F')^2\cos\alpha_n'}$
91	小轮 i 面齿形系数	2.194311
92	小轮 e 面齿形系数	2.197428
93	大轮 i 面齿形系数	2.154692
94	大轮 e 面齿形系数	2.230417
	强度校核	
	强度校核的原始参数见表 14-3-70	
95	小轮转矩	$T_1=180\text{N}\cdot\text{m}$
96	大轮转矩	$T_2=702\text{N}\cdot\text{m}$
97	小轮转速	$n_1=750\text{r/min}$
98	大轮转速	$n_2=192.3076\text{r/min}$
99	齿轮材料及热处理	大小齿轮均为 20CrMnMo
100	齿面硬度	$58\sim63\text{HRC}$
101	试验齿轮的接触疲劳极限	1500MPa
102	试验齿轮的弯曲疲劳极限	500MPa
103	齿轮材料的密度	$7.86\times10^{-6}\text{kg/mm}^3$
104	材料的弹性模量	$2.06\times10^5\text{MPa}$
105	材料的泊松比	0.3
106	齿轮的精度等级	GB/T 11365—1989,7 级
107	齿面粗糙度	9.6
108	润滑油	80W/90GL-4
109	40℃时润滑油的运动黏度	50
	切向力及载荷系数,见表 14-3-71	
110	参考点切向力	$F_{mt}=2000T_1/d_{m1}=7953.448534$
111	参考点切向速度	$v_{mt}=d_{m1}n_1/19098=2.141205$

续表

序号	计 算 项 目	计算结果与过程
	切向力及载荷系数,见表 14-3-71	
112	使用系数	根据工况按表 14-3-56 选取 1.4
113	有效齿宽	$b_e = 25.5$
114	齿轮啮合刚度修正系数之一	$C_F = 1$
115	齿轮啮合刚度修正系数之二	$C_b = 1$
116	轮齿啮合刚度	$c_\gamma = 20C_F C_b = 20$
117	单对齿刚度	$c' = 14C_F C_b = 14$
118	C_{v1}	$C_{v1} = 0.32$
119	C_{v2}	$C_{v2} = 0.315538$
120	C_{v3}	$C_{v3} = 0.1756823$
121	动载系数	$K_V = N[B_p(C_{v1} + C_{v2}) + C_{v3}] + 1$
122	装配系数	$K_{H\beta-be} = 1.1$
123	接触强度计算的齿向载荷分布系数	$K_{H\beta} = 1.65$
124	曲线齿锥齿轮的 K_{FO}	$K_{FO} = 1.01537$
125	抗弯强度计算的齿向载荷分布系数	$K_{F\beta} = 1.62502$
126	接触强度计算的载荷分配系数	$Z_{LS} = 0.985014$
127	重合度系数	$Y_\epsilon = 0.625$
128	接触强度计算的齿间载荷分配系数	$K_{H\alpha} = 0.9220307$
129	抗弯强度计算的齿间载荷分配系数	$K_{F\alpha} = 0.9220307$
	齿面接触强度校核,见表 14-3-72	
130	单对齿啮合系数	$Z_{M-B} = 0.940421$
131	弹性系数	$Z_E / \sqrt{MPa} = 189.81117$
132	锥齿轮系数	$Z_k = 0.8$
133	尺寸系数	$Z_x = 1$
134	润滑剂系数	$Z_L = 0.955918$
135	速度系数	$Z_v = 0.964728$
136	表面粗糙度系数	$Z_R = 0.9194255$
137	工作硬化系数	$Z_W = 1$
138	接触疲劳寿命系数	$Z_{NT} = 1.079219$
139	齿中点接触线长度	$l_{bm} = 19.954457$
140	齿面计算接触应力基本值	$\sigma_{HO} = Z_{M-B} Z_H Z_E Z_{LS} Z_\beta Z_K \sqrt{\dfrac{F_{mt}(u_v + 1)}{d_{v1} l_{bm} u_v}} = 702.0734179$
141	接触强度计算安全系数	$S_H = \dfrac{\sigma_{Hlim} Z_{NT} Z_x Z_L Z_v Z_R Z_W}{\sigma_{HO} \sqrt{K_A K_V K_{H\beta} K_{H\alpha}}} = 1.330035 > S_{Hmin}$ 则符合接触强度条件
142	许用接触强度最小安全系数	S_{Hlim} 根据要求的失效概率由表 14-3-62 查得为 1
	弯曲强度校核,见表 14-3-73	
143	应力修正系数	$Y_{sa} = (1.2 + 0.13L_a)q_s^{\left(\frac{1}{1.21 + 2.3/L_a}\right)} = 1.914729$
144	锥齿轮系数	$Y_K = b(0.5 + 0.5l'_{bm}/b)^2 / l'_{bm} = 1.0933466$
145	载荷分配系数	$Y_{LS} = Z_{LS}^2 = 0.97025258$
146	尺寸系数	$Y_X = 1$
147	相对齿根圆角敏感系数	$Y_{\delta relT} = (1 + \sqrt{\rho' x^*})/(1 + \sqrt{1.2\rho'}) = 1.004680$
148	试验齿轮应力修正系数	$Y_{ST} = 2$
149	弯曲疲劳寿命系数	$Y_{NT} = (3 \times 10^6 / N_L)^{0.02} = 0.914450$

续表

序号	计 算 项 目	计算结果与过程
		弯曲强度校核,见表 14-3-73
150	弯曲强度计算安全系数	小齿轮:i 面 $S_F=1.865741$,e 面 $S_F=1.899971$ 大齿轮:i 面 $S_F=1.913810$,e 面 $S_F=1.885504$
151	许用弯曲强度最小安全系数	S_{Fmin} 根据要求的失效概率由表 14-3-62 查得为 1
152	结论	$S_F>S_{Flim}$ 弯曲强度条件符合

3.7 锥齿轮精度

本节介绍的 GB/T 11365—1989 适用于中点法向

模数 $m_n \geqslant 1$mm 的直齿、斜齿、曲线齿锥轮和准双曲面齿轮。

3.7.1 定义及代号

表 14-3-75   **齿轮、齿轮副误差及侧隙的定义及代号**

名 称	定 义
切向综合误差 $\Delta F_i'$ 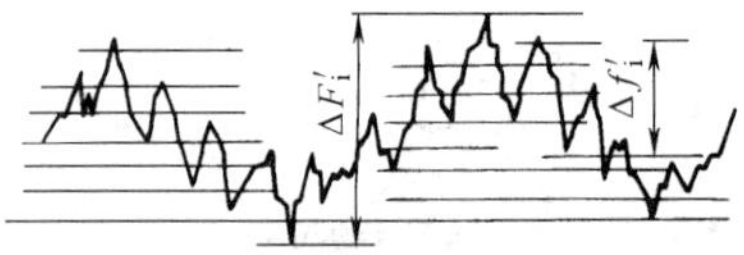 切向综合公差 F_i'	被测齿轮与理想精确的测量齿轮按规定的安装位置单面啮合时,被测齿轮一转内,实际转角与理论转角之差的总幅度值。以齿宽中点分度圆弧长计
一齿切向综合误差 $\Delta f_i'$ 一齿切向综合公差 f_i'	被测齿轮与理想精确的测量齿轮按规定的安装位置单面啮合时,被测齿轮一齿距角内,实际转角与理论转角之差的最大幅度值。以齿宽中点分度圆弧长计
轴交角综合误差 $\Delta F_{i\Sigma}''$ 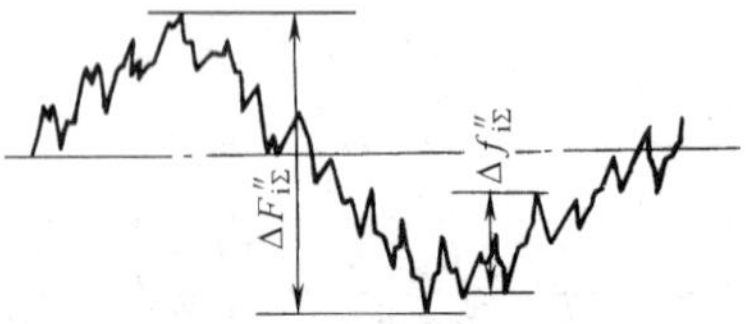 轴交角综合公差 $\Delta F_{i\Sigma}''$	被测齿轮与理想精确的测量齿轮在分锥顶点重合的条件下双面啮合时,被测齿轮一转内,齿轮副轴交角的最大变动量。以齿宽中点处线值计
一齿轴交角综合误差 $\Delta f_{i\Sigma}''$ 一齿轴交角综合公差 $f_{i\Sigma}''$	被测齿轮与理想精确的测量齿轮在分锥顶点重合的条件下双面啮合时,被测齿轮一齿距角内,齿轮副轴交角的最大变动量。以齿宽中点处线值计
周期误差 $\Delta f_{zk}'$ 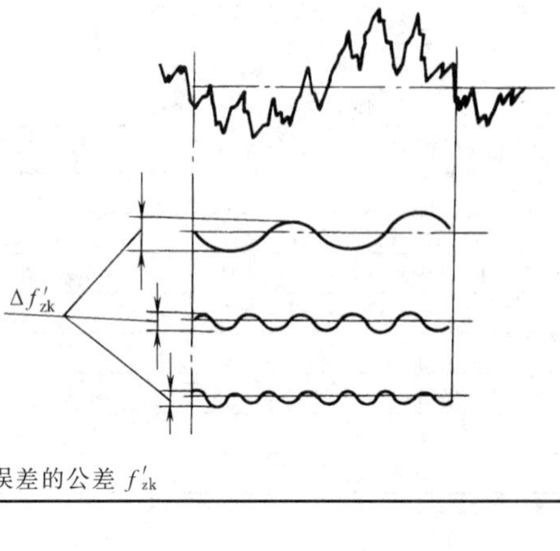 周期误差的公差 f_{zk}'	被测齿轮与理想精确的测量齿轮按规定的安装位置单面啮合时,被测齿轮一转内,二次(包括二次)以上各次谐波的总幅度值

续表

名　　　　称	定　　　　义
齿距累积误差 ΔF_p 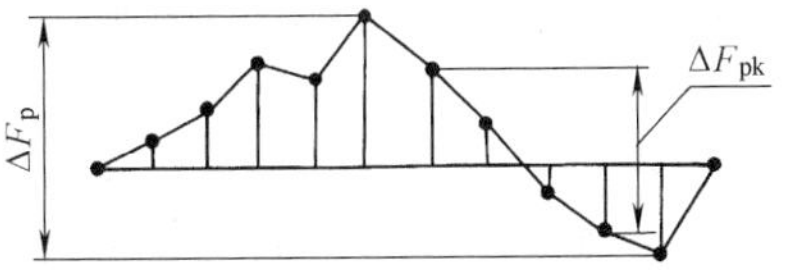 齿距累积公差 F_p	在中点分度圆[①]上,任意两个同侧齿面间的实际弧长与公称弧长之差的最大绝对值
k 个齿距累积误差 ΔF_{pk} k 个齿距累积公差 F_{pk}	在中点分度圆[①]上,k 个齿距的实际弧长与公称弧长之差的最大绝对值。k 为 2 到小于 $z/2$ 的整数
齿圈跳动 ΔF_r 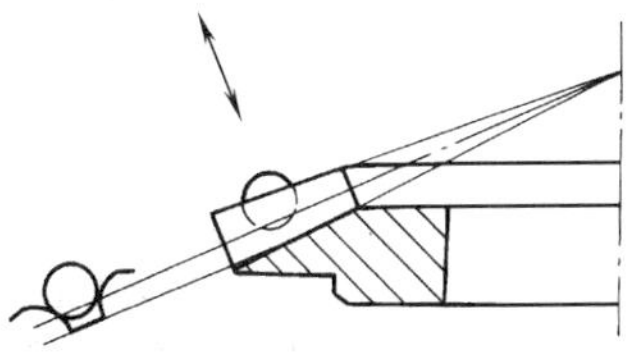 齿圈跳动公差 F_r	齿轮一转范围内,测头在齿槽内与齿面中部双面接触时,沿分锥法向相对齿轮轴线的最大变动量
齿距偏差 Δf_{pt} 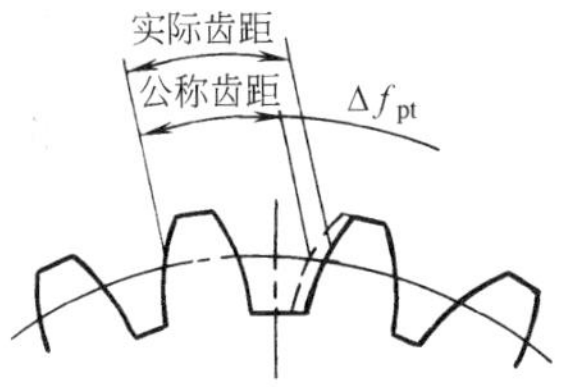 齿距极限偏差 　上偏差 $+f_{pt}$ 　下偏差 $-f_{pt}$	在中点分度圆[①]上,实际齿距与公称齿距之差
齿形相对误差 Δf_c 齿形相对误差的公差 f_c	齿轮绕工艺轴线旋转时,各轮齿实际齿面相对于基准实际齿面传递运动的转角之差。以齿宽中点处线值计
齿厚偏差 $\Delta E_{\bar{s}}$ 齿厚极限偏差 　上偏差 E_{ss} 　下偏差 E_{si} 　公　差 $T_{\bar{s}}$	齿宽中点法向弦齿厚的实际值与公称值之差
齿轮副切向综合误差 $\Delta F'_{ic}$ 齿轮副切向综合公差 F'_{ic}	齿轮副按规定的安装位置单面啮合时,在转动的整周期[②]内,一个齿轮相对另一个齿轮的实际转角与理论转角之差的总幅度值。以齿宽中点分度圆弧长计
齿轮副一齿切向综合误差 $\Delta f'_{ic}$ 齿轮副一齿切向综合公差 f'_{ic}	齿轮副按规定的安装位置单面啮合时,在一齿距角内,一个齿轮相对另一个齿轮的实际转角与理论转角之差的最大值。在整周期[②]内取值,以齿宽中点分度圆弧长计

名　　　　称	定　　　义
齿轮副轴交角综合误差 $\Delta F''_{i\Sigma c}$ 齿轮副轴交角综合公差 $F''_{i\Sigma c}$	齿轮副在分锥顶点重合条件下双面啮合时,在转动的整周期[②]内,轴交角的最大变动量。以齿宽中点处线值计
齿轮副一齿轴交角综合误差 $\Delta f''_{i\Sigma c}$ 齿轮副一齿轴交角综合公差 $f''_{i\Sigma c}$	齿轮副在分锥顶点重合条件下双面啮合时,在一齿距角内,轴交角的最大变动量。在整周期[②]内取值,以齿宽中点处线值计
齿轮副周期误差 $\Delta f'_{zkc}$ 齿轮副周期误差的公差 f'_{zkc}	齿轮副按规定的安装位置单面啮合时,在大轮一转范围内,二次(包括二次)以上各次谐波的总幅度值
齿轮副齿频周期误差 $\Delta f'_{zzc}$ 齿轮副齿频周期误差的公差 f'_{zzc}	齿轮副按规定的安装位置单面啮合时,以齿数为频率的谐波的总幅度值
接触斑点 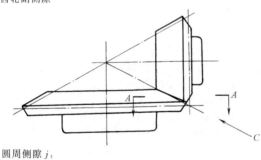	安装好的齿轮副(或被测齿轮与测量齿轮)在轻微力的制动下运转后,在齿轮工作齿面上得到的接触痕迹 接触斑点包括形状、位置、大小三方面的要求 接触痕迹的大小按百分比确定 沿齿长方向——接触痕迹长度 b'' 与工作长度 b' 之比,即 $\dfrac{b''}{b'}\times100\%$ 沿齿高方向——接触痕迹高度 h'' 与接触痕迹中部的工作齿高 h' 之比,即 $\dfrac{h''}{h'}\times100\%$
齿轮副侧隙 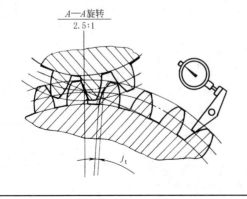 圆周侧隙 j_t	
	齿轮副按规定的位置安装后,其中一个齿轮固定时,另一个齿轮从工作齿面接触到非工作齿面接触所转过的齿宽中点分度圆弧长

第14篇

名　　称	定　　义
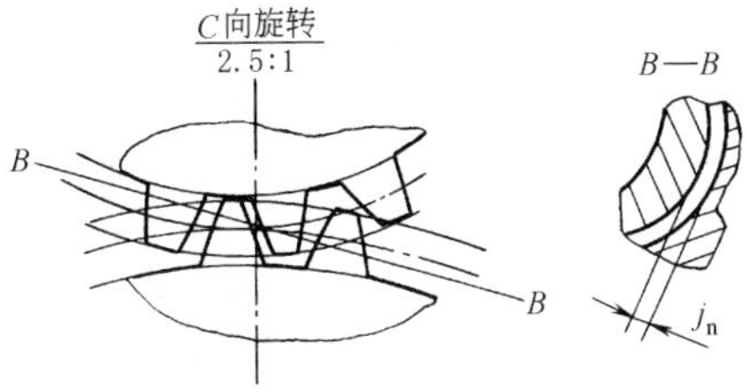 法向侧隙 j_n C向旋转 2.5:1 B—B （图示）	齿轮副按规定的位置安装后,工作齿面接触时,非工作齿面间的最小距离。以齿宽中点处计 $j_n = j_t \cos\beta \cos\alpha$
最小圆周侧隙 j_{tmin} 最大圆周侧隙 j_{tmax} 最小法向侧隙 j_{nmin} 最大法向侧隙 j_{nmax}	
齿轮副侧隙变动量 ΔF_{vj} 齿轮副侧隙变动公差 F_{vj}	齿轮副按规定的位置安装后,在转动的整周期[②]内,法向侧隙的最大值与最小值之差
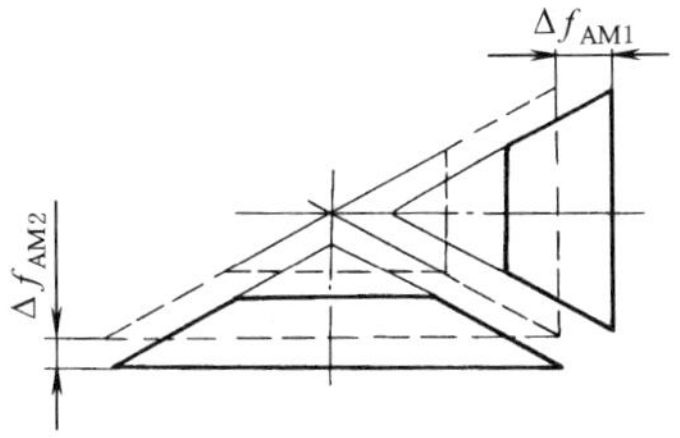 齿圈轴向位移 Δf_{AM} Δf_{AM1} Δf_{AM2} （图示）	齿轮装配后,齿圈相对于滚动检查机上确定的最佳啮合位置的轴向位移量
齿圈轴向位移极限偏差 　　上偏差 $+f_{AM}$ 　　下偏差 $-f_{AM}$	
齿轮副轴间距偏差 Δf_a 设计轴线　设计轴线 f_a E_Σ 实际轴线 （图示）	齿轮副实际轴间距与公称轴间距之差
齿轮副轴间距极限偏差 　　上偏差 $+f_a$ 　　下偏差 $-f_a$	
齿轮副轴交角偏差 ΔE_Σ 齿轮副轴交角极限偏差 　　上偏差 $+E_\Sigma$ 　　下偏差 $-E_\Sigma$	齿轮副实际轴交角与公称轴交角之差。以齿宽中点处线值计

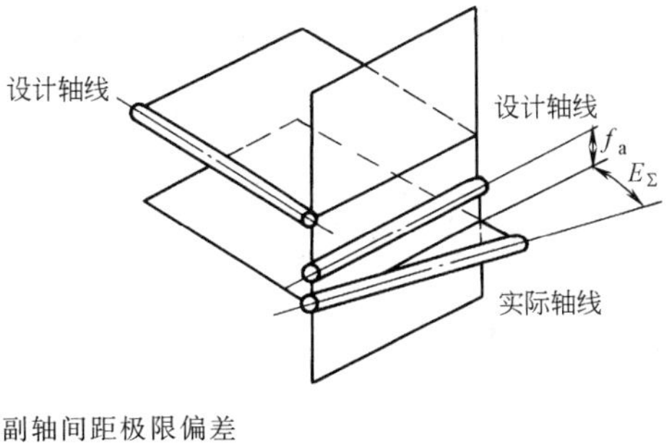

①允许在齿面中部测量。

②齿轮副转动整周期按下式计算:$n_2 = \dfrac{z_1}{X}$,式中,n_2——大轮转数;z_1——小轮齿数;X——大小轮齿数的最大公约数。

3.7.2　精度等级、齿轮和齿轮副的检验与公差

表 14-3-76　　　　　　　　　　精度等级、齿轮和齿轮副的检验与公差

<table>
<tr>
<td rowspan="8">精度
等级</td>
<td colspan="3">①标准对齿轮及齿轮副规定 12 个精度等级。第 1 级的精度最高，第 12 级的精度最低
②将齿轮和齿轮副的公差项目分成三个公差组：</td>
</tr>
<tr>
<td rowspan="2">第 I 公差组</td>
<td>齿轮</td>
<td>F_i'、$F_{i\Sigma}''$、F_p、F_{pk}、F_r</td>
</tr>
<tr>
<td>齿轮副</td>
<td>F_{ic}'、$F_{i\Sigma c}''$、F_{vj}</td>
</tr>
<tr>
<td rowspan="2">第 II 公差组</td>
<td>齿轮</td>
<td>f_i'、$f_{i\Sigma}''$、f_{zk}'、f_{pt}、f_c</td>
</tr>
<tr>
<td>齿轮副</td>
<td>f_{ic}'、$f_{i\Sigma c}''$、f_{zkc}'、f_{zzc}'、f_{AM}</td>
</tr>
<tr>
<td rowspan="2">第 III 公差组</td>
<td>齿轮</td>
<td>接触斑点</td>
</tr>
<tr>
<td>齿轮副</td>
<td>接触斑点 f_a</td>
</tr>
<tr>
<td colspan="3">③根据使用要求，允许各公差组选用不同的精度等级。但对齿轮副中大、小轮的同一公差组，应规定同一精度等级
④允许工作齿面和非工作齿面选用不同的精度等级（$F_{i\Sigma}''$、$F_{i\Sigma c}''$、$f_{i\Sigma}''$、$f_{i\Sigma c}''$、F_r、F_{vj} 除外）</td>
</tr>
<tr>
<td rowspan="13">齿轮的
检验与
公差</td>
<td colspan="3">根据齿轮的工作要求和生产规模，在以下各公差组中，任选一个检验组评定和验收齿轮的精度等级。检验组可由订货的供需双方协商确定</td>
</tr>
<tr>
<td rowspan="5">第 I 公差组
的检验组</td>
<td>$\Delta F_i'$</td>
<td>用于 4～8 级精度</td>
</tr>
<tr>
<td>$\Delta F_{i\Sigma}''$</td>
<td>用于 7～12 级精度的直齿锥齿轮；用于 9～12 级精度的斜齿、曲线齿锥齿轮</td>
</tr>
<tr>
<td>ΔF_p 与 ΔF_{pk}</td>
<td>用于 4～6 级精度</td>
</tr>
<tr>
<td>ΔF_p</td>
<td>用于 7～8 级精度</td>
</tr>
<tr>
<td>ΔF_r</td>
<td>用于 7～12 级精度，其中 7～8 级用于中点分度圆直径大于 1600mm 的齿轮</td>
</tr>
<tr>
<td rowspan="4">第 II 公差组
的检验组</td>
<td>$\Delta f_i'$</td>
<td>用于 4～8 级精度</td>
</tr>
<tr>
<td>$\Delta f_{i\Sigma}''$</td>
<td>用于 7～12 级精度的直齿锥齿轮；用于 9～12 级精度的斜齿，曲线齿锥齿轮</td>
</tr>
<tr>
<td>$\Delta f_{zk}'$</td>
<td>用于 4～8 级精度、齿线重合度 ε_β 大于表 1 界限值的齿轮</td>
</tr>
<tr>
<td>Δf_{pt} 与 Δf_c</td>
<td>用于 4～6 级精度</td>
</tr>
<tr>
<td></td>
<td>Δf_{pt}</td>
<td>用于 7～12 级精度</td>
</tr>
<tr>
<td>第 III 公差组
的检验组</td>
<td colspan="2">接触斑点</td>
</tr>
<tr>
<td colspan="3">

表 1　ε_β 的界限值

第 III 公差组精度等级	4～5	6～7	8
纵向重合度 ε_β 界限值	1.35	1.55	2.0

</td>
</tr>
<tr>
<td rowspan="7">齿轮副
的检验
与公差</td>
<td colspan="3">①齿轮副精度包括 I、II、III 公差组和侧隙四方面要求。当齿轮副安装在实际装置上时，应检验安装误差项目 Δf_{AM}、Δf_a、ΔE_Σ
②根据齿轮副的工作要求和生产规模，在以下各公差组中，任选一个检验组评定和验收齿轮副的精度。检验组可由订货的供需双方确定</td>
</tr>
<tr>
<td rowspan="3">第 I 公差组
的检验组</td>
<td>$\Delta F_{ic}'$</td>
<td>用于 4～8 级精度</td>
</tr>
<tr>
<td>$\Delta F_{i\Sigma c}''$</td>
<td>用于 7～12 级精度的直齿锥齿轮副；用于 9～12 级精度的斜齿、曲线齿锥齿轮副</td>
</tr>
<tr>
<td>ΔF_{vj}</td>
<td>用于 9～12 级精度</td>
</tr>
<tr>
<td rowspan="3">第 II 公差组
的检验组</td>
<td>$\Delta f_{ic}'$</td>
<td>用于 4～8 级精度</td>
</tr>
<tr>
<td>$\Delta f_{i\Sigma c}''$</td>
<td>用于 7～12 级精度的直齿锥齿轮副；用于 9～12 级精度的斜齿、曲线齿锥齿轮副</td>
</tr>
<tr>
<td>$\Delta f_{zkc}'$
$\Delta f_{zzc}'$</td>
<td>用于 4～8 级精度、纵向重合度 ε_β 大于等于表 1 界限值的齿轮副
用于 4～8 级精度、纵向重合度 ε_β 小于表 1 界限值的齿轮副</td>
</tr>
<tr>
<td>第 III 公差组
的检验组</td>
<td colspan="2" align="center">接触斑点</td>
</tr>
</table>

3.7.3 齿轮副侧隙

1) 标准规定齿轮副的最小法向侧隙种类为 6 种：a、b、c、d、e 和 h。最小法向侧隙值以 a 为最大，h 为零（如图 14-3-18 所示）。最小法向侧隙种类与精度等级无关。

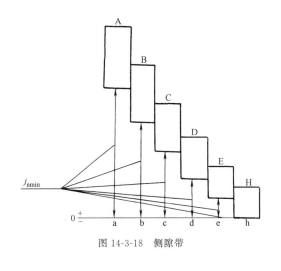

图 14-3-18　侧隙带

2) 最小法向侧隙种类确定后，按表 14-3-88 和表14-3-93 查取 $E_{\overline{ss}}$ 和 $\pm E_{\Sigma}$。

3) 最小法向侧隙 j_{nmin} 按表 14-3-87 规定。有特殊要求时，j_{nmin} 可不按表 14-3-87 所列数值确定。此时，用线性插值法由表 14-3-88 和表 14-3-93 计算 $E_{\overline{ss}}$ 和 $\pm E_{\Sigma}$。

4) 最大法向侧隙 j_{nmax} 按 $j_{nmax} = (\,|\,E_{\overline{ss}1} + E_{\overline{ss}2}\,| + T_{\overline{s}1} + T_{\overline{s}2} + E_{\overline{s}\Delta1} + E_{\overline{s}\Delta2})\cos\alpha_n$ 规定。$E_{\overline{s}\Delta}$ 为制造误差的补偿部分，由表 14-3-90 查取。

5) 标准规定齿轮副的法向侧隙公差种类为 5 种：A、B、C、D 和 H，法向侧隙公差种类与精度等级有关。允许不同种类的法向侧隙公差和最小法向侧隙组合。在一般情况下，推荐法向侧隙公差种类与最小法向侧隙种类的对应关系如图 14-3-18 所示。

6) 齿厚公差 $T_{\overline{s}}$ 按表 14-3-89 规定。

3.7.4 图样标注

在齿轮工作图上应标注齿轮的精度等级和最小法向侧隙种类及法向侧隙公差种类的数字（字母）代号。

表 14-3-77　图样标注示例

1	齿轮的三个公差组精度同为 7 级，最小法向侧隙种类为 b，法向侧隙公差种类为 B 　　　　　　7　　b　GB/T 11365 　　　　　　　　　└── 最小法向侧隙和法向侧隙公差种类 　　　　　　　└── 第 Ⅰ、Ⅱ、Ⅲ 公差组的精度等级
2	齿轮的三个公差组精度同为 7 级，最小法向侧隙为 $400\mu m$，法向侧隙公差种类为 B 　　　　　7　-　400　　B　GB/T 11365 　　　　　　　　　　└── 法向侧隙公差种类 　　　　　　　　└── 最小法向侧隙数值 　　　　　　└── 第 Ⅰ、Ⅱ、Ⅲ 公差组的精度等级
3	齿轮的第 Ⅰ 公差组精度为 8 级，第 Ⅱ、Ⅲ 公差组精度为 7 级，最小法向侧隙种类为 c，法向侧隙公差种类为 B 　　　　8　-　7　-　7　　c　B　GB/T 11365 　　　　　　　　　　　　└── 法向侧隙公差种类 　　　　　　　　　　└── 最小法向侧隙种类 　　　　　　　　└── 第 Ⅲ 公差组精度等级 　　　　　　└── 第 Ⅱ 公差组精度等级 　　　　　└── 第 Ⅰ 公差组精度等级

第 14 篇

3.7.5　齿轮公差与极限偏差数值

表 14-3-78　　　　　　　　齿距累积公差 F_p 和 k 个齿距累积公差 F_{pk} 值　　　　　　μm

L/mm		精 度 等 级								
大于	到	4	5	6	7	8	9	10	11	12
—	11.2	4.5	7	11	16	22	32	45	63	90
11.2	20	6	10	16	22	32	45	63	90	125
20	32	8	12	20	28	40	56	80	112	160
32	50	9	14	22	32	45	63	90	125	180
50	80	10	16	25	36	50	71	100	140	200
80	160	12	20	32	45	63	90	125	180	250
160	315	18	28	45	63	90	125	180	250	355
315	630	25	40	63	90	125	180	250	355	500
630	1000	32	50	80	112	160	224	315	450	630
1000	1600	40	63	100	140	200	280	400	560	800
1600	2500	45	71	112	160	224	315	450	630	900
2500	3150	56	90	140	200	280	400	560	800	1120
3150	4000	63	100	160	224	315	450	630	900	1250
4000	5000	71	112	180	250	355	500	710	1000	1400
5000	6300	80	125	200	280	400	560	800	1120	1600

注：F_p 和 F_{pk} 按中点分度圆弧长 L 查表：查 F_p 时，取 $L=\dfrac{1}{2}\pi\alpha=\dfrac{\pi m_n z}{2\cos\beta}$；查 F_{pk} 时，取 $L=\dfrac{k\pi m_n}{\cos\beta}$（没有特殊要求时，$k$ 值取 $z/6$ 或最接近的整齿数）。

表 14-3-79　　　　　　　　　　齿圈跳动公差 F_r 值　　　　　　　　　μm

中点分度圆直径/mm		中点法向模数 /mm	精 度 等 级					
大于	到		7	8	9	10	11	12
—	125	$\geqslant 1\sim 3.5$	36	45	56	71	90	112
		$>3.5\sim 6.3$	40	50	63	80	100	125
		$>6.3\sim 10$	45	56	71	90	112	140
		$>10\sim 16$	50	63	80	100	120	150
125	400	$\geqslant 1\sim 3.5$	50	63	80	100	125	160
		$>3.5\sim 6.3$	56	71	90	112	140	180
		$>6.3\sim 10$	63	80	100	125	160	200
		$>10\sim 16$	71	90	112	140	180	224
		$>16\sim 25$	80	100	125	160	200	250
400	800	$\geqslant 1\sim 3.5$	63	80	100	125	160	200
		$>3.5\sim 6.3$	71	90	112	140	180	224
		$>6.3\sim 10$	80	100	125	160	200	250
		$>10\sim 16$	90	112	140	180	224	280
		$>16\sim 25$	100	125	160	200	250	315
		$>25\sim 40$	—	140	180	224	280	360
800	1600	$\geqslant 1\sim 3.5$	—	—	—	—	—	—
		$>3.5\sim 6.3$	80	100	125	160	200	250
		$>6.3\sim 10$	90	112	140	180	224	280
		$>10\sim 16$	100	125	160	200	250	315
		$>16\sim 25$	112	140	180	224	280	360
		$>25\sim 40$	—	160	200	260	315	420

续表

中点分度圆直径/mm		中点法向模数 /mm	精　度　等　级					
大于	到		7	8	9	10	11	12
1600	2500	≥1～3.5	—	—	—	—	—	—
		>3.5～6.5	—	—	—	—	—	—
		>6.3～10	100	125	160	200	250	315
		>10～16	112	140	180	224	280	355
		>16～25	125	160	200	250	315	400
		>25～40		190	240	300	380	480
		>40～55		220	280	340	450	560
2500	4000	≥1～3.5	—	—	—	—	—	—
		>3.5～6.3	—	—	—	—	—	—
		>6.3～10	—	—	—	—	—	—
		>10～16	125	160	200	250	315	400
		>16～25	140	180	224	280	355	450
		>25～40		224	280	355	450	560
		>40～55		240	320	400	530	630

表 14-3-80　　　　　周期误差的公差 f'_{zk} 值（齿轮副周期误差的公差 f'_{zkc} 值）　　　　　　μm

中点分度圆直径 /mm		中点法向模数 /mm	精　度　等　级																
			4									5							
			齿轮在一转(齿轮副在大轮一转)内的周期数																
大于	到		≥2～4	>4～8	>8～16	>16～32	>32～63	>63～125	>125～250	>250～500	>500	≥2～4	>4～8	>8～16	>16～32	>32～63	>63～125	>125～250	>250～500	>500
—	125	≥1～6.3	4.5	3.2	2.4	1.9	1.5	1.3	1.2	1.1	1	7.1	5	3.8	3	2.5	2.1	1.9	1.7	1.6
		>6.3～10	5.3	3.8	2.8	2.2	1.8	1.5	1.4	1.2	1.1	8.5	6	4.5	3.6	2.8	2.5	2.1	1.9	1.8
125	400	≥1～6.3	6.3	4.5	3.4	2.8	2.2	1.9	1.8	1.5	1.4	10.5	7.1	5.6	4.5	3.4	3	2.8	2.4	2.2
		>6.3～10	7.1	5	4	3	2.5	2.1	1.9	1.7	1.6	11	8	6.5	4.8	4	3.2	3	2.6	2.5
400	800	≥1～6.3	8.5	6	4.5	3.6	2.8	2.5	2.2	2	1.9	13	9.5	7.1	5.6	4.5	4	3.4	3	2.8
		>6.3～10	9	6.7	5	3.8	3	2.6	2.2	2.1	2	14	10.5	8	6	5	4.2	3.6	3.2	3
800	1600	≥1～6.3	9	6.7	5	4	3.2	2.6	2.4	2.2	2	14	10.5	8	6.3	5	4.2	3.8	3.4	3.2
		>6.3～10	11	8	6	4.8	3.8	3.2	2.8	2.6	2.5	16	15	10	7.5	6.3	5.3	4.8	4.2	4
1600	2500	≥1～6.3	10.5	7.5	5.6	4.5	3.2	3	2.6	2.5	2.2	16	11	8.5	7.1	5.6	4.8	4.2	4	3.6
		>6.3～10	12	8.5	6.5	5	4	3.6	3	2.8	2.6	19	14	10.5	8	6.7	5.6	5	4.5	4.2
2500	4000	≥1～6.3	11	8	6.3	4.8	4	3.4	3	2.8	2.6	18	13	10	7.5	6.3	5.3	4.8	4.2	4
		>6.3～10	13	9.5	7.1	5.6	4.5	3.4	3	2.8	2.6	21	15	11	9	7.1	6	5.3	5	4.5

中点分度圆直径 /mm		中点法向模数 /mm	精　度　等　级													
			6									7				
			齿轮在一转(齿轮副在大轮一转)内的周期数													
大于	到		≥2～4	>4～8	>8～16	>16～32	>32～63	>63～125	>125～250	>250～500	>500	≥2～4	>4～8	>8～16	>16～32	>32～63
—	125	≥1～6.3	11	8	6	4.8	3.8	3.2	3	2.6	2.5	17	13	10	8	6
		>6.3～10	13	9.5	7.1	5.6	4.5	3.8	3.4	3	2.8	21	15	11	9	7.1
125	400	≥1～6.3	16	11	8.5	6.7	5.6	4.8	4.2	3.8	3.6	25	18	13	10	9
		>6.3～10	18	13	10	7.5	6	5.3	4.5	4.2	4	28	20	16	12	10
400	800	≥1～6.3	21	51	11	9	7.1	6	5.3	5	4.8	32	24	18	4	11
		>6.3～10	22	17	12	9.5	7.5	6.7	6	5.3	5	36	26	19	15	12
800	1600	≥1～6.3	24	17	13	10	8	7.5	7	6.3	6	36	26	20	16	13
		>6.3～10	27	20	15	12	9.5	8	7.1	6.7	6.3	42	30	22	18	15
1600	2500	≥1～6.3	26	19	4	11	9	7.5	6.7	6.3	5.6	40	30	22	17	14
		>6.3～10	30	21	16	12	10	8	1.7	6.7	6.3	45	34	26	20	16
2500	4000	≥1～6.3	28	21	16	12	10	8	7.5	6.7	6.3	45	32	25	19	16
		>6.3～10	32	22	17	14	11	9.5	8.5	7.5	7.1	53	38	28	22	18

中点分度圆直径/mm		中点法向模数/mm	精 度 等 级											
大于	到		7				8								
			齿轮在一转(齿轮副在大轮一转)内的周期数												
			>63~125	>125~250	>250~500	>500	≥2~4	>4~8	>8~16	>16~32	>32~63	>63~125	>125~250	>250~500	>500
—	125	≥1~6.3	5.3	4.5	4.2	4	25	18	13	10	8.5	7.5	6.7	6	5.6
		>6.3~10	6	5.3	5	4.5	28	21	16	12	10	8.5	7.5	7	6.7
125	400	≥1~6.3	7.5	6.7	6	5.6	36	26	19	15	12	10	9	8.5	8
		>6.3~10	8	7.5	6.7	6.3	40	30	22	17	14	12	10.5	10	8.5
400	800	≥1~6.3	10	8.5	8	7.5	45	32	25	19	16	13	12	11	10
		>6.3~10	10	9.5	8.5	8	50	36	28	21	17	15	13	12	11
800	1600	≥1~6.3	11	10	8.5	8	53	38	28	22	18	15	14	12	11
		>6.3~10	12	11	10	9.5	63	44	32	26	22	18	16	14	13
1600	2500	≥1~6.3	22	11	9.5	9	56	42	30	24	20	17	15	14	13
		>6.3~10	14	12	11		67	50	36	28	22	19	17	16	15
2500	4000	≥1~6.3	13	12	11	10	63	45	34	28	22	19	17	15	14
		>6.3~10	15	14	12	11	71	53	40	30	25	22	19	18	16

表 14-3-81　　　　　　　　齿距极限偏差 $\pm f_{pt}$ 值　　　　　　　　　　　　μm

中点分度圆直径/mm		中点法向模数/mm	精 度 等 级								
大于	到		4	5	6	7	8	9	10	11	12
—	125	≥1~3.5	4	6	10	14	20	28	40	56	80
		>3.5~6.3	5	8	13	18	25	36	50	71	100
		>6.3~10	5.5	9	14	20	28	40	56	80	112
		>10~16	—	11	17	24	34	48	67	100	130
125	400	≥1~3.5	4.5	7	11	16	22	32	45	63	90
		>3.5~6.3	5.5	9	14	20	28	40	56	80	112
		>6.3~10	6	10	16	22	32	45	63	90	125
		>10~16	—	11	18	25	36	50	71	100	140
		>16~25	—	—	—	32	45	63	90	125	180
400	800	≥1~3.5	5	8	13	18	25	36	50	71	100
		>3.5~6.3	5.5	9	14	20	28	40	56	80	112
		>6.3~10	7	11	18	25	36	50	71	100	140
		>10~16	—	12	20	28	40	56	80	112	160
		>16~25	—	—	—	36	50	71	100	140	200
		>25~40	—	—	—	—	63	90	125	180	250
800	1600	≥1~3.5	—	—	—	—	—	—	—	—	—
		>3.5~6.3	—	10	16	22	32	45	63	90	125
		>6.3~10	7	11	18	25	36	50	71	100	140
		>10~16	—	13	20	28	40	56	80	112	160
		>16~25	—	—	—	36	50	71	100	140	200
		>25~40	—	—	—	—	63	90	125	180	250
1600	2500	≥1~3.5	—	—	—	—	—	—	—	—	—
		>3.5~6.3	—	—	—	—	—	—	—	—	—
		>6.3~10	8	13	20	28	40	56	80	112	160
		>10~16	—	14	22	32	45	63	90	125	180
		>16~25	—	—	—	40	56	80	112	160	224
		>25~40	—	—	—	—	71	100	140	200	280
		>40~55	—	—	—	—	90	125	180	250	355
2500	4000	≥1~3.5	—	—	—	—	—	—	—	—	—
		>3.5~6.3	—	—	—	—	—	—	—	—	—
		>6.3~10	—	—	—	32	—	—	—	—	—
		>10~16	—	16	25	36	50	71	100	140	200
		>16~25	—	—	—	40	56	80	112	160	224
		>25~40	—	—	—	—	71	100	140	200	280
		>40~55	—	—	—	—	95	140	180	280	400

表 14-3-82　　　　　　　　　**齿形相对误差的公差 f_c 值**　　　　　　　　　　μm

中点分度圆直径/mm		中点法向模数	精　度　等　级				
大于	到	/mm	4	5	6	7	8
—	125	≥1~3.5	3	4	5	8	10
		>3.5~6.3	4	5	6	9	13
		>6.3~10	4	6	8	11	17
		>10~16	—	7	10	15	22
125	400	≥1~3.5	4	5	7	9	13
		>3.5~6.3	4	6	8	11	15
		>6.3~10	5	7	9	13	19
		>10~16	—	8	11	17	25
		>16~25	—	—	—	22	34
400	800	≥1~3.5	5	6	9	12	18
		>3.5~6.3	5	7	10	14	20
		>6.3~10	6	8	11	16	24
		>10~16	—	9	13	20	30
		>16~25	—	—	—	25	38
		>25~40	—	—	—	—	53
800	1600	≥1~3.5	—	—	—	—	—
		>3.5~6.3	6	9	13	19	28
		>6.3~10	7	10	14	21	32
		>10~16	—	11	16	25	38
		>16~25	—	—	—	30	48
		>25~40	—	—	—	—	60
1600	2500	≥1~3.5	—	—	—	—	—
		>3.5~6.3	—	—	—	—	—
		>6.3~10	9	13	19	28	45
		>10~16	—	14	21	32	50
		>16~25	—	—	—	38	56
		>25~40	—	—	—	—	71
		>40~55	—	—	—	—	90
2500	4000	≥1~3.5	—	—	—	—	—
		>3.5~6.3	—	—	—	—	—
		>6.3~10	—	—	—	—	—
		>10~16	—	18	28	42	61
		>16~25	—	—	—	48	75
		>25~40	—	—	—	—	90
		>40~55	—	—	—	—	105

表 14-3-83　　　　　　　　　**齿轮副轴交角综合公差 $F''_{i\Sigma c}$ 值**　　　　　　　　　　μm

中点分度圆直径/mm		中点法向模数	精　度　等　级					
大于	到	/mm	7	8	9	10	11	12
—	125	≥1~3.5	67	85	110	130	170	200
		>3.5~6.3	75	95	120	150	190	240
		>6.3~10	85	105	130	170	220	260
		>10~16	100	120	150	190	240	300
125	400	≥1~3.5	100	125	160	190	250	300
		>3.5~6.3	105	130	170	200	260	340
		>6.3~10	120	150	180	220	280	360
		>10~16	130	160	200	250	320	400
		>16~25	150	190	220	280	375	450

第 14 篇

续表

中点分度圆直径/mm		中点法向模数 /mm	精 度 等 级					
大于	到		7	8	9	10	11	12
400	800	≥1～3.5	130	160	200	260	320	400
		>3.5～6.3	140	170	220	280	340	420
		>6.3～10	150	190	240	300	360	450
		>10～16	160	200	260	320	400	500
		>16～25	180	240	280	360	450	560
		>25～40	—	280	340	420	530	670
800	1600	≥1～3.5	150	180	240	280	360	450
		>3.5～6.3	160	200	250	320	400	500
		>6.3～10	180	220	280	360	450	560
		>10～16	200	250	320	400	500	600
		>16～25	—	280	340	450	560	670
		>25～40	—	320	400	500	630	800
1600	2500	≥1～3.5	—	—	—	—	—	—
		>3.5～6.3	—	—	—	—	—	—
		>6.3～10	—	—	—	—	—	—
		>10～16	—	—	—	—	—	—
		>16～25	—	—	—	—	—	—
		>25～40	—	—	—	—	—	—
		>40～55	—	—	—	—	—	—
2500	4000	≥1～3.5	—	—	—	—	—	—
		>3.5～6.3	—	—	—	—	—	—
		>6.3～10	—	—	—	—	—	—
		>10～16	—	—	—	—	—	—
		>16～25	—	—	—	—	—	—
		>25～40	—	—	—	—	—	—
		>40～55	—	—	—	—	—	—

表 14-3-84 　　　　　　　 侧隙变动公差 F_{vj} 值 　　　　　　 μm

直径/mm		中点法向模数 /mm	精 度 等 级			
大于	到		9	10	11	12
—	125	≥1～3.5	75	90	120	150
		>3.5～6.3	80	100	130	160
		>6.3～10	90	120	150	180
		>10～16	105	130	170	200
125	400	≥1～3.5	110	140	170	200
		>3.5～6.3	120	150	180	220
		>6.3～10	130	160	200	250
		>10～16	140	170	220	280
		>16～25	160	200	250	320
400	800	≥1～3.5	140	180	220	280
		>3.5～6.3	150	190	240	300
		>6.3～10	160	200	260	320
		>10～16	180	220	280	340
		>16～25	200	250	300	380
		>25～40	240	300	380	450

续表

直径/mm		中点法向模数	精　度　等　级			
大于	到	/mm	9	10	11	12
800	1600	≥1~3.5	—	—	—	—
		>3.5~6.3	170	220	280	360
		>6.3~10	200	250	320	400
		>10~16	220	270	340	440
		>16~25	240	300	380	480
		>25~40	280	340	450	530
1600	2500	≥1~3.5	—	—	—	—
		>3.5~6.3	—	—	—	—
		>6.3~10	220	280	340	450
		>10~16	250	300	400	500
		>16~25	280	360	450	560
		>25~40	320	400	500	630
		>40~55	360	450	560	710
2500	4000	≥1~3.5	—	—	—	—
		>3.5~6.3	—	—	—	—
		>6.3~10	—	—	—	—
		>10~16	280	340	420	530
		>16~25	320	400	500	630
		>25~40	375	450	560	710
		>40~55	420	530	670	800

注：1. 取大小轮中点分度圆直径之和的一半作为查表直径。

2. 对于齿数比为整数，且不大于 3 的齿轮副，当采用选配时，可将侧隙变动公差 F_{vj} 值压缩 25% 或更多。

表 14-3-85　　　　　　　　齿轮副一齿轴交角综合公差 $f''_{i\Sigma c}$ 值　　　　　　μm

中点分度圆直径/mm		中点法向模数	精　度　等　级					
大于	到	/mm	7	8	9	10	11	12
—	125	≥1~3.5	28	40	53	67	85	100
		>3.5~6.3	36	50	60	75	95	120
		>6.3~10	40	56	71	90	110	140
		>10~16	48	67	85	105	140	170
125	400	≥1~3.5	32	45	60	75	95	120
		>3.5~6.3	40	56	67	80	105	130
		>6.3~10	45	63	80	100	125	150
		>10~16	50	71	90	120	150	190
400	800	≥1~3.5	36	50	67	80	105	130
		>3.5~6.3	40	56	75	90	120	150
		>6.3~10	50	71	85	105	140	170
		>10~16	56	80	100	130	160	200
800	1600	≥1~3.5	—	—	—	—	—	—
		>3.5~6.3	45	63	80	105	130	160
		>6.3~10	50	71	90	120	150	180
		>10~16	56	80	110	140	170	210
1600	2500	≥1~3.5	—	—	—	—	—	—
		>3.5~6.3	—	—	—	—	—	—
		>6.3~10	56	80	100	130	160	200
		>10~16	63	110	120	150	180	240
2500	4000	≥1~3.5	—	—	—	—	—	—
		>3.5~6.3	—	—	—	—	—	—
		>6.3~10	—	—	—	—	—	—
		>10~16	71	100	125	160	200	250

第14篇

表 14-3-86 齿轮副齿频周期误差的公差 f'_{zzc} 值 μm

齿 数		中点法向模数 /mm	精 度 等 级				
大于	到		4	5	6	7	8
—	16	≥1~3.5	4.5	6.7	10	15	22
		>3.5~6.3	5.6	8	12	18	28
		>6.3~10	6.7	10	14	22	32
16	32	≥1~3.5	5	7.1	10	16	24
		>3.5~6.3	5.6	8.5	13	19	28
		>6.3~10	7.1	11	16	24	34
		>10~16	—	13	19	28	42
32	63	≥1~3.5	5	7.5	11	17	24
		>3.5~6.3	6	9	14	20	30
		>6.3~10	7.1	11	17	24	36
		>10~16	—	14	20	30	45
63	125	≥1~3.5	5.3	8	12	18	25
		>3.5~6.3	6.7	10	15	22	32
		>6.3~10	8	12	18	26	38
		>10~16	—	15	22	34	48
125	250	≥1~3.5	5.6	8.5	13	19	28
		>3.5~6.3	7.1	11	16	24	34
		>6.3~10	8.5	13	19	30	42
		>10~16	—	16	24	36	53
250	500	≥1~3.5	6.3	9.5	14	21	30
		>3.5~6.3	8	12	18	28	40
		>6.3~10	9	15	22	34	48
		>10~16	—	18	28	42	60
500	—	≥1~3.5	7.1	11	16	24	34
		>3.5~6.3	9	14	21	30	45
		>6.3~10	11	14	25	38	56
		>10~16	—	21	32	48	71

注：1. 表中齿数为齿轮副中大轮齿数。

2. 表中数值用于齿线有效重合度 $\varepsilon_{\beta e} \leqslant 0.45$ 的齿轮副。对 $\varepsilon_{\beta e} > 0.45$ 的齿轮副，按以下规定压缩表值：

$\varepsilon_{\beta e} > 0.45~0.58$ 时，表值乘以 0.6；$\varepsilon_{\beta e} > 0.58~0.67$ 时，表值乘以 0.4；

$\varepsilon_{\beta e} > 0.67$ 时，表值乘以 0.3。$\varepsilon_{\beta e}$ 为 ε_{β} 乘以齿长方向接触斑点大小百分比的平均值。

表 14-3-87 最小法向侧隙 j_{nmin} 值 μm

中点锥距/mm		小轮分锥角/(°)		最 小 法 向 侧 隙 种 类					
大于	到	大于	到	h	e	d	c	b	a
—	50	—	15	0	15	22	36	58	90
		15	25	0	21	33	52	84	130
		25	—	0	25	39	62	100	160
50	100	—	15	0	21	33	52	84	130
		15	25	0	25	39	62	100	160
		25	—	0	30	46	74	120	190
100	200	—	15	0	25	39	62	100	160
		15	25	0	35	54	87	140	220
		25	—	0	40	63	100	160	250
200	400	—	15	0	30	46	74	120	190
		15	25	0	46	72	115	185	290
		25	—	0	52	81	130	210	320
400	800	—	15	0	40	63	100	160	250
		15	25	0	57	89	140	230	360
		25	—	0	70	110	175	280	440

续表

中点锥距/mm		小轮分锥角/(°)		最小法向侧隙种类					
大于	到	大于	到	h	e	d	c	b	a
800	1600	—	15	0	52	81	130	210	320
		15	25	0	80	125	200	320	500
		25	—	0	105	165	260	420	660
1600	—	—	15	0	70	110	175	280	440
		15	25	0	125	195	310	500	780
		25	—	0	175	280	440	710	1100

注：正交齿轮副按中点锥距 R 查表。非正交齿轮副按下式算出的 R' 查表：

$$R' = \frac{R}{2}(\sin 2\delta_1 + \sin 2\delta_2)$$

式中，δ_1 和 δ_2 为小、大轮分锥角。

表 14-3-88　　　　　　　　　　　　　齿厚上偏差 $E_{\bar{s}s}$ 值　　　　　　　　　　　　　　　μm

		中 点 分 度 圆 直 径/mm										
	中点法向模数 /mm	<125			>125~400			>400~800			>800~1600		
		分　锥　角/(°)											
		≤20	>20~45	>45	≤20	>20~45	>45	≤20	>20~45	>45	≤20	>20~45	>45
基本值	≥1~3.5	−20	−20	−22	−28	−32	−30	−36	−50	−45	—	—	—
	>3.5~6.3	−22	−22	−25	−32	−32	−30	−38	−55	−45	−75	−85	−80
	>6.3~10	−25	−25	−28	−36	−36	−34	−40	−55	−50	−80	−90	−85
	>10~16	−28	−28	−30	−36	−38	−36	−48	−60	−55	−80	−100	−85
	>16~25				−40	−40	−40	−50	−65	−60	−80	−100	−90

	最小法向 侧隙种类	第 Ⅱ 公 差 组 精 度 等 级						
		4~6	7	8	9	10	11	12
系　数	h	0.9	1.0	—	—	—	—	—
	e	1.45	1.6	—	—	—	—	—
	d	1.8	2.0	2.2	—	—	—	—
	c	2.4	2.7	3.0	3.2	—	—	—
	b	3.4	3.8	4.2	4.6	4.9	—	—
	a	5.0	5.5	6.0	6.6	7.0	7.8	9.0

注：1. 各最小法向侧隙种类和各精度等级齿轮的 $E_{\bar{s}s}$ 值，由基本值栏查出的数值乘以系数得出。

2. 当轴交角公差带相对零线不对称时，$E_{\bar{s}s}$ 值应作如下修正：增大轴交角上偏差时，$E_{\bar{s}s}$ 加上 $(E_{\Sigma s}-|E_{\Sigma}|)\tan\alpha$；减小轴交角上偏差时，$E_{\bar{s}s}$ 减去 $(|E_{\Sigma i}|-|E_{\Sigma}|)\tan\alpha$。式中，$E_{\Sigma s}$ 为修改后的轴交角上偏差；$E_{\Sigma i}$ 为修改后的轴交角下偏差；E_{Σ} 为表 14-3-93 中数值。

3. 允许把小、大轮齿厚上偏差（$E_{\bar{s}s1}$，$E_{\bar{s}s2}$）之和重新分配在两个齿轮上。

表 14-3-89　　　　　　　　　　　　　齿厚公差 $T_{\bar{s}}$ 值　　　　　　　　　　　　　　　　μm

齿圈跳动公差		法 向 侧 隙 公 差 种 类				
大于	到	H	D	C	B	A
—	8	21	25	30	40	52
8	10	22	28	34	45	55
10	12	24	30	36	48	60
12	16	26	32	40	52	65
16	20	28	36	45	58	75
20	25	32	42	52	65	85
25	32	38	48	60	75	95
32	40	42	55	70	85	110
40	50	50	65	80	100	130
50	60	60	75	95	120	150
60	80	70	90	110	130	180
80	100	90	110	140	170	220

第 14 篇

续表

齿圈跳动公差		法 向 侧 隙 公 差 种 类				
大于	到	H	D	C	B	A
100	125	110	130	170	200	260
125	160	130	160	200	250	320
160	200	160	200	260	320	400
200	250	200	250	320	380	500
250	320	240	300	400	480	630
320	400	300	380	500	600	750
400	500	380	480	600	750	950
500	630	450	500	750	950	1180

表 14-3-90　　　　最大法向侧隙（j_{nmax}）的制造误差补偿部分 $E_{\bar{s}\Delta}$ 值　　　　μm

第Ⅱ公差组精度等级	中点法向模数/mm	中点分度圆直径/mm										
		≤125			>125~400			>400~800			>800~1000		
		分 锥 角/(°)											
		≤20	>20~45	>45	≤20	>20~45	>45	≤20	>20~45	>45	≤20	>20~45	>45
4~6	≥1~3.5	18	18	20	25	28	28	32	45	40	—	—	—
	≥3.5~6.3	20	20	22	28	28	28	34	50	40	67	75	72
	≥6.3~10	22	22	25	32	32	30	36	50	45	72	80	75
	≥10~16	25	25	28	32	34	32	45	55	50	72	90	75
	≥16~25	—	—	—	36	36	36	45	56	45	72	90	85
7	≥1~3.5	20	20	22	28	32	30	36	50	45	—	—	—
	≥3.5~6.3	22	22	25	32	32	30	38	55	45	75	85	80
	≥6.3~10	25	25	28	36	36	34	40	55	50	80	90	85
	≥10~16	28	28	30	36	36	36	48	60	55	80	100	85
	≥16~25	—	—	—	40	40	40	50	65	60	80	100	95
8	≥1~3.5	22	22	24	30	36	32	40	55	50	—	—	—
	≥3.5~6.3	24	24	28	36	36	32	42	60	50	80	90	85
	≥6.3~10	28	28	30	40	40	38	45	60	55	85	100	95
	≥10~16	30	30	32	40	42	40	55	65	60	85	110	95
	≥16~25	—	—	—	45	45	45	55	72	65	85	110	105
9	≥1~3.5	24	24	25	32	38	36	45	65	55	—	—	—
	≥3.5~6.3	25	25	30	38	38	36	45	65	55	90	100	95
	≥6.3~10	30	30	32	45	45	40	48	65	60	95	110	100
	≥10~16	32	32	36	45	45	45	48	70	65	95	120	100
	≥16~25	—	—	—	48	48	48	60	75	70	95	120	115
10	≥1~3.5	25	25	28	36	42	40	48	65	60	—	—	—
	≥3.5~6.3	28	28	32	42	42	40	50	70	60	95	110	105
	≥6.3~10	32	32	36	48	48	45	50	70	65	105	115	110
	≥10~16	36	36	40	48	50	48	60	80	70	105	130	110
	≥16~25	—	—	—	50	50	50	65	85	80	105	130	125
11	≥1~3.5	30	30	32	40	45	45	50	70	65	—	—	—
	≥3.5~6.3	32	32	36	45	45	45	55	80	65	110	125	115
	≥6.3~10	36	36	40	50	50	50	60	80	70	115	130	125
	≥10~16	40	40	45	50	55	50	70	85	80	115	145	125
	≥16~25	—	—	—	60	60	60	70	95	85	115	145	140
12	≥1~3.5	32	32	35	45	45	48	60	80	70	—	—	—
	≥3.5~6.3	35	35	40	50	50	48	60	90	70	120	135	130
	≥6.3~10	40	40	45	60	60	55	65	90	80	130	145	135
	≥10~16	45	45	48	60	60	60	75	95	90	130	160	135
	≥16~25	—	—	—	65	65	65	80	105	95	130	160	150

表 14-3-91　齿圈轴向位移极限偏差 ± f_{AM} 值

μm

精度等级	中点法向模数 /mm	中点锥距 —~50 (分锥角 20 / 45 / —)			>50~100 (20 / 45 / —)			>100~200 (20 / 45 / —)			>200~400 (20 / 45 / —)			>400~800 (20 / 45 / —)			>800~1600 (20 / 45 / —)			>1600 (20 / 45 / —)		
4	≥1~3.5	5.6	4.8	2	9	7.5	3	19	16	6.5	42	36	15	95	80	34	210	180	75	—	—	—
4	>3.5~6.3	3.2	2.6	1.1	5	4.2	1.7	10.5	9	3.6	22	19	8	50	42	18	110	95	40	—	—	—
4	>6.3~10	—	—	—	5.6	—	—	6.7	5.6	2.4	15	13	5	32	28	12	71	60	25	160	—	—
5	≥1~3.5	9	7.5	3	14	12	5	30	25	10.5	67	56	24	150	130	53	340	280	120	—	—	—
5	>3.5~6.3	5	4.2	1.7	8	6.7	2.8	16	13	6	38	32	13	80	71	30	180	150	63	—	20	45
5	>6.3~10	—	—	—	9.5	—	—	10.5	9	3.8	24	21	8.5	53	45	19	120	100	40	250	—	—
6	≥1~3.5	14	12	5	20	17	—	48	38	17	105	90	38	240	200	85	530	450	190	—	—	—
6	>3.5~6.3	8	6.7	2.8	11	9.5	—	26	22	9.5	60	50	21	130	105	45	280	240	100	—	—	—
6	>6.3~10	—	—	—	—	—	—	17	15	6	38	32	13	85	71	30	180	150	63	380	—	—
7	≥1~3.5	20	17	74	67	56	24	95	80	34	150	130	53	340	280	120	750	630	270	—	—	—
7	>3.5~6.3	11	9.5	4	38	32	13	53	45	17	80	71	30	180	150	63	400	340	140	—	—	—
7	>6.3~10	—	—	5.6	24	21	8.5	34	30	12	53	45	19	120	100	40	250	210	90	560	—	—
7	>10~16	—	—	—	18	16	6.7	26	22	9	40	34	14	85	71	30	180	160	67	400	340	140
7	>16~25	—	—	—	—	—	—	30	26	11	56	50	22	120	100	50	300	250	105	630	530	220
8	≥1~3.5	28	24	10	95	80	34	130	120	48	200	170	75	480	400	200	1050	900	380	—	—	—
8	>3.5~6.3	16	13	5.6	53	45	17	75	63	26	120	100	40	250	210	90	560	480	200	—	—	—
8	>6.3~10	—	—	—	34	30	12	45	40	17	75	63	26	170	140	60	360	300	125	750	900	320
8	>10~16	—	—	—	26	22	9	36	30	13	56	48	20	120	100	42	260	220	90	560	480	200
8	>16~25	—	—	—	—	—	—	45	36	15	95	80	32	200	170	70	420	360	150	900	750	150
8	>25~40	—	—	—	—	—	—	30	30	13	75	63	26	160	130	56	340	280	120	710	600	120
8	>40~55	—	—	—	—	—	—	—	—	—	67	56	22	140	120	48	280	240	100	600	500	100
9	≥1~3.5	40	34	14	120	105	48	300	260	105	670	530	180	1500	1300	530	—	—	—	—	—	—
9	>3.5~6.3	22	19	8	63	60	26	160	140	60	360	280	—	800	670	280	—	—	—	—	—	—
9	>6.3~10	—	—	—	42	38	17	105	90	38	240	180	—	500	440	180	1100	—	—	—	—	—

第 14 篇

续表

精度等级	中点法向模数 /mm	中点锥距 /mm 大于—到 分锥角 /(°) 大于—到																			
		50			100			200			400			800			1600					
		20	45	—	20	45	—	20	45	—	20	45	—	20	45	—	20	45	—	20	45
9	>10~16	—	—	—	38	30	13	80	67	28	170	150	60	380	300	130	800	670	280	—	—	—
	>16~25	56	48	20	105	90	11	63	53	22	130	110	48	280	240	100	600	500	210	1200	1050	450
	>25~40	32	26	11	71	60	—	50	42	18	105	90	38	220	190	80	480	400	170	1000	850	360
	>40~55	—	—	—	50	45	—	—	—	—	95	80	32	190	170	71	400	340	140	850	710	300
10	>1~3.5	190	160	67	420	360	150	950	800	340	2100	1700	750	—	—	—	—	—	—	—	—	—
	>3.5~6.3	105	90	38	240	190	80	500	420	180	1100	950	400	1500	—	—	—	—	—	—	—	—
	>6.3~10	71	60	24	150	130	53	320	280	120	710	600	250	1100	950	400	—	—	—	—	—	—
	>10~16	50	45	18	110	95	40	240	200	85	500	440	180	—	—	—	—	150	630	—	450	—
	>16~25	—	—	—	85	75	30	190	160	67	400	340	140	420	360	150	1700	1500	240	—	1200	500
	>25~40	—	—	—	71	60	25	150	130	53	320	260	110	670	560	240	1400	1200	200	—	1000	420
	>40~55	—	—	—	—	—	—	130	110	45	280	240	100	560	480	—	1200	1000	—	—	—	—
11	>1~3.5	280	220	95	600	500	210	1300	1100	500	2100	1700	1050	2500	—	—	3000	2100	900	—	—	—
	>3.5~6.3	150	130	53	820	280	120	750	600	260	1600	1400	560	2200	1900	800	1700	700	—	—	—	—
	>6.3~10	100	85	34	210	180	75	480	400	160	1000	850	360	1600	1300	600	2400	1400	600	—	—	—
	>10~16	75	63	26	160	130	56	340	280	120	750	630	260	1200	1000	360	2100	1500	1000	—	—	—
	>16~25	—	—	—	120	105	45	260	220	95	560	480	200	950	780	340	2000	1200	700	—	—	—
	>25~40	—	—	—	100	85	36	210	180	75	450	380	160	800	670	280	1400	1000	600	—	—	—
	>40~55	—	—	—	—	—	—	190	160	67	380	320	140	670	560	—	—	—	—	—	—	—
12	>1~3.5	110	95	40	850	710	300	1900	1600	670	4200	3600	1500	3000	2200	900	—	—	—	—	—	—
	>3.5~6.3	63	53	22	450	580	160	1000	850	360	2200	1900	800	3000	1700	600	2800	2400	1000	—	—	—
	>6.3~10	—	—	—	300	250	105	670	560	240	1400	1200	600	2200	1300	450	2400	2000	850	—	—	—
	>10~16	—	—	—	220	190	80	480	400	170	1000	850	360	1700	1100	800	3600	3000	1300	—	—	—
	>16~25	—	—	—	170	150	60	380	300	130	800	670	280	1400	950	600	2800	2400	1000	—	—	—
	>25~40	—	—	—	140	120	50	300	250	105	630	390	220	1100	—	450	2400	2000	850	—	—	—
	>40~55	—	—	—	—	—	—	260	220	90	560	450	190	950	—	400	—	—	—	—	—	—

注: 1. 表中数值用于非修形齿轮。对修形齿轮，允许采用低一级的 ±f_AM 值。

2. 表中数值用于 α=20° 的齿轮。对 α≠20° 的齿轮，表中数值乘以 sin20°/sinα。

表 14-3-92　　　　　　　　　　　　　　　　**轴间距极限偏差 ±f_a 值**　　　　　　　　　　　　　　　μm

中点锥距/mm		精　度　等　级								
大于	到	4	5	6	7	8	9	10	11	12
—	50	10	10	12	18	28	36	67	105	180
50	100	12	12	15	20	30	45	75	120	200
100	200	13	15	18	25	36	55	90	150	240
200	400	15	18	25	30	45	75	120	190	300
400	800	18	25	30	36	60	90	150	250	360
800	1600	25	36	40	50	85	130	200	300	450
1600	—	32	45	56	67	100	160	280	420	630

注：表中数值用于无纵向修形的齿轮副。对纵向修形的齿轮副，允许采用低 1 级的 ±f_a 值。

表 14-3-93　　　　　　　　　　　　　　　　**轴交角极限偏差 ±E_Σ 值**　　　　　　　　　　　　　　　μm

中点锥距/mm		小轮分锥角/(°)		最小法向侧隙种类				
大　于	到	大　于	到	h、e	d	c	b	a
—	50	—	15	7.5	11	18	30	45
		15	25	10	16	26	42	63
		25	—	12	19	30	50	80
50	100	—	15	10	16	26	42	63
		15	25	12	19	30	50	80
		25	—	15	22	32	60	95
100	200	—	15	12	19	30	50	80
		15	25	17	26	45	71	110
		25	—	20	32	50	80	125
200	400	—	15	15	22	32	60	95
		15	25	24	36	56	90	140
		25	—	26	40	63	100	160
400	800	—	15	20	32	50	80	125
		15	25	28	45	71	110	180
		25	—	34	56	85	140	220
800	1600	—	15	26	40	63	100	160
		15	25	40	63	100	160	250
		25	—	53	85	130	210	320
1600	—	—	15	34	66	85	140	222
		15	25	63	95	160	250	380
		25	—	85	140	220	340	530

注：1. ±E_Σ 的公差带位置相对于零线，可以不对称或取在一侧。

2. 表中数值用于正交齿轮副。对非正交齿轮副，取为 ±$j_{nmin}/2$。

3. 表中数值用于 $\alpha=20°$ 的齿轮副。对 $\alpha \neq 20°$ 的齿轮副，表值应乘以 $\sin 20°/\sin\alpha$。

表 14-3-94　　　　**F_i'、f_i'、$F_{i\Sigma}''$、$f_{i\Sigma}''$、F_{ic}'、f_{ic}' 的计算公式**

公差名称	计　算　式	公差名称	计　算　式
切向综合公差	$F_i' = F_p + 1.15 f_c$	一齿轴交角综合公差	$f_{i\Sigma}'' = 0.7 f_{i\Sigma c}''$
一齿切向综合公差	$f_i' = 0.8(f_{pt} + 1.15 f_c)$	齿轮副切向综合公差	$F_{ic}' = F_{ic1}' + F_{ic2}'$ [①]
轴交角综合公差	$F_{i\Sigma}'' = 0.7 F_{i\Sigma c}''$	齿轮副一齿切向综合公差	$f_{ic}' = f_{i1}' + f_{i2}'$

① 当两齿轮的齿数比为不大于 3 的整数，且采用选配时，可将 F_{ic}' 值压缩 25% 或更多。

表 14-3-95　　　　　　　　　　　　**极限偏差及公差与齿轮几何参数的关系式**

精度等级	F_p		F_r				f_{pt}		f_c		f'_{zzc}			f_n	
	$F_p = B\sqrt{d} + C$ $F_{pk} = 0.8B\sqrt{L} + C$		$\dfrac{1}{Am_n + B\sqrt{d}} + C$ $B = 0.25A$		$\dfrac{2}{Am_n + B\sqrt{d}} + C$ $B = 1.4A$		$Am_n + B\sqrt{d} + C$ $B = 0.25A$		$0.84(Am_n + Bd + C)$ $B = 0.0125A$		$Am_n B + zC$			$A\sqrt{0.3R} + C$	
	B	C	A	C	A	C	A	C	A	C	A	B	C	A	C
4	1.25	2.5	0.9	11.2	0.4	4.8	0.25	3.15	0.21	3.4	2.5	0.315	0.115	0.94	4.7
5	2	4	1.4	18	0.63	7.5	0.4	5	0.34	4.2	3.46	0.349	0.123	1.2	6
6	3.15	6	2.24	28	1	12	0.63	8	0.53	5.3	5.15	0.344	0.126	1.5	7.5
7	4.45	9	3.15	40	1.4	17	0.9	11.2	0.84	6.7	7.69	0.348	0.125	1.87	9.45
8	6.3	12.5	4	50	1.75	21	1.25	16	1.34	8.4	9.27	0.185	0.072	3	15
9	9	18	5	63	2.2	26.5	1.8	22.4	2.1	13.4	—	—	—	4.75	24
10	12.5	25	6.3	80	2.75	33	2.5	31.5	3.35	21	—	—	—	7.5	37.5
11	17.5	35.5	8	100	3.44	41.5	3.55	45	5.3	34	—	—	—	12	60
12	25	50	10	125	4.3	51.5	5	63	8.4	53	—	—	—	19	94.5

$$F_{vj} = 1.36F_r \quad f'_{zk} = f'_{zkc} = (K^{-0.6} + 0.13)F_r \text{（按高 1 级的 } F_r \text{ 值计算）};$$

$$\pm f_{AM} = \frac{R\cos\delta}{8m_n} f_{pt}; F''_{i\Sigma c} = 1.96F_r; f''_{i\Sigma c} = 1.96f_{pt}$$

注：1. d——中点分度圆直径；m_n——中点法向模数；z——齿数；L——中点分度圆弧长；R——中点锥距；δ——分锥角；K——齿轮在一转（齿轮副在大轮一转）内的周期数（适于 f'_{zk}、f'_{zkc}）。

2. F_r 值，取表中关系式 1 和关系式 2 计算所得的较小值。

表 14-3-96　　　　　　　　　　　　　　　　**接触斑点**

精度等级	4～5	6～7	8～9	10～12
沿齿长方向/%	60～80	50～70	35～65	25～55
沿齿高方向/%	65～85	55～75	40～70	30～60

注：1. 表中数值范围用于齿面修形的齿轮。对齿面不作修形的齿轮，其接触斑点大小不小于其平均值。

2. 接触斑点的形状、位置和大小，由设计者根据齿轮的用途、载荷和轮齿刚性及齿线形状特点等条件自行规定，对齿面修形的齿轮，在齿面大端、小端和齿顶边缘处，不允许出现接触斑点。

3.7.6　齿坯公差

表 14-3-97　　　　　　　　　　　　　　**齿坯尺寸公差**

精度等级	4	5	6	7	8	9	10	11	12
轴径尺寸公差	IT4		IT5		IT6		IT7		
孔径尺寸公差	IT5		IT6		IT7		IT8		
外径尺寸极限偏差	$\dfrac{0}{-IT7}$			$\dfrac{0}{-IT8}$			$\dfrac{0}{-IT9}$		

注：当三个公差组精度等级不同时，公差值按最高的精度等级查取。

表 14-3-98　　　　　　**齿坯顶锥母线跳动和基准端面跳动公差**　　　　　　　　　μm

跳动公差		大于	到	精度等级			
				4	5～6	7～8	9～12
顶锥母线跳动公差	外径/mm	—	30	10	15	25	50
		30	50	12	20	30	60
		50	120	15	25	40	80
		120	250	20	30	50	100
		250	500	25	40	60	120
		500	800	30	50	80	150
		800	1250	40	60	100	200
		1250	2000	50	80	120	250
		2000	3150	60	100	150	300
		3150	5000	80	120	200	400

续表

跳动公差		大于	到	精 度 等 级			
				4	5～6	7～8	9～12
基准端面 跳动公差	基准端面 直径 /mm	—	30	4	6	10	15
		30	50	5	8	12	20
		50	120	6	10	15	25
		120	250	8	12	20	30
		250	500	10	15	25	40
		500	800	12	20	30	50
		800	1250	15	25	40	60
		1250	2000	20	30	50	80
		2000	3150	25	40	60	100
		3150	5000	30	50	80	120

注：当三个公差组精度等级不同时，公差值按最高的精度等级查取。

表 14-3-99　　　　　　　　　　　　齿坯轮冠距和顶锥角极限偏差

中点法向模数/mm	轮冠距极限偏差/μm	顶锥角极限偏差/(′)
≤1.2	0 −50	+15 0
>1.2～10	0 −75	+8 0
>10	0 −100	+8 0

3.7.7　应用示例

已知正交弧齿锥齿轮副：齿数 $z_1=30$；齿数 $z_2=28$；中点法向模数 $m_n=2.7376$mm；中点法向压力角 $\alpha_n=20°$；中点螺旋角 $\beta=35°$；齿宽 $b=27$mm；精度等级 6-7-6C GB 11365。该齿轮副的各项公差或极限偏差见表14-3-100。

表 14-3-100　　　　　　　　　　　　锥齿轮精度示例　　　　　　　　　　　　μm

检验对象	项目名称	代号	公差或极限偏差		说　　明	
			大轮	小轮		
齿　轮	切向综合公差	F_i'	41		$F_i'=F_p+1.15f_c$	
	齿距累积公差	F_p	32		按表 14-3-78	
	k 个齿轮累积公差	F_{pk}	25		按表 14-3-78	
	一齿切向综合公差	f_i'	19		$f_i'=0.8(f_{pt}+1.15f_c)$	
	周期误差的公差	f_{zk}'	17	≥2～4	周期数 K	齿线重合度 ε_β 大于表14-3-76中表 1 的界限值，按表14-3-80 选取
			13	>4～8		
			10	>8～16		
			8	>16～32		
			6	>32～63		
			5.3	>63～125		
			4.5	>125～250		
			4.2	>250～500		
			4	>500		
	齿距极限偏差	$\pm f_{pt}$	±14		按表 14-3-81	
	齿形相对误差的公差	f_c	8		按表 14-3-82	
	齿厚上偏差	E_{ss}^-	−59	−54	按表 14-3-88	
	齿厚公差	T_s^-	52		按表 14-3-89	

续表

检验对象	项目名称	代号	公差或极限偏差 大轮	公差或极限偏差 小轮	说　明
齿轮副	齿轮副切向综合公差	F'_{ic}	82		$F'_{ic}=F'_{i1}+F'_{i2}$
	齿轮副一齿切向综合公差	f'_{ic}	38		$f'_{ic}=f'_{i1}+f'_{i2}$
	齿轮副周期误差的公差	f'_{zkc}	同 f'_{zk}		按表 14-3-80
	接触斑点		沿齿长 50%～70%		按表 14-3-96
			沿齿高 55%～75%		
	最小法向侧隙	j_{nmin}	74		按表 14-3-87
	最大法向侧隙	j_{nmax}	240		$j_{nmax}=(E_{\overline{s}s1}+E_{\overline{s}s2}+T_{\overline{s}1}+T_{\overline{s}2}+E_{\overline{s}\Delta1}+E_{\overline{s}\Delta2})\cos\alpha_n$
安装精度	齿圈轴向位移极限偏差	$\pm f_{AM}$	±24	+56	按表 14-3-91
	轴间距极限偏差	$\pm f_a$	±20		按表 14-3-92
	轴交角极限偏差	$\pm E_\Sigma$	±32		按表 14-3-93

3.7.8　齿轮的表面粗糙度

表 14-3-101　　　　　　　　　　齿轮的表面粗糙度

名　称	精度性质	精度等级	表面粗糙度 $Ra/\mu m$	示　意　图
齿 侧 面	工作平稳性精度	7	1.6	
		8	3.2	
		9	6.3	
		10	12.5	
端　面	运动精度	8	3.2	
		9、10	6.3	
顶 锥 面		8	3.2	
		9、10	6.3	
背 锥 面		8	6.3	
		9、10	12.5	

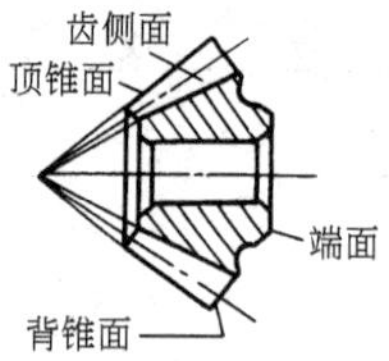

3.8　结构设计

3.8.1　锥齿轮支承结构

表 14-3-102　　　　　　　　　　锥齿轮支承结构

支承方式 小齿轮	支承方式 大齿轮	简　图	特点与应用	结构参数与轴承配置
悬臂式	悬臂式	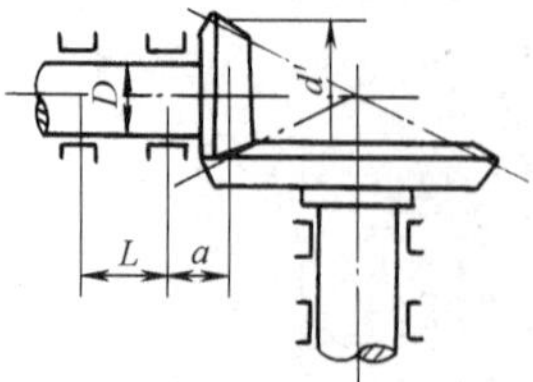	支承刚性差,但结构简单,装拆方便。用于一般中、轻载传动	悬臂式：轴承距离 $L\geqslant2a$ 且 $L>0.7d$　轴　径 $D>a$　轴 挠 度 $y<0.025mm$　轴承应采用轴套装入机壳内[图(a)],便于调整。圆锥滚子轴承应背靠背布置,以增大轴承支反力作用点间的距离,提高轴的刚度。曲线齿和斜齿锥齿轮正反转时可能产生两个方向的轴向力,因此,需有两个方向的轴向锁紧[图(b)]
悬臂式	简支式	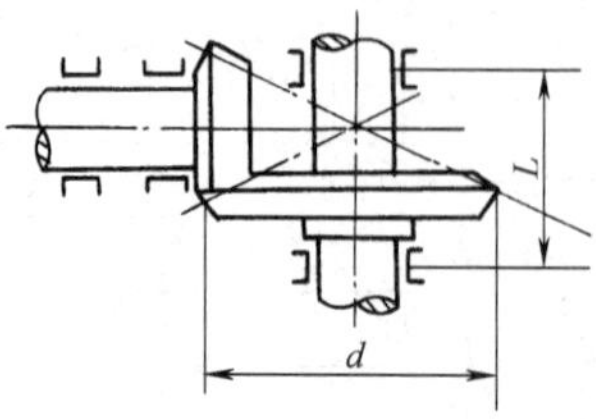	支承刚性好,结构较复杂,装拆较繁。多用于中、轻载传动,尤其是径向力 $F_{r2}>F_{r1}$(不计方向)的情况	

续表

支承方式		简　　图	特点与应用	结构参数与轴承配置
小齿轮	大齿轮			
简支式	悬臂式		支承刚性好,结构较复杂,装拆较繁。多用于中、轻载传动,尤其是径向力 $F_{r1} > F_{r2}$(不计方向)的情况	简支式 轴承距离:$L > 0.7d$ 但应紧凑 轴挠度:$y < 0.025\text{mm}$ 小齿轮一端通常采用径向轴承支承径向力,而另一端轴承支承径向力和轴向力[图(c)]。轴承可直接装入机壳内或用轴套装入机壳。大齿轮宜用面对面布置的圆锥滚子轴承[图(d)],以减小轴承支反力作用点间的距离,增加轴的刚度。轴承的距离应足够大,以供给调整齿轮用的空间。曲线齿和斜齿锥齿轮同样需有两个方向的轴向锁紧
简支式	简支式		支承刚性最好,结构复杂,装拆不便。用于重载和冲击大的传动	

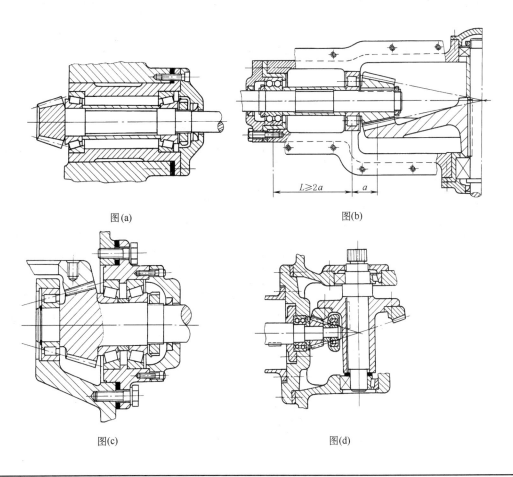

图(a)　　　　　　　　　　　　　图(b)

图(c)　　　　　　　　　　　　　图(d)

3.8.2　锥齿轮轮体结构

表 14-3-103　　　　　　　　　　　　　　锥齿轮轮体结构

型式	结　构　图	说　　明
齿轮轴	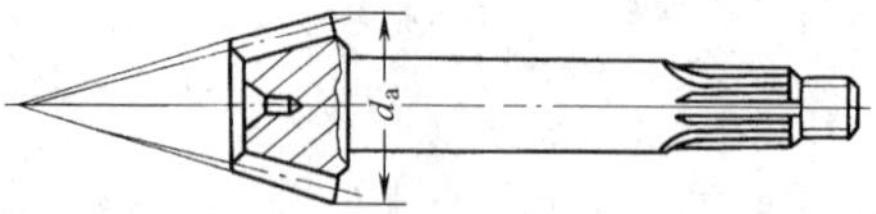	锥齿轮对安装精度和轴的刚度非常敏感,故小齿轮,尤其是悬臂式支承最好与轴作成一体 齿轮轴两端应具有中心孔或外螺纹,使切齿时能可靠地固定
	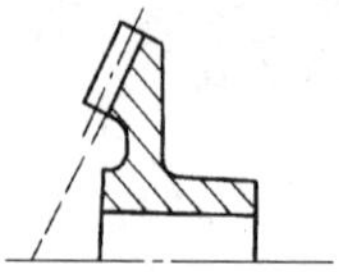	曲线齿锥齿轮的轮毂与齿根的延长线不得相交,避免切齿时相碰
整体齿轮 (用于齿轮直径小于180mm)	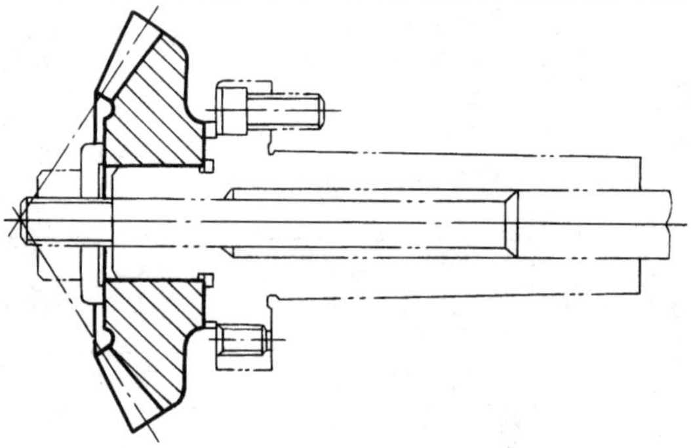	齿轮应有足够的刚性,以保证其正常地工作和切齿时的装夹,因此应尽可能不采用小的安装孔、薄的辐板,轴孔两端的环形凸台对增加刚度十分有效
	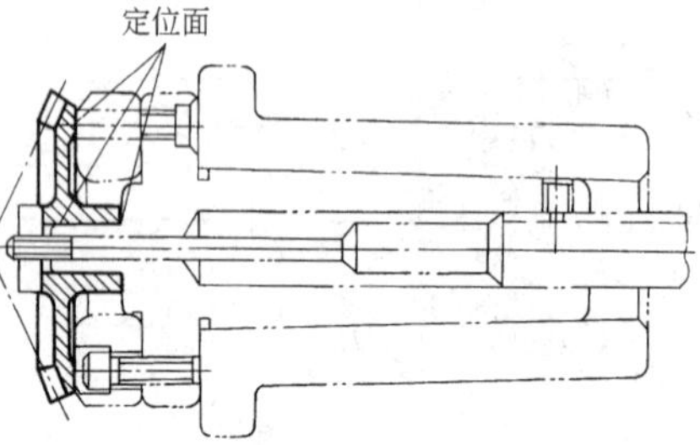	当齿轮分度圆直径是轮毂直径二倍以上时,应增设辅助支承面,以增加切齿时的刚性
组合齿轮 (用于齿轮直径大于180mm)	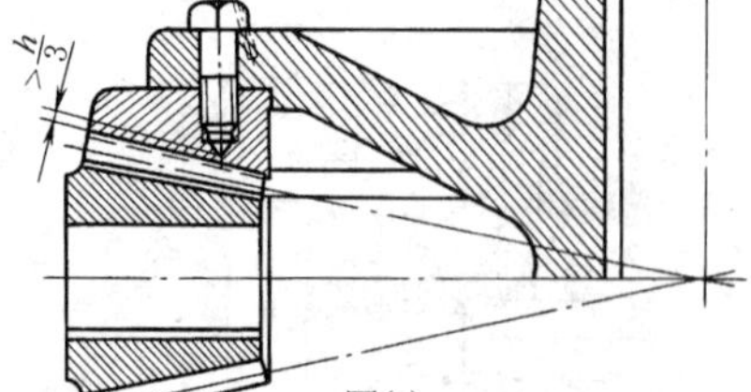 图(a)	齿圈热处理变形小 为防止螺钉松动,可用销钉锁紧[图(a)] 螺孔底部与齿根间最小距离不小于 $\frac{h}{3}$ (h 为全齿高)常用于轴向力指向大端的场合
	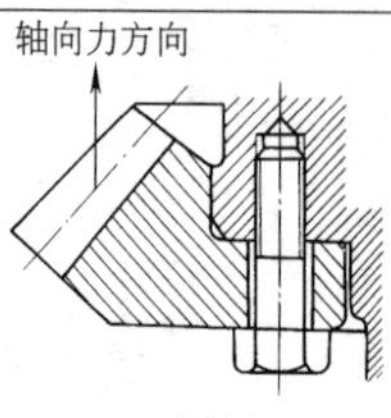 图(b) 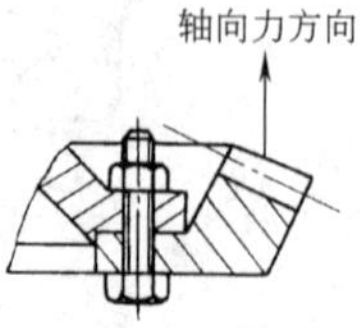　　　　图(c)	当轴向力朝向锥顶时,为使螺钉不承受拉伸力,应按图示方向连接。图(b)常用于双支承式结构;图(c)用于悬臂式支承结构

续表

型式	结 构 图	说 明
组合齿轮 （用于齿轮 直径大于 180mm）	作用力方向	常用于分锥角近似为 45°的场合 作用力方向应与轮毂辐板方向相一致， 以减小变形
		齿根下面的厚度 H 一般不应小于全齿 高，即 $H>h$，通常取 $H=(3\sim4)m$

表 14-3-104　　　　　　　　　　　　　　锥齿轮结构尺寸

结 构 图	结 构 尺 寸
图(a)　　　　　图(b)	当小端齿根圆角离键槽顶部的距离 $\delta<$ $1.6m$（m 为大端模数）时［图(b)］，齿轮与 轴作成整体［图(a)］
模锻	$D_1=1.6D$；$L=(1\sim1.2)D$ $\delta=(3\sim4)m$，但不小于 10mm $c=(0.1\sim0.17)R$，D_0、d_0 按结构确定
≥1:200	$D_1=1.6D$（铸钢） $D_1=1.8D$（铸铁） $L=(1\sim1.2)D$ $\delta=(3\sim4)m$，但不小于 10mm $c=(0.1\sim0.17)R$，但不小于 10mm $S=0.8c$，但不小于 10mm D_0、d_0 按结构确定

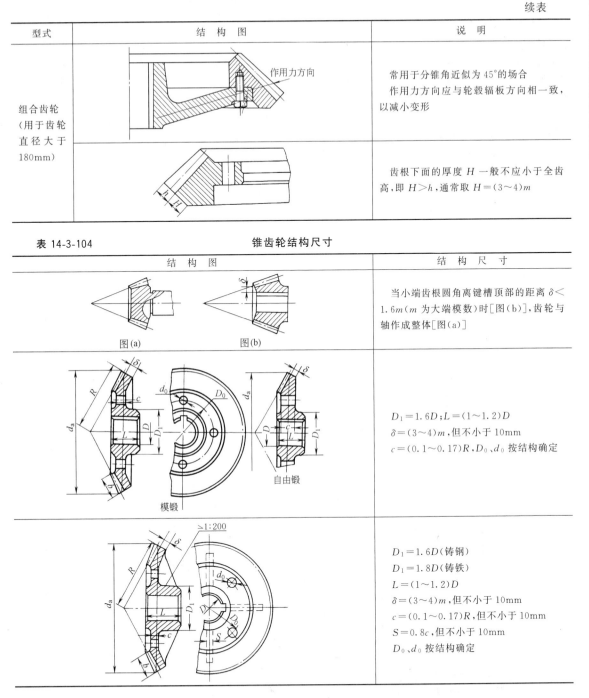

3.9　工作图规定及其示例

3.9.1　工作图规定及示例

工作图一般分为投影图样、数据表格、技术要求和标题栏四部分。GB/T 12371—1990《锥齿轮图样

上应注明的尺寸数据》作了如下规定。

（1）需要在图样上标注的一般尺寸数据

齿顶圆直径及其公差；齿宽；顶锥角；背锥角；孔（轴）径及其公差；定位面（安装基准面）；从分锥（或节锥）顶点至定位面的距离及其公差；从齿尖至定位面的距离及其公差；从前锥端面至定位面的距离；齿面粗糙度（若需要，包括齿根表面及齿根圆角

处的表面粗糙度）。

（2）需要用表格列出的数据及参数

模数（一般为大端端面模数）；齿数（对扇形齿轮应注明全齿数）；基本齿廓（符合 GB/T 12369 时仅注明法向齿形角，不符合时则应以图样表明其特性）；分度圆直径（对于高度变位锥齿轮，等于节圆直径）；分度锥角（对于高度变位锥齿轮，等于节锥角）；根锥角；锥距；螺旋角及螺旋方向；高度变位系数（径向变位系数）；切向变位系数（齿厚变位系数）；测量齿厚及其公差；测量齿高；精度等级；接触斑点的高度沿齿高方向的百分比，长度沿齿长方向的百分比；全齿高；轴交角；侧隙；配对齿轮齿数；配对齿轮图号；检查项目代号及其公差值。

（3）其他

齿轮的技术要求除在图样中以符号、公差表示及在参数表中以数值表示外，还可用文字在图右下方逐条列出；图样中的参数表一般放在图样的右上角；参数表中列出的参数项目可根据需要增减，检查项目可根据使用要求确定，但应符合 GB/T 11365—1989 的规定。

工作图示例见图 14-3-19。

3.9.2　含锥齿轮副的装配图示例

（1）一级传动锥齿轮副减速器装配图（见图 14-3-20）

（2）高减速比圆锥-圆柱行星齿轮减速器及其改进（见图 14-3-21 和图 14-3-22）

模数	m	6.6683
齿数	z	49
法向齿形角	α_n	20°
分度圆直径	d	326.75
节锥角	δ	75°08′
根锥角	δ_f	70°50′
锥距	R	170.84
螺旋角及方向	β	5°30′右
变位系数 高度	x	0.30
变位系数 切向	x_t	−0.17
测量 齿厚	$\bar{s}$	
测量 齿高	$\bar{h}_a$	
精度等级	8　GB/T 11365	
接触斑点 齿高	60%，10mm	
接触斑点 齿长	60%，30mm	
全齿高	h	14.67
轴交角	Σ	90°
侧隙	j	0.25～0.4
配对齿轮齿数	z_M	13
配对齿轮图号		60.158
公差组	项目代号	公差值
齿型	非零分锥变位锥齿	

技术要求：

1. 正火 156～217HB，渗碳深 1.3～1.8，齿面 58～64HRC，心部 28～38HRC。M14 孔不得淬硬。

2. 安装距 80±0.2，印痕位置如左图，略偏齿顶。在配对机上不得有异常噪声。

3. 零件表面不得有裂纹、结疤和金属分层。

4. 试切件大端齿顶尖保留至切齿后再倒 R6 圆角。

5. 去尖角、毛刺，大端端面倒锐边。

6. 热后配对打号。

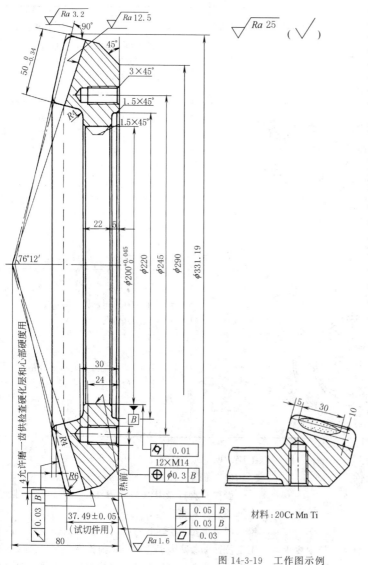

材料：20Cr Mn Ti

图 14-3-19　工作图示例

图 14-3-21 所示为采煤机减速器（改进前），因零变位锥齿轮传动的传动比最大为 $u=7$，因此与圆柱齿轮组成两级传动。传动比为

$$u=\frac{33}{12}\times\frac{43}{15}=7.88$$

采用非零变位新齿形制的锥齿轮，可用一级锥齿轮传动代替两级传动，以减少体积。传动比为

$$u=39/5=7.8$$

此时，径向变位系数 $x_{\Sigma}=0.66+0.66=1.32>0$；

切向变位系数 $x_{t\Sigma}=0.022+0=0.022>0$。

图 14-3-22 为改进后的减速器。由于减少了一级传动，而且采用了小齿数的锥齿轮，则改进前后体积比为 $12.8:1$。为了加强运转的安全性，利用节省下来的空间中的一部分增加一套制动机构，与输入轴共轴线。

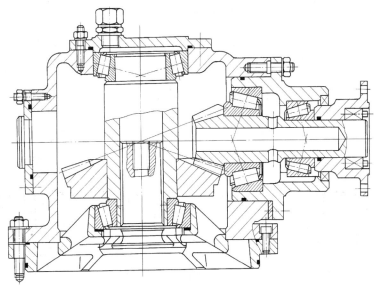

图 14-3-20　一级传动锥齿轮减速器（无键式）

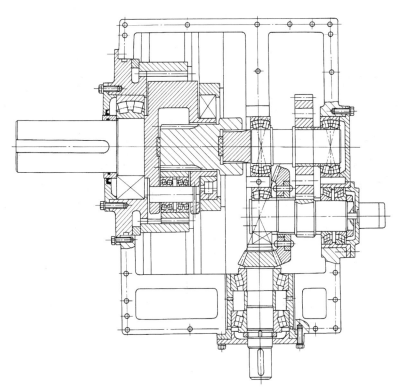

图 14-3-21　锥齿轮-柱齿轮二级减速器（改进前）

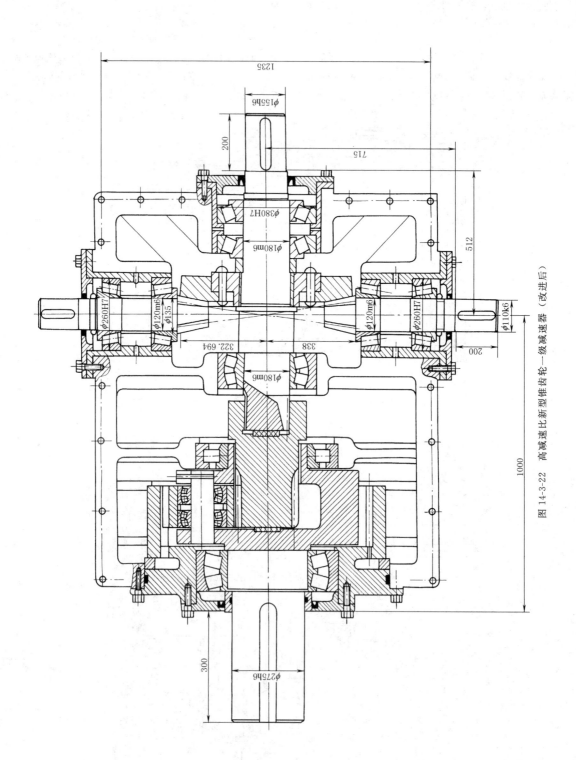

图 14-3-22　高减速比新型锥齿轮一级减速器（改进后）

（3）二级圆锥-圆柱齿轮箱减速器装配图

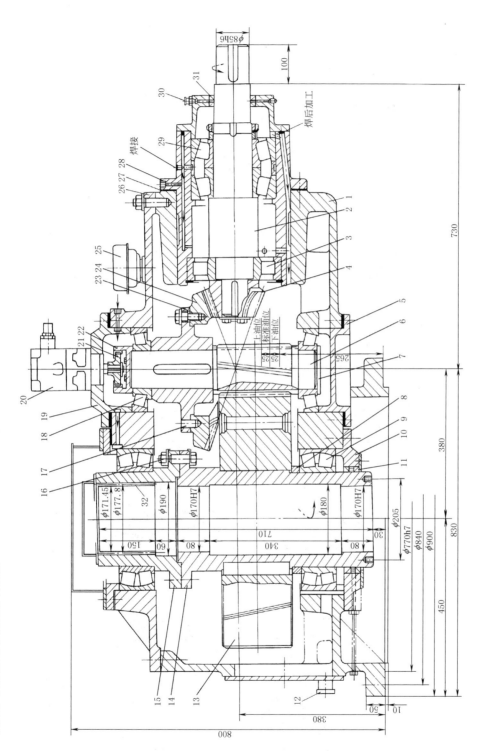

图 14-3-23　二级圆锥-圆柱齿轮箱减速器

1—齿轮箱壳体；2—输入油；3.9.18.29—轴承；4—小锥齿轮；5.10.19—端盖；6—小齿轮轴；7—端板；8—垫环；11—唇式油封；12—出油口（外接阀门）；13—大齿轮；14.15—空心轴；16—铰制螺栓及螺母；17—销钉；20—摆线油泵；21—联轴器；22—联轴器内齿轮（外齿轮）；23—大锥齿轮轮毂；24—大锥齿轮；25—通气器；26—齿轮箱轮缘；27—垫片；28—轴承箱；30—油脂加油器；31—唇式油封

（4）斜交轴二级圆锥-圆柱齿轮减速器装配图

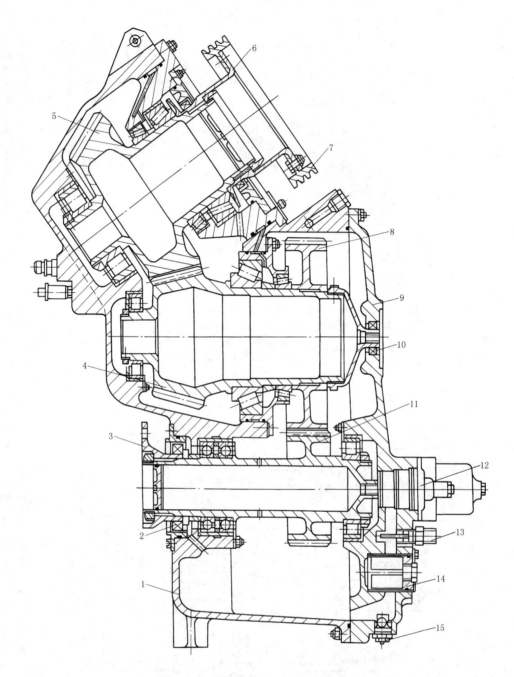

图 14-3-24　圆柱-圆锥二级减速器（斜交轴式）

1—主壳体；2—端面密封；3—输入法兰；4—主动螺旋锥齿轮；5—从动螺旋锥齿轮；
6—输出法兰；7—风扇传动带轮；8—从动斜齿轮；9—后盖；10—密封圈；11—主
动斜齿轮；12—油泵；13—温度传感器；14—滤油器；15—磁性销检测器

第 4 章　蜗 杆 传 动

蜗杆传动用于传递空间交错的两轴之间的运动和动力。运动可以是增速或减速，最常用的是两轴交错角 $\Sigma = 90°$ 的减速运动。螺旋线方向可以是右旋或左旋，一般多取右旋。蜗杆和蜗轮的螺旋线方向必须一致。

蜗杆传动的振动、冲击和噪声均很小，工作较平稳，能以单级传动获得较大的传动比，结构紧凑，可以自锁。其主要缺点是传动效率比齿轮传动低，需要贵重的减摩性有色金属。

常用蜗杆的分类、加工原理和特点见表 14-4-1。

4.1　常用蜗杆传动的分类及特点

表 14-4-1　　　　　　　　　　常用蜗杆传动的分类及特点

传动类别	蜗杆型式	蜗杆加工情况	特点及使用范围	同时啮合齿数	承载能力比较	传动效率
圆柱蜗杆传动	普通圆柱蜗杆传动　阿基米德圆柱蜗杆(ZA型)	图(a)　$\gamma \leqslant 3°$ 时单刀切削 图(b)　$\gamma > 3°$ 时双刀切削	加工方便，应用较广泛。但导角大时加工较困难，不便磨削，传动效率较低，齿面磨损较快。因此，一般用于头数较少、载荷较小、转速较低或不太重要的传动	2以下	1	0.5~0.8（自锁时 0.4~0.45）

图(a)　$\gamma \leqslant 3°$ 时单刀切削

图(b)　$\gamma > 3°$ 时双刀切削

续表

传动类别	蜗杆型式	蜗杆加工情况	特点及使用范围	同时啮合齿数	承载能力比较	传动效率
圆柱蜗杆传动	普通圆柱蜗杆传动	法向直廓圆柱蜗杆(ZN 型) 图(c)　齿部法向直廓 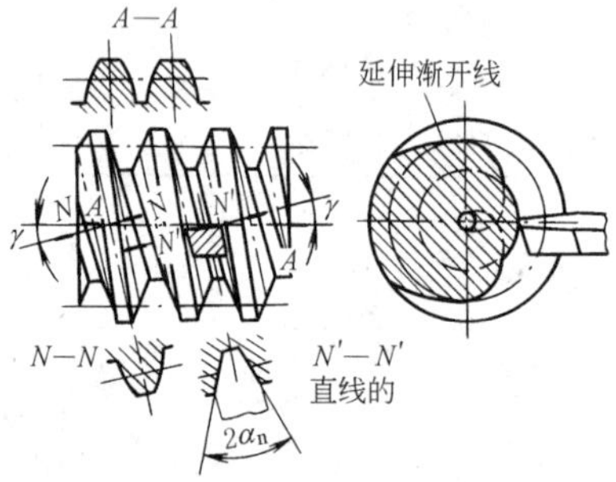 图(d)　齿槽法向直廓	容易实现磨削,因此加工精度容易保证,效率较高。尤其适用于多头蜗杆或转速较高和要求较精密的传动中,如滚齿机、磨齿机上的精密蜗杆副等	2 以下	1	可达 0.9
		渐开线圆柱蜗杆(ZI 型) 	同上			
		锥面包络圆柱蜗杆(ZK 型) 	加工容易,可以铣削、磨削,因此能获得较高的精度,开始得到较广泛的应用			

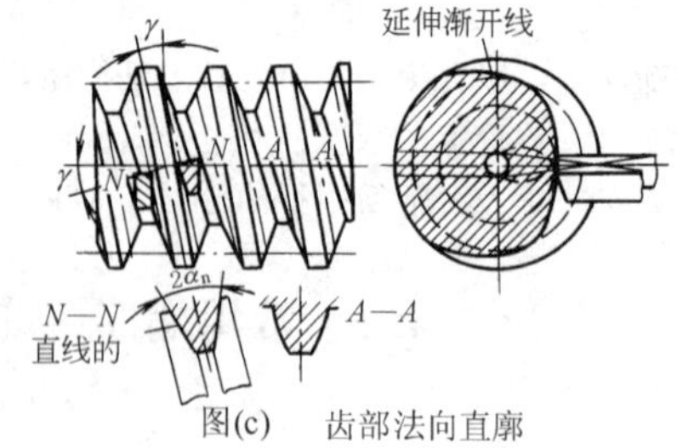

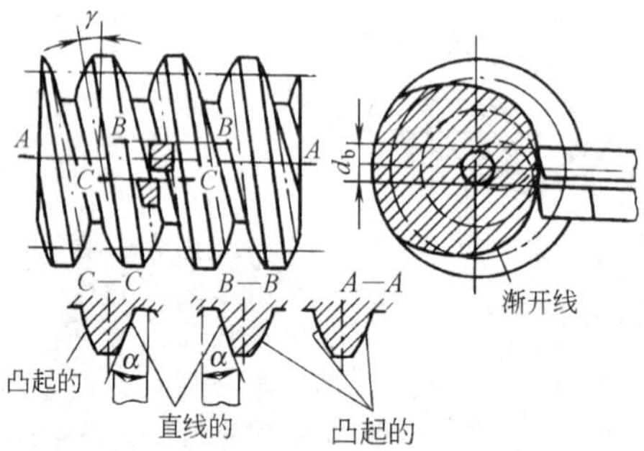

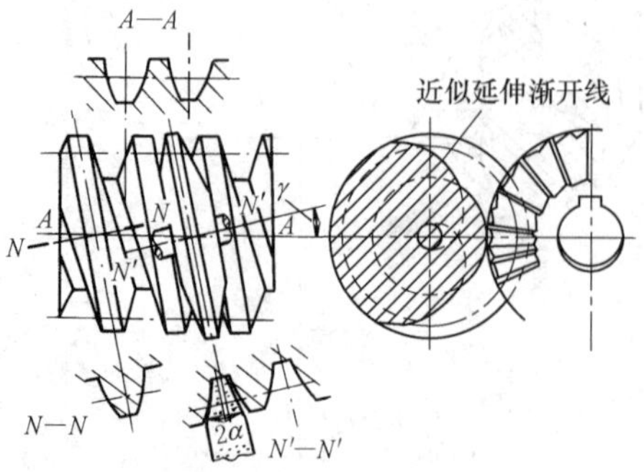

传动类别	蜗杆型式	蜗杆加工情况	特点及使用范围	同时啮合齿数	承载能力比较	传动效率
圆柱蜗杆传动	圆弧圆柱蜗杆（ZC 型）	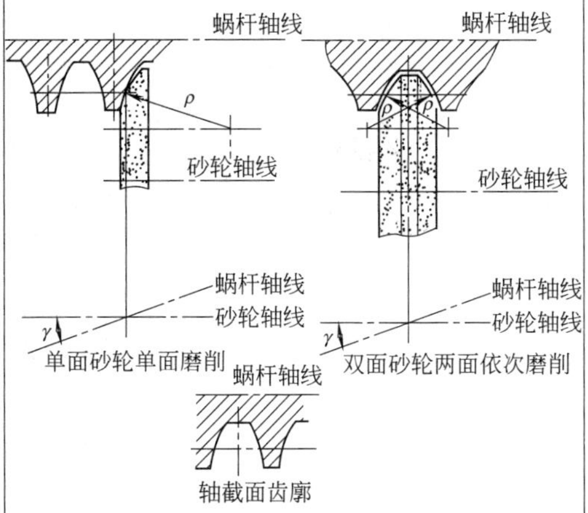	ZC$_1$ 型可以磨削。在冶金、矿山、起重、化工、建筑等机械中得到日益广泛的应用	2～3	1.5～2	0.65～0.95
环面蜗杆传动	平面一次包络环面蜗杆（TVP 型）	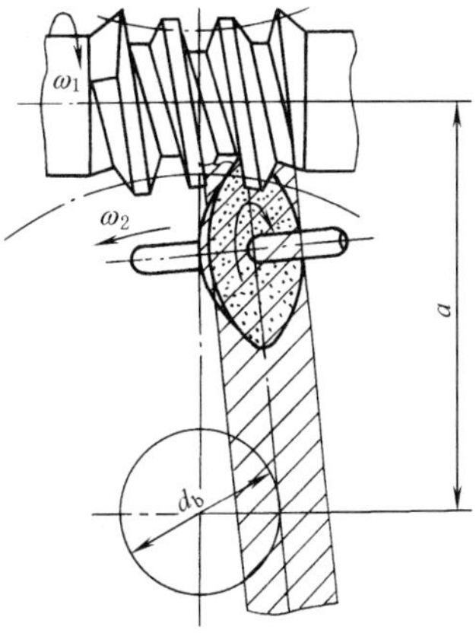	蜗杆均为平面包络环面蜗杆，可淬硬磨削，因此加工精度、效率较高，承载能力较大。在冶金、起重、化工和重型机械等行业得到日益广泛的应用	$\dfrac{z_2}{10}$	1.5～4	0.7～0.95
	平面二次包络环面蜗杆（TOP 型）		TVP 型加工不需要滚刀，TOP 型加工需要制作滚刀，但后者的承载能力更大			
	直廓环面蜗杆（球面蜗杆）（TSL 型）	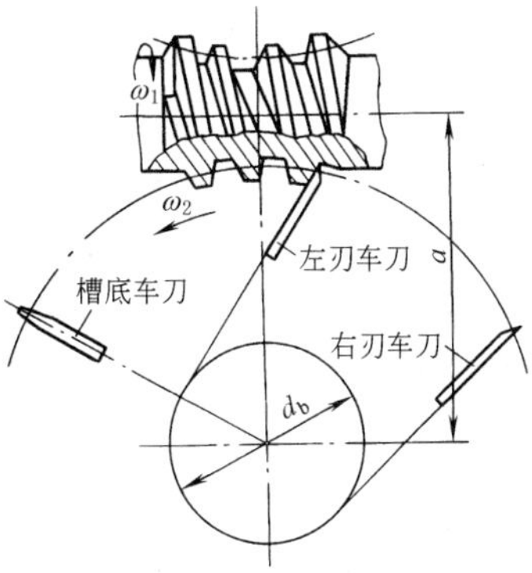	是双包围环面蜗杆的一种；应用较广泛，但蜗杆必须人为修形，难以淬火磨削；蜗轮只能飞刀近似加工	$\dfrac{z_2}{10}$	1.5～4	0.7～0.95

注：ZA 型、ZN 型、ZI 型、ZK 型总称为普通圆柱蜗杆传动。

4.2 圆柱蜗杆传动

4.2.1 圆柱蜗杆传动主要参数的选择

4.2.1.1 普通圆柱蜗杆传动的主要参数

① 基本齿廓 圆柱蜗杆的基本齿廓是指基本蜗杆在给定截面上的规定齿形。基本齿廓的尺寸参数在蜗杆的轴平面内规定见图 14-4-1。

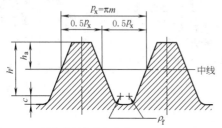

图 14-4-1 圆柱蜗杆的基本齿廓（GB/T 10087—2018）

② 模数 m 蜗杆模数 m 系指蜗杆的轴向模数。模数应按强度要求确定，并应按表 14-4-2 选取标准值，第一系列优先采用。

③ 中心距 a 一般圆柱蜗杆传动的减速装置的中心距 a 应按表 14-4-3 数值选取。

④ 蜗杆分度圆直径 d_1 普通圆柱蜗杆分度圆直径 d_1 按表 14-4-4 选取标准值。第一系列优先采用，对动力蜗杆传动，在选用 d_1 时，应符合 GB/T 10085 的规定。

⑤ 蜗杆分度圆柱导程角 γ

$$\tan\gamma = \frac{mz_1}{d_1} = \frac{z_1}{q}, \quad q = \frac{d_1}{m}$$

式中 q——蜗杆直径系数，在旧标准中 q 曾是标准参数，但现行标准 GB/T 10085—2018 将 m、d_1 标准化，因此 q 不再作为标准参数存在。

作动力传动时，为提高传动效率，γ 应取得大些，但过大会使蜗杆和蜗轮滚刀的制造增加困难。因此，一般取 $\gamma < 30°$；当传动要求具有自锁性能时，应使 $\gamma \leqslant \rho'$（ρ'——当量摩擦角，参考有关资料），当采用滑动轴承时，一般取 $\gamma \leqslant 6°$。

表 14-4-5 列出普通圆柱蜗杆基本尺寸参数。尺寸参数相同时，采用不同的工艺方法均可获得相应的 ZA、ZI、ZN、ZK 和 ZC 蜗杆。推荐采用 ZI、ZK 蜗杆。

⑥ 变位系数 x_2 圆柱蜗杆传动变位的主要目的是配凑中心距。此外，通过变位还可以提高承载能力和效率，消除蜗轮轮齿根切现象。根据使用要求，还可以改变接触线的位置使之有利于润滑。

蜗杆传动的变位方法与渐开线圆柱齿轮相似，即利用改变切齿时刀具与轮坯的径向位置来实现。在蜗杆传动的中间平面中，其啮合状况相当于齿轮齿条传动，因此蜗杆不变位，其尺寸也不改变，只是蜗轮变位，变位后蜗轮的节圆仍然与分度圆重合，而蜗杆的节圆不再与分度圆重合。图 14-4-2 为几种变位情况，a' 为变位后的中心距，a 是变位前的中心距。

变位系数 x_2 过大会使蜗轮齿顶变尖，过小会使蜗轮轮齿根切。对普通圆柱蜗杆传动，一般取 $-1 \leqslant x_2 \leqslant 1$。

圆柱蜗杆、蜗轮参数的匹配见表 14-4-6。表中所列参数的匹配关系适用于表 14-4-3 规定中心距的 ZA、ZN、ZI 和 ZK 蜗杆传动。

表 14-4-2   蜗杆模数 m 值（GB/T 10088—2018）   mm

第一系列	第二系列	第一系列	第二系列	第一系列	第二系列
0.1	—	0.8	—	—	6
—	—	—	0.9	6.3	—
0.12	—	1	—	—	7
—	—	—	—	—	8
0.16	—	1.25	—	10	—
—	—	—	1.5	—	12
0.2	—	1.6	—	12.5	—
—	—	—	—	—	14
0.25	—	2	—	16	—
—	—	—	—	—	
0.3	—	2.5	—	20	—
—	—	—	3	—	
0.4	—	3.15	—	25	—
—	—	—	3.5	—	
0.5	—	4	—	31.5	—
—	—	—	4.5	—	
0.6	—	5	—	40	—
—	0.7	—	5.5	—	

表 14-4-3　　　　　　　　**圆柱蜗杆传动中心距 a 值**（GB/T 10085—2018）　　　　　　mm

40,50,63,80,100,125,160,(180),200,(225),250,(280),315,(355),400,(450),500

注：括号中数值为第 2 系列，尽量不用。大于 500mm 的中心距可按优先数系 $R20$ 的优先数选用。

表 14-4-4　　　　　　　　**蜗杆分度圆直径 d_1 值**　　　　　　　　　　　mm

第一系列	第二系列	第一系列	第二系列	第一系列	第二系列
4	—	—	—	90	—
—	—	20	—	—	95
4.5	—	—	—	100	—
—	—	22.4	—	—	106
5	—	—	—	112	—
—	—	25	—	—	118
5.6	—	—	—	125	—
—	6	28	—	—	132
6.3	—	—	30	140	—
—	—	31.5	—	—	144
7.1	—	—	—	160	—
—	7.5	35.5	—	—	170
8	—	—	38	180	—
—	8.5	40	—	—	190
9	—	—	—	200	—
—	—	45	—	—	—
10	—	—	48	224	—
—	—	50	—	—	—
11.2	—	—	53	250	—
—	—	56	—	—	—
12.5	—	—	60	280	—
—	—	63	—	—	300
14	—	—	67	315	—
—	15	71	—	—	—
16	—	—	75	355	—
—	—	80	—	—	—
18	—	—	85	400	—

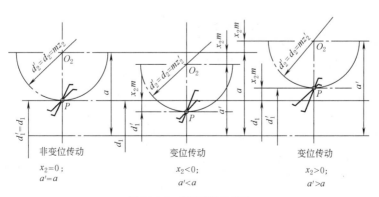

图 14-4-2　蜗杆传动的变位

表 14-4-5 蜗杆的基本尺寸和参数 (GB/T 10085—2018)

模数 m/mm	轴向齿距 p_s/mm	分度圆直径 d_1/mm	蜗杆头数 z_1	直径系数 q	齿顶圆直径 d_{a1}/mm	齿根圆直径 d_{f1}/mm	分度圆柱导程角 γ	说明
1	3.142	18	1	18.000	20	15.6	3°10′47″	自锁
1.25	3.927	20	1	16.000	22.5	17	3°34′35″	
		22.4	1	17.920	24.9	19.4	3°11′38″	自锁
1.6	5.027	20	1	12.500	23.2	16.16	4°34′26″	
			2				9°05′25″	
			4				17°44′41″	
		28	1	17.500	31.2	24.16	3°16′14″	自锁
2	6.283	(18)	1	9.000	22	13.2	6°20′25″	
			2				12°31′44″	
			4				23°57′45″	
		22.4	1	11.200	26.4	17.6	5°06′08″	
			2				10°07′29″	
			4				19°39′14″	
			6				28°10′43″	
		(28)	1	14.000	32	23.2	4°05′08″	
			2				8°07′48″	
			4				15°56′43″	
		35.5	1	17.750	39.5	30.7	3°13′28″	自锁
2.5	7.854	(22.4)	1	8.960	27.4	16.4	6°22′06″	
			2				12°34′59″	
			4				24°03′26″	
		28	1	11.200	33	22	5°06′08″	
			2				10°07′29″	
			4				19°39′14″	
			6				28°10′43″	
		(35.5)	1	14.200	40.5	29.5	4°01′42″	
			2				8°01′02″	
			4				15°43′55″	
		45	1	18.000	50	39	3°10′47″	自锁
3.15	9.896	(28)	1	8.889	34.3	20.4	6°25′08″	
			2				12°40′49″	
			4				24°13′40″	
		35.5	1	11.270	41.8	27.9	5°04′15″	
			2				10°03′48″	
			4				19°32′29″	
			6				28°01′50″	
		(45)	1	14.286	51.3	37.4	4°00′15″	
			2				7°58′11″	
			4				15°38′32″	
		56	1	17.778	62.3	48.4	3°13′10″	自锁
4	12.566	(31.5)	1	7.875	39.5	21.9	7°14′13″	
			2				14°15′00″	
			4				26°55′40″	
		40	1	10.000	48	30.4	5°42′38″	
			2				11°19′36″	
			4				21°48′05″	
			6				30°57′50″	
		(50)	1	12.5000	58	40.4	4°34′26″	

续表

模数 m/mm	轴向齿距 p_s/mm	分度圆直径 d_1/mm	蜗杆头数 z_1	直径系数 q	齿顶圆直径 d_{a1}/mm	齿根圆直径 d_{f1}/mm	分度圆柱导程角 γ	说明
4	12.566	(50)	2	12.5000	58	40.4	9°05′25″	
			4				17°44′41″	
		71	1	17.75	79	61.4	3°13′28″	自锁
5	15.708	(40)	1	8.000	50	28	7°07′30″	
			2				14°02′10″	
			4				26°33′54″	
		50	1	10.000	60	38	5°42′38″	
			2				11°18′36″	
			4				21°48′05″	
			6				30°57′50″	
		(63)	1	12.600	73	51	4°32′16″	
			2				9°01′10″	
			4				17°36′45″	
		90	1	18.000	100	78	3°10′47″	自锁
6.3	19.792	(50)	1	7.936	62.6	34.9	7°10′53″	
			2				14°08′39″	
			4				26°44′53″	
		63	1	10.000	75.6	47.9	5°42′38″	
			2				11°18′36″	
			4				21°48′05″	
			6				30°57′50″	
		(80)	1	12.698	92.6	64.8	4°30′10″	
			2				8°57′02″	
			4				17°29′04″	
		112	1	17.778	124.6	96.9	3°13′10″	自锁
8	25.133	(63)	1	7.875	79	43.8	7°14′13″	
			2				14°15′00″	
			4				26°53′40″	
		80	1	10.000	96	60.8	5°42′38″	
			2				11°18′36″	
			4				21°48′05″	
			6				30°57′50″	
		(100)	1	12.500	116	80.8	4°34′26″	
			2				9°05′25″	
			4				17°44′41″	
		140	1	17.500	156	120.8	3°16′14″	自锁
10	31.416	(71)	1	7.100	91	47	8°01′02″	
			2				15°43′55″	
			4				29°23′46″	
		90	1	9.000	110	66	6°20′25″	
			2				12°31′44″	
			4				23°57′45″	
			6				33°41′24″	
		(112)	1	11.200	132	88	5°06′08″	
			2				10°07′29″	
			4				19°39′14″	
		160	1	16.000	180	136	3°34′35″	

续表

模数 m/mm	轴向齿距 p_s/mm	分度圆直径 d_1/mm	蜗杆头数 z_1	直径系数 q	齿顶圆直径 d_{a1}/mm	齿根圆直径 d_{f1}/mm	分度圆柱导程角 γ	说明
12.5	39.270	(90)	1	7.200	115	60	7°50′26″	
			2				15°31′27″	
			4				29°03′17″	
		112	1	8.960	137	82	6°22′06″	
			2				12°34′59″	
			4				24°03′26″	
		(140)	1	11.200	165	110	5°06′08″	
			2				10°07′29″	
			4				19°39′14″	
		200	1	16.000	225	170	3°34′35″	
16	50.265	(112)	1	7.000	144	73.6	8°07′48″	
			2				15°56′43″	
			4				29°44′42″	
		140	1	8.750	172	101.6	6°31′11″	
			2				12°52′30″	
			4				24°34′02″	
		(180)	1	11.250	212	141.6	5°04′47″	
			2				10°04′50″	
			4				19°34′23″	
		250	1	15.625	282	211.6	3°39′43″	
20	62.832	(140)	1	7.000	180	92	8°07′48″	
			2				15°56′43″	
			4				29°44′42″	
		160	1	8.000	200	112	7°07′30″	
			2				14°02′10″	
			4				26°33′54″	
		(224)	1	11.200	264	176	5°06′08″	
			2				10°07′29″	
			4				19°39′14″	
		315	1	15.750	355	267	3°37′59″	
25	78.540	(180)	1	7.200	230	120	7°54′26″	
			2				15°31′27″	
			4				27°03′17″	
		200	1	8.000	250	140	7°07′30″	
			2				14°02′10″	
			4				26°33′54″	
		(280)	1	11.200	330	220	5°06′08″	
			2				10°07′29″	
			4				19°39′14″	
		400	1	16.000	450	340	3°34′35″	

注：1. 括号中的数字尽可能不采用。
　　2. 本表中所指的自锁是导程角 $\gamma < 3°30′$ 的圆柱蜗杆。

表 14-4-6　　　　　　　普通圆柱蜗杆、蜗轮参数的匹配（GB/T 10085—2018）

中心距 a/mm	传动比 i	模数 m /mm	蜗杆分度圆直径 d_1/mm	蜗杆头数 z_1	蜗轮齿数 z_2	蜗轮变位系数 x_2	说　明
40	4.83	2	22.4	6	29	−0.100	
	7.25	2	22.4	4	29	−0.100	
	9.5[①]	1.6	20	4	38	−0.250	
	—	—	—	—	—	—	
	14.5	2	22.4	2	29	−0.100	
	19[①]	1.6	20	2	38	−0.250	
	29	2	22.4	1	29	−0.100	
	38[①]	1.6	20	1	38	−0.250	
	49	1.25	20	1	49	−0.500	
	62	1	18	1	62	0.000	自锁
50	4.83	2.5	28	6	29	−0.100	
	7.25	2.5	28	4	29	−0.100	
	9.75[①]	2	22.4	4	39	−0.100	
	12.75	1.6	20	4	51	−0.500	
	14.5	2.5	28	2	29	−0.100	
	19.5[①]	2	22.4	2	39	−0.100	
	25.5	1.6	20	2	51	−0.500	
	29	2.5	28	1	29	−0.100	
	39[①]	2	22.4	1	39	−0.100	
	51	1.6	20	1	51	−0.500	
	62	1.25	22.4	1	62	+0.040	自锁
	—	—	—	—	—	—	
	82[①]	1	18	1	82	0.000	自锁
63	4.83	3.15	35.5	6	29	−0.1349	
	7.25	3.15	35.5	4	29	−0.1349	
	9.75[①]	2.5	28	4	39	+0.100	
	12.75	2	22.4	4	51	+0.400	
	14.5	3.15	35.5	2	29	−0.1349	
	19.5[①]	2.5	28	2	39	+0.100	
	25.5	2	22.4	2	51	+0.400	
	29	3.15	35.5	1	29	−0.1349	
	39[①]	2.5	28	1	39	+0.100	
	51	2	22.4	1	51	+0.400	
	61	1.6	28	1	61	+0.125	自锁
	67	1.6	20	1	67	−0.375	
	82[①]	1.25	22.4	1	82	+0.440	自锁
80	5.17	4	40	6	31	−0.500	
	7.75	4	40	4	31	−0.500	
	9.75[①]	3.15	35.5	4	39	+0.2619	
	13.25	2.5	28	4	53	−0.100	
	15.5	4	40	2	31	−0.500	
	19.5[①]	3.15	35.5	2	39	+0.2619	
	26.5	2.5	28	2	53	−0.100	
	31	4	40	1	31	−0.500	
	39[①]	3.15	35.5	1	39	+0.2619	
	53	2.5	28	1	53	−0.100	
	62	2	35.5	1	62	+0.125	自锁
	69	2	22.4	1	69	−0.100	
	82[①]	1.6	28	1	82	+0.250	自锁

续表

中心距 a/mm	传动比 i	模数 m /mm	蜗杆分度圆 直径 d_1/mm	蜗杆头数 z_1	蜗轮齿数 z_2	蜗轮变位 系数 x_2	说　明
	5.17	5	50	6	31	−0.500	
	7.75	5	50	4	31	−0.500	
	10.25[①]	4	40	4	41	−0.500	
	13.25	3.15	35.5	4	53	−0.3889	
	15.5	5	50	2	31	−0.500	
100	20.5[①]	4	40	2	41	−0.500	
	26.5	3.15	35.5	2	53	−0.3889	
	31	5	50	1	31	−0.500	
	41[①]	4	40	1	41	−0.500	
	53	3.15	35.5	1	53	−0.3889	
	62	2.5	45	1	62	0.000	自锁
	70	2.5	28	1	70	−0.600	
	82[①]	2	35.5	1	82	+0.125	自锁
	5.17	6.3	63	6	31	−0.6587	
	7.75	6.3	63	4	31	−0.6587	
	10.25[①]	5	50	4	41	−0.500	
	12.75	4	40	4	51	+0.750	
	15.5	6.3	63	2	31	−0.6587	
125	20.5[①]	5	50	2	41	−0.500	
	25.5	4	40	2	51	+0.750	
	31	6.3	63	1	31	−0.6587	
	41[①]	5	50	1	41	−0.500	
	51	4	40	1	51	+0.750	
	62	3.15	56	1	62	−0.2063	自锁
	69	3.15	35.5	1	69	−0.4524	
	82[①]	2.5	45	1	82	0.000	自锁
	5.17	8	80	6	31	−0.500	
	7.75	8	80	4	31	−0.500	
	10.25[①]	6.3	63	4	41	−0.1032	
	13.25	5	50	4	53	+0.500	
	15.5	8	80	2	31	−0.500	
160	20.5[①]	6.3	63	2	41	−0.1032	
	26.5	5	50	2	53	+0.500	
	31	8	80	1	31	−0.500	
	41[①]	6.3	63	1	41	−0.1032	
	53	5	50	1	53	+0.500	
	62	4	71	1	62	+0.125	自锁
	70	4	40	1	70	0.000	
	83[①]	3.15	56	1	83	+0.4048	自锁
	—	—	—	—	—	—	
	7.25	10	71	4	29	−0.050	
	9.5[①]	8	63	4	38	−0.4375	
	12	6.3	63	4	48	−0.4286	
	15.25	5	50	4	61	+0.500	
180	19[①]	8	63	2	38	−0.4375	
	24	6.3	63	2	48	−0.4286	
	30.5	5	50	2	61	+0.500	
	38[①]	8	63	1	38	−0.4375	
	48	6.3	63	1	48	−0.4286	

续表

中心距 a/mm	传动比 i	模数 m /mm	蜗杆分度圆 直径 d_1/mm	蜗杆头数 z_1	蜗轮齿数 z_2	蜗轮变位 系数 x_2	说　明
	61	5	50	1	61	$+0.500$	
180	71	4	71	1	71	$+0.625$	自锁
	80[①]	4	40	1	80	0.000	
	5.17	10	90	6	31	0.000	
	7.75	10	90	4	31	0.000	
	10.25[①]	8	80	4	41	-0.500	
	13.25	6.3	63	4	53	$+0.246$	
	15.5	10	90	2	31	$0.000·$	
	20.5[①]	8	80	2	41	-0.500	
200	26.5	6.3	63	2	53	$+0.246$	
	31	10	90	1	31	0.000	
	41[①]	8	80	1	41	-0.500	
	53	6.3	63	1	53	$+0.246$	
	62	5	90	1	62	0.000	自锁
	70	5	50	1	70	0.000	
	82[①]	4	71	1	82	$+0.125$	自锁
	7.25	12.5	90	4	29	-0.100	
	9.5[①]	10	71	4	38	-0.050	
	11.75	8	80	4	47	-0.375	
	15.25	6.3	63	4	61	$+0.2143$	
	19.5[①]	10	71	2	38	-0.050	
	23.5	8	80	2	47	-0.375	
225	30.5	6.3	63	2	61	$+0.2143$	
	38[①]	10	71	1	38	-0.050	
	47	8	80	1	47	-0.375	
	61	6.3	63	1	61	$+0.2143$	
	71	5	90	1	71	$+0.500$	自锁
	80[①]	5	50	1	80	0.000	
	7.75	12.5	112	4	31	$+0.020$	
	10.25[①]	10	90	4	41	0.000	
	13	8	80	4	52	$+0.250$	
	15.5	12.5	112	2	31	$+0.020$	
	20.5[①]	10	90	2	41	0.000	
250	26	8	80	2	52	$+0.250$	
	31	12.5	112	1	31	$+0.020$	
	41[①]	10	90	1	41	0.000	
	52	8	80	1	52	$+0.250$	
	61	6.3	112	1	61	$+0.2937$	
	70	6.3	63	1	70	-0.3175	
	81[①]	5	90	1	81	$+0.500$	自锁
	7.25	16	112	4	29	-0.500	
	9.5[①]	12.5	90	4	38	-0.200	
	12	10	90	4	48	-0.500	
	15.25	8	80	4	61	-0.500	
280	19[①]	12.5	90	2	38	-0.200	
	24	10	90	2	48	-0.500	
	30.5	8	80	2	61	-0.500	
	38[①]	12.5	90	1	38	-0.200	
	48	10	90	1	48	-0.500	

第 14 篇

续表

中心距 a/mm	传动比 i	模数 m/mm	蜗杆分度圆直径 d_1/mm	蜗杆头数 z_1	蜗轮齿数 z_2	蜗轮变位系数 x_2	说　明
280	61	8	80	1	61	-0.500	
	71	6.2	112	1	71	$+0.0556$	自锁
	80[①]	6.2	63	1	80	-0.5556	
315	7.75	16	140	4	31	-0.1875	
	10.25[①]	12.5	112	4	41	$+0.220$	
	13.25	10	90	4	53	$+0.500$	
	15.5	16	140	2	31	-0.1875	
	20.5[①]	12.5	112	2	41	$+0.220$	
	26.5	10	90	2	53	$+0.500$	
	31	16	140	1	31	-0.1875	
	41[①]	12.5	112	1	41	$+0.220$	
	53	10	90	1	53	$+0.500$	
	61	8	140	1	61	$+0.125$	
	69	8	80	1	69	-0.125	
	82[①]	6.3	112	1	82	$+0.1111$	自锁
355	7.25	20	140	4	29	-0.250	
	9.5[①]	16	112	4	38	-0.3125	
	12.25	12.5	112	4	49	-0.580	
	15.25	10	90	4	61	$+0.500$	
	19[①]	16	112	2	38	-0.3125	
	24.5	12.5	112	2	49	-0.580	
	30.5	10	90	2	61	$+0.500$	
	38[①]	16	112	1	38	-0.3125	
	49	12.5	112	1	49	-0.580	
	61	10	90	1	61	$+0.500$	
	71	8	140	1	71	$+0.125$	自锁
	79[①]	8	80	1	79	-0.125	
400	7.75	20	160	4	31	$+0.500$	
	10.25[①]	16	140	4	41	$+0.125$	
	13.5	12.5	112	4	54	$+0.520$	
	15.5	20	160	2	31	$+0.500$	
	20.5[①]	16	140	2	41	$+0.125$	
	27	12.5	112	2	54	$+0.520$	
	31	20	160	1	31	$+0.050$	
	41[①]	16	140	1	41	$+0.125$	
	54	12.5	112	1	54	$+0.520$	
	63	10	160	1	63	$+0.500$	
	71	10	90	1	71	0.000	
	82[①]	8	140	1	82	$+0.250$	自锁
450	7.25	25	180	4	29	-0.100	
	9.75[①]	20	140	4	39	-0.500	
	12.25	16	112	4	49	$+0.125$	
	15.75	12.5	112	4	63	$+0.020$	
	19.5[①]	20	140	2	39	-0.500	
	24.5	16	112	2	49	$+0.125$	
	31.5	12.5	112	2	63	$+0.020$	
	39[①]	20	140	1	39	-0.500	
	49	16	112	1	49	$+0.125$	
	63	12.5	112	1	63	$+0.020$	

中心距 a/mm	传动比 i	模数 m /mm	蜗杆分度圆直径 d_1/mm	蜗杆头数 z_1	蜗轮齿数 z_2	蜗轮变位系数 x_2	说 明
450	73	10	160	1	73	+0.500	
	81[①]	10	90	1	81	0.000	
500	7.75	25	200	4	31	+0.500	
	10.25[①]	20	160	4	41	+0.500	
	13.25	16	140	4	53	+0.375	
	15.5	25	200	2	31	+0.500	
	20.5[①]	20	160	2	41	+0.500	
	26.5	16	140	2	53	+0.375	
	31	25	200	1	31	+0.500	
	41[①]	20	160	1	41	+0.500	
	53	16	140	1	53	+0.375	
	63	12.5	200	1	63	+0.500	
	71	12.5	112	1	71	+0.020	
	83[①]	10	160	1	83	+0.500	

① 为基本传动比。

注：本表所指的自锁，只有在静止状态和无振动时才能保证。

4.2.1.2 圆弧圆柱蜗杆传动的主要参数

圆弧圆柱蜗杆（ZC蜗杆）传动主要是指圆环面包络圆柱蜗杆传动。圆环面包络圆柱蜗杆的齿面是圆环面砂轮（砂轮轴平面上刀具产形线是圆环面母圆上的一段圆弧）与蜗杆作相对螺旋运动时，砂轮曲面族的包络面。圆环面包络圆柱蜗杆传动又分为两种类型。

① ZC₁蜗杆传动 蜗杆轴线与圆环面砂轮轴线的轴交角等于蜗杆分度圆柱导程角，该二轴线的公垂线通过蜗杆齿槽的某一位置，如图 14-4-3（a）。砂轮与蜗杆的瞬时接触线是一条固定的空间曲线。砂轮安装简便，蜗杆工艺性较好。

② ZC₂蜗杆传动 蜗杆轴线与圆环面砂轮轴线的轴交角为不等于蜗杆分度圆柱导程角的某一角度，该二轴线的公垂线通过砂轮齿廓曲率中心。砂轮与蜗杆的瞬时接触线是一条与砂轮的轴向齿廓互相重合的固定的平面曲线。砂轮安装较 ZC₁ 型复杂。ZC₂蜗杆传动在我国未得到推广，这里不作介绍。

③ ZC₁蜗杆的基本齿廓 蜗杆法截面齿廓为基本齿廓，圆环面砂轮包络成形，在法截面和轴截面内的尺寸参数应符合图 14-4-3 的规定。

砂轮轴线与蜗杆轴线的公垂线，对单面砂轮单面磨削通过蜗杆齿廓分圆点；对双面砂轮两面依次磨削通过砂轮对称中心平面。

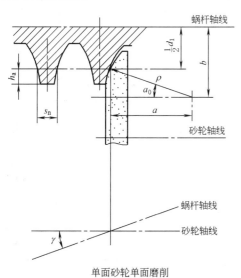

单面砂轮单面磨削

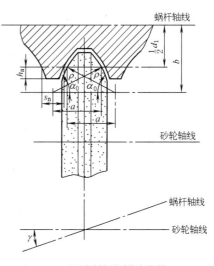

双面砂轮两面依次磨削

(a)法截面齿廓及砂轮安装示意图

图 14-4-3

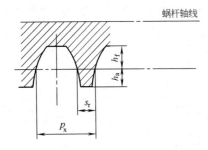

(b)轴截面齿廓

图 14-4-3　ZC₁ 蜗杆的基本齿廓

砂轮轴线与蜗杆轴线的轴交角等于蜗杆分度圆柱导程角 γ。砂轮轴截面齿形角 $\alpha_0 = 23° \pm 0.5°$，砂轮圆弧中心坐标 $a = \rho\cos\alpha_0$，$b = \dfrac{1}{2}d_1 + \rho\sin\alpha_0$。

砂轮轴截面圆弧半径 ρ，当 $m \leqslant 10$ 时，$\rho = (5.5 \sim 6.0)m$；当 $m > 10$ 时，$\rho = (5 \sim 5.5)m$，小模数取大系数。

齿顶高 h_a 为：当 $z_1 \leqslant 3$ 时，$h_a = m$；当 $z_1 > 3$ 时，$h_a = (0.85 \sim 0.95)m$。顶隙 $c \approx 0.16m$。轴向齿距 $p_x = \pi m$，轴向齿厚 $s_x = 0.4\pi m$，法向齿厚 $s_n = s_x\cos\gamma = 0.4\pi m\cos\gamma$。齿顶倒圆，圆角半径不大于 $0.2m$。

ZC₁ 蜗杆蜗轮啮合参数搭配可参考表 14-4-7。

表 14-4-7　　　　　　ZC₁ 蜗杆蜗轮啮合参数搭配

中心距 a /mm	公称传动比 i	模数 m /mm	蜗杆分度圆直径 d_1/mm	蜗杆头数 z_1	蜗轮齿数 z_2	蜗轮变位系数 x_2	实际传动比 i_a
63	5	3.6	35.4	5	24	0.583	4.8
	6.3	3.6	35.4	4	25	0.083	6.25
	8	3	30.4	4	31	0.433	7.75
	10	3	32	3	31	0.167	10.33
	12.5	2.5	30	3	38	0.2	12.67
	16	3	32	2	31	0.167	15.5
	20	2.5	26	2	39	0.5	19.5
	25	2	26	2	49	0.5	24.5
	31.5	3	32	1	31	0.167	31
	40	2.5	26	1	39	0.5	39
	50	2	26	1	49	0.5	49
80	5	4.5	43.6	5	24	0.933	4.8
	6.3	4.5	43.6	4	25	0.433	6.25
	8	3.6	35.4	4	33	0.806	8.25
	10	3.8	38.4	3	31	0.5	10.33
	12.5	3.2	36.6	3	37	0.781	12.33
	16	3.8	38.4	2	31	0.5	15.5
	20	3	32	2	41	0.833	20.5
	25	2.5	30	2	51	0.5	25.5
	31.5	3.8	38.4	1	31	0.5	31
	40	3	32	1	41	0.833	41
	50	2.5	30	1	51	0.5	51
	63	2.25	26.5	1	59	0.167	59
100	5	5.8	49.4	5	24	0.983	4.8
	6.3	5.8	49.4	4	25	0.483	6.25
	8	4.5	43.6	4	33	0.878	8.25
	10	4.8	46.4	3	31	0.5	10.33
	12.5	4	44	3	37	1	12.33
	16	4.8	46.4	2	31	0.5	15.5
	20	3.8	38.4	2	41	0.763	20.5
	25	3.2	36.6	2	49	1.031	24.5
	31.5	4.8	46.4	1	31	0.5	31
	40	3.8	38.4	1	41	0.763	41
	50	3.2	36.6	1	50	0.531	50
	63	2.75	32.5	1	60	0.455	60

续表

中心距 a /mm	公称传动比 i	模数 m /mm	蜗杆分度圆直径 d_1/mm	蜗杆头数 z_1	蜗轮齿数 z_2	蜗轮变位系数 x_2	实际传动比 i_a
125	5	7.3	61.8	5	24	0.890	4.8
	6.3	7.3	61.8	4	25	0.390	6.25
	8	5.8	49.4	4	33	0.793	8.25
	10	6.2	57.6	3	31	0.016	10.33
	12.5	5.2	54.6	3	37	0.288	12.33
	16	6.2	57.6	2	31	0.016	15.5
	20	4.8	46.4	2	41	0.708	20.5
	25	4	44	2	51	0.250	25.5
	31.5	6.2	57.6	1	30	0.516	30
	40	4.8	46.4	1	41	0.708	41
	50	4	44	1	50	0.750	50
	63	3.5	39	1	59	0.643	59
140	6.3	7.3	61.8	5	29	0.445	5.8
	8	7.3	61.8	4	29	0.445	7.25
	10	6.5	67	3	31	0.885	10.33
	12.5	6.2	57.6	3	35	0.435	11.67
	16	6.5	67	2	31	0.885	15.5
	20	5.6	58.8	2	39	0.250	19.5
	25	4.4	47.2	2	51	0.955	25.5
	31.5	6.5	67	1	31	0.885	31
	40	5.6	58.8	1	39	0.250	39
	50	4.4	47.2	1	51	0.955	51
	63	4	44	1	58	0.5	58
160	5	9.5	73	5	24	1	4.8
	6.3	9.5	73	4	25	0.5	6.25
	8	7.3	61.8	4	34	0.685	8.5
	10	7.8	69.4	3	31	0.564	10.33
	12.5	6.5	67	3	37	0.962	12.33
	16	7.8	69.4	2	31	0.564	15.5
	20	6.2	57.6	2	41	0.661	20.5
	25	5.2	54.6	2	49	1.019	24.5
	31.5	7.8	69.4	1	31	0.564	31
	40	6.2	57.6	1	41	0.661	41
	50	5.2	54.6	1	50	0.519	50
	63	4.4	47.2	1	61	0.5	61
180	6.3	9.5	73	5	29	0.605	5.8
	8	9.5	73	4	29	0.605	7.25
	10	9.2	80.6	3	29	0.685	9.67
	12.5	7.8	69.4	3	36	0.628	12
	16	8.2	78.6	2	33	0.659	16.5
	20	7.1	70.8	2	39	0.866	19.5
	25	5.6	58.8	2	52	0.893	26
	31.5	8.2	78.6	1	33	0.659	33
	40	7.1	70.8	1	40	0.366	40
	50	5.6	58.8	1	52	0.893	52
	63	5	55	1	60	0.5	60

续表

中心距 a /mm	公称传动比 i	模数 m /mm	蜗杆分度圆直径 d_1/mm	蜗杆头数 z_1	蜗轮齿数 z_2	蜗轮变位系数 x_2	实际传动比 i_a
200	5	11.8	93.5	5	24	0.987	4.8
	6.3	11.8	93.5	4	25	0.487	6.25
	8	9.5	73	4	33	0.711	8.25
	10	10	82	3	31	0.4	10.33
	12.5	8.2	78.6	3	38	0.598	12.67
	16	10	82	2	31	0.4	15.5
	20	7.8	69.4	2	41	0.692	20.5
	25	6.5	67	2	51	0.115	25.5
	31.5	10	82	1	31	0.4	31
	40	7.8	69.4	1	41	0.692	41
	50	6.5	67	1	50	0.615	50
	63	5.6	58.8	1	60	0.464	60
225	6.3	11.8	93.5	5	29	0.606	5.8
	8	11.8	93.5	4	29	0.606	7.25
	10	10.5	99	3	32	0.714	10.67
	12.5	10	82	3	36	0.4	12
	16	10.5	99	2	32	0.714	16
	20	9	84	2	39	0.833	19.5
	25	7.1	70.8	2	52	0.704	26
	31.5	10.5	99	1	32	0.714	32
	40	9	84	1	40	0.333	40
	50	7.1	70.8	1	52	0.704	52
	63	6.5	67	1	58	0.462	58
250	5	15	111	5	24	0.967	4.8
	6.3	15	111	4	26	0.467	6.25
	8	11.8	93.5	4	33	0.724	8.25
	10	12.5	105	3	31	0.3	10.33
	12.5	10.5	99	3	37	0.595	12.33
	16	12.5	105	2	31	0.3	15.5
	20	10	82	2	41	0.4	20.5
	25	8.2	78.6	2	51	0.195	25.5
	31.5	12.5	105	1	31	0.3	31
	40	10	82	1	41	0.4	41
	50	8.2	78.6	1	50	0.695	50
	63	7.1	70.8	1	59	0.725	59
280	6.3	15	111	5	29	0.467	5.8
	8	15	111	4	29	0.467	7.25
	10	13	119	3	32	0.962	10.67
	12.5	12.5	105	3	36	0.2	12
	16	13	119	2	32	0.962	16
	20	11.5	107	2	39	0.196	19.5
	25	9	84	2	51	0.944	25.5
	31.5	13	119	1	32	0.962	32
	40	11.5	107	1	39	0.196	39
	50	9	84	1	51	0.944	51
	63	7.9	82.2	1	59	0.741	59

续表

中心距 a /mm	公称传动比 i	模数 m /mm	蜗杆分度圆直径 d_1/mm	蜗杆头数 z_1	蜗轮齿数 z_2	蜗轮变位系数 x_2	实际传动比 i_a
315	5	19	141	5	24	0.868	4.8
	6.3	19	141	4	25	0.368	6.25
	8	15	111	4	33	0.8	8.25
	10	16	124	3	31	0.3125	10.33
	12.5	13	119	3	38	0.654	12.67
	16	16	124	2	31	0.3125	15.5
	20	12.5	105	2	41	0.5	20.5
	25	10.5	99	2	49	0.786	24.5
	31.5	16	124	1	31	0.3125	31
	40	12.5	105	1	41	0.5	41
	50	10.5	99	1	50	0.286	50
	63	9.1	91.8	1	59	0.071	59
355	6.3	19	141	5	29	0.474	5.8
	8	19	141	4	29	0.474	7.25
	10	18	136	3	31	0.444	10.33
	12.5	16	124	33	35	0.8125	11.67
	16	18	136	2	31	0.444	15.5
	20	14.5	127	2	39	0.603	19.5
	25	11.5	107	2	51	0.717	25.5
	31.5	18	136	1	31	0.444	31
	40	14.5	127	1	39	0.603	39
	50	11.5	107	1	51	0.717	51
	63	10.5	99	1	58	0.095	58
400	5	20	165	6	31	0.375	5.17
	6.3	19	141	5	33	0.842	6.6
	8	19	141	4	33	0.842	8.25
	10	20	148	3	31	0.8	10.33
	12.5	18	136	3	35	0.944	11.67
	16	20	148	2	31	0.8	15.5
	20	16	124	2	41	0.625	20.5
	25	13	119	2	51	0.692	25.5
	31.5	20	148	1	31	0.8	31
	40	16	124	1	41	0.625	41
	50	13	119	1	51	0.692	51
	63	11.5	107	1	59	0.631	59
450	8	19	141	5	39	0.474	7.8
	10	19	141	4	39	0.474	9.75
	12.5	20	148	3	37	0.3	12.33
	16	16	124	3	47	0.75	15.67
	20	18	136	2	41	0.722	20.5
	25	14.5	127	2	52	0.655	26
	31.5	22	160	1	32	0.818	32
	40	18	136	1	41	0.722	41
	50	14.5	127	1	52	0.655	52
	63	13	119	1	59	0.538	59

第 14 篇

续表

中心距 a /mm	公称传动比 i	模数 m /mm	蜗杆分度圆直径 d_1/mm	蜗杆头数 z_1	蜗轮齿数 z_2	蜗轮变位系数 x_2	实际传动比 i_a
	6.3	20	165	6	41	0.375	6.83
	10	20	165	4	41	0.375	10.25
	12.5	22	160	3	37	0.591	12.33
	16	18	136	3	47	0.5	15.67
	20	20	148	2	41	0.8	20.5
500	25	16	165	2	51	0.594	25.5
	31.5	24	172	1	33	0.75	33
	40	20	148	1	41	0.8	41
	50	16	165	1	51	0.594	51
	63	14.5	127	1	59	0.604	59

4.2.2　圆柱蜗杆传动的几何尺寸计算

表 14-4-8　　　　　　　　　　　　圆柱蜗杆传动的几何尺寸计算

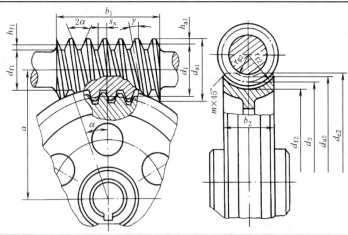

项　　目	计算公式及说明	
蜗杆轴向模数(蜗轮端面模数)m	按表14-4-10的强度条件或用类比法确定，并应符合表14-4-2或表14-4-5数值或按图14-4-7、图14-4-8并查表14-4-7确定；当按结构设计时，$m=\dfrac{2a}{q+z_2+2x_2}$	尺寸 m、d_1、z_1、z_2 和 a 值，推荐按表14-4-6或表14-4-7选取
蜗杆分度圆直径 d_1		
传动比 i	$i=\dfrac{n_1}{n_2}=\dfrac{z_2}{z_1}$	
蜗杆头数 z_1	一般取 $z_1=1\sim4$	
蜗杆齿数 z_2	$z_2=iz_1$	
蜗杆直径系数(蜗杆特性系数)q	$q=\dfrac{d_1}{m}$	
蜗轮变位系数 x_2	$x_2=\dfrac{a}{m}-\dfrac{d_1+d_2}{2m}$ 对普通圆柱蜗杆传动，一般取 $-1\leqslant x_2\leqslant1$; 对圆弧圆柱蜗杆传动，一般取 $x_2=0.5\sim1.5$，推荐取 $x_2=0.7\sim1.2$	
中心距 a	$a=(d_1+d_2+2x_2m)/2$;标准系列值见表14-4-3	
蜗杆分度圆柱导程角 γ	$\tan\gamma=\dfrac{z_1}{q}=mz_1/d_1$	
蜗杆节圆柱导程角 γ'	$\tan\gamma'=\dfrac{z_1}{q+2x_2}$	

续表

项　目	计算公式及说明
蜗杆轴向齿形角 α	$\tan\alpha_n = \tan\alpha\cos\gamma$ ZA 蜗杆　$\alpha = 20°$
蜗杆（轮）法向齿形角 α_n	ZI 蜗杆，ZN 蜗杆，ZK 蜗杆　$\tan\alpha = \dfrac{\tan\alpha_n}{\cos\gamma}$　$\alpha_n = 20°$ ZC_1 蜗杆　$\alpha_n = 23°\pm 0.5°$
顶隙 c	$c = c^* m$，一般顶隙系数 $c^* = 0.2$，ZC_1 蜗杆 $c^* = 0.16$
蜗杆、蜗轮齿顶高 h_{a1}、h_{a2}	$h_{a1} = h_a^* m = \dfrac{1}{2}(d_{a1} - d_1)$；$h_{a2} = m(h_a^* + x_2) = \dfrac{1}{2}(d_{a2} - d_2)$。一般齿顶高系数 $h_a^* = 1$；对普通圆柱蜗杆短齿 $h_a^* = 0.8$；对 ZC_1 蜗杆，当 $z_1 > 3$ 时，$h_a^* = 0.85\sim 0.95$
蜗杆、蜗轮齿根高 h_{f1}、h_{f2}	$h_{f1} = (h_a^* + c^*)m = \dfrac{1}{2}(d_1 - d_{f1})$；$h_{f2} = \dfrac{1}{2}(d_2 - d_{f2}) = m(h_a^* - x_2 + c^*)$
蜗轮分度圆直径 d_2	$d_2 = mz_2 = 2a - d_1 - 2x_2 m$
蜗杆、蜗轮节圆直径 d_1'、d_2'	$d_1' = (q + 2x_2)m = d_1 + 2x_2 m$；$d_2' = d_2$
蜗杆齿顶圆直径 d_{a1}、蜗轮喉圆直径 d_{a2}	$d_{a1} = d_1 + 2h_{a1} = d_1 + 2h_a^* m$； $d_{a2} = d_2 + 2h_{a2}$
蜗杆、蜗轮齿根圆直径 d_{f1}、d_{f2}	$d_{f1} = d_1 - 2h_{f1}$；$d_{f2} = d_2 - 2h_{f2}$
蜗杆轴向齿距 p_x	$p_x = \pi m$
蜗杆轴向齿厚 s_{x1}	普通圆柱蜗杆　$s_{x1} = 0.5\pi m$；圆弧圆柱蜗杆 $s_{x1} = 0.4\pi m$
蜗杆法向齿厚 s_{n1}	$s_{n1} = s_{x1}\cos\gamma$
蜗轮分度圆齿厚 s_2	$s_2 = (0.5\pi + 2x_2\tan\alpha)m$
蜗杆分度圆法向弦齿高 $\bar{h}_{n1}$	$\bar{h}_{n1} = m$
蜗杆齿宽 b_1	普通圆柱蜗杆：$z_1 = 1, 2$ 时 $b_1 \geqslant (12 + 0.1z_2)m$ $z_1 = 3, 4$ 时 $b_1 \geqslant (13 + 0.1z_2)m$ ZC_1 蜗杆：$b_1 \approx 2.5m\sqrt{z_2 + 1}$
蜗轮最大外圆直径 d_{e2}	<table><tr><td>z_1</td><td>1</td><td>2,3</td><td>4</td><td>圆弧圆柱蜗杆</td></tr><tr><td>$d_{e2} \leqslant$</td><td>$d_{a2} + 2m$</td><td>$d_{a2} + 1.5m$</td><td>$d_{a2} + m$</td><td>$d_{a2} + m$</td></tr></table>
蜗轮齿宽 b_2	$b_2 = (0.67\sim 0.75)d_{a1}$。$z_1$ 大，取小值；z_1 小，取大值
蜗轮咽喉母圆半径 r_{g2}	$r_{g2} = a - \dfrac{1}{2}d_{a2}$
蜗轮齿根圆弧半径 r_{f2}	$r_{f2} = \dfrac{1}{2}d_{a1} + 0.2m$

4.2.3　圆柱蜗杆传动的受力分析

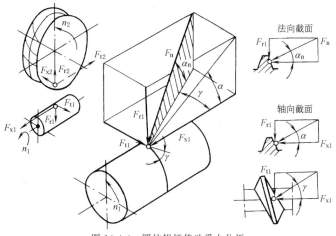

图 14-4-4　圆柱蜗杆传动受力分析

表 14-4-9 蜗杆传动力计算

名　　称	代号	公式及说明
蜗杆圆周力 （蜗轮轴向力）	F_{t1}	$F_{t1} = -F_{x2} = \dfrac{2000T_1}{d_1}$ （N） F_{t1} 产生的转矩与外加转矩 T_1 方向相反
蜗杆轴向力 （蜗轮圆周力）	F_{x1}	$F_{x1} = -F_{t2} = \dfrac{2000T_2}{d_2 + 2x_2 m}$ （N） F_{t2} 产生的转矩与外加转矩 T_2 方向相反
蜗杆径向力 （蜗轮径向力）	F_{r1}	$F_{r1} = -F_{r2} \approx -F_{t2}\tan\alpha_x$ （N）　从啮合点向各自的中心
法向力	F_n	$F_n = \dfrac{F_{x1}}{\cos\gamma\cos\alpha_n} \approx \dfrac{-F_{t2}}{\cos\gamma\cos\alpha_x} = \dfrac{-2000T_2}{d_2\cos\gamma\cos\alpha_x}$ （N）　垂直于接触齿面
蜗轮轴工作转矩	T_2	$T_2 = iT_1\eta \approx 9550\dfrac{P_1}{n_1}i\eta$ （N·m）
蜗杆传动效率	η [①]	估计值：$z_1 = 1$ 时，$\eta = 0.7 \sim 0.75$；$z_1 = 2$ 时，$\eta = 0.75 \sim 0.82$；$z_1 = 3$ 时， $\eta = 0.82 \sim 0.87$；$z_1 = 4$ 时，$\eta = 0.87 \sim 0.92$

① 对圆弧圆柱蜗杆传动，η 可提高 $3\% \sim 9\%$。

注：判断力的方向时应记住：当蜗杆为主动时，F_{t1} 的方向与螺牙在啮合点的运动方向相反；F_{t2} 的方向与轮齿在啮合点的运动方向相同；F_{r1}、F_{r2} 的方向分别由啮合点指向轴心。如下图所示。

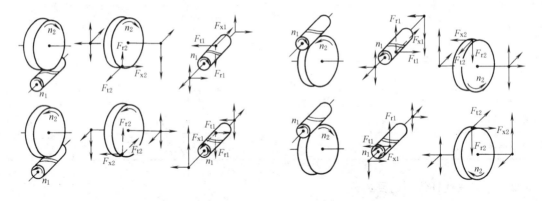

4.2.4　圆柱蜗杆传动强度计算和刚度验算

圆柱蜗杆传动的破坏形式，主要是蜗轮轮齿表面产生胶合、点蚀和磨损，而轮齿的弯曲折断却很少发生。因此，通常多按齿面接触强度计算。只是当 $z_2 > 80 \sim 100$ 时，才进行弯曲强度核算。可是，当蜗杆作传动轴时，必须按轴的计算方法进行强度计算和刚度验算。

4.2.4.1　普通圆柱蜗杆传动的强度和刚度计算

表 14-4-10 普通圆柱蜗杆传动的强度和刚度计算

公式用途	齿面接触强度	齿根弯曲强度
设计	$m^2 d_1 \geqslant \left(\dfrac{15000}{\sigma_{HP}z_2}\right)^2 KT_2$ （mm³） 查表 14-4-5 确定 m、d_1	$m^2 d_1 \geqslant \dfrac{6000KT_2Y_{FS}}{z_2\sigma_{FP}}$ （mm³） 查表 14-4-5 确定 m、d_1
验算	$\sigma_H = Z_E\sqrt{\dfrac{9400T_2}{d_1 d_2^2}K_A K_V K_\beta} \leqslant \sigma_{HP}$ （MPa）	$\sigma_F = \dfrac{666T_2 K_A K_V K_\beta}{d_1 d_2 m}Y_{FS}Y_\beta \leqslant \sigma_{FP}$ （MPa）
蜗杆轴刚度验算	$y_1 = \dfrac{\sqrt{F_{t1}^2 + F_{r1}^2}}{48EI}L^3 \leqslant y_P$，$y_P = (0.001 \sim 0.0025)d_1$ （mm）	

说　明	
σ_{HP}——许用接触应力，N/mm^2，与蜗轮轮缘的材料有关；对无锡青铜、黄铜和铸铁的轮缘，σ_{HP}取决于胶合，其值列于表 14-4-12；对锡青铜的轮缘，σ_{HP}取决于疲劳点蚀，$\sigma_{HP} = \sigma'_{HP} Z_{vs} Z_N$	Z_E——弹性系数，查表 14-4-13
σ'_{HP}——$N_L = 10^7$ 时的轮缘材料的许用接触应力，其值见表 14-4-11	K_A——使用系数，查表 14-4-14
Z_{vs}——滑动速度影响系数，根据滑动速度 v_s，查图 14-4-5	K_V——动载系数，当 $v_2 \leq 3m/s$ 时，$K_V = 1 \sim 1.1$；当 $v_2 > 3m/s$ 时，$K_V = 1.1 \sim 1.2$
Z_N——接触强度计算的寿命系数，查图 14-4-6	
K——载荷系数，一般 $K = 1 \sim 1.4$。当载荷平稳，蜗轮的圆周速度 $v_2 \leq 3m/s$ 和 7 级精度以上时，取较小值，否则取较大值	K_β——载荷分布系数，载荷平稳时，$K_\beta = 1$，载荷变化时，$K_\beta = 1.1 \sim 1.3$
T_2——作用于蜗轮轴上的名义转矩，Nm	Y_β——导程角系数，$Y_\beta = 1 - \gamma/120°$
Y_{FS}——蜗轮的综合齿形系数，$Y_{FS} = Y_{Fa} Y_{Sa}$，按当量齿数 $z_v = \dfrac{z_2}{\cos^3 \gamma}$ 及变位系数 x_2 查图 14-1-59～图 14-1-64 近似求得	y_1——蜗杆中央部分的挠度，mm
	I——蜗杆齿根截面的惯性矩，$I = \dfrac{\pi d_{f1}^4}{64}$，$mm^4$
σ_{FP}——蜗轮齿根许用弯曲应力，N/mm^2，$\sigma_{FP} = \sigma'_{FP} Y_N$	E——蜗杆材料的弹性模量，$E = 207000MPa$
σ'_{FP}——$N_L = 10^6$ 时的轮缘材料许用弯曲应力，其值见表 14-4-11	L——蜗杆的跨度，mm
Y_N——弯曲强度计算的寿命系数，查图 14-4-6	

表 14-4-11　　　　　蜗轮材料为 $N = 10^7$ 时的许用接触应力 σ'_{HP}

蜗轮材料为 $N = 10^6$ 时的许用弯曲应力 σ'_{FP}

蜗轮材料	铸造方法	适用的滑动速度 v_s/$m \cdot s^{-1}$	力学性能		σ'_{HP}/MPa		σ'_{FP}/MPa	
			σ_s/MPa	σ_b/MPa	蜗杆齿面硬度		一侧受载	两侧受载
					$\leq 350HB$	$> 45HRC$		
ZCuSn10Pb1	砂模	≤ 12	137	220	180	200	50	30
	金属模	≤ 25	196	310	200	220	70	40
ZCuSn5Pb5Zn5	砂模	≤ 10	78	200	110	125	32	24
	金属模	≤ 12			135	150	40	28
ZCuAl10Fe3	砂模	≤ 10	196	490	见表 14-4-12		80	63
	金属模			540			90	80
ZCuAl10Fe3Mn2	砂模	≤ 10	—	490			—	—
	金属模			540			100	90
ZCuZn38Mn2Pb2	砂模	≤ 10	—	245			60	55
	金属模			345			—	—
HT150	砂模	≤ 2	—	150			40	25
HT200	砂模	$\leq 2 \sim 5$	—	200			47	30
HT250	砂模	$\leq 2 \sim 5$	—	250			55	35

表 14-4-12　　　　无锡青铜、黄铜及铸铁的许用接触应力 σ_{HP}　　　　MPa

蜗轮材料	蜗杆材料	滑动速度 $v_s/\mathrm{m \cdot s^{-1}}$							
		0.25	0.5	1	2	3	4	6	8
ZCuAl10Fe3、ZCuAl10Fe3Mn2	钢经淬火[①]	—	245	225	210	180	160	115	90
ZCuZn38Mn2Pb2	钢经淬火[①]	—	210	200	180	150	130	95	75
HT200、HT150(120~150HB)	渗碳钢	160	130	115	90	—	—	—	—
HT150(120~150HB)	调质或淬火钢	140	110	90	70	—	—	—	—

① 蜗杆如未经淬火，其 σ_{HP} 值需降低 20%。

表 14-4-13　　弹性系数 Z_E　　　$\sqrt{\mathrm{MPa}}$

蜗杆材料	蜗轮材料			
	铸锡青铜	铸铝青铜	灰铸铁	球墨铸铁
钢	155	156	162	181.4

表 14-4-14　　使用系数 K_A

原动机	工作特点		
	平稳	中等冲击	严重冲击
电动机、透平	0.8~12.5	0.9~1.5	1~1.75
多缸内燃机	0.9~1.5	1~1.75	1.25~2
单缸内燃机	1~17.5	1.25~2	1.5~2.25

注：表中小值用于间歇工作，大值用于连续工作。

4.2.4.2　ZC_1 蜗杆传动的强度计算和刚度计算

设计 ZC_1 蜗杆传动时，已知输入功率 P_1，输入轴转速 n_1，传动比 i（或输出轴转速 n_2）以及载荷变化情况等，根据 P_1、n_1、i 按图 14-4-7 初定减速器中心距 a（若传动连续工作，减速器的尺寸往往取决于热平衡的功率 P_{T1} 的计算。此时，应按图 14-4-8 初步确定减速器的中心距 a），查表 14-4-7 确定蜗杆传动的主要参数，再按表 14-4-8 计算传动的几何尺寸。

ZC_1 蜗杆传动的强度计算见表 14-4-15。

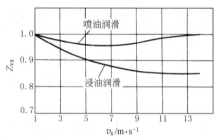

图 14-4-5　滑动速度影响系数 Z_{vs}

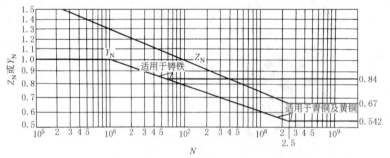

图 14-4-6　寿命系数 Z_N 及 Y_N

注：N 为应力循环次数。

稳定载荷时：$N = 60n_2 t$

变载荷时：

接触 $N_H = 60\sum n_i t_i \left(\dfrac{T_{2i}}{T_{2max}}\right)^4$；

弯曲 $N_F = 60\sum n_i t_i \left(\dfrac{T_{2i}}{T_{2max}}\right)^9$

式中　t——总的工作时间，h；

　　　n_2——蜗轮转速，r/min；

　　　n_i——蜗轮在不同载荷下的转速，r/min；

　　　t_i——蜗轮在不同载荷下的工作时间，h；

　　　T_{2i}——蜗轮在不同载荷下的转矩，N·m；

　　　T_{2max}——蜗轮传递的最大转矩，N·m。

表 14-4-15　　　　　　ZC_1 蜗杆传动的强度计算

齿面接触疲劳强度的安全系数校核	蜗轮齿根强度的安全系数校核
$S_H = \dfrac{\sigma_{Hlim}}{\sigma_H} \geqslant S_{Hlim}$	$S_F = \dfrac{C_{Flim}}{C_{Fmax}} \geqslant 1$

续表

说　明

σ_{Hlim}——蜗轮材料的接触疲劳极限，$N \cdot mm^{-2}$，$\sigma_{Hlim} = \sigma'_{Hlim} f_h f_n f_w$

σ'_{Hlim}——蜗轮材料的接触疲劳极限的基本值，见表 14-4-16

f_h——寿命系数，见表 14-4-17

f_n——速度系数，当转速不变时，f_n 值见表 14-4-18；当转速变化时，设时间为 h'、h''、…对应的转速分别为 n'、n''、…，按表 14-4-18 查得相应的速度系数 f'_n、f''_n、…，则平均转速系数 f_n 为：

$$f_n = \frac{f'_n h' + f''_n h'' + \cdots}{h' + h'' + \cdots}$$

f_w——载荷系数。当载荷平稳时，$f_w = 1$；当载荷变化时，设整个工作时间为 h，名义载荷为 T，其中 h_1 时间对应的载荷为 $f_1 T$，h_2 时间对应的载荷为 $f_2 T$，…，则载荷系数 f_w 为

$$f_w = \sqrt[3]{\frac{h + h_1 + \cdots}{h + f_1^3 h_1 + f_2^3 h_2 + \cdots}}$$

σ_H——齿面接触应力，MPa

$$\sigma_H = \frac{F_{t2}}{Z_m Z_z b_{m2}(d_2 + 2x_2 m)}$$

F_{t2}——蜗轮平均圆的切向力，N

$$F_{t2} = \frac{2000 T_2}{d_2 + 2x_2 m}$$

Z_m——系数，$Z_m = \sqrt{\dfrac{10m}{d_1}}$

Z_z——齿形系数，查表 14-4-19

b_{m2}——蜗轮平均宽度，$b_{m2} = 0.45(d_1 + 6m)$，mm

S_{Hlim}——最小安全系数，见表 14-4-20

C_{Flim}——蜗轮齿根应力系数极限，MPa，见表 14-4-21

C_{Fmax}——蜗轮齿根最大应力系数，MPa

$$C_{Fmax} = \frac{F_{t2max}}{m_n \pi \hat{b}_2}$$

F_{t2max}——作用于蜗轮平均圆上的最大切向力，N

$\hat{b}_2$——蜗轮齿弧长。蜗轮齿圈为锡青铜时，$\hat{b}_2 \approx 1.1 b_2$；为铝青铜时，$\hat{b}_2 \approx 1.17 b_2$

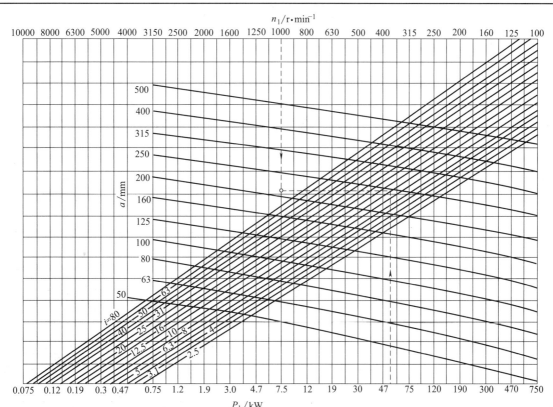

图 14-4-7　齿面疲劳强度估算线图

注：本线图是按经磨削加工淬硬的钢质蜗杆与锡青铜蜗轮制订的。在其他条件时，可传递的功率 P_1，随 σ_{Hlim} 增减而增减。

例：$P_1 = 53 kW$，$n_1 = 1000 r/min$，$i = 10$，沿图中虚线查得 $a = 210 mm$。

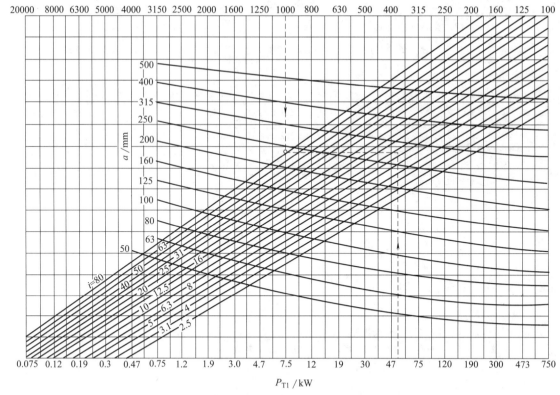

图 14-4-8　热平衡功率的估算线图

注：本线图是按蜗杆上装有风扇制订的。

例：$P_1 = 53\text{kW}$，$n_1 = 1000\text{r/min}$，$i = 10$。沿图中虚线查得 $a = 235\text{mm}$。

表 14-4-16　　　　　　　　　　蜗轮材料接触疲劳极限的基本值 σ'_{Hlim}

蜗杆材料、工艺情况	蜗轮齿圈材料	$\sigma'_{Hlim}/\text{MPa}$	蜗杆材料、工艺情况	蜗轮齿圈材料	$\sigma'_{Hlim}/\text{MPa}$
钢、经淬火、磨齿	锡青铜	7.84	钢、调质、不磨齿	锡青铜	4.61
	铝青铜	4.17		铝青铜	2.45
	珠光体铸铁	11.76		黄铜	1.67

表 14-4-17　　　　　　　　　　寿命系数 f_h

$\dfrac{\text{工作小时数}}{1000}$	0.75	1.5	3	6	12	24	48	96	190
f_h	2.5	2	1.6	1.26	1	0.8	0.63	0.5	0.4

表 14-4-18　　　　　　　　　　速度系数 f_n

滑动速度 $v_s/\text{m}\cdot\text{s}^{-1}$	0.1	0.4	1	2	4	8	12	16	24	32	46	64
f_n	0.935	0.815	0.666	0.526	0.380	0.260	0.194	0.159	0.108	0.095	0.071	0.065

表 14-4-19　　　　　　　　　　齿形系数 Z_z

$\tan\gamma$	0	0.1	0.2	0.3	0.4	0.5	0.6	0.7	0.8	0.9	1.0
Z_z	0.695	0.666	0.638	0.618	0.600	0.590	0.583	0.580	0.576	0.575	0.570

表 14-4-20　　　　　　　　　　　　**推荐用最小的安全系数 S_{Hlim}**（用于动力传动）

蜗轮圆周速度/m·s⁻¹	>10	≤10	≤7.5	≤5
精度等级 GB/T 10089—2018	5	6	7	8
最小安全系数 S_{Hmin}	1.2	1.6	1.8	2.0

表 14-4-21　　　**蜗轮齿根应力系数极限 C_{Flim}**

蜗轮齿圈材料	锡青铜	铝青铜
C_{Flim}/MPa	39.2	18.62

4.2.5　圆柱蜗杆传动滑动速度和传动效率计算

（1）滑动速度 v_s

是指蜗杆和蜗轮在节点处的滑动速度（见图 14-4-9）。滑动速度 v_s 可按下式求得

$$v_s = \frac{v_1}{\cos\gamma} = \frac{d_1' n_1}{19100\cos\gamma} \quad (\text{m/s})$$

当 $d_1' = d_1$ 时，$v_s = \frac{mn_1}{19100}\sqrt{z_1^2 + q^2} \quad (\text{m/s})$

在进行力的分析或强度计算时，v_s 的概略值可按图 14-4-10 确定。图中，普通圆柱蜗杆传动用实线，圆弧圆柱蜗杆传动用虚线。

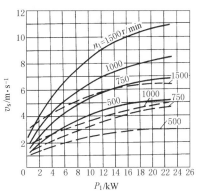

图 14-4-10　滑动速度曲线

（2）传动效率 η

传动效率的精确计算见有关减速器散热计算部分。在进行力的分析或强度计算时，可按下式进行估算。

普通圆柱蜗杆传动：$\eta = (100 - 3.5\sqrt{i})\%$

圆弧圆柱蜗杆传动：在相同条件下，当传动比 $i = 8 \sim 50$ 时，圆弧圆柱蜗杆传动比普通圆柱蜗杆传动高 $3\% \sim 9\%$。

4.2.6　提高圆柱蜗杆传动承载能力和传动效率的方法简介

提高圆柱蜗杆传动的承载能力和传动效率的重要途径是降低共轭齿面间的摩擦因数和接触应力值。实现合理的啮合部位，采用人工油涵等方法，均能改善润滑条件和扩大实际接触面积，因而，就降低了摩擦因数和接触应力值。表 14-4-22 列出了常用的几种方法供参考。

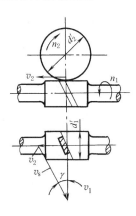

图 14-4-9　滑动速度

表 14-4-22　　　　　　　　　　　　　　　　　　　　**提高承载能力和传动效率的方法**

啮出口接触		改变啮合部位
	普通圆柱蜗杆传动：$\dfrac{接触面积}{全齿面积} = 30\% \sim 60\%$ 圆弧圆柱蜗杆传动：$\dfrac{接触面积}{全齿面积} = 40\% \sim 50\%$ $\beta = 15° \sim 20°$	注：此图为改变啮合部位的 β 传动

续表

啮出口接触	改变啮合部位

消除不利的啮合部位

挖窝宽度: $l \leqslant \dfrac{b}{3}$

挖窝深度: 至齿根

               单向传动靠啮入口

挖窝位置: 双向传动在正中间

轮齿挖窝蜗轮

立铣刀外径 $d_0 = \dfrac{5}{6}\pi m \cos\alpha$

注: 当 $m > 10\text{mm}$ 时, 挖窝时应将铣刀向两边(两相邻齿)靠一下

制造人工油涵

用大滚刀切削蜗轮	移动滚刀位置

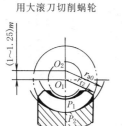

加工蜗轮时,
$a_{02} = a + (r_{a0} - r_{f2})$

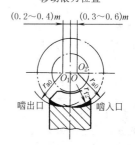

$(0.2 \sim 0.4)m$ $(0.3 \sim 0.6)m$

啮出口　　啮入口

搬动刀架角度加工蜗轮	加大蜗轮顶圆圆弧半径

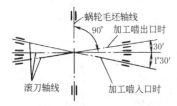

蜗轮毛坯轴线

$90°$　加工啮出口时

$30'$

$1°30'$

滚刀轴线　　加工啮入口时

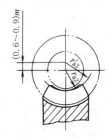

$(0.6 \sim 0.9)m$

r_{a2}

圆弧圆柱蜗杆传动实现月牙形接触

减小蜗轮滚刀(或飞刀)的齿廓圆弧半径 ρ_0 使 $\rho_0 = \rho - \Delta\rho$		减小滚刀齿形角或增大蜗杆齿形角 α		蜗杆螺旋面顶部修缘			
				蜗杆圆周速度/m·s^{-1}	>10		>6
				蜗杆精度等级	7		8
x_2	$\Delta\rho$	m/mm	$\Delta\alpha$	m/mm	Δ_f	m/mm	Δ_f
$0.5 \sim 0.75$	$0.04\pi m_x$	$3 \sim 6$	$20'$	$2 \sim 2.5$	0.015	$2 \sim 2.75$	0.02
$> 0.75 \sim 1$	$0.05\pi m_x$	$7 \sim 12$	$30'$	$2.75 \sim 3.5$	0.012	$3 \sim 3.5$	0.0175
$> 1 \sim 1.5$	$0.06\pi m_x$	$13 \sim 25$	$35'$	$3.75 \sim 5$	0.010	$3.75 \sim 8$	0.015
				$5.5 \sim 7$	0.009	$5.5 \sim 8$	0.012
ρ——蜗杆齿廓圆弧半径		$\Delta\alpha = \alpha - \alpha_0$		$8 \sim 11$	0.008	$9 \sim 16$	0.010
				$12 \sim 20$	0.007	$18 \sim 25$	0.009
				$22 \sim 30$	0.006	$28 \sim 50$	0.008

$0.45m$ $\Delta_f m$

4.3　环面蜗杆传动

环面蜗杆传动的蜗杆外形，是以一个凹圆弧为母线绕蜗杆轴线回转而形成的回转面，故称圆环回转面蜗杆，简称环面蜗杆。

4.3.1　环面蜗杆传动的分类及特点

环面蜗杆传动的类别，取决于形成螺旋齿面的母线或母面。母线为直线时，称为直廓环面蜗杆传动（TSL 型）；母面为平面时，称为平面包络环面蜗杆传动。平面包络环面蜗杆传动泛指平面一次包络环面蜗杆传动（TVP 型）和平面二次包络环面蜗杆传动（TOP 型）。在平面一次包络环面蜗杆传动中，又有直齿平面包络环面蜗杆传动和斜齿平面包络环面蜗杆传动之分。

直廓环面蜗杆传动（TSL 型）和平面二次包络环面蜗杆传动，都是多齿接触和双接触线接触。因此，扩大了接触面积、改善了油膜形成条件、增大了齿面间的相对曲率半径等，这就是提高传动效率和承载能力的原因所在；平面一次包络环面蜗杆传动虽是单接触线接触，但也有多齿接触等优点，所以其传动效率和承载能力也比圆柱蜗杆传动大得多。

平面包络环面蜗杆比较容易实现完全符合其啮合原理的精确加工和淬硬磨削，尤其对于平面一次包络环面蜗杆传动的蜗轮不需制作滚刀，因而工艺更简易。

4.3.2　环面蜗杆传动的形成原理

（1）直廓环面蜗杆的形成原理

在图 14-4-11 中，蜗杆毛坯轴线 O_1—O_1 与刀座回转中心 O_2 的垂距等于蜗杆传动的中心距 a，毛坯以 ω_1 角速度回转，刀座以 ω_2 角速度回转，$\dfrac{\omega_1}{\omega_2}$ 等于蜗杆传动的传动比，刀刃（即母线）为直线，这样切制出的螺旋面是"原始型"的直廓环面蜗杆的螺旋面，其轴向齿廓为直线。

（2）平面包络环面蜗杆的形成原理

如图 14-4-12 所示，设平面 F 与基锥 A 相切并一起绕轴线 O_2—O_2 以角速度 ω_2 回转。与此同时蜗杆毛坯绕其轴线 O_1—O_1 以角速度 ω_1 回转，这样，平面 F 在蜗杆毛坯上包络出的曲面便是平

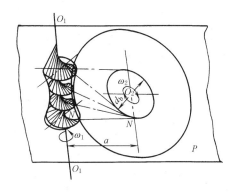

图 14-4-11　直廓环面蜗杆形成原理

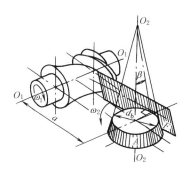

图 14-4-12　平面包络蜗杆形成原理

面包络环面蜗杆的螺旋齿面。平面 F 就是母面，实际上是平面齿工艺齿轮的齿面，在传动中，也就是配对蜗轮的齿面。这种传动称为平面一次包络环面蜗杆传动。中间平面与基锥 A 截得的圆称为基圆，其直径为 d_b。当平面 F 与轴线 O_2—O_2 的夹角 $\beta=0$ 时，是直齿平面包络环面蜗杆，适用于大传动比分度机构；当 $\beta>0$ 时，是斜齿平面包络环面蜗杆，适用于传递动力。

若再以上述蜗杆齿面为母面，即用与上述蜗杆齿面相同的滚刀，对蜗轮毛坯进行滚刀（包络）得到蜗轮，用此蜗轮与上述蜗杆所组成的传动称为平面二次包络环面蜗杆传动。

4.3.3　环面蜗杆传动的参数选择和几何尺寸计算

首先根据承载能力的要求确定中心距 a，再按直廓环面蜗杆传动（表 14-4-23）和平面二次包络环面蜗杆传动（表 14-4-24）分别计算几何尺寸。

表 14-4-23　　　　　　　　　　　直廓环面蜗杆传动参数和几何尺寸计算

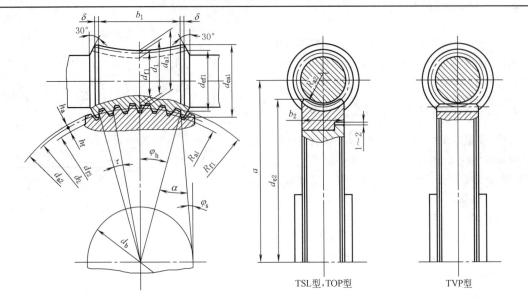

名　　称	代号/单位	计算公式和说明
中心距	a/mm	根据承载能力确定
传动比	i	$i=\dfrac{z_2}{z_1}$，根据工作要求确定
蜗杆头数	z_1	按 i 和使用要求确定
蜗轮齿数	z_2	$z_2=iz_1$
蜗杆分度圆直径	d_1/mm	$d_1\approx0.681a^{0.875}$
基圆直径	d_b/mm	$d_b\approx0.625a$
蜗轮齿宽	b_2/mm	$b_2\approx\psi_a a$（ψ_a 按 0.25、0.315 选）
蜗轮分度圆直径	d_2/mm	$d_2=2a-d_1$
蜗杆分度圆导程角	γ/(°)	$\gamma=\arctan[d_2/(id_1)]$
齿距角	τ/(°)	$\tau=360°/z_2$
蜗杆包围蜗轮齿数	z'	$z_2<40$ 时 $z'=4$ $z_2\geqslant40$ 时 $z'=z_2/10$（四舍五入）
蜗杆包围蜗轮工作半角	φ_h/(°)	$\varphi_h=0.5\tau(z'-0.45)$ $\varphi_h=0.5\tau(z'-0.50)$（用于等齿厚）
蜗杆工作长度	b_1/mm	$b_1=d_2\sin\varphi_h$
蜗轮端面模数	m_t/mm	$m_t=d_2/z_2$
径向间隙	c/mm	$c=0.2m_t$
齿根圆角半径	ρ_f/mm	$\rho_f=c$
齿顶倒角尺寸	c_a/mm	$c_a=0.6c$
齿顶高	h_a/mm	$h_a=0.75m_t$
全齿高	h/mm	$h=1.7m_t$
蜗杆齿顶圆直径	d_{a1}/mm	$d_{a1}=d_1+2h_a$
蜗杆齿根圆直径	d_{f1}/mm	$d_{f1}=d_{a1}-2h$
蜗轮齿顶圆直径	d_{a2}/mm	$d_{a2}=d_2+2h_a$

名　称	代号/单位	计算公式和说明
蜗轮齿根圆直径	d_{f2}/mm	$d_{f2}=d_{a2}-2h$
蜗杆齿顶圆弧半径	R_{a1}/mm	$R_{a1}=a-d_{a1}/2$
蜗杆齿根圆弧半径	R_{f1}/mm	$R_{f1}=a-d_{f1}/2$
分度圆压力角	α/(°)	$\alpha=\arcsin(d_b/d_2)$
圆周侧间隙	j_t/mm	由表 14-4-71 查得
圆周侧间隙半角	α_j/(°)	$\alpha_j=\arcsin(j_t/d_2)$
蜗杆齿厚半角	γ_1/(°)	$\gamma_1=0.225\tau-\alpha_j$ $\gamma_1=0.25\tau-\alpha_j$（用于等齿厚）
蜗轮齿厚半角	γ_2/(°)	$\gamma_2=0.275\tau$ $\gamma_2=0.25\tau$（用于等齿厚）
蜗杆轴线截面齿形半角	α_1/(°)	$\alpha_1=\alpha+\gamma_1$
蜗轮齿形角	α_2/(°)	$\alpha_2=\alpha_1-0.5\tau+\alpha_j$
蜗杆螺旋入口修形量	Δ_f/mm	$\Delta_f=(0.0003+0.000034i)a$
蜗杆中间平面齿厚修形减薄量	Δs_{n1}/mm	$\Delta s_{n1}=2\Delta_f\left(0.3-\dfrac{56.7}{z_2\varphi_h}\right)^2\cos\gamma$ 等齿厚时 $\Delta s_{n1}=2\Delta_f\left(0.3-\dfrac{63}{z_2\varphi_h}\right)^2\cos\gamma$
蜗杆中间平面法向弦齿厚	$\bar{s}_{n1}$/mm	$\bar{s}_{n1}=d_2\sin\gamma_1\cos\gamma$ 中间平面有修形量时 $\bar{s}_{n1}=d_2\sin\gamma_1\cos\gamma-\Delta s_{n1}$
蜗杆法向弦齿厚测量齿高	$\bar{h}_{a1}$/mm	$\bar{h}_{a1}=h_a-0.5d_2(1-\cos\gamma_1)$
蜗轮中间平面法向弦齿厚	$\bar{s}_{n2}$/mm	$\bar{s}_{n2}=d_2\sin\gamma_2\cos\gamma$
蜗轮法向弦齿厚测量齿高	$\bar{h}_{a2}$/mm	$\bar{h}_{a2}=h_a+0.5d_2(1-\cos\gamma_2)$
蜗杆外径处肩带宽度	δ/mm	$\delta=0.5m_t$（圆整）
蜗杆螺旋入口修缘量	Δ_j/mm	$\Delta_j=0.03h$
入口修缘对应角	ψ/(°)	$\psi=\varphi_h-0.6\tau$
蜗杆顶圆最大直径	d_{ea1}/mm	$d_{ea1}=2[a-(R_{a1}^2-0.25b_1)^{0.5}]$
蜗杆齿根圆最大直径	d_{ef1}/mm	作图确定
蜗轮齿顶圆最大直径	d_{ea2}/mm	作图确定
蜗轮齿顶圆弧半径	R_{a2}/mm	$R_{a2}\geqslant0.53d_{f1}$
工作起始角	φ_s/(°)	$\varphi_s=\alpha-\varphi_h$

注：1. 通常蜗杆和蜗轮的齿厚角分别为 0.45τ 和 0.55τ，当中心距 $a\leqslant160$mm、传动比 $i>25$ 时，为防止蜗轮刀具刀顶过窄，可按等齿厚分配。

2. 表中算例按抛物线修形计算，若按其他方法修形，相关公式应作变动。

表 14-4-24　　　　　　　　**平面二次包络环面蜗杆传动的参数和几何尺寸计算**

名　称	代号/单位	计算公式和说明
中心距	a/mm	根据承载能力确定
传动比	i	$i=\dfrac{z_2}{z_1}$根据工作要求确定
蜗杆头数	z_1	根据 i 和工作要求确定
蜗轮齿数	z_2	$z_2=iz_1$

名　称	代号/单位	计算公式和说明
蜗杆分度圆直径	d_1/mm	$d_1 \approx k_1 a$（圆整） $i > 20, k_1 = 0.33 \sim 0.38$ $i > 10, k_1 = 0.36 \sim 0.42$ $i \leqslant 10, k_1 = 0.40 \sim 0.50$
蜗轮分度圆直径	d_2/mm	$d_2 = 2a - d_1$
蜗轮端面模数	m_t/mm	$m_t = d_2 / z_2$
齿顶高	h_a/mm	$h_a = 0.7 m_t$
齿根高	h_f/mm	$h_f = 0.9 m_t$
全齿高	h/mm	$h = h_a + h_f$
齿顶间隙	c/mm	$c = 0.2 m_t$
蜗杆齿根圆直径	d_{f1}/mm	$d_{f1} = d_1 - 2 h_f$
蜗杆齿顶圆直径	d_{a1}/mm	$d_{a1} = d_1 + 2 h_a$
蜗杆齿根圆弧半径	R_{f1}/mm	$R_{f1} = a - 0.5 d_{f1}$
蜗杆齿顶圆弧半径	R_{a1}/mm	$R_{a1} = a - 0.5 d_{a1}$
蜗轮齿根圆直径	d_{f2}/mm	$d_{f2} = d_2 - 2 h_f$
蜗轮齿顶圆直径	d_{a2}/mm	$d_{a2} = d_2 + 2 h_a$
蜗杆喉部分度圆导程角	γ/(°)	$\gamma = \arctan[d_2 / (d_1 i_{12})]$
齿距角	τ/(°)	$\tau = 360 / z_2$
主基圆直径	d_b/mm	$d_b = k_2 a$（圆整） $k_2 = 0.5 \sim 0.67$ 一般取 $k_2 = 0.63$，小传动比可取较小值
蜗轮分度圆压力角	α/(°)	$\alpha = \arcsin(d_b / d_2)$ $(\alpha = 20° \sim 25°)$
蜗杆包围蜗轮齿数	z'	$z' = z_2 / 10$（圆整）
蜗杆包围蜗轮的工作半角	φ_h/(°)	$\varphi_h = 0.5 \tau (z' - 0.45)$
工作起始角	φ_s/(°)	$\varphi_s = \alpha - \varphi_h$
蜗轮齿宽	b_2/mm	$b_2 = (0.9 \sim 1.0) d_{f1}$（圆整）
蜗杆工作长度	b_1/mm	$b_1 = d_2 \sin \varphi_h$
蜗杆外径处肩带宽度	δ/mm	$\delta \leqslant m_t$
蜗杆最大齿顶圆直径	d_{ea1}/mm	$d_{ea1} = 2[a - (R_{a1}^2 - 0.25 b_1^2)^{0.5}]$
蜗杆最大齿根圆直径	d_{ef1}/mm	作图确定
蜗轮分度圆齿距	p_t/mm	$p_t = \pi m_t$
圆周齿侧间隙	j/mm	由表 14-4-75 查得
蜗轮分度圆齿厚	s_2/mm	$i_{12} > 10$ 时，$s_2 = 0.55 p_t$ $i_{12} \leqslant 10$ 时，$s_2 = p_t - s_1 - j$
蜗杆分度圆弧齿厚	s_1/mm	$i_{12} > 10$ 时，$s_1 = p_t - s_2 - j$ $i_{12} \leqslant 10$ 时，$s_1 = k_3 p_t$ $z_1 < 4$ 时，$k_3 \approx 0.45$ $z_1 = 4$ 时，$k_3 = 0.46$ $z_1 = 5$ 时，$k_3 = 0.47$ $z_1 = 6$ 时，$k_3 = 0.48$ $z_1 = 8$ 时，$k_3 = 0.49$

续表

名　　称	代号/单位	计算公式和说明
产形面倾角	$\beta/(°)$	$\tan\beta \approx \dfrac{\cos(\alpha+\Delta)\dfrac{d_2}{2a}\cos\alpha}{\cos(\alpha+\Delta)-\dfrac{d_2}{2a}\cos\alpha}\times\dfrac{1}{i}$ $i\geqslant 30,\Delta=8°;i<30,\Delta=6°$ $i<10,\Delta=1°\sim4°$ 或 $\Delta=i(0.1\sim0.2°)$
蜗杆分度圆法向齿厚	s_{n1}/mm	$s_{n1}=s_1\cos\gamma$
蜗轮分度圆法向齿厚	s_{n2}/mm	$s_{n2}=s_2\cos\gamma$
蜗轮齿顶圆弧半径	R_{a2}/mm	$R_{a2}\geqslant0.53d_{f1}$
蜗杆齿厚测量齿高	$\overline{h}_{a1}/\text{mm}$	$\overline{h}_{a1}=h_a-0.5d_2\{1-\cos[\arcsin(s_1/d_2)]\}$
蜗轮齿厚测量齿高	$\overline{h}_{a2}/\text{mm}$	$\overline{h}_{a2}=h_a+0.5d_2\{1-\cos[\arcsin(s_2/d_2)]\}$
蜗杆修缘值　入口端　修缘值	e_a/mm	$e_a=0.3\sim1$
蜗杆修缘值　入口端　修缘长度	E_a/mm	$E_a=(1/4\sim1)p_t$
蜗杆修缘值　出口端　修缘值	e_b/mm	$e_b=0.2\sim0.8$
蜗杆修缘值　出口端　修缘长度	E_b/mm	$E_b=(1/3\sim1)p_t$

4.3.4　环面蜗杆传动的修形和修缘计算

环面蜗杆的修形,是为了使传动获得较高的承载能力和传动效率。环面蜗杆啮入口或啮出口的修缘,是为了保证蜗杆螺牙能平稳地进入啮合或退出啮合。

(1) 直廓环面蜗杆

直廓环面蜗杆的修形,是将"原始形"直廓环面蜗杆(如图 14-4-13 细实线部分所示,特点为等齿厚)的螺牙从中间向两端逐渐减薄而成(如图 14-4-13 实线部分所示,其特点是近似于"原始形"蜗杆磨损后的形状)。目前在工业生产中使用的直廓环面蜗杆传动一般均经修形,即"修正形"。"修正形"又有"全修形"和"对称修形"等形式。"全修形"的修形曲线其特征是没有拐点,极值点对应的角度值等于 $1.42\varphi_h$。修形曲线按抛物线确定(即"全修形"的蜗杆螺牙的螺旋线在展开的全长上与"原始形"的偏离数值),其方程为:

$$\Delta_y=\Delta_f\left(0.3-0.7\frac{\varphi_y}{\varphi_h}\right)^2$$

式中　Δ_f——啮入口修形量,见表 14-4-26;

　　　φ_y——用来确定 Δ_y 的角度值。

实现"全修形"环面蜗杆传动,需要具有机械修正装置或数控的专用机床,故当前应用较少。

"对称修形"是在增大中心距、成形圆直径和改变分齿挂轮的速比后,对"原始形"蜗杆进行修形而获得的。"对称修形"的修形曲线接近于"全修形"的修形曲线。因此,"对称修形"也可获得较好的啮合性能。由于实现"对称修形"不需增设新的修正机构或专用机床,故当前应用较广。

"对称修形"的修形计算公式见表 14-4-25。

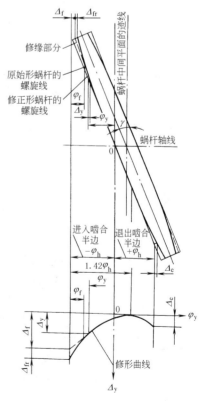

图 14-4-13　直廓环面蜗杆螺牙截面展开图

表 14-4-25　　　　　　　　　　　　　　　　直廓环面蜗杆对称修形计算

项　　目	计　算　公　式　及　说　明
传动比增量系数 K_i	$$K_i = \frac{\Delta_f \cos(0.42\varphi_h + \alpha)}{0.5 d_2 [\sin(0.42\varphi_h + \alpha) - \sin\varphi_0 - 1.42\varphi_h \cos(0.42\varphi_h + \alpha)] + \Delta_f \cos\alpha}$$ 式中，$1.42\varphi_h$ 以弧度计
分齿挂轮速比 i_0	$$i_0 = \frac{i}{1 - K_i} = \frac{z'_2}{z_1}$$ 式中　z'_2——假想蜗轮齿数
中心距增量 Δ_a	$$\Delta_a = \frac{K_i d_2 \cos\alpha}{2[\cos(a + 0.42\varphi_h) - K_i \cos\alpha]}$$
修形成形圆直径 d_{b0}	$$d_{b0} = d_b + 2\Delta_a \sin\alpha$$
修形方程 Δ_y	$$\Delta_y = \left\{ \frac{\Delta_a}{\cos\alpha} [\sin\alpha - \sin(a + \psi)] + K_i \psi \left(\Delta_a + \frac{d_2}{2} \right) \right\} -$$ $$\left\{ \frac{\Delta_a}{\cos\alpha} [\sin\alpha - \sin(\alpha + 0.42\varphi_h)] + 0.42\varphi_h K_i \left(\Delta_a + \frac{d_2}{2} \right) \right\}$$ 式中，$K_i\psi$ 和 $0.42\varphi_h K_i$ 以弧度计，$-\varphi_h \leqslant \psi \leqslant +\varphi_h$
蜗杆修缘时中心距再增加值 Δ'_a	$$\Delta'_a = \frac{\Delta_{fr} \cos(\psi_r + \psi_0)}{\sin\psi_r}$$
蜗杆修缘时的轴向偏移值 Δ_x	$$\Delta_x = \frac{\Delta_{fr} \sin(\psi_r + \psi_0)}{\sin\psi_r}$$

（2）平面包络环面蜗杆

平面一次包络环面蜗杆传动不需修形。

平面二次包络环面蜗杆传动分典型传动和一般型传动两种传动型式，如图 14-4-14 所示。一般型传动除能保障有较好的传动性能外，还可方便蜗轮副的合装。

平面包络环面蜗杆的修缘值和修缘长度列于表 14-4-26 和表 14-4-27。

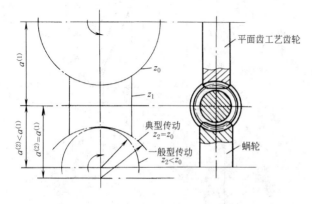

图 14-4-14　平面二次包络环面蜗杆传动类型

4.3.5　环面蜗杆传动承载能力计算

4.3.5.1　直廓环面蜗杆传动承载能力计算

已知直廓环面蜗杆传动的传动比 i、蜗杆转速 n_1 和输入功率 P_1 或输出转矩 T_2，设计标准传动时可按 JB/T 7936—2010 中的额定输入功率 P_1 和额定输出转矩 T_2（见表 14-4-28）查得中心距 a。设计非标准传动时，则可按表 14-4-28 粗选的中心距 a 值计算许用输入功率（AGMA441.04），根据蜗杆实际传递功率值，经过修正后得到中心距 a 的终值。

蜗杆的许用输入功率按下式计算

$$P_{1P} = 0.75 K_a K_b K_i K_v n_1 / i \geqslant P_{c1}$$

式中　n_1——蜗杆转速，r/min；

　　　K_a——中心距系数，由表 14-4-29 查得或由以下公式求得：

当 50mm$\leqslant a \leqslant$125mm 时

　　　$K_a = 1.081953 \times 10^{-6} a^{2.86409}$

当 125mm$< a \leqslant$1000mm 时

　　　$K_a = 1.97707 \times 10^{-6} a^{2.71517}$

　　　K_b——齿宽和材料系数，由表 14-4-29 查得或由计算求得，当 50mm$\leqslant a \leqslant$1000mm 时

　　　$K_b = 0.377945 + 5.748350 \times 10^{-3} a - 1.3153 \times 10^{-5} a^2 + 1.37559 \times 10^{-8} a^3 - 5.253 \times 10^{-12} a^4$

表 14-4-26　　　　　　　　　　平面包络环面蜗杆的修缘值 Δ_{fr}　　　　　　　　　　mm

传动比 i	中心距 a						
	50～125	140～200	225～320	360～500	560～800	900～1250	1400～1600
5～22.4	0.2	0.25	0.3	0.4	0.55	0.7	0.85
25～40	0.25	0.3	0.4	0.55	0.7	0.85	1.0
45～63	0.3	0.4	0.55	0.7	0.85	1.0	1.2
71～90	0.4	0.55	0.7	0.85	1.0	1.2	1.4

注：蜗杆啮出口修缘值 $\Delta_{fc} = \dfrac{2}{3}\Delta_{fr}$。

表 14-4-27　　　　　　　　　　平面包络环面蜗杆的修缘长度

蜗杆包围蜗轮齿数 z'	3、3.5	4	5	6	7	8
啮入口修缘长度 $\Delta_{\psi r}$	$p/2$	$p/2$	$2p/3$	$2p/3$	p	p
啮出口修缘长度 $\Delta_{\psi c}$	$p/3$	$p/2$	$p/2$	$2p/3$	$3p/4$	p

注：p——蜗轮齿距，mm。

表 14-4-28　　　　　　额定输入功率 P_1 和额定输出转矩 T_2（JB/T 7936—2010）

公称传动比 i	输入转速 n_1 /r·min⁻¹	功率、转矩代号	中心距 a/mm										
			100	125	160	200	250	280	315	355	400	450	500
			额定输入功率 P_1/kW，额定输出转矩 T_2/N·m										
10	1500	P_1	11.5	20.8	35.4	65.5	111.0	145.0	190.0	248.0	329.0	431.0	526.0
		T_2	665	1220	2100	3840	6660	8670	11380	14900	19720	26450	32260
	1000	P_1	92	16.8	28.9	53.7	92.3	122.0	161.0	213.0	293.0	369.0	464.0
		T_2	790	1460	2530	4660	8190	10800	14290	18910	25080	33470	42080
	750	P_1	8.0	14.8	25.6	47.8	82.9	110.0	147.0	196.0	260.0	338.0	433.0
		T_2	910	1700	2960	5490	9740	12910	17300	23030	30500	40590	51990
	500	P_1	6.1	11.6	20.5	38.7	68.1	90.7	122.0	163.0	217.0	284.0	367.0
		T_2	1040	1970	3520	6600	11870	15800	21260	28390	37740	50550	65350
	300	P_1	4.2	8.1	14.6	28.1	50.8	68.5	93.3	126.0	169.0	223.0	289.0
		T_2	1170	2250	4140	7890	14570	19670	26770	36160	48470	65360	84880
12.5	1500	P_1	10.6	19.4	33.0	58.3	99.4	130.0	171.0	223.0	293.0	384.0	475.0
		T_2	725	1330	2290	4050	7060	9210	12110	15830	20760	27830	34440
	1000	P_1	8.4	15.6	26.8	47.7	82.2	109.0	145.0	191.0	263.0	330.0	418.0
		T_2	845	1580	2740	4890	8620	11420	15190	20010	26490	35330	44800
	750	P_1	7.3	13.6	23.7	42.4	73.6	97.6	131.0	175.0	232.0	303.0	389.0
		T_2	970	1820	3210	5740	10210	13540	18170	24250	32140	42920	55170
	500	P_1	5.5	10.5	18.7	34.1	60.2	80.4	108.0	145.0	193.0	253.0	327.0
		T_2	1100	2090	3760	6870	12400	16540	22290	29830	39670	53200	68850
	300	P_1	3.7	7.2	13.1	24.6	44.5	60.2	82.2	111.0	149.0	198.0	257.0
		T_2	1200	2320	4290	8050	14920	20190	27540	37310	50100	67750	88130
14	1500	P_1	9.3	17.3	29.4	51.8	88.3	115.0	151.0	197.0	260.0	342.0	419.0
		T_2	705	1300	2250	3970	6910	9000	11810	15440	20360	27380	33560
	1000	P_1	7.4	13.9	23.9	42.5	73.2	97.0	129.0	169.0	224.0	294.0	370.0
		T_2	830	1550	2710	4810	8470	11220	14890	19580	25910	34740	43730
	750	P_1	6.4	12.2	21.1	37.8	65.6	87.0	117.0	155.0	206.0	269.0	345.0
		T_2	950	1800	3170	5650	10050	13310	17850	23780	31530	42040	53940
	500	P_1	4.9	9.4	16.8	30.5	53.8	71.7	96.5	129.0	172.0	225.0	291.0
		T_2	1080	2070	3710	6770	12220	16280	21910	29280	38960	52230	67560
	300	P_1	3.3	6.5	11.8	22.1	40.0	54.0	73.6	99.5	133.0	176.0	229.0
		T_2	1170	2280	4210	7880	14600	19720	26870	36330	48760	65880	85610

第14篇

公称传动比 i	输入转速 n_1 /r·min⁻¹	功率转矩代号	中 心 距 a/mm										
			100	125	160	200	250	280	315	355	400	450	500
			额定输入功率 P_1/kW,额定输出转矩 T_2/N·m										
16	1500	P_1	8.1	14.8	25.2	45.6	78.0	102.0	134.0	175.0	230.0	301.0	390.0
		T_2	690	1250	2170	4130	7210	9440	12430	16230	21240	28430	36860
	1000	P_1	6.5	11.9	20.7	37.3	64.4	85.0	114.0	150.0	198.0	259.0	334.0
		T_2	815	1490	2630	4990	8790	11630	15560	20510	27020	36240	46650
	750	P_1	5.7	10.5	18.2	33.1	57.6	76.4	103.0	137.0	182.0	237.0	306.0
		T_2	940	1740	3050	5850	10400	13820	18540	24750	32840	43910	56530
	500	P_1	4.3	8.2	14.5	26.6	47.1	62.8	84.7	113.0	151.0	198.0	256.0
		T_2	1070	2020	3620	6980	12610	16850	22720	30420	40480	54360	68970
	300	P_1	2.9	5.7	10.3	19.1	34.7	46.9	64.1	86.9	117.0	155.0	201.0
		T_2	1160	2240	4130	8050	14950	20250	27660	37490	50390	68260	88870
18	1500	P_1	7.4	13.5	23.0	41.7	71.5	93.6	124.0	162.0	211.0	275.0	357.0
		T_2	705	1270	2210	4180	7340	9600	12700	16580	21620	28830	37460
	1000	P_1	6.0	10.8	18.8	34.1	58.9	77.7	104.0	138.0	181.0	237.0	306.0
		T_2	845	1510	2660	5050	8920	11760	15750	20900	27400	36760	47420
	750	P_1	5.1	9.5	16.6	30.2	52.6	69.7	93.7	125.0	166.0	217.0	280.0
		T_2	950	1760	3100	5920	10550	13980	18810	25110	33320	44640	57500
	500	P_1	3.9	7.4	13.2	24.2	42.9	57.2	77.3	104.0	138.0	181.0	234.0
		T_2	1070	2040	3660	7030	12760	17020	23000	30820	41020	55150	71380
	300	P_1	2.6	5.1	9.3	17.3	31.4	42.6	58.3	79.1	106.0	141.0	184.0
		T_2	1150	2220	4100	7970	14860	20110	27530	37360	50250	68230	88860
20	1500	P_1	6.4	11.9	20.3	35.9	61.2	79.9	105.0	137.0	180.0	237.0	292.0
		T_2	700	1300	2250	3980	6950	9070	11910	15540	20450	27510	33890
	1000	P_1	5.1	9.6	16.5	29.4	50.7	66.7	88.8	118.0	156.0	203.0	257.0
		T_2	825	1550	2700	4810	8490	11180	14880	19730	26130	34860	44120
	750	P_1	4.4	8.4	14.6	26.1	45.4	60.2	80.7	108.0	143.0	186.0	239.0
		T_2	940	1790	3160	5650	10060	13350	17900	23860	31650	42290	54320
	500	P_1	3.4	6.5	11.6	21.1	37.2	49.6	66.8	89.3	119.0	156.0	202.0
		T_2	1070	2060	3700	6760	12230	16300	21950	29350	39060	52450	67870
	300	P_1	2.3	4.5	8.1	15.2	27.5	37.2	50.8	68.7	62.3	122.0	158.0
		T_2	1140	2230	4130	7730	14380	19420	26500	35850	48150	65190	84770
22.4	1500	P_1	6.1	11.1	18.9	33.4	57.1	74.6	98.4	128.0	168.0	220.0	285.0
		T_2	730	1310	2270	4020	7040	9190	12120	15800	20700	27740	35920
	1000	P_1	4.7	8.8	15.2	27.3	47.2	62.2	82.9	110.0	145.0	190.0	245.0
		T_2	830	1540	2710	4840	8590	11320	15090	20060	26390	35350	45580
	750	P_1	4.1	7.8	13.5	24.3	42.2	56.0	75.2	100.0	133.0	174.0	224.0
		T_2	960	1800	3190	5690	10150	13470	18100	21420	32000	42780	55070
	500	P_1	3.1	6.0	10.7	19.5	34.5	46.1	62.2	83.1	111.0	145.0	188.0
		T_2	1080	2060	3720	6800	12300	16420	22170	29640	39450	52960	68580
	300	P_1	2.1	4.1	7.5	14.0	25.5	34.4	47.1	63.7	85.7	113.0	147.0
		T_2	1150	2220	4130	7740	14400	19480	26640	36050	48460	65650	85490
25	1500	P_1	5.7	10.4	17.7	31.3	53.5	70.1	92.4	121.0	158.0	206.0	268.0
		T_2	740	1340	2320	4100	4180	9400	12390	16190	21150	28270	36730
	1000	P_1	4.5	8.2	14.3	25.5	44.1	58.3	77.6	103.0	136.0	178.0	230.0
		T_2	860	1570	2770	4930	8740	11540	15360	20390	26850	36070	46590
	750	P_1	3.9	7.2	12.6	22.7	39.4	52.4	70.3	93.8	125.0	163.0	210.0
		T_2	980	1830	3230	5800	10330	13710	18410	24580	32630	43700	56290
	500	P_1	2.9	5.6	10.0	18.2	32.2	43.0	58.0	77.8	104.0	136.0	176.0
		T_2	1090	2090	3770	6900	12500	16700	22530	30180	40190	54030	69960
	300	P_1	2.0	3.8	6.9	13.0	23.7	32.1	43.8	59.5	80.0	106.0	138.0
		T_2	1160	2240	4170	7830	14580	19760	26990	36620	49250	66850	87070

续表

公称传动比 i	输入转速 n_1 /r·min^{-1}	功率转矩代号	中 心 距 a/mm											
			100	125	160	200	250	280	315	355	400	450	500
			额定输入功率 P_1/kW,额定输出转矩 T_2/N·m										
28	1500	P_1	5.2	9.4	16.1	28.5	49.0	64.2	84.9	111.0	145.0	188.0	244.0
		T_2	740	1330	2310	4100	7200	9430	12490	16310	21250	28310	36760
	1000	P_1	4.1	7.5	13.0	23.2	40.3	53.2	71.1	94.1	125.0	162.0	210.0
		T_2	855	1560	2750	4920	8740	11540	15420	20400	27040	35990	46670
	750	P_1	3.5	6.6	11.5	20.6	36.0	47.7	64.2	85.7	114.0	149.0	192.0
		T_2	960	1810	3210	5780	10330	13690	18410	24590	32640	43810	56460
	500	P_1	2.6	5.0	9.0	16.5	29.3	37.1	52.9	70.9	94.4	124.0	161.0
		T_2	1060	2040	3690	6770	12310	16430	22220	29780	39660	53420	69150
	300	P_1	1.8	3.4	6.3	11.8	21.5	29.1	39.8	54.0	72.7	96.4	126.0
		T_2	1120	2190	4060	7630	14270	19330	26460	35940	48360	65810	85740
31.5	1500	P_1	4.2	7.7	13.1	25.6	44.0	57.6	76.4	99.9	130.0	169.0	218.0
		T_2	660	120	2070	4100	7220	9480	12560	16420	21400	28390	36760
	1000	P_1	3.3	6.2	10.7	20.8	36.1	47.7	63.7	84.4	121.0	145.0	188.0
		T_2	765	1420	2490	4930	8760	11580	15470	20490	29370	36130	46860
	750	P_1	2.6	5.5	9.5	18.4	32.2	42.7	57.4	76.6	102.0	133.0	172.0
		T_2	890	1660	2910	5770	10320	13680	18410	24580	32670	43880	56650
	500	P_1	2.6	4.3	7.5	14.7	26.1	34.9	47.3	63.4	84.5	111.0	144.0
		T_2	980	1860	3350	6630	12100	16170	21880	29340	39130	52740	68350
	300	P_1	1.5	2.9	5.4	10.4	19.0	25.8	35.4	48.1	64.8	86.0	112.0
		T_2	1070	2060	3800	7540	14120	19140	26330	35660	48100	65520	85500
35.5	1500	P_1	3.8	7.0	11.9	23.1	39.7	52.2	69.4	90.8	118.0	153.0	198.0
		T_2	660	1200	2070	4070	7180	9440	12530	16420	21370	28280	36610
	1000	P_1	3.0	5.6	9.7	18.7	32.5	43.1	57.7	76.4	101.0	132.0	170.0
		T_2	770	1420	2480	4850	8650	11470	15360	20340	26910	35920	46450
	750	P_1	2.6	4.9	8.6	16.6	29.0	38.5	51.8	69.2	92.0	121.0	156.0
		T_2	880	1650	2900	5700	10220	13560	18270	24390	32440	43600	56540
	500	P_1	2.0	3.8	6.8	13.2	23.5	31.4	42.6	57.2	76.3	100.0	130.0
		T_2	970	1840	3320	6550	11950	15980	21660	29060	38770	52300	68030
	300	P_1	1.4	2.6	4.8	9.4	17.1	23.2	31.8	43.2	58.4	77.5	101.0
		T_2	1030	2000	3690	7280	13680	18570	25490	34670	46800	63870	83660
40	1500	P_1	3.3	6.1	10.4	18.4	31.5	41.1	54.1	70.6	92.7	122.0	151.0
		T_2	640	1200	2070	3660	6410	8370	11010	14360	18870	25410	31420
	1000	P_1	2.6	4.9	8.5	15.1	26.1	34.3	45.7	60.4	79.8	105.0	133.0
		T_2	740	1420	2480	4410	7840	10310	13710	18120	23850	32300	40960
	750	P_1	2.3	4.3	7.5	13.4	23.3	30.9	41.5	55.3	73.4	95.9	123.0
		T_2	860	1640	28900	5170	9250	12270	16450	21930	29120	39020	50170
	500	P_1	1.7	3.3	5.9	10.8	19.1	25.5	34.3	45.9	61.1	80.1	104.0
		T_2	940	1820	3290	6010	10910	14550	19610	26220	34910	47040	60880
	300	P_1	1.2	2.3	4.2	7.8	14.1	19.1	26.1	35.3	47.4	62.6	81.5
		T_2	1000	1960	3630	6800	12710	17180	23450	31730	42650	58000	75460
45	1500	P_1	3.1	5.7	9.7	17.1	29.3	38.3	50.5	65.8	86.2	113.0	146.0
		T_2	650	1190	2050	3630	6370	8330	11000	14330	18750	25180	32660
	1000	P_1	2.4	4.5	7.8	13.9	24.1	31.8	42.5	56.1	74.1	97.0	126.0
		T_2	745	1380	2440	4360	7740	10230	13660	18040	23820	31980	41510
	750	P_1	2.1	4.0	6.9	12.4	21.6	28.6	38.5	51.3	68.1	89.0	115.0
		T_2	860	1610	2850	5120	9150	12140	16320	21760	28880	38740	49900
	500	P_1	1.6	3.1	5.5	10.0	17.6	23.6	31.8	42.5	56.6	74.3	96.2
		T_2	950	1810	3280	6000	10920	14570	19680	26310	35040	47220	61160
	300	P_1	1.1	2.1	3.8	7.2	13.0	17.6	24.1	32.6	43.8	57.9	75.5
		T_2	980	1910	3550	6660	12470	16880	23080	31260	42040	57230	74560

右上角：续表

公称传动比 i	输入转速 n_1 /r·min⁻¹	功率转矩代号	中 心 距 a/mm										
			100	125	160	200	250	280	315	355	400	450	500
			额定输入功率 P_1/kW，额定输出转矩 T_2/N·m										
50	1500	P_1	2.9	5.3	9.0	15.9	27.3	35.8	47.2	61.7	80.6	105.0	137.0
		T_2	650	1190	2060	3630	6390	8370	11040	14430	18850	25240	32810
	1000	P_1	2.3	4.2	7.3	13.0	22.5	29.7	39.6	52.5	69.2	90.4	117.0
		T_2	750	1390	2460	4350	7750	10230	13660	18090	23840	32000	41430
	750	P_1	2.0	3.7	6.4	11.6	20.1	26.7	35.8	47.9	63.6	83.2	107.0
		T_2	850	1610	2850	5120	9150	12150	16320	21800	28940	38910	50150
	500	P_1	1.5	2.8	5.1	9.3	16.4	21.9	29.6	39.7	52.8	69.3	89.8
		T_2	940	1800	3260	5990	10900	14560	19650	26330	35070	47340	61320
	300	P_1	1.0	1.9	3.5	6.6	12.0	16.3	22.3	30.3	40.8	54.0	70.3
		T_2	970	1890	3520	6620	12400	16800	22960	31160	41930	57270	74560
56	1500	P_1	2.6	4.8	8.2	14.5	24.9	32.6	43.2	56.4	73.5	95.5	124.0
		T_2	640	1170	2040	3600	6360	8330	11030	14420	18780	25080	32540
	1000	P_1	2.1	3.8	6.6	11.8	20.5	27.0	36.1	47.8	62.9	82.3	107.0
		T_2	745	1370	2410	4300	7680	10130	13540	17940	23620	31750	41270
	750	P_1	1.8	3.3	5.8	10.5	18.3	24.2	32.6	43.5	57.7	75.7	97.6
		T_2	840	1580	2810	5060	9070	12020	16190	21610	28690	38670	49850
	500	P_1	1.4	2.6	4.6	8.4	14.9	19.8	26.8	36.0	47.9	63.0	81.6
		T_2	930	1760	3210	5890	10770	14380	19440	26070	34720	46960	60800
	300	P_1	0.9	1.7	3.2	6.0	10.9	14.7	20.0	27.4	36.9	48.9	63.8
		T_2	940	1840	3440	6470	12170	16480	22590	30670	41310	56490	73630
63	1500	P_1	—	—	—	12.9	22.2	29.2	38.7	50.6	65.9	85.3	110.0
		T_2	—	—	—	3630	6420	8420	11160	14600	19030	25300	32730
	1000	P_1	—	—	—	10.5	18.2	24.1	32.2	42.6	56.3	73.4	94.8
		T_2	—	—	—	4340	7710	10200	13660	18080	23880	32000	41370
	750	P_1	—	—	—	9.3	16.3	21.6	29.0	38.7	51.5	67.5	87.2
		T_2	—	—	—	5080	9120	12100	16290	21750	28910	38960	50320
	500	P_1	—	—	—	7.4	13.2	17.6	23.9	32.0	42.7	56.1	72.7
		T_2	—	—	—	5900	10790	14460	19520	26190	34930	47260	61240
	300	P_1	—	—	—	5.3	9.6	13.0	17.9	24.3	32.8	43.5	56.7
		T_2	—	—	—	6440	12120	16440	22560	30660	41360	56620	73900

注：1. 表内数值为工况系数 $K_A=1.0$ 时的额定承载能力。

2. 启动时或运转中的尖峰负荷允许取表内数值的 2.5 倍。

K_i ——传动比系数，由表 14-4-30 查得或由以下公式求得

当 $8 \leqslant i \leqslant 16$ 时

$$K_i = 0.806 i/(i+1.7)$$

当 $16 < i \leqslant 80$ 时

$$K_i = 0.7581 i/(i+0.54)$$

当 $i > 80$ 时

$$K_i = 0.753$$

K_v ——速率系数，由表 14-4-31 查得或由下式求得

$$K_v = 2C/(2+0.9838 v^{0.85})$$

v ——齿面平均滑动速度（m/s）由下式求得

$$v = \pi d_1 n_1/(6 \times 10^4 \cos\gamma)$$

式中，当 $v=0 \sim 0.6$ m/s 时，$C=0.75$；$v=1 \sim 18$ m/s 时，$C=0.8$；v 不在上述范围内时，一律取 $C=0.78$。

蜗杆计算功率 P_{c1}（kW）按下式计算

$$P_{c1} = K_A P_1/(K_F K_{MP})$$

式中 P_1 ——蜗杆实际传递功率，kW；

K_A ——使用系数，由表 14-4-32 查得；

K_F ——制造精度系数，由表 14-4-33 查得；

K_{MP} ——材料搭配系数，由表 14-4-34 查得。

4.3.5.2 平面二次包络环面蜗杆传动承载能力计算

已知平面二次包络环面蜗杆传动的传动比 i_{12}、蜗杆转速 n_1、输入功率 P_1 或输出转矩 T_2，可按 GB/T 16444—2008 中的额定输入功率 P_1 和额定输出转矩 T_2（见表 14-4-35）查得中心距 a。

功率表按工作载荷平稳、每天工作 8h、每小时启动次数不大于 10 次、启动转矩为额定转矩的 2.5 倍、小时负荷率 $JC=100\%$、环境温度为 20℃时，给出额定输入功率 P_1 及额定输出转矩 T_2。当所设计传动的工作条件与上述情况不相同时，需要按以下公式计算：

左侧页边：第14篇

表 14-4-29　　　　　　　　　　　　中心距系数 K_a 及齿宽和材料系数 K_b

中心距 a/mm	中心距系数 K_a	齿宽和材料系数 K_b	中心距 a/mm	中心距系数 K_a	齿宽和材料系数 K_b
63	0.154085	0.691244	400	22.9647	1.31871
80	0.305373	0.760461	500	42.0909	1.35505
100	0.578616	0.834481	630	78.8334	1.39110
125	1.096350	0.916558	800	150.802	1.45010
160	1.90803	1.01386	1000	276.398	1.47620
200	3.49714	1.10314	1250	463.300	1.51100
250	6.40974	1.18738	1600	1062.80	1.55700
315	12.0050	1.26180			

表 14-4-30　　　　　　　　　　　　传动比系数 K_i

i	8	10	12	16	20	24	32	40	48	64	80
K_i	0.665	0.690	0.706	0.727	0.737	0.741	0.746	0.748	0.750	0.752	0.753

表 14-4-31　　　　　　　　　　　　速率系数 K_V

齿面平均滑动速度 v/m·s^{-1}	0.10	0.20	0.40	0.60	0.80	1.00	2	3	4	5
K_V	0.701	0.666	0.612	0.569	0.554	0.536	0.424	0.355	0.308	0.273
齿面平均滑动速度 v/m·s^{-1}	6	7	8	9	10	12	16	20	24	30
K_V	0.246	0.224	0.206	0.191	0.178	0.158	0.129	0.107	0.094	0.079

表 14-4-32　　　　　　　　　　　　使用系数 K_A

每天工作小时数 /h	载荷性质			
	均匀	中等冲击	较大冲击	剧烈冲击
0.5	0.6	0.8	0.9	1.1
1.0	0.7	0.9	1.0	1.2
2.0	0.9	1.0	1.2	1.3
10.0	1.0	1.2	1.3	1.5
24.0	1.2	1.3	1.5	1.75

表 14-4-33　　　　　　　　　　　　制造精度系数 K_F

精度等级	6	7	8
K_F	1	0.9	0.8

表 14-4-34　　　　　　　　　　　　材料搭配系数 K_{MP}

蜗杆硬度	蜗轮材料	适用齿面滑动速度/m·s^{-1}	K_{MP}
≥53HRC,32～38HRC	ZCuSn10P1 ZCuSn5Pb5Zn5	<30	1.0
	ZCuAl10Fe3	<8	0.8
	HT150	<3	0.4
≤280HB	ZCuSn10P1 ZCuSn5Pb5Zn5	<10	0.85
	ZCuAl10Fe3	<4	0.75
	HT150	<2	0.3

机械功率和输出转矩为

$$P_1 \geqslant P_{1w} K_A K_1$$
$$T_2 \geqslant T_{2w} K_A K_1$$

热功率和输出转矩为

$$P_1 \geqslant P_{1w} K_2 K_3 K_4$$
$$T_2 \geqslant T_{2w} K_2 K_3 K_4$$

式中　P_{1w}——实际输入功率，kW；

T_{2w}——实际输出转矩，N·m；

K_A——使用系数，见表 14-4-36；

K_1——启动频率系数，见表 14-4-37；

K_2——小时负荷率系数，见表 14-4-38；

K_3——环境温度系数，见表 14-4-39；

K_4——冷却方式系数，见表 14-4-40。

传动效率可参考表 14-4-41。

表 14-4-35　平面二次包络环面蜗杆传动功率表（GB/T 16444—2008）

额定输入功率 P_1/kW　额定输出转矩 T_2/N·m

公称传动比 i	输入转速 n_1 /r·min^{-1}	功率转矩	中心距/mm 80	100	125	140	160	180	200	225	250	280	315	355	400	450	500	560	630	710
10	1500	P_1	6.71	11.5	19.7	25.9	35.7	47.5	61.2	81.4	105	138	183	245	326	434	—	—	—	—
		T_2	384	666	1141	1516	2093	2811	3626	4870	6280	8343	11087	14795	19716	26247	—	—	—	—
	1000	P_1	6.20	10.6	18.2	23.9	33.0	43.9	56.6	75.2	97.0	127	169	226	301	401	517	679	902	1204
		T_2	533	923	1581	2102	2901	3897	5025	6749	8703	11563	15366	20505	27305	36377	46900	61596	81825	109221
	750	P_1	5.22	8.94	15.3	20.1	27.8	36.9	47.6	63.3	81.6	107	143	190	254	337	435	572	760	1014
		T_2	591	1019	1755	2333	3220	4326	5579	7494	9664	12842	17064	22772	30399	40332	52061	68457	90957	121356
	500	P_1	4.20	7.20	12.3	16.2	22.4	29.7	38.3	50.9	65.7	86.3	115	153	204	271	350	460	611	816
		T_2	697	1202	2071	2754	3801	5107	6586	8849	11412	15167	20145	26896	35843	47615	61496	80822	107354	143373
12.5	1500	P_1	5.88	10.1	17.3	22.7	31.3	41.7	53.7	71.4	92.0	121	161	215	286	380	490	—	—	—
		T_2	417	722	1237	1645	2270	3066	3954	5311	6849	9100	12092	16137	21507	28575	36647	—	—	—
	1000	P_1	5.26	9.00	15.4	20.3	28.0	37.2	48.0	63.8	82.2	108	144	192	256	340	438	576	765	1012
		T_2	558	968	1658	2204	3042	4109	5298	7117	9178	12194	16204	21624	28876	38351	49405	64971	86290	114151
	750	P_1	4.31	7.39	12.7	16.7	23.0	30.5	39.4	52.3	67.5	88.7	118	157	210	279	360	473	628	838
		T_2	604	1041	1794	2386	3293	4448	5737	7665	9884	13135	17454	23292	31081	41295	53283	70008	92950	124032
	500	P_1	3.29	5.65	9.67	12.7	17.6	23.3	30.1	40.0	51.5	67.8	90.0	120	160	213	275	361	480	640
		T_2	676	1166	2009	2672	3688	4956	6392	8589	11076	14722	19563	25819	34758	46272	59741	78424	104275	139033
14	1500	P_1	5.45	9.34	16.0	21.0	29.0	38.6	49.8	66.1	85.3	112	149	199	265	352	454	597	—	—
		T_2	430	745	1277	1688	2330	3165	4082	5483	7070	9395	12484	16660	22201	29489	38035	50015	—	—
	1000	P_1	4.90	8.40	14.4	18.9	26.1	34.7	44.8	59.5	76.7	101	134	179	239	317	409	537	714	953
		T_2	580	1005	1723	2277	3143	4269	5506	7396	9537	12673	16840	22472	30034	39836	51397	67482	89725	119759
	750	P_1	4.00	6.85	11.7	15.4	21.3	28.3	36.5	48.5	62.6	82.3	109	146	195	259	334	438	583	777
		T_2	620	1075	1853	2464	3401	4544	5860	7917	10209	13568	18029	24060	24567	42704	55070	72217	96125	128111
	500	P_1	3.06	5.24	8.98	11.8	16.3	21.7	27.9	37.1	47.8	62.9	83.6	112	149	198	255	335	446	595
		T_2	695	1205	2078	2761	3814	5097	6572	8833	11391	15143	20122	26852	35855	47646	61362	80613	107323	143178
16	1500	P_1	4.98	8.54	14.6	19.2	26.5	35.3	45.5	60.4	77.9	102	136	182	242	322	415	546	—	—
		T_2	446	774	1326	1763	2433	3233	4169	5663	7303	9706	12897	17211	22924	30512	39311	51720	—	—
	1000	P_1	4.51	7.73	13.2	17.4	24.0	31.9	41.2	54.7	70.6	92.8	123	165	219	292	376	494	657	877
		T_2	606	1051	1801	2394	3305	4391	5663	7692	9920	13183	17517	23377	31118	41490	53426	70192	93353	124612
	750	P_1	3.65	6.25	10.7	14.1	19.4	25.8	33.3	44.3	57.1	75.0	99.7	133	177	236	304	400	531	709
		T_2	643	1108	1920	2553	3524	4735	6106	8114	10464	14062	18685	24935	33172	44230	56974	74966	99517	132877
	500	P_1	2.62	4.84	8.29	10.9	15.0	20.0	25.8	34.3	44.2	58.1	77.2	103	137	183	235	309	411	549
		T_2	725	1250	2154	2865	3954	5316	6855	9214	11881	15797	20991	28013	37258	49768	63910	84034	111774	149304

中心距/mm

额定输入功率 P_1/kW　　额定输出转矩 T_2/N·m

公称传动比 i	输入转速 n_1 /r·min⁻¹	功率转矩	80	100	125	140	160	180	200	225	250	280	315	355	400	450	500	560	630	710
18	1500	P_1	4.59	7.86	13.5	17.7	24.4	32.5	41.9	55.7	71.8	94.4	125	167	223	297	383	503	—	—
		T_2	460	793	1359	1817	2508	3351	4321	5742	7405	9951	13223	17646	23509	31310	40376	53027	—	—
	1000	P_1	3.92	6.72	11.5	15.1	20.9	27.8	35.8	47.6	61.4	80.7	107	143	191	254	327	430	571	762
		T_2	587	1017	1742	2316	3197	4296	5540	7362	9493	12757	16952	22623	30203	40165	51708	67997	90293	120496
	750	P_1	3.29	5.65	9.67	12.7	17.6	23.3	30.1	40.0	51.5	67.8	90.0	120	160	213	275	361	480	640
		T_2	646	1113	1929	2565	3540	4785	6170	8246	10633	13978	18574	24787	33368	44421	57351	75287	100104	133472
	500	P_1	2.51	4.30	7.37	9.69	13.4	17.8	22.9	30.5	39.3	51.6	68.6	91.6	122	162	209	275	366	488
		T_2	716	1235	2128	2831	3908	5254	6776	9109	11746	15620	20756	27698	36907	49007	63225	83191	110720	147626
20	1500	P_1	4.20	7.19	12.3	16.2	22.4	29.7	38.3	50.9	65.7	86.3	115	153	204	271	350	460	—	—
		T_2	462	797	1365	1815	2505	3386	4367	5835	7524	9882	13144	17541	23636	31398	40551	53296	—	—
	1000	P_1	3.61	6.18	10.6	13.9	19.2	25.5	32.9	43.8	56.5	74.2	98.6	132	176	233	301	395	525	701
		T_2	593	1021	1761	2341	3231	4367	5632	7525	9704	12757	16952	22623	30587	40493	52311	68648	91241	121828
	750	P_1	2.98	5.11	8.75	11.5	15.9	21.1	27.2	36.2	46.6	61.3	81.5	109	145	193	248	327	434	579
		T_2	641	1106	1917	2549	3519	4783	6168	8243	10629	14052	18672	24918	33231	44231	56836	74941	99462	132693
	500	P_1	2.31	3.97	6.79	8.93	12.3	16.4	21.1	28.1	36.2	47.6	63.2	84.4	113	150	193	254	337	450
		T_2	725	1250	2154	2866	3956	5320	6860	9223	11894	15817	21018	28049	37550	49846	64135	84406	111987	149537
22.4	1500	P_1	3.84	6.59	11.3	14.8	20.5	27.2	35.1	46.6	60.1	79.1	105	140	187	248	320	421	—	—
		T_2	496	808	1384	1841	2541	3435	4429	5919	7633	10147	13483	17993	23999	31827	41068	54030	—	—
	1000	P_1	3.29	5.65	9.67	12.7	17.6	23.3	30.1	40.0	51.5	67.8	90.0	120	160	213	275	361	480	640
		T_2	599	1039	1780	2367	3267	4416	5695	7610	9813	13046	17336	23134	30801	41004	52939	69495	92404	123205
	750	P_1	2.75	4.70	8.06	10.6	14.6	19.4	25.1	33.3	43.0	56.5	75.0	100	134	177	229	301	400	534
		T_2	654	1134	1943	2584	3567	4851	6256	8360	10781	14334	19048	25419	34013	44927	58126	76401	101530	135543
	500	P_1	2.12	3.63	6.22	8.18	11.3	15.0	19.3	25.7	33.1	43.6	57.9	77.2	103	137	177	232	308	412
		T_2	729	1268	2155	2868	3959	5325	6867	9234	11908	15935	21174	28257	37674	50110	64740	84857	112656	150695
25	1500	P_1	3.45	5.91	10.1	13.3	18.4	24.4	31.5	41.9	54.0	71.0	94.3	126	168	223	288	378	—	—
		T_2	467	810	1387	1845	2546	3423	4414	5898	7606	10056	13363	17832	23796	31586	40793	53541	—	—
	1000	P_1	2.94	5.04	8.64	11.4	15.7	20.8	26.9	35.7	46.0	60.5	80.4	107	143	190	245	322	428	572
		T_2	590	1023	1773	2358	3255	4376	5643	7541	9724	12856	17083	22797	30383	40368	52054	68414	90935	121530
	750	P_1	2.51	4.30	7.37	9.69	13.4	17.8	22.9	30.5	39.3	51.6	68.6	91.6	122	162	209	275	366	488
		T_2	663	1143	1971	2622	3619	4865	6274	8434	10876	14463	19218	25646	34173	45377	58542	77029	102518	136691
	500	P_1	1.88	3.23	5.53	7.27	10.0	13.3	17.2	22.8	29.5	38.7	51.5	68.7	91.6	122	157	206	274	366
		T_2	710	1225	2112	2811	3880	5187	6689	9052	14091	15716	20883	27869	37174	49512	63716	83601	111198	148535

第14篇

续表

中心距/mm　额定输入功率 P_1/kW　额定输出转矩 T_2/N·m

公称传动比 i	输入转速 n_1 /r·min⁻¹	功率转矩	80	100	125	140	160	180	200	225	250	280	315	355	400	450	500	560	630	710
28	1500	P_1	3.10	5.31	9.10	12.0	16.5	21.9	28.3	37.6	48.7	63.7	84.7	113	151	200	250	340	—	—
		T_2	453	786	1354	1791	2472	3324	4287	5763	7432	9940	13209	17627	23551	31193	38892	53029	—	—
	1000	P_1	2.71	4.64	7.95	10.4	14.4	19.2	24.7	32.8	42.3	55.7	74.0	98.7	132	175	226	297	394	526
		T_2	593	1023	1764	2346	3239	4355	5616	7550	9737	13023	17306	23094	30881	40941	52872	69483	92176	123058
	750	P_1	2.27	3.90	6.68	8.78	12.1	16.1	20.8	27.6	35.6	46.8	62.2	83.0	111	147	190	249	331	442
		T_2	657	1133	1953	2589	3587	4823	6220	8364	10786	14346	19063	25439	34031	45068	58251	76340	101480	135511
	500	P_1	1.80	3.09	5.30	6.96	9.61	12.8	16.5	21.9	28.2	37.1	49.3	65.8	87.8	117	150	198	263	351
		T_2	743	1281	2196	2905	4010	5397	6959	9365	12077	16174	21492	28681	38265	50991	65372	86292	114620	152972
31.5	1500	P_1	2.78	4.77	8.18	10.7	14.8	19.7	25.4	33.8	43.6	57.3	76.1	102	135	180	232	305	—	—
		T_2	447	770	1328	1768	2440	3282	4232	5691	7339	9763	12974	17313	23010	30681	39544	51987	—	—
	1000	P_1	2.43	4.17	7.14	9.39	13.0	17.2	22.2	29.5	38.0	50.0	66.5	88.7	118	157	203	266	354	473
		T_2	585	1009	1740	2315	3196	4299	5543	7455	9614	12789	16994	22678	30170	40141	51902	68009	90509	120934
	750	P_1	1.80	3.09	5.30	6.96	9.61	12.8	16.5	21.9	28.2	37.1	49.3	65.8	87.8	117	150	198	263	351
		T_2	572	986	1700	2263	3123	4201	5418	7287	9397	12502	16613	22170	29578	39416	50533	66704	88602	118248
	500	P_1	1.57	2.69	4.61	6.06	8.36	11.1	14.3	19.0	24.5	32.3	42.9	57.2	76.3	101	131	172	228	305
		T_2	708	1221	2106	2787	3847	5146	6636	8932	11519	15337	20380	27196	36262	48001	62258	81744	108358	144952
35.5	1500	P_1	2.43	4.17	7.14	9.39	13.0	17.2	22.2	29.5	38.0	50.0	66.5	88.7	118	157	203	266	—	—
		T_2	431	744	1283	1697	2343	3152	4065	5468	7051	9439	12543	16738	22267	29627	38367	50195	—	—
	1000	P_1	2.20	3.76	6.45	8.48	11.7	15.6	20.0	26.6	34.4	45.2	60.0	80.1	107	142	183	241	320	427
		T_2	584	1008	1738	2299	3174	4270	5507	7408	9553	12788	16993	22677	30287	40194	51799	68217	90578	120865
	750	P_1	1.88	3.23	5.53	7.27	10.0	13.3	17.2	22.8	29.5	38.7	51.5	68.7	91.6	122	157	206	274	366
		T_2	655	1130	1949	2595	3582	4820	6216	8363	10784	14352	19072	25451	33950	45217	58189	76349	101552	135650
	500	P_1	1.49	2.55	4.38	5.75	7.94	10.6	13.6	18.1	23.3	30.6	40.7	54.4	72.5	96.4	124	163	217	290
		T_2	738	1273	2196	2906	4011	5402	6966	9318	12016	16108	21405	28565	38094	50652	65154	85646	114019	152376
40	1500	P_1	2.27	3.90	6.68	8.78	12.1	16.1	20.8	27.6	35.6	46.8	62.2	83.0	111	147	190	249	331	—
		T_2	440	759	1310	1744	2408	3240	4178	5623	7251	9651	12825	17115	22895	30320	39189	51358	68272	—
	1000	P_1	1.88	3.23	5.53	7.27	10.0	13.3	17.2	22.8	29.5	38.7	51.5	68.7	91.6	122	157	206	274	366
		T_2	547	943	1626	2165	2989	4022	5187	6980	9001	11981	15920	21246	28340	37745	48574	63734	84772	113235
	750	P_1	1.65	2.82	4.84	6.36	8.78	11.7	15.0	20.0	25.8	33.9	45.0	60.1	80.1	106	137	181	240	320
		T_2	629	1085	1872	2494	3442	4633	5975	8041	10370	13805	18345	24481	32635	43187	55817	73744	97782	130376
	500	P_1	1.22	2.08	3.57	4.69	6.48	8.61	11.1	14.8	19.0	25.0	33.2	44.3	59.2	78.6	101	133	177	236
		T_2	659	1138	1964	2617	3613	4867	6276	8452	10900	14520	19295	25748	34370	45634	58638	77217	102763	137017

续表

公称传动比 i	输入转速 n_1 /r·min⁻¹	功率转矩	中心距/mm 80	100	125	140	160	180	200	225	250	280	315	355	400	450	500	560	630	710
			额定输入功率 P_1/kW　额定输出转矩 T_2/N·m																	
45	1500	P_1	2.04	3.49	5.99	7.87	10.9	14.4	18.6	24.7	31.9	41.9	55.7	74.4	99.2	132	170	224	297	—
		T_2	435	751	1304	1737	2397	3227	4161	5600	7222	9614	12776	17049	22734	30251	38960	51335	68065	—
	1000	P_1	1.76	3.02	5.18	6.81	9.40	12.5	16.1	21.4	27.6	36.3	48.2	64.4	85.9	114	147	193	257	343
		T_2	565	975	1693	2293	3112	4189	5401	7270	9375	12480	16584	22131	29259	39189	50533	66346	88347	117911
	750	P_1	1.57	2.69	4.61	6.06	8.36	11.1	14.3	19.0	24.5	32.3	42.9	57.2	76.3	101	131	172	228	305
		T_2	661	1140	1966	2602	3592	4837	6238	8343	10759	14237	18918	25246	33661	44558	43344	75880	100585	134555
	500	P_1	1.29	2.22	3.80	5.00	6.90	9.16	11.8	15.7	20.2	26.6	35.4	47.2	63.0	83.7	108	142	188	252
		T_2	773	1334	2303	3069	4238	5712	7364	9852	12705	17046	22651	30227	40336	53590	69148	90917	120369	161346
50	1500	P_1	1.84	3.16	5.41	7.12	9.82	13.1	16.8	22.4	28.8	37.9	50.4	67.2	89.7	119	154	202	268	—
		T_2	428	744	1275	1699	2345	3157	4072	5482	7069	9414	12510	16694	22270	29545	38234	50151	66537	—
	1000	P_1	1.61	2.76	4.72	6.21	8.57	11.4	14.7	19.5	25.2	33.1	43.9	58.6	78.2	104	134	176	234	312
		T_2	560	974	1668	2223	3068	4132	5328	7173	9250	12318	16369	21844	29123	38731	49903	65544	87144	116192
	750	P_1	1.33	2.28	3.92	5.15	7.10	9.44	12.2	16.2	20.9	27.4	36.4	48.6	64.9	86.2	111	146	194	259
		T_2	611	1055	1820	2425	3347	4508	5814	7828	10095	13446	17867	23843	31813	42254	54410	71567	95095	126957
	500	P_1	1.02	1.74	2.99	3.94	5.43	7.22	9.31	12.4	16.0	21.0	27.9	37.2	49.6	65.9	85	112	149	198
		T_2	662	1143	1973	2631	3632	4895	6313	8507	10970	14622	19430	25929	34575	45937	59252	78073	103864	138021
56	1500	P_1	1.69	2.89	4.95	6.51	8.99	11.9	15.4	20.5	26.4	34.7	46.1	61.5	82.1	109	141	185	246	—
		T_2	430	747	1280	1706	2355	3172	4090	5471	7150	9523	12654	16887	22537	29921	38705	50783	67527	—
	1000	P_1	1.45	2.49	4.26	5.60	7.73	10.3	13.2	17.6	22.7	29.8	39.7	52.9	70.6	93.8	121	159	211	282
		T_2	555	964	1652	2202	3039	4094	5279	7062	9228	12291	16332	21795	29070	38622	49822	65469	86880	116114
	750	P_1	1.33	2.28	3.92	5.14	7.10	9.44	12.2	16.2	20.9	27.4	36.4	48.6	64.9	86.2	111	146	194	259
		T_2	670	1157	1996	2661	3673	4948	6381	8595	11083	14766	19621	24184	34936	46402	59752	78593	104432	139422
	500	P_1	1.10	1.88	3.22	4.24	5.85	7.78	10.0	13.3	17.2	22.6	30.0	40.1	53.4	71.0	91.6	120	160	213
		T_2	787	1359	2345	3106	4287	5780	7453	10118	13048	17274	22954	30631	40834	54293	70045	91762	122349	162878
63	1500	P_1	1.49	2.55	4.38	5.75	7.94	10.6	13.6	18.1	23.3	30.7	40.7	54.4	72.5	96.4	124	163	217	—
		T_2	418	727	1246	1661	2293	3090	3984	5367	6921	9221	12254	16352	21807	28996	37298	49029	65272	—
	1000	P_1	1.33	2.28	3.92	5.15	7.10	9.44	12.2	16.2	20.9	27.4	36.4	48.6	64.9	86.2	111	146	194	259
		T_2	562	976	1673	2230	3078	4147	5347	7203	9289	12376	16446	21946	29282	38893	50082	65874	87531	116858
	750	P_1	1.22	2.08	3.57	4.69	6.48	8.61	11.1	14.8	19.0	25.0	33.2	44.3	59.2	78.6	101	133	177	236
		T_2	673	1162	2005	2673	3690	4972	6412	8638	11279	14845	19726	26324	35139	46654	59950	78914	105061	140082
	500	P_1	0.82	1.41	2.42	3.18	4.39	5.83	7.52	9.99	12.9	16.9	22.5	30.0	40.1	53.2	68.7	90.3	120	160
		T_2	644	1112	1921	2563	3538	4771	6153	8297	10699	14269	18961	25303	33773	44806	57861	76053	101067	134755

表 14-4-36　　　　　　　　　　　　　　　使用系数 K_A

原 动 机	载荷性质（工作机特性）	每日工作时间/h				
		≤0.5	>0.5～1	>1～2	>2～10	>10
电动机、汽轮机、燃气轮机（启动转矩小，偶然作用）	均匀	0.6	0.7	0.9	1.0	1.2
	轻度冲击	0.8	0.9	1.0	1.2	1.3
	中等冲击	0.9	1.0	1.2	1.3	1.5
	强烈冲击	1.1	1.2	1.3	1.5	1.75
汽轮机、燃气轮机、液动机或电动机（启动转矩大，经常作用）	均匀	0.7	0.8	1.0	1.1	1.3
	轻度冲击	0.9	1.0	1.1	1.3	1.4
	中等冲击	1.0	1.1	1.3	1.4	1.6
	强烈冲击	1.1	1.3	1.4	1.6	1.9
多缸内燃机	均匀	0.8	0.9	1.1	1.3	1.4
	轻度冲击	1.0	1.1	1.3	1.4	1.5
	中等冲击	1.1	1.3	1.4	1.5	1.8
	强烈冲击	1.3	1.4	1.5	1.8	2.0
单缸内燃机	均匀	0.9	1.1	1.3	1.4	1.6
	轻度冲击	1.1	1.3	1.4	1.6	1.8
	中等冲击	1.3	1.4	1.6	1.8	2
	强烈冲击	1.4	1.6	1.8	2.0	>2.0

表 14-4-37　　　　　　　　　　　　　　　启动频率系数 K_1

每小时启动次数	≤10	>10～60	>60～400
启动频率系数 K_1	1	1.1	1.2

表 14-4-38　　　　　　　　　　　　　　　小时负荷率系数 K_2

小时负荷率 JC/%	100	80	60	40	≤20
小时负荷率系数 K_2	1	0.95	0.88	0.77	0.6

注：$JC=$［每小时负荷时间 (min)/60］$\times100\%$。

表 14-4-39　　　　　　　　　　　　　　　环境温度系数 K_3

环境温度/℃	0～10	>10～20	>20～30	>30～40	>40～50
环境温度系数 K_3	0.89	1	1.14	1.33	1.6

表 14-4-40　　　　　　　　　　　　　　　冷却方式系数 K_4

冷却方式	中心距 a/mm	蜗杆转速 n_1/r·min^{-1}			
		1500	1000	750	500
自然冷却（无风扇）	80	1	1	1	1
	100～225	1.37	1.59	1.59	1.33
	250～710	1.57	1.85	1.89	1.78
风扇冷却	80～710	1			

表 14-4-41　　　　　平面二次包络环面蜗杆传动效率 η（GB/T 16444—2008）　　　　　%

公称传动比 i	输入转速 n_1 /r·min^{-1}	中　心　距 a/mm									
		80	100	125	140	160	180	200	225	250	280～710
10	1500	90	91	91	92	92	93	93	94	94	95
	1000	90	91	91	92	92	93	93	94	94	95
	750	89	89.5	90	91	91	92	92	93	93	94
	500	87	87.5	88	89	89	90	90	91	91	92
12.5	1500	89	90	90	91	91	92.5	92.5	93.5	93.5	94.5
	1000	89	90	90	91	91	92.5	92.5	93.5	93.5	94.5
	750	88	88.5	89	90	90	91.5	91.5	92	92	93
	500	86	86.5	87	88	88	89	89	90	90	91
14	1500	88.5	89.5	89.5	91	91	92	92	93	93	94
	1000	88.5	89.5	89.5	91	91	92	92	93	93	94
	750	87	88	88.5	89.5	89.5	91	91	91.5	91.5	92.5
	500	85	86	86.5	87.5	87.5	88	88	89	89	90
16	1500	88	89	89	90	90	91	91	92	92	93
	1000	88	89	89	90	90	91	91	92	92	93
	750	86.5	87	88	89	89	90	90	91	91	92
	500	84	84.5	85	86	86	87	87	88	88	89
18	1500	87.5	88	88	89.5	89.5	90	90	91	91	92
	1000	87	88	88	89	89	90	90	91	91	92
	750	85.5	86	87	88	88	89.5	89.5	90	90	91
	500	83	83.5	84	85	85	86	86	87	87	88
20	1500	86.5	87	87	88	88	89.5	89.5	90	90	91
	1000	86	86.5	87	88	88	89.5	89.5	90	90	91
	750	84.5	85	86	87	87	89	89	89.5	89.5	90
	500	82	82.5	83	84	84	85	85	86	86	87
22.4	1500	85.5	86	86	87	87	88.5	88.5	89	89	90
	1000	85	86	86	87	87	88.5	88.5	89	89	90
	750	83.5	84.5	84.5	85.5	85.5	87.5	87.5	88	88	89
	500	80.5	81	81	82	82	83	83	84	84	85.5
25	1500	85	86	86	87	87	88	88	88.5	88.5	89
	1000	84	85	86	87	87	88	88	88.5	88.5	89
	750	83	83.5	84	85	85	86	86	87	87	88
	500	79	79.5	80	81	81	81.5	81.5	83	81	85
28	1500	82.5	83	83.5	84	84	85	85	86	86	87.5
	1000	82	82.5	83	84	84	85	85	86	86	87.5

续表

公称传动比 i	输入转速 n_1 /r·min^{-1}	中　心　距 a/mm									
		80	100	125	140	160	180	200	225	250	280~710
28	750	81	81.5	82	83	83	84	84	85	85	86
	500	77	77.5	77.5	78	78	79	79	80	80	81.5
31.5	1500	80	80.5	81	82	82	83	83	84	84	85
	1000	80	80.5	81	82	82	83	83	84	84	85
	750	79	79.5	80	81	81	82	82	83	83	84
	500	75	75.5	76	76.5	76.5	77	77	78	78	79
35.5	1500	78.5	79	79.5	80	80	81	81	82	82	83.5
	1000	78.5	79	79.5	80	80	81	81	82	82	83.5
	750	77	77.5	78	79	79	80	80	81	81	82
	500	73	73.5	74	74.5	74.5	75.5	75.5	76	76	77.5
40	1500	76	76.5	77	78	78	79	79	80	80	81
	1000	76	76.5	77	78	78	79	79	80	80	81
	750	75	75.5	76	77	77	78	78	79	79	80
	500	71	71.5	72	73	73	74	74	75	75	76
45	1500	74.5	75	76	77	77	78	78	79	79	80
	1000	74.5	75	76	77	77	78	78	79	79	80
	750	73.5	74	74.5	75	75	76	76	76.5	76.5	77
	500	69.5	70	70.5	71.5	71.5	72.5	72.5	73	73	74.5
50	1500	73	74	74	75	75	76	76	77	77	78
	1000	73	74	74	75	75	76	76	77	77	78
	750	72	72.5	73	74	74	75	75	76	76	77
	500	68	68.5	69	70	70	71	71	72	72	73
56	1500	71.5	72.5	72.5	73.5	73.5	74.5	74.5	75	76	77
	1000	71.5	72.5	72.5	73.5	73.5	74.5	74.5	75	76	77
	750	70.5	71	71.5	72.5	72.5	73.5	73.5	74.5	74.5	75.5
	500	67	67.5	68	68.5	68.5	69.5	69.5	71	71	71.5
63	1500	70	71	71	72	72	73	73	74	74	75
	1000	70	71	71	72	72	73	73	74	74	75
	750	69	69.5	70	71	71	72	72	73	73	74
	500	65	65.5	66	67	67	68	68	69	69	70

4.4　蜗杆传动精度

4.4.1　圆柱蜗杆传动精度

本节介绍的 GB/T 10089—2018 适用于轴交角

$\Sigma = 90°$，最大模数 $m = 40$mm 及最大分度圆直径 $d = 2500$mm 的圆柱蜗杆蜗轮传动机构。最大分度圆直径 $d > 2500$mm 的圆柱蜗杆蜗轮传动机构可参照本标准使用。

4.4.1.1　术语定义和代号

表 14-4-42　　　　　　　　　术语定义和代号

术语及代号	定义	术语及代号	定义
蜗杆齿廓总偏差 $F_{\alpha 1}$　设计齿廓　实际齿廓　$F_{\alpha 1}$　图(a)　$f_{\alpha 1}$　$f_{H\alpha 1}$　$f_{f\alpha 1}$　$L_{\alpha 1}$　齿廓总偏差　齿廓倾斜偏差　齿廓形状偏差　图(b)　计算范围 $L_{\alpha 1}$ 内的齿廓检验图	在轴向截面的计值范围 $L_{\alpha 1}$（齿廓的工作范围）内，包容实际齿廓迹线的两条设计齿廓迹线间的距离［图(a)］ 在齿廓检验图(b)中，齿廓总偏差 $F_{\alpha 1}$ 为两个设计齿廓迹线之间的距离（垂直于设计齿廓迹线测量） 在图(b)中，设计齿廓和蜗杆的齿面形状 A、N、I、K 及 C 无关并用直线标出，实际齿廓包含在画出的范围内	蜗杆径向跳动偏差 F_{r1}　图(e)　F_{r1}	在蜗杆任意一转范围内，测头在齿槽内与齿高中部的齿面双面接触，其测头相对于蜗杆主导轴线的径向最大变动量 径向跳动偏差是由蜗杆轮齿中点圆柱面的轴线和蜗杆轴承位置决定的蜗杆主导轴线之间的距离和交叉角度造成的
蜗杆齿廓形状偏差 $f_{f\alpha 1}$	在轴向截面的计值范围 $L_{\alpha 1}$ 内，包容实际齿廓迹线的与平均齿廓迹线平行的两条辅助线间的距离［垂直于设计齿廓迹线测量，见图(b)］ 本标准没有给出齿廓形状偏差 $f_{f\alpha 1}$ 的允许值	蜗轮单个齿距偏差 f_{p2}　实际齿距　公称齿距　f_{p2} 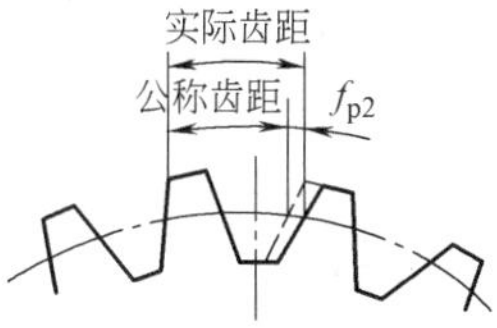　图(f)	在蜗轮分度圆上，实际齿距与公称齿距之差 用相对法测量时，公称齿距是指所有实际齿距的平均值 当实际齿距大于平均值时为正偏差；当实际齿距小于平均值时为负偏差
蜗杆齿廓倾斜偏差 $f_{H\alpha 1}$	在轴向截面的计值范围 $L_{\alpha 1}$ 内，与平均齿廓迹线相交的两条平行于设计齿廓迹线的辅助线间的距离［见图(b)］ 本标准没有给出齿廓倾斜偏差 $f_{H\alpha 1}$ 的允许值	蜗轮齿距累积总偏差 F_{p2}	在蜗轮分度圆上，任意两个同侧齿面间的实际弧长与公称弧长之差的最大绝对值
蜗杆轴向齿距偏差 f_{px}　实际轴向齿距　公称轴向齿距　f_{px}　图(c)	在蜗杆轴向截面内实际齿距和公称齿距之差	蜗轮相邻齿距偏差 f_{u2}	蜗轮右齿面或左齿面两个相邻齿距的实际尺寸之差
		蜗轮齿廓总偏差 $F_{\alpha 2}$	在轮齿给定截面的计值范围内，包容实际齿廓迹线的两条设计齿廓迹线间的距离
蜗杆相邻轴向齿距偏差 f_{ux}　实际轴向距离　公称轴向距离　图(d)	在蜗杆轴向截面内两相邻齿距之差	蜗杆导程偏差 F_{pz}	蜗杆导程的实际尺寸和公称尺寸之差
		蜗轮径向跳动偏差 F_{r2} 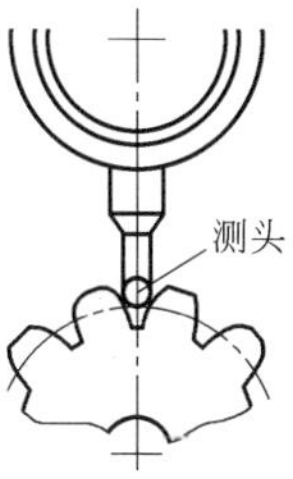　测头　图(g)	在蜗轮一转范围内，测头在靠近中间平面的齿槽内与齿高中部的齿面双面接触，其测头相对于蜗轮轴线径向距离的最大变动量 径向跳动偏差是由轮齿偏心以及由于右齿面和左齿面的齿距偏差而产生的齿槽宽的不均匀性和轮齿轴线相对于主导轴线的偏移量（偏心量）造成的

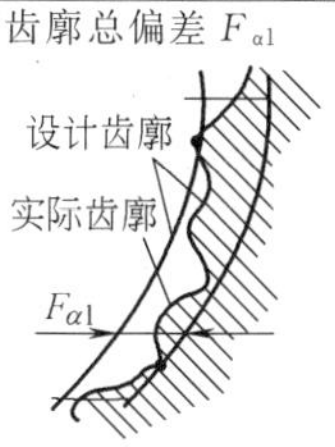

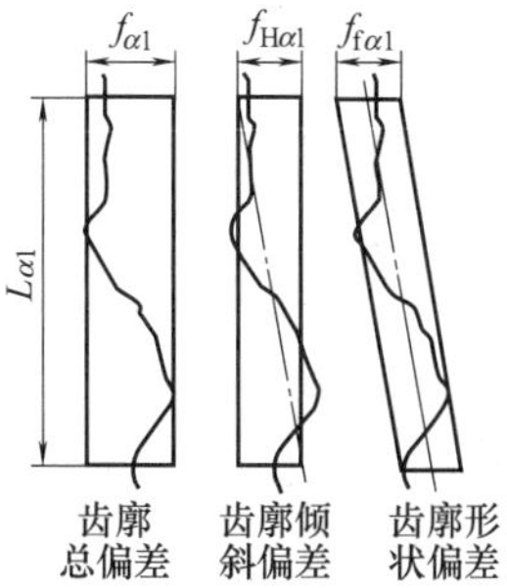

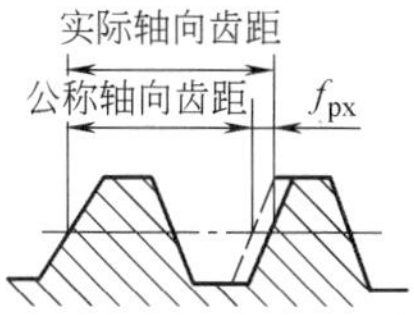

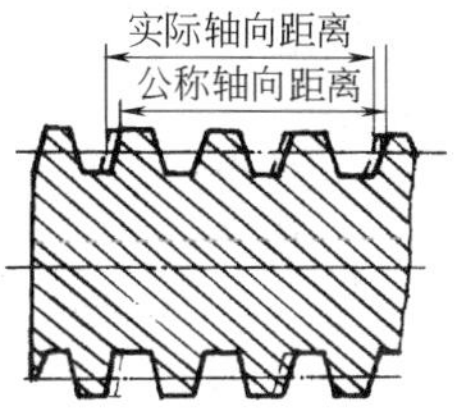

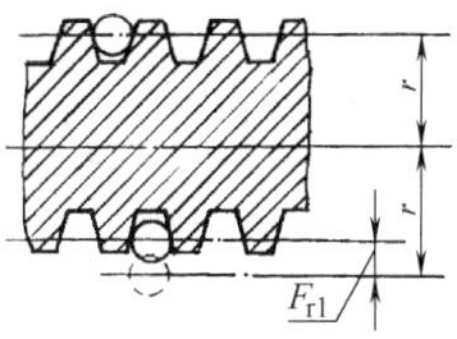

续表

术语及代号	定义	术语及代号	定义
蜗杆副单面啮合偏差 F_i'、F_{i1}'、F_{i2}'、F_{i12}' 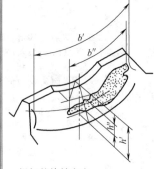 图(h) 蜗轮旋转时单面啮合偏差 F_i' 和单面一齿啮合偏差 f_i' 蜗杆副单面一齿啮合偏差 f_i'、f_{i1}'、f_{i2}'、f_{i12}'	单面啮合偏差 F_i' 是指蜗轮实际旋转位置和理论旋转位置的波动,理论旋转位置是由蜗杆的旋转确定的。当旋转方向确定时(左侧齿面啮合或右侧齿面啮合),单面啮合偏差等于蜗轮旋转一周范围内相对于起始位置的最大偏差之和[见图(h)] 单面啮合偏差 F_{i1}' 和 F_{i2}' 是用标准蜗轮或者标准蜗杆测量得到的。如果没有标准蜗轮和标准蜗杆,则使用配对的蜗杆蜗轮副,其单面啮合偏差为 F_{i12}' 单面一齿啮合偏差 f_i' 是指一个齿啮合过程中旋转位置的偏差[图(h)] 单面一齿啮合偏差 $\Delta f_{i1}'$ 和 $\Delta f_{i2}'$ 是用标准蜗轮或者标准蜗杆测量得到的。如果没有标准蜗轮和标准蜗杆,则使用配对的蜗杆蜗轮副,其单面一齿啮合偏差为 $\Delta f_{i12}'$	蜗杆副的接触斑点 蜗轮齿面接触斑点 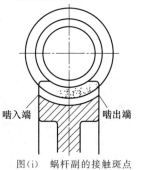 蜗杆的旋转方向 啮入端 　　　 啮出端 图(i) 蜗杆副的接触斑点	安装好的蜗杆副中,在轻微力的制动下,蜗杆与蜗轮啮合运转后,在蜗轮齿面上分布的接触痕迹。接触斑点以接触面积大小、形状和分布位置表示[见图(i)] 接触面积大小按接触痕迹的百分比计算确定: 沿齿长方向——接触痕迹的长度 b'' 与工作长度 b' 之比的百分数。即 $b''/b' \times 100\%$(在确定接触痕迹长度 b'' 时,应扣除超过模数值的断开部分) 沿齿高方向——接触痕迹的平均高度 h'' 与工作高度 h' 之比的百分数。即 $h''/h' \times 100\%$ 接触形状以齿面接触痕迹总的几何形状的状态确定 接触位置以接触痕迹离齿面啮入、啮出端或齿顶、齿根的位置确定

表 14-4-43　　　　　　　　　　　　　　　　精度符号

	蜗杆、蜗轮的参数/mm		
a	中心距	m_x	蜗杆轴向模数
b'	蜗杆副接触面的工作长度	m_t	蜗轮端面模数
b''	蜗杆副接触痕迹的长度	z_1	蜗杆头数
d_1	蜗杆分度圆直径	z_2	蜗轮齿数
d_2	蜗轮分度圆直径	L_a	齿廓计值范围
h'	蜗杆副接触面的工作高度	φ	精度等级间公比
h''	蜗杆副接触痕迹的平均高度	Σ	轴交角
l	蜗杆测量长度		

	蜗杆、蜗轮的偏差/μm		
f	单项偏差	f_{ux}	蜗杆相邻轴向齿距偏差
f_{fa}	齿廓形状偏差	f_{u2}	蜗轮相邻齿距偏差
f_{fa1}	蜗杆齿廓形状偏差	F	总偏差
f_{fa2}	蜗轮齿廓形状偏差	F_i'	单面啮合偏差
f_{Ha}	齿廓倾斜偏差	F_{i1}'	用标准蜗轮测量得到的单面啮合偏差
f_{Ha1}	蜗杆齿廓倾斜偏差	F_{i2}'	用标准蜗杆测量得到的单面啮合偏差
f_{Ha2}	蜗轮齿廓倾斜偏差	F_{i12}'	用配对的蜗杆副测量得到的单面啮合偏差
f_i'	单面一齿啮合偏差	F_{pz}	蜗杆导程偏差
f_{i1}'	用标准蜗轮测量得到的单面一齿啮合偏差	F_{p2}	蜗轮齿距累积总偏差
f_{i2}'	用标准蜗杆测量得到的单面一齿啮合偏差	F_r	径向跳动偏差
f_{i12}'	用配对的蜗杆副测量得到的单面一齿啮合偏差	F_{r1}	蜗杆径向跳动偏差
f_p	单个齿距偏差	F_{r2}	蜗轮径向跳动偏差
f_{px}	蜗杆轴向齿距偏差	F_α	齿廓总偏差
f_{p2}	蜗轮单个齿距偏差	$F_{\alpha1}$	蜗杆齿廓总偏差
f_u	相邻齿距偏差	$F_{\alpha2}$	蜗轮齿廓总偏差

4.4.1.2 精度制的构成

为了满足蜗杆蜗轮传动机构的所有性能要求,如传动的平稳性、载荷分布均匀性、传递运动的准确性以及长使用寿命,应保证蜗杆蜗轮的轮齿尺寸参数偏差以及中心距偏差和轴交角偏差在规定的允许值范围内。中心距偏差和轴交角偏差的允许值在国标中未作规定。

表 14-4-44 精度的构成

项 目	说 明
轮齿尺寸参数的偏差	单项偏差 f 是指蜗杆蜗轮传动机构轮齿单项尺寸参数的偏差,例如齿距偏差等。总偏差 F 包括多个单项偏差的综合影响。蜗杆蜗轮传动机构轮齿尺寸参数偏差的定义见表 14-4-42
精度等级	国标对蜗杆蜗轮传动机构规定了 12 个精度等级;第 1 级的精度最高,第 12 级的精度最低 根据使用要求不同,允许选用不同精度等级的偏差组合 蜗杆和配对蜗轮的精度等级一般取成相同,也允许取成不相同。在硬度高的钢制蜗杆和材质较软的蜗轮组成的传动机构中,可选择比蜗轮精度等级高的蜗杆,在磨合期可使蜗轮的精度提高。例如蜗杆可以选择 8 级精度,蜗轮选择 9 级精度
偏差的允许值	把测量出的偏差与表 14-4-48～表 14-4-59 规定的数值进行比较,以评定蜗杆蜗轮的精度等级。表中的数值是用表 14-4-45 对 5 级精度规定的公式乘以级间公比 φ 计算出来的 两相邻精度等级的级间公比 φ 为:$\varphi=1.4(1～9$ 级精度);$\varphi=1.6(9$ 级精度以下);径向跳动偏差 F_r 的级间公比为 $\varphi=1.4(1～12$ 级精度) 例如,计算 7 级精度的偏差允许值时,5 级精度的未修约的计算值乘以 1.4^2,然后再按照规定的规则修约
修约规则	表 14-4-48～表 14-4-59 列出的数值是用表 14-4-45 的公式计算并修约后的数值。如果计算值小于 $10\mu m$,修约到最接近的相差小于 $0.5\mu m$ 的小数或整数,如果大于 $10\mu m$,修约到最接近的整数

4.4.1.3 5级精度的蜗杆蜗轮偏差允许值的计算公式

表 14-4-45 5级精度的蜗杆蜗轮偏差允许值的计算公式

偏 差	计算公式	偏 差	计算公式
单个齿距偏差 f_p	$f_p=4+0.315(m_x+0.25\sqrt{d})$	齿廓倾斜偏差 $f_{H\alpha}$	$f_{H\alpha}=2.5+0.25(m_x+3\sqrt{m_x})$
相邻齿距偏差 f_u	$f_u=5+0.4(m_x+0.25\sqrt{d})$	齿廓形状偏差 $f_{f\alpha}$	$f_{f\alpha}=1.5+0.25(m_x+9\sqrt{m_x})$
导程偏差 F_{pz}	$F_{pz}=4+0.5z_1+5\cdot\sqrt[3]{z_1}(\lg m_x)^2$	径向跳动偏差 F_r	$F_r=1.68+2.18\sqrt{m_x}+(2.3+1.2\lg m_x)d^{\frac{1}{4}}$
齿距累积总偏差 F_{p2}	$F_{p2}=7.25d_2^{\frac{1}{5}}m_x^{\frac{1}{7}}$	单面啮合偏差 F_i'	$F_i'=5.8d^{\frac{1}{5}}m_x^{\frac{1}{7}}+0.8F_\alpha$
齿廓总偏差 F_α	$F_\alpha=\sqrt{(f_{H\alpha})^2+(f_{f\alpha})^2}$	单面一齿啮合偏差 f_i'	$f_i'=0.7(f_p+F_\alpha)$

公式中的参数 m_x、d 和 z_1 的取值为各参数分段界限值的几何平均值;公式中 m_x 和 d 的单位均为 mm,偏差允许值的单位为 μm;公式中的蜗杆头数 $z_1>6$ 时取平均数 $z_1=8.5$ 计算;公式中蜗杆蜗轮的模数 $m_x=m_t$;计算 F_α、F_i' 和 f_i' 偏差允许值时应取 $f_{H\alpha}$、$f_{f\alpha}$、F_α 和 f_p 计算修约后的数值

4.4.1.4 检验规则

表 14-4-46 检验规则

项 目	说 明
径向跳动偏差	蜗轮:应测量蜗轮分度圆的齿宽中间位置 蜗杆:一般通过间接测量齿距变动得到径向跳动偏差值
单个齿距偏差和相邻齿距偏差	蜗轮:应测量蜗轮分度圆的齿宽中间位置 蜗杆:在分度圆柱面测量轴向齿距偏差。多头蜗杆还要测量其他轴向截面,直到获得蜗杆所有齿的偏差
齿距累积总偏差	蜗轮:应测量蜗轮分度圆的齿宽中间位置

续表

项　　目	说　　明
单面啮合偏差和 单面一齿啮合偏差	单面啮合检验反映了蜗杆蜗轮啮合过程中的轮齿单项参数偏差对啮合过程的综合影响。蜗杆和蜗轮在给定的中心距内啮合，蜗杆右齿面或者左齿面始终与蜗轮配对齿面处于啮合状态，如果没有固定的工作齿面，则必须检测右齿面和左齿面 　　使用标准蜗杆蜗轮副检验单面啮合偏差 F_i' 和单面一齿啮合偏差 f_i'。一般来说没有标准的蜗杆蜗轮副，在企业中一般使用单面啮合检测仪检验配对蜗杆蜗轮副。如果企业中没有用于单面啮合检验的单面啮合检测仪，也可检验配对蜗杆蜗轮副的接触斑点，其要求见表 14-4-47
齿廓总偏差	应在齿根圆和齿顶圆范围内测量齿廓总偏差。在蜗杆轴向截面内测量齿廓总偏差，在蜗轮中间平面内测量齿廓总偏差
导程偏差	在蜗杆啮合范围内的测量长度 l 内测量导程偏差。测量长度可参照表 14-4-48～表 14-4-59 的规定。如果蜗杆实际啮合长度小于规定的测量长度 l，蜗杆导程偏差 F_{pz} 要直接按照实际啮合长度测量

蜗杆副的接触斑点主要按其形状、分布位置与面积大小来评定。接触斑点的要求应符合表 14-4-47 的规定。

表 14-4-47　　　　　　　　　　　　蜗杆副接触斑点的要求

精度等级	接触面积的百分比/%		接触形状	接触位置
	沿齿高不小于	沿齿长不小于		
1 和 2	75	70	接触斑点在齿高方向无断缺，不允许成带状条纹	接触斑点痕迹的分布位置趋近齿面中部，允许略偏于啮入端。在齿顶和啮入、啮出端的棱边处不允许接触
3 和 4	70	65		
5 和 6	65	60		
7 和 8	55	50	不作要求	接触斑点痕迹应偏于啮出端，但不允许在齿顶和啮入、啮出端的棱边接触
9 和 10	45	40		
11 和 12	30	30		

注：采用修形齿面的蜗杆传动，接触斑点的接触形状要求可不受表中规定的限制。

4.4.1.5　轮齿尺寸参数偏差的允许值

蜗杆蜗轮轮齿尺寸参数偏差各精度等级的允许值见表 14-4-48～表 14-4-59。表中的数值和蜗杆轴向模数 m_x、蜗轮端面模数 m_t、分度圆直径 d 以及蜗杆头数 z_1 有关。测量蜗杆偏差时要用到蜗杆分度圆直径 d_1，测量蜗轮偏差时要用到蜗轮分度圆直径 d_2。

对于蜗杆副的单面啮合偏差 F_i' 和单面一齿啮合偏差 f_i' 的偏差允许值，其计算公式为：

$$F_i' = \sqrt{(F_{i1}')^2 + (F_{i2}')^2}$$

$$f_i' = \sqrt{(f_{i1}')^2 + (f_{i2}')^2}$$

表 14-4-48　　　　　　　　　　　　1 级精度轮齿偏差的允许值　　　　　　　　　　　　μm

模数 $m(m_t, m_x)$ /mm	偏差		分度圆直径 d/mm						
	F_α	其他	>10 ～50	>50 ～125	>125 ～280	>280 ～560	>560 ～1000	>1000 ～1600	>1600 ～2500
>0.5～2.0	1.5	f_u	1.5	1.5	2.0	2.0	2.0	2.5	2.5
		f_p	1.0	1.5	1.5	1.5	1.5	2.0	2.0
		F_{p2}	3.5	4.5	5.5	6.0	7.0	8.0	8.5
		F_r	2.5	3.0	3.0	3.5	4.0	4.5	5.0
		F_i'	4.0	4.5	5.5	6.0	7.0	7.5	8.0
		f_i'	2.0	2.0	2.0	2.0	2.0	2.5	2.5
>2.0～3.55	2.0	f_u	1.5	2.0	2.0	2.0	2.5	2.5	3.0
		f_p	1.5	1.5	1.5	1.5	2.0	2.0	2.0
		F_{p2}	4.0	5.0	6.0	7.5	8.0	9.0	10.0
		F_r	3.0	3.5	4.0	4.5	5.0	5.5	6.0
		F_i'	4.5	5.5	6.5	7.5	8.0	9.0	9.5
		f_i'	2.5	2.5	2.5	2.5	2.5	3.0	3.0

续表

模数 $m(m_t, m_x)$ /mm	偏差 F_α	其他	分度圆直径 d/mm						
			>10 ~50	>50 ~125	>125 ~280	>280 ~560	>560 ~1000	>1000 ~1600	>1600 ~2500
$>3.55\sim6.0$	2.5	f_u	2.0	2.0	2.0	2.5	2.5	2.5	3.0
		f_p	1.5	1.5	1.5	2.0	2.0	2.0	2.5
		F_{p2}	4.5	5.5	7.0	8.0	9.0	10.0	11.0
		F_r	3.5	4.0	4.5	5.0	6.0	6.5	7.0
		F_i'	5.5	6.5	7.5	8.0	9.0	10.0	11.0
		f_i'	3.0	3.0	3.0	3.0	3.0	3.5	3.5
$>6.0\sim10$	3.0	f_u	2.0	2.5	2.5	2.5	3.0	3.0	3.5
		f_p	2.0	2.0	2.0	2.0	2.0	2.5	2.5
		F_{p2}	4.5	6.0	7.5	8.5	9.5	11.0	11.0
		F_r	4.0	4.5	5.0	6.0	6.5	7.5	8.0
		F_i'	6.0	7.5	8.5	9.0	10.0	11.0	12.0
		f_i'	3.5	3.5	3.5	3.5	3.5	4.0	4.0
$>10\sim16$	4.0	f_u	3.0	3.0	3.0	3.0	3.5	3.5	4.0
		f_p	2.0	2.0	2.5	2.5	2.5	3.0	3.0
		F_{p2}	5.0	6.5	8.0	9.0	10.0	11.0	12.0
		F_r	4.5	5.0	6.0	7.0	7.5	8.0	9.0
		F_i'	7.5	8.5	9.5	10.0	11.0	12.0	13.0
		f_i'	4.5	4.5	4.5	4.5	4.5	5.0	5.0
$>16\sim25$	5.0	f_u	3.5	3.5	3.5	4.0	4.0	4.5	4.5
		f_p	3.0	3.0	3.0	3.0	3.0	3.5	3.5
		F_{p2}	5.5	7.0	8.5	9.5	11.0	12.0	13.0
		F_r	5.0	6.0	7.0	7.5	8.5	9.0	9.5
		F_i'	8.5	9.5	11.0	12.0	13.0	14.0	15.0
		f_i'	5.5	5.5	5.5	5.5	5.5	6.0	6.0
$>25\sim40$	7.0	f_u	4.5	5.0	5.0	5.0	5.0	5.5	6.0
		f_p	3.5	4.0	4.0	4.0	4.0	4.5	4.5
		F_{p2}	5.5	7.5	9.0	10.0	12.0	13.0	14.0
		F_r	6.0	7.0	7.5	8.5	9.0	10.0	11.0
		F_i'	10.0	11.0	13.0	14.0	15.0	16.0	17.0
		f_i'	7.5	7.5	7.5	8.0	8.0	8.0	8.0

偏差 F_{pz}							
测量长度/mm	15	25	45	75	125	200	300
轴向模数 m_x/mm	>0.5 ~2	>2 ~3.55	>3.55 ~6	>6 ~10	>10 ~16	>16 ~25	>25 ~40
蜗杆头数 z_1　　1	1.0	1.5	1.5	2.0	3.0	3.5	4.0
2	1.5	1.5	2.0	2.5	3.5	4.0	5.0
3 和 4	1.5	2.0	2.5	3.0	4.0	5.0	6.0
5 和 6	1.5	2.0	3.0	3.5	4.5	5.5	7.0
>6	2.0	2.5	3.5	4.0	5.5	7.0	8.0

表 14-4-49　　　　　　　　　2 级精度轮齿偏差的允许值　　　　　　　　　　μm

模数 $m(m_t, m_x)$ /mm	偏差 F_α	其他	分度圆直径 d/mm						
			>10 ~50	>50 ~125	>125 ~280	>280 ~560	>560 ~1000	>1000 ~1600	>1600 ~2500
$>0.5\sim2.0$	2.0	f_u	2.0	2.5	2.5	2.5	3.0	3.5	3.5
		f_p	1.5	2.0	2.0	2.0	2.5	2.5	3.0
		F_{p2}	4.5	6.0	7.5	8.5	10.0	11.0	12.0

续表

模数 $m(m_t, m_x)$ /mm	偏差 F_α	其他	分度圆直径 d/mm						
			>10 ~50	>50 ~125	>125 ~280	>280 ~560	>560 ~1000	>1000 ~1600	>1600 ~2500
$>0.5\sim2.0$	2.0	F_r	3.5	4.0	4.5	5.0	6.0	6.5	7.0
		F_i'	5.5	6.5	7.5	8.5	9.5	11.0	11.0
		f_i'	2.5	2.5	2.5	3.0	3.0	3.5	3.5
$>2.0\sim3.55$	2.5	f_u	2.5	2.5	2.5	3.0	3.5	3.5	4.0
		f_p	2.0	2.0	2.0	2.5	2.5	2.5	3.0
		F_{p2}	6.0	7.5	8.5	10.0	11.0	13.0	14.0
		F_r	4.0	5.0	6.0	6.5	7.5	8.0	8.5
		F_i'	6.5	8.0	9.0	10.0	11.0	12.0	13.0
		f_i'	3.5	3.5	3.5	3.5	3.5	4.0	4.0
$>3.55\sim6.0$	3.5	f_u	2.5	2.5	3.0	3.5	3.5	3.5	4.0
		f_p	2.0	2.0	2.5	2.5	2.5	3.0	3.5
		F_{p2}	6.0	8.0	9.5	11.0	12.0	14.0	15.0
		F_r	4.5	6.0	6.5	7.5	8.5	9.0	10.0
		F_i'	7.5	9.0	10.0	11.0	13.0	14.0	15.0
		f_i'	4.0	4.0	4.0	4.5	4.5	4.5	4.5
$>6.0\sim10$	4.5	f_u	3.0	3.5	3.5	3.5	4.0	4.5	4.5
		f_p	2.5	2.5	2.5	3.0	3.0	3.5	3.5
		F_{p2}	6.5	8.5	10.0	12.0	13.0	15.0	16.0
		F_r	5.5	6.5	7.5	8.5	9.0	10.0	11.0
		F_i'	8.5	10.0	12.0	13.0	14.0	15.0	16.0
		f_i'	4.5	4.5	5.0	5.0	5.0	5.5	5.5
$>10\sim16$	6.0	f_u	4.0	4.0	4.0	4.5	4.5	5.0	5.5
		f_p	3.0	3.0	3.5	3.5	3.5	4.0	4.5
		F_{p2}	7.0	9.0	11.0	12.0	14.0	16.0	17.0
		F_r	6.0	7.5	8.5	9.5	10.0	11.0	12.0
		F_i'	10.0	12.0	13.0	15.0	16.0	17.0	19.0
		f_i'	6.0	6.0	6.5	6.5	6.5	7.0	7.5
$>16\sim25$	7.5	f_u	4.5	5.0	5.0	5.5	6.0	6.0	6.0
		f_p	4.0	4.0	4.0	4.5	4.5	4.5	5.0
		F_{p2}	7.5	10.0	12.0	13.0	15.0	17.0	19.0
		F_r	7.5	8.5	9.5	11.0	12.0	12.0	13.0
		F_i'	12.0	13.0	15.0	16.0	18.0	19.0	21.0
		f_i'	8.0	8.0	8.0	8.0	8.0	8.5	8.5
$>25\sim40$	10.0	f_u	6.5	7.0	7.0	7.5	7.5	7.5	8.0
		f_p	5.0	5.5	5.5	6.0	6.0	6.0	6.0
		F_{p2}	8.0	10.0	12.0	14.0	16.0	18.0	20.0
		F_r	8.5	9.5	11.0	12.0	13.0	14.0	15.0
		F_i'	14.0	16.0	18.0	19.0	21.0	22.0	24.0
		f_i'	11.0	11.0	11.0	11.0	11.0	11.0	11.0

偏差 F_{pz}									
测量长度/mm			15	25	45	75	125	200	300
轴向模数 m_x/mm			>0.5 ~2	>2 ~3.55	>3.55 ~6	>6 ~10	>10 ~16	>16 ~25	>25 ~40
蜗杆头数 z_1		1	1.5	2.0	2.5	3.0	4.0	4.5	6.0
		2	2.0	2.0	3.0	3.5	4.5	6.0	7.0
		3 和 4	2.0	2.5	3.5	4.5	5.5	7.0	8.5
		5 和 6	2.5	3.0	4.0	5.0	6.0	8.0	10.0
		>6	3.0	3.5	4.5	6.0	7.5	9.5	11.0

表 14-4-50　　　　　3 级精度轮齿偏差的允许值　　　　　μm

模数 $m(m_1,m_x)$ /mm	偏差 F_α	其他	分度圆直径 d/mm						
			>10 ~50	>50 ~125	>125 ~280	>280 ~560	>560 ~1000	>1000 ~1600	>1600 ~2500
>0.5~2.0	3.0	f_u	3.0	3.5	3.5	4.0	4.0	4.5	5.0
		f_p	2.5	2.5	3.0	3.0	3.5	3.5	4.0
		F_{p2}	6.5	8.5	11.0	12.0	14.0	15.0	17.0
		F_r	4.5	5.5	6.0	7.0	8.0	9.0	9.5
		F_i'	7.5	9.0	11.0	12.0	13.0	15.0	16.0
		f_i'	3.5	4.0	4.0	4.0	4.5	4.5	5.0
>2.0~3.55	4.0	f_u	3.5	3.5	4.0	4.0	4.5	5.0	5.5
		f_p	2.5	3.0	3.0	3.5	3.5	4.0	4.5
		F_{p2}	8.0	10.0	12.0	14.0	16.0	18.0	19.0
		F_r	5.5	7.0	8.0	9.0	10.0	11.0	12.0
		F_i'	9.0	11.0	13.0	14.0	16.0	17.0	19.0
		f_i'	4.5	4.5	5.0	5.0	5.0	5.5	5.5
>3.55~6.0	5.0	f_u	4.0	4.0	4.0	4.5	5.0	5.0	5.5
		f_p	3.0	3.0	3.5	3.5	4.0	4.5	4.5
		F_{p2}	8.5	11.0	13.0	15.0	17.0	19.0	21.0
		F_r	6.5	8.0	9.0	10.0	12.0	13.0	14.0
		F_i'	11.0	13.0	14.0	16.0	18.0	19.0	21.0
		f_i'	5.5	5.5	5.5	6.0	6.0	6.5	6.5
>6.0~10	6.0	f_u	4.5	4.5	5.0	5.0	5.5	6.0	6.5
		f_p	3.5	3.5	4.0	4.0	4.5	4.5	5.0
		F_{p2}	9.0	12.0	14.0	16.0	18.0	21.0	22.0
		F_r	7.5	9.0	10.0	12.0	13.0	14.0	15.0
		F_i'	12.0	14.0	16.0	18.0	20.0	21.0	23.0
		f_i'	6.5	6.5	7.0	7.0	7.0	7.5	7.5
>10~16	8.0	f_u	5.5	5.5	5.5	6.0	6.5	7.0	7.5
		f_p	4.5	4.5	4.5	5.0	5.0	5.5	6.0
		F_{p2}	9.5	13.0	15.0	17.0	20.0	22.0	24.0
		F_r	8.5	10.0	12.0	13.0	14.0	16.0	17.0
		F_i'	14.0	17.0	19.0	20.0	22.0	24.0	26.0
		f_i'	8.5	8.5	9.0	9.0	9.0	9.5	10.0
>16~25	10.0	f_u	6.5	7.0	7.0	7.5	8.0	8.5	8.5
		f_p	5.5	5.5	5.5	6.0	6.0	6.5	7.0
		F_{p2}	11.0	14.0	16.0	19.0	21.0	23.0	26.0
		F_r	10.0	12.0	13.0	15.0	16.0	17.0	19.0
		F_i'	17.0	19.0	21.0	23.0	25.0	27.0	29.0
		f_i'	11.0	11.0	11.0	11.0	11.0	12.0	12.0
>25~40	14.0	f_u	9.0	9.5	9.5	10.0	10.0	11.0	11.0
		f_p	7.0	7.5	7.5	8.0	8.0	8.5	8.5
		F_{p2}	11.0	14.0	17.0	20.0	23.0	26.0	28.0
		F_r	12.0	13.0	15.0	16.0	18.0	19.0	21.0
		F_i'	20.0	22.0	25.0	27.0	29.0	31.0	33.0
		f_i'	15.0	15.0	15.0	15.0	15.0	16.0	16.0

偏差 F_{pz}

测量长度/mm		15	25	45	75	125	200	300
轴向模数 m_x/mm		>0.5 ~2	>2 ~3.55	>3.55 ~6	>6 ~10	>10 ~16	>16 ~25	>25 ~40
蜗杆头数 z_1	1	2.5	3.0	3.5	4.5	5.5	6.5	8.0
	2	2.5	3.0	4.0	5.0	6.5	8.0	9.5
	3 和 4	3.0	3.5	4.5	6.0	7.5	9.5	12.0
	5 和 6	3.5	4.5	5.5	7.0	8.5	11.0	14.0
	>6	4.5	5.0	6.5	8.0	11.0	13.0	16.0

表 14-4-51　　　　　　　　　　4 级精度轮齿偏差的允许值　　　　　　　　　　μm

模数 $m(m_t, m_x)$ /mm	偏差 F_a	其他	分度圆直径 d/mm						
			>10 ～50	>50 ～125	>125 ～280	>280 ～560	>560 ～1000	>1000 ～1600	>1600 ～2500
>0.5～2.0	4.0	f_u	4.5	4.5	5.0	5.5	5.5	6.5	7.0
		f_p	3.0	3.5	4.0	4.5	4.5	5.0	5.5
		F_{p2}	9.5	12.0	15.0	17.0	19.0	21.0	24.0
		F_r	6.5	8.0	8.5	10.0	11.0	13.0	14.0
		F_i'	11.0	13.0	15.0	17.0	19.0	21.0	22.0
		f_i'	5.0	5.5	5.5	5.5	6.0	6.5	7.0
>2.0～3.55	5.5	f_u	4.5	5.0	5.5	5.5	6.5	7.0	8.0
		f_p	3.5	4.0	4.5	4.5	5.0	5.5	6.0
		F_{p2}	11.0	14.0	17.0	20.0	22.0	25.0	27.0
		F_r	8.0	10.0	11.0	13.0	14.0	16.0	17.0
		F_i'	13.0	16.0	18.0	20.0	22.0	24.0	26.0
		f_i'	6.5	6.5	7.0	7.0	7.0	8.0	8.0
>3.55～6.0	7.0	f_u	5.5	5.5	5.5	6.5	7.0	7.0	8.0
		f_p	4.5	4.5	4.5	5.0	5.5	6.0	6.5
		F_{p2}	12.0	16.0	19.0	21.0	24.0	27.0	29.0
		F_r	9.5	11.0	13.0	14.0	16.0	18.0	19.0
		F_i'	15.0	18.0	20.0	22.0	25.0	27.0	29.0
		f_i'	8.0	8.0	8.0	8.5	8.5	9.5	9.5
>6.0～10	8.5	f_u	6.0	6.5	7.0	7.0	8.0	8.5	9.5
		f_p	5.0	5.0	5.5	5.5	6.0	6.5	7.0
		F_{p2}	13.0	16.0	20.0	23.0	26.0	29.0	31.0
		F_r	11.0	13.0	14.0	16.0	18.0	20.0	21.0
		F_i'	17.0	20.0	23.0	25.0	28.0	30.0	32.0
		f_i'	9.5	9.5	10.0	10.0	10.0	11.0	11.0
>10～16	11.0	f_u	8.0	8.0	8.0	8.5	9.5	10.0	11.0
		f_p	6.0	6.0	6.5	7.0	7.0	8.0	8.5
		F_{p2}	14.0	18.0	21.0	24.0	28.0	31.0	34.0
		F_r	12.0	14.0	16.0	19.0	20.0	22.0	24.0
		F_i'	20.0	24.0	26.0	29.0	31.0	34.0	36.0
		f_i'	12.0	12.0	13.0	13.0	13.0	14.0	14.0
>16～25	14.0	f_u	9.5	10.0	10.0	11.0	11.0	12.0	12.0
		f_p	8.0	8.0	8.0	8.5	8.5	9.5	10.0
		F_{p2}	15.0	19.0	23.0	26.0	30.0	33.0	36.0
		F_r	14.0	16.0	19.0	21.0	23.0	24.0	26.0
		F_i'	24.0	26.0	29.0	32.0	35.0	38.0	41.0
		f_i'	16.0	16.0	16.0	16.0	16.0	16.0	17.0
>25～40	19.0	f_u	13.0	14.0	14.0	14.0	14.0	15.0	16.0
		f_p	10.0	11.0	11.0	11.0	11.0	12.0	12.0
		F_{p2}	16.0	20.0	24.0	28.0	32.0	36.0	39.0
		F_r	16.0	19.0	21.0	23.0	25.0	27.0	29.0
		F_i'	28.0	31.0	35.0	38.0	41.0	44.0	46.0
		f_i'	21.0	21.0	21.0	21.0	21.0	22.0	22.0

偏差 F_{pz}

测量长度/mm		15	25	45	75	125	200	300
轴向模数 m_x/mm		>0.5 ～2	>2 ～3.55	>3.55 ～6	>6 ～10	>10 ～16	>16 ～25	>25 ～40
蜗杆头数 z_1	1	3.0	4.0	4.5	6.0	8.0	9.5	11.0
	2	3.5	4.5	5.5	7.0	9.5	11.0	14.0
	3 和 4	4.0	5.0	6.5	8.5	11.0	14.0	16.0
	5 和 6	4.5	6.0	8.0	10.0	12.0	16.0	19.0
	>6	6.0	7.0	9.5	11.0	15.0	19.0	22.0

表 14-4-52　　　　　　　　　　　　　　　5 级精度轮齿偏差的允许值　　　　　　　　　　　　　　　μm

模数 $m(m_t, m_x)$ /mm	偏差		分度圆直径 d/mm						
	F_α	其他	>10 ~50	>50 ~125	>125 ~280	>280 ~560	>560 ~1000	>1000 ~1600	>1600 ~2500
>0.5~2.0	5.5	f_u	6.0	6.5	7.0	7.5	8.0	9.0	10.0
		f_p	4.5	5.0	5.5	6.0	6.5	7.0	8.0
		F_{p2}	13.0	17.0	21.0	24.0	27.0	30.0	33.0
		F_r	9.0	11.0	12.0	14.0	16.0	18.0	19.0
		F_i'	15.0	18.0	21.0	24.0	26.0	29.0	31.0
		f_i'	7.0	7.5	7.5	8.0	8.5	9.0	9.5
>2.0~3.55	7.5	f_u	6.5	7.0	7.5	8.0	9.0	9.5	11.0
		f_p	5.0	5.5	6.0	6.5	7.0	7.5	8.5
		F_{p2}	16.0	20.0	24.0	28.0	31.0	35.0	38.0
		F_r	11.0	14.0	16.0	18.0	20.0	22.0	24.0
		F_i'	18.0	22.0	25.0	28.0	31.0	34.0	37.0
		f_i'	9.0	9.0	9.5	10.0	10.0	11.0	11.0
>3.55~6.0	9.5	f_u	7.5	7.5	8.0	9.0	9.5	10.0	11.0
		f_p	6.0	6.0	6.5	7.0	7.5	8.5	9.0
		F_{p2}	17.0	22.0	26.0	30.0	34.0	38.0	41.0
		F_r	13.0	16.0	18.0	20.0	23.0	25.0	27.0
		F_i'	21.0	25.0	28.0	31.0	35.0	38.0	41.0
		f_i'	11.0	11.0	11.0	12.0	12.0	13.0	13.0
>6.0~10	12.0	f_u	8.5	9.0	9.5	10.0	11.0	12.0	13.0
		f_p	7.0	7.0	7.5	8.0	8.5	9.0	10.0
		F_{p2}	18.0	23.0	28.0	32.0	36.0	41.0	44.0
		F_r	15.0	18.0	20.0	23.0	25.0	28.0	30.0
		F_i'	24.0	28.0	32.0	35.0	39.0	42.0	45.0
		f_i'	13.0	13.0	14.0	14.0	14.0	15.0	15.0
>10~16	16.0	f_u	11.0	11.0	11.0	12.0	13.0	14.0	15.0
		f_p	8.5	8.5	9.0	9.5	10.0	11.0	12.0
		F_{p2}	19.0	25.0	30.0	34.0	39.0	43.0	48.0
		F_r	17.0	20.0	23.0	26.0	28.0	31.0	34.0
		F_i'	28.0	33.0	37.0	40.0	44.0	48.0	51.0
		f_i'	17.0	17.0	18.0	18.0	18.0	19.0	20.0
>16~25	20.0	f_u	13.0	14.0	14.0	15.0	16.0	17.0	17.0
		f_p	11.0	11.0	11.0	12.0	12.0	13.0	14.0
		F_{p2}	21.0	27.0	32.0	37.0	42.0	46.0	51.0
		F_r	20.0	23.0	26.0	29.0	32.0	34.0	37.0
		F_i'	33.0	37.0	41.0	45.0	49.0	53.0	57.0
		f_i'	22.0	22.0	22.0	22.0	22.0	23.0	24.0
>25~40	27.0	f_u	18.0	19.0	19.0	20.0	20.0	21.0	22.0
		f_p	14.0	15.0	15.0	16.0	16.0	17.0	17.0
		F_{p2}	22.0	28.0	34.0	39.0	45.0	50.0	54.0
		F_r	23.0	26.0	29.0	32.0	35.0	38.0	41.0
		F_i'	39.0	44.0	49.0	53.0	57.0	61.0	65.0
		f_i'	29.0	29.0	29.0	30.0	30.0	31.0	31.0

偏差 F_{pz}

测量长度/mm		15	25	45	75	125	200	300
轴向模数 m_x/mm		>0.5 ~2	>2 ~3.55	>3.55 ~6	>6 ~10	>10 ~16	>16 ~25	>25 ~40
蜗杆头数 z_1	1	4.5	5.5	6.5	8.5	11.0	13.0	16.0
	2	5.0	6.0	8.0	10.0	13.0	16.0	19.0
	3 和 4	5.5	7.0	9.0	12.0	15.0	19.0	23.0
	5 和 6	6.5	8.5	11.0	14.0	17.0	22.0	27.0
	>6	8.5	10.0	13.0	16.0	21.0	26.0	31.0

表 14-4-53　　　　　　　　　　　　　　6 级精度轮齿偏差的允许值　　　　　　　　　　　　　　　μm

模数 $m(m_t, m_x)$ /mm	偏差		分度圆直径 d/mm						
	F_a	其他	>10 ～50	>50 ～125	>125 ～280	>280 ～560	>560 ～1000	>1000 ～1600	>1600 ～2500
>0.5～2.0	7.5	f_u	8.5	9.0	10.0	11.0	11.0	13.0	14.0
		f_p	6.5	7.0	7.5	8.5	9.0	10.0	11.0
		F_{p2}	18.0	24.0	29.0	34.0	38.0	42.0	46.0
		F_r	13.0	15.0	17.0	20.0	22.0	25.0	27.0
		F_i'	21.0	25.0	29.0	34.0	36.0	41.0	43.0
		f_i'	10.0	11.0	11.0	11.0	12.0	13.0	13.0
>2.0～3.55	11.0	f_u	9.0	10.0	11.0	11.0	13.0	13.0	15.0
		f_p	7.0	7.5	8.5	9.0	10.0	11.0	12.0
		F_{p2}	22.0	28.0	34.0	39.0	43.0	49.0	53.0
		F_r	15.0	20.0	22.0	25.0	28.0	31.0	34.0
		F_i'	25.0	31.0	35.0	39.0	43.0	48.0	52.0
		f_i'	13.0	13.0	13.0	14.0	14.0	15.0	15.0
>3.55～6.0	13.0	f_u	11.0	11.0	11.0	13.0	13.0	14.0	15.0
		f_p	8.5	8.5	9.0	10.0	11.0	12.0	13.0
		F_{p2}	24.0	31.0	36.0	42.0	48.0	53.0	57.0
		F_r	18.0	22.0	25.0	28.0	32.0	35.0	38.0
		F_i'	29.0	35.0	39.0	43.0	49.0	53.0	57.0
		f_i'	15.0	15.0	15.0	17.0	17.0	18.0	18.0
>6.0～10	17.0	f_u	12.0	13.0	13.0	14.0	15.0	17.0	18.0
		f_p	10.0	10.0	11.0	11.0	12.0	13.0	14.0
		F_{p2}	25.0	32.0	39.0	45.0	50.0	57.0	62.0
		F_r	21.0	25.0	28.0	32.0	35.0	39.0	42.0
		F_i'	34.0	39.0	45.0	49.0	55.0	59.0	63.0
		f_i'	18.0	18.0	20.0	20.0	20.0	21.0	21.0
>10～16	22.0	f_u	15.0	15.0	15.0	17.0	18.0	20.0	21.0
		f_p	12.0	12.0	13.0	13.0	14.0	15.0	17.0
		F_{p2}	27.0	35.0	42.0	48.0	55.0	60.0	67.0
		F_r	24.0	28.0	32.0	36.0	39.0	43.0	48.0
		F_i'	39.0	46.0	52.0	56.0	62.0	67.0	71.0
		f_i'	24.0	24.0	25.0	25.0	25.0	27.0	28.0
>16～25	28.0	f_u	18.0	20.0	20.0	21.0	22.0	24.0	24.0
		f_p	15.0	15.0	15.0	17.0	17.0	18.0	20.0
		F_{p2}	29.0	38.0	45.0	52.0	59.0	64.0	71.0
		F_r	28.0	32.0	36.0	41.0	45.0	48.0	52.0
		F_i'	46.0	52.0	57.0	63.0	69.0	74.0	80.0
		f_i'	31.0	31.0	31.0	31.0	31.0	32.0	34.0
>25～40	38.0	f_u	25.0	27.0	27.0	28.0	28.0	29.0	31.0
		f_p	20.0	21.0	21.0	22.0	22.0	24.0	24.0
		F_{p2}	31.0	39.0	48.0	55.0	63.0	70.0	76.0
		F_r	32.0	36.0	41.0	45.0	49.0	53.0	57.0
		F_i'	55.0	62.0	69.0	74.0	80.0	85.0	91.0
		f_i'	41.0	41.0	41.0	42.0	42.0	43.0	43.0

偏差 F_{pz}								
测量长度/mm		15	25	45	75	125	200	300
轴向模数 m_x/mm		>0.5 ～2	>2 ～3.55	>3.55 ～6	>6 ～10	>10 ～16	>16 ～25	>25 ～40
蜗杆头数 z_1	1	6.5	7.5	9.0	12.0	15.0	18.0	22.0
	2	7.0	8.5	11.0	14.0	18.0	22.0	27.0
	3 和 4	7.5	10.0	13.0	17.0	21.0	27.0	32.0
	5 和 6	9.0	12.0	15.0	20.0	24.0	31.0	38.0
	>6	12.0	14.0	18.0	22.0	29.0	36.0	43.0

表 14-4-54　　　　　　　**7 级精度轮齿偏差的允许值**　　　　　　　μm

模数 $m(m_t, m_x)$ /mm	偏差		分度圆直径 d/mm						
	F_a	其他	>10 ~50	>50 ~125	>125 ~280	>280 ~560	>560 ~1000	>1000 ~1600	>1600 ~2500
>0.5~2.0	11.0	f_u	12.0	13.0	14.0	15.0	16.0	18.0	20.0
		f_p	9.0	10.0	11.0	12.0	13.0	14.0	16.0
		F_{p2}	25.0	33.0	41.0	47.0	53.0	59.0	65.0
		F_r	18.0	22.0	24.0	27.0	31.0	35.0	37.0
		F_i'	29.0	35.0	41.0	47.0	51.0	57.0	61.0
		f_i'	14.0	15.0	15.0	16.0	17.0	18.0	19.0
>2.0~3.55	15.0	f_u	13.0	14.0	15.0	16.0	18.0	19.0	22.0
		f_p	10.0	11.0	12.0	13.0	14.0	15.0	17.0
		F_{p2}	31.0	39.0	47.0	55.0	61.0	69.0	74.0
		F_r	22.0	27.0	31.0	35.0	39.0	43.0	47.0
		F_i'	35.0	43.0	49.0	55.0	61.0	67.0	73.0
		f_i'	18.0	18.0	19.0	20.0	20.0	22.0	22.0
>3.55~6.0	19.0	f_u	15.0	15.0	16.0	18.0	19.0	20.0	22.0
		f_p	12.0	12.0	13.0	14.0	15.0	17.0	18.0
		F_{p2}	33.0	43.0	51.0	59.0	67.0	74.0	80.0
		F_r	25.0	31.0	35.0	39.0	45.0	49.0	53.0
		F_i'	41.0	49.0	55.0	61.0	69.0	74.0	80.0
		f_i'	22.0	22.0	22.0	24.0	24.0	25.0	25.0
>6.0~10	24.0	f_u	17.0	18.0	19.0	20.0	22.0	24.0	25.0
		f_p	14.0	14.0	15.0	16.0	17.0	18.0	20.0
		F_{p2}	35.0	45.0	55.0	63.0	71.0	80.0	86.0
		F_r	29.0	35.0	39.0	45.0	49.0	55.0	59.0
		F_i'	47.0	55.0	63.0	69.0	76.0	82.0	88.0
		f_i'	25.0	25.0	27.0	27.0	27.0	29.0	29.0
>10~16	31.0	f_u	22.0	22.0	22.0	24.0	25.0	27.0	29.0
		f_p	17.0	17.0	18.0	19.0	20.0	22.0	24.0
		F_{p2}	37.0	49.0	59.0	67.0	76.0	84.0	94.0
		F_r	33.0	39.0	45.0	51.0	55.0	61.0	67.0
		F_i'	55.0	65.0	73.0	78.0	86.0	94.0	100.0
		f_i'	33.0	33.0	35.0	35.0	35.0	37.0	39.0
>16~25	39.0	f_u	25.0	27.0	27.0	29.0	31.0	33.0	33.0
		f_p	22.0	22.0	22.0	24.0	24.0	25.0	27.0
		F_{p2}	41.0	53.0	63.0	73.0	82.0	90.0	100.0
		F_r	39.0	45.0	51.0	57.0	63.0	67.0	73.0
		F_i'	65.0	73.0	80.0	88.0	96.0	104.0	112.0
		f_i'	43.0	43.0	43.0	43.0	43.0	45.0	47.0
>25~40	53.0	f_u	35.0	37.0	37.0	39.0	39.0	41.0	43.0
		f_p	27.0	29.0	29.0	31.0	31.0	33.0	33.0
		F_{p2}	43.0	55.0	67.0	76.0	88.0	98.0	106.0
		F_r	45.0	51.0	57.0	63.0	69.0	74.0	80.0
		F_i'	76.0	86.0	96.0	104.0	112.0	120.0	127.0
		f_i'	57.0	57.0	57.0	59.0	59.0	61.0	61.0

偏差 F_{pz}

测量长度/mm		15	25	45	75	125	200	300
轴向模数 m_x/mm		>0.5 ~2	>2 ~3.55	>3.55 ~6	>6 ~10	>10 ~16	>16 ~25	>25 ~40
蜗杆头数 z_1	1	9.0	11.0	13.0	17.0	22.0	25.0	31.0
	2	10.0	12.0	16.0	20.0	25.0	31.0	37.0
	3 和 4	11.0	14.0	18.0	24.0	29.0	37.0	45.0
	5 和 6	13.0	17.0	22.0	27.0	33.0	43.0	53.0
	>6	17.0	20.0	25.0	31.0	41.0	51.0	61.0

表 14-4-55 8 级精度轮齿偏差的允许值 μm

模数 $m(m_1,m_x)$ /mm	偏差		分度圆直径 d /mm						
	F_α	其他	>10 ~50	>50 ~125	>125 ~280	>280 ~560	>560 ~1000	>1000 ~1600	>1600 ~2500
>0.5~2.0	15.0	f_u	16.0	18.0	19.0	21.0	22.0	25.0	27.0
		f_p	12.0	14.0	15.0	16.0	18.0	19.0	22.0
		F_{p2}	36.0	47.0	58.0	66.0	74.0	82.0	91.0
		F_r	25.0	30.0	33.0	38.0	44.0	49.0	52.0
		F_i'	41.0	49.0	58.0	66.0	71.0	80.0	85.0
		f_i'	19.0	21.0	21.0	22.0	23.0	25.0	26.0
>2.0~3.55	21.0	f_u	18.0	19.0	21.0	22.0	25.0	26.0	30.0
		f_p	14.0	15.0	16.0	18.0	19.0	21.0	23.0
		F_{p2}	44.0	55.0	66.0	77.0	85.0	96.0	104.0
		F_r	30.0	38.0	44.0	49.0	55.0	60.0	66.0
		F_i'	49.0	60.0	69.0	77.0	85.0	93.0	102.0
		f_i'	25.0	25.0	26.0	27.0	27.0	30.0	30.0
>3.55~6.0	26.0	f_u	21.0	21.0	22.0	25.0	26.0	27.0	30.0
		f_p	16.0	16.0	18.0	19.0	21.0	23.0	25.0
		F_{p2}	47.0	60.0	71.0	82.0	93.0	104.0	113.0
		F_r	36.0	44.0	49.0	55.0	63.0	69.0	74.0
		F_i'	58.0	69.0	77.0	85.0	96.0	104.0	113.0
		f_i'	30.0	30.0	30.0	33.0	33.0	36.0	36.0
>6.0~10	33.0	f_u	23.0	25.0	26.0	27.0	30.0	33.0	36.0
		f_p	19.0	19.0	21.0	22.0	23.0	25.0	27.0
		F_{p2}	49.0	63.0	77.0	88.0	99.0	113.0	121.0
		F_r	41.0	49.0	55.0	63.0	69.0	77.0	82.0
		F_i'	66.0	77.0	88.0	96.0	107.0	115.0	123.0
		f_i'	36.0	36.0	38.0	38.0	38.0	41.0	41.0
>10~16	44.0	f_u	30.0	30.0	30.0	33.0	36.0	38.0	41.0
		f_p	23.0	23.0	25.0	26.0	27.0	30.0	33.0
		F_{p2}	52.0	69.0	82.0	93.0	107.0	118.0	132.0
		F_r	47.0	55.0	63.0	71.0	77.0	85.0	93.0
		F_i'	77.0	91.0	102.0	110.0	121.0	132.0	140.0
		f_i'	47.0	47.0	49.0	49.0	49.0	52.0	55.0
>16~25	55.0	f_u	36.0	38.0	38.0	41.0	44.0	47.0	47.0
		f_p	30.0	30.0	30.0	33.0	33.0	36.0	38.0
		F_{p2}	58.0	74.0	88.0	102.0	115.0	126.0	140.0
		F_r	55.0	63.0	71.0	80.0	88.0	93.0	102.0
		F_i'	91.0	102.0	113.0	123.0	134.0	145.0	156.0
		f_i'	60.0	60.0	60.0	60.0	60.0	63.0	66.0
>25~40	74.0	f_u	49.0	52.0	52.0	55.0	55.0	58.0	60.0
		f_p	38.0	41.0	41.0	44.0	44.0	47.0	47.0
		F_{p2}	60.0	77.0	93.0	107.0	123.0	137.0	148.0
		F_r	63.0	71.0	80.0	88.0	96.0	104.0	113.0
		F_i'	107.0	121.0	134.0	145.0	156.0	167.0	178.0
		f_i'	80.0	80.0	80.0	82.0	82.0	85.0	85.0

偏差 F_{pz}

测量长度/mm		15	25	45	75	125	200	300
轴向模数 m_x /mm		>0.5 ~2	>2 ~3.55	>3.55 ~6	>6 ~10	>10 ~16	>16 ~25	>25 ~40
蜗杆头数 z_1	1	12.0	15.0	18.0	23.0	30.0	36.0	44.0
	2	14.0	16.0	22.0	27.0	36.0	44.0	52.0
	3 和 4	15.0	19.0	25.0	33.0	41.0	52.0	63.0
	5 和 6	18.0	23.0	30.0	38.0	47.0	60.0	74.0
	>6	23.0	27.0	36.0	44.0	58.0	71.0	85.0

表 14-4-56　　　　　　　　　　　　　　　9 级精度轮齿偏差的允许值　　　　　　　　　　　　　　　　μm

模数 $m(m_t, m_x)$ /mm	偏差		分度圆直径 d /mm						
	F_α	其他	>10 ~50	>50 ~125	>125 ~280	>280 ~560	>560 ~1000	>1000 ~1600	>1600 ~2500
>0.5~2.0	21.0	f_u	23.0	25.0	27.0	29.0	31.0	35.0	38.0
		f_p	17.0	19.0	21.0	23.0	25.0	27.0	31.0
		F_{p2}	50.0	65.0	81.0	92.0	104.0	115.0	127.0
		F_r	35.0	42.0	46.0	54.0	61.0	69.0	73.0
		F_i'	58.0	69.0	81.0	92.0	100.0	111.0	119.0
		f_i'	27.0	29.0	29.0	31.0	33.0	35.0	36.0
>2.0~3.55	29.0	f_u	25.0	27.0	29.0	31.0	35.0	36.0	42.0
		f_p	19.0	21.0	23.0	25.0	27.0	29.0	33.0
		F_{p2}	61.0	77.0	92.0	108.0	119.0	134.0	146.0
		F_r	42.0	54.0	61.0	69.0	77.0	85.0	92.0
		F_i'	69.0	85.0	96.0	108.0	119.0	131.0	142.0
		f_i'	35.0	35.0	36.0	38.0	38.0	42.0	42.0
>3.55~6.0	36.0	f_u	29.0	29.0	31.0	35.0	36.0	38.0	42.0
		f_p	23.0	23.0	25.0	27.0	29.0	33.0	35.0
		F_{p2}	65.0	85.0	100.0	115.0	131.0	146.0	158.0
		F_r	50.0	61.0	69.0	77.0	88.0	96.0	104.0
		F_i'	81.0	96.0	108.0	119.0	134.0	146.0	158.0
		f_i'	42.0	42.0	42.0	46.0	46.0	50.0	50.0
>6.0~10	46.0	f_u	33.0	35.0	36.0	38.0	42.0	46.0	50.0
		f_p	27.0	27.0	29.0	31.0	33.0	35.0	38.0
		F_{p2}	69.0	88.0	108.0	123.0	138.0	158.0	169.0
		F_r	58.0	69.0	77.0	88.0	96.0	108.0	115.0
		F_i'	92.0	108.0	123.0	134.0	150.0	161.0	173.0
		f_i'	50.0	50.0	54.0	54.0	54.0	58.0	58.0
>10~16	61.0	f_u	42.0	42.0	42.0	46.0	50.0	54.0	58.0
		f_p	33.0	33.0	35.0	36.0	38.0	42.0	46.0
		F_{p2}	73.0	96.0	115.0	131.0	150.0	165.0	184.0
		F_r	65.0	77.0	88.0	100.0	108.0	119.0	131.0
		F_i'	108.0	127.0	142.0	154.0	169.0	184.0	196.0
		f_i'	65.0	65.0	69.0	69.0	69.0	73.0	77.0
>16~25	77.0	f_u	50.0	54.0	54.0	58.0	61.0	65.0	65.0
		f_p	42.0	42.0	42.0	46.0	46.0	50.0	54.0
		F_{p2}	81.0	104.0	123.0	142.0	161.0	177.0	196.0
		F_r	77.0	88.0	100.0	111.0	123.0	131.0	142.0
		F_i'	127.0	142.0	158.0	173.0	188.0	204.0	219.0
		f_i'	85.0	85.0	85.0	85.0	85.0	88.0	92.0
>25~40	104.0	f_u	69.0	73.0	73.0	77.0	77.0	81.0	85.0
		f_p	54.0	58.0	58.0	61.0	61.0	65.0	65.0
		F_{p2}	85.0	108.0	131.0	150.0	173.0	192.0	207.0
		F_r	88.0	100.0	111.0	123.0	134.0	146.0	158.0
		F_i'	150.0	169.0	188.0	204.0	219.0	234.0	250.0
		f_i'	111.0	111.0	111.0	115.0	115.0	119.0	119.0

偏差 F_{pz}

测量长度 /mm			15	25	45	75	125	200	300
轴向模数 m_x /mm			>0.5 ~2	>2 ~3.55	>3.55 ~6	>6 ~10	>10 ~16	>16 ~25	>25 ~40
蜗杆头数 z_1		1	17.0	21.0	25.0	33.0	42.0	50.0	61.0
		2	19.0	23.0	31.0	38.0	50.0	61.0	73.0
		3 和 4	21.0	27.0	35.0	46.0	58.0	73.0	88.0
		5 和 6	25.0	33.0	42.0	54.0	65.0	85.0	104.0
		>6	33.0	38.0	50.0	61.0	81.0	100.0	119.0

表 14-4-57　　　　　　　　　　　**10 级精度轮齿偏差的允许值**　　　　　　　　　　　μm

模数 $m(m_t, m_x)$ /mm	偏差 F_α	其他	分度圆直径 d/mm						
			>10 ~50	>50 ~125	>125 ~280	>280 ~560	>560 ~1000	>1000 ~1600	>1600 ~2500
>0.5~2.0	34.0	f_u	37.0	40.0	43.0	46.0	49.0	55.0	61.0
		f_p	28.0	31.0	34.0	37.0	40.0	43.0	49.0
		F_{p2}	80.0	104.0	129.0	148.0	166.0	184.0	203.0
		F_r	48.0	59.0	65.0	75.0	86.0	97.0	102.0
		F_i'	92.0	111.0	129.0	148.0	160.0	178.0	191.0
		f_i'	43.0	46.0	46.0	49.0	52.0	55.0	58.0
>2.0~3.55	46.0	f_u	40.0	43.0	46.0	49.0	55.0	58.0	68.0
		f_p	31.0	34.0	37.0	40.0	43.0	46.0	52.0
		F_{p2}	98.0	123.0	148.0	172.0	191.0	215.0	234.0
		F_r	59.0	75.0	86.0	97.0	108.0	118.0	129.0
		F_i'	111.0	135.0	154.0	172.0	191.0	209.0	227.0
		f_i'	55.0	55.0	58.0	61.0	61.0	68.0	68.0
>3.55~6.0	58.0	f_u	46.0	46.0	49.0	55.0	58.0	61.0	68.0
		f_p	37.0	37.0	40.0	43.0	46.0	52.0	55.0
		F_{p2}	104.0	135.0	160.0	184.0	209.0	234.0	252.0
		F_r	70.0	86.0	97.0	108.0	124.0	134.0	145.0
		F_i'	129.0	154.0	172.0	191.0	215.0	234.0	252.0
		f_i'	68.0	68.0	68.0	74.0	74.0	80.0	80.0
>6.0~10	74.0	f_u	52.0	55.0	58.0	61.0	68.0	74.0	80.0
		f_p	43.0	43.0	46.0	49.0	52.0	55.0	61.0
		F_{p2}	111.0	141.0	172.0	197.0	221.0	252.0	270.0
		F_r	81.0	97.0	108.0	124.0	134.0	151.0	161.0
		F_i'	148.0	172.0	197.0	215.0	240.0	258.0	277.0
		f_i'	80.0	80.0	86.0	86.0	86.0	92.0	92.0
>10~16	98.0	f_u	68.0	68.0	68.0	74.0	80.0	86.0	92.0
		f_p	52.0	52.0	55.0	58.0	61.0	68.0	74.0
		F_{p2}	117.0	154.0	184.0	209.0	240.0	264.0	295.0
		F_r	91.0	108.0	124.0	140.0	151.0	167.0	183.0
		F_i'	172.0	203.0	227.0	246.0	270.0	295.0	313.0
		f_i'	104.0	104.0	111.0	111.0	111.0	117.0	123.0
>16~25	123.0	f_u	80.0	86.0	86.0	92.0	98.0	104.0	104.0
		f_p	68.0	68.0	68.0	74.0	74.0	80.0	86.0
		F_{p2}	129.0	166.0	197.0	227.0	258.0	283.0	313.0
		F_r	108.0	124.0	140.0	156.0	172.0	183.0	199.0
		F_i'	203.0	227.0	252.0	277.0	301.0	326.0	350.0
		f_i'	135.0	135.0	135.0	135.0	135.0	141.0	148.0
>25~40	166.0	f_u	111.0	117.0	117.0	123.0	123.0	129.0	135.0
		f_p	86.0	92.0	92.0	98.0	98.0	104.0	104.0
		F_{p2}	135.0	172.0	209.0	240.0	277.0	307.0	332.0
		F_r	124.0	140.0	156.0	172.0	188.0	204.0	221.0
		F_i'	240.0	270.0	301.0	326.0	350.0	375.0	400.0
		f_i'	178.0	178.0	178.0	184.0	184.0	191.0	191.0

偏差 F_{pz}

测量长度/mm		15	25	45	75	125	200	300
轴向模数 m_x/mm		>0.5 ~2	>2 ~3.55	>3.55 ~6	>6 ~10	>10 ~16	>16 ~25	>25 ~40
蜗杆头数 z_1	1	28.0	34.0	40.0	52.0	68.0	80.0	98.0
	2	31.0	37.0	49.0	61.0	80.0	98.0	117.0
	3 和 4	34.0	43.0	55.0	74.0	92.0	117.0	141.0
	5 和 6	40.0	52.0	68.0	86.0	104.0	135.0	166.0
	>6	52.0	61.0	80.0	98.0	129.0	160.0	191.0

表 14-4-58　　　　　　　　　　　　11 级精度轮齿偏差的允许值　　　　　　　　　　μm

模数 $m(m_t, m_x)$ /mm	偏差 F_α	其他	分度圆直径 d/mm						
			>10 ~50	>50 ~125	>125 ~280	>280 ~560	>560 ~1000	>1000 ~1600	>1600 ~2500
>0.5~2.0	54.0	f_u	59.0	64.0	69.0	74.0	79.0	89.0	98.0
		f_p	44.0	49.0	54.0	59.0	64.0	69.0	79.0
		F_{p2}	128.0	167.0	207.0	236.0	266.0	295.0	325.0
		F_r	68.0	83.0	90.0	105.0	120.0	136.0	143.0
		F_i'	148.0	177.0	207.0	236.0	256.0	285.0	305.0
		f_i'	69.0	74.0	74.0	79.0	84.0	89.0	93.0
>2.0~3.55	74.0	f_u	64.0	69.0	74.0	79.0	89.0	93.0	108.0
		f_p	49.0	54.0	59.0	64.0	69.0	74.0	84.0
		F_{p2}	157.0	197.0	236.0	275.0	305.0	344.0	374.0
		F_r	83.0	105.0	120.0	136.0	151.0	166.0	181.0
		F_i'	177.0	216.0	246.0	275.0	305.0	334.0	364.0
		f_i'	89.0	89.0	93.0	98.0	98.0	108.0	108.0
>3.55~6.0	93.0	f_u	74.0	74.0	79.0	89.0	93.0	98.0	108.0
		f_p	59.0	59.0	64.0	69.0	74.0	84.0	89.0
		F_{p2}	167.0	216.0	256.0	295.0	334.0	374.0	403.0
		F_r	98.0	120.0	136.0	151.0	173.0	188.0	203.0
		F_i'	207.0	246.0	275.0	305.0	344.0	374.0	403.0
		f_i'	108.0	108.0	108.0	118.0	118.0	128.0	128.0
>6.0~10	118.0	f_u	84.0	89.0	93.0	98.0	108.0	118.0	128.0
		f_p	69.0	69.0	74.0	79.0	84.0	89.0	98.0
		F_{p2}	177.0	226.0	275.0	315.0	354.0	403.0	433.0
		F_r	113.0	136.0	151.0	173.0	188.0	211.0	226.0
		F_i'	236.0	275.0	315.0	344.0	384.0	413.0	443.0
		f_i'	128.0	128.0	138.0	138.0	138.0	148.0	148.0
>10~16	157.0	f_u	108.0	108.0	108.0	118.0	128.0	138.0	148.0
		f_p	84.0	84.0	89.0	93.0	98.0	108.0	118.0
		F_{p2}	187.0	246.0	295.0	334.0	384.0	423.0	472.0
		F_r	128.0	151.0	173.0	196.0	211.0	233.0	256.0
		F_i'	275.0	325.0	364.0	393.0	433.0	472.0	502.0
		f_i'	167.0	167.0	177.0	177.0	177.0	187.0	197.0
>16~25	197.0	f_u	128.0	138.0	138.0	148.0	157.0	167.0	167.0
		f_p	108.0	108.0	108.0	118.0	118.0	128.0	138.0
		F_{p2}	207.0	266.0	315.0	364.0	413.0	452.0	502.0
		F_r	151.0	173.0	196.0	218.0	241.0	256.0	279.0
		F_i'	325.0	364.0	403.0	443.0	482.0	521.0	561.0
		f_i'	216.0	216.0	216.0	216.0	216.0	226.0	236.0
>25~40	266.0	f_u	177.0	187.0	187.0	197.0	197.0	207.0	216.0
		f_p	138.0	148.0	148.0	157.0	157.0	167.0	167.0
		F_{p2}	216.0	275.0	334.0	384.0	443.0	492.0	531.0
		F_r	173.0	196.0	218.0	241.0	264.0	286.0	309.0
		F_i'	384.0	433.0	482.0	521.0	561.0	600.0	639.0
		f_i'	285.0	285.0	285.0	295.0	295.0	305.0	305.0

偏差 F_{pz}

测量长度/mm		15	25	45	75	125	200	300
轴向模数 m_x/mm		>0.5 ~2	>2 ~3.55	>3.55 ~6	>6 ~10	>10 ~16	>16 ~25	>25 ~40
蜗杆头数 z_1	1	44.0	54.0	64.0	84.0	108.0	128.0	157.0
	2	49.0	59.0	79.0	98.0	128.0	157.0	187.0
	3 和 4	54.0	69.0	89.0	118.0	148.0	187.0	226.0
	5 和 6	64.0	84.0	108.0	138.0	167.0	216.0	266.0
	>6	84.0	98.0	128.0	157.0	207.0	256.0	305.0

表 14-4-59　　　　　　　　　　　　　12 级精度轮齿偏差的允许值　　　　　　　　　　　　　μm

模数 $m(m_t, m_x)$ /mm	偏差		分度圆直径 d/mm						
	F_α	其他	>10 ~50	>50 ~125	>125 ~280	>280 ~560	>560 ~1000	>1000 ~1600	>1600 ~2500
>0.5~2.0	87.0	f_u	94.0	102.0	110.0	118.0	126.0	142.0	157.0
		f_p	71.0	79.0	87.0	94.0	102.0	110.0	126.0
		F_{p2}	205.0	267.0	330.0	378.0	425.0	472.0	519.0
		F_r	95.0	116.0	126.0	148.0	169.0	190.0	200.0
		F_i'	236.0	283.0	330.0	378.0	409.0	456.0	488.0
		f_i'	110.0	118.0	118.0	126.0	134.0	142.0	149.0
>2.0~3.55	118.0	f_u	102.0	110.0	118.0	126.0	142.0	149.0	173.0
		f_p	79.0	87.0	94.0	102.0	110.0	118.0	134.0
		F_{p2}	252.0	315.0	378.0	441.0	488.0	551.0	598.0
		F_r	116.0	148.0	169.0	190.0	211.0	232.0	253.0
		F_i'	283.0	346.0	393.0	441.0	488.0	535.0	582.0
		f_i'	142.0	142.0	149.0	157.0	157.0	173.0	173.0
>3.55~6.0	149.0	f_u	118.0	118.0	126.0	142.0	149.0	157.0	173.0
		f_p	94.0	94.0	102.0	110.0	118.0	134.0	142.0
		F_{p2}	267.0	346.0	409.0	472.0	535.0	598.0	645.0
		F_r	137.0	169.0	190.0	211.0	242.0	264.0	285.0
		F_i'	330.0	393.0	441.0	488.0	551.0	598.0	645.0
		f_i'	173.0	173.0	173.0	189.0	189.0	205.0	205.0
>6.0~10	189.0	f_u	134.0	142.0	149.0	157.0	173.0	189.0	205.0
		f_p	110.0	110.0	118.0	126.0	134.0	142.0	157.0
		F_{p2}	283.0	362.0	441.0	504.0	566.0	645.0	692.0
		F_r	158.0	190.0	211.0	242.0	264.0	295.0	316.0
		F_i'	378.0	441.0	504.0	551.0	614.0	661.0	708.0
		f_i'	205.0	205.0	220.0	220.0	220.0	236.0	236.0
>10~16	252.0	f_u	173.0	173.0	173.0	189.0	205.0	220.0	236.0
		f_p	134.0	134.0	142.0	149.0	157.0	173.0	189.0
		F_{p2}	299.0	393.0	472.0	535.0	614.0	677.0	755.0
		F_r	179.0	211.0	242.0	274.0	295.0	327.0	358.0
		F_i'	441.0	519.0	582.0	629.0	692.0	755.0	802.0
		f_i'	267.0	267.0	283.0	283.0	283.0	299.0	315.0
>16~25	315.0	f_u	205.0	220.0	220.0	236.0	252.0	267.0	267.0
		f_p	173.0	173.0	173.0	189.0	189.0	205.0	220.0
		F_{p2}	330.0	425.0	504.0	582.0	661.0	724.0	802.0
		F_r	211.0	242.0	274.0	306.0	337.0	358.0	390.0
		F_i'	519.0	582.0	645.0	708.0	771.0	834.0	897.0
		f_i'	346.0	346.0	346.0	346.0	346.0	362.0	378.0
>25~40	425.0	f_u	283.0	299.0	299.0	315.0	315.0	330.0	346.0
		f_p	220.0	236.0	236.0	252.0	252.0	267.0	267.0
		F_{p2}	346.0	441.0	535.0	614.0	708.0	787.0	850.0
		F_r	242.0	274.0	306.0	337.0	369.0	401.0	432.0
		F_i'	614.0	692.0	771.0	834.0	897.0	960.0	1023.0
		f_i'	456.0	456.0	456.0	472.0	472.0	488.0	488.0

偏差 F_{pz}

测量长度/mm		15	25	45	75	125	200	300
轴向模数 m_x/mm		>0.5 ~2	>2 ~3.55	>3.55 ~6	>6 ~10	>10 ~16	>16 ~25	>25 ~40
蜗杆头数 z_1	1	71.0	87.0	102.0	134.0	173.0	205.0	252.0
	2	79.0	94.0	126.0	157.0	205.0	252.0	299.0
	3 和 4	87.0	110.0	142.0	189.0	236.0	299.0	362.0
	5 和 6	102.0	134.0	173.0	220.0	267.0	346.0	425.0
	>6	134.0	157.0	205.0	252.0	330.0	409.0	488.0

4.4.2　直廓环面蜗杆、蜗轮精度

本节介绍的 GB/T 16848—1997 适用于轴交角为 90°、中心距为 80～1250mm 的动力直廓环面蜗杆传动。

4.4.2.1　定义及代号

直廓环面蜗杆、蜗轮和蜗杆副的误差及侧隙的定义和代号见表 14-4-60。

表 14-4-60　　　　　　　　　**蜗杆、蜗轮和蜗杆副的误差及侧隙的定义和代号**

名　称	代号	定　义
蜗杆螺旋线误差	Δf_{hL}	在蜗杆的工作齿宽范围内,分度圆环面上,包容实际螺旋线的与公称螺旋线保持恒定间距的最近两条螺旋线间的法向距离 多头蜗杆的螺旋线误差分别由每条螺纹线测得
蜗杆螺旋线公差	f_{hL}	
蜗杆一转螺旋线误差	Δf_h	一转范围内的蜗杆螺旋线误差
蜗杆一转螺旋线公差	f_h	
蜗杆分度误差	Δf_{zL}	在多头蜗杆的喉平面上,每个螺旋面与分度圆交点的等分性误差
蜗杆分度公差	f_{zL}	
蜗杆圆周齿距偏差	Δf_{px}	在轴向剖面内,蜗杆分度圆环面上,两相邻同侧齿面间的实际弧长和公称弧长之差
蜗杆圆周齿距极限偏差 上偏差 下偏差	$+f_{px}$ $-f_{px}$	
蜗杆圆周齿距累积误差	Δf_{pxL}	在轴向剖面内,蜗杆分度圆环面上,任意两个同侧齿面间(不包括修缘部分),实际弧长与公称弧长之差的最大绝对值
蜗杆圆周齿距累积公差	f_{pxL}	
蜗杆齿形误差	Δf_{f1}	在蜗杆的轴向剖面上,工作齿宽范围内,齿形工作部分,包容实际齿形线的最近两条设计齿形线间的法向距离
蜗杆齿形公差	f_{f1}	

续表

名　称	代号	定　义
蜗杆齿槽的径向跳动 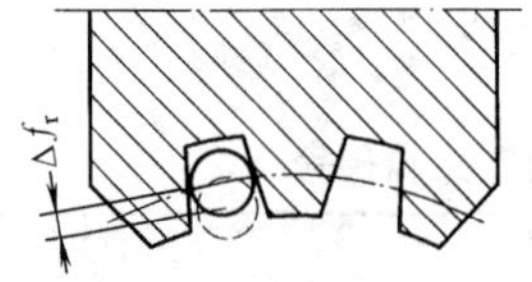	Δf_r	在蜗杆的轴向剖面上，一转范围内，测头在齿槽内与齿高中部齿面双面接触，其测头相对于配对蜗轮中心沿径向距离的最大变动量
蜗杆齿槽径向跳动公差	f_r	
蜗杆法向弦齿厚偏差 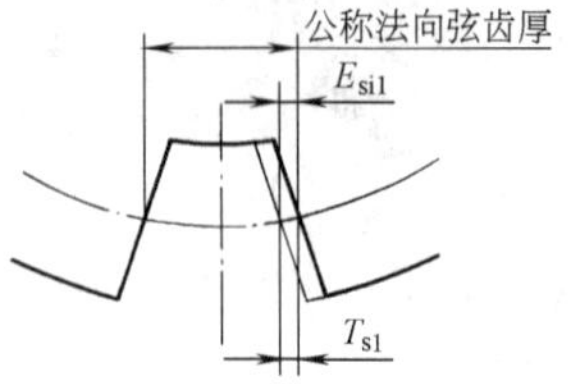	ΔE_{s1}	在蜗杆喉部的法向弦齿高处，法向弦齿厚的实际值与公称值之差
蜗杆法向弦齿厚极限偏差		
上偏差	E_{ss1}	
下偏差	E_{si1}	
蜗杆法向弦齿厚公差	T_{s1}	
蜗轮齿距累积误差 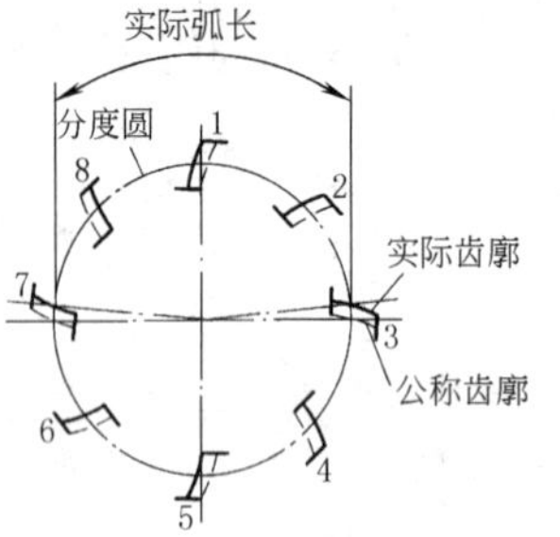	ΔF_p	在蜗轮分度圆上，任意两个同侧齿面间的实际弧长与公称弧长之差的最大绝对值
蜗轮齿距累积公差	F_p	
蜗轮齿圈的径向跳动 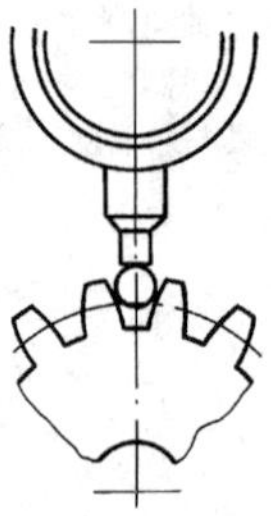	ΔF_r	在蜗轮的一转范围内，测头在靠近中间平面的齿槽内，与齿高中部的齿面双面接触，相对蜗轮轴线径向距离的最大变动量
蜗轮齿圈径向跳动公差	F_r	
蜗轮齿距偏差 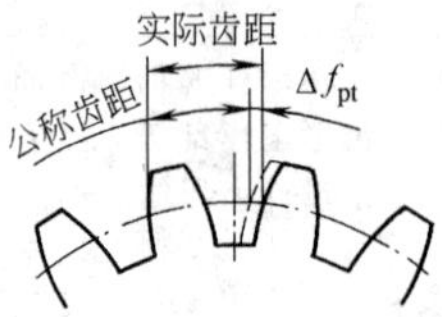	Δf_{pt}	在蜗轮分度圆上，实际齿距与公称齿距之差 用相对法测量时，公称齿距是指所有实际齿距的平均值
蜗轮齿距极限偏差		
上偏差	$+f_{pt}$	
下偏差	$-f_{pt}$	

名　称	代号	定　义
蜗轮齿形误差	Δf_{f2}	在蜗轮中间平面上,齿形工作部分内,包容实际齿形线的最近两条设计齿形线间的法向距离
蜗轮齿形公差	f_{f2}	
蜗轮法向弦齿厚偏差	ΔE_{s2}	在蜗轮喉部的法向弦齿高处,法向弦齿厚的实际值与公称值之差
蜗轮法向弦齿厚极限偏差　　上偏差　　下偏差	E_{ss2}　E_{si2}	
蜗轮法向弦齿厚公差	T_{s2}	
蜗杆副的切向综合误差	$\Delta F'_{ic}$	安装好的蜗杆副啮合转动时,在蜗轮相对于蜗杆位置变化的一个整周期内,蜗轮的实际转角与公称转角之差的总幅度值。以蜗轮分度圆弧长计
蜗杆副的切向综合公差	F'_{ic}	
蜗杆副的一齿切向综合误差	$\Delta f'_{ic}$	安装好的蜗杆副啮合转动时,在蜗轮一转范围内多次重复出现的周期性转角误差的最大幅度值
蜗杆副的切向综合公差	f'_{ic}	以蜗轮分度圆弧长计
蜗杆副的中心距偏差	Δf_a	在安装好的蜗杆副的中间平面内,实际中心距与公称中心距之差
蜗杆副的中心距极限偏差　　上偏差　　下偏差	$+f_a$　$-f_a$	

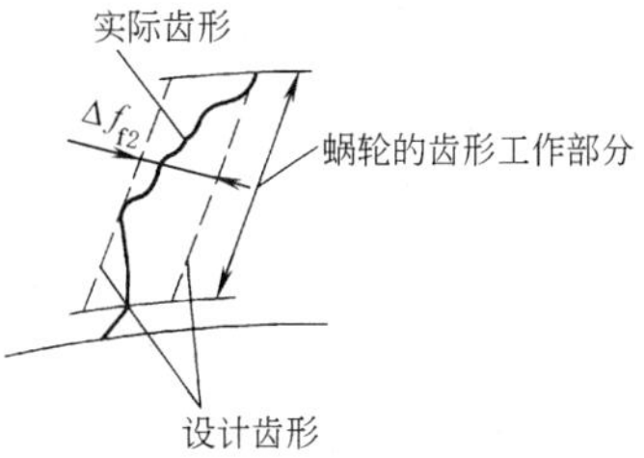

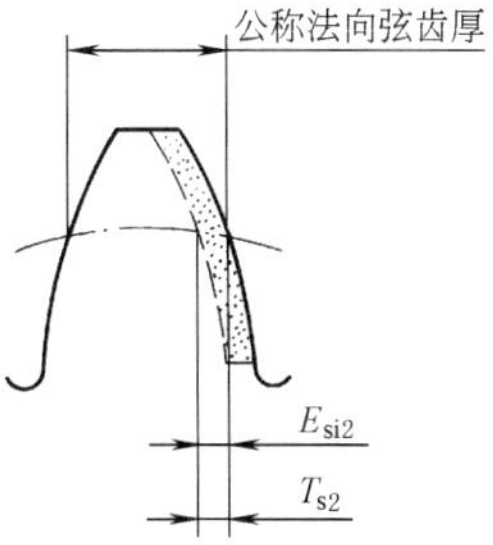

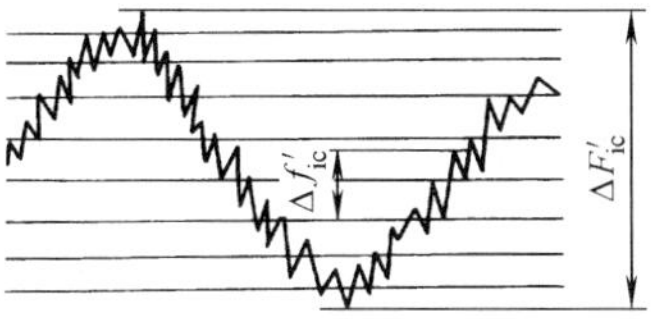

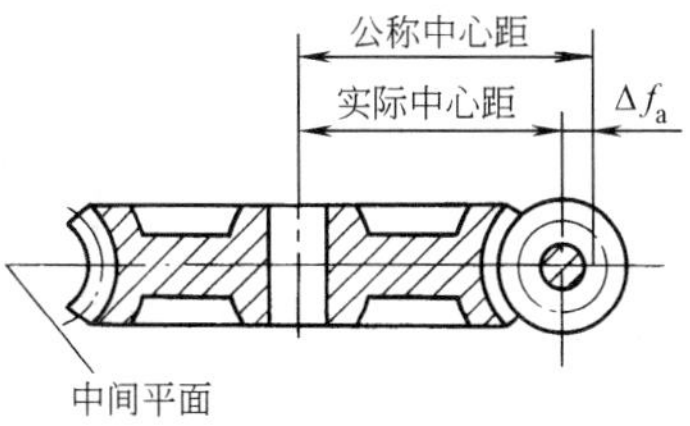

名　　称	代号	定　　义
蜗杆副的接触斑点 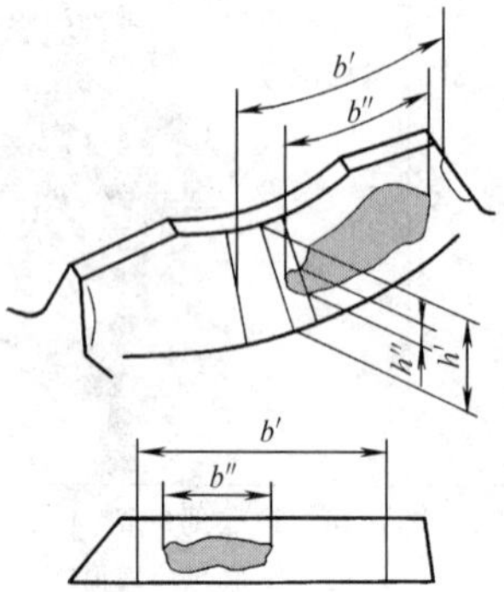 		安装好的蜗杆副,在轻微制动下,转动后,蜗杆、蜗轮齿面上出现的接触痕迹 　以接触面积大小、形状和分布位置表示,接触面积大小按接触痕迹的百分比计算确定: 　沿齿长方向——接触痕迹的长度 b'' 与理论长度 b' 之比,即 $(b''/b') \times 100\%$ 　沿齿高方向——接触痕迹的平均高度 h'' 与理论高度 h' 之比,即 $(h''/h') \times 100\%$ 　蜗杆接触斑点的分布位置齿高方向应趋于中间,齿长方向趋于入口处,齿顶和两端部棱边处不允许接触
蜗杆副的蜗杆喉平面偏移 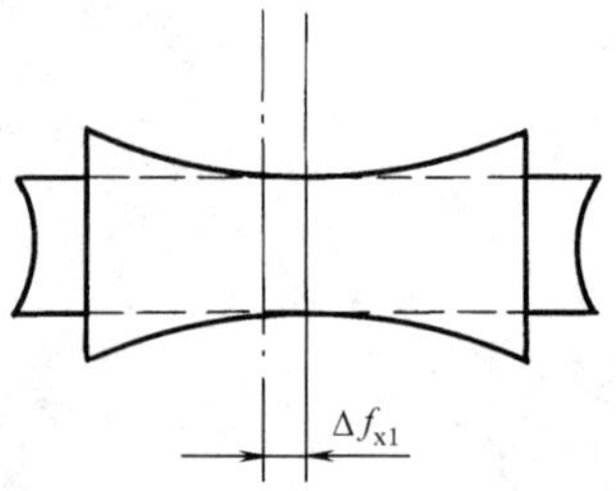 蜗杆副的蜗杆喉平面极限偏差 　　　上偏差 　　　下偏差	Δf_{x1} $+f_{x1}$ $-f_{x1}$	在安装好的蜗杆副中,蜗杆喉平面的实际位置和公称位置之差
蜗杆副的蜗轮中间平面偏移 蜗杆副的蜗轮中间平面极限偏差 　　　上偏差 　　　下偏差	Δf_{x2} $+f_{x2}$ $-f_{x2}$	在安装好的蜗杆副中,蜗轮中间平面的实际位置和公称位置之差
蜗杆副的轴交角偏差 蜗杆副轴交角极限偏差 　　　上偏差 　　　下偏差	Δf_{Σ} $+f_{\Sigma}$ $-f_{\Sigma}$	在安装好的蜗杆副中,实际轴交角与公称轴交角之差 　偏差值按蜗轮齿宽确定,以其线性值计

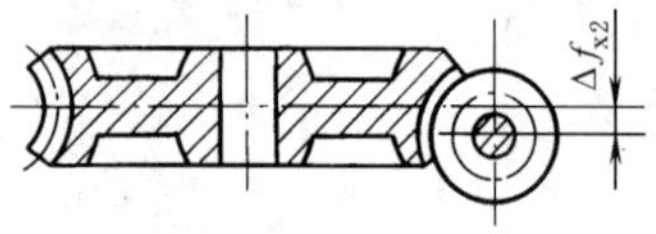

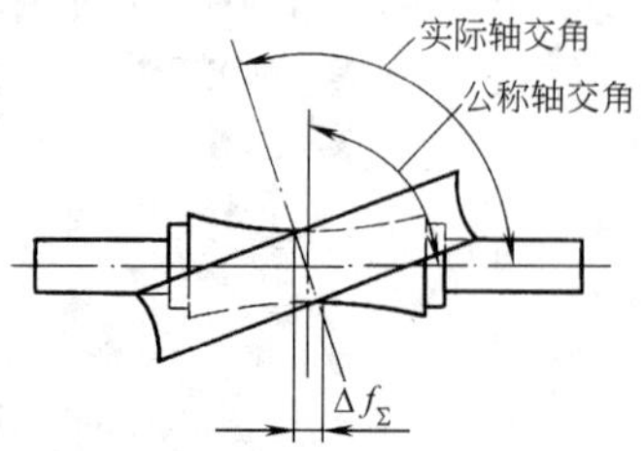

续表

名　称	代号	定　义
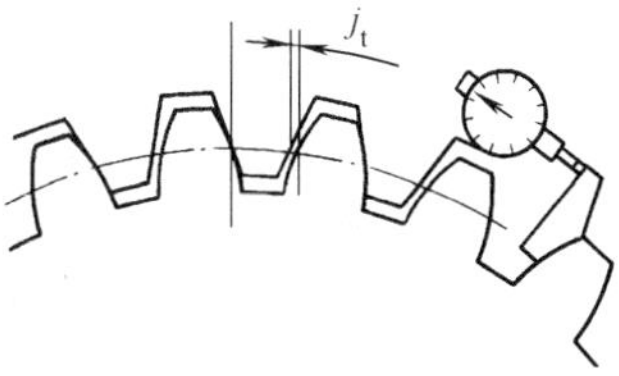 蜗杆副的圆周侧隙	j_t	在安装好的蜗杆副中，蜗杆固定不动时，蜗轮从工作齿面接触到非工作齿面接触所转过的分度圆弧长
最小圆周侧隙	j_{tmin}	

4.4.2.2　精度等级

1) 该标准对直廓环面蜗杆、蜗轮和蜗杆传动规定了 6、7、8 三个精度等级，6 级最高，8 级最低。

2) 按照公差的特性对传动性能的主要保证作用，将蜗杆、蜗轮和蜗杆副的公差（或极限偏差）分为三个公差组。

第 I 公差组：蜗轮 F_p，F_r；蜗杆副 $\Delta F'_{ic}$。

第 II 公差组：蜗杆 f_h，f_{hL}，f_{px}，f_{pxL}，f_r；蜗轮 f_{pt}；蜗杆副 $\Delta f'_{ic}$。

第 III 公差组：蜗杆 f_{f1}；蜗轮 f_{f2}；蜗杆副的接触斑点，f_a，f_Σ，f_{x1}，f_{x2}。

3) 根据使用要求不同，允许各公差组选用不同的公差等级组合，但在同一公差组中，各项公差与极限偏差应保持相同的精度等级。

4) 蜗杆和配对蜗轮的精度等级一般取成相同，也允许取成不相同。对有特殊要求的蜗杆传动，除 F_r、f_r 项目外，其蜗杆、蜗轮左右齿面的精度等级也可取成不相同。

4.4.2.3　齿坯要求

1) 蜗杆、蜗轮在加工、检验和安装时的径向、轴向基准面应尽可能一致，并应在相应的零件工作图上予以标注。

加工蜗杆时，刀具的主基圆半径对蜗杆精度有较大影响，因此，应对主基圆半径公差作合理的控制。主基圆半径。误差定义见表 14-4-61，主基圆半径公差值见表 14-4-62。

表 14-4-61　　　　　　　　　　　　　　主基圆半径误差定义

名　称	代号	定　义
主基圆半径误差	Δf_{rb}	加工蜗杆时，刀具的主基圆半径的实际值与公称值之差
主基圆半径公差	$\pm f_{rb}$	

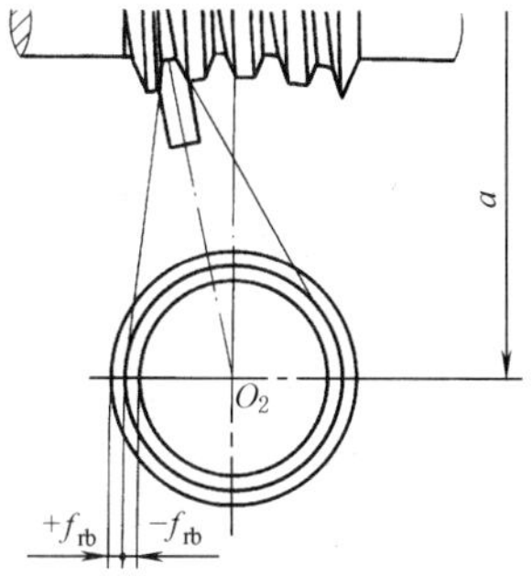

表 14-4-62　　　　　　　　　　　　　主基圆半径公差　　　　　　　　　　　　　　μm

名　称	代号	中　心　距/mm											
		80～160			>160～315			>315～630			>630～1250		
		精　度　等　级											
		6	7	8	6	7	8	6	7	8	6	7	8
主基圆半径公差	f_{rb}	20	30	45	25	40	60	35	55	80	50	80	120

2) 蜗杆、蜗轮的齿坯公差包括轴、孔的尺寸、形状和位置公差，以及基准面的跳动。各项公差值见表14-4-63。

4.4.2.4 蜗杆、蜗轮的检验与公差

1) 根据蜗杆传动的工作要求和生产规模，在各公差组中选定一个检验组来评定和验收蜗杆、蜗轮的精度。当检验组中有两项或两项以上的误差时，应以检验组中最低的一项精度来评定蜗杆、蜗轮的精度等级。

第Ⅰ公差组的检验组：蜗轮 ΔF_p；ΔF_r。

第Ⅱ公差组的检验组：蜗杆 Δf_h，Δf_{hL}（用于单头蜗杆）；Δf_{zL}（用于多头蜗杆）；Δf_{px}，Δf_{pxL}，Δf_r；Δf_{px}，Δf_{pxL}。蜗轮 Δf_{pt}。

第Ⅲ公差组的检验组：蜗杆 Δf_{f1}；蜗轮 Δf_{f2}。

当蜗杆副的接触斑点有要求时，蜗轮的齿形误差 Δf_{f2} 可不进行检验。

2) 对于各精度等级，蜗杆、蜗轮各检验项目的公差或极限偏差的数值见表 14-4-64。

3) 该标准规定的公差值是以蜗杆、蜗轮的工作轴线为测量的基准轴线。当实际测量基准不符合该规定时，应从测量结果中消除基准不同所带来的影响。

表 14-4-63　　　　　　　　　蜗杆和蜗轮齿坯公差　　　　　　　　　　μm

名　　称	中　心　距/mm											
	80～160			>160～315			>315～630			>630～1250		
	精　度　等　级											
	6	7	8	6	7	8	6	7	8	6	7	8
蜗杆喉部直径公差	h7	h8	h9	h7	h8	h9	h7	h8	h9	h7	h8	h9
蜗杆基准轴颈径向跳动公差	12	15	30	15	20	35	20	27	48	25	35	55
蜗杆两定位端面的跳动公差	12	15	20	17	20	25	22	25	30	27	30	35
蜗杆喉部径向跳动公差	15	20	25	20	25	27	27	35	45	35	45	60
蜗杆基准端面的跳动公差	15	20	30	20	30	40	30	45	60	40	60	80
蜗轮齿坯外径与轴孔的同心度公差	15	20	30	20	35	50	25	40	60	40	60	80
蜗轮喉部直径公差	h7	h8	h9	h7	h8	h9	h7	h8	h9	h7	h8	h9

表 14-4-64　　　　　　　　　蜗杆和蜗轮的公差及极限偏差　　　　　　　　　μm

名　　称		代号	中　心　距/mm											
			80～160			>160～315			>315～630			>630～1250		
			精　度　等　级											
			6	7	8	6	7	8	6	7	8	6	7	8
蜗杆螺旋线公差		f_{hL}	34	51	68	51	68	85	68	102	119	127	153	187
蜗杆一转螺旋线公差		f_h	15	22	30	21	30	37	30	45	53	45	60	68
蜗杆分度误差	$z_2/z_1 \neq$ 整数	f_{zl}	20	30	40	28	40	50	40	60	70	60	80	90
	$z_2/z_1 =$ 整数		25	37	50	35	50	62	50	75	87	75	100	112
蜗杆圆周齿距极限偏差		f_{px}	±10	±15	±20	±14	±20	±25	±20	±30	±35	±30	±40	±45
蜗杆圆周齿距累积公差		f_{pxL}	20	30	40	30	40	50	40	60	70	60	90	110
蜗杆齿形公差		f_{f1}	14	22	32	19	28	40	25	36	53	36	53	75
蜗杆径向跳动公差		f_r	10	15	25	15	20	30	20	25	35	25	35	50
蜗杆法向弦齿厚上偏差		E_{ss1}	0	0	0	0	0	0	0	0	0	0	0	0
蜗杆法向弦齿厚下偏差	双向回转	E_{si1}	35	50	75	60	100	150	90	140	200	140	200	250
	单向回转		70	100	150	120	200	300	180	200	400	280	350	450
蜗轮齿距累积公差		F_p	67	90	125	90	135	202	135	180	247	180	270	360
蜗轮齿圈径向跳动公差		F_r	40	56	71	50	71	90	63	90	112	80	112	140
蜗轮齿距极限偏差		±f_{pt}	15	20	25	20	30	45	30	40	55	40	60	80
蜗轮齿形公差		f_{f2}	14	22	32	19	28	40	25	36	53	36	53	75
蜗轮法向弦齿厚上偏差		E_{ss2}	0	0	0	0	0	0	0	0	0	0	0	0
蜗轮法向弦齿厚下偏差		E_{si2}	75	100	150	100	150	200	150	200	280	220	300	400

表 14-4-65　　　　　　　　　　　　　蜗杆副公差及极限偏差　　　　　　　　　　　　　　　μm

名　称	代号	中　心　距/mm											
		80～160			＞160～315			＞315～630			＞630～1250		
		精　度　等　级											
		6	7	8	6	7	8	6	7	8	6	7	8
蜗杆副的切向综合公差	F'_{ic}	63	90	125	80	112	160	100	140	200	140	200	280
蜗杆副的一齿切向综合公差	f'_{ic}	18	27	35	27	35	45	35	55	63	67	80	100
蜗杆副的中心距极限偏移	f_a	＋20	＋25	＋60	＋30	＋50	＋100	＋45	＋75	＋120	＋65	＋100	＋150
		－10	－15	－30	－20	－30	－50	－25	－45	－75	－35	－60	－100
蜗杆副的蜗杆中间平面偏移	f_{x1}	±15	±20	±25	±25	±40	±50	±40	±60	±80	±65	±90	±120
蜗杆副的蜗轮中间平面偏移	f_{x2}	±30	±50	±75	±60	±100	±150	±100	±150	±220	±150	±200	±300
蜗杆副的轴交角极限偏差	f_Σ	±15	±20	±25	±20	±30	±45	±30	±45	±65	±40	±60	±80
蜗杆副的圆周侧隙	j_t	250			380			530			750		
蜗杆副的最小圆周侧隙	j_{tmin}	95			130			190			250		
蜗轮齿面接触斑点/%		在理论接触区上　　按高度　不小于 85(6 级)80(7 级)70(8 级)											
		按宽度　不小于 80(6 级)70(7 级)60(8 级)											
蜗杆齿面接触斑点/%		在工作长度上不小于 80(6 级)70(7 级)60(8 级)											
		工作面入口可接触较重,两端修缘部分不应接触											

4.4.2.5　蜗杆副的检验与公差

蜗杆副的精度主要以 $\Delta F'_{ic}$，$\Delta f'_{ic}$ 以及 Δf_a，Δf_{x1}，Δf_{x2}，Δf_Σ 和接触斑点的形状、分布位置与面积大小来评定。蜗杆副公差及极限偏差的数值见表 14-4-65。

4.4.2.6　蜗杆副的侧隙规定

1) 蜗杆副的侧隙分为最小圆周侧隙和圆周侧隙，侧隙种类与精度等级无关。

2) 根据工作条件和使用要求选用侧隙。蜗杆副的最小圆周侧隙和圆周侧隙见表 14-4-65。

4.4.2.7　图样标注

在蜗杆、蜗轮工作图上，应分别标注其精度等级、齿厚极限偏差和本标准代号，标注示例如下。

1) 蜗杆的第 Ⅱ、Ⅲ 公差组的精度等级为 6 级，齿厚极限偏差为标准值，则标注为：

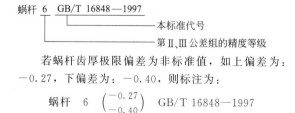

若蜗杆齿厚极限偏差为非标准值，如上偏差为：－0.27，下偏差为：－0.40，则标注为：

$$\text{蜗杆}\quad 6\quad \begin{pmatrix} -0.27 \\ -0.40 \end{pmatrix}\quad \text{GB/T 16848}—1997$$

2) 蜗轮的三个公差组的精度同为 6 级，齿厚极限偏差为标准值，则标注为：

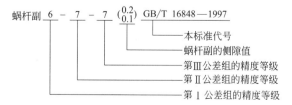

蜗轮的第 Ⅰ 公差组的精度为 6 级，第 Ⅱ、Ⅲ 公差组的精度为 7 级，齿厚极限偏差为标准值，则标注为：

若蜗轮齿厚极限偏差为非标准值，如上偏差为：＋0.10，下偏差为：－0.10，则标注为：

$$6\text{-}7\text{-}7\quad (±0.10)\quad \text{GB/T 16848}—1997$$

3) 对蜗杆副，应标注出相应的精度等级、侧隙、本标准代号，标注示例如下。

蜗杆副的三个公差组的精度等级同为 6 级，侧隙为标准侧隙，则标注为：

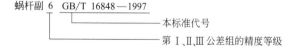

蜗杆副的第 Ⅰ 公差组的精度为 6 级，第 Ⅱ、Ⅲ 公差组的精度为 7 级，侧隙为：$j_t = 0.2\text{mm}$，$j_{tmin} = 0.1\text{mm}$，则标注为：

4.4.3　平面二次包络环面蜗杆传动精度

本节介绍的 GB/T 16445—1996 适用于轴交角为 90°、中心距为 0～1250mm 的平面二次包络环面蜗杆副。

4.4.3.1　蜗杆、蜗轮误差的定义及代号

表 14-4-66　　　　　　　　蜗杆、蜗轮误差的定义及代号

类别	序号	名称	代号	定义
蜗杆精度	1	蜗杆圆周齿距累积误差 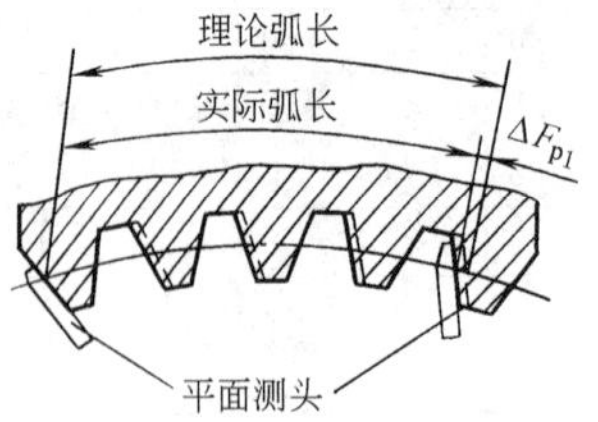 蜗杆圆周齿距累积公差	ΔF_{p1} F_{p1}	用平面测头绕蜗轮轴线作圆弧测量时,在蜗杆有效螺纹长度内(不包含修缘部分),同侧齿面实际距离与公称距离之差的最大绝对值
	2	蜗杆圆周齿距偏差 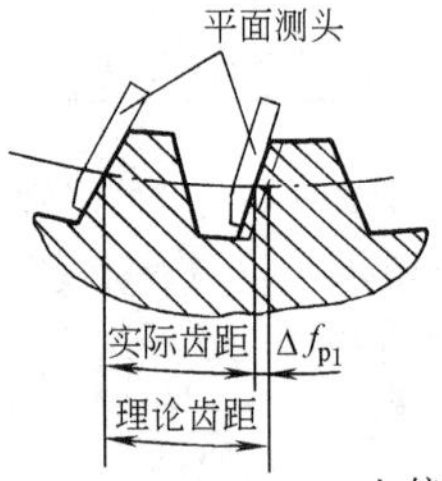 蜗杆圆周齿距极限偏差　上偏差 　　　　　　　　　　　下偏差	Δf_{p1} $+f_{p1}$ $-f_{p1}$	用平面测头绕蜗轮轴线作圆弧测量时,蜗杆相邻齿面间的实际距离与公称距离之差
	3	蜗杆分度误差 蜗杆分度公差	Δf_{Z1} f_{Z1}	在垂直于蜗杆轴线的平面内,蜗杆每条螺纹的等分性误差,以喉平面上计算圆的弧长表示
	4	蜗杆螺旋线误差 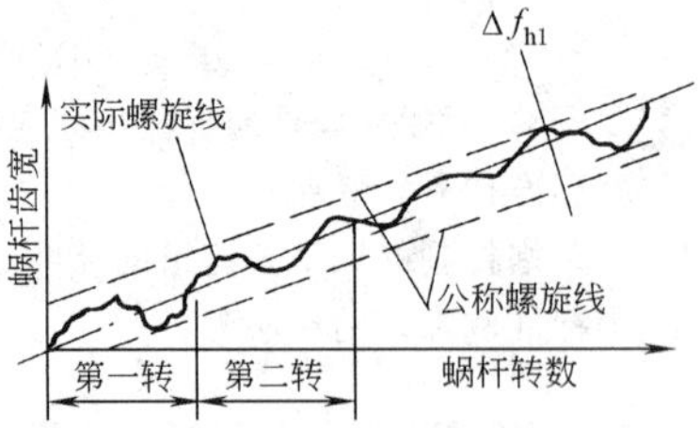 蜗杆螺旋线公差	Δf_{h1} f_{h1}	在蜗杆轮齿的工作齿宽范围内(两端不完整部分除外),蜗杆分度圆环面上包容实际螺旋线的最近两条公称螺旋线间的法向距离
	5	蜗杆法向弦齿厚偏差 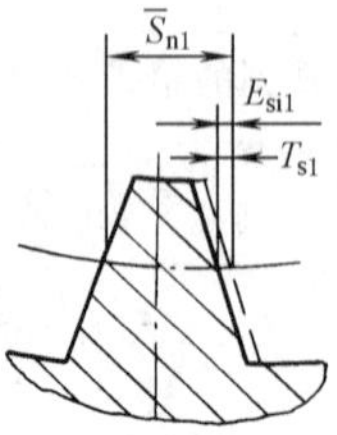 蜗杆法向弦齿厚极限偏差　上偏差 　　　　　　　　　　　　下偏差 螺杆齿厚公差	ΔE_{s1} E_{ss1} E_{si1} T_{s1}	螺杆喉部法向截面上实际弦齿厚与公称弦齿厚之差

续表

类别	序号	名　称	代号	定　义
蜗杆精度	6	蜗轮齿圈径向跳动 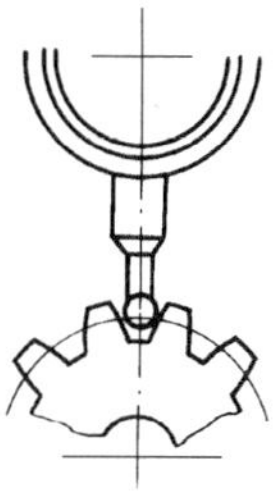 蜗轮齿圈径向跳动公差	ΔF_{r2} F_{r2}	蜗轮齿槽相对蜗轮旋转轴线距离的变动量,在蜗轮中间平面测量
蜗轮精度	7	蜗轮被包围齿数内齿距累积误差 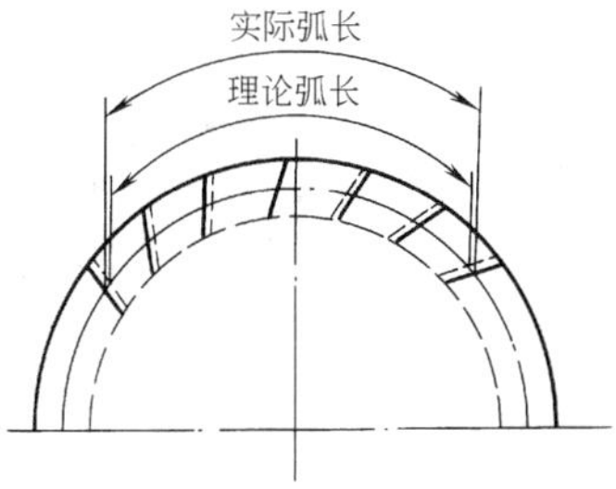 蜗轮齿距累积公差	ΔF_{p2} F_{p2}	在蜗轮计算圆上,被蜗杆包围齿数内,任意两个同名齿侧面实际弧长与公称弧长之差的最大绝对值
蜗轮精度	8	蜗轮齿距偏差 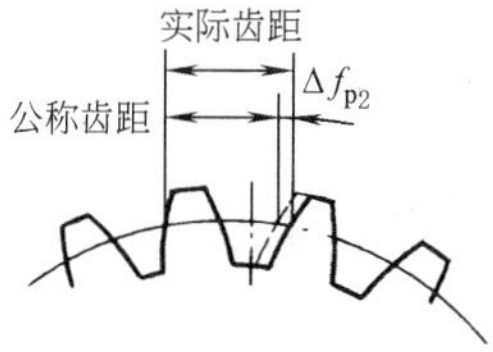 蜗轮齿距极限偏差　上偏差　下偏差	Δf_{p2} $+f_{p2}$ $-f_{p2}$	在蜗轮计算圆上,实际齿距与公称齿距之差。 用相对法测量时,公称齿距是指所有实际齿距的平均值
蜗轮精度	9	蜗轮法向弦齿厚偏差 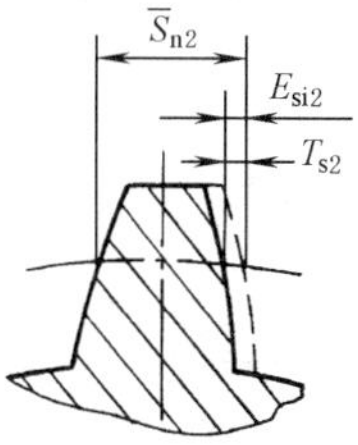 蜗轮法向弦齿厚极限偏差　上偏差　下偏差 蜗轮齿厚公差	ΔE_{s2} E_{ss2} E_{si2} T_{s2}	蜗轮喉部法向截面上实际弦齿厚与公称弦齿厚之差

第
14
篇

4.4.3.2　蜗杆副误差的定义及代号

表 14-4-67　　　　　　　　　　　　蜗杆副误差的定义及代号

类别	序号	名　称	代号	定　义
蜗杆副精度	1	蜗杆副的切向综合误差 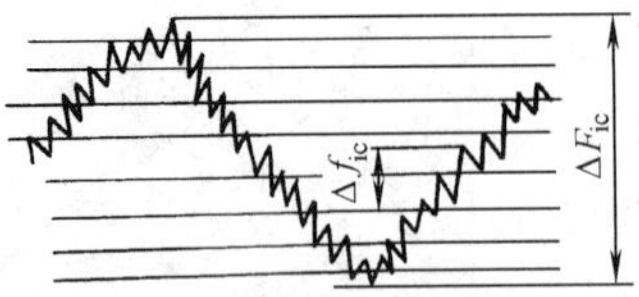 蜗杆副的切向综合公差	ΔF_{ic} F_{ic}	一对蜗杆副,在其标准位置正确啮合时,蜗轮旋转一周范围内,实际转角与理论转角之差的总幅度值,以蜗轮计算圆弧长计
	2	蜗轮副的一齿切向综合误差 蜗轮副的一齿切向综合公差	Δf_{ic} f_{ic}	安装好的蜗杆副啮合转动时,在蜗轮一转范围内多次重复出现的周期性转角误差的最大幅度值,以蜗轮计算圆弧长计
	3	蜗轮副的中心距偏差 中心距极限偏差　上偏差 　　　　　　　　下偏差	Δf_a $+f_a$ $-f_a$	装配好的蜗杆副的实际中心距与公称中心距之差
	4	蜗杆和蜗轮的喉平面偏差 蜗杆喉平面极限偏差　上偏差 　　　　　　　　　　下偏差 蜗轮喉平面极限偏差　上偏差 　　　　　　　　　　下偏差	Δf_X $+f_{X1}$ $-f_{X1}$ $+f_{X2}$ $-f_{X2}$	在装配好的蜗杆副中,蜗杆和蜗轮的喉平面的实际位置与各自公称位置间的偏移量
	5	传动中蜗杆轴心线的歪斜度 轴心线歪斜度公差	Δf_Y f_Y	在装配好的蜗杆副中,蜗杆和蜗轮的轴心线相交角度之差,在蜗杆齿宽长度一半上以长度单位测量
	6	接触斑点 蜗杆齿面接触斑点 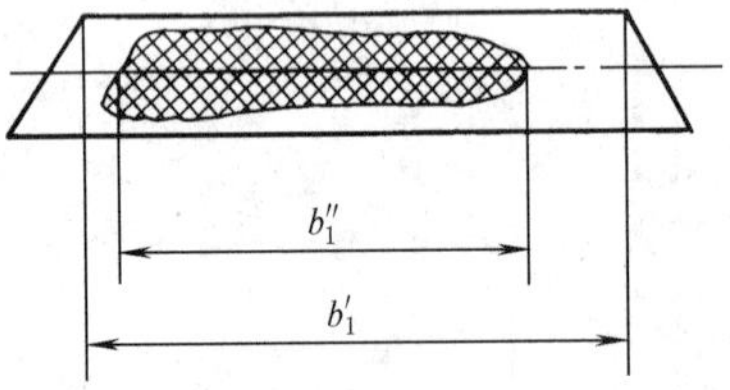 蜗轮齿面接触斑点 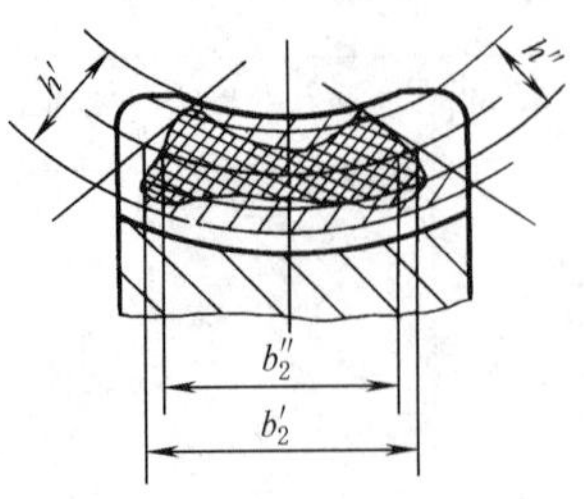 		装配好的蜗杆副并经加载运转后,在蜗杆齿面与蜗轮齿面上分布的接触痕迹 接触斑点的大小按接触痕迹的百分比计算确定: 沿齿长方向——接触痕迹的长度与齿面理论长度之比的百分比数,即 　　蜗杆:$b_1''/b_1' \times 100\%$ 　　蜗轮:$b_2''/b_2' \times 100\%$ 沿齿高方向——按蜗轮接触痕迹的平均高度 h'' 与工作高度 h' 之比的百分比数,即 　　$h''/h' \times 100\%$
	7	蜗杆副的侧隙 圆周侧隙 法向侧隙	j_t j_n	在安装好的蜗杆副中,蜗杆固定不动时,蜗轮从工作齿面接触到非工作齿面接触所转过的计算圆弧长 在安装好的蜗杆副中,蜗杆和蜗轮的工作齿面接触时,两非工作齿面间的最小距离

注:在计算蜗杆螺旋面理论长度 b_1' 时,应减去不完整部分的出口和入口及入口处的修缘长度。

4.4.3.3 精度等级

1) 该标准根据使用要求对蜗杆、蜗轮和蜗杆副规定了6、7、8级三个精度等级。

2) 按公差特性对传动性能的主要保证作用，将蜗杆、蜗轮和蜗杆副的公差（或极限偏差）分成三个公差组。

第I公差组：蜗杆 F_{p1}；蜗轮 F_{r2}，F_{p2}；蜗杆副 F_i。

第II公差组：蜗杆 f_{p1}，f_{Z1}，f_{h1}；蜗轮 f_{p2}；蜗杆副 f_i。

第III公差组：蜗杆-；蜗轮-；蜗杆副的接触斑点，f_a，f_{X1}，f_{X2}，f_Y。

3) 根据使用要求不同，允许各公差组选用不同的精度等级组合，但在同一公差组中，各项公差与极限偏差应保持相同的精度等级。

4) 蜗杆和配对蜗轮的精度等级一般取成相同，也允许取成不同。

4.4.3.4 齿坯要求

1) 蜗杆、蜗轮在加工、检验、安装时的径向、轴向基准面应尽可能一致，并应在相应的零件工作图上予以标注。

2) 蜗杆、蜗轮的齿坯公差包括尺寸、形状和位置公差，以及基准面的跳动，各项公差值，见表14-4-70。

4.4.3.5 蜗杆、蜗轮及蜗杆副的检验

（1）蜗杆的检验

1) 蜗杆的齿厚公差 T_{s1}、喉部直径公差 t_1 为每件必测的项目。

2) 蜗杆圆周齿距累积误差 ΔF_{p1}、圆周齿距偏差 Δf_{p1}、分度误差 Δf_{Z1}（用于多头蜗杆）和螺旋线误差 Δf_{h1} 根据用户要求进行检测。

3) 蜗杆的各项公差值和极限偏差值见表14-4-68，齿坯公差见表14-4-70。

（2）蜗轮的检验

1) 蜗轮的齿厚公差 T_{s2}、蜗轮喉部直径公差 t_7 为每件必测项目。

2) 蜗轮的齿距累积误差 ΔF_{p2}、齿距偏差 Δf_{p2} 和齿圈径向跳动 ΔF_{r2} 根据用户要求进行检测。

3) 蜗轮的各项公差值和极限偏差值见表14-4-68，齿坯公差见表14-4-70。

（3）蜗杆副的检验

1) 对蜗杆副的接触斑点和齿侧隙的检验：当减速器整机出厂时，每台必须检测。若蜗杆副为成品出厂时，允许按 10%～30% 的比率进行抽检。但至少有一副对研检查（应使用 CT_1、CT_2 专用涂料）。

2) 对蜗杆副的中心距偏差 Δf_a、喉平面偏差 Δf_{X1}、Δf_{X2} 和轴线歪斜度 Δf_Y、一齿切向综合误差 Δf_{ic}，当用户有特殊要求时进行检测；切向综合误差 ΔF_{ic}，只在精度为 6 级，用户又提出要求时进行检测。其公差值及极限偏差值见表14-4-69。

4.4.3.6 蜗杆传动的侧隙规定

1) 该标准根据用户使用要求将侧隙分为标准保证侧隙 j 和最小保证侧隙 j_{min}。j 为一般传动中应保证的侧隙，j_{min} 用于要求侧隙尽可能小，而又不致卡死的场合。对特殊要求，允许在设计中具体确定。

2) j 与 j_{min} 与精度无关，具体数值见表14-4-69。

3) 蜗杆副的侧隙由蜗杆法向弦齿厚减薄量来保证，即取上偏差为 $E_{ss1} = j\cos\alpha$（或 $j_{min}\cos\alpha$），公差为 T_{s1}；蜗轮法向弦齿厚的上偏差 $E_{ss2} = 0$，下偏差即为公差 $E_{si2} = T_{s2}$。

4.4.3.7 蜗杆、蜗轮的公差及极限偏差

表 14-4-68　　　　　　蜗杆、蜗轮公差及极限偏差　　　　　　μm

名　　称		代号	中 心 距/mm											
			≥80～160			>160～315			>315～630			>630～1250		
			精 度 等 级											
			6	7	8	6	7	8	6	7	8	6	7	8
蜗杆	蜗杆圆周齿距累积公差	F_{p1}	20	30	40	30	40	50	40	60	70	75	90	110
	蜗杆圆周齿距极限偏差	$\pm f_{p1}$	±10	±15	±20	±14	±20	±25	±20	±30	±35	±30	±40	±45
	蜗杆分度公差　$z_2/z_1 \neq$ 整数	f_{Z1}	10	15	20	14	20	25	20	30	35	30	40	45
	蜗杆分度公差　$z_2/z_1 =$ 整数		25	37	50	35	50	62	50	75	87	75	100	112
	蜗杆螺旋线误差的公差	f_{h1}	28	40	—	36	50	—	45	63	—	63	90	—
	蜗杆法向弦齿厚公差　双向回转	T_{s1}	35	50	75	60	100	150	90	140	200	140	200	250
	蜗杆法向弦齿厚公差　单向回转		70	100	150	120	200	300	180	280	400	280	350	450
蜗轮	蜗轮齿圈径向跳动公差	F_{r2}	15	20	30	20	30	40	25	40	55	35	55	80
	蜗轮齿距累积公差	F_{p2}	15	20	25	20	30	45	30	40	55	40	60	80
	蜗轮齿距极限偏差	$\pm f_{p2}$	±13	±18	±25	±18	±25	±36	±20	±28	±40	±26	±36	±50
	蜗轮法向弦齿厚公差	T_{s2}	75	100	150	100	150	200	150	200	280	220	300	400

4.4.3.8　蜗杆副精度与公差

表 14-4-69　　　　　　　　　　　　　蜗杆副公差及极限偏差　　　　　　　　　　　　　　　　μm

名　　　称	代　号	中　心　距/mm											
		≥80～160			>160～315			>315～630			>630～1250		
		精　度　等　级											
		6	7	8	6	7	8	6	7	8	6	7	8
蜗杆副的切向综合公差	F_{ic}	63	90	125	80	112	160	100	140	200	140	200	280
蜗杆副的一齿切向综合公差	f_{ic}	40	63	80	60	75	110	70	100	140	100	140	200
中心距极限偏差	$+f_a$ $-f_a$	+20 −10	+25 −15	+60 −30	+30 −20	+50 −30	+100 −50	+45 −25	+75 −45	+120 −75	+65 −35	+100 −75	+150 −100
蜗杆喉平面极限偏差	$+f_{X1}$ $-f_{X1}$	±15	±20	±25	±25	±40	±50	±40	±60	±80	±65	±90	±120
蜗轮喉平面极限偏差	$+f_{X2}$ $-f_{X2}$	±30	±50	±75	±60	±100	±150	±100	±150	±220	±150	±200	±300
轴心线歪斜度公差	f_Y	15	20	30	20	30	45	30	45	65	40	60	80
蜗杆齿面接触斑点		在工作长度上不小于 85%(6 级),80%(7 级),70%(8 级); 工作面入口可接触较重,两端修缘部分不应接触											
蜗轮齿面接触斑点		在理论接触区上按高度不小于 85%(6 级),80%(7 级),70%(8 级); 按宽度不小于 80%(6 级),70%(7 级),60%(8 级)											
圆周侧隙　最小保证侧隙	j_{min}	95			130			190			250		
圆周侧隙　标准保证侧隙	j	250			380			530			750		

4.4.3.9　图样标注

在蜗杆、蜗轮工作图上,应分别标注其精度等级、侧隙代号或法向弦齿厚偏差和本标准代号。

标注示例:

1) 蜗杆精度等级为 6 级,法向弦齿厚公差为标准值,侧隙取标准侧隙,则标注为

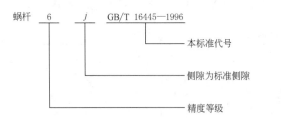

2) 若蜗杆法向弦齿厚公差为非标准值,如上偏差为 −0.25,下偏差为 −0.4,则标注为

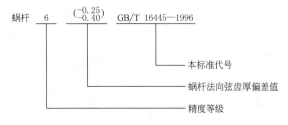

蜗轮标注方法与蜗杆相同。

3) 对蜗杆副应标注出相应的精度等级、侧隙代号和本标准代号。标注示例:

① 蜗杆副三个公差组的精度同为 7 级,标准侧隙,则标注为

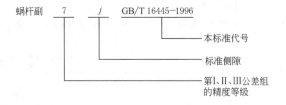

② 蜗杆副的第 I 公差组为 7 级,第 II、第 III 公差组的精度为 6 级,侧隙为最小保证侧隙 j_{min},则标注为

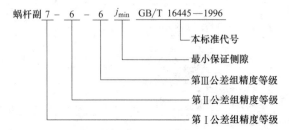

表 14-4-70		蜗杆、蜗轮齿坯尺寸和形状公差											μm
名 称	代号	中 心 距/mm										
		≥80~160			>160~315			>315~630			>630~1250		
		精 度 等 级											
		6	7	8	6	7	8	6	7	8	6	7	8
蜗杆喉部外圆直径公差	t_1	h7	h8	h9	h7	h8	h9	h7	h8	h9	h7	h8	h9
蜗杆喉部径向跳动公差	t_2	12	15	30	15	20	35	20	27	40	25	35	50
蜗杆两基准端面的跳动公差	t_3	12	15	20	17	20	25	22	25	30	27	30	35
蜗杆喉平面至基准端面距离公差	t_4	±50	±75	±100	±75	±100	±130	±100	±130	±180	±130	±180	±200
蜗轮基准端面的跳动公差	t_5	15	20	30	20	30	40	30	45	60	40	60	80
蜗轮齿坯外径与轴孔的不同心度公差	t_6	15	20	30	20	35	50	25	40	60	40	60	80
蜗轮喉部直径公差	t_7	h7	h8	h9	h7	h8	h9	h7	h8	h9	h7	h8	h9

4.5 蜗杆、蜗轮的结构及材料

4.5.1 蜗杆、蜗轮的结构

蜗杆一般与轴制成一体（图 14-4-15），只在个别情况下 $\left(\dfrac{d_{f1}}{d} \geqslant 1.7\ \text{时}\right)$ 才采用蜗杆齿圈配合于轴上。车制的蜗杆，轴径 $d = d_{f1} - (2 \sim 4)\,\text{mm}$ ［图 14-4-15 (a)］；铣制的蜗杆和环面蜗杆，轴径 d 可大于 d_{f1} ［图14-4-15 (b)、(c)］。

蜗轮的典型结构见表 14-4-71。

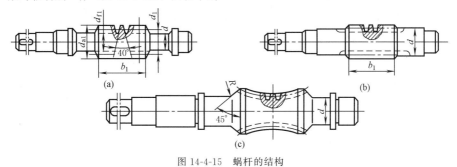

图 14-4-15 蜗杆的结构

表 14-4-71		蜗轮的几种典型结构	
结构型式	图 例	公 式	特点及应用范围
轮箍式	图(a) 图(b)	$e \approx 2m$ $f \approx 2 \sim 3\text{mm}$ $d_0 \approx (1.2 \sim 1.5)m$ $l \approx 3d_0 \approx (0.3 \sim 0.4)b$ $l_1 \approx l + 0.5d_0$ $\alpha_0 = 10°$ $b_1 \geqslant 1.7m$ $D_1 = (1.6 \sim 2)d$ $L_1 = (1.2 \sim 1.8)d$ $K = e = 2m$	青铜轮缘与铸铁轮心通常采用 $\dfrac{\text{H7}}{\text{r6}}$ 配合，如图(a)所示 为了防止轮缘的轴向窜动，除加台肩外，还可用螺钉固定，如图(b)、(c)所示 轮缘和轮心的结合形式及轮心辐板的结构形式可根据具体情况选择 轴向力的方向尽量与装配时轮缘压入的方向一致

续表

结构型式	图　例	公　式	特点及应用范围
轮箍式	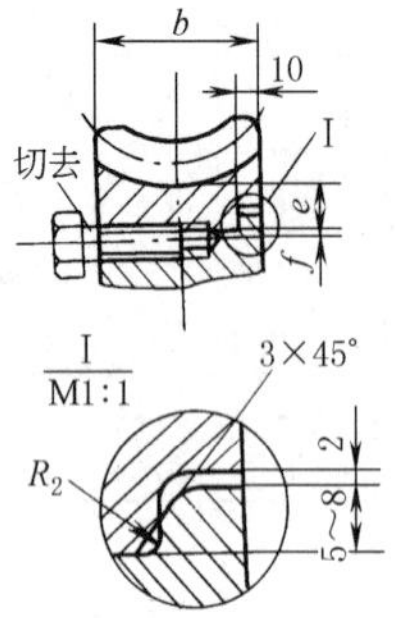	$e \approx 2m$ $f \approx 2 \sim 3mm$ $d_0 \approx (1.2 \sim 1.5)m$ $l \approx 3d_0 \approx (0.3 \sim 0.4)b$ $l_1 \approx l + 0.5d_0$ $\alpha_0 = 10°$ $b_1 \geqslant 1.7m$ $D_1 = (1.6 \sim 2)d$ $L_1 = (1.2 \sim 1.8)d$ $K = e = 2m$	青铜轮缘与铸铁轮心通常采用 $\dfrac{H7}{r6}$ 配合,如图(a)所示 　为了防止轮缘的轴向窜动,除加台肩外,还可用螺钉固定,如图(b)和图(c)所示 　轮缘和轮心的结合形式及轮心辐板的结构形式可根据具体情况选择 　轴向力的方向尽量与装配时轮缘压入的方向一致
螺栓连接式	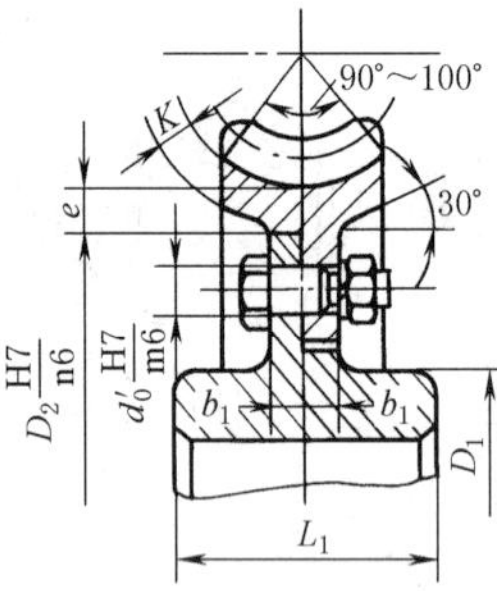	$e \approx 2m$ $f \approx 2 \sim 3mm$ $d_0 \approx (1.2 \sim 1.5)m$ $l \approx 3d_0 \approx (0.3 \sim 0.4)b$ $l_1 \approx l + 0.5d_0$ $\alpha_0 = 10°$ $b_1 \geqslant 1.7m$ $D_1 = (1.6 \sim 2)d$ $L_1 = (1.2 \sim 1.8)d$ $K = e = 2m$	以光制螺栓连接,轮缘和轮心螺栓孔要同时铰制。螺栓数量按剪切计算确定,并以轮缘受挤压校核轮缘材料,许用挤压应力 $\sigma_{pp} = 0.3\sigma_s$($\sigma_s$——轮缘材料屈服点)
镶铸式	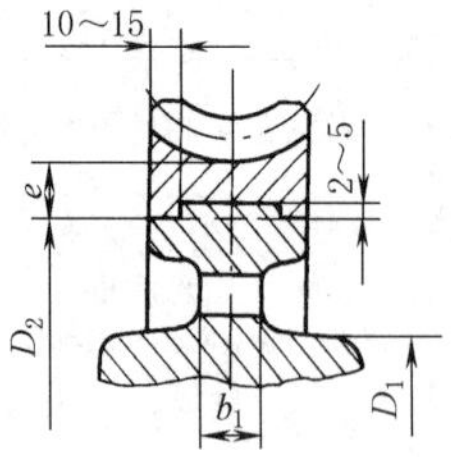	$D_0 \approx \dfrac{D_2 + D_1}{2}$	青铜轮缘镶铸在铸铁轮心上,并在轮心上预制出凸键,以防滑动。凸键的宽度及数量视载荷大小而定;此结构适用于大批量生产
整体式	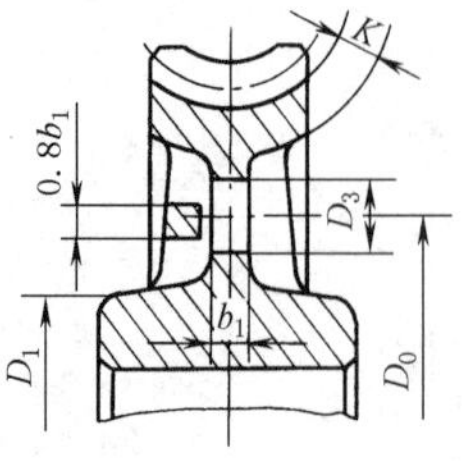	$D_3 \approx \dfrac{D_0}{4}$	适用于直径小于 100mm 的青铜蜗轮和任意直径的铸铁蜗轮

4.5.2　蜗杆、蜗轮材料选用推荐

表 14-4-72　　　　　　　　　　蜗杆、蜗轮材料选用推荐

名称	材 料 牌 号	使 用 特 点	应 用 范 围
蜗杆	20、15Cr、20Cr、20CrNi、20MnVB、20SiMnVB、20CrMnTi、20CrMnMo	渗碳淬火(56～62HRC)并磨削	用于高速重载传动
	45、40Cr、40CrNi、35SiMn、42SiMn、35CrMo、37SiMn2MoV、38SiMnMo	淬火(45～55HRC)并磨削	
	45	调质处理	用于低速轻载传动
蜗轮	ZCuSn10Pb1、ZCuSn5Pb5Zn5	抗胶合能力强,机械强度较低($\sigma_b <$350N/mm²),价格较贵	用于滑动速度较大($v_s = 5～$15m/s)及长期连续工作处
	ZCuAl10Fe3、ZCuAl10Fe3Mn2、ZCuZn38Mn2Pb2	抗胶合能力较差,但机械强度较高($\sigma_b >$300N/mm²),与其相配的蜗杆必须经表面硬化处理,价格较廉	用于中等滑动速度($v_s \leqslant$8m/s)
	HT150、HT200	机械强度低,冲击韧性差,但加工容易,且价廉	用于低速轻载传动($v_s <$2m/s)

注：可以选用合适的新型材料。

4.6　蜗杆传动设计计算及工作图示例

4.6.1　圆柱蜗杆传动设计计算示例

表 14-4-73　　　　　　　　　　圆柱蜗杆传动设计计算示例

已知条件	某轧钢车间需设计一台普通圆柱蜗杆减速器。已知蜗杆轴输入功率 $P_1 = 10$kW,转速 $n_1 = 1450$r/min,传动比 $i = 20$,要求使用 10 年,每年工作 300 日,每日工作 16h,每小时载荷时间 15min,每小时启动次数为 20～50次。启动载荷较大,并有较大冲击,工作环境温度 35～40℃
选择材料和加工精度	蜗杆选用 20CrMnTi,心部调质,表面渗碳淬火,>45HRC; 蜗轮选用 ZCuSn10Pb1,金属模铸造; 加工精度 8 级
初选几何参数	选 $z_1 = 2$;$z_2 = z_1 i = 2 \times 20 = 40$
计算蜗轮输出转矩 T_2	粗算传动效率 η:$\eta = (100 - 3.5\sqrt[4]{i})\% = (100 - 3.5\sqrt[4]{20})\% = 0.843$ $$T_2 = 9550 \frac{P_1 \eta i}{n_1} = 9550 \frac{10 \times 0.843 \times 20}{1450} = 1110 \text{N} \cdot \text{m}$$
确定许用接触应力 σ_{HP}	根据表 14-4-10 当蜗轮材料为锡青铜时,$\sigma_{HP} = \sigma'_{HP} Z_{vs} Z_N$ 由表 14-4-11 查得 $\sigma'_{HP} = 220$N/mm² 由图 14-4-10 查得滑动速度 $v_s = 8.35$m/s 采用浸油润滑,由图 14-4-5 求得 $Z_{vs} = 0.86$ 由图 14-4-6 的注中公式求得 $N = 60 n_2 t = 60 \frac{1450}{20} \times 10 \times 300 \times 16 \times \frac{15}{60} = 5.22 \times 10^7$ 根据 N 由图 14-4-6 查得 $Z_N = 0.81$ 所以　　　　　　　$\sigma_{HP} = 220 \times 0.86 \times 0.81 = 153$N/mm²

续表

计算 m 和 d_1 值	载荷系数 K 取 $K=1.2$ 按齿面接触强度设计 $$m^2 d_1 \geqslant \left(\frac{15000}{\sigma_{HP} z_2}\right)^2 KT_2 = \left(\frac{15000}{153 \times 40}\right)^2 \times 1 \times 1110 = 6668.11$$ 查表 14-4-5，取 $m=10, d_1=90$
主要几何尺寸计算	查表 14-4-6，按 $i=20, m=10, d_1=90$，其 $a=250, z_2=41, z_1=2, x_2=0$ 则实际传动比 $i=\dfrac{z_2}{z_1}=\dfrac{41}{2}=20.5, n_2=\dfrac{1450}{20.5}=70.73 r/min$ $d_2=mz_2=10 \times 41=410$ $\gamma=\arctan\dfrac{z_1 m}{d_1}=\arctan\dfrac{2 \times 10}{90}=12.53°=12°31'44''$（其余略）
蜗轮齿面接触强度	齿面接触强度验算公式为 $$\sigma_H=Z_E\sqrt{\dfrac{9400 T_2}{d_1 d_2^2}K_A K_V K_\beta} \leqslant \sigma_{HP}$$ 查表 14-4-13，得 $Z_E=155\sqrt{N/mm^2}$；按表 14-4-14，取 $K_A=0.9$；蜗轮圆周速度 $v_2=\dfrac{\pi d_2 n_2}{60000}=\dfrac{\pi \times 410 \times 70.73}{60000}=$ $1.518<3m/s$，取 $K_V=1.1$；取 $K_\beta=1.1$。代入上式得 $\sigma_H=134.33 N/mm^2<\sigma_{HP}$，接触强度足够
散热计算	略
工作图	见图 14-4-16 和图 14-4-17

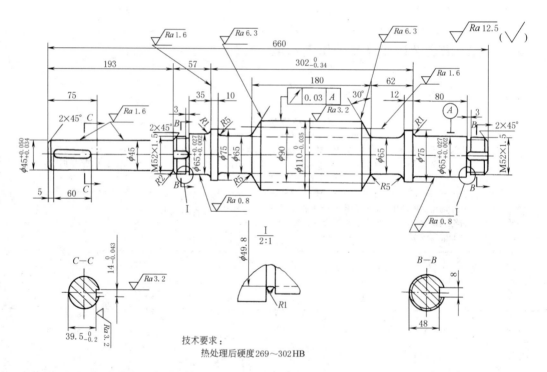

技术要求：
热处理后硬度269～302HB

蜗杆类型	ZA 型		蜗杆类型	ZA 型		蜗杆类型	ZA 型		蜗杆类型	ZA 型
模 数	m	10	导 程	P_z	62.83	精度等级	8d GB/T 10089—2018		Δf_{px}	±0.025
齿 数	z_1	2	导程角	γ	$12°31'44''$	配对蜗轮	图号	图 14-4-17	Ⅱ	Δf_{pxL}	0.045
齿形角	α	20°	螺旋方向		右		齿数	41		Δf_r	0.025
齿顶高系数	h_{a1}^*	1	法向齿厚	s_{n1}	$15.33^{-0.177}_{-0.267}$	公差组	检验项目	公差(或极限偏差)值	Ⅲ	Δf_{fl}	0.04

图 14-4-16 普通圆柱蜗杆传动蜗杆工作图

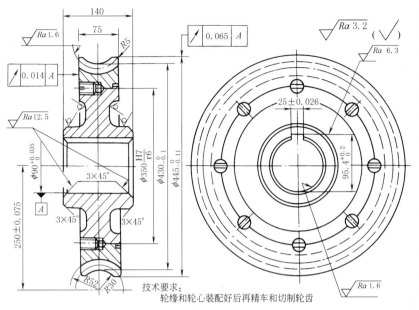

模数	m	10
齿数	z_2	41
分度圆直径	d_2	410
齿顶高系数	h_{a2}^*	1
变位系数	x_z	0
分度圆齿厚	s_2	$15.71_{-0.16}^{\ 0}$
精度等级		8d GB/T 10089—2018
配对蜗杆	图号	图 14-4-16
	齿数	2
公差组	检验项目	公差（或极限偏差）值
Ⅰ	ΔF_p	0.125
Ⅱ	Δf_{p1}	0.032
Ⅲ	Δf_{f2}	0.028

技术要求：
轮缘和轮心装配好后再精车和切制轮齿

图 14-4-17　普通圆柱蜗杆传动蜗轮工作图

4.6.2　直廓环面蜗杆传动设计计算示例

表 14-4-74　　　　　　　　　　直廓环面蜗杆传动设计计算示例

已知条件	蜗杆输入功率 $P_1=7.2$kW，$n_1=1452$r/min，传动比 $i=37$，每天工作 10h，载荷均匀
选择材料及加工精度	蜗杆 40Cr 调质 250～300HB；蜗轮 ZCuSn10Pb1 砂型铸造；精度 7 级
蜗杆计算功率	$$P_{c1}=K_A P_1/(K_F K_{MP})$$ 由表 14-4-32 查得 $K_A=1$，由表 14-4-33 查得 $K_F=0.9$，由表 14-4-34 查得 $K_{MP}=0.8$，则 $P_{c1}=10$kW
初选中心距 a	根据 P_1、n_1、i 由表 14-4-28 按插值法估算中心距得 $a=150$mm
蜗杆许用输入功率 P_{1P}	$$P_{1P}=0.75K_a K_b K_i K_v n_1/i_{12}$$ 经计算，$K_a=1.601$，$K_b=0.988$，$K_i=0.747$，$v\approx4.2$，$C=0.8$，$K_v\approx0.45$，则 $P_{1P}=15.6$kW>10kW，机械强度足够，故取中心距 $a=150$mm
选择蜗杆头数和蜗轮齿数	取 $z_1=1$，$z_2=37$
主要几何尺寸计算	按表 14-4-23 计算 $$d_1\approx0.68\times150^{0.875}=54.52\text{mm}，取 d_1=55\text{mm}$$ $$d_b\approx0.625\times150=93.75\text{mm}，取 d_b=94\text{mm}$$ $$b_2\approx0.25\times150=37.5\text{mm}，取 b_2=40\text{mm}$$ $$d_2=2\times150-55=245\text{mm}$$ $$\gamma=\arctan\frac{245}{37\times55}=6°51'54''$$ $$\tau=\frac{360°}{37}=9°43'47''$$

续表

主要几何尺寸计算	z' 按表14-4-23取 $z'=4$

$$\varphi_h = 0.5 \times 9°43'47'' \times (4-0.5) = 17°1'37''$$
$$b_1 = 245\sin17°16'13'' = 72.74, \text{取 } b_1 = 74\text{mm}$$
$$m_t = 245/37 = 6.62\text{mm}$$
$$c = 0.2 \times 6.62 = 1.32\text{mm}$$
$$\rho_f = c = 1.32\text{mm}$$
$$h_a = 0.75 \times 6.62 = 4.965\text{mm}$$
$$h = 1.7 \times 6.62 = 11.254\text{mm}$$
$$d_{a1} = 55 + 2 \times 4.965 = 64.93\text{mm}$$
$$d_{f1} = 64.93 - 2 \times 11.254 = 41.492\text{mm}$$
$$d_{a2} = 245 + 2 \times 4.965 = 254.93\text{mm}$$
$$d_{f2} = 254.93 - 2 \times 11.254 = 232.422\text{mm}$$
$$R_{a1} = 150 - 64.93/2 = 117.535\text{mm}$$
$$R_{f1} = 150 - 41.492/2 = 129.254\text{mm}$$
$$\alpha = \arcsin(94/245) = 22°33'41''$$

j_t 由表14-4-71查得 $j_t = 0.25\text{mm}$

$$\alpha_j = \arcsin(0.25/245) = 3'30''$$
$$\gamma_1 = 0.25 \times 9°43'47'' - 3'30'' = 2°22'26''$$
$$\gamma_2 = 0.25 \times 9°43'47'' = 2°25'56''$$
$$\Delta_f = (0.0003 + 0.000034 \times 37) \times 150 = 0.234\text{mm}$$
$$\bar{s}_{n1} = \left[245\sin2°22'26'' - 2 \times 0.234 \times \left(0.3 - \frac{63}{37 \times 17°1'37''}\right)^2\right] \times \cos6°51'54'' = 10.057\text{mm}$$
$$\bar{h}_{a1} = 4.965 - 0.5 \times 245 \times (1 - \cos2°22'26'') = 4.86\text{mm}$$
$$\bar{s}_{n2} = 245\sin2°25'56''\cos6°51'54'' = 10.294\text{mm}$$
$$\bar{h}_{a2} = 4.965 + 0.5 \times 245 \times (1 - \cos2°25'56'') = 5.075\text{mm}$$
$$\delta \leqslant 6.62\text{mm}, \text{取 } \delta = 5\text{mm}$$
$$\varphi_s = 22°33'41'' - 17°1'37'' = 5°32'4''$$

工作图	见图 14-4-18 和图 14-4-19

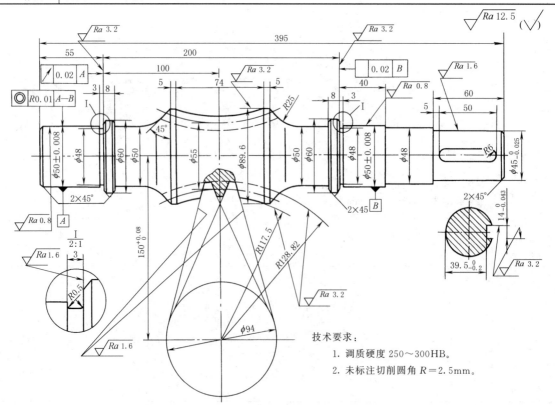

技术要求：

1. 调质硬度 250~300HB。

2. 未标注切削圆角 $R=2.5\text{mm}$。

传动类型		TSL 型蜗杆副	传动类型		TSL 型蜗杆副
蜗杆头数	z_1	1	精度等级		7 GB/T 16848—1997
蜗轮齿数	z_2	37	配对蜗轮图号		图 14-4-19
蜗杆包围蜗轮齿数	z'	4	蜗杆圆周齿距极限偏差	$\pm f_{px}$	±0.020
轴面模数	m_x	6.62	蜗杆圆周齿距累积公差	f_{pxL}	0.040
蜗杆喉部螺旋升角	γ	6°51′54″	蜗杆齿形公差	f_{f1}	0.032
分度圆齿形角	α	22°33′41″	蜗杆螺旋线公差	f_{hL}	0.068
蜗杆工作半角	φ_h	17°1′37″	蜗杆一转螺旋线公差	f_h	0.030
蜗杆螺旋方向		右旋	蜗杆径向跳动公差	f_r	0.025

图 14-4-18　直廓环面蜗杆传动蜗杆工作图

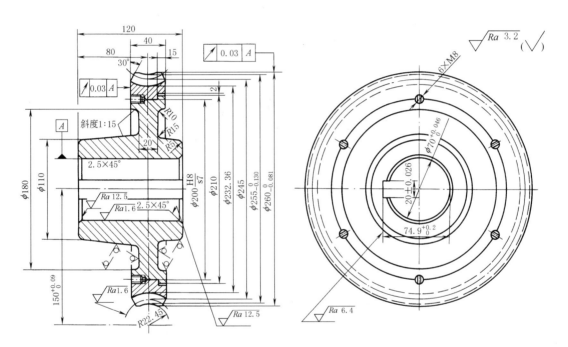

技术要求：

1. 轮缘和轮心装配好后再精车和切制轮齿。

2. 加工蜗轮时刀具中间平面极限偏移±0.025。

传动类型		TSL 型蜗轮副	传动类型		TSL 型蜗轮副
蜗杆头数	z_1	1	蜗杆螺旋方向		右旋
蜗轮齿数	z_2	37	精度等级		7 GB/T 16848—1997
蜗杆包围蜗轮齿数	z'	4	配对蜗杆图号		图 14-4-18
蜗轮端面模数	m_t	6.62	蜗轮齿距累积公差	F_p	0.125
蜗杆喉部螺旋升角	γ	6°51′54″	蜗轮齿形公差	f_{f2}	0.032
分度圆齿形角	α	22°33′41″	蜗轮齿距极限偏移	$\pm f_{pt}$	±0.025
蜗杆工作半角	φ_w	17°1′37″	蜗轮齿圈径向跳动公差	F_r	0.071

图 14-4-19　直廓环面蜗杆传动蜗轮工作图

4.6.3 平面二次包络环面蜗杆传动设计计算示例

表 14-4-75   平面二次包络环面蜗杆传动设计计算示例

已知条件	轮胎硫化机压下装置的减速器拟采用平面二次包络环面蜗杆传动。已知蜗杆转速 $n_1=1000$r/min,传动比 $i_{12}=63$,蜗轮输出转矩 $T_{2w}=14000$N·m,每天连续工作 8h,轻度冲击,启动不频繁
选择材料及加工精度	蜗杆 40Cr,调质 240~280HB,齿面辉光离子氮化,表面硬度 1100~1200HV。蜗轮 ZCuAl10Fe3,加工精度 7 级
选择中心距 a	输出转矩 $\qquad\qquad\qquad\qquad T_2 \geqslant T_{2w}K_AK_1$ 查表 14-4-36 得 $K_A=1.3$,查表 14-4-37 得 $K_1=1$,则 $T_2 \geqslant 14000\times1.3\times1=18200$N·m 验算热功率 $\qquad\qquad\qquad\qquad T_2 \geqslant T_{2w}K_2K_3K_4$ 查表 14-4-38 得 $K_2=1$,查表 14-4-39 得 $K_3=1.14$,查表 14-4-40 得 $K_4=1$,则 $T_2 \geqslant 14000\times1\times1.14\times1=$ 15960N·m 查表 14-4-35,取 $a=355$mm
基本参数的选择	$z_1=1,z_2=63,d_1=0.33\times355=117.15$,取 $d_1=110$mm
几何尺寸计算	$$d_2=2\times355-110=600\text{mm}$$ $$m_t=600/63=9.524\text{mm}$$ $$h_a=0.7\times9.524=6.667\text{mm}$$ $$h_f=0.9\times9.524=8.572\text{mm}$$ $$h=6.667+8.572=15.239\text{mm}$$ $$c=0.2\times9.524=1.905\text{mm}$$ $$d_{f1}=110-2\times8.572=92.856\text{mm}$$ $$d_{a1}=110+2\times6.667=123.334\text{mm}$$ $$R_{f1}=355-0.5\times92.856=308.572\text{mm}$$ $$R_{a1}=355-0.5\times123.334=293.333\text{mm}$$ $$d_{f2}=600-2\times8.572=582.856\text{mm}$$ $$d_{a2}=600+2\times6.667=613.334\text{mm}$$ $$\gamma=\arctan\frac{600}{110\times63}=4°56'54''$$ $$\tau=360°/63=5°42'50''$$ $d_b=0.63\times355=223.65$,取 $d_b=230$mm $$\alpha=\arcsin\frac{230}{600}=22°32'24''$$ $z'\leqslant\dfrac{63}{10}+0.5=6.8$,取 $z'=6$ $$\varphi_h=0.5\times5°42'50''\times(6-0.45)=15°51'23''$$ $$\varphi_s=22°32'24''-15°51'23'=6°41'1''$$ $b_2=0.9\times92.856=83.570$,取 $b_2=84$mm $b_1=600\sin15°51'23''=163.932$,取 $b_1=160$mm $\delta\leqslant9.524$,取 $\delta=9$mm $$d_{ea1}=2\times[355-(293.333^2-0.25\times160^2)^{0.5}]=145.574\text{mm}$$ $$d_{ef1}=2\times[355-(308.572^2-0.25\times160^2)^{0.5}]=113.957\text{mm}$$ $$P_t=9.524\pi=29.921$$ j 查表14-4-75,得 $j=0.53$mm $$s_2=0.55\times29.921=16.456\text{mm}$$ $$s_1=29.921-16.456-0.53=12.935\text{mm}$$ $$\beta=\arctan\frac{600\cos(22°32'24''+8°)\cos22°32'24''/(2\times355)}{63\times[\cos(22°32'24''+8°)-600\cos22°32'24''/(2\times355)]}=7°31'36''$$,取 $\beta=7°30'$ $$s_{n1}=12.935\cos4°56'54''=12.887\text{mm}$$ $$s_{n2}=16.456\cos4°56'54''=16.395\text{mm}$$ $R_{a2}=0.53\times92.856=49.214$,取 $R_{a2}=50$mm $$h_{a1}=6.667-0.5\times600\times\{1-\cos[\arcsin(12.935/600)]\}=6.597\text{mm}$$ $$h_{a2}=6.667+0.5\times600\times\{1-\cos[\arcsin(16.456/600)]\}=6.780\text{mm}$$
工作图	见图 14-4-20 和图 14-4-21

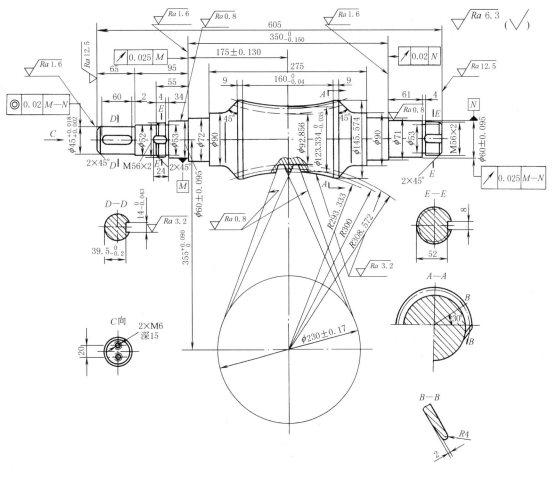

技术要求：

1. 整体调质 240～280HB，齿面辉光离子氮化 1100～1200HV。
2. 未标注切削圆角 $R1.5～3$。
3. 螺纹端部按 $A—A$、$B—B$ 所示铣去尖角并修圆。

传 动 类 型		TOP 型蜗杆副	传 动 类 型		TOP 型蜗杆副
蜗杆头数	z_1	1	配对蜗轮图号		图 14-4-21
蜗轮齿数	z_2	63	蜗杆螺牙啮入口修缘值	Δ_{fr}	0.85
蜗杆包围蜗轮齿数	z'	6	蜗杆螺牙啮出口修缘值	Δ_{fc}	0.57
轴向模数	m_x	9.524	蜗杆圆周齿距累积公差	F_{p1}	0.060
蜗杆喉部螺旋导程角	γ	$4°56'54''$	蜗杆圆周齿距极限偏差	f_{p1}	±0.030
分度圆齿形角	α	$22°32'24''$	蜗杆分度公差	f_{z1}	0.075
蜗杆工作半角	φ_h	$15°51'23''$	蜗杆螺旋线误差的公差	f_{h1}	0.063
母平面倾斜角	β	$7°30'\pm0.08°$	精度等级		7j　GB/T 16445—1996
蜗杆螺旋方向		右	蜗杆法向弦齿厚公差	T_{s1}	0.140
			蜗杆喉部外圆直径公差	t_1	h8

图 14-4-20　平面二次包络环面蜗杆传动蜗杆工作图

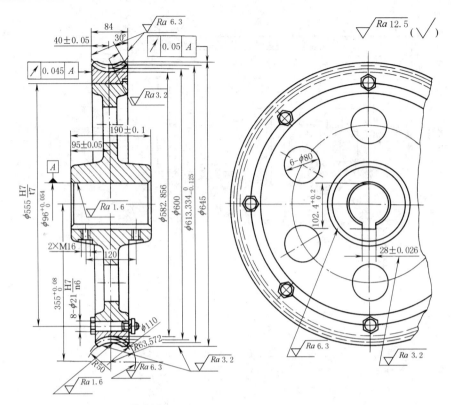

技术要求：

1. 轮缘和轮心装配好后再精车和切制轮齿。

2. 齿底刀痕的尖峰部分要铣平。

3. 加工蜗轮时刀具中间平面极限偏差±0.08。

传动类型		TOP 型蜗轮副	传动类型		TOP 型蜗轮副
蜗杆头数	z_1	1	蜗杆螺旋方向		右
蜗轮齿数	z_2	63	配对蜗杆图号		图 14-4-20
蜗杆包围蜗轮齿数	z'	6	蜗轮齿距累积公差	F_{p2}	0.04
蜗轮端面模数	m_t	9.524	蜗轮齿圈径向跳动公差	F_{r2}	0.04
蜗杆喉部螺旋升角	γ	4°56′54″	蜗轮齿距极限偏差	f_{p2}	±0.028
分度圆齿形角	α	22°32′24″	蜗轮法向弦齿厚公差	T_{s2}	0.200
蜗杆工作半角	φ_h	15°51′23″	精度等级		7j　GB/T 16445—1996
母平面倾斜角	β	7°30′			

图 14-4-21　平面二次包络环面蜗杆传动蜗轮工作图

第 5 章　渐开线圆柱齿轮行星传动

行星传动不仅适用于高转速、大功率，而且在低速大转矩的传动装置上也已获得了应用。它几乎可适用于一切功率和转速范围，因此目前行星传动技术已成为世界各国机械传动发展的重点之一。

渐开线行星齿轮传动通常采用数个行星齿轮同时传递载荷，使功率分流并合理地使用了内啮合。因此，渐开线行星齿轮传动具有结构紧凑、体积和质量小、传动比范围大、效率高（除个别传动型式外）、运转平稳、噪声低等优点，差动齿轮传动还可用于速度的合成与分解或用于变速传动，因而被广泛应用于冶金、矿山、起重、运输、工程机械、航空、船舶、透平、机床、化工、轻工、电工机械、农业、仪表及国防工业等部门作减速、增速或变速齿轮传动装置。我国已制定了 NGW 型行星齿轮减速器标准（JB/T 6502—2015），并已成批生产。与普通定轴轮系圆柱齿轮减速器相比，其体积减小 1/2～1/4，效率可达 98%～99%。

与普通齿轮传动相比，渐开线行星齿轮传动存在结构较复杂，精度要求高，制造较困难，小规格、单台生产时制造成本较高；传动型式选用不当时效率不高；在某种情况下有可能产生自锁；体积小，散热差等缺点。因此，对行星齿轮传动的设计、制造和使用维修要求高，尤其是高速行星齿轮传动，不仅在均载机构的动态特性、系统的振动特性、零件的结构和制造精度等方面要求高，而且还需考虑离心力对轴承寿命的影响和可靠的润滑冷却系统。

设计人员在进行行星齿轮传动设计时应综合考虑行星齿轮传动的上述特点，根据行星齿轮传动的使用条件和要求，正确、合理地选择传动方案，充分地发挥其优点，把其缺点降低到最低的限度，从而设计出性能优良的行星齿轮传动装置。

5.1　渐开线行星齿轮传动基础

只有一个自由度的动轴线轮系（简称周转轮系）称为行星轮系。图 14-5-1 为最常见的行星齿轮传动机构——NGW 型行星传动机构简图。

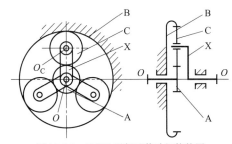

图 14-5-1　NGW 型行星传动机构简图

如图 14-5-1 所示，装在动轴线 O_C 上的齿轮 C 在自转的同时绕固定几何轴线 O-O 公转，被称为行星轮；装有行星轮并绕固定轴线 O-O 转动的构件 X 称为行星架（又称转架或转臂）；与行星轮啮合且几何轴线固定的齿轮 A 和 B 称为中心轮（太阳轮 A 和内齿轮 B）；中心轮轴线和行星架 X 的轴线共同重合于机壳上的一条几何轴线，该轴线称为主轴线；在行星齿轮传动中，凡其轴线与主轴线重合且直接承受外力矩的构件，称为基本构件（中心轮 A、B 和行星架 X）。

5.1.1　传动型式分类及特点

表 14-5-1　　　　　　　　　　　　　　　行星齿轮传动分类

分类依据	类　型	代表类型的字母含义
按齿轮啮合方式不同	NGW、NW、NN、WW、NGWN 和 N 等类型	N——内啮合；W——外啮合；G——公用行星轮 例如：NGW 表示内啮合齿轮副（N）、外啮合齿轮副（W）和公用行星轮（G）组成的行星齿轮传动机构
按基本构件的组成情况	2Z-X、3Z、Z-X-V、Z-X 等类型	Z——中心轮，X——行星架，V——输出构件 例如：2Z-X 表示该行星齿轮传动机构的基本构件具有两个中心轮（Z）和一个行星架（X）

注：目前我国还有沿用前苏联按基本构件组成情况分类的习惯，表中 Z、X、V 相应的符号为 K、H、V。

表 14-5-2　　　　　　　　　　　　　**常用行星齿轮传动的传动型式及特点**

传动型式	简　图	性能参数			特　点
		传动比	效率	最大功率/kW	
NGW（2Z-X 负号机构）	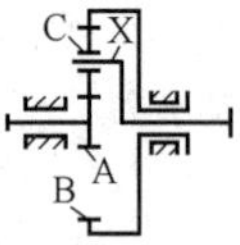	$i^B_{AX}=2.1\sim13.7$，推荐值：$2.8\sim9$		不限	效率高，体积小，重量轻，结构简单，制造方便，传递功率范围大，轴向尺寸小，可用于各种工作条件。单级传动比范围较小。单级、二级和三级传动均在机械传动中广泛应用
NW（2Z-X 负号机构）	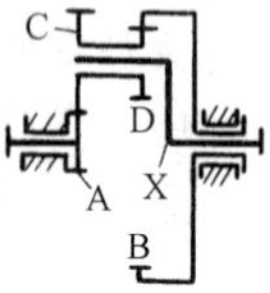	$i^B_{AX}=1\sim50$ 推荐值：$7\sim21$	$0.97\sim0.99$		效率高，径向尺寸比 NGW 型小，传动比范围较 NGW 型大，可用于各种工作条件。但双联行星齿轮制造、安装较复杂，故 $|i^B_{AX}|\leqslant7$ 时不宜采用
NN（2Z-X 正号机构）		i^B_{XE} 推荐值：$8\sim30$	效率较低，一般为 $0.7\sim0.8$	$\leqslant40$	传动比大，效率较低，适用于短期工作传动。当行星架 X 从动时，传动比 $|i|$ 大于某一值后，机构将发生自锁。常用三个行星轮
WW（2Z-X 正号机构）		$i^B_{XA}=1.2\sim$ 数千	$|i^B_{XA}|=1.2\sim5$ 时，效率可达 $0.7\sim0.9$，大于 5 以后，随 $|i|$ 增加陡降	$\leqslant20$	传动比范围大，但外形尺寸及重量较大，效率很低，制造困难，一般不用于动力传动。运动精度低，也不用于分度机构。当行星架 X 从动时，$|i|$ 从某一数值起会发生自锁。常用作差速器，其传动比取值为 $i^X_{AB}=1.8\sim3$，最佳值为 2，此时效率可达 0.9
NGWN（Ⅰ）型（3Z）	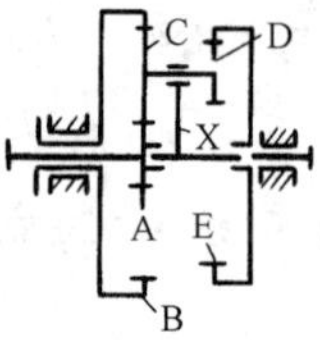	小功率传动 $i^B_{AE}\leqslant500$，推荐值：$20\sim100$	$0.8\sim0.9$，随 i^B_{AE} 增加而下降	短期工作 $\leqslant120$，长期工作 $\leqslant10$	结构紧凑，体积小，传动比范围大，但效率低于 NGW 型，工艺性差，适用于中小功率或短期工作。若中心轮 A 输出，当 $|i|$ 大于某一数值时会发生自锁
NGWN（Ⅱ）型（3Z）	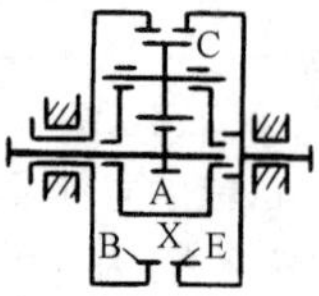	$i^B_{AE}=60\sim500$，推荐值：$64\sim300$	$0.7\sim0.84$，随 i^B_{AE} 增加而下降		结构更紧凑，制造、安装比上列（Ⅰ）型传动方便。由于采用单齿圈行星轮，需角度变位才能满足同心条件。效率较低，宜用于短期工作。传动自锁情况同上

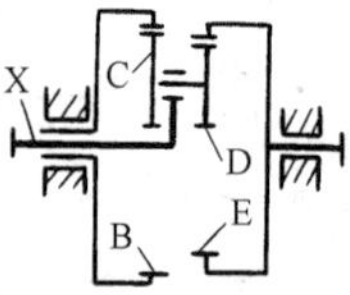

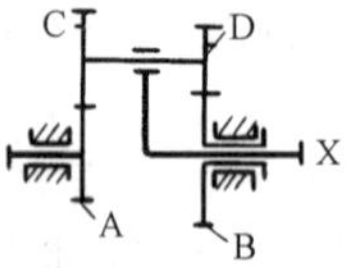

注：1. 为了表示方便起见，简图中未画出固定件，性能参数栏内除注明外，应为某一构件固定时的数值。

2. 传动型式栏内的"正号""负号"机构，系指当行星架固定时，主动和从动齿轮旋转方向相同时为正号机构，反之为负号机构。

3. 表中所列效率是包括啮合效率、轴承效率和润滑油搅动飞溅效率等在内的传动效率，啮合效率的计算方法可见表14-5-3。

4. 传动比代号的说明见表14-5-4。

表 14-5-3　　　　典型行星齿轮传动的传动比及啮合效率计算公式

传动型式	简　图	传动比计算公式	啮合效率计算公式
NGW（2Z-X 负号机构）		$i_{AX}^{B}=1+\dfrac{z_{B}}{z_{A}}; i_{XA}^{B}=\dfrac{1}{i_{AX}^{B}}$	$\eta_{AX}^{B}=\eta_{XA}^{B}=1-\dfrac{\psi^{X}}{1+\mid i_{BA}^{X}\mid}$
		$i_{BX}^{A}=1+\dfrac{z_{A}}{z_{B}}; i_{XB}^{A}=\dfrac{1}{i_{BX}^{A}}$	$\eta_{BX}^{A}=\eta_{XB}^{A}=1-\dfrac{\psi^{X}}{1+\mid i_{AB}^{X}\mid}$
		i^{X} 数值： $i_{AB}^{X}=-\dfrac{z_{B}}{z_{A}}; i_{BA}^{X}=\dfrac{1}{i_{AB}^{X}}$	$\eta_{AB}^{X}=\eta_{BA}^{X}=1-\psi^{X}$
NW（2Z-X 负号机构）		$i_{AX}^{B}=1+\dfrac{z_{B}z_{C}}{z_{A}z_{D}}; i_{XA}^{B}=\dfrac{1}{i_{AX}^{B}}$	$\eta_{AX}^{B}=\eta_{XA}^{B}=1-\dfrac{\psi^{X}}{1+\mid i_{BA}^{X}\mid}$
		$i_{BX}^{A}=1+\dfrac{z_{A}z_{D}}{z_{B}z_{C}}; i_{XB}^{A}=\dfrac{1}{i_{BX}^{A}}$	$\eta_{BX}^{A}=\eta_{XB}^{A}=1-\dfrac{\psi^{X}}{1+\mid i_{AB}^{X}\mid}$
		i^{X} 数值： $i_{AB}^{X}=-\dfrac{z_{B}z_{C}}{z_{A}z_{D}}; i_{BA}^{X}=\dfrac{1}{i_{AB}^{X}}$	$\eta_{AB}^{X}=\eta_{BA}^{X}=1-\psi^{X}$
NN（2Z-X 正号机构）		$i_{XE}^{B}=\dfrac{1}{1-i_{EB}^{X}}; i_{EB}^{X}=\dfrac{z_{D}z_{B}}{z_{E}z_{C}}$	$\eta_{XE}^{B}=1-\dfrac{i_{EB}^{X}\psi^{X}}{i_{EB}^{X}-1+\psi^{X}}=1-\dfrac{z_{B}z_{D}\psi^{X}}{z_{B}z_{D}-z_{E}z_{C}(1-\psi^{X})}$
			$\eta_{EX}^{B}=1-\dfrac{i_{EB}^{X}}{i_{EB}^{X}-1}\psi^{X}=1-\dfrac{z_{B}z_{D}}{z_{B}z_{D}-z_{E}z_{C}}\psi^{X}$
WW（2Z-X 正号机构）		$i_{XA}^{B}=\dfrac{z_{A}z_{D}}{z_{A}z_{D}-z_{B}z_{C}}$　　$i_{AB}^{X}>1$	$\eta_{XA}^{B}=\dfrac{1-\psi^{X}}{1+\mid i_{XA}^{B}\mid\psi^{X}}; \eta_{XB}^{A}=\dfrac{1-\psi^{X}}{1+\mid i_{XB}^{A}\mid\psi^{X}}$
		$i_{XB}^{A}=\dfrac{z_{B}z_{C}}{z_{B}z_{C}-z_{A}z_{D}}$	$\eta_{AX}^{B}=1-\mid i_{XA}^{B}-1\mid\psi^{X};$ $\eta_{BX}^{A}=1-\mid i_{XB}^{A}-1\mid\psi^{X}$
		$i_{AX}^{B}=1-\dfrac{z_{B}z_{C}}{z_{A}z_{D}}; i_{BX}^{A}=1-\dfrac{z_{A}z_{D}}{z_{B}z_{C}}$　　$0<i_{AB}^{X}<1$	$\eta_{XA}^{B}=\dfrac{1}{1+\mid i_{XA}^{B}-1\mid\psi^{X}}$
		i^{X} 数值： $i_{AB}^{X}=\dfrac{z_{B}z_{C}}{z_{A}z_{D}};$	$\eta_{XB}^{A}=\dfrac{1}{1+\mid i_{XB}^{A}-1\mid\psi^{X}}$
		$i_{BA}^{X}=\dfrac{z_{A}z_{D}}{z_{B}z_{C}}$	$\eta_{AX}^{B}=\dfrac{1-\mid i_{XA}^{B}\mid\psi^{X}}{1-\psi^{X}}; \eta_{BX}^{A}=\dfrac{1-\mid i_{XB}^{A}\mid\psi^{X}}{1-\psi^{X}}$
NGWN（Ⅰ）型（3Z）		$i_{AE}^{B}=\dfrac{1-i_{AB}^{X}}{1-i_{EB}^{X}}=\dfrac{1+\dfrac{z_{B}}{z_{A}}}{1-\dfrac{z_{B}z_{D}}{z_{C}z_{E}}}$ $=\dfrac{(z_{A}+z_{B})z_{C}z_{E}}{z_{A}(z_{C}z_{E}-z_{B}z_{D})}$	$d_{B}>d_{E}$ （推荐）　$\eta_{AE}^{B}=\dfrac{0.98}{1+\left(\dfrac{i_{AE}^{B}}{1-i_{AB}^{X}}-1\right)\psi_{EB}^{X}}$
		i^{X} 数值： $i_{AB}^{X}=-\dfrac{z_{B}}{z_{A}}; i_{EB}^{X}=\dfrac{z_{B}z_{D}}{z_{C}z_{E}}$	$d_{B}<d_{E}$　$\eta_{AE}^{B}=\dfrac{0.98}{1+\mid\dfrac{i_{AE}^{B}}{1-i_{AB}^{X}}\mid\psi_{BE}^{X}}$
NGWN（Ⅱ）型（3Z）	$z_{B}<z_{E}$	$i_{AE}^{B}=\dfrac{1-i_{AB}^{X}}{1-i_{EB}^{X}}$ $i_{AB}^{X}=-\dfrac{z_{B}}{z_{A}}$ $i_{EB}^{X}=\dfrac{z_{B}}{z_{E}}$	$\eta_{AE}^{B}=\dfrac{(1+\eta_{AC}^{X}\eta_{CB}^{X}i_{2})(1-i_{1})}{(1+i_{2})(1-\eta_{CB}^{X}\eta_{CE}^{X}i_{1})}$ $\eta_{EA}^{B}=\dfrac{\eta_{AC}^{X}(\eta_{CB}^{X}\eta_{CE}^{X}-i_{1})(1+i_{2})}{\eta_{CB}^{X}(1-i_{1})(\eta_{AC}^{X}\eta_{CE}^{X}+i_{2})}$ $i_{1}=\dfrac{z_{B}}{z_{C}}; i_{2}=\dfrac{z_{B}}{z_{A}}$ η_{AC}^{X}、η_{CB}^{X}、η_{CE}^{X} 为转换机构中各对齿轮的啮合效率，按式 $\eta^{X}=1-f\mu_{z}\left(\dfrac{1}{z_{1}}\pm\dfrac{1}{z_{2}}\right)$ 计算。式中 z_{1}、z_{2} 分别为小齿轮和大齿轮齿数；$f=2.3$；$\mu_{z}=0.1$；"+"号用于外啮合，"−"号用于内啮合。忽略轴承效率

注：1. 表中 NGW、NN、WW 及 NGWN 型行星齿轮传动的啮合效率曲线见图 14-5-2～图 14-5-5。

2. 表中 ψ^{X} 为行星架固定时（相当于定轴传动）传动机构中各齿轮副啮合损失系数之和。即：

$$\psi^{X}=\sum\psi_{i}; \psi_{i}=f\mu_{z}\left(\dfrac{1}{z_{1}}\pm\dfrac{1}{z_{2}}\right)$$

式中　f——与两轮齿顶高系数 h_{a}^{*} 有关的系数，当 $h_{a}^{*}\leqslant m_{n}$ 时，取 $f=2.3$；

　　　　μ_{z}——齿面摩擦因数，NGW 和 NW 型传动取 $\mu_{z}=0.05\sim0.1$，WW 和 NGWN 型传动取 $\mu_{z}=0.1\sim0.12$；

　z_{1}，z_{2}——齿轮副的齿数，内啮合时 z_{2} 为内啮合齿数；式中，"+"用于外啮合，"−"用于内啮合。

对于 NGWN 型传动，$\psi_{BE}^{X}=\psi_{EB}^{X}=\psi_{BC}^{X}=\psi_{DE}^{X}$。

第 14 篇

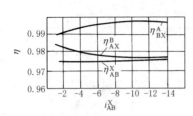

图 14-5-2　NGW 型行星齿轮传动啮合
效率曲线（$\psi^X = 0.025$）

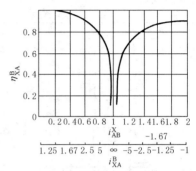

图 14-5-4　WW 型行星齿轮传动啮合
效率曲线（$\psi^X = 0.06$）

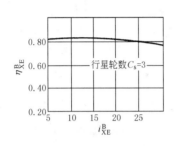

图 14-5-3　NN 型行星齿轮传
动啮合效率曲线
齿面摩擦因数 $\mu_z = 0.12$、行星
轮轴承摩擦因数 $\mu = 0.006$

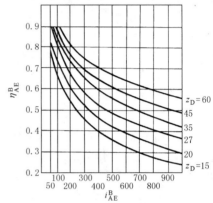

图 14-5-5　NGWN（I）型行星齿轮传
动啮合效率曲线
齿面摩擦因数 $\mu_z = 0.12$、行星
轮轴承摩擦因数 $\mu = 0.006$

5.1.2　传动比、传动效率、齿形角

表 14-5-4　　　　　　　　　　　传动比、传动效率、齿形角

传动比	代号	行星齿轮传动中，传动比代号如下： 　　固定件代号 i　　从动件代号 　　主动件代号 例如：i^B_{AX} 表示当构件 B 固定时，由主动件 A 到从动件 X 的传动比
	转化机构法	在行星齿轮传动中，由于行星轮的运动不是定轴线运动，故不能用计算定轴传动比的方法来计算传动比，需采用转换机构法、图解法、矢量法、力矩法等，其中最常用的是转化机构法 所谓转化机构法是指给整个行星齿轮传动机构加上一个与行星架旋转速度 n_X 相反的速度 $-n_X$，使其转化为相当于行星架固定不动的定轴齿轮传动机构，然后采用计算定轴轮系的传动比公式计算转化机构的传动比 对于所有齿轮及行星架轴线平行的行星齿轮传动，计算转化机构传动比的公式如下： $$i^X_{AB}=\frac{n_A-n_X}{n_B-n_X}=(-1)^n\frac{转化机构各级从动齿轮齿数连乘积}{转化机构各级主动齿轮齿数连乘积}\qquad(14\text{-}5\text{-}1)$$ 同理，如果给整个传动机构加上一个与某构件 A 或 C 的转速 n_A 或 n_C 相反的转速时，上式可写为： $$i^A_{BC}=\frac{n_B-n_A}{n_C-n_A}\qquad(14\text{-}5\text{-}2)$$ 或 $$i^C_{BA}=\frac{n_B-n_C}{n_A-n_C}\qquad(14\text{-}5\text{-}3)$$

<table>
<tr><td rowspan="2">传动比</td><td rowspan="2">转化机构法</td><td>

式(14-5-1)中,指数 n 表示外啮合次数。式(14-5-1)～式(14-5-3)中 n_A、n_B、n_C 分别代表行星齿轮传动中构件 A、B、C 的转速

将式(14-5-2)与式(14-5-3)等号左右相加可得:

$$i_{BC}^A + i_{BA}^C = 1$$

将上式移项可得:

$$i_{BC}^A = 1 - i_{BA}^C \qquad (14\text{-}5\text{-}4)$$

式(14-5-4)就是计算行星齿轮传动的普遍方程式。式中符号 A、B、C 可以任意代表行星轮系中的三个基本构件。这个公式的规律是:等式左边 i 的上角标和下角标可以根据计算需要来标注,将其上角标与第二个下角标互换位置,则得到等号右边 i 的上角、下角标号

在进行行星齿轮强度和轴承寿命计算时,需要计算行星轮对行星架的相对转速,其值可通过转化机构求得。例如,NGW 行星齿轮传动(简图见表 14-5-3),可采用式(14-5-1)～式(14-5-4)计算其传动比 i_{AB}^X 和 i_{AX}^B

由式(14-5-1)可得

$$i_{AB}^X = \frac{n_A - n_X}{n_C - n_X} = (-1)^1 \frac{z_B z_C}{z_C z_A} = -\frac{z_B}{z_A}$$

再由式(14-5-4)可得

$$i_{AX}^B = 1 - i_{AB}^X = 1 - \left(-\frac{z_B}{z_A}\right) = 1 + \frac{z_B}{z_A}$$

行星齿轮传动用作差动机构时,仍可借助式(14-5-1)～式(14-5-4)计算其传动比。例如,对于 NGW 型差动齿轮传动,当太阳轮 A 及内齿轮 B 分别以转速 n_A 和 n_B 转动时,其行星架的转速 n_X 可用下述方法求得

参照式(14-5-2)可得

$$i_{XA}^B = \frac{n_X - n_B}{n_A - n_B}$$

将上式整理可得

$$n_X = n_A i_{XA}^B + n_B(1 - i_{XA}^B) = n_A i_{XA}^B + n_B i_{XB}^A = n_X^B + n_X^A$$

即

$$\left. \begin{array}{l} n_X = n_A i_{XA}^B + n_B i_{XB}^A \\ n_X = n_X^B + n_X^A \end{array} \right\} \qquad (14\text{-}5\text{-}5)$$

式中　n_X^B——当内齿轮 B 不动时,行星架的转速

　　　　n_X^A——当太阳轮 A 不动时,行星架的转速

由式(14-5-5)可见,NGW 型差动齿轮传动行星架的转速等于固定太阳轮 A 时得到的转速与固定内齿轮 B 时得到的转速的代数和

</td></tr>
</table>

传动效率	在行星齿轮传动中,其单级传动总效率 η 由以下各主要部分组成: $$\eta = \eta_1 \eta_2 \eta_3 \eta_4$$ 式中　η_1——考虑齿轮啮合摩擦损失的效率(简称啮合效率)。由表 14-5-3 中的公式计算求得,效率 η 上下角标的标记方法、意义与传动比的标法相同 　　　　η_2——考虑轴承摩擦损失的效率(简称轴承效率) 　　　　η_3——考虑润滑油搅动和飞溅液力损失的效率 　　　　η_4——考虑到均载机构或输出机构摩擦损失的效率 因为效率值接近于 1,所以上式可以用损失系数来表达: $$\left. \begin{array}{l} \eta = 1 - \psi = 1 - (\psi_1 + \psi_2 + \psi_3 + \psi_4) \\ \psi = \psi_1 + \psi_2 + \psi_3 + \psi_4 \end{array} \right\} \qquad (14\text{-}5\text{-}6)$$ 式中　ψ——传动损失系数 　　　　ψ_1——齿轮啮合摩擦损失系数,$\psi_1 = 1 - \eta_1$ 　　　　ψ_2——轴承摩擦损失系数,$\psi_2 = 1 - \eta_2$ 　　　　ψ_3——润滑油搅动和飞溅液力损失系数,$\psi_3 = 1 - \eta_3$ 　　　　ψ_4——均载机构或输出机构摩擦损失系数,$\psi_4 = 1 - \eta_4$ 确定各损失系数 ψ_1、ψ_2、ψ_3、ψ_4 后便可确定相应效率值 η_1、η_2、η_3、η_4,具体可参考减速器篇表 15-1-26 选取
齿形角	渐开线行星齿轮传动中,为便于采用标准刀具,通常采用齿形角 α=20° 的齿轮。而在 NGW 型行星齿轮传动中,因为在各轮之间由啮合所产生的径向力相互抵消或近似抵消,所以可以采用齿形角 α>20° 的齿轮,低速重载可用 α=25°。增大齿形角不仅可以提高齿轮副的弯曲与接触强度,还可以增加径向力,有利于载荷在各行星轮之间的均匀分布

5.2　行星传动的主要参数计算

5.2.1　行星轮数目与传动比范围

在传递动力时,行星轮数目越多越容易发挥行星齿轮传动的优点,但行星轮数目的增加,不仅使传动机构复杂化、制造难度增加、提高成本,而且会使其载荷均衡困难,同时由于邻接条件限制又会减小传动比的范围。因而在设计行星齿轮传动时,通常采用 3 个或 4 个行星轮,特别是 3 个行星轮。行星轮数目与其对应的传动比范围见表 14-5-5。

表 14-5-5　　　　　　　　　　　　　**行星轮数目与传动比范围的关系**

行星轮数目 C_s	传动比范围			
	NGW(i_{AX}^B)	NGWN	NW(i_{AX}^B)	WW(i_{AX}^B)
3	2.1~13.7		1.55~21	−7.35~0.88
4	2.1~6.5	$\dfrac{z_C}{z_D}\times\dfrac{m_C}{m_D}<1$ 时，$i_{AE}^B=-\infty\sim2.2$	1.55~9.9	−3.40~0.77
5	2.1~4.7		1.55~7.1	−2.40~0.70
6	2.1~3.9	$\dfrac{z_C}{z_D}>1$ 时，$i_{AE}^B=4.7\sim+\infty$（与行星	1.55~5.9	−1.98~0.66
8	2.1~3.2	轮数目无关）	1.55~4.8	−1.61~0.61
10	2.1~2.8		1.55~4.3	−1.44~0.59
12	2.1~2.6		1.55~4.0	−1.34~0.57

注：1. 表中数值为在良好设计条件下，单级传动比可能达到的范围。在一般设计中，传动比若接近极限值时，通常需要进行邻接条件的验算。

2. m_C、m_D 分别为 C 轮及 D 轮的模数。

5.2.2 齿数的确定

5.2.2.1 确定齿数应满足的条件

行星齿轮传动各齿轮齿数的选择，除了应满足渐开线圆柱齿轮齿数选择的原则（见第 1 章表 14-1-3）外，还需满足表 14-5-6 所列传动比条件、同心条件、装配条件和邻接条件。

表 14-5-6　　　　　　　　　　　　　**行星齿轮传动齿轮齿数确定的条件**

条　件		传 动 形 式			
		NGW	NGWN	WW	NW
传动比条件		保证实现给定的传动比，传动比的计算公式见表 14-5-3			
同心条件	原理	为了保证正确的啮合，各对啮合齿轮之间的中心距必须相等。例如 NGW 型传动，太阳轮 A 与行星轮 C 的中心距 a_{AC} 应等于行星轮 C 与内齿轮 B 的中心距 a_{CB}，即 $a_{AC}=a_{CB}$			
	标准及高变位齿轮	$z_A+z_C=z_B-z_C$ 或 $z_B=z_A+2z_C$	$m_{tA}(z_A+z_C)=$ $m_{tB}(z_B-z_C)=m_{tE}(z_E-z_D)$	$m_{tA}(z_A+z_C)=$ $m_{tB}(z_B+z_D)$	$m_{tA}(z_A+z_C)=$ $m_{tB}(z_B-z_D)$
	角变位齿轮	$\dfrac{z_A+z_C}{\cos\alpha'_{tAC}}=\dfrac{z_B-z_C}{\cos\alpha'_{tCB}}$	$m_{tA}(z_A+z_C)\dfrac{\cos\alpha_{tAC}}{\cos\alpha'_{tAC}}$ $=m_{tB}(z_B-z_C)\dfrac{\cos\alpha_{tCB}}{\cos\alpha'_{tCB}}$ $=m_{tE}(z_E-z_D)\dfrac{\cos\alpha_{tDE}}{\cos\alpha'_{tDE}}$	$m_{tA}(z_A+z_C)\dfrac{\cos\alpha_{tAC}}{\cos\alpha'_{tAC}}$ $=m_{tB}(z_B+z_D)\dfrac{\cos\alpha_{tDB}}{\cos\alpha'_{tDB}}$	$m_{tA}(z_A+z_C)\dfrac{\cos\alpha_{tAC}}{\cos\alpha'_{tAC}}$ $=m_{tB}(z_B-z_D)\dfrac{\cos\alpha_{tDB}}{\cos\alpha'_{tDB}}$
装配条件		保证各行星轮能均布地安装于两中心齿轮之间，并且与两个中心轮啮合良好，没有错位现象			
		为了简化计算和装配，应使太阳轮与内齿轮的齿数和等于行星轮数目 C_s 的整数倍，即 $\dfrac{z_A+z_B}{C_s}=n$ 或 $\dfrac{i_{AX}^B z_A}{C_s}=n$	①通常取中心轮齿数 z_A、z_B 和 z_E 或（z_A+z_B）及 z_E 均为行星轮数目 C_s 的整数倍 此时双联行星齿轮的两个齿轮的相对位置应这样确定：C 轮和 D 轮各有一个齿槽的对称线需位于同一个轴平面（θ 平面）内，两齿槽的对称线可在行星轮轴线的同侧[图(b)]或两侧[图(a)]。装配情况见图(d) ②亦可按右栏内 NW 型传动的公式计算。此时 z_B 应以 z_E 代之	若双联行星齿轮的两个齿轮的相对位置是在安装时确定的(安装时可以调整)，则行星传动的齿轮齿数不受本条件限制，满足其他条件即可 若双联行星齿轮的两个齿轮的相对位置是在制造时确定的(如同一坯料切出)，则必须满足以下条件 ①当中心轮 z_A、z_B 为 C_s 的整数倍时(此时计算和装配最简单)，双联行星齿轮的两个齿轮的相对位置应使 C 轮和 D 轮各有一个齿槽的对称线位于同一轴平面(θ 平面)内。对 NW 型传动，应位于行星轮轴线的两侧[图(a)]，装配情况见图(c)。对 WW 型传动，应位于行星轮轴线的同侧[图(b)] ②当一个或两个中心轮的齿数非 C_s 的整数倍时 WW 传动 $\dfrac{z_A+z_B}{C_s}+\left(1+\dfrac{z_D}{z_C}\right)\left(E_A\pm n-\dfrac{z_A}{C_s}\right)=n$	

条　件	传　动　形　式			
	NGW	NGWN	WW	NW

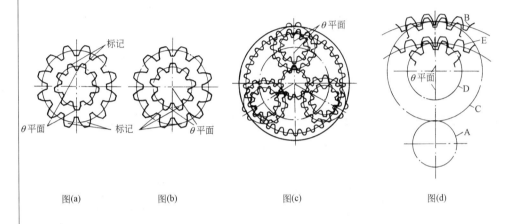

<table>
<tr><td rowspan="2">装配条件</td><td colspan="4">NW 传动　$\dfrac{z_A+z_B}{C_s}+\left(1-\dfrac{z_D}{z_C}\right)\left(E_A\pm n-\dfrac{z_A}{C_s}\right)=n$

式中　E_A、n——整数

当$\dfrac{z_A}{C_s}=$整数时，$E_A=\dfrac{z_A}{C_s}$，n 从 $1,2,3\cdots$中选取

当$\dfrac{z_A}{C_s}\neq$整数时，E_A 为稍大于$\dfrac{z_A}{C_s}$的整数，n 从 1,
$2,3,\cdots$中选取</td></tr>
<tr><td colspan="4" align="center">图(a)　　　　　　　图(b)　　　　　　　图(c)　　　　　　　图(d)</td></tr>
</table>

| 邻接条件 | 必须保证相邻两行星轮互不相碰，并留有大于 0.5 倍模数的间隙，即行星轮齿顶圆半径之和小于其中心距 L，如图(e)所示

$$2r_{aC}<L \text{ 或 } d_{aC}<2a\sin\dfrac{\pi}{C_s}$$

式中　r_{aC}、d_{aC}——行星轮齿顶圆半径和直径。当行星轮为双联齿轮时，应取其中之大值 | | 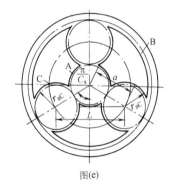

图(e) | |

	NGW	NGWN	WW	NW
	$(z_A+z_C)\sin\dfrac{180°}{C_s}>$ $z_C+2(h_a^*+x_C)$	$z_C>z_D$时， $(z_A+z_C)\sin\dfrac{180°}{C_s}>$ $z_C+2(h_a^*+x_C)$ $z_C<z_D$时， $(z_E-z_D)\sin\dfrac{180°}{C_s}>$ $z_D+2(h_a^*+x_D)$	$z_C>z_D$时， $(z_A+z_C)\sin\dfrac{180°}{C_s}>$ $z_C+2(h_a^*+x_C)$ $z_C<z_D$时， $(z_B-z_D)\sin\dfrac{180°}{C_s}>$ $z_D+2(h_a^*+x_D)$	$z_E>z_D$时， $(z_A+z_C)\sin\dfrac{180°}{C_s}>$ $z_C+2(h_a^*+x_C)$ $z_C<z_D$时， $(z_B-z_D)\sin\dfrac{180°}{C_s}>$ $z_D+2(h_a^*+x_D)$

注：1. 对直齿轮，可将表中代号的下角标 t 去掉。

2. h_a^*——齿顶高系数，x_C、x_D——C 轮、D 轮变位系数，C_s——行星轮数目，α_t——端面啮合角。

5.2.2.2　配齿方法及齿数组合表

对于 NGW、NW、NN 及 NGWN 型传动，绝大多数情况下均可直接从表 14-5-7、表 14-5-8、表14-5-10、表 14-5-13、表 14-5-14 中直接选取所需齿数组合，不必自行配齿。下列各型传动的配齿方法仅供特殊需要。WW 型传动应用较少，只列出了配齿方法。

（1）NGW 型传动的配齿方法及齿数组合表

用于一般动力传动的行星传动，不要求十分精确的传动比，在已知要求的传动比 i_{AX}^B 的情况下，可按以下步骤选配齿数。

① 根据 i_{AX}^B，按照表 14-5-5 选取行星轮数目 C_s，通常 $C_s = 3 \sim 4$。

② 根据齿轮强度及传动平稳性等要求确定太阳轮齿数 z_A。

③ 根据下列条件试凑 Y 值：

a. $Y = i_{AX}^B z_A$——传动比条件；

b. Y/C_s＝整数——装配条件；

c. Y 应为偶数——同心条件。当采用不等啮合角的角变位传动时，Y 值也可以是奇数。

④ 计算内齿圈及行星轮齿数 z_B 和 z_C。

根据传动比计算公式（见表 14-5-3）$i_{AX}^B = 1 + \dfrac{z_B}{z_A}$，则：$z_B = (i_{AX}^B - 1)z_A = i_{AX}^B z_A - z_A = Y - z_A$。

对非角变位传动：$z_C = \dfrac{Y}{2} - z_A$ 或 $z_C = \dfrac{z_B - z_A}{2}$。

对角变位齿轮传动：$z_C = \dfrac{z_B - z_A}{2} - \Delta z_C$。

式中，Δz_C 为行星轮齿数减少值，由角变位要求确定，可为整数，也可以为非整数，$\Delta z_C = 0.5 \sim 2$。

表 14-5-7 为 NGW 型行星齿轮传动的常用传动比，常用行星轮数对应的齿轮齿数组合表。

表 14-5-7　NGW 型行星齿轮传动的齿轮组合

	$i = 2.8$										
$C_s = 3$				$C_s = 4$				$C_s = 5$			
z_A	z_C	z_B	i_{AX}^B	z_A	z_C	z_B	i_{AX}^B	z_A	z_C	z_B	i_{AX}^B
32	13	58	2.8125	33	13	59	2.7879	32	13	58	2.8125
41	16	73	2.7805	37	15	67	2.8108	39	16	71	2.8205
43	17	77	2.7907	43	17	77	2.7907	43	17	77	2.7907
47	19	85	2.8085	46	19	85	2.8085	45	19	84	* 2.8261
49	20	89	2.8763	53	21	95	2.7925	64	26	116	2.8125
58	23	104	2.7931	59	23	105	2.7797	71	29	129	2.8169
62	25	112	2.8065	67	27	121	2.8060	79	31	141	2.7848
65	26	118	* 2.8154	71	29	129	2.8169	89	36	161	2.8090
73	29	131	2.7945	79	31	141	2.7848	104	41	186	2.7885
75	30	135	* 2.8000	81	33	147	2.8148	118	47	212	2.7966
77	31	139	2.8052	89	35	159	2.7865	121	49	219	2.8099
92	37	166	2.8043	97	39	175	2.8041	132	53	238	2.8030
118	47	212	2.7966	121	49	219	2.8099	146	59	264	2.8082
				123	49	221	2.7967	154	61	276	2.7922
				141	57	255	2.8085	161	64	289	2.7950
				153	61	275	2.7974	168	67	302	2.7976

	$i = 3.15$										
$C_s = 3$				$C_s = 4$				$C_s = 5$			
z_A	z_C	z_B	i_{AX}^B	z_A	z_C	z_B	i_{AX}^B	z_A	z_C	z_B	i_{AX}^B
25	14	53	3.1200	23	13	49	3.1304	22	13	48	3.1818
29	16	61	3.1034	29	17	63	3.1724	29	16	61	3.1034
31	18	68	3.1935	33	19	71	3.1515	32	18	68	* 3.1250
32	19	70	3.1875	37	21	79	3.1351	35	20	75	* 3.1429
35	20	76	* 3.1714	41	23	87	3.1220	37	20	78	* 3.1081
37	21	80	3.1622	43	25	93	3.1628	41	24	89	3.1707
40	23	86	3.1500	53	31	115	3.1698	54	31	116	3.1481
44	25	94	3.1364	67	39	145	3.1642	55	32	120	3.1818

续表

$i=3.15$

z_A	z_C	z_B	i_{AX}^B	z_A	z_C	z_B	i_{AX}^B	z_A	z_C	z_B	i_{AX}^B
	$C_s=3$				$C_s=4$				$C_s=5$		
53	31	115	3.1698	71	41	153	3.1549	67	38	143	3.1343
55	32	119	3.1636	75	43	161	3.1467	79	46	171	3.1646
67	38	143	3.1343	79	45	169	3.1392	83	47	177	3.1325
70	41	152	3.1714	81	47	175	3.1605	86	49	184	3.1395
74	43	160	3.1622	85	49	183	3.1529	89	51	191	3.1461
82	47	176	3.1463	97	55	207	3.1340	92	53	198	3.1522
86	49	184	3.1395	121	69	259	3.1405	98	57	212	3.1633
97	56	209	3.1546	123	71	265	3.1545	121	59	269	3.1405

$i=3.55$

z_A	z_C	z_B	i_{AX}^B	z_A	z_C	z_B	i_{AX}^B	z_A	z_C	z_B	i_{AX}^B
	$C_s=3$				$C_s=4$				$C_s=5$		
22	17	56	3.5455	23	17	57	3.4785	23	17	57	3.4783
25	20	65	* 3.6000	25	19	63	3.5200	24	18	61	3.5417
29	22	73	3.5172	29	23	75	3.5862	25	20	65	* 3.6000
32	25	82	3.5625	33	25	83	3.5152	27	20	68	* 3.5185
37	29	95	3.5675	37	29	95	3.5676	28	22	72	* 3.5214
41	32	106	* 3.5854	45	35	115	* 3.5556	31	24	79	3.5484
45	35	116	3.5217	47	37	121	3.5745	35	27	90	* 3.5714
47	37	121	3.5745	53	41	135	3.5472	37	28	93	3.5135
48	37	123	* 3.5625	55	43	141	3.5636	42	33	108	* 3.5714
49	38	125	3.5510	61	47	155	3.5410	45	35	115	* 3.5556
52	41	134	3.5769	69	53	175	3.5362	48	37	122	3.5417
56	43	142	3.5357	73	57	187	3.5616	54	41	136	3.5185
61	47	155	3.5410	77	59	195	3.5325	73	57	187	3.5616
73	56	185	3.5342	79	61	201	3.5443	76	59	194	3.5526
76	59	194	3.5526	83	65	213	3.5663	79	61	201	3.5443
86	67	220	3.5581	87	67	221	3.5402	82	63	208	3.5366

$i=4.0$

z_A	z_C	z_B	i_{AX}^B	z_A	z_C	z_B	i_{AX}^B	z_A	z_C	z_B	i_{AX}^B
	$C_s=3$				$C_s=4$				$C_s=5$		
20	19	58	3.9000	22	22	66	* 4.0000	18	17	52	3.8889
22	23	68	4.0909	25	27	79	4.1600	22	23	68	4.0909
23	22	67	3.9130	27	29	85	4.1481	23	22	67	3.9130
26	25	76	3.9231	29	31	91	4.1379	25	25	75	* 4.0000
27	27	81	4.0000	31	33	97	4.1290	27	25	78	3.8889
29	28	85	3.9310	33	33	99	* 4.0000	28	27	82	3.9286
32	31	94	3.9375	37	39	115	4.1081	29	31	91	4.1379
38	37	112	3.9474	39	41	121	4.1026	32	33	98	4.0625
44	43	130	3.9545	43	45	133	4.0930	33	32	97	3.9394
47	49	145	4.0851	45	47	139	4.0889	38	37	112	3.9474
50	49	148	3.9600	47	49	145	4.0851	39	41	121	4.1026
56	55	166	3.9643	49	49	147	4.0000	48	47	142	3.9583
59	58	175	3.9661	55	57	169	4.0727	42	40	123	3.9286
62	61	184	3.9677	57	59	175	4.0702	58	57	172	3.9655
68	67	202	3.9706	61	63	187	4.0656	63	62	187	3.9683
74	73	220	3.9730	67	69	205	4.0597	68	67	202	3.9706

第14篇

z_A	z_C	z_B	i_{AX}^B	z_A	z_C	z_B	i_{AX}^B	z_A	z_C	z_B	i_{AX}^B
17	22	61	4.5882	17	21	59	4.4705	16	23	62	4.8750
19	23	65	4.4211	19	23	65	4.4211	17	25	67	4.9412
23	28	79	4.4348	21	27	75	* 4.5714	19	29	77	5.0526
25	32	89	4.5600	23	29	81	4.5217	20	31	82	5.1000
27	33	93	* 4.4444	25	31	87	4.4800	23	34	91	4.9565
28	35	98	4.5000	26	32	90	* 4.4615	28	41	110	4.9286
32	38	109	4.4063	33	41	115	4.4818	31	47	125	5.0323
35	43	121	4.4571	35	43	121	4.4571	40	59	158	4.9500
37	45	128	4.4595	41	51	143	4.4878	44	67	178	5.0455
41	52	145	4.5366	47	59	165	4.5106	47	70	187	4.9787
52	65	182	4.5000	49	61	171	4.4898	52	77	205	4.9615
53	67	187	4.5283	50	62	174	4.4800	55	83	221	5.0182
59	73	205	4.4746	53	67	187	4.5283	56	85	226	5.0357
61	77	215	4.5246	59	73	205	4.4746	59	88	235	4.9831
68	85	238	4.5000	61	77	215	4.5246	64	95	254	4.9688
71	88	247	4.4789	71	89	249	4.5070	65	97	259	4.9846

Header above first block: $i=4.5$, $C_s=3$ | $C_s=4$; $i=5.0$, $C_s=3$

z_A	z_C	z_B	i_{AX}^B	z_A	z_C	z_B	i_{AX}^B	z_A	z_C	z_B	i_{AX}^B
17	25	67	4.9412	13	23	59	5.5385	13	29	71	6.4615
19	29	77	5.0526	14	25	64	5.5714	14	31	76	6.4286
21	31	83	4.9574	16	29	74	5.6250	16	35	86	6.3750
23	35	93	5.0435	17	31	79	5.6471	17	37	91	6.3529
25	37	99	4.9600	19	35	89	5.6842	19	41	101	6.3158
29	43	115	4.9655	20	37	94	5.7000	20	43	106	6.3000
31	47	125	5.0323	22	41	104	5.7273	22	47	116	6.2727
35	53	141	5.0786	29	52	133	5.5862	23	49	121	6.2609
37	55	147	4.9730	31	56	143	5.6129	25	54	133	6.3200
47	71	189	5.0713	40	71	182	5.5500	26	55	136	6.2308
49	73	195	4.9796	41	73	187	5.5610	28	39	146	6.2143
51	77	205	5.0196	44	79	202	5.5909	31	66	164	* 6.2903
55	83	221	5.0182	46	83	212	5.6087	35	76	187	6.3429
59	89	237	5.0160	47	85	217	5.6170	37	80	197	6.3243
63	95	253	5.0159	50	91	232	5.6400	41	88	217	6.2927
65	97	259	4.9846	52	95	242	5.6538	47	100	247	6.2553

Header above second block: $i=5.0$, $C_s=4$ | $i=5.6$, $C_s=3$ | $i=6.3$, $C_s=3$

z_A	z_C	z_B	i_{AX}^B	z_A	z_C	z_B	i_{AX}^B	z_A	z_C	z_B	i_{AX}^B
13	32	77	6.9231	13	38	89	7.8462	14	49	112	9.0000
14	37	88	7.2857	14	43	100	8.1429	16	56	128	* 9.0000
16	41	98	7.1250	16	47	110	7.8750	17	58	133	8.8236
17	43	103	7.0588	17	49	115	7.7647	19	68	155	9.1579
19	50	119	7.2632	17	52	121	8.1176	20	70	160	* 9.0000
20	51	122	7.1000	20	61	142	8.1000	22	77	176	9.0000
22	56	134	* 7.0909	22	65	152	7.9091	23	82	187	9.1304

Header above third block: $i=7.1$, $C_s=3$ | $i=8.0$, $C_s=3$ | $i=9.0$, $C_s=3$

z_A	z_C	z_B	i_{AX}^B	z_A	z_C	z_B	i_{AX}^B	z_A	z_C	z_B	i_{AX}^B
2 $i=7.1$ $C_s=3$				$i=8.0$ $C_s=3$				$i=9.0$ $C_s=3$			
23	58	139	7.0435	26	79	184	8.0769	25	89	203	9.1200
26	67	160	7.1538	28	83	194	7.9286	26	91	208	9.0000
28	71	170	7.0714	29	88	205	8.0690	28	98	224	* 9.0000
29	73	175	7.0345	31	92	215	7.9355	29	101	232	<u>9.0000</u>
35	91	217	7.2000	32	97	226	8.0625	31	108	248	<u>9.0000</u>
38	97	232	7.1053	34	101	236	7.9412	32	112	256	* 9.0000
41	106	253	7.1707	35	106	247	8.0571	34	119	272	9.0000
46	119	284	7.1739	40	119	278	7.9500	35	121	277	8.9143
47	121	289	7.1489	41	124	289	8.0488	37	128	293	8.9189

z_A	z_C	z_B	i_{AX}^B	z_A	z_C	z_B	i_{AX}^B	z_A	z_C	z_B	i_{AX}^B
$i=10.0$ $C_s=3$				$i=11.2$ $C_s=3$				$i=12.5$ $C_s=3$			
13	53	119	10.1538	14	61	136	10.7143	13	71	155	12.9231
14	58	130	10.2857	16	71	158	10.8750	14	73	160	12.4286
16	65	146	10.1250	16	74	164	* 11.2500	16	83	182	12.3750
17	67	151	9.8824	17	76	169	10.9412	16	86	188	* 12.7500
19	77	173	10.1053	17	79	175	11.2941	17	88	193	12.3529
20	79	178	9.9000	19	86	191	11.0526	19	98	215	12.3158
22	89	200	10.0909	20	91	202	11.1000	20	106	232	* 12.6000
23	91	205	9.9130	22	101	224	11.1818	22	116	254	* 12.5455
25	98	221	9.8400	23	106	235	11.2174	23	118	259	12.2609
26	103	232	9.9231	26	121	268	11.3077	23	121	265	12.5217
28	113	254	10.0714	28	125	278	10.9286	25	131	287	12.4800
29	115	259	9.9310	28	128	284	* 11.1429	26	135	298	12.4615
29	118	265	10.1379	29	130	289	10.9655	26	139	304	12.6923
31	122	275	9.8710	29	133	295	11.1724	28	147	323	<u>12.5357</u>
32	130	292	* 10.1250	31	143	317	11.2258	29	152	334	* 12.5172
34	144	302	* 9.8824					31	163	357	12.5161

注：1. 表中齿数满足装配条件、同心条件（带"＿"者除外）和邻接条件，且 $\dfrac{z_A}{z_C}$、$\dfrac{z_B}{z_C}$、$\dfrac{z_A}{C_s}$、$\dfrac{z_B}{C_s}$ 无公因数（带"＊"者除外），以提高传动平稳性。

2. 本表除带"＿"者外，可直接用于非变位、高变位和等角变位传动（$\alpha'_{tAC}=\alpha'_{tCB}$）。表中各齿数组合当采用不等角角变位（$\alpha'_{tAC}>\alpha'_{tCB}$）时，应将表中 z_C 值适当减小 1～2 齿，以适应变位需要。

3. 带"＿"者必须进行不等角角变位，以满足同心条件。

4. 当齿数少于 17 且不允许根切时，应进行变位。

5. 表中 i 为名义传动比，其所对应的不同齿数组合应根据齿轮强度条件选择；i_{AX}^B 为实际传动比。

（2）NW 型传动配齿方法及齿数组合表

NW 型传动通常取 z_A、z_B 为行星轮数目 C_s 的整数倍。常用传动方式为 B 轮固定，A 轮主动，行星架输出 A。为获得较大传动比和较小外形尺寸，应选择 z_A、z_D 均小于 z_C。为使齿轮接近等强度，z_C 与 z_D 之值相差越小越好。综合考虑，一般取 $z_D=z_C-(3\sim 8)$ 为宜。

在 NW 传动中，若所有齿轮的模数及齿形角相同，且 $z_A+z_C=z_B-z_D$，则由同心条件可知，其啮合角 $\alpha'_{tAC}=\alpha'_{tBD}$。为了提高齿轮承载能力，可使两啮合

角稍大于 20°，以便 A、D 两轮进行正变位。选择齿数时，取 $z_A+z_C<z_B-z_D$，但 z_B 会因此增大，从而导致传动的外轮廓尺寸加大。

NW 型传动按下列步骤配齿。

① 根据强度、运转平稳性和避免根切等条件确定太阳轮的齿数 z_A，常取 z_A 为 C_s 的倍数。

② 根据结构设计对两对齿轮副径向轮廓尺寸比值 D_1/D_2（图 14-5-6）的要求拟定 Y 值，再由传动比 i_{AX}^B 和 Y 值查图 14-5-7 确定系数 α，然后，按下列各式计算 i_{DB}、i_{AC}、β 值和齿数 z_D、z_B、z_C。

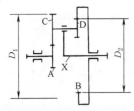

图 14-5-6　NW 型行星齿轮传动简图

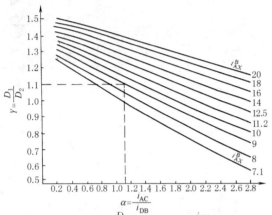

图 14-5-7　根据 $Y=\dfrac{D_1}{D_2}$ 和 i_{AX}^B 确定 $\alpha=\dfrac{i_{AC}}{i_{DB}}$ 的线图

$$i_{DB}=\sqrt{\frac{i_{AX}^B-1}{\alpha}} \qquad i_{AC}=\alpha i_{DB}$$

$$\beta=\frac{i_{AC}+1}{i_{DB}-1} \qquad z_D=\beta z_A$$

$$z_B=i_{DB}z_D \qquad z_C=i_{AC}z_A$$

③ 根据算出的齿数，按前述装配条件的两个限制条件对其进行调整并确定 z_D、z_B 和 z_C。为了使确定的齿数仍能满足同心条件，可以将其中一个行星轮的齿数 z_C 留在最后确定，在确定该齿数 z_C 时，要同时考虑同心条件，即对于非变位齿轮传动：

$$z_C=z_{\Sigma AC}-z_A \quad 或 \quad z_D=z_B-z_{\Sigma AC}$$

对不等啮合角的角变位传动：

$$z_C=z_{\Sigma AC}-z_A-\Delta z \quad 或 \quad z_D=z_B-z_{\Sigma AC}-\Delta z$$

$$z_{\Sigma AC}=z_A+z_C$$

式中　Δz——角变位要求行星轮 C 或 D 应减小的齿数，一般取 $\Delta z=1\sim2$。

④ 校核传动比，同时根据表 14-5-6 校核邻接条件。

NW 型行星齿轮传动常用传动比对应的齿轮齿数组合见表 14-5-8。

表 14-5-8　　　　　　　　　　　$C_s=3$ 的 NW 型行星齿轮传动的齿数组合

i_{AX}^B	z_A	z_B	z_C	z_D	i_{AX}^B	z_A	z_B	z_C	z_D	i_{AX}^B	z_A	z_B	z_C	z_D	i_{AX}^B	z_A	z_B	z_C	z_D
7.000	21	63	28	14	7.205	21	81	37	23	• 7.482	21	99	44	32	7.800	12	51	24	15
7.000	12	54	24	18	7.222	18	96	42	36	• 7.500	21	78	35	20	7.820	15	60	31	20
7.000	18	60	27	15	7.224	18	99	43	38	7.500	15	90	39	36	7.856	12	69	31	26
7.000	18	81	36	27	• 7.248	18	96	41	35	7.500	21	84	39	24	7.857	15	90	40	35
7.041	21	111	48	42	7.250	18	90	40	32	7.500	18	78	36	24	7.857	18	108	48	42
7.045	21	114	49	44	7.250	18	105	45	42	• 7.514	15	90	38	35	7.867	18	111	49	44
7.053	21	105	46	38	• 7.255	15	66	29	17	7.538	15	75	34	26	7.871	21	78	37	20
• 7.055	21	87	38	26	• 7.260	18	105	44	41	7.552	18	96	43	35	• 7.878	18	108	47	41
• 7.058	18	81	35	26	• 7.261	21	93	41	29	7.563	12	45	21	12	• 7.888	15	87	38	32
• 7.059	21	111	47	41	7.283	18	87	39	30	7.567	21	93	43	29	7.890	15	81	37	29
7.071	21	102	45	36	7.286	18	72	33	21	7.576	18	93	42	33	• 7.897	12	75	32	29
• 7.088	12	54	23	17	7.286	21	72	33	18	7.578	18	111	42	45	7.905	15	96	41	38
7.097	15	78	34	29	7.286	15	66	30	21	• 7.587	18	111	47	44	7.915	18	117	50	47
• 7.106	21	102	44	35	7.317	21	111	49	41	• 7.594	18	78	35	23	• 7.936	21	96	44	29
7.109	15	84	36	33	7.330	21	108	48	39	• 7.609	21	84	38	24	7.943	18	93	43	32
7.111	15	75	33	27	• 7.361	21	108	47	38	7.620	18	93	41	32	7.957	21	84	40	23
7.111	18	66	30	18	7.367	18	78	36	21	7.632	21	108	40	38	7.971	18	78	37	23
• 7.118	15	60	26	17	7.374	21	87	40	29	7.667	18	60	28	14	• 7.982	12	51	23	14
7.125	15	84	35	32	• 7.380	15	66	29	20	7.667	18	87	40	29	8.000	21	105	49	35
7.143	21	96	43	32	7.384	21	102	46	35	7.686	18	66	31	17	• 8.000	15	78	35	26
• 7.154	15	75	32	26	7.404	18	81	37	26	7.714	21	105	47	35	8.000	15	63	30	18
7.159	18	75	34	23	• 7.413	12	69	29	26	• 7.758	21	90	41	26	8.000	18	90	42	30
• 7.190	18	60	26	14	7.429	15	54	25	14	7.769	12	45	20	13	8.028	18	69	33	18
7.200	15	69	31	23	7.429	21	99	45	33	7.777	21	99	46	32	• 8.057	15	57	26	14
7.200	21	93	42	30	7.475	15	84	37	32	7.800	18	72	34	20	8.065	21	102	48	33

续表

i_{AX}^{B}	z_A	z_B	z_C	z_D	i_{AX}^{B}	z_A	z_B	z_C	z_D	i_{AX}^{B}	z_A	z_B	z_C	z_D	i_{AX}^{B}	z_A	z_B	z_C	z_D
•8.069	18	90	41	29	•8.640	21	99	47	29	•9.462	18	90	44	26	12.371	12	90	47	31
8.088	21	90	43	26	8.659	15	63	31	17	9.500	12	69	34	23	12.500	12	87	46	29
8.125	12	57	27	18	8.667	18	69	34	17	•9.529	12	60	29	17	12.529	15	105	56	34
•8.134	21	102	47	32	•8.688	15	90	41	32	9.533	18	96	48	30	•12.610	12	81	43	25
8.143	18	75	36	21	8.708	18	75	37	20	•9.591	15	78	38	23	12.667	18	105	58	29
•8.165	15	63	29	17	8.724	15	84	40	29	9.600	15	87	43	29	12.688	15	102	55	32
8.171	18	108	49	41	8.750	18	93	45	30	9.643	12	66	33	21	•12.786	21	99	55	22
8.178	18	114	51	45	8.800	15	81	39	27	9.644	18	96	47	29	12.867	12	93	49	32
8.179	18	105	48	39	8.800	12	73	36	30	9.667	18	105	52	35	12.880	12	81	44	25
•8.215	18	105	47	38	8.805	12	81	37	32	9.711	15	84	42	27	•13.115	12	84	45	26
•8.216	18	69	32	17	8.821	18	111	52	41	9.758	18	102	51	33	13.248	21	102	58	23
8.229	15	69	33	21	8.824	12	57	28	17	9.800	15	62	34	17	13.284	15	102	56	31
8.233	15	93	42	36	8.826	18	81	40	23	•9.800	12	66	32	20	13.292	18	105	59	28
8.242	15	96	43	38	8.835	21	93	46	26	•9.831	15	84	41	26	•13.460	21	102	59	23
8.251	21	96	46	29	•8.839	18	93	44	29	9.846	18	90	46	26	13.517	15	99	55	29
•8.263	15	93	41	35	•8.845	12	78	35	29	•9.854	18	102	50	32	13.641	18	102	58	26
•8.265	12	57	26	17	8.846	12	72	34	26	9.880	15	72	37	20	•13.650	15	102	55	31
8.273	18	96	45	33	8.846	18	108	49	39	9.894	12	75	37	26	13.672	12	90	49	29
8.280	15	84	39	30	•8.892	15	81	38	26	10.000	15	54	28	14	13.688	15	105	58	32
•8.292	18	75	35	20	8.895	18	108	50	38	10.043	15	78	40	23	•13.805	21	102	58	22
8.313	18	81	39	24	8.906	12	69	33	24	10.118	12	60	31	17	13.880	12	84	46	25
8.328	12	75	34	29	8.933	18	102	49	35	10.310	12	81	40	29	13.897	15	111	61	35
•8.333	18	96	44	32	8.965	21	99	49	29	•10.512	15	99	49	34	•14.000	12	96	52	32
8.333	12	72	33	27	8.994	18	87	43	26	10.625	12	63	33	18	•14.097	15	105	58	31
•8.338	15	84	38	29	•9.000	12	69	32	23	10.706	15	99	50	34	•14.147	18	102	58	25
•8.360	15	69	32	20	9.000	18	99	48	33	•10.838	15	105	52	37	14.200	15	99	56	28
8.364	12	81	36	33	9.063	15	90	43	32	10.857	12	69	36	21	•14.276	15	111	61	34
•8.383	12	81	35	32	9.067	15	66	33	18	•10.882	12	63	32	17	14.323	15	105	59	31
8.400	15	78	37	26	9.100	12	54	27	15	10.884	12	81	41	28	14.373	18	102	59	25
8.413	12	66	31	23	9.120	15	87	42	30	11.000	12	78	40	26	14.494	15	111	62	34
8.414	18	90	43	29	9.138	12	63	31	20	11.027	18	105	53	37	14.500	12	99	54	33
•8.435	18	81	38	23	9.195	18	93	46	29	11.103	18	102	52	35	14.600	15	102	58	29
8.438	21	102	49	32	•9.200	15	87	41	29	•11.349	18	105	55	31	•14.630	18	99	57	23
8.485	18	114	52	44	9.211	18	108	52	38	11.400	15	102	52	34	14.663	12	87	49	26
8.488	18	111	51	42	9.229	15	72	36	21	11.500	12	63	34	17	14.686	18	105	61	26
8.500	12	63	30	21	9.264	18	105	51	36	11.538	18	105	56	31	•15.086	15	102	58	28
8.519	18	87	42	27	•9.282	15	66	32	17	•11.552	18	102	54	29	15.329	15	102	59	28
•8.520	18	111	50	41	9.293	12	78	37	29	11.600	15	102	53	34	15.467	18	105	62	25
8.522	18	105	49	36	9.308	15	81	40	26	11.638	12	69	37	20	15.723	15	99	58	26
8.543	21	99	48	30	9.323	18	90	45	27	11.725	15	99	52	32	15.724	15	105	61	29
8.556	18	102	48	36	9.330	12	60	30	18	11.747	18	102	55	29	15.800	15	111	64	32
8.600	15	57	28	14	•9.333	18	105	50	35	11.880	21	102	56	25	15.849	12	111	61	38
•8.609	15	75	35	23	9.333	12	75	36	27	•12.071	15	99	52	31	16.029	18	102	61	23
8.610	18	102	47	35	•9.357	12	54	26	14	•12.131	18	102	55	28	•16.250	15	105	61	28
•8.613	12	63	29	20	•9.400	15	72	35	20	12.163	12	81	43	26	•16.250	12	111	61	37
8.617	15	93	43	35	•9.413	12	75	35	26	12.273	21	99	55	23	•16.277	15	111	64	31
•8.622	18	87	41	26	9.422	18	99	49	32	12.284	15	99	53	31	•16.312	15	99	58	25
8.636	15	90	42	33	9.450	15	78	39	24	12.333	18	102	56	28	16.500	15	105	62	28

续表

i_{AX}^B	z_A	z_B	z_C	z_D	i_{AX}^B	z_A	z_B	z_C	z_D	i_{AX}^B	z_A	z_B	z_C	z_D	i_{AX}^B	z_A	z_B	z_C	z_D
16.500	12	111	62	37	•17.592	15	102	61	25	18.231	15	105	64	26	19.821	12	102	62	28
16.516	15	111	65	31	17.714	15	108	65	28	•18.333	15	108	65	27	20.367	12	111	67	32
16.712	18	102	61	22	17.864	15	102	62	25	•18.412	12	111	64	34	•20.992	12	111	67	31
16.954	15	102	61	26	17.914	12	111	64	35	•18.707	15	111	67	28	21.290	12	111	68	31
17.232	18	105	64	23	18.097	15	111	67	29	18.879	12	102	61	29	21.923	12	102	64	26
•17.457	15	108	64	28	•18.179	12	111	65	35	•19.518	12	102	61	28					

注：1. 本表 z_A 及 z_B 都是 3 的倍数，适用于 $C_s=3$ 的行星传动。个别组的 z_A、z_B 也同时是 2 的倍数，也可用于 $C_s=2$ 的行星传动。

2. 带 "•" 记号者，$z_A+z_C \neq z_B-z_D$，用于角变位传动；不带 "•" 记号者，$z_A+z_C=z_B-z_D$，可用于高变位或非变位传动。

3. 当齿数小于 17 且不允许根切时，应进行变位。

4. 表中同一个 i_{AX}^B 而对应有几个齿数组合时，则应根据齿轮强度选择。

5. 表中齿数系按模数 $m_{tA}=m_{tB}$ 条件列出。

（3）多个行星轮的 NN 型传动配齿方法及齿数组合表

行星轮数目大于 1 的 NN 型传动，其配齿方法按如下步骤进行。

① 计算各齿轮的齿数。首先应根据设计要求确定固定内齿圈的齿数 z_B，然后选取两个中心轮或两个行星轮的齿数差值 e，再由下式计算各齿齿数，同时要检查齿数最少的行星轮是否会发生根切，齿数最多的行星轮是否超过表 14-5-9 规定的邻接条件。不符合要求时，要改变 e 值重算，直至这两项通过为止。e 为 ≥ 1 的整数，当传动比为负值时，e 取负值。

$$z_D = \frac{ez_B}{(z_B-e)/i_{XE}^B+e}$$

式中　i_{XE}^B——要求的传动比。$e=z_B-z_E=z_C-z_D$，$z_E=z_B-e$，$z_C=z_D+e$。

表 14-5-9　　　　C_s 一定时按邻接条件决定的 $(i_{AX}^B)_{max}$、$(z_C/z_A)_{max}$、$(z_B/z_C)_{min}$

行星轮数 C_s			2	3	4	5	6	7	8
NGW 型 $(i_{AX}^B)_{max}$	小轮齿数 z_{1min}	>13	不限	12.7	5.77	4.1	3.53	3.21	3
		>18		12.8	6.07	4.32	3.64	3.28	3.05
$(z_C/z_A)_{max}$		>13		5.35	1.88	1.05	0.75	0.60	0.5
		>18		5.4	2.04	1.16	0.82	0.64	0.52
$(z_B/z_C)_{min}$				2.1	2.47	2.87	3.22	3.57	3.93
对于重载的 NGW 型 $(i_{AX}^B)_{max}$			—	12	4.5	3.5	3	2.8	2.6

注：表中 $(z_C/z_A)_{max}$ 用于 NW 型、WW 型，但以 $z_C>z_D$，$z_B>z_A$ 为前提；$(z_B/z_C)_{min}$ 用于 NN 型。

② 确定齿数。在计算出各齿轮齿数的基础上，根据满足各项条件的要求圆整齿数。其具体做法与 NW 型传动一样。对于一般的行星齿轮传动，为了配齿方便，常取各轮齿数及 e 值均为行星轮数 C_s 的整数倍；而对于高速重载齿轮传动，为保证其良好的工作平稳性，各啮合齿轮的齿数间不应有公约数。因此，选配齿轮时 e 值不能取 C_s 的整数倍。

③ 按下式验算传动比。其值与名义传动比差值一般不应超过 4%。

$$i_{XE}^B = \frac{z_C z_E}{z_C z_E - z_B z_D}$$

表 14-5-10 为行星轮数目 $C_s=3$ 的 NN 型行星轮齿轮传动常用传动比对应的齿数组合。

表 14-5-10　　　　　　　多个行星轮的 NN 型行星传动的齿数组合

i_{XE}^B	z_B	z_E	z_C	z_D	i_{XE}^B	z_B	z_E	z_C	z_D
8.00	51	48	17	14	8.68	96	93	21	18
8.00	63	60	18	15	8.75	93	90	21	18
8.26	72	69	19	16	8.80	36	33	16	13
8.50	45	42	17	14	8.84	42	39	17	14
8.50	54	51	18	15	8.90	69	66	20	17

i_{XE}^{B}	z_B	z_E	z_C	z_D	i_{XE}^{B}	z_B	z_E	z_C	z_D
9.00	48	45	18	15	13.00	72	69	26	23
9.10	81	78	21	18	13.00	81	78	27	24
9.30	63	60	20	17	13.10	90	87	28	25
9.50	51	48	19	16	13.24	78	75	27	24
9.50	60	57	20	17	13.30	69	66	26	23
9.70	81	78	22	19	13.50	75	72	27	24
9.75	42	39	18	15	13.60	54	51	24	21
9.80	66	63	21	18	13.65	66	63	26	23
9.86	93	90	23	20	13.75	102	99	30	17
9.96	90	87	23	20	13.80	72	69	27	24
10.00	54	51	20	17	14.00	39	36	21	18
10.00	63	60	21	18	14.00	78	75	28	25
10.23	60	57	21	18	14.24	84	81	29	26
10.30	69	66	22	19	14.30	42	39	22	19
10.50	57	54	21	18	14.50	81	78	29	26
10.50	66	63	22	19	14.50	90	87	30	27
10.73	63	60	22	19	14.73	87	84	30	27
10.80	84	81	24	21	14.80	78	75	29	26
10.95	81	78	24	21	15.00	63	60	27	24
11.00	60	57	22	19	15.00	84	81	30	27
11.00	69	66	23	20	15.00	93	90	31	28
11.20	51	48	21	18	15.24	90	87	31	28
11.31	57	54	22	19	15.29	81	78	30	27
11.40	39	36	19	16	15.40	36	33	21	18
11.50	63	60	23	20	15.50	87	84	31	28
11.50	72	69	24	21	15.50	96	93	32	29
11.73	69	66	24	21	15.63	78	75	30	27
11.81	60	57	23	20	15.74	42	39	23	20
11.88	102	99	27	24	15.95	69	66	29	26
12.00	66	63	24	21	16.00	63	60	28	25
12.00	75	72	25	22	16.00	75	72	30	27
12.00	99	96	27	24	16.00	90	87	32	29
12.25	45	42	21	18	16.12	81	78	31	28
12.31	63	60	24	21	16.20	57	54	27	24
12.50	69	66	25	22	16.24	96	93	33	30
12.50	78	75	26	23	16.43	72	69	30	27
12.60	87	84	28	25	16.46	66	63	29	26
12.67	60	57	24	21	16.50	93	90	33	30
12.80	66	63	25	22	16.50	102	99	34	31
12.92	93	90	28	25	16.62	84	81	32	29

续表

i_{XE}^{B}	z_B	z_E	z_C	z_D	i_{XE}^{B}	z_B	z_E	z_C	z_D
16.74	99	96	34	31	20.58	72	69	34	31
16.79	90	87	33	30	20.72	87	84	37	34
16.91	75	72	31	28	20.80	81	78	36	33
16.98	81	78	32	29	20.80	99	96	39	36
17.00	54	51	27	24	21.00	48	45	28	25
17.00	96	93	34	31	21.00	66	63	33	30
17.11	87	84	33	30	21.00	75	72	35	32
17.29	93	90	34	31	21.25	54	51	30	27
17.40	78	75	32	29	21.37	69	66	34	31
17.50	66	63	30	27	21.46	57	54	31	28
17.50	99	96	35	32	21.67	93	90	39	36
17.77	60	57	29	26	21.71	87	84	38	35
17.88	81	78	33	30	21.76	72	69	34	31
17.96	87	84	34	31	21.86	81	78	37	34
18.00	51	48	27	24	22.00	36	33	24	21
18.00	102	99	36	33	22.00	63	60	33	30
18.29	99	96	36	33	22.18	90	87	39	36
18.36	84	81	34	31	22.30	84	81	38	35
18.40	72	69	32	29	22.64	93	90	40	37
18.46	90	87	35	32	22.75	87	84	39	36
18.60	66	63	31	28	22.98	81	78	38	35
18.60	96	93	36	33	23.00	72	69	36	33
18.81	81	78	34	31	23.10	102	99	42	39
18.86	75	72	33	30	23.20	90	87	40	37
18.95	93	90	36	33	23.37	75	72	37	34
19.00	60	57	30	27	23.40	84	81	39	36
19.20	39	36	24	21	23.45	63	60	34	31
19.29	84	81	35	32	23.58	99	96	42	39
19.33	90	87	36	33	23.75	78	75	38	35
19.38	63	60	31	28	23.83	87	84	40	37
19.44	96	93	37	34	24.00	39	36	26	23
19.46	72	69	33	30	24.00	69	66	36	33
19.59	102	99	38	35	24.27	90	87	41	38
19.77	87	84	36	33	24.55	84	81	40	37
19.90	75	72	34	31	24.75	57	54	33	30
19.93	99	96	38	35	24.80	51	48	31	28
20.00	57	54	30	27	24.96	87	84	41	38
20.17	69	66	33	30	25.00	48	45	30	27
20.25	84	81	36	33	25.00	63	60	35	32
20.35	78	75	35	32	25.00	78	75	39	36

续表

i_{XE}^{B}	z_B	z_E	z_C	z_D	i_{XE}^{B}	z_B	z_E	z_C	z_D
25.15	96	93	43	40	27.77	99	97	46	43
25.20	66	63	36	33	28.00	45	42	30	27
25.37	81	78	40	37	28.00	81	78	42	39
25.44	69	66	37	34	28.13	93	90	45	42
25.60	99	96	45	42	28.20	102	99	47	44
25.71	72	69	38	35	28.32	84	81	43	40
25.74	84	81	41	38	28.46	63	60	37	34
25.80	93	90	43	40	28.50	60	57	36	33
26.00	42	39	28	25	28.60	69	66	39	36
26.00	75	72	39	36	28.65	87	84	44	41
26.13	87	84	42	39	28.75	72	69	40	37
26.23	96	93	44	41	28.90	54	51	34	31
26.53	90	87	43	40	28.94	75	72	41	38
26.60	60	57	35	32	29.00	42	39	29	26
26.65	81	78	41	38	29.00	90	87	45	42
26.67	99	96	45	42	29.17	78	75	42	39
26.79	66	63	37	34	29.33	51	48	33	30
26.94	93	90	44	41	29.36	93	90	46	43
26.97	69	66	38	35	29.42	81	78	43	40
27.00	39	36	27	24	29.70	84	81	44	41
27.00	84	81	42	39	29.73	96	93	47	44
27.35	48	45	31	28	30.00	48	45	32	29
27.43	75	72	40	37	30.00	87	84	45	42
27.70	78	75	41	38					
27.74	90	87	44	41					

注：1. 本表的传动比为 $i_{XE}^{B}=8\sim30$，其传动比计算式如下

$$i_{XE}^{B}=\frac{z_C z_E}{z_C z_E - z_B z_D}$$

2. 本表内的所有齿轮的模数均相同，且各种方案均满足下列条件

$$z_B-z_C=z_E-z_D,\ z_B-z_E=z_C-z_D=e$$

3. 本表内的齿数均满足关系式 $z_B>z_E$ 和 $z_C>z_D$。

（4）WW 型传动的配齿方法

由于 WW 型传动只在很小的传动比范围内才有较高的效率，且具有外形尺寸和质量大、制造较困难等缺点，故一般只用于差速器及大传动比运动传递等特殊用途。

表 14-5-11　　　　　　　　　　　　　　**WW 型传动的配齿方法**

传动比 $\|i_{XA}^{B}\|<50$ 时的配齿方法	该方法适用于 $\|i_{XA}^{B}\|<50$，并需满足装配等条件时使用，在给定传动比 i_{XA}^{B} 的情况下，其配齿步骤如下： ①确定齿数差 $e=z_A-z_B=z_D-z_C=1\sim8$。e 值也表示了 A-C 与 B-D 齿轮副径向尺寸的差值，由结构设计要求确定 ②确定计算常数 $K=\dfrac{z_A}{i_{XA}^{B}}-e$。为了避免 z_D 太大，通常取 $\|K\|\geqslant0.5$。从结构设计的观点出发，最好取 $\|K\|=1$，$\|e\|=1$ ③按下式计算齿数 $$z_A=(K+e)i_{XA}^{B}\qquad z_D=\dfrac{e}{K}(z_A-e)$$ $$z_B=z_A-e\qquad z_C=z_D-e$$

传动比 $\left\lvert i_{XA}^B \right\rvert < 50$ 时的配齿方法	对于 $\lvert K \rvert = 1$，$\lvert e \rvert = 1$ 的情况，上列各式将变为 $$z_A = \pm 2 i_{XA}^B$$ $$z_D = z_B = z_A \mp 1$$ $$z_C = z_D \mp 1 = z_A \mp 2$$ 式中，"±"号和"∓"号，上面的符号用于正传动比，下面的符号用于负传动比 ④确定齿数。齿数主要按装配条件确定，其作法与 NW 传动相同。当 $\lvert K \rvert = 1$，$\lvert e \rvert = 1$ 时，只要使 z_A 为 C_s 的倍数加 1（正 i_{XA}^B），或减 1（负 i_{XA}^B）即可满足 ⑤按下式验算传动比并验算邻接条件 $$i_{XA}^B = \frac{z_A z_D}{z_A z_D - z_B z_C}$$ 对于传动比 $i_{XA}^B < 50$ 的 WW 型传动，为制造方便，让两个行星轮的齿数相等，即 $z_C = z_D$，并制成一个宽齿轮，便得到具有公共行星轮 WW 型传动，而 z_A 与 z_B 之差仍为 1~2 个齿。这样，其传动比公式将简化为： $$i_{XA}^B = \frac{z_A z_D}{z_A z_D - z_B z_C} = \frac{z_A}{z_A - z_B}$$ 令 $z_A - z_B = e'$，则 $z_A = e' i_{XA}^B$，$z_B = z_A - e'$，$z_C = z_D$ 通常，取 $e' = 1 \sim 2$，且负传动比时取负值 因为 $e' = 1$ 的 WW 型传动不能满足 $C_s \ne 1$ 的装配条件，所以此种情况下，只采用一个行星轮 $e' = 2$ 的二齿差 WW 型传动，由于 z_A 与 z_B 之差为 2，当 z_A 为偶数时，满足 $C_s = 2$ 的装配条件，故可采用两个行星轮 当 $C_s = 1$ 或 2 时，不必验算邻接条件 对于具有公共行星轮的 WW 型传动，因为两对齿轮副齿数 $z_{\Sigma AC}$ 与 $z_{\Sigma BD}$ 的差值为 1~2，故可用角变位满足同心条件

传动比 $\left\lvert i_{XA}^B \right\rvert > 50$ 时的配齿方法

当 $\lvert i_{XA}^B \rvert > 50$ 时，一般不按满足非角变位传动的同心条件和装配条件，而是以满足传动比条件按下述方法进行配齿。由于这种配齿方法所得两对齿轮副的齿数和之差仅为 2 个齿，故可通过角变位来满足同心条件；在给定行星轮数目不满足装配条件时，可以依靠双联行星轮两齿圈在加工或装配时调整相对位置来实现装配。也可以只用一个行星轮，这样就不必考虑装配条件的限制

配齿步骤如下

①根据要求的传动比 i_{XA}^B 的大小按下表选取 δ 值（$\delta = z_A z_D - z_B z_C$）

传动比范围	δ	传动比范围	δ
$10000 > \lvert i_{XA}^B \rvert > 2500$	1	$400 > \lvert i_{XA}^B \rvert > 100$	4~6
$2500 > \lvert i_{XA}^B \rvert > 1000$	2	$100 > \lvert i_{XA}^B \rvert > 50$	7~10
$1000 > \lvert i_{XA}^B \rvert > 400$	3		

②按下列公式计算齿数

$$z_A = \sqrt{\delta i_{XA}^B + \left(\frac{\delta - 1}{2}\right)^2} - \frac{\delta - 1}{2}$$

$$z_D = z_A + \delta - 1 \quad z_C = z_A + \delta \quad z_B = z_D - \delta$$

③按下式验算传动比

$$i_{XA}^B = \frac{z_A z_D}{\delta}$$

④按表 14-5-9 验算邻接条件

（5）NGWN 型传动配齿方法及齿数组合表

NGWN 型传动由高速级 NGW 型和低速级 NN 型传动组成，其配齿问题转化为二级串联的 2Z-X 类传动来解决。除按二级传动分别配齿外，尚需考虑两级之间的传动比分配并满足共同的同心条件。常用的 $C_s = 3$，且两个中心轮或行星轮之齿数差 e 为 C_s 之倍数时 NGWN 型传动的配齿步骤如下。

① 根据要求的传动比 i_{AE}^B 的大小查表 14-5-12 选取适当的 e 和 z_B 值。当传动比为负值时，e 取负值，z_B 和 e 应为 C_s 的倍数。

表 14-5-12　　　　　　　　　　　　　　　与 i_{AE}^B 相适应的 e 和 z_B

i_{AE}^B	12~35	35~50	50~70	70~100	>100
e	15~6	12~6	9~6	6~3	3
z_B	60~100	60~120	60~120	70~120	80~120

② 根据 i_{AE}^B 按下式分配传动比

$$i_{XE}^B = \frac{i_{AE}^B}{\dfrac{i_{AE}^B e}{z_B - e} + 2} \qquad i_{AX}^B = \frac{i_{AE}^B}{i_{XE}^B}$$

③ 计算各轮齿数

$$z_A = \frac{z_B}{i_{AX}^B - 1}$$

由上式算出的 z_A 应四舍五入取整数；为满足装配条件，z_A 为 $C_s = 3$ 的倍数；若是非角变位传动，还应使 z_B 与 z_A 同时为奇数或偶数，以满足同心条件。若 z_A 不能满足这几项要求，应重选 z_B 或 e 值另行计算。

$$z_C = \frac{1}{2}(z_B - z_A)$$
$$z_E = z_B - e$$
$$z_D = z_C - e$$

④ 按下式验算传动比

$$i_{AE}^B = \left(\frac{z_B}{z_A} + 1\right) \frac{z_E z_C}{z_E z_C - z_B z_D}$$

必要时，还应根据 i_{AX}^B 和 z_E / z_D 的比值查表 14-5-9 验算邻接条件。

表 14-5-13 为部分传动比 i_{AE}^B 对应的齿轮齿数组合表。

表 14-5-13　　　　　　　　　　$C_s = 3$ 的 NGWN 型行星传动的齿轮组合

i_{AE}^B	齿　　数					i_{AE}^B	齿　　数				
	z_A	z_B	z_E	z_C	z_D		z_A	z_B	z_E	z_C	z_D
11.58	15	60	48	22	10	18211	15	78	63	32	17
11.78	21	72	60	25	13	18.31	18	69	60	25	16
12.51	21	72	60	26	14	18.33*	18	78	66	30	18
13.22*	18	60	51	21	12	18245	15	72	60	28	16
13.45	21	84	69	31	16	18.46	21	84	72	32	20
13.48*	21	75	63	27	15	18.85	18	87	72	35	20
14.52	21	78	66	28	16	18.86*	21	75	66	27	18
15.00*	18	72	60	27	15	18.87	21	96	81	37	22
15.00	18	81	66	31	16	19.19	15	72	60	29	17
15.08*	21	87	72	33	18	19.20*	15	63	54	24	15
15.27	18	63	54	23	14	19.28	12	57	48	22	13
15.79	15	66	54	26	14	19.33*	21	105	87	42	24
15.80	18	81	66	32	17	19.36*	15	81	66	33	18
16.40	15	60	51	22	13	19.48	18	69	60	26	17
16.43*	21	81	69	30	18	19.61	18	81	69	31	19
16.49	21	72	63	25	16	19.64*	21	87	75	33	21
16.82	21	90	75	35	20	19.71	21	96	81	38	23
16.87*	18	84	69	33	18	19.98	15	54	48	19	13
16.89*	18	66	57	24	15	20.00*	18	90	75	36	21
17.10*	15	69	57	27	15	20.24	21	78	69	28	19
17.10	18	75	63	29	17	20.25*	12	66	54	27	15
17.17	15	78	63	31	16	20.32	21	108	90	43	25
17.47	12	63	51	25	13	20.65	18	81	69	32	20
17.50*	12	54	45	21	12	20.74	12	57	48	23	14
17.52	21	72	63	26	17	20.80*	21	99	84	39	24
17.55	21	84	72	31	19	20.85	15	66	57	25	16
17.61	15	60	51	23	14	20.86	21	90	78	34	22
17.83*	21	93	78	36	21	21.00*	12	48	42	18	12
17.96	18	87	72	34	19	21.00*	15	75	63	30	18
18.00*	15	51	45	18	12	21.00*	18	60	54	21	15

i_{AE}^{B}	齿　数					i_{AE}^{B}	齿　数				
	z_A	z_B	z_E	z_C	z_D		z_A	z_B	z_E	z_C	z_D
21.00 *	18	72	63	27	18	25.14 *	21	117	99	48	30
21.12	21	108	90	44	26	25.19	21	108	93	43	28
21.19	18	93	78	37	22	25.29 *	15	81	69	33	21
21.68	15	84	69	35	20	25.40	12	51	45	20	14
21.86	21	90	78	35	23	25.55	21	96	84	38	26
21.90	12	69	57	28	16	25256 *	18	78	69	30	21
21.92	21	102	87	40	25	25.58	15	90	75	38	23
22.00 *	18	84	72	33	21	25.64	21	84	75	32	23
22.14 *	21	111	93	45	27	25.73	18	99	84	41	26
22.15	18	93	78	38	23	25.91	21	72	66	25	19
22.23	15	66	57	26	17	25.94	12	81	66	35	20
22.57	18	75	66	28	19	26.00 *	18	90	78	36	24
22.67 *	12	60	51	24	15	26.05	15	60	54	22	16
22.83	21	102	87	41	26	26.18	21	108	93	44	29
22.86 *	21	81	72	30	21	26.26	21	120	102	49	31
22.91	18	105	87	43	25	26.67 *	18	66	60	24	18
22.94	18	63	57	22	16	26.82	12	75	63	31	19
23.04 *	15	87	72	36	21	26.90 *	21	99	87	39	27
23.10 *	12	78	63	33	18	26.93	15	84	72	34	22
23.14 *	21	93	81	36	24	27.04 *	15	93	78	39	24
23.19	21	114	96	46	28	27.07 *	18	102	87	42	27
23.24	12	69	57	29	17	27.18	21	120	102	50	32
23.38	12	51	45	19	13	27.19	18	111	93	47	29
23.39	18	87	75	34	22	27.24 *	21	87	78	33	24
23.40 *	18	96	81	39	24	27.28	18	81	72	31	22
23.72	15	78	66	32	20	27.38	15	72	63	29	20
23.80 *	15	57	51	21	15	27.43 *	21	111	96	45	30
23.82	18	105	87	44	26	27.50	18	93	81	37	25
23.89	18	75	66	29	20	27.53	21	72	66	26	20
24.00 *	15	69	60	27	18	27.60 *	12	84	69	36	21
24.00 *	21	105	90	42	27	27.97	15	60	54	23	17
24.05	21	114	96	47	29	27.99 *	12	54	48	21	15
24.43	15	90	75	37	22	28.32	12	75	63	32	20
24.46	21	96	84	37	25	28.34	21	102	90	40	28
24.54	18	87	75	35	25	28.43	18	105	90	43	28
24.67	12	63	54	25	16	28.44 *	18	114	96	48	30
24.67	12	81	66	34	19	28.54	15	96	81	40	25
24.67	18	99	84	40	25	28.59 *	12	66	57	27	18
25.00 *	12	72	60	30	18	28.70	21	114	99	46	31
25.00 *	18	108	90	45	27	28.73	18	81	72	32	23

第 14 篇

i_{AE}^{B}	齿 数					i_{AE}^{B}	齿 数				
	z_A	z_B	z_E	z_C	z_D		z_A	z_B	z_E	z_C	z_D
28.83	18	69	63	25	19	35.00 *	18	102	90	42	30
29.33 *	15	75	66	30	21	35.10	15	66	60	26	20
29.52	21	102	90	41	29	35.10 *	15	93	81	39	27
29.57	18	105	90	44	29	35.20 *	15	81	72	33	24
29.57 *	21	75	69	27	21	35.20 *	18	114	99	48	33
29.72 *	18	117	99	49	31	35.28	21	96	87	38	29
29.76	21	114	99	47	32	35.36 *	21	111	99	45	33
30.00 *	15	87	75	36	24	35.40	18	75	69	28	22
30.25 *	12	78	66	33	21	35.71 *	21	81	75	30	24
30.27	21	90	81	35	26	35.92 *	18	90	81	36	27
30.40 *	15	63	57	24	18	36.00 *	12	84	72	36	24
30.44 *	18	96	84	39	27	36.00 *	12	60	54	24	18
30.55 *	18	84	75	33	24	36.75	18	117	102	49	34
30.89	18	69	63	26	20	36.96	21	114	102	46	34
30.72	12	57	51	22	16	37.14 *	21	99	90	39	30
30.73	12	69	60	28	19	37.40	15	84	75	34	25
31.00 *	18	108	93	45	30	37.46	18	75	69	29	23
31.00 *	21	105	93	42	30	37.80 *	15	69	63	27	21
31.35	15	78	69	31	22	38.03	18	93	84	37	28
31.36 *	15	99	84	42	27	38.06	18	117	102	50	35
31.50	15	48	45	16	13	38.33	21	114	102	47	35
31.61	21	117	102	48	33	38.40 *	15	51	48	18	15
31.68	21	78	72	28	22	38.72	21	102	93	40	31
31.95	18	99	87	40	28	39.56	12	75	66	32	23
32.00 *	21	93	84	36	27	39.67 *	18	120	105	51	36
32.11 *	18	120	102	51	33	39.76	18	93	84	38	29
32.24	12	81	69	34	22	40.00 *	18	78	72	30	24
32.44	21	120	105	49	34	40.00 *	18	108	96	45	33
32.51	21	108	96	43	31	40.00	21	84	78	32	26
32.53	18	111	96	46	31	40.00 *	21	117	105	48	36
32.97	15	102	87	43	28	40.60	15	72	66	28	22
33.00 *	18	72	66	27	21	40.60 *	15	99	87	42	30
33.06	12	57	51	23	17	40.68	21	102	93	41	32
33.07	15	78	69	32	23	41.60 *	15	87	78	36	27
33.25	15	90	78	38	26	41.70	21	120	108	49	37
33.31	18	99	87	41	29	41.72	12	63	57	26	20
33.57	21	120	105	50	35	41.84	18	111	99	46	34
33.77	21	96	87	37	28	41.89 *	18	96	87	39	30
33.91	12	81	69	35	23	42.17 *	12	78	69	33	24
35.00 *	12	72	63	30	21	42.43 *	21	87	81	33	27

续表

i^B_{AE}	齿数					i^B_{AE}	齿数				
	z_A	z_B	z_E	z_C	z_D		z_A	z_B	z_E	z_C	z_D
42.45	15	54	51	19	16	56.00*	15	99	90	42	33
42.62	18	81	75	31	25	56.00*	18	66	63	24	21
42.63	15	102	90	43	31	56.00*	18	90	84	36	30
42.67*	21	105	96	42	33	57.57	21	72	69	26	23
43.16	21	120	108	50	38	57.57*	21	99	93	39	33
43.98	15	90	81	37	28	58.74	12	75	69	31	25
44.33*	18	60	57	21	18	59.08	18	93	87	37	31
44.38	15	102	90	44	32	59.15	21	120	111	50	41
44.90	18	81	75	32	26	59.50*	12	54	51	21	18
45.00*	12	48	45	18	15	59.65	18	111	102	47	38
45.00*	12	66	60	27	21	60.46	21	102	96	40	34
45.07	21	90	84	34	28	61.28	15	84	78	35	29
45.33*	18	114	102	48	36	61.71*	21	75	72	27	24
45.95	18	99	90	41	32	61.78	18	93	87	38	32
46.00	15	54	51	20	17	62.22*	18	114	105	48	39
46.00*	15	75	69	30	24	64.00*	15	63	60	24	21
46.04	15	90	81	38	29	64.29	18	69	66	26	23
47.17	12	81	72	35	26	64.80*	15	87	81	36	30
47.67*	18	84	78	33	27	64.85	18	117	108	49	40
48.22*	18	102	93	42	33	65.00*	18	96	90	39	33
48.29	18	63	60	22	19	65.06	12	57	54	22	19
48.40	12	69	63	28	22	66.00*	12	78	72	33	27
48.53*	15	93	84	39	30	66.00	21	78	75	28	25
48.57*	21	111	102	45	36	66.00*	21	105	99	42	36
49.71*	21	93	87	36	30	68.41	15	90	84	37	31
50.00*	12	84	75	36	27	69.00*	18	72	69	27	24
50.40*	15	57	54	21	18	69.09	21	108	102	43	37
50.52	18	87	81	34	28	69.75	21	78	75	29	26
50.55	18	105	96	43	34	69.89*	18	120	111	51	42
51.00*	18	120	108	51	39	70.08	12	81	75	34	28
51.09	15	96	87	40	31	71.22	18	99	93	41	35
51.75	18	63	60	23	20	71.79	21	108	102	44	38
52.57	18	105	96	44	35	73.71	15	66	63	26	23
52.61	21	114	105	47	38	73.87	18	75	72	28	25
54.20	12	51	48	20	17	74.28*	21	81	78	30	27
54.86*	21	117	108	48	39	74.67*	18	102	96	42	36
55.00*	12	72	66	30	24	75.00*	21	111	105	45	39
55.00	15	60	57	22	19	75.40*	15	93	87	39	33
55.00*	15	81	75	33	27	76.00*	12	60	57	24	21
55.00*	18	108	99	45	36	78.00*	12	84	78	36	30

续表

i_{AE}^{B}	齿 数					i_{AE}^{B}	齿 数				
	z_A	z_B	z_E	z_C	z_D		z_A	z_B	z_E	z_C	z_D
78.17	18	75	72	29	26	129.91	21	102	99	41	38
78.28	21	114	108	46	40	134.33*	18	96	93	39	36
79.17	15	96	90	40	34	134.40*	15	87	84	36	33
79.20*	15	69	66	27	24	136.00*	21	105	102	42	39
81.33	18	105	99	44	38	137.50*	12	78	75	33	30
82.24	12	63	60	25	22	141.02	18	99	96	40	37
83.33*	18	78	75	30	27	141.71	15	90	87	37	34
84.57*	21	117	111	48	42	142.23	21	108	105	43	40
84.89	15	72	69	28	25	145.76	12	81	78	34	31
88.80*	15	99	93	42	36	147.03	18	99	96	41	38
88.00*	21	87	84	33	30	147.81	21	108	105	44	41
88.04	21	120	114	49	43	148.34	15	90	87	38	35
88.76	18	111	105	46	40	153.31	12	81	78	35	32
94.50*	12	66	63	27	24	154.00*	18	102	99	42	39
94.67	15	102	96	44	38	154.28*	21	111	108	45	42
96.00*	15	75	72	30	27	156.00*	15	93	90	39	36
96.00*	18	114	108	48	42	160.90	21	114	111	46	43
99.00*	18	84	81	33	30	161.13	18	105	102	43	40
101.41	12	69	66	28	25	162.00*	12	84	81	36	33
102.23	15	78	75	31	28	163.86	15	96	93	40	37
102.86*	21	93	90	36	33	166.85	21	114	111	47	44
103.54	18	117	111	50	44	167.58	18	105	102	44	41
104.78	18	87	84	34	31	171.01	15	96	93	41	38
107.66	12	69	66	29	26	173.71	21	117	114	48	45
107.67*	18	120	114	51	45	175.00*	18	108	105	45	42
107.82	15	78	75	32	29	179.20*	15	99	96	42	39
108.31	21	96	93	37	34	180.72	21	120	117	49	46
109.93	18	87	84	35	32	182.58	18	111	108	46	43
113.16	21	96	93	38	35	187.04	21	120	117	50	47
114.40*	15	81	78	33	30	187.60	15	102	99	43	40
115.00*	12	72	69	30	27	189.47	18	111	108	47	44
116.00*	18	90	87	36	33	195.27	15	102	99	44	41
118.86*	21	99	96	39	36	197.33*	18	114	111	48	45
121.17	15	84	81	34	31	205.37	18	117	114	49	46
122.23	18	93	90	37	34	212.27	18	117	114	50	47
122.59	12	75	72	31	28	221.00*	18	120	117	51	48
124.70	21	102	99	40	37	225.00*	12	192	180	90	78
127.28	15	84	81	35	32						
127.82	18	93	90	38	35						
129.49	12	75	72	82	29						

注：1. 本表适用于各齿轮端面模数相等且 $C_s = 3$ 的行星齿轮传动。表中个别组的 z_A、z_B 及 z_E 也同时是 2 的倍数，这些齿数组合可适用于 $C_s = 2$ 的行星传动。

2. 表中有"*"者适用于变位传动和非变位传动，无"*"者仅适用于角变位传动。

3. 本表的行星传动齿数组合均满足条件：$z_C > z_D$，$z_B > z_E$ 及 $z_C > z_A$，$z_B - z_C = z_E - z_D$。

4. 当齿数少于 17 且不允许根切时，应进行变位。

5. 表中同一个 i_{AE}^{B} 对应有 n 个齿数组合时，则应根据齿轮强度选择。

（6）单齿圈行星轮 NGWN 型行星传动配齿方法及齿数组合表

对于 NGWN 型行星传动，在最大齿数相同的条件下，当行星轮齿数 $z_C = z_D$ 时，不仅能获得较大的传动比，而且制造方便，减少了装配误差，使各行星轮之间载荷分配均匀，传动更平稳。虽然角变位增大了啮合角，使得轴承寿命、传动效率和接触强度降低，但是近年来应用仍有所增加，受到人们的欢迎。这种具有公用行星轮的单齿圈 NGWN 型传动配齿步骤如下。

① 选取行星轮个数 C_s（一般取 $C_s = 3$）、z_A 和齿数差 $\Delta = z_E - z_B$（Δ 应尽量减小，其最小绝对值等于 C_s）。

② 根据要求的传动比 i_{AE}^B 按下式计算 z_E、z_B 和 z_C。

$$z_E = \frac{1}{2}\sqrt{(z_A - \Delta)^2 + 4 i_{AE}^B z_A \Delta} - \frac{z_A - \Delta}{2}$$

$$z_B = z_E - \Delta$$

如果 $z_B < z_E$，z_E 与 z_A 之差为偶数时

$$z_C = \frac{1}{2}(z_E - z_A) - 1$$

z_E 与 z_A 与之差为奇数时

$$z_C = \frac{1}{2}(z_E - z_A) - 0.5$$

如果 $z_B > z_E$，z_B 与 z_A 之差为偶数时

$$z_C = \frac{1}{2}(z_B - z_A) - 1$$

z_B 与 z_A 之差为奇数时

$$z_C = \frac{1}{2}(z_B - z_A) - 0.5$$

③ 验算装配条件。

④ 按下式验算传动比

$$i_{AE}^B = \left(\frac{z_B}{z_A} + 1\right)\left(\frac{z_E}{z_E - z_B}\right)$$

⑤ 必要时验算邻接条件。

⑥ 为满足同心条件进行齿轮变位计算。

表 14-5-14 为 $C_s = 3$ 的单齿圈行星轮 NGWN 型传动齿轮齿数组合表（只包括部分传动比 i_{AE}^B 对应的齿轮齿数组合）。

表 14-5-14　　　　　　　　　　$C_s = 3$ 的单齿圈行星轮 NGWN 型传动齿数组合

i_{AE}^B	z_A	z_B	z_E	z_C	i_{AE}^B	z_A	z_B	z_E	z_C
44.213	15	36	39	11	81.000	21	60	63	20
50.399	15	39	42	13	81.600*	25	65	68	21
52.000	12	36	39	13	81.882	17	55	58	20
54.000	15	42	45	14	83.333	18	57	60	20
59.499	12	39	42	14	83.462*	26	67	70	21
64.000	15	45	48	16	84.842	19	59	62	21
67.500	12	42	45	16	85.000	12	48	51	19
69.000*	18	51	54	17	85.000*	30	72	75	22
69.440*	25	59	62	18	85.333	27	69	72	22
70.000	14	46	49	17	85.615	13	50	53	19
71.400	15	48	51	17	86.250*	24	66	69	22
72.500*	20	55	58	18	86.400	20	61	64	21
72.875	16	50	53	18	87.400	15	54	57	20
73.500*	24	60	63	19	88.000	21	63	66	22
73.600*	30	66	69	19	88.500	16	56	59	21
74.412	17	52	55	18	89.636	22	65	68	22
75.400*	25	62	65	19	89.706	17	58	61	21
76.000	18	54	57	19	89.846*	26	70	73	23
77.632	19	56	59	19	90.999	18	60	63	22
78.000	14	49	52	18	91.000*	30	75	78	23
79.200	15	51	54	19	91.304	23	67	70	23
79.200*	30	69	72	20	92.368	19	62	65	22
79.300	20	58	61	20	93.000*	24	69	72	23
79.750*	24	63	66	20	93.500*	28	74	77	24
80.500	16	53	56	19	93.800	20	64	67	23

续表

i_{AE}^{B}	z_A	z_B	z_E	z_C	i_{AE}^{B}	z_A	z_B	z_E	z_C
94.500	12	51	54	20	112.000	27	81	84	28
94.769	13	53	56	21	113.384	23	76	79	27
95.286	14	55	58	21	113.643	28	83	86	28
95.286	21	66	69	23	114.286	14	61	64	24
95.345*	29	76	79	24	114.400	15	63	66	25
96.000	15	57	60	22	114.462	13	59	62	24
96.462*	26	73	76	24	114.750	16	65	68	25
96.818	22	68	71	24	114.750	24	78	81	28
96.875	16	59	62	22	115.000	12	57	60	23
97.200*	30	78	81	25	115.294	17	67	70	26
97.882	17	61	64	23	115.310	29	85	88	29
98.222*	27	75	78	25	116.000	18	69	72	26
98.391	23	70	73	24	116.200	25	80	83	28
99.000	18	63	66	23	116.842	19	71	74	27
100.000	24	72	75	25	117.000*	30	87	90	29
100.000*	28	77	80	25	117.692	26	82	85	29
100.211	19	65	68	24	117.800	20	73	76	27
101.500	20	67	70	25	118.857	21	75	78	28
101.640	25	74	77	25	119.222	27	84	87	29
102.857	21	69	72	25	120.000	22	77	80	28
103.308	26	76	79	26	120.786	28	86	89	30
103.600*	30	81	84	26	121.217	23	79	82	29
104.273	22	71	74	25	122.379	29	88	91	30
104.385	13	56	59	22	122.500	24	81	84	29
104.500	12	54	57	22	123.840	25	83	86	30
104.571	14	58	61	23	124.000	30	90	93	31
105.000	15	60	63	23	124.200	15	66	69	26
105.625	16	62	65	24	124.250	16	68	71	27
106.412	17	64	67	24	124.429	14	64	67	26
106.714*	28	80	83	27	124.529	17	70	73	27
107.250	24	75	78	26	125.000	13	62	65	25
107.333	18	66	69	25	125.000	18	72	75	28
108.368	19	68	71	25	125.231	26	85	88	30
108.448*	29	82	85	27	125.632	19	74	77	28
108.800	25	77	80	27	126.000	12	60	63	25
109.500	20	70	73	26	126.400	20	76	79	29
110.200*	30	84	87	28	127.286	21	78	81	29
110.385	26	79	82	27	127.313	32	94	97	32
110.714	21	72	75	26	128.143	28	89	92	31
112.000	22	74	77	27	128.273	22	80	83	30

续表

i_{AE}^{B}	z_A	z_B	z_E	z_C	i_{AE}^{B}	z_A	z_B	z_E	z_C
129.348	23	82	85	30	149.500	12	66	69	28
129.655	29	91	94	32	150.333	27	96	99	35
130.500	24	84	87	31	151.500	28	98	101	36
131.200	30	93	96	32	152.724	29	100	103	36
131.720	25	86	89	31	153.895	19	83	86	33
133.000	26	88	91	32	154.000	18	81	84	32
134.118	17	73	76	29	154.000	20	85	88	33
134.125	16	71	74	28	154.000	30	102	105	37
134.333	18	75	78	29	154.286	21	87	90	34
134.400	15	69	72	28	154.353	17	79	82	32
134.737	19	77	80	30	154.727	22	89	92	34
135.000	14	67	70	27	155.000	16	77	80	31
135.300	20	79	82	30	155.304	23	91	94	35
135.714	28	92	95	33	156.000	15	75	78	31
136.000	13	65	68	27	156.000	24	93	96	35
136.000	21	81	84	31	156.800	25	95	98	36
137.138	29	94	97	33	157.429	14	73	76	30
137.500	12	63	66	26	157.692	26	97	100	36
137.739	23	85	88	32	158.667	27	99	102	37
138.600	30	96	99	34	159.714	28	101	104	37
138.750	24	87	90	32	160.828	29	103	106	38
139.840	25	89	92	33	162.000	12	69	72	29
141.000	26	91	94	33	162.000	30	105	108	38
142.222	27	93	96	34	163.800	20	88	91	35
143.500	28	95	98	34	164.333	18	84	87	34
144.000	18	78	81	31	165.000	17	82	85	33
144.158	19	80	83	31	165.000	24	96	99	37
144.375	16	74	77	30	165.640	25	98	101	37
144.500	20	82	85	32	166.000	16	80	83	33
144.828	29	97	100	35	166.385	26	100	103	38
145.000	15	72	75	29	167.400	15	78	81	32
145.000	21	84	87	32	169.286	14	76	79	32
145.636	22	86	89	33	170.200	30	108	111	40
146.000	14	70	73	29	173.714	21	93	96	37
146.200	30	99	102	35	173.900	20	91	94	36
146.391	23	88	91	33	174.250	24	99	102	38
147.250	24	90	93	34	174.720	25	101	104	39
147.462	13	68	71	28	175.000	12	72	75	31
148.200	25	92	95	34	175.000	18	87	90	35
149.231	26	94	97	35	175.308	26	103	106	39

i_{AE}^{B}	z_A	z_B	z_E	z_C	i_{AE}^{B}	z_A	z_B	z_E	z_C
176.000	17	85	88	35	213.500	28	119	122	46
176.000	27	105	108	40	213.750	16	92	95	39
176.786	28	107	110	40	213.750	24	111	114	44
177.655	29	109	112	41	214.200	30	123	126	47
178.600	30	111	114	41	215.000	22	107	110	43
179.200	15	81	84	34	216.000	21	105	108	43
183.636	22	98	101	39	217.000	12	81	84	35
183.750	24	102	105	40	217.000	15	90	93	38
184.300	20	94	97	38	217.300	20	103	106	42
184.615	13	77	80	33	221.000	14	88	91	38
185.000	19	92	95	37	221.000	18	99	102	41
185.000	27	108	111	41	223.345	29	124	127	48
186.000	18	90	93	37	223.385	26	118	121	47
187.200	30	114	117	43	223.600	30	126	129	49
188.500	12	75	78	32	223.720	25	116	119	46
189.125	16	86	89	36	224.250	24	114	117	46
191.400	15	84	87	35	225.000	23	112	115	45
193.500	24	105	108	41	226.000	22	110	113	45
193.600	25	107	110	42	226.625	16	95	98	40
193.846	26	109	112	42	228.900	20	106	109	44
194.222	27	111	114	43	230.400	15	93	96	40
194.714	28	113	116	43	232.000	12	84	87	37
195.000	20	97	100	39	233.103	29	127	130	50
195.310	29	115	118	44	233.200	30	129	132	50
196.000	19	95	98	39	233.333	18	102	105	43
196.000	30	117	120	44	234.240	25	119	122	48
197.333	18	93	96	38	235.000	14	91	94	39
201.250	16	89	92	37	235.000	24	117	120	47
202.500	12	78	81	34	236.000	23	115	118	47
203.500	24	108	111	43	238.857	21	111	114	46
203.667	27	114	117	44	239.875	16	98	101	42
204.000	15	87	90	37	240.800	20	109	112	45
204.000	28	116	119	45	243.000	30	132	135	52
204.448	29	118	121	45	243.158	19	107	110	45
205.000	21	102	105	41	243.667	27	126	129	50
205.000	30	120	123	46	244.200	15	96	99	41
206.000	20	100	103	41	245.000	25	122	125	49
209.000	18	96	99	40	246.000	18	105	108	44
213.333	27	117	120	46	246.000	24	120	123	49
213.440	25	113	116	45	247.500	12	87	90	38

续表

i_{AE}^{B}	z_A	z_B	z_E	z_C	i_{AE}^{B}	z_A	z_B	z_E	z_C
249.412	17	103	106	44	278.300	20	118	121	50
250.714	21	114	117	47	278.720	25	131	134	54
253.000	20	112	115	47	280.000	12	93	96	41
253.000	30	135	138	53	280.500	24	129	132	53
253.500	16	101	104	43	281.875	16	107	110	46
254.222	27	129	132	52	284.200	30	144	147	58
255.000	26	127	130	51	285.000	29	142	145	57
256.000	25	125	128	51	286.000	24	114	117	49
257.250	24	123	126	50	286.000	28	140	143	57
258.400	15	99	102	43	287.222	27	138	141	56
259.000	18	108	111	46	288.000	15	105	108	46
263.200	30	138	141	55	288.000	21	123	126	52
263.500	12	90	93	40	290.440	25	134	137	55
264.286	14	97	100	42	291.400	20	121	123	51
265.000	27	132	135	53	292.500	24	132	135	55
265.500	20	115	118	48	294.913	23	130	133	54
266.000	26	130	133	53	295.000	30	147	150	59
267.240	25	128	131	52	295.286	14	103	106	45
267.500	16	104	107	45	296.000	29	145	148	59
268.750	24	126	129	52	296.625	16	110	113	48
272.727	22	122	125	51	297.000	12	96	99	43
273.000	15	102	105	44	297.214	28	143	146	58
273.600	30	141	144	56	298.667	27	141	144	58
275.000	28	137	140	55	300.000	18	117	120	50
276.000	27	135	138	55					

注：1. 本表的传动比为 $i_{AE}^{B}=64\sim300$，其传动比计算式为：$i_{AE}^{B}=\left(1+\dfrac{z_B}{z_A}\right)\times\left(\dfrac{z_E}{z_E-z_B}\right)$。

2. 表中的中心轮 A 的齿数为 $z_A=12\sim30$（仅有一个 $z_A>30$），且大都满足关系式：$z_A\leqslant z_C$（除标有"＊"号外）；$z_B<z_E$。

3. 本表适用于行星轮数 $C_s=3$ 的单齿圈 NGWN 型传动，且满足安装条件：$\dfrac{z_A+z_B}{C_s}=C$（整数），$\dfrac{z_A+z_E}{C_s}=C'$（整数）。当 $C_s=2$ 时，表中有的齿数组合也满足前述安装条件，这些齿数组合也适用于 $C_s=2$ 的单齿圈 NGWN 型传动。

4. 本表中的各轮齿数关系也适合于中心轮 E 固定的单齿圈 NGWN 型传动，但应按式 $i_{AB}^{E}=1-i_{AE}^{B}$（或 $|i_{AB}^{E}|=i_{AE}^{B}-1$）换算。

5.2.3 变位系数的确定

在渐开线行星齿轮传动中，合理采用变位齿轮可以获得准确的传动比、改善啮合质量和提高承载能力，在保证所需传动比前提下得到合理的中心距、在保证装配及同心等条件下使齿数的选择具有较大的灵活性。

变位齿轮有高变位和角变位，两者在渐开线行星齿轮传动中都有应用。高变位主要用于消除根切和使相啮合齿轮的最大滑动率及弯曲强度大致相等。角变位主要用于更灵活地选择齿数，拼凑中心距，改善啮合特性及提高承载能力。由于高变位的应用在某些情况下受到限制，因此角变位在渐开线行星齿轮传动中应用更为广泛。

常用行星齿轮传动的变位方法及变位系数可按表 14-5-15 及图 14-5-8、图 14-5-9 和图 14-5-10 确定。

表 14-5-15　　　　　　　　　　　　　**常用行星齿轮传动变位方式及变位系数的选择**

传动型式	高 变 位	角 变 位
NWG	1. $i_{AX}^{B} < 4$　太阳轮负变位,行星轮和内齿轮正变位。即 $$-x_A = x_C = x_B$$ x_A 和 x_C 按图 14-5-8 及图 14-5-9 确定,也可按本篇第 1 章 1.2.2 节的方法选择	1. 不等角变位 应用较广。通常使啮合角在下列范围 外啮合:$\alpha'_{AC} = 24° \sim 26°30'$(个别甚至达 29°50′) 内啮合:$\alpha'_{CB} = 17°30' \sim 21°$ 此法是在 z_A 和 z_B 不变,而将 z_C 减少 1～2 齿的情况下实现的。这样可以显著提高外啮合的承载能力。根据初选齿数,利用图 14-5-8 预计啮合角大小(初定啮合角于上述范围内),然后计算出 $x_{\Sigma AC}$,$x_{\Sigma CB}$,最后按图 14-5-9 或本篇第 1 章 1.2.2 节的方法分配变位系数
NWG	2. $i_{AX}^{B} \geqslant 4$　太阳轮正变位,行星轮和内齿轮负变位。即 $$x_A = -x_C = -x_B$$ x_A 和 x_C 按图 14-5-8 及图 14-5-9 确定,也可按本篇第 1 章 1.2.2 节的方法选择	2. 等角变位 各齿轮齿数关系不变,即:$z_A + z_C = z_B - z_C$ 变位系数之间的关系为:$x_B = 2x_C + x_A$ 变位系数大小以齿轮不产生根切为准。总变位系数不能过大,否则影响内齿轮弯曲强度。通常取啮合角 $\alpha'_{AC} = \alpha'_{CB} = 22°$ 对于直齿轮传动 $z_A < z_C$ 时推荐取:$x_A = x_C = 0.5$
NWG		3. 当传动比 $i_{AX}^{B} \leqslant 5$ 时,推荐取 $\alpha'_{AC} = 24° \sim 25°$,$\alpha'_{CB} = 20°$,即外啮合为角变位,内啮合为高变位。此时,$\alpha'_{CB} = \dfrac{1}{2} m \times (z_B - z_C)$,式中,$z_C$ 为齿轮减少后的实际行星轮齿数
NW	1. 内齿轮 B 及行星轮 D 采用正变位,即:$x_D = x_B$ 2. $z_A < z_C$ 时,太阳轮 A 正变位,行星轮 C 负变位,即:$x_A = -x_C$ 3. $z_A > z_C$ 时,太阳轮 A 负变位,行星轮 C 正变位,即:$-x_A = x_C$ 4. x_A 和 x_C 按图 14-5-8 及图 14-5-9 确定,也可按本篇第 1 章 1.2.2 节的方法选择	一般情况下:取 $\alpha_{AC} = 22° \sim 27°$ 和 $x_{\Sigma AC} > 0$ 当 $z_C < z_D$ 时:取 $\alpha_{DB} = 17° \sim 20°$ 和 $x_{\Sigma DB} \leqslant 0$ 当 $z_C > z_D$ 时:取 $\alpha_{DB} = 20°$ 和 $x_{\Sigma DB} \approx 0$ 用图 14-5-8 预计啮合角大小,确定各齿轮啮合副变位系数和,然后按图 14-5-9 或本篇第 1 章 1.2.2 节的方法分配变位系数
NGWN(Ⅰ)型	1. 内齿轮 E 及行星轮 D 采用正变位,即 $$x_D = x_E$$ 2. 当 $z_A < z_C$ 时 如果 $z_A < 17$,太阳轮 A 采用正变位,行星轮 C 与内齿轮 B 采用负变位,即:$x_A = -x_C = -x_B$ 如果 $z_A > 17$,太阳轮无根切危险时,因行星轮受力较大,行星轮不宜采用负变位,故不宜采用高变位传动 3. 当 $z_A > z_C$ 时:太阳轮 A 负变位,行星轮 C 及内齿轮 B 正变位即:$-x_A = x_C = x_B$ 4. x_A 和 x_C 按图 14-5-8 及图 14-5-9 确定,也可按本篇第 1 章 1.2.2 节的方法选择	1. $z_A + z_C = z_B - z_C = z_E - z_D$ 由于未变位时中心距 $a_{AC} = a_{CB} = a_{DE}$;啮合角 $\alpha'_{AC} = \alpha'_{CB} = \alpha'_{DE}$。因此可采用非变位传动,亦可采用等角变位 2. $z_A + z_C < z_B - z_C = z_E - z_D$ 由于未变位时中心距 $a_{AC} < a_{CB} = a_{DE}$,当 $z_B > z_E$ 时,建议取中心距 $a' = a_{CB} = a_{DE}$。于是,$a_{AC} < a'$,则 A-C 传动需采用 $x_{\Sigma AC} > 0$ 的变位。根据初选齿数,利用图 14-5-8 预计啮合角大小,然后计算出各对啮合副变位系数和。最后按图 14-5-9 或本篇第 1 章的方法分配变位系数 当 $z_A < z_C$ 时,C-B 传动和 D-E 传动不必变位 3. $z_A + z_C > z_B - z_C = z_E - z_D$ 由于未变位时的中心距 $a_{AC} > a_{CB} = a_{DE}$,此时不可避免要使内齿轮正变位,从而降低了内齿轮弯曲强度(在 NGWN 传动中,由于内啮合副承担比外啮合副大得多的圆周力,故不宜使内齿轮正变位,仅在必要时,可取较小的变位系数),因此一般较少用于重载传动。建议中心距 $a' = a_{AC} - (0.3 \sim 0.5)(a_{AC} - a_{CB})$。同样用图 14-5-8 预计啮合角大小,并确定各啮合副变位系数和,再按图 14-5-9 或本篇第 1 章 1.2.2 节的方法分配变位系数 4. $z_B - z_C < z_A + z_C < z_E - z_D$ 可使 D-E 传动不变位或高变位;使 A-C 及 C-B 传动实现 $x_{\Sigma AC} > 0$ 及 $x_{\Sigma CB} > 0$ 的变位

续表

传动型式	高　变　位	角　变　位
NGWN(Ⅱ)型		1. 在一般情况下,内齿圈的变位系数推荐采用 x_E $=+0.25$,而内齿圈 E 和 B 的顶圆直径按 $d_{aE}=d_{aB}=$ $d_E-1.4m=(z_E-1.4)m$ 计算;行星轮 C 的顶圆直径 d_{ac} 应由 A-C 外啮合齿轮副的几何尺寸计算确定。以避免切齿和啮合传动中的齿廓干涉 2. C-E 齿轮副啮合角的选择应使太阳轮 A 的变位系数为 $x_A≈0.3$ ①当齿数差 z_E-z_A 为奇数,且变位系数 $x_C=x_E=$ $+0.25$ 时,可使 $x_A≈0.3$ ②当齿数差 z_E-z_A 为偶数时,C-E 齿轮副的啮合角 $α'_E$ 根据 z_E 值由图 14-5-10 的线图选取可使 $x_A≈0.3$ ③若允许太阳轮 A 有轻微根切,则可取其变位系数 $x_A=0.2～0.25$。当齿数差 z_E-z_A 为奇数和变位系数 $x_C=x_E=0.27～0.32$ 时,可满足上述条件。此时 C-E 齿轮副的啮合角 $α'_E=20°$,为高度变位

注：1. 表中各传动型式中的各齿轮模数相同。
　　2. 对斜齿轮传动,表中 x 为法向变位系数 x_n,$α'$ 为断面啮合角。

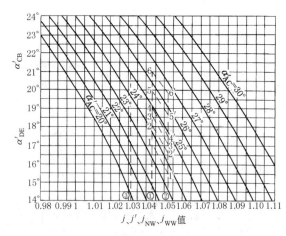

图 14-5-8　变位传动的端面啮合角

$$j=\frac{z_B-z_C}{z_A+z_C}\quad(用于\ NGW\ 型);$$

$$j'=\frac{z_E-z_D}{z_A+z_C}\quad(连同\ j\ 用于\ NGWN\ 型);$$

$$j_{NW}=\frac{z_B-z_D}{z_A+z_C}\quad(用于\ NW\ 型);\quad j_{WW}=\frac{z_B+z_D}{z_A+z_C}\quad(用于\ WW\ 型)$$

图 14-5-8 应用示例——根据行星齿轮传动各齿轮齿数确定变位传动的端面啮合角。

例 1　求 $j=1.043$ 的 NGW 型行星齿轮传动的啮合角 $α'_{AC}$、$α'_{CB}$。

解　在横坐标上取 $j=1.043$ 之①点,由①点向上引垂线,可在此垂线上取无数点作为 $α'_{AC}$ 与 $α'_{CB}$ 的组合,如 1 点（$α'_{AC}=23°30'$、$α'_{CB}=17°$）,……,6 点（$α'_{AC}=26°30'$、$α'_{CB}=21°$）。从中选取比较适用的啮合角组合,如 2～5 点之间各点。

例 2　求 $j=1.043$、$j'=1.052$ 的 NGWN 型行星齿轮传动的各啮合角组合。

解　先按 j 值和 j' 值由①点和②点分别做垂线,①点的垂线上的 1,2,…,6 点的对应点为②点的垂线上的 $1'$,$2'$,…,$6'$点。从而得啮合角组合,如 1-1'（$α'_{AC}=23°30'$、$α'_{CB}=17°$、$α'_{DE}=15°20'$）,…,6-6'（$α'_{AC}=26°30'$、$α'_{CB}=21°$、$α'_{DE}=19°45'$）等无数个啮合角组合,从中选取比较合适的啮合角组合,如可选 $α'_{AC}=26°$、$α'_{CB}=21°25'$、$α'_{DE}=19°$ 的啮合角组合。

例 3　求 $j_{NW}=1.031$ 的 NW 型行星齿轮传动的啮合角组合。

解　按 j_{NW} 值在横坐标上找到③点,由③点向上做垂线,从垂线上无数点中选取比较合适的啮合角组合,如 $α'_{AC}=24°15'$、$α'_{DE}=20°$ 的一点。

图 14-5-9 应用示例——根据一对齿轮的总齿数 $z_Σ$ 和啮合角,确定变位系数 $x_Σ$、x_1、x_2。

例 4　一对齿轮,齿轮 $z_1=21$,$z_2=33$,模数 $m=2.5mm$,中心距 $a'=70mm$。确定其变位系数。

解　① 根据确定的中心距 a' 求啮合角 $α'$

$$\cos α'=\frac{m}{2a'}(z_1+z_2)\cos α=\frac{2.5}{2×70}(21+33)\cos20°=0.90613$$

因此,$α'=\arccos 0.90613=25°01'25''$

② 图 14-5-9 中,由 O 点按 $α'=25°1'25''$ 作射线,与 $z_Σ=z_1+z_2=21+33=54$ 处向上引垂线,相交于 A_1 点,A_1 点纵坐标即为所求总变位系数 $x_Σ$（见图中例,$x_Σ=1.12$）。A_1 点在线图许用区内,故可用。

$x_Σ$ 也可根据 $α'$ 按无侧隙啮合方程式 $x_Σ=\frac{(z_2±z_1)(\operatorname{inv}α'-\operatorname{inv}α)}{2\tan α}$ 求得,式中,"$+$"用于外啮合,"$-$"用于内啮合。

③ 根据齿数比 $u=\frac{z_2}{z_1}=\frac{33}{21}=1.57$,故应按图左侧的斜线②分配变位系数,即自 A_1 点做水平线与斜线 2 交于 C_1 点；C_1 点的横坐标 $x_1=0.55$,则 $x_2=x_Σ-x_1=1.12-0.55=0.57$。

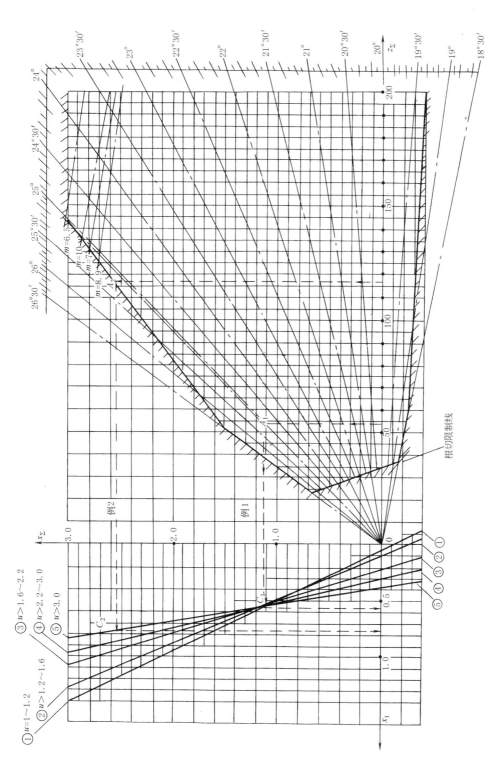

图 14-5-9　选择变位系数的线图（$\alpha = 20°$，$h_n^* = 1.0$，u 为齿数比，m 为模数）

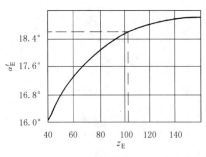

图 14-5-10　确定 NGWN（Ⅱ）型传动啮合角的线图

5.2.4　确定齿数和变位系数的计算举例

某单级 NGW 行星齿轮减速器传动比 $i_{AX}^B=5$，直齿圆柱齿轮模数 $m=4$，试计算各齿轮齿数及啮合角 $\alpha'_{AC}>\alpha'_{CB}$ 时，行星齿轮传动的中心距、各齿轮副的中心距变位系数、啮合角和各齿轮的变位系数，如表 14-5-16 所示。

5.2.5　多级行星传动的传动比分配

多级行星齿轮传动各级传动比的分配原则：获得各级传动的等强度；最小的外形尺寸。

表 14-5-16　　　　　　　　　　　　　　　计算举例过程和结果

计算项目	计算过程	结　果
确定齿数		
确定行星轮数目 C_s	按表 14-5-4，取 $C_s=3$	$C_s=3$
计算和选取 z_A	根据 $\dfrac{i_{AX}^B z_A}{C_s}$ 必须为整数，且 $Y=i_{AX}^B z_A$ 应为偶数，取 $z_A=20$，此时 $Y=100$	$z_A=20$（此时 $Y=100$）
计算 z_B	根据传动比条件：$z_B=Y-z_A=100-20=80$	$z_B=80$
计算 z_C	采用角变位齿轮传动，$z_C=(z_B-z_A)/2-\Delta z_C=(80-20)/2-(0.5-2)=28\sim29.5$，为了适应变位需要，应尽量使 z_A/z_C 及 z_B/z_C 无公约数，因此，取 $z_C=29$	$z_C=29$
预计啮合角 α'_{AC}、α'_{CB}	由图 14-5-8 按 $j=(z_B-z_C)/(z_A+z_C)=1.041$，使 $\alpha'_{AC}=24°30'\sim26°$、$\alpha'_{CB}=17°30'\sim21°$，选 $\alpha'_{AC}=24°30'$、$\alpha'_{CB}=19°$	$\alpha'_{AC}=24°30'$、$\alpha'_{CB}=19°$
A-C 传动计算		
未变位时的中心距 a_{AC}	$a_{AC}=m(z_A+z_C)/2=4(20+29)/2=98\text{mm}$	$a_{AC}=98\text{mm}$
初算中心距变动系数 y'_{AC}	$y'_{AC}=\dfrac{z_A+z_C}{2}\left(\dfrac{\cos\alpha}{\cos\alpha'_{AC}}-1\right)=\dfrac{20+29}{2}\left(\dfrac{\cos20°}{\cos24°30'}-1\right)=0.8$	$y'_{AC}=0.8$
计算中心距并圆整	$a=m\left(\dfrac{z_A+z_C}{2}-y'_{AC}\right)=4\left(\dfrac{20+29}{2}-0.8\right)=101.2$，取 $a=101$	$a=101$
实际中心变动系数 y_{AC}	$y_{AC}=\dfrac{a-a_{AC}}{m}=\dfrac{101-98}{4}=0.75$	$y_{AC}=0.75$
计算啮合角 α'_{AC}	$\cos\alpha'_{AC}=\dfrac{a_{AC}}{a}\cos\alpha=\dfrac{98}{101}\cos20°=0.9209$，$\alpha'_{AC}=22°57'24''$	$\alpha'_{AC}=22°57'24''$
确定总变位系数 $x_{\Sigma AC}$	根据图 14-5-9 确定 $x_{\Sigma AC}$，$x_{\Sigma AC}=0.55$	$x_{\Sigma AC}=0.55$
分配变位系数	根据图 14-5-9 分配变位系数得：$x_A=0.3$；$x_C=0.25$	$x_A=0.3$；$x_C=0.25$
C-B 传动计算		
未变位时的中心距 a_{CB}	$a_{CB}=m(z_B-z_C)/2=4(80-29)/2=102$	$a_{CB}=102$
计算中心距变动系数 y_{CB}	$y_{CB}=\dfrac{a-a_{CB}}{m}=\dfrac{101-102}{4}=-0.25$	$y_{CB}=0.25$
计算啮合角 α'_{CB}	$\cos\alpha'_{CB}=\dfrac{a_{CB}}{a}\cos\alpha=\dfrac{102}{101}\cos20°=0.949$，$\alpha'_{CB}=18°22'41''$	$\alpha'_{CB}=18°22'41''$
确定总变位系数 $x_{\Sigma CB}$	$x_{\Sigma CB}=\dfrac{(z_B-z_C)(\text{inv}\alpha'_{CB}-\text{inv}\alpha)}{2\tan\alpha}$ $=\dfrac{(80-29)(\text{inv}18°22'41''-\text{inv}20°)}{2\tan20°}=-0.24$	$x_{\Sigma CB}=-0.24$
计算 x_B	$x_B=x_{\Sigma CB}+x_C=-0.24+0.25=0.01$	$x_B=0.01$

在两级 NGW 型行星齿轮传动中，欲得到最小的传动径向尺寸，可使低速级内齿轮分度圆直径 d_{BII} 与高速级内齿轮分度圆直径 d_{BI} 之比（d_{BII}/d_{BI}）接近于 1。

NGW 型两级行星齿轮传动的传动比可利用图 14-5-11 进行分配（图中 i_{I} 和 i 分别为高速级及总传动比）先按下式计算数值 E，而后根据总传动比 i 和算出的 E 值查线图确定高速级传动比 i_{I} 后，低速级传动比 i_{II} 由式 $i_{II}=i/i_{I}$ 求得。

$$E=AB^3 \qquad (14-5-7)$$

式中，$B=d_{BII}/d_{BI}$，通常使 $B=1\sim1.2$。

$$A=\frac{C_{sII}\,\psi_{dII}\,K_{I}\,K_{VI}\,K_{H\beta I}\,Z_{NTII}^2\,Z_{WII}^2\,\sigma_{Hlim II}^2}{C_{sI}\,\psi_{dI}\,K_{II}\,K_{VII}\,K_{H\beta II}\,Z_{NTI}^2\,Z_{WI}^2\,\sigma_{Hlim I}^2}$$

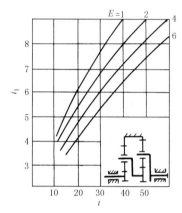

图 14-5-11　两级 NGW 型行星齿轮传动比分配

式中和图中代号的角标 I 和 II 分别表示高速级和低速级；C_s 为行星轮数目；K 为载荷系数，按表 14-5-21 选取；$K_{H\beta}$ 为接触强度计算的螺旋线载荷分布系数。K_V、$K_{H\beta}$ 及 Z_N^2 的比值，可用类比法进行试凑，或取三项比值的乘积 $\left(\dfrac{K_{VI}\,K_{H\beta I}\,Z_{NTII}^2}{K_{VII}\,K_{H\beta II}\,Z_{NTI}^2}\right)$ 等于 1.8～2。齿面工作硬化系数 Z_W 按第 1 章方法确定，一般可取 $Z_W=1$。如果全部采用硬度 >350HBS 的齿轮时，可取 $\dfrac{Z_{WII}^2}{Z_{WI}^2}=1$。最后算得 E 值，如果 $E>6$，取 $E=6$。

5.3　行星齿轮强度分析

5.3.1　受力分析

行星齿轮传动的主要受力构件有中心轮、行星轮、行星架、行星轮轴及轴承等。为进行轴及轴承的强度计算，需分析行星齿轮传动中各构件的载荷情况。在进行受力分析时，假定各套行星轮载荷均匀，这样仅分析一套即可，其他类同。各构件在输入转矩作用下都处于平衡状态，构件间的作用力等于反作用力。表 14-5-17～表 14-5-19 分别为 NGW、NW、NGWN 型直齿或人字齿轮行星传动的受力分析图及各元件受力计算公式。

表 14-5-17　　　　　　　　　　　　　NGW 型行星齿轮传动受力分析

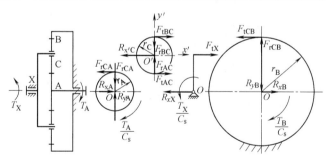

项　　目	太阳轮 A	行星轮 C	行星架 X	内齿轮 B
切向力	$F_{tCA}=\dfrac{1000T_A}{C_s r_A}$	$F_{tAC}=F_{tCA}\approx F_{tBC}$	$F_{tX}=R_{x'C}\approx 2F_{tAC}$	$F_{tCB}=F_{tBC}\approx F_{tCA}$
径向力	$F_{rCA}=F_{tCA}\dfrac{\tan\alpha_n}{\cos\beta}$	$F_{rAC}=F_{tCA}\dfrac{\tan\alpha_n}{\cos\beta}\approx F_{rBC}$	$R_{y'X}\approx 0$	$F_{rCB}=F_{rBC}$
单个行星轮，作用在轴上或行星轮轮轴上的力	$R_{xA}=F_{tCA}$ $R_{yA}=F_{rCA}$	$R_{x'C}\approx 2F_{tAC}$ $R_{y'C}=0$	$R_{xX}=F_{tX}\approx 2F_{tAC}$ $R_{yX}=0$	$R_{xB}=F_{tCB}$ $R_{yB}=F_{rCB}$

续表

项　　目	太阳轮 A	行星轮 C	行星架 X	内齿轮 B
各行星轮作用在轴上的总力及转矩	$\sum R_{xA}=0$ $\sum R_{yA}=0$ $T_A=\dfrac{F_{tCA}C_s r_A}{1000}$	$\sum R_{xC}=0$ $\sum R_{yC}=0$ 对行星轮轴(O'轴)的转矩 $T_{o'}=0$	$\sum R_{xX}=0$ $\sum R_{yX}=0$ $T_X=-T_A i_{AX}^B$	$\sum R_{xB}=0$ $\sum R_{yB}=0$ $T_B=T_A\dfrac{z_B}{z_A}$

注：1. 表中公式适用于行星轮数目 $C_s\geqslant2$ 直齿或人字齿轮行星传动。对 $C_s=1$ 的传动，则 $\sum R_{xA}=R_{xA}$，$\sum R_{yA}=R_{yA}$，$\sum R_{xC}=R_{xC}$，$\sum R_{xX}=R_{xX}$，$\sum R_{xB}=R_{xB}$，$\sum R_{yB}=R_{yB}$。

2. 式中 α_n 为法向压力角，β 为分度圆上的螺旋角，r_A 为太阳轮分度圆半径。

3. 转矩单位为 N·m；长度单位为 mm；力的单位为 N。

表 14-5-18　　　　　　　　　　　NW 型行星齿轮传动受力分析

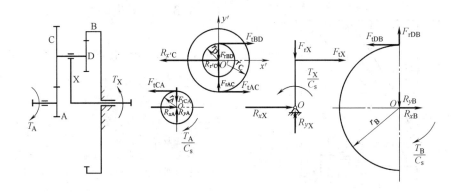

项　　目	太阳轮 A	行星轮 C	行星轮 D	行星架 X	内齿轮 B
切向力	$F_{tCA}=\dfrac{1000T_A}{C_s r_A}$	$F_{tAC}=F_{tCA}$	$F_{tBD}=F_{tCA}\dfrac{z_C}{z_D}$	$F_{tX}=R_{x'C}$ $=F_{tAC}+F_{tBD}$	$F_{tDB}=F_{tBD}$
径向力	$F_{rCA}=F_{tCA}\dfrac{\tan\alpha_n}{\cos\beta}$	$F_{rAC}=F_{rCA}$	$F_{rBD}=F_{tBD}\dfrac{\tan\alpha_n}{\cos\beta}$	$F_{rX}=R_{y'X}$ $=F_{rBD}-F_{rAC}$	$F_{rDB}=F_{rBD}$
单个行星轮，作用在轴上或行星轮轮轴上的力	$R_{rA}=F_{tCA}$ $R_{yA}=F_{rCA}$	对行星轮轴 x'轴向 $R_{x'A}$ F_{tAC} F_{tBD} $R_{x'B}$ A B y'轴向 F_{rAC} $R_{y'B}$ A D $R_{y'A}$ F_{rBD}		$R_{rX}=F_{tX}$ $R_{yX}=F_{rX}$	$R_{xB}=F_{tDB}$ $R_{yB}=F_{rDB}$
各行星轮作用在轴上的总力及转矩	$\sum R_{xA}=0$ $\sum R_{yA}=0$ $T_A=\dfrac{F_{tCA}C_s r_A}{1000}$	$\sum R_{xCD}=0$ $\sum R_{yCD}=0$ 对 O' 轴的转矩 $T_{o'}=0$		$\sum R_{xX}=0$ $\sum R_{yX}=0$ $T_X=-T_A i_{AX}^B$	$\sum R_{xB}=0$ $\sum R_{yB}=0$ $T_B=T_A(i_{AX}^B-1)$

注：1. 表中公式适用于行星轮数目 $C_s\geqslant2$ 直齿或人字齿轮行星传动。

2. 式中 α_n 为法向压力角，β 为分度圆上的螺旋角，r_A 为太阳轮分度圆半径。

3. 转矩单位为 N·m；长度单位为 mm；力的单位为 N。

表 14-5-19　　　　　　　　　　　　　NGWN 型行星齿轮传动受力分析

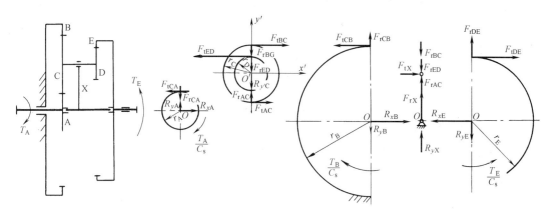

项　　目	太阳轮 C	行星轮 C	行星轮 D	行星架 X	内齿轮 B	内齿轮 E
切向力	$F_{tCA}=\dfrac{1000T_A}{C_s r_A}$	$F_{tAC}=F_{tCA}$ $F_{tBC}=F_{tED}\mp F_{tAC}$ $=F_{tDE}\mp F_{tCA}$	$F_{tED}=F_{tBC}\pm F_{tAC}$	$F_{tX}=0$	$F_{tCB}=F_{tBC}$	$F_{tDE}=$ $\dfrac{1000T_A i_{AE}^B}{C_s r_E}$
径向力	$F_{rCA}=F_{tCA}\dfrac{\tan\alpha_n}{\cos\beta}$	$F_{rAC}=F_{rCA}$ $F_{rBC}=F_{tBC}\dfrac{\tan\alpha_n}{\cos\beta}$	$F_{rED}=F_{tED}\dfrac{\tan\alpha_n}{\cos\beta}$	$F_{rX}=$ $F_{tBC}+F_{rED}-F_{rAC}$	$F_{rCB}=$ $F_{tCB}\dfrac{\tan\alpha_n}{\cos\beta}$	$F_{rDE}=$ $F_{tDE}\dfrac{\tan\alpha_n}{\cos\beta}$
单个行星轮,作用在轴上或行星轮轴上的力	$R_{xA}=F_{tCA}$ $R_{yA}=F_{rCA}$	对行星轮轴 （图示） x'轴向 A y'轴向 A		$R_{xX}=0$ $R_{yX}=F_{rX}$	$R_{xB}=F_{tCB}$ $R_{yB}=F_{rCB}$	$R_{xE}=F_{tDE}$ $R_{yE}=F_{rDE}$
各行星轮作用在轴上的总力及转矩	$\sum R_{xA}=0$ $\sum R_{yA}=0$ $T_A=\dfrac{F_{tCA}C_s r_A}{1000}$	$\sum R_{xCD}=0$ $\sum R_{yCD}=0$ 对行星轮轴(O'轴)的转矩 $T_{o'}=0$		$\sum R_{xX}=0$ $\sum R_{yX}=0$ $T_X=0$	$\sum R_{xB}=0$ $\sum R_{yB}=0$ $T_B=T_A(i_{AE}^B-1)$	$\sum R_{xE}=0$ $\sum R_{yE}=0$ $T_E=-T_A i_{AE}^B$

注：1. 表中公式适用于 A 轮输入、B 轮固定、E 轮输出、行星轮数目 $C_s\geqslant2$ 的直齿或人字齿轮行星传动。NGWN（Ⅱ）型传动为行星轮齿数 $z_C=z_D$ 时的一种特殊情况。

2. 式中 α_n 为法向压力角，β 为分度圆上的螺旋角，各公式未计入效率的影响。

3. i_{AE}^B 应带正负号。$i_{AE}^B<0$ 时，n_A 与 n_E 转向相反，F_{tED}、F_{tBC}、F_{tCB}、F_{tDE} 方向与图示方向相反。式中"±""∓"符号，上面用于 $i_{AE}^B>0$，下面用于 $i_{AE}^B<0$。

4. 转矩单位为 N·m；长度单位为 mm；力的单位为 N。

当计算行星轮轴承时，轴承受载情况在中低速的条件下可按表 14-5-17～表 14-5-19 中公式计算。而在高速时，还要考虑行星轮在公转时产生的离心力 F_{rc}，它作为径向力作用在轴上。

$$F_{rc}=Ga\left(\dfrac{\pi n_X}{30}\right)^2 \qquad (14\text{-}5\text{-}8)$$

式中　G——行星轮质量，kg；

　　　n_X——行星架转速，r/min；

　　　a——齿轮传动的中心距，m。

5.3.2　齿轮承载能力校核

每一种行星齿轮传动皆可分解为相互啮合的几对齿轮副，因此其齿轮强度计算可以采用本篇第 1 章计算公式。但需要考虑行星传动的结构特点（多行星轮）和运动特点（行星轮既自转又公转等）。在一般条件下，NGW 型行星齿轮传动的承载能力主要取决于外啮合，因而首先要计算外啮合的齿轮强度。NGWN 型传动往往取各齿轮模数相同，承载能力一般取决于低速级齿轮。通常由于这种传动要求有较大的传动比和较小的径向尺寸，而常常选择齿数较多，模数较小的齿轮。在这种情况下，应先进行弯曲强度计算。

5.3.2.1　小齿轮的名义转矩 T_1 及名义切向力 F_t

表 14-5-20　　　　　　　　　小齿轮的名义转矩 T_1 及名义切向力 F_t 计算公式

传动型式	小齿轮的名义转矩 $T_1/\text{N}\cdot\text{m}$					名义切向力 F_t/N
	A-C 传动		C-B 传动	D-B 传动		
	$z_A \leqslant z_C$	$z_A > z_C$		$z_D \leqslant z_B$	$z_D > z_B$	D-E 传动
NGW NW WW	$\dfrac{T_A}{C_s}K_c$		$\dfrac{T_A}{C_s}K_c\dfrac{z_C}{z_A}$	$\dfrac{T_A}{C_s}K_c\dfrac{z_C}{z_A}\dfrac{z_B}{z_D}$		—
NGWN	$\dfrac{T_A}{C_s}K_c$	$\dfrac{T_A}{C_s}K_c\dfrac{z_C}{z_A}$	$\dfrac{T_A(i_{AE}^B\eta_{AE}^B-1)}{C_s}K_c\dfrac{z_C}{z_B}$	—		$\dfrac{T_A i_{AE}^B\eta_{AE}^B}{C_s}K_c\dfrac{z_C}{z_B}$

注：$F_t = \dfrac{2000T_1}{d_1}$

注：1. T_1 是各传动中小齿轮传递的名义转矩，N·m；d_1 是各传动中小齿轮的分度圆直径，mm；T_A 是 A 轮的转矩，N·m；效率 η_{AE}^B 见表 14-5-3；载荷系数 K 见表 14-5-21 或表 14-5-22。

2. 表中各传动型式的传动简图见表 14-5-2。

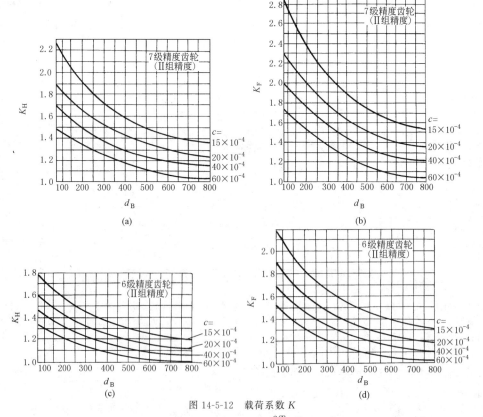

图 14-5-12　载荷系数 K

d_B——内齿轮分度圆直径，mm；$c=\dfrac{2T_A}{\psi_d d_A^3}\left(1+\dfrac{z_A}{z_C}\right)$，N/mm²

（d_A——太阳轮分度圆直径，mm；T_A——太阳轮转矩，N·mm；$\psi_d=b/d$——齿宽系数；z_A，z_C——太阳轮和行星轮齿数）

5.3.2.2　行星齿轮传动载荷系数 K

各类行星齿轮传动的载荷系数 K 要根据其传动型式和有无浮动构件的情况，分别按表 14-5-21 或表 14-5-22 确定。

5.3.2.3　应力循环次数 N_L

应力循环次数应根据齿轮相对于行星架的转速确定。当载荷恒定时，应力循环次数按表 14-5-23 确定。

表 14-5-21　　　　　　　　　　　NGW、NW、WW 型行星齿轮传动载荷系数 K

传动情况		Ⅰ			Ⅱ		Ⅲ		
		传动中无浮动构件			传动中有一个或两个基本构件浮动		杠杆连动均载机构		
		普通齿轮	内齿轮制成柔性结构，且不压装在箱体内	一年内轮齿减薄超过 $30\mu m$	齿轮精度为 6 级或高于 6 级或齿轮转速低于 $300 r/min$	齿轮精度低于 6 级或齿轮转速超过 $300 r/min$	两行星轮连动机构	三行星轮连动机构	四行星轮连动机构
K	K_H	图 14-5-12(a)、(c)	$1+(K_{H图}-1)0.5$	1	1	1.1	1.05～1.1	1.1～1.15	1.1～1.15
	K_F	图 14-5-12(b)、(d)	$1+(K_{F图}-1)0.7$	1	1	1.15	1.05～1.1	1.1～1.15	1.1～1.15

注：1. 传动情况 Ⅰ 及 Ⅱ 适用于行星轮数 $C_s=3$ 的传动；传动情况 Ⅰ 也适用于 $C_s=2$ 的传动。

2. K_H 用于接触强度计算，K_F 用于弯曲强度计算。

3. $K_{H图}$ 及 $K_{F图}$ 为由图 14-5-12 中查得的 K_H 及 K_F 值。

4. 所有查得的 K 值大于 2 时，取 $K=2$。

表 14-5-22　　　　　　　　　　　$C_s=3$ 的 NGWN 型行星齿轮传动载荷系数 K

传动情况	两个基本构件浮动	E 轮浮动		B 轮浮动	
		$d_A>d_C$	$d_A<d_C$	$d_D>d_C$	$d_D<d_C$
K_{HA}	1	$1+(K_{FA}-1)\dfrac{2}{3}$			
K_{FA}	1	2～2.5（齿轮为 6 级精度时取低值，8 级精度时取高值，7 级精度时取平均值）			
K_{HB}	1	$1+0.5(K_{HA}-1)\dfrac{z_B}{z_A\mid i_{AB}^E\mid}$	$1+(K_{HA}-1)\dfrac{z_B}{z_A\mid i_{AB}^E\mid}$	1	
K_{FB}		$1+0.5(K_{FA}-1)\dfrac{z_B}{z_A\mid i_{AB}^E\mid}$	$1+(K_{FA}-1)\dfrac{z_B}{z_A\mid i_{AB}^E\mid}$		
K_{HE}	1	1		$1+(K_{HA}-1)\dfrac{z_Ez_C}{z_Az_D\mid i_{AE}^B\mid}$	$1+0.5(K_{HA}-1)\dfrac{z_Ez_C}{z_Az_D\mid i_{AE}^B\mid}$
K_{FE}				$1+(K_{FA}-1)\dfrac{z_Ez_C}{z_Az_D\mid i_{AE}^B\mid}$	$1+0.5(K_{FA}-1)\dfrac{z_Ez_C}{z_Az_D\mid i_{AE}^B\mid}$

注：1. 除 K_{FA} 外，若求得的 K 值大于 2，则取 $K=2$。

2. K_H 用于接触强度计算，K_F 用于弯曲强度计算。K_H 和 K_F 由图 14-5-12 查取。角标 A、B、E 分别代表 A、B、E 轮。

表 14-5-23　　　　　　　　　　　　　　　　　应力循环系数 N_L

项　目	计算公式	说　明
太阳轮 A	$N_{LA}=60(n_A-n_X)C_st$	t——齿轮同侧齿面总工作时间，h
内齿轮 B	$N_{LB}=60(n_B-n_X)C_st$	n_A——太阳轮 A 的转速，r/min
内齿轮 E	$N_{LE}=60(n_E-n_X)C_st$	n_B,n_E——内齿轮 B、E 的转速，r/min
行星轮 C	$N_{LC}=60(n_C-n_X)C_st$	n_C,n_D——行星轮 C、D 的转速，r/min
行星架 D	$N_{LD}=60(n_D-n_X)C_st$	n_X——行星架 X 的转速，r/min
		C_s——行星轮数目

注：1. 单向或双向回转的 NGW 及 NGWN 型传动，计算齿面接触强度时，$N_{LC}=30(n_C-n_X)\left[1+\left(\dfrac{z_A}{z_B}\right)^3\right]t$。

2. 对于承受交变载荷的行星传动，应将 N_{LA}、N_{LB}、N_{LC} 及 N_{LE} 各式中的 t 用 $0.5t$ 代替（但 NGW 型及 NGWN 型的 N_{LC} 计算式中的 t 不变）。

5.3.2.4 动载系数 K_V

动载系数 K_V 按齿轮相对于行星架 X 的圆周速度 $v^X=\dfrac{\pi d_1'(n_1-n_X)}{60\times1000}$ （m/s），查图 14-1-36 （或按表 14-1-84）求出。式中，d_1' 为小齿轮的节圆直径，mm；n_1 为小齿轮的转速，r/min；n_X 为行星架的转速，r/min。

5.3.2.5 螺旋线载荷分布系数 $K_{H\beta}$、$K_{F\beta}$

对于一般的行星齿轮传动，齿轮强度计算中的螺旋线载荷分布系数 $K_{H\beta}$、$K_{F\beta}$ 可用本篇 1.7.4.1 节的方法确定；对于重要的行星齿轮传动，应考虑行星传动的特点，用下述方法确定。

计算弯曲强度时：

$$K_{F\beta}=1+(\theta_b-1)\mu_F \qquad (14\text{-}5\text{-}9)$$

计算接触强度时：

$$K_{H\beta}=1+(\theta_b-1)\mu_H \qquad (14\text{-}5\text{-}10)$$

式中 μ_F、μ_H——齿轮相对于行星架的圆周速度 v^X 及大齿轮齿面硬度 HB_2 对 $K_{F\beta}$、$K_{H\beta}$ 的影响系数（图 14-5-13）；

θ_b——齿宽和行星轮数目对 $K_{F\beta}$ 和 $K_{H\beta}$ 的影响系数。对于圆柱直齿或人字齿轮行星传动，如果行星架刚性好，行星轮对称或者行星轮采用调位轴承，使太阳轮和行星轮的轴线偏斜可以忽略不计时，θ_b 值由图 14-5-14 查取。

如果 NGW 型和 NW 型行星齿轮传动的内齿轮宽度与行星轮分度圆直径的比值小于或等于 1 时，可取 $K_{F\beta}=K_{H\beta}=1$。

5.3.2.6 疲劳极限值 σ_{Hlim} 和 σ_{Flim} 的选取

试验齿轮的接触疲劳极限值 σ_{Hlim} 和弯曲疲劳极限值 σ_{Flim} 按图 14-1-42～图 14-1-46 及图 14-1-71～图 14-1-75 选取。但试验结果和工业应用情况表明，内啮合传动的接触强度往往低于计算结果，因此，在进

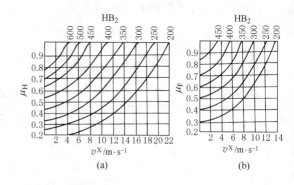

图 14-5-13 确定 μ_H 及 μ_F 的线图

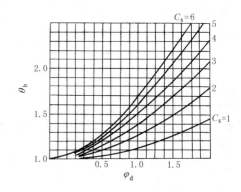

图 14-5-14 确定 θ_b 的线图

行内啮合传动的接触强度计算时，应将选取的 σ_{Hlim} 值适当降低。建议当内齿轮齿数 z_B 与行星轮齿数 z_C 之间的关系为 $2z_C\leqslant z_B\leqslant4z_C$ 时，降低 8%；$z_B<2z_C$ 时，降低 16%；$z_B>4z_C$ 时，可以不降低。

对于 NGW 型传动，工作中无论是否双向运转，其行星轮齿根均承受交变载荷，故弯曲强度应按对称循环考虑。对于单向运转的传动，应将选取的 σ_{Flim} 值乘以 0.7，对于双向运转的传动，应乘以 0.7～0.9。

5.3.2.7 最小安全系数 S_{min}

行星齿轮传动齿轮强度计算的最小安全系数 S_{Hmin} 和 S_{Fmin} 可按表 14-5-24 选取。

表 14-5-24　　　　最小安全系数 S_{Hmin} 和 S_{Fmin}

可靠性要求	计算接触强度时的最小安全系数 S_{Hmin}	计算弯曲强度时的最小安全系数 S_{Fmin}
一般可靠度的行星传动	1.12	1.25
较高可靠度的行星传动	1.25	1.6

5.4　结构设计

5.4.1　均载机构设计

5.4.1.1　均载机构的类型及特点

行星齿轮传动通常采用几个行星轮分担载荷，因

而使其具有体积和质量小、承载能力高等突出优点。为了充分发挥行星齿轮传动的优点，通常采用均载机构来均衡各行星轮传递的载荷。采用均载机构不仅可以均衡载荷，提高齿轮的承载能力，还可降低运转噪声，提高平稳性和可靠性，同时还可降低对齿轮的精度要求，从而降低制造成本。因此，在行星齿轮传动中，均载机构已获得广泛应用。均载机构具有多种形式，比较常用的形式及其特点如表 14-5-25 所示。

表 14-5-25　　　　　　　　　　　　　　均载机构的形式与特点

形　式		简　图	载荷不均匀系数 K_c	特　点
基本构件浮动的均载机构	原理	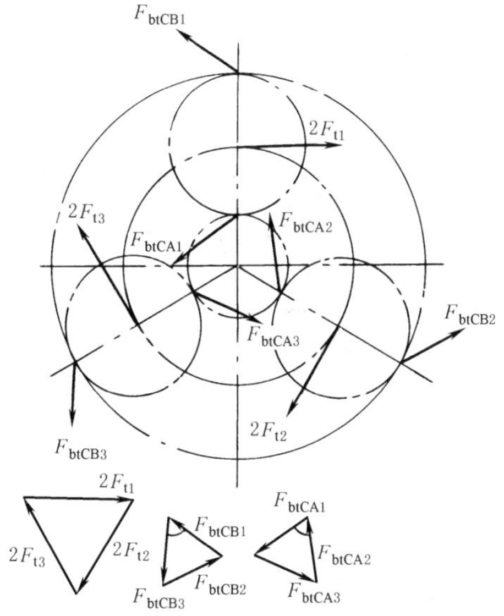		主要适用于三个行星轮的行星齿轮传动。其基本构件（太阳轮、内齿轮或行星架）没有固定的径向支承，在受力不平衡的条件下，可以径向游动（又称浮动），以使各行星轮均匀分担载荷 均载机构工作原理如左图所示。由于基本构件的浮动，使三个基本构件上所承受的三种力 $2F_t$、F_{btCA}、F_{btCB} 各自形成力的封闭等边三角形（即形成三角形的各力相等），而达到均载的目的。由于零件必定存在制造误差，其力封闭图形实际上只是近似的等边三角形，为此引入了考虑实际情况的载荷不均匀系数 K。基本构件浮动的最常用方法是采用双联齿轮联轴器。一般有一个基本构件浮动，即可起到均载作用，采用二个基本构件浮动时，效果更好
基本构件浮动的均载机构	太阳轮浮动	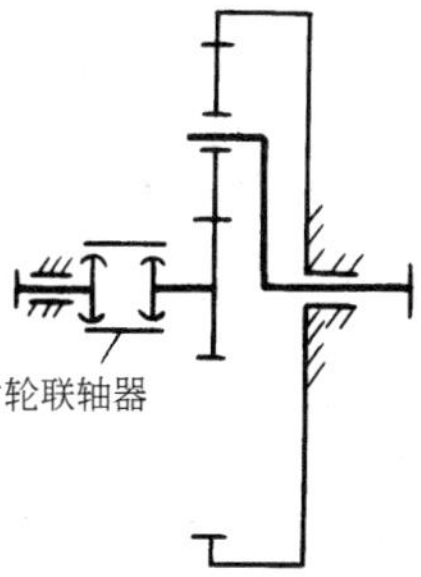 齿轮联轴器	1.1～1.15	太阳轮通过双联齿轮联轴器与高速轴连接。太阳轮重量小，惯性小，浮动灵敏，机构简单，容易制造，通用性强，广泛用于中低速工作情况。其结构见图 14-5-22
	内齿轮浮动	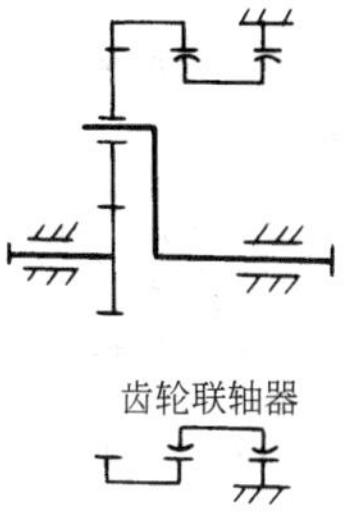 齿轮联轴器	1.1～1.2	内齿轮通过双联齿轮联轴器与机体相连接。轴向尺寸较小，但由于浮动件尺寸大，重量大，加工不方便，浮动灵敏性差。由于结构关系，NGWN 型行星齿轮传动较常用，其结构见图 14-5-28 内齿轮部分

第14篇

形式		简　图	载荷不均匀系数 K_c	特　点
基本构件浮动的均载机构	行星架浮动	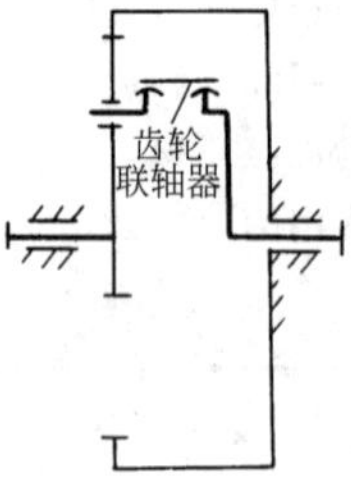	1.15～1.2	行星架通过双联齿轮联轴器与低速轴相连接，其结构见图 14-5-23。NGW 型传动中，由于行星架受力较大(二倍圆周力)，有利于浮动。行星架浮动不要支承，可简化结构，尤其利于多级行星齿轮传动(图 14-5-25)。但由于行星架自重大，速度高会产生较大离心力，影响浮动效果，所以常用于速度不高的场合
基本构件浮动的均载机构	太阳轮和行星架同时浮动	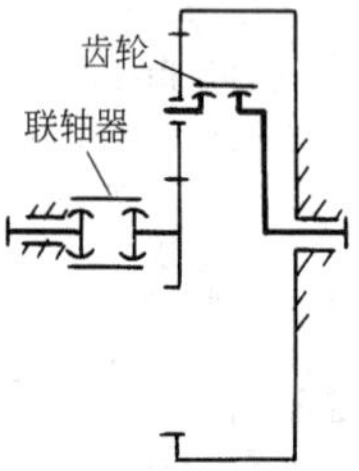	1.05～1.2	太阳轮浮动与行星架浮动组合。浮动效果比单独浮动好，常用于多级行星齿轮传动。图 14-5-25 所示三级减速器的中间级的浮动机构为太阳轮与行星架同时浮动
	太阳轮和内齿轮同时浮动	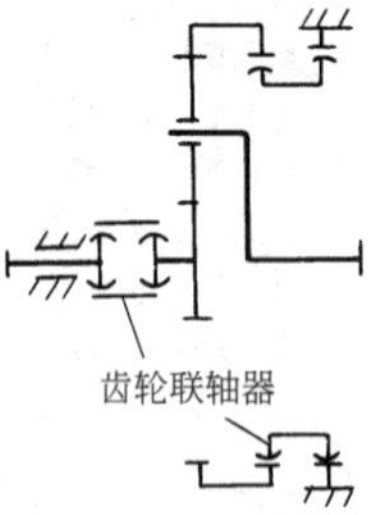	1.05～1.5	太阳轮与内齿轮浮动组合。浮动效果好，噪声小，工作可靠，常用于高速重载行星齿轮传动。其结构见图 14-5-28
	无多余约束浮动	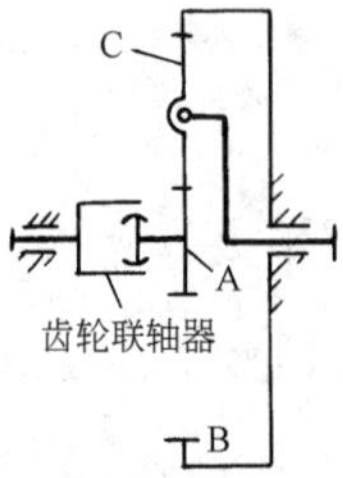		太阳轮利用单联齿轮联轴器进行浮动，而在行星轮中设置一个球面调心轴承，使机构中无多余约束。浮动效果好，结构简单，A-C 传动沿齿向载荷分布比较均匀。但由于行星轮内只能装设一个轴承，所以行星轮直径较小时，轴承尺寸较小，寿命较短，其结构见图 14-5-24
弹性件均载机构	原理	利用弹性元件的弹性变形补偿制造、安装误差，使各行星轮均匀分担载荷。但因弹性件变形程度不同，从而影响载荷均匀分配。载荷不均匀系数与弹性元件的刚度、制造误差成正比		
	齿轮本身的弹性变形	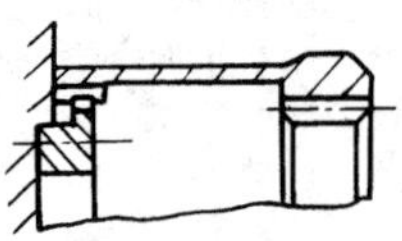 图(a)　安装形式 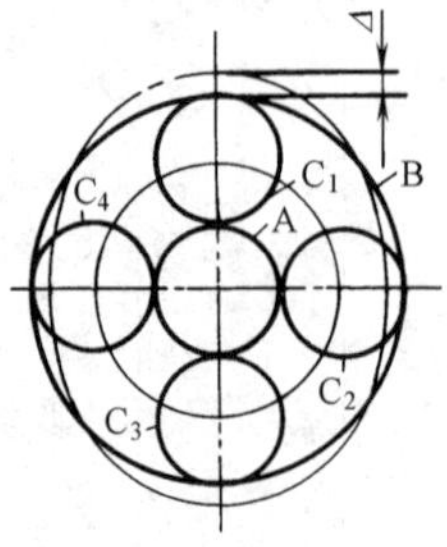　　　图(b)　变形形式		采用薄壁内齿轮，靠齿轮薄壁的弹性变形达到均载目的。减振性能好，行星轮数目可大于 3，零件数量少，但制造精度要求高，悬臂的长度、壁厚和柔性要设计合理，否则影响均载效果，使齿向载荷集中。图 14-5-30 采用了薄壁内齿轮、细长柔性轴的太阳轮和中空轴支承的行星轮结构，以尽可能地增加各基本构件的弹性

续表

形式		简　图	载荷不均匀系数 K_c	特　点
弹性件均载机构	弹性销法	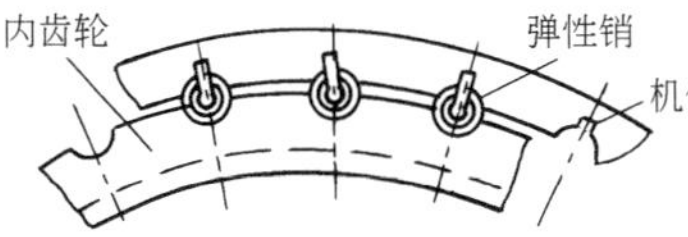 内齿轮　　弹性销　　机体		内齿轮通过弹性销与机体固定,弹性销由多层弹簧圈组成,沿齿宽方向可连装几段弹性销。这种结构径向尺寸小,有较好的缓冲减振性能
	弹性件支承行星轮	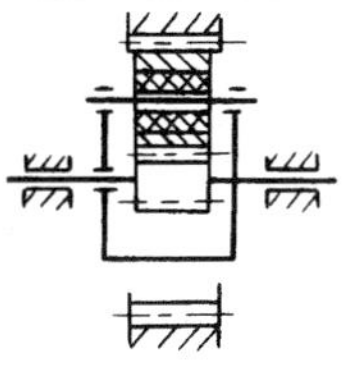 图(c) 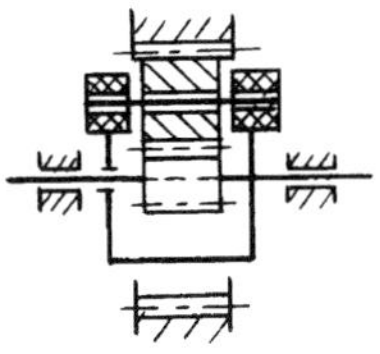　　　图(d)		在行星轮孔与行星轮轴之间[图(c)]或行星轮轴与行星架之间[图(d)]安装非金属(如尼龙类)的弹性衬套。结构简单、缓冲性能好,行星轮数可大于3。但非金属弹性衬套有老化和热膨胀等缺点,不能承受较大离心力
	柔性轴支承行星轮	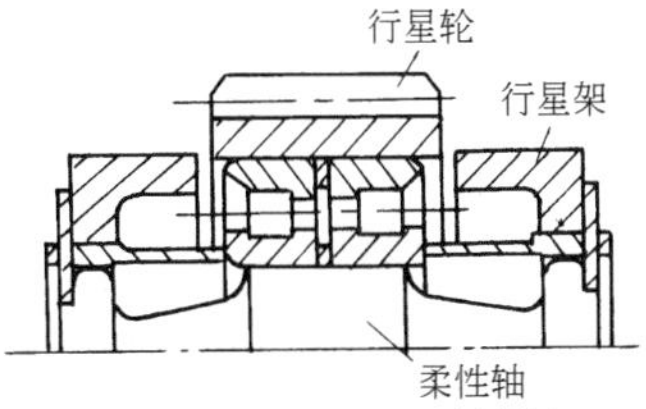 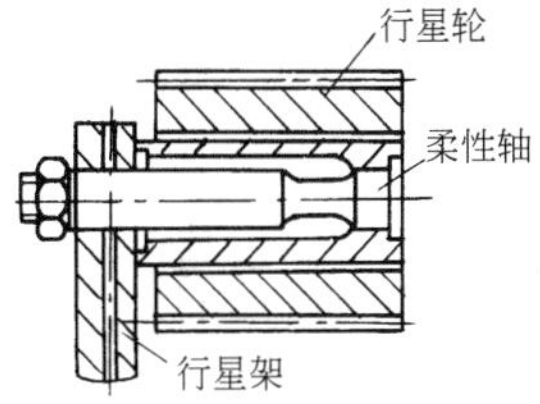 行星轮　行星架　柔性轴　行星轮　柔性轴　行星架		利用行星轮轴较大的变形来调节各行星轮之间的载荷分布,克服了非金属弹性元件存在的缺点,扩大了使用范围
行星轮自动调位均载机构	原理	借杠杆联锁机构使行星轮浮动,达到均载目的。均载效果好,但结构复杂。为了提高灵敏度,偏心轴用滚针轴承支承,使整个传动的轴承数量增多。行星轮轴承必须装在行星轮内,故对小传动比的机构,由于行星轮较小,采用该均载机构受到轴承寿命的限制。一般宜用于中低速传动		
	两行星轮杠杆联动均载机构	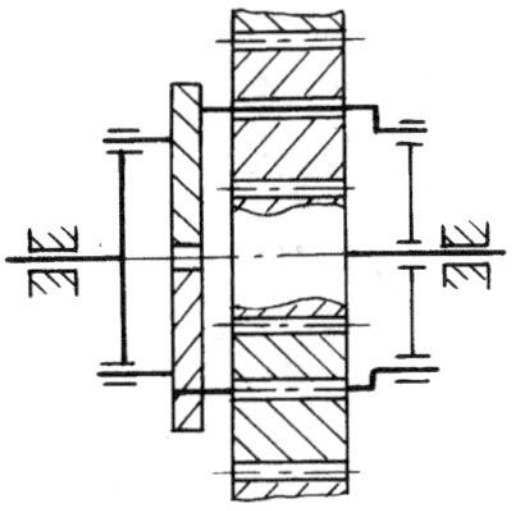 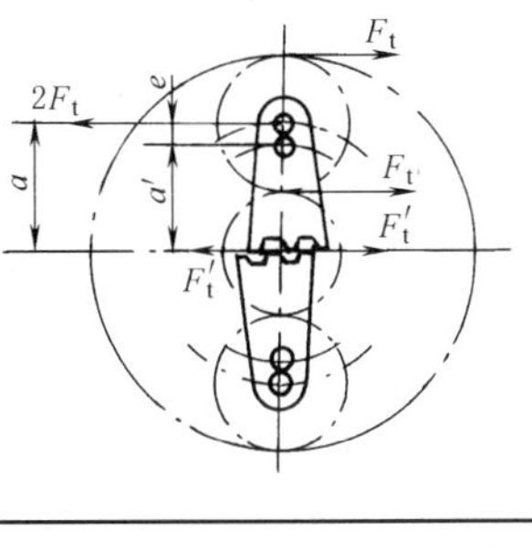	$1.05\sim1.1$	行星轮对称安装,在两个行星轮的偏心轴上,分别固定一对互相啮合的扇形齿轮(相当于连杆),浮动效果好,灵敏度高 当二行星轮受载均匀时,二扇形齿轮间受力相等,处于平衡状态,没有相对运动 当二个行星轮受载不均匀时,受力较大的行星轮将带动扇形齿轮绕其本身轴线转动,使该行星轮减载;另一个扇形齿轮反方向转动,使受力较小的行星轮加载,行星轮载荷使得到重新分配,直到载荷均衡为止 扇形齿轮上的圆周力: $$F=2F_t\frac{e}{a'}$$ 式中　e——偏心距,$e=a/30$ 　　a'——杠杆回转半径(扇形齿节圆半径),$a'=a-e$ 　　a——啮合中心距 　　F_t——齿轮切向力

第 14 篇

形　式		简　图	载荷不均匀系数 K_c	特　点
行星轮自动调位均载机构	三行星轮杠杆联动均载机构	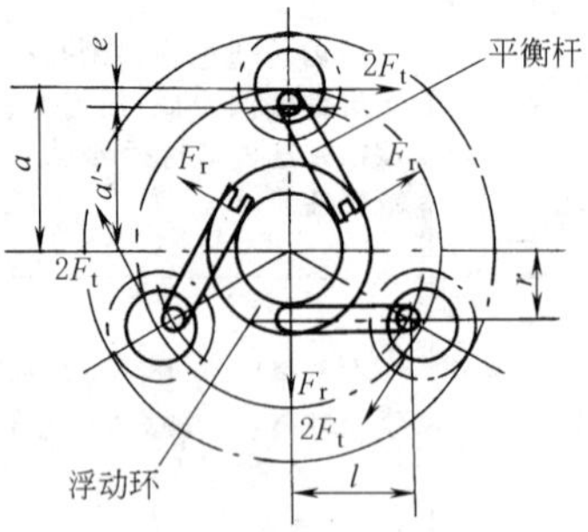 浮动环中心圆半径 $r=0.5a'$ 平衡杆长度 $l=a'\cos30°$	$1.1\sim1.15$	平衡杆的一端与行星轮的偏心轴固接,另一端与浮动环活动连接。只有当 6 个啮合点所受的力大小相等时,该均载机构才处于平衡状态,各构件间没有相对运动。当载荷不均匀时,作用在浮动环上的三个径向力 F_r 便不互等,三个圆周力亦不互等,浮动环产生移动和转动,直至三力平衡为止 　　浮动环上的力 $F_r=\dfrac{2F_t e}{a'\cos30°}$ 式中　a'——偏心轴中心至浮动环中心的距离,$a'=a-e$ 　　　　a——行星轮与太阳轮的中心距 　　　　e——偏心距,$e=a'/20$
	四行星轮杠杆联动均载机构	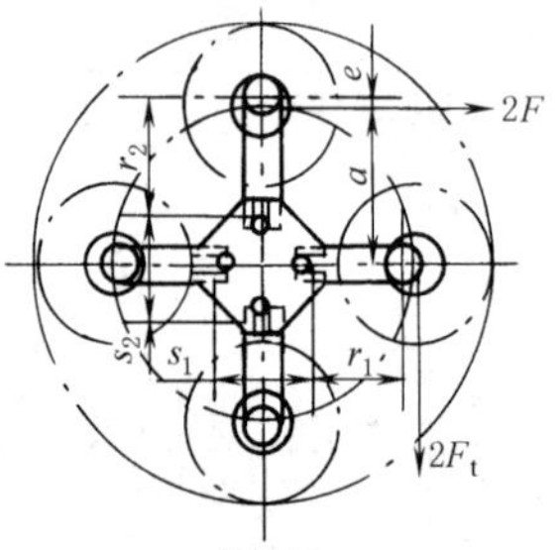 图(e) 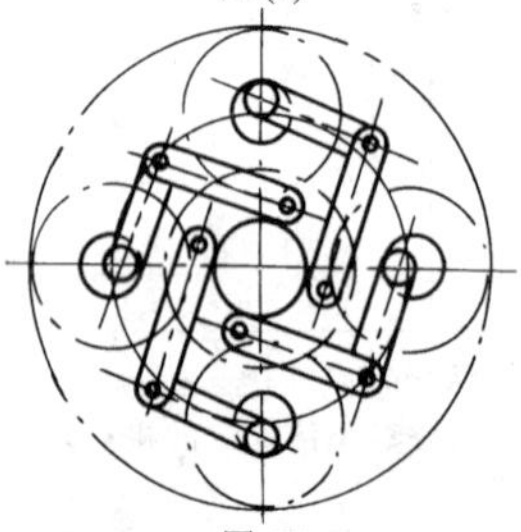 图(f)	$1.1\sim1.15$	平衡原理与三行星轮联动机构相似。四个偏心轴的偏心方向对称地位于行星轮之内或外。图(e)所示平衡杆端部支承在十字浮动盘上;图(f)中连杆支承在圆形浮动环上,通过各件联动调整,以达到均载的目的 　　设计时取 $r_1=r_2=14e$ $$e=\frac{a}{30}\sim\frac{a}{20}$$ 式中　a——行星轮与太阳轮的中心距 　　　　e——偏心距
	弹性油膜浮动均载机构	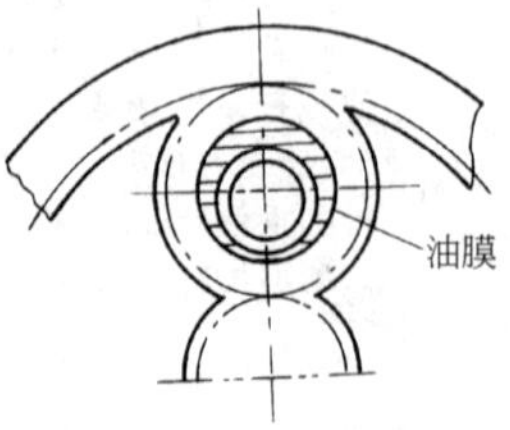	$1.09\sim1.1$ (齿轮精度为 5～6 级时) $1.3\sim1.5$ (齿轮精度为 8 级时)	在行星轮与芯轴之间装置中间套,中间套与行星轮孔之间留有间隙,并且向其中注油。工作时,中间套与行星轮以同向同速一起运转并承受同样的载荷。间隙中充满油后形成厚油膜,其厚度比普通滑动轴承的油膜厚度大得多。借助厚油膜的弹性,使各行星轮均载。这种均载方法效果好,结构简单,安装方式、减振性能好,工作可靠 　　由于受到油膜厚度限制,这种均载方式只适用于传动件制造精度较高、误差较小的场合 　　设计时,取中间套的外径 D 等于行星轮的孔径,宽度等于行星轮的宽度,壁厚为 $s=(0.2\sim0.25)D$。行星轮孔与中间套之间的间隙为: $$\delta=\frac{1}{2}\psi D$$ 　　式中,ψ 为相对间隙系数,一般取 $\psi=0.0015\sim0.0045$。当速度较高,直径较小,载荷较大时取较大值,反之取较小值

表 14-5-26　　**NGW 型行星轮传动均载机构浮动件的浮动量要求**

名称		浮动太阳轮所需浮动量	浮动内齿轮所需浮动量	浮动行星架所需浮动量
零件制造误差浮动对量要求	行星架上行星轮轴孔的径向(中心距)误差 f_a	$E_{Ta} = \dfrac{2}{3} f_a \dfrac{\sin\delta}{\cos\delta'}$	$E_{Na} = \dfrac{2}{3} f_a \dfrac{\sin\beta}{\cos\beta'}$	$E_{Xa} \approx 0$
	行星架上行星轮轴孔的切向误差 e_t	$E_{Tt} = \dfrac{2}{3} e_t (\cos\alpha_w + \cos\alpha_n)$	$E_{Nt} = \dfrac{2}{3} e_t (\cos\alpha_w + \cos\alpha_n)$	$E_{Xt} = e_t \dfrac{\cos\dfrac{\alpha_w-\alpha_n}{2}}{\sin\left(30°+\dfrac{\alpha_w-\alpha_n}{2}\right)+\cos\dfrac{\alpha_w-\alpha_n}{2}}$
	太阳轮偏心误差 e_A	$E_{TA} = e_A$	$E_{NA} = e_A$	$E_{XA} = \dfrac{e_A}{\sqrt{(\cos\alpha_w+\cos\alpha_n)^2 + \dfrac{\sin^2\delta}{\cos^2\delta'}}}$
	行星轮偏心误差 e_C	$E_{TC} = \dfrac{4}{3} e_C (\cos\alpha_w + \cos\alpha_n)$	$E_{NC} = \dfrac{4}{3} e_C (\cos\alpha_w + \cos\alpha_n)$	$E_{XC} = \dfrac{e_C}{\sqrt{(\cos\alpha_w+\cos\alpha_n)^2 + \dfrac{\sin^2\delta}{\cos^2\delta'}}}$
	内齿轮偏心误差 e_B	$E_{TB} = e_B$	$E_{NB} = e_B$	$E_{XB} = \dfrac{e_B}{\sqrt{(\cos\alpha_w+\cos\alpha_n)^2 + \dfrac{\sin^2\beta}{\cos^2\beta'}}}$
	行星架偏心误差 e_X	$E_{TX} = e_X \sqrt{(\cos\alpha_w+\cos\alpha_n)^2 + \dfrac{\sin^2\delta}{\cos^2\delta'}}$	$E_{NX} = e_X \sqrt{(\cos\alpha_w+\cos\alpha_n)^2 + \dfrac{\sin^2\beta}{\cos^2\beta'}}$	$E_{XX} = e_X$
零件装配对的浮动量要求	平方和浮动量	$E_T^2 = e_A^2 + e_B^2$ $+ \dfrac{16}{9} e_C^2 (\cos\alpha_w+\cos\alpha_n)^2$ $+ e_X^2 \left[(\cos\alpha_w+\cos\alpha_n)^2 + \dfrac{\sin^2\delta}{\cos^2\delta'}\right]$ $+ \dfrac{4}{9} e_t^2 (\cos\alpha_w+\cos\alpha_n)^2$ $+ \dfrac{4}{9} f_a^2 \dfrac{\sin^2\delta}{\cos^2\delta'}$	$E_N^2 = e_A^2 + e_B^2$ $+ \dfrac{16}{9} e_C^2 (\cos\alpha_w+\cos\alpha_n)^2$ $+ e_X^2 \left[(\cos\alpha_w+\cos\alpha_n)^2 + \dfrac{\sin^2\beta}{\cos^2\beta'}\right]$ $+ \dfrac{4}{9} e_t^2 (\cos\alpha_w+\cos\alpha_n)^2$ $+ \dfrac{4}{9} f_a^2 \dfrac{\sin^2\beta}{\cos^2\beta'}$	$E_X^2 = \dfrac{e_A^2 + \dfrac{16}{9} e_C^2 (\cos\alpha_w+\cos\alpha_n)^2}{(\cos\alpha_w+\cos\alpha_n)^2 + \dfrac{\sin^2\delta}{\cos^2\delta'}}$ $+ \dfrac{e_B^2}{(\cos\alpha_w+\cos\alpha_n)^2 + \dfrac{\sin^2\beta}{\cos^2\beta'}}$ $+ e_t^2 \left[\dfrac{\cos\dfrac{\alpha_w-\alpha_n}{2}}{\sin\left(30°+\dfrac{\alpha_w-\alpha_n}{2}\right)+\cos\dfrac{\alpha_w-\alpha_n}{2}}\right]^2$

注：1. α_w——外啮合齿轮副啮合角；α_n——内啮合齿轮副啮合角；δ——行星架上行星轮轴孔之间中心角偏差；$\delta' = \arctan\dfrac{\sin\alpha_n}{\cos\alpha_w}$；$\alpha = \alpha_w - \delta'$；$\beta' = \arctan\dfrac{\sin\alpha_n}{\cos\alpha_w}$；$\beta = \beta' - \alpha_n$。

2. f_a 按表 14-5-45 中相关要求确定。工程上常选 $\delta \leq 2'$。由于角度偏差 δ 难以直接测量，工程上常用测量行星架上行星轮轴孔的孔距偏差 f_1 来代替，而 f_1 按表 14-5-45 中相关要求确定。f_1 与 f_a 及 δ 之间的几何关系为：$f_1 = \dfrac{a\delta}{2}$ 及 $f_1 = \dfrac{1}{2} \times \sqrt{3} \times f_a$（式中 δ 的单位为 rad）。

3. e_t 可按式 $e_t = a\sin\delta$ 计算。工程上按表 14-5-45 中相关要求确定。

5.4.1.2 均载机构的选择及浮动量计算

分析和计算浮动件的浮动量，目的在于验证所选择的均载机构是否能满足浮动量要求，设计及结构是否合理，或根据已知的浮动量确定各零件尺寸偏差。因零件有制造误差，要求浮动构件有相应的位移，如果浮动件不能实现等量位移，正常的动力传递就会受到影响。所以，位移量就是要求浮动件应该达到的浮动量。

对于 NGW 型行星齿轮传动，为补偿各零件制造误差对浮动构件浮动量的要求见表 14-5-26，其他型式的行星齿轮传动亦可参考该表。如 NGWN 型传动中，A、C、B 轮和行星架 X 相当于 NGW 型传动，可直接使用表中公式，但需另外考虑 D、E 轮的制造误差对浮动量的要求。表中计算公式考虑了大啮合角变位齿轮的采用以及内外啮合角相差较大等因素，其

计算结果较精确符合实际。

从表 14-5-26 中可知，行星轮偏心误差在最不利的情况下对浮动量影响极大，故在成批生产中可选取重量及偏心误差相近的行星轮进行分组，然后测量一组行星轮的偏心方向并做出标记，在装配时使各行星轮的偏心方向与各自的中心线（行星架中心与行星轮轴孔中心的连线）成相同的角度，使行星轮偏心误差的影响基本抵消。

5.4.1.3 浮动用齿式联轴器的结构设计与计算

（1）齿轮联轴器的类型与结构

在行星齿轮传动中，广泛使用齿轮联轴器来保证浮动机构中的浮动构件在受力不平衡时产生位移，以使各行星轮之间载荷分布均匀。齿轮联轴器有单联和双联两种结构，其结构简图及特点见表 14-5-27。

表 14-5-27   齿轮联轴器的类型

名 称	简 图	特 点
单联齿轮联轴器	![单联齿轮联轴器简图]	内齿套固定不动，浮动齿轮只能偏转一个角度，因而会引起载荷沿齿宽方向分布不均匀，为改善这种状况，需有较大的轴向尺寸，推荐 $L/b > 4$ 为了减小轴向尺寸常用于无多余约束浮动机构中
双联齿轮联轴器	![双联齿轮联轴器简图] 图 (a) 图 (b)	内齿套浮动，因此浮动齿轮可以平行位移，保证了啮合齿轮的载荷沿齿宽均匀分布。如果太阳轮直径较大，可以制成如图 (b) 所示的结构，这样既可减小轴向尺寸，又可减小浮动件的质量

注：为便于外齿轮在内齿套中转动，通常外齿轮齿顶沿齿向做成圆弧形，或采用鼓形齿轮。

齿轮联轴器采用渐开线齿形，按其外齿轴套轮齿沿齿宽方向的截面形状区分有直齿和鼓形齿两种（见图 14-5-15）。直齿联轴器用于与内齿轮（或行星架）制成一体的浮动用齿轮联轴器，其许用倾斜角小，一般不大于 0.5°，且承载能力较低，易磨损，寿命较短。直齿联轴器的齿宽很窄，常取齿宽与齿轮节圆之比 $b_w/d' = 0.01 \sim 0.03$。鼓形齿联轴器许用倾斜角大（可达 3°以上），承载能力和寿命都比直齿的高，因而使用越来越广泛。

但其外齿通常要用数控滚齿机或数控插齿机才能加工（鼓形齿的几个几何特性参数见图 14-5-16）。鼓形齿多用于外啮合中心轮（太阳轮）或行星架端部直径较小、承受转矩较大的齿轮联轴器。鼓形齿的齿宽

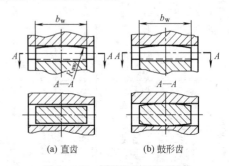

(a) 直齿   (b) 鼓形齿

图 14-5-15 联轴器轮齿截面形状

较大，常取 $b_w/d' = 0.2 \sim 0.3$。齿轮联轴器通常设计成内齿圈的齿宽 b_n 稍大于外齿轮的齿宽 b_w，常取 $b_n/b_w = 1.15 \sim 1.25$。

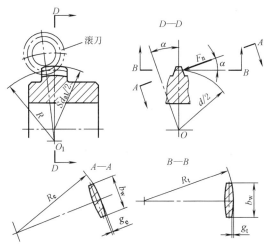

图 14-5-16　鼓形齿的几何特性参数图示

R—鼓形齿的位移圆半径；b_w—鼓形齿齿宽；

R_t—鼓形齿工作圆切向截面齿廓曲线的曲率半径；

Sd_{al}—齿顶圆球面直径；R_e—鼓形齿法向截面

齿廓曲线的曲率半径；g_t，g_e—鼓形齿单

侧减薄量；α—压力角

齿轮联轴器内齿套外壳的壁厚 δ 按浮动构件确定。太阳轮浮动的联轴器，取 $\delta = (0.05 \sim 0.10) d'$。当节圆直径较小时，其系数取大值，反之取小值。内齿套浮动的联轴器，为降低外壳变形引起的载荷不均，应设计成薄壁外壳。其壁厚 δ 与其中性层半径 ρ 之间的关系为 $\delta = (0.02 \sim 0.04) \rho$。

为限制联轴器的浮动构件轴向自由窜动，常采用矩形截面的弹性挡圈或球面顶块作轴向定位，但均需留有合理的轴向间隙。球面顶块间隙取为 $j_o = 0.5 \sim 1.5$mm，而挡圈的间隙按 $j_o = d' E_{XX} / L_g$ 确定，式中，d' 为联轴器的节圆直径，mm；E_{XX} 为浮动构件的浮动量，mm；L_g 为联轴器两端齿宽中线之间的距离，mm。

联轴器所需倾斜角 $\Delta \alpha$ 根据被浮动构件所需浮动量 E_{XX} 确定，其计算式为：$\Delta \alpha$（弧度）$= E_{XX} / L_g$。当给定 $\Delta \alpha$ 时，也可按此式确定联轴器长度 L_g（见图 14-5-17）。联轴器许用倾斜角推荐采用 $\Delta \alpha \leqslant 1°$，最大不超过 $1.5°$。

齿轮联轴器大多数采用内齿齿根圆和外齿齿顶圆定心的方式定心；配合一般采用 F8/h8 或 F8/h7。某些加工精度高，侧隙小的齿轮联轴器，也采用齿侧定心，径向则无配合要求。由于要满足轴线倾斜角的要求，齿轮联轴器的侧隙比一般齿轮传动要大；所需侧隙取决于浮动构件的浮动量、轴线的偏斜度和制造、安装精度等。从强度考虑，可以将所需总侧隙大部或全部分配在内齿轮上。

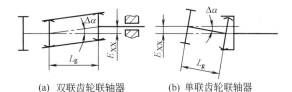

(a) 双联齿轮联轴器　　(b) 单联齿轮联轴器

图 14-5-17　倾斜角 $\Delta \alpha$ 的确定

（2）齿轮联轴器基本参数的确定

① 设计齿轮联轴器首先要依据行星传动总体结构的要求先行确定节圆（或分度圆）直径，而后根据该直径参考图 14-5-18 在其虚线左侧范围内选取一组相应的模数 m 和齿数 z。

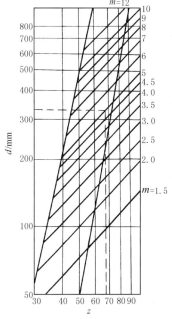

图 14-5-18　z、d、m 概略值间的关系

（推荐的概略值 z、d、m 组合位于虚线画出的范围内）

② 根据结构要求按经验公式初定齿宽 b_w。用于内啮合中心轮浮动的齿轮联轴器，按式 $b_w = (0.01 \sim 0.03) d$ 确定；用于外啮合中心轮或其他构件浮动的中间零件组成的联轴器，按式 $b_w = (0.2 \sim 0.3) d$ 确定。

③ 在确定齿轮联轴器使用工况的条件下，按式（14-5-14）或式（14-5-15）校核其强度，如不符合要求，要改变参数重新计算，直到符合要求。

（3）齿轮联轴器的强度计算

齿轮联轴器的主要失效形式是磨损，极少发生断齿的情况，因此一般情况下不必计算轮齿的弯曲强度。通常对直齿联轴器计算其齿面挤压强度；对鼓形齿联轴器则计算其齿面接触强度。

① 直齿联轴器齿面的挤压应力 σ_p 应符合下式要求

$$\sigma_p = \frac{2000TK_AK_m}{dzb_whK_w} \leqslant \sigma_{pp} \quad (\text{MPa}) \quad (14\text{-}5\text{-}11)$$

式中　T——传递转矩，N·m；

$\quad K_A$——使用系数，见表 14-1-75；

$\quad K_m$——轮齿载荷分布系数，见表 14-5-30；

$\quad d$——节圆直径，mm；

$\quad z$——齿数；

$\quad b_w$——齿宽，mm；

$\quad h$——轮齿径向接触高度，mm；

$\quad K_w$——轮齿磨损寿命系数，见表 14-5-29，根据齿轮转速而定，齿轮联轴器每转一转

时，轮齿有一个向前和一个向后的摩擦，而导致磨损；

$\quad \sigma_{pp}$——许用挤压应力，MPa，见表 14-5-28。

② 鼓形齿联轴器齿面的接触应力 σ_H 应符合下式要求

$$\sigma_H = 1900\frac{K_A}{K_w}\sqrt{\frac{2000T}{dzhR_e}} \leqslant \sigma_{Hp} \quad (\text{MPa})$$

$$(14\text{-}5\text{-}12)$$

式中　R_e——齿廓曲线鼓形圆弧半径，mm；

$\quad \sigma_{Hp}$——许用接触应力，MPa，见表 14-5-28。

表 14-5-28　　　　　　　　　　　许用应力 σ_{pp} 和 σ_{Hp}

材料	硬度		许用挤压应力 σ_{pp}/MPa	许用接触应力 σ_{Hp}/MPa
	HB	HRC		
钢	160～200		10.5	42
钢	230～260		14	56
钢	302～351	33～38	21	84
表面淬火钢		48～53	28	84
渗碳淬火钢		58～63	35	140

表 14-5-29　　　　　　　　　　　磨损寿命系数 K_w

循环次数	1×10^4	1×10^5	1×10^6	1×10^7	1×10^8	1×10^9	1×10^{10}
K_w	4	2.8	2.0	1.4	1.0	0.7	0.5

表 14-5-30　　　　　　　　　　　轮齿载荷分布系数 K_m

单位长度径向位移量 /cm·cm^{-1}	齿宽/mm			
	12	25	50	100
0.001	1	1	1	1.5
0.002	1	1	1.5	2
0.004	1	1.3	2	2.5
0.008	1.5	2	2.5	3

（4）齿轮联轴器的几何计算

齿轮联轴器的几何计算通常在通过强度计算以后进行；计算方法与定心方式、变位与否、采用刀具及加工方法等有关。表 14-5-31 所列为变位啮合、外径定心、采用标准刀具，加工方便而适用的两种方法，可根据需要选择其一。

表 14-5-31　　　　　　　　　　　齿轮联轴器的几何计算

项目	代号	方法 A	方法 B
已知条件及说明：模数 m 及齿数 z 由承载能力确定；$\alpha=20°\sim30°$，一般采用 20°；角位移 $\Delta\alpha$ 由安装及使用条件确定，在行星齿轮传动中，一般对直齿，$\Delta\alpha=0.5°$；对鼓形齿，$\Delta\alpha=1°\sim1.5°$，推荐 $\Delta\alpha=1°$			
		外齿（w）齿顶高 $h_{aw}=1.0m$，内齿（n）齿根高 $h_{fn}=1.0m$，采用角变位使外齿齿厚增加，内齿齿厚减薄，内齿插齿时不必切向变位，一般取变位系数 $x_n=0.5$，而 x_w 与 x_n 须满足下列关系式： $x_n-x_w=\dfrac{J_n}{2m\sin\alpha}$	外齿（w）齿顶高 $h_{aw}=1.0m$，齿根高 $h_{fw}=1.25m$；内齿（n）齿根高 $h_{fn}=1.0m$，齿顶高 $h_{an}=0.8m$；插齿刀用标准刀具磨去 $0.25m$ 高度的齿顶改制而成。内外齿齿厚相等，内齿插齿时不必做切向变位
		计　算　公　式	
分度圆直径	d	$d=mz$	$d=mz$
径向变位系数	x_w x_n	$x_w=x_n-\dfrac{J_n}{2m\sin\alpha}$； $x_n=x_w+\dfrac{J_n}{2m\sin\alpha}$；一般取 $x_n=0.5$	$x_w=0$ $x_n=0.5$

续表

齿顶高	h_{aw}、h_{an}	$h_{aw}=1.0m$；$h_{an}=(1-x_n)m$	$h_{aw}=1.0m$；$h_{an}=0.8m$
齿根高	h_{fw}、h_{fn}	$h_{fw}=(1.25-x_w)m$；$h_{fn}=1.0m$	$h_{fw}=1.25m$；$h_{fn}=1.0m$
齿顶圆球面直径	Sd_{aw}	$Sd_{aw}=d+2h_{aw}$	$Sd_{aw}=d+2h_{aw}$
齿顶圆直径	d_{an}	$d_{an}=d-2h_{an}$	$d_{an}=d-2h_{an}$
齿根圆直径	d_{fw}、d_{fn}	$d_{fw}=d-2h_{fw}$；$d_{fn}=d+2h_{fn}$	$d_{fw}=d-2h_{fw}$；$d_{fn}=d+2h_{fn}$
齿宽	b_w、b_n	按 $b_w=(0.2\sim0.3)d$ 初定；$b_n=(1.15\sim1.25)b_w$	
位移圆半径	R	根据承载能力计算，初定 $R=(0.5\sim2.0)d$ [b_w 与 R 必须满足关系式：$b_w/R>1.2\phi_t\tan\Delta\alpha$；式中，$\phi_t$ 为曲率系数，见表 14-5-32]	
鼓形齿单侧减薄量	g_t、g_e	$g_t=\dfrac{b_w^2}{8R}\tan\alpha$；$g_t=g_e\cos\alpha$	
最小理论法向侧隙	J_{nmin}	$J_{nmin}=2\phi_tR\left(\dfrac{\tan^2\Delta\alpha}{\cos\alpha}+\sqrt{\cos^2\alpha-\tan^2\alpha}-\cos\alpha\right)$	
制造误差补偿量	δ_n	$\delta_n=(F_{p1}+F_{p2})\cos\alpha+(f_{f1}+f_{f2})+(F_g+F_{\beta2})$；式中，$F_{p1}$、$F_{p2}$ 为内、外齿齿距累积公差；f_{f1}、f_{f2} 为内、外齿齿形公差；$F_{\beta2}$ 为齿向公差（以上见 GB/T 10095—2008）；F_g 为鼓形外齿齿面鼓度对称度公差（见表 14-5-33）	
设计法向侧隙	J_n	$J_n=J_{nmin}+\delta_n$	
外齿跨侧齿数	k	查表 14-1-26	
公法线长度	W_k	$W_k=(W^*+\Delta W^*)m$；查表 14-1-27 和表 14-1-28	
公法线长度偏差	E_{ws}	$E_{ws}=0$；$E_{wi}=-E_w$；E_w 查表 14-5-34	
内齿量棒直径	d_p	$d_p=(1.69\sim1.95)m$	
量棒中心所在圆的压力角	α_M	$\text{inv}\alpha_M=\text{inv}\alpha+\dfrac{\pi}{2z}+\dfrac{2x_nm\sin\alpha-d_p}{mz\cos\alpha}$	$\text{inv}\alpha_M=\text{inv}\alpha+\dfrac{\pi}{2}-\dfrac{d_p}{mz\cos\alpha}$
量棒直径校验		d_p 须满足：$\dfrac{\cos\alpha}{\cos\alpha_M}d-d_{an}<d_p<d_{fn}-\dfrac{\cos\alpha}{\cos\alpha_M}d$	
量棒距	M	偶数齿：$M=\dfrac{d\cos\alpha}{\cos\alpha_M}-d_p$；奇数齿：$M=\dfrac{d\cos\alpha}{\cos\alpha_M}\cos\dfrac{90°}{z}-d_p$	
量棒距偏差	E_{ms} E_{mi}	上偏差：偶数齿，$E_{ms}=\dfrac{E_w}{\sin\alpha_M}$；奇数齿，$E_{ms}=\dfrac{E_w}{\sin\alpha_M}\cos\dfrac{90°}{z}$ 下偏差：$E_{mi}=0$	

表 14-5-32　　　　　　　　　　　　$\alpha=20°$ 的曲率系数

齿数 z	25	30	35	40	45	50	55	60	65	70	75	80
ϕ_t	2.42	2.45	2.47	2.49	2.51	2.53	2.55	2.57	2.58	2.59	2.60	2.61
ϕ_e	2.53	2.57	2.61	2.64	2.66	2.68	2.70	2.72	2.74	2.75	2.76	2.77

表 14-5-33　　　　　　　　　　　　齿面鼓度对称度公差 F_g

齿轮精度等级	齿宽 b_w/mm				
	$\leqslant30$	$>30\sim50$	$>50\sim70$	$>75\sim100$	$>100\sim150$
7	0.03	0.042	0.055	0.078	0.105
8	0.04	0.050	0.065	0.090	0.115

表 14-5-34　　　　　　　　　　　　齿轮公法线长度偏差 E_w

齿轮精度等级	分度圆直径/mm				
	$\leqslant50$	$>50\sim125$	$>125\sim200$	$>200\sim400$	$>400\sim800$
6	0.034	0.040	0.045	0.050	0.055
7	0.038	0.050	0.055	0.070	0.080
8	0.048	0.070	0.080	0.090	0.115

5.4.2 主要构件结构设计

5.4.2.1 齿轮结构设计

在行星齿轮传动机构中，齿轮结构设计涉及太阳轮、内齿轮和行星轮。太阳轮和内齿轮的结构设计主要考虑传动型式，齿轮是否浮动及其浮动方式，具体的结构设计与普通的圆柱齿轮设计相同。行星轮结构根据传动型式、传动比大小、轴承类型及轴安装型式而定。NGW 型和 NW 型传动常用的行星轮结构见表 14-5-35。

表 14-5-35 行星轮结构

结 构 图	特 点	结 构 图	特 点
	应保证行星轮轮缘厚度 $\delta > 3m$，否则须进行强度或刚度校核 在一般情况下，行星轮齿宽与直径的比为：$\psi_d = 0.5 \sim 0.7$，硬齿面取较小值，即 $\psi_d = 0.5$ 为使行星轮内孔配合面加工方便，切齿简单，制造精度易保证，采用行星轮内孔无台肩结构		在高速重载行星齿轮传动中，常因滚动轴承极限转速和承载能力的限制而采用滑动轴承，并用压力油润滑。为使行星轮有可靠的基准孔和减磨材料层的应力不变，通常将减磨材料浇在行星轮轴表面上。当 $l/d > 1$ 时，可以做成双轴承式，以提高承载能力并使载荷均匀分布。高速传动用双联齿轮结构的轴承推荐用轴瓦并安装在行星架上。轴承长度 l、轴颈直径 d 及轴承间隙 Δ 的关系可取 $l/d = 1 \sim 2$；$\Delta/d = 0.0025 \sim 0.02$
	整体双联齿轮断面急剧变化处会引起应力集中，须使 $\delta \geq (3 \sim 4)m$；必要时应进行强度校核 整体双联齿轮的小齿圈不能磨齿		
	为使结构紧凑、简单和便于安装，轴承装入行星轮内，弹簧挡圈装在轴承外侧。由于轴承距离较近，当两个轴承原始径向间隙不同时，会引起较大的轴承倾斜，使齿轮载荷集中		轴承装在行星轮内，弹簧挡圈装在轴承内侧，因而增大了轴承间距，减小了行星轮倾斜但拆卸轴承比较复杂
	当传动比 $i_{AX}^B \leq 4$ 时，行星轮直径较小，通常只能将行星轮轴承安装在行星架上，这样会使行星架的轴向尺寸加大，并需采取剖分式结构，加工和装配较复杂		
	当载荷较大，用单列向心球轴承承载能力不足时，可采用双列向心球面滚子轴承		其特点与上图所示结构相同，采用圆柱滚子轴承，用于载荷较大的场合

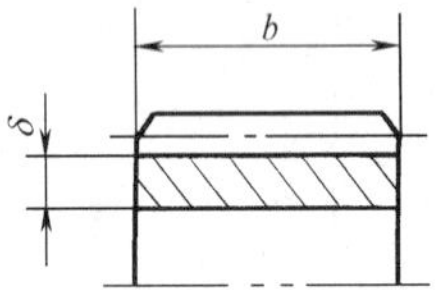

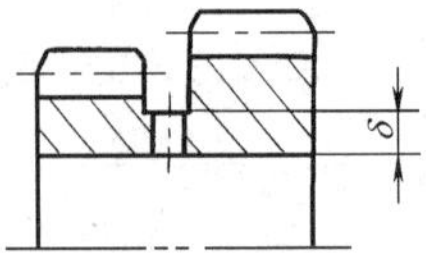

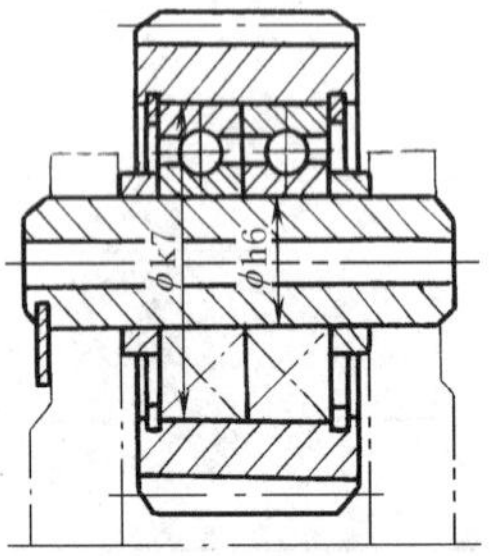

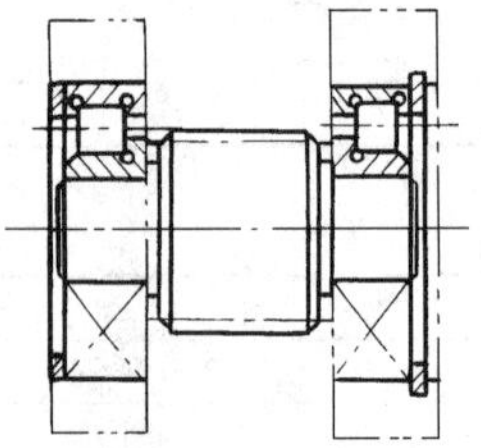

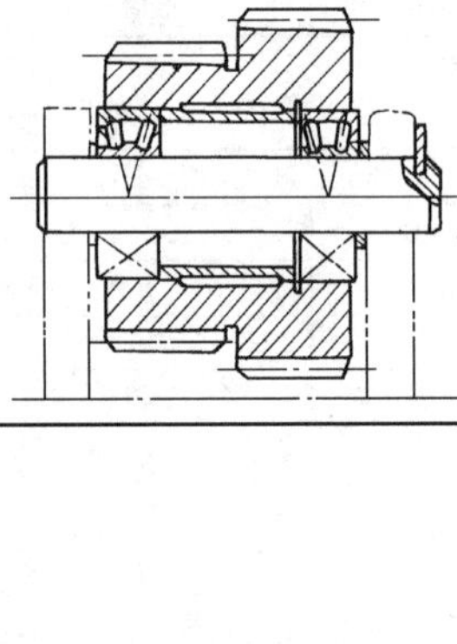

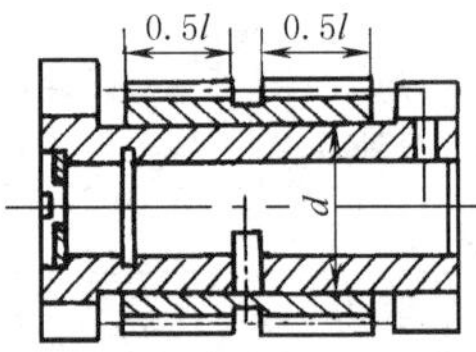

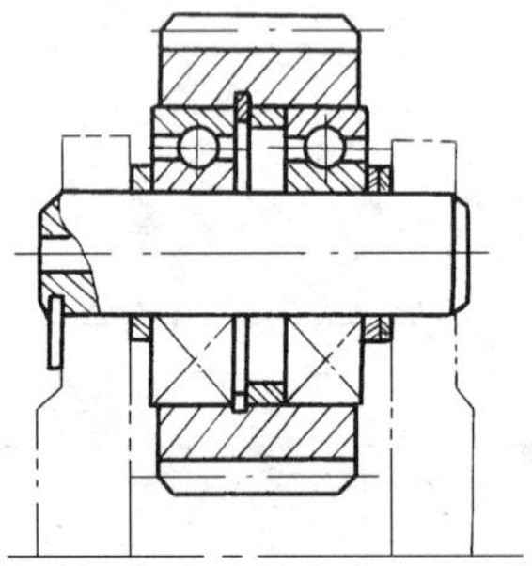

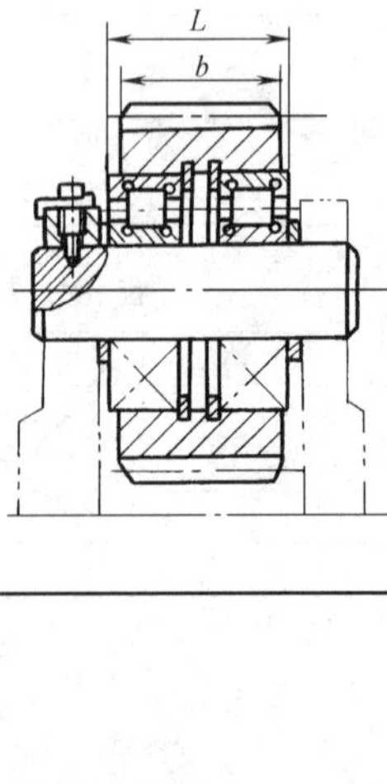

续表

结 构 图	特 点	结 构 图	特 点
$\phi M7(K7)$　$\phi k6$	采用圆锥滚子轴承可提高承载能力。轴承轴向间隙用垫片调节;为便于拆卸,在两轴承间安设隔离环		当行星轮直径较小时,为提高轴承寿命,可采用专用三列无保持架小直径滚子轴承
	采用无多余约束浮动机构时,行星轮内设置一个球面调心轴承,可使A-C传动的载荷沿齿宽均匀分布		由于双联行星轮结构会产生较大力矩,故使行星轮轴线偏斜而产生载荷集中。为了减少载荷集中,可将轴承安装在行星架上,以得到最大的轴承间距。由于行星轮轴不承受转矩,故齿轮和轴可用短键或销钉连接
	行星轮的径向尺寸受限制时,可采用滚针轴承、行星轮的轴向固定用单列向心球轴承,该轴承不承受径向载荷		如果双联行星轮需要磨齿时,须设计成装配式。两行星轮的精确位置用定位销定位或从工艺上来保证。大齿轮磨齿前,应牢固地固定在已加工完的小齿轮上,再进行磨齿

5.4.2.2　行星架结构设计

行星架是行星齿轮传动中结构比较复杂的一个重要零件。在最常用的 NGW 型传动中,它也是承受外力矩最大(除 NGWN 型外)的零件。行星架有双壁整体式、双壁剖分式和单壁式三种结构形式。其结构形式及特点如表 14-5-36 所示。

表 14-5-36　　　　　　　　　　　　行星架的结构形式及特点

类型		简 图	特 点
双臂整体式	铸造行星架	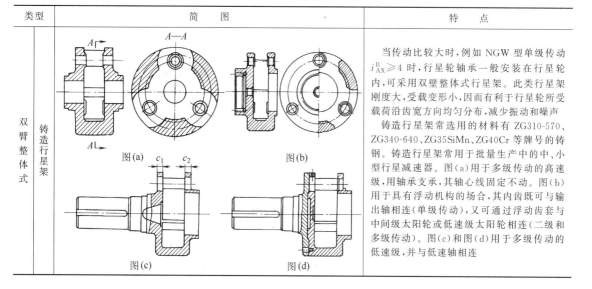	当传动比较大时,例如 NGW 型单级传动 $i_{AX}^B \geqslant 4$ 时,行星轮轴一般安装在行星轮内,可采用双壁整体式行星架。此类行星架刚度大,受载变形小,因而有利于行星轮所受载荷沿齿宽方向均匀分布,减少振动和噪声 铸造行星架常选用的材料有 ZG310-570、ZG340-640、ZG35SiMn、ZG40Cr 等牌号的铸钢。铸造行星架常用于批量生产中的中、小型行星减速器。图(a)用于多级传动的高速级,用轴承支承,其轴心线固定不动。图(b)用于具有浮动机构的场合,其内齿既可与输出轴相连(单级传动),又可通过浮动齿套与中间级太阳轮或低速级太阳轮相连(二级和多级传动)。图(c)和图(d)用于多级传动的低速级,并与低速轴相连

续表

类型		简　图	特　点
双臂整体式	焊接行星架	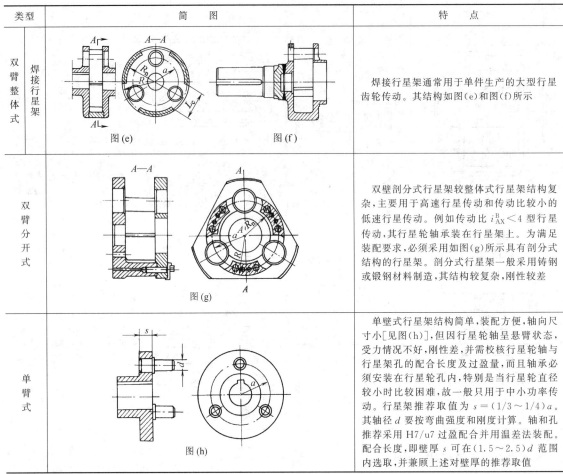图 (e)　　　　　　　　图 (f)	焊接行星架通常用于单件生产的大型行星齿轮传动。其结构如图(e)和图(f)所示
双臂分开式		图 (g)	双壁剖分式行星架较整体式行星架结构复杂,主要用于高速行星传动和传动比较小的低速行星传动。例如传动比 $i_{AX}^B < 4$ 型行星传动,其行星轮轴承装在行星架上。为满足装配要求,必须采用如图(g)所示具有剖分式结构的行星架。剖分式行星架一般采用铸钢或锻钢材料制造,其结构较复杂,刚性较差
单臂式		图 (h)	单壁式行星架结构简单,装配方便,轴向尺寸小[见图(h)],但因行星轮轴呈悬臂状态,受力情况不好,刚性差,并需校核行星轮轴与行星架孔的配合长度及过盈量,而且轴承必须安装在行星轮孔内,特别是当行星轮直径较小时比较困难,故一般只用于中小功率传动。行星架推荐取值为 $s = (1/3 \sim 1/4)a$。其轴径 d 要按弯曲强度和刚度计算。轴和孔推荐采用 H7/u7 过盈配合并用温差法装配。配合长度,即壁厚 s 可在 $(1.5 \sim 2.5)d$ 范围内选取,并兼顾上述对壁厚的推荐取值

注：双壁整体式和双壁剖分式行星架的两个侧板通过中间连接板（梁）连接在一起。两个侧板的厚度，当不安装轴承时可按经验公式选取 $c_1 = (0.25 \sim 0.30)a$，$c_2 = (0.20 \sim 0.25)a$。开口长度 L_c 应比行星轮外径大 10mm 以上。连接板内圆半径 R_n 按下式确定：$R_n = (0.85 \sim 0.50)R$ ［参看图（e）和图（g）］。

5.4.2.3　基本构件和行星轮支承结构设计

（1）中心轮和行星架支承结构

对于不浮动的中心轮和行星架的轴，当行星轮数 $C_s \geq 2$ 时，通常选用轻型或特轻型轴承的向心球轴承。如果轴承承受载荷则应以负荷大小和性质通过计算确定轴承型号。在高速传动中，必须校核轴承极限转速，当滚动轴承不能满足要求时，可采用滑动轴承，滑动轴承结构一般为轴向剖分式圆瓦，长度与直径之比 $l/d \leqslant 0.5 \sim 0.6$。

对于和浮动中心轮、行星架连接的输入轴或输出轴支承轴承的选择，仍以上述原则进行。对于旋转而不浮动的基本构件的轴向定位可依靠轴承来实现。

（2）行星轮支承结构

对一般用途的低速传动和航空机械，多采用滚动轴承作为行星轮的支承，其结构见图 14-5-19。当行星轮直径较小时，采用专用轴承装入行星轮内的支承结构，见图 14-5-19（a）、（b）、（d）。图 14-5-19（c）是采用减薄内、外圈厚度，去掉保持架来增大滚动体直径和数量的多排非标准滚子轴承支承结构。

由于行星轮的转速往往超过滚动轴承的极限转速，且受结构空间所限，滚动轴承的寿命往往难以满足要求，故一般都采用滑动轴承作为行星轮支承，见图 14-5-20。

巴氏合金是通过离心浇注或堆焊镶嵌在行星轮心轴表面上，巴氏合金层的厚度最好控制在 1mm 左右。轴承间隙一般为 $\delta = (0.002 \sim 0.0025)d$（$d$ 为轴承直径，mm），直径小、速度高时系数取大值，反之取小值。

5.4.2.4　行星减（增）速器机体结构设计

机体结构如何设计取决于制造工艺、安装使用、维修及经济性等方面的要求。按制造工艺不同来划分，有铸造机体和焊接机体。中小规格的机体在成批生产时多采用铸铁件，而单件生产或机体规格较大时多采用焊接方法制造。按安装方式不同分为卧式、立式和法兰式。按结构不同又分为整体式和剖分式。各种机体的结构及特点见表 14-5-37。

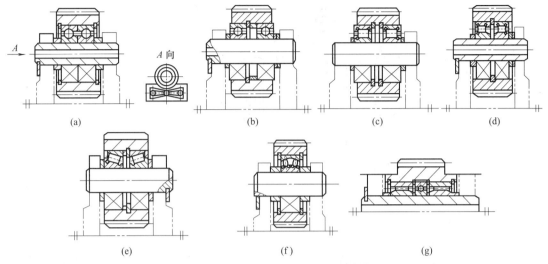

图 14-5-19　轴承安装在行星轮体内的支承结构

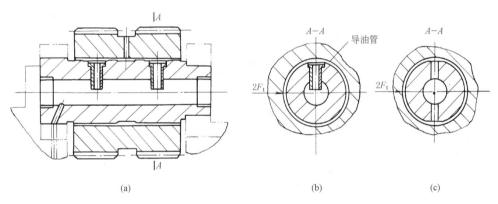

图 14-5-20　滑动轴承作为行星轮支承

表 14-5-37　　　　　　　　　　**行星减（增）速器机体结构及特点**

类　型	结 构 简 图	特　点
卧式整体铸铁机体		结构简单、紧凑，常用于专用设计或专用系列设计

续表

类　型	结 构 简 图	特　点
二级分段式铸铁机体	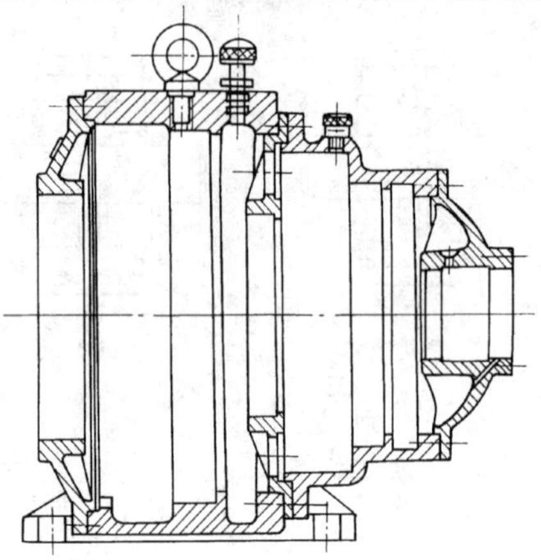	结构较复杂,刚性差,加工工时多,常用于系列设计中,对成批和大量生产有利
立式法兰式安装机体	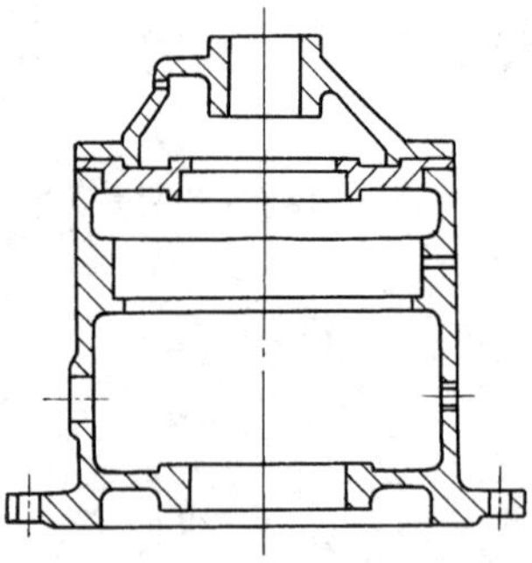	成批生产时多为铸件,单件生产时多为焊接件
卧式底座安装、轴向剖分式机体	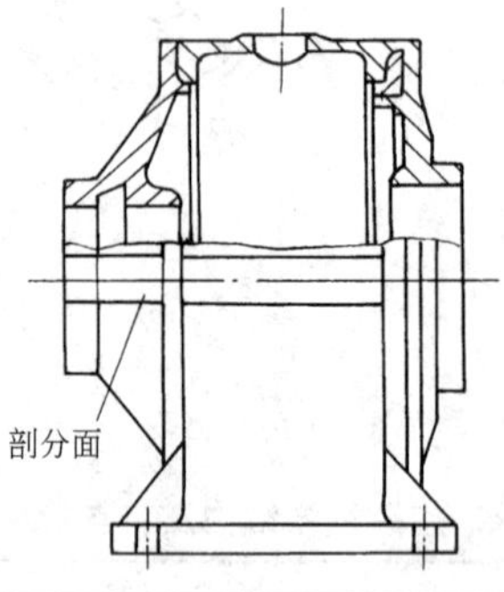 剖分面	常用在大规格、单件生产场合,可以铸造,也可以焊接
齿圈作为机体	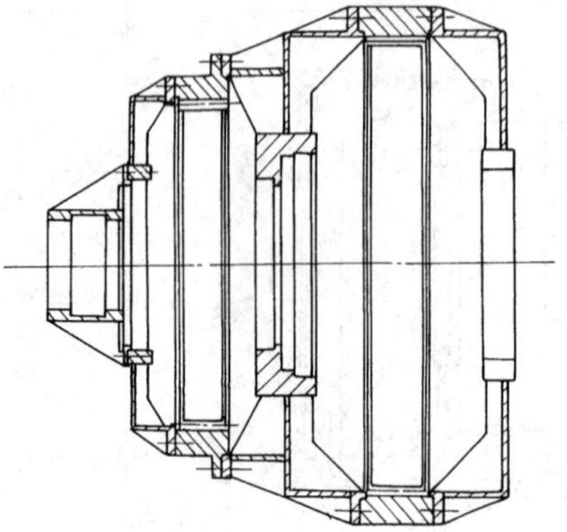	齿圈即为机体,连接部分可为铸件,也可为焊接件

铸铁机体各部分尺寸按表 14-5-38 中所列的经验公式确定，其中壁厚 δ 按表 14-5-39 选定或按下式计算：

$$\delta = 0.56 K_t K_d \sqrt[4]{T_D} \geqslant 6\text{mm}$$

式中　K_t——机体表面形状系数，当无散热筋时取
　　　　　　$K_t = 1$，有散热筋时取 $K_t = 0.8 \sim 0.9$；

　　　K_d——与内齿圈直径有关的系数，当内齿圈
　　　　　　分度圆直径 $d_b \leqslant 650\text{mm}$ 时，取 $K_d =$
　　　　　　$1.8 \sim 2.2$，当 $d_b > 650\text{mm}$ 时，取
　　　　　　$K_d = 2.2 \sim 2.6$；

　　　T_D——作用于机体上的转矩，N·m。

机体表面散热筋尺寸按图 14-5-21 中所列的关系式确定。

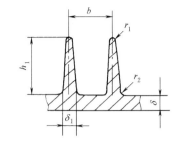

图 14-5-21　散热筋尺寸

$h_1 = (2.5 \sim 4)\,\delta$；$b = 2.5\delta$；$r_1 = 0.25\delta$；
$r_2 = 0.5\delta$；$\delta_1 = 0.8\delta$

表 14-5-38　　　　　　　　　行星减（增）速器机体结构尺寸　　　　　　　　　　　mm

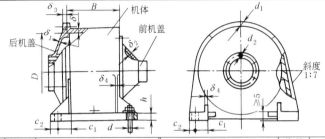

名称	代号	计算方法	名称	代号	计算方法
机体壁厚	δ	见表 14-5-39 或 δ 计算公式	机体内壁直径	D	按内齿轮直径及固定方式确定
前机盖壁厚	δ_2	$\delta_2 = 0.8\delta \geqslant 6$	机体机盖紧固螺栓直径	d_1	$d_1 = (0.85 \sim 1)\delta \geqslant 8$
后机盖壁厚	δ_1	$\delta_1 = 0.8\delta$	轴承端盖螺栓直径	d_2	$d_2 = 0.8d_1 \geqslant 8$
机盖（机体）法兰凸缘厚度	δ_3	$\delta_3 = 1.25\,d_1$	地脚螺栓直径	d	$d = 3.1\sqrt[4]{T_D} \geqslant 12$
加强筋厚度	δ_4	$\delta_4 = \delta$	机体底座凸缘厚度	h	$h = (1 \sim 1.5)d$
加强筋斜度		$2°$	地脚螺栓孔的位置	c_1	$c_1 = 1.2d + (5 \sim 8)$
机体宽度	B	$B \geqslant 4.5 \times$ 齿轮宽度		c_2	$c_2 = d + (5 \sim 8)$

注：1. T_D 为作用于机体上的扭矩，N·m。

2. 尺寸 c_1 和 c_2 要按扳手空间要求校核。

3. 本表尚未包括的其他尺寸，可参考减速器篇有关内容确定。

4. 对于焊接机体，表中的尺寸关系仅供参考。

表 14-5-39　　　　　　　　　　　铸造机体的壁厚 δ

尺寸系数 K_δ	壁厚 δ/mm	尺寸系数 K_δ	壁厚 δ/mm	尺寸系数 K_δ	壁厚 δ/mm	尺寸系数 K_δ	壁厚 δ/mm
$\leqslant 0.6$	6	$>1.0 \sim 1.25$	$>8 \sim 10$	$>2.0 \sim 2.5$	$>15 \sim 17$	$>4.0 \sim 5.0$	$>25 \sim 30$
$>0.6 \sim 0.8$	7	$>1.25 \sim 1.6$	$>10 \sim 13$	$>2.5 \sim 3.2$	$>17 \sim 21$	$>5.0 \sim 6.3$	$>30 \sim 35$
$>0.8 \sim 1.0$	8	$>1.6 \sim 2.0$	$>13 \sim 15$	$>3.2 \sim 4.0$	$>21 \sim 25$		

注：1. 尺寸系数 $K_\delta = (3D + B)/1000$，D 为机体内壁直径（mm），B 为机体宽度（mm）。

2. 对有散热片的机体，表中 δ 值应降低 $10\% \sim 20\%$。

3. 表中 δ 值适合于灰铸铁，对于其他材料可按性能适当增减。

4. 对于焊接机体，表中 δ 值可作参考，一般降低 30% 左右使用。

5.4.3　主要零件的技术条件

5.4.3.1　齿轮的技术条件

（1）精度等级

行星齿轮传动一般多采用圆柱齿轮，若有合理的均载机构，齿轮精度等级可根据其相对于行星架的圆周速度 v_X 由表 14-5-40 确定。通常与普通定轴齿轮传动的齿轮精度相当或稍高。一般情况下，齿轮精度应不低于 8-7-7 级。对中、低速行星齿轮传动，推荐齿轮精度：太阳轮、行星轮不低于 7 级，常用 6 级；内齿轮不低于 8 级，常用 7 级；对于高速行星齿轮传动，其太阳轮和行星轮精度不低于 5 级，内齿轮精度不低于 6 级。齿轮精度的检验项目及极限偏差应符合 GB/T 10095—2008《渐开线圆柱齿轮精度》的规定。

表 14-5-40　　　　　　　　　圆柱齿轮精度等级与圆周速度的关系

精度等级		5	6	7	8
圆周速度 $v_X/\text{m} \cdot \text{s}^{-1}$	直齿轮	>20	≤15	≤10	≤6
	斜齿轮	>40	≤30	≤20	≤12

表 14-5-41　　　　　　　　　　　　最小侧隙 j_{nmin}　　　　　　　　　　　　　　　　μm

侧隙种类	中心距/mm									
	≤80	>80~125	>125~180	>180~250	>250~315	>315~400	>400~500	>500~630	>630~800	>800~1000
a	190	220	250	290	320	360	400	440	500	560
b	120	140	160	185	210	230	250	280	320	360

注：1. 表中 a 类侧隙对应的齿轮与箱体温差为 40℃。b 类为 25℃。

2. 对于行星齿轮传动，根据经验，按不同用途推荐采用的最小侧隙为：精度不高，有浮动构件的低速传动采用 a 类；精度较高（>7 级）有浮动构件的低速传动采用 b 类。

（2）齿轮副的侧隙

齿轮啮合侧隙一般应比定轴齿轮传动稍大。推荐按表 14-5-41 的规定选取，并以此计算出齿厚或公法线平均长度的极限偏差，再圆整到 GB/T 10095.1—2008 所规定的偏差代号所对应的数值。

（3）齿轮联轴器的齿轮精度

一般取 8 级，其侧隙应稍大于一般定轴齿轮传动。

（4）对行星轮制造方面的几点要求

由表 14-5-26 可知，行星轮的偏心误差对浮动量的影响最大，因此对其齿圈径向跳动公差应严格要求。在成批生产中，应选取偏心误差相近的行星轮为一组，装配时使同组各行星轮的偏心方向对各自中心线（行星架中心与该行星轮轴孔中心的连线）呈相同角度，这样可使行星轮的偏心误差的影响降到最小。在单件生产中应严格控制齿厚，如采用具有砂轮自动修整和补偿机构的磨齿机进行磨齿，可保证砂轮与被磨齿轮的相对位置不变，即可控制各行星轮齿厚保持一致。对调质齿轮，并以滚齿作为最终加工时，应将几个行星轮安装在一个心轴上一次完成精滚齿，并作出标记，以便按标记装配，保证各行星轮啮合处的齿厚基本一致。对于双联行星齿轮，必须使两个齿轮中

的一个齿槽互相对准，使齿槽的对称线在同一轴平面内，并按装配条件的要求，在图纸上注明装配标记。

（5）齿轮材料和热处理要求

行星轮轮传动中太阳轮同时与几个行星轮啮合，载荷循环次数最多，因此在一般情况下，应选用承载能力较高的合金钢，并采用表面淬火、渗氮等热处理方法，增加其表面硬度。在 NGW 和 NGWN 传动中，行星轮 C 同时与太阳轮和内齿轮啮合，齿轮受双向弯曲载荷，所以常选用与太阳轮相同的材料和热处理。内齿轮强度一般裕量较大，可采用稍差一些的材料。齿面硬度也可低些，通常只调质处理，也可表面淬火和渗氮。

表 14-5-42 所列为行星齿轮传动中齿轮常用材料及其热处理工艺要求与性能，可参考选用。

对于渗碳淬火的齿轮，兼顾其制造成本、齿面接触疲劳强度与齿根弯曲疲劳强度，有效硬化层深度可取为 $h_c = (0.15 \sim 0.20) m$。推荐的有效硬化层深度 h_c 与齿轮模数 m_n 的对应关系见表 14-5-43。

对于表面氮化的齿轮，其轮齿心部要有足够的硬度（强度）。使其能在很高的压力作用下可靠地支撑氮化层。氮化层深度一般为 0.25~0.6mm，大模数齿轮可达 0.8~1.0mm，常用模数的氮化层深度见表 14-5-44。

表 14-5-42　　　　　　　　常用齿轮材料热处理工艺及性能

齿轮	材料	热处理	表面硬度	心部硬度	$\sigma_{Hlim}/\text{N} \cdot \text{mm}^{-2}$	$\sigma_{Flim}/\text{N} \cdot \text{mm}^{-2}$
太阳轮 行星轮	20CrMnTi 20CrNi$_2$，MoA	渗碳 淬火	57~61HRC	35~40HRC	1450	400 280
内齿圈	40Cr 42CrMo	调质	262~302HBS	—	700	250

表 14-5-43　　　　　　　太阳轮、行星轮有效硬化层深度推荐值　　　　　　　　　mm

模数 m_n	有效硬化层深度及偏差	模数 m_n	有效硬化层深度及偏差	模数 m_n	有效硬化层深度及偏差
2.0	$0.4^{+0.3}_{0}$	2.5	$0.5^{+0.3}_{0}$	3.0	$0.6^{+0.3}_{0}$
(3.5)	$0.7^{+0.3}_{0}$	4.0	$0.8^{+0.3}_{0}$	(4.5)	$0.85^{+0.3}_{0}$
5.0	$0.95^{+0.3}_{0}$	6.0	$1.1^{+0.3}_{0}$	(7.0)	$1.25^{+0.4}_{0}$
8.0	$1.35^{+0.4}_{0}$	10	$1.5^{+0.4}_{0}$	12	$1.7^{+0.5}_{0}$
16	$2.2^{+0.5}_{0}$	(18)	$2.5^{+0.5}_{0}$	20	$2.7^{+0.6}_{0}$
(22)	$2.9^{+0.6}_{0}$	25	$3.3^{+0.6}_{0}$		

表 14-5-44　　　　　　　　　　　　齿轮模数与渗氮层深度的关系　　　　　　　　　　　　mm

模数 m	公称深度	深度范围	模数 m	公称深度	深度范围
≤1.25	0.15	0.1~0.25	1.5~2.5	0.30	0.25~0.40
3~4	0.40	0.35~0.50	4.6~6	0.5	0.45~0.55
>6	0.60	>0.5			

5.4.3.2　行星架的技术条件

表 14-5-45　　　　　　　　　　　　　　　　行星架的技术条件

中心距极限偏差 f_a	行星架上各行星轮轴孔与行星架基准轴线的中心距偏差会引起行星轮径向位移,从而影响齿轮的啮合侧隙,还会由于各中心距偏差的数值和方向不同而导致影响行星轮轴孔距相对误差并使行星架产生偏心,因而影响行星轮均载。为此,要求各中心距的偏差等值且方向相同,即各中心距之间的相对误差等于或接近于零,一般控制在 0.01~0.02mm 之间。中心距极限偏差±f_a 之值可按下式计算 $$f_a \leqslant \pm \frac{8\sqrt[3]{a}}{1000} \quad (\text{mm})$$
各行星轮轴孔的相邻孔距偏差 f_1	相邻行星轮轴孔距偏差 f_1 是对各行星轮间载荷分配均匀性影响较大的因素,必须严格控制。其值主要取决于各轴孔的分度误差,即决定于机床和工艺装备的精度。f_1 之值按下式计算 $$f_1 \leqslant \pm (3 \sim 4.5)\frac{\sqrt{a}}{1000} \quad (\text{mm})$$ 式中,a 为中心距,mm。括号中的数值,高速行星传动取小值,一般中低行星传动取较大值 各孔距偏差 f_1 间的相互差值(即相邻两孔实测弦距的相对误差)Δf_1 也应控制在 $\Delta f_1 = (0.4 \sim 0.6)f_1$ 范围内
行星轮轴孔对行星架基准轴线的平行度公差 f'_x 和 f'_y	f'_x 和 f'_y 是控制齿轮副接触精度的公差,其值按下式计算 $$f'_x = f_x \frac{B}{b} \quad (\mu m); \quad f'_y = f_y \frac{B}{b} \quad (\mu m)$$ 式中　f_x 和 f_y ——在全齿宽上 x 方向和 y 方向的轴线平行度公差,μm,按 GB/T 10095.2—2008 选取 　　　　B ——行星架上两端轴孔对称线(支点距)间的距离 　　　　b ——齿轮宽度
行星架的偏心误差 e_X	行星架的偏心误差 e_X 可根据相邻行星轮轴孔距偏差求得。一般取 $e_X \leqslant f_1/2$
平衡试验	为保证传动装置运转的平稳性,对中、低速行星传动的行星架应进行静平衡试验,许用不平衡力矩按下表确定。对于高速行星传动的行星架,应在其上全部零件装配完成后进行该组件的整体动平衡试验 行星架的许用不平衡力矩 <table><tr><td>行星架外圆直径/mm</td><td><200</td><td>200~300</td><td>350~500</td></tr><tr><td>许用不平衡力矩/N·m</td><td>0.15</td><td>0.25</td><td>0.50</td></tr></table>

5.4.3.3　浮动件的轴向间隙

对于采用基本构件浮动均载机构的行星传动,其每一浮动构件的两端与相邻零件间需留有 $\delta = 0.5 \sim 1.0\text{mm}$ 的轴向间隙,否则不仅会影响浮动和均载效果,还会导致摩擦发热和产生噪声。间隙的大小通常通过控制有关零件轴向尺寸的制造偏差和装配时修整有关零件的端面来实现,并且对于小规格行星传动其轴向间隙取小值,大规格行星传动取较大值。

5.4.3.4　其他主要零件的技术要求

机体、机盖、输入轴、输出轴等零件的相互配合表面、定位面及安装轴承的表面之间的同轴度、径向

跳动和端面跳动可按 GB/T 1184 形位公差现行标准中的 5~7 级精度选用相应的公差值。上述较高的精度用于高速行星传动。一般行星传动通常采用 6~7 级精度。

各零件主要配合表面的尺寸精度一般不低于 GB/T 1800~GB/T 1804 公差与配合标准中的 7 级精度,常用 H7/h6 或 H7/k6。

5.5　行星齿轮传动设计举例

5.5.1　行星齿轮减速器设计

已知条件:设计一台用于盾构机刀盘驱动的

NGW 型行星齿轮减速器（减速器采用直齿圆柱齿轮）。高速轴通过连接齿套与变频电机连接。当量输入转矩 $T_1 = 1489\text{N}\cdot\text{m}$，输入转速 $n_1 = 1152\text{r/min}$。减速器输出转速 $n_2 = 22.5\text{r/min}$。

表 14-5-46　　　　　　　　　　　**行星齿轮减速器设计实例**

步骤	设计计算和结果	
传动方案设计	传动比 $i = n_1/n_2 = 1152/22.5 = 51.2$，根据表 14-5-6 得知，需选用三级 NGW 串联型式的行星齿轮减速器，即 $i = [i_{AX}^B]_I \times [i_{AX}^B]_{II} \times [i_{AX}^B]_{III} = 51.2$ 　　如图所示为行星齿轮减速器的机构简图。高速级太阳轮通过连接齿套与变频电动机连接，级与级之间也通过连接齿套连接，这样中、高速级的太阳轮与行星架同时浮动，低速级的太阳轮浮动，可实现各级行星轮间载荷的均匀分配 	
传动比分配	因 $\sqrt[3]{i} = \sqrt[3]{51.2} \approx 3.7$，可令高速级传动比 $[i_{AX}^B]_I = 3.7$，则中、低速级总的传动比为 $i' = 51.2/3.7 = 13.8$。下面对中、低速两级的传动比进行分配 　　先按式(14-5-7)计算出数值 E，而后利用图 14-5-11 分配传动比 　　用角标 I 表示高速级参数，II 表示中速级参数，III 表示低速级参数。设各级的齿轮材料及齿面硬度相同，则接触疲劳极限 $\delta_{\text{Hlim I}} = \delta_{\text{Hlim II}} = \delta_{\text{Hlim III}}$ 　　取行星轮个数 $C_{sII} = C_{sIII}$，齿面硬化系数 $Z_{wII} = Z_{wIII}$，载荷不均匀系数 $K_{CII} = K_{CIII}$，齿宽系数比 $\psi_{dIII}/\psi_{dII} = 1.2$，直径比 $B = d_{BIII}/d_{BII} = 1.2$，$\left(\dfrac{K_{VI}K_{H\beta I}Z_{NT II}^2}{K_{VII}K_{H\beta II}Z_{NT I}^2}\right) = 1.9$，$A = \dfrac{C_{sII}\psi_{dII}K_I K_{VI}K_{H\beta I}Z_{NT II}^2 Z_{wII}^2 \sigma_{\text{Hlim II}}^2}{C_{sI}\psi_{dI}K_{II} K_{VII}K_{H\beta II}Z_{NT I}^2 Z_{wI}^2 \sigma_{\text{Hlim I}}^2} = 2.28$，$E = AB^3 = 3.94$ 　　根据中、低速级总传动比 $i' = 13.8$，$E = 3.94$ 查图 14-5-11 得 $[i_{AX}^B]_{II} = 3.7$，则 $[i_{AX}^B]_{III} = i'/[i_{AX}^B]_{II} = 13.8/3.7 \approx 3.7$	
确定齿数	经配齿计算或查表 14-5-7，可知本题中只需将 $[i_{AX}^B]_I = 3.7$ 调整为 3.6，$[i_{AX}^B]_{II} = 3.7$ 调整为 3.556，$[i_{AX}^B]_{III} = 3.7$ 调整为 4。这样总传动比仍为 51.2，完全符合要求 　　查表 14-5-5，取高速级行星轮个数 $C_{sI} = 3$。由装配条件，$[i_{AX}^B]_I \times z_A/C_{sI} = 3.6 \times z_A/3 =$ 整数，取 $z_A = 25$；齿轮变位方式采用等角变位，则可由传动比条件和同轴条件求出行星轮和内齿轮齿数，分别为 $$z_C = z_A \times ([i_{AX}^B]_I - 2)/2 = 25 \times (3.6-2)/2 = 20$$ $$z_B = z_A \times ([i_{AX}^B]_I - 1) = 25 \times (3.6-1) = 65$$ 　　故高速级选取如下齿数组合：$z_A = 25$，$z_C = 20$，$z_B = 65$，$[i_{AX}^B]_I = 3.6$	
高速级设计计算	按接触强度初算 A-C 传动中心距和模数	因输入转矩 $T_1 = 1489\text{N}\cdot\text{m}$ 设载荷不均匀系数 $K_C = 1.1$ 　　在 A-C 传动中，小轮(行星轮)传递的转矩为：$T_C = \dfrac{z_C}{z_A} \times \dfrac{T_1}{C_s}K_C = \dfrac{20}{25} \times \dfrac{1489}{3} \times 1.1 = 436.8\text{N}\cdot\text{m}$ 　　齿数比 $u = z_A/z_C = 25/20 = 1.25$ 　　太阳轮和行星轮的材料选用 17Cr2Ni2Mo 渗碳淬火，齿面硬度要求为：(60 ± 2)HRC；接触疲劳极限 $\delta_{\text{Hlim}} = 1500\text{MPa}$，许用接触应力 $\delta_{Hp} = 0.9\delta_{\text{Hlim}} = 0.9 \times 1500 = 1350\text{MPa}$ 　　查表 14-1-69，选取 $A_a = 483$，取齿宽系数 $\psi_a = 0.5$，载荷系数 $K = 1.8$，按本篇第 1 章 1.7.3.1 齿面接触强度计算公式计算中心距： $$a = A_a(u+1)\sqrt[3]{\dfrac{KT_C}{\psi_a u \sigma_{Hp}^2}} = 483(1.25+1)\sqrt[3]{\dfrac{1.8 \times 436.8}{0.5 \times 1.25 \times 1350^2}} = 96\text{mm}$$ 　　模数 $m = 2a/(z_C + z_A) = 2 \times 96/(20+25) = 4.27\text{mm}$，取模数 $m = 4$ 　　A-C 传动未变位时的中心距为：$a_{AC} = m(z_C + z_A)/2 = 4 \times (20+25)/2 = 90\text{mm}$ 　　因采用等角变位，则系数 $j = (z_B - z_C)/(z_A + z_C) = 1$，查图 14-5-8，预取啮合角 $\alpha_{AC} = \alpha_{CB} = 22°$ 　　A-C 传动中心距变动系数为 $$y_{AC} = \dfrac{z_A + z_C}{2}\left(\dfrac{\cos\alpha}{\cos\alpha_{AC}'} - 1\right) = \dfrac{25+20}{2}\left(\dfrac{\cos20°}{\cos22°} - 1\right) = 0.30355$$ 　　则中心距 $a' = a_{AC} + y_{AC}m = 90 + 0.30355 \times 4 = 91.2142\text{mm}$，取实际中心距(圆整值)$a' = 91\text{mm}$

第 14 篇

步骤	设计计算和结果
高速级设计计算	

步骤	设计计算和结果
计算 A-C 传动实际中心距变动系数 y'_{AC} 和啮合角 α'_{AC}	$$y'_{AC}=\frac{a'-a_{AC}}{m}=\frac{91-90}{4}=0.25$$ $$\cos\alpha'_{AC}=\frac{a_{AC}}{a'}\cos\alpha=\frac{90}{91}\cos20°=0.929366328$$ $$\alpha'_{AC}=21°39'49''$$
计算 A-C 传动的变位系数	$$x_{\Sigma AC}=\frac{(z_A+z_C)(\text{inv}\alpha'_{AC}-\text{inv}\alpha)}{2\tan\alpha}=\frac{(25+20)(\text{inv}21°39'49''-\text{inv}20°)}{2\tan20°}=0.26$$ 用图 14-5-9 校核，$z_{\Sigma AC}=25+20=45$ 和 $x_{\Sigma AC}=0.26$ 均在许用区内，可用 根据 $x_{\Sigma AC}=0.26$，实际的 $u=25/20=1.25$，在图 14-5-9 中，x_1 纵坐标上 0.26 处作水平直线与②号斜线（$u>1.2\sim1.6$）相交，其交点向下作垂直线，与 x_1 横坐标的交点即为小齿轮（行星轮）的变位系数 $x_C=0.26$，则太阳轮的变位系数 $x_A=x_{\Sigma AC}-x_C=0.26-0.26=0$，即太阳轮不发生变位，仅使行星轮变位
计算 C-B 传动的中心距变动系数 y'_{CB} 和啮合角 α'_{CB}	由于采用等角变位，C-B 传动的中心距变动系数 y'_{CB} 和啮合角 α'_{CB} 分别与 A-C 传动的中心距变动系数 y'_{AC} 和啮合角 α'_{AC} 相等，即 $$y'_{CB}=y'_{AC}=0.25$$ $$\alpha'_{CB}=\alpha'_{AC}=21°39'49''$$
计算 C-B 传动变位系数	$$x_{\Sigma CB}=x_{\Sigma AC}=0.26$$ $$x_B=x_{\Sigma CB}+x_C=0.26+0.26=0.52$$
计算几何尺寸	按本篇第 1 章表 14-1-18～表 14-1-20 中的相关公式分别计算 A、C、B 齿轮的分度圆直径、齿顶圆直径、基圆直径、端面重合度等（略）
验算 A-C 传动的接触强度和弯曲强度	强度计算公式同本篇第 1 章定轴线齿轮传动。接触强度验算按表 14-1-74 所列公式。弯曲强度验算按表 14-1-107 所列公式（详细过程略） 确定系数 K_V 和 Z_V 所用的圆周速度为相对于行星架的圆周速度 v^X $$v^X=\frac{\pi mz_An_1\left(1-\frac{1}{i_1}\right)}{1000\times60}=\frac{\pi\times4\times25\times1152\times\left(1-\frac{1}{3.6}\right)}{1000\times60}=4.356\text{m/s}$$ 由式（14-5-12）和式（14-5-13）确定 $K_{F\beta}$ 和 $K_{H\beta}$ $$K_{F\beta}=1+(\theta_b-1)\mu_F$$ $$K_{H\beta}=1+(\theta_b-1)\mu_H$$ 由图 14-5-13 得 $\mu_H=\mu_F=1.0$。取实际齿宽为 $b_1=60$，则 $$\psi_d=\frac{b_1}{d_C}=\frac{b_1}{mz_C}=\frac{60}{4\times20}=0.75$$ 由图 14-5-14 得 $\theta_b=1.22$ $$K_{F\beta}=1+(1.22-1)\times1.0=1.22$$ $$K_{H\beta}=1+(1.22-1)\times1.0=1.22$$ 其他系数及参数的确定和强度计算过程同本篇第 1 章。计算结果如下（安全） 太阳轮的接触应力 $\sigma_{HA}=1023.9\text{MPa}<\sigma_{Hp}=1468.5\text{MPa}$ 行星轮的接触应力 $\sigma_{HC}=1023.9\text{MPa}<\sigma_{Hp}=1468.5\text{MPa}$ 太阳轮的弯曲应力 $\sigma_{FA}=208.2\text{MPa}<\sigma_{Fp}=822.3\text{MPa}$ 行星轮的弯曲应力 $\sigma_{FC}=197.8\text{MPa}<\sigma_{Fp}=839.6\text{MPa}$ 由于齿轮强度计算十分繁琐、费时，因此目前已有多种软件产品面世，完全可以借助计算机高效完成设计计算工作
根据接触强度计算结果确定内齿轮材料	根据本篇第 1 章表 14-1-74 的公式计算得 $$\sigma_{Hlim}\geqslant\sigma_{H0}=Z_HZ_EZ_\varepsilon Z_\beta\sqrt{\frac{F_t}{d_1b}\times\frac{u\pm1}{u}}$$ 计算结果 $\sigma_{Hlim}\geqslant480\text{MPa}$。根据 σ_{Hlim} 选用 30Cr2Ni2Mo 并进行调质处理，表面硬度达 302～341HB 即可
C-B 的弯曲强度验算	（略）

续表

步骤	设计计算和结果
中速级设计计算	中速级输入转矩 $T_{II} = T_I \times [i_{AX}^B]_I \times \eta = 1489 \times 3.6 \times 0.98 = 5253 \mathrm{N \cdot m}$ 传动比 $[i_{AX}^B]_{II} = 3.556$ 计算过程同高速级（略） 设计计算结果：齿轮材料、热处理及齿面硬度同高速级 主要参数为 $z_A = 27, z_C = 21, z_B = 69, a' = 121\mathrm{mm}, m = 5\mathrm{mm}, x_A = 0, x_C = 0.206, x_B = 0.412, \alpha'_{AC} = \alpha'_{CB} = 21°15'46''$ （等角变位）
低速级设计计算	低速级输入转矩 $T_{III} = T_{II} \times [i_{AX}^B]_{II} \times \eta = 5253 \times 3.556 \times 0.98 = 18306 \mathrm{N \cdot m}$ 传动比 $[i_{AX}^B]_{III} = 4$ 计算过程同高速级（略） 设计计算结果：齿轮材料、热处理及齿面硬度同高速级 主要参数为 $z_A = 24, z_C = 24, z_B = 72, a' = 145\mathrm{mm}, m = 6\mathrm{mm}, x_A = 0, x_C = 0.171, x_B = 0.342, \alpha'_{AC} = \alpha'_{CB} = 21°3'31''$ （等角变位）

5.5.2　行星齿轮增速器设计

已知条件：在风力发电机上，需要配置一台齿轮增速器。风力发电机功率 1.5MW，输入转速 28.5r/min，输出转速 1520r/min，其中，行星齿轮的输入转速为 28.5r/min，输出转速为 147r/min。单向连续运行，要求使用寿命不低于 10^6h。

表 14-5-47　　　　　　　　　　　　　行星齿轮增速器设计

步骤		设计计算和结果				
结构形式和制造工艺的选定		NGW 型行星齿轮的结构采用内齿圈固定，人字齿轮，太阳轮和内齿圈同时浮动。太阳轮通过双联齿式联轴器与风轮轴相连，内齿圈通过三联内齿圈套和二联外齿套与机体相连 齿轮材料、性能选择及热处理要求，见下表				
		<div align="center">齿轮材料、性能及热处理要求</div>				
		齿轮	材料	热处理	σ_{Hlim}/MPa	σ_{Flim}/MPa	加工精度（GB/T 10095—2008）

补充表格见下：

齿轮	材料	热处理	σ_{Hlim}/MPa	σ_{Flim}/MPa	加工精度（GB/T 10095—2008）
太阳轮	20CrNi2MoA	渗碳淬火，齿部硬度(57+4)HRC，心部硬度 36～43HRC	1500	500	磨齿 5 级
行星轮				350	
内齿轮	42CrMo	调质 269～302HB	780	280	插齿 7 级

步骤		设计计算和结果
主要参数的确定	传动比的确定	根据已知条件：$i_{AX}^B = \dfrac{n_A}{n_X} = \dfrac{147}{28.5} = 5.1579$
	行星轮个数	根据传动比，查表 14-5-5，取 $C_s = 3$
	配齿计算	按较多齿数取 $z_A = 29$，由传动比条件，$z_B = z_A(i_{AX}^B - 1) = 29 \times (5.1579 - 1) = 120.5791$。取 $z_B = 121$ $Y = \dfrac{z_A + z_B}{C_s} = \dfrac{29 + 121}{3} = 50$。$Y$ 为整数，满足装配条件要求；Y 为偶数满足同心条件 根据同心条件：$z_C = \dfrac{z_B - z_A}{2} = \dfrac{121 - 29}{2} = 46$ 配齿结果：$z_A = 29, z_B = 121, z_C = 46, i_{AX}^B = z_B/z_A + 1 = 121/29 = 5.1724$，满足传动比要求
	确定模数 m_n、螺旋角 β 和变位系数 x	根据类比（也可由初步计算公式确定）取 $m_n = 8\mathrm{mm}, \beta = 27°21'26'', a = 190\mathrm{mm}, x = 0$

续表

步骤	设计计算和结果

几何尺寸计算

齿顶高系数:对太阳轮、行星轮和内齿轮都取 $h_a^* = 0.9$

顶隙系数:对太阳轮、行星轮取 $c^* = 0.4$,内齿轮取 $c^* = 0.25$

齿形角 $\alpha_n = 20°$

齿宽 b:对太阳轮和行星轮取半边斜齿轮宽 110mm,$b = 110 \times 2$mm;对内齿轮取半边斜齿轮宽 90mm,$b = 90 \times 2$mm

太阳轮、行星轮和内齿轮的几何尺寸计算见下表

齿轮几何尺寸 　　　　mm

齿轮	分度圆直径	基圆直径	齿顶圆直径	齿根圆直径
太阳轮	261.214	245.461	275.614	240.414
行星轮	414.341	389.353	428.741	375.764
内齿轮	1089.897	1024.169	1075.497	1108.297

啮合质量指标验算

按本篇第 1 章表 14-1-18～表 14-1-20 中的相关计算公式可算得重合度,其值见下表。经验算,齿轮加工时不根切,插内齿时不顶切,啮合时不干涉

重合度计算值

啮合副	重合度		
	端面重合度 ε_α	纵向重合度 ε_β	总重合度 ε_γ
A-C 副	1.302	7.1512	8.4532
C-B 副	1.421	5.852	7.272

修形计算

齿向修形	太阳轮转速 $n_A = 28.5 \times 5.1724 = 147.4$r/min 齿轮圆周速度 $v = \dfrac{\pi d n_A^X}{60 \times 1000} = \dfrac{\pi \times 261.214 \times (147.4 - 28.5)}{60 \times 1000} = 1.626$m/s $\leqslant 100$m/s 故太阳轮齿向修形的方式按两端倒坡,修形量 $\Delta = (0.025 \pm 0.01)$mm,修形长度 $l_1 = l_2 = 0.6b = 11$mm。行星轮和内齿轮不做齿向修形
齿形修形	对太阳轮和行星轮都做齿顶修薄和齿顶倒圆。修形量 $\Delta = 0.025$mm,修行高度 $h = 2$mm,倒圆 $R = 0.5$mm

齿轮强度验算

按 GB/T 3480 的一般方法,对 A-C 和 C-B 两齿轮副分别进行强度校核,取使用系数 $K_A = 1.4$,载荷不均衡系数 $K_{Hp} = K_{Fp} = 1.1$,得

A-C 副:$S_{HA} = S_{HC} = 1.52$,$S_{FA} = 4.26$,$S_{FC} = 3.02$

C-B 副:$S_{HC} = 3.48$,$S_{HB} = 1.95$,$S_{FC} = 3.49$,$S_{FB} = 3.25$

各齿轮的接触和弯曲强度的计算安全系数都可满足要求

行星轮轴承设计

太阳轮名义转矩 T	$T = 9549 \times \dfrac{P}{n_A} = 9549 \times \dfrac{1500}{147} = 97438.8$N·m
太阳轮名义圆周力 F_t	$F_t = \dfrac{2000T}{d_A} \times \dfrac{K_{H\beta}}{C_s} = \dfrac{2000 \times 97438.8}{261.214} \times \dfrac{1.1}{3} = 273550.1$N 按行星轮轴承直径:$d = (0.7 \sim 0.75)d_C = (0.7 \sim 0.75) \times 414.341 = (290.04 \sim 310.76)$mm 取 $d = 300$mm,有效宽度 $l = 500$mm。根据行星轮结构计算,行星轮质量为 183.6kg
行星轮的离心力 F_ω	$F_\omega = \dfrac{ma}{1000} \times \left(\dfrac{\pi n_X}{30}\right)^2 = \dfrac{183.6 \times 190}{1000} \times \left(\dfrac{\pi \times 28.5}{30}\right)^2 = 310.7$N
行星轮轴承总径向力 F_r	$F_r = \sqrt{(2F_t)^2 + F_\omega^2} = \sqrt{(2 \times 273550.1)^2 + 310.7^2} = 547100.3$N
轴承比压 p	$p = \dfrac{F_r}{ld} = \dfrac{547100.3}{500 \times 300} = 3.647$MPa,允许

续表

步骤		设计计算和结果
行星轮轴承设计	行星轮相对于行星架的转速 n_C^X	$n_C^X = n_A^X \times \dfrac{z_A}{z_C} = (147.4 - 28.5) \times \dfrac{29}{46} = 74.7 \text{r/min}$
	行星轮轴承的线速度	$v = \dfrac{\pi d n_C^X}{60 \times 1000} = \dfrac{\pi \times 300 \times 74.7}{60 \times 1000} = 1.17 \text{m/s}$ $pv = 3.647 \times 1.17 = 4.27 \text{N} \cdot \text{m/(mm}^2 \cdot \text{s)}$，允许
	其他	轴承直径间隙按 $0.002d$，选用 N32 汽轮机油，轴承的最小油膜厚度、润滑油流量及温升都可满足设计要求

5.6　常见行星齿轮传动应用图例

5.6.1　低速行星齿轮（增）减速器

一般低速行星传动装置常用 NGW 型、NW 型、WW 型和 NGWN 型及与定轴传动组成的派生机构，在同一设计类型中，由于其传动比、使用条件、制造工艺等情况的不同，将具有不同的结构形式，而均载机构的型式，却代表着这种传动装置最重要的结构特点。

1）2Z-X 类行星减（增）的典型结构见图 14-5-22～图 14-5-28。

2）3Z 类行星减速器典型结构，见图 14-5-29 和图 14-5-30。

3）NGW 型与定轴传动组合式减速器，见图 14-5-31～图 14-5-34。

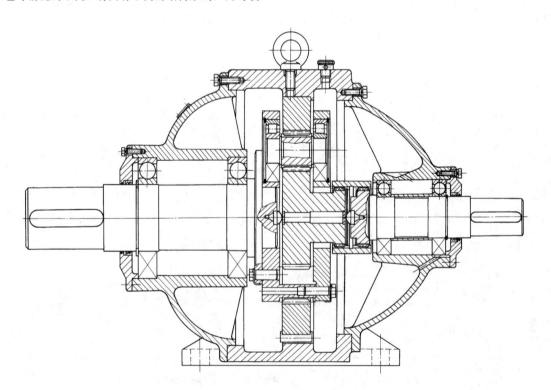

图 14-5-22　NGW 型单级行星减速器

（太阳轮浮动，$i_{AX}^B = 2.8 \sim 4.5$，$z_A > z_C$）

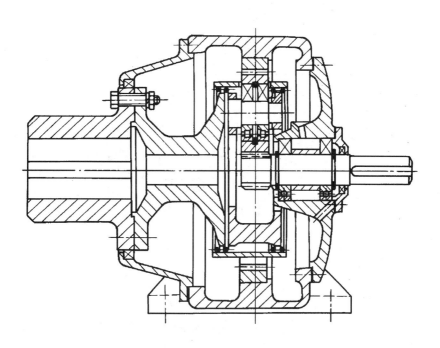

图 14-5-23　NGW 型单级行星减速器
（行星架浮动）

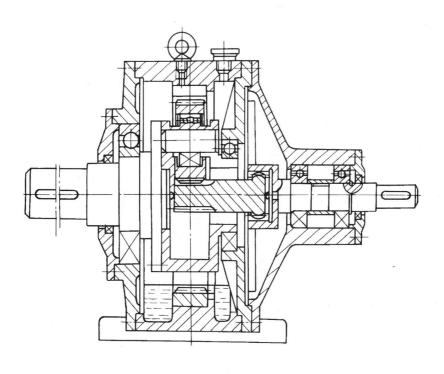

图 14-5-24　NGW 型单级行星减速器
（无多余约束的浮动，$z_A < z_C$）

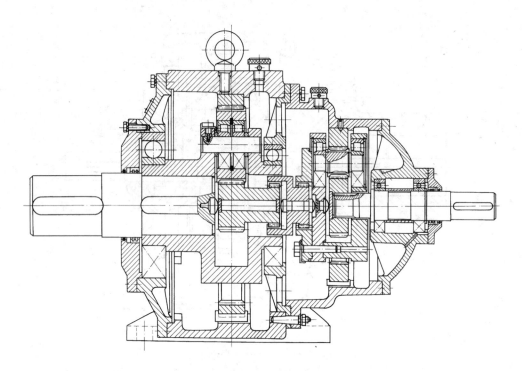

图 14-5-25　NGW 型二级行星减速器

（高速级行星架浮动，低速级太阳轮浮动）

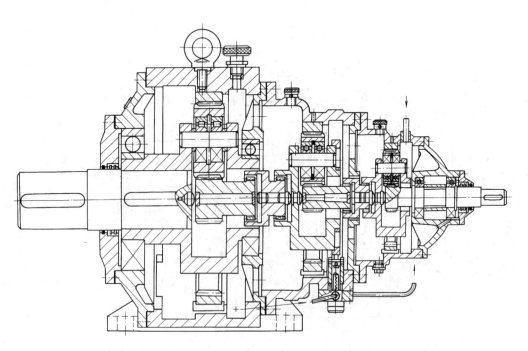

图 14-5-26　NGW 型三级行星减速器

（一级：行星架浮动；二级：太阳轮与行星架同时浮动；三级：太阳轮浮动）

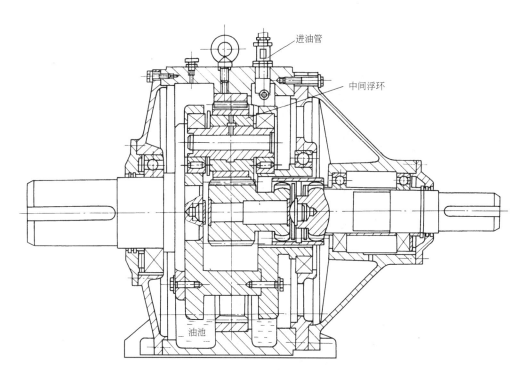

图 14-5-27　NGW 型行星齿轮减速器
（弹性油膜浮动与太阳轮浮动均载）

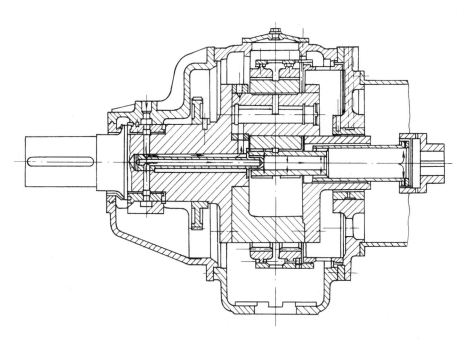

图 14-5-28　NGW 型高速行星齿轮增（减）速器
（太阳轮与内齿圈同时浮动）

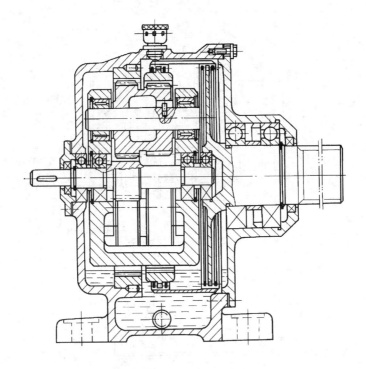

图 14-5-29　NGWN（Ⅰ）型行星齿轮减速器
（内齿轮通过双联齿轮联轴器浮动，与输出轴相连，太阳轮不浮动）

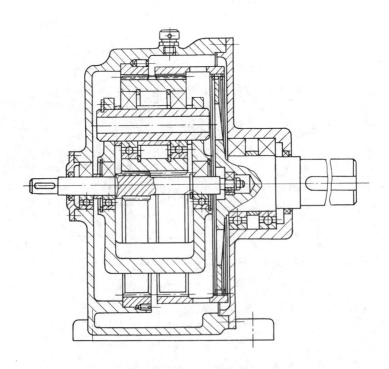

图 14-5-30　NGWN（Ⅱ）型行星齿轮减速器
（采用薄壁弹性内齿轮输出，并通过齿轮联轴器与输出轴相连，太阳轮不浮动）

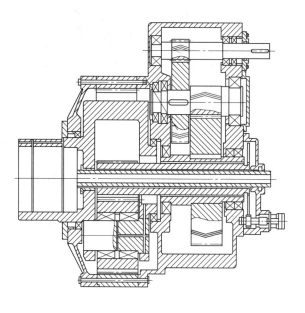

图 14-5-31　一种混合驱动型风力发电机增速齿轮器
（低速级为 NGW 型行星传动，高速级为两级平行轴传动）

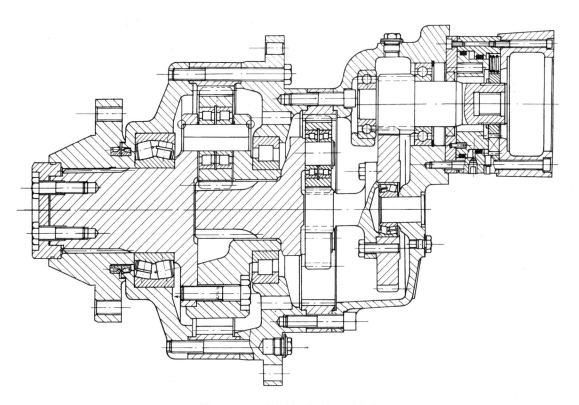

图 14-5-32　挖掘机用行走型行星减速器
（低速级和中间级为 NGW 型行星传动，高速级为平行轴传动；低速级太阳轮浮动，中间级行星架浮动，高速级带制动器）

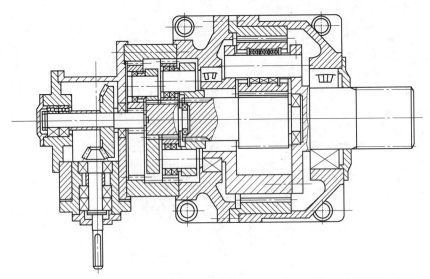

图 14-5-33　NGW-S 型四级减速器（$i = 397$，$n_1 = 1450 \text{r/min}$，$T_{\max} = 76000 \text{N·m}$）

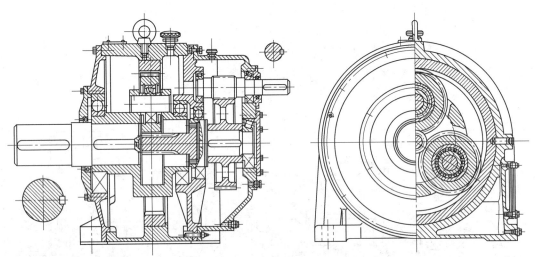

图 14-5-34　NGW-Z 型两级减速器（$i = 12.5 \sim 50$）

5.6.2　高速行星齿轮减（增）速器

　　高速行星齿轮传动已广泛应用于航空、船舶、发电设备和压缩机等领域。传递的功率愈来愈大，速度愈来愈高。齿轮的圆周速度一般 $30 \sim 50 \text{m/s}$，有的已超过 100m/s，最大功率已达 54500kW。由于功率大、速度高，而且大多数处于长期连续工作状态，故要求有较高的技术性能和可靠性。

　　典型的高速行星齿轮减（增）速器如图 14-5-35～图 14-5-37 所示。高速行星齿轮减（增）速器设计时需要充分考虑高速齿轮、均载措施和润滑的问题。为了提高均载效果，一般采用两个基本构件浮动：图 14-5-35 采用具有双联齿式联轴器的太阳轮和内齿圈同时浮动的均载机构；图 14-5-36 所示的均载机构为薄壁内齿圈和柔性中心轴；图 14-5-37 所示双齿联轴器带动太阳轮浮动，内圈用弹性销和机体连接。

5.6.3　大型行星齿轮减速器

　　在中、低速行星齿轮传动中，随减速器传递转矩的增大。尺寸和重量也相应增加，其具体结构设计大体可分为以下两大类型。

　　（1）单排直齿大型行星减速器

　　单排直齿大型行星减速器如图 14-5-38 所示。这种减速器的设计与中小规格结构设计区别不大。为了满足传递转矩的需要，结构上要靠增大中心距，即相应增大内齿轮直径和模数，同时增加齿宽。制造大型行星减速器需要大型高精度机床（如大型滚齿机、磨齿机、插齿机等）和热处理设备。

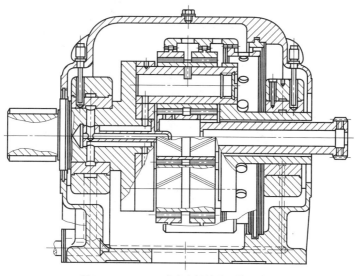

图 14-5-35　NGW 型高速行星减（增）速器

（$i=0.25$，$P=6300$kW，输出转速 6000r/min，内齿轮和太阳轮均浮动）

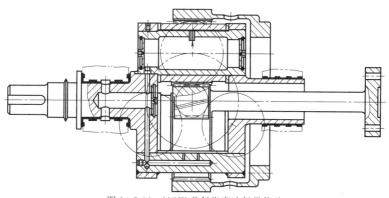

图 14-5-36　NGW 单斜齿高速行星传动

（均载构件为薄壁内齿轮和柔性中心轮轴，内齿轮固定）

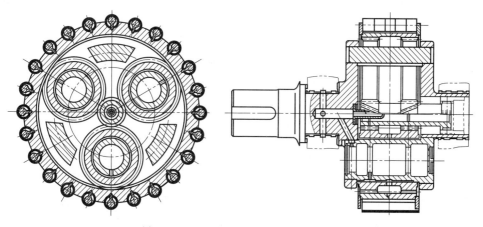

图 14-5-37　NGW 型高速行星减（增）速器

（内齿轮用弹性销和机体连接，太阳轮采用双齿联轴器浮动）

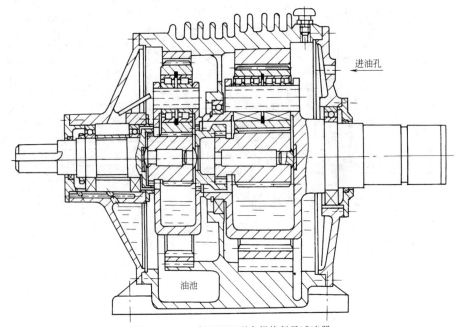

进油孔

油池

图 14-5-38　二级 NGW 型大规格行星减速器
（高速级太阳轮与行星架浮动，低速级太阳轮浮动）

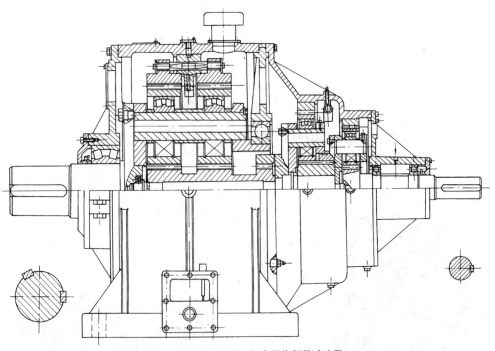

图 14-5-39　NGW 型二级大规格行星减速器

（高速级行星架浮动，中间级太阳轮与行星架同时浮动，低速级太阳轮浮动并采用双排齿轮，两排内齿轮以弹性杆均载）

（2）双排直齿大型行星减速器

随着单排直齿行星减速器齿轮径向尺寸的增加，齿轮啮合的圆周速度和减速器自重也相应增大，要求有较高的制造精度，给制造带来一定困难，尤其是大而精的内齿轮加工，往往受到插齿机床的限制，为了克服这一矛盾，便产生了双排直齿大型行星减速器的设计。典型的双排直齿大型行星减速器如图 14-5-39 所示。

第6章　渐开线少齿差行星齿轮传动

6.1　少齿差传动基本类型、传动比及效率

6.1.1　基本类型

按渐开线少齿差行星齿轮传动（以下简称少齿差传动）的构成原理，有四种基本类型：Z-X-V 型、2Z-X 型、2Z-V 型及 Z-X 型。这四种类型国内均有应用（见表 14-6-1）。

表 14-6-1　　　　　　　少齿差传动基本类型、传动比、行星机构的啮合效率

类型		机构简图	固定构件	传动比	行星机构的啮合效率
Z-X-V (K-H-V)			2	$i_{XV}=-\dfrac{z_1}{z_2-z_1}<0$ $\lvert i_{XV}\rvert$ 大	$\eta_e=\dfrac{\eta_e^X}{1-i_{XV}(1-\eta_e^X)}$
			V	$i_{X2}=\dfrac{z_2}{z_2-z_1}>0$ $\lvert i_{X2}\rvert$ 大	$\eta_e=\dfrac{1}{i_{X2}(1-\eta_e^X)+\eta_e^X}$
2Z-X (2K-H)	Ⅰ型	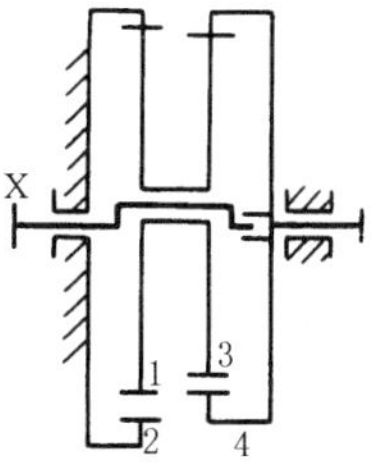	2	$i_{X4}=\dfrac{z_1z_4}{z_1z_4-z_2z_3}$ $\lvert i_{X4}\rvert$ 大	$i_{X4}<0$ 时 $\eta_e=\dfrac{\eta_e^X}{1-i_{X4}(1-\eta_e^X)}$ $i_{X4}>0$ 时 $\eta_e=\dfrac{1}{1+(i_{X4}-1)(1-\eta_e^X)}$
	Ⅱ型		2	$i_{X4}=\dfrac{z_1z_4}{z_1z_4-z_2z_3}<0$ $\lvert i_{X4}\rvert$ 较小	$\eta_e=\dfrac{\eta_e^X}{1-i_{X4}(1-\eta_e^X)}$
2Z-V (2K-V)			2	$i_{3V}=\dfrac{z_2z_4}{z_3(z_2-z_1)}+1$ i_{3V} 大	$\eta_e=\dfrac{(i_1-1)\big[(i_2\eta_{34}+1)i_1-\eta_{12}\big]}{(i_1-\eta_{12})\big[(i_2+1)i_1-1\big]}$ 式中　$i_1=\dfrac{z_2}{z_1}$，$i_2=\dfrac{z_4}{z_3}$ η_{12}——齿轮 1 和 2 定轴传动的啮 　　　合效率 η_{34}——齿轮 3 和 4 定轴传动的啮 　　　合效率

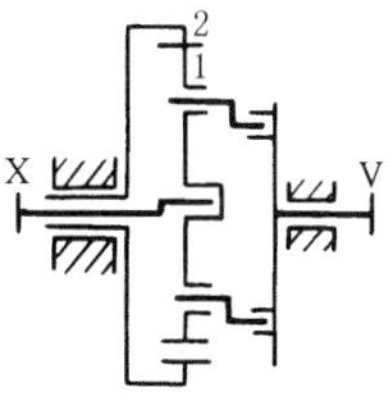

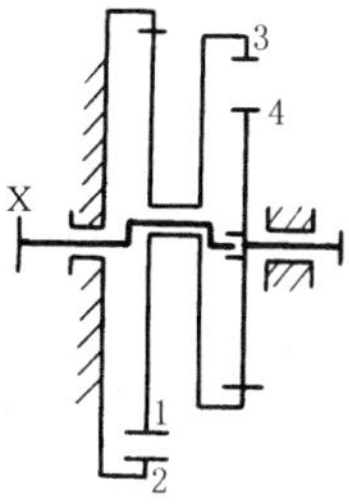

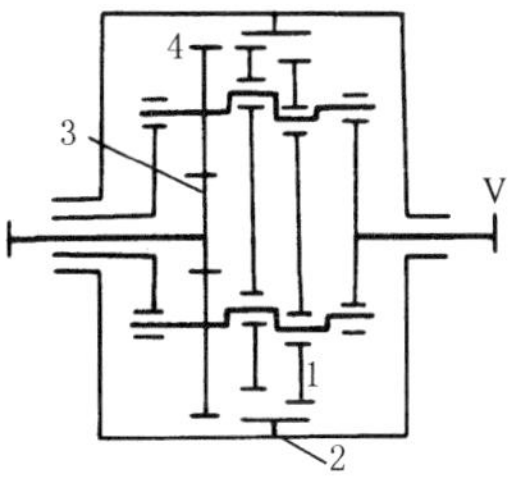

续表

类型	机 构 简 图	固定构件	传动比	行星机构的啮合效率
Z-X (K-H)	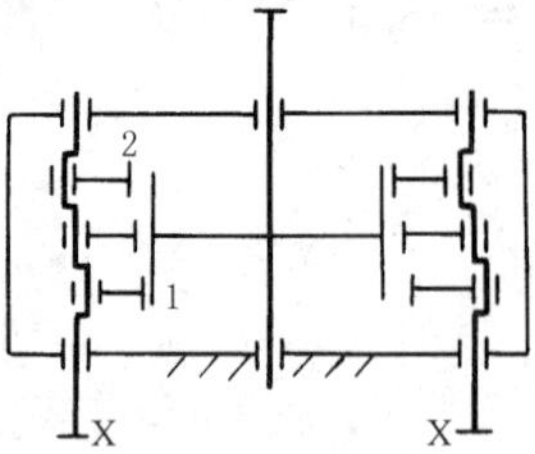	机体	$i_{X1} = -\dfrac{z_1}{z_2 - z_1}$　$\|i_{X1}\|$ 大	$\eta_e = \dfrac{1}{1 + \|(1-i)\| \cdot (1-\eta_g)}$　式中 η_g——定轴轮系渐开线少齿差内啮合齿轮副的啮合效率

注：1. 传动比应带着其正负号代入 η_e 的计算式。

2. 2Z-X 型传动的 η_e^X 是两对齿轮啮合效率的乘积。

3. 表中类型栏（K-H-V）等为苏联的分类代号，我国仍常用。

6.1.2　传动比及传动效率

表 14-6-2　　　　　　　　传动比、功率及传动效率

传动比	少齿差传动多用于减速,其传动比的计算式见表 14-6-1。如 $i<0$ 系指主动轴与从动轴转向相反,但通常均称其绝对值(下同) 单级传动比:Z-X-V 型及 Z-X 型从 10～100 左右,在允许效率较低时,实例中单级传动比达几百甚至几千,传动比小于 30 时,应选用表 14-6-1 中外齿轮输出 $\|i_{X4}\|$ 较小的 II 型传动方案;2Z-V 型前置一级外啮合圆柱齿轮传动,其传动比可在 50～300 之间方便地调整,其前级传动比取 1.5～3 为宜
效率	减速用少齿差传动的效率 η,主要由三部分组成,即 $$\eta \approx \eta_e \eta_p \eta_b \qquad (14\text{-}6\text{-}1)$$ 式中　η_e——行星机构的啮合效率 　　　η_p——传输机构的效率 　　　η_b——转臂轴承的效率 行星机构的啮合效率 η_e 计算式见表 14-6-1。一对齿轮的啮合效率 η_e^X 的计算见式(14-6-10)。η_p 的计算式见表 14-6-13。η_b 的计算式见表 14-6-14 上述效率计算忽略了许多不易计算的因素,且摩擦因数也难以取得确切,故只能作为设计阶段的参考数值,而以实测值为评价依据 传动比(绝对值)增大、传递功率减小、转速增高时,效率降低。国内目前产品的效率实测数值,当传动比在100 以内时,$\eta \approx 0.7～0.93$,个别的达 0.95 以上
传递功率与输出转矩	渐开线齿轮的模数可以很小,故可传递微小功率。国内已有 $m=0.2$mm 的少齿差传动装置。目前国内产品传递功率多为 0.37～18.5kW 我国生产的三环减速器,其标准 SH 型单级传动最大中心距 1070mm,最小传动比 17,最大功率 610kW,输出转矩 469kN·m。其公称中心距为 1180mm,传动比为 15750 的超大型传动最大输出转矩达 900kN·m
精密传动的空程误差	国内已成功地将少齿差传动用于精密机械传动,其空程误差视制造精度与装配精度而定。国内的产品能达到 $3'～1.8'$
传动质量指标	**重合度 ε_a**　目前在少齿差传动中一般采用直齿,用端面重合度 ε_a 来评价理论上的运转连续性。ε_a 的计算公式见式(14-6-6)。为保持运转中没有瞬间的中断,理论上重合度应大于 1。在少齿差内啮合副中,由于相邻的若干对齿轮之间的齿廓非常靠近,在运转时,因弹性变形而成为多齿接触。当负载增大或齿数增多时,接触齿对数也将相应地增加
	滑动率　齿面间的相对滑动速度是齿面磨损、胶合失效的主要因素。滑动率定义为滑动速度与节圆线速度的比值,它是啮合点位置的函数。根据 BS ISO 21171:2007,内啮合传动在啮合齿顶和齿根处的最大滑动率计算公式 $$k_{g1max} = \dfrac{\sqrt{d_{a2}^2 - d_{b2}^2} - d_{b2}\tan\alpha'}{d_1'}\left(1 - \dfrac{1}{u}\right)$$ $$k_{g2max} = \dfrac{\sqrt{d_{a1}^2 - d_{b1}^2} - d_{b1}\tan\alpha'}{d_1'}\left(1 - \dfrac{1}{u}\right)$$ 滑动率的许用值取决于齿轮节圆线速度,见表 14-6-3

表 14-6-3　　　　　　　　　　　　　　　　　　滑动率许用值

节圆线速度/m・s⁻¹	0～1.5	1～3	2～10	8～25	>20
滑动系数许用值	8	6	4	3	1.5

6.2　主要参数的确定

6.2.1　主要参数的确定

表 14-6-4　　　　　　　　　　　　　　　　　　主要参数的选择要点

参数		选择要点
齿数差		内啮合齿轮副内齿轮齿数与外齿轮齿数之差 $z_d = z_2 - z_1$ 称为齿数差。一般 $z_d = 1 \sim 8$ 称为少齿差，$z_d = 0$ 称为零齿差 在内齿轮齿数不变时，齿数差越大传动比越小，效率越高。少齿差传动中，常取 $z_d = 1 \sim 4$，动力传动宜取 $z_d \geqslant 2$。 零齿差用作传输机构，因加工较麻烦，现较少用
齿数	Z-X-V 型及 Z-X 型传动齿数的确定	在已知要求的传动比时，选定齿数差即可直接由传动比计算式求得 z_1，并进而求得 z_2
	2Z-V 型传动齿数的确定	先将要求的总传动比合理分配为两级，而后参照 Z-X-V 型传动确定齿数的方法确定内啮合齿轮副的齿数 z_1 和 z_2。将 z_1 和 z_2 之值代入传动比计算式便可确定同步齿轮的齿数 z_3 和 z_4
	2Z-X 型传动齿数的确定	(1)内齿轮输出时[2Z-X(Ⅰ)型] ①行星轮为双联齿轮　已知传动比 i_{X4}，$z_d = z_2 - z_1 = z_4 - z_3$，$z_C = z_2 - z_4 = z_1 - z_3 \neq 0$，则 $$z_2 = \frac{1}{2} \left[z_d + z_C + \sqrt{(z_d + z_C)^2 - 4 z_d z_C (1 - i_{X4})} \right] \qquad (14\text{-}6\text{-}2)$$ 将 z_2 圆整为整数，即可求得其余各齿轮的齿数。为了应用方便，利用计算机排出了部分常用传动比对应的齿数组合表(表 14-6-5) ② 公共行星轮　已知传动比 $30 < i_{X4} < 100$，行星轮两齿圈的齿数相等，即 $z_1 = z_3$，且两中心轮的齿数差为 1。这就是所谓具有公共行星轮的 NN 型少齿差传动(亦称为奇异齿轮传动)。其配齿公式为 $$\left. \begin{aligned} z_4 &= \pm i_{X4} \\ z_2 &= z_4 \mp 1 \\ z_1 &= z_3 \leqslant z_2 - z_d \\ i_{X4} &= \frac{z_4}{z_4 - z_2} \end{aligned} \right\} \qquad (14\text{-}6\text{-}3)$$ 式中，z_d 为内齿轮与行星轮的齿数差。当采用 20°压力角的标准齿轮传动时，若最小内齿轮齿数 $z_N = 40 \sim 80$，取 $z_d = 7$；若 $z_N = 80 \sim 100$，取 $z_d = 6$。当选取的齿数差 z_d 小于前面的数值时，要通过角变位或缩短齿顶高来避免干涉。"±"和"∓"号，上面的符号用于正传动比，下面的符号用于负传动比 (2)外齿轮输出时[2Z-X(Ⅱ)型] 已知条件：传动比 i_{X4}，$z_d = z_2 - z_1 = z_3 - z_4$， $$z_C = z_2 - z_3 = z_1 - z_4 \neq 0$$ 则 $$z_1 = \frac{1}{2} \sqrt{(2 z_d i_{X4} - z_C)^2 + 4(z_d z_C - z_d^2) i_{X4}} - z_d i_{X4} + \frac{z_C}{2} \qquad (14\text{-}6\text{-}4)$$ 将 z_1 圆整为整数，便可求得其余各齿轮的齿数 (3)注意事项 ① 按上述(14-6-2)和式(14-6-4)计算后如发现齿数不合适，可改变 z_d 及 z_C 重新计算 ②当内齿轮齿数太少时，有时选不到适合的插齿刀，需重新计算。必要时应验算插齿时的径向干涉，验算式见本篇第 1 章表 14-1-12 ③计算时，传动比及 z_C 均应带着其正负号代入式(14-6-2)或式(14-6-4)。传动比 i_{X4} 的计算式见表 14-6-1

参数	选择要点
齿形角和齿顶高系数	本手册采用齿形角 $\alpha=20°$，必要时也可用非标准齿形角。中国发明专利《ZL 89104790.5 双层齿轮组合传动》中便采用了非标准齿形角，并对提高效率取得良好效果。当齿数差为 1 时，取 $\alpha=14°\sim25°$；齿数差 $\geqslant2$ 时，取 $\alpha=6°\sim14°$ 在齿形角 $\alpha=20°$ 时，齿顶高系数 h_a^* 取 $0.6\sim0.8$。当 h_a^* 减小时，啮合角 α' 也减小，有利于提高效率。但 h_a^* 太小时，变位系数太小会发生外齿轮切齿干涉(根切)或插齿加工时的负啮合。对于前述发明专利采用非标准齿形角的情况，其齿顶高系数 h_a^* 的取值为 $0.06\sim0.6$，称之为超短齿 加工齿轮的刀具无需专用短齿刀具，可直接采用具有正常齿顶高的标准齿轮滚刀及插齿刀

外齿轮的变位系数

变位系数需满足啮合方程式

$$\text{inv}\alpha'=\text{inv}\alpha+2\tan\alpha\frac{x_2-x_1}{z_2-z_1} \tag{14-6-5}$$

变位系数还需要满足几何限制条件，主要限制条件有两个

① 重合度 ε_a 应符合

$$\varepsilon_a=\frac{1}{2\pi}\left[z_1(\tan\alpha_{a1}-\tan\alpha')-z_2(\tan\alpha_{a2}-\tan\alpha')\right]>1 \tag{14-6-6}$$

② 齿廓重叠干涉验算值 G_s 应符合

$$G_s=z_1(\text{inv}\alpha_{a1}+\delta_1)-z_2(\text{inv}\alpha_{a2}+\delta_2)+z_d\text{inv}\alpha'>0 \tag{14-6-7}$$

式中

$$\delta_1=\arccos\frac{d_{a2}^2-d_{a1}^2-4a'^2}{4a'd_{a1}} \tag{14-6-8}$$

$$\delta_2=\arccos\frac{d_{a2}^2-d_{a1}^2-4a'^2}{4a'd_{a2}} \tag{14-6-9}$$

式(14-6-8)、式(14-6-9)中 a' 为啮合中心距，d_{a1} 和 d_{a2} 分别为外齿轮和内齿轮的齿顶圆直径

按照表 1 选取外齿轮的变位系数 x_1 可保证啮合齿轮副的重合度 $\varepsilon\geqslant1$，且其顶隙 $c_{12}=0.25m$。表中列出了对应于 $\varepsilon=1.05$ 和 $c_{12}=0.25m$ 时 x_1 的上限值。表中不带"*"的数值表示 x_1 取值上限受到 $\varepsilon=1.05$ 的限制，其值与插齿刀无关。带"*"的数值表示 x_1 上限受到顶隙 $c_{12}=0.25m$ 的限制，其值与插齿刀有关。若实际选用的插齿刀与表 1 的注解不同，表中数值可供估算。估算方法是，插齿刀齿数 $z_0\leqslant25$ 或齿顶高 $h_{a0}>1.25m$ 或变位系数 $x_0>0$ 时，x_1 上限值会略大于表 1 中数值，反之则小于表中之值。建议选用 x_1 时，距离其上限值留有裕量，这样，顶隙验算会很容易通过

表 1　外齿轮变位系数 x_1 的上限值

z_2-z_1	z_1	h_a^*			z_2-z_1	z_1	h_a^*		
		1	0.8	0.6			1	0.8	0.6
1	40	0.70*	0.15	−0.5	3	40	0.30*	0.95	0.25
	60	1.15*	0.30	−0.7		60	0.55*	1.30*	0.35
	100	1.75*	0.70	−1.0		100	0.85*	1.75*	0.60
2	40	0.45*	0.95	0	4	40	0.20*	0.90*	0.35
	60	0.75*	1.35*	0.10		60	0.40*	1.25*	0.50
	100	1.20*	1.95*	0.19		100	0.65*	1.70*	0.85

注：1. 插齿刀参数 $z_0=25$，$h_{a0}=0$，$x_0=0$
2. 可插值求 x_1 上限值

啮合角与变位系数差

在齿数差与齿顶高系数确定的情况下，要满足主要限制条件，关键在于决定变位系数差与啮合角。变位系数差及对应的啮合角按表 2 选取。表中数值是按外齿轮齿数 $z_1=100$，变位系数 $x_1=0$ 时，取 $G_s=0.1$ 计算出来的。若 $z_1<100$ 或 $x_1>0$，按表 2 选取 α' 与 x_2-x_1 之值，G_s 会略大于 0.1。在 $z_1\geqslant30$，$x_1\leqslant1.5$ 的范围内，G_s 最大值不超过 0.4

续表

参数	选 择 要 点

表 2　啮合角 α' 与变位系数 x_2-x_1 的选用推荐值

	$h_a^*=1$		$h_a^*=0.8$		$h_a^*=0.6$	
z_2-z_1	x_2-x_1	$\alpha'/(°)$	x_2-x_1	$\alpha'/(°)$	x_2-x_1	$\alpha'/(°)$
1	0.80	58.1877	0.58	54.0920	0.39	49.1563
2	0.54	44.8182	0.38	40.9630	0.22	35.6431
3	0.39	37.1760	0.26	33.6032	0.14	29.1319
4	0.29	32.1917	0.18	28.9061	0.09	25.3393
5	0.21	28.4885	0.12	25.6149	0.04	22.2339
6	0.15	25.7948	0.07	23.1101	0.00	20.0000
7	0.09	23.3792	0.02	20.8588	0.00	20.0000
8	0.05	21.7872	0.00	20.0000	0.00	20.0000

啮合角与变位系数差

内齿轮的变位系数：在确定外齿轮变位系数 x_1 和变位系数差 (x_2-x_1) 以后,内齿轮变位系数根据关系式 $x_2=x_1+(x_2-x_1)$ 即可求出

表 14-6-5　　　　2Z-X（Ⅰ）型（NN 型）少齿差传动的传动比与参数组合表

齿 轮 齿 数				传动比	错齿数	齿数差	齿 轮 齿 数				传动比	错齿数	齿数差
z_1	z_2	z_3	z_4	i_{X4}	z_C	z_d	z_1	z_2	z_3	z_4	i_{X4}	z_C	z_d
40	41	30	31	124.000	10	1	38	40	30	32	76.000	8	2
41	42	31	32	131.200	10	1	41	43	32	34	77.444	9	2
39	40	30	31	134.333	9	1	44	46	34	36	79.200	10	2
42	43	32	33	138.600	10	1	39	41	31	33	80.438	8	2
40	41	31	32	142.222	9	1	42	44	33	35	81.667	9	2
43	44	33	34	146.200	10	1	45	47	35	37	83.250	10	2
38	39	30	31	147.250	8	1	37	39	30	32	84.571	7	2
41	42	32	33	150.333	9	1	40	42	32	34	85.000	8	2
40	42	30	32	64.000	10	2	43	45	34	36	86.000	9	2
41	43	31	33	67.650	10	2	46	48	36	38	87.400	10	2
39	41	30	32	69.333	9	2	38	40	31	33	89.571	7	2
42	44	32	34	71.400	10	2	41	43	33	35	89.688	8	2
40	42	31	33	73.333	9	2	44	46	35	37	90.444	9	2
43	45	33	35	75.250	10	2	47	49	37	39	91.650	10	2
42	44	34	36	94.500	8	2	39	41	34	36	140.400	5	2
39	41	32	34	94.714	7	2	47	49	40	42	141.000	7	2
45	47	36	38	95.000	9	2	54	56	45	47	141.000	9	2
36	38	30	32	96.000	6	2	51	53	43	45	143.438	8	2
48	50	38	40	96.000	10	2	35	37	31	33	144.375	4	2
43	45	35	37	99.438	8	2	58	60	48	50	145.000	10	2
46	48	37	39	99.667	9	2	44	46	38	40	146.667	6	2
40	42	33	35	100.000	7	2	55	57	46	48	146.667	9	2
49	51	39	41	100.450	10	2	48	50	41	43	147.429	7	2
37	39	31	33	101.750	6	2	40	42	35	37	148.000	5	2
47	49	38	40	104.444	9	2	52	54	44	46	149.500	8	2
44	46	36	38	104.500	8	2	59	61	49	51	150.450	10	2
50	52	40	42	105.000	10	2	40	43	30	33	44.000	10	3
41	43	34	36	105.429	7	2	41	44	31	34	46.467	10	3

齿 轮 齿 数				传动比	错齿数	齿数差	齿 轮 齿 数				传动比	错齿数	齿数差
z_1	z_2	z_3	z_4	i_{X4}	z_C	z_d	z_1	z_2	z_3	z_4	i_{X4}	z_C	z_d
38	40	32	34	107.667	6	2	39	42	30	33	47.667	9	3
48	50	39	41	109.333	9	2	42	45	32	35	49.000	10	3
51	53	41	43	109.650	10	2	40	43	31	34	50.370	9	3
45	47	37	39	109.688	8	2	43	46	33	36	51.600	10	3
42	44	35	37	111.000	7	2	38	41	30	33	52.250	8	3
35	37	30	32	112.000	5	2	41	44	32	35	53.148	9	3
39	41	33	35	113.750	6	2	44	47	34	37	54.267	10	3
49	51	40	42	114.333	9	2	39	42	31	34	55.250	8	3
52	54	42	44	114.400	10	2	42	45	33	36	56.000	9	3
46	48	38	40	115.000	8	2	45	48	35	38	57.000	10	3
43	45	36	38	116.714	7	2	37	40	30	33	58.143	7	3
36	38	31	33	118.800	5	2	40	43	32	35	58.333	8	3
53	55	43	45	119.250	10	2	43	46	34	37	58.926	9	3
50	52	41	43	119.444	9	2	46	49	36	39	59.800	10	3
40	42	34	36	120.000	6	2	41	44	33	36	61.500	8	3
47	49	39	41	120.438	8	2	38	41	31	34	61.524	7	3
44	46	37	39	122.571	7	2	44	47	35	38	61.926	9	3
54	56	44	46	124.200	10	2	47	50	37	40	62.667	10	3
51	53	42	44	124.667	9	2	42	45	34	37	64.750	8	3
37	39	32	34	125.800	5	2	39	42	32	35	65.000	7	3
48	50	40	42	126.000	8	2	45	48	36	39	65.000	9	3
41	43	35	37	126.417	6	2	48	51	38	41	65.600	10	3
45	47	38	40	128.571	7	2	36	39	30	33	66.000	6	3
55	57	45	47	129.250	10	2	43	46	35	38	68.083	8	3
52	54	43	45	130.000	9	2	46	49	37	40	68.148	9	3
49	51	41	43	131.688	8	2	40	43	33	36	68.571	7	3
38	40	33	35	133.000	5	2	49	52	39	42	68.600	10	3
42	44	36	38	133.000	6	2	37	40	31	34	69.889	6	3
56	58	46	48	134.400	10	2	47	50	38	41	71.370	9	3
46	48	39	41	134.714	7	2	44	47	36	39	71.500	8	3
53	55	44	46	135.444	9	2	50	53	40	43	71.667	10	3
34	36	30	32	136.000	4	2	41	44	34	37	72.238	7	3
50	52	42	44	137.500	8	2	38	41	32	35	73.889	6	3
57	59	47	49	139.650	10	2	48	51	39	42	74.667	9	3
43	45	37	39	139.750	6	2	51	54	41	44	74.800	10	3
45	48	37	40	75.000	8	3	60	63	50	53	106.000	10	3
42	45	35	38	76.000	7	3	41	44	36	39	106.600	5	3
35	38	30	33	77.000	5	3	57	60	48	51	107.667	9	3
39	42	33	36	78.000	6	3	50	53	43	46	109.524	7	3
52	55	42	45	78.000	10	3	61	64	51	54	109.800	10	3
49	52	40	43	78.037	9	3	46	49	40	43	109.889	6	3
46	49	38	41	78.583	8	3	54	57	46	49	110.250	8	3
43	46	36	39	79.857	7	3	37	40	33	36	111.000	4	3
53	56	43	46	81.267	10	3	58	61	49	52	111.704	9	3
50	53	41	44	81.481	9	3	42	45	37	40	112.000	5	3
36	39	31	34	81.600	5	3	62	65	52	55	113.667	10	3
40	43	34	37	82.222	6	3	51	54	44	47	114.143	7	3

续表

齿 轮 齿 数				传动比	错齿数	齿数差	齿 轮 齿 数				传动比	错齿数	齿数差
z_1	z_2	z_3	z_4	i_{X4}	z_C	z_d	z_1	z_2	z_3	z_4	i_{X4}	z_C	z_d
47	50	39	42	82.250	8	3	55	58	47	50	114.583	8	3
44	47	37	40	83.810	7	3	47	50	41	44	114.889	6	3
54	57	44	47	84.600	10	3	59	62	50	53	115.815	9	3
51	54	42	45	85.000	9	3	38	41	34	37	117.167	4	3
48	51	40	43	86.000	8	3	43	46	38	41	117.533	5	3
37	40	32	35	86.333	5	3	63	66	53	56	117.600	10	3
41	44	35	38	86.556	6	3	52	55	45	48	118.857	7	3
45	48	38	41	87.857	7	3	56	59	48	51	119.000	8	3
55	58	45	48	88.000	10	3	48	51	42	45	120.000	6	3
52	55	43	46	88.593	9	3	60	63	51	54	120.000	9	3
49	52	41	44	89.833	8	3	33	36	30	33	121.000	3	3
42	45	36	39	91.000	6	3	64	67	54	57	121.600	10	3
38	41	33	36	91.200	5	3	44	47	39	42	123.200	5	3
56	59	46	49	91.467	10	3	39	42	35	38	123.500	4	3
46	49	39	42	92.000	7	3	57	60	49	52	123.500	8	3
53	56	44	47	92.259	9	3	53	56	46	49	123.667	7	3
34	37	30	33	93.500	4	3	61	64	52	55	124.259	9	3
50	53	42	45	93.750	8	3	49	52	43	46	125.222	6	3
57	60	47	50	95.000	10	3	65	68	55	58	125.667	10	3
43	46	37	40	95.556	6	3	58	61	50	53	128.083	8	3
54	57	45	48	96.000	9	3	34	37	31	34	128.444	3	3
39	42	34	37	96.200	5	3	54	57	47	50	128.571	7	3
47	50	40	43	96.238	7	3	62	65	53	56	128.593	9	3
51	54	43	46	97.750	8	3	45	48	40	43	129.000	5	3
58	61	48	51	98.600	10	3	66	69	56	59	129.800	10	3
35	38	31	34	99.167	4	3	40	43	36	39	130.000	4	3
55	58	46	49	99.815	9	3	50	53	44	47	130.556	6	3
44	47	38	41	100.222	6	3	59	62	51	54	132.750	8	3
48	51	41	44	100.571	7	3	63	66	54	57	133.000	9	3
40	43	35	38	101.333	5	3	55	58	48	51	133.571	7	3
52	55	44	47	101.833	8	3	67	70	57	60	134.000	10	3
59	62	49	52	102.267	10	3	46	49	41	44	134.933	5	3
56	59	47	50	103.704	9	3	51	54	45	48	136.000	6	3
36	39	32	35	105.000	4	3	35	38	32	35	136.111	3	3
45	48	39	42	105.000	6	3	41	44	37	40	136.667	4	3
49	52	42	45	105.000	7	3	64	67	55	58	137.481	9	3
53	56	45	48	106.000	8	3	60	63	52	55	137.500	8	3
68	71	58	61	138.267	10	3	50	54	40	44	55.000	10	4
56	59	49	52	138.667	7	3	41	45	34	38	55.643	7	4
47	50	42	45	141.000	5	3	38	42	32	36	57.000	6	4
52	55	46	49	141.556	6	3	48	52	39	43	57.333	9	4
65	68	56	59	142.037	9	3	51	55	41	45	57.375	10	4
61	64	53	56	142.333	8	3	45	49	37	41	57.656	8	4
69	72	59	62	142.600	10	3	42	46	35	39	58.500	7	4
42	45	38	41	143.500	4	3	35	39	30	34	59.500	5	4
57	60	50	53	143.857	7	3	52	56	42	46	59.800	10	4
36	39	33	36	144.000	3	3	49	53	40	44	59.889	9	4

续表

齿 轮 齿 数				传动比	错齿数	齿数差	齿 轮 齿 数				传动比	错齿数	齿数差
z_1	z_2	z_3	z_4	i_{X4}	z_C	z_d	z_1	z_2	z_3	z_4	i_{X4}	z_C	z_d
66	69	57	60	146.667	9	3	39	43	33	37	60.125	6	4
70	73	60	63	147.000	10	3	46	50	38	42	60.375	8	4
48	51	43	46	147.200	5	3	43	47	36	40	61.429	7	4
53	56	47	50	147.222	6	3	53	57	43	47	62.275	10	4
62	65	54	57	147.250	8	3	50	54	41	45	62.500	9	4
58	61	51	54	149.143	7	3	36	40	31	35	63.000	5	4
43	46	39	42	150.500	4	3	47	51	39	43	63.156	8	4
40	44	30	34	34.000	10	4	40	44	34	38	63.333	6	4
41	45	31	35	35.875	10	4	44	48	37	41	64.429	7	4
39	43	30	34	36.833	9	4	54	58	44	48	64.800	10	4
42	46	32	36	37.800	10	4	51	55	42	46	65.167	9	4
40	44	31	35	38.889	9	4	48	52	40	44	66.000	8	4
43	47	33	37	39.775	10	4	37	41	32	36	66.600	5	4
38	42	30	34	40.375	8	4	41	45	35	39	66.625	6	4
41	45	32	36	41.000	9	4	55	59	45	49	67.375	10	4
44	48	34	38	41.800	10	4	45	49	38	42	67.500	7	4
39	43	31	35	42.656	8	4	52	56	43	47	67.889	9	4
42	46	33	37	43.167	9	4	49	53	41	45	68.906	8	4
45	49	35	39	43.875	10	4	42	46	36	40	70.000	6	4
37	41	30	34	44.929	7	4	56	60	46	50	70.000	10	4
40	44	32	36	45.000	8	4	38	42	33	37	70.300	5	4
43	47	34	38	45.389	9	4	46	50	39	43	70.643	7	4
46	50	36	40	46.000	10	4	53	57	44	48	70.667	9	4
41	45	33	37	47.406	8	4	50	54	42	46	71.875	8	4
38	42	31	35	47.500	7	4	34	38	30	34	72.250	4	4
44	48	35	39	47.667	9	4	57	61	47	51	72.675	10	4
47	51	37	41	48.175	10	4	43	47	37	41	73.458	6	4
42	46	34	38	49.875	8	4	54	58	45	49	73.500	9	4
45	49	36	40	50.000	9	4	47	51	40	44	73.857	7	4
39	43	32	36	50.143	7	4	39	43	34	38	74.100	5	4
48	52	38	42	50.400	10	4	51	55	43	47	74.906	8	4
36	40	30	34	51.000	6	4	58	62	48	52	75.400	10	4
46	50	37	41	52.389	9	4	55	59	46	50	76.389	9	4
43	47	35	39	52.406	8	4	35	39	31	35	76.562	4	4
49	53	39	43	52.675	10	4	44	48	38	42	77.000	6	4
40	44	33	37	52.857	7	4	48	52	41	45	77.143	7	4
37	41	31	35	53.958	6	4	40	44	35	39	78.000	5	4
47	51	38	42	54.833	9	4	52	56	44	48	78.000	8	4
44	48	36	40	55.000	8	4	59	63	49	53	78.175	10	4
56	60	47	51	79.333	9	4	51	55	45	49	104.125	6	4
49	53	42	46	80.500	7	4	64	68	55	59	104.889	9	4
45	49	39	43	80.625	6	4	35	39	32	36	105.000	3	4
36	40	32	36	81.000	4	4	60	64	52	56	105.000	8	4
60	64	50	54	81.000	10	4	41	45	37	41	105.062	4	4
53	57	45	49	81.156	8	4	68	72	58	62	105.400	10	4
41	45	36	40	82.000	5	4	56	60	49	53	106.000	7	4
57	61	48	52	82.333	9	4	47	51	42	46	108.100	5	4

齿 轮 齿 数				传动比	错齿数	齿数差	齿 轮 齿 数				传动比	错齿数	齿数差
z_1	z_2	z_3	z_4	i_{X4}	z_C	z_d	z_1	z_2	z_3	z_4	i_{X4}	z_C	z_d
61	65	51	55	83.875	10	4	52	56	46	50	108.333	6	4
50	54	43	47	83.929	7	4	65	69	56	60	108.333	9	4
46	50	40	44	84.333	6	4	61	65	53	57	108.656	8	4
54	58	46	50	84.375	8	4	69	73	59	63	108.675	10	4
58	62	49	53	85.389	9	4	57	61	50	54	109.929	7	4
37	41	33	37	85.562	4	4	42	46	38	42	110.250	4	4
42	46	37	41	86.100	5	4	36	40	33	37	111.000	3	4
62	66	52	56	86.800	10	4	66	70	57	61	111.833	9	4
51	55	44	48	87.429	7	4	70	74	60	64	112.000	10	4
55	59	47	51	87.656	8	4	62	66	54	58	112.375	8	4
47	51	41	45	88.125	6	4	53	57	47	51	112.625	6	4
59	63	50	54	88.500	9	4	48	52	43	47	112.800	5	4
63	67	53	57	89.775	10	4	58	62	51	55	113.929	7	4
38	42	34	38	90.250	4	4	71	75	61	65	115.375	10	4
43	47	38	42	90.300	5	4	67	71	58	62	115.389	9	4
52	56	45	49	91.000	7	4	43	47	39	43	115.562	4	4
56	60	48	52	91.000	8	4	63	67	55	59	116.156	8	4
60	64	51	55	91.667	9	4	54	58	48	52	117.000	6	4
48	52	42	46	92.000	6	4	37	41	34	38	117.167	3	4
64	68	54	58	92.800	10	4	49	53	44	48	117.600	5	4
33	37	30	34	93.500	3	4	59	63	52	56	118.000	7	4
57	61	49	53	94.406	8	4	72	76	62	66	118.800	10	4
44	48	39	43	94.600	5	4	68	72	59	63	119.800	9	4
53	57	46	50	94.643	7	4	64	68	56	60	120.000	8	4
61	65	52	56	94.889	9	4	44	48	40	44	121.000	4	4
39	43	35	39	95.062	4	4	55	59	49	53	121.458	6	4
65	69	55	59	95.875	10	4	60	64	53	57	122.143	7	4
49	53	43	47	95.958	6	4	73	77	63	67	122.275	10	4
58	62	50	54	97.875	8	4	50	54	45	49	122.500	5	4
62	66	53	57	98.167	9	4	69	73	60	64	122.667	9	4
54	58	47	51	98.357	7	4	38	42	35	39	123.500	3	4
45	49	40	44	99.000	5	4	65	69	57	61	123.906	8	4
66	70	56	60	99.000	10	4	74	78	64	68	125.800	10	4
34	38	31	35	99.167	3	4	56	60	50	54	126.000	6	4
40	44	36	40	100.000	4	4	61	65	54	58	126.357	7	4
50	54	44	48	100.000	6	4	70	74	61	65	126.389	9	4
59	63	51	55	101.406	8	4	45	49	41	45	126.562	4	4
63	67	54	58	101.500	9	4	51	55	46	50	127.500	5	4
55	59	48	52	102.143	7	4	66	70	58	62	127.875	8	4
67	71	57	61	102.175	10	4	75	79	65	69	129.375	10	4
46	50	41	45	103.500	5	4	39	43	36	40	130.000	3	4
71	75	62	66	130.167	9	4	78	82	68	72	140.400	10	4
57	61	51	55	130.625	6	4	74	78	65	69	141.833	9	4
62	66	55	59	130.643	7	4	54	58	49	53	143.100	5	4
67	71	59	63	131.906	8	4	41	45	38	42	143.500	3	4
46	50	42	46	132.250	4	4	65	69	58	62	143.929	7	4
52	56	47	51	132.600	5	4	48	52	44	48	144.000	4	4

续表

齿 轮 齿 数				传动比	错齿数	齿数差	齿 轮 齿 数				传动比	错齿数	齿数差
z_1	z_2	z_3	z_4	i_{X4}	z_C	z_d	z_1	z_2	z_3	z_4	i_{X4}	z_C	z_d
76	80	66	70	133.000	10	4	79	83	69	73	144.175	10	4
72	76	63	67	134.000	9	4	33	37	31	35	144.375	2	4
63	67	56	60	135.000	7	4	70	74	62	66	144.375	8	4
58	62	52	56	135.333	6	4	60	64	54	58	145.000	6	4
32	36	30	34	136.000	2	4	75	79	66	70	145.833	9	4
68	72	60	64	136.000	8	4	80	84	70	74	148.000	10	4
40	44	37	41	136.667	3	4	55	59	50	54	148.500	5	4
77	81	67	71	136.675	10	4	66	70	59	63	148.500	7	4
53	57	48	52	137.800	7	4	71	75	63	67	148.656	8	4
73	77	64	68	137.889	9	4	76	80	67	71	149.889	9	4
47	51	43	47	138.062	4	4	61	65	55	59	149.958	6	4
64	68	57	61	139.429	7	4	49	53	45	49	150.062	4	4
59	63	53	57	140.125	6	4	42	46	39	43	150.500	3	4
69	73	61	65	140.156	8	4							

注：1. 齿轮代号 $z_1 \sim z_4$ 见表 14-6-1 中 2Z-X（Ⅰ）型机构简图。

2. 齿数差 $z_d = z_2 - z_1 = z_4 - z_3$，取 $z_d = 1 \sim 4$。

3. 错齿数 $z_C = z_1 - z_3$，取 $z_C = 3 \sim 10$。

4. 传动比 $i_{X4} = \dfrac{z_1 z_4}{z_1 z_4 - z_2 z_3} = \dfrac{(z_3 + z_d)(z_3 + z_C)}{z_d z_C}$。

6.2.2　主要设计参数的选择步骤

1）根据要求的传动比选择齿数差及齿数，再根据啮合角要求确定齿顶高系数。

2）根据表 14-6-4 中表 1 查出外齿轮变位系数的上限值，选取 x_1 小于其上限值，即可满足重合度 $\varepsilon \geqslant 1.05$ 和顶隙 $C_{12} \geqslant 0.25m$ 的要求。

3）按照表 14-6-4 中表 2 选用啮合角 α' 与变位系数差 $(x_2 - x_1)$，可确保满足齿廓重叠干涉条件 $G_s \geqslant 0.1$。

4）根据 $x_2 = x_1 + (x_2 - x_1)$ 求出内齿轮变位系数 x_2。

5）进行内齿轮副的各种几何尺寸计算并校核各项限制条件。

由于现今的各种机械设计手册大都编写了利用计算机编制的少齿差内啮合齿轮副几何参数表，其中的参数完全满足各项限制条件，可供设计人员方便地选用，所以按上述"主要设计参数的选择步骤"选择参数并计算齿轮几何尺寸，校核各项限制条件只有在特殊情况下才会应用。一般情况下可直接从现成的参数表中选取所需的参数。

6.2.3　几何尺寸与主要参数的选用

在设计时，可从表 14-6-6 ～ 表 14-6-9 选择齿轮几何尺寸与主要参数。其 $\varepsilon_a \geqslant 1.05$，$G_s \geqslant 0.05$。其他有关说明如下。

1）表 14-6-6 ～ 表 14-6-9 中的各个尺寸均需乘以齿轮的模数。

2）齿轮顶圆直径按下式计算

$$d_{a1} = d_1 + 2m(h_a^* + x_1), \quad d_{a2} = d_2 - 2m(h_a^* - x_2)$$

3）量柱测量距 M 的计算。直齿变位齿轮的量柱直径 d_p 与量柱中心圆压力角 α_M 的计算方法与顺序如下（上边符号用于外齿轮，下边符号用于内齿轮）

$$\alpha_x = \arccos \frac{\pi m \cos\alpha}{d_a \mp 2h_a^* m}$$

$$\alpha_{Mx} = \tan\alpha_x - \mathrm{inv}\alpha \pm \frac{\pi}{2z} - \frac{2x \tan\alpha}{z}$$

$$d_{px} = mz\cos\alpha \left(\mp \mathrm{inv}\alpha + \frac{\pi}{2z} \right) \mp \frac{2x \tan\alpha}{z} \pm \mathrm{inv}\alpha_{Mx}$$

将 d_{px} 圆整为 d_p，按表 14-1-38 中的公式计算 α_M 和 M。

4）公法线平均长度的极限偏差 E_{Wm} 与量柱测量距平均长度的极限偏差 E_{Mm} 的计算。公法线平均长度的极限偏差参考 JB/ZQ 4074，量柱测量距平均长度的极限偏差由以下各式计算

偶数齿外齿轮　$E_{Mms} = \dfrac{E_{Wms}}{\sin\alpha_M}$，$E_{Mmi} = \dfrac{E_{Wmi}}{\sin\alpha_M}$；

奇数齿外齿轮　$E_{Mms} = \dfrac{E_{Wms}}{\sin\alpha_M} \cos\dfrac{90°}{z}$，

$E_{Mmi} = \dfrac{E_{Wmi}}{\sin\alpha_M} \cos\dfrac{90°}{z}$；

偶数齿内齿轮　$E_{Mms} = \dfrac{-E_{Wmi}}{\sin\alpha_M}$，$E_{Mmi} = \dfrac{-E_{Wms}}{\sin\alpha_M}$；

奇数齿内齿轮　$E_{Mms} = \dfrac{-E_{Wmi}}{\sin\alpha_M} \cos\dfrac{90°}{z}$,

$$E_{Mmi} = \dfrac{-E_{Wms}}{\sin\alpha_M} \cos\dfrac{90°}{z}.$$

5) 在设计具有公共行星轮的 2Z-X（Ⅰ）型双内啮合少齿差传动时，可从表 14-6-10 或表 14-6-11 选取齿轮几何尺寸与主要参数。

表 14-6-6　　　　　　　　　**一齿差内齿轮副几何尺寸及参数**

$(h_a^* = 0.7,\ \alpha = 20°,\ m = 1,\ a' = 0.750,\ \alpha' = 51.210°)$　　　　　mm

外　齿　轮				内　齿　轮							
齿数 z_1	变位系数 x_1	顶圆直径 d_{a1}	跨齿数 k_1	公法线长度 W_{k1}	齿数 z_2	变位系数 x_2	顶圆直径 d_{a2}	跨齿槽数 k_2	公法线长度 W_{k2}	量柱直径 d_p	量柱测量距 M	量柱中心圆压力角 α_M
29	−0.1279	30.141	3	7.698	30	0.3313	29.263	4	10.979	1.7	28.308	20.041°
30	−0.1300	31.140	4	10.664	31	0.3309	30.262	4	10.993	1.7	29.267	20.036°
31	−0.1302	32.140	4	10.678	32	0.3307	31.261	5	13.959	1.7	30.307	20.032°
32	−0.1304	33.139	4	10.691	33	0.3305	32.261	5	13.973	1.7	31.269	20.030°
33	−0.1304	34.139	4	10.705	34	0.3305	33.261	5	13.987	1.7	32.306	20.029°
34	−0.1304	35.139	4	10.719	35	0.3306	34.261	5	14.001	1.7	33.271	20.029°
35	−0.1302	36.140	4	10.734	36	0.3307	35.261	5	14.015	1.7	34.307	20.029°
36	−0.1300	37.140	4	10.748	37	0.3309	36.262	5	14.029	1.7	35.274	20.030°
37	−0.1297	38.141	4	10.762	38	0.3312	37.262	5	14.043	1.7	36.308	20.031°
38	−0.1294	39.141	4	10.776	39	0.3315	38.263	5	14.058	1.7	37.277	20.033°
39	−0.1290	40.142	5	13.743	40	0.3319	39.264	6	14.072	1.7	38.309	20.035°
40	−0.1286	41.143	5	13.757	41	0.3323	40.265	6	17.038	1.7	39.280	20.038°
41	−0.1281	42.144	5	13.771	42	0.3328	41.266	6	17.053	1.7	40.311	20.041°
42	−0.1275	43.145	5	13.786	43	0.3334	42.267	6	17.067	1.7	41.283	20.044°
43	−0.1270	44.146	5	13.800	44	0.3340	43.268	6	17.081	1.7	42.313	20.047°
44	−0.1263	45.147	5	13.814	45	0.3346	44.269	6	17.096	1.7	43.287	20.050°
45	−0.1257	46.149	5	13.829	46	0.3353	45.271	6	17.110	1.7	44.316	20.054°
46	−0.1250	47.150	5	13.843	47	0.3360	46.272	6	17.125	1.7	45.291	20.057°
47	−0.1242	48.152	5	13.858	48	0.3367	47.273	6	17.139	1.7	46.319	20.061°
48	−0.1235	49.153	6	16.825	49	0.3374	48.275	7	20.106	1.7	47.295	20.064°
49	−0.1227	50.155	6	16.839	50	0.3382	49.276	7	20.121	1.7	48.322	20.068°
50	−0.1219	51.156	6	16.854	51	0.3390	50.278	7	20.135	1.7	49.299	20.072°
51	−0.1210	52.158	6	16.868	52	0.3399	51.280	7	20.150	1.7	50.325	20.076°
52	−0.1201	53.160	6	16.883	53	0.3408	52.282	7	20.164	1.7	51.303	20.079°
53	−0.1192	54.162	6	16.897	54	0.3417	53.283	7	20.179	1.7	52.329	20.083°
54	−0.1183	55.163	6	16.912	55	0.3426	54.285	7	20.194	1.7	53.308	20.087°
55	−0.1174	56.165	6	16.927	56	0.3435	55.287	7	20.208	1.7	54.332	20.090°
56	−0.1165	57.167	7	19.894	57	0.3445	56.289	7	20.223	1.7	55.312	20.094°
57	−0.1155	58.169	7	19.908	58	0.3454	57.291	8	23.190	1.7	56.336	20.098°
58	−0.1145	59.171	7	19.923	59	0.3464	58.293	8	23.204	1.7	57.317	20.101°
59	−0.1135	60.173	7	19.938	60	0.3474	59.295	8	23.219	1.7	58.340	20.105°
60	−0.1124	61.175	7	19.952	61	0.3485	60.297	8	23.234	1.7	59.322	20.108°
61	−0.1114	62.177	7	19.967	62	0.3495	61.299	8	23.248	1.7	60.344	20.112°
62	−0.1104	63.179	7	19.982	63	0.3505	62.301	8	23.263	1.7	61.327	20.115°
63	−0.1093	64.181	7	19.996	64	0.3516	63.303	8	23.278	1.7	62.348	20.119°
64	−0.1082	65.184	7	20.011	65	0.3527	64.305	8	23.293	1.7	63.332	20.122°
65	−0.1071	66.186	8	22.978	66	0.3538	65.308	8	23.307	1.7	64.353	20.125°
66	−0.1060	67.188	8	22.993	67	0.3549	66.310	9	26.274	1.7	65.336	20.128°
67	−0.1049	68.190	8	23.008	68	0.3560	67.312	9	26.289	1.7	66.357	20.132°
68	−0.1038	69.192	8	23.022	69	0.3572	68.314	9	26.304	1.7	67.341	20.135°

续表

外 齿 轮					内 齿 轮						
齿数 z_1	变位系数 x_1	顶圆直径 d_{a1}	跨齿数 k_1	公法线长度 W_{k1}	齿数 z_2	变位系数 x_2	顶圆直径 d_{a2}	跨齿槽数 k_2	公法线长度 W_{k2}	量柱直径 d_p	量柱测量距 M	量柱中心圆压力角 α_M
69	−0.1027	70.195	8	23.037	70	0.3583	69.317	9	26.319	1.7	68.362	20.138°
70	−0.1015	71.197	8	23.052	71	0.3594	70.319	9	26.333	1.7	69.347	20.141°
71	−0.1003	72.199	8	23.067	72	0.3606	71.321	9	26.348	1.7	70.366	20.144°
72	−0.0992	73.202	8	23.082	73	0.3618	72.324	9	26.363	1.7	71.352	20.147°
73	−0.0980	74.204	8	23.096	74	0.3629	73.326	9	26.378	1.7	72.371	20.150°
74	−0.0968	75.206	9	26.063	75	0.3641	74.328	9	26.393	1.7	73.357	20.153°
75	−0.0956	76.209	9	26.078	76	0.3653	75.331	10	29.360	1.7	74.376	20.156°
76	−0.0973	77.205	9	26.091	77	0.3636	76.327	10	20.372	1.7	75.356	20.147°
77	−0.0959	78.208	9	26.106	78	0.3650	77.330	10	29.387	1.7	76.375	20.151°
78	−0.0946	79.211	9	26.121	79	0.3663	78.333	10	29.402	1.7	77.362	20.154°
79	−0.0933	80.213	9	26.136	80	0.3676	79.335	10	29.417	1.7	78.380	20.157°
80	−0.0920	81.216	9	26.151	81	0.3689	80.338	10	29.432	1.7	79.368	20.160°
81	−0.0007	82.219	9	26.166	82	0.3703	81.341	10	29.447	1.7	80.385	20.163°
82	−0.0893	83.221	9	26.180	83	0.3716	82.343	10	29.462	1.7	81.373	20.166°
83	−0.0880	84.224	10	29.148	84	0.3729	83.346	10	29.477	1.7	82.391	20.169°
84	−0.0866	85.227	10	29.162	85	0.3743	84.349	11	32.444	1.7	83.379	20.172°
85	−0.0853	86.229	10	29.177	86	0.3756	85.351	11	32.459	1.7	84.396	20.175°
86	−0.0840	87.232	10	29.192	87	0.3770	86.354	11	32.474	1.7	85.385	20.178°
87	−0.0826	88.235	10	29.207	88	0.3783	87.357	11	32.489	1.7	86.401	20.180°
88	−0.0812	89.238	10	29.222	89	0.3797	88.359	11	32.504	1.7	87.390	20.183°
89	−0.0799	90.240	10	29.237	90	0.3810	89.362	11	32.518	1.7	88.407	20.186°
90	−0.0785	91.243	10	29.252	91	0.3824	90.365	11	32.533	1.7	89.396	20.188°
91	−0.0772	92.246	10	29.267	92	0.3837	91.367	11	32.548	1.7	90.412	20.191°
92	−0.0758	93.248	11	32.234	93	0.3851	92.370	11	32.563	1.7	91.402	20.193°
93	−0.0745	94.251	11	32.249	94	0.3864	93.373	12	35.530	1.7	92.418	20.196°
94	−0.0731	95.254	11	32.264	95	0.3878	94.376	12	35.545	1.7	93.407	20.198°
95	−0.0718	96.256	11	32.279	96	0.3891	95.378	12	35.560	1.7	94.423	20.200°
96	−0.0704	97.259	11	32.294	97	0.3905	96.381	12	35.575	1.7	95.413	20.203°
97	−0.0690	98.262	11	32.309	98	0.3919	97.384	12	35.590	1.7	96.428	20.205°
98	−0.0676	99.265	11	32.324	99	0.3933	98.387	12	35.605	1.7	97.419	20.207°
99	−0.0663	100.267	11	32.339	100	0.3947	99.389	12	35.620	1.7	98.434	20.209°
100	−0.0649	101.270	11	32.354	101	0.3960	100.392	12	35.635	1.7	99.424	20.211°
101	−0.0636	102.273	12	35.321	102	0.3974	101.395	13	38.602	1.7	100.439	20.213°

表 14-6-7　　　　　二齿差内齿轮副几何尺寸及参数

（$h_a^* = 0.65$，$\alpha = 20°$，$m = 1$，$a' = 1.200$，$\alpha' = 38.457°$）　　　　mm

外 齿 轮					内 齿 轮						
齿数 z_1	变位系数 x_1	顶圆直径 d_{a1}	跨齿数 k_1	公法线长度 W_{k1}	齿数 z_2	变位系数 x_2	顶圆直径 d_{a2}	跨齿槽数 k_2	公法线长度 W_{k2}	量柱直径 d_p	量柱测量距 M	量柱中心圆压力角 α_M
29	−0.0261	30.248	4	10.721	31	0.2709	30.242	4	10.952	1.7	29.146	19.407°
30	−0.0259	31.248	4	10.735	32	0.2711	31.242	4	10.966	1.7	30.186	19.429°
31	−0.0255	32.249	4	10.749	33	0.2715	32.243	5	13.932	1.7	31.150	19.451°
32	−0.0250	33.250	4	10.764	34	0.2720	33.244	5	13.947	1.7	32.188	19.472°
33	−0.0244	34.251	4	10.778	35	0.2726	34.245	5	13.961	1.7	33.154	19.493°

外 齿 轮					内 齿 轮							
齿数 z_1	变位系数 x_1	顶圆直径 d_{a1}	跨齿数 k_1	公法线长度 W_{k1}	齿数 z_2	变位系数 x_2	顶圆直径 d_{a2}	跨齿槽数 k_2	公法线长度 W_{k2}	量柱直径 d_p	量柱测量距 M	量柱中心圆压力角 α_M
34	−0.0238	35.252	4	10.792	36	0.2733	35.247	5	13.976	1.7	34.191	19.514°
35	−0.0230	36.254	4	10.807	37	0.2740	36.248	5	13.990	1.7	35.159	19.534°
36	−0.0222	37.256	4	10.821	38	0.2748	37.250	5	14.005	1.7	36.194	19.554°
37	−0.0213	38.257	5	13.788	39	0.2758	38.252	5	14.019	1.7	37.164	19.573°
38	−0.0203	39.259	5	13.803	40	0.2767	39.253	5	14.034	1.7	38.198	19.592°
39	−0.0193	40.261	5	13.818	41	0.2777	40.255	6	17.001	1.7	39.170	19.611°
40	−0.0182	41.264	5	13.832	42	0.2788	41.258	6	17.016	1.7	40.202	19.629°
41	−0.0171	42.266	5	13.847	43	0.2799	42.260	6	17.030	1.7	41.176	19.646°
42	−0.0159	43.268	5	13.862	44	0.2811	43.262	6	17.045	1.7	42.207	19.663°
43	−0.0147	44.271	5	13.877	45	0.2823	44.265	6	17.060	1.7	43.182	19.679°
44	−0.0134	45.273	5	13.892	46	0.2836	45.267	6	17.075	1.7	44.212	19.695°
45	−0.0121	46.276	5	13.907	47	0.2849	46.270	6	17.090	1.7	45.188	19.711°
46	−0.0108	47.278	6	16.874	48	0.2862	47.272	6	17.105	1.7	46.217	19.726°
47	−0.0095	48.281	6	16.889	49	0.2875	48.275	6	17.120	1.7	47.195	19.740°
48	−0.0081	49.284	6	16.903	50	0.2889	49.278	7	20.087	1.7	48.223	19.755°
49	−0.0067	50.287	6	16.918	51	0.2903	50.281	7	20.102	1.7	49.201	19.768°
50	−0.0052	51.290	6	16.933	52	0.2918	51.284	7	20.117	1.7	50.228	19.782°
51	−0.0038	52.292	6	16.948	53	0.2932	52.286	7	20.132	1.7	51.208	19.795°
52	−0.0023	53.295	6	16.963	54	0.2947	53.289	7	20.147	1.7	52.234	19.808°
53	0	54.300	6	16.979	55	0.2970	54.294	7	20.162	1.7	53.217	19.825°
54	0	55.300	6	16.993	56	0.2970	55.294	7	20.176	1.7	54.239	19.828°
55	0.0023	56.305	7	19.961	57	0.2993	56.299	7	20.192	1.7	55.222	19.844°
56	0.0039	57.308	7	19.976	58	0.3009	57.302	7	20.207	1.7	56.247	19.855°
57	0.0055	58.311	7	19.991	59	0.3025	58.305	8	23.174	1.7	57.229	19.866°
58	0.0071	59.314	7	20.006	60	0.3041	59.308	8	23.189	1.7	58.253	19.877°
59	0.0087	60.317	7	20.021	61	0.3057	60.311	8	23.204	1.7	59.236	19.887°
60	0.0103	61.321	7	20.036	62	0.3073	61.315	8	23.220	1.7	60.260	19.898°
61	0.0119	62.324	7	20.051	63	0.3089	62.318	8	23.235	1.7	61.243	19.907°
62	0.0136	63.327	7	20.067	64	0.3106	63.321	8	23.250	1.7	62.266	19.917°
63	0.0153	64.331	8	23.034	65	0.3123	64.325	8	23.265	1.7	63.251	19.927°
64	0.0170	65.334	8	23.049	66	0.3140	65.328	8	23.280	1.7	64.273	19.936°
65	0.0187	66.337	8	23.064	67	0.3157	66.331	8	23.295	1.7	65.258	19.945°
66	0.0204	67.341	8	23.079	68	0.3174	67.335	9	26.263	1.7	66.280	19.954°
67	0.0221	68.344	8	23.094	69	0.3191	68.338	9	26.278	1.7	67.266	19.962°
68	0.0238	69.348	8	23.110	70	0.3208	69.342	9	26.293	1.7	68.287	19.970°
69	0.0255	70.351	8	23.125	71	0.3226	70.345	9	26.308	1.7	69.273	19.979°
70	0.0273	71.355	8	23.140	72	0.3243	71.349	9	26.323	1.7	70.294	19.986°
71	0.0290	72.358	8	23.155	73	0.3260	72.352	9	26.339	1.7	71.280	19.994°
72	0.0308	73.362	9	26.123	74	0.3278	73.356	9	26.354	1.7	72.301	20.002°
73	0.0325	74.365	9	26.138	75	0.3295	74.359	9	26.369	1.7	73.288	20.009°
74	0.0343	75.369	9	26.153	76	0.3313	75.363	10	29.336	1.7	74.308	20.016°
75	0.0361	76.372	9	26.168	77	0.3331	76.366	10	29.352	1.7	75.295	20.023°
76	0.0379	77.376	9	26.183	78	0.3349	77.370	10	29.367	1.7	76.315	20.030°
77	0.0397	78.379	9	26.199	79	0.3367	78.373	10	29.382	1.7	77.303	20.037°
78	0.0415	79.383	9	26.214	80	0.3385	79.377	10	29.397	1.7	78.322	20.044°
79	0.0433	80.387	9	26.229	81	0.3403	80.381	10	29.412	1.7	79.311	20.050°

续表

外 齿 轮					内 齿 轮							
齿数 z_1	变位系数 x_1	顶圆直径 d_{a1}	跨齿数 k_1	公法线长度 W_{k1}	齿数 z_2	变位系数 x_2	顶圆直径 d_{a2}	跨齿槽数 k_2	公法线长度 W_{k2}	量柱直径 d_p	量柱测量距 M	量柱中心圆压力角 α_M
80	0.0451	81.390	9	26.244	82	0.3421	81.384	10	29.428	1.7	80.329	20.056°
81	0.0469	82.394	10	29.212	83	0.3439	82.388	10	29.443	1.7	81.318	20.063°
82	0.0487	83.397	10	29.227	84	0.3458	83.392	10	29.458	1.7	82.337	20.069°
83	0.0506	84.401	10	29.242	85	0.3476	84.395	11	32.426	1.7	83.326	20.075°
84	0.0524	85.405	10	29.258	86	0.3494	85.399	11	32.441	1.7	84.344	20.080°
85	0.0542	86.408	10	29.273	87	0.3512	86.402	11	32.456	1.7	85.333	20.086°
86	0.0561	87.412	10	29.288	88	0.3531	87.406	11	32.471	1.7	86.351	20.092°
87	0.0579	88.416	10	29.303	89	0.3549	88.410	11	32.487	1.7	87.341	20.097°
88	0.0597	89.419	10	29.319	90	0.3568	89.414	11	32.502	1.7	88.359	20.102°
89	0.0616	90.423	10	29.334	91	0.3586	90.417	11	32.517	1.7	89.349	20.108°
90	0.0635	91.427	11	32.301	92	0.3605	91.421	11	32.532	1.7	90.366	20.113°
91	0.0654	92.431	11	32.317	93	0.3624	92.425	11	32.548	1.7	91.357	20.118°
92	0.0672	93.434	11	32.332	94	0.3642	93.428	12	35.515	1.7	92.373	20.123°
93	0.0691	94.438	11	32.347	95	0.3661	94.432	12	35.530	1.7	93.364	20.127°
94	0.0710	95.442	11	32.362	96	0.3680	95.436	12	35.546	1.7	94.381	20.132°
95	0.0728	96.446	11	32.378	97	0.3698	96.440	12	35.561	1.7	95.372	20.137°
96	0.0747	97.449	11	32.393	98	0.3717	97.443	12	35.576	1.7	96.388	20.141°
97	0.0766	98.453	11	32.408	99	0.3736	98.447	12	35.592	1.7	97.380	20.146°
98	0.0785	99.457	12	35.376	100	0.3755	99.451	12	35.607	1.7	98.396	20.150°
99	0.0804	100.461	12	35.391	101	0.3774	100.455	12	35.622	1.7	99.387	20.155°
100	0.0822	101.464	12	35.406	102	0.3792	101.458	12	35.637	1.7	100.403	20.159°
101	0.0842	102.468	12	35.422	103	0.3812	102.462	13	38.605	1.7	101.395	20.163°

表 14-6-8   **三齿差内齿轮副几何尺寸及参数**

（$h_a^* = 0.6$，$\alpha = 20°$，$m = 1$，$a' = 1.600$，$\alpha' = 28.241°$）   mm

外 齿 轮					内 齿 轮							
齿数 z_1	变位系数 x_1	顶圆直径 d_{a1}	跨齿数 k_1	公法线长度 W_{k1}	齿数 z_2	变位系数 x_2	顶圆直径 d_{a2}	跨齿槽数 k_2	公法线长度 W_{k2}	量柱直径 d_p	量柱测量距 M	量柱中心圆压力角 α_M
29	0.0564	30.313	4	10.777	32	0.1772	31.154	4	10.902	1.7	29.988	18.386°
30	0.0560	31.312	4	10.791	33	0.1769	32.154	4	10.916	1.7	30.950	18.436°
31	0.0558	32.312	4	10.805	34	0.1767	33.153	5	13.882	1.7	31.987	18.484°
32	0.0557	33.311	4	10.819	35	0.1766	34.153	5	13.896	1.7	32.953	18.530°
33	0.0558	34.312	4	10.833	36	0.1766	35.153	5	13.910	1.7	33.988	18.574°
34	0.0559	35.312	4	10.847	37	0.1767	36.153	5	13.924	1.7	34.955	18.617°
35	0.0561	36.312	4	10.861	38	0.1769	37.154	5	13.938	1.7	35.989	18.658°
36	0.0563	37.313	5	13.827	39	0.1771	38.154	5	13.952	1.7	36.959	18.608°
37	0.0567	38.313	5	13.842	40	0.1775	39.155	5	13.966	1.7	37.991	18.736°
38	0.0571	39.314	5	13.856	41	0.1779	40.156	5	13.981	1.7	38.962	18.773°
39	0.0576	40.315	5	13.870	42	0.1784	41.157	5	13.995	1.7	39.993	18.808°
40	0.0581	41.316	5	13.885	43	0.1789	42.158	6	16.961	1.7	40.966	18.842°
41	0.0587	42.317	5	13.899	44	0.1795	43.159	6	16.976	1.7	41.996	18.875°
42	0.0593	43.319	5	13.913	45	0.1802	44.160	6	16.990	1.7	42.970	18.907°
43	0.0600	44.320	5	13.928	46	0.1809	45.162	6	17.005	1.7	43.999	18.937°
44	0.0608	45.322	5	13.942	47	0.1816	46.163	6	17.019	1.7	44.975	18.967°

续表

外　齿　轮					内　齿　轮						
齿数 z_1	变位系数 x_1	顶圆直径 d_{a1}	跨齿数 k_1	公法线长度 W_{k1}	齿数 z_2	变位系数 x_2	顶圆直径 d_{a2}	跨齿槽数 k_2	公法线长度 W_{k2}	量柱直径 d_p	量柱测量距 M	量柱中心圆压力角 α_M
45	0.0616	46.323	6	16.909	48	0.1824	47.165	6	17.034	1.7	46.003	18.995°
46	0.0624	47.325	6	16.924	49	0.1832	48.166	6	17.048	1.7	46.980	19.023°
47	0.0623	48.326	6	16.938	50	0.1840	49.168	6	17.063	1.7	48.007	19.049°
48	0.0641	49.328	6	16.953	51	0.1849	50.170	6	17.078	1.7	48.985	19.075°
49	0.0650	50.330	6	16.967	52	0.1859	51.172	7	20.044	1.7	50.011	19.100°
50	0.0660	51.332	6	16.982	53	0.1868	52.174	7	20.059	1.7	50.990	19.124°
51	0.0670	52.334	6	16.997	54	0.1878	53.176	7	20.074	1.7	52.015	19.147°
52	0.0680	53.336	6	17.012	55	0.1888	54.178	7	20.088	1.7	52.995	19.170°
53	0.0690	54.338	7	19.978	56	0.1898	55.180	7	20.103	1.7	54.020	19.192°
54	0.0701	55.340	7	19.993	57	0.1909	56.182	7	20.118	1.7	55.000	19.213°
55	0.0711	56.342	7	20.008	58	0.1920	57.184	7	20.132	1.7	56.024	19.234°
56	0.0723	57.345	7	20.023	59	0.1931	58.186	7	20.147	1.7	57.006	19.254°
57	0.0734	58.347	7	20.037	60	0.1942	59.188	7	20.162	1.7	58.029	19.273°
58	0.0745	59.349	7	20.052	61	0.1953	60.191	8	23.129	1.7	59.011	19.262°
59	0.0757	60.351	7	20.067	62	0.1965	61.193	8	23.144	1.7	60.034	19.310°
60	0.0769	61.354	7	20.082	63	0.1977	62.195	8	23.159	1.7	61.017	19.328°
61	0.0781	62.356	7	20.097	64	0.1989	63.198	8	23.173	1.7	62.039	19.345°
62	0.0793	63.359	8	23.064	65	0.2001	64.200	8	23.188	1.7	63.023	19.362°
63	0.0805	64.361	8	23.078	66	0.2013	65.203	8	23.203	1.7	64.044	19.378°
64	0.0817	65.363	8	23.093	67	0.2026	66.205	8	23.218	1.7	65.028	19.394°
65	0.0830	66.366	8	23.108	68	0.2038	67.208	8	23.233	1.7	66.049	19.409°
66	0.0843	67.369	8	23.123	69	0.2051	68.210	9	26.200	1.7	67.034	19.424°
67	0.0856	68.371	8	23.138	70	0.2064	69.213	9	26.215	1.7	68.055	19.439°
68	0.0869	69.374	8	23.153	71	0.2077	70.215	9	26.230	1.7	69.040	19.453°
69	0.0882	70.376	8	23.168	72	0.2090	71.218	9	26.244	1.7	70.060	19.467°
70	0.0895	71.379	8	23.183	73	0.2103	72.221	9	26.259	1.7	71.046	19.481°
71	0.0908	72.382	9	26.150	74	0.2116	73.223	9	26.274	1.7	72.066	19.494°
72	0.0922	73.384	9	26.165	75	0.2130	74.226	9	26.289	1.7	73.052	19.507°
73	0.0935	74.387	9	26.179	76	0.2143	75.229	9	26.304	1.7	74.071	19.519°
74	0.0949	75.390	9	26.194	77	0.2157	76.231	9	26.319	1.7	75.058	19.531°
75	0.0962	76.392	9	26.209	78	0.2171	77.234	10	29.286	1.7	76.077	19.544°
76	0.0976	77.395	9	26.224	79	0.2184	78.237	10	29.301	1.7	77.064	19.555°
77	0.0990	78.398	9	26.239	80	0.2198	79.240	10	29.316	1.7	78.083	19.567°
78	0.1004	79.401	9	26.254	81	0.2212	80.242	10	29.331	1.7	79.070	19.578°
79	0.1018	80.404	9	26.269	82	0.2226	81.245	10	29.346	1.7	80.088	19.589°
80	0.1032	81.406	10	29.236	83	0.2240	82.248	10	29.361	1.7	81.077	19.599°
81	0.1046	82.409	10	29.251	84	0.2255	83.251	10	29.376	1.7	82.094	19.610°
82	0.1061	83.412	10	29.266	85	0.2269	84.254	10	29.391	1.7	83.083	19.620°
83	0.1075	84.415	10	29.281	86	0.2283	85.257	10	29.406	1.7	84.100	19.630°
84	0.1089	85.418	10	29.296	87	0.2297	86.259	11	32.373	1.7	85.089	19.640°
85	0.1103	86.421	10	29.311	88	0.2312	87.262	11	32.388	1.7	86.106	19.649°
86	0.1118	87.424	10	29.326	89	0.2326	88.265	11	32.403	1.7	87.095	19.659°
87	0.1133	88.427	10	29.341	90	0.2341	89.268	11	32.418	1.7	88.112	19.668°
88	0.1147	89.429	10	29.356	91	0.2355	90.271	11	32.433	1.7	89.101	19.677°
89	0.1162	90.432	11	32.323	92	0.2370	91.274	11	32.448	1.7	90.118	19.685°

续表

外 齿 轮					内 齿 轮							
齿数 z_1	变位系数 x_1	顶圆直径 d_{a1}	跨齿数 k_1	公法线长度 W_{k1}	齿数 z_2	变位系数 x_2	顶圆直径 d_{a2}	跨齿槽数 k_2	公法线长度 W_{k2}	量柱直径 d_p	量柱测量距 M	量柱中心圆压力角 α_M
90	0.1177	91.435	11	32.338	93	0.2385	92.277	11	32.463	1.7	91.108	19.694°
91	0.1191	92.438	11	32.353	94	0.2399	93.280	11	32.478	1.7	92.124	19.702°
92	0.1207	93.441	11	32.368	95	0.2415	94.283	11	32.493	1.7	93.114	19.711°
93	0.1221	94.444	11	32.383	96	0.2429	95.286	12	35.460	1.7	94.130	19.719°
94	0.1236	95.447	11	32.398	97	0.2444	96.289	12	35.475	1.7	95.120	19.727°
95	0.1251	96.450	11	32.413	98	0.2459	97.292	12	35.490	1.7	96.136	19.734°
96	0.1266	97.453	11	32.429	99	0.2474	98.295	12	35.505	1.7	97.127	19.742°
97	0.1281	98.456	11	32.444	100	0.2489	99.298	12	35.520	1.7	98.142	19.750°
98	0.1296	99.459	12	35.411	101	0.2504	100.301	12	35.535	1.7	99.133	19.757°
99	0.1311	100.462	12	35.426	102	0.2519	101.304	12	35.550	1.7	100.148	19.764°
100	0.1326	101.465	12	35.441	103	0.2534	102.307	12	35.565	1.7	101.139	19.771°
101	0.1342	102.468	12	35.456	104	0.2550	103.310	12	35.580	1.7	102.154	19.778°

表 14-6-9　　　　四齿差内齿轮副几何尺寸及参数

$(h_a^* = 0.6,\ \alpha = 20°,\ m = 1,\ a' = 2.060,\ \alpha' = 24.172°)$　　　　mm

外 齿 轮					内 齿 轮							
齿数 z_1	变位系数 x_1	顶圆直径 d_{a1}	跨齿数 k_1	公法线长度 W_{k1}	齿数 z_2	变位系数 x_2	顶圆直径 d_{a2}	跨齿槽数 k_2	公法线长度 W_{k2}	量柱直径 d_p	量柱测量距 M	量柱中心圆压力角 α_M
29	0.0847	30.369	4	10.797	33	0.1509	32.102	4	10.898	1.7	30.894	18.135°
30	0.0843	31.369	4	10.810	34	0.1505	33.101	5	13.864	1.7	31.930	18.192°
31	0.0840	32.368	4	10.824	35	0.1502	34.100	5	13.878	1.7	32.895	18.246°
32	0.0838	33.368	4	10.838	36	0.1500	35.100	5	13.891	1.7	33.930	18.298°
33	0.0838	34.368	4	10.852	37	0.1499	36.100	5	13.905	1.7	34.898	18.347°
34	0.0838	35.368	4	10.866	38	0.1500	37.100	5	13.919	1.7	35.931	18.395°
35	0.0839	36.368	5	13.832	39	0.1501	38.100	5	13.933	1.7	36.901	18.441°
36	0.0841	37.368	5	13.846	40	0.1503	39.101	5	13.948	1.7	37.933	18.486°
37	0.0843	38.369	5	13.860	41	0.1505	40.101	5	13.962	1.7	38.904	18.528°
38	0.0847	39.369	5	13.875	42	0.1509	41.102	5	13.976	1.7	39.935	18.569°
39	0.0851	40.370	5	13.889	43	0.1513	42.103	6	16.942	1.7	40.907	18.609°
40	0.0855	41.371	5	13.903	44	0.1517	43.103	6	16.957	1.7	41.937	18.647°
41	0.0860	42.372	5	13.918	45	0.1522	44.104	6	16.971	1.7	42.911	18.683°
42	0.0866	43.373	5	13.932	46	0.1528	45.106	6	16.985	1.7	43.940	18.718°
43	0.0872	44.374	5	13.946	47	0.1534	46.107	6	17.000	1.7	44.915	18.752°
44	0.0879	45.376	6	16.913	48	0.1540	47.108	6	17.014	1.7	45.943	18.785°
45	0.0886	46.377	6	16.928	49	0.1548	48.110	6	17.029	1.7	46.920	18.817°
46	0.0893	47.379	6	16.942	50	0.1555	49.111	6	17.043	1.7	47.947	18.847°
47	0.0901	48.380	6	16.957	51	0.1563	50.113	6	17.058	1.7	48.924	18.877°
48	0.0909	49.382	6	16.971	52	0.1571	51.114	7	20.025	1.7	49.950	18.905°
49	0.0917	50.383	6	16.986	53	0.1579	52.116	7	20.039	1.7	50.929	18.933°
50	0.0926	51.385	6	17.000	54	0.1588	53.118	7	20.054	1.7	51.954	18.960°
51	0.0935	52.387	6	17.015	55	0.1597	54.119	7	20.068	1.7	52.934	18.986°
52	0.0944	53.389	6	17.030	56	0.1606	55.121	7	20.083	1.7	53.958	19.011°
53	0.0954	54.391	7	19.996	57	0.1616	56.123	7	20.098	1.7	54.939	19.035°

外　齿　轮					内　齿　轮						
齿数 z_1	变位系数 x_1	顶圆直径 d_{a1}	跨齿数 k_1	公法线长度 W_{k1}	齿数 z_2	变位系数 x_2	顶圆直径 d_{a2}	跨齿槽数 k_2	公法线长度 W_{k2}	量柱直径 d_p	量柱测量距 M	量柱中心圆压力角 α_M
54	0.0964	55.393	7	20.011	58	0.1626	57.125	7	20.112	1.7	55.963	19.058°
55	0.0974	56.395	7	20.026	59	0.1636	58.127	7	20.127	1.7	56.944	19.081°
56	0.0984	57.397	7	20.040	60	0.1646	59.129	7	20.142	1.7	57.967	19.103°
57	0.0995	58.399	7	20.055	61	0.1657	60.131	8	23.109	1.7	58.950	19.125°
58	0.1005	59.401	7	20.070	62	0.1667	61.133	8	23.123	1.7	59.972	19.145°
59	0.1016	60.403	7	20.085	63	0.1678	62.136	8	23.138	1.7	60.955	19.165°
60	0.1027	61.405	7	20.099	64	0.1689	63.138	8	23.153	1.7	61.977	19.185°
61	0.1038	62.408	7	20.114	65	0.1700	64.140	8	23.168	1.7	62.960	19.204°
62	0.1050	63.410	8	23.081	66	0.1712	65.142	8	23.182	1.7	63.982	19.223°
63	0.1062	64.412	8	23.096	67	0.1723	66.145	8	23.197	1.7	64.966	19.241°
64	0.1076	65.415	8	23.111	68	0.1735	67.147	8	23.212	1.7	65.987	19.258°
65	0.1085	66.417	8	23.126	69	0.1747	68.149	8	23.227	1.7	66.971	19.275°
66	0.1097	67.419	8	23.140	70	0.1759	69.152	9	26.194	1.7	67.992	19.292°
67	0.1109	68.422	8	23.155	71	0.1771	70.154	9	26.209	1.7	68.977	19.308°
68	0.1121	69.424	8	23.170	72	0.1783	71.157	9	26.223	1.7	69.997	19.324°
69	0.1134	70.427	8	23.185	73	0.1796	72.159	9	26.238	1.7	70.983	19.339°
70	0.1146	71.429	8	23.200	74	0.1808	73.162	9	26.253	1.7	72.002	19.354°
71	0.1159	72.432	9	26.167	75	0.1820	74.164	9	26.268	1.7	72.989	19.369°
72	0.1172	73.434	9	26.182	76	0.1833	75.167	9	26.283	1.7	74.008	19.383°
73	0.1184	74.437	9	26.197	77	0.1846	76.169	9	26.298	1.7	74.994	19.397°
74	0.1197	75.439	9	26.211	78	0.1859	77.172	9	26.313	1.7	76.013	19.410°
75	0.1210	76.442	9	26.226	79	0.1872	78.174	10	29.280	1.7	77.000	19.424°
76	0.1223	77.445	9	26.241	80	0.1885	79.177	10	29.295	1.7	78.018	19.436°
77	0.1237	78.447	9	26.256	81	0.1898	80.180	10	29.310	1.7	79.006	19.449°
78	0.1250	79.450	9	26.271	82	0.1911	81.182	10	29.324	1.7	80.024	19.461°
79	0.1263	80.453	9	26.286	83	0.1925	82.185	10	29.339	1.7	81.012	19.473°
80	0.1277	81.455	10	29.253	84	0.1938	83.188	10	29.354	1.7	82.030	19.485°
81	0.1290	82.458	10	29.268	85	0.1952	84.190	10	29.369	1.7	83.018	19.497°
82	0.1304	83.461	10	29.283	86	0.1965	85.193	10	29.384	1.7	84.035	19.508°
83	0.1317	84.463	10	29.298	87	0.1979	86.196	11	32.351	1.7	85.024	19.519°
84	0.1331	85.466	10	29.313	88	0.1993	87.199	11	32.366	1.7	86.041	19.530°
85	0.1345	86.469	10	29.328	89	0.2006	88.201	11	32.381	1.7	87.030	19.540°
86	0.1358	87.472	10	29.343	90	0.2020	89.204	11	32.396	1.7	88.047	19.551°
87	0.1372	88.474	10	29.358	91	0.2034	90.207	11	32.411	1.7	89.036	19.561°
88	0.1386	89.477	11	32.325	92	0.2048	91.210	11	32.426	1.7	90.052	19.571°
89	0.1400	90.480	11	32.340	93	0.2062	92.212	11	32.441	1.7	91.042	19.580°
90	0.1414	91.483	11	32.355	94	0.2076	93.215	11	32.456	1.7	92.058	19.590°
91	0.1429	92.486	11	32.370	95	0.2090	94.218	11	32.471	1.7	93.048	19.599°
92	0.1443	93.489	11	32.385	96	0.2104	95.221	12	35.438	1.7	94.064	19.608°
93	0.1457	94.491	11	32.400	97	0.2118	96.224	12	35.453	1.7	95.054	19.617°
94	0.1471	95.494	11	32.415	98	0.2133	97.227	12	35.468	1.7	96.070	19.626°
95	0.1485	96.497	11	32.429	99	0.2147	98.229	12	35.483	1.7	97.060	19.634°
96	0.1500	97.500	11	32.445	100	0.2162	99.232	12	35.498	1.7	98.076	19.643°
97	0.1514	98.503	12	35.412	101	0.2176	100.235	12	35.513	1.7	99.066	19.651°
98	0.1528	99.506	12	35.427	102	0.2190	101.238	12	35.528	1.7	100.082	19.659°
99	0.1543	100.509	12	35.442	103	0.2205	102.241	12	35.543	1.7	101.073	19.667°
100	0.1557	101.511	12	35.457	104	0.2219	103.244	12	35.558	1.7	102.087	19.675°
101	0.1572	102.514	12	35.472	105	0.2234	104.247	13	38.525	1.7	103.079	19.683°

表 14-6-10　　2Z-X（Ⅰ）型奇异二齿差～三齿差双内啮合齿轮副几何参数　　mm

外齿轮 1					固定内齿轮 2								重合度 $\varepsilon_{\alpha1-2}$	齿廓重叠干涉验算 $G_{\alpha1-2}$	啮合角 α'_{1-2}
齿数 z_1	变位系数 x_1	顶圆直径 d_{a1}	跨齿数 k_1	公法线长度 W_{k1}	齿数 z_2	变位系数 x_2	顶圆直径 d_{a2}	跨齿槽数 k_2	公法线长度 W_{k2}	量柱直径 d_{p2}	量柱测量距 M_2	量柱中心圆压力角 α_{M2}			
27	0.3956	29.291	4	10.981	29	1.6452	29.571	6	17.768		29.402	28.9663	0.990	1.873	
28	0.3956	30.291	4	10.995	30	1.6452	30.571	6	17.782		30.457	28.7584	0.994	1.872	
29	0.4955	31.491	5	14.030	31	1.7450	31.771	6	17.865		31.565	29.0055	0.980	1.874	
30	0.4955	32.491	5	14.044	32	1.7450	32.771	6	17.879		32.618	28.8100	0.985	1.874	
31	0.4955	33.491	5	14.058	33	1.7450	33.771	6	17.893		33.587	28.6235	0.989	1.873	
32	0.4955	34.491	5	14.072	34	1.7450	34.771	7	20.859		34.636	28.4452	0.993	1.873	
33	0.4955	35.491	5	14.086	35	1.7450	35.771	7	20.873		35.607	28.2747	0.997	1.872	
34	0.4955	36.491	5	14.100	36	1.7450	36.771	7	20.887		36.653	28.1114	1.000	1.871	
35	0.4955	37.491	5	14.114	37	1.7450	37.771	7	20.901		37.626	27.9548	1.004	1.871	
36	0.5954	38.691	6	17.148	38	1.8450	38.971	7	20.983		38.815	28.1928	0.992	1.873	
37	0.5954	39.691	6	17.162	39	1.8450	39.971	7	20.997		39.789	28.0432	0.995	1.872	
38	0.5954	40.691	6	17.176	40	1.8450	40.971	7	21.011		40.831	27.8993	0.999	1.872	
39	0.5954	41.691	6	17.190	41	1.8450	41.971	8	23.977		41.807	27.7608	1.002	1.871	
40	0.5954	42.691	6	17.204	42	1.8450	42.971	8	23.991		42.846	27.6274	1.005	1.871	
41	0.5954	43.691	6	17.218	43	1.8450	43.971	8	24.005		43.823	27.4988	1.008	1.870	
42	0.5954	44.691	6	17.232	44	1.8450	44.971	8	24.019		44.860	27.3747	1.011	1.870	
43	0.5954	45.691	6	17.246	45	1.8450	45.971	8	24.033		45.838	27.2548	1.014	1.869	
44	0.6953	46.891	7	20.281	46	1.9449	47.171	8	24.116		47.023	27.4787	1.003	1.871	
45	0.6953	47.891	7	20.295	47	1.9449	48.171	8	24.130		48.002	27.3628	1.006	1.871	
46	0.6953	48.891	7	20.309	48	1.9449	49.171	9	27.096		49.036	27.2506	1.008	1.870	
47	0.6953	49.891	7	20.323	49	1.9449	50.171	9	27.110		50.016	27.1419	1.011	1.870	
48	0.6953	50.891	7	20.337	50	1.9449	51.171	9	27.124		51.049	27.0367	1.014	1.869	
49	0.6953	51.891	7	20.351	51	1.9449	52.171	9	27.138	1.7	52.030	26.9347	1.016	1.869	55.0415°
50	0.6953	52.891	7	20.365	52	1.9449	53.171	9	27.152		53.062	26.8357	1.018	1.869	
51	0.7953	54.091	8	23.399	53	2.0448	54.371	9	27.234		54.194	27.0455	1.009	1.870	
52	0.7953	55.091	8	23.413	54	2.0448	55.371	9	27.248		55.225	26.9491	1.011	1.870	
53	0.7953	56.091	8	23.427	55	2.0448	56.371	9	27.262		56.207	26.8554	1.014	1.869	
54	0.7953	57.091	8	23.441	56	2.0448	57.371	10	30.228		57.237	26.7643	1.016	1.869	
55	0.7953	58.091	8	23.455	57	2.0448	58.371	10	30.242		58.220	26.6758	1.018	1.869	
56	0.7953	59.091	8	23.469	58	2.0448	59.371	10	30.256		59.248	26.5896	1.020	1.868	
57	0.7953	60.091	8	23.483	59	2.0448	60.371	10	30.270		60.232	26.5057	1.022	1.868	
58	0.7953	61.091	8	23.497	60	2.0448	61.371	10	30.284		61.259	26.4241	1.024	1.868	
59	0.8951	62.290	9	26.532	61	2.1446	62.571	10	30.367		62.396	26.6195	1.016	1.869	
60	0.8951	63.290	9	26.546	62	2.1446	63.571	10	30.381		63.423	26.5395	1.018	1.869	
61	0.8951	64.290	9	26.560	63	2.1446	64.571	11	33.347		64.408	26.4614	1.020	1.868	
62	0.8951	65.290	9	26.574	64	2.1446	65.570	11	33.361		65.434	26.3853	1.022	1.868	
63	0.8951	66.290	9	26.588	65	2.1446	66.570	11	33.375		66.419	26.3110	1.023	1.868	
64	0.8951	67.290	9	26.602	66	2.1446	67.570	11	33.389		67.444	26.2385	1.025	1.868	
65	0.8951	68.290	9	26.616	67	2.1446	68.570	11	33.403		68.430	26.1677	1.027	1.867	
66	0.9950	69.490	10	29.650	68	2.2445	69.770	11	33.485		69.609	26.3511	1.019	1.868	
67	0.9950	70.490	10	29.664	69	2.2445	70.770	11	33.499		70.595	26.2814	1.021	1.868	
68	0.9950	71.490	10	29.678	70	2.2445	71.770	11	33.513		71.619	26.2133	1.023	1.868	
69	0.9950	72.490	10	29.692	71	2.2445	72.770	12	36.479		72.606	26.1467	1.024	1.868	
70	0.9950	73.490	10	29.706	72	2.2445	73.770	12	36.493		73.629	26.0816	1.026	1.867	
71	0.9950	74.490	10	29.720	73	2.2445	74.770	12	36.507		74.616	26.0180	1.028	1.867	

续表

外齿轮 1				固定内齿轮 2								重合度 $\varepsilon_{a1\text{-}2}$	齿廓重叠干涉验算 $G_{a1\text{-}2}$	啮合角 $\alpha'_{1\text{-}2}$
齿数 z_1	变位系数 x_1	顶圆直径 d_{a1}	跨齿数 k_1	公法线长度 W_{k1}	齿数 z_2	变位系数 x_2	顶圆直径 d_{a2}	跨齿槽数 k_2	公法线长度 W_{k2}	量柱直径 d_{p2}	量柱测量距 M_2	量柱中心圆压力角 α_{M2}			
72	0.9950	75.490	10	29.734	74	2.2445	75.770	12	36.521		75.638	25.9557	1.029	1.867	
73	1.0949	76.690	11	32.769	75	2.3444	76.970	12	36.604		76.781	26.1281	1.022	1.868	
74	1.0949	77.690	11	32.783	76	2.3444	77.970	12	36.618		77.803	26.0666	1.024	1.868	
75	1.0949	78.690	11	32.797	77	2.3444	78.970	12	36.632		78.791	26.0064	1.025	1.867	
76	1.0949	79.690	11	32.811	78	2.3444	79.970	13	39.598		79.813	25.9474	1.027	1.867	
77	1.0949	80.690	11	32.825	79	2.3444	80.970	13	39.612		80.801	25.8896	1.028	1.867	
78	1.0949	81.690	11	32.839	80	2.3444	81.970	13	39.626		81.822	25.8329	1.030	1.867	
79	1.0949	82.690	11	32.853	81	2.3444	82.970	13	39.640		82.810	25.7774	1.031	1.866	
80	1.1949	83.890	11	32.935	82	2.4444	84.170	13	39.722		83.988	25.9399	1.025	1.868	
81	1.1949	84.890	12	35.901	83	2.4444	85.170	13	39.736		84.977	25.8849	1.026	1.867	
82	1.1949	85.890	12	35.915	84	2.4444	86.170	13	39.750		85.997	25.8310	1.028	1.867	
83	1.1949	86.890	12	35.929	85	2.4444	87.170	13	39.764		86.986	25.7781	1.029	1.867	
84	1.1949	87.890	12	35.943	86	2.4444	88.170	14	42.730		88.005	25.7262	1.030	1.867	
85	1.1949	88.890	12	35.957	87	2.4444	89.170	14	42.744		88.995	25.6753	1.032	1.866	
86	1.1949	89.890	12	35.971	88	2.4444	90.170	14	42.758	1.7	90.014	25.6253	1.033	1.866	55.0415°
87	1.1949	90.890	12	35.985	89	2.4444	91.170	14	42.772		91.003	25.5761	1.034	1.866	
88	1.2947	92.089	13	39.020	90	2.5442	92.369	14	42.855		92.180	25.7288	1.028	1.867	
89	1.2947	93.089	13	39.034	91	2.5442	93.369	14	42.869		93.170	25.6801	1.029	1.867	
90	1.2947	94.089	13	39.048	92	2.5442	94.369	14	42.883		94.188	25.6322	1.031	1.867	
91	1.2947	95.089	13	39.062	93	2.5442	95.369	15	45.849		95.178	25.5852	1.032	1.866	
92	1.2947	96.089	13	39.076	94	2.5442	96.369	15	45.863		96.196	25.5390	1.033	1.866	
93	1.2947	97.089	13	39.090	95	2.5442	97.369	15	45.877		97.187	25.4935	1.034	1.866	
94	1.2947	98.089	13	39.104	96	2.5442	98.369	15	45.891		98.204	25.4489	1.036	1.866	
95	1.3945	99.289	13	39.186	97	2.6440	99.569	15	45.973		99.354	25.5936	1.030	1.867	
96	1.3945	100.289	14	42.152	98	2.6440	100.569	15	45.987		100.371	25.5492	1.031	1.866	
97	1.3945	101.289	14	42.166	99	2.6440	101.569	15	46.001		101.362	25.5055	1.032	1.866	
98	1.3945	102.289	14	42.180	100	2.6440	102.569	15	46.015		102.379	25.4626	1.033	1.866	

输出内齿轮 3							重合度 $\varepsilon_{a1\text{-}3}$	齿廓重叠干涉验算 $G_{a1\text{-}3}$	啮合角 $\alpha'_{1\text{-}3}$	共同参数			
齿数 z_3	变位系数 x_3	顶圆直径 d_{a3}	跨齿槽数 k_3	公法线长度 W_{k3}	量柱直径 d_{p3}	量柱测量距 M_3	量柱中心圆压力角 α_{M3}			中心距 a'	模数 m	压力角 α	齿顶高系数 h_a^*
30	0.5741	29.571	5	14.098		28.767	22.2895	1.251	0.033				
31	0.5741	30.571	5	14.112		29.728	22.2235	1.255	0.030				
32	0.6739	31.771	5	14.194		30.947	22.9164	1.220	0.047				
33	0.6739	32.771	5	14.208		31.910	22.8395	1.225	0.044				
34	0.6739	33.771	5	14.222		32.949	22.7667	1.230	0.041				
35	0.6739	34.771	5	14.236		33.914	22.6975	1.234	0.039				
36	0.6739	35.771	6	17.202	1.7	34.951	22.6317	1.239	0.036	30.7423	1.64	1.0	20°	0.75
37	0.6739	36.771	6	17.216		35.918	22.5691	1.243	0.034				
38	0.6739	37.771	6	17.230		36.953	22.5094	1.247	0.032				
39	0.7739	38.971	6	17.312		38.098	23.0601	1.220	0.045				
40	0.7739	39.971	6	17.326		39.132	22.9940	1.224	0.043				
41	0.7739	40.971	6	17.340		40.103	22.9308	1.228	0.041				
42	0.7739	41.971	6	17.354		41.134	22.8702	1.232	0.038				
43	0.7739	42.971	6	17.368		42.106	22.8120	1.236	0.036				

续表

齿数 z_3	变位系数 x_3	顶圆直径 d_{a3}	跨齿槽数 k_3	公法线长度 W_{k3}	量柱直径 d_{p3}	量柱测量距 M_3	量柱中心圆压力角 α_{M3}	重合度 $\varepsilon_{\alpha1-3}$	齿廓重叠干涉验算 $G_{\alpha1-3}$	啮合角 α'_{1-3}	中心距 a'	模数 m	压力角 α	齿顶高系数 h_a^*
							输出内齿轮 3				共同参数			
44	0.7739	43.971	7	20.335		43.137	22.7562	1.239	0.034					
45	0.7739	44.971	7	20.349		44.110	22.7026	1.243	0.033					
46	0.7739	45.971	7	20.363		45.139	22.6511	1.246	0.031					
47	0.8738	47.171	7	20.445		46.289	23.1006	1.224	0.042					
48	0.8738	48.171	7	20.459		47.317	23.0449	1.228	0.040					
49	0.8738	49.171	7	20.473		48.292	22.9912	1.231	0.038					
50	0.8738	50.171	7	20.487		49.319	22.9395	1.234	0.036					
51	0.8738	51.171	8	23.453		50.296	22.8894	1.238	0.035					
52	0.8738	52.171	8	23.467		51.322	22.8411	1.241	0.033					
53	0.8738	53.171	8	23.481		52.299	22.7944	1.244	0.031					
54	0.9737	54.371	8	23.563		53.499	23.1792	1.225	0.041					
55	0.9737	55.371	8	23.577		54.478	23.1296	1.228	0.039					
56	0.9737	56.371	8	23.591		55.502	23.0815	1.231	0.037					
57	0.9737	57.371	8	23.605		56.481	23.0349	1.234	0.036					
58	0.9737	58.371	8	23.619		57.504	22.9897	1.237	0.034					
59	0.9737	59.371	9	26.586		58.484	22.9458	1.240	0.033					
60	0.9737	60.371	9	26.600		59.507	22.9033	1.242	0.032					
61	0.9737	61.371	9	26.614		60.487	22.8619	1.245	0.030					
62	1.0735	62.570	9	26.696		61.684	23.1941	1.228	0.038					
63	1.0735	63.570	9	26.710		62.665	23.1506	1.231	0.037					
64	1.0735	64.570	9	26.724		63.687	23.1083	1.234	0.036					
65	1.0735	65.570	9	26.738		64.669	23.0671	1.236	0.034					
66	1.0735	66.570	10	29.704	1.7	65.689	23.0270	1.239	0.033	30.7423	1.64	1.0	20°	0.75
67	1.0735	67.570	10	29.718		66.672	22.9889	1.241	0.032					
68	1.0735	68.570	10	29.732		67.692	22.9500	1.244	0.031					
69	1.1734	69.770	10	29.814		68.849	23.2454	1.229	0.038					
70	1.1734	70.770	10	29.828		69.869	23.2057	1.231	0.037					
71	1.1734	71.770	10	29.842		70.852	23.1670	1.234	0.035					
72	1.1734	72.770	10	29.856		71.871	23.1293	1.236	0.034					
73	1.1734	73.770	10	29.870		72.856	23.0924	1.238	0.033					
74	1.1734	74.770	11	32.837		73.874	23.0565	1.241	0.032					
75	1.1734	75.770	11	32.851		74.859	23.0213	1.243	0.031					
76	1.2734	76.970	11	32.933		76.051	23.2873	1.230	0.037					
77	1.2734	77.970	11	32.947		77.036	23.2508	1.232	0.036					
78	1.2734	78.970	11	32.961		78.054	23.2152	1.234	0.035					
79	1.2734	79.970	11	32.975		79.039	23.1803	1.236	0.034					
80	1.2734	80.970	11	32.989		80.056	23.1462	1.238	0.033					
81	1.2734	81.970	11	33.003		81.042	23.1129	1.240	0.032					
82	1.2734	82.970	12	35.969		82.059	23.0802	1.242	0.031					
83	1.3733	84.170	12	36.051		83.219	23.3221	1.230	0.037					
84	1.3733	85.170	12	36.065		84.236	23.2883	1.232	0.036					
85	1.3733	86.170	12	36.079		85.222	23.2553	1.234	0.035					
86	1.3733	87.170	12	36.093		86.239	23.2229	1.236	0.034					
87	1.3733	88.170	12	36.107		87.225	23.1912	1.238	0.033					
88	1.3733	89.170	12	36.121		88.241	23.1601	1.240	0.032					

续表

输出内齿轮 3								重合度 ε_{a1-3}	齿廓重叠干涉验算 G_{a1-3}	啮合角 α'_{1-3}	共同参数			
齿数 z_3	变位系数 x_3	顶圆直径 d_{a3}	跨齿槽数 k_3	公法线长度 W_{k3}	量柱直径 d_{p3}	量柱测量距 M_3	量柱中心圆压力角 α_{M3}				中心距 a'	模数 m	压力角 α	齿顶高系数 h_a^*
89	1.3733	90.170	13	39.088		89.229	23.1297	1.242	0.031					
90	1.3733	91.170	13	39.102		90.244	23.0998	1.243	0.030					
91	1.4731	92.369	13	39.184		91.405	23.3195	1.232	0.036					
92	1.4731	93.369	13	39.198		92.420	23.2887	1.234	0.035					
93	1.4731	94.369	13	39.212		93.408	23.2586	1.236	0.034					
94	1.4731	95.369	13	39.226		94.423	23.2289	1.238	0.033					
95	1.4731	96.369	13	39.240	1.7	95.411	23.1998	1.240	0.032	30.7423	1.64	1.0	20°	0.75
96	1.4731	97.369	13	39.254		96.426	23.1713	1.241	0.031					
97	1.4731	98.369	14	42.220		97.414	23.1432	1.243	0.030					
98	1.5729	99.569	14	42.302		98.602	23.3462	1.233	0.035					
99	1.5729	100.569	14	42.316		99.591	23.3174	1.235	0.034					
100	1.5729	101.569	14	42.330		100.605	23.2892	1.236	0.034					
101	1.5729	102.569	15	42.344		101.594	23.2614	1.238	0.033					

注：1. 当模数 $m \neq 1$ 时，d_a、W_k、d_p、M、a' 均应乘以 m 之数值。

2. 当按本表内轮 2 固定、内轮 3 输出时，转向与输入轴相同；传动比 i 与 z_3 数值相同。

3. 若需要，也可内轮 3 固定，内轮 2 输出，此时转向与输入轴相反；传动比 i 与 z_2 数值相同。

表 14-6-11　　2Z-X（Ⅰ）型奇异三齿差～四齿差双内啮合齿轮副几何参数　　　　mm

外齿轮 1					固定内齿轮 2									重合度 ε_{a1-2}	齿廓重叠干涉验算 G_{a1-2}	啮合角 α'_{1-2}
齿数 z_1	变位系数 x_1	顶圆直径 d_{a1}	跨齿槽数 k_1	公法线长度 W_{k1}	齿数 z_2	变位系数 x_2	顶圆直径 d_{a2}	跨齿槽数 k_2	公法线长度 W_{k2}	量柱直径 d_{p2}	量柱测量距 M_2	量柱中心圆压力角 α_{M2}				
26	-0.1020	27.296	3	7.675	29	0.9904	28.536	5	14.368		28.425	25.4068	1.164	1.676	
27	-0.1057	28.289	3	7.686	30	0.9867	29.529	5	14.380		29.509	25.2419	1.167	1.676	
28	-0.1128	29.274	3	7.695	31	0.9797	30.514	5	14.389		30.418	25.0648	1.171	1.675	
29	-0.1197	30.261	4	10.657	32	0.9727	31.501	5	14.398		31.451	24.8968	1.175	1.675	
30	-0.1247	31.251	4	10.667	33	0.9677	32.491	6	17.361		32.407	24.7477	1.178	1.675	
31	-0.1313	32.237	4	10.677	34	0.9611	33.477	6	17.370		33.438	24.5967	1.182	1.674	
32	-0.1378	33.224	4	10.686	35	0.9546	34.464	6	17.380		34.394	24.4529	1.185	1.674	
33	-0.1442	34.212	4	10.696	36	0.9482	35.452	6	17.390		35.422	24.3158	1.188	1.674	
34	-0.1505	35.199	4	10.706	37	0.9419	36.439	6	17.400		36.380	24.1848	1.191	1.673	
35	-0.1568	36.186	4	10.715	38	0.9356	37.426	6	17.403		37.406	24.0596	1.194	1.673	
36	-0.1630	37.174	4	10.725	39	0.9294	38.414	6	17.419		38.365	23.9397	1.197	1.673	
37	-0.1676	38.165	4	10.736	40	0.9248	39.405	6	17.430	1.7	39.392	23.8334	1.199	1.673	48.3271°
38	-0.1736	39.153	4	10.746	41	0.9189	40.393	6	17.440		40.353	23.7237	1.201	1.672	
39	-0.1795	40.141	5	13.708	42	0.9129	41.381	7	20.402		41.375	23.6185	1.203	1.672	
40	-0.1854	41.129	5	13.718	43	0.9070	42.369	7	20.412		42.338	23.5174	1.206	1.672	
41	-0.1912	42.118	5	13.728	44	0.9012	43.358	7	20.422		43.359	23.4202	1.208	1.672	
42	-0.1956	43.109	5	13.739	45	0.8969	44.349	7	20.433		44.325	23.3341	1.209	1.671	
43	-0.2012	44.098	5	13.749	46	0.8912	45.338	7	20.443		45.345	23.2445	1.211	1.671	
44	-0.2068	45.086	5	13.759	47	0.8856	46.326	7	20.453		46.309	23.1582	1.213	1.671	
45	-0.2124	46.075	5	13.770	48	0.8800	47.315	7	20.463		47.328	23.0750	1.215	1.671	
46	-0.2165	47.067	5	13.781	49	0.8759	48.307	7	20.474		48.296	23.0014	1.216	1.671	
47	-0.2219	48.056	5	13.791	50	0.8705	49.296	7	20.485		49.314	22.9244	1.218	1.670	
48	-0.2272	49.046	5	13.801	51	0.8652	50.286	8	23.447		50.281	22.8500	1.219	1.670	

第
14
篇

续表

外齿轮 1					固定内齿轮 2								重合度 $\varepsilon_{\alpha1\text{-}2}$	齿廓重叠干涉验算 $G_{\alpha1\text{-}2}$	啮合角 $\alpha'_{1\text{-}2}$
齿数 z_1	变位系数 x_1	顶圆直径 d_{a1}	跨齿数 k_1	公法线长度 W_{k1}	齿数 z_2	变位系数 x_2	顶圆直径 d_{a2}	跨齿槽数 k_2	公法线长度 W_{k2}	量柱直径 d_{p2}	量柱测量距 M_2	量柱中心圆压力角 α_{M2}			
49	−0.2325	50.035	6	16.764	52	0.8599	51.275	8	23.458		51.297	22.7782	1.221	1.670	
50	−0.2378	51.024	6	16.774	53	0.8546	52.264	8	23.468		52.265	22.7088	1.222	1.670	
51	−0.2430	52.014	6	16.785	54	0.8494	53.254	8	23.478		53.281	22.6417	1.224	1.670	
52	−0.2482	53.004	6	16.795	55	0.8442	54.244	8	23.489		54.250	22.5768	1.225	1.670	
53	−0.2520	53.996	6	16.807	56	0.8404	55.236	8	23.500		55.267	22.5197	1.226	1.669	
54	−0.2570	54.986	6	16.817	57	0.8354	56.226	8	23.511		56.237	22.4593	1.227	1.669	
55	−0.2619	55.976	6	16.828	58	0.8305	57.216	8	23.521		57.251	22.4009	1.228	1.669	
56	−0.2668	56.966	6	16.839	59	0.8256	58.206	8	23.532		58.221	22.3444	1.230	1.669	
57	−0.2716	57.957	6	16.849	60	0.8208	59.197	8	23.543		59.235	22.2897	1.231	1.669	
58	−0.2776	58.945	6	16.859	61	0.8148	60.185	9	26.505		60.204	22.2316	1.232	1.669	
59	−0.2824	59.935	7	19.822	62	0.8100	61.175	9	26.516		61.217	22.1799	1.233	1.669	
60	−0.2872	60.926	7	19.833	63	0.8053	62.166	9	26.526		62.189	22.1299	1.234	1.669	
61	−0.2918	61.916	7	19.844	64	0.8006	63.156	9	26.537		63.201	22.0814	1.235	1.668	
62	−0.2965	62.907	7	19.854	65	0.7960	64.147	9	26.548		64.174	22.0345	1.236	1.668	
63	−0.3010	63.898	7	19.865	66	0.7914	65.138	9	26.559		65.185	21.9890	1.237	1.668	
64	−0.3055	64.889	7	19.876	67	0.7869	66.129	9	26.570		66.159	21.9449	1.237	1.668	
65	−0.3099	65.880	7	19.887	68	0.7825	67.120	9	26.581		67.170	21.9022	1.238	1.668	
66	−0.3154	66.869	7	19.897	69	0.7770	68.109	9	26.591		68.142	21.8565	1.239	1.668	
67	−0.3198	67.860	7	19.908	70	0.7727	69.100	10	29.554		69.153	21.8162	1.240	1.668	
68	−0.3241	68.852	7	19.920	71	0.7684	70.092	10	29.565	1.7	70.128	21.7771	1.241	1.668	48.3271°
69	−0.3293	69.841	8	22.882	72	0.7631	71.081	10	29.576		71.136	21.7353	1.241	1.668	
70	−0.3335	70.833	8	22.893	73	0.7589	72.073	10	29.587		72.112	21.6984	1.242	1.668	
71	−0.3387	71.823	8	22.904	74	0.7537	73.063	10	29.597		73.120	21.6588	1.243	1.667	
72	−0.3428	72.814	8	22.915	75	0.7496	74.054	10	29.609		74.096	21.6240	1.244	1.667	
73	−0.3479	73.804	8	22.925	76	0.7446	75.044	10	29.619		75.103	21.5866	1.244	1.667	
74	−0.3519	74.796	8	22.937	77	0.7406	76.036	10	29.630		76.080	21.5538	1.245	1.667	
75	−0.3568	75.786	8	22.947	78	0.7357	77.026	10	29.641		77.088	21.5185	1.246	1.667	
76	−0.3616	76.777	8	22.958	79	0.7308	78.017	10	29.652		78.063	21.4841	1.246	1.667	
77	−0.3665	77.767	8	22.969	80	0.7259	79.007	11	32.614		79.070	21.4505	1.247	1.667	
78	−0.3703	78.759	9	25.932	81	0.7221	79.999	11	32.626		80.048	21.4212	1.247	1.667	
79	−0.3750	79.750	9	25.943	82	0.7175	80.990	11	32.637		81.055	21.3896	1.248	1.667	
80	−0.3796	80.741	9	25.954	83	0.7128	81.981	11	32.647		82.031	21.3588	1.248	1.667	
81	−0.3842	81.732	9	25.965	84	0.7083	82.972	11	32.658		83.038	21.3289	1.249	1.667	
82	−0.3887	82.723	9	25.976	85	0.7038	83.963	11	32.669		84.015	21.2997	1.250	1.667	
83	−0.3931	83.714	9	25.987	86	0.6993	84.954	11	32.680		85.022	21.2714	1.250	1.667	
84	−0.3975	84.705	9	25.998	87	0.6950	85.945	11	32.691		85.999	21.2439	1.251	1.666	
85	−0.4027	85.695	9	26.008	88	0.6898	86.935	11	32.702		87.004	21.2143	1.251	1.666	
86	−0.4070	86.686	9	26.019	89	0.6855	87.926	12	35.665		87.982	21.1881	1.252	1.666	
87	−0.4112	87.678	9	26.030	90	0.6812	88.918	12	35.676		88.988	21.1626	1.252	1.666	
88	−0.4162	88.668	10	28.993	91	0.6763	89.908	12	35.687		89.965	21.1353	1.253	1.666	
89	−0.4203	89.659	10	29.004	92	0.6721	90.899	12	35.698		90.971	21.1111	1.253	1.666	

续表

外齿轮 1 / 固定内齿轮 2

齿数 z_1	变位系数 x_1	顶圆直径 d_{a1}	跨齿数 k_1	公法线长度 W_{k1}	齿数 z_2	变位系数 x_2	顶圆直径 d_{a2}	跨齿槽数 k_2	公法线长度 W_{k2}	量柱直径 d_{p2}	量柱测量距 M_2	量柱中心圆压力角 α_{M2}	重合度 $\varepsilon_{a1\text{-}2}$	齿廓重叠干涉验算 $G_{a1\text{-}2}$	啮合角 $\alpha'_{1\text{-}2}$
90	−0.4252	90.650	10	29.015	93	0.6673	91.890	12	35.709		91.949	21.0852	1.254	1.666	
91	−0.4291	91.642	10	29.026	94	0.6633	92.882	12	35.720		92.955	21.0623	1.254	1.666	
92	−0.4339	92.632	10	29.037	95	0.6586	93.872	12	35.731		93.933	21.0378	1.254	1.666	
93	−0.4385	93.623	10	29.048	96	0.6539	94.863	12	35.741	1.7	94.937	21.0138	1.255	1.666	48.3271°
94	−0.4431	94.614	10	29.059	97	0.6493	95.854	12	35.752		95.916	20.9905	1.255	1.666	
95	−0.4469	95.606	10	29.070	98	0.6455	96.846	12	35.764		96.922	20.9700	1.256	1.666	
96	−0.4513	96.597	10	29.081	99	0.6411	97.837	13	38.727		97.901	20.9480	1.256	1.666	
97	−0.4564	97.587	10	29.092	100	0.6361	98.827	13	38.737		98.904	20.9245	1.257	1.666	

输出内齿轮 3 / 共同参数

齿数 z_3	变位系数 x_3	顶圆直径 d_{a3}	跨齿槽数 k_3	公法线长度 W_{k3}	量柱直径 d_{p3}	量柱测量距 M_3	量柱中心圆压力角 α_{M3}	重合度 $\varepsilon_{a1\text{-}3}$	齿廓重叠干涉验算 $G_{a1\text{-}3}$	啮合角 $\alpha'_{1\text{-}3}$	中心距 a'	模数 m	压力角 α	齿顶高系数 h_a^*
30	0.0408	28.536	4	10.781		27.673	16.3135	1.644	0.033					
31	0.0372	29.529	4	10.792		28.628	16.4050	1.633	0.035					
32	0.0301	30.514	4	10.801		29.652	16.4395	1.627	0.035					
33	0.0232	31.501	4	10.811		30.601	16.4737	1.622	0.035					
34	0.0181	32.491	4	10.821		31.627	16.5318	1.616	0.035					
35	0.0115	33.477	4	10.831		32.579	16.5659	1.613	0.035					
36	0.0050	34.464	5	13.792		33.600	16.5991	1.610	0.035					
37	−0.0014	35.452	5	13.802		34.554	16.6314	1.607	0.035					
38	−0.0077	36.439	5	13.812		35.573	16.6628	1.604	0.035					
39	−0.0139	37.426	5	13.821		36.529	16.6932	1.602	0.035					
40	−0.0202	38.414	5	13.831		37.548	16.7226	1.600	0.035					
41	−0.0247	39.405	5	13.842		38.509	16.7688	1.597	0.035					
42	−0.0307	40.393	5	13.852		39.526	16.7972	1.596	0.035					
43	−0.0367	41.381	5	13.862		40.486	16.8248	1.594	0.035					
44	−0.0425	42.369	5	13.872		41.502	16.8514	1.593	0.035					
45	−0.0484	43.358	5	13.882	1.7	42.463	16.8772	1.592	0.035	27.5630	2.12	1.0	20°	0.75
46	−0.0527	44.349	6	16.845		43.481	16.9168	1.590	0.035					
47	−0.0548	45.338	6	16.858		44.443	16.9418	1.589	0.035					
48	−0.0640	46.326	6	16.865		45.458	16.9660	1.588	0.035					
49	−0.0696	47.315	6	16.875		46.421	16.9896	1.587	0.035					
50	−0.0737	48.307	6	16.887		47.438	17.0251	1.585	0.035					
51	−0.0793	49.296	6	16.899		48.403	17.0481	1.584	0.035					
52	−0.0844	50.286	6	16.908		49.416	17.0705	1.584	0.035					
53	−0.0897	51.275	6	16.918		50.382	17.0923	1.583	0.035					
54	−0.0950	52.264	6	16.928		51.394	17.1136	1.582	0.035					
55	−0.1002	53.254	6	16.939		52.361	17.1344	1.582	0.035					
56	−0.1054	54.244	7	19.901		53.373	17.1547	1.581	0.035					
57	−0.1092	55.236	7	19.913		54.344	17.1847	1.580	0.035					
58	−0.1141	56.226	7	19.923		55.355	17.2048	1.579	0.035					
59	−0.1191	57.216	7	19.934		56.325	17.2246	1.579	0.035					
60	−0.1239	58.206	7	19.944		57.335	17.2440	1.578	0.035					
61	−0.1288	59.197	7	19.955		58.305	17.2632	1.578	0.035					
62	−0.1348	60.185	7	19.965		59.313	17.2734	1.578	0.035					

续表

齿数 z_3	变位系数 x_3	顶圆直径 d_{a3}	跨齿槽数 k_3	公法线长度 W_{k3}	量柱直径 d_{p3}	量柱测量距 M_3	量柱中心圆压力角 α_{M3}	重合度 ε_{a1-3}	齿廓重叠干涉验算 G_{a1-3}	啮合角 α'_{1-3}	中心距 a'	模数 m	压力角 α	齿顶高系数 h_a^*
63	−0.1396	61.175	7	19.976		60.284	17.2916	1.577	0.035					
64	−0.1443	62.166	7	19.987		61.293	17.3095	1.577	0.035					
65	−0.1490	63.156	7	19.997		62.265	17.3272	1.577	0.035					
66	−0.1536	64.147	8	22.960		63.274	17.3448	1.576	0.035					
67	−0.1582	65.138	8	22.971		64.247	17.3622	1.576	0.035					
68	−0.1627	66.129	8	22.982		65.256	17.3794	1.575	0.035					
69	−0.1671	67.120	8	22.993		66.229	17.3966	1.575	0.035					
70	−0.1726	68.109	8	23.003		67.235	17.4068	1.575	0.035					
71	−0.1769	69.100	8	23.014		68.209	17.4235	1.574	0.035					
72	−0.1812	70.092	8	23.026		69.218	17.4401	1.574	0.035					
73	−0.1865	71.081	8	23.036		70.190	17.4503	1.574	0.035					
74	−0.1907	72.073	8	23.047		71.198	17.4665	1.573	0.035					
75	−0.1959	73.063	8	23.057		72.171	17.4768	1.573	0.035					
76	−0.2000	74.054	9	26.021		73.179	17.4927	1.573	0.035					
77	−0.2050	75.044	9	26.031		74.153	17.5029	1.573	0.035					
78	−0.2090	76.036	9	26.043		75.161	17.5187	1.572	0.035					
79	−0.2139	77.026	9	26.053		76.135	17.5291	1.572	0.035					
80	−0.2188	78.017	9	26.064		77.141	17.5394	1.572	0.035					
81	−0.2236	79.007	9	26.075	1.7	78.116	17.5496	1.572	0.035	27.5630	2.12	1.0	20°	0.75
82	−0.2275	79.999	9	26.086		79.123	17.5648	1.572	0.035					
83	−0.2321	80.990	9	26.097		80.099	17.5753	1.572	0.035					
84	−0.2367	81.981	9	26.108		81.104	17.5858	1.571	0.035					
85	−0.2413	82.972	10	29.071		82.080	17.5963	1.571	0.035					
86	−0.2458	83.963	10	29.082		83.085	17.6068	1.571	0.035					
87	−0.2503	84.954	10	29.093		84.062	17.6174	1.571	0.035					
88	−0.2546	85.945	10	29.104		85.067	17.6281	1.571	0.035					
89	−0.2598	86.935	10	29.114		86.043	17.6347	1.571	0.035					
90	−0.2641	87.926	10	29.125		87.048	17.6452	1.571	0.035					
91	−0.2683	88.918	10	29.136		88.026	17.6559	1.570	0.035					
92	−0.2733	89.908	10	29.147		89.029	17.6628	1.570	0.035					
93	−0.2774	90.899	10	29.158		90.007	17.6735	1.570	0.035					
94	−0.2823	91.890	10	29.169		91.010	17.6806	1.570	0.035					
95	−0.2863	92.882	11	32.132		91.989	17.6914	1.570	0.035					
96	−0.2910	93.872	11	32.143		92.993	17.6989	1.570	0.035					
97	−0.2957	94.863	11	32.154		93.970	17.7064	1.570	0.035					
98	−0.3003	95.854	11	32.165		94.973	17.7140	1.570	0.035					
99	−0.3040	96.846	11	32.176		95.954	17.7249	1.569	0.035					
100	−0.3084	97.837	11	32.187		96.957	17.7330	1.569	0.035					
101	−0.3135	98.827	11	32.198		97.934	17.7381	1.569	0.035					

注：1. 当模数 $m \neq 1$ 时，d_a、W_k、d_p、M、a' 均应乘以 m 之数值。

2. 当按本表内轮 2 固定，内轮 3 输出时，转向与输入轴相同；传动比 i 与 z_3 数值相同。

3. 若需要，也可内轮 3 固定，内轮 2 输出，此时转向与输入轴相反；传动比 i 与 z_2 数值相同。

6.3 效率计算

（1）一对齿轮的啮合效率

一对内啮合齿轮传动的啮合效率 η_e^X 的计算式为

$$\eta_e^X = 1 - \pi \mu_e \left(\frac{1}{z_1} - \frac{1}{z_2} \right) (E_1 + E_2) \qquad (14\text{-}6\text{-}10)$$

式中，E_1、E_2、μ_e 见表 14-6-12。

表 14-6-12　　　　　　　　　　　　　　　　E_1、E_2、μ_e 的数值

项　　目	范　　围	E_1	E_2
ε_{a1} 或 ε_{a2}	$\geqslant 0$ 且 $\leqslant 1$	$0.5 - \varepsilon_{a1} + \varepsilon_{a1}^2$	$0.5 - \varepsilon_{a2} + \varepsilon_{a2}^2$
	> 1	$\varepsilon_{a1} - 0.5$	$\varepsilon_{a2} - 0.5$
	< 0	$0.5 - \varepsilon_{a1}$	$0.5 - \varepsilon_{a2}$
齿廓摩擦因数 μ_e	内齿轮插齿,外齿轮磨齿或剃齿	约 $0.07 \sim 0.08$	
	内齿轮插齿,外齿轮滚齿或插齿	约 $0.09 \sim 0.10$	

注：$\varepsilon_{a1} = \dfrac{z_1}{2\pi}(\tan\alpha_{a1} - \tan\alpha')$；$\varepsilon_{a2} = \dfrac{z_2}{2\pi}(\tan\alpha' - \tan\alpha_{a2})$。

（2）传输机构（输出机构）的效率

表 14-6-13　　　　　　　　　　　　　　　　传输机构的效率 η_p

类　型	传输机构	η_p	说　明
Z-X-V 内齿轮固定（K-H-V）	销孔式	$1 - \dfrac{4\mu_p a' z_2 r_s}{\pi R_w r_p (z_2 - z_1)}$	μ_p——销套与销孔或浮动盘间摩擦系数,销套不转时,$\mu_p = 0.07 \sim 0.1$;销套回转时,$\mu_p = 0.008 \sim 0.01$
	浮动盘式	$\left(\dfrac{1}{1 + \dfrac{2\mu_p a'}{\pi R_w}}\right)^2$	r_s——柱销半径,mm r_p——销套外圆半径,mm R_w——销孔中心圆半径,mm

（3）转臂轴承的效率

表 14-6-14　　　　　　　　　　　　　　　　转臂轴承的效率 η_b

类型	传输机构	输出构件	η_b	说　明
Z-X-V（K-H-V）	销孔式		$1 - \dfrac{\mu_b d_n}{m z_d \cos\alpha}\sqrt{\left(\dfrac{r_{b1}}{r_w}\right)^2 + \dfrac{2 r_{b1}}{r_w}\sin\alpha' + 1}$	μ_b——滚动轴承摩擦因素,单列向心球轴承或短圆柱滚子轴承 $\mu_b = 0.002$
	浮动盘式		$1 - \dfrac{\mu_b d_n}{m z_d \cos\alpha}$	d_n——滚动轴承内径
2Z-X（2K-H）		内齿轮	$1 - \dfrac{\mu_b d_n}{m z_d \cos\alpha} \times \dfrac{z_1 + z_2}{|z_1 - z_2|}$	$r_w = \dfrac{\pi}{4} R_w$
		外齿轮	$1 - \dfrac{\mu_b d_n}{m z_d \cos\alpha}$	z_1——双联行星轮输入侧齿数 z_2——双联行星轮输出侧齿数

6.4　受力分析与强度计算

6.4.1　主要零件的受力分析

表 14-6-15　　　　　　　　　　　　　　　　主要零件的受力分析

类型	名称	项　　目	Z-X-V(K-H-V)型传动		2Z-X(2K-H)型传动
			内齿轮固定	内齿轮输出	内齿轮 4 输出
Z-X-V 或 2Z-X（K-H-V 或 2K-H）	齿轮	分度圆切向力 F_1	$\dfrac{2000 T_2}{d_1}$	$\dfrac{2000 T_2 z_1}{d_1 z_2}$	$\dfrac{2000 T_2 z_3}{d_3 z_4}$
		节圆切向力 F_1'	$\dfrac{2000 T_2 \cos\alpha'}{d_1 \cos\alpha}$	$\dfrac{2000 T_2 z_1 \cos\alpha'}{d_1 z_2 \cos\alpha}$	$\dfrac{2000 T_2 z_3 \cos\alpha'}{d_3 z_4 \cos\alpha}$

续表

类型	名称	项 目	Z-X-V(K-H-V)型传动		2Z-X(2K-H)型传动
			内齿轮固定	内齿轮输出	内齿轮 4 输出
Z-X-V 或 2Z-X (K-H-V 或 2K-H)	齿轮	径向力 F_r	$\dfrac{2000T_2\sin\alpha'}{d_1\cos\alpha}$	$\dfrac{2000T_2z_1\sin\alpha'}{d_1z_2\cos\alpha}$	$\dfrac{2000T_2z_3\sin\alpha'}{d_3z_4\cos\alpha}$
		法向力 F_n	$\dfrac{2000T_2}{d_1\cos\alpha}$	$\dfrac{2000T_2z_1}{d_1z_2\cos\alpha}$	$\dfrac{2000T_2z_3}{d_3z_4\cos\alpha}$
Z-X-V (K-H-V)	销孔式 传输机构	各柱销作用于行星轮上 合力的近似最大值 F_Σ	$\dfrac{4000T_2}{\pi R_w}$	$\dfrac{4000T_2z_1}{\pi R_w z_2}$	
		行星轮对柱销的最大作 用力 Q_{max}	$\dfrac{4000T_2}{z_w R_w}$	$\dfrac{4000T_2z_1}{z_w R_w z_2}$	
		转臂轴承受力 F_R	$\sqrt{F_1^2+(F_r+F_\Sigma)^2}$		—
	浮动盘式 传输机构	柱销受力 Q	$\dfrac{500T_2}{R_w}$	$\dfrac{500T_2z_1}{R_w z_2}$	
		转臂轴承受力 F_R	$\dfrac{2000T_2}{d_1\cos\alpha}$	$\dfrac{2000T_2z_1}{d_1z_2\cos\alpha}$	
2Z-X (2K-H)	内齿轮 输出	转臂轴承受力 F_R	—		$\dfrac{2000T_2z_3}{d_3z_4\cos\alpha}$

注：1. T_2 为输出转矩。Z-X-V 型的各计算式用于单偏心（即行星轮个数为 1）时，在双偏心（即行星轮个数为 2）时，以 $0.6T_2$ 代替 T_2。

2. d_1——行星轮分度圆直径；R_w——柱销中心圆半径；z_w——柱销数目。

3. 转矩的单位为 N·m，力的单位为 N，长度单位为 mm。

6.4.2 主要零件的强度计算

表 14-6-16　　　　　　　　　　　主要零件的强度计算

名称	项目	计 算 公 式	说 明
齿 轮	轮 齿 强 度 计 算	渐开线少齿差内齿轮副受力后是多齿接触，实测实际接触齿数为 3～9。作用于一个齿的最大载荷不超过总载荷的 40%～50%；作用于齿顶的载荷仅为总载荷的 25%～30%。齿轮强度计算可将其载荷除以承载能力系数 K_ε 后采用本篇第 1 章表 14-1-107 轮齿弯曲强度核算公式计算，且只需计算弯曲强度。K_ε 可以近似地由本表中线图查取（其中 z 为齿数）。 齿轮也可按下列简化公式验算其轮齿弯曲强度或确定其模数： $\sigma_F=\dfrac{F_t K_A K_V F_{F1}}{2bm}\leqslant\sigma_{Fp}$； $\sigma_{Fp}=\sigma_{Flim}Y_X Y_N$； $m\geqslant\sqrt[3]{\dfrac{T_1 Y_F K_A K_V}{\psi_d z_1^2\sigma_{Fp}}}$	σ_F——外齿轮或内齿轮的齿根弯曲应力，MPa F_t——齿轮分度圆上的圆周力，N T_1——外齿轮传递的转矩，N·mm b——齿宽，mm m——模数，mm K_A——使用系数，按表 14-1-75 查取 K_V——动载系数，按本表中线图查取 Y_F——齿轮的齿形系数；当其顶圆直径符合计算式 $d_{a2}=d_2-2m(h_a^*-x_2)$ 或选用表 14-6-6～14-6-9 中组合齿轮参数时，可由本表中查取 σ_{Fp}——许用弯曲应力，MPa σ_{Flim}——试验齿轮的弯曲极限应力，MPa Y_X——与弯曲应力相关的尺寸系数，查本表线图 Y_N——与齿根弯曲应力相关的寿命系数，查本表线图 ψ_d——齿宽系数，此外取 $\psi_d=0.1～0.2$ z——齿数

续表

名称	项目	计 算 公 式	说　明
齿 轮	轮 齿 强 度 计 算	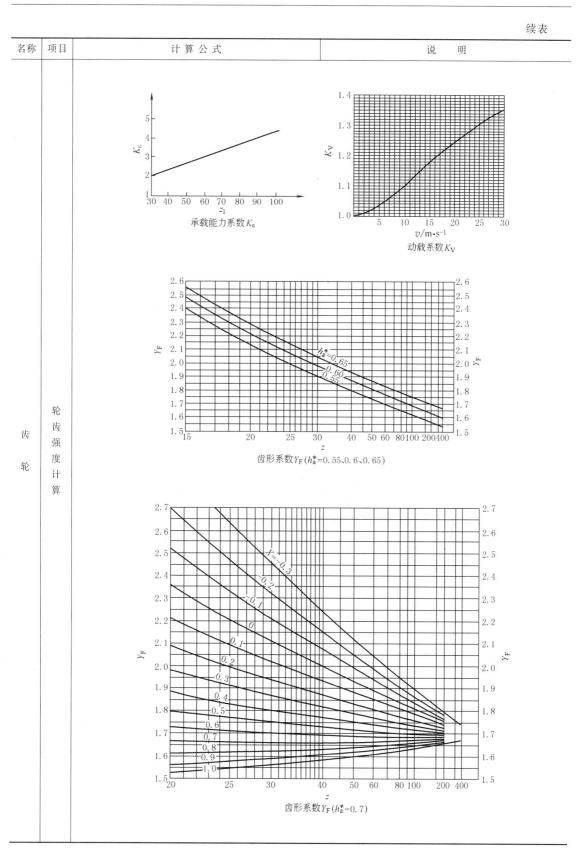	

承载能力系数 K_ε

动载系数 K_V

齿形系数 $Y_F(h_a^*=0.55、0.6、0.65)$

齿形系数 $Y_F(h_a^*=0.7)$

续表

名称	项目	计 算 公 式	说　明

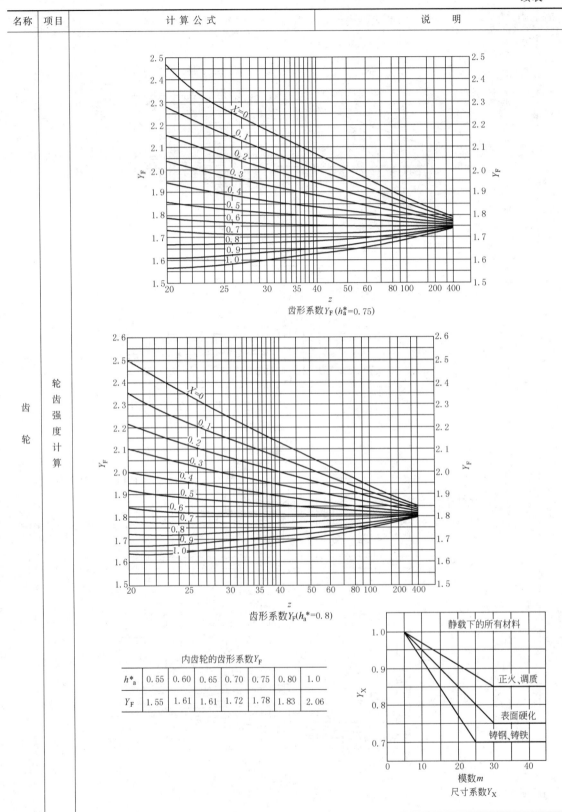

齿形系数 Y_F(h_a^*=0.75)

齿形系数 Y_F(h_a^*=0.8)

内齿轮的齿形系数 Y_F

h_a^*	0.55	0.60	0.65	0.70	0.75	0.80	1.0
Y_F	1.55	1.61	1.61	1.72	1.78	1.83	2.06

尺寸系数 Y_X

齿轮　轮齿强度计算

名称	项目	计 算 公 式	说　　明
齿轮	轮齿强度计算	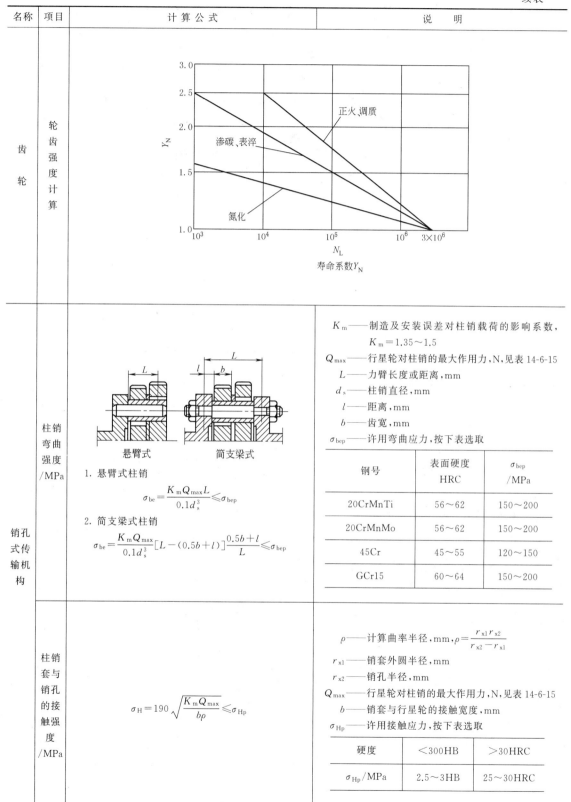	
销孔式传输机构	柱销弯曲强度/MPa	悬臂式　　简支梁式 1. 悬臂式柱销 $$\sigma_{be}=\frac{K_m Q_{max} L}{0.1 d_s^3}\leqslant\sigma_{bep}$$ 2. 简支梁式柱销 $$\sigma_{be}=\frac{K_m Q_{max}}{0.1 d_s^3}\left[L-(0.5b+l)\right]\frac{0.5b+l}{L}\leqslant\sigma_{bep}$$	K_m——制造及安装误差对柱销载荷的影响系数，$K_m=1.35\sim1.5$ Q_{max}——行星轮对柱销的最大作用力，N，见表 14-6-15 L——力臂长度或距离，mm d_s——柱销直径，mm l——距离，mm b——齿宽，mm σ_{bep}——许用弯曲应力，按下表选取 表格如下： 钢号 / 表面硬度 HRC / σ_{bep}/MPa 20CrMnTi / 56～62 / 150～200 20CrMnMo / 56～62 / 150～200 45Cr / 45～55 / 120～150 GCr15 / 60～64 / 150～200
	柱销套与销孔的接触强度/MPa	$$\sigma_H=190\sqrt{\frac{K_m Q_{max}}{b\rho}}\leqslant\sigma_{Hp}$$	ρ——计算曲率半径，mm，$\rho=\dfrac{r_{x1}r_{x2}}{r_{x2}-r_{x1}}$ r_{x1}——销套外圆半径，mm r_{x2}——销孔半径，mm Q_{max}——行星轮对柱销的最大作用力，N，见表 14-6-15 b——销套与行星轮的接触宽度，mm σ_{Hp}——许用接触应力，按下表选取 硬度 / ＜300HB / ＞30HRC σ_{Hp}/MPa / 2.5～3HB / 25～30HRC

续表

名称	项目	计算公式	说　明
浮动盘式传输机构 /MPa	柱销弯曲强度	 $$\sigma_{be} = \frac{5000 T_2 l}{R_w d_s^3} \leqslant \sigma_{bep}$$	T_2——输出转矩，N·m l——力臂长度，mm R_w——柱销中心圆半径，mm d_s——柱销直径，mm σ_{bep}——见本表前述
传输机构浮动盘式	销套与滑槽平面的接触强度 /MPa	$$\sigma_H = 8485 \sqrt{\frac{T_2}{2 R_w L_H d_c}} \leqslant \sigma_{Hp}$$	L_H——销套或滚动轴承与滑槽的接触宽度，mm d_c——销套或滚动轴承外径，mm σ_{Hp}——同前所述
轴承	寿命计算	转臂轴承只承受径向载荷，一般选用短圆柱滚子轴承或向心球轴承。寿命计算方法可查阅机械设计手册，计算时，轴承转速系行星齿轮相对于转臂的转速。其余轴承也应按受力进行寿命计算	

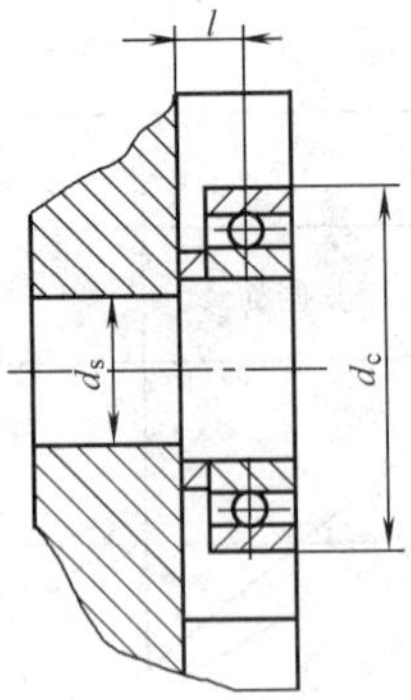

6.5　结构设计

6.5.1　结构形式分类

少齿差行星齿轮传动有多种结构形式，可按传动类型、传输机构形式、高速轴偏心的数目、安装形式等进行分类。

（1）按传动类型的结构形式

少齿差行星齿轮传动按传动类型可分为 Z-X-V 型、2Z-X 型、2Z-V 型及 Z-X 型。Z-X-V 型根据主动轮的运动规律又分为行星式和平动式，平动式的驱动齿轮没有自转运动。通常根据所需传动比 i 的大小（指绝对值，下同）来选择传动的类型。

当 $i < 30$ 时宜用 Z-X-V 型或外齿轮输出的 2Z-X（Ⅱ）型；$i = 30 \sim 100$ 时宜用 Z-X-V 或内齿轮输出的 2Z-X（Ⅰ）型；$i > 100$ 时可用 2Z-X（负号机构）与 Z-X-V 型串联，当效率不重要时，可用内齿轮输出的 2Z-X（Ⅰ）型；若需 i 很大时，可用双级 Z-X-V 或 2Z-X 型串联，也可取其一与 3Z 串联。

（2）按传输机构类型分类的结构形式

表 14-6-17　　　　　　　　　**按传输机构类型分类的结构形式及特点**

传动类型	传输机构类型	特　　点		应用及说明	图号
Z-X-V	销孔式	机构效率高，承载能力大，结构较复杂，销孔精度要求高是产品质量的关键。制造成本高，转臂轴承载荷大		这是最常见的结构形式，应用较广。可用于连续运转的较大功率传动 最为常见的结构型式是动力经柱销传至低速轴输出，被驱动的外齿轮做行星运动。亦可固定柱销，动力由内齿轮输出，例如用卷扬机、车轮，这种情况被驱动的外齿轮作平面圆周运动	图 14-6-1 图 14-6-3 图 14-6-7
		悬臂式	柱销固定端与销盘为过盈配合，另一端悬臂插入驱动轮销孔中。结构较简单，但柱销受力状况不佳，磨损不均匀。采用双偏心结构时主要由一片行星轮受力		

续表

传动类型	传输机构类型		特　点	应用及说明	图号
Z-X-V	销孔式	简支式	柱销受力状况大为改善,但对柱销两端支承孔的同轴度及位置度要求高,否则安装困难,且受力实际上不能改善	这是最常见的结构型式,应用较广。可用于连续运转的较大功率传动 最为常见的结构型式是动力经柱销传至低速轴输出,被驱动的外齿轮作行星运动。亦可固定柱销,动力由内齿轮输出,例如用作卷扬机、车轮,这种情况被驱动的外齿轮作平面圆周运动	图 14-6-2 及图 14-6-5
		悬臂式加均载环	在悬臂式柱销的一端套上均载环,可改善柱销受力状况,使柱销的弯曲应力降低约 40%～50%		图 14-6-4
	浮动盘式		比柱销式结构简单,但浮动盘本身加工要求较高。装拆方便,使用效果好。制造成本与承载能力略低于销孔式	适用于连续运转,传递中、小功率(国外最大为 33kW)	图 14-6-9 及图 14-6-10
2Z-X	齿轮啮合		第一对内啮合齿轮传动减速后的动力,经第二对内啮合齿轮再减速(或等速)输出。其等速输出者称为零齿差传输机构,即第二对的内、外齿轮齿数相同但有足够的侧隙以形成适当的中心距 此种形式结构简单,用齿轮传力,无需加工精度要求较高的传输机构。零件少,容易制造,成本低于以上各种型式 可实现很大或极大的传动比,但传动比越大则效率也越低。通常单级 $i \leqslant 100$	当第一对与第二对齿轮构成差动减速时,通常这两对齿轮的模数及齿数差均相同。但在需要时也可以用不同的模数和齿数差(中心距必须相等) 第二对齿轮用零齿差作传输机构时,取较大的模数,且只适用于配合一齿差或二齿差 有文献建议,传动比 $i = 40 \sim 100$ 时,用零齿差作传输机构输出;$i = 5 \sim 30$ 时,用一齿差或二齿差 零齿差内齿轮副需要切向变位,若无专用刀具,则生产率较低,现较少用	图 14-6-13 及图 14-6-14
2Z-V	曲柄式		结构较新,传输机构的加工工艺比销孔式改善,易于获得大传动比。因作用力波动,使转臂、转臂轴承、齿轮等零件受力情况复杂,有待深入研究。设计时应仔细分析计算	双曲柄受力情况不好,适合于传递小功率 三曲柄受力情况有改善,可用于中等功率、较大转矩传动	双曲柄见图 14-6-23 三曲柄见图 14-6-24
Z-X			是一种新型结构,传动效率高,加工工艺比销孔式传输机构改善。可实现大功率、大转矩传动	外齿轮输出动力,结构简单,但传动轴上存在不平衡力偶矩,主要用于重载低转速	图 14-6-25

（3）按高速轴偏心数目分类的结构形式

表 14-6-18　　　　　　　　　按高速轴偏心数目分类的结构形式及特点

种类	特　点	图号或表号
单偏心	只有一个驱动轮,结构简单。但须于偏心对称的方向上加平衡重,以抵消驱动轮公转时引起的惯性力,使运转平稳	图 14-6-13
双偏心	两个驱动轮于径向相错 180° 安装,以实现惯性力的平衡,但出现了惯性力偶未予平衡。运转较平稳,应用较多	图 14-6-1 及图 14-6-2
三偏心	三片驱动环板间,相邻两片可按 120° 布置。中国发明专利"三环减速器"已成多系列,实测效率最高达 95.4%,是很好的应用实例 其他形式的传动,也能够采用三偏心结构	图 14-6-25

（4）按安装形式分类的结构形式

少齿差传动可设计成卧式、立式、侧装式及仰式、轴装式及 V 带轮-轴装式等多种形式。输入端可为电动机直联,亦可带轴伸。输出端可为轴伸型,亦可为孔输出。其中输入输出端均带轴伸的卧式传动应用最广,带电动机的立式传动次之。

6.5.2　结构图例

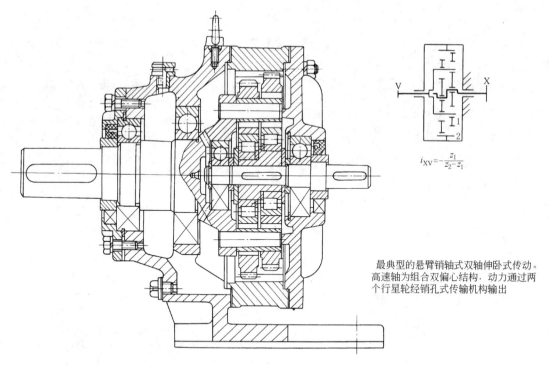

最典型的悬臂销轴式双轴伸卧式传动。高速轴为组合双偏心结构，动力通过两个行星轮经销孔式传输机构输出

图 14-6-1　销孔式 Z-X-V 型少齿差减速器

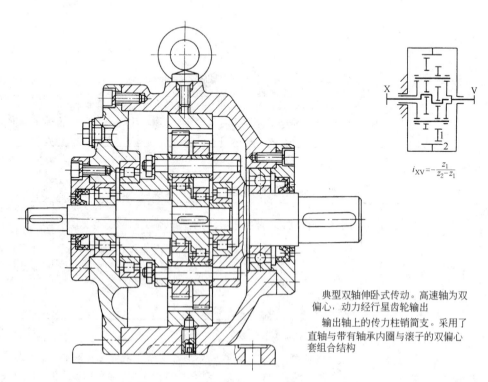

典型双轴伸卧式传动。高速轴为双偏心，动力经行星齿轮输出

输出轴上的传力柱销筒支。采用了直轴与带有轴承内圈与滚子的双偏心套组合结构

图 14-6-2　S 系列销孔式 Z-X-V 型少齿差减速器

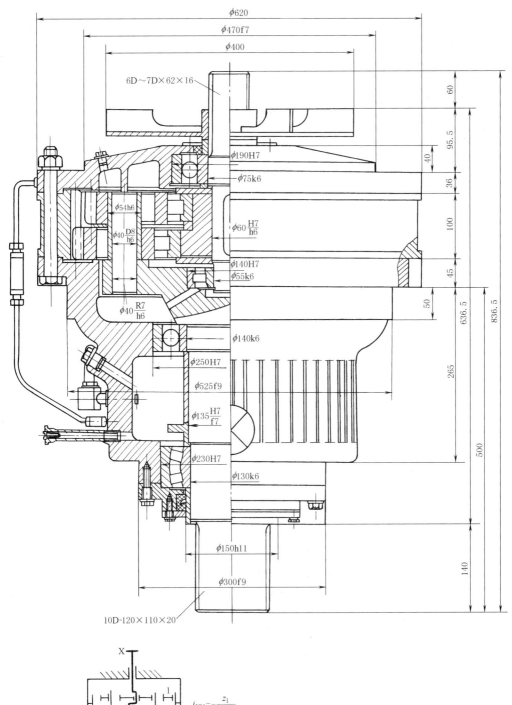

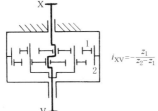

$$i_{XV} = -\frac{z_1}{z_2 - z_1}$$

大型结构，柱销悬臂安装，高速端带风扇，由油泵循
环润滑。其输出转矩达25kN·m

图 14-6-3　立式 Z-X-V 型二齿差行星减速器

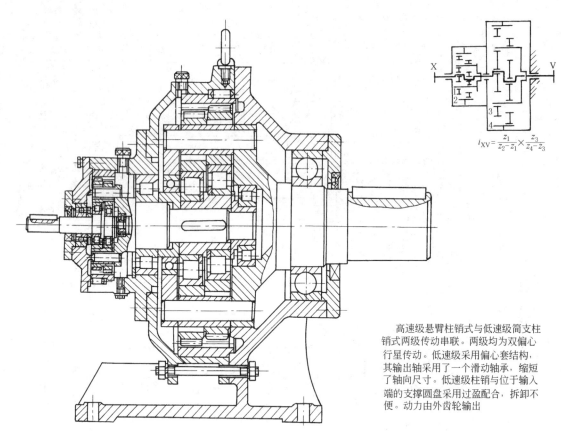

$$i_{XV} = \frac{z_1}{z_2 - z_1} \times \frac{z_3}{z_4 - z_3}$$

高速级悬臂柱销式与低速级简支柱销式两级传动串联。两级均为双偏心行星传动。低速级采用偏心套结构，其输出轴采用了一个滑动轴承，缩短了轴向尺寸。低速级柱销与位于输入端的支撑圆盘采用过盈配合，拆卸不便。动力由外齿轮输出

图 14-6-4　双级销孔式 Z-X-V 型少齿差减速器

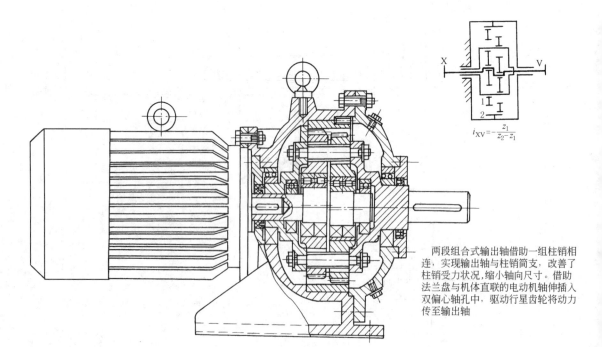

$$i_{XV} = -\frac{z_1}{z_2 - z_1}$$

两段组合式输出轴借助一组柱销相连，实现输出轴与柱销简支，改善了柱销受力状况，缩小轴向尺寸。借助法兰盘与机体直联的电动机轴伸插入双偏心轴孔中，驱动行星齿轮将动力传至输出轴

图 14-6-5　销孔式 Z-X-V 型少齿差减速器

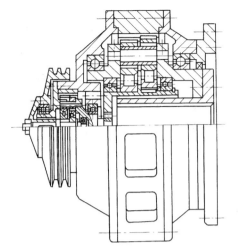

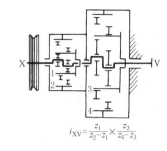

$$i_{XV} = \frac{z_1}{z_2 - z_1} \times \frac{z_3}{z_4 - z_3}$$

两级少齿差传动串联。高速级为悬臂
柱销式结构;低速级为简支梁柱销式结构,
且中空式双偏心输入轴包容中空式法兰
连接输出轴。高速级输出轴与低速级中空
偏心轴以花键相连接

图 14-6-6　轴装式 Z-X-V 型少齿差减速器

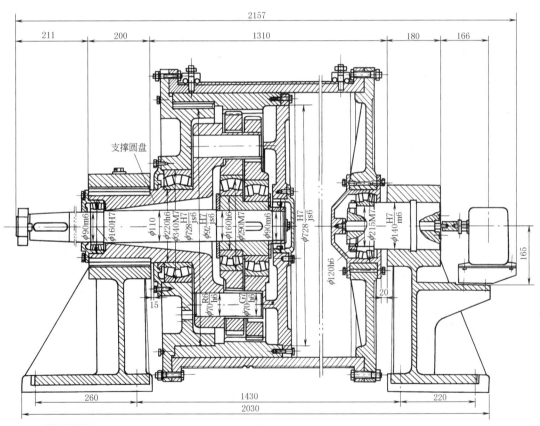

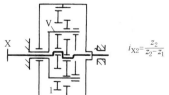

$$i_{X2} = \frac{z_2}{z_2 - z_1}$$

采用双偏心轴驱动两个外齿轮作平面圆周运动,动力由内齿圈
输出。柱销固定于支撑圆盘上,该圆盘借助平键与机座相连。驱动
电动机功率45kW。起重量达30t

图 14-6-7　内齿轮输出的少齿差卷扬滚筒（Z-X-V 传动）

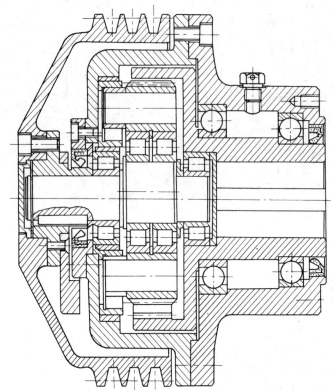

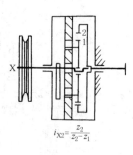

$$i_{X2} = \frac{z_2}{z_2 - z_1}$$

柱销悬臂安装与被驱动的外齿轮上并插入与机体固联的孔板中;驱动轮做平面运动;固定机体,内齿轮输出或固定内齿轮机体输出

图 14-6-8 V 带轮式 Z-X-V 型少齿差减速器

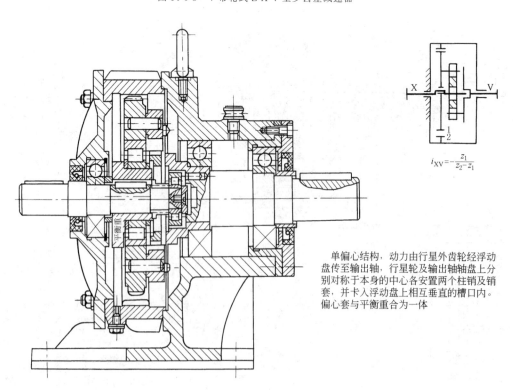

$$i_{XV} = -\frac{z_1}{z_2 - z_1}$$

单偏心结构,动力由行星外齿轮经浮动盘传至输出轴,行星轮及输出轴轴盘上分别对称于本身的中心各安置两个柱销及销套,并卡入浮动盘上相互垂直的槽口内。偏心套与平衡重合为一体

图 14-6-9 单偏心浮动盘式少齿差减速器（Z-X-V 型）

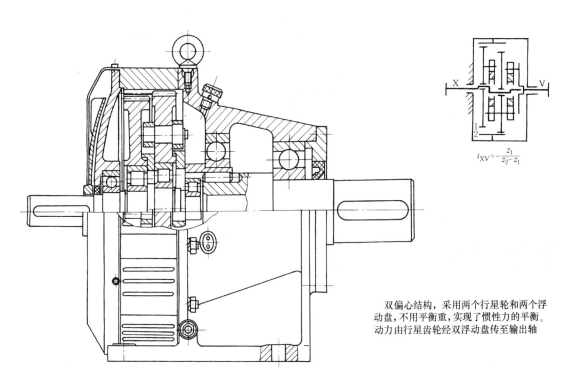

双偏心结构，采用两个行星轮和两个浮
动盘，不用平衡重，实现了惯性力的平衡。
动力由行星齿轮经双浮动盘传至输出轴

图 14-6-10　双偏心浮动盘式少齿差减速器（Z-X-V 型）

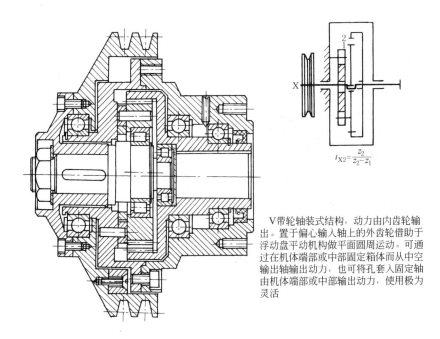

V带轮轴装式结构，动力由内齿轮输
出。置于偏心输入轴上的外齿轮借助于
浮动盘平动机构做平面圆周运动。可通
过在机体端部或中部固定箱体而从中空
输出轴输出动力，也可将孔套入固定轴
由机体端部或中部输出动力，使用极为
灵活

图 14-6-11　V 带轮浮动盘式少齿差减速器（Z-X-V 型）

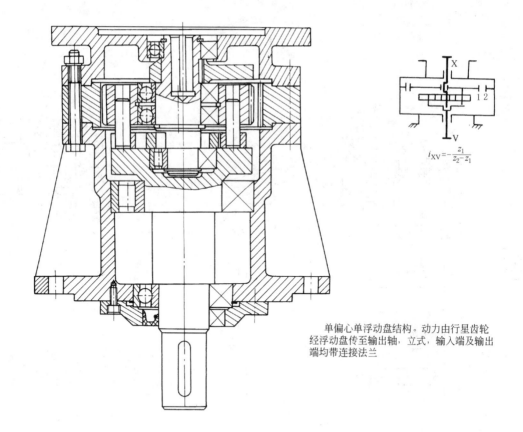

$$i_{XV} = -\frac{z_1}{z_2 - z_1}$$

单偏心单浮动盘结构。动力由行星齿轮
经浮动盘传至输出轴，立式，输入端及输出
端均带连接法兰

图 14-6-12　单偏心浮动盘式立式少齿差减速器（Z-X-V 型）

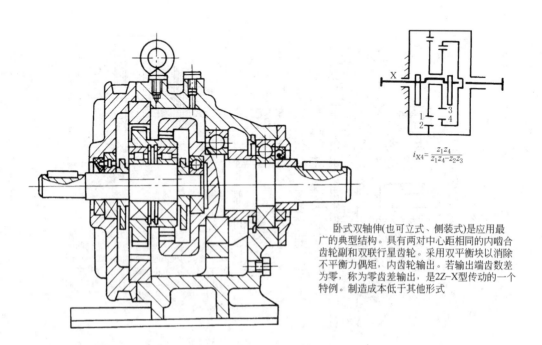

$$i_{X4} = \frac{z_1 z_4}{z_1 z_4 - z_2 z_3}$$

卧式双轴伸(也可立式、侧装式)是应用最
广的典型结构。具有两对中心距相同的内啮合
齿轮副和双联行星齿轮。采用双平衡块以消除
不平衡力偶矩，内齿轮输出。若输出端齿数差
为零，称为零齿差输出，是2Z-X型传动的一个
特例。制造成本低于其他形式

图 14-6-13　SJ 系列 2Z-X（Ⅰ）型少齿差行星减速器

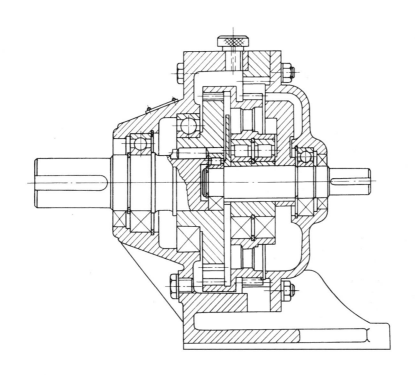

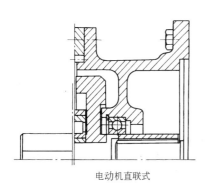

电动机直联式

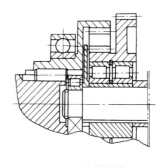

内齿轮输出

特点与图14-6-13所示SJ系列少齿差减速器相同,但采用了内外齿轮组成的双联行星齿轮。更换少量零件可变成内齿轮输出;或改为电动机直联。便于系列化生产。其外形、安装、连接尺寸与A型(原X系列)摆线针轮减速器相同,使用方便

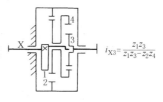

$$i_{X3} = \frac{z_1 z_3}{z_1 z_3 - z_2 z_4}$$

图 14-6-14 X 系列 XW18 共用机座 2Z-X 型少齿差减速器

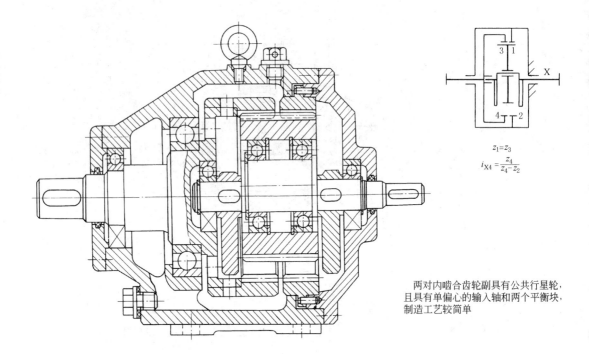

$z_1 = z_3$

$$i_{X4} = \frac{z_4}{z_4 - z_2}$$

两对内啮合齿轮副具有公共行星轮，
且具有单偏心的输入轴和两个平衡块，
制造工艺较简单

图 14-6-15　具有公共行星轮的 NN 型［2Z-X（Ⅰ）型］少齿差减速器

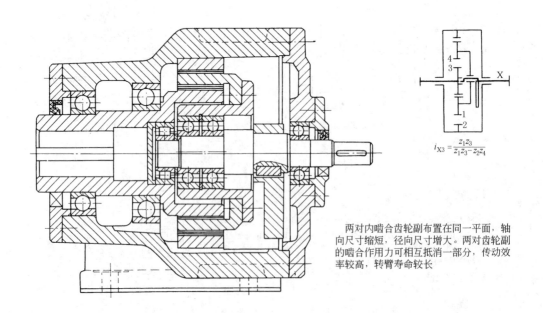

$$i_{X3} = \frac{z_1 z_3}{z_1 z_3 - z_2 z_4}$$

两对内啮合齿轮副布置在同一平面，轴
向尺寸缩短，径向尺寸增大。两对齿轮副
的啮合作用力可相互抵消一部分，传动效
率较高，转臂寿命较长

图 14-6-16　具有内外同环齿轮的 NN 型［2Z-X（Ⅱ）型］少齿差减速器

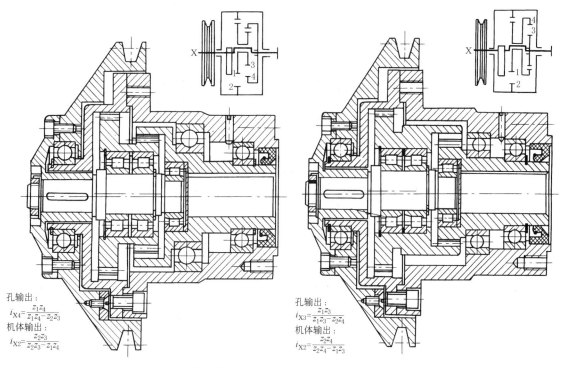

孔输出：
$$i_{X4}=\frac{z_1 z_4}{z_1 z_4-z_2 z_3}$$
机体输出：
$$i_{X2}=\frac{z_2 z_3}{z_2 z_3-z_1 z_4}$$

孔输出：
$$i_{X3}=\frac{z_1 z_3}{z_1 z_3-z_2 z_4}$$
机体输出：
$$i_{X2}=\frac{z_2 z_4}{z_2 z_4-z_1 z_3}$$

V带轮轴装结构。可固定机体，由轴孔输出动力；也可固定插入轴孔的轴，由机体端部或中部通过螺栓连接输出动力。加工工艺性好，制造成本较低

图 14-6-17　V 带轮轴装式减速器［2Z-X（Ⅰ）型］　　　图 14-6-18　V 带轮轴装式减速器［2Z-X（Ⅱ）型］

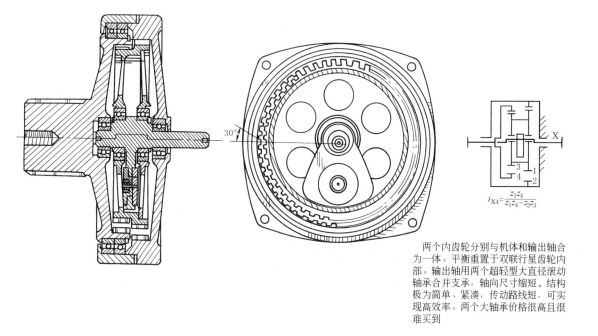

$$i_{X4}=\frac{z_1 z_4}{z_1 z_4-z_2 z_3}$$

两个内齿轮分别与机体和输出轴合为一体。平衡重置于双联型行星齿轮内部。输出轴两个超轻型大直径滚动轴承合并支承，轴向尺寸缩短。结构极为简单、紧凑，传动路线短，可实现高效率。两个大轴承价格很高且很难买到

图 14-6-19　轴向尺寸小的 2Z-X 型少齿差减速器

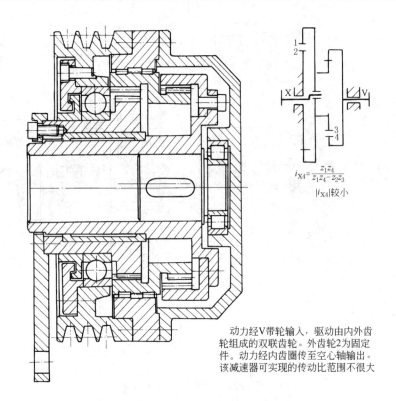

$$i_{X4} = \frac{z_1 z_4}{z_1 z_4 - z_2 z_3}$$

$|i_{X4}|$ 较小

动力经V带轮输入，驱动由内外齿
轮组成的双联齿轮。外齿轮2为固定
件。动力经内齿圈传至空心轴输出。
该减速器可实现的传动比范围不很大

图 14-6-20　V带轮式 NN 型少齿差减速器（2Z-X 型）

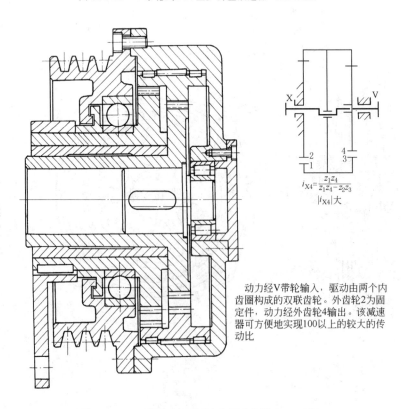

$$i_{X4} = \frac{z_1 z_4}{z_1 z_4 - z_2 z_3}$$

$|i_{X4}|$ 大

动力经V带轮输入，驱动由两个内
齿圈构成的双联齿轮。外齿轮2为固
定件，动力经外齿轮4输出。该减速
器可方便地实现100以上的较大的传
动比

图 14-6-21　V带轮式 NN 型少齿差减速器（2Z-X 型）

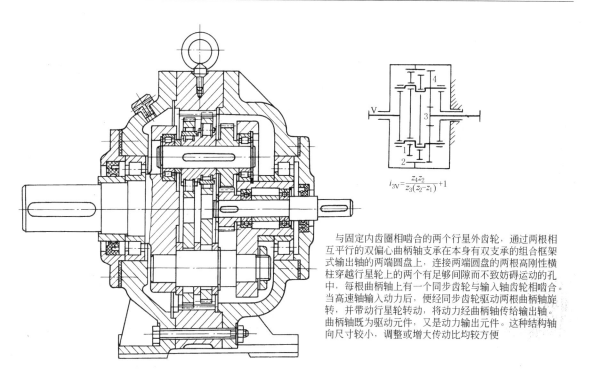

$$i_{3V} = \frac{z_4 z_2}{z_3(z_2 - z_1)} + 1$$

与固定内齿圈相啮合的两个行星外齿轮，通过两根相互平行的双偏心曲柄轴支承在本身有双支承的组合框架式输出轴的两端圆盘上，连接两端圆盘的两根高刚性横柱穿越行星轮上的两个有足够间隙而不致妨碍运动的孔中，每根曲柄轴上有一个同步齿轮与输入轴齿轮相啮合。当高速轴输入动力后，便经同步齿轮驱动两根曲柄轴旋转，并带动行星轮转动，将动力经曲柄轴传给输出轴。曲柄轴既为驱动元件，又是动力输出元件。这种结构轴向尺寸较小，调整或增大传动比均较方便

图 14-6-22　曲柄式少齿差减速器（2Z-V 型）

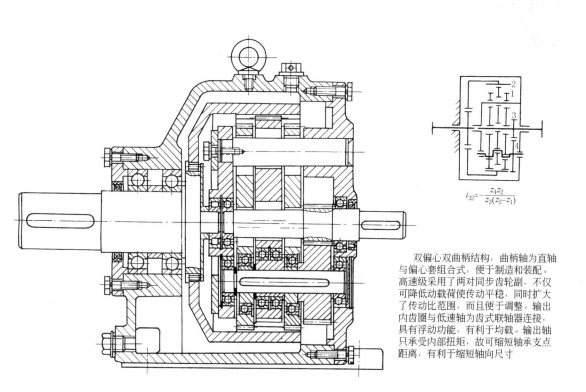

$$i_{32} = -\frac{z_4 z_2}{z_3(z_2 - z_1)}$$

双偏心双曲柄结构，曲柄轴为直轴与偏心套组合式，便于制造和装配。高速级采用了两对同步齿轮副，不仅可降低动载荷使传动平稳，同时扩大了传动比范围，而且便于调整。输出内齿圈与低速轴为齿式联轴器连接，具有浮动功能，有利于均载。输出轴只承受内部扭矩，故可缩短轴承支点距离，有利于缩短轴向尺寸

图 14-6-23　双偏心双曲柄式少齿差减速器（2Z-V 型）

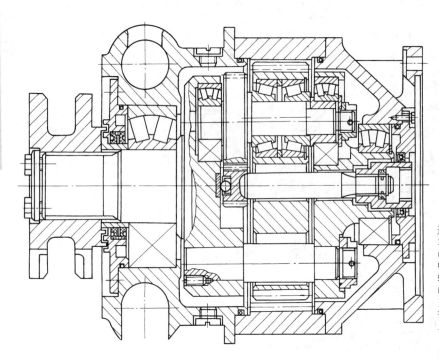

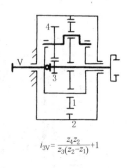

$$i_{3V} = \frac{z_4 z_2}{z_3(z_2 - z_1)} + 1$$

本机为K103薄煤层采煤机用减速器带有一级减速兼同步齿轮的2Z-V型少齿差传动。其特点为：(1) 驱动三个同步兼减速齿轮的中心轮为细长轴式柔性浮动中心轮，并经齿形联轴器输入动力；(2) 同步齿轮置于输出侧；(3) 少齿差部分为单偏心传动，只有一个行星轮；(4) 行星轮借助安装于其上并支撑在输出轴组合式框架上的三根曲柄轴的驱动做平面圆周运动，减速运动经曲柄轴传给输出轴。其功率37kW，传动比144，最大牵引力220kN

图 14-6-24　单偏心三曲柄少齿差减速器（2Z-V 型）

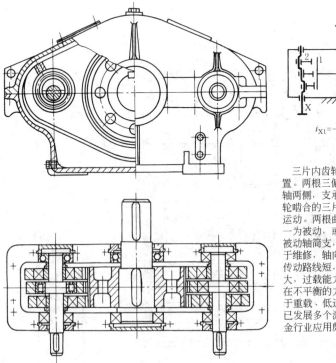

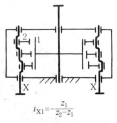

$$i_{X1} = -\frac{z_1}{z_2 - z_1}$$

三片内齿轮环板间可按120°布置。两根三偏心曲柄轴置于被动轴两侧，支承并驱动与输出外齿轮啮合的三片内齿轮环板做平面运动。两根曲柄轴可一为主动、一为被动，或同时作为主动驱动。被动轴简支，箱体水平剖分，便于维修，轴向尺寸小。传动比大传动路线短，效率高，承载能力大，过载能力强。但传动轴上存在不平衡的力偶矩，因而主要用于重载、低速的情况。该减速器已发展多个派生系列，在国内冶金行业应用颇广

图 14-6-25　SH 型三环减速器（Z-X 型传动）

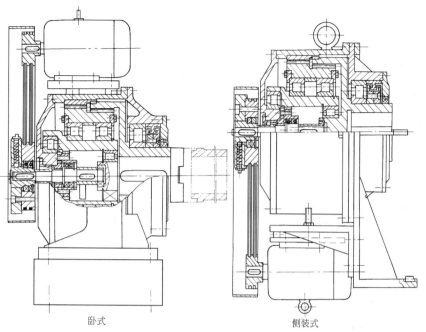

卧式   侧装式

    该结构系二次偏心包容式少齿差减速器的应用实例。通过引入二次偏心机构使Z-X-V型传动置入2Z-X型传动腹腔中，轴向尺寸大幅度压缩，动力经Z-X-V型传动减速后，传给2Z-X型传动再次减速并由内齿轮输出，可实现数以千计或万计的大传动比该机轴向尺寸超短，效率高，重量轻，节能、节材

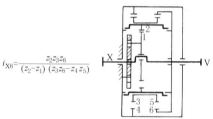

$$i_{X6} = \frac{z_2 z_3 z_6}{(z_2 - z_1)(z_3 z_6 - z_4 z_5)}$$

图 14-6-26   RP 型少齿差式锅炉炉排传动减速器

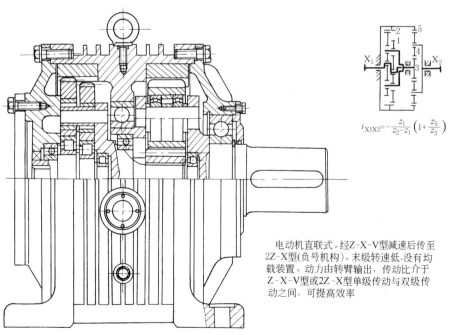

$$i_{X1X2} = -\frac{z_1}{z_2 - z_1}\left(1 + \frac{z_5}{z_3}\right)$$

    电动机直联式。经Z-X-V型减速后传至2Z-X型(负号机构)。末级转速低，没有均载装置。动力由转臂输出，传动比介于Z-X-V型或2Z-X型单级传动与双级传动之间，可提高效率

图 14-6-27   XID3-250 电动机直联两级减速器

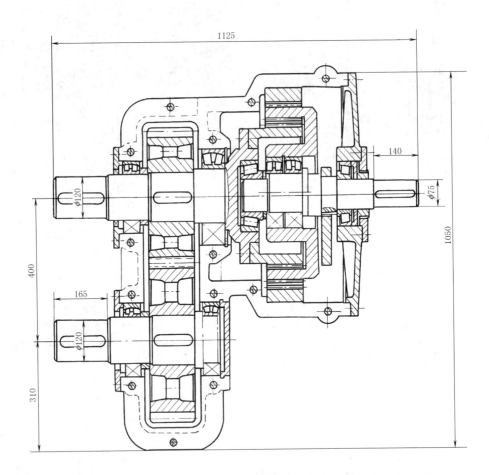

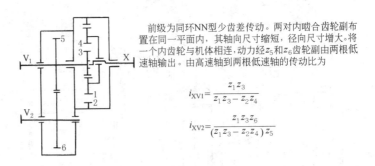

前级为同环NN型少齿差传动。两对内啮合齿轮副布置在同一平面内，其轴向尺寸缩短，径向尺寸增大。将一个内齿轮与机体相连，动力经z_5和z_6齿轮副由两根低速轴输出。由高速轴到两根低速轴的传动比为

$$i_{XV1} = \frac{z_1 z_3}{z_1 z_3 - z_2 z_4}$$

$$i_{XV2} = \frac{z_1 z_3 z_6}{(z_1 z_3 - z_2 z_4) z_5}$$

图 14-6-28　NN 型少齿差-平行轴传动组合减速器

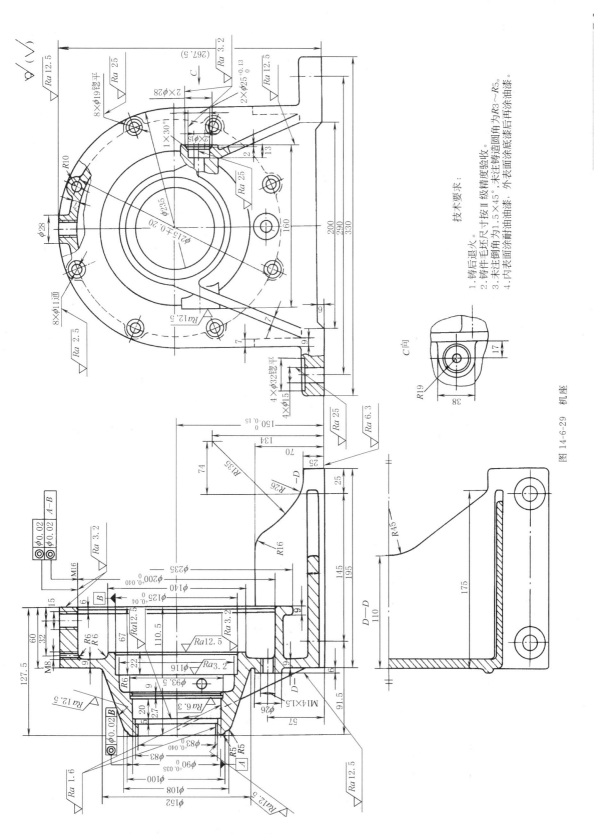

图 14-6-29　机座

技术要求:

1. 铸后退火。
2. 铸件毛坯尺寸按Ⅱ级精度验收。
3. 未注铸造圆角为R3～R5。
4. 内表面涂耐油油漆。外表面涂底漆后再涂油漆。

未注倒角为1.5×45°。

6.6　设计结构工艺性及示例

设计的少齿差减速器在结构上应具有良好的使用性能,例如体积和质量小、效率高、寿命长、噪声低、输入轴与输出轴同轴线,以及有合理的连接和安装基准,容易装、拆与维修等。

设计的少齿差减速器除了具备良好的使用性能以外,还要能够在国内一般工厂拥有的机床、设备上比较容易地制造出精度较高的零件,以及合乎性能要求的减速器。本节以图 14-6-14 为例,讨论其主要零件的加工工艺性,见表 14-6-19。

表 14-6-19　　　　　　　　　　　　　　　　　结构工艺性实例

机座	设计机座(图 14-6-29)时,对要求有较高同轴度的各个孔,应尽量设计成从一端到另一端依次由大孔到小孔,以便在精镗孔工序一次装卡即能按顺序镗出各个不同直径的孔 在需要挡轴承或是安放橡胶油封的部位,应采用孔用弹性挡圈,尽可能不设计台阶

内齿轮顶圆直径

在插齿时,一般以内齿轮顶圆为定心基准。因此在设计同一个机座而传动比不同的内齿圈时,宜尽量将各内齿轮顶圆直径设得互相接近,见下表,这样才可以将同一机座中所有的内齿圈右端与大端盖配合的直径,设计成略小于顶圆直径的统一的整数值[图(a)中的 $\phi177$],既节省加工工时,也给装配带来方便

内齿轮齿顶圆直径及止口孔径

项目	代号	数　　值										
公称传动比	i	6	35	71	11	17	25	29	43	87	100	59
内齿轮顶圆直径	d_{a2}	177.42			178.32	177.62	178.29			178.45		179.18
止口孔径		177										

设计内齿圈时,由于其左端的止口外径($\phi200$)和右端安装大端盖的内孔($\phi177$)均需要用作定心基准,因此应将内孔设计成略小于内齿轮的顶圆直径,才便于一次装卡就能车成内孔及外圆,以保证各个直径的同轴度

在内齿轮输出时,若内齿轮齿顶圆直径 $d_{a4}\leqslant150$mm,可将内齿圈与低速轴设计成一个整体,以利于提高制造精度

而在 $d_{a4}>150$mm 时,因受插齿机的限制,有时需要将内齿圈与低速轴分别设计成两个零件,并采用 $\dfrac{H7}{k6}$ 过渡配合,如图(b)及图(c)所示

内齿圈的结构

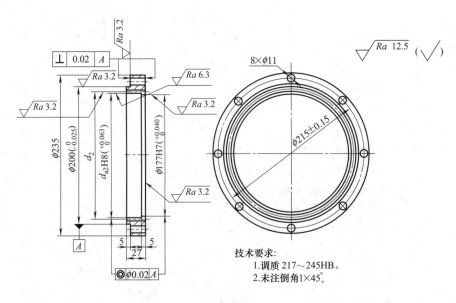

技术要求:
1.调质 217~245HB。
2.未注倒角1×45°。

图(a)　内齿圈

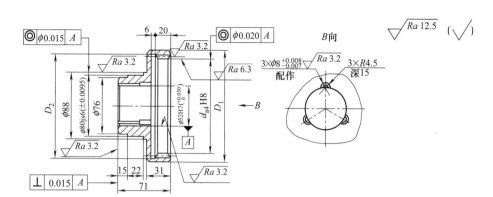

技术要求:
1. 调质 217~245HB。
2. 未注倒角1.5×45°。
3. 3×R4.5、3×$\phi 8^{+0.008}_{-0.007}$与图(c)配作。

图(b)　与低速轴装成一体的内齿圈

内齿圈的
结构

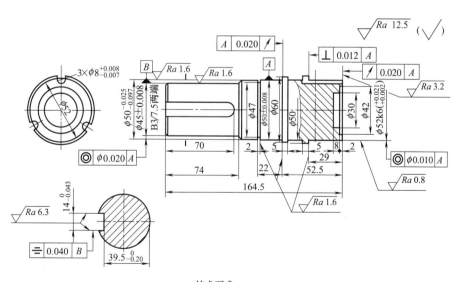

技术要求:
1. 调质 240~270HB。
2. 未注倒角1.5×45°。

图(c)　与内齿圈装成一体的低速轴

第
14
篇

为了制造方便,高速轴宜设计成直轴[图(d)]与偏心套[图(e)]组合,并以平键连接

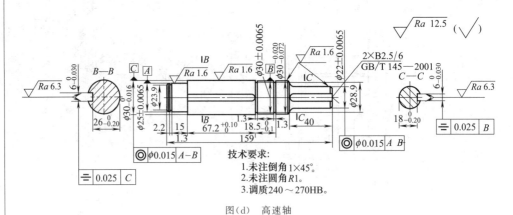

图(d)　高速轴

高速轴

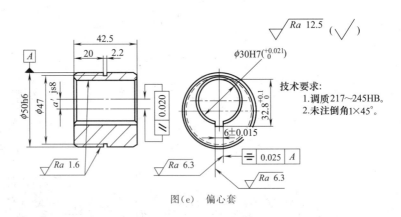

图(e)　偏心套

销孔　为了提高接触强度及耐磨性,又具有良好的工艺性,对采用销孔式传输机构的行星齿轮等分孔,在镗孔后可镶入销轴套,该轴套采用轴承钢 GCr15 或 GCr9 制作

浮动盘和
行星齿轮

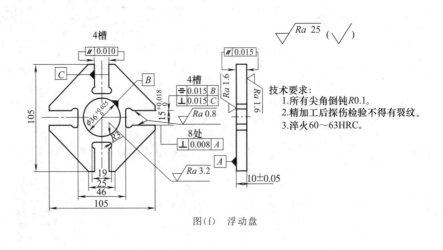

图(f)　浮动盘

浮动盘和 行星齿轮	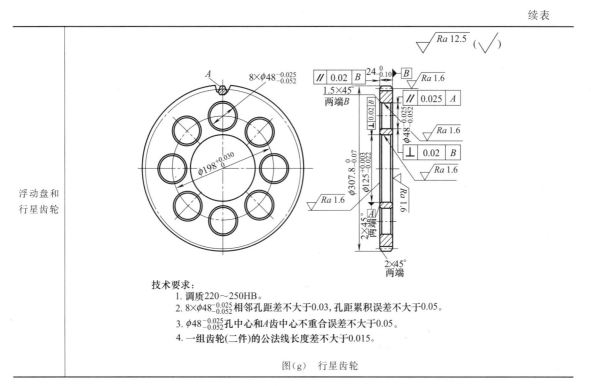 技术要求： 　1. 调质220～250HB。 　2. $8×\phi48^{-0.025}_{-0.052}$相邻孔距差不大于0.03,孔距累积误差不大于0.05。 　3. $\phi48^{-0.025}_{-0.052}$孔中心和A齿中心不重合误差不大于0.05。 　4. 一组齿轮(二件)的公法线长度差不大于0.015。 图(g)　行星齿轮

6.7　主要零件的技术要求、材料选择及热处理方法

6.7.1　主要零件的技术要求

1) 高速轴偏心距,即齿轮中心距的极限偏差,见表14-6-20。

表 14-6-20　　　　　　　　　　　齿轮中心距的极限偏差

标准号	GB/T 2363—1990			GB/T 10095—2008			GB/T 1801—2009				
标准名称	小模数渐开线圆柱齿轮精度			圆柱齿轮精度			产品几何技术规范(GPS)　极限与 配合　公差带和配合的选择				
齿轮精度等级	7～8										
中心距/mm	≤12	>12 到 20	>20 到 32	>6 到 10	>10 到 18	>18 到 30	≤3	>3 到 6	>6 到 10	>10 到 18	>18 到 30
偏差代号	$±f_a$						js8				
偏差数值/μm	11	14	17	11	13.5	16.5	±7	±9	±11	±13	±16

注：1. 在齿轮中心距很小且齿轮精度为 8 级时,中心距极限偏差可用 js9。

2. 当齿轮采用磨齿加工时,齿轮中心距偏差 f_a 按 5～6 级精度查取。

2) 行星齿轮与内齿轮的精度不低于 8 级（GB/T 10095—2008）。

3) 销孔的公称尺寸,除销套外径加上 2 倍偏心距尺寸以外,还应再加适量的补偿间隙 δ_M。在一般动力传动中,δ_M 的数值见表 14-6-21。在精密传动中,δ_M 的数值约为表 14-6-21 中数值的一半。

4) 行星齿轮销孔及输出轴盘柱销孔相邻孔距差的公差 δt、孔距累积误差的公差 δt_Σ,可参照表 14-6-22 选取。此项要求对于传动的性能极为重要,如有条件,宜尽量提高制造精度,选取更小的公差值。

5) 主要零件的公差及零件间的配合见表 14-6-23。

表 14-6-21　　　　　　　　　　　　　行星齿轮销孔的补偿间隙　　　　　　　　　　　　　mm

内齿轮分度圆直径 d_2	≤100	>100,≤220	>220,≤390	>390,≤550	>550
补偿间隙 δ_M	0.10	0.12	0.14	0.15	0.20～0.30

表 14-6-22　　　　　　　　　　　销孔孔距差的公差及孔距累积误差的公差

行星轮分度圆直径/mm	≤200	>200～300	>300～500	>500～800	>800
销孔相邻孔距差的公差 $\delta t/\mu m$	<30	<40	<50	<60	<70
销孔孔距累积误差的公差 $\delta t_\Sigma/\mu m$	<60	<80	<100	<120	<140

表 14-6-23　　　　　　　　　　　　　　主要零件的公差及配合

项　　目	公差或配合代号	项　　目	公差或配合代号
与滚动轴承配合的轴	js6、j6、k6、m6	镶套孔径	H7、H8、G7、F7
行星轮中心轴承孔	J6、Js6、K6、M6	输出轴盘等分孔与柱销	$\dfrac{R7}{h6}$、$\dfrac{H7}{r6}$、$\dfrac{H7}{r5}$
行星轮等分孔	H7	与滚动轴承配合的孔	H7
销套孔与柱销	$\dfrac{H7}{f6}$、$\dfrac{H7}{f5}$、$\dfrac{F7}{h6}$、$\dfrac{G7}{h6}$	输出轴与齿轮孔(2Z-X 型)	$\dfrac{H7}{k6}$
销套外径	h6、h5	浮动盘槽与销套外径或滚动轴承外径	$\dfrac{H7}{f6}$、$\dfrac{H7}{f5}$、$\dfrac{F7}{h6}$、$\dfrac{G7}{h6}$
行星轮等分孔与镶套外径	$\dfrac{H7}{p6}$、$\dfrac{H7}{p5}$、$\dfrac{H7}{r6}$、$\dfrac{H7}{r5}$		

6) 机座、高速轴、低速轴、行星齿轮、内齿轮、偏心套、浮动盘、销套、镶套、柱销等主要零件的同轴度、圆跳动或全跳动、位置度、垂直度、平行度、圆度等形位公差尤为重要，必须按 GB/T 1182、1184 在图样上予以明确规定。

6.7.2　主要零件的常用材料及热处理

表 14-6-24　　　　　　　　　　　　主要零件的常用材料及热处理方法

零件名称	材　　料	热处理	硬　　度	说　　明
齿轮	45、40Cr、40MnB、35CrMoV	调质	<270HB	通用型系列产品可用 45 或 40Cr 做内、外齿轮。内齿轮也可用 QT600-3
	45、40Cr、35CrMn、38CrMnAl、42CrMo	齿面淬火氮化	50～55HRC 或 40～50HRC ≤900HV	
	20Cr、20CrMnTi、20CrMnMo、17CrNiMo6	渗碳淬火	58～62HRC	
柱销销套浮动盘	GCr15	淬火	销套、浮动盘 58～62HRC	20CrMnMoVBA 主要用于有冲击载荷的柱销或浮动盘
	20CrMnMoVBA	渗碳淬火	柱销、浮动盘 60～64HRC	
轴	45、40Cr、40MnB	调质	<300HB	
机座、端盖、壳体	HT200	—	—	铸后退火或振动时效

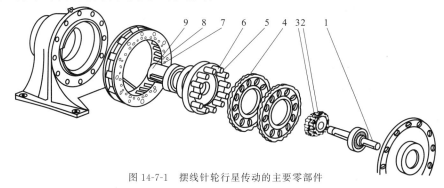

遍）和圆柱面构成共轭啮合副。组成这种传动的主要零部件的形状见图 14-7-1。

第7章　摆线针轮行星传动

7.1　概述

7.1.1　摆线针轮行星传动的工作原理与结构特点

摆线针轮传动属于 K-H-V 型行星齿轮传动。变幅摆线的等距曲线（其中短幅外摆线的等距曲线较普

摆线针轮行星传动的机构简图如图 14-7-2 所示。电动机带动转臂 1 旋转，使两个摆线轮 2 产生偏心运动；当针轮 3 固定（与机架连成一体）时，摆线轮 2 一边随转臂产生公转，一边绕着自身轴线产生自转。最后，摆线轮的角速度通过输出机构 4 等速传递到输出轴上，从而实现减速。

图 14-7-1　摆线针轮行星传动的主要零部件

1—输入轴；2—双偏心套；3—转臂轴承；4—摆线轮；5—柱销；6—柱销套；7—针齿销；8—针齿套；9—输出轴

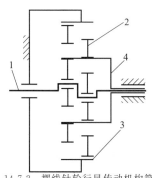

图 14-7-2　摆线针轮行星传动机构简图

1—输入轴；2—摆线轮；3—针轮；4—输出机构

摆线针轮行星传动的特点如下。

① 结构紧凑、体积小、重量轻。采用少齿差行星传动机构，结构紧凑，与同功率的普通齿轮传动相比，体积可减小 1/2～2/3，重量约减轻 1/3～1/2。

② 传动比范围大。单级传动比可达 6～119；两级传动比可达 121～7569；三级传动比最高可达 658503。

③ 传动效率高。由于针齿套和摆线轮齿之间，摆线轮和偏心套之间，以及柱销套和摆线轮之间都是滚动摩擦，而且各零件加工和安装精度较高，所以其

传动效率较高。一般单级传动效率可达 0.90～0.95。

④ 运转平稳，噪声低。在运转中同时啮合的齿数多，重合度大，啮入啮出平稳；承载能力大，振动和噪声低。

⑤ 传动精度高。由于多齿同时啮合，误差平均效应显著，且没有柔性构件，扭转刚度大。

⑥ 工作可靠，使用寿命长。

由于上述优点，该减速器在许多情况下可以取代两级、三级普通圆柱齿轮减速器及蜗轮蜗杆减速器，在石油、化工、建筑、冶金、矿山、起重运输、纺织、工程机械、食品工业以及国防工业等部门得到广泛的应用。近年来在机器人、航空航天等精密传动以及电动汽车、混合动力汽车等领域也得到了广泛的关注。

转臂轴承是摆线针轮行星传动的薄弱环节，因转臂轴承受力大，相对转速高，所以为保证转臂轴承的寿命，往往需采用加强型的滚子轴承。

目前，摆线针轮行星传动多用于高速轴转速 n_H ≤1500～1800r/min，传递功率 P≤132kW 的场合。在国外传递功率可达 $P = 200kW$。

摆线针轮行星减速器的典型结构如表 14-7-1 所示。

表 14-7-1	摆线针轮行星减速器的典型结构

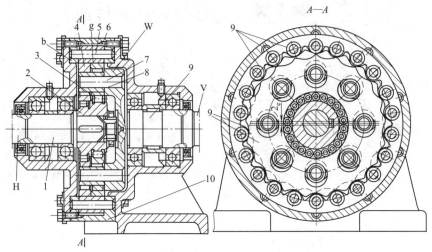

图(a)　摆线针轮行星传动卧式减速器结构

1—输入轴；2—双偏心套；3—转臂轴承；4—摆线轮；5—柱销；6—柱销套；7—针齿销；8—针齿套；9—输出轴；10—针齿壳
W—输出机构；V—输出轴；H—行星架；g—行星轮；b—中心轮

行星架 H	又称转臂,由输入轴 1 和双偏心套 2 组成,双偏心套上的两个偏心方向互成 180°。为了减少摩擦,一般在双偏心套和摆线轮之间装有转臂轴承,或者直接使用整体式双偏心轴承代替双偏心套和转臂轴承
行星轮 g	即摆线轮 4,其齿廓通常为短幅外摆线的等距曲线。通常采用两片相同的摆线轮分别装在双偏心套上,成 180°对称布置,以补偿因偏心带来的不平衡,提高承载能力
中心轮 b	又称针轮,其轮齿是由一圈均布在针齿分布圆上的针齿组成。为了减小针齿与摆线轮齿之间的摩擦,通常在针齿上装有针齿套
输出机构	与渐开线少齿差行星齿轮传动一样,通常采用销轴式输出机构,见图(b)

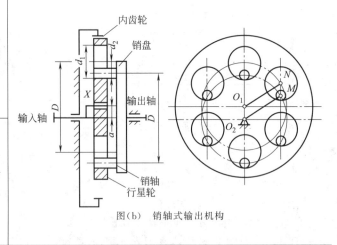

图(b)　销轴式输出机构

7.1.2　摆线行星传动输出机构的结构形式

当电动机驱动转臂 H 转动时,输出件摆线行星轮 g 以绝对角速度 ω_g 转动,从而实现减速。但是摆线轮 g 的轴线是在半径等于偏心距 e 的圆周上运动,为了把摆线轮 g 的运动以等速比传递到与输入轴 H 位于相同轴线的输出件 V 上去,必须加一个传动比等于 1 的等角速度传动机构,即 W 机构。

目前较常用的输出机构主要形式有销轴式、十字滑块式、浮动盘式和零齿差式输出机构等。其结构形式、特点及应用如表 14-7-2 所示。

表 14-7-2　　　　　　　　　常用输出机构的结构形式、特点及应用

输出机构		结构形式	特点及应用
销轴式	销轴为悬臂梁结构		
	销轴悬臂端设置均载环		悬臂梁式的结构较为简单,但该销轴的受力情况不好;在销轴悬臂端加设均载环后,使销轴的受力情况大为改善,销轴应力可降低40%～50%;简支梁结构销轴受力情况良好,可极大提高销轴承载能力,但是,对销轴两端支撑孔的同心度和分度精度的要求较高 　销轴式输出机构的传动效率较高,适用于功率较大的和连续运转的条件下工作。同时,销轴和销轴孔的加工精度要求较高,故该W机构的制造成本较高。由于转臂轴承上所受的载荷较大,机构的径向尺寸也较大
	销轴为简支梁结构		
十字滑块式			十字滑块式输出机构是由两个端面带矩形榫的连接盘、端面带凹槽的行星齿轮和输出轴所组成。其结构简单、加工方便,一般不需要热处理,制造成本低,还能补偿一些装配或零件变形的误差。但承载能力及传动效率均比销轴式输出机构低,工作时磨损与冲击严重,所以常用于传递小功率,或者只有一个行星齿轮的少齿差行星传动的结构中
浮动盘式			浮动盘式输出机构可以传递较大功率,传统的浮动盘式摆线针轮行星传动都采用两片浮动盘,一片在靠近输出轴一端,另一片则布置在两片摆线轮之间。采用两片浮动盘的原因是浮动盘除了随输出轴转动外,还做径向移动。由于浮动盘输出机构具有惯性力,而且很难平衡,所以这种机构不利于高速传动
零齿差式（齿啮式）			零齿差(齿啮式)输出机构是指采用一对零齿差的齿轮将行星齿轮的角速度等速输出到输出轴上。在该机构中,零齿差齿轮副的外齿轮(或内齿轮)与行星齿轮合成一体,而另一齿轮则与输出轴合为一体。它的优点是结构紧凑、制造方便,零件数目较少

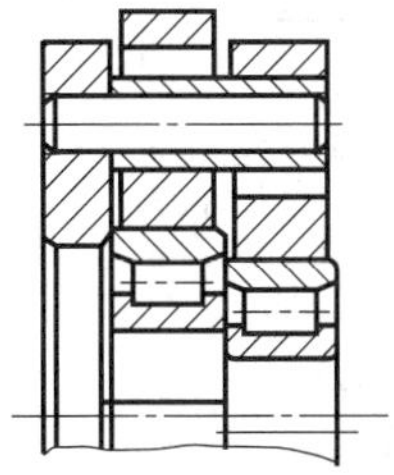

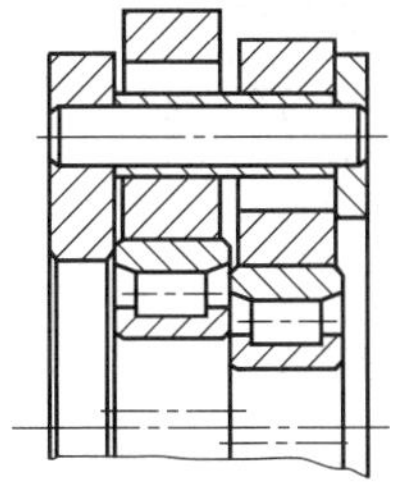

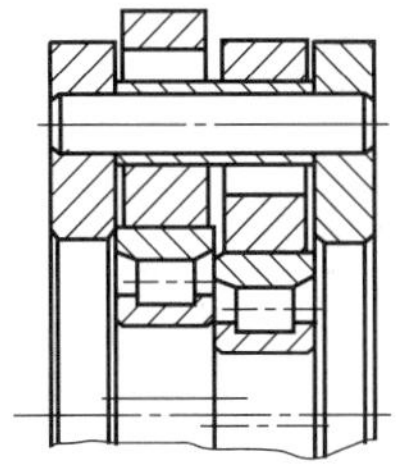

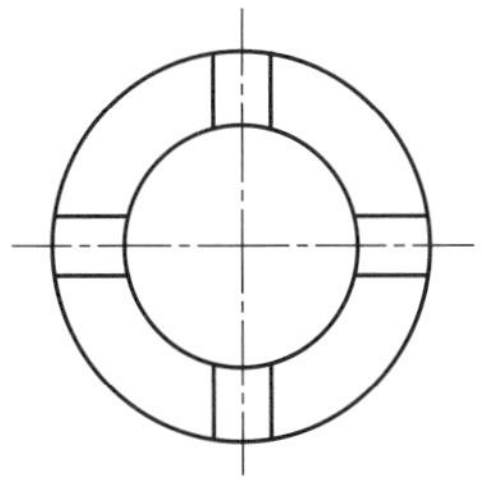

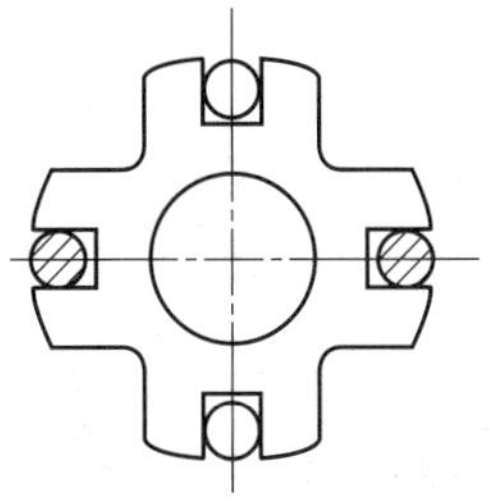

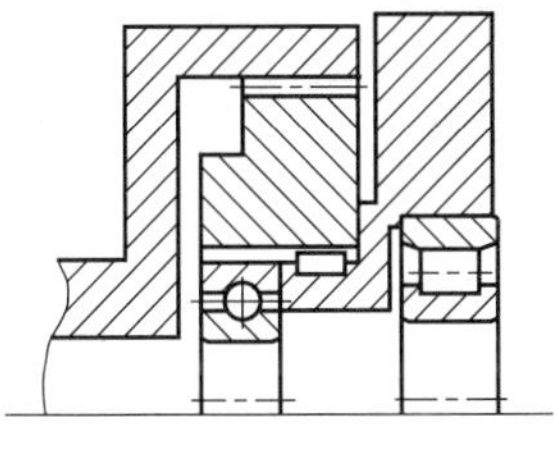

7.1.3 摆线针轮行星传动几何要素代号

表 14-7-3 摆线针轮行星传动几何要素代号

e——中心距(偏心距),mm	r_g——发生圆半径(滚圆半径),mm
b_c——摆线轮齿宽,mm	R_z——针齿中心圆半径,mm
b_p——针轮有效齿宽,mm	r'_b——针齿节圆半径,mm
d_{ac}——摆线轮齿顶圆直径,mm	r_z——针齿套外圆半径,mm
d_b——摆线轮基圆直径,mm	r_{rw}——柱销套外圆半径,mm
d_{fc}——摆线轮齿根圆直径,mm	r'_z——针齿销半径,mm
d_g——发生圆直径(滚圆直径),mm	r_{sw}——柱销半径,mm
d_p——针轮中心圆直径(针轮分布圆直径),mm	r_w——柱销孔半径,mm
d'_b——针轮节圆直径,mm	D_w——输出机构柱销孔中心圆直径,mm
d_z——针齿套外径,mm	K_1——变幅(短幅或长幅)系数
d_{rw}——柱销套外径,mm	K_2——针径系数
d'_z——针齿销直径,mm	R_w——输出机构柱销孔中心圆半径,mm
d_{sw}——柱销直径,mm	W_{af}——摆线轮顶根距,mm
d_w——柱销孔直径,mm	W_k——跨 k 齿测量的公法线长度,mm
h——摆线轮齿高,mm	z_g——摆线轮齿数
i——传动比	z_b——针齿齿数
j——啮合侧隙	Z_w——输出机构柱销孔数
n——转速,r/min	α——啮合角
p_{bc}——摆线轮基圆齿距,mm	ρ——摆线轮齿廓曲线的曲率半径,mm
p_c——摆线轮分布圆齿距,mm	ϕ_d——齿宽系数
r_{ac}——摆线轮齿顶圆半径,mm	φ_{Hp}——啮合相位角
r_b——摆线轮基圆半径,mm	ω——角速度
r_c——摆线轮分布圆半径,mm	Δr_p——移距修形量,mm
r'_b——摆线轮节圆半径,mm	Δr_{rp}——等距修形量,mm
r_{fc}——摆线轮齿根圆半径,mm	δ——转角修形量

7.2 摆线针轮行星传动的设计与计算

7.2.1 摆线针轮行星传动的啮合原理

7.2.1.1 摆线轮齿廓曲线通用方程式

表 14-7-4 摆线轮齿廓曲线通用方程式

项目	说 明
建立坐标系	行星摆线轮齿廓可以由针齿齿廓及给定的相对运动包络而成,应用包络法可以得到摆线轮齿廓曲线的通用方程式。在针轮中心建立整体固定坐标系 OXY 与针轮固连的动坐标系 $O_1x_1y_1$,在行星轮中心建立与其固连的动坐标系 $O_2x_2y_2$。在初始位置,x_1 轴与 X 轴重合,x_2 轴与 X 轴平行。针齿中心分布圆半径为 R_z,针齿的外圆半径为 r_z。针轮与行星轮的齿数分别为 z_b、z_g,两轮中心距(输入转臂轴承的偏心距)为 e。为简化问题的讨论,采用"转化机构法"将行星运动转变成为定轴齿轮传动。在转化机构中,将行星轮以角速度 ω_2 绕 z_2 轴逆时针旋转 α 角,根据相对运动关系,针轮将以角速度 ω_1 随行星轮绕 z_1 轴逆时针旋转 β 角 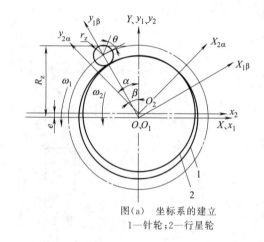 图(a) 坐标系的建立 1—针轮;2—行星轮

续表

项目	说　明	
摆线轮齿廓的通用表达式	式中	
	$$\begin{cases} x_2 = R_z\sin\varphi - e\sin\left(\dfrac{z_b\varphi}{z_b - z_g}\right) + r_z\cos\gamma \\ y_2 = R_z\cos\varphi - e\cos\left(\dfrac{z_b\varphi}{z_b - z_g}\right) - r_z\sin\gamma \end{cases}$$	(14-7-1)
	$$\varphi = \alpha - \beta$$	
	$$\lambda = \frac{ei_{21}}{R_z(i_{21} - 1)}$$	
	$$\sin\gamma = \pm \frac{-\lambda\cos\left(\dfrac{z_b\varphi}{z_b - z_g}\right) + \cos\varphi}{\sqrt{1 + \lambda^2 - 2\lambda\cos\left(\dfrac{z_g\varphi}{z_b - z_g}\right)}}$$	(14-7-2)
	$$\cos\gamma = \pm \frac{\lambda\sin\left(\dfrac{z_b\varphi}{z_b - z_g}\right) - \sin\varphi}{\sqrt{1 + \lambda^2 - 2\lambda\cos\left(\dfrac{z_g\varphi}{z_b - z_g}\right)}}$$	
摆线轮齿廓通用表达式的当量形式	引入当量齿轮的概念,令当量摆线轮的齿数	
	$$z_d = \frac{z_g}{z_b - z_g}$$	(14-7-3)
	与其啮合的当量针轮齿数为	
	$$z_e = i_{21} z_d = \frac{i_{21} z_g}{z_b - z_g} = \frac{z_b}{z_b - z_g}$$	(14-7-4)
	定义当量摆线轮的变幅系数 $K_1 = \lambda$,则	
	$$\lambda = \frac{ei_{21}}{R_z(i_{21} - 1)} = \frac{ez_b}{R_z(z_b - z_g)} = \frac{ez_e}{R_z} = \frac{r_b'}{R_z} = \frac{e' z_e}{R_z} = K_1$$	(14-7-5)
	式中　e'——当量摆线轮的短幅摆线的偏心距或动点距 　　　　r_b'——针轮的节圆半径 则摆线轮齿廓的通用表达式的当量形式为	
	$$\begin{cases} x_2 = R_z\sin\varphi - e\sin(z_e\varphi) + r_z\cos\gamma \\ y_2 = R_z\cos\varphi - e\cos(z_e\varphi) - r_z\sin\gamma \end{cases}$$	(14-7-6)
	式中 $$\sin\gamma = \pm \frac{-K_1\cos(z_e\varphi) + \cos\varphi}{\sqrt{1 + K_1^2 - 2K_1\cos(z_d\varphi)}}$$	
	$$\cos\gamma = \pm \frac{K_1\sin(z_e\varphi) - \sin\varphi}{\sqrt{1 + K_1^2 - 2K_1\cos(z_d\varphi)}}$$	(14-7-7)
	式(14-7-6)表示的摆线轮齿廓为短幅外摆线的等距曲线。当 $r_z = 0$ 时,为理论短幅摆线;当针齿数大于摆线轮齿数时,式(14-7-7)等号右边取"正",短幅摆线向内等距,获得短幅外摆线的等距线,形成普通的摆线针轮行星传动,根据齿数差值,可形成一齿差、二齿差和多齿差的摆线针轮行星传动;当针齿数小于摆线轮齿数时,式(14-7-7)等号右边取"负",短幅摆线向外等距,获得短幅内摆线的等距线,可形成内摆线针轮行星传动	

7.2.1.2　摆线轮齿廓曲线的外啮合和内啮合形成法

当式 (14-7-1) 和式 (14-7-2) 中的 $z_b - z_g = 1$ 时, 即可得到一齿差摆线针轮行星传动的齿廓曲线, 该曲线还可通过表 14-7-5 所示两种方法得到:两圆外啮合形成法和两圆内啮合形成法。

表 14-7-5　　　　　　　　　　　摆线轮齿廓曲线的外啮合和内啮合形成法

方法	说　明	
两圆外啮合形成法	如图(a)所示,滚圆(发生圆)半径为 r 绕着半径为 R 的固定基圆外侧作纯滚动,两圆外切于点 P。滚圆上的点 C_1 的轨迹 $C_1C'C''C'''C_2$ 称为外摆线。其幅高 h_0 等于滚圆的直径,即 $h_0 = 2r$ 在滚圆内且与滚圆相固连的一点 M_1,点 M_1 的轨迹 $M_1M'M''M'''M_2$ 称为变态外摆线。由于变态外摆线的幅高较短,因此又叫做短幅外摆线。其幅高 h 等于两倍的偏心距,即 $h = 2e$ 将短幅外摆线幅高 h 与外摆线幅高 h_0 的比值定义为短幅外摆线的短幅系数 K_1(或称变幅系数),即 $$K_1 = \frac{h}{h_0} = \frac{2e}{2r} = \frac{e}{r} < 1$$	 图(a)　两圆外啮合形成法

续表

方法	说 明
两圆内啮合形成法	如图(b)所示,滚圆半径 r_b 比基圆半径 r_g 大,滚圆套在基圆上,即两圆内切于 P 点,两圆偏心距 $e = r_b - r_g = a$。当基圆固定,滚圆沿基圆的圆周作纯滚动时,滚圆上的一点 C_1 的轨迹 $C_1C'C''C'''P$ 同样是外摆线。在滚圆外且与滚圆相固连的一点 M_1 的轨迹 $M_1M'M''M'''M''''$ 也称为变态外摆线(即短幅外摆线)。且把滚圆半径 r_b 与 $\overline{O_bM_1}$ 的比值称为短幅系数 K_1,即 $$K_1 = \frac{r_b}{O_bM_1}$$ 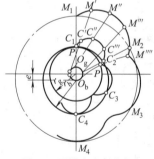 图(b) 两圆内啮合形成法
两种形成法之间的关系	如图(c)所示,两种方法形成同一条短幅外摆线时,其短幅系数 K_1 相等,而两种方法要形成同一条短幅外摆线的条件为 $$\begin{cases} \overline{OM_1} = r_b - r_g = e \\ \overline{O_bM_1} = \overline{O_gO} = R + r \\ \dfrac{r_g}{e} = \dfrac{R}{r} \end{cases}$$ 两种方法形成同一条外摆线的条件为 $$\begin{cases} r_g = R \\ r_b = R + r \end{cases}$$ 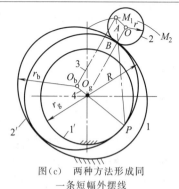 图(c) 两种方法形成同一条短幅外摆线

7.2.1.3 一齿差、两齿差和负一齿差摆线轮齿廓

实际中运用较广泛的摆线针轮少齿差行星传动(包括针轮与摆线轮为正、负一齿差,二齿差等),运用一次包络摆线轮行星传动的统一理论对三种典型传动进行分析,可得少齿差摆线针轮行星传动的摆线轮齿廓方程。若 $z_b - z_g = 1$,则 $z_d = z_g$,$z_e = z_b$,代入摆线齿廓曲线通用方程式(14-7-6)即可得到一

齿差摆线针轮行星传动的摆线轮齿廓曲线方程;若 $z_b - z_g = 2$,则 $z_d = \dfrac{1}{2}z_g$,$z_e = \dfrac{1}{2}z_b$ 代入式(14-7-6),即可得到二齿差摆线针轮行星传动的摆线轮齿廓曲线方程;若 $z_b - z_g = -1$,$z_d = -z_g$,$z_e = -z_b$ 代入式(14-7-6),且式(14-7-7)等号右边取负号即可得到负一齿差摆线针轮行星传动的摆线轮齿廓曲线方程见表14-7-6。

表 14-7-6　　典型摆线轮齿廓方程

少齿差传动名称	啮合图	摆线轮齿廓曲线方程
一齿差摆线针轮行星传动 $\begin{pmatrix} z_b - z_g = 1 \\ z_d = z_g \\ z_e = z_b \end{pmatrix}$		$\begin{cases} x_2 = R_z\sin\varphi - e\sin(z_e\varphi) + r_z\cos\gamma \\ y_2 = R_z\cos\varphi - e\cos(z_e\varphi) - r_z\sin\gamma \end{cases}$, $\varphi \in [0, \varphi_{max}]$ 式中 $$\sin\gamma = \frac{-K_1\cos(z_e\varphi) + \cos\varphi}{\sqrt{1 + K_1^2 - 2K_1\cos(z_d\varphi)}}$$ $$\cos\gamma = \frac{K_1\sin(z_e\varphi) - \sin\varphi}{\sqrt{1 + K_1^2 - 2K_1\cos(z_d\varphi)}}$$

续表

少齿差传动名称	啮合图	摆线轮齿廓曲线方程
二齿差 摆线针轮 行星传动 $\begin{cases} z_b - z_g = 2 \\ z_d = \dfrac{1}{2} z_g \\ z_e = \dfrac{1}{2} z_b \end{cases}$	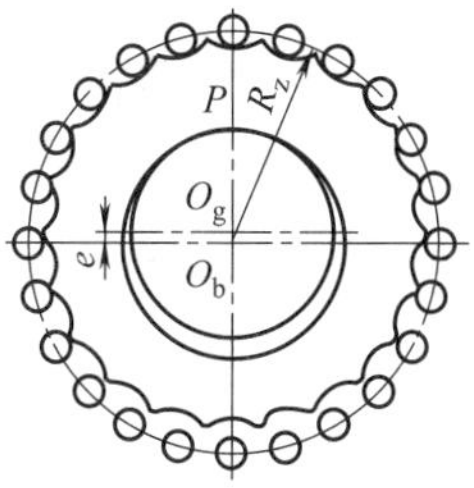	$\begin{cases} x_2 = R_z \sin\varphi - e\sin(z_e\varphi) + r_z\cos\gamma \\ y_2 = R_z \cos\varphi - e\cos(z_e\varphi) - r_z\sin\gamma \end{cases}, \varphi \in [0, \varphi_{max}]$ 式中 $\sin\gamma = \dfrac{-K_1\cos(z_e\varphi) + \cos\varphi}{\sqrt{1 + K_1^2 - 2K_1\cos(z_d\varphi)}}$ $\cos\gamma = \dfrac{K_1\sin(z_e\varphi) - \sin\varphi}{\sqrt{1 + K_1^2 - 2K_1\cos(z_d\varphi)}}$
负一齿差 摆线针轮 行星传动 $\begin{cases} z_b - z_g = -1 \\ z_d = -z_g \\ z_e = -z_b \end{cases}$	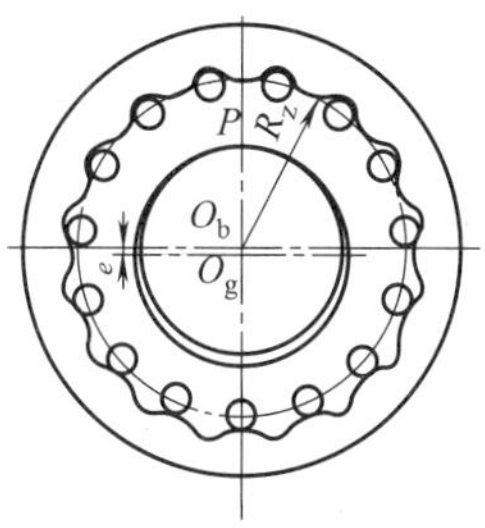	$\begin{cases} x_2 = R_z \sin\varphi - e\sin(z_e\varphi) + r_z\cos\gamma \\ y_2 = R_z \cos\varphi - e\cos(z_e\varphi) - r_z\sin\gamma \end{cases}, \varphi \in [0, \varphi_{max}]$ 式中 $\sin\gamma = -\dfrac{-K_1\cos(z_e\varphi) + \cos\varphi}{\sqrt{1 + K_1^2 - 2K_1\cos(z_d\varphi)}}$ $\cos\gamma = -\dfrac{K_1\sin(z_e\varphi) - \sin\varphi}{\sqrt{1 + K_1^2 - 2K_1\cos(z_d\varphi)}}$

7.2.1.4　摆线轮齿廓修形

为了保证摆线轮与针轮齿之间有一定的啮合间隙，以便于拆装和补偿制造误差，并形成润滑油膜，

实际应用的摆线轮不能采用标准齿形，都必须修形。

根据摆线针轮传动的啮合与展成法切削加工原理，摆线轮的齿形有以下三种基本修形方法，见表 14-7-7。

表 14-7-7　　　　　　　　　　　　　　　　　　　　　　修形方法

方法	说　明
移距修形法	移距修形法就是在磨削摆线轮齿廓时，将砂轮相对工作台多移动一个微小的距离 Δr_p，这样磨削出来的就是一条新的修形摆线齿廓，相当于针齿中心圆半径变为 $R_z - \Delta r_p$。若砂轮向工作台多移动 Δr_p，定义为正移距修形；反之为负移距修形。采用这种加工方法加工摆线轮时，偏心距 e，砂轮半径，传动比等均和加工标准齿廓时都一样，只是针齿中心圆半径发生了改变；因此，磨出的摆线轮齿廓的短幅系数 $K_1' = ez_b/(R_z - \Delta r_p)$ 大于标准齿廓的短幅系数 $K_1 = ez_b/R_z$，所以摆线轮的啮合和受力分布发生变化。采用移距修形法在工艺上来讲是最简单的
等距修形法	等距修形法是指在磨削摆线轮齿廓时，将砂轮齿形半径相对地增大 Δr_{rp} 或减小 Δr_{rp}，其他与加工标准齿廓时保持一致。这样加工出来的摆线齿廓相当于理论齿廓往内或往外等距了 Δr_{rp} 的距离，是理论齿廓的等距曲线，其短幅系数没有发生改变，但是不同的等距值也会影响啮合性能和受力的分布。将砂轮齿形半径增大 Δr_{rp} 定义为正等距修形；反之为负等距修形
转角修形法	转角修形法是指在加工摆线轮时，先磨出标准齿廓，再将分齿机构和偏心机构的联系脱开，然后拨动分齿挂轮上的齿轮，使工作台转过一微小的角度 δ，从而改变了摆线轮在上一次磨削时的初始位置。通过这种方法得到的修形齿廓与标准齿廓基本上是一样的，只是整个轮齿变小一些，而齿间变大一些；其特点是在同样的修形量下，同时啮合齿数较采用另外两种修形方式多，但摆线轮的齿顶和齿根圆处没有间隙存在，因此不能单独使用转角修形法，还需和前两种修形方法之一结合使用
不同修形方法齿廓比较	以上三种修形方法，除转角修形法不能单独使用外，其他两种方法既可与其他修形方法联合使用，也可单独使用。近年来有些工厂采用"负移距＋正等距"相结合的修形方法可得到较理想的齿廓。如果再加以适当的转角修形，则得到的齿廓将更接近实际齿廓，且经过修形后的同时啮合齿数多于只采用等距或移距修形的方式，可以极大提高承载能力，并保证齿顶和齿根处均有间隙存在。不同修形方法齿廓的比较如下图所示

续表

方法	说　　明
不同修形 方法齿廓 比较	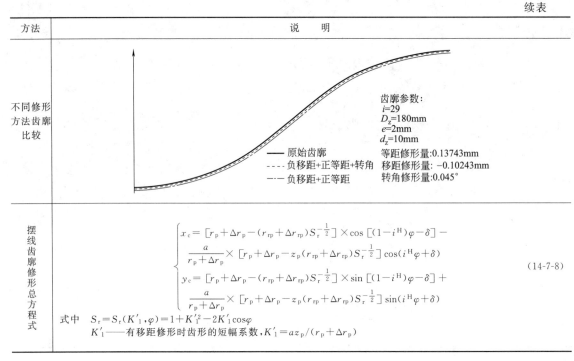 齿廓参数： $i=29$ $D_z=180$mm $e=2$mm $d_z=10$mm —— 原始齿廓　　　　等距修形量：0.13743mm ---- 负移距+正等距+转角　　移距修形量：−0.10243mm —·— 负移距+正等距　　　　转角修形量：0.045°
摆线齿廓修形总方程式	$$\begin{cases} x_c = \left[r_p + \Delta r_p - (r_{rp} + \Delta r_{rp})S_r^{-\frac{1}{2}}\right] \times \cos\left[(1-i^H)\varphi-\delta\right] - \\ \qquad \dfrac{a}{r_p + \Delta r_p} \times \left[r_p + \Delta r_p - z_p(r_{rp} + \Delta r_{rp})S_r^{-\frac{1}{2}}\right]\cos(i^H\varphi+\delta) \\ y_c = \left[r_p + \Delta r_p - (r_{rp} + \Delta r_{rp})S_r^{-\frac{1}{2}}\right] \times \sin\left[(1-i^H)\varphi-\delta\right] + \\ \qquad \dfrac{a}{r_p + \Delta r_p} \times \left[r_p + \Delta r_p - z_p(r_{rp} + \Delta r_{rp})S_r^{-\frac{1}{2}}\right]\sin(i^H\varphi+\delta) \end{cases}$$ （14-7-8） 式中　$S_r = S_r(K'_1,\varphi) = 1 + K'^2_1 - 2K'_1\cos\varphi$ 　　　K'_1——有移距修形时齿形的短幅系数，$K'_1 = az_p/(r_p + \Delta r_p)$

7.2.1.5　摆线轮齿廓的曲率半径

根据微分几何的公式，可求得摆线轮理论齿廓曲线的曲率半径 ρ_0，即

$$\rho_0 = R_z \frac{S^{\frac{3}{2}}}{T} \qquad (14\text{-}7\text{-}9)$$

式中　　　　　　$S = 1 + K_1^2 - 2K_1^2\cos\theta_b$

$$T = K_1(1+z_b)\cos\theta_b - (1 + z_b K_1^2)$$

ρ_0 为正值，曲线向内凹；ρ_0 为负值，曲线向外凸[见图 14-7-3 （a）]。

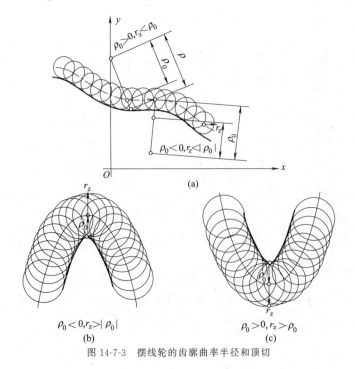

图 14-7-3　摆线轮的齿廓曲率半径和顶切

摆线轮实际齿廓曲线的曲率半径为

$$\rho = \rho_0 + r_z = R_z \frac{S^{\frac{3}{2}}}{T} + r_z \qquad (14\text{-}7\text{-}10)$$

对于外凸的理论齿廓（$\rho_0 < 0$），当 $r_z > |\rho_0|$ 时 [图 14-7-3 (b)]，理论齿廓在该处的等距曲线就不能实现，即等距曲线成交叉齿廓，这种情况称为摆线齿廓的"顶切"（干涉），严重的顶切会破坏连续平稳的啮合，是不允许的；当 $r_z < |\rho_0|$ 时，$\rho = 0$，即摆线轮在该处出现尖角，也应防止。若 ρ_0 为正值 [图 14-7-3 (c)]，不论 r_z 取多大，摆线轮实际齿廓都不会发生类似现象。

摆线轮齿廓是否发生顶切，不仅取决于理论外凸齿廓的最小曲率半径 $|\rho_0|_{min}$，而且与针齿齿形半径有关。$|\rho_0|_{min}$ 的计算公式见表 14-7-8。根据推导，摆线轮齿廓不发生尖角和顶切的条件为

$$r_z < |\rho_0|_{min} = a_{min} R_z \qquad (14\text{-}7\text{-}11)$$

即

$$\frac{r_z}{R_z} < a_{min} \qquad (14\text{-}7\text{-}12)$$

式中，$a_{min} = \dfrac{(1+K_1)^2}{1+K_1+z_g K_1}$，称为理论齿廓最小曲率半径系数。$a_{min}$ 的值可由表 14-7-9 查得。

表 14-7-8 最小曲率半径 $|\rho_0|_{min}$ 的计算公式

齿顶外凸	K_1 值范围	$1 > K_1 > \dfrac{1}{z_b}$	
	最小曲率半径处所对应的 φ	$0°$	
	最小曲率半径 $|\rho_{min}|$ 的计算公式	$|\rho_{min}| = \dfrac{(1-K_1)^2}{z_b K_1 - 1} R_z$	
齿根内凹	K_1 值范围	I $1 > K_1 > \dfrac{z_b - 2}{2z_b - 1}$	II $\dfrac{z_b - 2}{2z_b - 1} \geqslant K_1$
	最小曲率半径处所对应的 φ	$\arccos \dfrac{K_1^2 (2z_b - 1) - (z_b - 2)}{K_1 - (z_b + 1)}$	$180°$
	最小曲率半径 $|\rho_{min}|$ 的计算公式	$|\rho_{min}| = R_z \sqrt{\dfrac{27(1-K_1^2)(z_b-1)}{(z_b+1)^3}}$	$|\rho_{min}| = \dfrac{(1+K_1)^2}{z_b K_1 + 1} R_z$

曲率半径系数 $e = \dfrac{\rho_0}{R_z}$ 随啮合相位角变化而变化的情况，即

$\dfrac{\rho_0}{R_z} - \varphi$ 曲线

图中，φ 为啮合相位角 φ_{Hp} 的简写

表 14-7-9 摆线轮的理论齿廓最小曲率半径系数 a_{min}

z_g	K_1									
	0.40	0.45	0.50	0.55	0.60	0.65	0.70	0.75	0.80	0.85
9	0.3920	0.3823	0.3750	0.3696	0.3657	0.3630	0.3612	0.3603	0.3600	0.3603
11	0.3379	0.3285	0.3214	0.3161	0.3122	0.3094	0.3074	0.3062	0.3057	0.3056
13	0.2970	0.2880	0.2812	0.2761	0.2723	0.2696	0.2676	0.2663	0.2656	0.2653
15	0.2649	0.2564	0.2500	0.2452	0.2415	0.2388	0.2369	0.2356	0.2348	0.2344
17	0.2390	0.2310	0.2250	0.2204	0.2169	0.2144	0.2125	0.2112	0.2104	0.2100
19	0.2178	0.2102	0.2045	0.2002	0.1969	0.1945	0.1927	0.1914	0.1906	0.1901
21	0.2000	0.1929	0.1875	0.1834	0.1803	0.1779	0.1762	0.1750	0.1742	0.1737

续表

z_g	K_1									
	0.40	0.45	0.50	0.55	0.60	0.65	0.70	0.75	0.80	0.85
23	0.1849	0.1782	0.1731	0.1692	0.1662	0.1640	0.1624	0.1612	0.1604	0.1599
25	0.1719	0.1656	0.1607	0.1570	0.1542	0.1521	0.1505	0.1494	0.1486	0.1482
27	0.1607	0.1546	0.1500	0.1465	0.1438	0.1418	0.1403	0.1392	0.1385	0.1380
29	0.1508	0.1450	0.1406	0.1373	0.1347	0.1328	0.1314	0.1303	0.1296	0.1292
31	0.1420	0.1365	0.1324	0.1292	0.1267	0.1249	0.1235	0.1225	0.1218	0.1214
33	0.1342	0.1290	0.1250	0.1220	0.1196	0.1179	0.1165	0.1156	0.1149	0.1145
35	0.1273	0.1222	0.1184	0.1155	0.1133	0.1116	0.1103	0.1094	0.1087	0.1083
37	0.1210	0.1162	0.1125	0.1097	0.1076	0.1059	0.1047	0.1038	0.1032	0.1028
39	0.1153	0.1107	0.1071	0.1045	0.1024	0.1008	0.0997	0.0988	0.0982	0.0978
41			0.1023	0.0997	0.0977	0.0962	0.0951	0.0942	0.0936	0.0933
43			0.0978	0.0953	0.0934	0.0920	0.0909	0.0901	0.0895	0.0891
45			0.0938	0.0913	0.0895	0.0881	0.0870	0.0863	0.0857	0.0853
47			0.0900	0.0877	0.0859	0.0845	0.0835	0.0828	0.0822	0.0819
49			0.0865	0.0843	0.0826	0.0813	0.0803	0.0795	0.0790	0.0787
51			0.0833	0.0812	0.0795	0.0782	0.0773	0.0766	0.0761	0.0757
53			0.0804	0.0783	0.0766	0.0754	0.0745	0.0738	0.0733	0.0730
55			0.0776	0.0756	0.0740	0.0728	0.0719	0.0712	0.0707	0.0704
57			0.0750	0.0730	0.0715	0.0703	0.0695	0.0688	0.0684	0.0680
59			0.0726	0.0707	0.0692	0.0681	0.0672	0.0666	0.0661	0.0658
61			0.0703	0.0684	0.0670	0.0659	0.0651	0.0645	0.0640	0.0637
63			0.0682	0.0664	0.0650	0.0639	0.0631	0.0625	0.0621	0.0618
65			0.0662	0.0644	0.0631	0.0620	0.0612	0.0606	0.0602	0.0599
67			0.0643	0.0626	0.0612	0.0602	0.0595	0.0589	0.0585	0.0582
69			0.0625	0.0608	0.0595	0.0585	0.0578	0.0572	0.0568	0.0566
71			0.0608	0.0592	0.0579	0.0570	0.0562	0.0557	0.0553	0.0550
73			0.0592	0.0576	0.0564	0.0554	0.0547	0.0542	0.0538	0.0536
75			0.0577	0.0561	0.0549	0.0540	0.0533	0.0528	0.0524	0.0522
77			0.0562	0.0547	0.0536	0.0527	0.0520	0.0515	0.0511	0.0509
79			0.0549	0.0534	0.0522	0.0514	0.0507	0.0502	0.0498	0.0496
81			0.0536	0.0521	0.0510	0.0501	0.0495	0.0490	0.0486	0.0484
83			0.0523	0.0509	0.0498	0.0490	0.0483	0.0479	0.0475	0.0473
85			0.0511	0.0497	0.0487	0.0478	0.0472	0.0468	0.0464	0.0462
87			0.0500	0.0486	0.0476	0.0468	0.0462	0.0457	0.0454	0.0452

7.2.2　摆线针轮行星传动的基本参数和几何尺寸计算

7.2.2.1　基本参数及几何尺寸

设计摆线针轮行星传动时基本参数的主要几何关系见表 14-7-10。我国按针齿中心与直径的大小将摆线针轮减速器分为 13 种机型，见表 14-7-14。

由表 14-7-10 可以看出，摆线针轮行星传动的外廓尺寸主要与针轮直径 D_z 有关，而传动比又与针轮的齿数 z_b 有关。所以在设计计算时是以针齿半径 R_z 和针齿数 z_b 作为基本参数，其他参数尽可能化为 R_z 和 z_b 的函数，这样有利于分析设计参数对性能指标的影响。因此特引入短幅系数 K_1、针径系数 K_2 以便于设计。

表 14-7-10　　　　　　　　　　　　　　摆线针轮行星传动几何尺寸

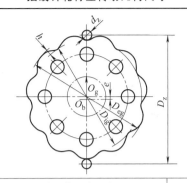

名　　称	符号	计　算　公　式	备　　　　注
短幅系数	K_1	$K_1 = \dfrac{r_b}{R_z} = \dfrac{ez_b}{R_z}$	如果取值 K_1 过小，转臂轴承的受力会很大，也会导致承载能力的降低。一般以 $K_1 = 0.5\sim0.75$ 为最佳取值范围，具体取值范围见表 14-7-11
针轮节圆半径	r'_b	$r'_b = K_1 R_z = ez_b$	—
摆线轮节圆半径	r'_g	$r'_g = \dfrac{z_g}{z_b} r_b = ez_g = K_1 R_z \dfrac{z_g}{z_b}$	—
偏心距	e	$e = r_b - r_g = \dfrac{r_b}{z_b} = \dfrac{K_1 R_z}{z_b}$	偏心距根据现有磨齿机的要求或按现有偏心轴承选取
外啮合形成法的滚圆半径	r	$r = \dfrac{e}{K_1} = \dfrac{R_z}{z_b}$	—
外啮合形成法的基圆半径	R	$R = R_z \dfrac{z_g}{z_b}$	—
摆线轮理论齿廓的平均半径	r_{mg}	$r_{mg} = R_z$	
摆线轮齿顶圆半径	r_{ac}	$r_{ac} = R_z + e - r_z$	
摆线轮齿根圆半径	r_{fc}	$r_{fc} = R_z - e - r_z$	
摆线轮齿高	h	$h = 2e$	—
针径系数	K_2	$K_2 = \dfrac{R_z}{r_z} \sin \dfrac{\pi}{z_b}$	K_2 增大时，针齿的抗弯强度就会降低；K_2 减小时容易使摆线轮齿廓产生顶切或尖角；所以 $K_2 = 1.5\sim2.0$ 为最佳范围。设计时可参照表 14-7-12 选取

表 14-7-11　　　　　　　　　传动比 i 与短幅系数 K_1 的相应范围

传动比 i	<11	$12\sim23$	$24\sim35$	$36\sim59$	$60\sim87$
短幅系数 K_1	$0.42\sim0.55$	$0.48\sim0.65$	$0.55\sim0.74$	$0.55\sim0.74$	$0.54\sim0.67$

表 14-7-12　　　　　　　　　　　　针径系数 K_2 的参考值

z_b	<12	$12\sim24$	$24\sim36$	$36\sim60$	$60\sim88$
K_2	$3.85\sim2.85$	$2.8\sim2$	$2\sim1.15$	$1.5\sim1.0$	$1.5\sim0.99$

表 14-7-13　　　　　　　　　针齿套和针齿销直径的常用值　　　　　　　　　　mm

针齿套直径 d_z	（无针齿套）	14	18	22	27	32	36	42	50	65	70	75	85	95
针齿销直径 d'_z	8	10	10	12	16	20	24	26	32	36	50	55	60	65	75

表 14-7-14 各种机型号对应的针齿中心圆直径范围 mm

机型	0	1	2	3	4	5	6	7	8	9	10	11	12
R_z	75～94	95～105	106～120	140～155	165～185	210～230	250～275	280～300	315～335	380～400	440～460	535～555	645～690

7.2.2.2 W 机构的有关参数与几何尺寸

表 14-7-15 W 机构的有关参数与几何尺寸

参数	说 明
W 机构柱销的数目 z_w	柱销的数目 z_w 受摆线轮尺寸的限制,可根据针齿中心圆直径 R_z 按下表选择 W 机构柱销数目参考值 <table><tr><td>R_z/mm</td><td><100</td><td>100～200</td><td>>200～300</td><td>>300</td></tr><tr><td>z_w</td><td>6</td><td>8</td><td>10</td><td>12</td></tr></table>
柱销中心圆直径 D_w	$$D_w = \frac{d_{fc} + D_1}{2} \qquad (14\text{-}7\text{-}13)$$ 式中 d_{fc}——摆线轮齿根圆直径,mm D_1——摆线轮的中心孔直径,根据结构要求及转臂轴承标准确定,初算时可取 $D_1 = (0.4\sim0.5)R_z$,mm
W 机构的柱销直径 d_{sw} 和柱销套直径 d_{rw}	柱销直径 d_{sw} 由其弯曲强度决定,柱销套直径 d_{rw} 可取 $d_{rw} = (1.3\sim1.5)d_{sw}$,或按下表选择 W 机构柱销和柱销套直径参考值 <table><tr><td>d_{sw}</td><td>12</td><td>14</td><td>17</td><td>22</td><td>26</td><td>32</td><td>35</td><td>45</td><td>55</td></tr><tr><td>d_{rw}</td><td>17</td><td>20</td><td>26</td><td>32</td><td>38</td><td>45</td><td>50</td><td>60</td><td>75</td></tr></table>
摆线轮上的销孔直径 d_w	$$d_w = d_{rw} + 2a + \Delta \qquad (14\text{-}7\text{-}14)$$ 式中 Δ——柱销孔与柱销套之间的间隙,mm,$R_z \leqslant 550$ 时,$\Delta = 0.15$,$R_z > 550$ 时,$\Delta = 0.20\sim0.30$ 算出 d_w 以后,需验算摆线轮上的销孔壁厚 Δ_1 和 Δ_2,见下图,并保证最小壁厚不小于 $[\Delta] = 0.03d_p$ $$\Delta_1 = \frac{1}{2}(D_w - 2R_n - d_w) \qquad (14\text{-}7\text{-}15)$$ $$\Delta_2 = D_w \sin\frac{180°}{z_w} - d_w \qquad (14\text{-}7\text{-}16)$$ 摆线轮销孔壁厚

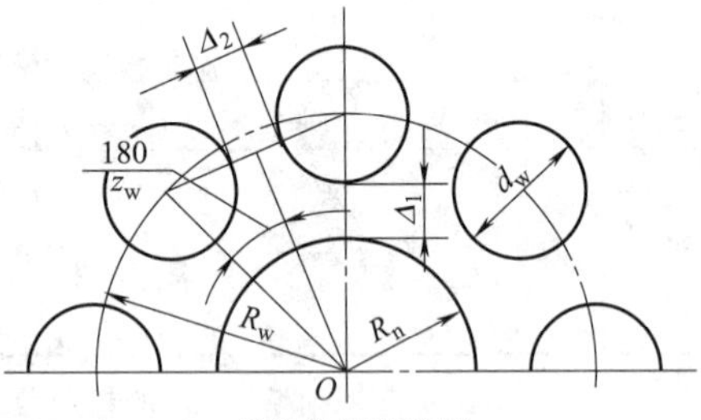

7.2.3 摆线针轮行星传动的受力分析

根据摆线针轮行星传动的啮合原理可知,针轮与摆线轮是多齿啮合传动。由于多齿啮合,实际上摆线轮与各针齿之间,以及 W 机构中柱销套与柱销孔之间的载荷分布很复杂。它除了受接触变形的影响外,还受制造误差、啮合间隙和摆线轮体变形的影响。为了便于研究,现作如下假设:

① 装配间隙为零;
② 摆线轮、针齿壳和转臂的变形忽略不计;
③ 不考虑摩擦的影响。

如图 14-7-4 所示啮合瞬时位置,以摆线轮为分离体。摆线轮在工作中主要受到三种力的作用:针齿与摆线轮齿啮合的作用力 $\sum F_i$,输出机构柱销对摆线轮的作用力 $\sum Q_i$,转臂轴承对摆线轮的作用力 F_r,具体受力分析见表 14-7-16。

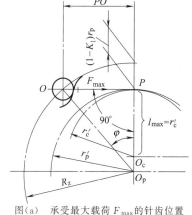

图 14-7-4　摆线轮受力分析图

7.2.4　摆线针轮行星传动强度计算

摆线针轮行星传动既要满足结构紧凑、重量轻的要求，又要满足足够的强度。因此，应对其主要承载零件进行强度计算。

7.2.4.1　主要失效形式

摆线针轮行星传动常见的失效形式主要包括以下三种。

① 摆线轮齿与针齿齿面发生疲劳点蚀和胶合或者针齿销因受压而折断。尤其在大功率或制造误差较大时，这种破坏往往是主要形式。

② W 机构的柱销弯曲强度不够，柱销产生弯曲变形或折断；柱销套与柱销孔工作表面产生点蚀或胶合。尤其在重载、间断工作情况下，W 机构的柱销可能是薄弱环节，减速器的承载能力将受 W 机构的承载能力限制。

③ 转臂轴承的疲劳破坏。因为摆线轮作用于转臂轴承上的力较大，且转臂轴承内外圈相对转速较高，所以它是摆线针轮行星传动的薄弱环节。尤其在满载、连续工作的情况下，转臂滚动轴承寿命将直接影响减速器的承载能力和使用寿命。

表 14-7-16　　　　　　　　　　　　　　　三种作用力的分析

力	分　析
针齿与摆线轮齿啮合的作用力	在摆线针轮行星传动中，转臂的转向与摆线轮的转向相反。对于摆线轮，其角速度与输出力矩方向相反。在转化机构中针轮的转向与摆线轮相同，所以在 y 轴右面，针轮与摆线轮有离开趋势，它们之间没有作用力存在。在 y 轴的左面的针轮与摆线轮相互啮合，针齿与摆线轮的各力作用线是沿啮合线的公法线方向，且相交于节点 P 　　假设针齿固定不动，对摆线轮(行星轮)施加一转矩 T_g，传力零件的弹性变形使摆线轮转过一个 β 角。忽略摆线轮体、针齿套和转臂的变形影响，可以求出针齿销的弯曲和轮齿接触挤压的总变形，对图 14-7-4 中针齿 2、3、4…来说分别为 $\delta_2 = l_2\beta, \delta_3 = l_3\beta, \cdots$ 　　假定针齿承受的载荷 $F_2, F_3, F_4 \cdots$ 和相应的变形 $l_2\beta, l_3\beta, l_4\beta, \cdots$ 呈线性关系。最大载荷 F_{max} 作用在最大力臂 $l_{max} = r'_c$ 的针齿处[图(a)]，可以用式(14-7-17)确定作用在第 i 个针齿上的力 $$F_i = F_{max}\frac{l_i}{r'_c} \qquad (14\text{-}7\text{-}17)$$ $$F_{max} = \frac{4T_g}{K_1 z_g R_z}$$ 式中　l_i——第 i 个针齿啮合点公法线或待啮合点的法线至摆线轮中心 O_c 的距离 　　　K_1——短幅系数 　　但考虑到摆线轮的制造误差和针齿的制造、安装误差而引起的两个摆线轮之间的载荷分配不均匀，即其中之一的 T_g 值略超过 $0.5T$(T 为输出轴传递的总转矩)。故在力分析与强度计算时，建议取 $T_g = 0.55T$，代入得 $$F_{max} = \frac{4\times 0.55T}{K_1 z_g R_z} = \frac{2.2T}{K_1 z_g R_z} \qquad (14\text{-}7\text{-}18)$$ 图(a)　承受最大载荷 F_{max} 的针齿位置

续表

力	分　析
输出机构的柱销(套)作用于摆线轮上的力	若柱销孔与柱销套之间没有间隙,根据理论推导,各柱销对摆线轮作用力总和为 $$\sum Q_i = \frac{4T_g}{\pi R_w} \qquad (14\text{-}7\text{-}19)$$ 式中　T_g——一片摆线轮所传递的转矩,N·mm 　　　R_w——柱销中心圆的半径,mm 摆线轮对柱销的最大作用力为 $$Q_{max} = \frac{4T_g}{R_w z_w} \qquad (14\text{-}7\text{-}20)$$ 式中　z_w——输出机构柱销数 同样,由于零件制造和装配误差的影响,柱销套与柱销孔不一定都同时接触,即使承受载荷的柱销小于半数,故实际上的 Q_{max} 的值比计算值要大一些。再设计时可把 Q_{max} 增大 20% 考虑之,则得 $$Q_{max} = \frac{4.8T_g}{R_w z_w} \qquad (14\text{-}7\text{-}21)$$
转臂轴承的作用力	转臂轴承对摆线轮的作用力必与啮合的作用力及输出机构柱销对摆线轮的作用力平衡。见图(a),将各啮合的作用力沿作用线移到节点 P,则可得 x 轴方向的分力总和为 $$\sum F_{ix} = \frac{T_g}{r'_c} = \frac{T_g z_b}{K_1 R_z z_g} \qquad (14\text{-}7\text{-}22)$$ y 轴方向的分力总和为 $$\sum F_{iy} = \sum F_i \sin\alpha_i \qquad (14\text{-}7\text{-}23)$$ 根据式(14-7-17)也可以写成 $$\sum F_{iy} = \frac{T_g z_b}{K_1 z_g R_z} \times \left[\sum \frac{4\sin\alpha_i \cos\alpha_i}{z_b} \right] = \frac{T_g z_b}{K_1 z_g R_z} K_y \qquad (14\text{-}7\text{-}24)$$ 式中,K_y 称为计算系数,其值可按 K_1 从图(b)中查得 转臂轴承对摆线轮的作用力为 $$F_r = \sqrt{(\sum F_{ix})^2 + (\sum Q_i - \sum F_{iy})^2}$$ 将式(14-7-19)、式(14-7-22)及式(14-7-23)代入上式得 $$F_r = \frac{T_g z_b}{K_1 z_g R_z}\sqrt{1+(\frac{4K_1 r_p z_g}{\pi R_\omega z_b} - K_y)^2} = \frac{T_g}{ez_g}\sqrt{1+(\frac{4ez_g}{\pi R_\omega}-K_y)^2} \qquad (14\text{-}7\text{-}25)$$ 在近似计算时,根号一项可取为 1.3,故有 $$F_r = \frac{1.3T_g z_b}{K_1 R_z z_g} = \frac{1.3T_g}{ez_g} \qquad (14\text{-}7\text{-}26)$$ 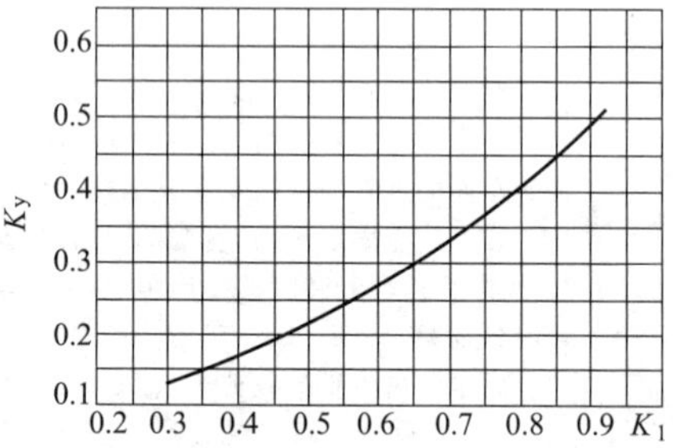 从式(14-7-26)可见 K_1 值减少,F_r 值增大,对转臂轴承不利 F_r 力与 x 轴间夹角,由图 14-7-4 可求得 $$\alpha_{Fr} = \arctan\left[\frac{\sum Q_i - \sum F_{iy}}{\sum F_{ix}}\right] \qquad (14\text{-}7\text{-}27)$$ 采用近似计算的方法 $$\alpha_{Fr} = \arccos \frac{1}{\sqrt{1+(\frac{4ez_g}{\pi R_w}-K_y)^2}} \approx \arccos \frac{1}{1.3} \approx 40° \qquad (14\text{-}7\text{-}28)$$ 按上述方法求得的值,没有考虑摩擦力,这与实际情况有差别。不过,目前在工程上仍用上述方法进行近似计算

（图(b)区域）

图(b)　$K_y = f(K_1)$

7.2.4.2 主要零件的材料

摆线轮与针齿套、针齿销,摆线轮与柱销孔与 W 机构的柱销套、柱销之间,都是相对滚动接触,且在较重载荷的条件下工作。为了减小该传动的尺寸,需要选用高强度的材料,并进行适当的热处理,以提高工作表面的硬度。设计时可根据工作条件和受力情况参照表 14-7-17 选择各零件的材料。

第
14
篇

表 14-7-17　　　　　　　　　　　　　摆线针轮行星传动主要零件的材料和硬度

零件名称	材　料	硬度	零件名称	材　　料	硬度
摆线轮	GCr15，GCr15SiMn	58～62HRC	针齿壳	HT200，HT300，ZG25，ZG55	
针齿套	GCr15，GCr9	56～60HRC	输入轴	45	220～250HB
针齿销	GCr15	58～62HRC	输出轴	45	220～250HB
柱销	GCr15	58～62HRC	机座	HT200，ZG25	
柱销套	GCr15	56～60HRC			

7.2.4.3　主要零部件的强度计算

表 14-7-18　　　　　　　　　　　　　　　主要零部件的强度计算

项目	计　　算
齿面接触强度计算	实际使用工况下，摆线轮和针齿面的疲劳点蚀和胶合(针齿销和针齿套先胶合引起)是摆线针轮行星传动的主要失效形式。齿面的接触应力、相对滑动速度、润滑情况以及齿面加工制造精度，都是影响齿面产生疲劳点蚀和胶合的因素 为了提高摆线针轮行星减速器的使用寿命，防止点蚀，减少产生胶合的可能性，应对摆线轮齿与针齿之间的齿面接触强度进行校核。针齿与摆线轮齿的接触，可以认为是两个瞬时圆柱体的接触，因此，其齿面接触应力可根据赫兹公式计算 $$\sigma_H = 0.418\sqrt{\frac{E_c F_i}{b_c \rho_e}} \leqslant \sigma_{Hp} \qquad (14\text{-}7\text{-}29)$$ 式中　F_i——针齿与摆线轮在某一位置啮合时的作用力，N 　　　　E_c——当量弹性模量，$E_c = \dfrac{E_1 E_2}{E_1 + E_2}$，$E_1$、$E_2$分别为针齿和摆线轮的弹性模量，MPa 　　　　b_c——摆线齿轮的宽度，mm 　　　　ρ_e——当量曲率半径，$\rho_e = \left\| \dfrac{\rho r_z}{p - r_z} \right\|$，mm 　　　　σ_{Hp}——许用接触应力，用 GCr15 或 GCr15 — SiMn 制造摆线轮和针轮，硬度为 58～62HRC 时，一般取$\sigma_{Hp} = 1000 \sim 1200$MPa，对于双级传动的低速级或单级低速传动，因为速度低，动载荷小，可取$\sigma_{Hp} = 1300 \sim 1500$MPa 由于摆线轮齿在不同点啮合时，$F_i$与$\rho_e$值也不相同，故用式(14-7-29)进行验算时，应取$\dfrac{F_i}{\rho_e}(i = m, \cdots, n)$中之最大值$\left(\dfrac{F_i}{\rho_e}\right)_{max}$代入，即为下式 $$\sigma_{Hmax} = 0.418\sqrt{\frac{E_c}{b_c}\left(\frac{F_i}{\rho_e}\right)_{max}} \leqslant \sigma_{Hp} \qquad (14\text{-}7\text{-}30)$$
针齿销的弯曲强度和刚度计算	针齿销承受摆线轮齿的压力后，产生弯曲变形，弯曲变形过大，使针齿销与针齿套接触不好，转动不灵活，易引起针齿销与针齿套接触面发生胶合，并导致摆线轮与针轮胶合。因此要进行针齿销的刚度计算，即校核其转角值。另外还必须满足强度的要求 针齿中心圆直径$d_p < 390$mm 时，通常采用二支点的针齿[图(a)中(ⅰ)]；当$d_p \geqslant 390$mm 时，为提高针齿销的弯曲强度及刚度，改善销、套之间的润滑，必须采用三支点针齿[图(a)中(ⅱ)] 二支点的针齿计算简图如图(a)中(ⅰ)所示，假定在针齿销跨度的一半受均布载荷，则针齿销的弯曲应力σ_F和支点处的转角θ分别为 $$\sigma_F = \frac{1.41 F_{max} L}{d_z^3} \leqslant \sigma_{Fp} \qquad (14\text{-}7\text{-}31)$$ $$\theta = \frac{4.44 \times 10^{-6} F_{max} L^2}{d_z^4} \leqslant \theta_p \qquad (14\text{-}7\text{-}32)$$ 三支点的针齿计算简图如图(a)中(ⅱ)所示，针齿销的弯曲应力σ_F和支点处的转角θ分别为 $$\sigma_F = \frac{0.48 F_{max} L}{d_z^3} \leqslant \sigma_{Fp} \qquad (14\text{-}7\text{-}33)$$ $$\theta = \frac{0.74 \times 10^{-6} F_{max} L^2}{d_z^4} \leqslant \theta_p \qquad (14\text{-}7\text{-}34)$$

续表

项目	计　算

<table>
<tr><td rowspan="2">针齿销的弯曲强度和刚度计算</td><td>

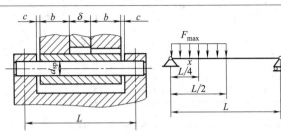

(ⅰ) 二支点的针齿

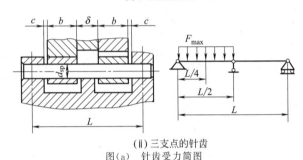

(ⅱ) 三支点的针齿

图(a)　针齿受力简图

式中　F_{max} —— 针齿上最大作用压力,N

　　　L —— 针齿销的跨度,mm,通常二支点 $L \approx 3.5 b_c$;三支点 $L \approx 4 b_c$,若实际结构已定,应按实际之 L 值代入

　　　d_z —— 针齿销的直径,mm

　　　σ_{Fp} —— 针齿销的许用应力,针齿销材料为 GCr15 时,$\sigma_{Fp} = 150 \sim 200$MPa

　　　θ_p —— 许用转角,rad,$\theta_p = 0.001 \sim 0.003$rad

</td></tr>
</table>

<table>
<tr><td rowspan="2">转臂轴承的选择</td><td>

因为摆线轮作用于转臂轴承上的力较大,转臂轴承内外座圈相对转速要高于输入轴转速,所以它是摆线针轮传动的薄弱环节。当 $d_p \leqslant 650$mm 时,通常选用无外圈的单列向心短圆柱滚子轴承;当 $R_z > 650$mm 时,可选用带外座圈的单列向心短圆柱滚子轴承。轴承外径 $D_1 = (0.4 \sim 0.5) R_z$,轴承宽度 B 应大于摆线轮宽度 b_c。近年来,国内已形成摆线针轮行星传动的产业化生产,为降低制造加工成本和制造难度,目前已有标准偏心轴承的生产。设计时,只需根据实际使用工况,选择适合的偏心轴承,并根据其载荷性质验算其强度。目前国内生产的偏心轴承型号及其性能参数主要见表 14-7-19

轴承的寿命按下式计算

$$L_h = \frac{10^6}{60n} \times \left(\frac{C}{F} \right)^{\frac{10}{3}} \qquad (14\text{-}7\text{-}35)$$

式中　L_h —— 轴承的额定寿命,一般取 $L_h \geqslant 5000$h

　　　F —— 当量动载荷,$F = K_d F_r$,其中,动载荷系数 $K_d = 1.2 \sim 1.4$,F_r 为摆线轮作用于轴承上的力,可按照公式(14-7-26)计算

　　　n —— 轴承转速,当针轮固定时,应按转臂与摆线轮的相对转速计算,即 $n = |n_H| + |n_V|$,n_H 为输入轴转速,r/min;n_V 为输出轴转速,r/min

　　　C —— 轴承的额定动载荷,如果选用标准轴承,可查阅有关滚动轴承手册;若选用非标准的圆柱滚子轴承,其额定动载荷可按下式计算:$C = 6.4 d_1^{1.85} Z^{0.75}$,其中 d_1 为滚子轴承直径,mm,一般取 $d_1 = 0.1 R_z$,滚子长度 $L = d_1$,Z 为滚子数目

当轴承工作温度高于 100℃ 时,需将 C 值乘以温度系数 f_t,使 C 值降低。f_t 的取值列于下表

温度系数 f_t

轴承的工作温度/℃	125	150	175	200	225	250	300	350
温度系数 f_t	0.95	0.90	0.85	0.80	0.75	0.70	0.60	0.50

</td></tr>
</table>

续表

项目	计算
输出机构圆柱销的强度计算	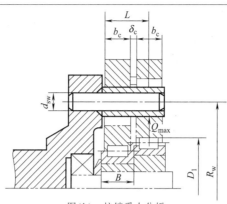 图(b)　柱销受力分析 输出机构柱销的受力情况相当于一个悬臂梁[见图(b)],在 Q_{max} 作用下,柱销的弯曲应力为 $$\sigma_w = \frac{K_w Q_{max} L}{\frac{\pi}{32} d_{sw}^3} \approx \frac{K_w Q_{max}(1.5 b_c + \delta_c)}{0.1 d_{sw}^3} \leqslant [\sigma_w] \qquad (14\text{-}7\text{-}36)$$ 设计时,式(14-7-36)可化为 $$d_{sw} \geqslant \sqrt[3]{\frac{K_w Q_{max}(1.5 b_c + \delta_c)}{0.1 [\sigma_w]}} \qquad (14\text{-}7\text{-}37)$$ 式中　δ_c——间隔环的厚度,mm,针齿销为二支点时,$\delta_c = B - b_c$,B 为转臂轴承的宽度,mm;三支点时,$\delta_c \approx b_c$,若实际结构已定,按实际值代入 　　　　K_w——制造和安装误差对柱销载荷影响系数,$K_w = 1.35 \sim 1.5$,一般情况取 1.35,精度低时取大值 　　　　$[\sigma_w]$——许用弯曲应力,柱销材料用 GCr15 时,$[\sigma_w] = 150 \sim 200$MPa 　　　　Q_{max}——柱销最大受力,N

表 14-7-19　　　　　　　　　　　　　**常用偏心轴承基本尺寸及参数**

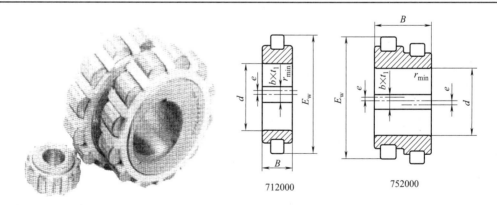

712000　　　　　　　　752000

基本尺寸					基本额定负荷		极限转速		键槽		质量	轴承代号	
d /mm	E_w /mm	B /mm	r_{min} /mm	e /mm	C_r /N	C_{or} /N	脂 /r·min⁻¹	油 /r·min⁻¹	b /mm	t_1 /mm	W_t /kg	HI (国内标准)	NTN (日本标准)
10	33.9	12	0.7	0.5	17300	14180	14000	18000	4	1.8	0.059	50712200HA	
	33.9	12	0.7	1.0	17300	14180	14000	18000	4	1.8	0.059	100712200HA	
	33.9	12	0.7	1.5	17300	14180	14000	18000	4	1.8	0.059	150712200HA	
	33.9	12	0.7	1.75	17300	14180	14000	18000	4	1.8	0.059	180712200HA	
	33.9	12	0.7	2.0	17300	14180	14000	18000	4	1.8	0.059	200712200HA	
12	33.9	12	0.7	0.45	17300	14180	14000	18000	4	1.8	0.0587	45712201HA	

基本尺寸					基本额定负荷		极限转速		键槽		质量	轴承代号	
d /mm	E_w /mm	B /mm	r_{min} /mm	e /mm	C_r /N	C_{or} /N	脂 /r·min⁻¹	油 /r·min⁻¹	b /mm	t_1 /mm	W_t /kg	HI（国内标准）	NTN（日本标准）
12	33.9	12	0.7	0.5	17300	14180	14000	18000	4	1.8	0.0587	50712201HA	
	33.9	12	0.7	0.65	17300	14180	14000	18000	4	1.8	0.0587	70712201HA	
	33.9	12	0.7	0.75	17300	14180	14000	18000	4	1.8	0.0587	75712201HA	
	33.9	12	0.7	1.0	17300	14180	14000	18000	4	1.8	0.0587	100712201HA	
	33.9	12	0.7	1.5	17300	14180	14000	18000	4	1.8	0.0587	150712201HA	
	33.9	12	0.7	2.0	17300	14180	14000	18000	4	1.8	0.0587	200712201HA	
15	40	14	0.7	0.5	20300	26000	12000	16000	5	2.3	0.087	50712202K	
	40	14	0.7	0.75	20300	26000	12000	16000	5	2.3	0.087	80712202K	15UZE8143
	40	14	0.7	1.0	20300	26000	12000	16000	5	2.3	0.087	100712202K	15UZE812935
	40	14	0.7	1.5	20300	26000	12000	16000	5	2.3	0.087	150712202K	15UZE8125
	40	14	0.7	1.75	20300	26000	12000	16000	5	2.3	0.087	180712202K	15UZE8117
	40	14	0.7	2.0	20300	26000	12000	16000	5	2.3	0.087	200712202K	15UZE8111
	40	14	0.7	2.5	20300	26000	12000	16000	5	2.3	0.087	250712202K	
	40	28	0.7	0.5	40600	53000	12000	16000	5	2.3	0.17	50752202K	15UZ8243
	40	28	0.7	0.75	40600	53000	12000	16000	5	2.3	0.17	80752202K	15UZ8822935
	40	28	0.7	1.0	40600	53000	12000	16000	5	2.3	0.17	100752202K	15UZ8225
	40	28	0.7	1.25	40600	53000	12000	16000	5	2.3	0.17	130752202K	15UZ8217
	40	28	0.7	1.5	40600	53000	12000	16000	5	2.3	0.17	150752202K	15UZ8211
	40	28	0.7	1.75	40600	53000	12000	16000	5	2.3	0.17	180752202K	
	40	28	0.7	2.0	40600	53000	12000	16000	5	2.3	0.17	200752202K	
15	40	28	0.7	2.5	40600	53000	12000	16000	5	2.3	0.17	250752202K	
	40	28	0.7	3.0	40600	53000	12000	16000	5	2.8	0.17	300752202K	
19	53.5	32	1.0	0.65	48800	61300	8500	11000	6	2.8	0.38	70752904K2	
	53.5	32	1.0	1.25	48800	61300	8500	11000	6	2.8	0.38	130752904K2	
	53.5	32	1.0	1.5	48000	61300	8500	11000	6	2.8	0.38	150752904K2	
	53.5	32	1.0	2.0	48000	61300	8500	11000	6	2.8	0.38	200752904K2	
	53.5	32	1.0	2.5	48800	61300	8500	11000	6	2.8	0.38	250752904K2	
	53.5	32	1.0	3.0	48800	61300	8500	11000	6	2.8	0.38	300752904K2	
	53.5	32	1.0	4.0	48800	61300	8500	11000	6	2.8	0.38	400752904K2	
	61.8	34	1.1	0.75	66300	81800	7500	9500	6	2.8	0.51	80752904K	
	70	36	1.0	1.25	78000	98300	7000	9000	6	2.8	0.82	130752904K1	
	70	36	1.0	1.5	78000	98300	7000	9000	6	2.8	0.82	150752904K1	
22	53.5	32	1.1	0.65	50900	61300	8500	11000	6	2.8	0.35	70752904	22UZ8359
	53.5	32	1.1	0.75	50900	61300	8500	11000	6	2.8	0.35	80752904	
	53.5	32	1.1	1.0	50900	61300	8500	11000	6	2.8	0.35	100752904	22UZ8343
	53.5	32	1.1	1.25	50900	61300	8500	11000	6	2.8	0.35	130752904	22UZ8335
	53.5	32	1.1	1.5	50900	61300	8500	11000	6	2.8	0.35	150752904	22UZ8329
	53.5	32	1.1	1.75	50900	61300	8500	11000	6	2.8	0.35	180752904	
	53.5	32	1.1	2.0	50900	61300	8500	11000	6	2.8	0.35	200752904	22UZ1725
	53.5	32	1.1	2.5	50900	61300	8500	11000	6	2.8	0.35	250752904	
	53.5	32	1.1	3.0	50900	61300	8500	11000	6	2.8	0.35	300752904	22UZ8311
	53.5	32	1.1	3.5	50900	61300	8500	11000	6	2.8	0.35	350752904	
	53.5	32	1.1	4.0	50900	61300	8500	11000	6	2.8	0.35	400752904	
	53.5	32	1.1	4.25	50900	61300	8500	11000	6	2.8	0.35	430752904	
	53.5	32	1.1	4.5	50900	61300	8500	11000	6	2.8	0.35	450752904	
	53.5	32	1.1	5.0	50900	61300	8500	11000	6	2.8	0.35	500752904	
24	70	36	1.0	3.0	82300	98300	7000	9000	8	3.3	0.78	300752905K	
	70	36	1.0	4.0	82300	98300	7000	9000	8	3.3	0.78	400752905K	

续表

基 本 尺 寸					基本额定负荷		极限转速		键槽		质量	轴 承 代 号	
d /mm	E_w /mm	B /mm	r_{min} /mm	e /mm	C_r /N	C_{or} /N	脂 /r·min⁻¹	油 /r·min⁻¹	b /mm	t_1 /mm	W_t /kg	HI （国内标准）	NTN （日本标准）
25	68.2	42	1.3	0.75	93800	115000	7000	9000	8	3.3	0.76	80752305	
	68.2	42	1.3	1.0	93800	115000	7000	9000	8	3.3	0.76	100752305	25UZ8559
	68.2	42	1.3	1.25	93800	115000	7000	9000	8	3.3	0.76	130752305	25UZ8543
	68.2	42	1.3	1.5	93800	115000	7000	9000	8	3.3	0.76	150752305	25UZ8535
	68.2	42	1.3	2.0	93800	115000	7000	9000	8	3.3	0.76	200752305	25UZ8529
	68.2	42	1.3	2.5	93800	115000	7000	9000	8	3.3	0.76	250752305	25UZ851725
	68.2	42	1.3	3.0	93800	115000	7000	9000	8	3.3	0.76	300752305	
	68.2	42	1.3	3.5	93800	115000	7000	9000	8	3.3	0.76	350752305	
	68.2	42	1.3	4.0	93800	115000	7000	9000	8	3.3	0.76	400752305	
	68.2	42	1.3	4.25	93800	115000	7000	9000	8	3.3	0.76	430752305	
	68.2	42	1.3	5.0	93800	115000	7000	9000	8	3.3	0.76	500752305	
	68.2	42	1.3	5.5	93800	115000	7000	9000	8	3.3	0.76	550752305	
28	68.2	42	1.1	2.0	92900	115000	7000	9000	8	3.3	0.76	200752906K1	
	68.2	42	1.1	3.0	92900	115000	7000	9000	8	3.3	0.76	300752906K1	
	68.2	42	1.1	4.0	92900	115000	7000	9000	8	3.3	0.76	400752906K1	
	70	36	1.0	3.0	82300	98300	7000	9000	8	3.3	0.73	30752906	
	70	36	1.0	4.0	82300	98300	7000	9000	8	3.3	0.73	40752906	
	95	54	1.1	0.75	162000	207000	5300	6700	8	3.3	2.1	80752906K	
	95	54	1.1	1.0	162000	207000	5300	6700	8	3.3	2.1	100752906K	
	95	54	1.1	1.5	162000	207000	5300	6700	8	3.3	2.1	150752906K	
	95	54	1.1	2.0	162000	207000	5300	6700	8	3.3	2.1	200752206K	
	95	54	1.1	3.0	162000	207000	5300	6700	8	3.3	2.1	300752906K	
	95	54	1.1	3.5	162000	207000	5300	6700	8	3.3	2.1	350752906K	
	95	54	1.1	4.0	162000	207000	5300	6700	8	3.3	2.1	400752906K	
	95	54	1.1	5.0	162000	207000	5300	6700	8	3.3	2.1	500752906K	
35	86.5	50	1.8	0.75	143000	180000	5600	7000	10	3.3	1.5	80752307	
	86.5	50	1.8	0.85	143000	180000	5600	7000	10	3.3	1.5	90752307	35UZ8676
	86.5	50	1.8	1.0	143000	180000	5600	7000	10	3.3	1.5	100752307	35UZ8659
	86.5	50	1.8	1.25	143000	180000	5600	7000	10	3.3	1.5	130752307	
	86.5	50	1.8	1.5	143000	180000	5600	7000	10	3.3	1.5	150752307	35UZ8643
	86.5	50	1.8	2.0	143000	180000	5600	7000	10	3.3	1.5	200752307	25UZ862935
	86.5	50	1.8	2.5	143000	180000	5600	7000	10	3.3	1.5	250752307	
	86.5	50	1.8	3.0	143000	180000	5600	7000	10	3.3	1.5	300752307	35UZ862125
	86.5	50	1.8	3.5	143000	180000	5600	7000	10	3.3	1.5	350752307	35UZ8617
	86.5	50	1.8	4.0	143000	180000	5600	7000	10	3.3	1.5	400752307	
	86.5	50	1.8	4.5	143000	180000	5600	7000	10	3.3	1.5	450752307	
	86.5	50	1.8	5.0	143000	180000	5600	7000	10	3.3	1.5	500752307	35UZ8611
	86.5	50	1.8	5.5	143000	180000	5600	7000	10	3.3	1.5	550752307	
	86.5	50	1.8	6.0	143000	180000	5600	7000	10	3.3	1.5	600752307	
	86.5	50	1.8	6.5	143000	180000	5600	7000	10	3.3	1.5	650752307	
	86.5	50	1.8	7.0	143000	180000	5600	7000	10	3.3	1.5	700752307	
	92	50	1.8	9.0	152000	199000	5300	6700	10	3.3	1.6	900752307K	
38	95	54	2.0	1.5	162000	207000	5300	6700	10	3.3	1.8	150752908	
	95	54	2.0	2.0	162000	207000	5300	6700	10	3.3	1.8	200752908	
	95	54	2.0	2.5	162000	207000	5300	6700	10	3.3	1.8	250752908	
	95	54	2.0	3.0	162000	207000	5300	6700	10	3.3	1.8	300752908	
	95	54	2.0	3.5	162000	207000	5300	6700	10	3.3	1.8	350752908	
	95	54	2.0	4.0	162000	207000	5300	6700	10	3.3	1.8	400752908	

续表

基 本 尺 寸					基本额定负荷		极 限 转 速		键槽		质量	轴 承 代 号	
d /mm	E_w /mm	B /mm	r_{min} /mm	e /mm	C_r /N	C_{or} /N	脂 /r·min^{-1}	油 /r·min^{-1}	b /mm	t_1 /mm	W_t /kg	HI （国内标准）	NTN （日本标准）
38	95	54	2.0	5.0	162000	207000	5300	6700	10	3.3	1.8	500752908	
	113	62	1.5	1.0	220000	291000	4500	5600	10	3.3	3.2	100752908K	
	113	62	1.5	2.0	220000	291000	4500	5600	10	3.3	3.2	200752908K	
	113	62	1.5	2.5	220000	291000	4500	5600	10	3.3	3.2	250752908K	
	113	62	1.5	3.0	220000	291000	4500	5600	10	3.3	3.2	300752908K	

7.2.5 摆线轮的测量方法

摆线齿轮是摆线针轮减速器的关键零部件，其制造精度的高低将直接决定减速器的运动平稳性、效率和寿命，因此，对其齿廓形状的检测是摆线齿轮零件加工的关键。摆线轮的常见检测方法有：弦顶距法、棒量法和公法线法，如表 14-7-20 所示。

表 14-7-20   摆线轮的测量方法

方法		说 明
摆线轮检测的公法线法		公法线法相比其他方法具有以下优点：①检测方便，在操作过程中不需卸下工件，就可以直接测量，看其是否达到加工精度要求；②测量方法简单可靠，不需制造专用的测量工具，用卡尺（或千分尺）就可检测；③可检测齿廓的周节误差，可直接测出齿廓曲线的法向间隙，因此现场应用广泛 当摆线轮采用一齿差结构时，其传动比为奇数。由于此时摆线轮的齿数等于传动比值，也为奇数值，且相对于图(a)坐标系中的 y 轴对称。根据上述特点，当 $y>0$ 平行于 y 轴进行公法线测量时，跨齿数为偶数；在 $y<0$ 平行于 y 轴进行测量时，跨齿数为奇数。所以，当平行于 y 轴进行公法线测量时，可得到连续的跨齿数。摆线轮的实际齿廓是短幅外摆线的等距曲线，其法线与其理论短幅外摆线的法线相同 图（a） 摆线轮公法线测量法
	公法线长度计算	设跨齿数为 i 时的公法线长度为 L_i，考虑到理论曲线与实际曲线的等距值，实际计算时为针齿半径 r_z，那么摆线轮齿廓公法线方程为 $$L_i = 2(y_{0i}\sin\varphi_i - x_{0i}\cos\varphi_i) - 2r_z \qquad (14\text{-}7\text{-}38)$$
	最小跨齿数	一齿差和二齿差存在公法线的最小跨齿数可以用下面两式计算 一齿差摆线轮：　$$i_{min} = \text{int}\left[z_1\arccos\frac{K_1}{\pi} + 0.5\right] \qquad (14\text{-}7\text{-}39)$$ 式中　$z_1 = z_b$ 二齿差摆线轮：　$$i_{min} = \text{int}\left[z_2\arccos\frac{K_1}{\pi} + 1\right] \qquad (14\text{-}7\text{-}40)$$ 式中　$z_2 = 2z_b$ 在实际计算时只要求得最小跨齿数对应的测量点的角参量，就可以判断出是否存在公法线
	最佳跨齿数	在检测时要保证齿廓最大受力点附近的齿形误差在允许的范围内，经过分析计算，最小跨齿数就是最佳跨齿数

续表

方法		说　　明
弦顶距快速测量方法		针对摆线齿轮自身的几何特性给出了一种适合于小模数、多齿数的摆线齿轮的快速检测方法-弦顶距法,包括摆线齿轮理论齿廓以及移距、等距、转角修形等情况下弦顶距的计算公式
	理想齿廓弦顶距的计算方法	摆线齿轮为平面齿轮,垂直于轴向的任一截面的理论齿廓通常为摆线的等距线,根据摆线齿轮齿廓几何特征可知,对于奇数齿的摆线齿轮齿廓,任意一齿顶偏转 180° 对应位置为一齿根,齿顶与对应齿根连线为齿廓一对称轴;对于偶数齿的摆线齿轮齿廓,任意两对齿顶或齿根连线应均为齿廓的对称轴 　　弦顶法是以摆线齿轮齿廓的几何特征作为测量依据来控制摆线齿轮加工尺寸及评定外形尺寸公差的一种方法。在弦顶法中,对于奇数齿摆线齿轮将其一齿顶到对应齿廓外公切线的距离作为测量依据;对于偶数齿摆线齿轮将相位 180° 的两齿廓的外公切线间的距离作为测量依据,如图(b)、图(c)所示 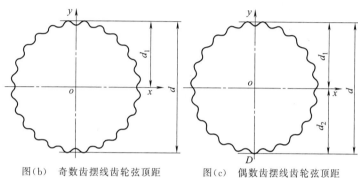 图(b)　奇数齿摆线齿轮弦顶距　　　图(c)　偶数齿摆线齿轮弦顶距 　　假设任意一齿顶顶点为 D,D 点坐标已知为 (x_D, y_D) $$\begin{cases} x_D = R_z\left(\sin\varphi_D - \dfrac{K_1}{z_b}\sin\left(\dfrac{z_b\varphi_D}{z_b - z_g}\right)\right) + r_z\cos\gamma_D \\ y_D = R_z\left(\cos\varphi_D - \dfrac{K_1}{z_b}\cos\left(\dfrac{z_b\varphi_D}{z_b - z_g}\right)\right) - r_z\sin\gamma_D \end{cases} \quad (14\text{-}7\text{-}41)$$ 式中　$\varphi_D = \pi + \dfrac{2n\pi}{z_b - 1}$,$n = 0、1、2、\cdots、z_b - 2$ d_1 为 X 轴到此外公切线的距离,有公式 $$d_1 = R_z\left[\cos\varphi_1 - \dfrac{K_1}{z_b}\cos\left(\dfrac{z_b\varphi_1}{z_b - z_g}\right)\right] - r_z\sin\gamma_1 \quad (14\text{-}7\text{-}42)$$ 其余符号意义同前 　　所以,摆线齿轮中心到齿顶的距离为 $$d_2 = \sqrt{x_D^2 + y_D^2} \quad (14\text{-}7\text{-}43)$$ 对于奇数齿摆线齿轮,弦顶距为 $$d = d_1 + d_2 \quad (14\text{-}7\text{-}44)$$ 对于偶数齿摆线齿轮,弦顶距为 $$d = 2d_1 \quad (14\text{-}7\text{-}45)$$
	齿廓修形情况下弦顶距的计算方法	在摆线类减速机和摆线泵的实际应用当中,摆线齿轮通常需要通过对齿廓修形以获得理想的传动效果,常用的修形方式有移距修形、等距修形和转角修形三种方式或其组合 　　对于移距修形和等距修形,齿廓仍为对称齿廓,按照理论齿廓弦顶距计算方法可分别求得修形后奇数齿和偶数齿摆线齿轮弦顶距。而对于转角修形,由于其不能产生径向间隙,故常与移距修形或等距修形组合使用,计算其弦顶距时,只需将公式中标准齿廓方程代为移距修形或等距修形后的齿廓方程即可 　　弦顶距为摆线齿轮自身的一种几何特性,可以此为测量依据来控制摆线齿轮的外形尺寸及公差,以获得符合精度要求的合格零件。在现场测量过程中,由于弦顶距的测量为直接测量,避免了间接测量辅助量具产生的累积误差,因此,该方法采用的测量量具的精度即为摆线齿轮外形尺寸的测量精度

7.3　摆线针轮行星传动的设计实例

7.3.1　摆线针轮行星传动的技术要求

7.3.1.1　对零件的要求

表 14-7-21　　　　　对摆线针轮行星传动零件的技术要求（JB/T 2982—2016）

零件名称	材料	热处理等	尺寸偏差与形位公差			表面粗糙度 $Ra/\mu m$
			项　目	数　值		
机座	HT200	应进行时效处理，不应有裂痕、气孔和夹杂等缺陷	轴承孔	J7（采用非调心轴承） H7（采用调心轴承）		1.6
			与针齿壳配合的止口	H8		3.2
			卧式机座中心高	$R_z \leqslant 450$ 时，$^{+0}_{-0.5}$；$R_z > 450$ 时，$^{+0}_{-1}$		—
			轴承孔以及与针齿壳配合止口的圆度和圆柱度	不低于 8 级		—
			与针齿壳配合止口的轴线对两轴承孔轴线的同轴度	不低于 8 级		—
			与针齿壳配合端面对两轴承孔轴线的垂直度	不低于 6 级		—
针齿壳	HT200	应进行时效处理、不应有裂痕、气孔和夹杂等缺陷	针齿中心圆	j7 或 js7		—
			针齿销孔	H7		1.6
			与法兰端盖配合的孔	H7		3.2
			与机座配合的止口	h6		3.2
			针齿销孔相邻孔距差的公差 δ_t 和孔距累计误差的公差 $\delta_{t\Sigma}$	d 150,180 220,270 330,390,450 550,650	$\delta_t \leqslant$ 0.026 0.036 0.038 0.05	$\delta_{t\Sigma} \leqslant$ 0.115 0.14 0.18 0.22
			针齿销孔的圆度和圆柱度	不低于 8 级		—
			与法兰端盖配合孔的圆度	不低于 8 级		—
			与机座配合止口的圆度	不低于 7 级		—
			针齿中心圆对与法兰端盖配合孔轴线的径向圆跳动	不低于 7 级		—
			针齿销孔轴线对与法兰端盖配合端面的垂直度	不低于 6 级		—
			与机座配合止口的轴线对与法兰端盖配合孔轴线的同轴度	不低于 8 级		—
			与法兰端盖配合端面对与法兰端盖配合孔轴线的垂直度	不低于 5 级		—
			针齿壳两端面平行度	不低于 7 级		—

续表

零件名称	材料	热处理等	尺寸偏差与形位公差		表面粗糙度 $Ra/\mu m$
			项 目	数 值	
摆线轮	GCr15（允许采用力学性能相当的代用材料）	经热处理后要求硬度为 58～62HRC，金相组织为隐晶马氏体＋结晶马氏体＋细小均匀渗碳体（马氏体≤3 级）	与轴承配合孔	R_z＜650 时，H6	0.4
				R_z≥650 时，J7	0.8
			销孔	H7	0.8
			轮齿工作表面		0.8
			摆线轮的销孔相邻孔距差的公差 δ_t 和孔距累积误差的公差 $\delta_{t\Sigma}$	R_z $\qquad$ $\delta_t\leqslant$ $\qquad$ $\delta_{t\Sigma}\leqslant$ 150,180 $\qquad$ 0.042 $\qquad$ 0.10 220,270 $\qquad$ 0.05 $\qquad$ 0.115 330,300,450 $\qquad$ 0.06 $\qquad$ 0.14 550,650 $\qquad$ 0.07 $\qquad$ 0.18	—
			摆线齿廓周节差的公差 δ_t，周节累积误差的公差 δ_{tz}，齿顶圆径向圆跳动的公差 δ_e	R_z $\;\;$ $\delta_t\leqslant$ $\;\;$ $\delta_{t\Sigma}\leqslant$ $\;\;$ δ_e 150,180 $\;\;$ 0.038 $\;\;$ 0.075 $\;\;$ 0.038 220,270 $\;\;$ 0.04 $\;\;$ 0.09 $\;\;$ 0.045 330,390,450 $\;\;$ 0.045 $\;\;$ 0.11 $\;\;$ 0.05 550,650 $\;\;$ 0.048 $\;\;$ 0.14 $\;\;$ 0.058	—
			齿轮顶根距极限偏差	d_t $\;$ 上偏差 $\;$ 下偏差 $\quad$ d_t $\;$ 上偏差 $\;$ 下偏差 150 $\;$ －0.22 $\;$ －0.30 $\quad$ 390 $\;$ －0.36 $\;$ －0.46 180 $\;$ －0.24 $\;$ －0.32 $\quad$ 450 $\;$ －0.38 $\;$ －0.50 220 $\;$ －0.26 $\;$ －0.34 $\quad$ 550 $\;$ －0.42 $\;$ －0.54 270 $\;$ －0.28 $\;$ －0.38 $\quad$ 650 $\;$ －0.46 $\;$ －0.60 330 $\;$ －0.32 $\;$ －0.42 $\quad$ — $\;$ — $\;$ —	—
			与轴承配合孔的圆度和圆柱度	不低于 7 级	—
			销孔中心圆对轴承孔轴心线的径向圆跳动	不低于 7 级	—
			与轴承配合孔的轴线对基准端面的垂直度	不低于 6 级	—
			销孔的轴心线对基准端面的垂直度	不低于 6 级	—
			轮齿工作表面对基准端面的垂直度	不低于 6 级	—
			两端面的平行度	不低于 6 级	—
			销孔公称直径	销套直径＋2 倍偏心距＋Δ R_z≤550 时，Δ＝0.15；R_z＞550 时，Δ＝0.20～0.30	—

零件名称	材料	热处理等	尺寸偏差与形位公差		表面粗糙度 $Ra/\mu m$
			项 目	数 值	
输出轴	45钢	调质处理,硬度为187~229HBS	与轴承配合的两轴颈	$R_z \leqslant 450$ 时,k6;$R_z > 550$ 时,js6	0.8
			轴承孔	H11	1.6
			销孔	r6	1.6
			销孔中心圆	j7	—
			输出轴的销孔相邻孔距差的公差 δ_t 和孔距累积误差的公差 $\delta_{t\Sigma}$	与摆线轮相同	—
			各配合轴颈的圆度和圆柱度	不低于7级	—
			销孔的圆度和圆柱度	不低于8级	—
			销孔中心圆对与轴承配合的两轴颈轴线的径向圆跳动	不低于7级	—
			轴承孔的轴线对轴承配合的两轴颈轴线的同轴度	不低于8级	—
			输出轴销孔的轴线对与轴承配合的两轴颈轴线的平行度	水平方向 $\delta_x \leqslant 0.04/100$ 垂直方向 $\delta_y \leqslant 0.04/100$	—
偏心套	45钢	调质处理,硬度不低于187~229HBS	两外圆	js6	0.8
			内孔	H7	0.4
			偏心距的极限偏差	不超过 ±0.02	—
			两外圆的圆度和圆柱度	不低于7级	—
			内孔的圆度和圆柱度	不低于8级	—
			两偏心轴线与孔轴线的平行度	不低于7级	—

7.3.1.2 对装配的要求

1) 各零件装配后其配合关系应符合表 14-7-22 的规定。

表 14-7-22 摆线针轮行星传动有关零件配合的规定

配合零件	配合关系
针齿销和针齿壳	H7/h6
针齿销和针齿套	D8/h6
针齿壳和法兰端盖	H7/h6
偏心套和输入轴	H7/h6
输出轴上销孔和销轴	R7/h6
输出轴上销轴和销套	D8/h6
输出轴与紧固环	H7/r6

2) 采用温差法将销轴装入输出轴销孔。装配后销轴与输出轴轴线应满足平行度公差要求，在水平方向 $\delta_x \leqslant 0.04/100$；在垂直方向 $\delta_y \leqslant 0.04/100$。

3) 为保证连接强度，紧固环和输出轴的配合也应采用温差法装配，而不允许直接敲装。

4) 机座、端盖和针齿壳等零件，不加工的外表面，应涂底漆并涂以浅灰色油漆（或按主机要求配色）。上述零件不加工的内表面，应涂以耐油油漆。工厂标牌安装时，与机座应有漆层隔开。

5) 各连接件、紧固件不得有松动现象。

6) 各结合面密封处不得渗漏油。

7) 运转平稳，不得有冲击、振动和不正常声响。

7.3.2 设计实例

7.3.2.1 设计计算公式与示例

表 14-7-23 设计计算公式与示例

项　目	公式或数据	示　　　例	说　　明
功率 P/kW	—	2.2	为使两摆线轮齿廓和销轴孔能正好重叠加工，以提高精度和生产率，摆线轮齿数尽量取奇数，即传动比尽量取奇数
输入转速 $n_H/\text{r} \cdot \text{min}^{-1}$	—	1420	在平稳载荷下工作选用 GCr15，硬度 60HRC
传动比 i	—	29	
输出转矩 $T/\text{N} \cdot \text{mm}$	$T = 9550000 \dfrac{P}{n_H} i \eta$	$T = 9550000 \times \dfrac{2.2}{1420} \times 29 \times 0.92$ $= 394751$	一般效率取 $\eta = 0.9 \sim 0.95$
短幅系数 K_1（初选）	$K_1 = 0.55 \sim 0.74$	取 $K_1 = 0.65$	按表 14-7-11 选取 K_1
针径系数 K_2（初选）	$K_2 = 1.25 \sim 2.0$	取 $K_2 = 1.7$	按表 14-7-12 选取 K_2
针齿中心圆半径 R_z/mm	$R_z = (0.85 \sim 1.3)\sqrt[3]{T}$ 经验公式	$R_z = 1.16 \sqrt[3]{394751}$ $= 85.09$ 取 $R_z = 85$	① 材料为轴承钢 58~62HRC 时，$\sigma_{Hp} = 1000 \sim 1200\text{MPa}$ ② 抽齿一半时，式中应乘以 $\sqrt[3]{2}$
齿宽 b_c/mm	$b_c = (0.1 \sim 0.2)R_z$	$b_c = 0.14 \times 85 = 11.9$ 取 $b_c = 12$	—
偏心距 e/mm	$e = \dfrac{K_1 R_z}{z_b}$	$e = \dfrac{0.65 \times 85}{30} = 1.84$ 取 $e = 2$	① $z_b = z_g + 1 = i + 1$ ② e 的标准值查表 14-7-19
短幅系数 K_1	$K_1 = \dfrac{e z_b}{R_z}$	$K_1 = \dfrac{2 \times 30}{85} = 0.706$	—
针齿套半径 r_z/mm	$r_z = \dfrac{R_z}{K_2} \sin \dfrac{180°}{z_b}$	$r_z = \dfrac{85}{1.7} \sin \dfrac{180°}{30} = 5.23$ 取 $r_z = 5.5$	检验是否发生根切 $\dfrac{r_z}{R_z} <$ e_{min}（齿廓最小曲率半径）
针齿销半径 r_z'/mm		取 $r_z' = 3$	
针径系数 K_2	$K_2 = \dfrac{R_z}{r_z} \sin \dfrac{180°}{z_b}$	$K_2 = \dfrac{85}{5.5} \sin \dfrac{180°}{30} = 1.62$	若 $K_2 < 1.3$，考虑抽齿一半，则以上各项应重新计算
齿形修正 移距修形量 $\Delta r_p/\text{mm}$ 等距修形量 $\Delta r_{rp}/\text{mm}$		$\Delta r_p = 0.205$ $\Delta r_{rp} = 0.355$	—

续表

项　目	公式或数据	示　例	说　明
求齿面最大接触压力 F_{max}/N	$F_{max} = \dfrac{2.2 \times T}{K_1 z_g R_z}$	$F_{max} = \dfrac{2.2 \times 394751}{0.706 \times 29 \times 85} = 499$	—
传力齿号 $\begin{cases} \text{初接触齿号 } m \\ \text{终接触齿号 } n \end{cases}$	—	$m = 2$ $n = 9$	—
摆线轮齿与针齿的最大接触应力 σ_H/MPa	$\sigma_H = 12000 \sqrt{\dfrac{T_g}{b_g R_z^2} Y_{1max}}$	$\sigma_H = 1008$	$T_g = 0.55 \times T$ (此处单位换算为 N·m) Y_{1max} 为换算系数
转臂轴承径向负载 F_r/N	$F_r = \dfrac{1.3 T_g z_b}{K_1 R_z z_g}$	$F_r = 4865.5$	$T_g = 0.55 \times T$
转臂轴承当量动负载 F/N	$F = x F_r$	$F = 1.05 \times 4865.5 = 5109$	平稳载荷下，$R_z < 390mm$，$x = 1.05$ $R_z \geq 390mm$，$x = 1.1$
转臂轴承内外圈的相对转速 $n/r \cdot min^{-1}$	$n = |n_H| + |n_V|$	$n = 1420 + \dfrac{1420}{29} = 1469$	—
选择双偏心圆柱滚子轴承 D_1/mm	$D_1 = (0.4 \sim 0.5) D_z$	$D_1 = (0.4 \sim 0.5) \times 170 = 68 \sim 85$ 选用 25UZ8529 $D_1 = 68.2$ $b_1 = 42$ $c = 93800N$	① $R_z \leqslant 650mm$，一般采用无外圈轴承 $R_z > 650mm$，采用外圈轴承 ② 应取 $b_1 > b_c$
转臂轴承寿命 L_h/h	$L_h = \dfrac{10^6}{60n} \left(\dfrac{C}{F} \right)^{\varepsilon}$	$L_h = \dfrac{10^6}{60 \times 1469} \left(\dfrac{93800}{5109} \right)^{10/3}$ $= 185232$	ε——寿命系数 球轴承：$\varepsilon = 3$ 滚子轴承：$\varepsilon = 10/3$
针齿销支点的跨距 L/mm	—	画设计图，按实际结构尺寸 $L = 50$	① $R_z < 390mm$，一般采用二支点 ② $R_z \geqslant 390mm$，采用三支点 ③ 若结构已定，L 按实际尺寸计算
针齿销弯曲应力 σ_F/MPa	二支点 $\sigma_F = \dfrac{1.41 F_{max} L}{d_{sp}^3}$ 三支点 $\sigma_F = \dfrac{0.48 F_{max} L}{d_{sp}^3}$	$\sigma_F = \dfrac{0.48 \times 499 \times 50}{11^3}$ $= 9.00 < \sigma_{Fp}$	① 选用三支点 ② 材料为轴承钢时 $\sigma_{Fp} = 150 \sim 200MPa$
针齿销的转角 θ/rad	二支点 $\theta = \dfrac{4.44 \times 10^{-6} F_{max} L^2}{d_{sp}^4}$ 三支点 $\theta = \dfrac{0.74 \times 10^{-6} F_{max} L^2}{d_{sp}^4}$	$\theta = \dfrac{0.74 \times 10^{-6} \times 499 \times 50^2}{11^4}$ $= 0.00006305 < \theta_p$	材料为轴承钢时 $\theta_p = 0.001 \sim 0.003 rad$
摆线轮齿根圆直径 d_{fc}/mm	$d_{fc} = d_p - 2e - d_{rp}$ $- 2 \times (\Delta_{rp} + \Delta_p)$	$d_{fc} = 170 - 2 \times 2 - 11 - 2 \times 0.15$ $= 154.7$	—
摆线轮顶圆直径 d_{ac}/mm	$d_{ac} = d_p + 2e - d_{rp}$ $- 2 \times (\Delta_{rp} + \Delta_p)$	$d_{ac} = 170 + 2 \times 2 - 11 - 2 \times 0.15$ $= 162.7$	—

续表

项　　目	公式或数据	示　　例	说　　明
齿高 h/mm	$h = \dfrac{d_{ac} - d_{fc}}{2}$	$h = \dfrac{d_{ac} - d_{fc}}{2} = 2e = 2 \times 2 = 4\text{mm}$	—
柱销中心圆直径 D_w/mm	$D_w \approx \dfrac{1}{2}(d_{fc} + D_1)$	$D_w = \dfrac{1}{2}(154.7 + 53.5) = 104.1$ 取 $D_w = 110$	应考虑同一机型输出机构的通用性
间隔环厚度 δ/mm	—	按结构取 $\delta = 4$	若结构尺寸已定，δ 按实际尺寸计
柱销直径 d_{sw}/mm	$d_{sw} \geqslant \sqrt[3]{\dfrac{24T(1.5b_c + \delta)}{Z_w R_w \sigma_{FP}}}$	$d_{sw} \geqslant$ $\sqrt[3]{\dfrac{24 \times 394751 \times (1.5 \times 12 + 4)}{8 \times 55 \times 150}}$ $= 14.67$ 取 $d_{sw} = 17$	Z_w 按表 14-7-15 取
柱销套直径 d_{rw}/mm	—	$d_{rw} = 26$	按表 14-7-15 取
摆线轮柱销孔直径 d_w/mm	$d_w = d_{rw} + 2e + \Delta$	$d_w = 26 + 2 \times 2 + 0.15 = 30.15$	为使柱销孔与柱销套间留有适当间隙 d_w 值应增加 Δ 值： ① $R_z \leqslant 550\text{mm}$ 时，$\Delta = 0.15\text{mm}$ ② $R_z > 550\text{mm}$ 时，$\Delta = 0.2 \sim 0.3\text{mm}$
验算柱销套与柱销孔的接触强度 σ_H/MPa	$\sigma_H = 300 \sqrt{\dfrac{K_1 T R_z \times 10^3}{z_w R_w b_g (r_{rw}^2 z_b + K_1 R_Z r_{rw})}}$	$\sigma_H = 300 \sqrt{\dfrac{K_1 T R_z \times 10^3}{z_w R_w b_g (r_{rw}^2 z_b + K_1 R_Z r_{rw})}}$ $= 300 \sqrt{\dfrac{0.706 \times 394.751 \times 85 \times 10^3}{8 \times 55 \times 12 (13^2 \times 30 + 0.706 \times 85 \times 13)}}$ $= 262.72$	$\sigma_H \leqslant [\sigma_{HP}] = 850\text{MPa}$
验算柱销的弯曲强度 σ_F/MPa	$\sigma_F = \dfrac{4.89 \times 10^4 T(1.5b_g + \delta)}{Z_w R_w d_{rw}^3}$	$\sigma_F = \dfrac{4.89 \times 10^4 \times 394.751 \times (1.5 \times 12 + 4)}{8 \times 85 \times 26^3}$ $= 35.53$	$\sigma_F \leqslant [\sigma_{HF}] = 150\text{MPa}$

7.3.2.2　主要零件的工作图

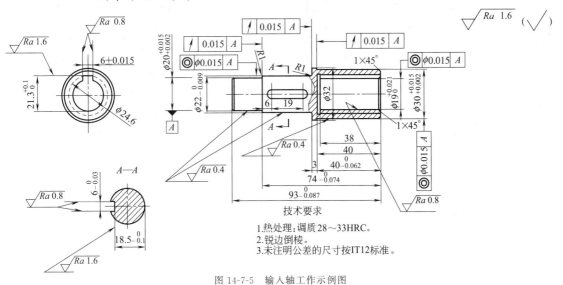

图 14-7-5　输入轴工作示例图

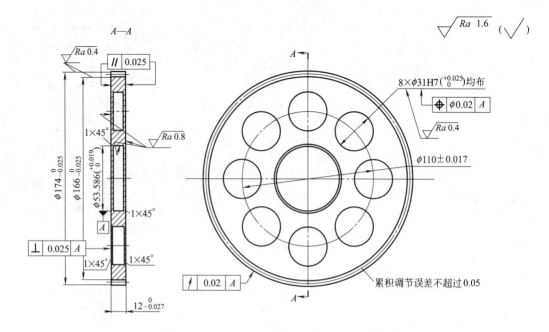

技术要求

1. 热处理：淬火 58～63HRC。

2. 锐边倒棱，未标注倒角均为 0.5×45°。

3. 摆线轮外齿廓按给定数据加工，齿数29。

4. 齿轮误差不大于0.02mm，齿轮检验不少于4个齿，
且这4个齿应分布在任意两个相互垂直的直径位置上。

图 14-7-6　摆线轮工作示例图

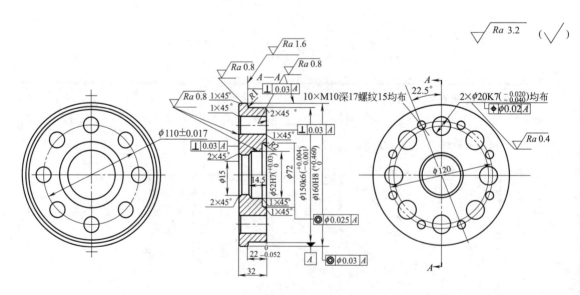

技术要求

1. 调质33～38HRC。

2. 锐边倒棱，未注明倒角0.5×45°，圆角R0.5。

3. 未注明公差的尺寸按IT12标准。

图 14-7-7　输出端盘工作示例图

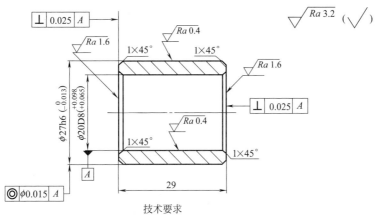

技术要求

1. 锐边倒棱，去毛刺。
2. 热处理：淬火，58～63HRC。
3. 未注明公差的尺寸按IT12标准。

图 14-7-8　销轴套示例图

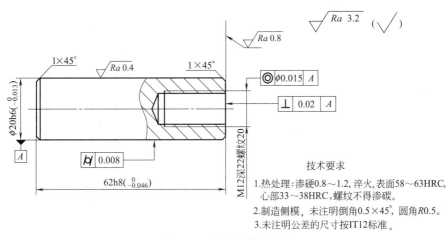

技术要求

1. 热处理：渗硬0.8～1.2，淬火，表面58～63HRC，心部33～38HRC，螺纹不得渗碳。
2. 制造侧模，未注明倒角0.5×45°，圆角R0.5。
3. 未注明公差的尺寸按IT12标准。

图 14-7-9　销轴工作示例图

7.4　RV 减速器设计

RV（Rotary Vector）传动是在摆线针轮传动基础上发展起来的一种新型传动，它是由第一级普通渐开线直齿轮（斜齿轮）减速部分和摆线针轮减速部分组合而成的两级 2K-V 行星传动机构。RV 传动机构具有体积小、重量轻、传动比范围大、传动效率高等一系列优点；比单纯的摆线针轮行星传动具有更小的体积和更大的过载能力，且输出轴刚度大，经常作为各种需要具有精密运动的装置前级减速。目前在机器人领域应用极为广泛，因而在国内外受到广泛重视。

RV 减速器由于其独特的优点，在机器人（定位机构、自动广告机、机器人手臂、机器人腕关节上、分度工作台、机器人回转轴、机器人手臂上和机器人回转轴）等精密传动领域得到了广泛的应用。

7.4.1　RV 传动原理及特点

（1）传动原理

图 14-7-10 为 RV 减速器的剖视图，图 14-7-11

图 14-7-10　RV 减速器剖视图

为 RV 传动简图。RV 减速器由渐开线圆柱齿轮行星减速机构和摆线针轮行星减速机构两部分组成。渐开线行星齿轮 2 与曲柄轴 3 连成一体，作为摆线针轮传动部分的输入。如果渐开线行星中心齿轮 1 顺时针方向旋转，那么渐开线行星齿轮在公转的同时还有逆时针方向自转，并通过曲柄轴带动摆线轮作偏心运动，此时摆线轮在其轴线公转的同时，与针齿轮啮合将反向减速自转及顺时针转动。同时摆线轮的自转运动通过曲柄轴推动钢架结构的输出机构顺时针方向转动，从而实现减速。

当端盘做输出时，RV 传动的传动比为

$$i = 1 + \frac{z_2}{z_1} z_4 \qquad (14\text{-}7\text{-}46)$$

式中　z_1——渐开线中心轮齿数；

　　　z_2——渐开线行星轮齿数；

　　　z_4——针轮齿数。

（2）RV 传动的基本特点

① 传动机构可置于行星架的两支承主轴承内侧［图 14-7-11（b）］，可使传动的轴向尺寸大大缩小。

② 摆线针轮行星机构处于低速级，传动平稳。转臂轴承个数增多而且内外环相对转速下降，可提高其寿命。

③ 只要设计合理，可以获得很高的运动精度和很小的回差。

④ 输出机构采用了两端支承的刚性笼形结构，比一般摆线针轮减速器的输出机构（悬臂梁结构）刚性大、抗冲击能力强。

⑤ 传动比范围大（$i = 31 \sim 171$）。

⑥ 传动效率高，其 $\eta = 0.85 \sim 0.92$。

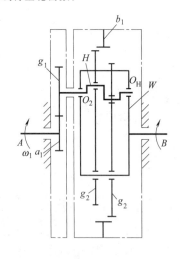

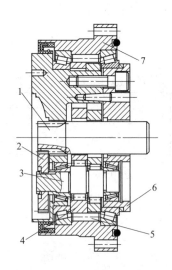

(a) 运动简图　　　　　　　　　　(b) RV传动结构

图 14-7-11　RV 传动图

1—中心轮；2—行星齿轮；3—曲柄轴；4—摆线轮；5—针齿；6—输出轴；7—针齿壳

7.4.2　机器人用 RV 传动的设计要点

表 14-7-24　　　　　　　　　　　机器人用 RV 传动的设计要点

项目	设计要点
设计要求	机器人用高精度 RV 传动，有非常严格的技术指标：一为传动链的运动精度，误差不能超过 $1'$；一为间歇回差，规定不能超过 $1' \sim 1.5'$；此外，在负载运动情况下，包括弹性变形引起的回差在内的总回差不能超过 $6'$。因此，设计机器人用 RV 传动有很多特殊的要求
摆线轮的优化修形	摆线轮优化的新齿形必须满足以下要求 ①多齿共轭啮合，而且有一定的径向间隙 ②应补偿（或减小）由于针齿销孔配合间隙等因素引起的较大侧隙，使总的综合回差相应减小(需要摆线轮修形产生负转角)。因此应当采用负等距与绝对值稍大一点的负移距修形组合加工摆线轮
回差分析	回差是指输入轴反向转动时，输出轴在运动上滞后于输入轴的现象。下面分析由于传动件几何尺寸、形状方面原因所产生的回差 ①首先计算渐开线行星传动部分各因素引起的侧隙的均值和方差，见表1 ②计算摆线针轮传动部分各因素引起的回差，见表2

项目	设 计 要 点

表 1　各因素引起的侧隙均值和方差的计算

影 响 因 素	侧隙的均值 J_E 和方差 $D(J_E)$	说　明
公法线长度的 上偏差 E_{wu}、下偏差 E_{wd}	$J_{E1}=\dfrac{E_{wu}-E_{wd}}{2\cos\alpha}$ $D(J_{E1})=\left(\dfrac{E_{wu}-E_{wd}}{6\cos\alpha}\right)^2$	α 为渐开线齿轮的压力角
中心距误差 ΔF_a	$J_{E2}=0$ $D(J_{E2})=\left(\dfrac{\Delta F_a K_a\tan\alpha}{3}\right)^2$	假定误差符合正态分布 $K_a=\dfrac{\sin\alpha'}{\sin\alpha}$
齿圈径向跳动误差 ΔF_r	$J_{E3}=0$ $D(J_{E3})=\left(\dfrac{\Delta F_r K_a\tan\alpha}{3}\right)^2$	式中　α'——啮合角

表 2　各因素引起的回差的计算

影 响 因 素	回 差 /rad
等距修形 Δr_{tp} 与移距修形 Δr_p	$\Delta\varphi_1=\dfrac{2\Delta r_{tp}}{ez_g}-\dfrac{2\Delta r_p}{ez_g}\sqrt{1-K_1^2}$
针齿中心圆半径误差 δ_{rp}	$\Delta\varphi_2=\dfrac{2\delta_{rp}}{ez_g}\sqrt{1-K_1^2}$
针齿销半径误差 δ_{rtp}	$\Delta\varphi_3=-\dfrac{2}{ez_g}\delta_{rtp}$
针齿销与针齿销孔配合间隙 δ_J	$\Delta\varphi_4=\dfrac{\delta_J}{ez_g}$
摆线轮齿圈径向圆跳动误差 ΔF_{rl}	$\Delta\varphi_5=\dfrac{\Delta F_{rl}}{2ez_g}$
针齿销孔周向位置度误差 $\delta_{t\Sigma}$	$\Delta\varphi_6=\dfrac{2K_1\delta_{t\Sigma}}{ez_g}$
摆线轮周节累积误差 ΔF_p	$\Delta\varphi_7=-\dfrac{K_1\Delta F_p}{ez_g}$
等距修形误差 $\delta_{\Delta rtp}$、移距修形误差 $\delta_{\Delta rp}$、 偏心距误差 δ_d	$\Delta\varphi_8=\dfrac{2}{ez_g}\delta_{\Delta rtp}-\dfrac{2\sqrt{1-K_1^2}}{ez_g}\delta_{\Delta rp}-2K_n\delta_d$ 其中 $K_n=\dfrac{\Delta r_{tp}}{e^2 z_g}-\left(\dfrac{z_g}{er_p^2\sqrt{1-K_1^2}}+\dfrac{\sqrt{1-K_1^2}}{e^2 z_g}\right)\Delta r_p$

项目：回差分析

从表 2 看出，针齿销半径误差、等距修形误差及针齿销孔周向位置度误差对回差的影响最大

③ 传动系统总回差的均值 $\overline{\Delta\varphi_\Sigma}$ 与公差 $T_{\Delta\varphi_\Sigma}$ 为

$$\begin{cases}\Delta\overline{\varphi_\Sigma}=\dfrac{180\times60}{i_{16}\pi r_1}\sum\limits_{j=1}^{3}J_E+\dfrac{180\times60}{\pi}\sum\limits_{j=1}^{8}\Delta\varphi_j+\dfrac{180\times60}{\pi e}\Delta\bar{u}\\[2mm] T_{\Delta\varphi_\Sigma}=\sqrt{\left(\dfrac{180\times60}{i_{16}\pi r_1}T(J_E)\right)^2+\left(\dfrac{180\times60}{\pi}\sqrt{\sum\limits_{j=2}^{8}(T_{\Delta\varphi_j})^2}\,T(J_E)\right)^2+\left(\dfrac{180\times60}{\pi e}T_{\Delta u}\right)^2}\end{cases}\quad(14\text{-}7\text{-}47)$$

式中　$T(J_E)$——渐开线齿轮传动部分侧隙公差，mm，$T(J_E)=6\sqrt{\sum\limits_{i=1}^{3}D(J_{Ei})}$

　　　　r_1——齿轮 1 的分度圆直径

　　　　$T_{\Delta\varphi_j}$——摆线针轮传动部分各误差因素引起回差的公差

$$\sum\limits_{j=2}^{5}(T_{\Delta\varphi_j})^2=\dfrac{1}{e^2 z_g^2}\left\{\begin{array}{l}(2T_{\delta rtp})^2+(T_{\delta J})^2+(K_1 T_{\Delta F_p})^2+(2K_1 T_{\Delta t\Sigma})^2\\[1mm]+(2\sqrt{1-K_1^2}\times T_{\delta rp})^2+(2T_{\delta\Delta rtp})^2+\left(\dfrac{1}{2}T_{\Delta F_{rl}}\right)^2\\[1mm]+(2\sqrt{1-K_1^2}\times T_{\delta\Delta rp})^2\end{array}\right\}+(2K_n T_{\delta n})^2$$

由此可得 RV 传动系统总回差 $\Delta\varphi_\Sigma$ 为

$$\Delta\varphi_\Sigma=\Delta\overline{\varphi_\Sigma}\pm\dfrac{T_{\Delta\varphi_\Sigma}}{2}\quad\quad\quad(14\text{-}7\text{-}48)$$

采用负等距与负移距修行组合，在同样径向间隙下，它引起的回差比正等距与正移距修形组合引起的回差小很多

续表

项目	设 计 要 点
	作为机器人用的 RV 减速器,传动链中传动件的制造、安装误差会使机器人的手爪不能精确地达到预定的位置。输入轴转动到任意角时,输出轴的理论转角与实际转角的角度误差称为传动误差,要求 RV 传动具有小的传动误差。渐开线齿轮传动部分的误差较摆线针轮传动部分和行星架输出机构的误差对 RV 传动误差的影响小得多,下面分析后两部分对 RV 传动误差的影响

项目	子项目	设 计 要 点
传动误差分析	行星架输出机构的传动误差	RV 传动的摆线轮通过三个曲柄轴支承在输出盘上(如图所示),因此输出机构是由三个双曲柄平行四边形机构(ABCD、ABEF、DCEF)组成的单自由度并联机构。理论上输出盘的转角始终与摆线轮的相等,但实际上,各构件杆长的制造偏差和铰接副中的间隙,会造成输出盘转角的误差 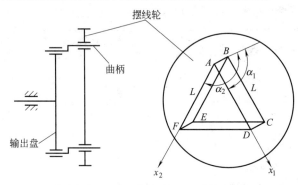 输出机构—三个双曲柄平行四边形并联机构 　　为了减小传动误差,机构中相对杆的杆长偏差应该同向分布,故建议加工中应该采取工艺措施,保证摆线轮轴承孔和行星架轴承孔的偏差方向一致。为此,可先将摆线轮的轴承孔加工好,然后将摆线轮的三个轴承孔作为对刀样板,来加工行星架对应的三个轴承孔,保证它们对应孔的相对位置精度。为了减小传动误差,选择轴承间隙应该是在满足四杆共线条件下尽可能地小

表 3　各因素引起的小周期传动误差

影 响 因 素	小周期的传动误差/rad
针齿壳上针齿销孔圆周方向位置相邻误差 δ_{t1}	$\Delta\phi_{s1}=\dfrac{K_1\delta_{t1}}{ez_g}$
针齿壳上针齿销孔径向位置相邻误差 δ_{t2}	$\Delta\phi_{s2}=\dfrac{\delta_{t2}}{2ez_g}$
摆线轮齿距误差 δ_{fpt}	$\Delta\phi_{sA}=\dfrac{K_1\delta_{fpt}}{ez_g}$

表 4　各因素引起的大周期传动误差

影 响 因 素	大周期的传动误差/rad
针齿壳上针齿销孔位置积累误差 δ_{Fp1}	$\Delta\phi_{B1}=\dfrac{K_1\delta_{Fp1}}{ez_g}$
摆线轮齿距累积误差 δ_{Fp}	$\Delta\phi_{B2}=\dfrac{K_1\delta_{Fp}}{ez_g}$
摆线轮齿圈径跳误差 δ_{Fr1}	$\Delta\phi_{B3}=\dfrac{\delta_{Fr1}}{2ez_g}$
行星架组合件三孔相对于行星架支承 大轴承安装基准位置误差 Δ_1	$\Delta\phi_{B4}=\dfrac{\Delta_1}{2ez_g}$
行星架支承大轴承径跳误差 Δ_2	$\Delta\phi_{B5}=\dfrac{\Delta_2}{2ez_g}$

摆线针轮传动部分的传动误差:

　　在曲柄轴转一圈(摆线轮转一个齿)与输出轴转一圈的过程中,二者输出轴的转角误差分别称小周期的传动误差与大周期的传动误差,它们的影响因素与传动误差计算见表 3 和表 4

续表

项目		设 计 要 点
传动误差分析	摆线针轮传动部分的传动误差	综合小周期、大周期传动误差的均值 $\overline{\Delta\phi}_s$、$\overline{\Delta\phi}_B$ 和公差 $T_{\Delta\phi s}$、$T_{\Delta\phi B}$ 分别为 $$\begin{cases} \overline{\Delta\phi}_s = \dfrac{180\times60}{\pi}\sum\limits_{j=1}^{4}\overline{\Delta\phi}_{sj} \\ T_{\Delta\phi s} = \dfrac{180\times60}{\pi}\sqrt{\sum\limits_{j=1}^{4}(T_{\Delta\phi sj})^2} \end{cases} \qquad (14\text{-}7\text{-}49)$$ $$\begin{cases} \overline{\Delta\phi}_B = \dfrac{180\times60}{\pi}\sum\limits_{j=1}^{5}\overline{\Delta\phi}_{Bj} \\ T_{\Delta\phi B} = \dfrac{180\times60}{\pi}\sqrt{\sum\limits_{j=1}^{5}(T_{\Delta\phi Bj})^2} \end{cases} \qquad (14\text{-}7\text{-}50)$$ 式中　$\overline{\Delta\phi}_{s4}$, $T_{\Delta\phi s4}$——分别为行星架输出机构引起的小周期传动误差的均值和公差,与角度误差的范围有关 $T_{\Delta\phi sj}$——各因素引起小周期传动误差的公差 $$\sum_{j=1}^{4}(T_{\Delta\phi sj})^2 = \frac{1}{e^2 z_g^2}\left\{K_1^2\left[(T_{\delta t1})^2+(T_{\delta f t1})^2\right]+\frac{1}{4}(T_{\delta t2})^2\right\}+(T_{\Delta\phi s4})^2$$ $T_{\Delta\phi Bj}$——各因素引起大周期传动误差的公差 $$\sum_{j=1}^{5}(T_{\Delta\phi Bj})^2 = \frac{1}{e^2 z_g^2}\left\{K_1^2\left[(T_{\delta Fp1})^2+(T_{\delta Fp})^2\right]+\frac{1}{4}\left[(T_{\delta Fr1})^2+(T_{\Delta 1})^2+(T_{\Delta 2})^2\right]\right\}$$
	总运动误差	传动系统总的传动误差的均值 $\overline{\Delta\phi}$ 与公差 $T_{\Delta\phi}$ 其值由下式计算 $$\overline{\Delta\phi}=\overline{\Delta\phi}_B+\overline{\Delta\phi}_s,\ T_{\Delta\phi}=T_{\Delta\phi B}+T_{\Delta\phi s} \qquad (14\text{-}7\text{-}51)$$ 由此可得 RV 传动系统总运动误差 $\Delta\phi$ 为 $$\Delta\phi = \overline{\Delta\phi}\pm\frac{T_{\Delta\phi}}{2} \qquad (14\text{-}7\text{-}52)$$
刚度		RV 传动具有很大的刚性。RV 传动的低速级采用多齿啮合的摆线针轮传动,其接触刚度非常高。高速级采用有两个或三个行星轮的渐开线行星齿轮传动,提高了承载能力与刚性。摆线轮采用负移距与负等距修形,可保证多齿共轭啮合,增大摆线轮与针轮啮合刚度。针齿不用两支点而是用半埋齿以消除其弯曲变形。除此之外,输出构件为两端支承的刚性笼形结构的行星架,具有很高的刚性

7.4.3　RV 传动机构的安装要点

表 14-7-25　　　　　　　　　　　RV 传动机构的安装要点

机构		安 装 要 点
渐开线齿轮传动机构	邻接条件	在同一圆周上均布的 n 个渐开线行星轮 2,其齿顶圆不得相互碰撞,即应满足 $$d_{a_2}<2a_1'\sin\frac{180°}{n} \qquad (14\text{-}7\text{-}53)$$ 式中　d_{a_2}——渐开线行星轮 2 的齿顶圆直径,mm a_1'——渐开线中心轮 1 与行星轮 2 的中心距,mm n——渐开线行星轮数目,一般 $m\geqslant 2$
	同心条件	除了中心轮与 n 个行星轮的中心距均相等外,还应保证中心轮与行星轮的中心距 a_1' 应等于转臂的轴承孔中心在支承圆盘上分布圆半径,以保证中心轮与支承圆盘 V 具有同轴性
	相位关系	为了保证中心轮能与 n 个行星轮正确啮合,行星轮的键槽需要一定的相位关系。以 $n=3$ 为例,相位关系分为三种情况,见下表

机构		安装要点	
		$n=3$ 时的相位关系	
		几 种 情 况	相 位 关 系
渐开线齿轮传动机构	相位关系	当中心轮和行星轮的齿数之和可以被3整除,则3个行星轮的键槽相位要一致取 $z_1=20,z_2=40$,可得到 $z_1+z_2=60$,可被3整除	
		当传动比 i 可以被3整除,在一个行星轮键槽相位确定的前提下,另外两个行星轮的键槽分别绕中心旋转 $(360°)/n_i$ 和 $(-360°)/n_i$。取 $z_1=20,z_2=60$,可得到传动比 $i=3$,可被3整除,两个行星轮键槽位置分别绕中心旋转 $40°$ 和 $-40°$	
		不满足前两种情况时,一个行星轮键槽相位一定,另外两个分别绕中心旋转 $(-360°)/n_i$ 和 $(360°)/n_i$。取 $z_1=20$,$z_2=50$,可得到传动比 $i=2.5$,$z_1+z_2=70$ 均不可被3整除,两个行星轮键槽位置分别绕中心旋转 $-48°$ 和 $48°$	
摆线行星传动机构		当转臂的轴承孔数 n 为偶数时,对于齿数差为偶数,或齿数差为奇数的情况,一般应先加工两个摆线轮上的 n 个轴承孔;然后再用 n 个圆柱销将两个摆线轮的轮坯固连在一起,进行齿廓加工。在精磨之后,还应在两个摆线轮的某个轴承孔端面上打上相应的标记,以便于装配 当转臂的轴承孔数 n 为奇数时,对于齿数差为奇数、内齿轮为偶数的情况,可以将两个摆线轮分开来,单独进行加工。但是摆线轮的齿廓必须对于其上的轴承孔中心位置相互错开半个轮齿。这样才能获得正确的安装位置,即使两个摆线轮能对称的同时与二次包络内齿轮相啮合	

第 8 章　谐波齿轮传动

8.1　谐波齿轮传动技术基础

8.1.1　谐波齿轮传动的术语、特点及应用

表 14-8-1　　　　　　　　　　谐波齿轮传动的术语、特点及应用

术语	谐波传动	是一种靠波发生器使柔性齿轮产生可控的弹性变形波实现运动和动力传递的传动
	谐波传动减速器	波发生器输入,刚轮固定,柔轮输出,输入和输出转向相反的传动装置
	波发生器	使柔性齿轮产生可控弹性变形的构件
	椭圆凸轮波发生器	椭圆凸轮与柔性轴承所构成的波发生器
	波数	当波发生器转一整转时,柔轮上某点重复变形的次数
	柔性齿轮	在波发生器作用下,能产生可控弹性变形的薄壁齿轮,简称柔轮
	刚性齿轮	相对于柔性齿轮而言,它和普通齿轮一样,工作时始终保持不变形,简称刚轮
	柔性滚动轴承	内外环较薄,套装于凸轮上,能随凸轮轮廓曲线形状而产生相应变形的滚动轴承
特点	优点　传动比大且范围宽	单级传动的传动比为 70～320(若采用行星式波发生器,则传动比可扩大至 150～4000),复式传动的传动比可达 107
	承载能力大	同时参与啮合的齿对数多(传递名义力矩时,同时参与啮合的齿对数可达总齿数的 30%～40%)
	结构简单,体积小,重量轻	在传动比和承载条件相当的情况下,谐波齿轮传动可比一般齿轮减速器的体积和重量减小 1/3～1/2 左右
	传动精度高	在相同的制造精度下,谐波齿轮传动的精度比一般齿轮传动的精度至少可高一级
	侧隙小	由于其啮合原理不同于一般齿轮传动,侧隙很小,甚至可实现无侧隙传动
	运转平稳	周向速度低,又实现了力的平衡,故噪声低、振动小
	效率高	在齿的啮合部分滑移量极小,摩擦损失少,即使在高速比情况下,还能维持高的效率
	可向密闭空间传递运动	利用其柔性传动的特点,可向密闭空间传递运动,这一点是其他任何机械传动无法实现的
	缺点和局限性	谐波传动柔轮周期性变形,易于疲劳损坏;齿数不能太少,当波发生器为主动时,传动比一般不能小于 35;柔轮和波发生器的制造难度较大
应用		由于谐波齿轮传动具有突出的优点,因而广泛应用于航空航天、机器人、加工中心、雷达设备、造纸机械、纺织机械、半导体工业晶圆传送装置,印刷包装机械、医疗器械、金属成形机械、仪器仪表、光学制造设备、核设施以及空气动力实验研究等领域,特别是在高动态性能的伺服系统中,采用谐波齿轮传动更显示出它的优越性

8.1.2 谐波齿轮传动的工作原理

谐波齿轮传动是一种依靠柔性齿轮所产生的可控弹性变形波来传递运动和动力的机械传动形式，其典型结构如图 14-8-1 所示。谐波齿轮传动的基本构件包括波发生器、柔轮和刚轮。由于柔轮的变形过程基本上是一个对称的谐波，故而得名。谐波齿轮传动的原理与一般的齿轮传动和蜗杆传动有本质的区别。

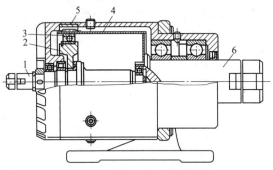

图 14-8-1 谐波齿轮减速器的结构
1—高速轴；2—波发生器凸轮；3—柔性轴承；
4—柔轮；5—刚轮；6—低速轴

传动过程中，波发生器转一圈，柔轮上某点变形的循环次数称为波数 U。双波传动柔轮中的应力较小，结构比较简单，容易获得大的传动比，较为常用。本章只讨论双波传动。

谐波齿轮传动的柔轮和刚轮节距相同，但齿数不等，通常均取刚轮和柔轮的齿数差等于波数。

谐波齿轮传动的三个构件，有一个固定，其余的两个，一个为主动轮，另一个为从动轮。其相互关系可根据需要变换，一般以波发生器为主动轮。

工作原理见图 14-8-2。具有柔性轴承的凸轮波发

图 14-8-2 双波传动的工作原理
1—刚轮；2—凸轮波发生器；3—柔轮

生器为主动轮，柔轮从动轮，刚轮固定。波发生器在柔轮内转动时，迫使柔轮产生连续的弹性变形，使柔轮轮齿的啮入—啮合—啮出—脱开这四种状态往复循环。柔轮和刚轮的轮齿在啮合过程中，节圆上转过的弧长必须相等。由于柔轮比刚轮在节圆周长上少了两个齿距，因此柔轮在啮合过程中就必须相对刚轮转过两个齿距的角位移，从而实现了运动与动力的变换。

谐波齿轮传动可用作减速或增速，通常用作减速装置。

对于单波传动 [图 14-8-3 (a)]，刚轮齿数与柔轮齿数之差为 1；它的优点是在传动比和模数相同的情况下，其径向尺寸分别比双波和三波传动小一到两倍。三波传动的齿数差为 3 [图 14-8-3 (b)]；这种传动的元件虽然对中性好，偏心误差较小，但是在相同的传动比和模数的情况下，径向尺寸比上两种传动都大，故这种传动应用较少。

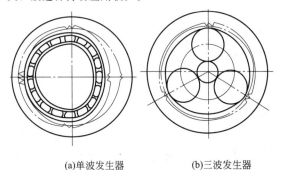

(a)单波发生器   (b)三波发生器
图 14-8-3 发生器类型

8.1.3 谐波齿轮传动的分类

谐波齿轮传动的分类方法见图 14-8-4。

目前，谐波齿轮传动的标准化、系列化工作发展十分迅速。美、日、俄等国家已有谐波齿轮减速器的产品系列或相应的标准，我国亦制定了通用谐波齿轮减速器的国家标准 GB/T 14118—1993。

① 谐波齿轮传动的产品型号由产品代号、规格代号和传动精度等级三部分组成。产品代号用汉语拼音大写字母 XB、XBZ 表示。XB 表示杯型柔轮谐波传动减速器；XBZ 表示带支座型柔轮谐波传动减速器；其中字母 Z 表示与支座连接。规格代号由机型号、传动比组成。它们之间用短划线分开。机型号由柔轮的内径表示。传动精度等级用汉语拼音大写字母 A、B、C、D 表示。依次表示为 1 级、2 级、3 级和 4 级。A/B 表示传动精度混合级，A 表示空程 1 级，B 表示传动误差 2 级；Y 表示润滑油；ZH 表示润滑脂。

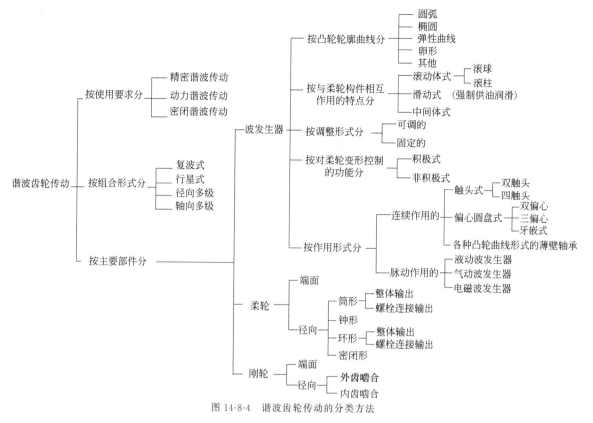

图 14-8-4　谐波齿轮传动的分类方法

型号示例 1：

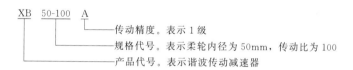

型号示例 2：

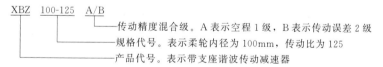

② 机型：按柔轮内径划分，计有 25、32、40、50、60、80、100、120、160、200、250、320 十二个机型。

③ 传动比：63、80、100、125、160、200、250、315。

④ 输出力矩：20～4000N·m。

⑤ 传动精度：一般为 3′，精密级为 1′。

⑥ 回差：一般为 6′，精密级为 1′和 3′。

⑦ 效率：65%～90%。

目前，我国已有专业厂家生产多种型号规格的谐波齿轮传动减速器系列产品，其中最常用的两个系列产品是 XB1 系列单级谐波传动减速器和 XB3 系列扁平式单级谐波齿轮减速器。另有 XBF 系列产品，其中包括 XBF2 和 XBF3 系列，均为相位调节器用；另有一种高精度的 R 系列产品，其空回及运动误差均小于 3′。

国家标准谐波传动减速器（GB/T 14118—1993）为单级卧式双轴伸型谐波传动减速器（其尺寸见表 14-8-2），分大小两种机型。大型机：柔轮和输出轴为组装式［见表 14-8-2 中图（a）］；小型机：柔轮和输出轴为整体式［见表 14-8-2 中图（b）］。支座结构和尺寸见表 14-8-3。

谐波传动减速器（GB/T 14118—1993），该标准有 12 个机型 60 种传动比规格。同一种机型包括若干传动比（见表 14-8-4）。

表 14-8-2 单级卧式双轴伸型谐波传动减速器结构及尺寸

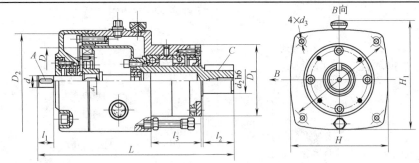

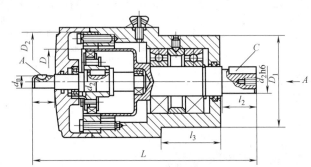

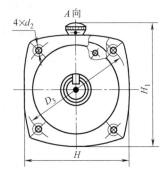

图（a） 柔轮和输出轴为组装式

图（b） 柔轮和输出轴为整体式

机型	d h6	d₁	d₂ h6	d₃	D	D₁	D₂	D₃	L	L₁	L₂	L₃	H	H₁	A	C	质量 /kg
25	4	6	8	M4	25	28	40	43	86	8	12	22	45	50	键 1×4	键 C2×10	0.3
32	6	10	12	M5	32	36	50	55	115	11	16	33	55	60	键 2×7	键 C4×14	0.5
40	8	12	15	M5	40	44	60	66	140	16	22	39	65	72	键 3×10	键 C5×18	1
50	10	14	18	M6	50	53	70	76	170	18	30	43	75	83	键 3×13	键 C6×25	1.5
60	14	18	22	M6	60	68	85	100	205	18	35	43	92	101	键 5×14	键 C6×32	5.5
80	14	18	30	M10	80	85	115	130	240	20	43	48	122	132	键 5×16	键 C8×40	10
100	16	24	35	M12	100	100	135	155	290	24	55	54	142	155	键 5×20	键 C10×50	16
120	18	24	45	M14	120	114	170	195	340	28	68	67	180	220	键 6×25	键 C14×62	30
160	24	40	60	M20	160	140	220	245	430	38	88	77	230	265	键 8×32	键 C18×80	58
200	30	50	80	M24	200	180	270	300	530	48	108	102	280	320	键 8×40	键 C22×100	100
250	35	60	95	M27	250	215	330	360	669	60	128	156	345	423	键 10×50	键 C25×120	—
320	40	80	110	M30	320	240	370	400	750	80	140	170	400	440	键 12×60	键 C28×130	—

注：1. 25～50 机型，A 键按 GB 1099.1 选用；60～320 机型，A 键按 GB 1096 选用。

2. 25～320 机型，C 键按 GB 1096 选用。

表 14-8-3 单级卧式双轴伸型谐波传动减速器支座结构及尺寸 mm

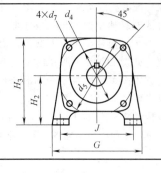

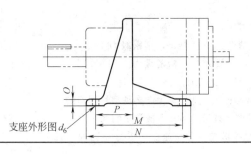

支座外形图 d₆

续表

机　型	60	80	100	120	160	200	250	320
H_3	101	140	160	196	255	310	380	450
G	112	140	168	205	260	320	400	480
H_2	56	80	90	106	140	170	210	250
J	92	116	138	175	220	280	340	400
d_6	7	9	10	10	14	14	18	22
d_4	68	85	100	114	140	180	215	240
M	85	130	150	100	240	280	330	380
N	115	160	180	215	280	330	390	450
O	10	13	14	16	20	20	22	25
P	54	61	67	80	90	110	120	140
d_7	8	12	14	16	24	28	30	34
d_5	100	130	155	195	245	300	350	400

表 14-8-4　　　　　GB/T 14118—1993 谐波传动减速器规格

机型	柔轮内径/mm	模数/mm	传动比 i	输入转速 3000r/min			输入转速 1500r/min			输入转速 1000r/min			输入转速 750r/min			输入转速 500r/min		
				输入功率/kW	输出转速/r·min⁻¹	输出转矩/N·m	输入功率/kW	输出转速/r·min⁻¹	输出转矩/N·m	输入功率/kW	输出转速/r·min⁻¹	输出转矩/N·m	输入功率/kW	输出转速/r·min⁻¹	输出转矩/N·m	输入功率/kW	输出转速/r·min⁻¹	输出转矩/N·m
25	25	0.2	63	0.0122	47.6	2	0.0071	23.8	2.5	0.0047	15.8	2.5	0.0035	11.9	2.5	0.0023	7.9	2.5
		0.15	80	0.0096	37.5	2	0.0056	18.8	2.5	0.0044	12.5	2.9	0.0033	9.4	3	0.0023	6.25	3.4
		0.1	125	0.0061	24	2	0.0035	12	2.5	0.0028	8	2.9	0.0021	6	3	0.0016	4	3.4
32	32	0.25	63	0.027	47.6	4.5	0.015	23.8	5	0.012	15.8	6	0.010	11.5	6.5	0.007	7.9	7
		0.2	80	0.024	37.5	5	0.015	18.8	6.5	0.012	12.5	7.6	0.010	9.4	8	0.007	6.25	9
		0.15	100	0.023	30	6	0.014	15	7.5	0.011	10	8.6	0.008	7.5	9	0.006	5	10
		0.1	160	0.015	18.6	6	0.008	9.4	7.5	0.071	6.25	8.6	0.005	4.7	9	0.004	3	10
40	40	0.25	80	0.078	37.5	16	0.044	18.8	20	0.034	12.5	23	0.027	9.4	24	0.021	6.25	28
		0.2	100	0.061	30	16	0.035	15	20	0.028	10	23	0.021	7.5	24	0.016	5	28
		0.15	125	0.049	24	16	0.029	12	20	0.022	8	23	0.018	6	24	0.013	4	28
		0.1	200	0.033	15	16	0.020	7.5	20	0.016	5	23	0.012	3.8	24	0.009	2.5	28
50	50	0.3	80	0.135	37.5	28	0.068	18.8	30	0.045	12.5	30	0.034	9.4	30	0.022	6.25	30
		0.25	100	0.115	30	30	0.068	15	38	0.051	10	42	0.041	7.5	45	0.031	5	50
		0.2	125	0.093	24	30	0.055	12	38	0.040	8	42	0.033	6	45	0.025	4	52
		0.15	160	0.076	18.6	30	0.044	9.4	38	0.032	6.25	42	0.026	4.7	45	0.019	3	52
60	60	0.4	80	0.216	37.5	45	0.136	18.8	60	0.098	12.5	65	0.074	9.4	65	0.049	6.25	65
		0.3	100	0.193	30	50	0.114	15	63	0.087	10	72	0.068	7.5	75	0.049	5	82
		0.25	125	0.154	24	50	0.092	12	63	0.069	8	72	0.054	6	75	0.041	4	86
		0.2	160	0.127	18.6	50	0.072	9.4	63	0.054	6.25	72	0.042	4.7	75	0.031	3	86
80	80	0.5	80	0.481	37.5	100	0.284	18.8	125	0.226	12.5	150	0.171	9.4	150	0.113	6.25	150
		0.4	100	0.461	30	120	0.272	15	150	0.211	10	175	0.162	7.5	180	0.121	5	200
		0.3	125	0.369	24	120	0.218	12	150	0.169	8	175	0.130	6	180	0.101	4	210
		0.25	160	0.305	18.6	120	0.171	9.4	150	0.132	6.25	175	0.102	4.7	180	0.076	3	210
		0.2	200	0.249	15	120	0.135	7.5	150	0.106	5	175	0.082	3.8	180	0.064	2.5	210
100	100	0.6	80	0.961	37.5	200	0.454	18.8	200	0.301	12.5	200	0.227	9.4	200	0.151	6.25	200
		0.5	100	0.961	30	250	0.561	15	310	0.374	10	310	0.28	7.5	310	0.187	5	310
		0.4	125	0.769	24	250	0.449	12	310	0.338	8	350	0.268	6	370	0.183	4	380
		0.3	160	0.637	18.6	250	0.352	9.4	310	0.264	6.25	350	0.209	4.7	370	0.155	3	430
		0.25	200	0.513	15	250	0.317	7.5	310	0.239	5	350	0.192	3.8	370	0.147	2.5	430

续表

机型	柔轮内径/mm	模数/mm	传动比 i	输入转速 3000r/min			输入转速 1500r/min			输入转速 1000r/min			输入转速 750r/min			输入转速 500r/min		
				输入功率/kW	输出转速/r·min⁻¹	输出转矩/N·m	输入功率/kW	输出转速/r·min⁻¹	输出转矩/N·m	输入功率/kW	输出转速/r·min⁻¹	输出转矩/N·m	输入功率/kW	输出转速/r·min⁻¹	输出转矩/N·m	输入功率/kW	输出转速/r·min⁻¹	输出转矩/N·m
120	120	0.8	80	1.828	37.5	380	0.862	18.8	380	0.573	12.5	380	0.431	9.4	380	0.287	6.25	380
		0.6	100	1.731	30	450	1.014	15	560	0.675	10	560	0.507	7.5	560	0.338	5	560
		0.5	125	1.385	24	450	0.811	12	560	0.618	8	640	0.485	6	670	0.328	4	680
		0.4	160	1.144	18.6	450	0.635	9.4	560	0.482	6.25	640	0.380	4.7	670	0.279	3	770
		0.3	200	0.923	15	450	0.575	7.5	560	0.437	5	640	0.348	3.8	670	0.263	2.5	770
160	160	1	80				1.814	18.8	800	1.207	12.5	800	0.907	9.4	800	0.604	6.25	800
		0.8	100				1.809	15	1000	1.387	10	1150	1.086	7.5	1200	0.604	5	1000
		0.6	125	—	—	—	1.448	12	1000	1.111	8	1150	0.868	6	1200	0.604	4	1250
		0.5	160				1.134	9.4	1000	0.867	6.25	1150	0.680	4.7	1200	0.488	3	1350
		0.4	200				1.025	7.5	1000	0.787	5	1150	0.750	3.8	1200	0.461	2.5	1350
		0.3	250				0.82	6	1000	0.629	4	1150	0.492	3	1200	0.369	2	1350
200	200	1	80				3.402	18.8	1500	2.262	12.5	1500	1.701	9.4	1500	1.132	6.25	1500
		0.8	100				3.620	15	2000	2.413	10	2000	1.809	7.5	2000	1.207	5	2000
		0.6	125	—	—	—	2.896	12	2000	2.886	8	2300	1.731	6	2390	1.164	4	2410
		0.5	160				2.268	9.4	2000	1.734	6.25	2300	1.355	4.7	2390	0.995	3	2750
		0.4	200				2.051	7.5	2000	1.572	5	2300	1.241	3.8	2390	0.940	2.5	2750
		0.3	250				1.641	6	2000	1.259	4	2300	0.980	3	2390	0.752	2	2750
250	250	1.5	80				6.68	18.8	2800	4.49	12.5	2800	3.37	9.4	2800	2.24	6.25	2800
		1.25	100				6.33	15	3500	4.49	10	3500	3.37	7.5	3500	2.24	5	3500
		1	125				5.07	12	3500	3.86	8	4000	3.04	6	4200	2.33	4	4830
		0.8	160	—	—	—	3.96	9.4	3500	3.01	6.25	4000	2.38	4.7	4200	1.75	3	4830
		0.6	200				3.59	7.5	3500	2.73	5	4000	2.19	3.8	4200	1.65	2.5	4830
		0.5	250				2.87	6	3500	2.19	4	4000	1.72	3	4200	1.32	2	4830
		0.4	320				2.25	4.7	3500	1.69	3.1	4000	1.32	2.3	4200	1.05	1.6	4830
320	320	2	80				12.27	18.8	5300	8.50	12.5	5300	6.40	9.4	5300	4.25	6.25	5300
		1.5	100				11.4	15	6300	8.08	10	6300	6.06	7.5	6300	4.04	5	6300
		1.25	125				9.12	12	6300	6.95	8	7200	5.44	6	7500	4.15	4	8600
		1	160	—	—	—	7.14	9.4	6300	5.44	6.25	7200	4.26	4.7	7500	3.12	3	8600
		0.8	200				6.47	7.5	6300	4.92	5	7200	3.89	3.8	7500	2.94	2.5	8600
		0.6	250				5.17	6	6300	3.93	4	7200	3.07	3	7500	2.35	2	8600
		0.5	320				4.05	4.7	6300	3.05	3.1	7200	2.36	2.3	7500	1.88	1.6	8600

8.1.4　谐波齿轮传动的运动学计算

表 14-8-5　　　　　　　　　　谐波齿轮传动的运动学计算

传动形式	构件相互关系	结构形式示意图	传动比计算公式	传动比范围
单级减速	发生器输入 刚轮固定 柔轮输出		$i = -\dfrac{z_R}{z_G - z_R}$	70～320

续表

传动形式	构件相互关系	结构形式示意图	传动比计算公式	传动比范围
单级减速	发生器输入 柔轮固定 刚轮输出		$i = \dfrac{z_G}{z_G - z_R}$	$70 \sim 320$
	柔轮输入 发生器固定 刚轮输出		$i = \dfrac{z_G}{z_R}$	$1.002 \sim 1.02$
行星波 发生器 单级减速	发生器输入 刚轮固定 柔轮输出		$i_x = i_p i$ $i_p = \dfrac{r_T + r}{r_T}$ $i = -\dfrac{z_R}{z_G - z_R}$	$1.5 \times 10^2 \sim 4 \times 10^3$
径向式配置 双级减速	第一级发生器输入 二级柔轮均固定 第二级刚轮输出		$i = i_1 i_2$ $i_1 = \dfrac{z_{G1}}{z_{G1} - z_{R1}}$ $i_1 = \dfrac{z_{G2}}{z_{G2} - z_{R2}}$	$5 \times 10^3 \sim 10^5$
	第一级发生器输入 第一级柔轮与 第二级刚轮固定 第二级柔轮输出		$i = i_1 i_2$ $i_1 = \dfrac{z_{G1}}{z_{G1} - z_{R1}}$ $i_1 = -\dfrac{z_{G2}}{z_{G2} - z_{R2}}$	$5 \times 10^3 \sim 10^5$
轴向式配置 双级减速	第一级发生器输入 二级刚轮均固定 第二级柔轮输出		$i = i_1 i_2$ $i_1 = -\dfrac{z_{R1}}{z_{G1} - z_{R1}}$ $i_1 = -\dfrac{z_{R2}}{z_{G2} - z_{R2}}$	$5 \times 10^3 \sim 10^5$

续表

传动形式	构件相互关系	结构形式示意图	传动比计算公式	传动比范围
轴向式配置双级减速	第一级发生器输入 第一级刚轮与 第二级柔轮固定 第二级刚轮输出	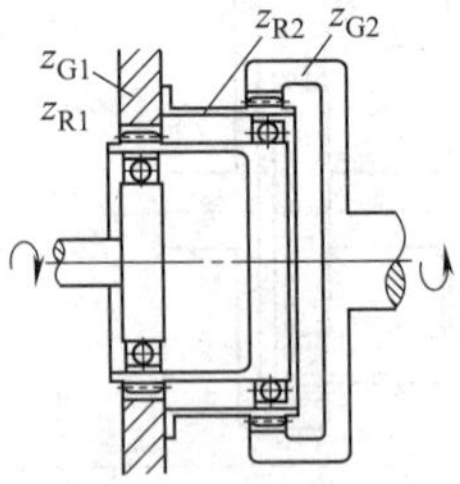	$i=i_1i_2$ $i_1=-\dfrac{z_{R1}}{z_{G1}-z_{R1}}$ $i_1=\dfrac{z_{G2}}{z_{G2}-z_{R2}}$	$5\times10^3\sim10^5$
外啮合波	第一级发生器输入 第一级刚轮固定 第二级刚轮输出	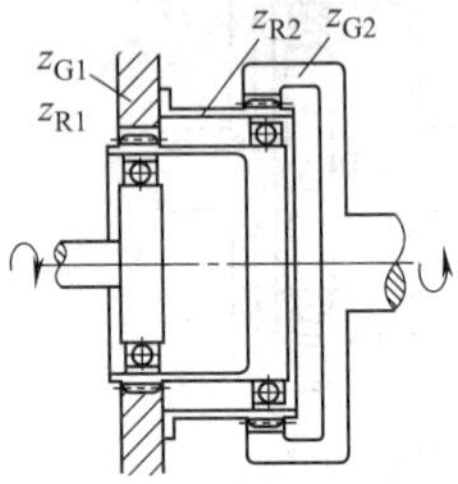	$i=\dfrac{z_{R1}z_{G2}}{z_{R1}z_{G2}-z_{R2}z_{G1}}$	最大可达 2×10^6
内啮合波	第一级发生器输入 第一级刚轮固定 第二级刚轮输出	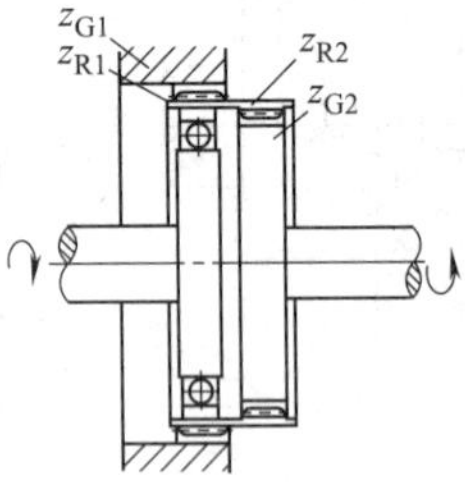	$i=\dfrac{z_{R1}z_{G2}}{z_{R1}z_{G2}-z_{R2}z_{G1}}$	$25\sim200$

注：1. 计算出的传动比如为"—"号，则表示输入与输出的转向相反。
　　2. i_p 为行星波发生器部分的传动比。

8.1.5　谐波齿轮传动主要构件的结构形式

表 14-8-6　　　　　　　　　　谐波齿轮传动主要构件的结构形式

	名　　称	结　构　图	特　　点	备　　注
柔轮结构形式	整体式筒形结构（Ⅰ）	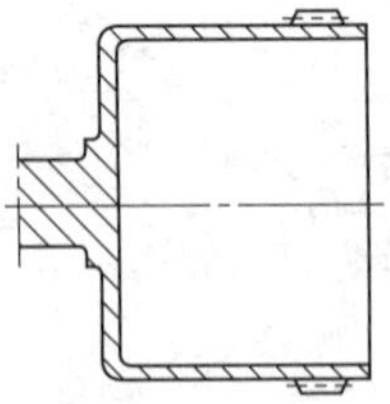	具有较大的扭转刚度、输出连接部分无空程、具有足够的寿命与较高的效率 加工量大	为改善柔轮应力及柔轮齿与刚轮的啮合状况，可适当延长筒体长度或在输出端连接处设计一个刚度较小的过渡区 可采用模锻、旋压及将筒体与输出轴采用焊接方法连接来改善工艺条件
	整体式筒形结构（Ⅱ）	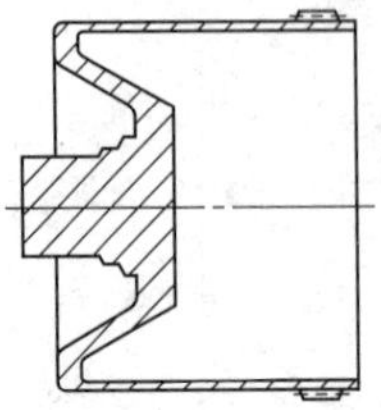	吸收变形能力好、可充分利用柔轮空间 加工复杂 其他性能同上	适宜于塑料柔轮

续表

名　称	结　构　图	特　点	备　注
筒形带底端面连接结构	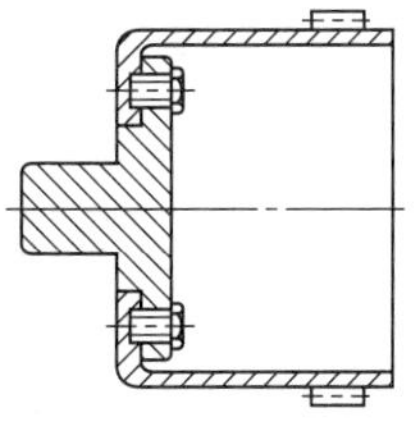	基本性能同整体式筒形结构（Ⅰ） 制造较其简单	用铰制螺钉连接
波动连接输出结构	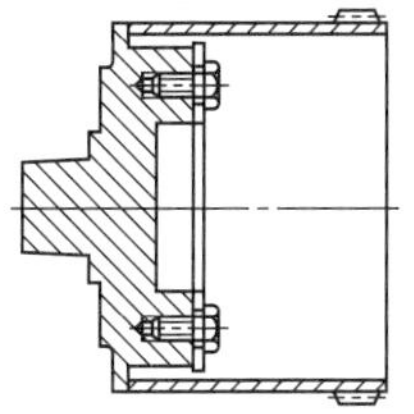	结构简单便于加工、轴向尺寸小、扭转刚度大。传动精度与效率略低于整体式筒形结构 柔轮有轴向位移的可能,应加以限制	由于输出连接处于活动状态,故减少了对柔轮变形的约束,达到减小轴向尺寸的目的 连接输出用的齿轮可在柔轮的内表面或外表面,其齿数与输出轴上齿数相同
复波结构	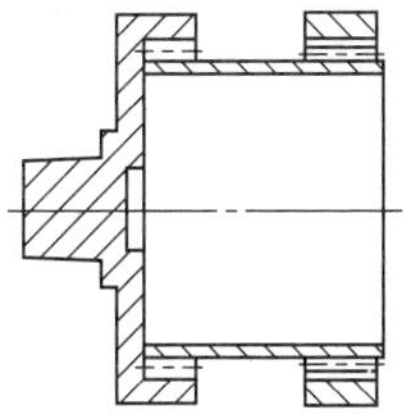	基本性能同上 其传动比极大,传动效率低	—
钟形结构	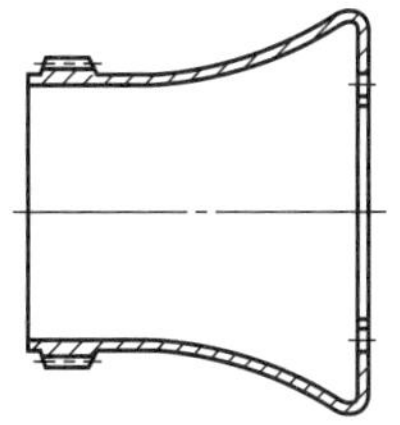	具有较高的扭转刚度及寿命,通常用于传动比较小（$50 < i < 100$）、负载大的传动装置中 结构复杂,加工要求高	在较小的长度尺寸下能保证柔轮齿沿径向方向做平行移动,使载荷沿齿轮长度方向均匀分布 可采用液压仿形及无切削旋压压力加工等方法进行加工
密闭形结构	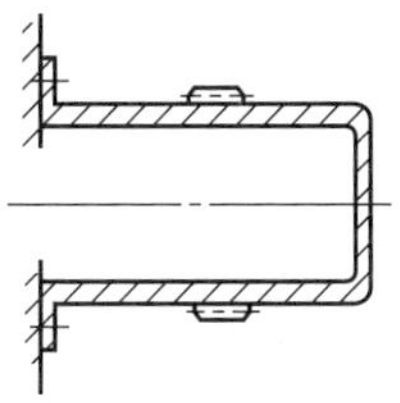	可实现向密闭空间传递运动	—

（左侧竖排）柔轮结构形式

刚轮结构形式

刚轮结构形式见右图。刚轮也可与外壳做成一体,以节省材料及减小装置的径向尺寸,但加工工艺较为复杂。在大型装置中,必须考虑插齿机的行程范围。在输出的转矩较大时,必须考虑到刚轮的刚度,否则会影响轮齿的正常啮合

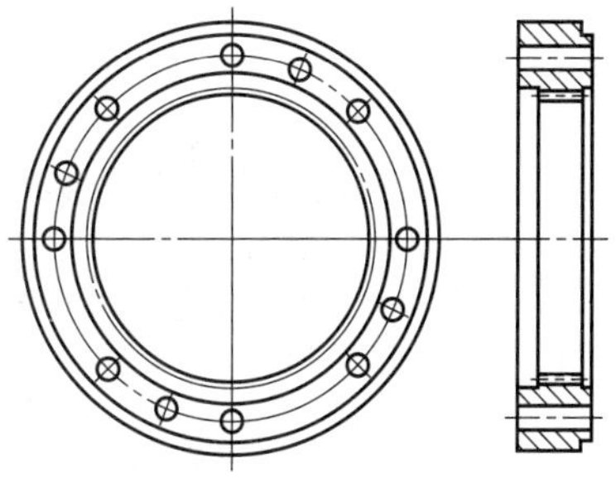

刚轮结构形式

名称	结 构 图	特 点	备 注
凸轮薄壁轴承式　滚球薄壁轴承		效率高、精度高、承载能力大。轴承外环的轴向位置可由自身定位,故结构简单。柔轮中应力分布较滚柱(针)薄壁轴承合理。轴承外环内滚道加工较为复杂单级传动时,在一定的外载荷下,可实现增速,增速性能优于滚柱(针)薄壁轴承	此种结构由椭圆状凸轮(或其他形状凸轮)与套在其上的可变形的薄壁轴承所组成。使柔轮基本上按预想的要求进行变形,从而达到较好的啮合状态与合理的应力分布
凸轮薄壁轴承式　滚柱薄壁轴承		承载能力、加工性能优于滚球薄壁轴承;增速性能次于滚球薄壁轴承;轴承外环应进行轴承定位	由于滚球薄壁轴承可允许柔轮有一定的自位能力,故柔轮中应力分布较滚柱(针)薄壁轴承的应力分布较滚柱(针)薄壁轴承的应力分布合理
凸轮薄壁轴承式　滚针薄壁轴承		结构更为紧凑,适用于低速重载;效率低、发热量大	在滚柱(针)薄壁轴承外环上应制成圆弧形或进行倒角,可改善柔轮中的应力分布
圆盘式波发生器　双偏心圆盘发生器		加工简单、可使用标准轴承、啮合区大、承载能力大、效率略高于薄壁轴承式发生器、输入轴惯量小,允许高速旋转 对偏心距及其对称性要求较高,各圆盘重量应一致	此种结构由偏心轴及套在其上的轴承与圆盘组成,为避免轴向位移,圆盘与轴承都应加以定位
圆盘式波发生器　三偏心圆盘发生器		承载能力高于双偏心圆盘发生器,降低了附加不平衡力矩 其他性能同上	因其啮合区大,又去掉了薄壁轴承这一薄弱环节,故可应用于输出大转矩的谐波减速器之中,如牙嵌式圆盘发生器已成功地应用于 25000N·m 的谐波减速器 为保证柔轮受载的对称性,嵌套圆盘的齿数应为奇数
圆盘式波发生器　牙嵌式圆盘发生器		消除了不平衡力所产生的力偶效应,有利于柔轮的应力分布 其他性能同上	

发生器结构形式

名称		结　构　图	特　点	备　注
发生器结构形式	触头式波发生器	双触头波发生器	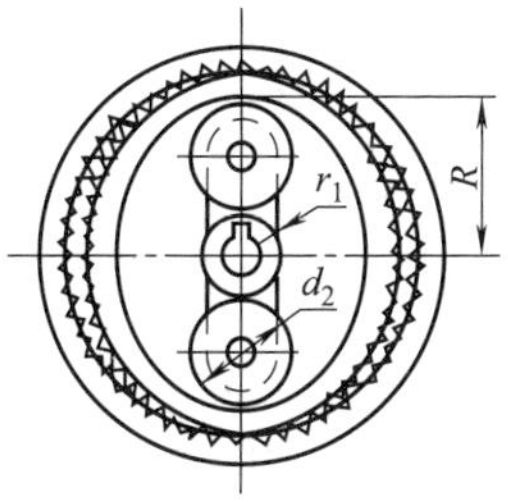 结构简单、加工方便、适用于输入转速不高，载荷平稳，输出转矩较小的场合　随工作载荷的增加，柔轮的畸变亦随之增加	采用此种结构时建议增设抗弯环，以便提高柔轮的寿命　不同的触头结构（滚球的、滚柱的，圆弧触头与平触头）对增速性能及柔轮中的应力分布有不同影响，建议将滚轮做成圆弧面或将其棱边倒角
		四触头波发生器	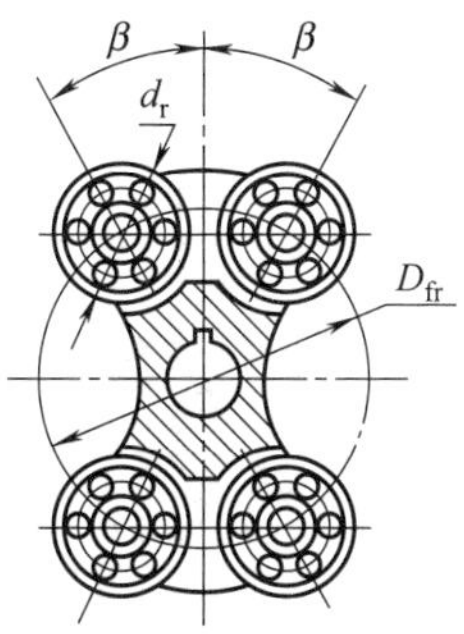 啮合区及承载能力均大于双触头式波发生器，其增速性能略差于滚球薄壁轴承波发生器　其他性能同上	
	行星式波发生器	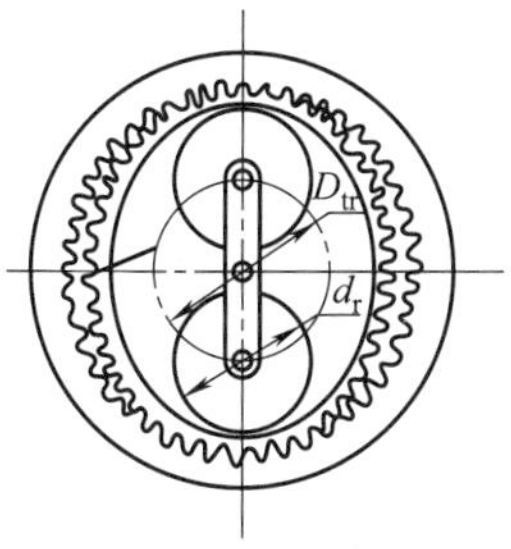	输入轴转动惯量小、传动比较大、结构简单、制造方便　不能保证十分准确的传动比	有行星钢球式及行星圆柱式波发生器，也有可调式行星钢球波发生器

8.2　谐波齿轮传动的设计与计算

8.2.1　谐波齿轮传动主要参数的确定

表 14-8-7　　　　　　　　谐波齿轮传动主要参数的确定

为了加工方便，谐波齿轮传动的工作齿形大多为近似共轭齿形，其中应用最广泛的是渐开线齿形。这里主要介绍基准齿形角为 20° 的渐开线谐波齿轮传动的参数选择和几何计算方法

主要啮合参数的选择	渐开线谐波齿轮传动啮合参数选择应遵循的基本原则是：在保证传动不发生啮合干涉的前提下，获得较大的啮入深度和啮合区，且保证有合理的齿侧间隙。影响传动性能的参数主要是基准齿形角、变位系数、径向变形量系数和齿廓工作段的高度 我国目前谐波齿轮传动中柔轮、刚轮所采用的齿形均为渐开线窄槽齿，基准齿形角分别采用 20°、25°、28°36′ 和 30° 四种。为防止啮合干涉，均采用短齿 对 $\alpha = 28°36′$ 和 30° 的大压力角齿形，可不变位或取较小变位。对于 $\alpha = 20°$ 的渐开线齿形，可采用适当变位的方法来防止啮合干涉

主要啮合参数的选择	**变位系数**	从增大啮入深度和啮合区的观点出发，变位系数应选大些，但其极限值受齿顶变尖的限制。现设定柔轮用滚刀加工，刚轮用插齿刀加工，则：对于采用非标准柔性轴承的凸轮波发生器、圆盘波发生器和滚轮波发生器的谐波齿轮传动，柔轮和刚轮的变位系数可大致取 $$\begin{cases} x_1=(1.35-\omega_0^*)/(0.85z_1-\frac{1}{3}-0.04) \\ x_2=x_1+(\omega_0^*-1) \end{cases} \qquad (14\text{-}8\text{-}1)$$ 对于采用标准柔性轴承的凸轮波发生器的谐波齿轮传动，取 $$x_1=[0.5(D_B-mz_1)+S+(h_a^*+c^*)m]/m \qquad (14\text{-}8\text{-}2)$$	ω_0^*——径向变形系数 D_B——柔性轴承外径 m——模数 z_1——齿数 h_a^*——齿顶高系数 S——柔轮齿圈壁厚，mm c^*——径向间隙系数

（续上表）

	径向变形系数	径向变形量系数定义为 $\omega_0^*=\omega_0/m$（ω_0 为柔轮的最大径向变形量）。在其他条件不变时，ω_0^* 增加，可使啮入深度增大，所需的变位系数减小；但此时啮合区缩小，柔轮应力增大。一般取 $\omega_0^*=0.9\sim1.1$。在动力传动中，亦可推荐取 $$\omega_0^*=0.89+8\times10^{-5}z_1+2j_{bt}/m$$ 而 $$j_{bt}/m=Tb/(d_1^2s_1Gm)+4\times10^{-4}(i-60) \qquad (14\text{-}8\text{-}3)$$	j_{bt}——空载时在啮合区边界上应保证的侧隙，mm m——模数 z_1——齿数 T——输出力矩，N·m b——柔轮齿圈宽度，mm s_1——柔轮光滑圆柱部分的壁厚，mm G——剪切弹性模量，N/mm²

	齿廓工作段高度	通常，齿廓工作段高度 h_n 随 ω_0^* 的增加而增加。一般取 $h_n=(1.3\sim1.6)m$，或推荐按下式确定 $$h_n=[4\omega_0^*-(4.6-4\omega_0^*)\times10^{-3}z_1-2.48]m$$ 应该指出，x_1、x_2、ω_0^* 和 h_n 的选择是相互关联的，因而最合理的值应该用优化的方法确定	

谐波齿轮传动的几何尺寸计算

用谐波齿轮刀具加工时的齿形参数

目前已有几种规格的双波滚刀、插刀定型生产，其波高（mm）为 0.4、0.6、1.0、1.5、2.0 等

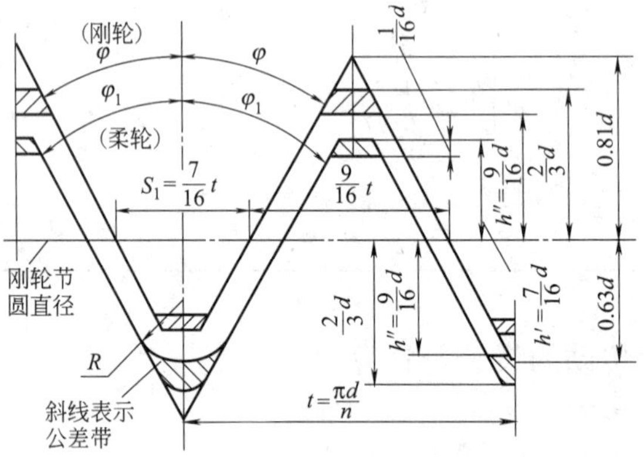

图（a）　谐波齿轮齿形几何参数

用谐波齿轮刀具加工时的齿形参数

名称	代号	计算公式	备注	名称	代号	计算公式	备注
波数	n	—	双波时：$n=2$	齿顶高	h'	$h'=0.4375d$	—
波高	d	$d=0.4$、0.6、1.0、1.5、2.0	d 值按已有规格滚刀和插刀选取	齿根高	h''	$h''=0.5625d$	—
				顶隙	s	$s=0.125d$	—
模数	m	$m=d/2$	—	分度圆齿厚	s_t	$s_t=0.4375t$	—
齿距	p	$p=\pi m$	—	刚轮分度圆直径	d_g	$d_g=\dfrac{z_g d}{n}$	—
柔轮齿数	z_r	刚轮固定：$z_r=2i$ 柔轮固定：$z_r=z_g-2$	传动比 $i=\dfrac{d_r}{d}$	刚轮齿顶圆直径	d_{ag}	$d_{ag}=d_g-\dfrac{7}{8}d$	—
刚轮齿数	z_g	刚轮固定：$z_g=z_r+2$ 柔轮固定：$z_g=2i$	—				

续表

	名称	代号	计算公式	备注	名称	代号	计算公式	备注
用谐波齿轮刀具加工时的齿形参数	刚轮齿压力角	ϕ	$\phi=\arctan\dfrac{1.09}{n}$	双波时：$\phi_1=28.6°$	柔轮齿压力角	ϕ_1	$\phi_1=\phi+\arctan\dfrac{0.458dn}{r}$	双波时：$\phi_1=29.2$
	柔轮分度圆直径	d_r	$d_r=\dfrac{z_r d}{n}$	—	刚轮齿根圆直径	d_{fg}	$d_{fg}=d_g+\dfrac{9}{8}d$	—
	柔轮齿顶圆直径	d_{ar}	$d_{ar}=d_r+\dfrac{7}{8}d$	—	柔轮齿根圆直径	d_{fr}	$d_{fr}=d_r-\dfrac{9}{8}d$	—

	名　　称	$\alpha_0=20°$	$\alpha_0=30°$	备　　注
谐波齿轮传动的几何尺寸计算　　$\alpha_0=20°$和$30°$时的齿形几何参数	齿顶高系数	$h_a^*=1.0$	$h_a^*=0.8$	采用$30°$压力角时,柔轮中应力有所减小 M 值的公差,对 M_r 应取 h_6 ,而对 M_g 应取 H_7
	顶隙系数	$c^*=0.25$	$c^*=0.2$	
	柔轮变位系数	$x_r=2.15+0.009z_r$	$x_r=0.15$	
	刚轮变位系数	$x_g=x_r-0.15$	$x_g=0$	
	柔轮基圆直径	$d_{br}=mz_r\cos\alpha_0$		
	柔轮分度圆直径	$d_r=mz_r=\dfrac{z_r d}{n}$		
	柔轮分度圆齿厚	$s_r=0.5\pi m+2x_r m\tan\alpha_0$		
	柔轮齿根圆直径	$d_{fr}=m(z_r+sx_r-2h_0-2c)$		
	柔轮齿顶圆直径	$d_{ar}=d_{fr}+3.5m$		
	刚轮基圆直径	$d_{bg}=mz_g\cos\alpha_0$		
	刚轮分度圆直径	$d_g=mz_g$		
	刚轮分度圆齿厚	$s_g=0.5\pi m+2x_g m\tan\alpha_0$		
	刚轮齿顶圆直径	$d_{ag}=d_{ar}+2.45m$	$d_{ag}=d_{ar}+2.18m$	
	刚轮齿根圆直径	$d_{fg}\geqslant d_{fr}+2.3m$	$d_{fg}\geqslant d_{fr}+2.05m$	
	测量用圆柱直径	$d_p=(1.68\sim2.1)m$		
	柔轮分度圆齿厚改变系数	$\Delta_r=2x_r\tan\alpha_0$		$\text{inv}20°=0.014904$ $\text{inv}30°=0.053751$
	刚轮分度圆齿厚改变系数	$\Delta_g=-2x_g\tan\alpha_0$		
	测量柔轮时量柱中心所在圆上渐开线压力角	$\text{inv}\alpha_{r\theta}=\text{inv}\alpha_0+\dfrac{\Delta_r}{z_r}+\dfrac{d_p}{d_{br}}-\dfrac{\pi}{2z_r}$		
	测量刚轮时量柱中心所在圆上渐开线压力角	$\text{inv}\alpha_{g\theta}=\text{inv}\alpha_0-\dfrac{\Delta_g}{z_g}-\dfrac{d_p}{d_{bg}}+\dfrac{\pi}{2z_g}$		
	测量柔轮时用的量柱测量距	$M_r=mz_r\dfrac{\cos\alpha_0}{\cos\alpha_{r\theta}}+d_p(偶数齿)$ $M_r=mz_r\dfrac{\cos\alpha_0}{\cos\alpha_{r\theta}}\cos\dfrac{90°}{z_r}+d_p(奇数齿)$		
	测量刚轮时用的量柱测量距	$M_g=mz_g\dfrac{\cos\alpha_0}{\cos\alpha_{g\theta}}-d_p(偶数齿)$ $M_g=mz_g\dfrac{\cos\alpha_0}{\cos\alpha_{g\theta}}\cos\dfrac{90°}{z_g}-d_p(奇数齿)$		

　　近年来又提出一种新型的 S 齿形。其优点如下：①它比以往齿形的同时啮合齿数多,可达到总齿数的 20% 以上；②由于轮齿具有挠性,降低了齿根的弯曲应力；③由于轮齿承受的载荷减少而降低了齿部应力；④与以往齿种相比,其强度能提高 200%,刚度能提高 200%,瞬间最大允许转矩可提高 150% 以上。此种齿形的谐波减速器已成功地应用于工业机器人的某些关节驱动部分、机床的进给与分度机构、必须实现高精度定位及高回转精度的精密机械等

第
14
篇

不产生齿廓重叠干涉的条件与侧隙计算

根据大量计算和使用实践表明,齿廓重叠干涉大多都发生在柔轮齿顶与刚轮齿廓啮合之处,因而只需验算柔轮齿顶与刚轮齿廓干涉与否即可。设柔轮齿顶坐标为 $M_1(x_{a1}, y_{a1})$,以 $r_M = \sqrt{x_{a1}^2 + y_{a1}^2}$ 为半径作弧与相邻刚轮齿廓相交,即得对应点 $M_2(x_{M2}, y_{M2})$[见图(b)]。当啮合处在第一象限时,在任意啮合位置不发生干涉的条件为

$$x_{M2} - x_{a1} \geqslant 0, \quad y_{a1} - y_{M2} \geqslant 0 \tag{14-8-4}$$

其中点 M_1 和 M_2 的坐标为

$$\begin{cases} x_{a1} = r_1\{\sin[\psi-(\mu_{a1}-\theta_1)] + \mu_{a1}\cos a_0 \cos[\psi-(\mu_{a1}-\theta_1+a_0)]\} + \rho\sin\varphi_1 - r_m\sin\psi \\ y_{a12} = r_1\{\cos[\psi-(\mu_{a1}-\theta_1)] - \mu_{a1}\cos a_0 \sin[\psi-(\mu_{a1}-\theta_1+a_0)]\} + \rho\cos\varphi_1 - r_m\cos\psi \\ \psi = \varphi_1 + \mu \end{cases} \tag{14-8-5}$$

$$\begin{cases} x_{M2} = r_2\{\sin[\varphi_2-(\mu_{M2}-\theta_2)] + \mu_{M2}\cos a_0 \cos[\varphi_2-(\mu_{M2}-\theta_2+a_0)]\} \\ y_{M2} = r_2\{\cos[\varphi_2-(\mu_{M2}-\theta_2)] - \mu_{M2}\cos a_0 \sin[\varphi_2-(\mu_{M2}-\theta_1+a_0)]\} \end{cases} \tag{14-8-6}$$

若已知柔轮的受力状态,则原始曲线可按弹性力学的方法确定;若已给定凸轮廓线的形状时(常用凸轮廓线形状见表 14-8-16),则原始曲线为凸轮廓线的外等距曲线。现推荐与变形长轴呈 β 角的四力作用的圆环变形曲线作为啮合分析时的原始曲线。因为只要改变 β 角,便可模拟得出采用不同凸轮廓形或不同圆盘直径时的原始曲线。为了减小柔轮的应力和适当增大啮合齿数,通常取 $\beta = 30°$。若 ω 为柔轮中线上某点的径向位移,φ 为波发生器固定时柔轮非变形端的转角,则

$$\begin{cases} \rho = r_m + \omega \\ \omega = \omega_0^* m \sum\limits_{n=2,4,6,\cdots} \dfrac{\cos n\beta \cos n\varphi}{(n^2-1)^2} \Big/ \sum\limits_{n=2,4,6,\cdots} \dfrac{\cos n\beta}{(n^2-1)^2} \end{cases} \tag{14-8-7}$$

若以 v 表示柔轮中线上某点的切向位移,则

$$\begin{cases} \varphi_1 = \varphi + v/r_m \\ v = -\int \omega d\varphi = -\omega_0^* m \sum\limits_{n=2,4,6,\cdots} \dfrac{\cos n\beta \cos n\varphi}{(n^2-1)^2} \Big/ \sum\limits_{n=2,4,6,\cdots} \dfrac{\cos n\beta}{(n^2-1)^2} \end{cases} \tag{14-8-8}$$

$$\mu = \arctan\dfrac{\mathrm{d}\rho/\mathrm{d}\varphi}{\rho} \approx w_0^* m \sum\limits_{n=2,4,6,\cdots} \dfrac{n\cos n\beta \sin n\varphi}{(n^2-1)^2} \Big/ \Big[r_m \sum\limits_{n=2,4,6,\cdots} \dfrac{\cos n\beta}{(n^2-1)^2} \Big] \tag{14-8-9}$$

设 $\alpha_{a1}\alpha_{M2} = \arccos(r_2\cos a_0/r_M)$ 为其相应的压力角,则

$$u_{a1} = \tan\alpha_{a1} - \tan a_0 \qquad u_{M2} = \tan\alpha_{M2} - \tan a_0 \tag{14-8-10}$$

故

$$\begin{cases} \theta_1 = 0.5(\pi/2 + 2x_2\tan a_0)m/r_1 \\ \theta_2 = 0.5(\pi/2 + 2x_2\tan a_0)m/r_2 \end{cases} \tag{14-8-11}$$

$$\varphi_2 = \varphi_1 z_1/z_2 \tag{14-8-12}$$

若式(14-8-4)被满足,则必然存在侧隙,其切向侧隙 j_t 近似可按下式计算

$$j_t = \sqrt{(x_{M2}-x_{a1})^2 + (y_{a1}-y_{M1})^2} \tag{14-8-13}$$

由式(14-8-13)便可计算任意啮合位置时柔轮齿顶和刚轮齿廓间的侧隙,只要给出一系列的 φ 值,即可得出侧隙分布曲线[见图(c)]。应该指出,当 $\mu_{M2} < \mu_{a2}$ 时(μ_{a2} 为刚轮齿顶的参数,$\mu_{a2} = \tan\alpha_2 - \tan a_0$),表示已脱离啮合,侧隙计算即应终止。若侧隙不满足设计要求时,可调整参数重新计算

图(b)　计算侧隙图

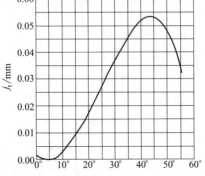

图(c)　侧隙曲线

$i = 100, m = 0.5\text{mm}, \alpha_0 = 20, \beta = 30, x_1 = 2.801, x_2 = 2.93, s = 0.9\text{mm}$

r_1, r_2——柔轮和刚轮的分度圆半径,mm

r_m——柔轮变形前的中线圆半径,mm

ρ——原始曲线(即中线圆的弹性变形曲线)的极半径

φ_1——柔轮变形端转角

μ——法线相对于矢径的转角

μ_{a1}, μ_{M2}——柔轮齿顶和刚轮齿廓上对应处的渐开线参数方程的参数值

θ_1, θ_2——分别为柔轮分度圆齿厚和刚轮分度圆齿槽所对的中心角之半

φ_2——刚轮的转角

续表

| 保证传动正常工作性能的条件 | 为保证传动正常工作的性能,除保证式(14-8-4)的条件外,还应满足如下条件
①不产生过渡曲线干涉
$$h_n \leqslant 0.5(d_{g2}-d_{g1})-\omega_0 \qquad (14\text{-}8\text{-}14)$$
②为保证传动的承载能力,其最大啮入深度不应小于 m,故
$$0.5(d_{a2}-d_{a1})-\omega_0 \geqslant m \qquad (14\text{-}8\text{-}15)$$
③保证有一定的顶隙
$$0.5(d_{r2}-d_{a1})-\omega_0 \geqslant 0.2m \qquad (14\text{-}8\text{-}16)$$
④齿廓工作段高度不应超过允许的极限值
$$m(0.5z_1+x_1+h_a^*)-0.5d_{g1} \geqslant h_n \qquad (14\text{-}8\text{-}17)$$
⑤齿顶不变尖
$$s_{a1} \geqslant 0.25m \quad s_{a2} \geqslant 0.25m \qquad (14\text{-}8\text{-}18)$$ | s_{a1}, s_{a2}——柔轮和刚轮的齿顶厚 |

8.2.2　谐波齿轮传动承载能力计算

表 14-8-8　　　　　　　　　　　　　谐波齿轮传动承载能力计算

	谐波齿轮传动可由于其元件的任何一种失效而导致整个传动丧失工作能力。因此,分析谐波齿轮传动的失效原因,以确立其合理的工作能力准则,是研究谐波齿轮传动设计中的重要课题。弄清楚传动元件失效原因,究竟是设计上的问题,材料选择和热处理的问题,还是制造工艺上的问题,非常必要。因为只有这样,才能提出有针对性的措施。失效分析一般采用试验研究和对使用情况的实际调查相结合的方法	
失效形式	柔轮的疲劳断裂	是谐波齿轮传动最主要最常见的一种失效形式。柔轮在变应力状态下工作,主要由于齿根应力集中的影响,疲劳裂纹将在齿根附近产生,并沿着柔轮体的母线方向扩展,最后导致柔轮断裂
	齿面磨损	齿面磨损主要取决于有效载荷作用下比压的大小。由于谐波齿轮传动齿面的相对滑动速度较小,一般情况下,齿面磨损并不严重;只在很大的过载时,才有可能引起齿面的强烈磨损。实践表明,谐波齿轮传动齿面的强烈磨损主要是由于啮合参数选择不当引起 因此,防止齿面磨损的方法,除了合理选择材料和热处理方法,控制柔轮和刚轮的偏心误差外,主要是所选的啮合参数必须保证在啮合过程中不产生任何的啮合干涉
	轮齿或波发生器产生滑移	当作用在传动上的扭矩过大或传动构件的制造偏差过大时,就可能发生传动构件的相对转动现象,这种现象称为传动的滑移。这种滑移情况,与一般安全离合器的滑动情况相类似。传动一旦发生滑移,就使谐波齿轮传动的正常工作遭到破坏 不产生滑移是重载谐波齿轮传动的工作能力准则之一。为防止滑移现象的产生,可提高传动的径向刚度;合理选择啮合参数,防止出现啮合干涉;消除传动中的多余约束等
	齿面塑性流动	很大的过载作用下,动力传动的齿面表层材料,亦有出现塑性流动的现象
	波发生器轴承的损坏	波发生器的轴承的损坏,主要是在变形力和啮合力的作用下,滚动体和内、外座圈滚道表面产生疲劳点蚀,柔性轴承座圈产生疲劳断裂,或由于巨大温升而引起的元件的胶合或烧伤等
计算准则	根据上述对谐波齿轮传动的失效分析可知,所设计的谐波齿轮传动在其具体的工作条件下,必须具有相应的、足够的工作能力,以保证传动在整个工况过程中可靠地工作。因此,针对上述几种工作情况和失效形式,确立如下谐波齿轮传动的设计计算准则 ①轮齿工作表面耐磨计算 ②柔轮的疲劳强度计算 ③波发生器轴承的寿命计算	
轮齿工作面耐磨计算	当采用基准齿形角为 $\alpha_0=20°$ 的渐开线齿形时,由于谐波齿轮传动的两个工作齿面并非共轭,同时处于啮合的齿对中的大多数处于啮合状态,因此,传动在工作时,其近似共轭的实现,主要是靠柔轮筒体和轮齿的弹性变形来协调的,使其接触点的位置有所调整。若啮合参数选择不当,就会造成齿侧间隙与弹性变形间这种关系的失调,从而使轮齿在啮合过程中的接触情况变坏,导致齿面的强烈磨损,甚至使传动失效。因此,在设计谐波齿轮传动时,一方面要合理地选择参数,另一方面必须做齿面的耐磨计算,以限制其磨损 由于谐波齿轮传动的柔轮和钢轮齿数均很多,两齿形曲线的曲率半径之差值不超过$(0.3\sim0.4)\%$,故轮齿工作时很接近于面接触。因此,轮齿工作表面的磨损可由齿面耐磨计算的准则为 $p \leqslant [p]$	

续表

<table>
<tr><td rowspan="2">轮齿工作面耐磨计算</td><td>

轮齿工作表面的比压 p 可按下式计算

$$p = \frac{2000TK}{d_1 h_n b z_v} \quad (\text{MPa}) \qquad (14\text{-}8\text{-}19)$$

把 $b = \psi_d d_1$，$z_v = \varepsilon z_1 / 4$ 代入上式，得

$$p = \frac{8000KT}{\varepsilon \psi_d d_1^2 h_n z_1} \leqslant [p] \qquad (14\text{-}8\text{-}20)$$

齿面耐磨条件在设计中往往用作初步设计，以大致确定谐波齿轮传动的模数，从而得出传动的主要几何尺寸。此时，可将式(14-8-20)改写为

$$m \geqslant \frac{20}{z_1} \sqrt[3]{\frac{KT}{\varepsilon \psi_d c_h [p]}} \qquad (14\text{-}8\text{-}21)$$

</td><td>

T——作用在柔轮上的扭矩，$N \cdot m$

d_1——柔轮分布圆直径，mm

h_n——最大啮合深度，mm，如不考虑啮合的空间特性，则可近似取 $h_n = c_h m$，$c_h = 1.4 \sim 1.6$

b——齿宽，mm

z_v——当量于沿齿宽工作段全啮合的工作齿数。考虑到轮齿的对称曲线与柔轮中线之交点在啮合运动中的轨迹呈一摆线，故当轮齿做啮合运动时，在理论啮合弧内的某些齿面有可能不接触；又考虑到轮齿是逐渐啮入和啮出的，其啮入深度亦是逐渐变化的，故取 $z_v = \varepsilon z_1 / 4$，其中，$\varepsilon$ 表示啮合齿数占总齿数的百分比，一般可取 $0.3 \sim 0.5$

K——载荷系数。静载荷时，取 $K = 1$；工作中有冲击和振动时，$K = 1.3 \sim 1.75$

$[p]$——许用压比。柔轮材料为调质钢，且在润滑条件工作时，$[p] = 20 \sim 40\text{MPa}$；在无润滑条件下工作的调质钢或塑料制柔轮，则 $[p] \leqslant 8\text{MPa}$

</td></tr>
<tr><td rowspan="2">柔轮的疲劳强度计算</td><td colspan="2">

柔轮受力后，应力状态比较复杂，理论上尚难找到一种比较全面的计算方法。只能就弯曲扭转的主要应力状态进行计算，以解决主要矛盾。柔轮的应力分析是以四力作用形式的数学模型为出发点的，见图(a)

根据壳体理论有

轴向正应力：$\sigma_z = K_M K_d C_\sigma \dfrac{\mu \omega_0 h_0 E}{r_m^2}$ (14-8-22)

周向正应力：$\sigma_\phi = K_M K_d C_\sigma \dfrac{\omega_0 h_0 E}{r_m^2}$ (14-8-23)

变形切应力：$\tau_\omega = K_M K_d C_\sigma \dfrac{\mu \omega_0 h_0 E}{r_m^2 L}$ (14-8-24)

扭转切应力：$\tau_T = K_u K_d \dfrac{T}{2\pi r_m^2 h_0}$ (14-8-25)

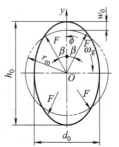

图(a)　四力作用形式的柔轮强度计算模型

由于柔轮形状畸变而引起的应力增长系数 K_M

</td><td>

K_d——动载系数，$K_d = 1.1 \sim 1.4$

K_M——柔轮形状畸变应力增加系数，按下表选取

r_m——柔轮筒的中径，$r_m = 0.5(d_0 + h_0)$

K_u——剖面应力集中系数，$K_u = 1.5 \sim 1.8$

μ——泊松比，$\mu = 0.3 \sim 0.33$

E——弹性模量，$E = 2.1 \times 10^5 \text{N/mm}^2$

L——柔轮筒体的长度，$L = (0.8 \sim 1.2)d_0$

C_σ——四力式发生器 β 角修正系数，其值见图(b)

C_τ——四力式发生器 β 角的修正系数，其值见图(b)

</td></tr>
<tr><td colspan="2">

T/T_N	K_M	
	凸轮式波发生器	触头式波发生器
0.25	1.13	1.25
0.5	1.25	1.5
0.75	1.38	1.75
1.0	1.6	2.0
1.5	1.75	2.5
2.0	2.0	3.0

注：T——实际转矩；T_N——额定转矩

</td></tr>
</table>

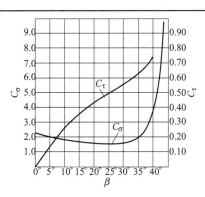

图（b）　C_σ 和 C_τ 曲线

柔轮的疲劳强度计算

柔轮疲劳强度的计算，主要采用校验危险断面安全系数的方法。就应力状态而言，柔轮微元体呈平面应力状态，即简体母线方向及圆周方向分布有正应力和变形及扭转产生的切应力。但 σ_z 的影响较小，计算时用系数 γ_z 计及影响。柔轮在工作时，简体处在交变应力状态，这时正应力基本上是对称的变化，而切应力呈脉动变化。因此可有

$$\sigma_a = \sigma_\phi,\ \sigma_m = 0$$
$$\tau_a = \tau_m = 0.5(\tau_T + \tau_w) \tag{14-8-26}$$

因此，柔轮工作时在双向应力状态下的疲劳安全系数为

$$S = \frac{S_\sigma S_\tau}{(S_\sigma^2 + \gamma_z S_\tau^2)^{0.5}} \geqslant 1.5 \tag{14-8-27}$$

$$S_\sigma = \frac{\sigma_{-1}}{K_\sigma \sigma_a} \tag{14-8-28}$$

$$S_\tau = \frac{\tau_{-1}}{K_\tau \tau_a + 0.2\tau_m} \tag{14-8-29}$$

σ_a, σ_m——分别表示正应力的应力幅及平均应力幅

τ_a, τ_m——分别表示切应力的应力幅及平均应力幅

S_σ——正应力安全系数

S_τ——切应力安全系数

σ_{-1}, τ_{-1}——分别为材料在对称循环下的弯曲和剪切疲劳极限，$\tau_{-1} = 0.55\sigma_{-1}$

γ_z——计及 σ_z 影响的系数

K_σ——轮齿影响系数

K_τ——切应力应力集中系数

$K_\tau = (0.7 \sim 0.9)K_\sigma$

柔体的扭转稳定性

柔轮工作时，在波发生器的作用下产生较小的径向变形，转矩可使简体扭转变形。为保证足够的疲劳强度而简体又较薄，在外力作用下，可能使简体扭转失去稳定性。扭转切应力的临界值为

$$\tau_n = \frac{h^2 E}{L^2(1-\mu^2)} \times \left[2.8 + \sqrt{2.6 + 1.4 \times \left(\sqrt{1-\mu^2}\frac{L^2}{d_{mh}h} \right)^{3/2}} \right] \tag{14-8-30}$$

钢质柔轮也可用下述较简单的公式估算

$$\tau_n = (0.27 \sim 0.29)\left(\frac{d-d_0}{d} \right)^{1.5} E \tag{14-8-31}$$

柔轮工作不失稳条件为

$$\tau_n/(2.5\tau_T) \geqslant 1.5 \tag{14-8-32}$$

$$\tau_T = K_d K_u \frac{2T}{\pi d_{mh}^2 h} \tag{14-8-33}$$

μ——泊松比，$\mu = 0.33$

h——简体厚度

d_{mh}——简体的平均直径，$d_{mh} = d_0 + h$

L——简体的长度，$L = (0.8 \sim 1.2)d_0$

d——柔筒的外径，$d = d_0 + 2h$

τ_T——由转矩产生的切应力

K_d——动载系数，$K_d = 1.1 \sim 1.4$

K_u——应力集中系数，$K_u = 1.5 \sim 1.8$

波发生器轴承的寿命计算

波发生器轴承上载荷的确定

作用在波发生器轴承上的载荷，不仅与柔轮的变形力有关，而且主要与啮合力有关。在谐波齿轮传动中，啮合力并不全部传到波发生器上，其中一部分将由柔轮体承受。实验表明，由于传递到轴承上的变形力仅占轴承所受载荷的 10%，若设 k_r 为柔轮到波发生器的传力系数，则作用于波发生器滚轮或圆盘轴承上，或凸轮波发生器柔性轴承上的径向载荷为

$$F_r \approx 1.08 k_r \frac{2T_1}{U d_1 \cos\alpha_0} \tag{14-8-34}$$

式中　U——波数，对于双波传动，$U = 2$

波发生器轴承上载荷的确定	若 $\alpha_0 = 20°$，则由上式得	

若 $\alpha_0 = 20°$，则由上式得

$$F_r \approx 1.15 k_r \frac{T_1}{d_1} \qquad (14\text{-}8\text{-}35)$$

由实验可知，传力系数 k_r 与许多因素有关。例如，波发生器的几何参数，轴承的类型和尺寸，滚轮轴的支承距离，中间衬环的厚度，联轴方式，承受转矩的大小等。综合起来可以看出，k_r 主要与波发生器——柔轮系统的径向刚度有关，根据文献给出的实验结果和计算结果，对于不同形式的波发生器，k_r 值如下

①四滚轮波发生器：当滚轮支承在一个单列向心球轴承上时，$k_r = 0.45$；若每个滚轮支承在两个单列向心球轴承上时，取 $k_r = 0.35$

②圆盘波发生器：每个圆盘支承在两个单列向心球轴承上时，$k_r = 0.35$；若支承在两个单列向心滚子轴承上时，$k_r = 0.3$

③凸轮波发生器：$k_r = 0.35$

④对于密闭谐波齿轮传动，不论采用圆盘波发生器，还是凸轮波发生器，均取 $k_r = 0.6 \sim 0.8$

由于变形时柔轮母线偏斜引起的附加轴向力很小，约为径向载荷的 $10\% \sim 15\%$，故在计算时可忽略不计

波发生器轴承的寿命计算

滚轮式和圆盘式波发生器轴承的寿命计算

这两种形式的波发生器均采用一般的滚动轴承，可用下式计算轴承的寿命，即

$$L_h = \frac{10^6}{60n} \left(\frac{C}{P} \right)^{\varepsilon} \qquad (14\text{-}8\text{-}36)$$

$$P = V F_r f_p f_t \qquad (14\text{-}8\text{-}37)$$

对于双波传动，把式(14-8-33)代入式(14-8-35)后，再代入式(14-8-34)，可得波发生器轴承寿命(h)的计算公式为

$$L_h = \frac{10^6}{60n} \left(\frac{C d_1}{1.15 V k_r k_p k_t T_1} \right)^3$$

对于圆盘波发射器，若每个圆盘上装两个滚动轴承时，由试验可知，载荷的大部分是由靠近波发生器中间平面的轴承来承受，此时推荐取 $f_p = 1.3 \sim 1.5$

L_h ——轴承寿命，h

n ——轴承转速，r/min

C ——额定动载荷，N，可由滚动轴承手册查得

ε ——指数，对球轴承 $\varepsilon = 3$，滚子轴承 $\varepsilon = 10/3$

P ——当量载荷，N，可按式(14-8-37)确定

V ——座圈转动系数，对于波发生器轴承，由于外圈传动，故取 $V = 1.2$

f_p ——载荷系数，取决于轴承使用条件下的载荷性质，可由滚动轴承手册查取

f_t ——温度系数，亦可由滚动轴承手册查取，当工作温度不超过 100℃ 时，取 $f_t = 1.0$

柔性轴承的寿命计算

对于凸轮波发生器用的柔性球轴承，由于其钢球的直径与座圈滚道曲率半径间的几何关系与一般的滚动轴承相类似，因而柔性轴承的额定动载荷仍可按一般滚动轴承的公式计算。利用一般滚动轴承额定动载荷的计算关系，将钢球直径的值代入，并取钢球数为 23 及 $\frac{f_c}{k_r f_p} = 9.2$(式中，$f_c$ 取决于轴承零件的几何关系，制造精度和材料品质的系数)，参照式(14-8-3)，可得出柔性球轴承的寿命(h)计算公式

当 $d_1 \leqslant 280\text{mm}$ 时

$$L_h \leqslant \frac{0.0056}{n_1} \left(\frac{d_1^{2.8}}{T_2} \right)^3 \qquad (14\text{-}8\text{-}38)$$

当 $d_1 > 280\text{mm}$ 时

$$L_h \leqslant \frac{4.9}{n_1} \left(\frac{d_1^{2.4}}{T_2} \right)^3 \qquad (14\text{-}8\text{-}39)$$

8.2.3　谐波齿轮传动效率和发热计算

表 14-8-9　　　　　　　　　　　　谐波齿轮传动效率和发热计算

形式	计算公式	计算参数
谐波齿轮传动效率的计算公式 — 柔轮固定时单级效率（凸轮式发生器）	$\eta=\dfrac{1}{1+i\left(X+\mu d\dfrac{F}{T}\right)}$ $X=\dfrac{2fHR}{d\cos\alpha_m(1-f\tan\alpha_m)}$ $+\dfrac{\mu d(\tan\alpha_m+f)}{d(1-f\tan\alpha_m)}$	F——弹性变形力，$F=J\omega_0 E/0.75r_m^3$ 　　　　$J=J_1+J_2+J_3$ J_1——齿圈部分的惯性矩，考虑齿的影响将厚度 h_0 增加 6% 　　　$\sim8\%$ 进行计算，即 $J_1=b[(1.06\sim1.08)h_0]^3/12$ b——齿宽 J_2——筒体光滑部分的惯性矩，取长度的 1/3 进行计算，$J_2=$ 　　　$\dfrac{L}{3}h^3/12$ J_3——柔性轴承外环的惯性矩，$J_3=b_zh_2^3/12$ b_z——轴承的宽度 r_m——刚轮齿高一半处的半径 h_2——外环的厚度 f——齿面的滑动摩擦因数，$f=0.05\sim0.1$ μ——当量摩擦因数，$\mu=0.0015\sim0.003$ d——刚轮齿高一半处的直径 α_m——刚轮齿高一半处的压力角 T——低速轴的转矩 i——速比（取绝对值）
刚轮固定	$\eta=\dfrac{1-X}{1+i\left(X+\mu d\dfrac{F}{T}\right)}$	公式中符号意义同上。以上两种情况计算出的效率相差很小。另外，通过以上二式计算效率比较繁琐，并且许多参数事先很难确定，应用时有一定的难度，对许多情况使用如下的经验公式是方便的，且有足够的准确度，即 当 $i<380$ 时：$\eta=1-0.017i^{0.93}d_0^{-0.43}$
有零齿差输出机构	$\eta=\dfrac{1-X_{\rm I}}{1+i\left(X_{\rm I}+X_{\rm II}+\mu d\dfrac{F}{T}\right)}$	$X_{\rm I}$——减速级的 X 值 $X_{\rm II}$——零齿差输出级的 X 值。可以仿效上式中 X 值的计算方法计算其值
内啮合复波谐波齿轮传动	$\eta=\dfrac{1-X_{\rm I}}{1+i\left(X_{\rm I}+X_{\rm II}+\mu d\dfrac{F}{T}\right)}$	$X_{\rm I}$ 表示输入级的 X 值，$X_{\rm II}$ 表示输出级的 X 值，其计算可仿效前式。这种传动效率低，但当 $i<10000$ 时，仍有实用价值 　　内啮合复波传动效率的简化计算方法 　　　　　$\eta=0.1273K\eta_n d_0^{0.37}$ η_n——啮合效率，$\eta_n=\dfrac{1-i_3}{1-i_3\eta_z}$ i_3——转化机构速比，$i_3=\dfrac{z_{g1}z_{r2}}{z_{r1}z_{g2}}$ η_z——转化机构效率，$\eta_z=1-0.2045\times\left(\dfrac{1}{z_{g1}}+\dfrac{1}{z_{g2}}\right)$ K——系数，当 $d_0<300$ 时，$K=1$；当 $d_0<300\sim500$ 时， 　　　$K=0.96$；当 $d_0>500$ 时，$K=0.92$ z_{r1}，z_{g1}——分别为输入级柔轮刚轮齿数 z_{r2}，z_{g2}——分别为输出级柔轮刚轮齿数
电动机功率的计算	$P=(1.2\sim1.5)\dfrac{Tn}{9550i\eta}$	P——电动机功率，kW T——减速器输出转矩，N·m n——电动机转速，r/min i——减速器的速比 η——减速器的效率

由于谐波齿轮传动的体积小、重量轻,因此散热及热容量受到限制。在连续、重载的工作条件下,必须采取强迫冷却

谐波减速器的发热与波发生器的转速 n_H、承载转矩 T、油池容积 V_B、传动元件的浸油深度等因素有关

温升 t 可由下式计算

$$t = C_{ht} n_H^K \left(\frac{M}{M_{Ly}}\right)^\tau \left(\frac{V_B}{V_0}\right)^r \tag{14-8-40}$$

油池高度、油池容积、承载转矩与波发生器转速间的大致搭配关系可按表1选取

按输入转速及使用条件决定润滑剂的型号。一般采用 L-AN32 全损耗系统用油,20 号齿轮油。高速时采用黏度较低的高速机械油,重载时采用黏度较高的润滑油或润滑脂。有时也可采用二硫化钼润滑油或二硫化钼润滑脂。此外。国内已有特殊配制的谐波齿轮油

表 1　油面高度与 V_B、T、n_H 之间的搭配关系

承载转矩 T/N·m	0	200	400	600	800	1000
波发生器转速 n_H/r·min⁻¹	1000		1500		2000	
油池容积 V_B/cm³	170		215		310	
油面高类别	Ⅰ		Ⅱ		Ⅲ	Ⅳ

注:油面高度:Ⅰ——柔轮齿圈浸入油池约一个齿高;Ⅱ——薄壁轴承的滚球接触到油池;Ⅲ——薄壁轴承下端的球心刚浸入油池;Ⅳ——薄壁轴承下端的整个浸入油池

表 2　系数 C_{ht} 和 K、τ、r 的数值

工 作 范 围		C_{ht}	K	τ	r
$\ln(M/M_{LY}) \leqslant -0.28$	$\ln(V_a/V_0) \leqslant -2.58$	2.636	0.614	0.156	0.579
	$\ln(V_a/V_0) > -2.58$	0.402	0.614	0.156	-0.141
$\ln(M/M_{LY}) > -0.28$	$\ln(V_a/V_0) \leqslant -2.58$	1.739	0.614	0.591	0.387
	$\ln(V_a/V_0) > -2.58$	0.396	0.614	0.591	-0.195

M_{Ly}——输出轴上的名义转矩,N·m

V_0——减速箱的内部容积,cm³

C_{ht}、K、τ、r 系数和指数可由表 2 确定

8.2.4　谐波齿轮传动主要零件的材料和结构

8.2.4.1　主要零件的材料

表 14-8-10　　　　　　　　　　主要零件常用材料

名　　称	钢种牌号	硬度 HRC
柔轮	第 1 级 20Cr 2Ni 4A,18Cr 2Ni 4WA, 30CrMnSiNiWA,30Cr 2MnNi 2, 40CrNiMoA 等 第 Ⅰ 组 50CrMn,55Si 2,60Si 2,40CrN, 35CrMnSi,30CrMnSiA 等 第 Ⅱ 组 50,60	32~36
刚轮	45,50,60,40Cr	28~32
中间环	55Si₂,60Si₂,50CrMn	55~60

表 14-8-11　　　　　　　谐波齿轮传动主要零件的材料、热处理规范和表面硬度

零件	钢种牌号	热处理及冷却介质	屈服点 /MPa	抗拉强度 /MPa	硬度 HRC
柔轮	35CrMnSiA	淬火 880℃,油冷,回火 540℃,水或油冷	880	380	32~36
	35CrMnSiA	等温淬火 880℃,在加热到温度 280~310℃的硝酸钾溶液中冷却,空气冷却	1300	450	32~36
	30CrMnSi	淬火 830℃,油冷,回火 540℃,油冷	850	380	32~36
	30CrMnSi	等温淬火 880~890℃,在加热到温度 370℃的硝酸溶液中冷却,再空气冷却	1090	450	32~36
		淬火 870℃,油冷,回火 460℃,空气冷却	1400	500	32~36
	40CrNiMoA	淬火 850℃,油冷,回火 600℃,空气冷却	950	530	32~36
抗弯环	60Si2	淬火 860℃,油冷,回火 180℃,空气冷却	1400	500	55~60
		淬火 880℃,油冷,回火 180℃,空气冷却	1600	500	55
刚轮	45	淬火 820℃,油冷或水冷,回火 220℃,空气冷却	1030	338	30~36
	45Cr	淬火 860℃,油冷,回火 220℃,空气冷却	1000	380	28~32

表 14-8-12　　　　　　　　　　　　　　主要零件的材料

柔轮的材料	在谐波齿轮传动中,柔轮是在反复弹性变形的状态下工作的,既承受交变弯曲应力,又承受扭转应力,工作条件恶劣,因此推荐用持久疲劳极限 $\sigma_{-1} \geq 350$MPa 和调质硬度 280~320HBS 的合金钢制造柔轮。另外,根据承受载荷状况的不同,所选用的柔轮材料也应有所区别 　　对于重载且传动比 i 较小的柔轮,推荐采用对应力集中敏感性较小的高韧度结构钢,例如 38CrMoAlA、40CrNiMoA 等。中等载荷与轻载的柔轮,可用较廉价的 30CrMnSiA、35CrMnSiA 或 60Si2、40Cr 等。目前我国通用谐波齿轮减速器,柔轮的材料主要采用 30CrMnSiA。不锈钢 Cr18Ni10T 具有很高的塑性,便于控制及旋压,但却贵而稀缺。密闭谐波传动的柔轮常采用此种材料 　　上述材料的热处理方法通常采用调质(280~320HBS)。热处理之后,不需附加光整工序就可以进行机械加工,包括齿形加工。柔轮的齿圈,包括齿槽在内,推荐进行冷作硬化。冷作硬化可提高疲劳极限 σ_{-1} 值的 10%~15%。同样,对齿圈进行氮化也是有效的方法。氮化不仅能提高疲劳极限 σ_{-1} 的 30%~40%,而且还可减少轮齿的磨损 　　对于小型仪表中用的谐波传动柔轮,可用铍青铜制造;在传动比 $i \leq 60$ 时,采用具有高力学性能的聚酰胺较为合适 　　塑料柔轮常用的材料有尼龙 1010、尼龙 66、聚砜、聚亚胺和聚甲醛等。塑料柔轮可用注射方法成形,生产率高、成本低,并且具有吸振及防蚀作用,其主要缺点是强度低、尺寸精度差。在选择塑料时应选用耐疲劳强度和抗拉强度较高,弹性较好以及热胀系数较小的材料
刚轮的材料	用于动力传动的刚轮,一般应有较高的刚度,以避免因弹性变形而影响正常啮合。用于运动传动时,可适当降低刚度,可减小动载荷和波发生器及齿轮加工误差所造成的振动。刚轮的齿形多采用插齿工艺加工,大批量生产时可采用冷挤压工艺,此法生产率高、成本低,齿面强度高。刚轮材料一般可选用 45 钢或 40Cr,热处理硬度略低于柔轮
抗弯环	为改善柔轮内孔的磨损情况,提高柔轮的刚性,增加柔轮的疲劳寿命,在柔轮内孔和波发生器之间增加一个抗弯环。由于抗弯环受到交变的弯曲应力及接触应力,因此硬度应高些,可取 50~60HRC。材料多选用 GCr15、60Si2、30CrMnSiA 等 　　刚轮与柔轮、柔轮与抗弯环、抗弯环与波发生器之间,不应选用硬度相同的同种材料
制造新工艺和新材料	谐波齿轮传动装置中,波发生器和柔轮加工最为复杂。目前,柔轮滚轧加工技术,刚轮内齿滚压加工工艺及净成形加工方法得到大量应用,后来出现了"转化啮合再现法"对柔轮齿进行加工,该方法是使柔轮处在与刚轮空载啮合时相同的变形条件下进行范成加工,消除了啮合干涉,缩短了跑合时间 　　采用新材料来替代传统柔轮材料也是提升谐波传动性能的重要手段,如采用具有高单位刚度、高比强度与优异阻尼性能的碳纤维环氧复合材料来制造柔轮。这种柔轮有足够的转矩传递能力,且其抗扭刚度提高 50%,在基本固有频率下的振动衰减能力提高 100% 　　采用铝等轻合金材料制造波发生器与减速器壳体等方式,减薄刚轮外缘以及改进连接结构等形式,使整机重量大幅度减轻,在航空航天和机器人领域,其轻量化谐波传动产品系列的应用日益广泛

8.2.4.2 柔轮、刚轮的结构形式和尺寸

谐波齿轮传动的主要构件柔轮、刚轮的结构设计正确与否，严重影响到谐波传动的工作性能，如寿命、承载能力、刚度、效率、精度等。因此正确地选取柔轮、刚轮的结构要素是完成谐波齿轮传动设计的重要组成部分。

最常见的柔轮结构形式是杯形柔轮结构，它可以采用凸缘或花键与输出轴相连接，或直接与轴做成整体形式。其次是具有齿啮合输出形式的环状柔轮，以及用于外复式传动具有双排齿圈的环形柔轮。

此外，还有钟形柔轮以及向密闭空间传递运动的密闭式柔轮结构。这里着重介绍国内外广泛应用的杯形柔轮结构。常用柔轮的结构形式和主要尺寸见表14-8-13。

常用刚轮的结构主要有环状和带凸缘的两种，见表14-8-14。环状刚轮的结构简单，加工方便，制造成本低，故通用性广；带凸缘的刚轮可利用凸缘径向定位，因而安装定位比环状刚轮灵活、方便，但加工略复杂。刚轮齿廓一般比环状刚轮灵活、方便，但加工较复杂。刚轮齿宽一般比柔轮齿宽大 2～5mm，刚轮齿圈的厚度应保证有一定的径向刚度。

表 14-8-13　　　　　　　　　常见柔轮的结构形式和尺寸

类　型		结构简图	几何尺寸	说　明
杯形柔轮	凸缘向外		$d = d_{f1} - 2s$ $s = (0.01 \sim 0.03) d_1$ 当 $i > 150$ 或载荷大时，即 $T/d_1^3 > 0.3$ MPa 时取大值，反之取小值。推荐最佳壁厚系数为 0.0125，即 $s = 0.0125 d_1$ $s_1 = (0.6 \sim 0.9) s$ $s_2 \approx s_1$	结构简单，连接方便，刚性好，传动精度高。在相同直径的柔轮中，比别的结构形式的柔轮承载力大。是国内外应用最普遍的结构形式 两种结构的形式除凸缘配置不同外，所有尺寸均相同
	凸缘内向		$b = (0.1 \sim 0.3) d_1$ $c = (0.15 \sim 0.25) b$ $d_{f2} \leqslant (0.5 \sim 0.65) d$ $L \geqslant (0.8 \sim 1.2) d$ $R_1 \approx (10 \sim 20) m$ $R_2 \geqslant (2 \sim 3) s_1$	柔轮凸缘与输出轴的连接利用铰制孔用螺栓，或销钉及内六角圆柱头螺钉
	带输出轴的整体式柔轮		柔轮部分尺寸与普通杯形柔轮相同	适用于小直径的柔轮

类　型		结构简图	几何尺寸	说　明
环形柔轮	外复式柔轮		$L=2(b+c+f)+a$ 尺寸 c、b 同上，尺寸 f 由结构设计确定 $a \geqslant \sqrt{r_{a0}^2-(r_{a0}-h)^2}$ 式中　r_{a0}——滚刀外圆直径 　　　h——柔轮全齿高	环形柔轮结构简单，加工方便，轴向尺寸较小，但扭转刚度、传动精度、承载能力等与杯形柔轮相比，有所降低。齿啮输出柔轮的承载能力约降低 1/3 左右
	单级齿啮输出柔轮		$L=2c+b$ $b=(0.3\sim0.5)d$	—
钟形柔轮			$R_1=r_{\mathrm{m}}+R_2(1-\cos\varphi)$ $L=R_2\sin\varphi$ $\varphi=f\left(\dfrac{r_{\mathrm{m}}}{R_2}\right)$ 根据 φ 与 $\dfrac{r_{\mathrm{m}}}{R_2}$ 的关系曲线确定，$\dfrac{r_{\mathrm{m}}}{R_2}$ 的最佳值为 $\dfrac{1}{3}$，对应的 $\varphi=31.3°$	疲劳强度高，寿命长，轴向尺寸小，载荷沿齿宽分布均匀，但加工较复杂
密闭柔轮			$s\approx(0.01\sim0.03)d_1$ 常取 $s=0.0125d_1$ $s_1=(0.7\sim1)s$ $d=d_{\mathrm{f1}}-2s$ $D_2\leqslant1.3d_{\mathrm{c}}$ L_1 或 $L_2=(1\sim1.25)d_1$ $\gamma=0.5°$	A—A 截面和底部需进行强度校核，多用于密闭谐波齿轮传动

表 14-8-14　　　　　　　　　　　　常见刚轮的结构形式及尺寸

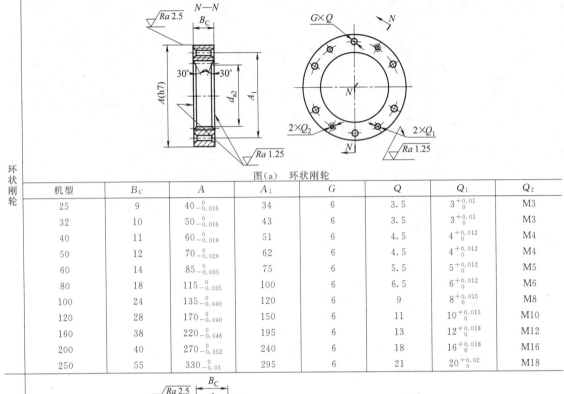

图（a）　环状刚轮

<table>
<tr><td>机型</td><td>B_C</td><td>A</td><td>A_1</td><td>G</td><td>Q</td><td>Q_1</td><td>Q_2</td></tr>
<tr><td>25</td><td>9</td><td>$40_{-0.016}^{0}$</td><td>34</td><td>6</td><td>3.5</td><td>$3_{0}^{+0.01}$</td><td>M3</td></tr>
<tr><td>32</td><td>10</td><td>$50_{-0.016}^{0}$</td><td>43</td><td>6</td><td>3.5</td><td>$3_{0}^{+0.01}$</td><td>M3</td></tr>
<tr><td>40</td><td>11</td><td>$60_{-0.019}^{0}$</td><td>51</td><td>6</td><td>4.5</td><td>$4_{0}^{+0.012}$</td><td>M4</td></tr>
<tr><td>50</td><td>12</td><td>$70_{-0.029}^{0}$</td><td>62</td><td>6</td><td>4.5</td><td>$4_{0}^{+0.012}$</td><td>M4</td></tr>
<tr><td>60</td><td>14</td><td>$85_{-0.035}^{0}$</td><td>75</td><td>6</td><td>5.5</td><td>$5_{0}^{+0.012}$</td><td>M5</td></tr>
<tr><td>80</td><td>18</td><td>$115_{-0.035}^{0}$</td><td>100</td><td>6</td><td>6.5</td><td>$6_{0}^{+0.012}$</td><td>M6</td></tr>
<tr><td>100</td><td>24</td><td>$135_{-0.040}^{0}$</td><td>120</td><td>6</td><td>9</td><td>$8_{0}^{+0.015}$</td><td>M8</td></tr>
<tr><td>120</td><td>28</td><td>$170_{-0.040}^{0}$</td><td>150</td><td>6</td><td>11</td><td>$10_{0}^{+0.015}$</td><td>M10</td></tr>
<tr><td>160</td><td>38</td><td>$220_{-0.046}^{0}$</td><td>195</td><td>6</td><td>13</td><td>$12_{0}^{+0.018}$</td><td>M12</td></tr>
<tr><td>200</td><td>40</td><td>$270_{-0.052}^{0}$</td><td>240</td><td>6</td><td>18</td><td>$16_{0}^{+0.018}$</td><td>M16</td></tr>
<tr><td>250</td><td>55</td><td>$330_{-0.05}^{0}$</td><td>295</td><td>6</td><td>21</td><td>$20_{0}^{+0.02}$</td><td>M18</td></tr>
</table>

（环状刚轮）

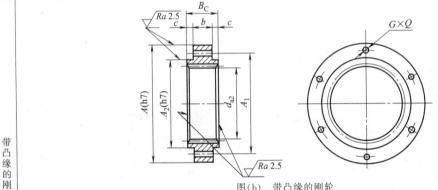

图（b）　带凸缘的刚轮

（带凸缘的刚轮）

机　型	b	c	B_C	A	A_1	A_2	G	Q
32,40	8	2	12	50	44	38	6	3.5
50	14	3	20	70	60	54	6	3.5
60	16	3	22	85	75	67	6	4.5
80	20	3	26	110	100	90	6	5.5
100	25	4	33	135	120	110	6	6.6
120	30	4	38	170	150	135	6	9
160	40	5	50	215	195	177	6	11
200	50	6	62	265	240	218	6	11
250	60	6	72	330	290	272	6	14

8.2.4.3　波发生器的结构设计

（1）波发生器的类型和几何尺寸

波发生器是迫使柔轮产生预期变形规律的元件。按波数分，有单波、双波和三波发生器；按柔轮变形特性的不同，又可分为自由变形型波发生器和确定变形型波发生器两类，前者不能完全控制柔轮的变形状态，而后者则能在柔轮的各点上控制其变形；按波发生器与柔轮相互作用原理的不同，可分为机械波发生器、液压波发生器、气压波发生器，其中以机械波发生器应用最广。

常用的机械式双波发生器的形式和结构尺寸见表 14-8-15。凸轮式波发生器的常用凸轮轮廓形式及其廓线方程见表 14-8-16。表中，凸轮廓线方程均以极坐标的形式给出。

表 14-8-15　　　　　　　　　　　　　常用波发生器的类型和结构尺寸

类型		结构简图	几何尺寸	说　明
滚轮式	双滚轮式	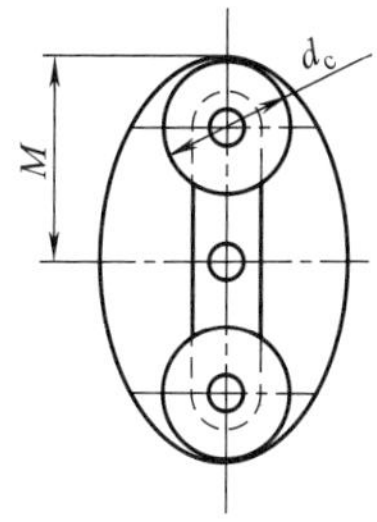	$M = 0.5d + 0.9mK$ $d_c = \dfrac{1}{3}d$ 当 $\alpha_0 = 20°$ 时，$K = 1.0$ 当 $\alpha_0 = 30°$ 时，$K = 0.89$	结构简单，制造方便，效率较高。但因这种波发生器对柔轮变形不能完全控制，载荷稍大后，柔轮易产生畸变。承载能力低。只适用于不重要的、低精度轻载传动中
	四滚轮式	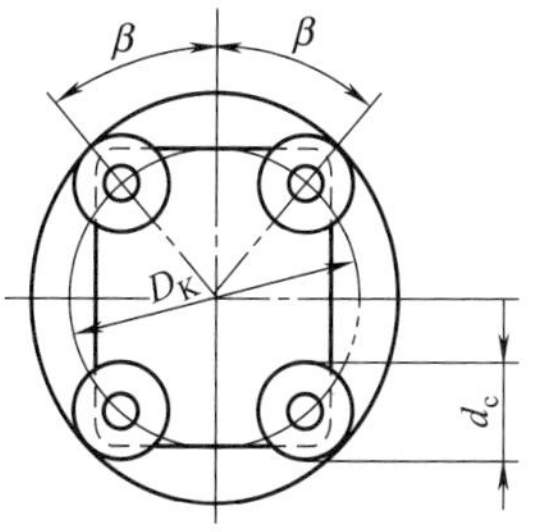	$D_K = 2\rho - d_c$ $\rho = 0.5d + w_k\left(\dfrac{w_0}{m}\right)K$ 当 $\beta = 30°$ 时，$w_0 = 0.56914$ 当 $\beta = 35°$ 时，$w_0 = 0.40876$ $d_c \leqslant \dfrac{1}{3}d$ 式中　$\dfrac{w_0}{m}$——径向变形量系数，常取 0.9、1、1.1 K——波发生器径向变形增大系数 $K = 1 + \dfrac{\sum\Delta}{w_0}$ $\sum\Delta$——补偿滚轮轴承径向游隙，滚轮与柔轮间隙的量	
	多滚轮式	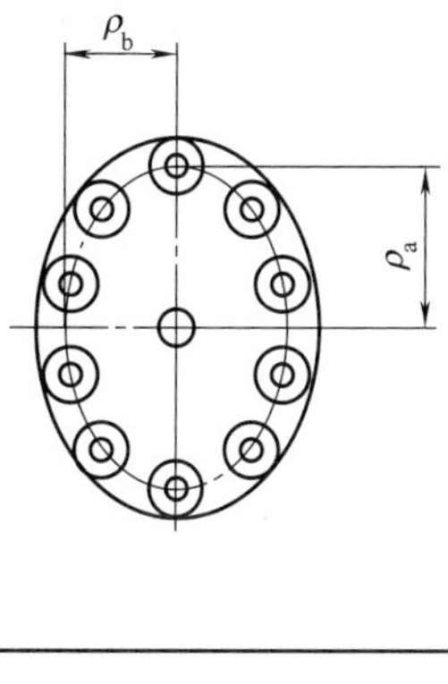	$\rho_a = \dfrac{d - d_c}{2} + w_0$ $\rho_b = \dfrac{d - d_c}{2} - w_0$ $d_c \leqslant \dfrac{1}{3}d$ 滚轮中心的坐标按椭圆或近似椭圆的等距曲线确定	柔轮变形全周被全部控制，承载能力较强。多用于不宜采用偏心盘式或凸轮式波发生器的大型谐波齿轮传动

续表

类型		结构简图	几何尺寸	说　明
偏心盘式	双偏心盘式		$2\beta=60°\sim70°$ $D_\rho=d+2(w_0+e)+\Delta$ $\rho_c=\sqrt{R_\rho^2+e^2+2R_\rho e\cos\varphi}$ $\rho=\rho_c+0.5s$ 式中　e——偏心距,通常取 $e=(3.3\sim3.6)m$,m 为模数 D_ρ——偏心圆盘直径 ρ——柔轮原始曲线的极坐标 Δ——偏心圆盘轴承的径向间隙,取 $\Delta=0.02\sim0.045$	转动惯量小啮合区大,制造方便。通常在柔轮内孔中增加中间衬环,以改善柔轮中应力分布,但柔轮变形未能全部控制,且有附加不平衡力矩
	三偏心盘式			除具有上述优点外,还消除了不平衡力矩,承载能力较强,通常在柔轮内孔中加中间衬来改善柔轮中应力分布。多用于重载或小惯量的谐波齿轮传动中
	牙嵌式圆盘波发生器		齿宽与槽宽关系为 $s_2-s_1>2e$ 偏心距 $e=(3.45\sim3.82)w_0$ 圆盘直径 $D_{b0}=d_i-2e-2w_0-\delta_{rb}$ 式中　d_i——抗弯环内径 δ_{rb}——应补偿的轴承径向间隙、弹性变形等,一般取为一个滚动轴承的最大径向间隙,其值约为 $0.02\sim0.045$mm	消除了不平衡力所产生的力偶效应,有利于柔轮的应力分布
凸轮式			详细计算见表 14-8-16	本发生器为柔性轴承凸轮式。柔轮变形被全部控制,承载能力较大,刚度较好,精度也较高。是目前国内外最通用的结构
行星式波发生器			$R=\dfrac{1}{2}D_n+0.9mK$ 当 $\alpha=20°$,$K=1$ $\alpha=30°$,$K=0.89$ $d_2\geqslant\dfrac{1}{2}D_n$ $r_1=R-d_2$	结构简单、加工方便,适用于输入转速不高、载荷平稳、输出转矩较小的场合 随工作载荷的增加,柔轮的畸变亦随之增加

注：表中除双滚轮和四滚轮波发生器为自由变形型波发生器外,其他均为确定变形型波发生器。

表 14-8-16		常用凸轮形式及廓线方程	
类型	凸轮形式	凸轮廓线方程	说　明
标准椭圆凸轮	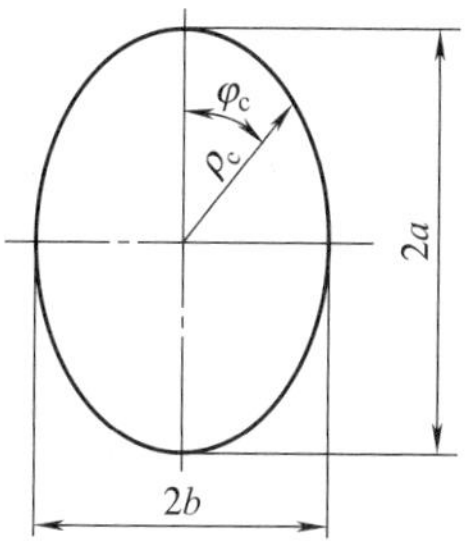	凸轮长半轴 $$a = 0.5(d_B + \Delta) + w_0$$ 凸轮短半轴可用 Смирнов 公式确定,即 $$b = \frac{1}{9}\left[(6d_B - 7a) + 4\sqrt{1.5ad_B - 2a^2}\right]$$ Δ——考虑补偿波发生器径向尺寸链总的间隙量 d_B——柔性轴内径 凸轮廓线方程为 $$\rho_c = \frac{ab}{\sqrt{a^2\sin^2\varphi_c + b^2\cos^2\varphi_c}}$$	此种凸轮加工简单方便,为目前最常用的一种凸轮
以四力作用下圆环变形曲线为廓线的椭圆凸轮	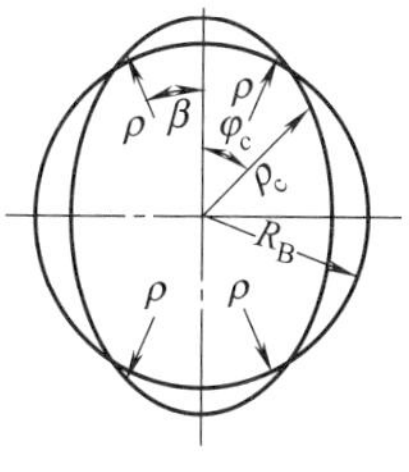	凸轮廓线方程为 $$\rho_c = 0.5d_B + K_w$$ $$= 0.5d_B + \frac{Kw_0}{\displaystyle\sum_{n=2,4,6,\cdots}\frac{\cos n\beta}{(n^2-1)^2}}$$ $$\times \sum_{n=2,4,6,\cdots}\frac{\cos n\beta \cos n\varphi_c}{(n^2-1)^2}$$ K 的意义见表 14-8-15	此种凸轮的加工虽较前者复杂,但只要改变 β 角,便可获得所需的各种凸轮形状。当 $\beta = 20° \sim 30°$ 时,柔轮中峰值应力可达到最小
双偏心凸轮	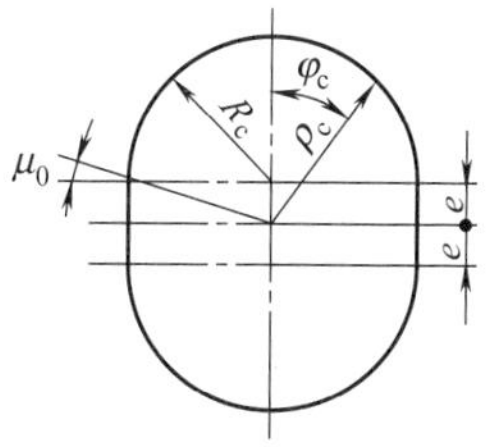	凸轮廓线方程为 当 $0 \leqslant \varphi_c \leqslant \frac{\pi}{2} - \mu_0$ 时 $$\rho_c = e\cos\varphi_c + \sqrt{R_c^2 - e^2\sin^2\varphi_c}$$ 当 $\frac{\pi}{2} - \mu_0 \leqslant \varphi_c \leqslant \frac{\pi}{2}$ 时 $$\rho_c = \frac{R_c}{\sin\varphi_c}$$ 式中 $$R_c = \frac{\pi d_B - 4e}{2\pi}$$ $$e = \frac{0.5\pi m(z_2 - z_1)}{\pi - 2}$$ $$\mu_0 = \arctan(e/R_c)$$	加工方便,啮合区较大,但柔轮中的应力较大

（2）柔性球轴承

实践表明，使谐波齿轮传动的承载能力、工作性能及寿命受到限制的又一薄弱环节是柔性轴承。

谐波齿轮传动工作时，柔性轴承的外环不断地反复变形，因此常出现的破坏形式是外环的疲劳断裂。而内环在装配时只是一次变形，故常出现的破坏形式是点蚀。此外，保持器设计制造不合理也会产生断裂或运动干涉。

因此，正确地设计及选择柔性轴承的结构尺寸，严格保证材料的性能质量（我国制造柔性轴承的材料选用 ZGCr15-军用甲级钢。严格按军用技术条件检验其化学成分和控制碳化物偏析等级）、合理的制造工艺，是保证柔性轴承寿命及其性能的关键。

柔性轴承外环与柔轮内孔的配合为 $\frac{H7}{h7}$；柔性轴承内环与凸轮的配合取为 $\frac{H7}{js6}$。如果柔性轴承装入柔轮内过紧，将会引起元件内应力增加，发热，使传动效率降低，如出现严重过盈，则使柔性轴承的寿命降低，最后导致破坏。

柔性轴承外环的硬度为 55～60HRC，内环的硬度为 61～65HRC。

目前我国已生产了系列化的柔性球轴承，国内生产的谐波齿轮减速器用的柔性轴承产品规格见表14-8-17。

表 14-8-17   国内生产的谐波齿轮减速器用柔性轴承规格

型　号	外形尺寸/mm			额定值		
	外径 D	内径 d	宽度 B/C	最大径向变形 /mm	输入转速 /r·min^{-1}	输出力矩 /N·m
E904KAT2*	25	18.8	4	0.2	3000	2
3E905KAT2* 及 1000905AKT2	32	24	5	0.2	3000	6
3E806KAT2* 及 1000906AKT2	40	30	6	0.3	3000	16
1000807AKT2	47	35	7.5	0.3	3000	30
1000907AKIT2	48.2	35.8	8	0.3	3000	30
3E907KAT2* 及 1000907AKT2	50	37	8	0.3	3000	30
1000809AKT2	59	44	9.3/8.8	0.4	3000	50
3E809KAT2* 及 1000909AKT2	60	45	9	0.4	3000	50
1000809AKIT2	61.8	45.7	9.5/9	0.4	3000	50
1000810AKT2	63	48	9.7/9.2	0.4	3000	50
1000811AKT2	72	55	11	0.5	3000	80
3E911KAT2	75	57	13	0.5	3000	90
1000812AKT2	79	59	12.2/11.6	0.5	3000	120
3E812KAT2*	80	60	13	0.5	3000	120
1000912AKT2	80	60	12	0.5	3000	120
814KAT2	95	70	15	0.6	3000	200
1000814AKT2	95	71	14.6/14	0.6	3000	200
1000914AKT2	99	72	15	0.6	3000	250
3E815KAT2* 及 1000915AKT2	100	75	15	0.6	3000	250
1000818AKT2	118	88	18.2/17.5	1.0	3000	450
3E818KAT2* 及 1000918AKT2	120	90	18	1.0	3000	450
1000819AKT2	125	94	19.2/18.4	1.0	3000	450
2000921AKT2	145	105	24	1.1	3000	800
3E822KAT2 及 2000922AKT2	150	110	24	1.1	3000	800
3E824KAT2*	160	120	24	1.1	1500	1000
826KAT2	175	130	26	1.1	1500	1200
3E830KAT2*	200	150	30	1.25	1500	2000
832KAT2	220	160	35	1.25	1500	2500
3E836KAT2*	240	180	35	1.5	1500	3200
1000836AKT2	240	180	36/34	1.5	1500	3200
3E838KAT2*	250	190	40	1.5	1500	3500
3E842KAT2	280	210	45	1.5	1500	4000
3E844KAT2	300	220	45	1.5	1500	5000

注：型号后有"*"者为第一系列产品。

8.2.5　计算实例

例　单级双波凸轮式波发生器谐波齿轮减速器的设计。已知负载转矩为300N·m，要求速比 $i=100$，24h连续工作，负载平稳，选取 $\alpha=20°$ 的渐开线齿形，试算各啮合参数及主要结构尺寸。减速器运动简图见表 14-8-5。计算中参数的取值由前面相关表格查得。

表 14-8-18   计算过程

名　　称	计算公式	计算实例
输出转矩	$T=T_cK$	$T=T_cK=300\times1.05=315$N·m
柔轮筒体直径	$d_0=15.93\sqrt[3]{T}$	$d_0=15.93\sqrt[3]{T}=15.93\sqrt[3]{315}mm=108.39$mm 取 $d_0=108$mm

续表

名　称	计　算　公　式	计　算　实　例
柔轮齿数	$z_r = d_z i$	$z_r = d_z i = 2 \times 100 = 200$
齿轮的模数	$d_r = m z_r = d_0$	$d_r = 108$
刚轮与柔轮齿数差	$d_z = z_g - z_r = KN$	$d_z = z_g - z_r = KN = 1.05 \times 2 \approx 2$
刚轮齿数	$z_g = z_r + d_z$	$z_g = z_r + d_z = 200 + 2 = 202$
波发生器最大变形	$\omega_0 = (0.8 \sim 1.2) m \dfrac{d_z}{N}$	$\omega_0 = 1.14 \times 0.55 \times \dfrac{2}{2} = 0.627 \text{mm}$
齿根下的柔轮的壁厚	$h_0 = (0.01 \sim 0.03) d_0$	$h_0 = 0.014 \times 108 \approx 1.5 \text{mm}$
柔轮变位系数	$x_r = \dfrac{d_{fr}/m - z_r + 2(h_f^* + c^*)}{2}$	$x_r = \dfrac{111/0.55 - 200 + 2 \times (1 + 0.35)}{2} \approx 2.26$
柔轮齿根圆直径	$d_{fr} = d_0 + 2h_0$	$d_{fr} = 108 + 2 \times 1.5 = 111 \text{mm}$
柔轮全齿高的确定	$H = (h_a^* + h_f^* + c^*) m$	$H = 1.6 \times 0.55 = 0.88 \text{mm}$
柔轮齿顶圆的确定	$d_{ar} = d_{fr} + 2H$	$d_{ar} = 111 + 2 \times 0.88 = 112.76 \text{mm}$
柔轮齿分度圆齿厚	$s_r = 0.5 m \pi + 2 x_r m \tan\alpha$	$s_r = 0.5 \times 0.55 \times \pi + 2 \times 2.26 \times 0.55 \times \tan 20° = 1.769 \text{mm}$
柔轮分度圆直径	$d_r = m z_r$	$d_r = 0.55 \times 200 = 110 \text{mm}$
柔轮基圆直径	$d_{br} = m z_r \cos\alpha$	$d_{br} = 0.55 \times 200 \times \cos 20° = 103.367 \text{mm}$
柔轮齿顶圆齿厚	$s_{ar} = s_r \dfrac{d_{ar}}{d_r} - d_{ar}(\text{inv}\alpha_{ar} - \text{inv}\alpha)$	$s_{ar} = 1.769 \times \dfrac{112.76}{110} - 112.76 \times (\text{inv}23.7697° - \text{inv}20°) = 0.6128 \text{mm}$
量棒接触圆压力角	$\theta_r = \dfrac{d_p}{d_{br}} + \text{inv}\alpha - \dfrac{\pi}{2 z_r} + 2 x_r \tan\alpha / z_r$ 因为 $\theta_r = \tan\alpha_{r\theta} - \alpha_{r\theta}$，可查表得到 $\alpha_{r\theta}$，也可用下式计算 $\alpha_{r\theta}(\alpha_{r\theta} < 45°$ 时) $\alpha_{r\theta} = [(3\theta_r)^{1/3} - 0.395\theta_r + 0.174\theta_r^2] \times 180/\pi$	当模数 $m = 0.55 \text{mm}$ 时，$d_p = 1.932 \times 0.55 = 1.0626$ $\theta_r = \dfrac{1.0626}{103.367} + \text{inv}20° - \dfrac{\pi}{2 \times 200} + 2 \times 2.26 \tan 20°/200 = 0.02556$ 因为 $\theta_r = \tan\alpha_{r\theta} - \alpha_{r\theta}$，可查表得到 $\alpha_{r\theta}$，也可用下式计算 $\alpha_{r\theta}(\alpha_{r\theta} < 45°$ 时) $\alpha_{r\theta} = [(3 \times 0.02556)^{1/3} - 0.395 \times 0.02556 + 0.174 \times 0.02556^2] \times 180/\pi = 23.7697°$
量棒测值的计算	$M_r = \dfrac{d_{br}}{\cos\alpha_{r\theta}} + d_p$ 如果柔轮为奇数齿时，则 $M_r = \dfrac{d_{br}}{\cos\alpha_{r\theta}} \cos\left(\dfrac{90°}{z_r}\right) + d_p$	$M_r = \dfrac{d_{br}}{\cos\alpha_{r\theta}} + d_p = \dfrac{103.367}{\cos 23.7697} + 1.0626 = 114.01 \text{mm}$
刚轮分度圆直径	$d_g = m z_g$	$d_g = 0.55 \times 202 = 111.1 \text{mm}$
刚轮基圆直径	$d_{bg} = m z_g \cos\alpha$	$d_{bg} = 0.55 \times 202 \cos 20° = 104.4 \text{mm}$
刚轮最小齿根圆直径	$d_{ag} = d_{ar} + 2\omega_0 + 2c^* m$	$d_{ag} = 112.76 + 2 \times 0.627 + 2 \times 0.35 \times 0.55 = 114.4 \text{mm}$
刚轮齿顶圆直径	$d_{ag} = d_{fr} + 2\omega_0 + 2c^* m$	$d_{ag} = 111 + 2 \times 0.627 + 2 \times 0.35 \times 0.55 = 112.639 \text{mm}$
刚轮齿顶圆压力角	$\alpha_{ag} = \arccos(d_{bg}/d_{ag})$	$\alpha_{ag} = \arccos(104.4/112.639) = 22.0503°$
刚轮变位系数的计算	$x_g = x_r - 0.15$	$S_r = 2.26 - 0.15 = 2.11$
刚轮分度圆齿厚	$s_g = 0.5 m \pi - 2 x_g m \tan\alpha$	$s_g = 0.5 \times 0.55\pi - 2 \times 2.11 \times 0.55 \tan 20° = 0.01916 \text{mm}$
刚轮齿顶圆齿厚	$s_{ag} = s_g \dfrac{d_{ag}}{d_g} + d_{ag}(\text{inv}\alpha_{ag} - \text{inv}\alpha)$	$s_{ag} = 0.01916 \times \dfrac{112.639}{111.1} + 112.639 \times (\text{inv}22.0503 - \text{inv}20) = 0.6156 \text{mm}$

第 14 篇

续表

名　称	计算公式	计算实例
刚轮量棒接触圆压力角	$\theta_g = \dfrac{\pi}{2z_g} + \mathrm{inv}\alpha - \dfrac{d_p}{d_{bg}}$ $+ 2x_g\tan\alpha/z_g$ $\alpha_{g\theta} = [(3\theta_g)^{1/3} - 0.395\theta_g + 0.174\theta_g^2] \times 180/\pi$	$\theta_g = \dfrac{\pi}{2 \times 202} + \mathrm{inv}20° - \dfrac{1.0626}{104.4} + 2 \times 2.11\tan20°/202$ $= 0.0201$ $\alpha_{g\theta} = [(3 \times 0.0201)^{1/3} - 0.395 \times 0.0201 + 0.174 \times 0.0201^2]180/\pi$ $= 22.017°$
刚轮量棒测量值	$M_g = \dfrac{d_{bg}}{\cos\alpha_{g\theta}} - d_p$ 若刚轮为齿数为奇数时 $M_g = \dfrac{d_{bg}}{\cos\alpha_{g\theta}}\cos\left(\dfrac{90°}{z_g}\right) - d_p$	$M_g = \dfrac{d_{bg}}{\cos\alpha_{g\theta}} - d_p$ $= \dfrac{104.4}{\cos22.017} - 1.0626$ $= 111.55\mathrm{mm}$
柔性轴承的尺寸	—	外径 $d_0 = 108\mathrm{mm}$，内径 $d_n = 81\mathrm{mm}$
波发生器长半轴	$a = \dfrac{d_n}{2} + w_0$	$a = \dfrac{81}{2} + 0.627 = 41.127\mathrm{mm}$
波发生器短半轴	$b = \dfrac{d_n}{2} - w_0$	$b = \dfrac{81}{2} - 0.627 = 39.873\mathrm{mm}$
柔轮周向正应力	$\sigma_\phi = K_M K_d C_\sigma \dfrac{w_0 h_0 E}{R_m^2}$ $R_m = 0.5(d_0 + h_0)$	$\sigma_\phi = 1.6 \times 1.1 \times 1.547 \times \dfrac{0.627 \times 1.5 \times 2.1 \times 10^5}{54.75^2}$ $= 179.396\mathrm{N/mm^2}$ $R_m = 0.5 \times (108 + 1.5) = 54.75\mathrm{mm}$
变形切向正应力	$\tau_w = K_M K_d C_\tau \dfrac{w_0 h_0 E}{R_m L}$ $L = 1.2d_0$	$\tau_w = 1.6 \times 1.1 \times 0.565 \times \dfrac{0.627 \times 1.5 \times 2.1 \times 10^5}{54.75 \times 129.6}$ $= 27.68\mathrm{N/mm^2}$ $L = 1.2 \times 108 = 129.6\mathrm{mm}$
扭转形成的切应力	$\tau_T = K_d K_u \dfrac{T}{2\pi R_m^2 h_0}$	$\tau_T = 1.6 \times 1.1 \times \dfrac{315 \times 1000}{2\pi \times 54.75^2 \times 1.5}$ $= 19.62\mathrm{N/mm^2}$
应力值	$\sigma_a = \sigma_\phi,\ \sigma_m = 0$ $\tau_a = \tau_m = 0.5(\tau_w + \tau_T)$	$\sigma_a = \sigma_\phi = 179.396\mathrm{N/mm^2},\ \sigma_m = 0$ $\tau_a = 0.5 \times (27.68 + 19.62) = 23.65\mathrm{N/mm^2}$
正应力安全系数	$S_\sigma = \dfrac{\sigma_{-1}}{K_\sigma \sigma_a}$	$S_\sigma = \dfrac{530}{2.2 \times 179.396} = 1.343$
剪应力安全系数	$S_\tau = \dfrac{\tau_{-1}}{K_\tau \tau_a + 0.2\tau_m}$	$S_\tau = \dfrac{292}{1.8 \times 23.65 + 0.2 \times 23.65} = 6.17$
复合状态下的疲劳安全系数	$S = \dfrac{S_\sigma S_\tau}{\sqrt{S_\sigma^2 + \gamma_z S_\tau^2}}$	$S = \dfrac{1.343 \times 6.17}{\sqrt{1.343^2 + 0.7 \times 6.17^2}} = 1.6 > 1.5$
柔轮筒体不失稳应力计算	筒体壁厚为 $h = 0.0096d_0$ 筒体的外径为 $d = d_0 + 2h$ 筒体的扭转切应力为 $\tau_T = K_d K_u \dfrac{T}{2\pi R_{mh}^2 h}$ 式中 R_{mh}——筒体平均直径之半 设超载系数为 2.5，则此时最大切应力为 $\tau_{TC} = 2.5\tau_T$；钢质柔轮的不失稳切应力为 $\tau_n = 0.28\left(\dfrac{d - d_0}{d}\right)^{1.5}E$	$h = 0.0096 \times 108 = 1.0368\mathrm{mm}$ $d = 108 + 2 \times 1.0368 = 110.0736\mathrm{mm}$ $\tau_T = 1.6 \times 1.1 \times \dfrac{315 \times 1000}{2\pi \times 54.75^2 \times 1.0368}$ $= 28.39\mathrm{N/mm^2}$ $\tau_{TC} = 2.5 \times 28.39$ $= 70.975\mathrm{N/mm^2}$ $\tau_n = 0.28 \times \left(\dfrac{110.0736 - 108}{110.0736}\right)^{1.5} \times 2.1 \times 10^5$ $= 152.03\mathrm{N/mm^2}$ 上述计算结果 $\tau_n > \tau_{TC}$，这说明稳定性足够
单级效率	$\eta = 1 - 0.017i^{0.93}d_0^{-0.43}$	$\eta = 1 - 0.017 \times 100^{0.93} \times 108^{-0.43} = 0.836$
输入端电动机功率	$N = 1.2\dfrac{Tn}{9550i\eta}$	$N = \dfrac{1.2 \times 315 \times 1500}{9550 \times 100 \times 0.836} = 0.71\mathrm{kW}$

8.3　谐波齿轮减速器试验技术与方法

表 14-8-19　　　　　　　　　　　谐波齿轮减速器试验项目表

试验类型	试验装置	测试	要求
空载及负载跑合试验	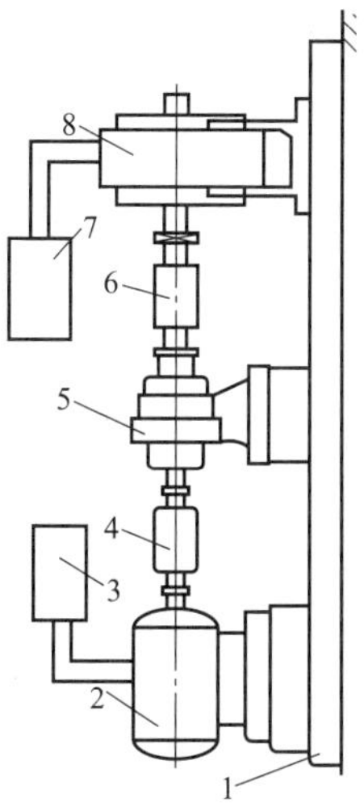	高低温环境试验，一般应放在控温箱(室)中进行。对大机型，允许在局部控温环境或控温后的保温条件下进行。将调试好的减速器在额定转速下正反转空载跑合各 2h。空载跑合结束后，将谐波减速器输出端与另一传感器相连，传感器另一端与磁粉加载器相连。释放传感器中的残余应力，测试仪器标零。在额定转速的情况下，加额定载荷的 50%、75%、100%，均正反转各 2h	减速器运转平稳、温升不超出 30℃，无明显振动和噪声，无漏油现象
效率试验		启动电动机，在保证额定转速的条件下，逐级提高负载。通常由零载到额定负载之间取 10 个左右测试点。在每一个测试点上记录谐波减速器输入轴与输出轴的转矩 T_1 及 T_2	效率值可由测得的转矩值算出 $$\eta = i\frac{T_2}{T_1}$$ 最后绘制负载-效率曲线。额定负载下效率值见表 14-8-20
温升试验		试验方法同上，只是在每个测试点上要求温度平衡时再测其温度值，然后绘制负载-温度曲线	—
超载试验	1—试验平台；2—直流电动机；3，7—控制台；4，6—传感器；5—减速器；8—磁粉制动器	超载性能试验必须在空载跑合试验和负载跑合试验的基础上进行。将负载跑合完的减速器，在额定转速下，超载 50%，正、反各 30min；超载 150%，正反转各 1min	超载 50% 时，能正常运转 30min，超载 150% 时，能正常运转 1min
寿命试验		加载运行前，应检查减速器的润滑和加载器的冷却是否正常。启动电动机，在额定转速和额定负载下连续运转 500h。在运行过程中每 0.5h 检查一次样机温度，温升不得超过 45℃	在额定转速与额定负载条件下进行试验，要求柔轮疲劳次数达到 10^8 次不破坏
刚度测试试验	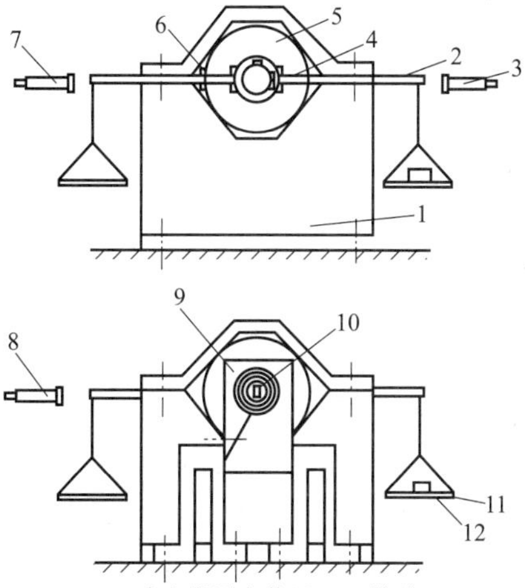 1—减速器固定装置；2—横臂；3，7，8—自准直仪；4，6，10—多面棱体；5—谐波减速器；9—输入轴固定夹头；11—加载盘；12—加载块	将谐波传动装置用夹具固定在工件台上，用自准直仪 7 和多面棱体 6 来监视整个装置是否固定不动。用加载块对输出轴正向加载，由零逐次加至额定转矩，然后逐渐卸载至零。此后用同样方法反向加载。与此同时，用自准直仪 3 和多面棱体 4 测出输出轴相应的转角，得到一系列数据，由此绘出转角随转矩而变化的机械"磁滞"回线	典型谐波减速器刚度与空程测试结果图如图 14-8-5 所示。每种减速器在额定负载下扭转刚度见表14-8-21

第14篇

试验类型	试验装置	测 试	要 求
启动转矩测试试验	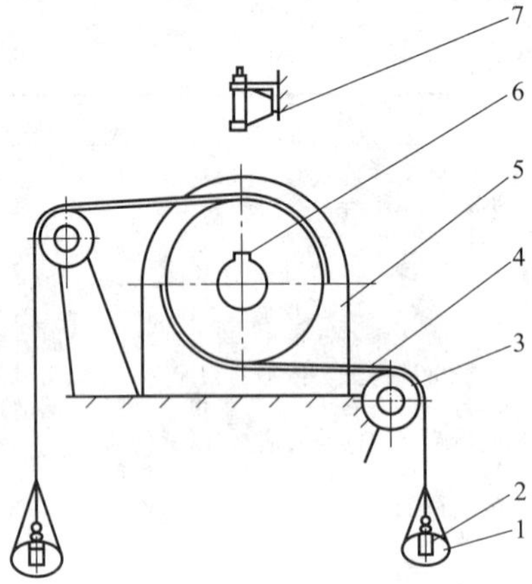 1—加载盘;2—砝码;3—滑轮;4—绳子;5—谐波减速器;6—多面棱体;7—自准直仪	在两个加载盘上同时加入等量砝码,直至自准直仪离开零位为止,并记录所加的砝码重量与圆盘的直径,两者乘积之半即是所测的启动转矩	启动转矩见表14-8-22
传动误差测试试验	光栅式传动误差测试装置 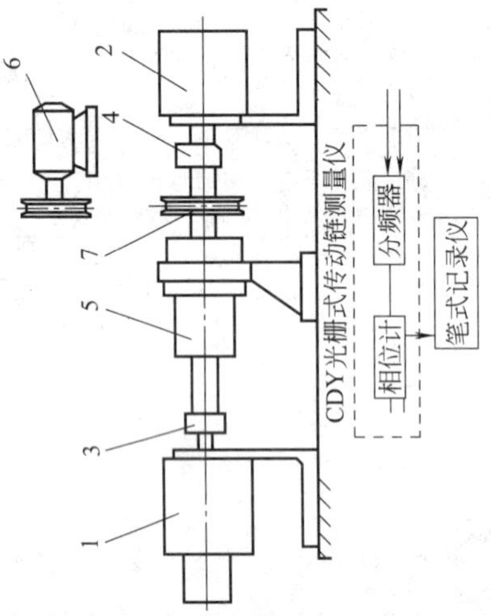 1,2—光栅传感器;3,4—弹性联轴器; 5—谐波齿轮减速器;6—电动机;7—带轮	该测量方式采用光栅式传动链检查仪。输入轴连接高频光栅头,输出轴连接低频光栅头,其输入与输出的理论转角与实际转角差,即为传动误差,并由自动记录仪描绘成误差曲线,取其最大值	≤1′为1级 ≤3′为2级 ≤6′为3级 ≤9′为4级
	直准直仪光学多面棱体传动误差测试装置 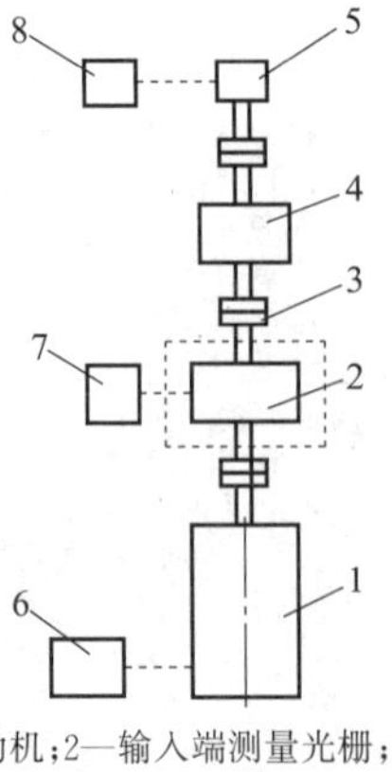 1—步进电动机;2—输入端测量光栅;3—联轴器; 4—谐波齿轮减速器;5—光学多面棱体; 6—电动机控制器;7—显示装置;8—自准直仪	采用自准直仪、光学多面棱体等对传动误差进行测量。测量时光栅安装在减速器输入轴上,多面棱体固定在输出轴上,并调整自准直仪垂直多面棱体的一个面。输出轴相对于输入轴的理论转角与实际转角之差,即为传动误差。其测量采样点为多面棱体的面数	

表 14-8-20　谐波传动额定负载下的效率要求

机型	输入转速/r·min⁻¹	传动比	效率
25～120	500～3000	63～125	75～90
		>125	70～85
160～320	500～1500	80～160	80～90
		>160	70～80

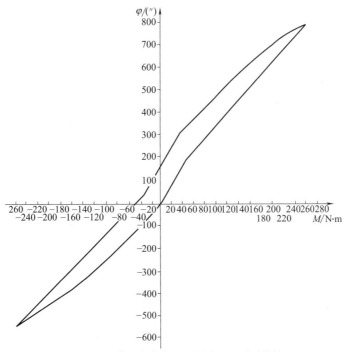

图 14-8-5　典型谐波减速器刚度与空程测试结果

表 14-8-21　谐波传动扭转刚度标准

机　型	扭转刚度/[N·m/(′)]
25	0.365
32	0.725
40	1.45
50	2.90
60	5.80
80	11.65
100	23.25
120	46.55
160	93.10
200	186.20
250	327.35
320	744.65

表 14-8-22　谐波传动启动转矩标准

机　型	启动转矩/N·cm
25	≤0.8
32	≤1.25
40	≤2
50	≤3
60	≤5
80	≤8
100	≤12.5
120	≤20
160	≤35
200	≤60
250	≤100
320	≤150

对图 14-8-5 说明如下：机械"磁滞"回线显示了在增加和减小载荷时，扭转柔度变化特性曲线不重合，且在加载初期和加载至额定转矩附近明显地为非线性。为此，取同样转矩下的两个转角值的平均值作为该转矩作用下的转角值，以此转角随转矩的变化曲线代替在增加载荷和减小载荷时的两条不重合曲线。

通过回归分析，求出回归直线的斜率即为柔性系数，其倒数即为刚度系数。将回归直线外推，在顺时针转矩作用下的柔度特性回归直线与逆时针转矩作用下的柔度特性回归直线在纵坐标轴上不重合。两者在纵坐标轴上转角之差就是纯侧隙空程误差。

第9章 活 齿 传 动

活齿传动是一种用来传递两同轴间回转运动的齿轮传动形式，具有结构紧凑、传动比范围广、承载能力大、传动效率高等优点，可广泛应用于石油化工、冶金矿山、轻工制药、粮油食品、纺织印染、起重运输及工程机械等行业。

活齿传动作为一种新型传动，美、俄、英、德等国早年均有研究，有的已形成产品商品上市，都以各自的结构特点命名，如偏心圆传动、滑齿传动、随齿传动等。中国学者在活齿传动方面提出了多种新型活齿传动结构，也都以其结构特点命名，例如变速传动轴承，滚轮传动机构，滚道减速机，密切圆活齿减速机，活齿谐波减速机，旋转活齿减速机，套筒活齿减速机，摆动活齿减速机等。经过多年研究，很多学者认为活齿传动是一种有别于其他刚性啮合传动的独立传动类型；它们在原理上利用一组中间可动件来实现啮合传动，因此将这种传动命名为"活齿波动传动"，简称"活齿传动"。

9.1 活齿传动的工作原理与结构类型

9.1.1 活齿传动的工作原理

活齿传动由 3 个基本构件组成：激波器（H）、活齿齿轮（G）和中心轮（K）。工作时，激波器周期性地推动可往复运动的活齿，这些活齿与中心轮齿廓的啮合点形成了蛇腹蠕动式的切向波，从而与中心轮齿轮形成连续的驱动关系。这种切向波形成的条件是

活齿与中心轮的齿数不同，它们的齿距不相同。正是由于齿距不同，啮合时发生了"错齿运动"，这种相对运动使得活齿与中心轮之间的传动成为可能。

下面以典型的滚柱活齿传动为例，介绍活齿传动的工作原理。滚柱活齿传动的结构如图 14-9-1 所示，滚柱活齿传动的结构模型和传动原理如图 14-9-2所示。活齿传动中围绕着中心轴转动或不动的构件称基本构件。滚柱活齿传动由三个基本构件组成，见表 14-9-1。

滚柱（钢球）活齿传动的传动原理：当驱动力输入后，输入轴以等角速度 ω_H 顺时针转动，它带动偏心圆激波器使其几何中心及绕固定中心 O 转动，激波器半径变化的轮廓曲线产生径向推力，迫使与中心轮工作齿形接触的诸活齿，在沿活齿架径向导槽移动的同时，沿着中心轮工作齿廓滑滚，并通过活齿架的径向导槽推动活齿轮 G 以等角速度 ω_G 逆时针转动，于是滚柱（钢球）活齿传动完成了转速变换运动。而与中心轮非工作齿廓接触的诸滚柱（钢球）活齿，在活齿架径向导槽推动下，顺序地返回工作起始位置。

9.1.2 活齿传动的结构类型

根据活齿啮合副结构模型，将活齿传动分为移动活齿传动和摆动活齿传动两大类，即活齿传动啮合副的低副为移动副的称为移动活齿传动，活齿传动啮合副的低副为转动副的称为摆动活齿传动。

表 14-9-2 简要介绍了几种常见活齿传动结构。

表 14-9-1 滚柱活齿传动基本构件

激波器 H	由输入轴、偏心套、转臂轴承和激波环（也可以没有激波环）所组成。为平衡激波器产生的惯性力和抵消微波器上的径向力，常采用双排激波器，并使它们的相位差为 180°
活齿轮 G	由活齿架和一组活齿组成。活齿架是一个薄壁筒状的构件，它常与输出轴固连。如图 14-9-2 所示，具有高副元素的构件常选用标准钢球或短圆柱滚子
中心轮 K	中心轮 K 是钢球或圆柱滚子的包络曲线。因为在垂直于活齿传动中心轴的平面内，滚柱活齿和钢球活齿的齿形都是圆弧曲线，所以与钢球活齿共轭的中心轮可以用与滚柱活齿共轭的中心轮替代，只不过滚柱活齿和钢球活齿与中心轮齿形分别形成线、点接触。滚柱（钢球）活齿传动的中心轮可以采用近似齿形。如密切圆滚道活齿减速机中的中心轮，即用密切圆替代滚柱活齿传动的中心轮理论齿形。其优点是圆弧齿形的工艺性好、加工精度高，齿形采用凹圆弧与滚柱活齿形成凸凹啮合，共轭齿形的接触强度增加。其缺点是齿形有替代误差，因舍弃了理论齿形的凸凹部分使活齿传动的重合度降低，为采用抽齿技术增加了困难。随着数控技术的发展，中心轮理论齿形加工工艺不再是难题，采用近似齿形的必要性就不突出了

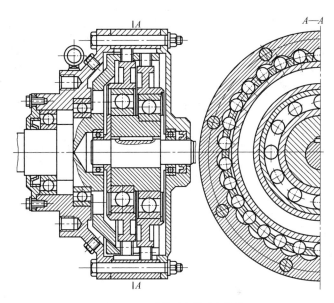

图 14-9-1 滚柱活齿传动的结构

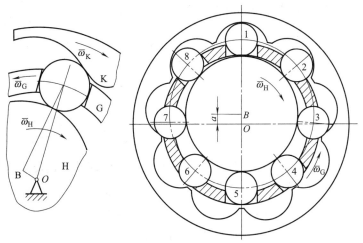

图 14-9-2 滚柱活齿传动的结构模型和传动原理

表 14-9-2 常见活齿传动结构

传动类型	典型结构	优 点	缺 点
滚子活齿传动(也叫滚柱活齿传动或滚道减速器)		结构简单、紧凑,多齿啮合承载能力大和过载能力强	内齿廓曲线加工困难;滚子在径向槽内的相对滑动,引起摩擦、磨损和发热
活齿针轮传动(也叫销齿传动或推杆传动)		结构紧凑,多齿啮合承载能力大	传动的平稳性和噪声较差;活齿与活齿盘之间也存在滑动摩擦,也有摩擦和发热问题,但较滚子活齿传动有所改善

续表

传动类型	典型结构	优　点	缺　点
T形活齿传动		其中驱动部分与上两种传动一样，内齿圈与滚子活齿传动相同，活齿架与活齿针轮传动相同；转移了活动摩擦的位置；克服活齿针轮传动不平稳的缺点	增加了结构的复杂性和加工难度，增大了传动误差，磨损、发热现象并未根除
套筒活齿传动		可以用范成法加工内齿齿廓；柔性套筒可以补偿加工误差的影响；缓解冲击载荷的影响；滚动接触，传动效率高	单级速比小；输出机构的存在，对于传动效率、传动精度、承载能力和制造成本都有负面的影响
全滚动（ORT）活齿传动		传动平稳；单级传动比大，多齿啮合；全滚动接触，承载能力传动效率高	结构较复杂，转速高时噪声较大
凸轮活齿传动	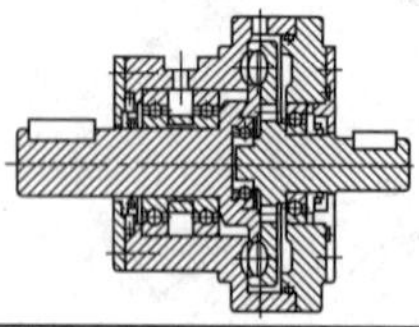	单自平衡输入凸轮使得活齿传动的结构大大简化，体积小，且大幅降低了零件的数量；易实现精密传动；易实现反向自锁	共轭曲面滚道高精度加工困难；活齿与活齿架间径向滑动产生发热磨损

9.2　滚柱活齿传动

本节以滚柱活齿传动为例介绍活齿传动的运动学、结构和尺寸综合以及设计方法等几个基本问题。

9.2.1　滚柱活齿传动的运动学

假设滚柱活齿传动机构中，三个构件 H、G、K 的角速度分别为 ω_H，ω_G，ω_K，设顺时针传动为正，逆时针转动为负，此三构件之间传动比为：

$$i_{HG}^{K} = (\omega_H - \omega_K)/(\omega_G - \omega_K)$$

根据活齿传动中三大元件设置方式的不同，活齿传动的各种传动方案的传动比和从动轮的转向列于表 14-9-3 中。

9.2.2　滚柱活齿传动基本构件的结构

滚柱活齿传动的基本构件包括活齿轮、激波器和中心轮，见表 14-9-4。

表 14-9-3　　　　活齿传动各种传动方案的传动比及应用

传动方案	传动比	主、从动件的转向	应用
差动	$\dfrac{\omega_H - \omega_K}{\omega_G - \omega_K} = \dfrac{z_K}{z_G}$	可按需选择	转速的合成和分解
中心轮固定 ($\omega_K = 0$)	$i_{HG}^{K} = \dfrac{z_G}{z_G - z_K}$		大减速比传动
	$i_{GH}^{K} = \dfrac{z_G - z_K}{z_G}$		大增速比传动、易自锁
活齿轮固定 ($\omega_G = 0$)	$i_{HK}^{G} = \dfrac{z_K}{z_K - z_G}$	当 $z_K > z_G$，反向 当 $z_K < z_G$，同向	大减速比传动
	$i_{KH}^{G} = \dfrac{z_K - z_G}{z_K}$		大增速比传动、易自锁
激波器固定 ($\omega_H = 0$)	$i_{GK}^{H} = \dfrac{z_K}{z_G}$		速比微小的增（减）速传动
	$i_{KG}^{H} = \dfrac{z_G}{z_K}$		速比微小的减（增）速传动

表 14-9-4　　　　　　　　　　　　　滚柱活齿传动基本构件结构

构件名称		类型一	类型二
激波器 H		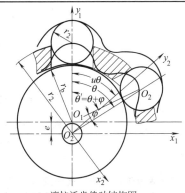	
活齿轮 G	结构		
	支撑		
	齿数	抽齿：$z_G/(1+n)=z_G'$	
中心轮 K		齿形通常采用活齿的包络齿形，也可采用密切圆近似齿形	

9.2.3　齿廓曲线设计

表 14-9-5　　　　　　　　　　　　　滚柱活齿传动齿廓设计方程

滚柱活齿传动结构图

名称	方程	备注
滚子中心点的轨迹	$\begin{cases} x_1=(r_b+r_z)\sin\theta'=(r_2-e)\sin\theta' \\ y_1=(r_b+r_z)\cos\theta'=(r_2-e)\sin\theta'+e \end{cases}$	r_b——转臂轴承外圈半径 r_z——滚子活齿半径 r_2——内齿圈分度圆半径 e——偏心距，即中心距
理论齿廓	$\begin{cases} x_1=(r_2-e)\sin(\theta'-u\theta)-e\sin u\theta \\ x_1=(r_2-e)\cos(\theta'-u\theta)+e\cos u\theta \end{cases}$	$\theta'=\theta+\arcsin\left(\dfrac{e\sin\theta}{r_2-e}\right)$ $u=\dfrac{z_G}{z_K}$

9.2.4　滚柱活齿传动基本构件的材料选择

　　滚柱活齿传动的主要传动零件有内齿圈、活齿架、偏心轮（或转臂轴承）与滚子（滚柱或滚珠，通常滚柱用得较多）。这些零件所采用的材料列于表14-9-6。其许用接触应力按零件热处理后的硬度来确定。

表 14-9-6 滚柱活齿传动基本构件的常用材料选择

名称	材　料	硬　　度	许用接触应力 $[\sigma]$ /MPa
滚子	GCr9，GCr15 GCr15SiMn	56～62HRC	800～1200
内齿圈	40Cr，45	48～52HRC	700～800
	GCr15	56～60HRC	800～1000
	20CrMnTi	56～62HRC	1000～1300
活齿架	20CrMnTi	56～62HRC	1000～1300
	35CrMoV	30～35HRC	600～700
偏心轮	GCr15	56～62HRC	800～1200
	40Cr	48～52HRC	700～800

9.2.5　滚柱活齿传动的受力分析

图 14-9-3 为滚柱活齿传动活齿受力分析图。各滚子承受三种载荷，其计算公式见表 14-9-7。

第一种载荷是内齿圈作用于各滚子上的载荷 Q_1、Q_2、Q_3，…，其作用方向沿啮合点的公法线方向。

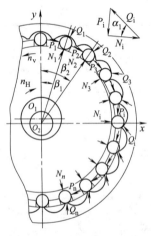

图 14-9-3　滚柱活齿传动活齿受力分析图

第二种载荷是活齿架作用于各滚子上的载荷 P_1、P_2、P_3，…，其作用方向沿滚子中心圆的切向。

第三种载荷是偏心轮（或转臂轴承外圈）作用于各滚子上的载荷 N_1、N_2、N_3，…，其作用方向沿偏心轮与滚子接触点的法向。

接触应力可根据赫兹应力公式计算

$$\sigma_1 = 0.418\sqrt{\frac{E_d Q_{max}}{b\rho_d}}$$

式中　b——滚子的工作长度，mm；

E_d——当量弹性模量，$E_d = \dfrac{2E_1 E_2}{E_1 + E_2}$，由于 E_1、E_2 都是钢材，取 $E_d = E_1 = E_2 = 2.1\times 10^5$ MPa；

ρ_d——当量曲率半径，$\rho_d = \dfrac{\rho_1 \rho_2}{\rho_1 \pm \rho_2}$；

Q_{max}——两接触零件之间的最大正压力。

9.2.6　滚柱活齿传动计算实例

例　一般工作条件下工作的滚柱活齿减速器，已知参数：$i_{HG}^K = 29$，$P = 10$kW，输入轴转速 $n_1 = 1440$r/min，传动效率取 90%。

表 14-9-7 滚柱活齿传动载荷及接触应力计算

类型	载荷计算公式	接触应力计算	备　注
内齿圈对滚子	$Q_i = \dfrac{3.4T_v}{z_G r_2}\times\dfrac{\sin\beta_i}{\cos\alpha_i}$	$\sigma_H = 400\sqrt{\dfrac{T_v}{bz_G r_z r_2}}\leqslant[\sigma_H]$	T_v——输出转矩 当 $\beta_i \approx 89°$ 时，α_i 有最大值，约为 $38°$，此时，Q_i 和 P_i 取最大值，则 $Q_{max} = \dfrac{4.4T_v}{z_1 r_2}$ $P_{max} = \dfrac{2.7T_v}{z_1 r_2}$
活齿架对滚子	$P_i = \dfrac{3.4T_v}{z_G r_2}\times\sin\beta_i\tan\alpha$	$\sigma_H = 315\sqrt{\dfrac{T_v}{bz_G r_z r_2}}\leqslant[\sigma_H]$	
偏心轮对滚子	$N_i = \dfrac{3.4T_v}{z_G r_2}\sin\beta_i$	$\sigma_H = 353\sqrt{\dfrac{T_v}{bz_G r_z r_2}}\leqslant[\sigma_H]$	
转臂轴承	$R = 0.85\dfrac{T_v}{r_2}$	—	

表 14-9-8　　**滚柱活齿传动计算实例**

项目	计算公式	结果	备注
活齿数	z_G	$z_G=29$	按传动比及传动类型推算
中心轮齿数	z_K	$z_K=30$(或者 28)	按传动类型根据活齿数推算
内齿圈分布圆半径	$r_2=K_1(M_2)^{1/3}$	$r_2=(109\sim133)$mm,取 $r_2=120$mm	M_2——输出轴力矩,K_1——传动比系数,$K_1=9\sim11$
活齿半径	$i_{HG}\leqslant30$ 　$r_z=r_2\tan\dfrac{90°}{z_G}(0.975+0.0075z_G)$ $i_{HG}>30$ 　$r_z=r_2\tan\dfrac{108}{z_G}$	$r_z=120\tan\dfrac{90°}{29}(0.975+0.0075\times29)$ $=7.28$ 取 $r_z=7.5$mm —	—
滚子长度	$b=K_2(M_2)^{1/3}$	$b=(7.25\sim8.46)$mm,取 $b=8$mm	根据活齿半径及表 14-9-10 选取 K_2——重合度系列,$K_1=0.6\sim0.7$
偏心距	$e\leqslant0.476r_z$	$e\leqslant0.476\times7.5=3.57$,取 $e=3$	按偏心距系列表 14-9 选取
内齿圈齿根圆半径	$r_{f2}=r_2+r_z$	$r_{f2}=120+7.5=127.5$mm	—
内齿圈齿顶圆半径	$r_{a2}=r_2-2e+r_z$	$r_{a2}=120-2\times3+7.5=121.5$mm	—
转臂轴承	校核轴承寿命 　$L_h=\dfrac{10^6}{60n}\left(\dfrac{C}{P}\right)^{\frac{10}{3}}$ 轴承寿命已定 　$C'=P\sqrt[\frac{10}{3}]{\dfrac{60nL_h}{10^6}}$	—	L_h——轴承寿命,h n——轴承转速,r/min;$P=f_dR\cdot R$ 轴承承受载荷 f_d——动载系数,可取 $f_d=1.2\sim1.4$ C——额定动载荷
活齿架内齿圈半径	$e\sqrt{(\lambda-1)^2+\xi^2}>R_S>e(1+\lambda-\xi)$	$R_S=115.5\sim117.24$mm	活齿系数:$\xi=r_z/e$ 激波系数:$\lambda=r_2/e$
活齿架外齿圈半径	$e(\xi+\lambda-1)>R_M>e\sqrt{(\lambda+1)^2+\xi^2}$	$R_M=123.22\sim124.5$mm	—
活齿架壁厚	$\delta_{max}=2e,\delta_{min}=R_{Mmin}-R_{Smax}$	取 $\delta=5.5$mm	—

表 14-9-9   *e* 值系列标准   mm

0.65	0.75	0.85	1.0	1.25	1.5	1.75	2.0	2.25	2.5
2.75	3.0	3.25	3.5	3.75	4.0	4.25	4.75	5.0	5.5
6.0	6.5	7.0	7.5	8.0	9.0	10	11	12	13

表 14-9-10   圆柱滚子、钢球的标准系列   mm

	d	5	5.5	6	6.5	7	7.5	8	9	10	11	12
滚柱	*b*	5.8.10	5.5 8	6 8.5	6.5 9	7 10	7.5 11	8 12	9 14	10 14、20	11 15	12 18
	d	13	14	15	16	17	18	19	20	25	30	
	b	13 20	14 20	15 22	16 24	17 24	18 26	19 28	20 30	25 36	30 48	
钢球	*d*	2～10 间隔 0.5mm				10～26 间隔 1mm				28～34 间隔 2mm		

9.2.7 主要零件的加工工艺与工作图

滚子活齿行星减速器的主要零件除滚子外，还有两个：一个内齿圈；另一个活齿架。

（1）内齿圈

以密切圆作为内齿圆齿廓，在单件或小批量生产时，可粗铣齿后，再数控镗密切圆。成批生产时，不论密切圆齿廓或者包络线齿廓都可采用精铸横向仿形车加工，或者采用专用装置数控铣切或数控磨削。

内齿圈工作图如图 14-9-4 所示。

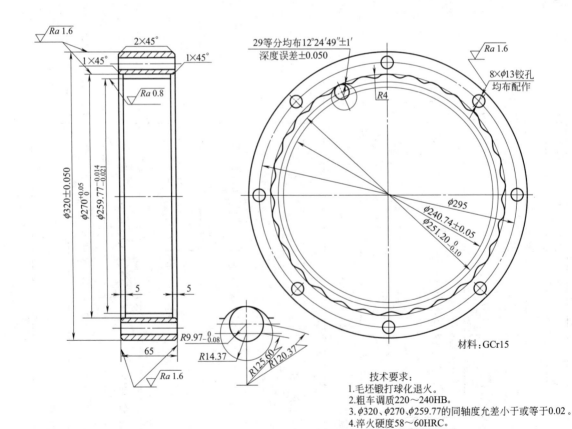

材料：GCr15

技术要求：
1. 毛坯锻打球化退火。
2. 粗车调质220～240HB。
3. φ320、φ270、φ259.77的同轴度允差小于或等于0.02。
4. 淬火硬度58～60HRC。

图 14-9-4 　内齿圈工作图

（2）活齿架

活齿架的加工难度在于径向孔的分度精度要求高。单件或小批量生产时，在锻造、车床加工后，在数控铣床上分度铣孔。成批生产时，在车床加工后，采用在专用分度装置上数控铣孔或数控磨削。活齿架的工作图如图 14-9-5 所示。

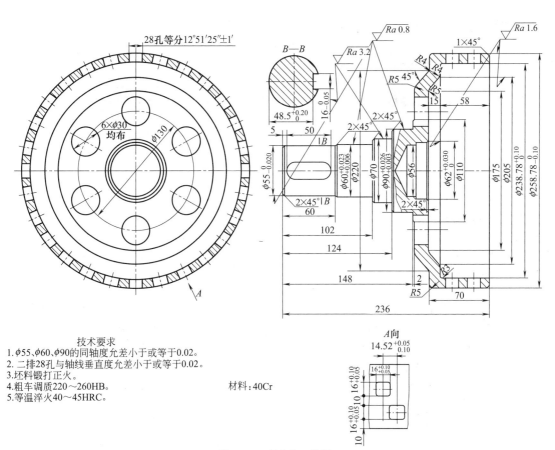

技术要求
1. $\phi55$、$\phi60$、$\phi90$ 的同轴度允差小于或等于0.02。
2. 二排28孔与轴线垂直度允差小于或等于0.02。
3. 坯料锻打正火。
4. 粗车调质220～260HB。
5. 等温淬火40～45HRC。

材料：40Cr

图 14-9-5　活齿架工作图

第 10 章　塑 料 齿 轮

10.1　塑料齿轮分类与特点

10.1

（扫码阅读或下载）

10.2　塑料齿轮设计

10.2.1　塑料齿轮的齿形制

10.2.2　塑料齿轮的轮齿设计

10.2.3　塑料齿轮的结构设计

10.2.4　AGMA PT 基本齿条确定齿轮齿形
　　　　尺寸的计算

10.2.5　齿轮跨棒（球）距 M 值、公法线
　　　　长度 W_k 的计算

10.2.6　塑料齿轮的精度设计

10.2.7　塑料齿轮应力分析及强度计算

10.2.8　塑料齿轮传动轮系参数设计计算

10.2

（扫码阅读或下载）

10.3　塑料齿轮材料

10.3.1　聚甲醛（POM）

10.3.2　尼龙（PA66、PA46）

10.3.3　聚醚醚酮（PEEK）

10.3.4　塑料齿轮材料的匹配及其改性研究

10.3.5　塑料齿轮的失效形式

10.3

（扫码阅读或下载）

10.4　塑料齿轮的制造

10.4.1　塑料齿轮的加工工艺

10.4.2　注塑机及其辅助设备

10.4.3　齿轮注射模的设计

10.4.4　齿轮型腔的设计与制造

10.4

（扫码阅读或下载）

10.5　塑料齿轮的检测

10.5.1　塑料齿轮光学投影检测

10.5.2　小模数齿轮齿厚测量

10.5.3　齿轮径向综合误差与齿轮测试半径的
　　　　测量

10.5.4　齿轮分析式测量

10.5.5　国内外部分小模数齿轮检测用仪器

10.5

（扫码阅读或下载）

10.6　塑料齿轮的应用实例

10.6.1　煤气表字轮式计数器与交换齿轮

10.6.2　石英闹钟机芯与全塑齿轮传动轮系

10.6.3　汽车雨刮电机及摇窗电动机

10.6.4　塑料齿轮行星减速器及少齿差
　　　　计时器

10.6.5　汽车电动座椅驱动器

10.6

（扫码阅读或下载）

参 考 文 献

[1] 成大先主编. 机械设计手册. 第六版. 第 3 卷. 北京：化学工业出版社，2016.

[2] 闻邦椿主编. 机械设计手册. 第六版. 第 2 卷. 北京：机械工业出版社，2018.

[3] 马从谦，陈自修，张文照，张展，蒋学全，吴中心编著. 渐开线行星齿轮传动设计. 北京：机械工业出版社，1987.

[4] 饶振纲. 行星传动机构设计. 第二版. 北京：化学工业出版社，2014.

[5] 杨廷栋，周寿华，肖忠实等. 渐开线齿轮行星传动. 成都：成都科技大学出版社，1986.

[6] 现代机械传动手册编辑委员会编. 现代机械传动手册. 北京：机械工业出版社，2002.

[7] 齿轮手册编委会. 齿轮手册. 上册. 第二版. 北京：机械工业出版社，2004.

[8] 崔丽，秦大同，石万凯. 行星齿轮传动啮合效率分析. 重庆大学学报（自然科学版）. 2006，29（03）：11-14，44.

[9] 孙冬野，秦大同，廖建. 金属带—行星齿轮无级变速传动效率特性分析. 农业机械学报. 2004，35（05）：12-15.

[10] 袁敏，李润方，林建德. 行星齿轮系统的运动分析及动力学仿真. 机械传动. 2006，30（05）：17-19.

[11] 林建德. 一种汽车自动变速机构的运动构造设计方法. 机械科学与技术. 2006，25（09）：1076-1081，1134.

[12] 王太辰主编. 宝钢减速器图册. 北京：机械工业出版社，1995.

[13] 张少名主编. 行星传动. 西安：陕西科学技术出版社，1988.

[14] 冯晓宁，李宗浩. 渐开渐少齿差传动设计参数的选择. 机械传动，1995（1）.

[15] 冯澄宙. 渐开渐少齿差行星传动. 北京：人民教育出版社，1982.

[16] 成大先主编. 机械设计图册：第 3 卷. 北京：化学工业出版社，2000.

[17] 张展主编. 实用机械传动设计手册. 北京：科学出版社，1994.

[18] 陈兵奎，房婷婷. 摆线针轮行星传动共轭啮合理论. 中国科学 E 辑：技术科学，2008，38（1）.

[19] 沈允文，叶庆泰. 谐波齿轮传动的理论和设计. 北京：机械工业出版社，1985.

[20] 张国瑞等. 行星传动技术. 上海：上海交通大学出版社，1989.

[21] 曲继方. 活齿传动理论. 北京：机械工业出版社，1993.

[22] 胡来瑢等. 行星传动设计与计算. 北京：煤炭工业出版社，1997.

[23] 张才富，黄耀明等. 活齿传动强度计算. 煤矿机械，1997，5，10-12.

[24] 林菁，王启义等. 圆柱活齿传动齿廓及其结构特性研究. 机械传动，1999，23（2）：22-25.

[25] 陈志同，陈仕贤等. 平面活齿传动及其分类方法研究. 机构设计与研究，1997，2：20-23.

[26] 张以都等. 套筒滚子活齿传动的多齿受力研究. 机械传动，1995，19（2）：26-30.

[27] 阳林等. 推干活齿减速机系统特征参数优化与 CAD/CAM. 机电工程，1998，3：9-12.

[28] 梁尚明，徐礼矩. 摆动活齿传动的强度计算. 机械，2000，7（1）：18-19.

[29] 宜亚丽. 摆动活齿传动齿廓曲线特性分析与研究. 机械设计，2008，8：57-59.

[30] 李瑰贤等. 滚柱活齿传动受力分析的研究. 机械设计，2002（1）：16-20.

[31] 王冬梅等. 摆动活齿传动的强度研究及计算机辅助设计. 四川大学学报（工程科学版），2007，1：171-174.

[32] 刘继岩，薛景文，崔正均等. 2K-V 行星传动比与啮合效率. 第五届机械传动年会论文集. 中国机械工程学会机械传动分会，1992，249.

[33] 陈谌闻主编. 圆弧齿圆柱齿轮传动. 北京：高等教育出版社，1995.

[34] 邵家辉主编. 圆弧齿轮. 第 2 版. 北京：机械工业出版社，1994.

[35] 崔巍，李国权，隋海文. 4000kW 双圆弧齿轮减速器在 18 英寸连轧机组主传动上的应用. 机械工程学报，1988（4）.

[36] 李长春，李玉民. 高速双圆弧齿轮在炼油设备 3000kW 透平鼓风机上的应用. 机械工程学报，1988（4）.

[37] 张邦栋，申明付，陆达兴. 双圆弧硬齿面齿轮刮前滚刀和硬质合金刮削滚刀研制. 机械传动，2000（1）.

[38] 李海翔，李朝阳，陈兵奎. 圆弧齿轮研究的进展. 现代制造工程，2005（3）.